核反应堆物理(第2版)

Nuclear Reactor Physics

(Second Edition, Completely Revised and Enlarged)

[美] 韦斯顿·M·斯泰西(Weston M. Stacey) 著
丁 铭 曹夏昕 杨小勇 周旭华 译

国防工业出版社
·北京·

著作权合同登记　图字：军－2016－127号

图书在版编目(CIP)数据

核反应堆物理：第2版／(美)韦斯顿·M.斯泰西(Weston M. Stacey)著；丁铭等译. —北京：国防工业出版社，2017.5
书名原文：Nuclear Reactor Physics
(Second Edition, Completely Revised and Enlarged)
ISBN 978－7－118－11357－0

Ⅰ. ①核… Ⅱ. ①韦… ②丁… Ⅲ. ①反应堆物理学
Ⅳ. ①TL32

中国版本图书馆CIP数据核字(2017)第117258号

Nuclear Reactor Physics (Second Edition, Completely Revised and Enlarged) by Weston M. Stacey.
ISBN:978－3－527－40679－1.

※

国防工业出版社出版发行
(北京市海淀区紫竹院南路23号　邮政编码100048)
天利华印刷装订有限公司印刷
新华书店经售
*
开本787×1092　1/16　印张34　字数830千字
2017年5月第2版第1次印刷　印数1—2000册　定价172.00元

(本书如有印装错误，我社负责调换)

国防书店：(010)88540777　　发行邮购：(010)88540776
发行传真：(010)88540755　　发行业务：(010)88540717

译者序

正如斯泰西教授在本书第一版前言中所说的那样,核反应堆物理是一个相对比较成熟的学科,因为描述中子在核反应堆内运动过程的输运理论及其中子输运方程是比较清楚的,而且求解中子输运方程的方法也已比较成熟,无论是从理论上还是从实践上。这与核反应堆热工水力学有着巨大的差异,例如,核反应堆热工水力学的基础,如描述流体流动的连续性方程、质量守恒方程与能量守恒方程,由于方程组的非线性导致至今无法从理论上很好地求解它们。

在翻译这本书过程中,有一个问题一直断断续续地出现,即核反应堆物理领域已经存在许多优秀的中文教材,为什么还要翻译本书?在笔者看来,本书最大的特点是斯泰西教授不仅对核反应堆物理的理论做了非常全面的介绍和总结,而且增补了过去20年中取得的一些新进展,例如快中子反应堆和共振截面等相关研究。对于核工程专业的本科生乃至研究生来说,这样一个总结和增补是非常有益的,也符合这是一本教材的特点。当然,正是由于本教材强调的全面性但又受到篇幅的限制,有些章节以总结性的方式编写的,这对于初次接触这个领域的学生来说有些过于突然和简略,例如中子输运方程及其求解方法。

参与本书翻译的人员有丁铭(第4、5、9~15章)、曹夏昕(第6~8章)、杨小勇(第1~3章)、周旭华(第16章),最后由丁铭进行了全书的合成与校对。由于本书的篇幅较长,本书的翻译与反复校对断断续续地持续了将近5个年头以致“新书”变成了“旧书”。即使如此,译者希望本书的出版能成为原著不可缺少的参考,帮助读者更好地理解原著,尤其对于学生而言。

在这5年中,特别感谢清华大学王捷老师的支持。感谢笔者所在课题组的大力支持,正是课题组重视研究和教学的环境且在资金上给予资助,实现了本书的翻译出版。感谢家人的无限支持,让笔者得以有充足的时间完成了漫长的翻译与校对工作。感谢为本书核校工作付出辛勤劳动的研究生们。感谢国防工业出版社编辑的悉心指导与帮助,弥补了书稿的许多疏漏。

鉴于译者水平有限,虽然经过反复的修改,但书中难免有不妥之处,在此恳请各位读者予以批评指正。

译者
2016年8月

第1版前言

核反应堆物理是关于中子链式裂变反应系统的物理学,它包含核物理、辐射输运及其与物质的相互作用等方面的应用,这些决定了核反应堆的行为。它既是一门应用物理学科,又是一门核工程领域的核心学科。

作为一门与众不同的应用物理学科,核反应堆物理源于20世纪中叶全世界范围内众多的物理学家为曼哈顿工程所做出的不懈努力。在随后的几十年里,全世界范围内的政府机构、工业界和大学均涉足其中。核反应堆物理目前已经成为一门相对成熟的学科。控制核反应堆行为的基本物理原理已经比较清楚,大部分用于核反应堆物理分析的基础核数据业已被测量和评价,各类相关的计算方法已经得到了充分的发展和验证。现存的各类核反应堆在其正常运行条件下的行为已经能被准确地加以预测。而且,涉及现存的或新型的核反应堆技术及其演变所需的一些基本的物理概念、核数据和计算方法业已比较清楚。

作为一门核工程领域的核心学科,核反应堆物理是全世界范围内所有核动力装置的理论基础。截止到2000年,全世界正在运行的核电厂已达434座,提供350442MW的电力。核能已经成为世界电力供应的重要组成部分,例如在法国超过80%的电力是由核电提供的,在美国超过20%的电力是由核电提供的。面对世界电力需求的持续增长,尤其是正在实现现代化的发展中国家,核电是唯一一种已经被大规模商业运行所证明的技术,它在满足日益增长的电力需求的同时不会向环境排入大量的温室气体至不可接受的水平。

除了提供电力,核反应堆也有许多其他的用途。全世界拥有超过100个船用核动力反应堆。核反应堆也被用于中子物理学相关的基础研究,用于材料测试,用于放疗,用于生产医学、工业和国家安全等领域的放射性同位素,用作移动电源为偏远地区提供电力。未来,核反应堆也将为探索外太空提供动力。因而,核反应堆物理是一门对现在乃至将来均非常重要的学科。

本书是一本教材,也可作为核反应堆物理的参考书。本书第1篇介绍了与核反应堆相关的基本物理原理、核数据和用于分析核反应堆静态和动态行为的计算方法。第1篇的内容适合物理学或相关工程专业的高年级本科生,但要求他(她)们具有常微分、偏微分、拉普拉斯变换等数学基础与原子物理、核物理的本科阶段的知识。掌握第1篇的内容足以使核工程专业毕业的本科生和研究生、核工程师和其他对核反应堆物理感兴趣的人员了解核反应堆物理。

第1篇的内容是在佐治亚理工学院(Georgia Institute of Technology)本科生和一年级研究生的核反应堆物理教学过程中形成的,它包括核反应堆物理中基本的物理概念及其运用这些基本概念解释核反应堆的基本行为,并试图利用最简单的数学描述来解释核反应堆物理。本书中也设置了大量的例子,以一步一步地演示核反应堆物理相关的计算过程。每章结尾处所列的习题有助于更加深入地理解教材中所介绍的内容,同时提供实际的计算练习,这些习题应视为本教材的有机组成部分。适当增加一部分第2篇的内容后,本书第1篇也适合作为一个学期的一年级研究生课程的教材。

本书第2篇是为第1篇的内容提供支持,并在其基础上更深、更详细地介绍高等核反应堆物理的知识。第2篇的重点是高等核反应堆物理及其计算方法的理论基础，因而较全面地介绍了这些内容，并可为相关人员提供参考。虽然本篇仅简要地介绍了核反应堆物理计算程序，但是这可作为理解各类相关程序的出发点。第2篇的内容在数学上的要求比第1篇更高一些，且足以作为一个学期的研究生课程。

本书第2篇主要适合想深入了解核反应堆物理及其进行计算的人员。掌握本篇的内容为提出新型核反应堆概念和改进现存计算方法及其程序提供了一个良好的基础。而且，深入了解中子输运的计算方法也为辐射屏蔽，中子和光子在医学和其他工业领域的应用，中子、光子和中性原子的输运及其在其他工业领域、天体物理和热核等离子领域的应用提供了一个良好的基础。

除了作者，本领域的著作通常离不开其他研究人员的贡献，本书也不例外。核反应堆物理理论是在大量极具天赋的研究者在过去半个世纪里不懈努力下逐渐发展起来的；本书的参考文献仅是他(她)们所做贡献的一个起点。在这一点上，我特别感谢 R. N. Hwang 对共振吸收相关部分的章节提供的帮助。本书的组织结构和对内容的选择上借鉴了核反应堆物理领域的其他教材。来自于研究生们的反馈也是本书的结构和对内容取舍的一个依据。我也要衷心地感谢 C. Nickens, B. Crumbly, S. Benett - Boyd 等人和 Wiley 的工作人员的支持，感谢他们在本书成稿过程中提供的帮助。最后，我再次由衷地感谢所有这些人，没有他们就没有这本书。

韦斯顿 · M · 斯泰西
亚特兰大，佐治亚州
2000 年10月

第2版前言

与第1版相比,本书第2版在两个方面进行了调整。首先,为了适应高年级本科生课程的需要,在本版第3章中增加了一节介绍中子输运方法相关的内容。在第1版的核反应堆物理基础部分并未介绍中子输运方法,这样安排的初衷是仅利用扩散理论介绍核反应堆物理而不需涉及在数学上比较复杂的中子输运理论。从教师的角度来看,这样的安排是比较合理的;但是本科毕业生在走上工作岗位之前未能接触到中子输运理论,这是不利的。因此,在扩散理论这一章,以一维平板为例简要地介绍了中子输运方法。

其次,鉴于全世界对核能重新燃起的兴趣和进一步完善核反应堆的设计并提出新的核反应堆概念这些最新进展,本版增加了部分章节介绍那些具有更好的固有安全性、更高的铀资源利用率、更少的长寿期废物和更加多样化的燃料的核反应堆概念。第7章增加了一节介绍第三代核反应堆技术,这些核反应堆正陆续投入运行。在第6章和第7章里也增加了一些篇幅介绍了正在发展中的第四代核反应堆和旨在形成闭式燃料的先进燃料循环技术。

第2版对全书进行了适当的增补,补充了一些课后习题,并校正了一些文字录入错误和遗漏等。我衷心地感谢那些指出错误的同事、学生和俄文版的翻译者。

此外,本书的结构和主体内容基本保持不变。前8章依然是核反应堆物理基础,适合于第一次学习核反应堆物理的高年级本科生或者研究生。后8章是高等核反应堆物理,适合于讲授中子输运理论和高等核反应堆物理的研究生课程。

我衷心地希望本书第2版能为新一代科学家和工程师们提供全面的核反应堆物理领域的知识,对核能重新燃起兴趣的他(她)们能为全世界提供安全、经济、可持续发展和防止核扩散的核能以满足人类日益增长的能源需求。

韦斯顿·M·斯泰西
亚特兰大, 佐治亚州
2006年5月

目　录

第1篇　反应堆物理基础

第2篇 高等反应堆物理

第1篇

反应堆物理基础

第1章　中子-原子核反应

核反应堆的物理过程取决于堆内中子的输运及其与物质的相互作用。本章介绍核反应堆内重要且基本的中子-原子核反应以及反应堆物理计算所需的核数据。

1.1　中子诱发核裂变

1.1.1　稳定的核素

一个稳定的原子核内，在原子核半径($R \approx 1.25 \times 10^{-13} A^{1/3}$cm)的量级上，核子(中子和质子)间短程的引力——核力强于质子间的库仑斥力。这些力致使相对原子质量A(中子数与质子数之和)与原子序数Z(质子数)之比随着原子序数的增大而增大；换句话说，稳定核素内的中子数随着原子序数的增大而变得越来越富余，如图1.1所示。不同类型的原子核称为核素，具有相同原子序数的核素称为该原子序数相应元素的同位素。通常采用符号$^{A}X_{Z}$表示核素，如$^{233}U_{92}$。

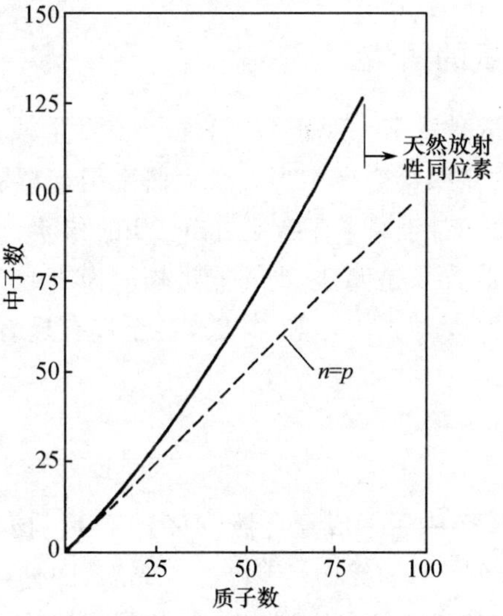

图1.1　原子核稳定性曲线[1]

1.1.2　结合能

原子核的实际质量并不等于组成该原子核的Z个质子(质量为m_p)和$A-Z$个中子(质量为m_n)的质量之和。稳定的核素存在质量亏损：

$$\Delta = [Zm_p + (A-Z)m_n] - {}^{A}m_z \tag{1.1}$$

这个质量亏损在原子核形成过程中转变成了能量($E = \Delta c^2$)，并使原子核处于负能量状态。将某一原子核拆成独立的核子所需的外界能量称为原子核的结合能(BE),BE $=\Delta c^2$。每个核子的结合能(BE/A,比结合能)如图 1.2 所示。

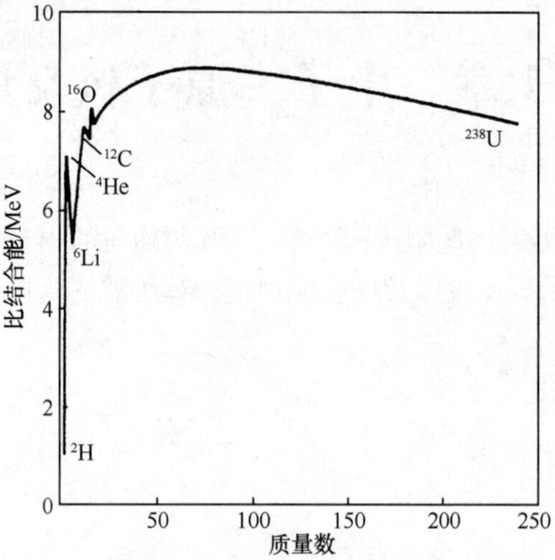

图 1.2 比结合能[1]

将某些核素转变成具有更大比结合能的其他核素的任何过程均可将质量转变成能量。低质量数的核素结合成较高质量数的核素(具有较高的比结合能 BE/A)是聚变过程释放核能的基础。很大质量数的核素分裂成中等质量数的核素(具有较高的比结合能 BE/A)是裂变过程释放核能的基础。

1.1.3 裂变所需外界能量的阈值

如果外界提供足够的能量激发某一原子核,该原子核发生核裂变(将其 A 个核子重新组织成两个低质量数的核素)的概率会变得相当大。大概率引起核裂变所需的最小激发能量称为阈值,它与原子核结构有关。对于原子序数 Z 小于 90 的核素,该阈值非常大。对于原子序数 Z 大于 90 的核素:如果质量数 A 是偶数,则该能量阈值为 4 ~ 6MeV;如果质量数 A 为奇数,则该阈值通常非常低。某些重核(如$^{240}Pu_{94}$和$^{252}Cf_{98}$)甚至具有显著的、无需外界提供任何激发能而自发核裂变的能力。

1.1.4 中子诱发裂变

当一个重核(A,Z)吸收一个中子形成复合核($A+1$,Z)后,该复合核的比结合能 BE/A 小于原来的核。对于某些核素如$^{233}U_{92}$、$^{235}U_{92}$、$^{239}Pu_{94}$、$^{241}Pu_{94}$,即使中子的能量很低,比结合能 BE/A 的减小足以大概率地引起复合核发生裂变。这种核素称为易裂变核素;也就是说,它们可通过吸收低能量的中子而发生核裂变。如果中子被吸收之前具有动能,这部分动能将转化为复合核的额外的激发能量。当被吸收的中子动能大于 1MeV 时,所有原子序数大于 90 的核素发生裂变的概率均很大。像$^{232}Th_{90}$、$^{238}U_{92}$和$^{240}Pu_{94}$这些核素需要 1MeV 或者更高能量的中子才会大概率地诱发裂变。

1.1.5 中子裂变截面

核反应(如裂变)发生的概率常采用符号 σ 表示,它表示 n 个速率为 v 的中子在单位体积

内具有 N 个原子核的介质中通过距离 dx 所可能发生的反应率：

$$\sigma \equiv \frac{\text{反应率}}{nvN\mathrm{d}x} \text{①} \tag{1.2}$$

σ 具有面积的量纲。对于某一特定的核反应过程，σ 可视为原子核提供给中子的横截面积，从而命名为截面。截面通常在 $10^{-24}\mathrm{cm}^2$ 的量级上，由于历史的原因，它被称为靶。

裂变截面 σ_f 衡量一个中子和一个原子核相互作用形成复合核然后发生裂变的概率。如果中子和初始原子核的相对能量与减少的结合能之和对应于复合核基态与某一激发态间的能量差，以至于形成的复合核恰好处于某一激发态，那么形成复合核的概率将显著地提高。质量数为奇数的易裂变核素吸收中子形成的复合核的第一个激发态（更接近于基态）通常低于质量数是偶数的重核吸收中子形成的复合核的第一个激发态，所以与质量数为偶数的核素相比，质量数为奇数的核素具有大得多的低能中子吸收截面和裂变截面。

核反应堆内几种主要的易裂变核素的裂变截面如图 1.3 ~ 图 1.5 所示。裂变截面中的共振结构对应于复合核的激发态，最低的激发态能级低于 1eV。如图 1.3 ~ 图 1.5 所示，在高于或低于共振能量的非共振区，裂变截面与中子能量明显成 $1/E^{1/2}$ 或者 $1/v$ 关系。裂变截面在热能区 $E<1\mathrm{eV}$ 最大。$^{239}\mathrm{Pu}_{94}$ 的热中子裂变截面大于 $^{235}\mathrm{U}_{92}$ 或 $^{233}\mathrm{U}_{92}$ 的热中子裂变截面。

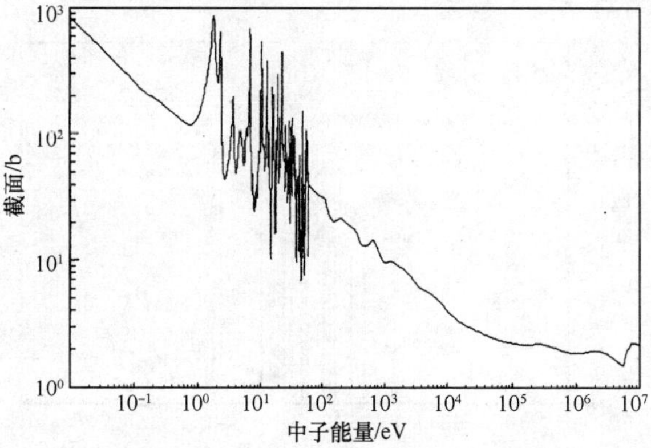

图 1.3　$^{233}\mathrm{U}_{92}$ 的裂变截面（MT = 18，http://www.nndc.bnl.gov/）

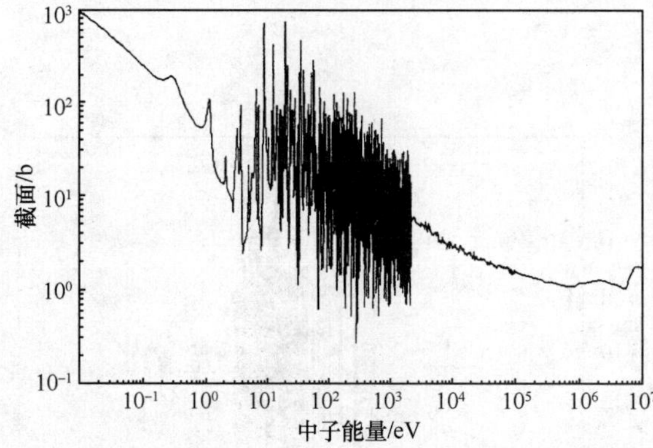

图 1.4　$^{235}\mathrm{U}_{92}$ 的裂变截面（MT = 18，http://www.nndc.bnl.gov/）

① 公式中“≡”表示定义。

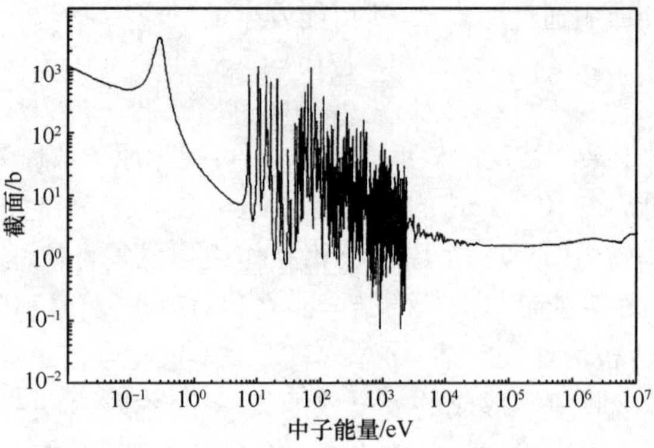

图1.5 $^{239}Pu_{94}$的裂变截面(MT = 18,http://www.nndc.bnl.gov/)

$^{238}U_{92}$和$^{240}Pu_{94}$的裂变截面如图1.6和图1.7所示。在中子能量低于1MeV的区域,除了共振之外,它们的裂变截面非常微小;在中子能量大于1MeV后,其裂变截面约为1b。$^{238}U_{92}$和$^{240}Pu_{94}$以及其他一些质量数为偶数的重核的裂变截面如图1.8所示,需要说明的是,图中未显示其共振结构。

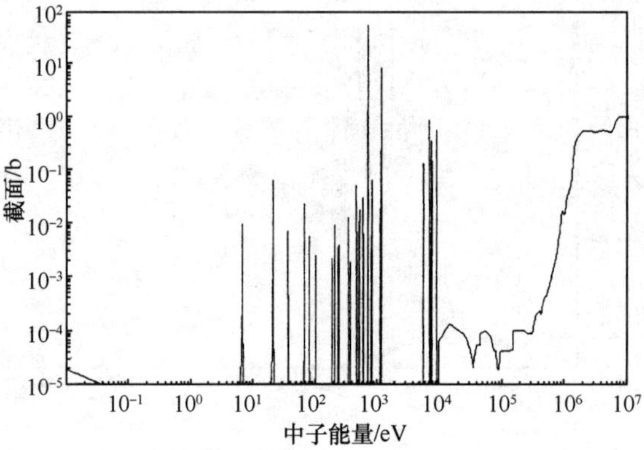

图1.6 $^{238}U_{92}$的裂变截面(MT = 18,http://www.nndc.bnl.gov/)

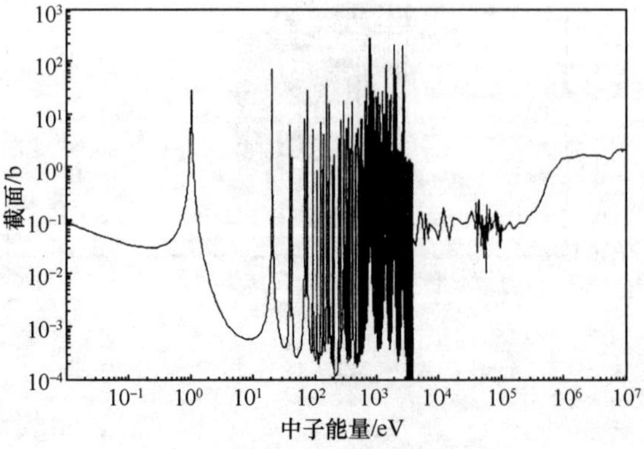

图1.7 $^{240}Pu_{94}$的裂变截面(MT = 18,http://www.nndc.bnl.gov/)

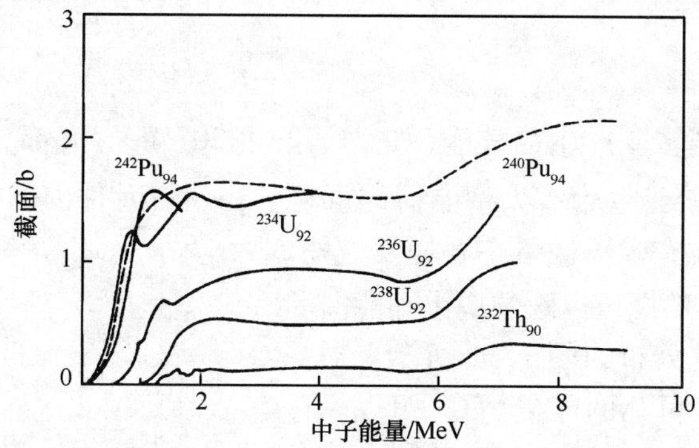

图1.8　主要非易裂变重金属核素的裂变截面[15]

1.1.6　裂变反应的产物

虽然重核裂变产生的核素分布范围很广，但是这些裂变碎片集中分布在质量数为 $90<A<100$ 和 $135<A<145$ 的范围内并形成了两个明显的峰，如图1.9所示。参照图1.1的稳定同位素的中子数-质子数曲线，大部分裂变碎片位于稳定同位素曲线之上（中子富余）；它们通常发生 β 衰变而释放电子，有时通过释放出中子而衰变。β 衰变使裂变碎片核素从 (A, Z) 嬗变成 $(A, Z+1)$，而中子释放使裂变碎片核素从 (A, Z) 嬗变成 $(A-1, Z)$。这两个过程均使裂变碎片核素趋向稳定同位素的范围。有时需要几次衰变才能成为稳定的同位素。

裂变瞬间通常释放出2个或3个中子；裂变后，中子富余的裂变碎片在衰变过程中可能释放出1个或者多个中子。裂变过程释放出的平均中子数 ν 取决于发生裂变的核素与引起裂变的中子能量，如图1.10所示。

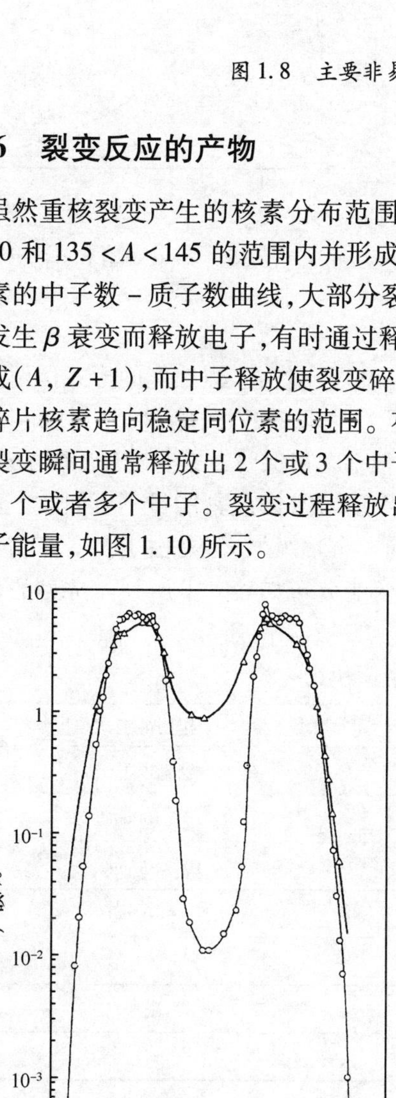

图1.9　$^{233}U_{92}$ 裂变产物的质量数与产额[15]

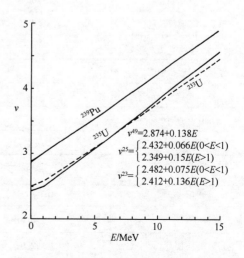

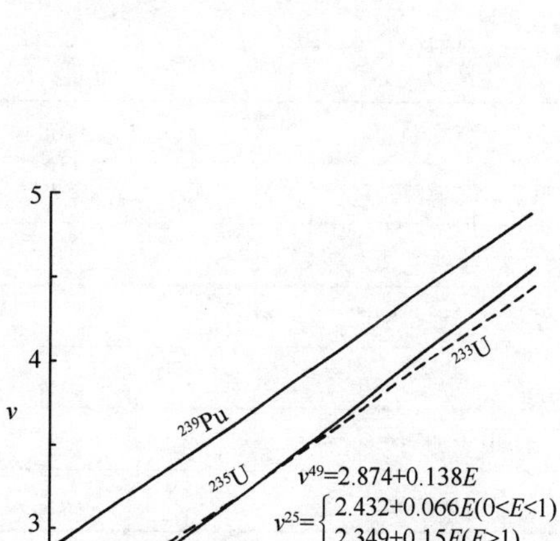

图1.10　每次裂变释放的平均中子数[12]

1.1.7 释放的能量

裂变过程中由质能转变产生的核能(如$^{233}U_{92}$产生207MeV)大部分以反冲裂变碎片动能(168MeV)的形式存在。这些带有大量电荷的重粒子在燃料元件内的行程小于1mm,因此反冲动能以热能的形式被有效地保留在裂变发生处。裂变反应中另有5MeV的能量以瞬发中子动能的形式被释放出来,其能量分布如图1.11所示。对$^{235}U_{92}$而言,其裂变中子最可几的能量为0.7MeV。在随后的扩散过程中,这些中子因为与原子核发生散射碰撞而慢化并最终被吸收,它们携带的能量将保留在裂变发生处周围10~100cm范围内的物质中。其中一部分被吸收的中子诱发俘获反应并进一步释放伽马射线,相当于每次裂变产生了平均7MeV的高能俘获伽马射线。这些次级俘获伽马射线因与周围10~100cm范围内的物质相互作用而最终转化为热能。

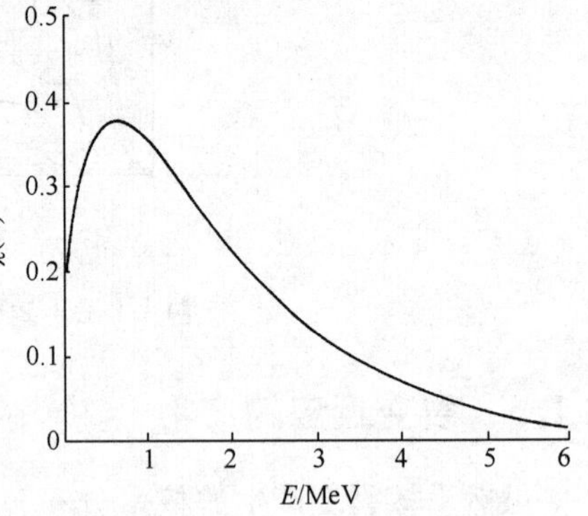

图1.11 $^{235}U_{92}$的热中子裂变谱[12]

裂变反应也直接产生瞬发伽马射线,平均携带约7MeV的能量,以热能的形式保留在裂变发生处周围10~100cm范围内。裂变碎片的衰变还产生20MeV的能量,分别以电子动能(8MeV)和中微子动能(12MeV)的形式释放。电子能量基本被保留在裂变碎片周围1mm的范围内的燃料元件中。由于中微子几乎不与物质发生相互作用,因此其能量不可回收。虽然裂变产物衰变释放的中子的动能与瞬发中子的动能在同一个量级上,但是由于裂变产物衰变释放的缓发中子的数目很少,因此忽略不计。$^{235}U_{92}$的裂变能分布如表1.1所列。常见的核素因热中子或者裂变谱中子诱发裂变释放的可回收的能量如表1.2所列。

表1.1 $^{235}U_{92}$裂变能量释放

能量形式	能量/MeV	作用范围
裂变产物动能	168	毫米以下
瞬发伽马射线动能	7	10~100cm
瞬发中子动能	5	10~100cm
俘获伽马射线动能	7	10~100cm
裂变产物衰变		
电子动能	8	约毫米
中微子动能	12	∞

表1.2 可回收的裂变能量[12]

同位素	热中子/MeV	裂变谱中子/MeV
^{233}U	190.0	—
^{235}U	192.9	—
^{239}Pu	198.5	—

（续）

同位素	热中子/MeV	裂变谱中子/MeV
^{241}Pu	200.3	—
^{232}Th	—	184.2
^{234}U	—	188.9
^{236}U	—	191.4
^{238}U	—	193.9
^{237}Np	—	193.6
^{238}Pu	—	196.9
^{240}Pu	—	196.9
^{242}Pu	—	200.0

总的来说，每次裂变能产生200MeV左右的热能。1W的热能对应每秒3.1×10^{10}个原子核发生裂变。1g易裂变核素约包含2.5×10^{21}个原子核，它能产生约1MW·d的热能。易裂变原子核也可能发生中子俘获反应而嬗变，因而易裂变材料实际的消耗量大于其裂变的数量。

1.2 中子俘获

1.2.1 辐射俘获

对于许多重核而言，当一个原子核吸收一个中子形成复合核后，除了裂变，该复合核可能发生许多其他的反应。本节将更详细地介绍1.1节已经提及的辐射俘获，即复合核通过释放伽马射线而衰变。图1.12所示的能级图能用于解释$^{238}U_{92}$与入射能量为6.67eV的中子发生共振、复合核形成及其衰变过程。若实验室坐标系中的中子动能为E_L，则质心坐标系中的总动能$E_c=[A/(A+1)]E_L$。因吸收中子而减少的结合能为ΔE_B。如果$E_c+\Delta E_B$接近复合核的某个激发态能级，则该复合核形成的概率将大大地提高。这个处于激发态的复合核通常通过释放一束或者多束伽马射线而衰变，释放的总能量等于该复合核的激发态能级与基态能级之间的能量差。

核反应堆内一些比较重要的核素的辐射俘获截面σ_γ如图1.13～图1.21所示。截面在某些能量范围内的共振结构对应于中子俘获形成的复合核的离散的激发态。对于易裂变核素，其激发态相应的中子能量分布在$1\sim10^3$eV的范围内。对于质量数为偶数的重核，其激发态相应的中子能量分布在$10\sim10^4$eV的范围内，但$^{240}Pu_{94}$的热中子共振是一个明显的例外。对于小质量数的核素，其激发态相应的中子能量通常较高。非共振区的俘获截面仍明显地与中子能量成$1/v$的关系。

布赖特-维格纳(Breit-Wigner)单能级中子俘获的共振截面

$$\sigma_\gamma^{(E_c)}=\sigma_0\frac{\Gamma_\gamma}{\Gamma}\left(\frac{E_0}{E_c}\right)^{1/2}\frac{1}{1+y^2},\quad y=\frac{2}{\Gamma}(E_c-E_0) \tag{1.3}$$

式中：E_0为质心坐标系中共振峰处的能量（$E_c+\Delta E_B$与复合核激发态匹配的能量）；Γ为1/2共振峰值对应的总能量宽度；σ_0为最大的截面（E_0处的截面）；Γ_γ为辐射俘获宽度（Γ_γ/Γ为复合核一旦形成随后通过释放伽马射线而衰变的概率）。

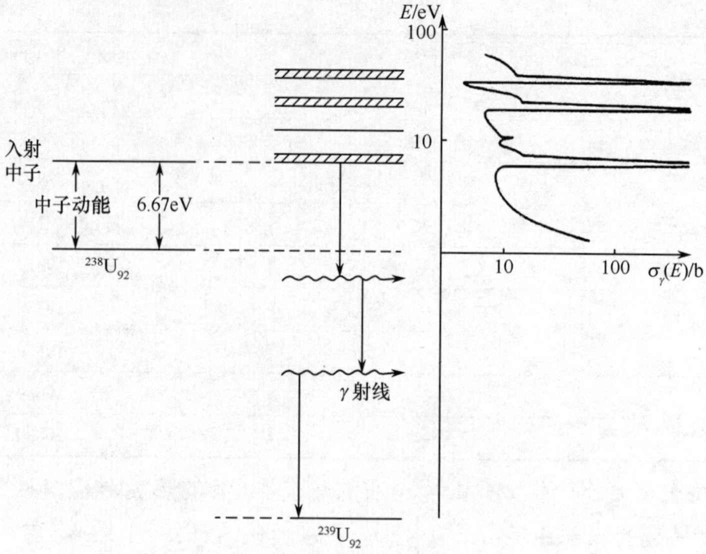

图 1.12　复合核的能级图[12]

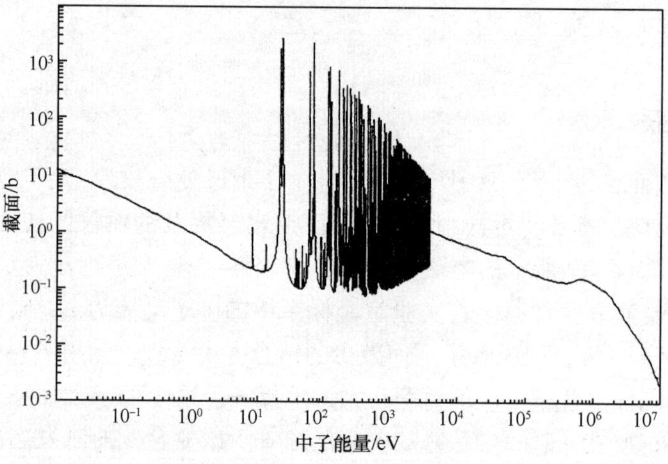

图 1.13　$^{232}Th_{90}$的俘获截面(MT=27,http://www.nndc.bnl.gov/)

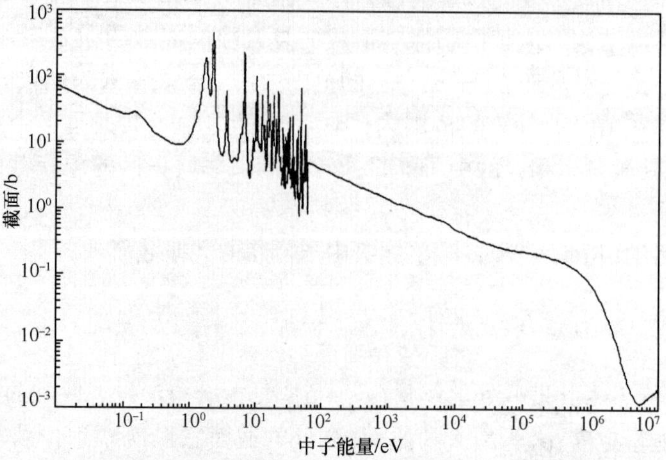

图 1.14　$^{233}U_{92}$的俘获截面(MT=27,http://www.nndc.bnl.gov/)

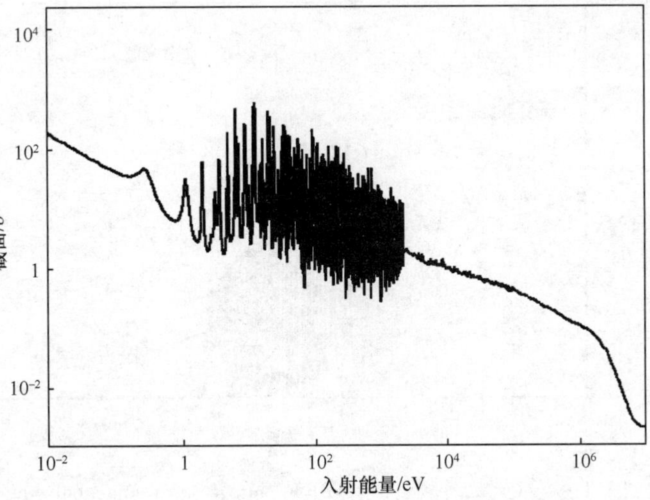

图 1.15　$^{235}U_{92}$的俘获截面(MT = 27,http://www.nndc.bnl.gov/)

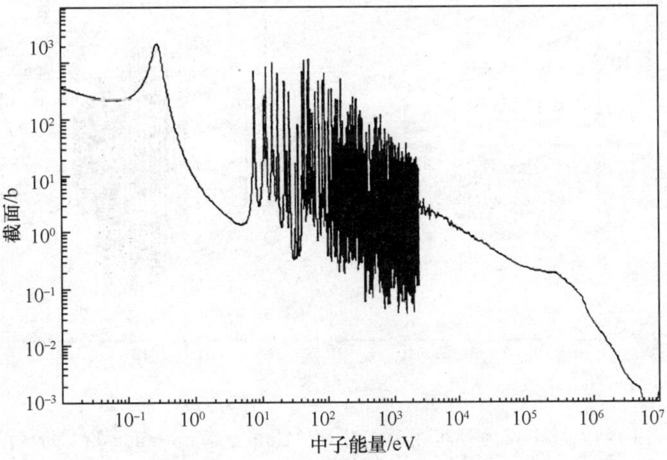

图 1.16　$^{239}Pu_{94}$的俘获截面(MT = 27,http://www.nndc.bnl.gov/)

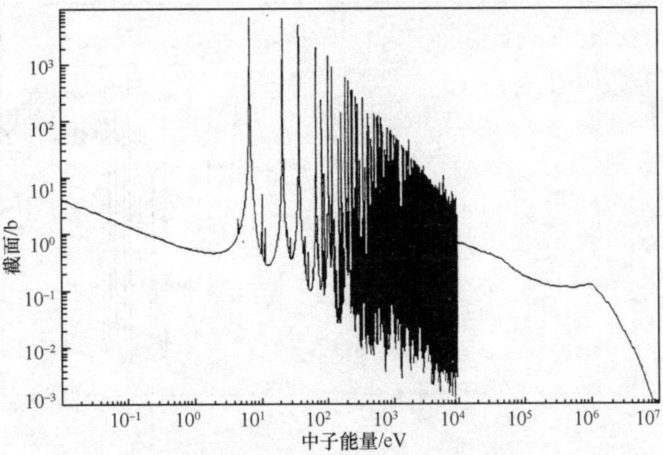

图 1.17　$^{238}U_{92}$的俘获截面(MT = 27,http://www.nndc.bnl.gov/)

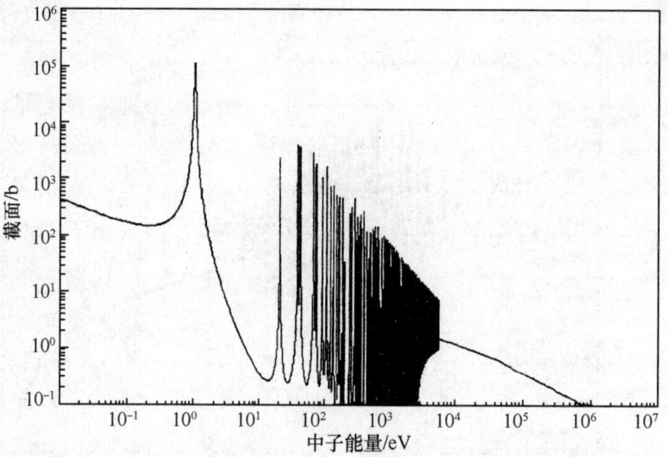

图 1.18　$^{240}Pu_{94}$的俘获截面(MT = 27, http://www.nndc.bnl.gov/)

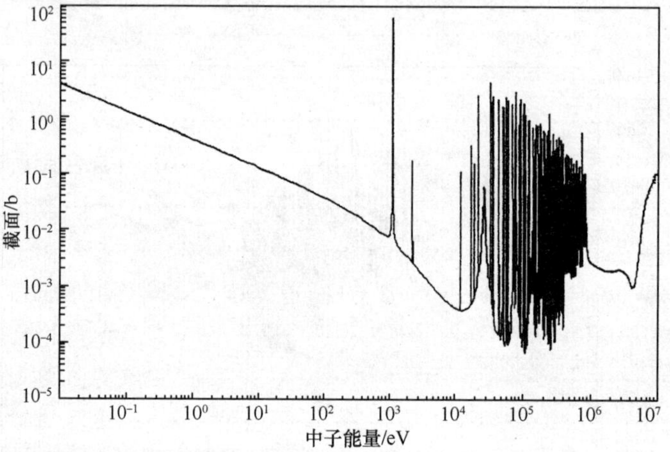

图 1.19　$^{56}Fe_{26}$的俘获截面(MT = 27, http://www.nndc.bnl.gov/)

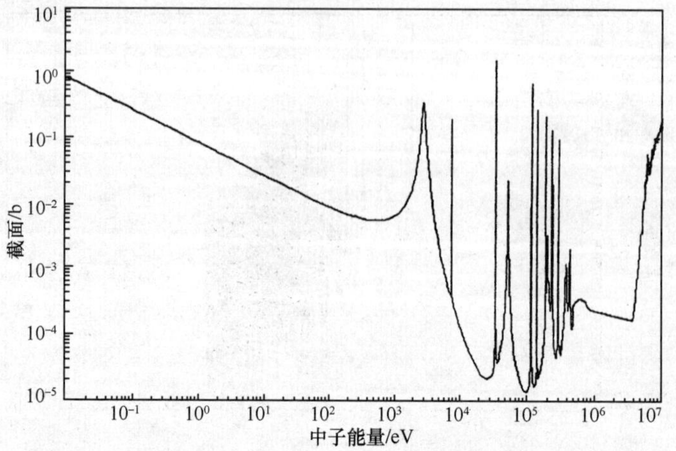

图 1.20　$^{23}Na_{11}$的俘获截面(MT = 27, http://www.nndc.bnl.gov/)

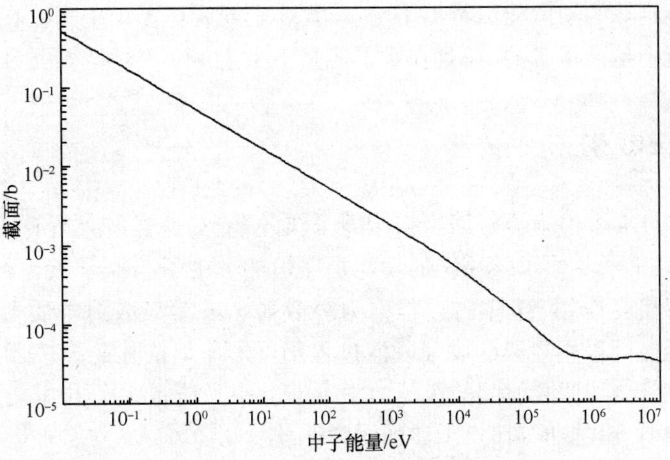

图 1.21　$^1H_1$ 的俘获截面（MT = 27，http://www.nndc.bnl.gov/）

裂变的共振截面也可由相似的表达式描述，但须定义裂变宽度 Γ_f，Γ_f/Γ 为复合核一旦形成随后发生裂变的概率。

式(1.3)描述了质心坐标系中总能量为 E_c 的中子与原子核相互作用的截面。然而，介质内原子核的能量通常分布在一定的范围内（其分布可用介质温度下的麦克斯韦分布近似）。这要求共振截面须对原子核运动进行平均：

$$\bar{\sigma}(E,T) = \frac{1}{v(E)}\int |\boldsymbol{v}(E) - \boldsymbol{v}(E')|\sigma(E_c)f_{max}(E',T)\mathrm{d}E' \tag{1.4}$$

式中：E、E'分别为中子与原子核在实验室坐标系中的能量；$f_{max}(E',T)$为麦克斯韦能量分布，且有

$$f_{max}(E',T) = \frac{2\pi}{(\pi kT)^{3/2}}\sqrt{E'}\mathrm{e}^{-E'/kT} \tag{1.5}$$

将式(1.3)和式(1.5)代入式(1.4)可得

$$\bar{\sigma}_\gamma(E,T) = \frac{\sigma_0\Gamma_\gamma}{\Gamma}\left(\frac{E_0}{E}\right)^{1/2}\Psi(\xi,x) \tag{1.6}$$

式中

$$x = \frac{2}{\Gamma}(E - E_0),\xi = \frac{\Gamma}{(4E_0kT/A)^{1/2}} \tag{1.7}$$

A 为原子核的相对原子质量；Ψ 函数为

$$\Psi(\xi,x) = \frac{\xi}{2\sqrt{\pi}}\int_{-\infty}^{\infty}\mathrm{e}^{-(x-y)^2\xi^2/4}\frac{\mathrm{d}y}{1+y^2} \tag{1.8}$$

1.2.2　中子释放

原子核吸收中子后形成的复合核释放出 1 个中子，而剩下处于激发态的原子核随后进一步衰变，这样的过程称为非弹性散射，其截面用 σ_{in} 表示。由于剩下的原子核仍处于激发态，被释放的中子的能量必然明显小于入射中子的能量。复合核有可能释放 2 个或多个中子，这样

的过程称为 $n-2n$、$n-3n$ 反应,依此类推,它们的截面分别用 $\sigma_{n,2n}$、$\sigma_{n,3n}$ 表示等。需要更高能量的入射中子提供足够的激发能以释放 1 个、2 个、3 个或者更多个中子。在核反应堆内,非弹性散射在上述反应中是最重要的,而且在中子能量不小于 1MeV 时显得更为重要。

1.3 中子弹性散射

复合核凭借释放 1 个中子恰好回到初始原子核的基态,这样的过程称为弹性散射。在共振弹性散射过程中,中子 - 原子核系统的动能是守恒的。中子与原子核也可不发生中子吸收与复合核的形成而相互作用,这样的过程称为势散射。虽然势散射本质上涉及量子力学(S 波),但是在非共振能区采用经典的硬球碰撞过程仍可形象地描述它。接近共振能级时,弹性散射过程存在势散射与共振散射间的量子力学干涉。中子能量大于共振能量时,干涉增强弹性散射。中子能量小于共振能量时,干涉削弱弹性散射。

引入势散射和散射干涉修正后的单能级布赖特 - 维格纳弹性散射截面为

$$\sigma_s(E_c)=\sigma_0\frac{\Gamma_n}{\Gamma}\left(\frac{E_0}{E_c}\right)^{1/2}\frac{1}{1+y^2}+\frac{\sigma_0\times 2R}{\lambda_0}\frac{y}{1+y^2}+4\pi R^2 \tag{1.9}$$

式中:Γ_n/Γ 为复合核一旦形成随后通过释放中子而衰变至初始原子核基态的概率;R 为原子核半径,$R\approx 1.25\times10^{-13}A^{1/3}\text{cm}$;$\lambda_0$为约化中子波长;其他参数与式(1.6)相同。

经原子核热运动的麦克斯韦分布平均可得实验室坐标系下中子能量为 E、介质温度为 T 时的弹性散射截面为

$$\bar{\sigma}_s(E,T)=\sigma_0\frac{\Gamma_n}{\Gamma}\Psi(\xi,x)+\frac{\sigma_0 R}{\lambda_0}\chi(\xi,x)+4\pi R^2 \tag{1.10}$$

式中

$$\chi(\xi,x)=\frac{\xi}{\sqrt{\pi}}\int_{-\infty}^{\infty}\frac{y\mathrm{e}^{-(x-y)^2\xi^2/4}}{1+y^2}\mathrm{d}y \tag{1.11}$$

核反应堆内一些重要核素的弹性散射截面如图 1.22 ~ 图 1.26 所示。一般而言,弹性散射截面在中子能量低于复合核激发态能量时为常数。如图 1.26 所示,在中子能量略低于共振能量的区域,干涉对弹性散射截面的削弱作用非常明显。

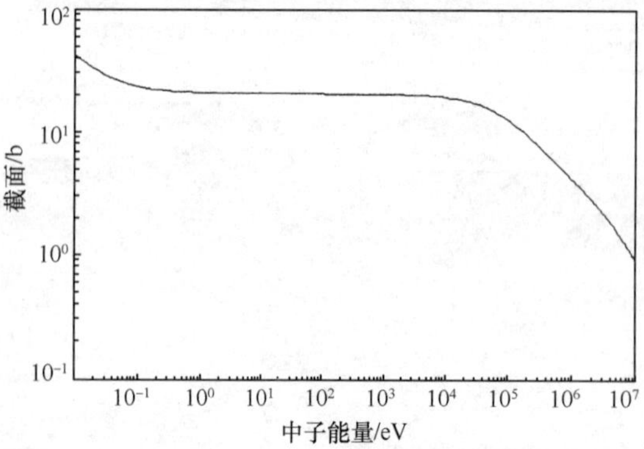

图 1.22 $^1H_1$ 的弹性散射截面
(MT = 2,http://www.nndc.bnl.gov/)

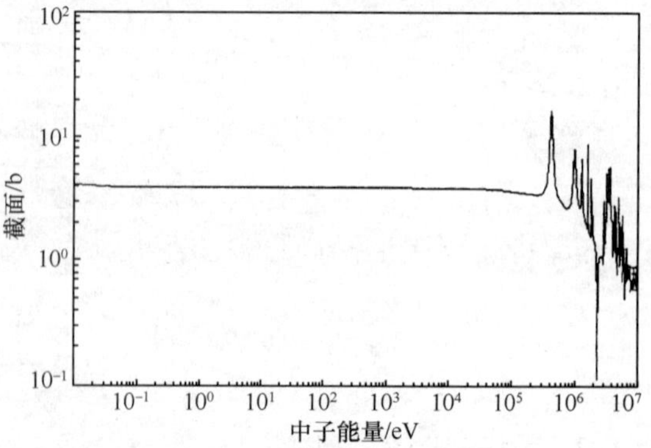

图 1.23 $^{16}O_8$ 的弹性散射截面
(MT = 2,http://www.nndc.bnl.gov/)

在图 1.27 中,碳的弹性散射截面随能量的变化一直延伸至中子能量非常低的区域(图中

的②区）；借此可阐明另一类重要的现象。当中子能量相当低时，约化中子波长为

$$\lambda_0 = \frac{h}{p} = \frac{h}{\sqrt{2mE}} = \frac{2.86 \times 10^{-9}}{\sqrt{E}}(\mathrm{cm}) \tag{1.12}$$

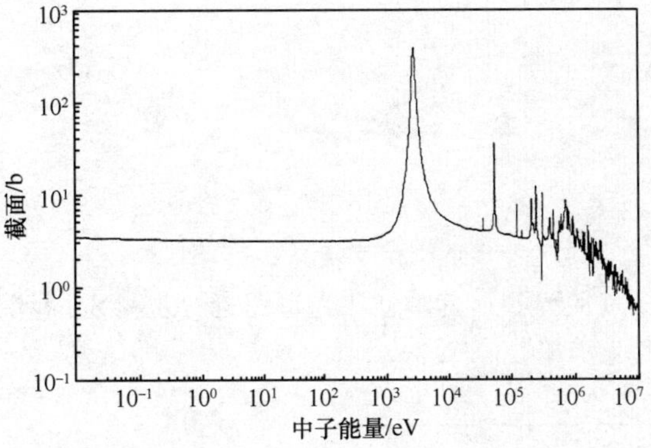

图 1.24　$^{23}Na_{11}$ 的弹性散射截面

（MT = 2，http://www.nndc.bnl.gov/）

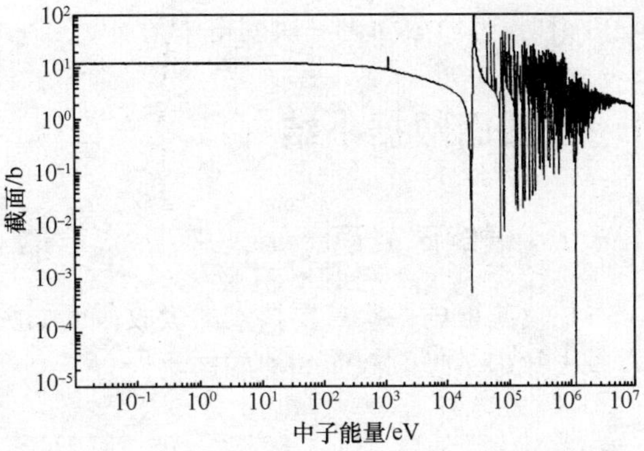

图 1.25　$^{56}Fe_{26}$ 的弹性散射截面

（MT = 2，http://www.nndc.bnl.gov/）

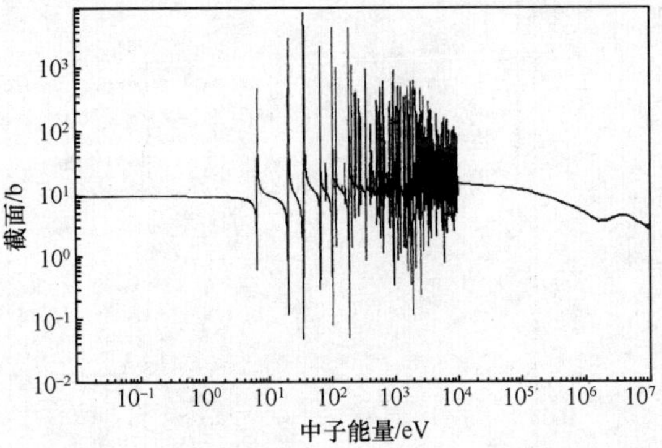

图 1.26　$^{238}U_{92}$ 的弹性散射截面（MT = 2，http://www.nndc.bnl.gov/）

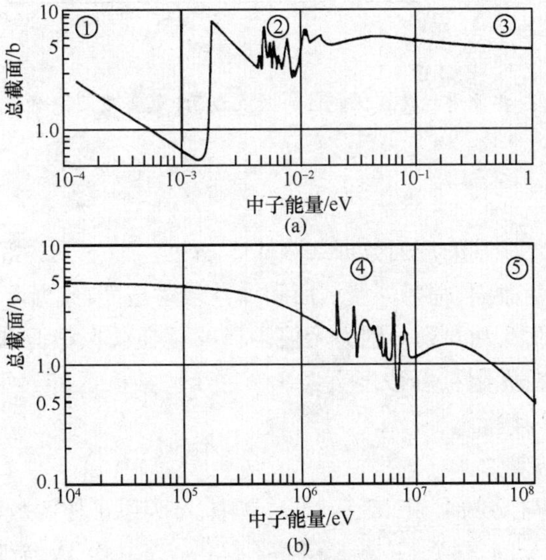

图 1.27　$^{12}C_6$ 的总散射截面[12]

它与材料的原子间距在同一个量级上,中子不再是与一个原子核相互作用,而是与一群束缚的原子核相互作用。如果材料具有规则的微观结构,如石墨,中子将发生衍射;截面随能量变化且发生不规则波动,反映了中子能量与多重原子间距相对应这一事实。更低能量的中子不再发生衍射,因而截面再一次变得平滑。

1.4 截面数据小结

1.4.1 低能区截面

核反应堆内一些重要核素的吸收截面如图 1.28 所示。其中,Gd 为可燃毒,Xe 和 Sm 是具有较大热中子吸收截面的裂变产物。

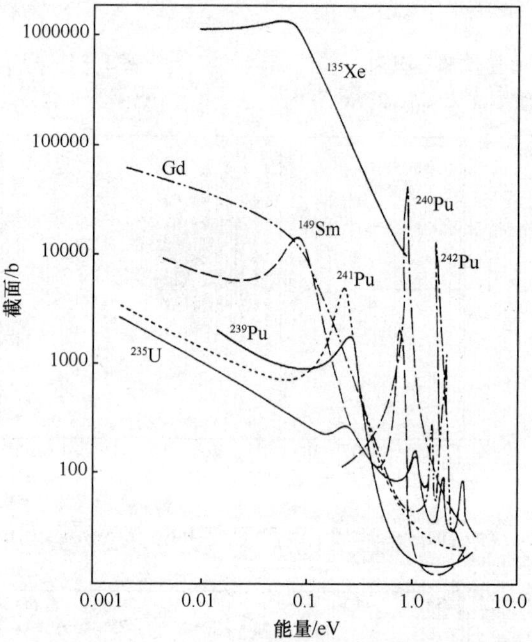

图 1.28　一些重要核素在低能区的吸收截面(裂变截面 + 俘获截面)[12]

1.4.2 谱平均截面

核反应堆内一些重要核素的截面数据如表 1.3 所列。前 3 列为经温度为 0.0253eV 的麦克斯韦分布平均后的裂变截面、辐射俘获截面和弹性散射截面,此温度下的麦克斯韦分布可代表典型的热中子能谱。第 5 和 6 列分别为无限稀释的裂变共振截面和辐射俘获共振截面,它们分别是共振吸收核素在无限稀释浓度下经 $1/E$ 能谱(共振区的典型能谱)平均后的截面。最后 5 列为经裂变谱平均截面。

例 1.1　宏观截面计算。

宏观截面 Σ 等于 N 与 σ 的乘积,即 $\Sigma = N\sigma$,其中,N 为原子核的数密度。数密度 N 与材料的密度 ρ 和相对原子质量 A 有关,并满足 $N = (\rho/A)N_0$,其中,N_0 为阿伏加德罗常量($N_0 = 6.022 \times 10^{23}\,\text{mol}^{-1}$),即每摩尔物质包含的原子个数。对于各种同位素组成混合物,其宏观截

表 1.3　热能区、共振能区和裂变能区的谱平均截面

核素	热能区截面			共振能区截面		裂变谱截面				
	σ_f	σ_γ	σ_{el}	σ_f	σ_γ	σ_f	σ_γ	σ_{el}	σ_{in}	$\sigma_{n,2n}$
$^{233}U_{92}$	469	41	11.9	774	138	1.9	0.07	4.4	1.2	4×10^{-3}
$^{235}U_{92}$	507	87	15.0	278	133	1.2	0.09	4.6	1.8	12×10^{-3}
$^{239}Pu_{94}$	698	274	7.8	303	182	1.8	0.05	4.4	1.5	4×10^{-3}
$^{241}Pu_{94}$	938	326	11.1	573	180	1.6	0.12	5.2	0.9	21×10^{-3}
$^{232}Th_{90}$	—	6.5	13.7	—	84	0.08	0.09	4.6	2.9	14×10^{-3}
$^{238}U_{92}$	—	2.4	9.4	2	278	0.31	0.07	4.8	2.6	12×10^{-3}
$^{240}Pu_{94}$	0.05	264	1.5	8.9	8103	1.4	0.09	4.8	1.9	4×10^{-3}
$^{242}Pu_{94}$	—	16.8	8.3	5.6	1130	1.1	0.09	4.8	1.9	7×10^{-3}
$^{1}H_{1}$	—	0.29	20.5	—	0.15	—	4×10^{-5}	3.9	—	—
$^{2}H_{1}$	—	5×10^{-4}	3.4	—	3×10^{-4}	—	7×10^{-6}	2.5	—	—
$^{10}B_{5}$	—	443	2.1	—	0.22	—	8×10^{-5}	2.1	0.07	—
$^{12}C_{6}$	—	0.003	4.7	—	0.002	—	2×10^{-5}	2.3	0.01	—
$^{16}O_{8}$	—	2×10^{-4}	3.8	—	6×10^{-4}	—	9×10^{-5}	2.7	—	—
$^{23}Na_{11}$	—	0.47	3.0	—	0.31	—	2×10^{-5}	2.7	0.5	—
$^{56}Fe_{26}$	—	2.5	12.5	—	1.4	—	3×10^{-5}	3.0	0.7	—
$^{91}Zr_{40}$	—	1.1	10.6	—	6.9	—	0.01	5.0	0.7	—
$^{135}Xe_{54}$	—	2.7×10^{6}	3.8×10^{5}	—	7.6×10^{3}	—	0.01	4.9	1.0	—
$^{149}Sm_{62}$	—	6.0×10^{4}	373	—	3.5×10^{3}	—	0.22	4.6	2.2	—
$^{157}Gd_{64}$	—	1.9×10^{3}	819	—	761	—	0.11	4.7	2.2	11×10^{-3}

注：数据来源于 http://www.nndc.bnl.gov/

面 $\Sigma=\Sigma_i V_i(\rho/A)_i N_0\sigma_i$，其中，$V_i$ 为各同位素的体积份额。例如，体积比是 50%：50% 的碳和 ^{238}U的混合物，其热中子的宏观吸收截面为

$$\begin{aligned}\Sigma &= 0.5(\rho_C/A_C)N_0\sigma_{aC}+0.5(\rho_U/A_U)N_0\sigma_{aU}\\ &=0.5(1.60/12)\times6.022\times10^{23}\times0.003\times10^{-24}+\\ &\quad 0.5(18.9/238)\times6.022\times10^{23}\times2.4\times10^{-24}\\ &=0.0575(\text{cm}^{-1})\end{aligned}$$

1.5　评价核数据库

世界上的核数据机构通常相互合作，并收集了公开发表的中子 - 核反应的实验和理论研究结果。EXFOR 核数据库[11]可能是世界上最完整的实验数据的计算机汇编。计算机索引库 CINDA[8]包含了中子 - 核反应数据测量、计算和评价等相关信息，而且它每年都在更新。大量

的有时甚至相互矛盾的核数据必须经过评价才能用于核反应堆物理计算。对数据的评价包括数据间的相互比较、利用相关数据计算基准实验、统计误差和系统误差的评估、数据的一致性检查及其与标准中子截面的一致性检查和利用恰当的平均方法获得一致的最佳数据的偏差。现存7个大型的评价核数据库一直得到较好的维护,即美国评价核数据库(ENDF/B)、美国劳伦斯·利弗莫尔国家实验室评价核数据库(ENDL)、英国评价核数据库(UKNDL)、日本评价核数据库(JENDF)、卡尔斯鲁厄评价核数据库(KEDAK)、俄罗斯评价核数据库(BROND)和NEA国家联合评价核数据库(JEF)。利用计算机程序可将这些评价核数据转变为适于核反应堆物理计算使用的数据形式。

1.6 弹性散射运动学

实验室坐标系(L系)中能量 $E_L = mv_L^2/2$ 的中子入射静止的质量为 M 的原子核。既然在运动学分析中仅相对质量是重要的,因而设 $m=1$ 与 $M=A$。因为弹性散射在质心坐标系中通常是各向同性的,因此本节采用质心坐标系(CM系),如图1.29所示。

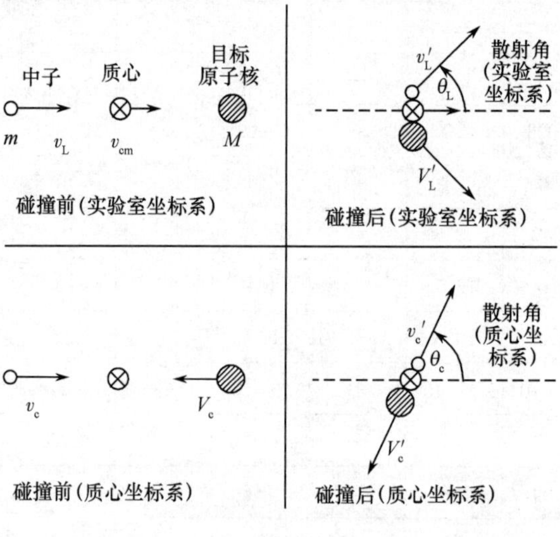

图1.29 实验室坐标系与质心坐标系中的散射过程[12]

质心坐标系在实验室坐标系中的速度为

$$v_{cm} = \frac{1}{1+A}(v_L + AV_L) = \frac{v_L}{1+A} \tag{1.13}$$

中子和原子核在质心坐标系中的速度分别为

$$v_c = v_L - v_{cm} = \frac{A}{A+1}v_L$$

$$V_c = -v_{cm} = -\frac{1}{A+1}v_L \tag{1.14}$$

中子和原子核在质心坐标系中的总动能 E_c 与中子在实验室坐标系中的能量 E_L 之间的关系为

$$E_c = \frac{1}{2}v_c^2 + \frac{1}{2}AV_c^2 = \frac{1}{2}\frac{A}{A+1}v_L^2 = \frac{A}{A+1}E_L \tag{1.15}$$

1.6.1　散射角与损失能量之间的关系

由动能守恒和动量守恒可知，弹性碰撞前后中子与原子核在质心坐标系中的速度保持不变，即

$$v_c' = v_c = \frac{A}{A+1}v_L$$
$$V_c' = V_c = -\frac{1}{A+1}v_L \tag{1.16}$$

如图 1.30 所示，中子在质心坐标系中的散射角 θ_c 与实验室坐标系中的散射角 θ_L 之间的关系为

$$\tan\theta_L = \frac{v_c'\sin\theta_c}{v_{cm} + v_c'\cos\theta_c} = \frac{\sin\theta_c}{1/A + \cos\theta_c} \tag{1.17}$$

由余弦定律可知

$$\cos(\pi - \theta_c) = \frac{v_c'^2 + v_{cm}^2 - v_L'^2}{2v_{cm}v_c'} \tag{1.18}$$

将式(1.13)、式(1.16)代入式(1.18)，可得中子在质心坐标系中的散射角与其在实验室坐标系中碰撞前后的能量之间的关系为

$$\frac{\frac{1}{2}mv_L'^2}{\frac{1}{2}mv_L^2} = \frac{E_L'}{E_L} = \frac{A^2 + 1 + 2A\cos\theta_c}{(A+1)^2} = \frac{1 + \alpha + (1-\alpha)\cos\theta_c}{2} \tag{1.19}$$

式中：$\alpha = (A-1)^2/(A+1)^2$。

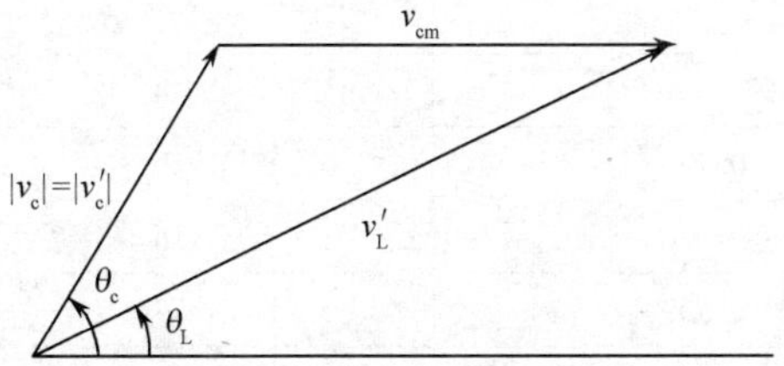

图 1.30　散射角在实验室坐标系与质心坐标系中的关系[12]

1.6.2　平均损失能量

式(1.19)表明了弹性碰撞后和碰撞前的中子能量之比与质心坐标系中的散射角之间的关系，而且利用式(1.17)可将其与实验室坐标系中的散射角联系起来。当 $\theta_c = \pi$（中子在质心坐标系中发生向后散射）时，中子经历最大的能量损失（E_L'/E_L 达到最小值），且 $E_L' = \alpha E_L$。对于氢核（$A=1$），$\alpha=0$，且中子在一次碰撞中可失去全部的能量。对于其他核素，中子在每次碰撞中失去$(1-\alpha)$倍的初始能量。对于一些重核（即 α 趋于 1），中子仅失去很小一部分能量。

中子从能量 E_L 处散射至能量 E_L'处 dE_L'范围内的概率等于中子在 θ_c 处散射入圆锥 $2\pi\sin\theta_c d\theta_c$ 内的概率：

$$\sigma_s(E_L)P(E_L \to E_L')dE_L' = -\sigma_{cm}(E_L, \theta_c)2\pi\sin\theta_c d\theta_c \tag{1.20}$$

式中：负号“－”表示中子能量随着角度的增加而减小；σ_s 为弹性散射截面；σ_{cm} 为散射通过 θ_c 时的弹性散射截面。式(1.19)微分所得的 $dE_L'/d\theta_c$ 代入式(1.20)，可得

$$P(E_L \to E'_L) = \begin{cases} \dfrac{4\pi\sigma_{cm}(E_L,\theta_c)}{(1-\alpha)E_L\sigma_s(E_L)}, & \alpha E_L \leqslant E'_L \leqslant E_L \\ 0, & \text{其他} \end{cases} \tag{1.21}$$

除高能中子与重核间的散射之外,弹性散射在质心坐标系中是各向同性的,即 $\sigma_{cm}(\theta_c) = \sigma_s/4\pi$,则式(1.21)可变为

$$\sigma_s(E_L \to E'_L) \equiv \sigma_s(E_L)P(E_L \to E'_L) = \begin{cases} \dfrac{\sigma_s(E_L)}{(1-\alpha)E_L}, & \alpha E_L \leqslant E'_L \leqslant E_L \\ 0, & \text{其他} \end{cases} \tag{1.22}$$

中子在每次弹性散射中的平均损失能量为

$$\langle \Delta E_L \rangle \equiv E_L - \int_{\alpha E_L}^{E_L} E'_L P(E_L \to E'_L) \mathrm{d}E'_L = \frac{1}{2}(1-\alpha)E_L \tag{1.23}$$

其平均对数能降为

$$\begin{aligned} \xi &\equiv \int_{\alpha E_L}^{E_L} \ln(E_L/E'_L) P(E_L \to E'_L) \mathrm{d}E'_L \\ &= 1 + \frac{\alpha}{1+\alpha}\ln\alpha = 1 - \frac{(A-1)^2}{2A}\ln\frac{A+1}{A-1} \end{aligned} \tag{1.24}$$

中子从能量 E_0 慢化至热能区(如1eV)所需的平均碰撞次数为

$$\langle \text{平均碰撞次数} \rangle \approx \frac{\ln[E_0/1.0]}{\xi} \tag{1.25}$$

表1.4 列出了 $E_0 = 2\text{MeV}$ 时的计算结果。

表 1.4 中子从 2MeV 慢化至 1eV 所需的平均碰撞次数

慢化剂	ξ	碰撞次数	$\xi\Sigma_s/\Sigma_a$
H	1.0	14	—
D	0.725	20	—
H_2O	0.920	16	71
D_2O	0.509	29	5670
He	0.425	43	83
Be	0.209	69	143
C	0.158	91	192
Na	0.084	171	1134
Fe	0.035	411	35
^{238}U	0.008	1730	0.0092

平均对数能降 ξ 可作为衡量材料慢化能力的一种尺度,它随着核素原子量的增加而减小,这表明随着原子量的增加,核素慢化快中子需更多次的碰撞。然而,核素(或者分子)慢化中子的有效性还取决于每次碰撞时发生散射反应而非俘获反应的相对概率,因为后者使中子消失。因此,慢化比($\xi\Sigma_s/\Sigma_a$)可作为衡量慢化剂材料有效性的一种尺度。从热化(慢化)快中子所需的平均碰撞次数而言,轻水 H_2O 是更好的慢化剂;然而,重水 D_2O 是更加有效的慢化剂,因为D的吸收截面远小于H的吸收截面。

例1.2 混合物的慢化。

同位素混合物的慢化参数可根据各同位素的慢化参数及其在混合物中的浓度加权平均后

获得。例如,对于 ^{12}C 和 ^{238}U 的混合物而言,其 $\xi\Sigma_s$ 的平均值为

$$\begin{aligned}\xi\Sigma_s &= \xi_C N_C \sigma_{sC} + \xi_U N_U \sigma_{sU} \\ &= N_C \times 0.158 \times 2.3 \times 10^{-24} + N_U \times 0.008 \times 4.8 \times 10^{-24}\end{aligned}$$

其中,假设裂变谱平均的弹性散射截面(表 1.3)同样适用于慢化能区的中子。该混合物在慢化能区的总吸收截面为

$$\Sigma_a = N_C \sigma_{aC} + N_U \sigma_{aU} = N_C \times 0.002 \times 10^{-24} + N_U \times 280 \times 10^{-24}$$

其中,该式采用了表 1.3 中共振能区的截面。

参考文献

[1] H. CEMBER, *Introduction to Health Physics*, 3rd ed., McGraw-Hill, New York (**1996**).

[2] C. NORDBORG and M. SALVATORES, "Status of the JEF Evaluated Nuclear Data Library", *Proc. Int. Conf. Nuclear Data for Science and Technology*, Gatlinburg, TN, Vol. 2 (**1994**), p. 680.

[3] R. W. ROUSSIN, P. G. YOUNG, and R. MCKNIGHT, "Current Status of ENDF/B-VI", Proc. *Int. Conf. Nuclear Data for Science and Technology*, Gatlinburg, TN, Vol. 2 (**1994**), p. 692.

[4] Y. KIKUCHI, "JENDL-3 Revision 2: JENDL 3-2", *Proc. Int. Conf. Nuclear Data for Science and Technology*, Gatlinburg, TN, Vol. 2 (**1994**), p. 685.

[5] R. A. KNIEF, *Nuclear Engineering*, Taylor & Francis, Washington, DC (**1992**).

[6] J. J. SCHMIDT, "Nuclear Data: Their Importance and Application in Fission Reactor Physics Calculations", in D. E. Cullen, R, Muranaka, and J. Schmidt, eds., *Reactor Physics Calculations for Applications in Nuclear Technology*, World Scientific, Singapore (**1990**).

[7] A. TRKOV, "Evaluated Nuclear Data Processing and Nuclear Reactor Calculations", in D. E. Cullen, R. Muranaka, and J. Schmidt, eds., *Reactor Physics Calculations for Applications* in *Nuclear Technology*, World Scientific, Singapore (**1990**).

[8] *CINDA: An Index* to *the Literature on Microscopic Neutron Data*, International Atomic Energy Agency, Vienna; CINDA-A, 1935 - 1976 (**1979**); CINDA-B, 1977 - 1981 (1984); CINDA-89 (**1989**).

[9] D. E. CULLEN, "Nuclear Cross Section Preparation", in Y. Ronen, ed., *CRC Handbook for Nuclear Reactor Calculations* I, CRC Press, Boca Raton, FL (**1986**).

[10] J. L. ROWLANDS and N. TUBBS, "The joint Evaluated File: A New Nuclear Data Library for Reactor Calculations", *Proc. Int. Conf. Nuclear Data for Basic and Applied Science*, Santa Fe, NM, Vol. 2 (1985), p. 1493.

[11] A. CALAMAND and H. D. LEMMEL, *Short Guide* to *EXFOR*, IAEA-NDS-l, Rev. 3, International Atomic Energy Agency, Vienna (**1981**).

[12] J. J. DUDERSTADT and L. G. HAMILTON, *Nuclear Reactor Analysis*, Wiley, New York (**1976**), Chap. 2.

[13] H. C. HONECK, *ENDF/B: Specifications for an Evaluated Data File for Reactor Applications*, USAEC report BNL-50066, Brookhaven National Laboratory, Upton, NY (**1966**).

[14] I. KAPLAN, *Nuclear Physics*, 2nd ed., Addison-Wesley, Reading, MA (**1963**).

[15] L. J. TEMPLIN, ed., *Reactor Physics Constants*, 2nd ed., ANL-5800, Argonne National Laboratory, Argollne, IL (**1963**).

习题

1.1　利用动量和动能守恒证明弹性碰撞过程中中子和原子核在质心坐标系中的速度保持不变。

1.2　计算 $N_U:N_H = 1:1$ 的铀 - 水混合物中能量为 1MeV 的中子慢化至热能区而不被俘获的概率;计算 $N_U:N_C = 1:1$ 的铀 - 碳混合物中能量为 1MeV 的中子慢化至热能区而不被俘获的概率。

1.3　中子在 H_2O 和富集度为4%的铀(4%(质量分数)^{235}U、96%(质量分数)^{238}U)1∶1组成的混合物中慢化至热能区,计算 $\eta\equiv\nu\sigma_f/(\sigma_f+\sigma_\gamma)$ 值。计算由2%(质量分数)^{235}U、2%(质量分数)^{239}Pu 和96%(质量分数)^{238}U 组成的混合物的 η 值。

1.4　计算问题1.3中裂变中子与 H_2O 碰撞的概率。

1.5　计算能量分别为1MeV、100keV、10keV和1keV的中子与碳、铁和铀碰撞的平均损失能量。

1.6　计算能量分别为1MeV、100keV、10keV和1keV的中子与氢和钠碰撞的平均损失能量。

1.7　计算由 ^{12}C∶^{238}U = 1∶1组成的混合物的慢化比及其将快中子慢化至热中子的平均碰撞次数。计算当 ^{12}C∶^{238}U = 10∶1时的慢化比和平均碰撞次数。

1.8　计算由碳和富集度为4%(质量分数)的铀(4%(质量分数)^{235}U、96%(质量分数)^{238}U)1∶1组成的混合物的热中子吸收截面。

1.9　由式(1.19)和式(1.20)推导式(1.21)。

1.10　分别计算 ^{238}U、H_2O 和 D_2O 将能量在共振能量之上的中子慢化至共振能量之下所需的平均碰撞次数。

第2章　中子链式裂变核反应堆

2.1　中子链式裂变反应

由于中子诱发的裂变反应每次能释放2个或3个中子，那么图2.1所示的自持中子链式反应是显而易见的。为了使裂变反应持续下去，必须平均剩下1个或多个裂变产生的中子以引起另一次裂变反应。在任何装置内，中子面临各种与裂变反应竞争的过程：一部分中子被燃料核素吸收但发生了辐射俘获反应而非裂变反应，另一部分中子被非燃料核素吸收，其余部分中子泄漏出装置。虽然散射反应并不与裂变反应竞争中子（因为散射后的中子仍留在装置内并可能引起裂变反应），但是由于各种截面与中子能量有关，而散射反应能改变中子的能量，因而散射反应改变了中子在下一次碰撞过程中发生裂变反应的相对概率。

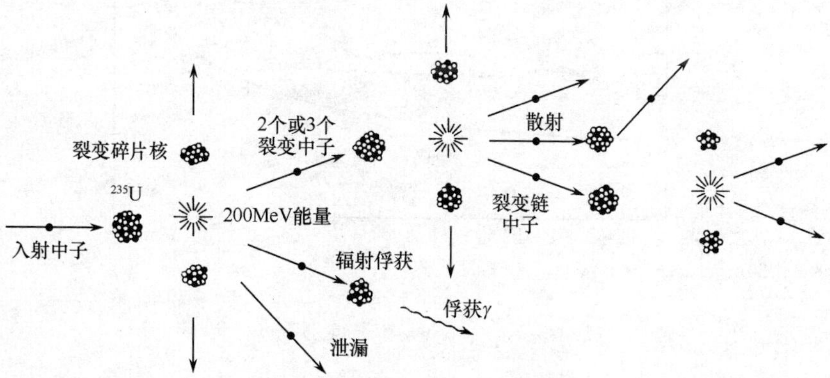

图2.1　链式裂变反应示意图[3]

2.1.1　俘获裂变比

虽然易裂变核素的裂变截面随中子能量的降低大致按$1/v$的规律增加，但是其辐射俘获截面也具有这样的变化规律。一个中子被一个易裂变核俘获后引起裂变反应的概率为$\sigma_f/(\sigma_f+\sigma_\gamma)=1/(1+\sigma_\gamma/\sigma_f)=1/(1+\alpha)$，其中，$\alpha$为俘获裂变比，$\alpha\equiv\sigma_\gamma/\sigma_f$。一些重要的易裂变核素的俘获裂变比随中子能量的增加而减小。高能中子引起裂变的概率按$(1+\alpha)^{-1}$关系变化，因而高能中子引起^{239}Pu裂变的概率大于^{235}U和^{233}U的概率，但低能热中子的情况正好相反。

2.1.2　燃料每吸收一个中子产生的裂变中子数

燃料内一个中子被吸收后引起裂变的概率与每次裂变释放的平均中子数的乘积$\eta\equiv\nu\sigma_f/(\sigma_f+\sigma_\gamma)=\nu/(1+\alpha)$，更好地表征了各种易裂变核素维持链式裂变反应的相对能力。主要的易裂变核素的η值如图2.2所示。对于高能中子，^{239}Pu的η值比^{235}U和^{233}U的大；低能热中子的情况刚好相反。

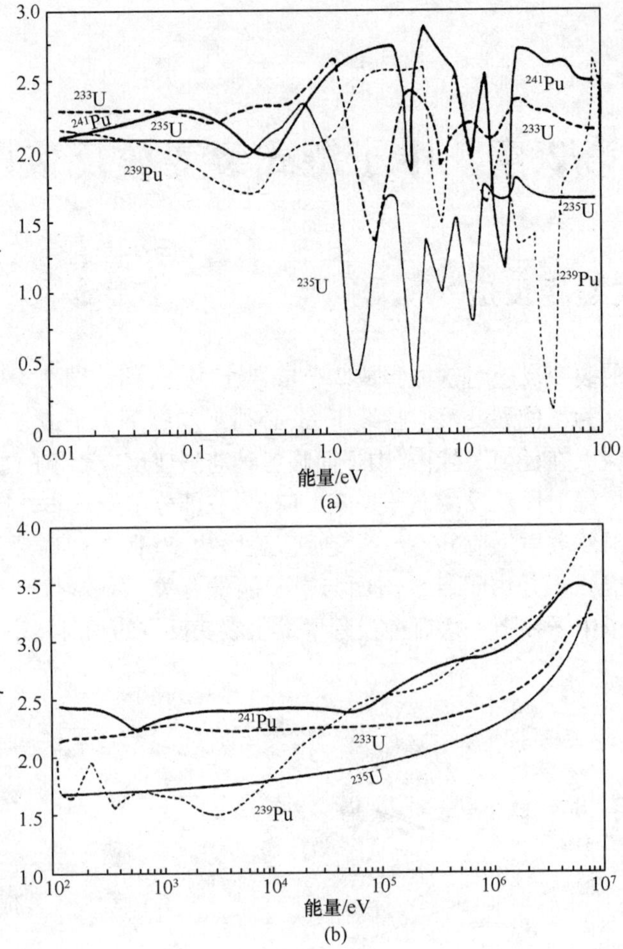

图 2.2　主要易裂变核素的 η[9]

2.1.3　中子利用系数

一个中子被易裂变核素吸收而不是被其他核素吸收或者泄漏的概率为

$$\frac{\text{被易裂变核素吸收}}{\text{被易裂变核素吸收}+\text{被非易裂变核素吸收}+\text{泄漏}}$$

$$=\frac{\text{被易裂变核素吸收}}{\text{总吸收}}\ \frac{1}{1+\text{泄漏/总吸收}}\equiv fP_{\mathrm{NL}} \tag{2.1}$$

式中：P_{NL}为不泄漏概率；f为被易裂变核素吸收的中子占所有被吸收中子的份额，称为中子利用系数，且有

$$f=\frac{N_{\mathrm{f}}\sigma_{\mathrm{a}}^{\mathrm{fis}}}{N_{\mathrm{f}}\sigma_{\mathrm{a}}^{\mathrm{fis}}+N_{\mathrm{other}}\sigma_{\mathrm{a}}^{\mathrm{other}}} \tag{2.2}$$

由于易裂变核素的热中子吸收截面 $\sigma_{\mathrm{a}}=\sigma_{\mathrm{f}}+\sigma_{\gamma}$远大于快中子的吸收截面，而非易裂变核素与结构材料核素的热中子吸收截面与快中子吸收截面相差不大，因此对于某一特定成分而言，热中子的利用系数远大于快中子的利用系数。实际上，中子利用系数常称为热中子利用系数。

2.1.4　快中子裂变

ηf 为装置内每吸收一个中子后易裂变核素所能释放的平均中子数。非易裂变燃料核素的裂变也能释放中子,但主要是由快中子引起的。定义快中子裂变系数 ε 为裂变中子的总产生率与易裂变核素的裂变中子产生率之比。$\eta f\varepsilon$ 为装置内每吸收一个中子后产生的总裂变中子数,$\eta f\varepsilon P_{\mathrm{NL}}$ 为装置内每个上一次裂变反应释放的裂变中子产生的平均总中子数目。

2.1.5　逃脱共振

计算 η、f 和 ε 必须按照装置内的中子能量分布进行平均。如果装置内的中子主要是热中子,则可采用表 1.3 中经热中子谱平均截面计算 η 与 f,可采用表中经裂变谱平均后的截面计算 ε,这样能包含易裂变核素中发生的快中子裂变。然而,在中子从高能区慢化至热能区的过程中,各种材料对中子的俘获,特别是燃料核素对裂变中子的共振俘获仍须单独考虑。一个中子在慢化过程中未被俘获的概率称为逃脱共振概率,用 p 表示。忽略泄漏,热中子裂变反应装置内的中子平衡如图 2.3 所示。

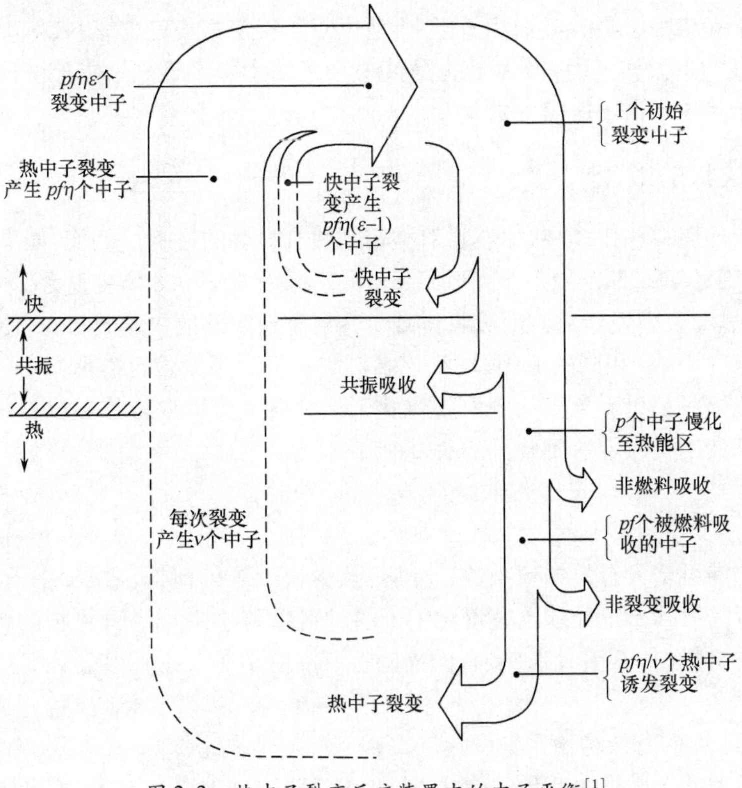

图 2.3　热中子裂变反应装置内的中子平衡[1]

2.2　临界

2.2.1　有效增殖系数

$\eta f\varepsilon p P_{\mathrm{NL}}$ 为上一代裂变反应生成的快中子产生的平均裂变中子数,称为装置的有效增殖系数:

$$k = \eta f \varepsilon p P_{NL} \equiv k_\infty P_{NL} \tag{2.3}$$

式中:k_∞为无泄漏的无限大装置的增殖系数。

如果平均正好剩下一个中子以引起另一次裂变反应,则这样的状态称为临界状态($k=1$),装置内的中子数目保持不变。如果平均剩下不足一个中子以引起另一次裂变反应,则这样的状态称为次临界状态($k<1$),装置内的中子数目减少。如果平均剩下一个以上的中子以引起裂变反应,则这样的状态称为超临界状态($k>1$),装置内的中子数目增加。有效增殖系数与装置的成分(k_∞)和尺寸(P_{NL})及其材料在装置内的布置方式(f与p)存在密切的关系。成分对有效增殖系数k具有两个方面的影响:①装置内不同种类核素的相对数目;②中子能量分布,中子能量分布反过来又决定了各核素的平均截面。材料的布置方式决定了中子的空间分布,因而决定了各核素所在位置处的相对中子数目。

天然铀仅含有0.72%的易裂变核素^{235}U。浓缩燃料以提高易裂变核素的浓度进而获得更大的中子利用系数f,是增大增殖系数的主要手段。由于快中子的俘获裂变比较小,而且每次裂变释放更多的中子,所以易裂变材料吸收一个快中子产生的裂变中子数η远大于热中子的η。另外,因为易裂变核素的热中子吸收截面远大于其快中子吸收截面,而非易裂变核素和结构材料的快中子和热中子吸收截面相差不大,所以对于特定富集度的燃料,热中子的利用系数f远大于快中子的f。大体上而言,为了获得某一特定的增殖系数,快中子谱下所需易裂变核素的数量远小于热中子谱下所需的数量。

2.2.2 燃料块状的效应

与均匀分布的燃料相比,块状化燃料对增殖系数有显著的影响。例如,如果天然铀均匀地弥散在石墨中,则$\eta \approx 1.33$,$f \approx 0.9$,$\varepsilon \approx 1.05$,$p \approx 0.7$,因而$k_\infty \approx 0.88$(装置为次临界状态)。如果燃料块状化,燃料表面强烈的共振吸收将减少达到燃料内部的中子数目,这使逃脱共振吸收的概率p提高至约0.9。相同的原因,块状化燃料使中子利用系数也有所减小,但这个效应并不明显。块状化燃料是世界上第一个石墨慢化天然铀核反应堆取得临界($k=1$)的关键,也是目前重水慢化天然铀反应堆达到临界的关键。

2.2.3 减少泄漏

减少中子泄漏可增大有效增殖系数,尤其是减少快中子的泄漏。减少中子泄漏最简单的办法是增大装置的尺寸。选择能迅速慢化中子的材料以防止中子飞行更长的距离,或者采用散射截面较大的材料(如石墨)围在装置的周围将泄漏的中子反射回装置内,这均可减少中子的泄漏。

例2.1 压水堆的有效增殖系数。

对于一个典型的压水堆(PWR),$\eta \approx 1.65$,$f \approx 0.71$,$\varepsilon \approx 1.02$,$p \approx 0.87$,因而$k_\infty \approx 1.04$。快中子和热中子的不泄漏概率分别为0.97、0.99,那么其有效增殖系数$k \approx 1$。

2.3 中子链式裂变装置的时间响应

2.3.1 瞬发裂变中子的时间响应

如果$t=0$时刻向一装置内引入N_0个裂变中子,每一个裂变中子慢化并被吸收或者泄漏平

均所需的时间为 l 且 $l=1/(\nu\Sigma_f v)$，那么该装置内 $t=l$ 时的平均中子总数为 kN_0。继续这个过程，该装置内 $t=ml$（m 为整数）时的中子总数为 $k^m N_0$。对于中子在引起下一次裂变之前须被慢化到热中子的装置，l 通常约为 10^{-4}s；对于由快中子引起裂变的装置，l 通常约为10^{-6}s。例如，吸收截面因控制棒的移动变化了 0.5%，并导致有效增殖系数 k 约 0.005 的变化。对于有效增殖系数为 1.005 的热中子裂变装置，0.1s（$=1000l$）时的中子总数 $N(0.1)=(1.005)^{1000}N_0\approx 150N_0$。对于有效增殖系数为 0.995 的热中子裂变装置，0.1s 时的中子总数 $N(0.1)=(0.995)^{1000}N_0\approx 0.0066N_0$。

描述上述中子动力学过程的控制方程为

$$\frac{dN(t)}{dt}=\frac{k-1}{l}N(t)+S(t) \tag{2.4}$$

简单地说，中子总数的变化率等于裂变产生的中子数减去被吸收或泄漏的中子数，再加上外部中子源产生的中子数。对于一个常数源，方程（2.4）的解为

$$N(t)=N(0)e^{(k-1)t/l}+\frac{Sl}{k-1}[e^{(k-1)t/l}-1] \tag{2.5}$$

方程（2.5）表明装置内的中子总数按指数规律变化。对于上述的例子，若中子源设为 0，当 $k=1.005$ 时，$N(0.1)=N(0)e^5=148N(0)$；当 $k=0.995$ 时，$N(0.1)=N(0)e^{-5}=0.00677N(0)$。

2.3.2　源增殖

当 $k>1$ 时，方程（2.4）不存在稳态解；当 $k=1$ 时，方程的稳态解不唯一；当 $k<1$ 时，方程存在渐近解：

$$N_{渐进}=\frac{lS_0}{1-k} \tag{2.6}$$

此方程为测量有效增殖系数 k 提供了一个方法。当 $k<1$ 时，在增殖介质内放置源强为 S_0的中子源，通过测量渐进中子数目即可得到该装置的有效增殖系数。

2.3.3　缓发中子的作用

由以上分析可知，中子链式裂变反应装置对吸收截面 0.5% 的变化的响应如此剧烈，因此控制这样一个装置虽然不是不可能，但也是异常困难的。幸运的是，有一小部分份额为 β 的裂变中子（对于以 ^{235}U 为燃料的核反应堆，$\beta\approx 0.0075$）在裂变碎片的衰变过程中（$\lambda\approx 0.08s^{-1}$）才被缓慢地释放出来。对于一个在 $t=0$ 时刻处于临界状态的装置，由如下的平衡方程可得缓发中子先驱核的平衡浓度：

$$\frac{dC_0}{dt}=0=\beta\nu N_f\sigma_f vN_0-\lambda C_0=\frac{\beta}{l}N_0-\lambda C_0 \tag{2.7}$$

式中：N_f 为燃料核的数密度；N_0为中子数目；C_0为缓发中子先驱核的数目。

若截面在 $t=0$ 时刻发生 0.5% 的变化，那么在 $t=0.1$s（$1000l$）时，瞬发中子增殖为 $[(1-\beta)k]^{1000}$。在每一个增殖间隔 l 内，裂变产物在衰变过程中释放 λlC 个缓发中子。缓发中子源在接下去的第一个增殖间隔内产生 $(1-\beta)k\lambda lC$ 个中子；第二个时间间隔内产生 $[(1-\beta)k]^2\lambda lC$ 缓发中子；依此类推。假设每 1000 代瞬发中子的增殖间隔内均存在一个缓发中子源，而且假设裂变碎片的浓度保持不变（$C=C_0$），那么 0.1s（$1000l$）后中子数目为

$$N(1000l)=[(1-\beta)k]^m N_0+\lambda lC_0[(1-\beta)k]^{m-1}+\lambda lC_0[(1-\beta)k]^{m-2}+\cdots+$$

$$
\begin{aligned}
&\lambda l C_0(1-\beta)k+\lambda l C_0 \\
&=[(1-\beta)k]^m N_0+\lambda l C_0\frac{[1-k(1-\beta)]^{m-1}}{1-k(1-\beta)} \\
&=\left\{[(1-\beta)k]^m\left[1-\frac{\beta}{k(1-\beta)[1-k(1-\beta)]}\right]+\frac{\beta}{1-k(1-\beta)}\right\}N_0 \qquad (2.8)
\end{aligned}
$$

其中,推导的最后一步利用了方程(2.7)。当 $k=1.005$ 时,利用该表达式可得中子的数目 $N(t=0.1\ \mathrm{s})=3.03N_0$,而不是未考虑缓发中子时的 $150N_0$。若考虑裂变碎片数目的变化,中子的数目将稍大一些。虽然如此,只要 $(1-\beta)k<1$,裂变过程中的一小部分中子被延迟释放这一现象使中子链式裂变反应装置对反应性变化的响应是缓慢且可控的。

2.4 核反应堆的分类

2.4.1 按中子能谱的物理分类

从物理的角度而言,不同类型的核反应堆间的差异来源于中子能量分布(能谱)的不同,这导致中子-核反应率和中子行为的不同。第一个层次的物理分类可将核反应堆分为热堆与快堆。在热堆内,参与中子-核反应的大部分中子在热能区($E<1\mathrm{eV}$);在快堆内,参与中子-核反应的大部分中子在快中子能区($E>1\mathrm{keV}$)。热堆(轻水反应堆)与快堆(液态金属增殖快堆(LMFBR))的典型中子能谱如图2.4所示。

不同的热堆和快堆在物理上仍存在重要的差别,但是这一层次上的差异没有如热堆与快堆之间的差别那么明显。快堆的俘获-裂变比 α 比热堆的小,而且每次裂变释放的中子也比热堆的多。因此,对于一定数量的燃料,快堆通常比热堆具有更大的增殖系数。换而言之,快堆比热堆具有更小的临界质量。由于热堆比快堆具有更大的中子-核反应率,因而快堆内的中子在被吸收之前飞行的平均距离较热堆内的中子更大。这意味着,热堆内燃料、冷却剂和控制元件等的具体布置对当地中子行为的影响较快堆的更大,而快堆堆芯内不同区域的中子数量间的耦合关系较热堆的更紧密。

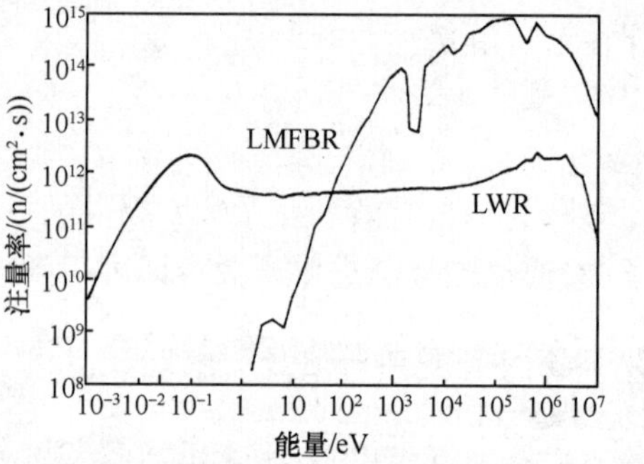

图2.4 典型快中子和热中子反应堆的中子能谱(中子注量率 $=nv$)[1]

2.4.2 按冷却剂的工程分类

中子能谱主要取决于核反应堆内出现的中子慢化材料;在许多情况下,慢化材料本身又是冷却剂。由于热量传输系统是核反应堆的一个重要组成部分,因而常根据冷却剂对反应堆进行分类。水冷反应堆因氢元素具有极好的慢化特性而成为热中子谱反应堆,如压水堆和沸水堆(BWR)以轻水(H_2O)为冷却剂,而压力式重水堆(PHWR)以重水(D_2O)作为冷却剂。气体因其密度太小而不能作为有效的慢化剂,因而气冷堆可成为热堆,也可成为快堆,取决于核反应堆内是否存在慢化剂;气冷堆通常采用石墨作为慢化剂。早期的美诺克斯反应堆及先进气冷堆(AGR)均采用二氧化碳(CO_2)作为冷却剂,而更先进的高温气冷堆(HTGR)采用氦气

(He)作为冷却剂。这几类核反应堆均采用石墨慢化中子以获得热中子谱。氦气冷却的核反应堆可不包含石墨而设计成气冷快堆(GCFR)。压力管式石墨慢化堆(PTGR)采用压力管内的加压的或者沸腾的水冷却而利用石墨慢化以获得热中子谱。熔盐增殖堆(MSBR)采用熔融状态的盐作为燃料与主回路的冷却剂,并利用石墨作为慢化剂。先进液态金属堆(ALMR)和液态金属增殖快堆由钠冷却;由于钠不是非常有效的慢化剂,因而它们是快中子谱核反应堆。

参 考 文 献

[1] R. A. KNIEF, *Nuclear Engineering*, 2nd ed., Taylor & Francis, Washington, DC (**1992**).

[2] J. R. LAMARSH, *Introduction to Nuclear Reactor Theory*, 2nd ed., Addison-Wesley, Reading. MA (**1983**).

[3] J. J. DUDERSTADT and L. J. HAMILTON, *Nuclear Reactor Analysis*, Wiley, New York (**1976**).

[4] A. F. HENRY, *Nuclear Reactor analysis*, MIT Press, Cambridge, MA (**1975**).

[5] G. I. BELL and S. GLASSTONE, *Nuclear Reactor Theory*, Van Nostrand Reinhold, New York (**1970**).

[6] R. V. MEGHREBLIAN and D. K. HOLMES, *Reactor Analysis*, McGraw Hill, New York (**1960**), pp. 160 - 267 and 626 - 747.

[7] A. M. WEINBERG and E. P. WIGNER, *The Physical Theory of Neutron Chain Reactors*, University of Chicago Press, Chicago (**1958**).

[8] S. GLASSTONE and M. C. EDLUND, *Nuclear Reactor Theory*, D. Van Nostrand, Princeton, NJ (**1952**).

[9] N. L. SHAPIRO et al., *Electric Power Research Institute Report*, EPRI - NP - 359, Electric Power Research Institute, Palo Alto, CA (**1977**).

习题

2.1　对于以 ^{235}U 为燃料的核反应堆,计算并绘制燃料富集度(^{235}U 在铀中的质量分数)在 0.07% ~5.0% 范围内的热中子利用系数。

2.2　计算由碳与天然铀以体积比 50%:50% 组成的均匀混合物的热中子利用系数;计算铀富集度为 4% (质量分数)时的热中子利用系数。

第3章　中子扩散理论

本章将建立核反应堆单群中子扩散理论的数学模型。借助这个简单的数学模型,本章可阐述许多核反应堆的重要特征而无须处理与中子能谱、角度相关的中子输运等复杂的物理过程;此后各章将逐一分析这些内容。而且,扩散理论的精度足以定量地分析核反应堆的主要物理特征,因而至今它仍然是核反应堆物理计算的主要方法。

3.1　单群扩散理论

计算核反应堆内不同空间位置上中子与材料的各种核反应率是核反应堆物理计算的基本任务。这样的计算需已知随能量变化的核截面数据与核反应堆内中子在空间和能量上的分布。中子的分布取决于中子源的分布及其在飞离中子源后与原子核间的相互作用过程。如果中子源是裂变源,那么这样的中子源的分布本身与中子的分布有关。中子扩散理论是最简单但又是被最广泛应用的中子分布分析方法。在单群扩散理论中,所有中子被认为具有相同的有效速度(能量),而且与中子能量变化相关的效应均被忽略。如果在实际的计算中采用经合适的中子能量分布平均后的中子截面,这样的简化是合理的。单群扩散理论成立还需要另一个条件,即核反应堆内的材料是均匀的。

3.1.1　中子流密度

如图3.1所示,在微元体 $\mathrm{d}\boldsymbol{r}=r^2\mathrm{d}r\mathrm{d}\mu\mathrm{d}\psi$ 内中子的散射率为 $\Sigma_s\phi\mathrm{d}\boldsymbol{r}$,其中 $\mu\equiv\cos\theta$,宏观中子截面为原子核数密度与微观中子截面的乘积,即 $\Sigma\equiv N\sigma$,而中子注量率为中子密度与其速度的乘积,即 $\phi\equiv nv$。在 $\boldsymbol{r}$ 处微元体 $\mathrm{d}\boldsymbol{r}$ 内经碰撞散射的各向同性中子通过原点处面积 $\mathrm{d}A$ 的份额为 $-(\boldsymbol{r}/r)4\pi r^2\cdot\mathrm{d}\boldsymbol{A}=\mu\mathrm{d}A/4\pi r^2$。但并不是所有从微元体飞向 $\mathrm{d}A$ 的中子均能通过 $\mathrm{d}A$,如有些中子在到达 $\mathrm{d}A$ 之前就被吸收了,有些中子被散射而偏离了 $\mathrm{d}A$ 的方向。从微元体 $\mathrm{d}\boldsymbol{r}$ 散射的中子且能到达 $\mathrm{d}A$ 的概率为 $\mathrm{e}^{-\Sigma r}$。在 $\mathrm{d}\boldsymbol{r}$ 体积内经历最后一次碰撞并向下散射通过 $\mathrm{d}A$ 的微分中子流密度为

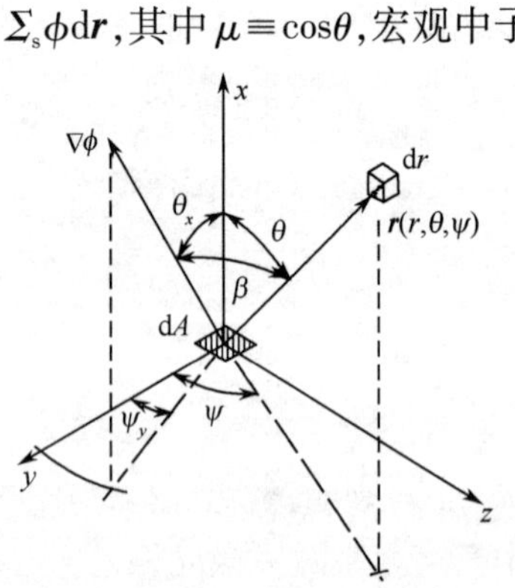

图3.1　坐标系的定义[10]

$$j_-(0:r,\mu,\psi)\mathrm{d}\boldsymbol{r}\mathrm{d}A=\frac{\mu\mathrm{e}^{-\Sigma r}\Sigma_s\phi(\boldsymbol{r},\mu,\psi)\mathrm{d}\boldsymbol{r}\mathrm{d}A}{4\pi r^2}\tag{3.1}$$

在整个上半平面($x>0$)内对式(3.1)积分可得向下通过 $\mathrm{d}A$ 的中子流密度为

$$j_-(0)\mathrm{d}A=\frac{\Sigma_s\mathrm{d}A}{4\pi}\int_0^\infty\mathrm{d}r\int_0^{2\pi}\mathrm{d}\psi\int_0^1\mu\mathrm{e}^{-\Sigma r}\phi(r,\mu,\psi)\mathrm{d}\mu\tag{3.2}$$

为了计算式(3.2)中的积分,在此须引入扩散理论的第一个重要的近似,即中子注量率在空间上是缓慢变化的,那么 $\boldsymbol{r}$ 处的中子注量率可按泰勒级数展开并保留前两项,即

$$\phi(\boldsymbol{r}) = \phi(0) + \boldsymbol{r}\cdot\nabla\phi(0) + \frac{1}{2}[r^2\nabla^2\phi(0)] + \cdots \tag{3.3}$$

利用该近似表达式、三角关系 $\cos\beta = \cos\theta_x\cos\theta + \sin\theta_x\sin\theta\sin(\psi_y - \psi)$ 和第二个假设,即与散射截面相比,吸收截面较小($\Sigma\approx\Sigma_s$),那么,由式(3.2)可得扩散近似下向下的中子流密度为

$$\begin{aligned} j_-(0) &= \frac{1}{4}\phi(0) + \frac{1}{6\Sigma_s}|\nabla\phi(0)|\cos\theta_x \\ &= \frac{1}{4}\phi(0) + \frac{1}{6\Sigma_s}\frac{\mathrm{d}\phi(0)}{\mathrm{d}x} \equiv \frac{1}{4}\phi(0) + \frac{1}{2}D\frac{\mathrm{d}\phi(0)}{\mathrm{d}x} \end{aligned} \tag{3.4}$$

式中:D 为扩散系数。

同理可得,向上的中子流密度为

$$j_+(0) = \frac{1}{4}\phi(0) - \frac{1}{2}D\frac{\mathrm{d}\phi(0)}{\mathrm{d}x} \tag{3.5}$$

由此可得,原点处的净中子流密度(向上为正)为

$$J_x(0) = j_+(0) - j_-(0) = -\frac{1}{3\Sigma_s}\frac{\mathrm{d}\phi(0)}{\mathrm{d}x} = -D\frac{\mathrm{d}\phi(0)}{\mathrm{d}x} \tag{3.6}$$

同理可得,dA 在 $x-y$ 平面和 $x-z$ 平面上的中子流密度。那么三维的中子流密度为

$$\boldsymbol{J}(0) = -\frac{1}{3\Sigma_s}\nabla\phi(0) \equiv -D\,\nabla\phi(0) \tag{3.7}$$

在上述推导过程中已经引入了第三个假设,即中子散射是各向同性的。方程(3.7)称为菲克定律(Fick's law)。除了中子之外,菲克定律同样也适合其他物理量的扩散过程。利用输运理论(3.12节)推导扩散理论可得一个考虑各向异性散射的扩散系数,即

$$D = \frac{1}{3(\Sigma_t - \bar{\mu}_0\Sigma_s)} \equiv \frac{1}{3\Sigma_{tr}} \tag{3.8}$$

式中:Σ_t、Σ_s 分别为总宏观截面和散射宏观截面;$\bar{\mu}_0$ 为平均散射角余弦,$\bar{\mu}_0 = 2/3A$,A 为散射原子核的相对原子质量。

3.1.2 扩散理论

将扩散理论的中子流密度表达式代入微元体内中子平衡方程可获得扩散理论的数学表达式,即

$$\begin{aligned} \frac{\partial n}{\partial t} &= S + \nu\Sigma_f\phi - \Sigma_a\phi - \nabla\cdot\boldsymbol{J} \\ &= S + \nu\Sigma_f\phi - \Sigma_a\phi + \nabla\cdot D\nabla\phi \end{aligned} \tag{3.9}$$

式(3.9)表明,在微元体内中子密度随时间的变化率等于外部中子源(S)和裂变源($\nu\Sigma_f\phi$)的中子产生率减去微元体内吸收($\Sigma_a\phi$)和净泄漏($\nabla\cdot\boldsymbol{J}$)的中子消失率。通过计算体积为 $\Delta_x\Delta_y\Delta_z$ 的立方体中向外和向内间的中子流密度之差即可证明微元体的净泄漏率可表示为 $\nabla\cdot\boldsymbol{J}$。该立方体的净泄漏为

$$\begin{aligned} &[J_x(x+\Delta x) - J_x(x)]\Delta_y\Delta_z + [J_y(y+\Delta y) - J_y(y)]\Delta_x\Delta_z + \\ &[J_z(z+\Delta z) - J_z(z)]\Delta_x\Delta_y \\ \approx &\left(\frac{\partial J_x}{\partial x}\right)\Delta_y\Delta_z + \left(\frac{\partial J_y}{\partial y}\right)\Delta_x\Delta_z + \left(\frac{\partial J_z}{\partial z}\right)\Delta_x\Delta_y \equiv \nabla\cdot\boldsymbol{J}\Delta_x\Delta_y\Delta_z \end{aligned}$$

在推导过程中已应用了中子流密度的泰勒级数展开。

3.1.3 界面条件

假设在区域1和区域2之间存在一个各向同性的中子源 S_0,那么在这个界面处两侧的分中子流密度必须满足

$$\begin{cases} j_+^{(2)}(0) = \dfrac{1}{2}S_0 + j_+^{(1)}(0) \\ j_-^{(1)}(0) = \dfrac{1}{2}S_0 + j_-^{(2)}(0) \end{cases} \tag{3.10}$$

方程组(3.10)的两式相减并利用式(3.4)和式(3.5)可得中子注量率在界面处的连续性条件为

$$\phi_2(0) = \phi_1(0) \tag{3.11}$$

方程组(3.10)的两式相加,可得

$$J_2(0) = J_1(0) + S_0 \tag{3.12}$$

当界面处不存在中子源时,界面处的中子流密度是连续的。

3.1.4 边界条件

在外部的边界上,通常以向内的中子流密度 j^{in} 作为边界条件。例如,在右边界 x_b 处,向内的中子流密度为

$$j_-^{\text{in}} = \frac{1}{4}\phi(x_b) + \frac{1}{2}D\frac{\mathrm{d}\phi(x_b)}{\mathrm{d}x} \tag{3.13}$$

当扩散介质周围是真空或者无反射介质时,$j^{\text{in}}=0$,那么式(3.13)可变为

$$\left.\frac{1}{\phi}\frac{\mathrm{d}\phi}{\mathrm{d}x}\right|_{x_b} = -\frac{1}{2D} = -\frac{3\Sigma_{\text{tr}}}{2} \tag{3.14}$$

实际上,利用式(3.14)可得一个广泛使用但是更加近似的真空边界条件。如果根据边界处中子注量率的斜率将中子注量率外推至边界之外,那么在边界外 $\lambda_{\text{extrap}} = \frac{2}{3}\lambda_{\text{tr}} = \frac{2}{3}\Sigma_{\text{tr}}^{-1}$ 处外推的中子注量率为0。利用中子输运理论可得一个更加精确的外推长度 $\lambda_{\text{extrap}} = 0.7104\Sigma_{\text{tr}}^{-1}$。利用该结果可构造物理边界 $x=a$ 之外 λ_{extrap} 处零中子注量率的近似真空边界条件,即 $\phi(a+\lambda_{\text{extrap}}) \equiv \phi(a_{\text{ex}}) = 0$,其中,外推的边界定义为

$$a_{\text{ex}} \equiv a + \lambda_{\text{extrap}} \tag{3.15}$$

由于在核反应堆物理中外推长度 λ_{extrap} 通常比扩散介质典型的尺寸小很多,那么一个更加近似的真空边界条件是物理边界处的中子注量率为0。

例3.1 热中子的外推长度。

热中子的外推长度 $\lambda_{\text{extrap}} = 0.7104/\Sigma_{\text{tr}} = 0.7104/[\Sigma_a + (1-\mu_0)\Sigma_s]$。通常来说,$H_2O$ 的外推长度为0.3cm,重水的外推长度为1.79cm,碳的外推长度为1.95cm,钠的外推长度为6.34cm。如果扩散介质的尺寸 L 远大于外推长度,即 $L \gg \lambda_{\text{extrap}}$,那么,假设在扩散介质外边界处中子注量率为0是合理的。

3.1.5 扩散理论的适用范围

扩散理论的推导过程引入了三个假设,即吸收远小于散射、中子在微元体空间上的分布是

线性变化的和各向同性散射。当满足这三个假设时,扩散理论能提供一个精确的中子注量率的数学描述。核反应堆的大部分慢化剂和结构材料能满足第一个假设,但燃料和控制元件不能满足这一个假设。对于足够大(相对于平均自由程)的均匀介质和相对均匀的源分布来说,离边界几个平均自由程之外的区域能满足第二个假设。中子与重原子核之间的散射能满足第三个假设。

对于由数千个小元件组成的现代反应堆来说,特别是这数千个元件通常是包含强烈的吸收,而且其尺寸通常在几个平均自由程的量级上,扩散理论怎么能用于核反应堆物理分析?实际上,核反应堆物理分析中广泛地使用扩散理论并得到足够精确的结果。其中的关键是在扩散理论不成立时,利用更加精确的输运理论使扩散理论成立。例如,一个由大量小元件组成的介质通常可由一个经有效平均截面和扩散系数均匀化后的均匀介质代替;经过这样的处理,扩散理论在该介质内是成立的。如果存在更加强烈的吸收控制元件,可利用输运理论并以吸收率相等为条件所得的有效扩散理论截面代替该控制元件。

3.2 非增殖介质中扩散方程的解

3.2.1 含平面源的无限大均匀介质

无限大非增殖均匀平板($\Sigma_f=0$)在 $x=0$ 处存在一个源强为 S_0 的平面源(在 $y-z$ 平面内无限大),那么除 $x=0$ 处之外,稳态的中子扩散方程为

$$\frac{\mathrm{d}^2\phi(x)}{\mathrm{d}x^2}-\frac{1}{L^2}\phi(x)=0 \tag{3.16}$$

式中:L 为中子扩散长度,$L\equiv\sqrt{D/\Sigma_a}$。

方程(3.16)存在一个通解 $\phi=A\exp(x/L)+B\exp(-x/L)$。在 $x>0$ 的区域上,物理对象要求存在一个有限大的解,那么 $A=0$。当 $x\to0$ 时,物理对象要求中子流密度等于 $S_0/2$,那么 $B=LS_0/2D$。同理可得,$x<0$ 区域存在相同的解。因此,此问题的解为

$$\phi(x)=\frac{S_0L\mathrm{e}^{-|x|/L}}{2D} \tag{3.17}$$

3.2.2 含平面源的有限大均匀平板

宽度为 a 的均匀介质平板在 $x=0$ 处存在一个平面源。在这种的情形下,方程(3.16)的通解可写为 $\phi=A\sinh(x/L)+B\cosh(-x/L)$。边界条件:在 $x=a$ 处,向内的分中子流密度度为0,即 $j^-(a)=0$;当 x 趋向0时,向外的分中子流密度度为1/2 源强,即 $j^+(0)=\frac{1}{2}S_0$。因此,可得此问题的解为

$$\phi(x)=4S_0\frac{\sinh[(a-x)/L]+(2D/L)\cosh[(a-x)/L]}{[2(D/L)+1]^2\mathrm{e}^{a/L}-[2(D/L)-1]^2\mathrm{e}^{-a/L}} \tag{3.18}$$

如果采用外推边界条件 $\phi(a_{ex})=0$ 代替 $j^-(a)=0$,那么解变为

$$\phi(x)=2S_0\frac{\sinh[(a_{ex}-x)/L]}{\sinh(a_{ex}/L)+(2D/L)\cosh(a_{ex}/L)} \tag{3.19}$$

如果 $0.71\lambda_{tr}/a\ll1$(可用 a 代替 a_{ex})和 $2(D/L)=2(\Sigma_a/3\Sigma_{tr})^{1/2}\ll1$(中子输运的平均自

由程远小于介质的尺寸、吸收截面远小于散射截面),那么这两个解是相同的。既然扩散理论本身要求满足这两个条件,因此利用外推的零中子注量率边界条件代替零向内中子流密度边界是可以接受的。

3.2.3 含轴向线源的无限大均匀介质

在 $r=0$ 处存在一个源强为 S_0 的线源(在 z 方向上无限长),那么扩散方程为

$$\frac{1}{r}\frac{\mathrm{d}}{\mathrm{d}r}\left[r\frac{\mathrm{d}\phi(r)}{\mathrm{d}r}\right]-\frac{1}{L^2}\phi(r)=0 \tag{3.20}$$

方程的通解为

$$\phi=A\mathrm{I}_0(r/L)+B\mathrm{K}_0(r/L)$$

式中:I_0、K_0 分别为第一类和第二类修正零阶贝塞尔函数。

物理对象要求在无穷远处存在有限大小的解,那么 $A=0$。源条件为 $\lim\limits_{r\to0}2\pi rJ(r)=S_0$。那么,含线源的无限大均匀介质的解为

$$\phi(r)=\frac{S_0\mathrm{K}_0(r/L)}{2\pi D} \tag{3.21}$$

3.2.4 含轴向线源的无限高均匀圆柱

半径为 a 的有限长度圆柱在 $r=0$ 处存在线源。对于此问题,源条件 $\lim\limits_{r\to0}2\pi rJ(r)=S_0$ 仍然成立。虽然 $A=0$ 这一条件不再成立,但是在 $r=a$ 处满足零入射中子流密度边界条件或者在 $r=a+\lambda_{\mathrm{extrap}}$ 处满足零中子注量率边界条件。此问题在真空边界条件下的解为

$$\phi(r)=\frac{S_0[I_0(a_{\mathrm{ex}}/L)\mathrm{K}_0(r/L)-\mathrm{K}_0(a_{\mathrm{ex}}/L)\mathrm{I}_0(r/L)]}{2\pi D\mathrm{I}_0(a_{\mathrm{ex}}/L)} \tag{3.22}$$

3.2.5 含中心点源的无限大均匀介质

球坐标系下的中子扩散方程为

$$\frac{1}{r^2}\frac{\mathrm{d}}{\mathrm{d}r}\left[r^2\frac{\mathrm{d}\phi(r)}{\mathrm{d}r}\right]-\frac{1}{L^2}\phi(r)=0 \tag{3.23}$$

该方程的通解为 $\phi=(A\mathrm{e}^{r/L}+B\mathrm{e}^{-r/L})/r$。对于此问题,源条件为 $\lim\limits_{r\to0}4\pi r^2J(r)=S_0$;而且,物理对象要求当 r 趋于无穷远时的解是有限大小的,因而 $A=0$。那么此问题的解为

$$\phi(r)=\frac{S_0\mathrm{e}^{-r/L}}{4\pi rD} \tag{3.24}$$

3.2.6 含中心点源的有限大均匀球体

在半径为 a 的球的中心存在一个点源。虽然方程(2.23)的通解仍然是成立的,但是,$A=0$ 这一条件必须由 $r=a$ 处的真空边界条件代替。那么,此问题在外推零中子注量率条件下的解为

$$\phi(r)=\frac{S_0\sinh[(a_{\mathrm{ex}}-r)/L]}{4\pi rD\sinh(a_{\mathrm{ex}}/L)} \tag{3.25}$$

3.3　均匀介质内的扩散核和分布源

3.3.1　无限大介质的扩散核

3.2 节中无限大均匀介质内的平面源、线源和点源均位于笛卡儿坐标系、圆柱坐标系和球坐标系的原点，它们的解很容易推广至中子源不在坐标系原点的情形。例如，无限大介质内的坐标轴可以随意移动而并不影响解的形式。在 x' 和 r' 处的单位源在 x 和 r 处产生的中子注量率称为扩散核。源强为单位时间单位面积上释放一个中子的平面源、单位时间释放一个中子的点源、单位时间单位长度上释放一个中子的线源、单位时间单位长度单位圆柱壳面上释放一个中子的柱面源和单位时间单位球壳面上释放一个中子的球面源的无限介质的扩散核分别如下：

单位板源：
$$\phi_{pl}(x:x') = \frac{L}{2D}e^{-|x-x'|/L} \tag{3.26a}$$

单位线源：
$$\phi_{l}(\boldsymbol{r}:\boldsymbol{r}') = \frac{K_0(|\boldsymbol{r}-\boldsymbol{r}'|/L)}{2\pi D} \tag{3.26b}$$

单位点源：
$$\phi_{pt}(\boldsymbol{r}:\boldsymbol{r}') = \frac{e^{-|\boldsymbol{r}-\boldsymbol{r}'|/L}}{4\pi|\boldsymbol{r}-\boldsymbol{r}'|D} \tag{3.26c}$$

单位柱面源：
$$\phi_{cyl}(\boldsymbol{r}:\boldsymbol{r}') = \frac{1}{2\pi D}\times\begin{cases}K_0(r/L)I_0(r'/L), & r>r'\\ K_0(r'/L)I_0(r/L), & r<r'\end{cases} \tag{3.26d}$$

单位球面源：
$$\phi_{sph}(\boldsymbol{r}:\boldsymbol{r}') = \frac{L}{8\pi rr'D}(e^{-|r-r'|/L}-e^{-|r+r'|/L}) \tag{3.26e}$$

这些扩散核可用于构建任意分布的源 S_0 在无限均匀非增殖介质中产生的中子注量率，即

$$\phi(\boldsymbol{r}) = \int\phi(\boldsymbol{r}:\boldsymbol{r}')S_0(\boldsymbol{r}')d\boldsymbol{r}' \tag{3.27}$$

任意平面源产生的中子注量率为

$$\phi(x) = \int_{-\infty}^{\infty}\frac{S_0(x')L}{2D}e^{-|x-x'|/L}dx' \tag{3.28}$$

任意点源产生的中子注量率为

$$\phi(\boldsymbol{r}) = \int_0^{\infty}S_0(\boldsymbol{r}')\frac{e^{-|\boldsymbol{r}-\boldsymbol{r}'|/L}}{4\pi|\boldsymbol{r}-\boldsymbol{r}'|D}d\boldsymbol{r}' \tag{3.29}$$

3.3.2　有限大平板的扩散核

在 y 轴和 z 轴方向上无限大的平板位于 $x=-a$ 与 $x=a$ 之间，而且在 x' 处存在一个各向同性的单位面源。中子扩散方程为

$$\frac{d^2\phi(x)}{dx^2}-\frac{1}{L^2}\phi(x)=0 \tag{3.30}$$

除 $x=x'$ 处之外，该扩散方程在 $-a<x<a$ 范围内成立。由式(3.11)和式(3.12)可知，面源处的界面条件为

$$\begin{cases}\phi(x'+\varepsilon)=\phi(x'-\varepsilon)\\ J(x'+\varepsilon)=J(x'-\varepsilon)+1\end{cases} \tag{3.31}$$

式中：$x'+\varepsilon$ 表示从面源右侧无限接近 x'。

在 $x=-a$ 和 $x=a$ 处的真空边界条件采用零中子注量率条件，即

$$\phi(-a)=\phi(a)=0 \tag{3.32}$$

在上述源条件和边界条件下求解方程(3.30)，可得 x' 处的单位面源在 x 处产生的中子注量率，即有限大小平板的扩散核为

$$\begin{cases}\phi_+(x:x')=\dfrac{\sinh[(a+x')/L]\sinh[(a-x)/L]}{(D/L)\sinh(2a/L)}, & x>x'\\[2ex] \phi_-(x:x')=\dfrac{\sinh[(a-x')/L]\sinh[(a+x)/L]}{(D/L)\sinh(2a/L)}, & x<x'\end{cases} \tag{3.33}$$

利用这两个扩散核可计算平板内任意源分布 $S_0(x')$ 下的中子注量率分布为

$$\phi(x)=\int_{-a}^{x}\phi_+(x:x')S_0(x')\mathrm{d}x'+\int_{x}^{a}\phi_-(x:x')S_0(x')\mathrm{d}x' \tag{3.34}$$

3.3.3 外部中子束入射有限大平板

假设从平板左侧边界 $x=-a$ 处入射的一束中子，它在平板内形成的首次碰撞源为

$$S_0(x)=q_0\Sigma_s\mathrm{e}^{-\Sigma_t(x+a)} \tag{3.35}$$

将式(3.35)代入式(3.34)，可得到平板内的中子注量率分布为

$$\phi(x)=\frac{q_0\Sigma_s\mathrm{e}^{-\Sigma_t a}}{D[\Sigma_t^2-(1/L^2)]\sinh(2a/L)}\times \left[\mathrm{e}^{\Sigma_t a}\sinh\left(\frac{a-x}{L}\right)+\mathrm{e}^{-\Sigma_t a}\sinh\left(\frac{a+x}{L}\right)-\mathrm{e}^{-\Sigma_t x}\sinh\left(\frac{2a}{L}\right)\right] \tag{3.36}$$

高度各向异性的入射中子束在经历第一次碰撞之前，可利用输运理论的首次碰撞方法将其等效为适合扩散理论的首次碰撞源。这些高度各向异性的中子经过一次碰撞后转变成几乎各向同性的中子分布。也就是说，借助首次碰撞源，扩散理论也可对该高度各向异性问题进行分析。利用各向同性的中子分布下获得的解(式(3.36))在 $-a<x<0$ 范围内存在一个最大值。

3.4 反照边界条件

在 y 轴和 z 轴方向上无限大的平板位于 $x=0$ 与 $x=a$ 之间，而且在 $x=0$ 处存在已知的入射中子流 $j^+(0)=j_{\mathrm{in}}^+$。利用零中子注量率外推边界条件，即 $\phi(a+\lambda_{\mathrm{extrap}})=\phi(a_{\mathrm{ex}})=0$ 可求得平板内的中子注量率分布。从 $x=0$ 左侧进入平板的中子数的反射系数，或者反照率定义为

$$\alpha\equiv\frac{j_-(0)}{j_+(0)}=\frac{1-(2D/L)\coth(a_{\mathrm{ex}}/L)}{1+(2D/L)\coth(a_{\mathrm{ex}}/L)} \tag{3.37}$$

随着 a/L 的增加，$\coth[(a+\lambda_{\mathrm{extrap}})/L]$ 趋向1，因而由式(3.37)可知反照率 α 趋向无限大介质的反照率 $(1-2D/L)/(1+2D/L)$。

对于两块相邻的平板，平板B位于 $-b\leqslant x\leqslant 0$ 内，平板A位于 $0\leqslant x\leqslant a$ 内。如果平板A内的中子注量率分布并不重要，而仅仅须考虑平板A对平板B内中子注量率分布的影响，那么，对于平板B来说，可将平板A的反照率作为平板B的反照边界条件。由式(3.4)和式(3.5)可得平板B的反照边界条件为

$$\frac{1}{\phi_B}D_B\frac{\mathrm{d}\phi_B}{\mathrm{d}x}\bigg|_{x=0} = \frac{j_+(0)-j_-(0)}{2[j_+(0)+j_-(0)]} = -\frac{1}{2}\left(\frac{1-\alpha_A}{1+\alpha_A}\right) \tag{3.38}$$

该反照边界条件也可简化为几何外推条件。将平板 B 在平板 A 和平板 B 界面处的中子注量率按式(3.38)的斜率外推至 0,那么,平板 B 的反照边界条件可近似为 $\phi_B(\lambda_{\text{albedo}})=0$,其中

$$\lambda_{\text{albedo}} = 0.71\lambda_{\text{tr}}^B\left(\frac{1+\alpha_A}{1-\alpha_A}\right) \tag{3.39}$$

3.5 中子扩散长度和徙动长度

有限大小和无限大小介质内的中子注量率分布取决于中子源的分布、几何结构(有限大小介质)和中子扩散长度 $L=(D/\Sigma_a)^{1/2}$。热中子的扩散长度与热中子从源点到它被吸收处的均方距离(平均距离的平方)有关。无限大介质内点源释放的热中子在被吸收之前的均方距离为

$$\bar{r}^2 = \frac{\int_0^\infty r^2(4\pi r^2\Sigma_a\phi)\mathrm{d}r}{\int_0^\infty(4\pi r^2\Sigma_a\phi)\mathrm{d}r} = \frac{\int_0^\infty r^3\mathrm{e}^{-r/L}\mathrm{d}r}{\int_0^\infty r\mathrm{e}^{-r/L}\mathrm{d}r} = 6L^2 \tag{3.40}$$

在上述计算中已经利用了位于 $r=0$ 处的点源产生的中子注量率分布,即式(3.24)。

3.5.1 热中子扩散长度实验

通过实验测量各向同性的热中子从一个长的(相对于中子的平均自由程)立方体材料的一端入射后形成的轴向中子注量率分布可得热中子的扩散长度。如图 3.2 所示,假设在 $z=0$ 处源强为 $S_0(x,y)$ 的热中子入射长度为 c、横截面为 $2a\times2b$ 的长方体。在此长方体内,中子注量率满足

$$\frac{\partial^2\phi}{\partial x^2}+\frac{\partial^2\phi}{\partial y^2}+\frac{\partial^2\phi}{\partial z^2}-\frac{1}{L^2}\phi=0 \tag{3.41}$$

边界条件为

$$j_+(x,y,0) = \frac{1}{2}S_0(x,y) \tag{3.42a}$$

$$\phi(\pm a_{\text{ex}},y,z) = 0 \tag{3.42b}$$

$$\phi(x,\pm b_{\text{ex}},z) = 0 \tag{3.42c}$$

$$\phi(x,y,c_{\text{ex}}) = 0 \tag{3.42d}$$

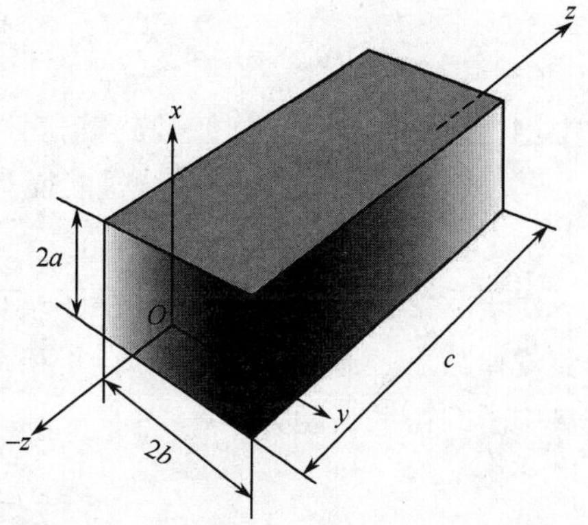

图 3.2 扩散长度实验的几何体[10]

假设式(3.41)存在分离变量解 $\phi(x,y,z)=X(x)Y(y)Z(z)$,将其代入式(3.41)并除以 XYZ,可得

$$\frac{X''(x)}{X(x)} = \frac{Y''(y)}{Y(y)} = \frac{Z''(z)}{Z(z)} = \frac{1}{L^2} \tag{3.43}$$

其中,上标"″"表示对相应自变量的二阶导数。通常来说,只有当式(3.43)左边各项分别等于一个常数时才能满足,即

$$\begin{cases}\dfrac{X''(x)}{X(x)}=-k_1^2\\ \dfrac{Y''(y)}{Y(y)}=-k_2^2\\ \dfrac{Z''(z)}{Z(z)}=k_3^2\end{cases}\tag{3.44}$$

那么,式(3.43)可写为

$$k_3^2=\frac{1}{L^2}+k_2^2+k_1^2\tag{3.45}$$

式(3.44)的通解为

$$\begin{cases}X(x)=A_1\sin(k_1x)+C_1\cos(k_1x)\\ Y(y)=A_2\sin(k_2y)+C_2\cos(k_2y)\\ Z(z)=A_3e^{-k_3z}+C_3e^{k_3z}\end{cases}\tag{3.46}$$

由 $x-y$ 对称条件可得 $A_1=A_2=0$。利用式(3.42d)消去 C_3,可得

$$Z(z)=A_3e^{-k_3z}[1-e^{-2k_3(c_{ex}-z)}]\tag{3.47}$$

利用方程(3.42b)和方程(3.42c)可得,$\cos(k_1a_{ex})=\cos(k_2b_{ex})=0$,从而可得

$$\begin{cases}k_{1n}=\dfrac{\pi}{2a_{ex}}(2n+1), & n=0,1,\cdots\\ k_{2n}=\dfrac{\pi}{2b_{ex}}(2m+1), & m=0,1,\cdots\end{cases}\tag{3.48}$$

式(3.48)代入式(3.45),可得

$$k_3^2\to k_{3nm}^2=k_{1n}^2+k_{2m}^2+\frac{1}{L^2}\tag{3.49}$$

那么,满足外推边界条件后的中子扩散方程的解为

$$\phi(x,y,z)=\sum_{n,m=0}^{\infty}A_{mn}\cos(k_{1n}x)\cos(k_{2m}y)e^{-k_{3nm}z}[1-e^{-2k_{3nm}(c_{ex}-z)}]\tag{3.50}$$

式中:A_{mn}为常数,可由式(3.42a)确定。

k_{3nm}随着 m 和 n 的增加而增加,而且在 z 轴上的渐进的中子注量率分布为

$$\phi(0,0,z)\approx A_{00}e^{-k_{300}z}[1-e^{-2k_{300}(c_{ex}-z)}]\tag{3.51}$$

对于非常长的长方体来说,除了端面处,括号中的那一项是不重要的;而且,中子注量率按指数规律减小。通过测量远离 $z=0$ 和 $z=c_{ex}$这两个端面之外的轴向注量率分布可得 k_{300}。那么热中子的扩散长度为

$$\frac{1}{L^2}=k_{300}^2-\left(\frac{\pi}{2a_{ex}}\right)^2-\left(\frac{\pi}{2b_{ex}}\right)^2\tag{3.52}$$

热中子在水、重水和石墨中的扩散长度的测量值分别为 2.9cm、170cm 和 60cm。这意味着热中子在这三种慢化剂中从生成到被吸收将分别扩散 7.1cm、416cm 和 147cm。

3.5.2 徙动长度

在水或者石墨慢化的反应堆中,裂变中子是平均能量为 1.0MeV 的快中子,并在随后的扩散过程中逐渐从快中子慢化成热中子。在快中子反应堆中,中子在热化之前就已被吸收了。简单来说,快中子也存在如热中子扩散长度类似的物理量,它等于中子年龄 τ_{th}的平方根。在

以后的章节中将计算快中子的扩散过程。对于中等重核慢化剂，它等于快中子在热化之前扩散的均方距离的1/6（对于氢慢化剂，这就是它的定义）。

一个中子从产生（裂变快中子）到被吸收（热中子）的均方距离为

$$\bar{r}^2=6(\tau_{th}+L^2)\equiv 6M^2 \tag{3.53}$$

式中：M 为徙动长度，$M=(\tau_{th}+L^2)^{1/2}$。

例3.2　典型的扩散参数。

常见慢化剂的扩散参数如表3.1所列。表3.2列出了压水堆（PWR）、沸水堆（BWR）、高温气冷堆（HTGR）、钠冷快堆（LMFR）和气冷快堆（GCFR）典型的扩散常数。测量热中子扩散长度和徙动长度时的热中子反应堆的直径和测量快中子扩散长度时的快中子反应堆的直径也如表3.2所列。表中的数据表明裂变中子的位置变化主要发生在中子慢化过程中。

表3.1　常见慢化剂的扩散参数[4]

慢化剂	密度/(g·cm^{-3})	D/cm	Σ_a/cm^{-1}	L/cm	$\tau_{th}^{1/2}$/cm	M/cm
H_2O	1.00	0.16	2.0×10^{-2}	2.9	5.1	5.8
D_2O	1.10	0.87	2.9×10^{-5}	170	11.4	170
石墨	1.60	0.84	2.4×10^{-4}	59	19	62

注：D、Σ_a 和 L 是热中子的参数

表3.2　典型核反应堆的扩散常数[4]

反应堆	L/cm	$\tau_{th}^{1/2}$/cm	M/cm	直径(L)/cm	直径(M)/cm
PWR	1.8	6.3	6.6	190	56
BWR	2.2	7.1	7.3	180	50
HTGR	12	17	21	63	40
LMFR	5.0①	—	5.0	35	35
GCFR	6.6①	—	6.6	35	35

① 快中子扩散长度

3.6　均匀裸堆

对于裂变链式反应介质（吸收中子将引起裂变并能产生更多中子的介质）来说，扩散方程可能存在稳态解，也有可能不存在稳态解，这取决于增殖系数的值。对于这样的介质，必须采用动态的扩散方程：

$$\frac{1}{v}\frac{\partial\phi(\boldsymbol{r},t)}{\partial t}-D\nabla^2\phi(\boldsymbol{r},t)+\Sigma_a\phi(\boldsymbol{r},t)=\nu\Sigma_f\phi(\boldsymbol{r},t) \tag{3.54}$$

对于有限大小的均匀介质（如均匀裸堆），可采用零中子注量率外推条件作为其边界条件：

$$\phi(\boldsymbol{a}_{ex},t)=0 \tag{3.55}$$

式中：$\boldsymbol{a}_{ex}$为外推边界。

反应堆的初始条件为

$$\phi(\boldsymbol{r},0)=\phi_0(\boldsymbol{r}) \tag{3.56}$$

式中：$\phi_0(\boldsymbol{r})$为 $t=0$ 时刻中子注量率的空间分布。

采用分离变量方法，扩散方程的解为

$$\phi(\boldsymbol{r},t)=\psi(\boldsymbol{r})T(t) \tag{3.57}$$

将式(3.57)代入式(3.54),并同除以 $\phi=\psi T$,可得

$$\frac{v}{\psi}[D\nabla^2\psi+(\nu\Sigma_{\mathrm{f}}-\Sigma_{\mathrm{a}})\psi]=\frac{1}{T}\frac{\partial T}{\partial t}=-\lambda \tag{3.58}$$

当仅与空间变量相关的表达式和仅与时间变量相关的表达式均等于常数 $-\lambda$ 时,这两个表达式才能相等,也就是式(3.58)才能成立。式(3.58)第二项的解为

$$T(t)=T(0)\mathrm{e}^{-\lambda t} \tag{3.59}$$

与空间变量相关的解满足

$$\nabla^2\psi(\boldsymbol{r})=-B_{\mathrm{g}}^2\psi(\boldsymbol{r}) \tag{3.60}$$

及式(3.55)中相应的空间边界条件。常数 B_{g} 称为几何曲率,仅与几何形状有关。

3.6.1 平板反应堆

y 轴和 z 轴方向上无限大的平板反应堆在 x 轴方向上的宽度为 a,那么方程(3.60)和方程(3.55)简化为

$$\begin{cases}\dfrac{\mathrm{d}^2\psi(x)}{\mathrm{d}x^2}=-B_{\mathrm{g}}^2\psi(x)\\ \psi\left(\dfrac{a_{\mathrm{ex}}}{2}\right)=\psi\left(-\dfrac{a_{\mathrm{ex}}}{2}\right)=0\end{cases} \tag{3.61}$$

方程(3.61)的解为

$$\begin{cases}\psi_n(x)=\cos(B_nx)\\ B_n^2=\left(\dfrac{n\pi}{a_{\mathrm{ex}}}\right)^2,\quad n=1,3,5,\cdots\end{cases} \tag{3.62}$$

代入方程(3.58)可得

$$\lambda_n=v(\Sigma_{\mathrm{a}}+DB_n^2-\nu\Sigma_{\mathrm{f}}) \tag{3.63}$$

那么,对平板反应堆来说,方程(3.54)的解为

$$\phi(x,t)=\sum A_nT_n(t)\cos\left(\frac{n\pi x}{a_{\mathrm{ex}}}\right),n\text{ 为奇数} \tag{3.64}$$

式中:由方程(3.59)和方程(3.63)可得 T_n;A_n为常数。

由方程(3.56)定义的初始条件及其解的正交性可得

$$A_n(x)=\frac{2}{a_{\mathrm{ex}}}\int_{-a_{\mathrm{ex}}/2}^{a_{\mathrm{ex}}/2}\phi_0(x)\cos\left(\frac{n\pi x}{a_{\mathrm{ex}}}\right)\mathrm{d}x \tag{3.65}$$

由于 $B_1^2<B_3^2<\cdots<B_n^2=(n\pi/a_{\mathrm{ex}})^2$,那么时间特征值 $\lambda_1<\lambda_3<\cdots<\lambda_n=v(\Sigma_{\mathrm{a}}+DB_n^2-\nu\Sigma_{\mathrm{f}})$。因此,在足够长时间($t\gg1/\lambda_3$)后,方程的解为

$$\phi(x,t)\to A_1\mathrm{e}^{-\lambda_1t}\cos(B_1x)=A_1\mathrm{e}^{-\lambda_1t}\cos\left(\frac{\pi x}{a_{\mathrm{ex}}}\right) \tag{3.66}$$

这表明,中子注量率的渐近分布与初始分布无关(只要 $A\neq0$),仅是与最小空间和时间特征值相应的基态解。只有当 $\lambda_1=0$ 时,渐近解才是稳定的;当 $\lambda_1>0$ 时,渐近解随时间衰减;当 $\lambda_1<0$时,渐近解随时间增长。当中子数目随链式裂变反应保持不变时,反应堆达到临界;当中子数目随时间增长时,反应堆是超临界的;当中子数目随时间减少时,反应堆是次临界的。由此定义材料曲率 B_{m}:

$$B_{\mathrm{m}}^2=\frac{\nu\Sigma_{\mathrm{f}}-\Sigma_{\mathrm{a}}}{D}=\frac{\nu\Sigma_{\mathrm{f}}/\Sigma_{\mathrm{a}}-1}{L^2} \tag{3.67}$$

对均匀裸堆来说,临界条件如下:

超临界: $$\lambda_1<0, B_{\mathrm{m}}^2>B_1^2 \tag{3.68a}$$

临界: $$\lambda_1=0, B_{\mathrm{m}}^2=B_1^2 \tag{3.68b}$$

次临界: $$\lambda_1>0, B_{\mathrm{m}}^2<B_1^2 \tag{3.68c}$$

3.6.2 圆柱状反应堆

用其他几何结构所对应的方程代替方程(3.61)和方程(3.62),由平板反应堆所得的结果可推广到更加常见几何结构下的反应堆。例如,比平板反应堆更加具有实际应用价值的是半径为 a,高度为 H 的圆柱状反应堆,与方程(3.60)对应的方程可以写成

$$\frac{1}{r}\frac{\partial}{\partial r}\left[r\frac{\partial\psi(r,z)}{\partial r}\right]+\frac{\partial^2\psi(r,z)}{\partial z^2}=-B_{\mathrm{g}}^2\psi(r,z) \tag{3.69}$$

相应的外推边界条件为

$$\psi(a_{\mathrm{ex}},z)=\psi\left(r,\pm\frac{H_{\mathrm{ex}}}{2}\right)=0 \tag{3.70}$$

同样采用分离变量方法,即

$$\phi(r,z)=R(r)Z(z) \tag{3.71}$$

将式(3.71)代入方程(3.69)并同除以 RZ,可得

$$\frac{1}{R(r)}\frac{1}{r}\frac{\partial}{\partial r}\left[r\frac{\partial R(r)}{\partial r}\right]+\frac{1}{Z(z)}\frac{\partial^2 Z(z)}{\partial z^2}=-\nu^2-\kappa^2=-B_{\mathrm{g}}^2 \tag{3.72}$$

其中,只有当与变量 r 相关的表达式和与变量 z 相关的表达式均处处等于常数时,方程(3.72)才能成立。假设方程的第一个表达式等于第一个常数,而第二个表达式等于第二个常数。当且仅当存在离散的常数 ν_m($\mathrm{J}_0(\nu_m)=0, m=1,2,\cdots$)和常数 κ_n($\kappa_n=n\pi/H_{\mathrm{ex}}, n=1,3,\cdots$)时,这两个方程在相应边界条件下的解才存在。由于 J_0 的根满足 $\nu_1<\nu_2<\cdots<\nu_n$,那么离散的特征值

$$B_{mn}^2=(\nu_m/R_{\mathrm{ex}})^2+(n\pi/H_{\mathrm{ex}})^2$$

的最小值为

$$B_{11}^2=(\nu_1/R_{\mathrm{ex}})^2+(\pi/H_{\mathrm{ex}})^2$$

而且最小的时间特征值为

$$\lambda_1=v\left\{\Sigma_{\mathrm{a}}+D\left[\left(\frac{\nu_1}{R_{\mathrm{ex}}}\right)^2+\left(\frac{\pi}{H_{\mathrm{ex}}}\right)^2\right]-\nu\Sigma_{\mathrm{f}}\right\}=v(B_{11}^2-B_m^2)=v(B_{\mathrm{g}}^2-B_{\mathrm{m}}^2) \tag{3.73}$$

相应的渐进解为

$$\phi(r,z,t)\to A_{11}\mathrm{J}_0\left(\frac{\nu_1 r}{a_{\mathrm{ex}}}\right)\cos\left(\frac{\pi z}{H_{\mathrm{ex}}}\right)\mathrm{e}^{-\lambda_1 t} \tag{3.74}$$

临界条件 $\lambda_1=0$ 对应于 $B_{\mathrm{g}}^2=B_{\mathrm{m}}^2=B_{11}^2$。在 $\nu=\nu_1=2.405$ 处,零阶贝塞尔函数首次等于0。

常见几何形状下反应堆的几何曲率和渐进中子注量率分布如表3.3所列。

表 3.3　常见几何结构下反应堆的几何曲率和临界中子注量率分布[4]

名称	几何结构	几何曲率	注量率分布形状
平板	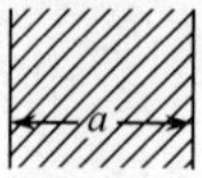	$\left(\frac{\pi}{a_{ex}}\right)^2$	$\cos\left(\frac{\pi x}{a_{ex}}\right)$
无限长圆柱	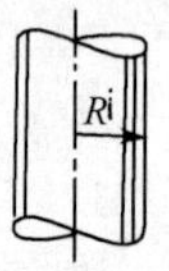	$\left(\frac{\nu_1}{R_{ex}}\right)^2$	$J_0\left(\frac{\nu_1 r}{R_{ex}}\right)$
球	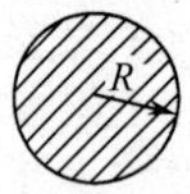	$\left(\frac{\pi}{R_{ex}}\right)^2$	$r^{-1}\sin\left(\frac{\pi r}{R_{ex}}\right)$
立方体	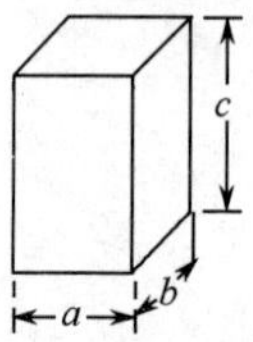	$\left(\frac{\pi}{a_{ex}}\right)^2+\left(\frac{\pi}{b_{ex}}\right)^2+\left(\frac{\pi}{c_{ex}}\right)^2$	$\cos\left(\frac{\pi x}{a_{ex}}\right)\cos\left(\frac{\pi y}{b_{ex}}\right)\cos\left(\frac{\pi z}{c_{ex}}\right)$
有限长圆柱	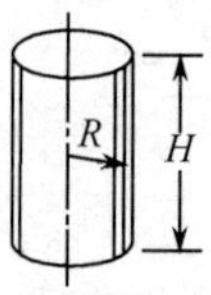	$\left(\frac{\nu_1}{R_{ex}}\right)^2+\left(\frac{\pi}{H_{ex}}\right)$	$J_0\left(\frac{\nu_1 r}{R_{ex}}\right)\cos\left(\frac{\pi z}{H_{ex}}\right)$

3.6.3　对临界条件的解释

临界条件(即 $\lambda_1=0$ 或者 $B_m^2=B_g^2$)可以变为

$$1=\frac{\nu\Sigma_f/\Sigma_a}{1+L^2B_g^2}\equiv\frac{k_\infty}{1+L^2B_g^2}=k_\infty P_{NL} \tag{3.75}$$

式中:k_∞ 为无限大介质的增殖系数;P_{NL} 为不泄漏概率,$P_{NL}=(1+L^2B_g^2)^{-1}$。

如果 $\lambda_1\neq0$,那么反应堆是不临界的。其渐近解随时间可能增长,也可能衰减,因为对应的中子增殖系数(相邻两代中子数目的比值)分别大于和小于1。由于方程(3.75)只有当 $k=1$ 时才成立,因此该方程可写为

$$k=\frac{\nu\Sigma_f/\Sigma_a}{1+L^2B_g^2}\equiv k_\infty P_{NL} \tag{3.76}$$

当 $\lambda_1<0$ 时,渐近解随时间增长,对应 $k>1$。当 $\lambda_1>0$ 时,渐近解随时间衰减,对应 $k<1$。由方程(3.63)和方程(3.76)可知

$$\lambda_1=v(B_1^2-B_m^2)D=v\Sigma_a(1+L^2B_1^2)\left(1-\frac{\nu\Sigma_f/\Sigma_a}{1+L^2B_1^2}\right) \tag{3.77}$$

由于中子吸收的平均自由程为 $1/\Sigma_a$,那么核反应堆内中子的寿命为 $1/v\Sigma_a$。如果考虑泄漏的影响,则中子在被吸收之前的有效寿命为

$$l=\frac{1}{v\Sigma_a(1+L^2B_1^2)}=\frac{P_{NL}}{v\Sigma_a} \tag{3.78}$$

那么方程(3.77)可写为

$$\lambda_1 = \frac{1-k}{l} \tag{3.79}$$

由此,方程(3.54)在满足外推边界条件(方程(3.55))时的渐进解可改写为

$$\phi_{asy}(\boldsymbol{r},t) \to A_1\psi_1(\boldsymbol{r})e^{[(k-1)/l]t} \tag{3.80}$$

式中:ψ 为特定几何结构内基态中子注量率的空间分布,见表3.3。

3.6.4 最佳的几何形状

对于一个给定材料成分的裸堆来说,它达到临界时的最小尺寸取决于泄漏,因而取决于表面积与体积比。长方体裸堆在立方体时具有最小的临界体积,$V \approx 161.11/B_m^3$。当直径 $d = 2^{1/2} \times 2.405H/\pi \approx 1.08H$ 时,圆柱形裸堆具有最小的临界体积,$V \approx 148.31/B_m^3$。球形裸堆的最小临界体积为 $129.88/B_m^3$。

通常希望核反应堆内中子注量率的空间分布是均匀的,用其峰值与体积平均值的比值可表征中子注量率的不均匀程度。对于均匀裸堆,中子注量率的峰值一般出现在几何形状的中心处。长方体、圆柱体和球体的这个比值分别为$(\pi/2)^3 = 3.88$、$-2.405\pi\nu_1/4J_1(\nu_1) = 3.65$ 和 $\pi^2/3 = 3.29$。

例3.3 圆柱状裸堆的临界尺寸。

虽然上述的推导基于单群中子扩散理论,但是只要采用经能谱平均后的截面,上述结果对中子在扩散过程中能量发生变化的情形也是适用的。压水堆内的典型成分及其能谱平均后的中子截面如表3.4所列。由表3.4中的数据可计算一些重要的参数:$D = 1/3\Sigma_{tr} = 9.21\text{cm}$,$L^2 = D/\Sigma_a = 60.1\text{cm}^2$,$B_m^2 = (\nu\Sigma_f - \Sigma_a)/D = 4.3 \times 10^{-4}\text{cm}^{-2}$,$k_\infty = \nu\Sigma_f/\Sigma_a = 1.025$ 和 $\lambda_{extrap} = 19.6\text{cm}$。临界条件为 $B_m^2 = B_g^2 = (2.405/R_{ex})^2 + (\pi/H_{ex})^2$。假设反应堆的高度为370cm,那么根据临界条件可得外推半径 $R_{ex} = 127.6\text{cm}$,即 $R = 108\text{cm}$。

表3.4 典型压水堆堆芯成分与谱平均截面[4]

同位素	$n/10^{24}\text{cm}^{-3}$	$\sigma_{tr}/$ 10^{-24}cm^2	$\sigma_a/$ 10^{-24}cm^2	$\sigma_f/$ 10^{-24}cm^2	ν	$\Sigma_{tr}/$ cm^{-1}	$\Sigma_a/$ cm^{-1}	$\nu\Sigma_f/$ cm^{-1}
H	2.748×10^{-2}	0.650	0.294	0	0	1.79×10^{-2}	8.08×10^{-3}	0
O	2.757×10^{-2}	0.260	1.78×10^{-4}	0	0	7.16×10^{-3}	4.90×10^{-6}	0
Zr	3.694×10^{-3}	0.787	0.190	0	0	2.91×10^{-3}	7.01×10^{-4}	0
Fe	1.710×10^{-3}	0.554	2.33	0	0	9.46×10^{-4}	3.99×10^{-3}	0
^{235}U	1.909×10^{-4}	1.62	484.0	312.0	2.43	3.08×10^{-4}	9.24×10^{-2}	0.145
^{238}U	6.592×10^{-3}	1.06	2.11	0.638	2.84	6.93×10^{-3}	1.39×10^{-2}	1.20×10^{-2}
^{10}B	1.001×10^{-5}	0.877	3.41×10^3	0	0	8.77×10^{-6}	3.41×10^{-2}	0
求和						3.62×10^{-2}	0.1532	0.1570

3.7 带反射层的核反应堆

对于一个给定成分的核反应堆,由于其临界堆芯尺寸与泄漏中子的份额有关,因此将泄漏的中子反射回反应堆这一方法可减小反应堆的临界尺寸。而且,通过反射层反射泄漏的中子

能使堆芯的中子注量率分布更加均匀。具有相同成分的裸堆与带反射层的反应堆内的中子注量率分布如图 3.3 所示。

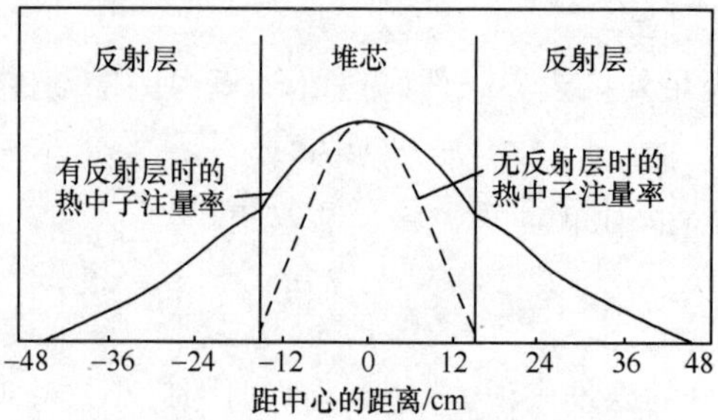

图 3.3　球形^{235}U水慢化反应堆(有/无氧化铍反射层)内的热中子注量率分布[11]

3.7.1　带反射层的平板反应堆

在一个厚度为 a 的平板反应堆的两侧分别设置厚度为 b 的非增殖层,这就是带反射层的反应堆的物理模型。联合求解堆芯和反射层的动态方程,而且要求在 $x = +a/2$ 处满足中子注量率和中子流密度连续性条件,由此可得一个与裸堆相似的但是更加复杂的解。这个解同样由与离散的特征值对应的空间特征函数之和组成;而且,经过很长的一段时间后,起主导作用的分量仍为基态分量。因此,本节不再进行完整的推导,仅仅基于基态分量进行讨论。

在堆芯和反射层内的中子扩散方程分别如下:

堆芯:
$$-D_C\frac{d^2\phi_C}{dx^2}+(\Sigma_{aC}-\nu\Sigma_{fC})\phi_C=0 \tag{3.81a}$$

反射层:
$$-D_R\frac{d^2\phi_R}{dx^2}+\Sigma_{aR}\phi_R=0 \tag{3.81b}$$

在 $x=0$ 处,方程组须满足对称边界条件;在 $x=a/2$ 处,中子注量率和中子流密度须满足连续性条件;而且,在外推边界处,方程组须满足零中子注量率条件,即

$$\left.\frac{d\phi_C}{dx}\right|_{x=0}=0 \tag{3.82a}$$

$$\phi_C\left(\frac{a}{2}\right)=\phi_R\left(\frac{a}{2}\right) \tag{3.82b}$$

$$J_C\left(\frac{a}{2}\right)=J_R\left(\frac{a}{2}\right) \tag{3.82c}$$

$$\phi_R\left(\frac{a}{2}+b_{ex}\right)=0 \tag{3.82d}$$

方程(3.82a)定义的对称边界条件要求堆芯内的中子注量率分布为

$$\phi_C(x)=A_C\cos(B_{mC}x) \tag{3.83}$$

式中:$B_{mC}=\sqrt{(\nu\Sigma_{fC}-\Sigma_{aC})/D_C}$。

零外推边界条件后要求反射层内的中子注量率分布为

$$\phi_R(x)=A_R\sinh\frac{a/2+b_{ex}-x}{L_R} \tag{3.84}$$

式中

$$L_R = \sqrt{D_R / \Sigma_{aR}}$$

将上述通解代入方程(3.82b)和方程(3.82c)定义的界面条件,经整理后可得获得稳态解的临界条件为

$$\frac{B_{mC}a}{2}\tan\frac{B_{mC}a}{2} = \frac{D_R a}{2D_C L_R}\coth\frac{b_{ex}}{L_R} \tag{3.85}$$

由图 3.4 可知,该方程的解对应的最小的 a 存在且小于 π/B_{mC}。既然平板裸堆的临界条件为 $B_{mC} = \pi/a_{ex}$,那么这表明设置反射层可以减少反应堆的临界尺寸。

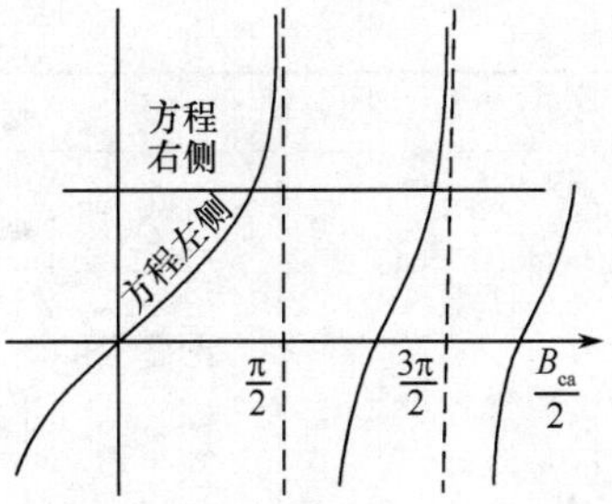

图 3.4　带反射层反应堆的临界方程图解法示意图[10]

3.7.2　反射层节约

裸堆的临界尺寸与带反射层的反应堆的临界尺寸之差称为反射层节约。其可表示为:

$$\delta \equiv a(\text{裸堆}) - a(\text{带反射层}) = \frac{1}{B_{mC}}\arctan\left(\frac{D_C B_{mC}}{D_R} L_R \tanh\frac{b_{ex}}{L_R}\right) \tag{3.86}$$

如果反射层的厚度远大于中子的扩散长度,即 $b \gg L_R$,那么式(3.86)可简化为 $\delta \approx D_C L_R / D_R$。

3.7.3　带反射层的球形堆、圆柱状堆和长方体堆

利用相同的方法可得仅在一个方向上增加反射层的其他形状的反应堆的临界条件,如表 3.5所列。

表 3.5　带反射层反应堆的临界条件

名称	几何结构	临界条件
球	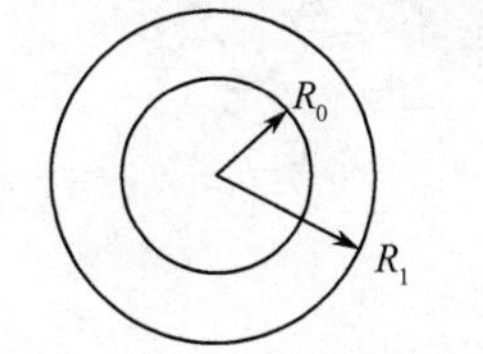	$D_C(BR_0\cot BR_0 - 1) = -D_R\left(\frac{R_0}{L_R}\coth R_{1ex}\frac{R_{1ex} - R_0}{L_R} + 1\right)$ $B^2 = \frac{(\nu\Sigma_f - \Sigma_a)}{D}$
带侧反射层的有限高圆柱	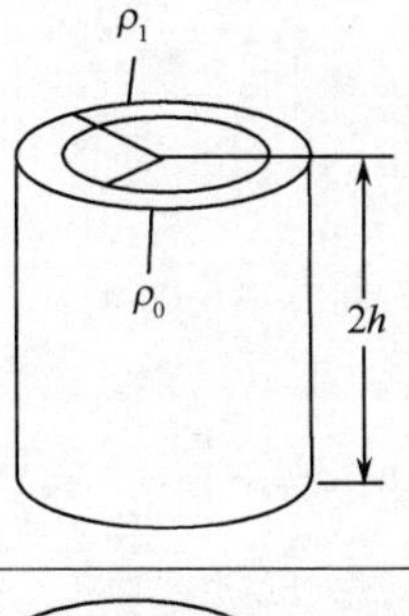	$\frac{D_C J_0'(\kappa_C\rho_0)}{J_0(\kappa_C\rho_0)} = \frac{D_R L_0'(\rho_0)}{L_0(\rho_0)}$ $L_0(\rho) = I_0(\kappa_R\rho_{1ex})K_0(\kappa_R\rho) - I_0(\kappa_R\rho)K_0(\kappa_R\rho_{1ex})$ $B_{mC}^2 = \kappa_C^2 + \left(\frac{\pi}{2h_{ex}}\right)^2$ $\kappa_R^2 = \frac{1}{L_R^2} + \left(\frac{\pi}{2h_{ex}}\right)^2, \kappa_C^2 = \frac{\nu\Sigma_f - \Sigma_a}{D} - \left(\frac{\pi}{2h_{ex}}\right)^2$
两端带反射层的有限高圆柱	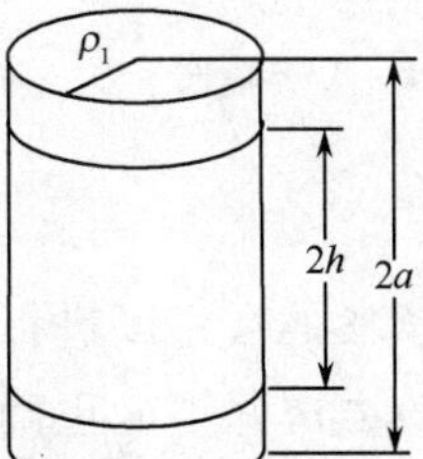	$D_c\mu_c\tan\mu_C h = D_R\coth\mu_R(a_{ex} - h)$ $\mu_R^2 = \frac{1}{L_R^2} + \left(\frac{\nu_1}{\rho_{1ex}}\right)^2, B_{mC}^2 = \mu_C^2 + \left(\frac{\nu_1}{\rho_{1ex}}\right)^2$ $\nu_1 = 2.405$ $\mu_C^2 = \left(\frac{\nu\Sigma_f - \Sigma_n}{D}\right) - \left(\frac{\nu_1}{\rho_{1ex}}\right)^2$

(续)

名称	几何结构	临界条件
两端带反射层的立方体	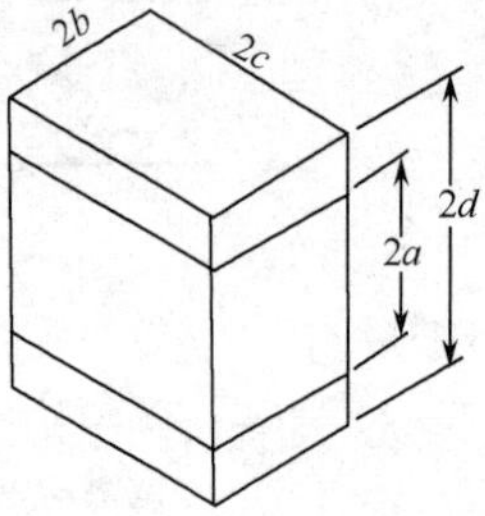	$D_C\kappa_1\tan\kappa_1 a = D_R\mu_1\coth\mu_1(d_{ex}-a)$ $\mu_1^2 = \frac{1}{L_R^2} + \left(\frac{\pi}{2b_{ex}}\right)^2 + \left(\frac{\pi}{2c_{ex}}\right)^2$ $B_{mC}^2 = \kappa_1^2 + \left(\frac{\pi}{2b_{ex}}\right)^2 + \left(\frac{\pi}{2c_{ex}}\right)^2$ $\kappa_1^2 = \frac{\nu\Sigma_f - \Sigma_a}{D} - \left(\frac{\pi}{2b_{ex}}\right)^2 - \left(\frac{\pi}{2c_{ex}}\right)^2$

3.8 非均匀燃料－慢化剂组件的均匀化

以上各节分析的都为均匀的反应堆,这意味着实际上由大量的燃料棒、控制棒、冷却剂通道和堆芯结构组成的反应堆(图3.5)已被均匀化为均匀介质(混合物)。

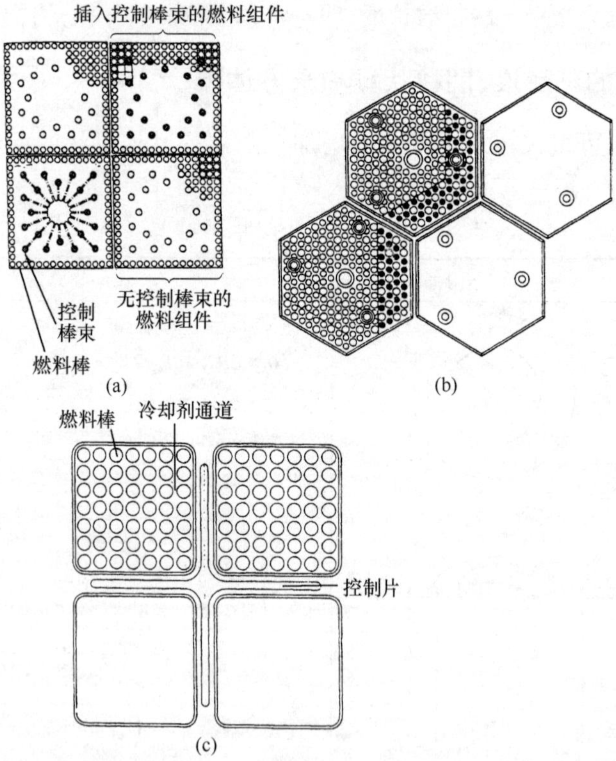

图3.5 常见非均匀核反应堆的燃料组件[4]

(a)PWR组件;(b)HTGR组件;(c)BWR组件。

3.8.1 空间自屏蔽和热中子不利因子

基于燃料、控制棒、慢化剂、冷却剂和结构材料原子核的数密度进行体积平均是最简单的均匀化方法;但是,这个方法实际上是不可行的,因为该方法并不能正确地描述在强吸收介质区域内中子数目急剧减少这一物理现象及其对均匀化的影响。这种现象通常称为空间自屏蔽。本节以厚度为 $2a$ 的平板燃料层与厚度为 $2(b-a)$ 的慢化剂层相间而组成的燃料-慢化剂组件为例分析其热中子注量率分布与空间自屏蔽现象。由于慢化剂比燃料能更加有效地慢化中子，那么假设在慢化剂中存在均匀分布的源强为 S_M 的热中子源，而在燃料中不存在热中子源。为了分析的简便，以1/2板状燃料（从 $x=0$ 到 $x=a$）和1/2慢化剂（从 $x=a$ 到 $x=b$）作为本节分析的模型。燃料和慢化剂内的中子扩散方程分别如下：

燃料：
$$-D_F\frac{d^2\phi_F(x)}{dx^2}+\Sigma_{aF}\phi_F(x)=0 \tag{3.87a}$$

慢化剂：
$$-D_M\frac{d^2\phi_M(x)}{dx^2}+\Sigma_{aM}\phi_M(x)=S_M \tag{3.87b}$$

在 $x=0$ 和 $x=b$ 处，方程组均满足对称边界条件；在燃料-慢化剂界面 $x=a$ 处，方程满足中子注量率和中子流密度的连续性条件，即

$$\frac{d\phi_F(0)}{dx}=0 \tag{3.88a}$$

$$\frac{d\phi_M(b)}{dx}=0 \tag{3.88b}$$

$$\phi_F(a)=\phi_M(a) \tag{3.88c}$$

$$D_F\frac{d\phi_F(a)}{dx}=D_M\frac{d\phi_M(a)}{dx} \tag{3.88d}$$

方程组(3.87)满足方程组(3.88)定义的边界条件的解为

$$\phi_F(x)=\frac{S_M\cosh(x/L_F)}{\{(L_F/D_F)\coth(a/L_F)+(L_M/D_M)\coth[(b-a)/L_M]\}(D_F/L_F)\Sigma_{aM}\sinh(a/L_F)}$$

$$\phi_M(x)=\frac{S_M}{\Sigma_{aM}}\left[1-\frac{\cosh[(b-x)/L_M]}{\{(L_F/D_F)\coth(a/L_F)+(L_M/D_M)\coth[(b-a)/L_M]\}(D_M/L_M)\sinh(b-a)/L_M}\right]$$

(3.89)

慢化剂内热中子的平均注量率与燃料内热中子的平均注量率之比定义为热中子不利因子。其可表示为

$$\xi\equiv\frac{\bar{\phi}_M}{\bar{\phi}_F}=\frac{a\int_a^b\phi_M(x)dx}{(b-a)\int_0^a\phi_F(x)dx}=\frac{V_F\Sigma_{aF}}{V_M\Sigma_{aM}}\left(\frac{V_M\Sigma_{aM}}{V_F\Sigma_{aF}}F+E-1\right) \tag{3.90}$$

式中：对于平板来说，$V_F=a, V_M=b-a$；栅格函数 F 和 E 分别为

$$F=\frac{a}{L_F}\coth\frac{a}{L_F}, E=\frac{b-a}{L_M}\coth\left(\frac{b-a}{L_M}\right) \tag{3.91}$$

采用相同的方法可计算其他由简单几何体构成的阵列的热中子不利因子，并整理成方程(3.90)第二项的形式；其他几何体的栅格函数 E 和 F 如表3.6所列。圆柱体阵列的燃料体积和慢化剂体积分别为

$$V_F=\pi\rho_F^2, V_M=\pi(\rho_M^2-\rho_F^2)$$

球阵列的燃料体积和慢化剂体积分别为

$$V_F=\frac{4}{3}\pi r_f^3, V_M=\frac{4}{3}\pi(r_M^3-r_F^3)$$

表 3.6　常见几何结构的栅元函数[10]

名称	几何结构	E 和 F 函数
平板	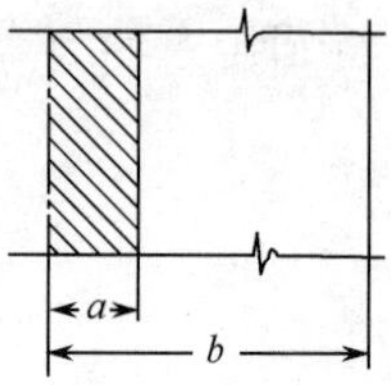	$F=\frac{a}{L_F}\coth\frac{a}{L_F}$ $E=\frac{b-a}{L_M}\coth\frac{b-a}{L_M}$
圆柱	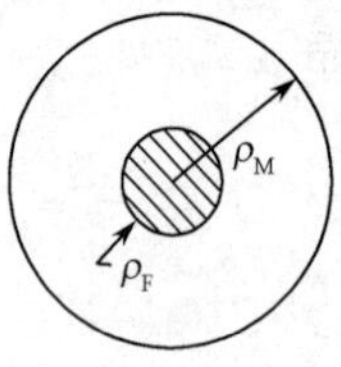	$F=\frac{(\rho_F/L_F)\mathrm{I}_0(\rho_F/L_F)}{2\mathrm{I}_1(\rho_F/L_F)}$ $E=\frac{(1/L_M)(\rho_M^2-\rho_F^2)}{2\rho_F}\left[\frac{\mathrm{I}_0(\rho_F/L_M)\mathrm{K}_1(\rho_M/L_M)+\mathrm{K}_0(\rho_F/L_M)\mathrm{I}_1(\rho_M/L_M)}{\mathrm{I}_1(\rho_M/L_M)\mathrm{K}_1(\rho_F/L_M)-\mathrm{K}_1(\rho_M/L_M)\mathrm{I}_1(\rho_F/L_M)}\right]$
球	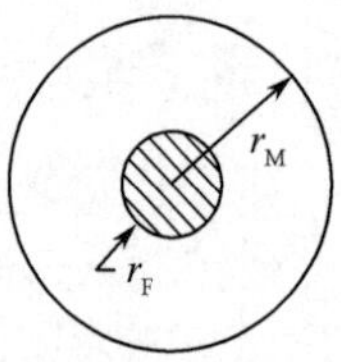	$F=\frac{(r_F/L_F)^2\tanh(r_F/L_F)}{3[(r_F/L_F)-\tanh(r_F/L_F)]}$ $E=\frac{r_M^3-r_F^3}{3r_FL_M^2}\frac{1-(r_M/L_M)\coth[(r_M-r_F)/L_M]}{1-r_Mr_F/L_M^2-[(r_M-r_F)/L_M]\coth[(r_M-r_F)/L_M]}$

3.8.2　等效均匀截面

利用方程(3.90)定义的热中子不利因子可构建一个与非均匀燃料－慢化剂栅格等价的有效均匀吸收截面,即

$$\Sigma_{aF}^{eff}\equiv\frac{\Sigma_{aF}\bar{\phi}_FV_F}{\bar{\phi}_FV_F+\bar{\phi}_MV_M}=\frac{\Sigma_{aF}V_F}{V_F+V_M}\frac{V_F+V_M}{V_F+\xi V_M}=\Sigma_{aF}^{hom}\left(\frac{1+V_M/V_F}{1+\xi V_M/V_F}\right)\tag{3.92}$$

将 F 和 M 互换并用 ξ^{-1} 代替 ξ 即可得到慢化剂的有效(均匀)吸收截面。燃料和慢化剂的有效吸收截面相加即可得到该燃料－慢化剂组件的有效吸收截面,即 $\Sigma_a^{eff}=\Sigma_{aF}^{eff}+\Sigma_{aM}^{eff}$;该截面可用于均匀堆芯的扩散计算。利用相同的方法可得有效(均匀)散射截面和有效输运截面。

例 3.4　平板栅格的中子注量率不利因子和等效均匀截面。

在一个由厚 1cm 的燃料板和厚 1cm 的水相间而成的平板栅格内,燃料是富集度为 10% 的铀。燃料和水的数密度分别为 $n_{235}=0.00478\times10^{24}\text{cm}^{-3}$、$n_{238}=0.0430\times10^{24}\text{cm}^{-3}$ 和 $n_{H_2O}=0.0334\times10^{24}\text{cm}^{-3}$。利用表 3.4 中谱平均后的截面可得铀的各种参数:$\Sigma_{tr}=0.0534\text{cm}^{-1}$,$\Sigma_a=3.220\text{cm}^{-1}$,$D=6.17\text{cm}$ 和 $L=1.38\text{cm}$。水的各种参数:$\Sigma_{tr}=0.0521\text{cm}^{-1}$,$\Sigma_a=0.0196\text{cm}^{-1}$,$D=6.40\text{cm}$ 和 $L=18.06\text{cm}$。方程(3.90)和方程(3.91)的几何参数 $V_F=V_M=a=b-a=0.5\text{cm}$。

由方程(3.90)可得热中子不利因子 $\xi=1.04$。由方程(3.92)可得燃料的有效吸收截面和有效输运截面分别为 $\Sigma_{aF}^{eff}=1.575\text{cm}^{-1}$ 和 $\Sigma_{trF}^{eff}=0.0264\text{cm}^{-1}$。简单均匀化($\xi=1$)可得 $\Sigma_{aF}^{hom}=1.610\text{cm}^{-1}$,$\Sigma_{trF}^{hom}=0.0267\text{cm}^{-1}$。由此可见,燃料内的空间自屏蔽效应是非常重要的。

将方程(3.92)中的 F 和 M 互换并用 ξ^{-1} 代替 ξ 可得到水的有效截面。水的有效吸收截面和有效输运截面分别为 $\Sigma_{aM}^{eff}=0.010\text{cm}^{-1}$ 和 $\Sigma_{trM}^{eff}=0.0266\text{cm}^{-1}$。因此,该铀－水栅格的总有效

吸收截面和有效输运截面分别为

$$\Sigma_{a}^{eff}=\Sigma_{aF}^{eff}+\Sigma_{aM}^{eff}=1.575+0.010=1.585\ (cm^{-1})$$

$$\Sigma_{tr}^{eff}=\Sigma_{trF}^{eff}+\Sigma_{trM}^{eff}=0.0264+0.0266=0.053\ (cm^{-1})$$

需要指出的是,扩散理论并不适用于求解这样非均匀栅格内的中子扩散过程,因为燃料和慢化剂的徙动长度 $\lambda_{tr}=1/\Sigma_{tr}\gg 0.5cm$,即徙动长度远大于介质的几何尺寸。本例仅用于演示如何采用上述方法而非为了获得精确的数值。通常须采用输运方法(详见 3.12 节和第 9 章)计算中子注量率的不利因子。

3.8.3　热中子利用系数

热中子不利因子的另一个用途是用于计算燃料 - 慢化剂栅格的热中子利用系数,即

$$f_{het}\equiv\frac{\Sigma_{aF}\bar{\phi}_{F}V_{F}}{\Sigma_{aF}\bar{\phi}_{F}V_{F}+\Sigma_{aM}\bar{\phi}_{M}V_{M}}=\frac{\Sigma_{aF}V_{F}}{\Sigma_{aF}V_{F}+\Sigma_{aM}V_{M}}\frac{\Sigma_{aF}V_{F}+\Sigma_{aM}V_{M}}{\Sigma_{aF}V_{F}+\xi\Sigma_{aM}V_{M}}$$

$$=f^{hom}\frac{\Sigma_{aF}V_{F}+\Sigma_{aM}V_{M}}{\Sigma_{aF}V_{F}+\xi\Sigma_{aM}V_{M}}\tag{3.93}$$

方程(3.92)和方程(3.93)的最后一个形式均由两部分组成:第一部分是通过对燃料和慢化剂的原子数密度的体积平均得到;第二部分是对燃料内中子注量率自屏蔽效应的修正。

3.8.4　热中子利用系数的测量

对于一个有限大小的燃料 - 慢化剂组件,假设其几何曲率为 B_g,而且慢化剂内每秒每立方厘米内热中子的生成率为 q_M,那么该组件内热中子的平衡可表示为

$$q_{M}V_{M}=(\Sigma_{aF}\bar{\phi}_{F}V_{F}+\Sigma_{aM}\bar{\phi}_{M}V_{M})(1+L^{2}B_{g}^{2})\tag{3.94}$$

热中子利用率是指在燃料吸收的热中子占所有被吸收的热中子的份额。其可表示为

$$f=\frac{\Sigma_{aF}\bar{\phi}_{F}V_{F}}{\Sigma_{aF}\bar{\phi}_{F}V_{F}+\Sigma_{aM}\bar{\phi}_{M}V_{M}}\tag{3.95}$$

慢化剂内某一位置处的慢化源强与热中子注量率之比 $q_M/\phi_M(x)$ 可通过辐照铟箔(铟在热能区上限外存在共振吸收)并测量其总活度 A_{tot} 来确定。由于镉能吸收所有热中子而不吸收超热中子,因此在相同的位置上对装在镉套内的铟箔进行辐照可确定超热中子的活度 A_{epi}。那么,测量点的热中子活度 $A_{th}=A_{tot}-A_{epi}$,而且它与该点热中子注量率成正比,即 $A_{th}=c_{th}\phi_M(x)$。超热中子的活度与慢化源强成正比,即 $A_{epi}=c_{epi}q_M$。因此 $q_M/\phi_M=(c_{epi}/c_{th})(A_{epi}/A_{th})$。其中,超热中子的活度与热中子的活度之比称为镉比,$CR=A_{epi}/A_{th}$,可通过对箔片的测量来确定。

c_{epi}/c_{th} 可通过在一个较大的纯石墨块中对大量带包壳和不带包壳的铟箔片进行辐照来确定。如果石墨块中存在一个强度(n/s)为 Q 的中子源,那么该石墨块内的中子平衡为

$$\Sigma_{aM}\int\phi(x)\,dx\approx\int q(x)\,dx=Q\tag{3.96}$$

热中子的活度和超热中子的活度之比为

$$\rho\equiv\frac{\int A_{th}(x)\,dx}{\int A_{epi}(x)\,dx}=\frac{c_{epi}\int\phi(x)\,dx}{c_{th}\int q(x)\,dx}=\frac{c_{epi}}{c_{th}}\frac{1}{\Sigma_{aM}}\tag{3.97}$$

将式(3.94)、式(3.97)和 CR 定义式代入式(3.95),可得

$$f=1-\frac{\Sigma_{\mathrm{aM}}\overline{\phi}_{\mathrm{M}}(1+L^2B_{\mathrm{g}}^2)}{q_{\mathrm{M}}}=1-\frac{1+L^2B_{\mathrm{g}}^2}{\rho\mathrm{CR}}\frac{\overline{\phi}_{\mathrm{M}}}{\phi_{\mathrm{M}}(x)} \tag{3.98}$$

实验测定 CR、ρ、测量点的中子注量率和慢化剂内的平均中子注量率代入方程(3.98)即可得热中子利用系数。

3.8.5 局部功率峰因子

在获得有效均匀截面后,非均匀的燃料-慢化剂组件就等效成了均匀介质。利用本章介绍的任何一种方法可计算组件内的平均中子注量率,并进一步可得燃料-慢化剂组件的平均功率密度为 $\Sigma_{\mathrm{fF}}^{\mathrm{eff}}\phi_{\mathrm{av}}$。其中,$\Sigma_{\mathrm{fF}}^{\mathrm{eff}}$可由与方程(3.92)相似的表达式进行计算;$\phi_{\mathrm{av}}$为燃料-慢化剂组件内的平均中子注量率,且有

$$\phi_{\mathrm{av}}=\frac{\overline{\phi}_{\mathrm{F}}V_{\mathrm{F}}+\overline{\phi}_{\mathrm{M}}V_{\mathrm{M}}}{V_{\mathrm{F}}+V_{\mathrm{M}}}=\overline{\phi}_{\mathrm{F}}\frac{1+\xi(V_{\mathrm{M}}/V_{\mathrm{F}})}{1+V_{\mathrm{M}}/V_{\mathrm{F}}} \tag{3.99}$$

功率密度的峰值通常出现在燃料元件中最大的中子注量率处。对于方程组(3.89)来说,它位于 $x=a$ 处。功率峰因子,即组件的功率密度峰值与平均值的比值为

$$\begin{aligned}F_{\mathrm{pp}}&=\frac{\Sigma_{\mathrm{fF}}\phi_{\mathrm{F}}(a)}{\Sigma_{\mathrm{fF}}^{\mathrm{eff}}\phi_{\mathrm{av}}}=\left(1+\frac{V_{\mathrm{M}}}{V_{\mathrm{F}}}\right)\frac{\phi_{\mathrm{F}}(a)}{\overline{\phi}_{\mathrm{F}}}=\left(1+\frac{V_{\mathrm{M}}}{V_{\mathrm{F}}}\right)\frac{a}{L_{\mathrm{F}}}\coth\frac{a}{L_{\mathrm{F}}}\\&=\left(1+\frac{V_{\mathrm{M}}}{V_{\mathrm{F}}}\right)\left[1+\frac{1}{3}\left(\frac{a}{L_{\mathrm{F}}}\right)^2-\frac{1}{45}\left(\frac{a}{L_{\mathrm{F}}}\right)^4+\cdots\right]\quad\left(\frac{a}{L_{\mathrm{F}}}<\pi\right)\end{aligned} \tag{3.100}$$

式中:$\phi_{\mathrm{F}}(a)/\overline{\phi}_{\mathrm{F}}$ 已采用了平板燃料-慢化剂栅格的相应关系代替。由该方程可知,减小 a/L_{F} 和 $V_{\mathrm{M}}/V_{\mathrm{F}}$ 可减小功率峰因子。

3.9 控制棒

3.9.1 控制棒的有效截面

扩散理论不适合直接用于强吸收控制元件(如控制棒)的计算。输运理论可为扩散理论提供控制棒的有效截面并用于扩散计算。沸水堆堆芯通常由如图3.5所示的四个燃料-慢化剂组件及其十字形控制棒阵列组成。本节以此类阵列为例阐述控制棒有效截面的计算过程。首先,利用3.8节所述的方法或其他基于输运理论的方法对燃料-慢化剂组件进行均匀化,并得到如图3.6(a)所示的二维模型,即正方形的均匀的燃料-慢化剂介质中心镶嵌一根十字形的控制棒。如果控制棒叶片的长度 l 远大于中子在燃料-慢化剂组件中的扩散长度,那么中子扩散进入控制棒过程本质上是一维的。由此,这个二维模型可进一步等效为一个一维模型。在这个等效的一维模型中,控制棒的表面积与燃料-慢化剂的体积之比和控制棒叶片的厚度均保持不变。因此,一维等效模型变为由厚度为 $2a$ 的燃料-慢化剂平板中央镶嵌厚度为 $2t$ 的控制棒平板而组成的一个阵列,如图3.6所示。其中,$a=(m^2-2tl-t^2)/2l$。利用 $x=0$ 和 $x=a+t$处的对称边界条件,实际的计算区域可减小为从 $x=0$ 到 $x=a$ 的燃料-慢化剂平板和从 $x=a$ 到 $x=a+t$ 的控制棒平板。燃料-慢化剂平板内的中子扩散方程为

$$-D\frac{\mathrm{d}^2\phi(x)}{\mathrm{d}x^2}+\Sigma_{\mathrm{a}}\phi(x)=S_0 \tag{3.101}$$

式中:S_0为燃料-慢化剂区域内因慢化而形成的中子源强(假设是均匀的)。

$x=0$ 处的对称边界条件为

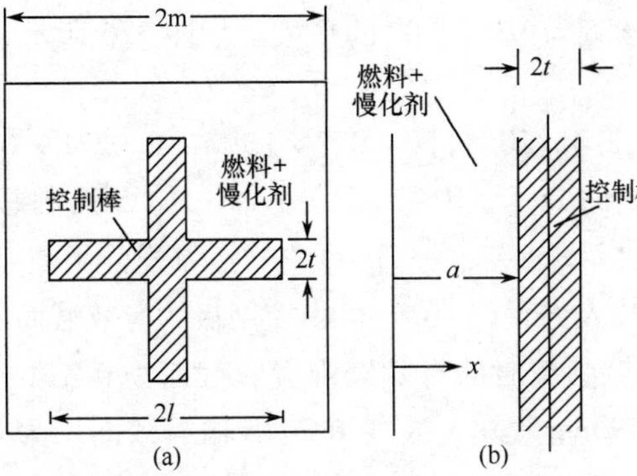

图 3.6 十字形控制棒栅元的一维模型[4]

(a)二维模型；(b)等效的一维模型。

$$\frac{\mathrm{d}\phi(0)}{\mathrm{d}x}=0 \tag{3.102}$$

燃料－慢化剂区域和控制棒区域的界面处采用输运边界条件为

$$\frac{J(a)}{\phi(a)}=\alpha \tag{3.103}$$

式中：α 由控制棒区域的输运理论获得(见 3.12 节)，对于厚度为 $2t$ 的平板来说，利用输运计算可得，即

$$\alpha=\frac{1-2E_3(2\Sigma_{ac}t)}{2[1+3E_4(2\Sigma_{ac}t)]} \tag{3.104}$$

式中：Σ_{ac} 为控制棒的吸收截面；E_n 为指数积分函数，且有

$$E_n(g) = \int_1^{\infty} \mathrm{e}^{-gu}u^{-n}\mathrm{d}u \tag{3.105}$$

方程(3.101)满足边界条件(方程(3.102)和方程(3.103))的解为

$$\phi(x)=\frac{S_0}{\Sigma_a}\left[1-\frac{\alpha\cosh(x/L)}{\alpha\cosh(a/L)+(D/L)\sinh(a/L)}\right] \tag{3.106}$$

利用扩散理论和输运理论计算的控制棒内的吸收率保持不变可定义控制棒的有效截面为

$$\Sigma_c^{eff}\phi_{av}A_{cell}=P_cJ_c \tag{3.107}$$

式中：ϕ_{av} 为扩散理论计算得到的燃料－慢化剂区域的平均中子注量率；A_{cell} 为燃料－慢化剂和控制棒栅元的面积，$A_{cell}=(a+t)b$；P_c 为控制棒在燃料－慢化剂区域内的周长，$P_c=b$；J_c 为在控制棒表面从燃料－慢化剂区域进入控制棒区域的中子流密度。

在计算中，假设进入控制棒的所有中子均被吸收，那么用于扩散计算的控制棒的有效截面为

$$\Sigma_c^{eff}=\frac{P_c}{A_{cell}}\frac{J_c}{\phi_{av}}=\frac{1}{a}\alpha\frac{\phi(a)}{\phi_{av}}=\frac{\Sigma_a}{a[\Sigma_a/\alpha+(1/L)\coth(a/L)]-1} \tag{3.108}$$

需要指出的是，方程(3.108)中的 Σ_a 是指燃料－慢化剂有效截面，而且控制棒的截面隐含在 α 中。

例 3.5 控制板的有效截面。

本例仍以 3.8 节中的富集度为 10% 的铀－水栅格为例估算控制棒的有效截面。假设燃料和水厚均为 1cm，由例 3.4 可知，铀－水栅格的有效吸收截面和有效输运截面分别为 $\Sigma_a^{eff}=$

0.4144cm^{-1},Σ_{tr}^{eff} = 0.0525cm^{-1},因而 D^{eff} = 6.35cm,L^{eff} = 3.91cm。在此栅格中每隔 10.5cm 引入一块厚度为 1cm 的含天然硼(19.9% ^{10}B)的平板。如图 3.6 所示,t = 0.5cm,a = 5cm。控制板中^{10}B 的原子数密度为

$$n = 0.199(2.45/10.8)(0.6022 \times 10^{24}) = 0.0271 \times 10^{24}\ \text{cm}^{-3}$$

由表 3.4 可知,硼的吸收截面 $\sigma_{^{10}B} = 3.41 \times 10^{-21}\ \text{cm}^2$,那么控制板的宏观吸收截面 Σ_{ac} = 92.411cm^{-1}。对于如此大的 $2t\Sigma_{ac}$,方程(3.104)中的指数积分函数趋于 0,那么输运边界条件参数 $\alpha \to 0.5$。将上述参数代入方程(3.108)可得控制板的有效截面 Σ_c^{eff} = 0.0894cm^{-1}。因此,对于此均匀化的栅格,不带控制板时的有效宏观吸收截面为 0.414cm^{-1};当控制板插入后,其有效宏观吸收截面变为 0.493cm^{-1}。然而,它的有效输运截面仍为 0.0525cm^{-1},控制板的插入并不改变其数值。

3.9.2 控制棒的遮窗效应

3.8 节和 3.9 节已经介绍了燃料－慢化剂与控制棒有效截面的计算方法,在此基础上本节采用两区堆芯的扩散模型分析控制棒从顶端插入圆柱状裸堆堆芯的过程,如图 3.7 所示。燃料－慢化剂有效均匀截面可表征反应堆下部未插入控制棒的(堆芯)区域,燃料－慢化剂均匀化截面与控制棒有效均匀截面可表征反应堆上部带有控制棒的(堆芯)区域。

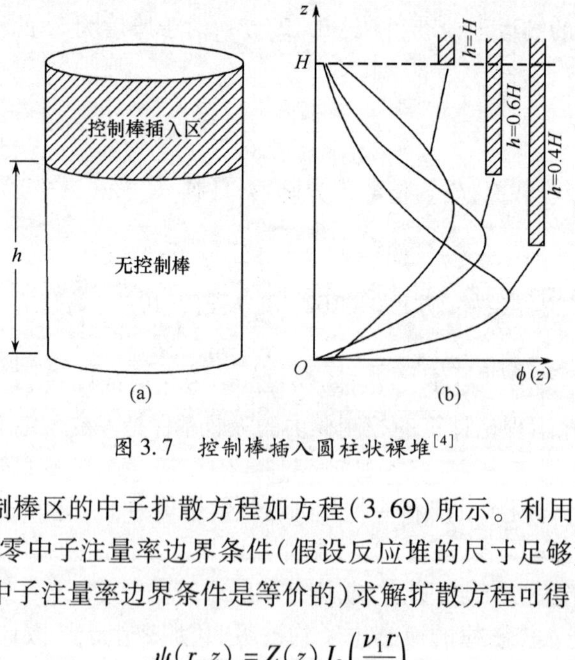

图 3.7　控制棒插入圆柱状裸堆[4]

控制棒区和无控制棒区的中子扩散方程如方程(3.69)所示。利用 3.6 节介绍的分离变数方法及其 $r = R$ 处的零中子注量率边界条件(假设反应堆的尺寸足够大以保证零中子注量率外推边界条件与零中子注量率边界条件是等价的)求解扩散方程可得

$$\psi(r,z) = Z(z)\,J_0\left(\frac{\nu_1 r}{R}\right) \tag{3.109}$$

式中:函数 $Z(z)$ 满足

$$\frac{d^2 Z}{dz^2} + B_z^2 Z(z) = 0 \tag{3.110}$$

其中

$$B_z^2 \equiv \frac{\nu\Sigma_f/\Sigma_a - 1}{L^2} - \left(\frac{\nu_1}{R_{ex}}\right)^2 \tag{3.111}$$

并且,ν_1 = 2.405 为 $J_0(\nu) = 0$ 的最小的根。

分别求解控制棒区和无控制棒区的扩散方程，并利用 $z=0$ 和 $z=H$ 处的零中子注量率边界条件可得

$$\begin{cases} Z_{\mathrm{un}}(z)=A_{\mathrm{un}}\sin(B_z^{\mathrm{un}}z), & 0\leqslant z\leqslant h \\ Z_{\mathrm{rod}}(z)=A_{\mathrm{un}}\sinh[B_z^{\mathrm{rod}}(H-z)], & h\leqslant z\leqslant H \end{cases} \tag{3.112}$$

在控制棒区和无控制棒区的界面 $z=h$ 处，方程须满足中子注量率和中子流密度的连续性条件，即

$$\begin{cases} Z_{\mathrm{un}}(h)=Z_{\mathrm{rod}}(h) \\ D_{\mathrm{un}}\dfrac{\mathrm{d}Z_{\mathrm{un}}(h)}{\mathrm{d}z}=D_{\mathrm{rod}}\dfrac{\mathrm{d}Z_{\mathrm{rod}}(h)}{\mathrm{d}z} \end{cases} \tag{3.113}$$

由第一个连续性条件可得

$$\frac{A_{\mathrm{rod}}}{A_{\mathrm{un}}}=\frac{\sin(B_z^{\mathrm{un}}h)}{\sinh[B_z^{\mathrm{rod}}(H-h)]} \tag{3.114}$$

方程组(3.113)中的两式相除可得临界条件为

$$\frac{1}{D_{\mathrm{un}}B_z^{\mathrm{un}}}\tan(B_z^{\mathrm{un}}h)=\frac{1}{D_{\mathrm{rod}}B_z^{\mathrm{rod}}}\tanh(B_z^{\mathrm{rod}}h) \tag{3.115}$$

求解方程(3.115)可得反应堆达到临界时控制棒所需插入的深度 $H-h$。

控制棒插入至不同位置时的轴向中子注量率分布如图3.7所示。当控制棒全部抽出时，中子注量率的分布是对称的。随着控制棒的插入，中子注量率的峰值逐渐移向堆芯底部。如果控制棒从底端插入，中子注量率的分布正好与此相反。

3.10 扩散方程的数值解法

虽然中子扩散方程的半解析方法理论上可推广用于求解由大量均匀区域组成的核反应堆模型，但这实际上是行不通的。这是由于即使局部区域的燃料－慢化剂被均匀化后，一个真实的核反应堆实际上仍由大量不同的均匀化区域组成。例如，为了展平功率分布，核反应堆内不同的燃料组件具有不同的成分，甚至同一个组件内的燃料成分也可能是不同的。而且随着燃料的消耗，具有相同初始成分的燃料组件因其位置的不同而具有不同的成分。目前通常采用数值方法求解中子扩散方程。

3.10.1 一维有限差分方程

一维平板核反应堆的中子扩散方程为

$$-\frac{\mathrm{d}\phi}{\mathrm{d}x}D(x)\frac{\mathrm{d}\phi(x)}{\mathrm{d}x}+\Sigma_{\mathrm{a}}(x)\phi(x)=\frac{1}{\lambda}\nu\Sigma_{\mathrm{f}}(x)\phi(x) \tag{3.116}$$

数值求解方法的步骤如下：

第一步，利用大量空间离散的中子注量率 $\phi_i\equiv\phi(x_i)$ 代替空间上连续的中子注量率 $\phi(x)$。这些离散的中子注量率 ϕ_i 就是数值求解的目标。对空间上连续的中子注量率进行离散存在大量的方法，本节采用最简单的有限差分近似(方法)。假设 $0\leqslant x\leqslant a$ 的区域被分割成 I 个宽度均为 $\Delta=a/I$ 的网格(在实际中通常采用不均匀网格)。通常将中子扩散长度作为网格宽度的上限值，即 $\Delta<L$。

第二步,在每一个网格上,如从 $x_{i-1/2}$ 到 $x_{i+1/2}$,对方程(3.116)进行积分,并采用以下近似:

$$\begin{cases}\int_{x_i-(1/2)\Delta}^{x_i+(1/2)\Delta}\Sigma_a(x)\phi(x)\mathrm{d}x \approx \Sigma_{ai}\phi_i\Delta \\ \int_{x_i-(1/2)\Delta}^{x_i+(1/2)\Delta}\frac{\mathrm{d}}{\mathrm{d}x}\left(D(x)\frac{\mathrm{d}\phi(x)}{\mathrm{d}x}\right)\mathrm{d}x \\ \approx D\frac{\mathrm{d}\phi(x)}{\mathrm{d}x}\bigg|_{x_i+(1/2)\Delta} - D\frac{\mathrm{d}\phi(x)}{\mathrm{d}x}\bigg|_{x_i-(1/2)\Delta} \\ \approx \frac{1}{2}(D_i + D_{i+1})\frac{\phi_{i+1}-\phi_i}{\Delta} - \frac{1}{2}(D_{i-1}+D_i)\frac{\phi_i - \phi_{i-1}}{\Delta}\end{cases} \tag{3.117}$$

其中,网格 $x_{i-1/2} \leqslant x \leqslant x_{i+1/2}$ 上的各种参数均采用角标 i 表示,如 Σ_{ai}、D_i 等。那么任一节点 x_i 处的离散方程为

$$a_{i,i-1}\phi_{i-1} + a_{i,i}\phi_i + a_{i,i+1}\phi_{i+1} = \frac{1}{\lambda}f_i\phi_i \equiv S_i \quad (i=1,\cdots,I-1) \tag{3.118}$$

式中

$$\begin{cases}a_{i,i-1} = -\frac{1}{2}\left(\frac{D_i + D_{i-1}}{\Delta^2}\right)\left(1-\frac{c}{2i-1}\right) \\ a_{i,i} = \Sigma_{ai} + \frac{1}{2}\left(\frac{D_{i-1}+2D_i+D_{i+1}}{\Delta^2}\right) \\ a_{i,i+1} = -\frac{1}{2}\left(\frac{D_{i+1}+D_i}{\Delta^2}\right)\left(1+\frac{c}{2i-1}\right) \\ f_i = \nu\Sigma_{fi}\end{cases} \tag{3.119}$$

该离散格式可推广至其他一维坐标系,其中,c 为 0、1、2 分别表示平板、圆柱和球。对方程组(3.118)来说,其最重要的特征是某个节点上的中子注量率仅与其相邻的两个节点是耦合的。例如,节点 x_i 处的中子注量率仅仅与其相邻的 x_{i-1} 与 x_{i+1} 这两个节点的中子注量率是耦合的,这给方程组的求解带来了极大便利。

需要指出的是,差分方程组仅包括 $x_1, x_2, \cdots, x_{I-1}$ 处的 $I-1$ 个内部节点。外部节点(边界上的节点)由边界条件确定。例如,如果左边界处为零中子注量率边界条件,那么 $\phi_0=0$;如果左边界处为零中子流密度或者对称边界条件,那么 $\phi_0=\phi_1$。这就意味着,$a_{1,0}=0, a_{1,1}=\Sigma_{a1}+(D_1+D_2)/\Delta^2$。

3.10.2 向前消元/反向回代解法

如果裂变源 S_i 是已知的,那么采用高斯消元法或者向前消元/反向回代方法可直接求解方程组(3.118)。在高斯消元法中,第 $i-1$ 个方程乘以 $a_{i,i-1}/a_{i-1,i-1}$ 后减第 i 个方程可消去第 i 个方程中的 $a_{i,i-1}$ 项;随后,变换后的第 i 个方程再除以 $a_{i,i}$;从 $i=1$ 到 $i=I-1$ 重复这一消去过程;最后,利用如下的回代算法从 $i=I-1$ 到 $i=1$ 求解变换后的方程组,即

$$\begin{cases}\phi_{I-1} = \alpha_{I-1} \\ \phi_{I-2} = -A_{I-2}\phi_{I-21} + \alpha_{I-2} \\ \vdots \\ \phi_i = -A_i\phi_{I+1} + \alpha_i\end{cases} \tag{3.120}$$

式中

$$\begin{cases} A_1 = \dfrac{a_{1,2}}{a_{1,1}}, \quad A_i = \dfrac{a_{i,i+1}}{a_{i,i} - a_{i,i-1}A_{i-1}} \\ \alpha_1 = \dfrac{S_1}{a_{1,1}}, \quad \alpha_i = \dfrac{S_i - a_{i,i-1}\alpha_{i-1}}{a_{i,i} - a_{i,i-1}A_{i-1}} \end{cases} \tag{3.121}$$

3.10.3　裂变源的迭代

对于实际的计算过程来说，裂变源实际上是未知的，因此，高斯消元之后需要一个对裂变源的（外）迭代。在第一步迭代时，需要假设初始的中子注量率 $\phi_i^{(0)}$ 和特征值 $\lambda^{(0)}$。利用假设的中子注量率和特征值可得每个节点的初始裂变源 $S_i^{(0)} = \nu\Sigma_{fi}\phi_i^{(0)}/\lambda^{(0)}$。利用高斯消去法求解可得 $\phi_i^{(1)}$。由此可估算新的特征值为

$$\lambda^{(1)} = \frac{\sum\limits_{i=1}^{I-1} \nu\Sigma_{fi}\phi_i^{(1)}\Delta}{\sum\limits_{i=1}^{I-1} \Delta[a_{i,i-1}\phi_{i-1}^{(0)} + a_{i,i}\phi_i^{(0)} + a_{i,i+1}\phi_{i+1}^{(0)}]} \approx \frac{\sum\limits_{i=1}^{I-1} \nu\Sigma_{fi}\phi_i^{(1)}\Delta}{\sum\limits_{i=1}^{I-1} \nu\Sigma_{fi}\phi_i^{(0)}\Delta/\lambda^{(0)}} \tag{3.122}$$

那么，新的裂变源为

$$S_i^{(1)} = \frac{\nu\Sigma_{fi}\phi_i^{(1)}}{\lambda^{(1)}} \tag{3.123}$$

重复上述过程，直至两次迭代所得的特征值之差小于某个收敛准则，如 $\varepsilon = 10^{-5}$：

$$\left|\frac{\lambda^{(n)} - \lambda^{(n-1)}}{\lambda^{(n-1)}}\right| < \varepsilon \tag{3.124}$$

3.10.4　二维有限差分方程

二维笛卡儿坐标系下的扩散方程为

$$-\frac{\partial}{\partial x}\left(D(x,y)\frac{\partial\phi(x,y)}{\partial x}\right) - \frac{\partial}{\partial y}\left(D(x,y)\frac{\partial\phi(x,y)}{\partial y}\right) + \Sigma_a(x,y)\phi(x,y) = \frac{1}{\lambda}\nu\Sigma_f(x,y)\phi(x,y) \tag{3.125}$$

假设二维几何结构（如矩形）在 x 方向上的尺寸为 a，在 y 方向上的尺寸为 b。而且，该矩形在 x 方向上划分为 I 个网格，网格宽度 $\Delta_x = a/I$；在 y 方向上划分为 J 个网格，网格宽度 $\Delta_y = b/J$。

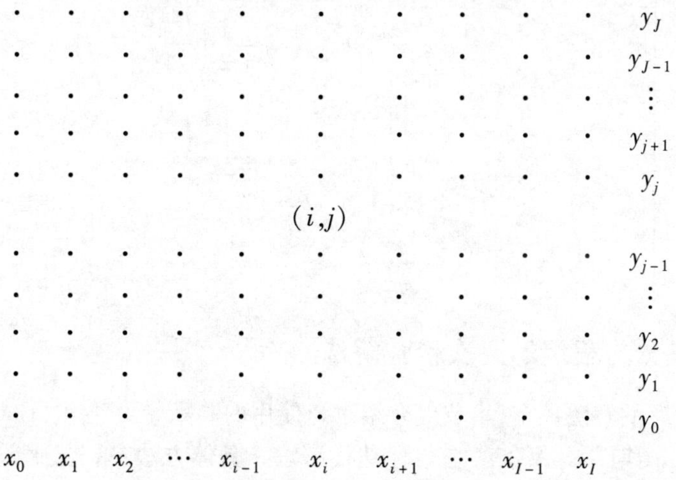

在二维网格（$x_{i-1/2} \leqslant x \leqslant x_{i+1/2}, y_{i-1/2} \leqslant y \leqslant y_{i+1/2}$）上对扩散方程（3.125）进行积分，并采用

与方程(3.117)近似可得有限差分方程组为

$$-\frac{1}{2}\left(\frac{D_{i-1,j}+D_{i,j}}{\Delta_x^2}\right)\phi_{i-1,j}-\frac{1}{2}\left(\frac{D_{i,j}+D_{i+1,j}}{\Delta_x^2}\right)\phi_{i+1,j}-$$

$$\frac{1}{2}\left(\frac{D_{i,j-1}+D_{i,j}}{\Delta_y^2}\right)\phi_{i,j-1}-\frac{1}{2}\left(\frac{D_{i,j}+D_{i,j+1}}{\Delta_y^2}\right)\phi_{i,j+1}+$$

$$\left(\Sigma_{\mathrm{a}i,j}+\frac{\frac{1}{2}D_{i-1,j}+D_{i,j}+\frac{1}{2}D_{i+1,j}}{\Delta_x^2}+\frac{\frac{1}{2}D_{i,j-1}+D_{i,j}+\frac{1}{2}D_{i,j+1}}{\Delta_y^2}\right)\phi_{i,j}$$

$$=\frac{1}{\lambda}\nu\Sigma_{\mathrm{f}i,j}\phi_{i,j}$$

$$(i=1,\cdots,I-1;j=1,\cdots,J-1) \tag{3.126}$$

方程(3.126)在数学上的最重要的特征仍是相邻节点为耦合的,即节点(i,j)处的中子注量率仅仅与其相邻的$(i,j+1)$、$(i,j-1)$、$(i-1,j)$和$(i+1,j)$四个节点上的中子注量率是耦合的。与一维算法相同的是,利用边界条件可确定$\phi_{0,j}$、$\phi_{I,j}$、$\phi_{i,0}$、$\phi_{i,J}$。

为了简化记号,用符号p代替符号(i,j),那么空间上网格点的总数为$P=(I-1)\times(J-1)$。如果采用$p=1$代替网格$(i=1,j=1)$,$p=2$代替$(i=2,j=1)$,$\cdots$,$p=I-1$代替$(i=I-1,j=1)$,$p=I$代替$(i=1,j=2)$,$p=2(I-1)$代替$(i=I-1,j=2)$,以此类推,那么有限差分方程组(3.126)可以改写为

$$\begin{cases}a_{1,1}\phi_1+a_{1,2}\phi_2+a_{1,3}\phi_3+\cdots a_{1,p}\phi_p+\cdots+a_{1,P}\phi_P=S_{\mathrm{f}1}\\a_{2,1}\phi_1+a_{2,2}\phi_2+a_{2,3}\phi_3+\cdots a_{2,p}\phi_p+\cdots+a_{2,P}\phi_P=S_{\mathrm{f}2}\\a_{3,1}\phi_1+a_{3,2}\phi_2+a_{3,3}\phi_3+\cdots a_{3,p}\phi_p+\cdots+a_{3,P}\phi_P=S_{\mathrm{f}3}\\\qquad\vdots\\a_{P,1}\phi_1+a_{P,2}\phi_2+a_{P,3}\phi_3+\cdots a_{P,p}\phi_p+\cdots+a_{P,P}\phi_P=S_{\mathrm{f}P}\end{cases} \tag{3.127}$$

式中

$$\begin{cases}a_{p,p}=\Sigma_{\mathrm{a}p}+\dfrac{\frac{1}{2}D_{p-1}+D_p+\frac{1}{2}D_{p+1}}{\Delta_x^2}+\dfrac{\frac{1}{2}D_{p-1}+D_p+\frac{1}{2}D_{p+1}}{\Delta_y^2}\\a_{p,p-1}=-\dfrac{1}{2}\left(\dfrac{D_{p-1}+D_p}{\Delta_x^2}\right),a_{p,p+1}=-\dfrac{1}{2}\left(\dfrac{D_p+D_{p+1}}{\Delta_x^2}\right)\\a_{p,p-I}=-\dfrac{1}{2}\left(\dfrac{D_{p-1}+D_{p-I}}{\Delta_y^2}\right),a_{p,p+I}=-\dfrac{1}{2}\left(\dfrac{D_{p+I}+D_p}{\Delta_y^2}\right)\\a_{p,q}=0,\quad q\neq p-1,p+1,p-I,p+I\\S_{\mathrm{f}p}=\dfrac{1}{\lambda}\nu\Sigma_{\mathrm{f}p}\phi_p\end{cases} \tag{3.128}$$

3.10.5 二维差分方程组的逐次松弛解法

方程组(3.127)的解法很多,本节仅介绍广泛使用的高斯-赛德尔(Gauss-Seidel)法,又称逐次松弛方法。高斯-赛德尔法是一种迭代解法。具体方法:首先,假设$S_{\mathrm{f}1}$和$\phi_2,\phi_3,\cdots,\phi_P$的值,并求解第一个方程得到$\phi_1$;随后,利用已求得的$\phi_1$和假设的$S_{\mathrm{f}2}$与$\phi_3,\cdots,\phi_P$求解第二

个方程得到 ϕ_2；利用已求得的 ϕ_1 与 ϕ_2 和假设的 S_{f3} 与 $\phi_4,\cdots,\phi_P$ 求解关于第三个方程得到 ϕ_3。继续求解剩下的所有方程直至利用求得的 $\phi_1,\cdots,\phi_{P-1}$ 和假设的 S_{fP} 求解最后一个方程得到 ϕ_P。利用求得的 $\phi_1,\cdots,\phi_P$ 进行下一次迭代。这一算法的通用表达式为

$$\phi_p^{(m+1)} = \frac{1}{a_{p,p}}\left[S_{fp} - \sum_{q=1}^{p-1} a_{p,q}\phi_q^{(m+1)} - \sum_{q=p+1}^{P} a_{p,q}\phi_q^{(m)}\right] \tag{3.129}$$

其中：m 为迭代次数。

重复此(内)迭代直至任一位置的中子注量率满足收敛条件，如 $\varepsilon \approx 10^{-2}$。在需要更加精确的中子注量率的区域可提高其收敛标准，例如反射层：

$$\left|\frac{\phi_p^{(m+1)} - \phi_p^{(m)}}{\phi_p^{(m)}}\right| < \varepsilon_p \tag{3.130}$$

方程(3.129)计算得到的中子注量率和上一步的计算值进行加权平均可加速收敛过程：

$$\phi_p^{(m+1)} = (1-\omega)\phi_p^{(m)} + \frac{\omega}{a_{p,p}}\left[S_{fp} - \sum_{q=1}^{p-1} a_{p,q}\phi_q^{(m+1)} - \sum_{q=p+1}^{P} a_{p,q}\phi_q^{(m)}\right] \tag{3.131}$$

虽然加速因子 ω 可进行任意选择[8]，但是通常在 1 ~ 2 之间选取。方程(3.131)就是逐次超松弛方法的具体表示。

二维扩散方程的另一个常见解法为交替隐式迭代法，具体参见 16.3 节。

3.10.6 裂变源的功率外迭代

对于裂变源的迭代与 3.10.5 节的方法相同，不过须用 p 代替 i，用 Δ_x、Δ_y 代替 Δ 即可。

综上所述，扩散方程的有限差分解法通常包含两个迭代过程。外迭代利用方程(3.122) ~ 方程(3.124)计算裂变源和特征值。而且，每一个外迭代嵌套了一个内迭代，即利用方程(3.129)或方程(3.131)和方程(3.130)计算中子注量率。

3.10.7 网格大小的限制

采用数值方法求解扩散方程须选择一定大小的网格对中子注量率在空间上进行离散。本节利用如下的一维无源的扩散方程阐述与网格大小相关的限制条件：

$$\frac{d^2\phi}{dx^2} - \frac{\phi}{L^2} = 0 \tag{3.132}$$

其中，在以 x_i 为中心的网格 $\Delta = x_{i+1/2} - x_{i-1/2}$ 上，该扩散方程的精确解为

$$\phi(x_{i+1/2}) = e^{-\Delta/2L}\phi(x_i) = e^{-\Delta/L}\phi(x_{i-1/2}) \tag{3.133}$$

方程(3.132)在此网格上的中心差分近似为

$$\phi(x_{i+1/2}) + \phi(x_{i-1/2}) = \left[2 + \left(\frac{\Delta}{L}\right)^2\right]\phi(x_i) \tag{3.134}$$

与方程(3.133)定义的精确解相比，方程(3.134)定义的中心差分的误差为

$$\text{error} = \frac{3}{4}\left(\frac{\Delta}{L}\right)^2 + \cdots \tag{3.135}$$

式(3.135)清楚地表明网格宽度应该小于扩散长度。

3.11 节块近似

从理论上来说，一旦每个燃料组件内非均匀的燃料栅元被有效均匀化截面代替－控制棒

被有效截面代替后,求解三维扩散方程即可得到有效增殖系数和反应堆内的中子注量率分布。但是实际上很少这样做,因为这需要求解大量的方程。而且,有限差分解法的精度受到网格宽度必须小于中子扩散长度这一条件的限制。例如,一个典型轻水反应堆堆芯在任一个方向上的尺寸通常是热中子扩散长度的200倍,这意味着几百万个网格点,因而有限差分解法需同时求解几百万个方程。

解决这个问题的一种方法是将中子注量率的求解分为两步:第一步将反应堆堆芯(和反射层等)分割成数目相对较少的计算区域(通常在100个或者更少的量级上),即节块,如图3.8所示。在一个节块(或一组相连的节块)内利用有限差分方法求解详细的中子注量率分布。因为对于那些具有相同的成分和边界条件的节块来说,它们的解是相同,所以只需要对不同类型的节块进行求解即可。第二步进行节块计算并获得整个核反应堆的中子注量率分布和有效增殖系数。

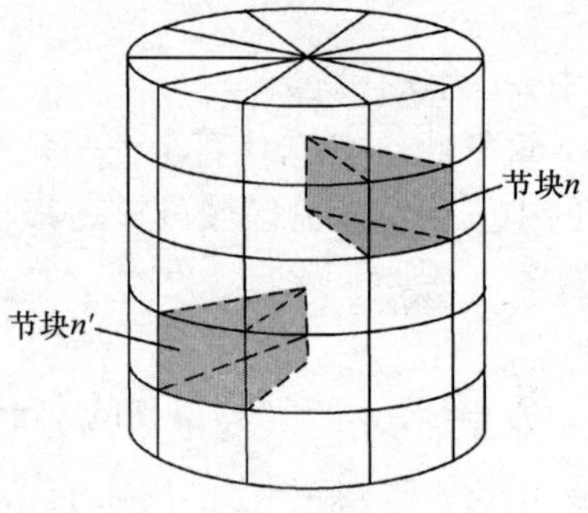

图3.8 反应堆分割成节块[4]

扩散方程为

$$-\nabla \cdot D\nabla\phi + \Sigma_{\mathrm{a}}\phi = \frac{1}{k}\nu\Sigma_{\mathrm{f}}\phi \tag{3.136}$$

在每个节块n上对扩散方程进行积分可得

$$-\int_{S_n} D\nabla\phi \cdot \mathrm{d}\boldsymbol{S} + \int_{V_n} \Sigma_{\mathrm{a}}\phi\mathrm{d}\boldsymbol{r} = \frac{1}{k}\int_{V_n} \nu\Sigma_{\mathrm{f}}\phi\mathrm{d}\boldsymbol{r} \quad (n = 1,\cdots,N) \tag{3.137}$$

其中,对于方程中的第一项,利用高斯定理可将其对节块表面S_n的积分转化为对节块体积V_n的积分。通常节块n的表面S_n由它与相邻节块n'的多个表面$S_{nn'}$组成。

节块的平均中子注量率为

$$\phi_n = \frac{1}{V_n}\int_{V_n} \phi(\boldsymbol{r})\mathrm{d}\boldsymbol{r} \tag{3.138}$$

那么,节块的平均截面可定义为

$$\begin{cases} \Sigma_{\mathrm{a}n} \equiv \dfrac{1}{\phi_n V_n}\displaystyle\int_{V_n} \Sigma_{\mathrm{a}}(\boldsymbol{r})\phi(\boldsymbol{r})\mathrm{d}\boldsymbol{r} \\ \nu\Sigma_{\mathrm{f}n} \equiv \dfrac{1}{\phi_n V_n}\displaystyle\int_{V_n} \nu\Sigma_{\mathrm{f}}(\boldsymbol{r})\phi(\boldsymbol{r})\mathrm{d}\boldsymbol{r} \end{cases} \tag{3.139}$$

方程(3.137)中的面积分项表征了节块与节块之间的泄漏,对它的处理稍微麻烦一些。假设两个相邻节块间的中子注量率的梯度与节块的平均中子注量率之差成正比,即

$$-\alpha_{nn'}(\phi_n - \phi_{n'}) \equiv \int_{S_{nn'}} D\nabla\phi \cdot \mathrm{d}\boldsymbol{S} \tag{3.140}$$

节块法的精度在很大程度上取决于节块耦合系数$\alpha_{nn'}$,对它的处理详见第15章。假设节块n和n'的界面上的扩散系数是这两个节块的扩散系数的平均值,即$(D_n + D_{n'})/2$。进一步假设界面上的扩散系数和中子注量率梯度是常数,那么节块耦合系数可近似为

$$\alpha_{nn'} \approx \frac{S_{nn'} \cdot \frac{1}{2}(D_n + D_{n'})}{l_{nn'}} \tag{3.141}$$

式中：$l_{nn'}$为相邻两个节块的中心距。

将以上假设和定义代入方程(3.137)，可得

$$-\sum_{n'\in n}\alpha_{nn'}\phi_{n'}\left(\sum_{n'\in n}\alpha_{nn'}+\Sigma_{an}V_n\right)\phi_n=\frac{1}{k}\nu\Sigma_{fn}\phi_nV_n\quad(n=1,\cdots,N)\tag{3.142}$$

式中：$n'\in n$ 表示对节块 n 相邻的所有节块 n'求和。

对于与反应堆外边界相邻的节块，节块方程中包含边界之外的节块注量率 $\phi_{n'}$，但它们实际上是不存在的。对于真空边界条件，它们可直接设为 0。对于对称边界条件，可令 $\phi_{n'}=\phi_n$。

3.12　输运方法

对于某些情形(如强吸收的控制棒)，扩散理论是不适用的，这类情形下的中子输运过程需要采用比扩散理论更适用的近似方法。对于图 3.9 所示的一维介质(它在 y 轴方向和 z 轴方向上无限大的)，假设在 $x=0$ 处的 $y-z$ 平面上存在一个源强为 S_0的各向同性中子源，那么微元面积 $dA=\rho d\theta d\rho$ 在单位时间内产生的中子未经过碰撞通过 x 轴上任意一点处单位面积上的中子数目为$(S_0e^{-\Sigma_tR}dA)/4\pi R^2$。如果 R 与 x 之间夹角的余弦定义为$\mu\equiv\boldsymbol{n}_x\cdot\boldsymbol{n}_R$，而且 $R=x/\mu,\rho^2+x^2=R^2$，那么由均匀的各向同性面源发出的中子未经过碰撞通过 x 轴上一点的角中子注量率为

$$\psi(x,\mu:0)=\frac{1}{2}S_0e^{-\Sigma_tR}\frac{dR}{R}=\frac{1}{2}S_0e^{-\Sigma_t(x/\mu)}\frac{d\left(\frac{x}{\mu}\right)}{\left(\frac{x}{\mu}\right)}=-\frac{1}{2}S_0e^{-\Sigma_t(x/\mu)}\frac{d\mu}{\mu}\tag{3.143}$$

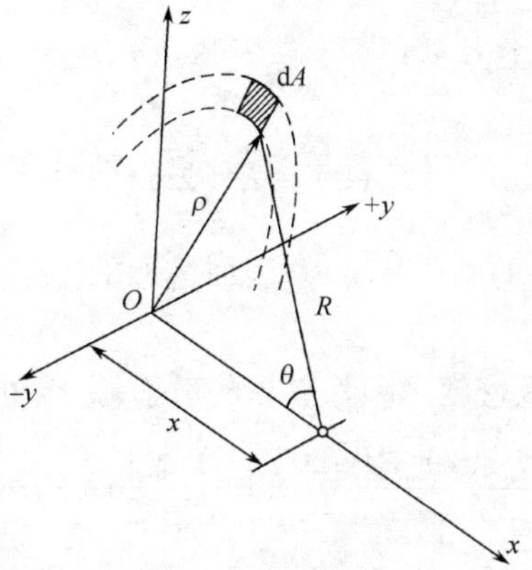

图 3.9　用于各向同性板源计算的坐标系[10]

对式(3.143)积分可得未经碰撞通过 x 轴上某处单位面积的中子注量率为

$$\phi(x:0)=\frac{1}{2}S_0\int_x^{\infty}e^{-\Sigma_tR}\frac{dR}{R}=\frac{1}{2}S_0\int_x^1e^{-\Sigma_t(x/\mu)}\frac{d\left(\frac{x}{\mu}\right)}{\left(\frac{x}{\mu}\right)}\equiv\frac{1}{2}S_0E_1(\Sigma_tx)\tag{3.144}$$

同理可得，未经碰撞通过 x 轴上某处单位面积上的中子流密度为

$$J(x:0)=\frac{1}{2}S_0\int_x^{\infty}e^{-\Sigma_tR}\frac{dR}{R}=\frac{1}{2}S_0\int_x^1e^{-\Sigma_t(x/\mu)}\frac{d\left(\frac{x}{\mu}\right)}{\left(\frac{x}{\mu}\right)}\equiv\frac{1}{2}S_0E_2(\Sigma_tx)\tag{3.145}$$

指数积分函数为

$$E_n(y) \equiv \int_0^1 \mu^{n-2} e^{-y/\mu} d\mu \tag{3.146}$$

且满足

$$\frac{dE_n(y)}{dy} \equiv -E_{n-1}(y) \quad (n=1,2,3,\cdots) \tag{3.147}$$

3.12.1 纯吸收平板的穿透和吸收

一块厚度为 a 的纯吸收平板插入扩散介质(扩散理论成立的介质,如经均匀化后的燃料-慢化剂栅格)。假设纯吸收平板之外区域内的散射源是各向同性的,那么一个中子入射并穿过该纯吸收平板的概率 $T \equiv J(a:0)/J(0:0) = E_2(\Sigma_t a)$,入射中子被平板吸收的概率 $A \equiv 1 - T = 1 - E_2(\Sigma_t a)$。这一结果可用于3.9节推导的控制棒有效截面。

3.12.2 从平板逃脱的概率

将散射过程等效为各向同性源可计算一个来自扩散介质的中子进入厚度为 a 的平板区域,且在 $0 \leqslant x' \leqslant a$ 的范围内经历一次各向同性的散射后从 $x=a$ 处逃逸出平板的概率。在 $x=x'$ 处因各向同性散射生成的中子未经碰撞从 $x=a$ 处逃逸的流密度为

$$J(a:x') = 1/2 S_0 E_2[\Sigma_t(a-x)]$$

如果入射中子在整个平板内形成的散射源是均匀的,那么散射后的中子未经碰撞从 $x=a$ 处逃逸的总中子流密度为

$$\begin{aligned} J_{out}(a) &= \int_0^a J(a:x') dx' = \frac{1}{2} S_0 \int_0^a E_2[\Sigma_t(a-x')] dx' \\ &= \frac{1}{2} \frac{S_0}{\Sigma_t} [E_3(0) - E_3(\Sigma_t a)] \end{aligned} \tag{3.148}$$

式中:$E_3(0) = 1/2$,而且散射后的中子从 $x=0$ 表面逃逸的中子流密度与从 $x=a$ 处逃逸的中子流密度是相等的。

那么,从两个表面逃脱的流密度之和除以总的散射源 aS_0 可得首次飞行逃脱概率为

$$P_0 \equiv \frac{J_{out}(a) + J_{out}(0)}{aS_0} = \frac{1}{a\Sigma_t}\left[\frac{1}{2} - E_3(\Sigma_t a)\right] \tag{3.149}$$

3.12.3 积分输运公式

本节仍以含有各向同性中子源的平板为例,但它包含弹性散射、裂变和吸收。未经碰撞的源中子的注量率为

$$\phi_0(x) = \frac{1}{2}\int_0^a S_0(x') E_1(\Sigma_t |x - x'|) dx' \tag{3.150}$$

如果将在 $x=x'$ 处的首次碰撞率视为 x' 处的各向同性的一次碰撞源(面源),那么因 x' 处的一次碰撞中子(源)在 x 处形成的注量率为

$$\phi_1(x:x') = \frac{1}{2}[\Sigma_s(x') + \nu\Sigma_f(x')]\phi_0(x') E_1(\Sigma_t |x - x'|) \tag{3.151}$$

因此,对式(3.151)进行积分可得因一次碰撞中子(源)在 x 处形成的总中子注量率为

$$\phi_1(x) = \int_0^a \phi_1(x:x')\,dx'$$
$$= \frac{1}{2}\int_0^a [\Sigma_s(x') + \nu\Sigma_f(x')]\phi_0(x')E_1(\Sigma_t|x-x'|)\,dx' \tag{3.152}$$

以此类推,n 次碰撞中子(源)形成的注量率为

$$\phi_n(x) = \frac{1}{2}\int_0^a [\Sigma_s(x') + \nu\Sigma_f(x')]\phi_{n-1}(x')E_1(\Sigma_t|x-x'|)\,dx' \quad (n=1,2,3,\cdots) \tag{3.153}$$

平板内总的中子注量率为未经碰撞、一次碰撞、二次碰撞等的注量率之和为

$$\phi(x) \equiv \phi_0(x) + \sum_{n=1}^{\infty}\phi_n(x)$$
$$= \frac{1}{2}\int_0^a [\Sigma_s(x') + \nu\Sigma_f(x')]\sum_{n=0}^{\infty}\phi_{n+1}(x')E_1(\Sigma_t|x-x'|)\,dx' +$$
$$\frac{1}{2}\int_0^a S_0(x')E_1(\Sigma_t|x-x'|)\,dx'$$
$$= \frac{1}{2}\int_0^a [\Sigma_s(x') + \nu\Sigma_f(x')]\phi(x')E_1(\Sigma_t|x-x'|)\,dx' +$$
$$\frac{1}{2}\int_0^a S_0(x')E_1(\Sigma_t|x-x'|)\,dx' \tag{3.154}$$

因此,通过以上推导得到了平板内包含各向同性散射和裂变的中子注量率的积分方程。该方程包括一个积分核$(1/2)[\Sigma_s(x') + \nu\Sigma_f(x')]E_1(\Sigma_t|x-x'|)$和首次碰撞或者外部中子源$S_0E_1(\Sigma_t x')$。

3.12.4 碰撞概率方法

如果将平板分成宽度 $\Delta_i = x_{i+1/2} - x_{i-1/2}$ 的栅元,并且假设在各个栅元内的平均截面和中子注量率为常数,那么在每个栅元内对方程(3.154)积分并除以栅元的体积,可得

$$\phi_i = \sum_j T^{j\to i}[(\Sigma_{sj} + \nu\Sigma_{fj})\phi_j + S_{0j}] \tag{3.155}$$

在方程(3.155)中,首次飞行穿透概率 $T^{j\to i}$ 将各子区间内的中子注量率联系起来,即

$$T^{j\to i} = \frac{1}{\Delta_j}\int_{\Delta_i} dx' \int_{\Delta_j} \frac{1}{2}E_1(\alpha(x',x))\,dx \tag{3.156}$$

式中:$\alpha(x',x)$为光学厚度,且有

$$\alpha(x',x) \equiv \left|\int_{x'}^{x} \Sigma_t(x'')\,dx''\right| \tag{3.157}$$

由于 $\alpha(x',x) = \alpha(x,x')$,即无论中子如何飞行,光学厚度均为 x_i 与 x_j 间的直线距离。因此,穿透概率满足交换律,即

$$\Delta_i T^{j\to i} = \Delta_j T^{i\to j} \tag{3.158}$$

方程(3.155)两端同乘以 $\Sigma_{ti}\Delta_i$,可得

$$\Sigma_{ti}\Delta_i\phi_i = \sum_j P^{ji}\frac{[(\Sigma_{sj} + \nu\Sigma_{fj})\phi_j + S_{0j}]}{\Sigma_{tj}} \tag{3.159}$$

在方程(3.159)中,利用碰撞概率 P^{ji} 已将栅元 i 内的碰撞率与栅元 j 内的散射、裂变和外部源产生的中子联系起来。碰撞概率为

$$P^{ji} = \Sigma_{ti}\Sigma_{tj}\int_{\Delta_i}\mathrm{d}x'\int_{\Delta_j}\frac{1}{2}E_1(\alpha(x',x))\mathrm{d}x \tag{3.160}$$

因为 $\alpha(x',x)=\alpha(x,x')$，所以碰撞概率也满足交换律，即

$$P^{ji}=P^{ij} \tag{3.161}$$

当 $j\neq i$ 时，栅元 j 内的中子在栅元 i 经历其下一次碰撞的概率为

$$P^{ji}=\frac{1}{2}[E_3(\alpha_{i+1/2,j+1/2})-E_3(\alpha_{i-1/2,j+1/2})-E_3(\alpha_{i+1/2,j-1/2})+E_3(\alpha_{i-1/2,j-1/2})]\Sigma_{ti}\Sigma_{tj} \tag{3.162}$$

式中：$\alpha_{i,j}\equiv\alpha(x_i,x_j)$。

当 $j=i$ 时，同理可得栅元 i 内的一个中子在栅元 i 中再经历碰撞的概率为

$$P^{ii}=\Sigma_{ti}\Delta_i\left[1-\frac{1}{2\Sigma_{ti}\Delta_i}(1-2E_3(\Sigma_{ti}\Delta_i))\right] \tag{3.163}$$

求解方程组(3.159)即可得到所有栅元内的中子注量率。

3.12.5 微分输运公式

利用3.1节中推导扩散理论相似的方法可推得中子输运理论的另一个公式，但是不需要扩散理论所需的假设。如图3.9所示，通过 x 轴上一点并具有相同角度（R 与 $y-z$ 平板的法向的夹角的余弦记为 μ）的半径矢量为 R 形成一个圆锥，沿着圆锥在微分距离 ΔR 内的角中子注量率为

$$\begin{aligned}\psi(R+\Delta R,\mu) &= \psi(R,\mu)+\Delta R\int_{-1}^{1}\Sigma_s(R,\mu'\to\mu)\psi(R,\mu')\mathrm{d}\mu' + \\ &\quad \frac{1}{2}\Delta R\int_{-1}^{1}\nu\Sigma_f(R)\psi(R,\mu')\mathrm{d}\mu'-\Delta R[\Sigma_s(R)+\Sigma_a(R)]\psi(R,\mu)\end{aligned} \tag{3.164}$$

方程右端第二项代表在 ΔR 内从 μ' 方向散射至 μ 方向的中子。方程右端第三项代表在 ΔR 内 μ' 方向（包含 μ 方向）产生的各向同性的裂变中子在 μ 方向的数量。最后一项代表在 ΔR 内从 μ 方向散射至 μ' 方向的中子和被吸收的中子。假设角中子注量率可由其泰勒级数进行展开，而且仅保留展开式中的前两项，即 $\psi(R+\Delta R,\mu)\approx\psi(R,\mu)+\Delta R[\mathrm{d}\psi(R,\mu)/\mathrm{d}R]$。空间上的不均匀性仅与变量 x 有关，且 $\mu=x/R$。当 $\Delta R\to\mathrm{d}R$ 时，方程(3.164)变为一维玻耳兹曼输运方程，即

$$\begin{aligned}&\mu\frac{\mathrm{d}\psi(R,\mu)}{\mathrm{d}R}+[\Sigma_s(R)+\Sigma_a(R)]\psi(R,\mu)\\ &=\int_{-1}^{1}\Sigma_s(R,\mu'\to\mu)\psi(R,\mu')\mathrm{d}\mu'+\frac{1}{2}\int_{-1}^{1}\nu\Sigma_f(R)\psi(R,\mu')\mathrm{d}\mu'\end{aligned} \tag{3.165}$$

3.12.6 球谐函数方法

球谐函数方法或者 P_L 近似法是在（随角度变化的）角中子注量率和微分散射截面可按勒让德（Legendre）多项式展开这一近似的基础上发展起来的。勒让德多项式的前几项为

$$\begin{cases}P_0(\mu)=1, P_2(\mu)=\frac{1}{2}(3\mu^2-1)\\ P_1(\mu)=(\mu), P_4(\mu)=\frac{1}{2}(5\mu^3-3\mu)\end{cases} \tag{3.166}$$

更高阶的勒让德多项式满足以下递推公式：

$$(2n+1)\mu P_n(\mu)=(n+1)P_{n+1}(\mu)+nP_{n-1}(\mu) \tag{3.167}$$

勒让德多项式满足正交关系：

$$\int_{-1}^{1} P_m(\mu)P_n(\mu)\mathrm{d}\mu = \frac{2\delta_{mn}}{2n+1} \tag{3.168}$$

在一维的情形下，利用加法定理，μ 和 μ' 之间的散射角余弦可展开为 μ 和 μ' 的勒让德多项式：

$$P_n(\mu_0)=P_n(\mu)P_n(\mu') \tag{3.169}$$

P_{L} 方程组基于随角度变化的中子注量率可采用 $L+1$ 阶勒让德多项式展开这一近似，即

$$\psi(x,\mu) = \sum_{l=0}^{L} \frac{2l+1}{2}\phi_l(x)P_l(\mu) \tag{3.170}$$

随角度变化的微分散射截面也可采用 $L+1$ 阶勒让德多项式展开，即

$$\Sigma_{\mathrm{s}}(x,\mu_0) = \sum_{m=0}^{M} \frac{2m+1}{2}\Sigma_{\mathrm{s}m}(x)P_m(\mu_0) \tag{3.171}$$

将方程(3.170)和方程(3.171)代入方程(3.165)，利用方程(3.169)将方程(3.171)中的 $P_m(\mu_0)$ 用 $P_m(\mu)P_m(\mu')$ 代替，利用方程(3.167)定义的递推公式将 $P_{n+1}(\mu)$ 代替为 $\mu P_n(\mu)$，在方程两端同乘以 $P_k(\mu)$ $(k=0,\cdots,L)$，并在 $-1\leqslant\mu\leqslant1$ 的范围内对方程积分；利用方程(3.168)定义的正交性，那么，方程(3.165)变为 $L+1$ 阶勒让德方程组，即

$$\begin{cases}\dfrac{\mathrm{d}\phi_1(x)}{\mathrm{d}x}+(\Sigma_{\mathrm{t}}-\Sigma_{\mathrm{s}0})\phi_0(x)=S_0(x), & n=0\\[2ex] \dfrac{n+1}{2n+1}\dfrac{\mathrm{d}\phi_{n+1}(x)}{\mathrm{d}x}+\dfrac{n}{2n+1}\dfrac{\mathrm{d}\phi_{n-1}(x)}{\mathrm{d}x}+(\Sigma_{\mathrm{t}}-\Sigma_{\mathrm{s}n})\phi_n(x)=S_n(x), & n=1,\cdots,L\end{cases} \tag{3.172}$$

式中：下标 n 表示随角度变化的中子注量率和散射截面的第 n 阶勒让德分量，且有

$$\begin{cases}\phi_n(x)\equiv\displaystyle\int_{-1}^{-1}P_n(\mu)\psi(x,\mu)\mathrm{d}\mu\\[2ex] S_n(x)\equiv\displaystyle\int_{-1}^{-1}P_n(\mu)S(x,\mu)\mathrm{d}\mu\\[2ex] \Sigma_{\mathrm{s}n}(x)\equiv\displaystyle\int_{-1}^{-1}P_n(\mu_0)\Sigma_{\mathrm{s}}(x,\mu_0)\mathrm{d}\mu_0\end{cases} \tag{3.173}$$

该方程组是不封闭的，因为它仅有 $L+1$ 个方程，但有 $L+2$ 个未知量。为了解决方程组不封闭这个问题，常用的做法是在求解第 $n=L$ 个方程时忽略 $\mathrm{d}\phi_{L+1}/\mathrm{d}x$ 项。

在左边界 x_{L} 处，准确的边界条件为

$$\psi(x_{\mathrm{L}},\mu)=\psi_{\mathrm{in}}(x_{\mathrm{L}},\mu),\mu>0 \tag{3.174}$$

式中：$\psi_{\mathrm{in}}(x_{\mathrm{L}},\mu>0)$ 为已知的入射角中子注量率，例如，$\psi_{\mathrm{in}}(x_{\mathrm{L}},\mu>0)=0$ 为真空边界条件。实际上，当 L 为有限值时，方程(3.170)并不能准确满足方程(3.174)定义的边界条件。

最常见的解决办法是推导与注量率近似相一致的近似边界条件：将方程(3.170)代入方程(3.174)定义的边界条件；方程两端同乘以 $P_m(\mu)$ 并在 $0\leqslant\mu\leqslant1$ 的范围内积分即可得到近似的边界条件。由于奇数次的勒让德多项式在左边界上的方向性，因此采用以上步骤处理所

有奇数次勒让德多项式($m=1,3,\cdots,L(L-1)$)可得马绍克(Marshak)边界条件,即

$$\int_0^1 P_m(\mu)\sum_{n=0}^{N}\frac{2n+1}{2}\phi_n(x_L)P_n(\mu)\mathrm{d}\mu \equiv \phi_m(x_L)$$
$$=\int_0^1 P_m(\mu)\psi_{\mathrm{in}}(x_L,\mu)\mathrm{d}\mu \quad (m=1,3,\cdots,L(L-1)) \tag{3.175}$$

方程组(3.175)包含$(L+1)/2$个方程。同理可得右边界的另一组$(L+1)/2$个方程。马绍克边界条件保证了在边界处准确的带方向的入射中子流包含在解中,即

$$J^+(x_L)\equiv\int_0^1 P_1(\mu)\sum_{n=0}^{N}\frac{2n+1}{2}\phi_n(x_L)P_n(\mu)\mathrm{d}\mu$$
$$=\int_0^1 P_1(\mu)\psi_{\mathrm{in}}(x_L,\mu)\mathrm{d}\mu \equiv J_{\mathrm{in}}^+(x_L) \tag{3.176}$$

对于对称或者反射边界条件$\psi(x_L,\mu)=\psi(x_L,-\mu)$来说,所有奇数次项的分量是不存在的,即$\phi_n(x)=0(n=1,3,\cdots)$。

准确的界面条件是角中子注量率连续,即

$$\psi(x_s-\varepsilon,\mu)=\psi(x_s+\varepsilon,\mu) \tag{3.177}$$

式中:ε为无穷小量。

当L为有限值时,方程(3.170)定义的角中子注量率同样不能准确满足方程(3.177)定义的界面条件。利用推导马绍克边界条件相同的方法,将方程(3.170)代入界面条件;方程两边同乘以P_m后在$-1\leqslant\mu\leqslant1$积分;要求前$L+1$个分量满足该边界条件。利用方程(3.168)定义的正交性,各分量连续的界面条件为

$$\phi_n(x_s-\varepsilon)=\phi_n(x_s+\varepsilon) \quad (n=0,1,2,\cdots,L) \tag{3.178}$$

3.12.7 P_1方程和扩散理论

如果忽略$\mathrm{d}\phi_2/\mathrm{d}x$,那么方程组(3.172)的前两个方程组成$P_1$方程组:

$$\begin{cases}\dfrac{\mathrm{d}\phi_1}{\mathrm{d}x}+(\Sigma_t-\Sigma_{s0})\phi_0=S_0\\[2mm]\dfrac{1}{3}\dfrac{\mathrm{d}\phi_0}{\mathrm{d}x}+(\Sigma_t-\Sigma_{s1})\phi_1=S_1\end{cases} \tag{3.179}$$

值得注意的是,$\Sigma_{s0}=\Sigma_s$,即总的散射截面;$\Sigma_{s1}=\bar{\mu}_0\Sigma_s$,其中,$\bar{\mu}_0$为平均散射角余弦。而且,假设中子源是各向同性的($S_1=0$),那么$P_1$方程组中的第二个方程就变为中子扩散的菲克(Fick)定律:

$$\phi_1(x)=\int_{-1}^{1}\mu\psi(x,\mu)\mathrm{d}\mu\equiv J(x)=-\frac{1}{3(\Sigma_t-\bar{\mu}_0\Sigma_s)}\frac{\mathrm{d}\phi_0}{\mathrm{d}x} \tag{3.180}$$

将其代入P_1方程组中的第一个方程可得中子扩散方程为

$$-\frac{\mathrm{d}}{\mathrm{d}x}\left(D_0(x)\frac{\mathrm{d}\phi_0(x)}{\mathrm{d}x}\right)+(\Sigma_t-\Sigma_s)\phi_0(x)=S_0(x) \tag{3.181}$$

其中,扩散系数和输运截面的定义为

$$D_0\equiv\frac{1}{3(\Sigma_t-\bar{\mu}_0\Sigma_s)}\equiv\frac{1}{3\Sigma_{tr}} \tag{3.182}$$

在扩散理论的推导过程中,最重要的假设是线性各向异性的角中子注量率:

$$\psi(x,\mu)\approx\frac{1}{2}\phi_0(x)+\frac{3}{2}\mu\phi_1(x) \tag{3.183}$$

而且中子源是各向同性的，或者至少不存在线性的各向异性分量，即 $S_1=0$。当这些假设成立时，扩散理论应该是一个很好的近似方法。例如，在随机散射过程占优势的介质中，远离非均匀介质形成的界面，无各向异性中子源等。

扩散理论的边界条件同样可以直接从马绍克边界条件（方程(3.176)）中推出：

$$J_{\mathrm{in}}^{+}(x_{\mathrm{L}}) = \int_0^1 P_1(\mu)\left[\frac{1}{2}\phi_0(x_{\mathrm{L}}) + \frac{3}{2}\mu\phi_1(x_{\mathrm{L}})\right]\mathrm{d}\mu = \frac{1}{4}\phi_0(x_{\mathrm{L}}) - \frac{1}{2}D\frac{\mathrm{d}\phi_0(x_{\mathrm{L}})}{\mathrm{d}x} \tag{3.184}$$

当 $J_{\mathrm{in}}^{+}=0$ 时，方程(3.184)为扩散理论的真空边界条件。对方程中中子注量率的梯度与注量率之比的几何解释可得外推边界条件，即物理边界处外推一定距离后外推的中子注量率为0：

$$\phi(x_{\mathrm{L}}-\lambda_{\mathrm{ex}})=0,\lambda_{\mathrm{ex}}=\frac{2}{3\Sigma_{\mathrm{tr}}} \tag{3.185}$$

界面边界条件（方程(3.178)）在扩散理论下变为

$$\phi_0(x_{\mathrm{s}}-\varepsilon)=\phi_0(x_{\mathrm{s}}+\varepsilon) \tag{3.186a}$$

$$-D(x_{\mathrm{s}}-\varepsilon)\frac{\mathrm{d}\phi_0(x_{\mathrm{s}}-\varepsilon)}{\mathrm{d}x}=-D(x_{\mathrm{s}}+\varepsilon)\frac{\mathrm{d}\phi_0(x_{\mathrm{s}}+\varepsilon)}{\mathrm{d}x} \tag{3.186b}$$

3.12.8　离散纵标方法

离散纵标方法是一种在少量的离散角度或者纵标上直接求解输运方程的方法。更具体地来说，它是散射和裂变中子源在离散纵标上对角度的求和代替其对角度的积分的一种方法。该方法的本质是选择离散纵标、求积权重、差分格式和迭代求解程序。在一维问题中，通过恰当选择离散纵标可使离散纵标方法与3.12.7节介绍的 P_{L} 方法完全等价。而且，在一维问题中，离散纵标方法实际上可能是求解 P_{L} 和 $D-P_{\mathrm{L}}$ 方程组最有效的方法。

利用球谐函数对微分散射截面进行展开并利用勒让德多项式的加法原理，平板的一维输运方程为

$$\begin{aligned}&\mu\frac{\mathrm{d}\psi(x,\mu)}{\mathrm{d}R}+\Sigma_{\mathrm{t}}(x)\psi(x,\mu)\\&=\sum_{l'=0}\left(\frac{2l'+1}{2}\right)\Sigma_{\mathrm{s}l'(x)}P_{l'}(\mu)\int_{-1}^{1}P_{l'}(\mu')\psi(x,\mu')\mathrm{d}\mu'+S(x,\mu)\end{aligned} \tag{3.187}$$

其中，方程中的源项 S 包含外部中子源和增殖介质的裂变源。本节首先分析固定的外部中子源问题（这可以指次临界反应堆），然后分析临界反应堆问题。在求解临界问题时，固定中子源问题是其迭代的一部分。

如果角度方向划分为 N 个方向 μ_n，而且其相应的求积权重为 ω_n，那么方程(3.187)中对角度的积分可由下式代替：

$$\phi_l(x)\equiv\int_{-1}^{1}P_l(\mu)\psi(x,\mu)\mathrm{d}\mu\approx\sum_n\omega_nP_l(\mu_n)\psi(x) \tag{3.188}$$

式中：$\psi_n\equiv\psi(\mu_n)$。

求积权重归一化为

$$\sum_{n=1}^{N}\omega_n=2 \tag{3.189}$$

如果选择坐标与求积权重并使其关于 $\mu=0$ 对称，那么对向前和向后中子注量率的描述是等价的。因此，离散纵标及其相应的权重可选为

$$\mu_{N+1-n} = -\mu_n, \mu_n > 0 \quad (n = 1, 2, \cdots, N/2) \tag{3.190a}$$

$$\omega_{N+1-n} = -\omega_n, \omega_n > 0 \quad (n = 1, 2, \cdots, N/2) \tag{3.190b}$$

利用这偶数个离散纵标,反射边界条件很容易写为

$$\psi_n = \psi_{N+1-n} \quad (n = 1, 2, \cdots, N/2) \tag{3.191}$$

如果已知入射的角中子注量率 $\psi_{\text{in}}(\mu)$,那么边界条件为

$$\psi_n = \psi_{\text{in}}(\mu_n) \quad (n = 1, 2, \cdots, N/2) \tag{3.192}$$

其中,真空边界 $\psi_{\text{in}}(\mu) = 0$。

离散纵标的数目通常为偶数,因为这样可获得正确的边界条件。即使存在这样的限制,离散纵标和权重的选择仍然是相当自由的。

如果将 N 阶勒让德多项式的根选为离散纵标,即

$$P_N(\mu_i) = 0 \tag{3.193}$$

而且选择求积权重保证所有 $N-1$ 阶的勒让德多项式 P_{N-1} 能被准确地积分,即

$$\int_{-1}^{1} P_l(\mu)\,\mathrm{d}\mu = \sum_{n=1}^{N} \omega_n P_l(\mu_n) = 2\delta_{l0} \quad (l = 0, 1, \cdots, N-1) \tag{3.194}$$

那么,含有 N 个离散纵标的离散纵标方程就完全等价于 P_{N-1} 方程组。推导过程如下:

方程(3.187)两端依次同乘以 $\omega_n P_l(\mu_n)\,(0 \leqslant l \leqslant N-1)$,并利用方程(3.167)定义的递推关系式可得

$$\begin{aligned} &\omega_n\left[\left(\frac{l+1}{2l+1}\right)P_{l+1}(\mu_n) + \left(\frac{l}{2l+1}\right)P_{l-1}(\mu_n)\right]\frac{\mathrm{d}\psi_n}{\mathrm{d}x} + \omega_n \Sigma_t \psi_n \\ &= \sum_{l'=0}^{N-1}\left(\frac{2l'+1}{2}\right)\Sigma_{sl'}\omega_n P_{l'}(\mu_n)P_l(\mu_n)\phi_{l'} + \omega_n P_l(\mu_n)S(\mu_n) \\ &\qquad (l = 0, \cdots, N-1;\ n = 1, \cdots, N) \end{aligned} \tag{3.195}$$

在 $0 \leqslant l \leqslant N$ 内对上述方程求和,可得

$$\begin{aligned} &\left(\frac{l+1}{2l+1}\right)\frac{\mathrm{d}\phi_{l+1}}{\mathrm{d}x} + \left(\frac{l}{2l+1}\right)\frac{\mathrm{d}\phi_{l-1}}{\mathrm{d}x} + \Sigma_t\phi_l \\ &= \sum_{l'=0}^{N-1}\left(\frac{2l'+1}{2}\right)\Sigma_{sl'}\phi_{l'}\left[\sum_{n=0}^{N}\omega_n P_{l'}(\mu_n)P_l(\mu_n)\right] + \sum_{n=1}^{N}\omega_n P_l(\mu_n)S(\mu_n) \\ &\qquad (l = 0, \cdots, N-1) \end{aligned} \tag{3.196}$$

由方程(3.194)定义的权重不仅保证所有阶次为 N 的勒让德多项式能被准确地积分(阶次为 n 的任何多项式均可由阶次小于或等于 n 的勒让德多项式之和表示),而且阶次小于 $2N$ 的勒让德多项式也可被准确地积分。因此,散射积分可简化为

$$\sum_{n=0}^{N}\omega_n P_{l'}(\mu_n)P_l(\mu_n) = \int_{-1}^{1}P_{l'}(\mu)P_l(\mu)\,\mathrm{d}\mu = \frac{2\delta_{ll'}}{2l+1} \tag{3.197}$$

假设随角度变化的源项也可由阶次小于 $2N$ 的多项式近似,即

$$\sum_{n=0}^{N}\omega_n P_l(\mu_n)S(\mu_n) = \int_{-1}^{1}P_l(\mu)S(\mu)\,\mathrm{d}\mu = \frac{2S_l}{2l+1} \tag{3.198}$$

式中:S_l 为源项的勒让德分量,可按式(3.173)计算。

将方程(3.197)和方程(3.198)代入方程(3.196),可得

$$\left(\frac{l+1}{2l+1}\right)\frac{\mathrm{d}\phi_{l+1}}{\mathrm{d}x}+\left(\frac{l}{2l+1}\right)\frac{\mathrm{d}\phi_{l-1}}{\mathrm{d}x}+(\Sigma_{\mathrm{t}}-\Sigma_{sl})\phi_l=S_l\quad(l=0,\cdots,N-2)\tag{3.199a}$$

$$\frac{N-1}{2(N-1)+1}\frac{\mathrm{d}\phi_{(N-1)-1}}{\mathrm{d}x}+(\Sigma_{\mathrm{t}}-\Sigma_{\mathrm{s},N-1})\phi_{N-1}=S_{N-1}\tag{3.199b}$$

如果 $\phi_{-1}=0$,那么这个方程组与 $L-1$ 阶 P_{L} 方程组(方程组(3.172))完全相同。

参考文献

[1] D. R. VONDY, "Diffusion Theory." in Y. Ronen, ed., *CRC Handbook of Nuclear Reactor Calculations I*, CRC Press, Boca Raton, FL (**1986**).

[2] R. J. J. STAMM'LER and M. J. ABBAIE, *Methods of Steady-State Reactor Physics in Nuclear Design*, Academic Press, London (**1983**). Chap. 5.

[3] J. R. LAMARSH, *Introduction to Nuclear Reactor* Theory, 2nd ed., Addison-Wesley, Reading, MA (**1983**), Chaps. 5, 6, 8, 9, and 10.

[4] J. J. DUDERSTADT and L. J. HAMILTON, *Nuclear Reactor Analysis*, Wiley, New York (**1976**), pp. 149 - 232 and 537 - 556.

[5] A. F. HENRY, *Nuclear-Reactor Analysis.* MIT Press, Cambridge, MA (**1975**), pp. 115 - 199.

[6] G. I. BELL and S. GLASSTONE, *Nuclear Reactor Theory*, Van Nostrand Reinhold, New York (**1970**), pp. 89 - 91, 104 - 105, and 151 - 157.

[7] M. K. BUTLER and J. M. COOK, "One Dimensional Diffusion Theory," and A. HASSI1T, "Diffusion Theory in Two and Three Dimensions," in H. Creenspan, C. N. Kelber, and D. Okrent, eds., *Computing Methods in Reactor Physics*, Gordon and Breach, New York (**1968**).

[8] E. L WACHSPRESS, *Iterative Solution of Elliptic Systems*, Prentice Hall, Englewood Cliffs, NJ (**1966**). Another widely used method for solving the two-dimensional diffusion equations is the *alternating direction implicit* iteration scheme described in Section14.3.

[9] M. CLARKE and K. F. HANSEN, *Numerical Methods of Reactor Analysis*, Academic Press, New York (**1964**).

[10] R. V. MEGHRFBLIAN and D. K. HOLMES, *Reactor Analysis*, McGraw Hill, New York (**1960**), pp. 160 - 267 and 626 - 747.

[11] A. M. WEINBERG, and E. P. WGNER, *The Physical Theory of Neutron Chain Reactors*, University of Chicago Press, Chicago (**1958**), pp. 181 - 218, 495 - 500, and 615 - 655.

[12] S. GLASSTONE and M. C. EDLUND, *Nuclear Reactor Theory*, D. Van Nostrand Princeton, NJ (**1952**), pp. 90 - 136, 236 - 272, and 279 - 289.

习题

3.1 根据方程(3.24)绘制如下三种无限大介质内点源在 $r=0\sim25\mathrm{cm}$ 范围内形成的中子注量率分布:(1) H_2O ($L=2.9\mathrm{cm}, D=0.16\mathrm{cm}$);(2) D_2O ($L=170\mathrm{cm}, D=0.9\mathrm{cm}$);(3)石墨($L=60\mathrm{cm}, D=0.8\mathrm{cm}$)。

3.2 根据方程(3.36)绘制热中子从左侧入射宽度为 $2a=10\mathrm{cm}$ 平板后形成的中子注量率分布。平板的材料为铁,相应的参数:$\Sigma_{\mathrm{t}}=1.15\mathrm{cm}^{-1}, L=1.3\mathrm{cm}, D=0.36\mathrm{cm}$。

3.3 根据反照率的定义与方程(3.4)和方程(3.5)定义的扩散理论的分中子流密度推导方程(3.38)定义的反照率边界条件。

3.4 热中子扩散长度实验中,长方体扩散介质($a_{\mathrm{ex}}=b_{\mathrm{ex}}=157.7\mathrm{cm}$)$z$ 轴方向上的一端被置于反应堆的热中子通道处并辐照一系列铟箔。在以下位置处箔片的饱和活度分别为:$z=$

28cm,40000 衰变/min;$z=40$cm,29000 衰变/min;$z=45$cm,20000 衰变/min;$z=56$cm,17000 衰变/min;$z=70$cm,10000 衰变/min;$z=76$cm,8500 衰变/min;$z=90$cm,5800 衰变/min;$z=100$cm,3500 衰变/min。实验的误差为 ±10%。试根据以上数据计算热中子的扩散长度。

3.5 推导长方体裸堆的临界条件;长方体在 x、y 和 z 方向上尺寸分别为 a、b 和 c。

3.6 压水堆的典型成分为:H,$2.75\times10^{22}\text{cm}^{-3}$;O,$2.76\times10^{22}\text{cm}^{-3}$;Zr,$3.69\times10^{21}\text{cm}^{-3}$;Fe,$1.71\times10^{21}\text{cm}^{-3}$;^{235}U,$1.91\times10^{20}\text{cm}^{-3}$;^{238}U,$6.59\times10^{21}\text{cm}^{-3}$;^{10}B,$1\times10^{19}\text{cm}^{-3}$;如果这些同位素的谱平均微观截面(b)$\sigma_{tr}/\sigma_a/\nu\sigma_f$ 分别为:H,0.65/0.29/0.0;O,0.26/0.0002/0.0;Zr,0.79/0.19/0.0;Fe,0.55/2.33/0.0;^{235}U,1.82/484.0/758.0;^{238}U,1.06/2.11/1.82;B,0.89/3410.0/0.0。试计算高度 $H=375$cm 的圆柱形裸堆的临界半径。

3.7 如果题3.6中的圆柱形裸堆外存在厚20cm的侧反射层,重新计算该反应堆的临界半径。反射层的关键参数:$D_R=1.0$cm,$\Sigma_{aR}=0.01\text{cm}^{-1}$。

3.8 假设直径为0.5~2.0cm的UO_2棒被放置在H_2O慢化剂内,且慢化剂和燃料的体积比 V_M/V_F 为1.0~4.0。试计算:(1)热中子注量率不利因子;(2)相应的有效吸收截面和热中子利用率。

3.9 参考方程(3.100),推导圆柱体燃料-慢化剂组件的局部功率峰因子。

3.10 半径为 a 的圆柱形控制棒插入内径为 a、外径为 R 的燃料-慢化剂介质内,假设该几何结构的输运参数为

$$1/3\alpha=0.7104+0.2524/a\Sigma_{aC}+0.2524/(a\Sigma_{aC})^2+\cdots$$

试计算该结构的有效吸收截面。

3.11 (编程题)Jezebel是一个以金属^{239}Pu(密度为15.4 g/cm^3)为燃料、半径为6.3cm的球状快中子裸堆,且处于临界状态。利用单群常数 $\nu=2.98$、$\sigma_f=1.85$b、$\sigma_a=2.11$b 和 $\sigma_{tr}=6.8$b,并采用有限差分方法求解扩散方程并计算有效增殖系数 $\lambda=k_{eff}$。$\lambda-1$ 可衡量扩散理论的精度。对于这样的组件,扩散理论是合理的吗?

3.12 (编程题)平板反应堆由两个厚度均为50cm的相邻区域构成,而且每侧带有25cm厚的反射层。采用数值方法求解扩散方程以获取特征值和中子注量率分布,并与解析解进行比较。两区堆芯的参数分别如下:区域1,$D=0.65$cm,$\Sigma_a=0.12\text{cm}^{-1}$,$\nu\Sigma_f=0.125\text{cm}^{-1}$;区域2,$D=0.75$cm,$\Sigma_a=0.10\text{cm}^{-1}$,$\nu\Sigma_f=0.12\text{cm}^{-1}$。反射层的参数:$D=1.15$cm,$\Sigma_a=0.01\text{cm}^{-1}$,$\nu\Sigma_f=0.0\text{cm}^{-1}$。

3.13 (编程题)横截面为(x,y)的立方体反应堆在 z 方向上足够长且其泄漏可忽略不计;它在 $x-y$ 平面内分别关于 x 轴和 y 轴对称,右上象限的堆芯由三部区域组成:区域1为长方形的燃料区,尺寸为 $0<x<50$cm,$60<y<100$cm,其核常数分别为 $D=0.65$cm,$\Sigma_a=0.12\text{cm}^{-1}$,$\nu\Sigma_f=0.185\text{cm}^{-1}$;区域2为长方形的燃料区,尺寸为 $0<x<50$cm,$0<y<60$cm,其核常数分别为 $D=0.75$cm,$\Sigma_a=0.10\text{cm}^{-1}$,$\nu\Sigma_f=0.15\text{cm}^{-1}$;区域3为长方形的反射层,尺寸为 $50<x<100$cm,$0<y<100$cm,其核常数分别为 $D=1.15$cm,$\Sigma_a=0.01\text{cm}^{-1}$,$\nu\Sigma_f=0.0\text{cm}^{-1}$。采用数值方法计算有效增殖系数和中子注量率分布,并绘制在 y 为30cm和80cm处的 x 方向的中子注量率分布。

3.14 计算由H_2O和富集度为4%的铀按质量比1:1混合而成的混合物的热中子外推长度 λ_{extrap}。

3.15 对于H_2O和富集度为4%的铀按质量比1:1混合而成的混合物,计算利用有限差

分方法求解扩散方程时所能采用的最大的网格尺寸。

3.16　对于 H_2O 和富集度为 4% 的铀按质量比 1∶1 混合而成的混合物,假设在 H_2O 中存在一个平板源,计算和绘制热中子注量率分布。

3.17　对于碳和富集度为 4% 的铀按质量比 1∶1 混合而成的混合物,假设在碳中存在一个平板源,计算和绘制热中子注量率分布。

3.18　对于 H_2O 和富集度为 4% 的铀按质量比 1∶1 混合而成的混合物平板,在其两侧均存在无限厚的石墨反射层,当混合物平板的厚度为 1m 时,计算热中子注量率的反照率边界条件。

3.19　利用表 3.4 中的参数(除 ^{235}U 之外),计算当高度 $H = 350cm$,半径 $R = 110cm$ 的圆柱形裸堆达到临界时所需的 ^{235}U 的富集度;当半径 R 分别为 100cm、120cm 时 ^{235}U 的临界富集度。

3.20　对于例 3.4,当燃料间的水的厚度分别为 2cm、5cm 时,计算中子注量率不利因子和有效吸收截面。

3.21　试计算习题 3.20 的平板栅格的局部功率峰因子。

3.22　对于例 3.5,当控制叶片仅含 2% 的天然硼时,重新计算控制板的有效截面。

3.23　试利用 4 节块模型重新求解题 3.12,并与题 3.12 的结果进行比较。其中,每一个反射层和反应堆区域为一个节块。

3.24　讨论中子扩散理论推导中引入的三个假设,并且分析这些假设对扩散理论适用性的影响。解释扩散理论不适合直接计算轻水反应堆中由燃料、慢化剂、结构材料和控制元件组成的典型燃料组件内中子注量率的原因。分析扩散理论对组件均匀化模型的适用性。

3.25　计算立方体裸堆的临界尺寸。反应堆的宏观截面:$\Sigma_{tr} = 0.113cm^{-1}$,$\Sigma_a = 0.113cm^{-1}$,$\nu\Sigma_f = 0.115cm^{-1}$。

3.26　一根含有自发裂变源的燃料棒被置于非常大的慢化介质中,而且在不同的位置上存在具有较大的俘获截面(满足 $1/v$ 律)的箔片。通过实验可测定这些箔片的放射性活度。解释如何利用箔片的放射性活度确定中子在慢化介质中的徙动长度。

第4章 中子能量分布

由于中子－核反应的截面与中子能量有关,因此为了确定中子与物质的反应率,必须先确定中子的能量分布;反过来,中子与物质的反应率又决定了中子的输运过程。本章首先考察无限大均匀介质内的中子能量分布,因为在这种情形下可获得具有明确物理意义的解析解。其次,介绍重要的可用于计算近似中子能量分布的多群方法和共振区中子能量分布发生急剧变化时的计算方法。最后,结合用于确定中子能量分布的多群理论与用于确定中子空间分布的中子扩散理论获得计算空间－能量依赖的中子注量率分布的方法。

4.1 无限大介质的分析解

本节以无限大均匀介质为例分析核反应堆内的中子能量分布;在无限大均匀介质中,空间效应可以被忽略。微分能区 dE 内的中子注量率是因裂变和从其他能区 dE'散射至 dE 而产生在 dE 内的源中子与因吸收或者散射至其他能区而从 dE 损失的中子间平衡的结果:

$$\begin{aligned}&[\Sigma_a(E)+\Sigma_s(E)]\phi(E)dE\\&=\left[\int_0^\infty\Sigma_s(E'\to E)\phi(E')dE'+\frac{\chi(E)}{k_\infty}\int_0^\infty\nu\Sigma_f(E')\phi(E')dE'\right]dE\end{aligned}\tag{4.1}$$

式中:包括无限大介质增殖系数 k_∞,调整该因子以获得方程的稳态解。

4.1.1 裂变源能区

在非常高能区,落入 dE 内的裂变中子数远大于从更高能区慢化至 dE 内的中子数。在这种情形下,相比于方程右端第二项,方程(4.1)右端第一项可以忽略不计,那么方程(4.1)简化为

$$\phi^{(0)}(E)\approx\frac{\chi(E)}{k_\infty\Sigma_t(E)}\int_0^\infty\nu\Sigma_f(E')\phi(E')dE'=\frac{\chi(E)}{\Sigma_t(E)}\times C\tag{4.2}$$

式中:$\Sigma_t=\Sigma_a+\Sigma_s$;$C$ 为常数。

由此可知,在裂变能区,即直接裂变中子是主要中子源的能区,中子注量率分布与中子裂变能量分布和总截面之商成比例。

若将方程(4.2)作为初值代入方程(4.1)右端,可得

$$\begin{aligned}\phi^{(1)}(E)&=\frac{1}{\Sigma_t(E)}\left[\int_E^\infty\Sigma_s(E'\to E)\phi^{(0)}(E')dE'+\chi(E)\times C\right]\\&=\frac{1}{\Sigma_t(E)}\left[\int_E^\infty\Sigma_s(E'\to E)\frac{\chi(E')}{\Sigma_t(E')}dE'+\chi(E)\right]C\\&=\frac{\chi(E)}{\Sigma_t(E)}\left[1+\frac{1}{\chi(E)}\int_E^\infty\Sigma_s(E'\to E)\frac{\chi(E')}{\Sigma_t(E')}dE'\right]C\end{aligned}\tag{4.3}$$

在方程(4.3)中,鉴于高能中子与能量较低的原子核散射时只能失去能量这一物理规律,对散射积分项设置了一个能量下限E,高于E的能散射入dE内。在裂变中子源比较重要的高能区,非弹性散射通常也比较重要,因而须用一个修正项包含非弹性散射的影响。由方程(4.3)可知,修正的中子能量分布依然保持裂变谱除以总截面的形式,但增加了一个修正因子;在裂变份额较小的能区,修正因子将明显地增大。对典型成分的数值计算结果表明,在中子能量$E>0.5\text{MeV}$的能区,$\phi(E)=\chi(E)/\Sigma_t(E)$可较好地描述中子能量分布。

4.1.2 慢化能区

裂变过程很少产生能量低于50keV的裂变中子。因为在此能区发生非弹性散射的概率也较低,所以弹性散射传递函数适用于该能区:

$$\Sigma_s(E'\to E)=\begin{cases}\dfrac{\Sigma_s(E')}{E'(1-\alpha)}, & E\leqslant E'\leqslant\dfrac{E}{\alpha}\\ 0, & \text{其他}\end{cases}\tag{4.4}$$

式中:$\alpha\equiv[(A-1)/(A+1)]^2$,$A$为散射核的质量数。

若进一步将中子能量限定在1eV以上,那么中子通过弹性散射碰撞只失去能量。因此,中子能量分布方程变为慢化方程:

$$\Sigma_t(E)\phi(E)=\sum_j\int_E^{E/\alpha_j}\frac{\Sigma_s^j(E')\phi(E')}{E'(1-\alpha)}dE'\tag{4.5}$$

式中:求和符号表示须对核反应堆内出现的所有核素进行求和。

4.1.3 氢核慢化

在氢核($\alpha_H\equiv[(A_H-1)/(A_H+1)]^2=0$)和重核($\alpha\equiv[(A-1)/(A+1)]^2\approx1$)的混合物中,方程(4.5)可写为

$$\begin{aligned}\Sigma_t(E)\phi(E)&=\int_E^{\infty}\frac{\Sigma_s^H\phi(E')}{E'}dE'+\sum_{j\neq H}\int_E^{E/\alpha_j}\frac{\Sigma_s^j(E')\phi(E')}{E'(1-\alpha_j)}dE'\\&\approx\int_E^{\infty}\frac{\Sigma_s^H\phi(E')}{E'}dE'+\sum_{j\neq H}\frac{\Sigma_s^j\phi(E)}{\alpha_j}\end{aligned}\tag{4.6}$$

其中,由于重核的积分区间$E\leqslant E'\leqslant E/\alpha_j$非常小,因此可假设

$$\Sigma_s^j(E')\phi(E')/E'\approx\Sigma_s^j(E)\phi(E)/E$$

经过整理,方程(4.6)可变为

$$(\Sigma_a(E)+\Sigma_s^H)\phi(E)=\int_E^{\infty}\Sigma_s^H\frac{\phi(E')}{E'}dE'\tag{4.7}$$

对方程(4.7)求导并同除以$(\Sigma_a+\Sigma_s^H)\phi$,然后从$E$积分至任意能量$E_1$,可得

$$\phi(E)=\frac{[\Sigma_a(E_1)+\Sigma_s^H]E_1\phi(E_1)}{[\Sigma_a(E)+\Sigma_s^H]E}\exp\left[-\int_E^{E_1}\frac{\Sigma_a(E')dE'}{[\Sigma_a(E')+\Sigma_s^H]E'}\right]\tag{4.8}$$

由方程(4.8)可知,中子能量分布随能量变化的关系为$\phi(E)\sim1/(\Sigma_a(E)+\Sigma_s^H)E$;与$E_1$处的值相比,$E$处中子注量率的大小因在$E<E'<E_1$范围内的吸收而按指数衰减。慢化能区的中子能量分布整体上呈现$1/E$规律,但须$\Sigma_a(E)$的修正。

4.1.4 能量自屏蔽

当出现很大的窄共振峰时,吸收截面$\Sigma_a(E)$在共振峰范围内将急剧地增大,从而引起

$\phi(E) \sim 1/(\Sigma_a(E)+\Sigma_s^H)$在共振峰内急剧地减小,如图 4.1 所示。在低于共振峰的能区,由于$\Sigma_a(E)$再次变小,中子注量率几乎恢复到发生共振吸收之前的值;中子注量率在共振前后的变化量取决于共振引起的吸收。从物理上来说,只有散射入共振能区的中子才被吸收,而从高于共振峰能量散射至低于共振峰能量的中子并不受共振的影响。与不考虑共振对中子注量率影响相比,中子注量率在共振能区的减小可以减少共振对中子的吸收,这种现象称为能量自屏蔽。

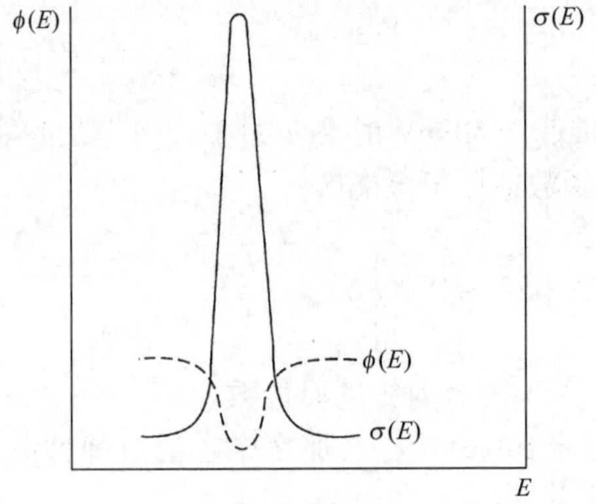

图 4.1 吸收共振处中子注量率的能量自屏蔽效应[6]

对于能量宽度为 ΔE 的共振,假设其共振吸收非常大,那么通过计算中子注量率因共振引起的指数衰减可大致估计能量自屏蔽的分量。由方程(4.8)可知,中子注量率的指数衰减系数可近似为

$$\exp\left[-\int_E^{E_1}\frac{\Sigma_a(E')\mathrm{d}E'}{[\Sigma_a(E')+\Sigma_s^H]E'}\right]\approx\exp\left(-\int_E^{E+\Delta E}\frac{\mathrm{d}E'}{E}\right)=\frac{E}{E+\Delta E}\tag{4.9}$$

对于^{238}U在 $E=6.67\text{eV}$ 处的第一个共振吸收,其宽度 $\Delta E=0.027\text{eV}$,根据方程(4.9)可知,在慢化通过共振能量时仅约 0.4% 的中子被吸收。

4.1.5 无吸收非氢慢化剂内的慢化

4.1.4 节对氢核慢化的分析表明,中子能量分布在慢化能区最显著的特征是其基本满足 $1/E$ 规律和共振的能量自屏蔽效应,这两点在其他慢化条件下依然是成立的。为了更加全面地了解各种慢化剂对中子能量分布的影响,本节将分析非氢同位素的慢化。在不存在吸收的情况下,慢化平衡方程可变为

$$\Sigma_s(E)\phi(E)\equiv\sum_j\Sigma_s^j(E)\phi(E)=\sum_j\int_E^{E/\alpha_j}\frac{\Sigma_s^j(E')\phi(E')}{(1-\alpha_j)E'}\mathrm{d}E'\tag{4.10}$$

根据氢核的慢化规律,假设方程的解为

$$\phi(E)=\frac{C}{E\Sigma_s(E)}=\frac{C}{E\sum_j\Sigma_s^j(E)}\tag{4.11}$$

将式(4.11)代入方程(4.10),可得

$$\frac{C}{E}=\sum_j C\int_E^{E/\alpha_j}\frac{\Sigma_s^j(E')}{\Sigma_s(E')}\frac{\mathrm{d}E'}{(1-\alpha_j)(E')^2}\approx C\sum_j\frac{\Sigma_s^j(E)}{\Sigma_s(E)}\frac{1}{E}=\frac{C}{E}\tag{4.12}$$

其中,上述推导过程假设所有同位素的散射截面随能量变化具有相同的规律。在这个假设下,方程(4.11)定义的形式解确实满足方程(4.10)。

4.1.6　慢化密度

能量 E 处的慢化密度 $q(E)$ 定义为在能量 E 以上的 E' 处的中子通过弹性散射至能量 E 以下的能量 E'' 处的中子数目。根据图 4.2,它可以写为

$$q(E) \equiv \sum_j \int_E^{E/\alpha_j} \mathrm{d}E' \int_{\alpha_j E'}^{E} \frac{\Sigma_s^j(E')\phi(E')}{(1-\alpha_j)E'} \mathrm{d}E'' \tag{4.13}$$

通过弹性散射能慢化至 E 以下的最大中子能量 $E' = E/\alpha$;从 $E' > E$ 能区通过弹性散射至 $E'' < E$ 的最小中子能量 $E'' = E'\alpha$。如果没有吸收,那么慢化密度显然是常数。

方程(4.11)代入方程(4.13),可得

$$\begin{aligned} q(E) &= \sum_j \int_E^{E/\alpha_j} \mathrm{d}E' \int_{\alpha_j E'}^{E} \frac{C\Sigma_s^j(E')}{\Sigma_s(E')(1-\alpha_j)(E')^2} \mathrm{d}E'' \\ &= C\sum_j \left(1 + \frac{\alpha_j \ln\alpha_j}{1-\alpha_j}\right) \frac{\Sigma_s^j(E)}{\Sigma_s(E)} \\ &\equiv C\sum_j \xi_j \frac{\Sigma_s^j(E)}{\Sigma_s(E)} \equiv C\bar{\xi}(E) \end{aligned} \tag{4.14}$$

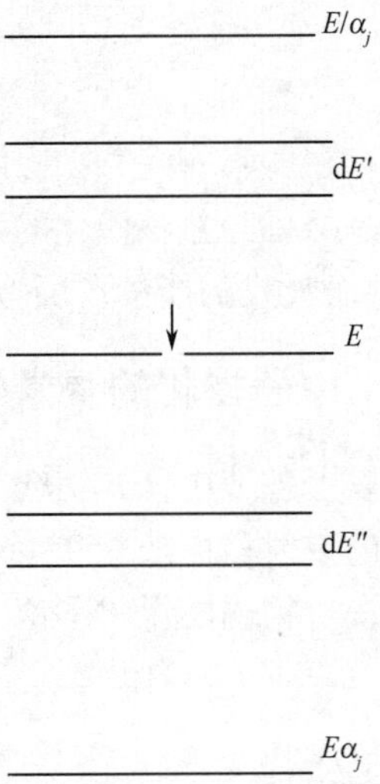

图 4.2　中子慢化密度的能量区间

上式仍然假设所有散射截面随能量变化具有相同的规律。ξ_j 为第 1 章中定义的核素 j 在一次碰撞中的平均对数能降;$\bar{\xi}_j$ 为慢化剂混合物的平均有效对数能降。将方程(4.11)代入上式可得慢化密度与中子注量率之间的重要关系式:

$$q(E) = \bar{\xi}\Sigma_s(E)E\phi(E) \tag{4.15}$$

4.1.7　弱吸收介质内的慢化

吸收会减少慢化过程中的中子,因此随着中子能量的降低,中子慢化密度也有所减小。若中子能量减小 $-\mathrm{d}E$,则因吸收引起慢化密度的变化可表示为

$$\frac{\mathrm{d}q(E)}{\mathrm{d}E} = \Sigma_a(E)\phi(E) \tag{4.16}$$

假设在能量 E 处存在弱吸收或局部共振吸收,并利用方程(4.15)计算慢化方程中的散射积分,那么适用于存在弱吸收或局部共振吸收的通用中子平衡方程为

$$\begin{aligned} [\Sigma_a(E) + \Sigma_s(E)]\phi(E) &= \sum_j \int_E^{E/\alpha_j} \frac{\Sigma_s^j(E')\phi(E')}{(1-\alpha_j)E'} \mathrm{d}E' \\ &\approx q(E)\sum_j \int_E^{E/\alpha_j} \frac{1}{\bar{\xi}(1-\alpha_j)} \frac{\Sigma_s^j(E')}{\Sigma_s(E')} \frac{\mathrm{d}E'}{(E')^2} = \frac{q(E)}{\bar{\xi}E} \end{aligned} \tag{4.17}$$

方程(4.17)中再一次利用所有散射截面随能量变化具有相同规律这一假设。将方程(4.17)代入方程(4.16),可得

$$\frac{\mathrm{d}q(E)}{\mathrm{d}E} = \frac{\Sigma_a(E)q(E)}{E\bar{\xi}[\Sigma_a(E) + \Sigma_s(E)]} \tag{4.18}$$

式(4.18)从 E 积分到 E_1,可得

$$q(E) = q(E_1)\exp\left\{-\int_E^{E_1}\frac{\Sigma_a(E')q(E')\mathrm{d}E'}{\bar{\xi}[\Sigma_a(E')+\Sigma_s(E')]E'}\right\} \tag{4.19}$$

式(4.19)表明因吸收导致中子慢化密度的衰减。将式(4.19)代入方程(4.17)并利用方程(4.15)可得能量依赖的中子注量率为

$$\phi(E) = \frac{[\Sigma_a(E_1)+\Sigma_s(E_1)]\bar{\xi}(E_1)E_1\phi(E_1)}{[\Sigma_a(E)+\Sigma_s(E)]\bar{\xi}(E)E}\exp\left\{-\int_E^{E_1}\frac{\Sigma_a(E')\mathrm{d}E'}{\bar{\xi}(E')[\Sigma_a(E')+\Sigma_s(E')]E'}\right\} \tag{4.20}$$

在存在弱吸收或共振吸收的非氢慢化剂内,中子注量率 $\phi\sim1/\bar{\xi}\Sigma_t(E)E$ 且按指数规律衰减。这一结果与氢核慢化的结果非常相似(令 $\bar{\xi}=1$,方程(4.20)可简化为方程(4.8))。特别的是,共振吸收的能量自屏蔽效应依然由随能量变化的 $1/\Sigma_t(E)$ 带入中子注量率中。

4.1.8 中子慢化的费米年龄理论

在以上各节中,为了获得相对简单的解析解,在非氢慢化剂内的中子慢化均假设所有慢化同位素的散射截面随能量变化具有相同规律。对于重核慢化剂来说,不需要引入这一假设。慢化剂混合物内的慢化平衡方程为

$$\Sigma_t(E)\phi(E) = \sum_j\int_E^{E/\alpha_j}\frac{\Sigma_s^j(E')\phi(E')\mathrm{d}E'}{(1-\alpha_j)E'} \tag{4.21}$$

基于原先的分析可知 $\bar{\xi}\Sigma_s(E)E\phi(E)$ 随能量 E 缓慢变化。因此,方程(4.21)右端的散射积分中的 $\Sigma_s^j(E')E'\phi(E')$ 在 $\Sigma_s^j(E)E\phi(E)$ 处泰勒展开,可得

$$E'\Sigma_s^j(E')\phi(E') = E\Sigma_s^j(E)\phi(E)+\frac{\mathrm{d}}{\mathrm{dln}E}[E\Sigma_s^j(E)\phi(E)]\ln\frac{E'}{E}+\cdots \tag{4.22}$$

如果 E/α_j 到 E 的散射积分区间非常小(例如,对于重核,$\alpha_j\equiv[(A_j-1)/(A_j+1)]^2\approx1$),保留泰勒展开式的前两项即可,则有

$$\begin{aligned}\Sigma_t(E)\phi(E) &= \sum_j\int_E^{E/\alpha_j}\frac{\mathrm{d}E'}{E'^2(1-\alpha_j)}\left\{E\Sigma_s^j(E)\phi(E)+\ln\frac{E'}{E}\frac{\mathrm{d}}{\mathrm{dln}E}[E\Sigma_s^j(E)\phi(E)]+\cdots\right\}\\ &= \sum_j\left\{\Sigma_s^j(E)\phi(E)+\frac{1}{E}\left(1+\frac{\alpha_j\ln\alpha_j}{1-\alpha_j}\right)\frac{\mathrm{d}}{\mathrm{dln}E}[E\Sigma_s^j(E)\phi(E)]+\cdots\right\}\\ &= \Sigma_s(E)\phi(E)+\frac{\mathrm{d}}{\mathrm{d}E}[E\bar{\xi}(E)\Sigma_s(E)\phi(E)]+\cdots\end{aligned} \tag{4.23}$$

对式(4.23)积分,可得

$$\phi(E) = \frac{E_1\bar{\xi}(E_1)\Sigma_s(E_1)\phi(E_1)}{E\bar{\xi}(E)\Sigma_s(E)}\exp\left[-\int_E^{E_1}\frac{\Sigma_a(E')\mathrm{d}E'}{E'\bar{\xi}(E')\Sigma_s(E')}\right] \tag{4.24}$$

在完全不同的假设下,在此获得的中子能量分布(方程(4.24))与方程(4.20)在 $\Sigma_a\ll\Sigma_s$ 时的结果是相同的。在方程(4.20)的推导中,假设混合物是弱吸收的,因此在散射积分计算中采用了无吸收时的慢化密度与中子注量率的关系式(方程(4.15));而且,也假设了混合物中所有慢化剂的散射截面随能量变化具有相同的规律。在方程(4.24)的推导中,仅仅假设了函数 $E'\Sigma_s(E')\phi(E')$ 在从 E 到 E/α_j 的散射积分区间内缓慢变化。

至此本节已经得到了慢化能区的中子注量率分布 $\phi\sim1/\xi(E)\Sigma_t(E)E$ 和中子慢化密度 $q\approx\bar{\xi}(E)\Sigma_t(E)E\phi(E)$,而且在慢化过程中它们均因吸收而按指数规律衰减。到目前为止,虽然对慢化密度和中子能量分布的指数衰减进行了定性的修正,但是对慢化能区内非常重要的

共振吸收还须进行更详细的处理,详见4.3节。

4.1.9　热能区的中子能量分布

许多因素使确定热能区(中子能量小于1eV左右)的中子能量分布变得比较复杂。由于原子核的运动速度与中子的运动速度在同一个量级,因此中子截面须在原子核运动的能量范围内进行平均;而且,受到原子核运动的影响,中子散射后的能量可能增加,也可能减少。既然热中子的能量与材料晶格对原子核的约束能量处于同一个量级,那么材料晶格对原子核的约束影响原子核的反冲过程,而且中子散射动力学因晶格的影响变得更加复杂。非弹性散射时的分子旋转和振动状态或者晶格振动状态也影响散射动力学。在能量非常低的能区,中子的波长与散射原子核的原子间距是相当的,那么中子衍射效应对中子能量分布的影响变得比较重要。精确计算热中子反应率的关键是正确计算两类参数;第一类是表征热中子散射过程的各种截面;另一类是中子在热能区的能量分布。幸运的是,热中子截面的大部分细节在核反应堆计算中并不重要,因而通过合理的简化可以得到足够精度的截面参数。本节基于一些物理假设来分析热中子的能量分布和反应率。对热中子截面和能量分布更加详细的分析参见第12章。

热能区的中子平衡方程为

$$[\Sigma_a(E)+\Sigma_s(E)]\phi(E)=\int_0^{E_{th}}\Sigma_s(E'\to E)\phi(E')\mathrm{d}E'+S(E)\tag{4.25}$$

式中:散射积分仅限于整个热能区 $E\leqslant E_{th}$;$S(E)$为从 $E>E_{th}$的高能区散射入热能区的中子源。

假设不存在泄漏和向上散射,中子守恒要求从高能区散射入热能区的中子全部被吸收,即

$$\int_0^{E_{th}}\Sigma_a(E)\phi(E)\mathrm{d}E=q(E_{th})\tag{4.26}$$

式中:$q(E_{th})$为通过 E_{th}的中子慢化密度。

如果不存在吸收和慢化源,那么中子平衡满足

$$\Sigma_s(E)\phi(E)=\int_0^{\infty}\Sigma_s(E'\to E)\phi(E')\mathrm{d}E'\tag{4.27}$$

由于假设不存在向能量高于 E_{th}的散射,因此积分的上限可改为无穷大。如果不考虑散射过程的物理细节,那么对于处于平衡态的中子,细致平衡原理要求散射传递截面满足

$$v'\Sigma_s(E'\to E)M(E',T)=v\Sigma_s(E\to E')M(E,T)\tag{4.28}$$

式中:$M(E,T)$为麦克斯韦分布,且有

$$M(E,T)=\frac{2\pi}{(\pi kT)^{3/2}}\sqrt{E}\exp\left(-\frac{E}{kT}\right)\tag{4.29}$$

麦克斯韦谱下的中子注量率分布满足方程(4.27):

$$\begin{aligned}\phi_M(E,T)&=nv(E)M(E,T)=\frac{2\pi n}{(\pi kT)^{3/2}}\left(\frac{2}{m}\right)^{1/2}E\exp\left(-\frac{E}{kT}\right)\\&\equiv\phi_T\frac{E}{(kT)^2}\exp\left(-\frac{E}{kT}\right)\end{aligned}\tag{4.30}$$

因此,细致平衡原理保证在不存在吸收、泄漏或源项时,处于平衡状态的中子注量率分布是介质温度为 T 时的麦克斯韦分布(中子与慢化剂原子核处于热平衡状态)。在麦克斯韦分布下,最可几的中子能量为 kT,相应的中子速度 $v_T=(2kT/m)^{1/2}$。

然而,吸收、泄漏和慢化源均使实际的中子注量率分布偏离麦克斯韦分布。既然大部分吸收截面按 $1/v=(1/E)^{1/2}$ 规律变化,那么吸收过程将更容易移除低能中子而使中子注量率分布移向比慢化剂温度为 T 的麦克斯韦分布更高的能区。这样的一个偏移可以用有效中子温度的麦克斯韦分布来近似:

$$T_n = T\left(1+\frac{C\Sigma_a}{\xi\Sigma_s}\right) \tag{4.31}$$

式中:C 由实验测定。

中子泄漏可通过修正吸收截面 $\Sigma_a \to \Sigma_a + DB^2$ 而包含进来。由于 $D=1/3\Sigma_{tr}$,那么泄漏更容易移除高能中子,这从一定程度上补偿了吸收对中子注量率分布的影响。

在 $E>E_{th}$ 的慢化能区,中子注量率分布满足 $1/E$ 律,那么慢化中子源将使热能区中能量较高区域的中子注量率分布倾向于满足 $1/E$ 律。因此,硬化后的麦克斯韦分布仍需一个修正因子 Δ 以包含慢化中子源的影响:当 $E/kT>10$ 时,$\Delta=1$;当 $E/kT<5$ 时,$\Delta=0$。修正后的中子能量分布:

$$\phi(E) = \phi_M(E,T_n) + \lambda\frac{\Delta(E/kT)}{E} \tag{4.32}$$

式中:λ 为归一化的因子,且有

$$\lambda = \phi_T\frac{\sqrt{\pi}/2}{1-\xi\Sigma_s/\Sigma_a} \tag{4.33}$$

当计算热能区的中子吸收率时,麦克斯韦分布有一些实用的性质。在热能区,大部分吸收截面满足 $1/v$ 律,即

$$\Sigma_a(E,T) = \frac{\Sigma_a^0 v_0}{v} = \frac{\Sigma_a(E_0)v_0}{v} \tag{4.34}$$

其中,$E_0=kT=0.025\mathrm{eV}$ 和 $v_0=(2kT/m_n)^{1/2}=2200\mathrm{m/s}$。对整个热能区积分即可得总吸收率为

$$R_a = \int_0^{E_{th}} \Sigma_a(E,T)vnM(E,T_n)\,\mathrm{d}E = \Sigma_a(E_0)v_0 n_0 \equiv \Sigma_a(E_0)\phi_0 \tag{4.35}$$

式中:$\phi_0=v_0 n_0$ 为中子速度等于 2200m/s 时的中子注量率,它乘以 $E_0=0.025\mathrm{eV}$ 处吸收截面即为热能区的总吸收率。大多数热中子截面数据汇编中均包含 2200m/s 时的中子截面(附录A)。根据 $\phi_T=(2/\pi^{1/2})nv$(方程(4.30))和 $\phi_0=nv_0$ 这两个定义,在中子温度为 T_n 的麦克斯韦分布下满足 $1/v$ 律的吸收剂的热群吸收截面为

$$\Sigma_a^{th} = \frac{\sqrt{\pi}}{2}\left(\frac{T_0}{T_n}\right)^{1/2}\Sigma_a(E_0) \tag{4.36}$$

对于不满足 $1/v$ 律的吸收剂,可采用非 $1/v$ 律修正因子对其进行修正。

4.1.10 小结

裂变谱除以总截面能较好地描述能量 $E>0.5\mathrm{MeV}$ 的中子能量分布,即 $\phi(E)=\chi(E)/\Sigma_t(E_0)$。在能量低于裂变能区($E<50\mathrm{keV}$)而高于热能区($E>1\mathrm{eV}$)的慢化能区,$\phi(E)\sim 1/\bar{\xi}(E)\Sigma_t(E)E$ 能较好地描述该能区的中子能量分布。在热能区,即 $E<1\mathrm{eV}$ 的能区,中子能量分布满足包含对高能区 $1/E$ 修正的硬化麦克斯韦分布,即 $\phi(E)=\phi_M(E,T_n)+\lambda\Delta(E/kT_n)/E$。

4.2　无限大介质内中子能量分布的多群计算方法

4.2.1　多群方程的推导

4.1 节对核反应堆内的中子能量分布进行了定性的或者半定量的分析，而多群方法被广泛地用于中子能量分布的定量计算。4.1 节对中子能量分布定性的分析为多群常数权重函数的选择提供了非常有价值的依据。

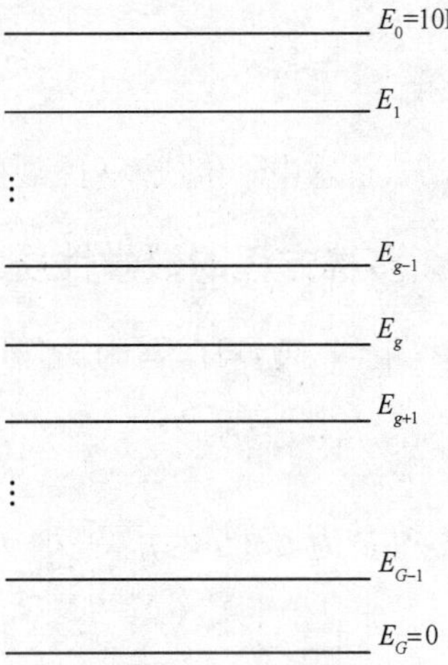

图 4.3　多群能量结构

为了推导中子能量分布的多群计算方法，须将典型的中子能量范围（如 0 ~ 10MeV）划分为 G 个能区或者能群，如图 4.3 所示。用于描述非常大的均匀反应堆（忽略泄漏和空间效应）的中子能量分布方程为

$$[\Sigma_{\mathrm{a}}(E)+\Sigma_{\mathrm{s}}(E)]\phi(E) = \int_0^{\infty}\Sigma_{\mathrm{s}}(E'\to E)\phi(E')\mathrm{d}E' + \frac{\chi(E)}{k_\infty}\int_0^{\infty}\nu\Sigma_{\mathrm{f}}(E')\phi(E')\mathrm{d}E' \tag{4.37}$$

在 $E_g<E<E_{g-1}$ 能区内对方程(4.37)积分，可得

$$\int_{E_g}^{E_{g-1}}[\Sigma_{\mathrm{a}}(E)+\Sigma_{\mathrm{s}}(E)]\phi(E)\mathrm{d}E = \int_{E_g}^{E_{g-1}}\mathrm{d}E\sum_{g'=1}^{G}\int_{E_{g'}}^{E_{g'-1}}\Sigma_{\mathrm{s}}(E'\to E)\phi(E')\mathrm{d}E' + \frac{1}{k_\infty}\int_{E_g}^{E_{g-1}}\chi(E)\mathrm{d}E\sum_{g'=1}^{G}\int_{E_{g'}}^{E_{g'-1}}\nu\Sigma_{\mathrm{f}}(E')\phi(E')\mathrm{d}E' \tag{4.38}$$

其中，对能群的求和等价于在 $0<E<\infty$ 范围内的积分。对方程(4.38)中的各项引入如下定义：

$$\phi_g \equiv \int_{E_g}^{E_{g-1}}\phi(E)\mathrm{d}E,\chi_g \equiv \int_{E_g}^{E_{g-1}}\chi(E)\mathrm{d}E$$

$$\Sigma_{\mathrm{a}}^g \equiv \frac{\int_{E_g}^{E_{g-1}}\Sigma_{\mathrm{a}}(E)\phi(E)\mathrm{d}E}{\phi_g},\quad \nu\Sigma_{\mathrm{f}}^g \equiv \frac{\int_{E_g}^{E_{g-1}}\nu\Sigma_{\mathrm{f}}(E)\phi(E)\mathrm{d}E}{\phi_g}$$

$$\Sigma_{\mathrm{s}}^{g'\to g} \equiv \frac{\int_{E_g}^{E_{g-1}}\mathrm{d}E\int_{E_{g'}}^{E_{g'-1}}\Sigma_{\mathrm{s}}(E'\to E)\phi(E')\mathrm{d}E'}{\phi_g},\quad \Sigma_{\mathrm{s}}^g \equiv \sum_{g'=1}^{G}\Sigma_{\mathrm{s}}^{g'\to g} \tag{4.39}$$

那么，方程(4.38)可改写为

$$(\Sigma_{\mathrm{a}}^g+\Sigma_{\mathrm{s}}^g)\phi_g = \sum_{g'=1}^{G}\Sigma_{\mathrm{s}}^{g'\to g}\phi_{g'} + \frac{\chi_g}{k_\infty}\sum_{g'=1}^{G}\nu\Sigma_{\mathrm{f}}^{g'}\phi_{g'}\quad (g=1,\cdots,G) \tag{4.40}$$

方程组(4.40)为无限大介质的多群中子能量分布方程；在无限大介质内，空间和泄漏对能量分布的影响可忽略不计。方程组(4.40)有 G 个方程，G 个未知的群中子注量率 ϕ_g；理论上该方程组是可解的。这忽略了群常数 Σ^g 与群中子注量率有关这一事实，因而群常数也是未知的。由于群常数定义中的分子和分母中均出现了群中子注量率，因此群常数实际上仅仅依赖于群中子注量率随能量的变化关系,而不依赖于群中子注量率的大小。在实际的应用中,通常假设群中子注量率与能量的依赖关系,因而群常数可认为是已知的。由4.1节的分析可知中子注量率在裂变区、慢化区和热能区的变化规律,这些规律可用于计算群常数。

对方程组(4.40)所有能群求和,可得

$$k_\infty = \frac{\sum_{g=1}^{G} \nu \Sigma_f^g \phi_g}{\sum_{g=1}^{G} \Sigma_a^g \phi_g} \tag{4.41}$$

这表明,k_∞是总中子生成率(因裂变)与总吸收率之比,这与增殖系数的定义是一致的。

4.2.2 多群方程的数学性质

方程组(4.40)可改写为矩阵形式:

$$\boldsymbol{A\Phi} - \frac{1}{k_\infty}\boldsymbol{F\Phi} = \left(\boldsymbol{A} - \frac{1}{k_\infty}\boldsymbol{F}\right)\boldsymbol{\Phi} = 0 \tag{4.42}$$

式中:$\boldsymbol{A}$和$\boldsymbol{F}$为$G\times G$的矩阵;$\boldsymbol{\Phi}$为拥有G个元素的列矢量。它们分别为

$$\begin{cases} \boldsymbol{A} = \begin{bmatrix} \Sigma_a^1 + \Sigma_s^1 - \Sigma_s^{1\to1} & -\Sigma_s^{2\to1} & -\Sigma_s^{3\to1} & \cdots & -\Sigma_s^{G\to1} \\ -\Sigma_a^{1\to2} & \Sigma_a^1 + \Sigma_s^1 - \Sigma_s^{2\to2} & -\Sigma_s^{3\to2} & \cdots & -\Sigma_s^{G\to2} \\ \vdots & \vdots & \vdots & & \vdots \\ -\Sigma_s^{1\to G} & -\Sigma_s^{2\to G} & -\Sigma_s^{3\to G} & \cdots & \Sigma_a^1 + \Sigma_s^1 - \Sigma_s^{G\to G} \end{bmatrix} \\ \boldsymbol{F} = \begin{bmatrix} \chi_1\nu\Sigma_f^1 & \chi_1\nu\Sigma_f^2 & \chi_1\nu\Sigma_f^3 & \cdots & \chi_1\nu\Sigma_f^G \\ \chi_2\nu\Sigma_f^2 & \chi_2\nu\Sigma_f^2 & \chi_2\nu\Sigma_f^3 & \cdots & \chi_2\nu\Sigma_f^G \\ \vdots & \vdots & \vdots & & \vdots \\ \chi_G\nu\Sigma_f^G & \chi_1\nu\Sigma_f^G & \chi_G\nu\Sigma_f^G & \cdots & \chi_G\nu\Sigma_f^G \end{bmatrix} \\ \boldsymbol{\Phi} = \begin{bmatrix} \phi_1 \\ \phi_2 \\ \vdots \\ \phi_G \end{bmatrix} \end{cases} \tag{4.43}$$

值得注意的是,位于矩阵$\boldsymbol{A}$对角线上的散射项均含有$\Sigma_s^g - \Sigma_s^{g\to g}$;在此可定义移除截面$\Sigma_r^g \equiv \Sigma_a^g + \Sigma_s^g - \Sigma_s^{g\to g}$用以表示$g$群中子因吸收和散射的净损失。

方程组(4.40)或者方程(4.42)为齐次方程组,因而由格莱姆(Cramer)定律可知,当且仅当系数矩阵的行列式等于0时存在非零解:

$$\det\left(\boldsymbol{A} - \frac{1}{k_\infty}\boldsymbol{F}\right) = 0 \tag{4.44}$$

这个条件定义了一个确定k_∞的特征值问题,即仅存在一组G个k_∞的离散值对应非零解。(值得注意的是,正是这个原因才将k_∞引入方程,否者方程(4.44)变为核反应堆临界的必要条件。如果方程中不包括k_∞,需要通过试算不断地调整核反应堆的成分以满足方程(4.44)。)

可以证明,对于任何一组物理上真实的截面和数密度,矩阵$\boldsymbol{A}$的逆是存在的。方程(4.42)两边同乘以$k_\infty\boldsymbol{A}^{-1}$,可得

$$k_{\infty}\boldsymbol{\Phi} = \boldsymbol{A}^{-1}\boldsymbol{F}\boldsymbol{\Phi} \tag{4.45}$$

方程(4.45)是矩阵特征值问题的标准形式。可以证明[8,11,12]该方程满足：①存在唯一一个正的而且大于其他特征值的实特征值；②与这个最大的实特征值对应的特征矢量（群中子注量率）的所有元素均为正实数；③与其他特征值对应的特征矢量存在 0 和负的元素。因此，方程(4.44)的最大特征值是正实数，且由方程(4.45)确定的群中子注量率也是正实数。

4.2.3　多群方程的求解

以上推导了通用的多群方程，每一群包括了向上散射中子（矩阵 $\boldsymbol{A}$ 上三角）、向下散射中子（矩阵 $\boldsymbol{A}$ 的下三角）和裂变中子源。实际上，向上散射仅仅发生在热能区 $E \leqslant 1\text{eV}$ 的各群之间，而裂变中子仅仅分布在 $E \geqslant 50\text{keV}$ 的能群中。考虑这些实际的物理过程可极大地简化多群方程的求解过程。

最简单的多群理论是把核反应堆内的中子分为热群（$E \leqslant 1\text{eV}$）和快群（$E \geqslant 1\text{eV}$）。所有的裂变中子均为快中子，而且热中子不可能向上散射进入快群。因此，两群方程为

$$\begin{cases}(\Sigma_a^1 + \Sigma_s^{1\to2})\phi_1 = \dfrac{1}{k_{\infty}}(\nu\Sigma_f^1\phi_1 + \nu\Sigma_f^2\phi_2) \\ \Sigma_a^2\phi_2 = \Sigma_s^{1\to2}\phi_1\end{cases} \tag{4.46}$$

求解此方程组可得

$$\phi_1 = \frac{\Sigma_a^2}{\Sigma_s^{1\to2}}\phi_2, \quad k_{\infty} = \frac{\nu\Sigma_f^1 + (\Sigma_s^{1\to2}/\Sigma_a^2)\nu\Sigma_f^2}{\Sigma_a^1 + \Sigma_s^{1\to2}} \tag{4.47}$$

值得注意的是，由于一个临界的核反应堆可以运行在任何功率水平下，因此齐次的多群方程不能确定群中子注量率的绝对大小，仅能确定它的相对大小。

为了获得更加好的结果，可引入三群模型：裂变能区（$E \geqslant 50\text{keV}$）包括所有的裂变中子；慢化能区（$1\text{eV} < E < 50\text{keV}$）作为中间群；热能区（$E < 1\text{eV}$）作为热群。如果不考虑向上散射，那么三群方程为

$$\begin{cases}(\Sigma_a^1 + \Sigma_s^{1\to2} + \Sigma_s^{1\to3})\phi_1 = \dfrac{1}{k_{\infty}}(\nu\Sigma_f^1\phi_1 + \nu\Sigma_f^2\phi_2 + \nu\Sigma_f^3\phi_3) \\ (\Sigma_a^2 + \Sigma_s^{2\to3})\phi_2 = \Sigma_s^{1\to2}\phi_1 \\ \Sigma_a^3\phi_3 = \Sigma_s^{1\to3}\phi_1 + \Sigma_s^{2\to3}\phi_2\end{cases} \tag{4.48}$$

此方程组的解为

$$\begin{cases}\phi_2 = [\Sigma_s^{1\to2}/(\Sigma_a^2 + \Sigma_s^{2\to3})]\phi_1 \\ \phi_3 = \left[\left(\Sigma_s^{1\to3} + \dfrac{\Sigma_s^{2\to3}}{\Sigma_a^2 + \Sigma_s^{2\to3}}\Sigma_s^{1\to2}\right)\Big/\Sigma_a^2\right]\phi_1 \\ k_{\infty} = \left[\nu\Sigma_f^1 + \nu\Sigma_f^2\dfrac{\Sigma_s^{1\to2}}{\Sigma_a^2 + \Sigma_s^{2\to3}} + \right. \\ \qquad \left.\nu\Sigma_f^3\left(\Sigma_s^{1\to3} + \dfrac{\Sigma_s^{2\to3}}{\Sigma_a^2 + \Sigma_s^{2\to3}}\Sigma_s^{1\to2}\right)\right]\Big/(\Sigma_a^1 + \Sigma_s^{1\to2} + \Sigma_s^{1\to3})\end{cases} \tag{4.49}$$

例 4.1　两群模型的群中子注量率和 k_{∞}。

典型压水堆燃料组件的两群参数分别为：$\Sigma_s^{1\to2} = 0.0241\text{cm}^{-1}$，$\Sigma_a^1 = 0.0121\text{cm}^{-1}$，$\nu\Sigma_f^1 = 0.0085\text{cm}^{-1}$ 和 $\Sigma_a^2 = 0.121\text{cm}^{-1}$，$\nu\Sigma_f^2 = 0.185\text{cm}^{-1}$。由方程(4.47)可知，快群与热群中子注量

率之比为

$$\phi_1/\phi_2 = 0.121/0.0241 = 5.02$$

无限增殖系数为

$$k_\infty = (0.0085 + 0.185/5.02)/(0.121 + 0.0241) = 1.253$$

谱平均的单群吸收截面为

$$\Sigma_a = (\Sigma_a^1\phi_1 + \Sigma_a^2\phi_2)/(\phi_1 + \phi_1) = 0.0302\text{cm}^{-1}$$

4.2.4 多群截面的生成

世界上存在一些评价核数据库[7,9],它们经过数据一致性检查并经过以测试数据为目的的基准试验的验证。这样的核数据库包含如下形式的截面数据:

(1) 在低于共振能区的低能区,按能量表格化的截面 $\sigma(E_i)$。

(2) 在可分辨共振能区,可分辨共振的参数和基础截面。

(3) 在不可分辨共振能区,不可分辨共振的统计参数和基础截面。

(4) 在高于共振能区的高能区,按能量表格化的截面 $\sigma(E_i)$。

(5) 按能量和按角度 μ_{sj} 或勒让德系数表格化的散射传递函数 $p(E_i,\mu_s)$。

共振参数和由这些截面数据生成多群常数的过程与方法参见4.3节和第11章。

散射传递函数,即一个中子从能量 E 和角度 Ω 散射至能量 E' 和角度 Ω' 的概率,可表示为

$$\sigma_s(\mu_s, E\to E') = m(E)\sigma_s(E)p(E,\mu_s)g(\mu_s, E\to E') \tag{4.50}$$

式中:$m(E)=1$ 表示弹性和非弹性散射,$m(E)=2$ 表示 $(n,2n)$ 反应;$p(E,\mu_s)$ 为能量为 E 的散射角分布;$g(\mu_s,E\to E')$ 为能量为 E 的中子在散射角为 μ_s 时的最终能量分布。

当散射角和能量损失相关时(如弹性散射),有

$$E'/E = [(1+\alpha) + (1-\alpha)\cos\theta]/2$$

$$g(\mu_s, E\to E') = \delta(\mu_s - \mu(E,E'))$$

否则,$g(\mu_{si}, E_j\to E_k')$ 通常须表格化。散射角的分布通常可按角度 $p(E_i,\mu_{sj})$ 和能量表格化,也可按勒让德函数和能量表格化:

$$p_n(E_i) = \int_{-1}^{1} P_n(\mu_s)p(E_i,\mu_s)\,\mathrm{d}\mu_s \tag{4.51}$$

式中:P_n 为勒让德多项式。

许多程序[2,4,5]可直接利用评价核数据文件生成多群截面,这些程序通常是利用数值的方法计算如下类型的积分:

$$\sigma^g = \frac{\int_{E_g}^{E_{g-1}}\sigma(E)W(E)\,\mathrm{d}E}{\int_{E_g}^{E_{g-1}}W(E)\,\mathrm{d}E}$$

$$\sigma_n^{g-g'} = \int_{E_g}^{E_{g-1}}\sigma_s(E)W(E)\,\mathrm{d}E\int_{E_{g'}}^{E_{g'-1}}p_n(E')\,\mathrm{d}E'\Big/\int_{E_g}^{E_{g-1}}W(E)\,\mathrm{d}E \tag{4.52}$$

式中:权重函数 $W(E)$ 可选为常数,或者 $1/E$,或者 $\chi(E)$ 等。

这些程序可为热中子反应堆提供几百群的精细群截面,也可为快中子反应堆提供几千群的超精细截面。这些精细或者超精细群结构的选择标准是所选用的精细或超精细截面的计算结果能独立于权重函数 $W(E)$。

一旦生成了精细或超精细的截面参数,就可计算典型均匀介质的精细或超精细的群中子

能谱 ϕ_g。由非均匀区域组成的单位栅元必须进行均匀化,共振必须经过特殊的处理(参见第11章)。这些精细或超精细的群中子能谱可以作为精细或超精细截面的权重来生成热堆的少群截面(2~10群)或者快群的多群截面(20~30群):

$$\begin{cases} \sigma_k = \dfrac{\sum\limits_{g\in k}\sigma^g\phi_g}{\sum\limits_{g\in k}\phi_g} \\ \sigma_n^{k\to k'} = \dfrac{\sum\limits_{g\in k}\sum\limits_{g'\in k'}\sigma_n^{g\to g'}\phi_g}{\sum\limits_{g\in k}\phi_g} \end{cases} \tag{4.53}$$

式中:$\sum\limits_{g\in k}$ 表示少群或多群的 k 群对所有在其能量范围内的精细或超精细群 g 进行求和。

针对核反应堆的不同区域可生成相应的少群或多群截面,它们可用于整个核反应堆的少群或多群扩散计算或者输运计算以确定有效增殖系数、功率分布等。因为需要进行大量这样的计算,因此通常对少群或多群截面进行参数化处理以避免反复进行精细或超精细群能谱计算[10]。

4.3 共振吸收

4.3.1 共振截面

当入射中子与原子核构成的质心系的能量与中子携带的结合能之和与通过中子俘获形成的复合核的某个能级相匹配时,中子被俘获的概率就大大增加。对于燃料等重核来说,它们最低的激发态能量仅高于基态能量零点几电子伏,并一直延续到约100keV。对于中等核和轻核来说,它们最低的激发态能量分别约为10eV和10keV。质量数越大的同位素通常拥有许多相对低能的激发态,引起中子吸收截面和散射截面的共振,如图4.4所示。

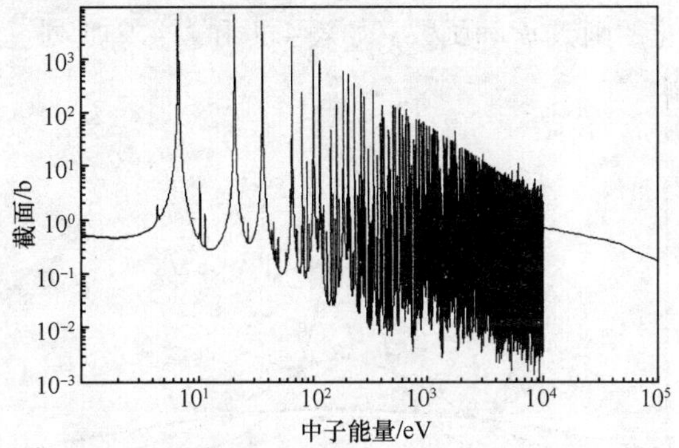

图4.4 ^{238}U的俘获截面(MT=27,http://www.nndc.bnl.gov/)

中子的共振吸收现象是核反应堆物理最基本的研究内容之一。处理共振吸收最有效的方法基于共振积分这一概念,它基于共振截面可以由多个已知参数的布赖特-维格纳共振叠加而成这一前提。这一前提使复杂的共振结构可以通过计算各个独立的共振对它的贡献而得到合理的简化。本节主要分析低能区s波共振截面。

由第1章的分析可知,经过原子核运动平均后的(n,γ)俘获截面为

$$\sigma_{\gamma}(E,T)=\sigma_0\frac{\Gamma_{\gamma}}{\Gamma}\left(\frac{E_0}{E}\right)^{1/2}\psi(\xi,x) \tag{4.54}$$

包括共振、势散射及其两者干涉的总散射截面为

$$\sigma_{\mathrm{s}}(E,T)=\sigma_0\frac{\Gamma_n}{\Gamma}\psi(\xi,x)+\frac{\sigma_0 R}{\lambda_0}\chi(\xi,x)+4\pi R^2 \tag{4.55}$$

式中:R 为原子核半径;λ_0为中子的德布罗意(DeBroglie)折合波长;$\psi(\xi,x)$、$\chi(\xi,x)$分别为对中子和原子核相对运动的积分,且有

$$\psi(\xi,x)=\frac{\xi}{2\sqrt{\pi}}\int_{-\infty}^{+\infty}\mathrm{e}^{-(1/4)(x-y)^2\xi^2}\frac{\mathrm{d}y}{1+y^2} \tag{4.56}$$

$$\chi(\xi,x)=\frac{\xi}{\sqrt{\pi}}\int_{-\infty}^{+\infty}\mathrm{e}^{-(1/4)(x-y)^2\xi^2}\frac{y\mathrm{d}y}{1+y^2} \tag{4.57}$$

式中:$x=2(E-E_0)/\Gamma$,假设温度为 T 的麦克斯韦分布可描述原子核的运动,E 为中子在实验室坐标系下的能量。

描述共振的参数还包括:共振截面的峰值 σ_0、中子在共振峰处的能量 E_0、共振宽度 Γ、中子俘获的半宽度 Γ_{γ}、裂变的半宽度 Γ_{f}、散射的半宽度 Γ_{n}。当质心系的能量 $E_{\mathrm{cm}}=[A/(A+1)]E$ 与中子携带的结合能之和与复合核基态之上的某个激发态能量相等时,就发生了共振。

4.3.2 多普勒展宽

表征原子核运动的温度包含在如下的参数中:

$$\xi=\frac{\Gamma}{(4E_0kT/A)^{1/2}} \tag{4.58}$$

式中:A 为原子核的质量数;k 为玻耳兹曼常数。

函数 ψ 与温度的关系如图 4.5 所示。随着温度的升高,函数 ψ 在 E_0 处的峰值不断减小。截面的展宽称为多普勒展宽。而且,函数 ψ 包含的面积随着温度的变化保持常数。函数 χ 也具有相似的特征。表格化的函数 ψ 和函数 χ 如表 4.1 和表 4.2 所列。

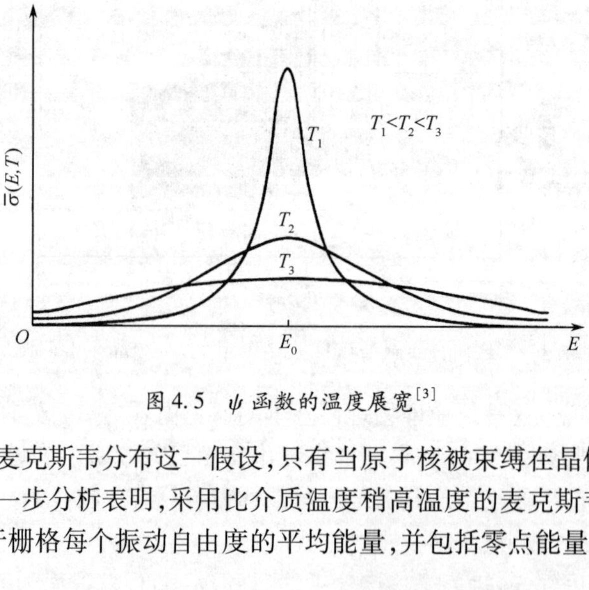

图 4.5 ψ 函数的温度展宽[3]

原子核运动满足麦克斯韦分布这一假设,只有当原子核被束缚在晶体结构中时才近似成立。对这一假设的进一步分析表明,采用比介质温度稍高温度的麦克斯韦分布将是一个更好的近似;该温度对应于栅格每个振动自由度的平均能量,并包括零点能量。实际的应用通常直接采用介质温度。

表4.1　ψ 函数[3]

ξ	x									
	0	0.5	1	2	4	6	8	10	20	40
0.05	0.04309	0.04308	0.04306	0.04298	0.04267	0.04216	0.04145	0.04055	0.03380	0.01639
0.10	0.08384	0.08379	0.08364	0.08305	0.08073	0.07700	0.07208	0.06623	0.03291	0.00262
0.15	0.12239	0.12223	0.12176	0.11989	0.11268	0.10165	0.08805	0.07328	0.01695	0.00080
0.20	0.15889	0.15854	0.15748	0.15331	0.13777	0.11540	0.09027	0.06614	0.00713	0.00070
0.25	0.19347	0.19281	0.19086	0.18324	0.15584	0.11934	0.08277	0.05253	0.00394	0.00067
0.30	0.22624	0.22516	0.22197	0.20968	0.16729	0.11571	0.07042	0.03880	0.00314	0.00065
0.35	0.25731	0.25569	0.25091	0.23271	0.17288	0.10713	0.05724	0.02815	0.00289	0.00064
0.40	0.28679	0.28450	0.27776	0.25245	0.17359	0.09604	0.04566	0.02109	0.00277	0.00064
0.45	0.31477	0.31168	0.30261	0.26909	0.17052	0.08439	0.03670	0.01687	0.00270	0.00064
0.50	0.34135	0.33733	0.32557	0.28286	0.16469	0.07346	0.03025	0.01446	0.00266	0.00063

表4.2　χ 函数[3]

ξ	x									
	0	0.5	1	2	4	6	8	10	20	40
0.05	0	0.00120	0.00239	0.00478	0.00951	0.01415	0.01865	0.02297	0.04076	0.05221
0.10	0	0.00458	0.00915	0.01821	0.03573	0.05192	0.06626	0.07833	0.10132	0.05957
0.15	0	0.00986	0.01968	0.03894	0.07470	0.10460	0.12690	0.14096	0.12219	0.05341
0.20	0	0.01680	0.03344	0.06567	0.12219	0.16295	0.18538	0.19091	0.11754	0.05170
0.25	0	0.02515	0.04994	0.09714	0.17413	0.21909	0.23168	0.22043	0.11052	0.05103
0.30	0	0.03470	0.06873	0.13219	0.22694	0.26757	0.26227	0.23199	0.10650	0.05069
0.35	0	0.04529	0.08940	0.16976	0.27773	0.30564	0.27850	0.23236	0.10437	0.05049
0.40	0	0.05674	0.11160	0.20890	0.32442	0.33286	0.28419	0.22782	0.10316	0.05037
0.45	0	0.06890	0.13498	0.24880	0.36563	0.35033	0.28351	0.22223	0.10238	0.05028
0.50	0	0.08165	0.15927	0.28875	0.40075	0.35998	0.27979	0.21729	0.10185	0.05022

4.3.3　共振积分

共振积分是每个共振吸收剂原子核的总吸收率，即

$$I_\gamma = \int \sigma_\gamma(E)\phi(E)\,\mathrm{d}E \tag{4.59}$$

4.3.4　共振逃脱概率

单个共振的吸收概率取决于吸收和慢化之间的平衡，它可以表示为

$$R_{\mathrm{abs}} = N_{\mathrm{res}} I / q_0$$

式中：q_0 为共振能量之上的渐近中子慢化密度，$q_0 = \xi \Sigma_s E \phi_{\mathrm{asy}}$；$N_{\mathrm{res}}$ 为共振吸收介质的原子数密度。

如果采用 $\phi_{\mathrm{asy}} = 1/E$ 计算共振积分，那么 $R_{\mathrm{abs}} = I/\xi\sigma_s$，其中，分母为每个共振吸收原子的慢化能力。逃脱共振吸收概率为 $p = 1 - R_{\mathrm{abs}} = 1 - I/\xi\sigma_s \approx \exp(-I/\xi\sigma_s)$，其中，须假设任一共

振的 R_{abs} 是一个很小的量。σ_s 为每个共振吸收原子的有效散射截面,包含了共振和非共振原子核,$\sigma_s = (N_{res}\sigma_s^{res} + N_{non}\sigma_s^{non})/N_{res}$。

总共振积分是所有单个共振积分之和,因此总逃脱概率为

$$p = \prod_i p_i = \exp\left(-\frac{1}{\xi\sigma_s}\sum_i I_i\right) \tag{4.60}$$

4.3.5 多群共振截面

在多群方法中,每一个能区的共振吸收可由群俘获截面来描述:

$$\sigma_\gamma^g = \frac{\int_{E_g}^{E_{g-1}} \sigma_\gamma(E)\phi(E)\,\mathrm{d}E}{\int_{E_g}^{E_{g-1}} \phi(E)\,\mathrm{d}E} = \frac{\sum_{i\in g} I_i}{\ln(E_{g-1}/E_g)} \tag{4.61}$$

式中:$\phi(E) \sim 1/E$。

4.3.6 实际宽度

共振的实际宽度为共振原子核共振截面大于其非共振区截面所对应的能量范围,由布赖特-维格纳公式可知:

$$\Gamma_p \approx \sqrt{\frac{\sigma_0}{4\pi R^2}}\Gamma = \sqrt{\frac{\sigma_0}{\sigma_p}}\Gamma \tag{4.62}$$

对于低能区的共振,$\sigma_0/4\pi R^2 \equiv \sigma_0/\sigma_p \sim 10^3$,那么实际宽度远大于总宽度。实际宽度可以描述共振的影响范围;它对于计算共振峰内的中子注量率是非常重要的。

4.3.7 共振峰内的中子注量率

由于共振区能量远低于裂变区能量,因此共振附近能区的中子平衡方程为

$$[\Sigma_t^{res}(E) + \Sigma_s^M(E)]\phi(E) = \int_E^{E/\alpha_M} = \frac{\Sigma_s^M \phi(E')}{1-\alpha_M}\frac{\mathrm{d}E'}{E'} + \int_E^{E/\alpha_{res}} \frac{\Sigma_s^{re}(E')\phi(E')}{1-\alpha_{res}}\frac{\mathrm{d}E'}{E'} \tag{4.63}$$

该方程已假设了慢化剂的散射截面远大于吸收截面且为常数。共振的实际宽度通常远小于慢化剂的散射宽度,即 $\Gamma_p \ll E_0(1-\sigma_M)$。对于间隔较大的共振,这个假设保证可采用无共振时的慢化剂中子能量分布的渐进公式 $\phi_{asy} \sim 1/\xi\Sigma_s^M E$ 用于慢化剂散射源项的计算。假设共振能量之上能区的中子注量率 $\phi_{asy} = 1/E$,那么方程(4.63)变为

$$[\Sigma_t^{res}(E) + \Sigma_s^M]\phi(E) = \frac{\Sigma_s^M}{E} + \int_E^{E/\alpha_{res}} \frac{\Sigma_s^{res}(E')\phi(E')}{1-\alpha_{res}}\frac{\mathrm{d}E'}{E'} \tag{4.64}$$

4.3.8 窄共振近似

如果共振的实际宽度远小于共振吸收介质的散射宽度,即 $\Gamma_p \ll E_0(1-\alpha_{res})$,那么方程(4.64)右端第二项也可采用与第一项相似的近似,由此方程(4.64)简化为

$$\phi_{NR}(E) = \frac{\Sigma_s^M + \Sigma_p^{res}}{[\Sigma_t^{res}(E) + \Sigma_s^M]E} \tag{4.65}$$

将式(4.65)代入方程(4.59)可得共振积分为

$$\Gamma_{\mathrm{NR}}^{\gamma} = \int \sigma_{\gamma}(E) = \frac{\Sigma_{\mathrm{s}}^{M} + \Sigma_{\mathrm{p}}^{\mathrm{res}}}{[\Sigma_{\mathrm{t}}^{\mathrm{res}}(E) + \Sigma_{\mathrm{s}}^{M}]} \frac{\mathrm{d}E}{\mathrm{E}}$$

$$= \frac{\Gamma_{\gamma}}{2E_0}(\sigma_{\mathrm{s}}^{M} + \sigma_{\mathrm{p}}^{\mathrm{res}}) \int_{-\infty}^{\infty} \frac{\psi(\xi,x)\,\mathrm{d}x}{\psi(\xi,x) + \theta\chi(\xi,x) + \beta} \tag{4.66}$$

其中

$$\beta = \frac{\sigma_{\mathrm{s}}^{M} + \sigma_{\mathrm{p}}^{\mathrm{res}}}{\sigma_0}, \theta = \left(\frac{\Gamma_n}{\Gamma}\frac{\sigma_{\mathrm{p}}^{\mathrm{res}}}{\sigma_0}\right)^{1/2} \tag{4.67}$$

式中：σ_{s}^{M} 为每个吸收介质原子核所对应的慢化剂散射截面；$\sigma_{\mathrm{p}}^{\mathrm{res}}$ 为共振吸收介质的势散射截面，$\sigma_{\mathrm{p}}^{\mathrm{res}} = 4\pi R^2$。

如果忽略共振和势散射之间的干涉，那么共振积分可进一步简化为

$$\Gamma_{\mathrm{NR}}^{\gamma} = \frac{\Gamma_{\gamma}}{E_0}(\sigma_{\mathrm{s}}^{M} + \sigma_{\mathrm{p}}^{\mathrm{res}}) J(\xi,\beta) \tag{4.68}$$

式中

$$J(\xi,\beta) \equiv \int_0^{\infty} \frac{\psi(\xi,x)\,\mathrm{d}x}{\psi(\xi,x) + \beta} \tag{4.69}$$

表格化后的 $J(\xi,\beta)$ 如表 4.3 所列。

表 4.3 J 函数（$\beta = 2^j \times 10^{-5}$）[3]

j	$J(\xi,\beta)$									
	$\xi=0.1$	$\xi=0.2$	$\xi=0.3$	$\xi=0.4$	$\xi=0.5$	$\xi=0.6$	$\xi=0.7$	$\xi=0.8$	$\xi=0.9$	$\xi=1.0$
0	4.979(2)	4.970(2)	4.969(2)	4.968(2)	4.968(2)	4.968(2)	4.967(2)	4.967(2)	4.967(2)	4.967(2)
1	3.532	3.517	3.514	3.513	3.513	3.513	3.513	3.513	3.513	3.513
2	2.514	2.491	2.487	2.485	2.485	2.484	2.484	2.484	2.484	2.484
3	1.801	1.767	1.761	1.759	1.758	1.757	1.757	1.757	1.757	1.757
4	1.307	1.257	1.248	1.245	1.244	1.243	1.243	1.243	1.242	1.242
5	9.667(1)	8.993(1)	8.872(1)	8.831(1)	8.812(1)	8.802(1)	8.796(1)	8.792(1)	8.790(1)	8.788(1)
6	7.355	6.501	6.335	6.278	6.252	6.238	6.230	6.225	6.221	6.218
7	5.773	4.777	4.562	4.485	4.450	4.430	4.419	4.412	4.407	4.403
8	4.647	3.589	3.328	3.230	3.183	3.158	3.143	3.133	3.126	3.121
9	3.781	2.759	2.471	2.354	2.297	2.265	2.245	2.232	2.223	2.217
10	3.045	2.153	1.867	1.741	1.675	1.638	1.614	1.598	1.587	1.579
11	2.367	1.676	1.423	1.301	1.235	1.194	1.168	1.151	1.138	1.129
12	1.730	1.268	1.074	9.718(0)	9.119(0)	8.739(0)	8.484(0)	8.304(0)	8.174(0)	8.077(0)
13	1.164	9.081(0)	7.815(0)	7.087	6.629	6.322	6.107	5.950	5.833	5.744
14	7.172(0)	6.014	5.342	4.914	4.624	4.419	4.268	4.154	4.066	3.997
15	4.088	3.658	3.371	3.169	3.022	2.911	2.826	2.759	2.706	2.663
16	2.204	2.067	1.966	1.889	1.829	1.781	1.743	1.712	1.687	1.666
17	1.148	1.109	1.078	1.053	1.033	1.016	1.002	9.904(−1)	9.805(−1)	9.722(−1)
18	5.862(−1)	5.757(−1)	5.671(−1)	5.599(−1)	5.539(−1)	5.488(−1)	5.445(−1)	5.408	5.376	5.348

(续)

j	$J(\xi,\beta)$									
	$\xi=0.1$	$\xi=0.2$	$\xi=0.3$	$\xi=0.4$	$\xi=0.5$	$\xi=0.6$	$\xi=0.7$	$\xi=0.8$	$\xi=0.9$	$\xi=1.0$
19	2.963	2.936	2.913	2.894	2.877	2.863	2.851	2.840	2.831	2.823
20	1.490	1.483	1.477	1.472	1.468	1.464	1.461	1.458	1.455	1.453
21	7.468 (-2)	7.452 (-2)	7.437 (-2)	7.424 (-2)	7.413 (-2)	7.403 (-2)	7.395 (-2)	7.388 (-2)	7.381 (-2)	7.375 (-2)
22	3.739	3.735	3.732	3.728	3.726	3.723	3.721	3.719	3.718	3.716
23	1.871	1.870	1.869	1.868	1.868	1.867	1.867	1.866	1.866	1.865
24	9.358 (-3)	9.356 (-3)	9.355 (-3)	9.352 (-3)	9.350 (-3)	9.349 (-3)	9.348 (-3)	9.346 (-3)	9.344 (-3)	9.344 (-3)
25	4.680	4.680	4.679	4.679	4.678	4.678	4.678	4.677	4.677	4.677
26	2.340	2.340	2.340	2.340	2.340	2.340	2.340	2.340	2.340	2.340
27	1.170	1.170	1.170	1.170	1.170	1.170	1.170	1.170	1.170	1.170
28	5.851 (-4)	5.851 (-4)	5.851 (-4)	5.851 (-4)	5.851 (-4)	5.851 (-4)	5.851 (-4)	5.851 (-4)	5.851 (-4)	5.851 (-4)
29	2.925	2.926	2.926	2.926	2.926	2.926	2.926	2.926	2.926	2.926
30	1.463	1.463	1.463	1.463	1.463	1.463	1.463	1.463	1.463	1.463
31	7.314 (-5)	7.314 (-5)	7.314 (-5)	7.314 (-5)	7.314 (-5)	7.314 (-5)	7.314 (-5)	7.314 (-5)	7.314 (-5)	7.314 (-5)

注:括号中的数据是以10为底的幂函数的指数。幂函数须乘以括号外的数字,且适用于其下所有未做记号行的数据

4.3.9 宽共振近似

如果共振的实际宽度远大于共振吸收介质中的散射宽度,即 $\Gamma_p \gg E_0(1-\alpha_{res})$,那么方程(4.64)右端第二项可以近似为

$$\Sigma_s^{res}(E')\phi(E')/E' \approx \Sigma_s^{res}(E)\phi(E)/E$$

而且该方程可简化为

$$\phi_{WR}(E) = \frac{\Sigma_s^M}{[\Sigma_t^{res}(E) - \Sigma_s^{res}(E) + \Sigma_s^M]E} \tag{4.70}$$

将式(4.70)代入方程(4.59)可得共振积分为

$$I_{WR}^{\gamma} = \int \sigma_\gamma(E) \frac{\Sigma_s^M}{[\Sigma_t^{res}(E) - \Sigma_s^{res}(E) + \Sigma_s^M]} \frac{dE}{E} = \frac{\Gamma}{E_0}\sigma_s^M J(\xi,\beta') \tag{4.71}$$

式中

$$\beta' = \frac{\sigma_s^M}{\sigma_0}\frac{\Gamma}{\Gamma_\gamma} \tag{4.72}$$

4.3.10 共振吸收的计算

^{238}U在低能区的一些共振及其参数如表4.4所列。典型热中子反应堆燃料-慢化比的窄

共振近似、宽共振近似下的吸收概率和数值的“精确解”也如表 4.4 所列。由此可知,对于最低能量处的共振,宽共振近似比窄共振近似更加精确;但是,除了在最低能量处的共振吸之外,窄共振近似通常比宽共振近似更加精确一些。

表 4.4　^{238}U 低能区共振[3]

E_0/eV	Γ_n/eV	Γ_γ/eV	σ_0/b	Γ_p/eV	$(1-\alpha_{res}E_0)$/eV	$1-p$		
						NR	WR	精确解
6.67	0.00152	0.026	2.15×10^5	1.26	0.110	0.2376	0.1998	0.1963
20.90	0.0087	0.025	3.19×10^4	1.95	0.348	0.07455	0.07059	0.06755
36.80	0.032	0.025	3.98×10^4	3.65	0.612	0.04739	0.06110	0.05820
116.85	0.030	0.022	1.30×10^4	1.32	0.966	0.00904	0.00950	0.00917
208.46	0.053	0.022	8.86×10^3	2.63	1.73	0.00444	0.00769	0.00502

例 4.2　^{238}U 在 6.67eV 共振处的群俘获截面。

利用 $\sigma_\gamma^g = I_{NR}^\gamma/\ln(10/1)$ 可计算 ^{238}U 在 6.67eV 处的共振对 1 ~ 10eV 能区俘获截面的影响,其中,$I_{NR}^\gamma = (\Gamma_\gamma/E_0)(\sigma_p^{res}+\sigma_s^M)J(\xi,\beta)$。铀的势散射截面 $\sigma_p^{res}=8.3$b。每个燃料原子对应的慢化剂散射截面 $\sigma_s^M = \Sigma_s^M/N_F = 60$b)。当 $T=330$℃时,$\xi = (\Gamma/2)(E_0kT)^{1/2} = 0.361$ 和 $\beta = (\sigma_p^{res}+\sigma_s^M)/\sigma_0 = 2^j\times10^5, j=4.98$。由表 4.3 可得 $J\approx88$。那么,$I_{NR}^\gamma = 23, \sigma_\gamma^g = 10$b。

4.3.11　温度依赖的共振吸收

对方程(4.69)定义的 J 函数分析可知,对于任一的 β,随着 ξ 的减小,J 将增加或者保持不变。既然 $\xi\sim1/T^{1/2}$,那么随着温度的升高,共振吸收一定会增加或者保持不变。从物理上来说,随着温度的增加,经原子核运动平均后的峰值截面减小并展宽,但截面曲线下的面积保持不变,如图 4.5 所示。随着峰值截面的减小,共振区对中子注量率的屏蔽效应减弱。随着燃料温度增加而增加的吸收截面对反应性产生了具有负反馈作用的多普勒温度系数。这一机制对核反应堆安全是非常重要的,这方面的讨论详见第 5 章。

4.4　多群扩散理论

4.4.1　多群扩散方程

本节分析不同能群的中子在核反应堆内的扩散过程。每一群中子的扩散方程与第 3 章中推导的公式基本相同,但是吸收项须包含本群移除的所有中子(如吸收和散射到其他群),而且源项须包含从其他群散射入本群的中子:

$$-\nabla\cdot D^g(r)\nabla\phi_g(r) + \Sigma_r^g(r)\phi_g(r) = \sum_{g'\neq g}^{G}\Sigma_s^{g'\to g}(r)\phi_{g'}(r) + \frac{1}{k}\chi^g\sum_{g'\neq1}^{G}\nu\Sigma_f^{g'}(r)\phi_{g'}(r)\quad(g=1,\cdots,G)\tag{4.73}$$

方程(4.39)定义的群常数对方程(4.73)仍然是适用的。对于群扩散系数,存在两个不同的定义:

$$D^g(r)=\frac{\int_{E_g}^{E_{g-1}}D(r,E)\phi(r,E)\mathrm{d}E}{\phi_g(r)}=\frac{\frac{1}{3}\int_{E_g}^{E_{g-1}}\frac{\phi(r,E)\mathrm{d}E}{\Sigma_{\mathrm{tr}}(r,E)}}{\phi_g(r)} \tag{4.74}$$

或

$$D^g(r)=\frac{1}{3\Sigma_{\mathrm{tr}}^g(r)}=\frac{\phi_g(r)}{3\int_{E_g}^{E_{g-1}}\Sigma_{\mathrm{tr}}(r,E)\phi(r,E)\mathrm{d}E} \tag{4.75}$$

第10章将继续讨论中子多群扩散方法,并从能量依赖的输运方程推导出多群扩散方程。

由于方程组(4.73)由一组齐次方程组成,离散的有效增殖系数 k 仅对应一组非零解。研究表明,多群扩散方程组具有最大特征值是正实数这一数学特性[8,12]。最大特征值对应的特征函数是唯一的,而且在核反应堆范围内是非负的。也就是说,最大特征值对应的方程组的解在物理上是真实存在的。

4.4.2 两群理论

两群扩散理论是最简单的多群扩散理论。对于两群扩散理论来说,所有 $E\geqslant 1\mathrm{eV}$ 的中子属于快群;慢化至 $E\leqslant 1\mathrm{eV}$ 的中子属于热群。这一模型可表示为

$$\begin{cases}-\nabla\cdot D^1\nabla\phi_1(\Sigma_{\mathrm{a}}^1+\Sigma_{\mathrm{s}}^{1\to 2})\phi_1=\dfrac{1}{k}(\nu\Sigma_{\mathrm{f}}^1\phi_1+\nu\Sigma_{\mathrm{f}}^2\phi_2)\\ -\nabla\cdot D^2\nabla\phi_2+\Sigma_{\mathrm{a}}^2\phi_2=\Sigma_{\mathrm{s}}^{1\to 2}\phi_1\end{cases} \tag{4.76}$$

该模型的边界条件为:两群中子注量率在核反应堆物理边界上均为0。

4.4.3 两群裸堆

对于均匀的核反应堆,零中子注量率边界条件要求两群模型下的群中子注量率均满足

$$\nabla^2\psi(r)+B_{\mathrm{g}}^2\psi(r)=0 \tag{4.77}$$

式中:B_{g} 为几何曲率,参见表3.3。

将方程(4.77)代入方程(4.76)可得一个齐次代数方程组,求解该方程组可得有效增殖系数为

$$k=\frac{\nu\Sigma_{\mathrm{f}}^1}{\Sigma_{\mathrm{a}}^1+\Sigma_{\mathrm{s}}^{1\to 2}+D^1B_{\mathrm{g}}^2}+\frac{\Sigma_{\mathrm{s}}^{1\to 2}}{\Sigma_{\mathrm{a}}^1+\Sigma_{\mathrm{s}}^{1\to 2}+D^1B_{\mathrm{g}}^2}+\frac{\nu\Sigma_{\mathrm{f}}^2}{\Sigma_{\mathrm{a}}^2+D^2B_{\mathrm{g}}^2} \tag{4.78}$$

而且,两群中子注量率满足

$$\phi_1=\frac{\Sigma_{\mathrm{a}}^2+D^2B_{\mathrm{g}}^2}{\Sigma_{\mathrm{s}}^{1\to 2}}\phi_2 \tag{4.79}$$

如下的快群中子扩散长度定义可包含中子从快群散射至热群的移除截面:

$$L_1^2=\frac{D^1}{\Sigma_{\mathrm{a}}^2+\Sigma_{\mathrm{s}}^{1\to 2}}=\frac{D^1}{\Sigma_{\mathrm{r}}^1} \tag{4.80}$$

方程(4.78)定义的有效增殖系数可整理成六因子公式的形式:

$$k=\frac{\nu\Sigma_{\mathrm{f}}^2}{\Sigma_{\mathrm{a}}^2}\left(1+\frac{\nu\Sigma_{\mathrm{f}}^1\phi_1}{\nu\Sigma_{\mathrm{f}}^2\phi_2}\right)\frac{\Sigma_{\mathrm{s}}^{1\to 2}}{\Sigma_{\mathrm{a}}^1+\Sigma_{\mathrm{s}}^{1\to 2}}\frac{1}{1+L_1^2B_{\mathrm{g}}^2}\frac{1}{1+L_2^2B_{\mathrm{g}}^2}$$

$$= \eta f \times \varepsilon \times P_{NL}^{1} \times P_{NL}^{2} \tag{4.81}$$

式中：P_{NL}^{1}为快中子不泄漏概率；P_{NL}^{2}为热中子不泄漏概率。

4.4.4　一群半理论

因为热群的吸收截面通常远大于快群的吸收截面，所以 $D^2 \ll D^1$。忽略 D^2 并将热群方程的解 $\phi_2 = (\Sigma_s^{1\to2}/\Sigma_a^2)\phi_1$ 代入快群方程，可得

$$-\nabla \cdot D^1 \nabla\phi_1 + (\Sigma_a^1 + \Sigma_s^{1\to2})\phi_1 = \frac{1}{k}\left(\nu\Sigma_f^1 + \nu\Sigma_f^2 \frac{\Sigma_s^{1\to2}}{\Sigma_a^2}\right)\phi_1 \tag{4.82}$$

方程(4.82)即为快群中子的单群扩散方程。这个方法还可以继续推广以便采用有效快群扩散系数包含热群中子的扩散：

$$D_{eff}^1 = D^1 + \frac{\Sigma_a^1 + \Sigma_s^{1\to2}}{\Sigma_a^2} D^2 \tag{4.83}$$

这意味着，用徙动长度代替了快群扩散长度 L_1，即

$$L_1^2 \to M^2 = \frac{D^1}{\Sigma_a^1 + \Sigma_s^{1\to2}} + \frac{D^2}{\Sigma_a^2} \tag{4.84}$$

利用 $\nu\Sigma_f \to \nu\Sigma_f^1 + \nu\Sigma_f^2(\Sigma_s^{1\to2}/\Sigma_a^2)$，$D^1 \to D_{eff}^1$后，第 3 章中介绍的单群中子扩散方程的解直接适用于一群半理论。

4.4.5　两区核反应堆的两群理论

如图 4.6 所示，长方体核反应堆由两个区域组成：中心区域是均匀材料 1；两端是相同的均匀材料 2。每一种材料区域(用下标 k 表示，$k=1, 2$)内的两群扩散方程为

$$\begin{cases} -D_k^1 \nabla^2 \phi_{1k}(x,y,z) + \Sigma_{rk}^1 \phi_{1k}(x,y,z) = \dfrac{1}{k}[\nu\Sigma_{fk}^1 \phi_{1k}(x,y,z) + \nu\Sigma_{fk}^2 \phi_{2k}(x,y,z)] \\ -D_k^2 \nabla^2 \phi_{2k}(x,y,z) + \Sigma_{ak}^2 \phi_{2k}(x,y,z) = \Sigma_{sk}^{1\to2} \phi_{1k}(x,y,z) \end{cases} \tag{4.85}$$

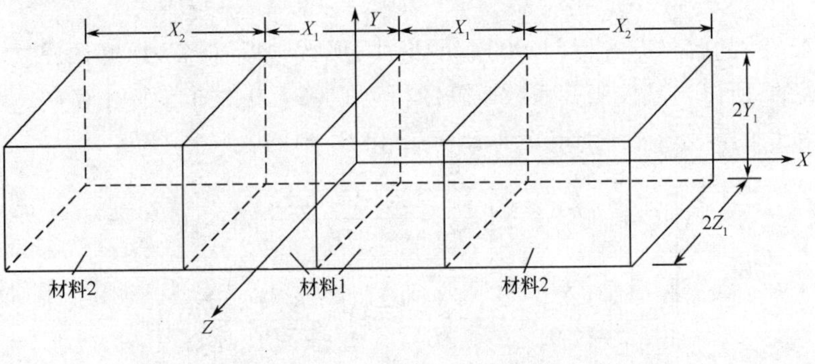

图 4.6　三区反应堆模型[6]

能群 2 表示低于裂变谱的中子能群。利用分离变量方法可求解方程组(4.85)。根据第 3 章的结果可知，其解的形式为

$$\phi_{gk}(x,y,z) = X_{gk}(x)\cos\frac{\pi y}{2Y_1}\cos\frac{\pi z}{2Z_1} \tag{4.86}$$

方程(4.86)两端同乘以拉普拉斯算子，并将在 y 方向和 z 方向上的分量定义为截面曲率：

$$B_{yz}^2=\left(\frac{\pi}{2Y_1}\right)^2+\left(\frac{\pi}{2Z_1}\right)^2 \tag{4.87}$$

将方程(4.86)和方程(4.87)代入方程(4.85)可得 X_{gk} 的方程组:

$$\begin{cases} -D_k^1\dfrac{d^2X_{1k}(x)}{dx^2}+(\Sigma_{rk}^1+D_k^2B_{yz}^2)X_{1k}(x)=\dfrac{1}{k}[\nu\Sigma_{fk}^1X_{1k}(x)+\nu\Sigma_{fk}^2X_{2k}(x)] \\ -D_k^2\dfrac{d^2X_{2k}(x)}{dx^2}+(\Sigma_{ak}^2+D_k^2B_{yz}^2)X_{2k}(x)=\Sigma_{sk}^{1\to2}X_{1k}(x) \end{cases} \tag{4.88}$$

这些方程在 $x=0$ 处须满足对称边界条件。在 $x=x_1$ 处须满足中子注量率和中子流密度的连续性条件。在 $x=x_1+x_2$ 处须满足零中子注量率边界条件:

$$\begin{cases} \dfrac{dX_{g1}(0)}{dx}=0 \\ X_{g2}(x_1+x_2)=0 \\ X_{g1}(x_1)=X_{g2}(x_1) \\ -D_1^g\dfrac{dX_{g1}(x_1)}{dx}=-D_2^g\dfrac{dX_{g2}(x_1)}{dx} \end{cases} \tag{4.89}$$

求解方程(4.88)的过程是通过令带有任意常数的某一特定形式的通解满足方程(4.88)以确定这些常数。实际上,每个区域 k 内的解均满足如下方程:

$$\frac{d^2X_{gk}(x)}{dx^2}+B_k^2X_{gk}(x)=0 \tag{4.90}$$

需要指出的是,每个区域 k 内的快群中子注量率 X_{1k} 和热群中子注量率 X_{2k} 满足具有相同 B_k^2 的方程(4.90)。将满足方程(4.90)的形式解代入方程(4.88)可得一组控制方程:

$$\begin{cases} \left(D_k^1B_k^2+D_k^1B_{yz}^2+\Sigma_{rk}^1-\dfrac{1}{k}\nu\Sigma_{fk}^1\right)X_{1k}(x)-\dfrac{1}{k}\nu\Sigma_{fk}^2X_{2k}(x)=0 \\ -\Sigma_{sk}^{1\to2}X_{1k}(x)+(D_k^2B_k^2+D_k^2B_{yz}^2+\Sigma_{ak}^2)X_{2k}(x)=0 \end{cases} \tag{4.91}$$

如果方程组(4.88)的解具有方程(4.90)解的形式,那么方程组(4.91)必须成立。因为方程组(4.91)是齐次的,所以当且仅当其系数矩阵的行列式等于0时非零解才存在。系数矩阵的行列式为零可得 B_k^2 的两个根,分别定义为 $B_k^2=\mu_k^2$ 和 $B_k^2=-\nu_k^2$:

$$\begin{cases} \mu_k^2=-B_{yz}^2-\dfrac{1}{2}\left(\dfrac{\Sigma_{ak}^2}{D_k^2}+\dfrac{\Sigma_{rk}^1-k^{-1}\nu\Sigma_{fk}^1}{D_k^1}\right)+ \\ \qquad\left[\left(\dfrac{\Sigma_{ak}^2}{2D_k^2}+\dfrac{\Sigma_{rk}^1+k^{-1}\nu\Sigma_{fk}^1}{2D_k^1}\right)^2+\dfrac{k^{-1}\nu\Sigma_{fk}^2\Sigma_{sk}^{1\to2}}{D_k^1D_k^2}\right]^{1/2} \\ \nu_k^2=B_{yz}^2+\dfrac{1}{2}\left(\dfrac{\Sigma_{ak}^2}{D_k^2}+\dfrac{\Sigma_{rk}^1-k^{-1}\nu\Sigma_{fk}^1}{D_k^1}\right)+ \\ \qquad\left[\left(\dfrac{\Sigma_{ak}^2}{2D_k^2}-\dfrac{\Sigma_{rk}^1-k^{-1}\nu\Sigma_{fk}^1}{D_k^1}\right)^2+\dfrac{k^{-1}\nu\Sigma_{fk}^2\Sigma_{sk}^{1\to2}}{D_k^1D_k^2}\right]^{1/2} \end{cases} \tag{4.92}$$

由方程组(4.92)可知:$-\nu_k^2$ 总是负的;但 μ_k^2 可正、可负,这取决于核反应堆的群常数。因此,方程组(4.88)的解具有如下形式:

$$\begin{cases} X_{2k}(x) = A_{2k}^1\sin(\mu_k x) + A_{2k}^2\cos(\mu_k x) + A_{2k}^3\sinh(\nu_k x) + A_{2k}^4\cosh(\nu_k x) \\ X_{1k}(x) = s_k A_{2k}^2\sin(\mu_k x) + s_k A_{2k}^2\cos(\mu_k x) + t_k A_{2k}^3\sinh(\nu_k x) + t_k A_{2k}^4\cosh(\nu_k x) \end{cases} \tag{4.93}$$

式中

$$\begin{cases} s_k = \dfrac{D_k^2(\mu_k^2 + B_{yz}^2) + \Sigma_{ak}^2}{\Sigma_{sk}^{1\to 2}} \\ t_k = \dfrac{D_k^2(-\nu_k^2 + B_{yz}^2) + \Sigma_{ak}^2}{\Sigma_{sk}^{1\to 2}} \end{cases} \tag{4.94}$$

而且,方程组(4.91)中的第二个方程已用于计算快群中子注量率与热群中子注量率的比值。

在 $x=0$ 处的对称边界条件可得 $A_{21}^1 = A_{21}^3 = 0$。在 $x = x_1 + x_2$ 处的零中子注量率边界条件可得区域 2 的解有如下形式:

$$\begin{cases} X_{22}(x) = C_{22}^1\sin\mu_2(x_1 + x_2 - x) + C_{22}^2\sinh\nu_2(x_1 + x_2 - x) \\ X_{12}(x) = s_2 C_{22}^1\sin\mu_2(x_1 + x_2 - x) + t_2 C_{22}^2\sinh\nu_2(x_1 + x_2 - x) \end{cases} \tag{4.95}$$

由方程组(4.93)确定的区域 1 的解和由方程组(4.95)确定的区域 2 的解在界面处须满足中子注量率和中子流密度的连续性条件,这可得一个系数 A_{21}^2、A_{21}^4、C_{22}^1、C_{22}^2 必须满足的齐次方程组。该齐次方程组的系数矩阵的行列式为 0 可保证其存在非零解,而且它实际上就是核反应堆的临界条件:

$$\det\begin{bmatrix} s_1\cos\mu_1 x_1 & t_1\cosh\nu_1 x_1 & -s_2\sin\mu_2 x_2 & -t_2\sinh\nu_2 x_2 \\ s_1 D_1^1\mu_1\sin\mu_1 x_1 & -t_1 D_1^1\gamma_1\sinh\nu_1 x_1 & -s_2 D_2^1\mu_2\cos\mu_2 x_2 & -t_2 D_2^1\cosh\nu_2 x_2 \\ \cos\mu_1 x_1 & \cosh\nu_1 x_1 & -\sin\mu_2 x_2 & -\sinh\nu_2 x_2 \\ D_1^2\mu_1\sin\mu_1 x_1 & -D_1^2\nu_1\sinh\nu_1 x_1 & -D_2^2\mu_2\cos\mu_2 x_2 & -D_2^1\nu_2\cosh\nu_2 x_2 \end{bmatrix} = 0 \tag{4.96}$$

求解式(4.96)可得有效增殖系数 k。四个方程只能求解出三个系数,剩下的一个系数需由核反应堆的总功率决定。

虽然上述求解过程可以推广到由更多区组成的核反应堆,但是其求解过程将变的更加繁琐,因而通常采用数值方法进行直接求解。

4.4.6 带反射层的核反应堆的两群理论

令区域 2 的 $\Sigma_f = 0$,4.4.5 节所得的结果就是带反射层的核反应堆的解。在此情形下,方程(4.92)变为

$$\begin{cases} \mu_2^2 = -B_{yz}^2 - \dfrac{\Sigma_{r2}^1}{D_2^1} \\ -\nu_2^2 = -B_{yz}^2 - \dfrac{\Sigma_{a2}^1}{D_2^2} \end{cases} \tag{4.97}$$

除了长方体几何结构,上述解的形式同样适合于球体、圆柱体(径向或轴向反射层,但两个方向不能同时出现反射层)。典型的球体、圆柱体和长方体反应堆的解如表 4.5 所列。表中:$\boldsymbol{Z}(\boldsymbol{R} = R, \{R,z\}, [x,y,z])$;$W$ 为堆芯内中子注量率的空间分布;U、V 为反射层内中子注量率的空间分布。

表4.5　两群扩散理论下带反射层的反应堆的注量率分布[13]

名称	几何结构	分布
球	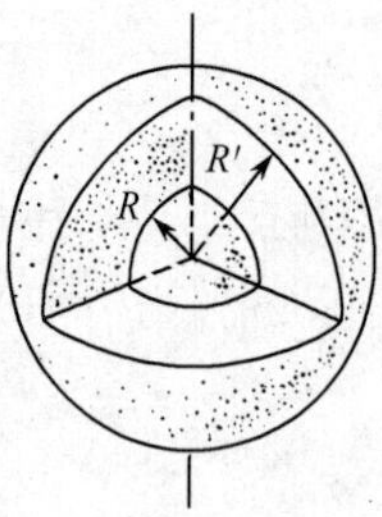	$Z(\boldsymbol{R})=\frac{\sin\mu R}{R}$ $Z'(\boldsymbol{R})=\frac{\mu\cos\mu R}{R}-\frac{\sin\mu R}{R^2}$ $W(\boldsymbol{R})=\frac{\sinh\lambda R}{R}$ $W'(\boldsymbol{R})=\frac{\lambda\cosh\lambda R}{R}-\frac{\sinh\lambda R}{R^2}$ $U(\boldsymbol{R})=\frac{\sinh\kappa_3(\tilde{R}'-R)}{R}$ $U'(\boldsymbol{R})=-\frac{\kappa_3\cosh\kappa_3(\tilde{R}'-R)}{R}-\frac{\sinh\kappa_3(\tilde{R}'-R)}{R^2}$ $V(\boldsymbol{R})=\frac{\sinh\kappa_4(\tilde{R}'-R)}{R^2}$ $V'(\boldsymbol{R})=-\frac{\kappa_4\cosh\kappa_4(\tilde{R}'-R)}{R}-\frac{\sinh\kappa_4(\tilde{R}'-R)}{R^2}$
带侧反射层的有限高圆柱	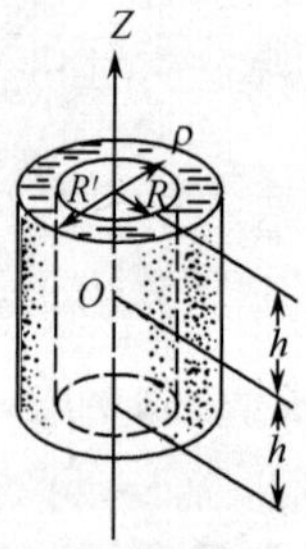	$Z(\boldsymbol{R})=\mathrm{J}_0(l_1R)\cos l_2z$ $Z'(\boldsymbol{R})=-l_1\mathrm{J}_1(l_1R)\cos l_2z$ $W(\boldsymbol{R})=I_0(l_3R)\cos l_2z$ $W'(\boldsymbol{R})=l_3I_1(l_3R)\cos l_2z$ $l_1^2=\mu^2-l_2^2,l_2\equiv\frac{\pi}{2\tilde{h}},l_3^2\equiv\lambda^2+l_2^2$ $U(\boldsymbol{R})=[\mathrm{I}_0(l_4R)\mathrm{K}_0(l_4\tilde{R}')-\mathrm{I}_0(l_4\tilde{R}')\mathrm{K}_0(l_4R)]\cos l_2z$ $U'(\boldsymbol{R})=l_4[\mathrm{I}_1(l_4R)\mathrm{K}_0(l_4\tilde{R}')+\mathrm{I}_0(l_4\tilde{R}')\mathrm{K}_1(l_4R)]\cos l_2z$ $V(\boldsymbol{R})=[\mathrm{I}_0(l_5R)\mathrm{K}_0(l_5\tilde{R}')-\mathrm{I}_0(l_5\tilde{R}')\mathrm{K}_0(l_5R)]\cos l_2z$ $V'(\boldsymbol{R})=l_5[\mathrm{I}_1(l_5R)\mathrm{K}_0(l_5\tilde{R}')+\mathrm{I}_0(l_5\tilde{R}')\mathrm{K}_1(l_5R)]\cos l_2z$ $l_4^2\equiv\kappa_3^2+l_2^2,l_5^2\equiv\kappa_4^2+l_2^2$
两端带反射层的有限高圆柱	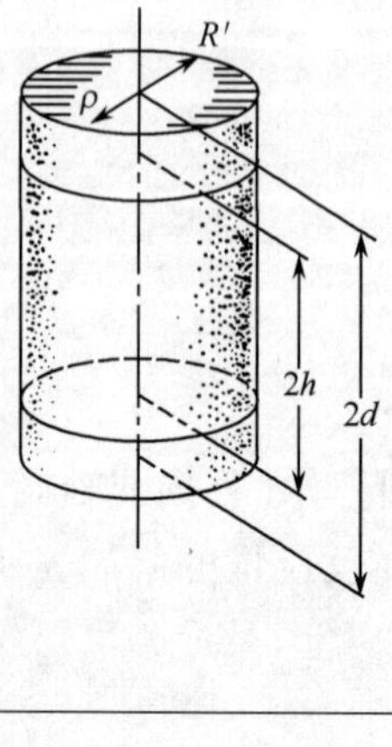	$Z(\boldsymbol{R})=\mathrm{J}_0(m_1\rho)\cos m_2h$ $Z'(\boldsymbol{R})=-m_2\mathrm{J}_0(m_1\rho)\sin m_2h$ $W(\boldsymbol{R})=\mathrm{J}_0(m_1\rho)\cosh m_3h$ $W'(\boldsymbol{R})=m_3\mathrm{J}_0(m_1\rho)\sinh m_3h$ $m_1\equiv\frac{2.405}{\tilde{R}'},m_2^2\equiv\mu^2-m_1^2,m_3^2\equiv\lambda^2+m_1^2$ $U(\boldsymbol{R})=\mathrm{J}_0(m_1\rho)\sinh m_4(\tilde{d}-h)$ $U'(\boldsymbol{R})=-m_4\mathrm{J}_0(m_1\rho)\cosh m_4(\tilde{d}-h)$ $V(\boldsymbol{R})=\mathrm{J}_0(m_1\rho)\sinh m_5(\tilde{d}-h)$ $V'(\boldsymbol{R})=-m_5\mathrm{J}_0(m_1\rho)\cosh m_5(\tilde{d}-h)$ $m_4^2\equiv\kappa_3^2+m_1^2,m_5^2\equiv\kappa_4^2+m_1^2$

（续）

名称	几何结构	分布
上下带反射层的立方体	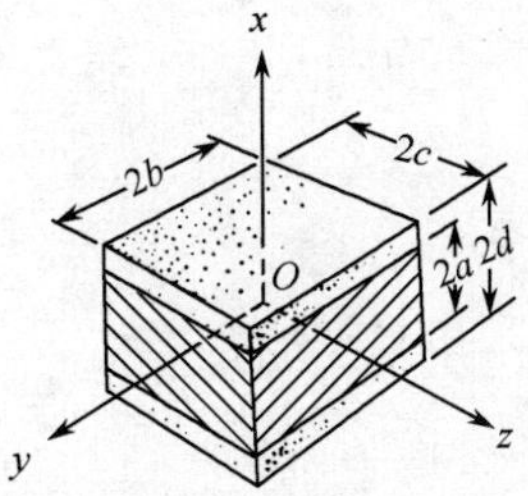	$Z(\boldsymbol{R})=\cos n_1 a\cos n_2 y\cos n_3 z$ $Z'(\boldsymbol{R})=-n_1\sin n_1 a\cos n_2 y\cos n_3 z$ $n_1^2\equiv\lambda^2+n_2^2+n_3^2$ $W(\boldsymbol{R})=\cosh n_4 a\cos n_2 y\cos n_3 z$ $W'(\boldsymbol{R})=n_4\sinh n_4 a\cos n_2 y\cos n_3 z$ $n_3\equiv\dfrac{\pi}{2\tilde{c}},n_2\equiv\dfrac{\pi}{2\tilde{b}}$ $n_4^2\equiv\lambda^2+n_2^2+n_3^2$ $U(\boldsymbol{R})=\sinh n_5(\tilde{d}-a)\cos n_2 y\cos n_3 z$ $U'(\boldsymbol{R})=-n_5\cosh n_5(\tilde{d}-a)\cos n_2 y\cos n_3 z$ $V(\boldsymbol{R})=\sinh n_6(\tilde{d}-a)\cos n_2 y\cos n_3 z$ $V'(\boldsymbol{R})=-n_6\cosh n_6(\tilde{d}-a)\cos n_2 y\cos n_3 z$ $n_5^2\equiv\kappa_3^2+n_2^2+n_3^2,n_6^2\equiv\kappa_4^2+n_2^2+n_3^2$
注：Z、W、U 和 V 右上角标“′”表示对空间的导数。“～”表示外推边界		

带反射层的球形反应堆内的热中子注量率为

$$\phi_{\mathrm{c}}^2(r)=\frac{\phi_{0\mathrm{c}}}{r}(\sin\mu_{\mathrm{c}}r+a\sinh\nu_{\mathrm{c}}r) \tag{4.98}$$

球壳反射层内的热中子注量率为

$$\phi_{\mathrm{R}}^2(r)=\frac{\phi_{0\mathrm{R}}}{r}[\sin\mu_{\mathrm{R}}(R'-r)+b\sinh\nu_{\mathrm{R}}(R'-r)] \tag{4.99}$$

利用方程(4.94)定义的系数 s_k 和 t_k 可将快群中子注量率与热中子注量率联系起来。由典型的两群常数计算得到的中子注量率分布如图 4.7 所示。由于反射层内 $\Sigma_{\mathrm{s}}^{1\to2}/\Sigma_{\mathrm{a}}^2$ 的值远大于堆芯内相应的值，因此在堆芯和反射层的界面处将出现热中子注量率的峰值。从物理上来解释，这是由于快中子扩散出堆芯并在反射层中被慢化为热中子，而反射层对热中子的吸收远小于堆芯。相同的原因，堆芯内燃料组件相邻水隙中也出现类似的热中子注量率峰。

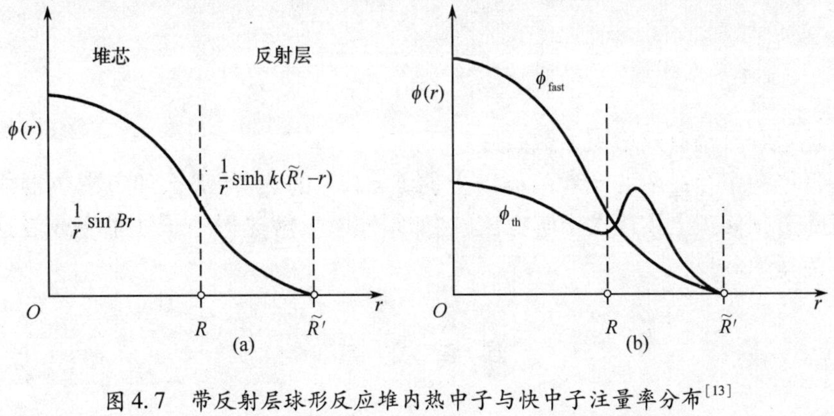

图 4.7　带反射层球形反应堆内热中子与快中子注量率分布[13]

堆芯：$D_1=D_2=1\mathrm{cm},\Sigma_{\mathrm{s}}^{1\to2}=0.009\mathrm{cm}^{-1},\Sigma_{\mathrm{a}}^1=0.001\mathrm{cm}^{-1},\Sigma_{\mathrm{a}}^2=0.05\mathrm{cm}^{-1},\nu\Sigma_{\mathrm{f}}^2=0.057\mathrm{cm}^{-1}$。

反射层：$D_1=D_2=1\mathrm{cm},\Sigma_{\mathrm{s}}^{1\to2}=0.009\mathrm{cm}^{-1},\Sigma_{\mathrm{a}}^1=0.001\mathrm{cm}^{-1},\Sigma_{\mathrm{a}}^2=0.0049\mathrm{cm}^{-1},\nu\Sigma_{\mathrm{f}}^2=0.0\mathrm{cm}^{-1}$。

4.4.7 多群扩散理论的数值解法

3.10节介绍的单群中子扩散方程的数值解法完全可推广用于求解多群扩散方程。由$G-1$个快中子群和1个热中子群(第G群)组成的G群扩散方程为

$$\begin{cases} -\nabla\cdot D^1\nabla\phi_1+\Sigma_r^1\phi_1=\dfrac{1}{k}\chi_1 S_f \\ -\nabla\cdot D^2\nabla\phi_2+\Sigma_r^2\phi_2=\dfrac{1}{k}\chi_2 S_f+\Sigma_s^{1\to2}\phi_1 \\ -\nabla\cdot D^3\nabla\phi_3+\Sigma_r^3\phi_3=\dfrac{1}{k}\chi_3 S_f+\Sigma_s^{1\to2}\phi_1\Sigma_s^{2\to3}\phi_2 \\ -\nabla\cdot D^G\nabla\phi_G+\Sigma_a^G\phi_G=\Sigma_s^{1\to G}\phi_1+\Sigma_s^{2\to G}\phi_2+\cdots+\Sigma_s^{G-1\to G}\phi_{G-1} \end{cases} \tag{4.100}$$

式中

$$S_f(r) = \sum_{g=1}^{G}\nu\Sigma_f^g(r)\phi_g(r) \tag{4.101}$$

多群扩散方程的求解过程首先须假设裂变源分布$S_f^{(0)}$和有效增殖系数$k^{(0)}$;求解第一群方程并得到第一群的群中子注量率的第一次迭代值$\phi_1^{(1)}$:

$$-\nabla\cdot D^1\nabla\phi_1^{(1)}+\Sigma_r^1\phi_1^{(1)}=\frac{1}{k}\chi_1 S_f^{(0)} \tag{4.102}$$

可采用迭代方法(如逐次超松弛方法)求解方程(4.102)。

其次,利用上一步计算得到的$\phi_1^{(1)}$和迭代方法求解第二群方程并获得第二群的群中子注量率的第一次迭代值$\phi_2^{(1)}$:

$$-\nabla\cdot D^2\nabla\phi_2^{(1)}+\Sigma_r^2\phi_2^{(1)}=\frac{1}{k^{(0)}}\chi_2 S_f^{(0)}+\Sigma_s^{1\to2}\phi_1^{(1)} \tag{4.103}$$

重复上述迭代过程逐次求解所有能群的方程并获得所有G群的群中子注量率的第一次迭代值$[\phi_1^{(1)},\phi_2^{(1)},\cdots,\phi_G^{(1)}]$,由此可以计算裂变源的第一次迭代值为

$$S_f^{(1)}(r) = \sum_{g=1}^{G}\nu\Sigma_f^g(r)\phi_g^{(1)}(r) \tag{4.104}$$

有效增殖系数的第一次迭代值为

$$k^{(1)} = \frac{k^{(0)}\int S_f^{(1)}(r)\,\mathrm{d}r}{\int S_f^{(0)}(r)\,\mathrm{d}r} \tag{4.105}$$

重复上述过程直至有效增殖系数收敛。

如果多群结构中存在两群或者两群以上的$E<1\text{eV}$的热群,那么须考虑热群之间的向上散射。这意味着须修正上述逐次求解方法,例如须同时求解热群中子注量率或者迭代求解热群的群中子注量率。

参考文献

[1] D. E. Cullen, "Nuclear Cross Section Preparation", in Y. Ronen, ed., *CRC Handbook of Nuclear Reactor Calculations I*, CRC Press, Boca Raton, FL (**1986**).

[2] R. E. MacFarlane, D. W. Muir, and R. M. Boicourt, *The NJOY Nuclear Data Processing System*, Vols. I and II, LA-

9303-M, Los Alamos National Laboratory, Los Alamos, NM (**1982**).

[3] J. J. DUDERSTADT and L. J. HAMILTON, *Nuclear Reactor Analysis*, Wiley, New York (**1976**).

[4] B. J. TOPPEL, "The New Multigroup Cross Section Code, MC^2-II," in *Proc. Conf. New Developments of Reactor Mathematics and Applications*, CONF-710302, Idaho Falls, ID (**1971**); H. HENRYSON et al., *MC^2-II: A Code to Calculate Fast Neutron Spectra and Multigroup Cross Sections*, ANL-8144, Argonne National Laboratory, Argonne, IL (**1976**).

[5] C. R. WEISBIN et al., *MINX: A Multi-group Interpretation of Nuclear Cross Sections from ENDF/B*, LA-6486-MS-(ENDF-237), Los Alamos National Laboratory, Los Alamos, NM (**1976**).

[6] A. F. HENRY, *Nuclear-Reactor Analysis*, MIT Press, Cambridge, MA (**1975**).

[7] R. KINSEY, *Data Formats and Procedures for the Evaluated Nuclear Data File*, ENDF, BNL-NCS-50496, ENDG-1021. 2nd ed., ENDF/B-V, Brookhaven National Laboratory, Upton, NY (**1970**); C. BREWSTER, *ENDF/B Cross Sections*, BNL-17100 (ENDF-200), 2nd ed., Brookhaven National Laboratory, Upton, NY (**1975**).

[8] E. L. WACHSPRESS, *Iterative Solutions of Elliptic Systems and Applications to the Neutron Diffusion Equations of Reactor Physics*, Prentice Hall, Englewood Cliffs, NJ (**1973**).

[9] R. H. HOWERTON et al., *Evaluation Techniques and Documentation of Specific Evaluations of the LLL Evaluated Nuclear Data Library (ENDL)*, UCRL-50400, Vol. 15, Lawrence Livermore Laboratory, Livermore, CA (**1970**).

[10] I. I. BONDARENKO et al., *Group Constants for Nuclear Reactor Calculations*, Consultants Bureau, New York (**1964**).

[11] R. S. VARGA, *Matrix Iterative Analysis*, Prentice Hall, Englewood Cliffs, NJ (**1962**).

[12] G. J. HABETLER and M. A. MARTION, *Proc. Symp. Appl. Math. IX*, 127 (**1961**).

[13] R. V. MEGHREBLIAN and D. K. HOLMES, *Reactor Analysis*, McGraw-Hill, New York (**1960**).

习题

4.1 对于非氢慢化剂在无吸收情况下,求解慢化区的中子平衡方程,确定中子注量率和中子慢化密度,并与方程(4.20)在无吸收极限下的结果进行比较。

4.2 对于一个非常大的长方体,其成分(单位体积内的原子数)为:$^{235}U = 0.002 \times 10^{24}\,cm^{-3}$;$^{238}U = 0.040 \times 10^{24}\,cm^{-3}$,$H_2O = 0.022 \times 10^{24}\,cm^{-3}$,$Fe = 0.009 \times 10^{24}\,cm^{-3}$。介质的温度 $T = 400℃$。计算并绘制该长方体内中子注量率在裂变能区、慢化能区和热能区的能量分布。

4.3 证明方程(4.29)定义的麦克斯韦分布满足方程(4.27)定义的中子平衡方程。

4.4 计算^{235}U在 T_n 为300℃、400℃和500℃时的热群吸收截面。

4.5 利用表4.6所列的群常数计算燃料组件在四群近似下的无限增殖系数和相对群中子注量率。

表4.6 群常数

群常数	能群1 (1.35~10MeV)	能群2 (9.1keV~1.35MeV)	能群3 (0.4eV~9.1keV)	能群4 (0~0.4eV)
χ	0.575	0.425	0	0
$\nu\Sigma_f/cm^{-1}$	0.0096	0.0012	0.0177	0.1851
Σ_a/cm^{-1}	0.0049	0.0028	0.0305	0.1210
$\Sigma_s^{g\to g+1}/cm^{-1}$	0.0831	0.0585	0.0651	—
D/cm^{-1}	2.162	1.087	0.632	0.354

4.6 分别计算能群 $E_g = 75eV$ 和 $E_{g-1} = 425eV$ 内的群俘获截面。其中相应同位素的俘获截面分别为:50eV,200b;100eV,245b;150eV,275b;300eV,200b;350eV,180b;400eV,210b。

4.7　计算温度 $T=300℃$ 的 ^{238}U 在 6.67eV 处逃脱共振吸收概率。其中,单位铀原子对应的慢化剂散射截面为 $\Sigma_s^M/N_{res}=50b$。计算在窄共振近似或宽共振近似下的共振积分并讨论所得的结果。

4.8　计算表 4.4 中的每一个共振对 1～300eV 能区的群俘获截面的份额。其中,单位铀原子对应的慢化剂散射截面为 $\Sigma_s^M/N_{res}=50b$;介质温度为 300℃。

4.9　分别在 $\Sigma_s^M/N_{res}=25b$ 和介质温度为 300℃ 条件下重新求解题 4.8。

4.10　计算从表 4.4 中所列的所有共振中逃脱的总概率。其中,单位铀原子对应的慢化剂散射截面为 $\Sigma_s^M/N_{res}=75b$;介质温度为 300℃。

4.11　对于由厚度为 50cm 的平板燃料和厚度为 10cm 的水隙组成的燃料组件阵列,计算该燃料-水栅格阵列的热群和快群中子注量率和无限增殖系数。其中,两群常数如表 4.7 所列。

表 4.7　群常数

群常数	堆芯		水/结构材料	
	能群 1	能群 2	能群 1	能群 2
χ	1.0	0	0	0
$\nu\Sigma_f/cm^{-1}$	0.0085	0.1851	0.0	0.0
Σ_a/cm^{-1}	0.0121	0.121	0.0004	0.020
$\Sigma_s^{1\to2}/cm^{-1}$	0.0241	—	0.0493	—
D/cm^{-1}	1.267	0.354	1.130	0.166

4.12　(编程题)二维的矩形反应堆由堆芯和反射层组成。其中,堆芯由两部分组成:堆芯区域 1,$-50cm<x<50cm$,$15cm<y<55cm$;堆芯区域 2,$-50cm<x<50cm$,$55cm<y<105cm$。堆芯周围为厚 15cm 的反射层。利用两群模型和数值方法计算快群和热群中子注量率、有效增殖系数。堆芯和反射层的两群常数如表 4.8 所列。

表 4.8　群常数

群常数	堆芯 1		堆芯 2		反射层	
	能群 1	能群 2	能群 1	能群 2	能群 1	能群 2
χ	1.0	0.0	1.0	0.0	0	0
$\nu\Sigma_f/cm^{-1}$	0.0085	0.1851	0.006	0.150	0.0	0.0
Σ_a/cm^{-1}	0.0121	0.121	0.0004	0.10	0.0004	0.020
$\Sigma_s^{1\to2}/cm^{-1}$	0.0241	—	0.016	0.0	0.0493	—
D/cm^{-1}	1.267	0.354	1.280	0.4	1.130	0.166

4.13　对于由水和富集度为 3% 的铀 1:1 组成的混合物,计算该介质内 50keV 以下的慢化密度随能量的变化。可利用表 1.3 中共振区的截面并可假设其为常数。

4.14　对于由水和富集度从天然铀至 4% 变化的铀 1:1 组成的混合物,计算并绘制硬化的麦克斯韦谱。可利用表 1.3 中热能区的截面并可假设其为常数;$C=1.5$。

4.15　计算题 4.5 的谱平均的单群截面。

4.16　参考 3.11 节的节块方法,推导多群节块模型的控制方程。

4.17 利用两群节块模型,计算题 4.12 的节块的平均中子注量率和有效增殖系数,并与题 4.12的结果进行比较。

4.18　对于高度为3.5m的圆柱体反应堆，利用两群模型计算其临界半径。反应堆的两群常数为题4.12中堆芯区域1的参数。

4.19　当题4.18中的圆柱体反应堆带有厚度为15cm的环形反射层时，重新计算其临界半径，并与题4.18的结果进行比较讨论因设置反射层所减小的临界半径。反射层的两群常数采用题4.12中反射层的参数。

4.20　利用一群半模型重新求解题4.18。

4.21　利用两群理论计算高度为3.5m、半径为1.1m的圆柱体裸堆的有效增殖系数。其中，两群常数是表4.8中堆芯1的参数。

4.22　利用评价数据库提供的表格化的截面数据，描述典型PWR的三群截面的构建方法。特别需要解释的是权重函数的选择。

4.23　描述快堆的两群常数的构建方法，假设快堆中不存在1keV以下的中子。如何选取群结构？如何选取权重函数？如何从评价数据库提供的离散的截面定义群常数？

4.24　利用两群模型计算高度$H=3$m的均匀圆柱体裸堆的临界半径。两群常数分别为：快群，$\nu\Sigma_f=0.0085\text{cm}^{-1}$，$\Sigma_s^{1\to2}=0.0241\text{cm}^{-1}$，$\Sigma_a=0.0121\text{cm}^{-1}$，$D=1.267\text{cm}$，$\chi=1$；热群，$\nu\Sigma_f=0.1851\text{cm}^{-1}$，$\Sigma_a=0.121\text{cm}^{-1}$，$D=0.354\text{cm}$，$\chi=0$。

第5章　核反应堆动力学

掌握核反应堆内在预期或者非预期甚至非正常工况下中子数目的动态行为对核反应堆的安全与可靠运行具有非常重要的意义。由第2章的介绍可知，瞬发中子的响应是异常迅速的。然而，除非核反应堆处于瞬发超临界状态，否则份额很小的缓发中子能将堆内中子数目的增长速度维持在其先驱核时间常数的量级上，这为采取校正的控制手段提供了时间。如果某个变化使核反应堆处于瞬发超临界状态，那么只有那些固有的、能自发抑制中子数目增加的负反馈机制能阻止中子数目（和裂变功率水平）失控的增加。然而，核反应堆内也存在一些固有的能使功率激增的物理过程（正反馈）；虽然核反应堆内存在一些负反馈机制，但是由于其响应过于缓慢而实际上对核反应堆内中子数目的增加不能做出同相的响应，这均将引起核反应堆功率水平的不稳定。本章将介绍核反应堆的动态特性及其分析方法和用于确定中子动力学基本参数的实验手段。

5.1　缓发裂变中子

5.1.1　裂变产物衰变时释放的中子

正常运行下的核反应堆或其他链式裂变反应系统的动力学特性主要取决于裂变产物衰变过程中释放的缓发中子。每次裂变释放的缓发中子总数 ν_d 取决于发生裂变的同位素，且通常随着引起裂变的中子能量的增加而增加。虽然大量的裂变产物在衰变过程中均能释放中子，但是根据缓发中子先驱核（裂变产物）将缓发中子划分成6组足以代表实验观察所得的释放特性。每一组缓发中子可以用衰变常数 λ_i 和相对产额 β_i/β 来表示。缓发中子的总产额 $\beta = \nu_d/\nu$。常见同位素的裂变产物释放的缓发中子参数如表5.1所列。

表5.1　缓发中子参数

群	快中子		热中子	
	衰变常数 λ_i/s^{-1}	相对产额 β_i/β	衰变常数 λ_i/s^{-1}	相对产额 β_i/β
^{233}U		$\nu_d = 0.00731$ $\beta = 0.0026$		$\nu_d = 0.00667$ $\beta = 0.0026$
1	0.0125	0.096	0.0126	0.086
2	0.0360	0.208	0.0337	0.299
3	0.138	0.242	0.139	0.252
4	0.318	0.327	0.325	0.278
5	1.22	0.087	1.13	0.051
6	3.15	0.041	2.50	0.034

（续）

群	快中子		热中子	
	衰变常数 λ_i/s^{-1}	相对产额 β_i/β	衰变常数 λ_i/s^{-1}	相对产额 β_i/β
^{235}U		$\nu_d = 0.01673$ $\beta = 0.0064$		$\nu_d = 0.01668$ $\beta = 0.0067$
1	0.0127	0.038	0.0124	0.033
2	0.0317	0.213	0.0305	0.219
3	0.115	0.188	0.111	0.196
4	0.31	0.407	0.301	0.395
5	1.40	0.128	1.14	0.115
6	3.87	0.026	3.01	0.042
^{239}Pu		$\nu_d = 0.0063$ $\beta = 0.0020$		$\nu_d = 0.00645$ $\beta = 0.0022$
1	0.0129	0.038	0.0128	0.035
2	0.0311	0.280	0.0301	0.298
3	0.134	0.216	0.124	0.211
4	0.331	0.328	0.325	0.326
5	1.26	0.103	1.12	0.086
6	3.21	0.035	2.69	0.044
^{241}Pu		$\nu_d = 0.0152$		$\nu_d = 0.0157$ $\beta = 0.0054$
1	—	—	0.0128	0.010
2	—	—	0.0297	0.229
3	—	—	0.124	0.173
4	—	—	0.352	0.390
5	—	—	1.61	0.182
6	—	—	3.47	0.016
^{232}Th		$\nu_d = 0.0531$ $\beta = 0.0203$		
1	0.0124	0.034	—	—
2	0.0334	0.150	—	—
3	0.121	0.155	—	—
4	0.321	0.446	—	—
5	1.21	0.172	—	—
6	3.29	0.043	—	—
^{238}U		$\nu_d = 0.0460$ $\beta = 0.0164$		
1	0.0132	0.013	—	—

(续)

群	快中子		热中子	
	衰变常数 λ_i/s^{-1}	相对产额 β_i/β	衰变常数 λ_i/s^{-1}	相对产额 β_i/β
2	0.0321	0.137	—	—
3	0.139	0.162	—	—
4	0.358	0.388	—	—
5	1.41	0.225	—	—
6	4.02	0.075	—	—
^{240}Pu		$\nu_d = 0.0090$ $\beta = 0.0029$		
1	0.0129	0.028	—	—
2	0.0313	0.273	—	—
3	0.135	0.192	—	—
4	0.333	0.350	—	—
5	1.36	0.128	—	—
6	4.04	0.029	—	—

5.1.2 混合物的缓发中子的有效参数

裂变产物衰变过程中释放的缓发中子的能量(平均为0.5MeV)通常低于瞬发中子的能量(平均为1MeV)。因此,缓发中子不仅比瞬发中子慢化得更快,而且在慢化过程中被吸收和泄漏的概率更低。也就是说,从引起下一代裂变反应的作用而言,缓发中子和瞬发中子的有效性存在差异。既然不同组的缓发中子的能量分布也不相同,那么不同组的缓发中子也具有不同的有效性。而且,核反应堆通常含有各种可裂变同位素,如以铀为燃料的核反应堆最初含有^{235}U和^{238}U;运行一段时间后,燃料内将生成^{239}Pu和^{240}Pu等;核反应堆内同位素的变化规律详见第6章。

定义权重函数$\phi^+(r,E)$以解决这一问题,它表示r处能量为E的中子最终引起裂变的概率(详见第13章)。同位素q裂变产生的能量分布为$\chi_{di}^q(E)$的第i组缓发中子和能量分布为$\chi_p^q(E)$的瞬发中子引起下一次裂变的相对权重分别为

$$I_{di}^q = \int dV \int_0^\infty \chi_{di}^q(E)\phi^+(E)dE \int_0^\infty \nu\sigma_f^q(E')N_q(r)\phi(r,E')dE' \tag{5.1}$$

$$I_p^q = \int dV \int_0^\infty \chi_p^q(E)\phi^+(E)dE \int_0^\infty \nu\sigma_f^q(E')N_q(r)\phi(r,E')dE' \tag{5.2}$$

可裂变同位素q的第i组缓发中子的相对有效产额为$I_{di}^q\beta_i^q$,其中,β_i^q为可裂变同位素q的第i组缓发中子的产额(见表5.1)。对于可裂变同位素混合物,可裂变同位素q的第i组缓发中子的有效产额为

$$\overline{\gamma_i^q\beta_i^q} = I_{di}^q\beta_i^q \Big/ \sum_q \left[I_p^q\left(1 - \sum_{i=1}^6 \beta_i^q\right) + \sum_{i=1}^6 I_{di}^q\beta_i^q \right] \tag{5.3}$$

对于任意几何形状的核反应堆内各种可裂变同位素组成的混合物,可裂变同位素q的第i组缓发中子的有效值$\gamma_i^q = \overline{\gamma_i^q\beta_i^q}/\beta_i^q$。除非特别说明,本书其余章节采用的$\beta_i$和$\beta$值已包含了缓

发中子有效性这一因素,不再采用有效性参数。

5.1.3 光激中子

当裂变产物经历β衰变时,它们同时也释放出伽马射线。当伽马射线中光子的能量超过中子结合能时,光子能从原子核内打出中子。大部分原子核的中子结合能均超过6MeV,这个能量水平通常大于大部分裂变过程中释放的伽马射线的能量。核反应堆内存在4种实际感兴趣的中子结合能比较低的原子核:^{2}D($E_n = 2.2$MeV),^{9}Be($E_n = 1.7$MeV),^{6}Li($E_n = 5.4$MeV)和^{13}C($E_n = 4.9$MeV)。光激中子通常被认为是一组额外的缓发中子。裂变产物的β衰变通常比即时的中子衰变要缓慢得多;光激中子先驱核的衰变常数远小于表5.1中所列的缓发中子先驱核的衰变常数。只有重水慢化的反应堆才存在考虑光激中子的实际价值。由下面的分析可知,核反应堆在正常运行中的动态响应时间主要由衰变常数的倒数决定,因而重水反应堆比其他类型的反应堆要"迟钝"一些。

5.2 点堆中子动力学方程组

缓发中子先驱核满足方程

$$\frac{\partial \hat{C}_i(r,t)}{\partial t} = \beta_i \nu \Sigma_f(r,t)\phi(r,t) - \lambda_i \hat{C}_i(r,t) \quad (i=1,\cdots,6) \tag{5.4}$$

单群中子扩散方程可写为

$$\begin{aligned}\frac{1}{v}\frac{\partial \phi(r,t)}{\partial t} - D(r,t)\nabla^2\phi(r,t) + \Sigma_a(r,t)\phi(r,t) \\ = (1-\beta)v\Sigma_f(r,t)\phi(r,t) + \sum_{i=1}^{6}\lambda_i \hat{C}_i(r,t)\end{aligned} \tag{5.5}$$

其中,假设缓发中子由其先驱核的衰变产生,其产额为β。

基于第3章的分析结果,假设方程(5.5)存在分离变量解:

$$\phi(r,t) = vn(t)\psi_1(r), \hat{C}_i(r,t) = C_i(t)\psi_1(r) \tag{5.6}$$

式中:ψ_1为方程(5.7)的基态解,即

$$\nabla^2\psi_n + B_g^2\psi_n = 0 \tag{5.7}$$

其中:B_g为核反应堆的几何曲率,详见第3章。

将方程(5.6)代入方程(5.4)和方程(5.5)可得点堆中子动力学方程组:

$$\begin{cases}\dfrac{\mathrm{d}n(t)}{\mathrm{d}t} = \dfrac{\rho(t)-\beta}{\Lambda}n(t) + \sum\limits_{i=1}^{6}\lambda_i C_i(t), \\ \dfrac{\mathrm{d}C_i(t)}{\mathrm{d}t} = \dfrac{\beta_i}{\Lambda}n(t) - \lambda_i C_i(t), \quad i = 1,\cdots,6\end{cases} \tag{5.8}$$

式中:裂变中子从产生到被吸收后引起下一次裂变的平均代时间Λ定义为

$$\Lambda \equiv (v\nu\Sigma_f)^{-1} \tag{5.9}$$

反应性ρ定义为

$$\rho(t) \equiv \frac{v\Sigma_f - \Sigma_a(1+L^2B_g^2)}{v\Sigma_f} \equiv \frac{k(t)-1}{k(t)} \tag{5.10}$$

其中:k为核反应堆的有效增值系数,其定义为

$$k \equiv \frac{\nu\Sigma_f/\Sigma_a}{1+L^2B_g^2} \tag{5.11}$$

对于热中子反应堆,$\nu\Sigma_f$ 和 Σ_a 为热中子的截面;为了包含快中子慢化和热中子扩散的作用,L^2须由 $M^2=L^2+\tau_{th}$代替。对于快中子反应堆,所有截面均按照快谱平均即可。

点堆中子动力学方程组成立的唯一假设是中子注量率的空间分布不随时间发生变化。只有当核反应堆的特性整体发生变化时,或者核反应堆的尺寸与徙动长度 M(或扩散长度 L)在同一量级上时,这个假设是合理的;如果核反应堆的尺寸远大于徙动长度,而且核反应堆的特性仅发生局部变化(如控制棒非对称地抽出)时,点堆中子动力学方程组不能严格成立。然而,正如第16章中将分析的那样,在反应性和平均代时间的计算中考虑中子注量率空间分布的变化可大大地扩展点堆中子动力学方程组的合理性及其适用性。

5.3 周期-反应性的关系

$t=0$ 时刻向处于临界状态的核反应堆引入反应性 ρ_0,并利用拉普拉斯变换方法对方程组(5.8)进行求解:

$$\begin{cases} sn(s) = \dfrac{\rho_0-\beta}{\Lambda}n(s) + \displaystyle\sum_{i=1}^{6}\lambda_i C_i(s) + n_0 \\ sC_i(s) = \dfrac{\beta_i}{\Lambda}n(s) - \lambda_i C_i(s) + C_{i0}, \quad i=1,\cdots,6 \end{cases} \tag{5.12}$$

方程可进一步变为

$$n(s) = \frac{f(s,n_0,C_{i0})}{Y(s)} \tag{5.13}$$

式中

$$Y(s) \equiv \rho_0 - s\left(\Lambda + \sum_{i=1}^{6}\frac{\beta_i}{s+\lambda_i}\right) \tag{5.14}$$

方程(5.13)右端的极点,即方程 $Y(s)=0$ 的根决定了核反应堆内中子数目和先驱核数目随时间的变化规律。$Y(s)=0$ 是一个7阶的方程,通常称为反时方程或倒时方程。如图5.1所示,利用图解法求解倒时方程可得

$$\rho_0 = s\left(\Lambda + \sum_{i=1}^{6}\frac{\beta_i}{s+\lambda_i}\right) \tag{5.15}$$

图5.1并未绘制方程(5.15)左端的 ρ_0,它是一条直线。这条直线与方程右端函数的交点就是方程的解(倒时方程的根)。如图5.1所示,当 $\rho_0<0$ 时,方程的解全部为负值,即 $s_j<0$;当 $\rho_0>0$时,方程存在1个正根和6个负根。

随时间变化的中子注量率为

$$n(t) = \sum_{j=0}^{6}A_j e^{s_j t} \tag{5.16}$$

式中:s_j为倒时方程 $Y(s)=0$ 的根;A_j 可表示为

$$A_j = \left(\Lambda + \sum_{i=1}^{6}\frac{\beta_i}{s_j+\lambda_i}\right)\Bigg/\left[1 + k\sum_{i=1}^{6}\frac{\beta_i\lambda_i}{(s_j+\lambda_i)^2}\right] \tag{5.17}$$

经过足够长的时间,中子注量率由最大的根 s_0(当 $\rho_0<0$ 时,s_0为倒时方程的最大的负根;当

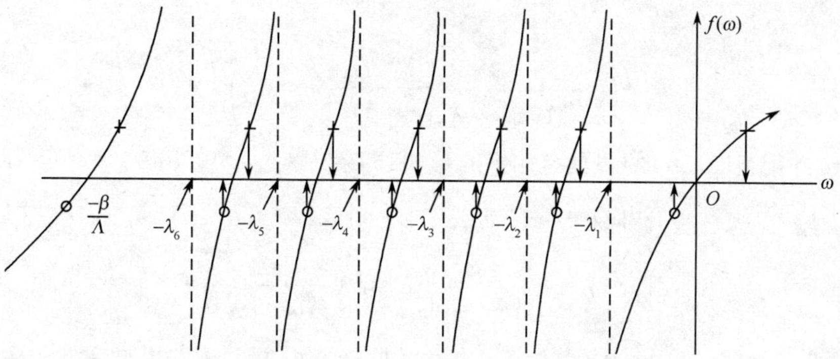

图 5.1　倒时方程中 $R(\omega)=\omega[\Sigma\beta_i/(\omega+\lambda_i)]$ 函数图解[4]

$\rho_0>0$时，$s_0>0$）决定，即

$$n(t)\approx A_0\mathrm{e}^{s_0t}\equiv A_0\mathrm{e}^{t/T} \tag{5.18}$$

式中：T 为渐进周期，$T=s_0^{-1}$。

通过测量渐进周期可得初始引入的反应性，即

$$\rho_0=\frac{1}{T}\left(\Lambda+\sum_{i=1}^{6}\frac{\beta_i}{1/T+\lambda_i}\right) \tag{5.19}$$

5.4　点堆中子动力学方程组的近似解法

5.4.1　一组缓发中子近似

为了讨论点堆中子动力学方程组的解及其物理意义，假设6组缓发中子由1组缓发中子代替，这一组缓发中子的有效产额 $\beta=\sum_i\gamma_i\beta_i$，有效衰变常数 $\lambda=\sum_i\lambda_i\beta_i/\beta$，那么点堆动力学方程组可简化为

$$\begin{cases}\dfrac{\mathrm{d}n(t)}{\mathrm{d}t}=\dfrac{\rho-\beta}{\Lambda}n(t)+\lambda C(t)\\[2mm]\dfrac{\mathrm{d}C(t)}{\mathrm{d}t}=\dfrac{\beta}{\Lambda}n(t)-\lambda C(t)\end{cases} \tag{5.20}$$

对方程组(5.20)进行拉普拉斯变换或者假设方程组的解具有 e^{st}的形式，由此可得倒时方程为

$$s^2-\left(\frac{\rho-\beta}{\Lambda}-\lambda\right)s-\frac{\lambda\rho}{\Lambda}=0 \tag{5.21}$$

此方程的解为

$$\begin{aligned}s_{1,2}&=\frac{1}{2}\left(\frac{\rho-\beta}{\Lambda}-\lambda\right)\pm\sqrt{\frac{1}{4}\left(\frac{\rho-\beta}{\Lambda}+\lambda\right)^2+\frac{\beta\lambda}{\Lambda}}\\&=\frac{1}{2}\left(\frac{\rho-\beta}{\Lambda}-\lambda\right)\pm\sqrt{\frac{1}{4}\left(\frac{\rho-\beta}{\Lambda}-\lambda\right)^2+\frac{\lambda\rho}{\Lambda}}\end{aligned} \tag{5.22}$$

当$\rho>0$时，方程有1个正根，1个负根；当$\rho=0$时，方程1个根为0，1个负根；当$\rho<0$时，方程两根均为负根。

假设方程组(5.20)的解具有 e^{st}的形式，那么 s_1 和 s_2对应的先驱核总数和中子数目必须

满足

$$\frac{C(t)}{n(t)}=\frac{\beta}{\Lambda(s_{1,2}+\lambda)}=-\left(\frac{\rho-\beta}{\Lambda}-s_{1,2}\right)\Big/\lambda \tag{5.23}$$

这就意味着,方程组(5.20)的解具有如下的形式,即

$$\begin{cases}n(t)=A_1\mathrm{e}^{s_1t}+A_2\mathrm{e}^{s_2t}\\ C(t)=A_1\dfrac{\beta}{\Lambda(s_1+\lambda)}\mathrm{e}^{s_1t}+A_2\dfrac{\beta}{\Lambda(s_2+\lambda)}\mathrm{e}^{s_2t}\end{cases} \tag{5.24}$$

以轻水反应堆为例,$\beta=0.0075$,$\lambda=0.08\mathrm{s}^{-1}$,$\Lambda=6.0\times10^{-5}\mathrm{s}$。除非$|\rho-\beta|\approx0$,方程(5.21)其中一个根非常大,而另一个又非常小。对于大的根,$s_1^2\gg\lambda\rho/\Lambda$和$\lambda\rho/\Lambda$可以忽略。对于小的根,$s_2^2\ll\lambda\rho/\Lambda$和$s_2^2$可以忽略。假设$|\rho-\beta|/\Lambda\gg\lambda$,那么方程(5.21)的解为

$$\begin{cases}s_1=\dfrac{\rho-\beta}{\Lambda}\\ s_2=-\dfrac{\lambda\rho}{\rho-\beta}\end{cases} \tag{5.25}$$

利用$t=0$时刻的初始条件可求得常数A_1和A_2,即令方程组(5.24)中的$\rho=0$,那么$A_1\approx n_0\rho/(\rho-\beta)$和$A_2\approx-n_0\beta/(\rho-\beta)$,其中,$n_0$为反应性引入之前的中子数目。方程组(5.24)可写为

$$\begin{cases}n(t)=n_0\left[\dfrac{\rho}{\rho-\beta}\exp\left(\dfrac{\rho-\beta}{\Lambda}t\right)-\dfrac{\beta}{\rho-\beta}\exp\left(-\dfrac{\lambda\rho}{\rho-\beta}t\right)\right]\\ C(t)=n_0\left[\dfrac{\rho\beta}{(\rho-\beta)^2}\exp\left(\dfrac{\rho-\beta}{\Lambda}t\right)+\dfrac{\beta}{\Lambda\lambda}\exp\left(-\dfrac{\lambda\rho}{\rho-\beta}t\right)\right]\end{cases} \tag{5.26}$$

在$t=0$时刻,即反应性引入之前,$C_0=\beta n_0/\Lambda\lambda\approx1600n_0$。因此,在一个临界的反应堆中,缓发中子先驱核的总数,也就是潜在的中子源,大约是中子数目的1600倍。正如下面将看到的那样,如此大量的潜在中子源主导正常运行条件下中子数目的动力学过程是不足为奇的。

例5.1 阶跃负反应性引入,$\rho<0$。

利用方程组(5.26)可以分析核反应堆的中子动力学过程。假设一个很大的负反应性$\rho=-0.05$引入一个临界的核反应堆,如模拟利用控制棒紧急停堆的情形。利用轻水反应堆的缓发中子的数据($\beta=0.0075$,$\lambda=0.08\mathrm{s}^{-1}$,$\Lambda=6.0\times10^{-5}\mathrm{s}$),方程组(5.26)可写为

$$\begin{cases}n(t)=n_0(0.87\mathrm{e}^{-958t}+0.13\mathrm{e}^{-0.068t})\\ C(t)=n_0(0.0113\mathrm{e}^{-958t}+1568\mathrm{e}^{-0.068t})\end{cases} \tag{5.27}$$

如图5.2所示(图中$T\equiv n$),方程组(5.27)的第一项在$\Delta t=\Lambda$的时间尺度上迅速地降为0,这在物理上对应于瞬发中子数目在中子代时间的尺度上使核反应堆处于次临界状态。方程的第二项将缓慢地衰减,这对应于缓发中子先驱核中子源的缓慢衰减过程。从整个过程来说,中子数目迅速地从n_0变为$n_0/(1-\beta/\rho)$(通常称为瞬跳变),随后缓慢地按$\mathrm{e}^{-[\lambda/(1-\beta/\rho)]t}$衰减。因此,紧急插入控制棒并不能立即关闭(降低中子数目或者裂变率为零)反应堆或其他链式裂变反应介质内的裂变过程。缓发中子先驱核仍须按照$\mathrm{e}^{-[\lambda/(1-\beta/\rho)]t}$规律衰变。

例5.2 次瞬发临界(缓发临界)时的阶跃正反应性引入,$0<\rho<\beta$。

本例分析正反应性引入,但$\rho=0.0015<\beta$,如控制棒抽出。在这种情况下,方程组(5.26)

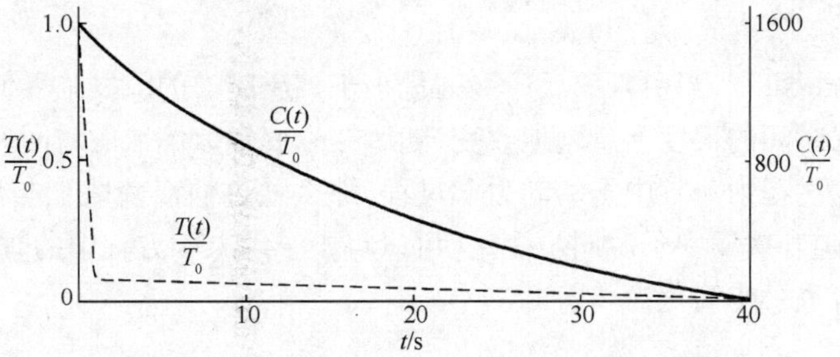

图5.2　临界反应堆中引入 $\rho=-0.05$ 负反应性后中子与缓发中子先驱核的衰变过程[4]

可写为

$$\begin{cases} n(t)=n_0(-0.25\mathrm{e}^{-100t}+1.25\mathrm{e}^{0.02t}) \\ C(t)=n_0(0.3125\mathrm{e}^{-100t}+1562.5\mathrm{e}^{0.02t}) \end{cases} \tag{5.28}$$

如图5.3所示，在中子代时间尺度上中子数目迅速从 n_0 增加至 $n_0/(1-\beta/\rho)$，即瞬发中子数目使核反应堆处于超临界状态，随后按照 $\mathrm{e}^{-[\lambda/(1-\beta/\rho)]t}$ 规律增加，即由缓发中子源的增加速度控制。中子数目在瞬时阶跃之后相对缓慢的增加率保证在裂变率过度增加之前存在充足的校正控制时间。

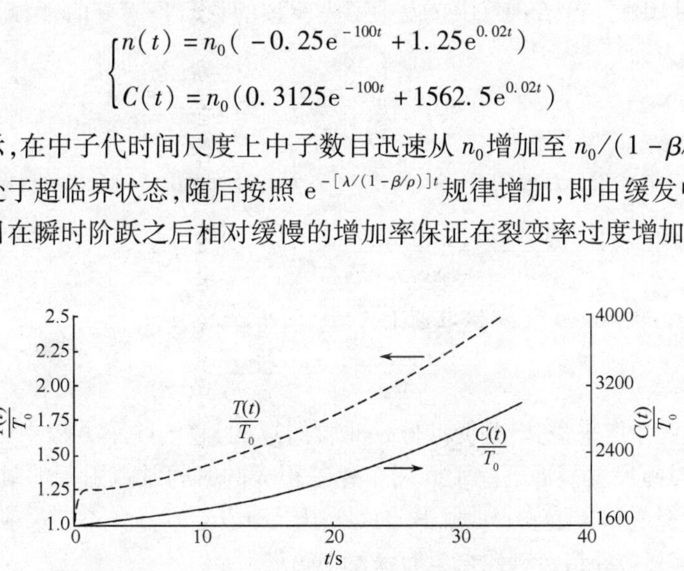

图5.3　临界反应堆中引入 $\rho=0.0015$ 正反应性后中子与缓发中子先驱核的增加过程[4]

例5.3　瞬发超临界时的阶跃正反应性引入，$\rho>\beta$。

本例分析反应性阶跃增加 $\rho=0.0115>\beta$，如一组控制棒从反应堆弹出。方程组(5.26)可写为

$$\begin{cases} n(t)=n_0(2.9\mathrm{e}^{66.7t}-1.9\mathrm{e}^{-0.23t}) \\ C(t)=n_0(5.4\mathrm{e}^{66.7t}+1563\mathrm{e}^{-0.23t}) \end{cases} \tag{5.29}$$

因为核反应堆处于瞬发超临界状态($k(1-\beta)>1$)，反应堆内的中子数目在代时间的尺度上按指数规律增加，即 $n\sim\mathrm{e}^{[(\rho-\beta)/\Lambda]t}$。在此情形下，中子数目在0.1s内几乎增加了800倍，这基本上是不可能采取任何校正措施来阻止裂变功率的增加和反应堆的毁坏。幸运的是，核反应堆本身还存在一些固有的反馈机制能在裂变加热的同时引入负反应性(如5.7节和5.8节将分析的多普勒效应)，那么中子数目将先迅速地增加随后减少。然而，从核反应堆安全的角度来说，必须避免引入导致瞬发超临界的反应性。由于 ^{233}U 的 $\beta=0.0026$，^{235}U 的 $\beta=0.0067$ 和 ^{239}Pu的 $\beta=0.0022$，那么对正反应性引入事故来说，以 ^{235}U 为燃料的核反应堆的安全运行范围比 ^{233}U 和 ^{239}Pu 的要大得多。

5.4.2 瞬跳变近似

通过上述的分析可知,当引入的反应性的量小于该反应堆的瞬发临界值,即$\rho<\beta$时,中子数目首先在中子代时间的尺度上急剧地改变,随后在衰变常数倒数的时间尺度上缓慢地变化。如果忽略在瞬跳变过程中瞬发中子的动力学过程,那么通过假设瞬跳变与反应性变化同步变化,随后中子数目随着缓发中子源同步变化(可以将中子动力学方程中的时间导数项设为0),中子动力学方程可进一步简化为

$$0 = [\rho(t) - \beta]n(t) + \Lambda\sum_{i=1}^{6}\lambda_i C_i(t) \tag{5.30}$$

由于缓发中子先驱核的数目并不随反应性的变化而立即发生变化,那么在反应性从ρ_0变化到$\rho_1<\beta$的过程中,方程(5.30)中缓发中子先驱核的数目是不变的,因此,反应性变化前后的中子数目之比为

$$\frac{n_1}{n_0}=\frac{\beta-\rho_0}{\beta-\rho_1} \tag{5.31}$$

利用方程(5.30)消去方程组(5.8)的第二个方程中的$n(t)$可得先驱核的动态方程,即

$$\frac{\mathrm{d}C_i(t)}{\mathrm{d}t} = \frac{\beta_i}{\rho(t)-\beta}\sum_{j=1}^{6}\lambda_j C_j(t) - \lambda_i C_i(t) \tag{5.32}$$

方程(5.32)在一组缓发中子先驱核近似下可进一步简化为

$$\frac{\mathrm{d}C(t)}{\mathrm{d}t}=\frac{-\lambda C(t)}{1-\beta/\rho(t)} \tag{5.33}$$

从数值求解的角度来说,瞬跳变近似是非常简单的,它消除了方程中因Λ引入的时间常数很小的项(快时间尺度),即消除了因两个相差很大的时间常数引起的对时间差分的困难。通过对瞬跳变近似下和非瞬跳变近似下的点堆中子动力学方程在不同反应性下的计算表明,在反应性变化$\rho<0.5\beta$时,瞬跳变近似的误差不超过1%。

当采用一组缓发中子先驱核近似时,利用方程(5.30)求得$C(t)$后将其代入方程(5.20),可得

$$[\rho(t)-\beta]\frac{\mathrm{d}n(t)}{\mathrm{d}t}+\left[\frac{\mathrm{d}\rho(t)}{\mathrm{d}t}+\lambda\rho(t)\right]n(t)=0 \tag{5.34}$$

对于一个给定的反应性变化,求解方程(5.34),可得中子数目为

$$n(t) = n_0\exp\left[\int_0^t\frac{\dot{\rho}(t')+\lambda\rho(t')}{\beta-\rho(t')}\mathrm{d}t'\right] \tag{5.35}$$

例5.4 控制棒插入的反应性价值。

一根控制棒插入装有高浓缩燃料的处于临界状态($\rho_0=0$)的冷态核反应堆中,测量到的中子注量率从n_0迅速地变为$0.5n_0$。假设一组缓发中子模型的$\beta=0.0065$,那么由方程(5.31)可得

$$\rho_1=\beta(1-n_0/n_1)=0.0065(1-2)=-0.0065\Delta k/k$$

5.4.3 反应堆停堆

较大的负反应性的阶跃引入通常可以近似反应堆停堆或者紧急停堆过程。然而,与决定瞬跳变时间尺度的瞬发中子代时间相比,控制棒完全插入所需的时间是非常长的。反应性的

斜坡变化 $\rho(t) = -\varepsilon t$ 代替阶跃变化,可更加准确地描述控制棒的插入过程。如果只关注中子数目最初时刻的快速减小过程,那么可以假设先驱核总数保持不变,即缓发中子先驱核保持控制棒插入之前的值:

$$\sum_{i=1}^{6} \lambda_i C_i(0) = \frac{\beta}{\Lambda} n_0 \tag{5.36}$$

利用这个近似,瞬发中子数目对反应性响应的控制方程(方程组(5.8)的第一个方程)积分可得

$$n(t) = n_0 \left[\exp\left[-\frac{1}{\Lambda}\left(\frac{1}{2}\varepsilon t^2 + \beta t \right) \right] + \frac{\beta}{\Lambda}\int_0^t \exp\left\{ -\frac{1}{\Lambda}\left[\frac{\varepsilon}{2}(t^2 - (t')^2) + \beta(t - t') \right] \right\} dt' \right] \tag{5.37}$$

该方程比方程(5.27)更好地描述了中子数目最初的减少过程,但是在控制棒插入之后较长时间的衰变过程仍然须由方程(5.27)进行描述。

5.5　缓发中子核和零功率传递函数

5.5.1　缓发中子核

对缓发中子先驱核方程(方程组(5.8)的第二个方程)积分可得(假设在 $t = -\infty$ 时,$C_i = 0$)

$$C_i(t) = \int_{-\infty}^{t} \frac{\beta_i}{\Lambda} n(t') e^{-\lambda_i (t-t')} dt' = \int_0^{\infty} \frac{\beta_i}{\Lambda} n(t-\tau) e^{-\lambda_i \tau} d\tau \tag{5.38}$$

将上式代入中子动力学方程(方程组(5.8)的第一个方程)可得

$$\frac{dn(t)}{dt} = \frac{\rho(t) - \beta}{\Lambda} n(t) + \int_0^{\infty} \frac{\beta}{\Lambda} D(\tau) n(t-\tau) d\tau \tag{5.39}$$

其中,定义缓发中子核为

$$D(\tau) \equiv \sum_{i=1}^{6} \frac{\lambda_i \beta_i}{\beta} e^{-\lambda_i \tau} \tag{5.40}$$

5.5.2　零功率传递函数

如果任意时刻的中子数目可按照 $t = 0$ 时刻临界反应堆内的中子数目展开:

$$n(t) = n_0 + n_1(t) \tag{5.41}$$

那么方程(5.39)可以写为

$$\frac{dn_1(t)}{dt} = \frac{\rho(t) n_0}{\Lambda} + \frac{\rho(t) n_1(t)}{\Lambda} + \int_0^{\infty} \frac{\beta}{\Lambda} D(\tau) [n_1(t-\tau) - n_1(t)] d\tau \tag{5.42}$$

任意函数 $A(t)$ 的拉普拉斯变换定义为

$$A(s) = \int_0^{\infty} A(t) e^{-st} dt \tag{5.43}$$

那么对方程(5.42)进行拉普拉斯变换并利用卷积定理

$$L\left[\int_0^{\infty} A(t) B(\tau - t) dt \right] = A(s) B(s) \tag{5.44}$$

可得

$$n_1(s)=n_0Z(s)\rho(s) \tag{5.45}$$

其中,零功率传递函数定义为

$$Z(s)\equiv\frac{1}{s}\left(\Lambda+\sum_{i=1}^{6}\frac{\beta_i}{s+\lambda_i}\right)^{-1} \tag{5.46}$$

它表征了中子数目 n_1 对反应性的响应。

对方程(5.45)进行拉普拉斯逆变换,并利用卷积定理可得中子数目对随时间变化的反应性的响应,即

$$n_1(t)=n_0\int_0^t Z(t-\tau)\rho(\tau)\mathrm{d}\tau \tag{5.47}$$

其中,零功率传递函数的拉普拉斯逆变换为

$$Z(t-\tau)=\frac{1}{\Lambda}+\sum_{j=2}^{7}\frac{\mathrm{e}^{s_j(t-\tau)}}{s_j\left\{\Lambda+\sum_{i=1}^{6}\left[\beta_i\lambda_i/(s_j+\lambda_i)^2\right]\right\}} \tag{5.48}$$

而 s_j 为倒时方程 $Y(s)=0$ 的根。

5.6 中子动力学参数的实验测量

5.6.1 渐进周期测量法

当一个临界核反应堆的特性(如反应性)发生阶跃变化时,通过中子探测器对其的响应 R 可得渐进周期 $T^{-1}=\mathrm{d}(\ln R)/\mathrm{d}t$,再根据周期—反应性关系(方程(5.19))可得此反应性的大小。对于负反应性,渐进周期(倒时方程最大的根)主要取决于最大的缓发中子周期而对反应性的大小相对并不敏感。因而该方法实际上主要用于正反应性 $\rho>0$ 的测量。对于正反应性,方程(5.19)可以写为

$$\frac{\rho}{\beta}=\frac{\Lambda}{\beta T}+\sum_{i=1}^{6}\frac{\beta_i/\beta}{1+\lambda_iT}\approx\sum_{i=1}^{6}\frac{\beta_i/\beta}{1+\lambda_iT} \tag{5.49}$$

出于安全考虑,该方法实际上通常只用于缓发超临界($0<\rho<\beta$)反应性的测量,方程(5.49)约等于号后的形式已经考虑了这一点。

5.6.2 落棒法

中子探测器对控制棒插入一个临界反应堆($\rho_0=0$)前($R_0\sim n_0$)后($R_1\sim n_1$)的响应满足方程(5.31),由此可确定控制棒的价值为

$$\frac{\rho_1}{\beta}=1-\frac{R_0}{R_1} \tag{5.50}$$

5.6.3 源抽出法

源强为 S 的外部中子源可使次临界核反应堆内的中子数目 n_0 和缓发中子先驱核的总数 C_{i0} 保持稳定。含外部中子源的次临界反应堆内的中子平衡方程为

$$\frac{\rho-\beta}{\Lambda}n_0+\sum_{i=1}^{6}\lambda_iC_{i0}+S=0 \tag{5.51}$$

如果外部中子源突然被抽出至反应堆外,因为缓发中子先驱核的数目不能立刻发生变化,

所以在瞬跳变近似下中子数目在外部中子源被抽出反应堆后立刻变为

$$\frac{\rho-\beta}{\Lambda}n_1+\sum_{i=1}^{6}\lambda_i C_{i0}=0 \tag{5.52}$$

利用这些方程和平衡态先驱核浓度 $C_{i0}=\beta_i n_0/\lambda_i\Lambda$ 可将该次临界反应堆的反应性与中子探测器在源抽出前($R_0\sim n_0$)后($R_1\sim n_1$)的响应联系起来,即

$$\frac{\rho}{\beta}=1-\frac{R_0}{R_1} \tag{5.53}$$

5.6.4　中子脉冲法

若一束中子被引入处于次临界状态的链式裂变反应介质,由于缓发中子的滞后作用,介质内随时间变化的瞬发中子数目满足如下的方程:

$$\frac{1}{v}\frac{\partial\phi(r,t)}{\partial t}=D\nabla^2\phi(r,t)-[\Sigma_a-(1-\beta)\nu\Sigma_f]\phi(r,t) \tag{5.54}$$

由 3.6 节的分析可知,渐近解中的高阶空间谐波衰减后只剩下基态谐波,而且它按指数规律衰减:

$$n(r,t)\approx A_1\psi_1(r)\mathrm{e}^{-v[\Sigma_a-(1-\beta)\nu\Sigma_f+DB_g^2]t} \tag{5.55}$$

式中:B_g^2 为系统的几何曲率。

如果中子探测器的动态响应 $R(\boldsymbol{r},t)\sim n(\boldsymbol{r},t)$ 是时间的函数,那么

$$\alpha_0=\frac{1}{R}\frac{\mathrm{d}R}{\mathrm{d}t}=v[(1-\beta)\nu\Sigma_f-\Sigma_a-DB_g^2]=\frac{\rho-\beta}{\Lambda} \tag{5.56}$$

假设 β/Λ 是已知的,那么脉冲中子法可用于确定 ρ/Λ。同理,如果在临界反应堆($\rho=0$)上进行类似的测量,就可得到 β/Λ。实际上,如果包含以上分析中忽略的输运和能量依赖效应并对其进行修正,那么

$$\alpha_0=v[(1-\beta)\nu\Sigma_f-\Sigma_a-DB_g^2-CB_g^4+\cdots] \tag{5.57}$$

5.6.5　控制棒振荡法

通过探测器测量中子数目 $n(t)$ 对正弦振荡的控制棒的响应 $R(t)$ 可用于确定一些中子动力学参数。正弦振荡的控制棒引入按正弦函数变化的反应性:

$$\rho(t)=\rho_0\sin\omega t \tag{5.58}$$

对方程(5.58)进行拉普拉斯变换可得

$$\rho(s)=\frac{\rho_0\omega}{s^2+\omega^2}=\frac{\rho_0\omega}{(s+\mathrm{i}\omega)(s-\mathrm{i}\omega)} \tag{5.59}$$

将方程(5.59)代入方程(5.45),或者直接将方程(5.58)代入方程(5.47),可得中子数目对按正弦函数变化的反应性扰动的响应为

$$n_1(t)=n_0\rho_0[|Z(\mathrm{i}\omega)|\sin(\omega t+\phi)]+\omega\sum_{j=0}^{6}\frac{\mathrm{e}^{s_j t}}{(\omega^2+s_j^2)(\mathrm{d}Y/\mathrm{d}s)_{s_j}} \tag{5.60}$$

式中:ϕ 为相位角,且有

$$\tan\phi \equiv \frac{\mathrm{Im}\{Z(\mathrm{i}\omega)\}}{\mathrm{Re}\{Z(\mathrm{i}\omega)\}} \tag{5.61}$$

方程(5.60)的第一项来源于正弦函数变化的反应性(方程(5.59))在 $s=\pm\mathrm{i}\omega$ 处的极点;剩下的几项来源于零功率传递函数 $Z(s)$ 的极点,即倒时方程 $Y(s)=0$ 的根。对于一个处于临界状态的系统,倒时方程最大的根 $s=0$,那么经过足够长的时间后方程(5.60)变为

$$n_1(t) \approx n_0\rho_0\left[\,|Z(\mathrm{i}\omega)|\sin(\omega t+\phi)+\frac{1}{\omega\Lambda}\right] \tag{5.62}$$

中子探测器响应的平均值为 $(\rho_0/\omega\Lambda)R_0$,其中 R_0 为振荡前探测器响应的平均值。在高频率振荡时,方程(5.62)右端第一项对探测器响应的贡献平均后为0,因而探测器响应仅反映方程右端第二项。在这两种情况下,利用探测器响应的平均值 $\langle R\rangle$ 可确定 ρ_0/Λ:

$$\frac{\rho_0}{\Lambda} = \omega\,\frac{\langle R\rangle - R_0}{R_0} \tag{5.63}$$

5.6.6 零功率传递函数测量法

若将探测器读数 $R(t)$ 变为

$$R(t) - R_0 = R_0\rho_0\left[\,|Z(\mathrm{i}\omega)|\sin(\omega t+\phi)+\frac{1}{\omega\Lambda}\right] \tag{5.64}$$

那么通过改变控制棒的振荡频率 ω 可以测量反应堆或者其他临界链式裂变反应系统的零功率传递函数 $Z(\mathrm{i}\omega)$。通过与传递函数的计算值比较,由此可间接地测量或者确定 Λ、β_i 和 λ_i。在低频振荡中,当 $\omega \ll \lambda_i$ 时,传递函数的大小趋近

$$|Z(\mathrm{i}\omega)| \to \left|\omega\sum_{i=1}^{6}\frac{\beta_i/\beta}{\lambda_i^2}\right| \tag{5.65}$$

相位角 ϕ 趋近

$$\tan\phi \to -\sum_{i=1}^{6}\frac{\beta_i/\beta}{\lambda_i}\Big/\omega\sum_{i=1}^{6}\frac{\beta_i/\beta}{\lambda_i^2} \tag{5.66}$$

5.6.7 Rossi-α 测量法

若测量过程持续足够长的时间得以观察统计意义上大量中子的衰减链,由此通过观测每一个连续不断的裂变反应链的衰减过程可测量瞬发中子的衰减常数:

$$\alpha \equiv \frac{1}{n}\frac{\mathrm{d}n}{\mathrm{d}t} = \frac{k(1-\beta)-1}{l} \tag{5.67}$$

假设在 $t=0$ 时刻观察到来自某一衰减链的一个中子计数,那么在此后 t 时刻观察到另一个中子计数的概率为来自同一衰变链的概率 $Q\exp(\alpha t)\Delta t$ 与来自另一个衰变链的概率 $C\Delta t$ 之和:

$$P(t)\,\mathrm{d}t = C\mathrm{d}t + Q\exp(\alpha t)\,\mathrm{d}t \tag{5.68}$$

式中:C 为平均的计数率。

利用统计的方法可以确定 Q。在 t_0 时刻观察到一个中子计数的概率为 $F\mathrm{d}t_0$,其中 F 为系统内的平均裂变率。在 $t_1>t_0$ 时刻观察到的另一个中子计数与 t_0 时刻的探测器计数相关的概率为

$$P(t_1)\,\mathrm{d}t_1 = \varepsilon\nu_\mathrm{p}v\Sigma_\mathrm{f}\mathrm{e}^{\alpha(t_1-t_0)}\,\mathrm{d}t_1 \tag{5.69}$$

式中:ν_p 为每次裂变产生的瞬发中子数;ε 为探测器系数。

在 $t_2>t_1$ 时刻观察到另一个相关中子计数的概率为

$$P(t_2)\mathrm{d}t_2=\varepsilon(\nu_{\mathrm{p}}-1)v\Sigma_{\mathrm{f}}\mathrm{e}^{\alpha(t_2-t_0)}\mathrm{d}t_2 \tag{5.70}$$

式中:(ν_p-1) 表示在 t_1 时刻产生探测器计数的影响。

假设 $F\mathrm{d}t_0$、$P(t_1)\mathrm{d}t_1$ 和 $P(t_2)\mathrm{d}t_2$ 三个概率是相互独立的,那么它们的乘积在 $-\infty<t<t_1$ 内积分可得 $\mathrm{d}t_1$ 及其随后的 $\mathrm{d}t_2$ 内产生中子计数的中子均来自产生 $\mathrm{d}t_0$ 内中子计数这一衰减链的概率为

$$\begin{aligned}P(t_1,t_2)\mathrm{d}t_1\mathrm{d}t_2 &= \int_{-\infty}^{t_1}F\varepsilon^2(\overline{\nu_{\mathrm{p}}^2}-\overline{\nu_{\mathrm{p}}})(v\Sigma_{\mathrm{f}})^2\mathrm{e}^{\alpha(t_1+t_2-2t_0)}\mathrm{d}t_0\mathrm{d}t_1\mathrm{d}t_2\\ &= F\varepsilon^2(\overline{\nu_{\mathrm{p}}^2}-\overline{\nu_{\mathrm{p}}})\frac{(v\Sigma_{\mathrm{f}})^2}{-2\alpha}\mathrm{e}^{\alpha(t_2-t_1)}\mathrm{d}t_1\mathrm{d}t_2\end{aligned} \tag{5.71}$$

式中:变量上方的横杠“-”表示对瞬发中子分布函数的平均。

由于 $\nu_{\mathrm{p}}=k_{\mathrm{p}}\Sigma_{\mathrm{a}}/\Sigma_{\mathrm{f}}=k_{\mathrm{p}}/(vl\Sigma_{\mathrm{f}})$,而且方程(5.71)包含一对随机计数的概率 $F\varepsilon^2\mathrm{d}t_1\mathrm{d}t_2$,那么式(5.71)可变为

$$P(t_1,t_2)\mathrm{d}t_1\mathrm{d}t_2=F\varepsilon^2\mathrm{d}t_1\mathrm{d}t_2+F\varepsilon^2\frac{(\overline{\nu_{\mathrm{p}}^2}-\overline{\nu_{\mathrm{p}}})k_{\mathrm{p}}^2\mathrm{e}^{\alpha(t_2-t_1)}\mathrm{d}t_1\mathrm{d}t_2}{2\,\overline{\nu_{\mathrm{p}}^2}(1-k_{\mathrm{p}})l} \tag{5.72}$$

由于在 $\mathrm{d}t_1$ 内观察到一个中子计数的总概率为 $F\varepsilon\mathrm{d}t_1$,那么利用 $F\varepsilon\mathrm{d}t_1$ 归一化该条件概率并令 $t_1=0$ 可得

$$P(t_1,t_2)\mathrm{d}t_1\mathrm{d}t_2=\frac{\varepsilon(\overline{\nu_{\mathrm{p}}^2}-\overline{\nu_{\mathrm{p}}})}{\overline{\nu_{\mathrm{p}}^2}}\frac{k_{\mathrm{p}}^2}{2(1-k_{\mathrm{p}})l}\mathrm{e}^{\alpha t}\mathrm{d}t \tag{5.73}$$

方程(5.73)即为方程(5.68)中的 $Q\exp(\alpha t)\mathrm{d}t$ 项,那么

$$Q=\frac{\varepsilon(\overline{\nu_{\mathrm{p}}^2}-\overline{\nu_{\mathrm{p}}})}{\overline{\nu_{\mathrm{p}}^2}}\frac{k_{\mathrm{p}}^2}{2(1-k_{\mathrm{p}})l} \tag{5.74}$$

在 Rossi-α 实验中,方程(5.68)中的 $P(t)$ 可由时间分析器测量得到,减去随机计数率 $C\mathrm{d}t$ 可得 $Q\exp(\alpha t)\mathrm{d}t$,由此可得参数 α。

5.7 反应性反馈

以上各节介绍的中子动力学(核反应堆或者其他链式裂变反应系统的中子数目对外部反应性输入的响应)隐含了一个假设,即中子数目的水平并不影响那些决定中子动力学过程的系统属性,如反应性。当核反应堆内的中子数目比较少而由其产生的裂变热不足以影响系统的温度(如零功率状态)时,这个假设是成立的。然而,对于正在运行中的核反应堆,由于中子数目非常大,因而它的变化足以引起裂变功率的变化,进而引起温度的变化,这反过来又必将引起反应性的变化,这个机制称为反应性反馈。中子数目与核反应堆内各种材料的温度、密度和变形等的耦合响应通常划入核反应堆动力学的范畴,而且核反应堆动力学一般涵盖了中子动力学。

当中子数目增加时,裂变产生的热量相应地增加。由于裂变产生的热量最初仅出现在燃料元件内,那么燃料温度立刻升高。燃料温度的升高展宽其有效共振吸收截面和裂变截面,这通常增加中子吸收而减小反应性,这就是多普勒效应。燃料元件因温度升高而发生膨胀,并引起轻微的弯曲(具体的弯曲形状取决于对燃料元件的固定情况),这改变了燃料-慢化剂的局部形状和中子注量率不利因子(燃料内的注量率与慢化剂内的注量率之比),这也将改变反应

性。如果裂变产生的热量大到足以使燃料的温度超过其熔点,那么燃料将发生坍塌,这将引起燃料-慢化剂结构的巨大变化,相应的注量率不利因子和燃料吸收也将发生较大的变化,这进一步将改变反应性。

一部分裂变产生的热量从燃料元件(时间常数为零点几秒至几秒)传递给周围的慢化剂/冷却剂和结构材料,引起滞后的慢化剂/冷却剂和结构材料温度的升高。慢化剂/冷却剂温度的升高引起慢化剂/冷却剂密度的减小,这将改变局部的燃料-慢化剂特性和慢化剂吸收与中子注量率不利因子。而且,慢化剂密度的减小减弱其慢化的有效性而使中子能谱硬化(向高能区移动),这将改变燃料、控制单元等等的能量平均的有效吸收截面。结构材料温度升高也会引起它的膨胀或者变形,这将改变局部的几何形状和中子注量率不利因子。这些慢化剂/冷却剂的各种改变均能引起反应性的变化。

慢化剂/冷却剂密度的降低增强中子的扩散,而温度的升高引起整个反应堆的膨胀。中子扩散的增强将增加泄漏,而整个核反应堆尺寸的增加将减少泄漏,这分别对反应性产生负面的和正面的效应。除了这些内部的(堆内的)反应性反馈,核反应堆也面临外部的反馈效应,如冷却剂出口温度的变化将引起其入口温度的变化。

5.7.1 反应性温度系数

反应性温度系数定义为

$$\alpha_{\mathrm{T}} \equiv \frac{\partial \rho}{\partial T} = \frac{\partial}{\partial T}\left(\frac{k-1}{k}\right) = \frac{1}{k^2}\frac{\partial k}{\partial T} \approx \frac{1}{k}\frac{\partial k}{\partial T} \tag{5.75}$$

为了分析各种影响反应性反馈的物理过程的物理本质,利用快中子利用系数 ε(= 总的裂变/热中子裂变)以引入快中子裂变的影响,利用逃脱共振概率 p 以引入慢化过程中共振吸收的影响,利用徙动长度 M 代替扩散长度以引入热中子和快中子泄漏的影响,那么单群扩散理论下均匀裸堆的有效增殖系数表达式可变为

$$k = k_{\infty} P_{\mathrm{NL}} = \frac{\nu \Sigma_{\mathrm{f}}}{\Sigma_{\mathrm{a}}} \frac{1}{1+L^2B^2} = \frac{\nu \Sigma_{\mathrm{f}}}{\Sigma_{\mathrm{a}}^F} \frac{\Sigma_{\mathrm{a}}^F}{\Sigma_{\mathrm{a}}} \frac{1}{1+L^2B^2} = \eta f P_{\mathrm{NL}} \to \eta f \varepsilon p P_{\mathrm{NL}} \tag{5.76}$$

由此可得

$$\alpha_{\mathrm{T}} = \frac{1}{\eta}\frac{\partial \eta}{\partial T} + \frac{1}{\varepsilon}\frac{\partial \varepsilon}{\partial T} + \frac{1}{f}\frac{\partial f}{\partial T} + \frac{1}{p}\frac{\partial p}{\partial T} + \frac{1}{P_{\mathrm{NL}}}\frac{\partial P_{\mathrm{NL}}}{\partial T} \tag{5.77}$$

方程(5.77)的物理意义是非常明确的,利用该公式可以定量地分析热中子反应堆的反应性系数,但它并不能直接用于分析快中子反应堆。对快中子反应堆反应性系数的分析参见5.8节。5.8节介绍的微扰理论更适于定量计算快中子反应堆和热中子反应堆的反应性系数。本节主要分析 p、f 和 P_{NL} 这三个参数的反应性反馈效应。因热中子能谱偏移效应产生的 η 相关的反应性反馈影响较小;快中子利用系数 ε 相关的反应性反馈也较小,而且它与热中子利用系数的反馈效应相似。

5.7.2 多普勒效应

单能级布赖特-维格纳共振俘获截面为

$$\sigma_{\gamma} = \sigma_0 \sqrt{\frac{E_0}{E}} \frac{\Gamma_{\gamma}}{\Gamma} \psi(x, \xi) \tag{5.78}$$

式中：σ_0为共振吸收的峰值截面；Γ_γ、Γ 分别为共振的俘获宽度和总宽度；$x=(E-E_0)/\Gamma$；$\xi=\Gamma/(4E_0kT/A)^{1/2}$，其中，$A$ 为原子核质量数；E、E_0分别为中子能量和共振峰处的中子能量。ψ 为多普勒展宽形状函数，它表征了原子核热运动对中子－核作用截面的影响，即

$$\psi(x,\xi) = \frac{\xi}{2\sqrt{\pi}}\int_{-\infty}^{\infty} e^{-[(x-y)^2\xi^2/4]}\frac{dy}{1+y^2} \tag{5.79}$$

对共振进行积分可得总共振俘获为

$$I_\gamma \equiv \int \sigma_\gamma(E)\phi(E)\,dE \tag{5.80}$$

函数 ψ 表征了原子核运动，它随温度 T 的升高而展宽。函数 ψ 的展宽减弱了共振的能量自屏蔽效应，并使共振积分变大。因此，因裂变热量的增加引起的燃料温度的升高能增大有效俘获截面$\langle\sigma_\gamma\rangle\sim I_\gamma$。对裂变共振也有相似的结论。

在热中子反应堆中，多普勒效应主要是由非易裂变同位素（^{232}Th、^{238}U、^{240}Pu）在超热中子范围内的俘获共振引起的，因此通过计算逃脱共振概率可以对其进行估算：

$$p = e^{-(N_F I_\gamma/\xi\Sigma_p)} \tag{5.81}$$

式中：$\xi\Sigma_p/N_F$ 为每个燃料原子的平均慢化能力；共振积分隐含了对燃料所有的共振积分求和。

函数 J（表 4.3）定义为

$$J(\xi,\beta') \equiv \int_0^\infty \frac{\psi(x,\xi)}{\psi(x,\xi)+\beta'}dx \tag{5.82}$$

式中

$$\beta' = (\Sigma_p/N_F)(\Gamma/\sigma_0\Gamma_\gamma)$$

综上所述，热中子反应堆的反应性多普勒温度系数为

$$\alpha_{T_F}^D = \frac{\partial\rho}{\partial T_F} \approx \frac{1}{k}\frac{\partial k}{\partial T_F} = \frac{1}{p}\frac{\partial p}{\partial T_F} = \frac{1}{I}\frac{\partial I}{\partial T_F}\ln p \tag{5.83}$$

如果燃料元件中生成了额外的裂变热量，那么燃料元件的温度 T_f 将随即升高，多普勒效应能立刻降低反应性。多普勒效应对热中子反应堆的安全和运行的稳定性具有非常重要的作用。

$^{238}UO_2$和$^{232}ThO_2$共振积分的拟合公式分别为

$$\begin{cases} I(300K) = 11.6 + 22.8\left(\dfrac{S_F}{M_F}\right) \\ I(T_F) = I(300K)\left[1 + \beta''(\sqrt{T_F} - \sqrt{300})\right] \end{cases} \tag{5.84}$$

式中：S_F、M_F 分别为燃料元件的表面积和质量；β''可表示为

$$\begin{cases} \beta'' = 61\times10^{-4} + 47\times10^{-4}\left(\dfrac{S_F}{M_F}\right)(^{238}UO_2) \\ \beta'' = 97\times10^{-4} + 120\times10^{-4}\left(\dfrac{S_F}{M_F}\right)(^{232}ThO_2) \end{cases}$$

利用拟合公式，方程（5.83）可变为

$$\alpha_{T_F}^D = -\frac{\beta''}{2\sqrt{T_F}}\ln\left[\frac{1}{p(300K)}\right] \tag{5.85}$$

式中:T_F 的单位为 K。

5.7.3 燃料和慢化剂膨胀对逃脱共振概率的影响

随着燃料温度的升高,燃料元件将膨胀,它们的密度随之降低,这影响逃脱共振概率和反应性温度系数:

$$\alpha_{T_F}^{p}=\frac{1}{p}\frac{\partial p}{\partial N_F}\frac{\partial N_F}{\partial T_F}=\frac{1}{N_F}\frac{\partial N_F}{\partial T_F}\ln p=-3\theta_F\ln p \tag{5.86}$$

式中:$\frac{\partial N_F}{\partial T_F}\Big/N=-3\frac{\partial l_F}{\partial T_F}\Big/l=-3\theta_F$;$\theta_F$ 为材料的线膨胀系数,由于膨胀导致密度降低,该反应性系数是正的(注意:由于 $p<1$,那么 $\ln p<0$)。

随着从燃料元件传递给冷却剂/慢化剂的裂变热量的增加,慢化剂的温度 T_M 将升高,这引起慢化剂膨胀,因而慢化剂膨胀对反应性的影响可由一个滞后的反应性温度系数来表示:

$$\alpha_{T_M}^{p}=\frac{1}{p}\frac{\partial p}{\partial N_M}\frac{\partial N_M}{\partial T_M}=-\frac{1}{N_M}\frac{\partial N_M}{\partial T_M}\ln p=3\theta_M\ln p \tag{5.87}$$

式中:$\frac{\partial N_M}{\partial T_M}\Big/N=-3\frac{\partial l_M}{\partial T_M}\Big/l=-3\theta_M$;$\theta_M$ 为材料的线膨胀系数。

慢化剂密度的减小降低了其慢化能力,这减小了中子散射至共振能量以下的概率,增加了共振吸收,所以该反应性系数是负的。

例 5.5 UO_2的逃脱共振吸收概率和燃料温度系数。

功率增加引入的即时的反应性反馈与燃料温度的升高存在密切的关系。这实际上主要是由于共振的多普勒展宽而使逃脱共振吸收概率发生了变化,如方程(5.85)所示;其次是由燃料膨胀引起的,如方程(5.86)所示。对于以 UO_2为燃料的核反应堆,假设栅格中燃料元件的直径为 1cm,高度为 H,$\Sigma_p/N_F=100$,燃料密度 $\rho=10\text{g/cm}^3$,$S_F/M_F=\pi dH/\pi(d/2)^2H\rho=0.4$,$I(300\text{K})=11.6+22.8\times0.4=20.72$,$\beta''=61\times10^{-4}+47\times10^{-4}(S_F/M_F)=79.8\times10^{-4}$。300K 时的逃脱共振概率为

$$p=\exp(-N_FI/\xi\Sigma_p)=\exp[-20.72/(100\times0.948)]=0.8036$$

那么,$\ln p=-0.2186$。由此可得,300K 处的反应性多普勒温度系数为

$$\alpha_{T_F}^{D}=(\beta''/2T^{1/2})\ln p=-0.2186\times79\times10^{-4}/(2\times17.32)=-5.036\times10^{-5}\Delta k/k$$

UO_2的线热膨胀系数 $\theta=1.75\times10^{-5}\text{K}^{-1}$。燃料膨胀对反应性温度系数中逃脱共振概率的贡献为

$$\alpha_{T_F}^{p}=-3\theta_F\ln p=-3\times1.75\times10^{-5}\times(-0.2186)=1.148\times10^{-5}\Delta k/k$$

因此,因逃脱共振概率而具有的总反应性温度系数为

$$\alpha_{T_F}^{D}+\alpha_{T_F}^{p}=-3.888\times10^{-5}\Delta k/k$$

5.7.4 热中子利用系数

利用 3.8 节中定义的栅元平均的燃料和慢化剂有效吸收截面,热中子利用系数可简写为

$$f=\frac{\Sigma_{aF}^{eff}}{\Sigma_{aF}^{eff}+\Sigma_{aM}^{eff}}\rightarrow\frac{\Sigma_a^F}{\Sigma_a^F+\Sigma_a^M} \tag{5.88}$$

结合定义 $\Sigma \equiv N\sigma$ 可知,与热中子利用系数相关的反应性系数包含两个部分:第一部分是即时的、负的,与燃料温度升高有关;第二部分是滞后的、正的,与慢化剂密度降低有关。则有

$$
\begin{aligned}
\frac{1}{f}\frac{\partial f}{\partial T} &= (1-f)\left[\left(\frac{1}{\sigma_a^F}\frac{\partial \sigma_a^F}{\partial T_F}+\frac{1}{\Sigma_a^F}\frac{\partial \Sigma_a^F}{\partial \xi}\frac{\partial \xi}{\partial T_F}+\frac{1}{N_F}\frac{\partial N_F}{\partial T_F}\right)-\right.\\
&\quad \left.\left(\frac{1}{\sigma_a^M}\frac{\partial \sigma_a^M}{\partial T_M}+\frac{1}{\Sigma_a^M}\frac{\partial \Sigma_a^M}{\partial \xi}\frac{\partial \xi}{\partial T_M}+\frac{1}{N_M}\frac{\partial N_M}{\partial T_M}\right)\right]\\
&\approx (f-1)\left[\left(\frac{1}{2T_F}-\frac{1}{\Sigma_a^F}\frac{\partial \Sigma_a^F}{\partial \xi}\frac{\partial \xi}{\partial T_F}+3\theta_F\right)-\left(-\frac{1}{\Sigma_a^M}\frac{\partial \Sigma_a^M}{\partial \xi}\frac{\partial \xi}{\partial T_M}+3\theta_M\right)\right]\\
&\equiv \alpha_{T_F}^f+\alpha_{T_M}^f
\end{aligned}
\tag{5.89}
$$

方程(5.89)已经包含了热中子不利因子 ξ 的影响,它用于定义有效的均匀化燃料和慢化剂截面,且受温度变化的影响。燃料温度升高将硬化(使具有更高的能量)热中子能谱,这减少了燃料中 $1/v$ 区的热中子平均截面,因而减小了热中子利用系数。燃料温度的升高也减小燃料的密度,这进一步降低了热中子利用系数。慢化剂温度的升高对慢化剂截面的影响较小,但是减小了慢化剂的密度,这将增加热中子利用系数。

5.7.5　不泄漏概率

核反应堆的不泄漏概率可表示为

$$
P_{NL} \approx \frac{1}{1+M^2B_g^2} \tag{5.90}
$$

温度升高将改变中子徙动长度(中子被吸收前所移动的距离)和反应堆的体积,进而影响不泄漏概率。假设这两个因素主要与慢化剂的温度有关,那么

$$
\frac{1}{P_{NL}}\frac{\partial P_{NL}}{\partial T_M} = -\frac{M^2B_g^2}{1+M^2B_g^2}\left(\frac{1}{M^2}\frac{\partial M^2}{\partial T_M}+\frac{1}{B_g^2}\frac{\partial B_g^2}{\partial T_M}\right) \tag{5.91}
$$

慢化剂温度的升高引起其密度的降低,这引起徙动面积的变化为

$$
\frac{1}{M^2}\frac{\partial M^2}{\partial T_M} = \frac{1}{D_M}\frac{\partial D_M}{\partial T_M}-\frac{1-f}{\Sigma_a^M}\frac{\partial [\Sigma_a^M/(1-f)]}{\partial T_M} = 6\theta_M+\frac{1}{2T_M}-\frac{1}{1-f}\frac{\partial f}{\partial T_M} \tag{5.92}
$$

上式推导过程利用了 $\Sigma_a = \Sigma_a^M+\Sigma_a^F = \Sigma_a^M/(1-f)$。

几何曲率 $B_g^2 = G/l_R$,其中,G 为几何相关的常数(表 3.3),l_R 为反应堆的特征物理尺寸。因此

$$
\frac{1}{B_g^2}\frac{\partial B_g^2}{\partial T_M} = \left(\frac{l_R}{G}\right)^2\frac{\partial (G/l_R)^2}{\partial T_M} = -2\left(\frac{1}{l_R}\frac{\partial l_R}{\partial T_M}\right) \tag{5.93}
$$

方程(5.92)和方程(5.93)代入方程(5.91),可得

$$
\alpha_{T_M}^{P_{NL}} = \frac{1}{P_{NL}}\frac{\partial P_{NL}}{\partial T_M} = \frac{M^2B_g^2}{1+M^2B_g^2}\left(\frac{2}{l_R}\frac{\partial l_R}{\partial T_M}-6\theta_M-\frac{1}{2T_F}+\frac{1}{1-f}\frac{\partial f}{\partial T_M}\right) \tag{5.94}
$$

慢化剂密度的降低致使中子在被吸收之前能飞行更远的距离,这增加了泄漏并对反应性产生负的影响。反应堆体积的膨胀意味着中子必须飞行的更远才能逃脱,这对反应性系数产生正的影响。

5.7.6 热中子反应堆的典型反应性系数

热中子反应堆的典型反应性系数如表 5.2 所列。

表 5.2 热中子反应堆的典型反应性系数[3]

名称	BWR	PWR	HTGR
多普勒($\Delta k/k\times10^{-6}\ K^{-1}$)	$-4\sim-1$	$-4\sim-1$	-7
冷却剂空泡($\Delta k/k\times10^{-6}$/% 空泡)	$-200\sim-100$	—	—
慢化剂($\Delta k/k\times10^{-6}\ \mathrm{K}^{-1}$)	$-50\sim-8$	$-50\sim-8$	$+1$
膨胀($\Delta k/k\times10^{-6}\ \mathrm{K}^{-1}$)	≈0	≈0	≈0

例 5.6 UO_2燃料中热量排出的时间常数。

本例的重点是不同机制的温度反应性反馈发生在不同的时间尺度上。由于裂变率的增加导致燃料温度的升高,因此与燃料温度变化相关的反馈本质上与温度变化是同步的。然而,慢化剂/冷却剂的温度只有在多余的热量从燃料元件中导出后才升高。利用如下的燃料元件的热平衡方程可估计热量从半径为 a 的燃料元件内传递至慢化剂/冷却剂边界的时间常数 $\tau\approx\rho Ca^2/\kappa$:

$$\rho C\frac{\partial T}{\partial t}=\frac{1}{r}\frac{\partial}{\partial r}\left(r\frac{\kappa\partial T}{\partial r}\right)+q''' \tag{5.95}$$

式中:ρ 为燃料元件的密度;κ 为导热系数;C 为热容;q'''为单位体积内的裂变热源。

在热中子反应堆中,UO_2燃料元件的典型的尺寸为:$a=0.5\mathrm{cm}$,$\kappa=0.024\mathrm{W/(cm\cdot K)}$,$\rho=10.0\mathrm{g/cm^3}$,$C=220\mathrm{J/(kg\cdot K)}$。因此,热量从燃料传递至冷却剂的热传导时间常数为

$$\tau=\rho Ca^2/\kappa=10\times10^3\times220\times(0.5\times10^{-2})^2/(0.024\times100)=22.9\mathrm{s}$$

对于快堆的燃料元件来说,由于其具有更小的半径 $a=0.25\mathrm{cm}$,因而 UO_2燃料的热传导时间常数约为 6s。金属燃料的导热系数远大于 UO_2燃料的,因此其热传导的时间常数在 0.1 ~ 1s 的量级上。

5.7.7 启动时的温度亏损

通过提出控制棒可将核反应堆从冷态启动并使反应堆处于轻微的超临界状态,那么在很长一段时间内核反应堆内的中子数目按指数规律增加。随着中子数目的增加,裂变功率和反应堆温度随之升高。温度的升高导致反应性的减小(几乎所有反应堆均设计具有负温度系数),这反过来引起中子数目的减少。若不再进一步提出控制棒以增加中子数目,那么这会引起反应堆停堆。在核反应堆启动至功率运行过程中,须由控制棒提出所补偿的因反应性反馈引起的反应性损失称为温度亏损。水慢化、石墨慢化的热中子反应堆和钠冷快堆的温度亏损 $\Delta k/k$ 分别为$(2\sim3)\times10^{-2}$、0.7×10^{-2}和0.5×10^{-2}。

5.8 反应性温度系数的微扰理论计算法

5.8.1 微扰理论

多群扩散方程为

$$-\nabla \cdot D_g \nabla\phi_g + \Sigma_{rg}\phi_g = \sum_{g' \neq g}^{G} \Sigma_{g' \to g}\phi_{g'} + \frac{1}{k}\chi_g \sum_{g'=1}^{G} \nu\Sigma_{fg'}\phi_{g'}, g = 1,\cdots,G \tag{5.96}$$

式中：$\Sigma_{g' \to g}$为中子从 g'群散射至 g 群的截面；Σ_{rg}为 g 群的移除截面，它等于吸收截面与本群中子散射至其他群的截面之和；χ_g 为 g 群的裂变中子份额；D_g 和 $\nu\Sigma_{fg}$分别为 g 群的扩散系数和裂变截面与平均裂变中子数之积；ϕ_g 为 g 群的中子注量率。

若核反应堆的材料物性发生了扰动（如由局部温度改变引起的），它仍可由方程（5.96）描述，但 $D_g \to D_g + \Delta D_g, \Sigma_g \to \Sigma_g + \Delta\Sigma_g$，其中，$\Delta$ 项包含密度的变化、能量平均截面数据的变化、能量自屏蔽的变化、空间自屏蔽的变化和几何形状的变化。假设材料物性的扰动足够小而不会明显地改变群中子注量率，那么扰动前和扰动后的方程同乘以 ϕ_g^+ 后两个方程相减并在整个反应堆的体积内积分，最后对所有群方程求和可得与该材料物性扰动相关的反应性变化的微扰理论估计值，即

$$\frac{\Delta k}{k} \approx \sum_{g=1}^{G} \int \Big[\phi_g^+ \nabla \cdot (\Delta D_g \nabla\phi_g) - \phi_g^+ \Delta\Sigma_{rg}\phi_g + \phi_g^+ \sum_{g' \neq g}^{G} \Delta\Sigma_{g' \to g}\phi_{g'} + \phi_g^+ \chi_g \sum_{g'=1}^{G} \Delta(\nu\Sigma_{fg'})\phi_{g'} \Big] \mathrm{d}r \div \sum_{g=1}^{G} \int \Big(\phi_g^+ \chi_g \sum_{g'=1}^{G} \Delta(\nu\Sigma_{fg'})\phi_{g'} \Big) \mathrm{d}r \tag{5.97}$$

式中：ϕ_g^+ 为 g 群中子在引起下一次裂变的权重，详见第 13 章。

与包含了以上所述效应的扰动项 ΔD_g 和 $\Delta\Sigma_g$ 一起，方程（5.97）为定量地计算核反应堆的反应性系数提供了一个实际可操作的手段。

例 5.7　热中子吸收截面变化的反应性价值。

假设所有裂变发生在热群中，因为热群的权重函数与中子注量率乘积的积分 I_{th} 均出现在分子和分母中，而且在临界反应堆中 $\Sigma_a^{th} \approx \nu\Sigma_f^{th}$，那么整个均匀热中子反应堆内热中子吸收截面变化的反应性价值为

$$\Delta k/k = \Delta\Sigma_a^{th} I_{th} / \nu\Sigma_f^{th} I_{th} \approx \Delta\Sigma_a^{th} / \Sigma_a^{th}$$

需要强调的是，5.7 节介绍的反应性温度系数近似计算方法不适用于分析快中子反应堆的反应性系数，而本节介绍的微扰理论适合用于计算热中子反应堆和快中子反应堆的反应性系数。

5.8.2　快堆的钠空泡效应

快堆丧失钠冷却剂所引起的反应性变化可分为泄漏、吸收和谱三个分量。泄漏分量和谱分量分别对应方程（5.97）中的第一项 ΔD_g 和第三项 $\Delta\Sigma_{g' \to g}$。吸收分量对应方程中的第二项 $\Delta\Sigma_{rg}$和第四项 $\Delta(\nu\Sigma_{fg})$。钠冷却剂丧失前后燃料裂变截面的变化通常比较小，因此可以忽略它的影响，那么吸收分量可简化为俘获分量。核反应堆堆芯中心处的中子注量率及其权重函数是最大的，因而谱分量和俘获分量通常在堆芯中心处是最大的。中子注量率的梯度在堆芯外侧通常是最大的，因而最大的泄漏分量通常位于堆芯外侧区域。

钠空泡系数的大小随钠原子数目与燃料原子数目之比的变化而变化。钠空泡系数中的谱分量总是正的，且^{239}Pu 比^{235}U 更大；随着易裂变材料相对浓度的降低，它会变得更大。俘获分量随着中子能谱的软化倾向于变得更大，这是因为^{23}Na 在 2.85keV 处存在共振峰，因而随着钠相对浓度的增加，它变得更大。泄漏分量总是负的；虽然调整核反应堆的几何结构可使泄漏分量变得更负，但是它通常小于其他两项。因此，空泡在堆芯中心区域的总反应性效应是正的，而整个堆芯可能是正的。这是一个严重的安全问题，因而钠冷快堆必须通过合理的设计对

此进行补救以确保其他负反应性系数能占主导地位。

5.8.3 快堆的多普勒效应

在快堆内,与多普勒效应有关的中子能谱涵盖了易裂变燃料同位素(^{235}U、^{233}U、^{239}Pu、^{241}Pu)和非易裂变燃料同位素(^{232}Th、^{238}U、^{240}Pu)的共振区。快堆的多普勒效应几乎完全来源于25keV以下的共振。燃料温度的增加同时引起裂变截面和吸收截面增加,那么多普勒效应引起的反应性变化可能是正的,也可能是负的,这取决于材料的成分。反应性温度系数可由下式进行计算:

$$\frac{\partial k}{\partial T_{\mathrm{F}}}=\int N_{\mathrm{F}}\left[\phi_{\mathrm{f}}^{+}\frac{\partial \sigma_{\mathrm{f}}}{\partial T_{\mathrm{F}}}-\phi^{+}(E)\left(\frac{\partial \sigma_{\gamma}}{\partial T_{\mathrm{F}}}+\frac{\partial \sigma_{\mathrm{f}}}{\partial T_{\mathrm{F}}}\right)\right]\phi(E)\mathrm{d}E$$

$$\approx N_{\mathrm{F}}\int\frac{1}{\nu}\frac{\partial \sigma_{\mathrm{f}}}{\partial T_{\mathrm{F}}}(\nu-1-\alpha)\phi(E)\mathrm{d}E \tag{5.98}$$

式中:N_{F}为燃料原子核的数密度(所有核素之和);$\phi^{+}(E)$、ϕ_{f}^{+}分别为能量为E的中子和裂变中子(中子引起的下一代裂变的数目)的权重。

由于在临界反应堆内每个中子平均能引起$1/\nu$次裂变,方程第二个等式利用了$\phi^{+}\approx\phi_{\mathrm{f}}^{+}\approx 1/\nu$和$\alpha\equiv\sigma_{\gamma}/\sigma_{\mathrm{f}}$。由于$\alpha$值通常随着中子能量的增加而减小(见第2章),对于具有较硬能谱的金属燃料堆芯,随温度的升高,其反应性变化更倾向于是正的。UO_2燃料中的氧能软化中子能谱,因而它能使反应性的变化更倾向于是负的。利用经临界实验验证的计算方法,钠冷快堆的详细设计计算表明,对于具有较高的可增殖核素-易裂变核素比的大反应堆,其多普勒系数是负的,因而在燃料温度升高时能提供足够的负反应性以即时关闭核反应堆。

5.8.4 快堆内燃料和堆芯结构的移动

因中子数目的增加而增加的裂变热量引起快堆的燃料在轴向和径向膨胀而发生变形。燃料元件膨胀而挤压并排出钠冷却剂。额外的裂变热量传递给结构材料后引起滞后的膨胀和变形。径向的膨胀从中心逐渐向外侧积累,这将导致燃料在径向上逐渐向外移动并引起堆芯尺寸的增大。因燃料和堆芯结构的移动而引起的反应性效应在很大程度上与核反应堆的结构设计有关。然而,通过适当的简化可以估计这一效应引入的反应性及其大小。

例5.8 燃料和堆芯结构膨胀的反应性效应。

初始位于r处的燃料径向上因膨胀移动Δr引起局部燃料密度按r^2规律降低,这导致局部原子核数密度的相对变化量为

$$\Delta N_{\mathrm{F}}/N_{\mathrm{F}}\approx[r^2-(r+\Delta r)^2]/r^2\approx-2\Delta r/r$$

轴向的膨胀引起燃料密度线性降低。总膨胀反应性系数是燃料密度降低的负效应和堆芯体积膨胀(减少泄漏)的正效应之和。总膨胀反应性系数可以表示为

$$\alpha_{T_{\mathrm{M}}}^{\exp}=\left(a\frac{\Delta R}{R}+b\frac{\Delta N_{\mathrm{F}}}{N_{\mathrm{F}}}\right)_{\mathrm{radial}}+\left(c\frac{\Delta H}{H}+d\frac{\Delta N_{\mathrm{F}}}{N_{\mathrm{F}}}\right)_{\mathrm{axial}} \tag{5.99}$$

对于1000 WM的$H/D=0.6$的UO_2反应堆,方程(5.99)中的常数分别为$a=0.143$,$b=0.282$,$c=0.131$,$d=0.281$。

5.8.5 燃料弓形

燃料变形(如弓形)与其固定形式存在直接的关系。对于采用金属燃料的EBR-II来说,

计算表明燃料内凹的反应性效应为

$$\Delta k/k \approx -0.35\Delta V/V \approx -0.7\Delta R/R \approx 0.0013$$

在全流量和中等功率水平下，由于变形引入的正反应性效应超过了其他负反应性因素的影响，所以计算得到的反应性是正的。这表明在整个中等功率范围内 EBR－II 存在正反应性系数的可能性，这与实验观察的结果是一致的。

5.8.6 典型快堆的反应性系数

典型设计下快堆的反应性系数如表 5.3 所列。

表 5.3 1000MW 氧化物燃料快堆的反应性系数[9]

系数	温度/($\Delta k/k\times10^{-6}$℃$^{-1}$)	功率/($\Delta k/k\times10^{-6}$ MW^{-1})
堆芯钠膨胀	+3.0	+0.085
反射层钠膨胀	−1.6	−0.081
多普勒	−3.2	−0.628
径向燃料元件膨胀	+0.4	+0.117
轴向堆芯膨胀	−4.1	−0.181
径向堆芯膨胀	−6.8	−0.182

5.9 核反应堆的稳定性

5.9.1 带反应性反馈的反应堆传递函数

由于反应堆的功率与堆内的中子数目存在直接的联系，因此点堆中子动力学方程（如方程（5.39））可改写成功率的形式。功率 $P=E_f nv\Sigma_f V$，其中，E_f 为每次裂变释放的能量，V 为堆芯体积。假设任意时刻的功率可展开为 $P(t)=P_0+P_1(t)$，其中，P_0为平衡状态的功率，且要求$|P_1/P_0|\ll1$，那么

$$\frac{\mathrm{d}P_1(t)}{\mathrm{d}t}=\frac{1}{\Lambda}\left\{\rho(t)P_0+\int_0^\infty\beta D(\tau)\left[P_1(t-\tau)-P_1(\tau)\right]\mathrm{d}\tau\right\} \tag{5.100}$$

总反应性$\rho(t)$包含了外部反应性$\rho_{ex}(t)$和反馈反应性$\rho_f(t)$，外部反应性可由控制棒的移动而引入，反馈反应性可由前两节中介绍的核反应堆固有的反应性反馈机制而引入。那么

$$\begin{aligned}\rho(t)&=\rho_{ex}(t)+\rho_f(t)=\rho_{ex}(t)+\int_{-\infty}^{t}f(t-\tau)P_1(\tau)\mathrm{d}\tau\\&=\rho_{ex}(t)+\int_0^\infty f(\tau)P_1(t-\tau)\mathrm{d}\tau\end{aligned} \tag{5.101}$$

式中：$f(t-\tau)$为 $t-\tau$ 时刻的功率变化 $P_1=P-P_0$产生在 t 时刻的反应性的反馈核。

将方程（5.101）代入方程（5.100）并对其进行拉普拉斯变换后重新整理，即可得外部反应性输入与功率变化之间的传递函数 $H(s)$：

$$P_1(s)=\frac{Z(s)}{1-P_0F(s)Z(s)}P_0\rho_{ex}(s)\equiv H(s)P_0\rho_{ex}(s) \tag{5.102}$$

这个新的传递函数 $H(s)$包含了零功率传递函数 $Z(s)$和反馈传递函数 $F(s)$。零功率传递函数与瞬发中子和缓发中子对外部反应性的响应有关；反馈传递函数与反馈反应性对功率变化 $P_1=P-P_0$的响应有关，即

$$\rho_f(s)=F(s)P_1(s) \tag{5.103}$$

值得注意的是,当 $P_0 \to 0$ 时,$H(s) \to Z(s)$。

将传递函数 $H(s)$ 的极点绘于复平面(s 平面)上可以确定核反应堆的线性稳定性。对方程(5.102)进行拉普拉斯逆变换即可得到解 $P_1(t) \sim \exp(s_j t)$,其中,s_j 为 $H(s)$ 的极点。在 s 平面的右半平面出现任何极点(如正的实部)意味着 $P_1(t)$ 是一个不断增加的量,即核反应堆是不稳定。由于在 $H(s)$ 的分子和分母中同时出现了 $Z(s)$,因此它的极点(倒时方程的根)不出现在 $H(s)$ 中。$H(s)$ 的极点是如下方程的根:

$$1-P_0F(s)Z(s)=0 \tag{5.104}$$

由方程(5.104)可知,$H(s)$ 的极点(核反应堆的线性稳定性)与平衡状态的功率 P_0 有关。

5.9.2 基于简单反馈模型的稳定性分析

为了确定方程(5.104)的根,首先需要构建一个反馈模型以确定反馈传递函数 $F(s)$。本节利用双温度模型分析燃料温度和慢化剂/冷却剂温度的变化。燃料温度的变化满足

$$\frac{\mathrm{d}T_F(t)}{\mathrm{d}t}=aP_1(t)-\omega_F T_F(t) \tag{5.105}$$

式中:a 与燃料的热容和密度有关;ω_F 为燃料元件的热量传递时间常数(如热量从燃料元件传递到冷却剂/慢化剂的时间常数)的倒数。

冷却剂/慢化剂的温度变化满足

$$\frac{\mathrm{d}T_M(t)}{\mathrm{d}t}=bT_F(t-\Delta t)-\omega_M T_M(t) \tag{5.106}$$

式中:b 与冷却剂/慢化剂的温度对燃料温度变化的响应有关;ω_M 为慢化剂的热量传递时间常数的倒数。

考虑方程的普遍性,假设 t 时刻的冷却剂/慢化剂温度受 $t-\Delta t$ 时刻的燃料温度的影响。该模型可用于任何适合采用双温度模型描述的核反应堆。例如,对于快堆,T_F 用于表示燃料-冷却剂区域的温度,T_M 用于表示结构材料的温度。总的反应性变化为

$$\rho(t)=\rho_{ex}(t)+\alpha_F T_F(t)+\alpha_M T_M(t)\equiv\rho_{ex}(t)+\int_0^t f(t-\tau)P_1(\tau)\mathrm{d}\tau \tag{5.107}$$

式中:$f(t-\tau)$ 为反馈核;$T_F(t)$、$T_M(t)$ 为温度的变化量。

对方程(5.105)~方程(5.107)进行拉普拉斯变换,并利用卷积定理可得反馈传递函数为

$$F(s)=\frac{X_F}{1+s/\omega_F}+\frac{X_M e^{-s\Delta t}}{(1+s/\omega_F)(1+s/\omega_M)} \tag{5.108}$$

式中:

$$X_F=a\alpha_F/\omega_F,\ X_M=ab\alpha_M/\omega_F\omega_M$$

X_F、X_M 分别为燃料和慢化剂的稳态反应性功率系数,且有将带一组缓发中子近似的零功率传递函数(方程(5.46))和反馈传递函数(方程(5.108))代入带反馈的反应堆传递函数极点方程(方程(5.104)),可得

$$1-\frac{P_0}{s[\Lambda+\beta/(s+\lambda)]}\left[\frac{X_F}{1+s/\omega_F}+\frac{X_M e^{-s\Delta t}}{(1+s/\omega_F)(1+s/\omega_M)}\right]=0 \tag{5.109}$$

线性控制理论有许多强有力的数学工具(如 Nyquist 图、根轨迹图、Routh-Hurwitz 准则、迭代求根方法等)可用于求得方程(5.109)的根,这些方法也适合用于求解因采用更加详细的

反应性反馈模型而得到更加复杂的方程。通过一些简化,如假设反应堆功率的增长速度小于中子代时间的倒数($s \ll \Lambda^{-1}$),那么可以忽略中子代时间项。下面再引入两个近似便可得到一些具有明确物理意义的结果。

假设 $X_M \sim \alpha_M = 0$(如忽略冷却剂/慢化剂的反馈),方程(5.109)的解析解为

$$s_{\pm} = \frac{1}{2}\omega_F\left(\frac{P_0X_F}{\beta} - 1\right)\left[1 \pm \sqrt{1 + \frac{4(P_0X_F/\beta)(\lambda/\omega_F)}{(P_0X_F/\beta - 1)^2}}\right] \tag{5.110}$$

如果燃料的功率系数是正的($X_F \sim \alpha_F > 0$),那么带根号的那一项是正的,而且大于1。也就是说,方程(5.109)的两个根都是实数,而且一个根是正的,这意味核反应堆是不稳定的。如果燃料的功率系数是负的($X_F \sim \alpha_F < 0$),那么两个根的实部是负的,这意味反应堆是稳定的。

5.9.3 反应堆稳定性的功率阈值

假设 X_M 为有限值且核反应堆功率的增长速率远小于燃料热量传递时间的倒数($s \ll \omega_F$),再假设慢化剂/冷却剂的反馈延时为0($\Delta t = 0$),那么求解方程(5.109)可得传递函数 $H(s)$的极点为

$$s_{\pm} = -\frac{1}{2}\omega_M \frac{1 - \dfrac{P_0X_F}{\beta}\left(\dfrac{X_M}{X_F} + 1 + \dfrac{\lambda}{\omega_M}\right)}{1 - \dfrac{P_0X_F}{\beta}}\left[1 \pm \left\{1 + \frac{4 \times \dfrac{\lambda}{\omega_M}\dfrac{P_0X_F}{\beta}\left(1 - \dfrac{P_0X_F}{\beta}\right)}{\left[1 - \dfrac{P_0X_F}{\beta}\left(\dfrac{X_M}{X_F} + 1 + \dfrac{\lambda}{\omega_M}\right)\right]^2}\right\}^{1/2}\right] \tag{5.111}$$

方程(5.111)揭示了核反应堆平衡状态的功率 P_0 存在一个阈值,当它大于这个阈值时,核反应堆是不稳定的。当 $P_0 \to 0$ 时,极点方程的两个根分别接近0和 $-\omega_M$。这是一个具有一定裕度的稳定条件,而且与功率系数 X_M 和 X_F 无关。随着 P_0 的增加,方程的解本质上与 X_M 和 X_F 有关。假设燃料的功率系数是正的,即 $X_F > 0$,而慢化剂的功率系数是负的,即 $X_M < 0$。这种情形是可能出现的,例如快中子反应堆的 X_F 包括多普勒效应、燃料膨胀和燃料-冷却剂混合物的钠空泡系数,X_M 包括堆芯结构的膨胀系数。如果 $X_F/X_M = -1/2$ 和 $\omega_M = 1/4$,并且将方程(5.111)的根以 $|X_M|P_0/\beta$ 为变量绘于图5.4。由图可知,随着 P_0 从零增加,稳定的根($s = 0$)移向复平面的左半平面,而另一个根($s = -\omega_M$)变大了一些但仍然是负的,此时核反应堆仍然是稳定的。当 $|X_M|P_0/\beta = 0.0962$ 时,极点方程的两个根是共轭的,而且它们的实部随着 P_0 的进一步增加而增大。当 $|X_M|P_0/\beta > 2/3$ 时,极点方程的两个根的实部均大于0,这表明核反应堆在功率大于某个阈值后将变得不稳定了。当 $|X_M|P_0/\beta > 1.664$ 时,极点方程的根变成正实数;而且,随着 P_0 的进一步增加,其中一个根逐渐增大,而另一个根逐渐减小,这意味着核反应堆一直是不稳定的。

即使核反应堆的总功率系数在平衡态时是负的($F(0) = X_F + X_M < 0$),但是当其功率大于某一个阈值后,本例中的核反应堆仍然可能是不稳定。正的燃料功率反馈是即时的,因为燃料温度随着裂变产生热量的增加而同步升高。然而,由于热量传递至慢化剂需要时间,在燃料温度变化之后,冷却剂/慢化剂温度并不能即时升高,而是须在慢化剂热量传递时间常数 ω_M^{-1} 决定的时间尺度上增加。例如,燃料温度在 $t=0$ 时刻发生阶跃变化 ΔT_F,由方程(5.106)可知

$$\Delta T_M = \begin{cases} 0, & t < \Delta t \\ \dfrac{b\Delta T_F}{\omega_M}\left(1 - e^{-\omega_M(t+\Delta t)}\right), & t \geqslant \Delta t \end{cases} \tag{5.112}$$

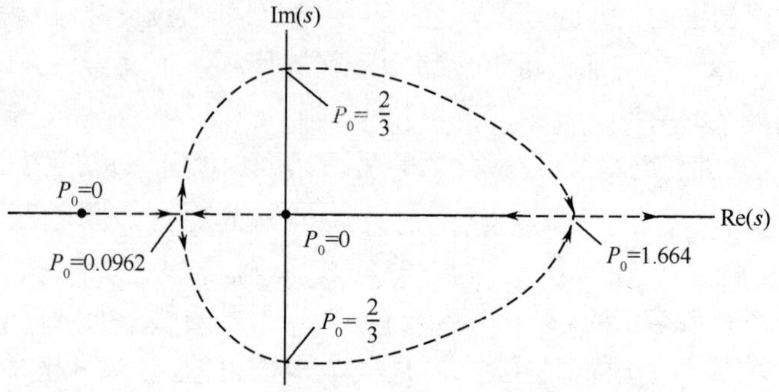

图5.4　方程(5.111)的根随临界功率水平 P_0 的变化[8]

在上述分析中,慢化剂温度对燃料温度升高的响应滞后已经被忽略,如果将其考虑进来,这将进一步增加核反应堆的不稳定性。显然地,热量传递时间常数在反应堆稳定中起重要的作用。

双温度反馈模型可推广用于分析各种具有一个快温度响应和一个慢温度响应特征的反馈模型的稳定性。对于各种快温度响应,如即时温度响应($\omega_f=0$)或零温度响应($X_f=0$),和带有限大小的时间常数的、由热传导或者对流传热引起的慢温度响应($\omega_s\neq0$)的结果如表5.4所列。

表5.4　一些简单双温度反馈模型的稳定性条件[9]

反应性系数		热量导出方式	$F(s)$	稳定性
快	慢			
$X_f=0$	$X_s<0$	热传导	$\frac{X_s}{1+s/\omega_s}$	无
$X_f=0$	$X_s<0$	热传导	$X_s e^{-s/\omega_s}$	$P_0>P_{thresh}$
$X_f>0$	$X_s<0$	热传导	$X_f+\frac{X_s}{1+s/\omega_s}$	$P_0>P_{thresh}$
$X_f<0$	$X_s<0$	热传导	$X_f+\frac{X_s}{1+s/\omega_s}$	无
$X_f>0$	$X_s<0$	对流传热	$X_f+X_s e^{-s/\omega_s}$	$P_0>P_{thresh}$
$X_f<0$	$X_s<0$	对流传热	$X_f+X_s e^{-s/\omega_s}$	$P_0>P_{thresh}$
$X_f=0$	$X_{s1}<0$	对流传热	$X_{s1}e^{-s/\omega_{s1}}+\frac{X_{s2}}{1+s/\omega_{s2}}$	$P_0>P_{thresh}$
—	$X_{s2}<0$ 或 $X_{s2}>0$	热传导	—	—

5.9.4　通用的稳定性条件

稳定的必要条件为

$$F(0)=\int_0^\infty f(t)\,dt<0 \tag{5.113}$$

然而,正如5.9.3节分析的 $F(0)=X_F+X_M<0$ 的情形一样,它不是充分条件。上述分析的结果表明,当传递函数 $H(s)$ 有一个纯虚数的极点时(方程(5.104)有一个纯虚根 $s=i\omega$ 时),核反应堆处于不稳定的边缘。除了使 $Z(i\omega)=0$ 的 ω 之外,利用 $s=i\omega$,方程(5.104)可以改写为

$$G(\mathrm{i}\omega) = \frac{1}{Z(\mathrm{i}\omega)} - P_0 F(\mathrm{i}\omega) = \mathrm{i}\omega\Lambda + \sum_{j=1}^{6} \frac{\beta_j \mathrm{i}\omega}{\mathrm{i}\omega + \lambda_j} - P_0 F(\mathrm{i}\omega) = 0 \tag{5.114}$$

如果该方程有解,那么它对应于核反应堆处于不稳定边缘的条件。方程有解的必要条件是 $Z(\mathrm{i}\omega)^{-1}$ 和 $F(\mathrm{i}\omega)$ 具有相同的实部和虚部之比(相同的相位)。如果 $Z(\mathrm{i}\omega)^{-1}$ 和 $F(\mathrm{i}\omega)$ 在 $\omega=\omega_{\mathrm{res}}$ 处具有相同的相位,那么方程的解存在,即 P_0 存在。如果 P_0 的值在物理上是合理的(如 $P_0 \geqslant 0$),那么点 $(P_0, \omega_{\mathrm{res}})$ 是不稳定的起始点。$1/Z(\mathrm{i}\omega)$ 的实部和虚部分别为

$$\begin{cases} \mathrm{Re}\left\{\dfrac{1}{Z(\mathrm{i}\omega)}\right\} = \displaystyle\sum_{j=1}^{6} \frac{\omega^2 \beta_j}{\omega^2 + \lambda_j^2} \\ \mathrm{Im}\left\{\dfrac{1}{Z(\mathrm{i}\omega)}\right\} = \omega\Lambda + \displaystyle\sum_{j=1}^{6} \frac{\omega \beta_j \lambda_j}{\omega^2 + \lambda_j^2} \end{cases} \tag{5.115}$$

若其实部和虚部均为正实数,那么它们位于复平面的第一象限(右上象限)。因此,方程 $G(\mathrm{i}\omega)=0$ 有解的必要条件是反馈传递函数 $F(\mathrm{i}\omega)$ 的实部和虚部位于同一个象限(同为正实数)。那么,不稳定的必要条件为

$$\begin{cases} \mathrm{Re}\{F(\mathrm{i}\omega)\} > 0 \\ \mathrm{Im}\{F(\mathrm{i}\omega)\} > 0 \end{cases} \tag{5.116}$$

以方程(5.105)~方程(5.108)定义的简单反馈模型和延迟项 $\Delta t=0$ 为例,在三种情形下,方程(5.108)的实部和虚部定性的变化如图5.5所示,而且在这三种情形中慢化剂的功率系数均为负,即 $X_{\mathrm{M}}<0$。在情形a中,燃料不存在反馈,即 $X_{\mathrm{F}}=0$;当 $\omega > (\omega_{\mathrm{M}}\omega_{\mathrm{F}})^{1/2}$ 时,即使平衡状态的功率系数 $X(0)=X_{\mathrm{M}}<0$,这依然满足不稳定条件(方程(5.106))。在情形b中,燃料的功率系数是足够大的负值,即 $X_{\mathrm{F}}<0$,这不能满足方程(5.116),即反应堆是稳定的。在情形c中,燃料的功率系数是正的,但是比负慢化剂功率系数的绝对值小,即 $|X_{\mathrm{M}}| > |X_{\mathrm{F}}| > 0$。方程(5.111)就是该情形的解;由方程(5.111)可知,核反应堆可能是不稳定的。

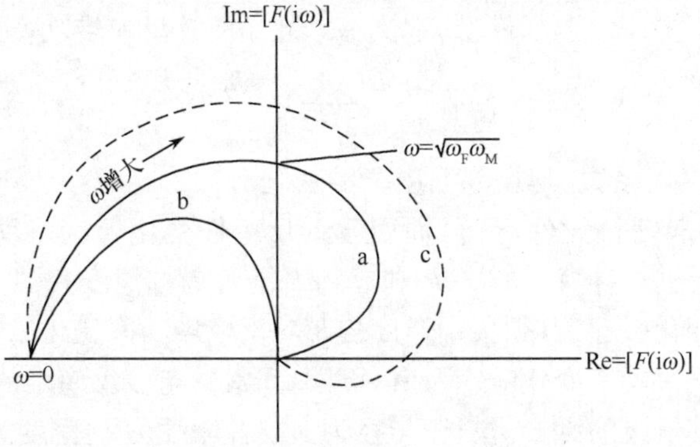

图5.5 方程(5.108)中 $R=\mathrm{Re}\{F(\mathrm{i}\omega)\}+i\mathrm{Im}\{F(\mathrm{i}\omega)\}$ 的示意图[8]

a—$X_{\mathrm{F}}=0, X_{\mathrm{M}}<0$; b—$X_{\mathrm{F}}<0, X_{\mathrm{M}}<0$; c—$|X_{\mathrm{M}}|>X_{\mathrm{F}}>0, X_{\mathrm{M}}<0$。

无条件稳定(不存在功率阈值)的充分条件为

$$\mathrm{Re}\{F(\mathrm{i}\omega)\} = \int_0^{\infty} f(t)\cos(\omega t)\,\mathrm{d}t \leqslant 0 \tag{5.117}$$

这要求反馈传递函数的相位角沿着 iω 轴位于 $-90° < \phi < +90°$,即反馈响应是负的,而且小于90°。这个相位限制是对时间延迟的限制。然而,研究发现这是一个过于苛刻的充分条件。

方程(5.117)定义的无条件稳定的充分条件可用于确定各种能归纳为快(f)、慢(s)两个

响应温度的反馈模型的无条件稳定性准则,结果如表5.5所列。快温度响应可以是即时响应($\omega_f=0$)或由热传导过程确定,慢温度响应为带有限大小的并由热传导或者对流传热确定的时间常数($\omega_s\neq0$)。

表5.5 双温度反馈模型无条件稳定的充分条件

反应性系数	$F(i\omega)$	稳定性准则
即时的 X_f、导热 X_s	$X_f+\dfrac{X_s}{1+i\omega/\omega_s}$	$X_f\leqslant0, X_f+X_s<0$
解耦的导热 X_f 和 X_s	$\dfrac{X_f}{1+i\omega/\omega_f}+\dfrac{X_s}{1+i\omega/\omega_s}$	$X_f+X_s\leqslant0$, $X_f\omega_f+X_s\omega_s<0$, $X_f\omega_f^2+X_s\omega_s^2\leqslant0$
耦合导热 X_f 和 X_s	$\dfrac{X_f}{1+i\omega/\omega_f}+\dfrac{X_s}{(1+i\omega/\omega_f)(1+i\omega/\omega_s)}$	$X_f<0, X_f+X_s\leqslant0$ $X_f\omega_f-X_s\omega_s\leqslant0$
耦合即时的 X_f、对流传热 X_s	$X_f+X_s e^{-i\omega/\omega_s}$	$X_f<0, -X_f\geqslant\lvert X_s\rvert$
耦合导热 X_f、对流传热 X_s	$\dfrac{X_f}{1+i\omega/\omega_f}+\dfrac{X_s e^{-i\omega/\omega_s}}{1+i\omega/\omega_s}$	无条件稳定不存在

5.9.5 功率系数和反馈延迟时间常数

上述的分析已经清楚地表明,反应性温度系数实际上是以反应堆功率系数的形式出现在上述分析中,与之相关的还有与热传递和热传递时间常数相关的延迟;而且,结果与延迟时间和温度系数有关。为了推广双温度模型,定义一个通用的核反应堆功率系数:

$$X(t)=\sum_j\left(\frac{\partial\rho}{\partial T_j}\frac{\partial T_j(t)}{\partial P}+\frac{\partial\rho}{\partial T'_j}\frac{\partial T'_j(t)}{\partial P}\right) \tag{5.118}$$

式中:$\partial\rho/\partial T_j$ 为反应性温度系数,与局部温度 T_j 的变化有关;$\partial\rho/\partial T'_j$ 为反应性温度梯度系数,由于温度梯度变化(如引起燃料元件弯曲)而引起的反应性变化。这些反应性系数可根据5.7节和5.8节所述的方法进行计算。$\partial T_j/\partial P$ 和 $\partial T'_j/\partial P$ 随着局部温度和温度梯度的变化而变化,它们由反应堆功率的变化引起,且须根据温度分布对反应堆功率变化的响应进行计算。

决定各种局部温度对功率变化响应及其延迟时间常数与核反应堆的具体设计有关。利用一些简化的估计可得其量级的大小。对于半径为 r 或者厚度为 r、密度为 ρ、热容为 C、导热系数为 κ 的燃料元件,热量传递的时间常数 $\tau_f=\rho Cr^2/\kappa$,它通常在零点几秒至几十秒的量级上变化。燃料包壳及其表面的膜温降会增大燃料元件的时间常数。冷却剂温度的集总时间常数为

$$\tau_c=C_c/h+(Z/2v)(1+C_f/C_c)$$

式中:C_c、C_f 分别为单位长度冷却剂和燃料的热容;h 为燃料与冷却剂间的对流传热系数;Z 为堆芯高度;v 为冷却剂流速。典型的 τ_c 在零点零几秒至几秒的量级上变化。

5.10 核反应堆传递函数的测量

核反应堆传递函数的测量能提供许多有用的核反应堆信息。低功率下的测量能识别不稳

定的征兆,它们引起传递函数上的峰值。由于各种反馈机制并不随着功率的变化而发生剧烈的变化,实际上低功率下传递函数的测量能识别高功率下可能引起损坏的情况,这为对它们进行校正提供了可能。从传递函数的大小和相位中可以得到各种反馈机制的信息。而且,任何部件的失效将改变核反应堆热量排出的特性,它会影响传递函数,因此传递函数的周期性测量是监测部件状态的一种手段。

5.10.1　控制棒振荡法

如 5.6 节所述,控制棒在一定频率下正弦振荡可用于测量传递函数。利用 $P_0H(\mathrm{i}\omega)$ 代替 $n_0Z(\mathrm{i}\omega)$ 后,方程(5.60)~方程(5.64)的结果适用于带反馈的核反应堆。然而,利用控制棒振荡法测量传递函数存在一些需要注意的方面:由于探测器响应包含一些噪声,这要求引入足够大的反应性振荡以便能从噪声中分离探测器的响应;非线性效应(在方程(5.42)中忽略的 ρn_1 项)可能使内插法得到不合理的结果。而且,振荡不可能是理想的正弦函数,这就有必要对探测器的响应进行傅里叶分析以获得基态的正弦分量。

5.10.2　互相关方法

采用非周期性的控制棒振荡也能用于测量核反应堆传递函数。对方程(5.102)进行拉普拉斯逆变换,可得

$$P_1(t) = \int_{-\infty}^{t} \rho_{\mathrm{ex}}(\tau)h(t-\tau)\mathrm{d}\tau = \int_0^{\infty} \rho_{\mathrm{ex}}(t-\tau)h(\tau)\mathrm{d}\tau \tag{5.119}$$

方程(5.119)可将功率的相对变化($P_1/P_0=(P-P_0)/P_0$)与外部反应性(控制棒振荡)变化的过程联系起来,而且包含了反馈效应。$h(t)$ 是拉普拉斯逆变换后的传递函数。外部反应性与功率变化间的互相关函数可定义为

$$\phi_{\rho P} \equiv \frac{1}{2T}\int_{-T}^{T} \rho_{\mathrm{ex}}(t)P_1(t+\tau)\mathrm{d}t = \frac{1}{2T}\int_{-T}^{T} \rho_{\mathrm{ex}}(t-\tau)P_1(t)\mathrm{d}t \tag{5.120}$$

如果 ρ_{ex} 和 P_1 均是周期性变化的,则 T 是它们的周期。如果它们不是周期变化的,则 T 将趋于无穷大。

将方程(5.119)代入方程(5.120),可得

$$\begin{aligned}\phi_{\rho P} &= \frac{1}{2T}\int_{-T}^{T} \rho_{\mathrm{ex}}(t-\tau)\left[\int_0^{\infty} \rho_{\mathrm{ex}}(t-t')h(t')\mathrm{d}t'\right]\mathrm{d}t \\ &= \int_0^{\infty} h(t')\left[\frac{1}{2T}\int_{-T}^{T} \rho_{\mathrm{ex}}(t-\tau)\rho_{\mathrm{ex}}(t-t')\mathrm{d}t\right]\mathrm{d}t' \\ &\equiv \int_0^{\infty} h(t')\phi_{\rho\rho}(\tau-t')\mathrm{d}t'\end{aligned} \tag{5.121}$$

式中:$\phi_{\rho\rho}$ 为外部反应性的自相关函数。

对方程(5.121)进行傅里叶变换可得传递函数的表达式为

$$H(-\mathrm{i}\omega) = \mp\frac{F\{\phi_{\rho P}\}}{F\{\phi_{\rho\rho}\}} \tag{5.122}$$

以下变换分别称为交叉谱密度和输入或反应性谱密度:

$$\begin{cases} F\{\phi_{\rho P}\} \equiv \int_{-\infty}^{\infty} \mathrm{e}^{\mathrm{i}\omega\tau}\phi_{\rho P}\mathrm{d}\tau \\ F\{\phi_{\rho\rho}\} \equiv \int_{-\infty}^{\infty} \mathrm{e}^{\mathrm{i}\omega\tau}\phi_{\rho\rho}\mathrm{d}\tau \end{cases} \tag{5.123}$$

如果控制棒(或其他中子吸收体)的位置在一个很窄的范围内随机变化,并且记录中子探测器对它的响应,那么通过对周期约为5min、以 $\Delta\tau = 0.01\text{s}$ 为步长的一系列延时区间 τ 进行数值计算可构建反应性自相关函数 $\phi_{\rho\rho}$ 和反应性 - 功率互相关函数 $\phi_{\rho P}$。随后,通过对傅里叶变换的数值计算可得交叉谱密度和反应性谱密度,例如:

$$F\{\phi_{\rho P}(\tau)\} \approx \sum_{n} \phi_{\rho P}(n\Delta\tau)(\cos n\omega\Delta\tau + \mathrm{i}\sin n\omega\Delta\tau)\Delta\tau \tag{5.124}$$

其中,n 在很大的负整数到很大的正整数之间变化。实际上,许多复杂的快速傅里叶变换方法均可用于计算交叉谱密度和反应性谱密度。

从实验的角度来说,反应性在有限时间内从正的变为负的这样的操作会更加方便一些,因而在这样的操作下反应性自相关函数几乎变为 δ 函数。对于这样的伪随机的二元反应性变化,即

$$\phi_{\rho\rho}(\tau - t') \approx c\delta(\tau - t') \tag{5.125}$$

式中:c 为常数。

在这样的情况下,由方程(5.121)可得

$$\begin{cases} \phi_{\rho P}(\tau) \approx ch(\tau) \\ F\{\phi_{\rho P}(\tau)\} \approx cH(-\mathrm{i}\omega) \end{cases} \tag{5.126}$$

而且,仅从互相关函数的计算中即可得到传递函数的大小和相位。利用方程(5.123)并对不同的 ω 进行傅里叶变换可得 $H(-\mathrm{i}\omega)$ 的频谱关系。

5.10.3 核反应堆噪声方法

核反应堆内通常存在很小的、随机的温度和密度变化并引起很小的、随机的反应性变化,如沸水堆内气泡的产生。与反应堆内中子数目或功率成正比的中子探测器响应的自相关性为从这样的噪声中确定反应堆传递函数的大小提供了可能。功率自相关函数定义为

$$\phi_{PP}(\tau) \equiv \frac{1}{2T}\int_{-T}^{T} P_1(t)P_1(t+\tau)\mathrm{d}t \tag{5.127}$$

将式(5.119)代入式(5.127)可得

$$\begin{aligned} \phi_{PP}(\tau) &\equiv \frac{1}{2T}\int_{-T}^{T}\mathrm{d}t\int_0^\infty \rho_{\mathrm{ex}}(t-t')h(t')\mathrm{d}t'\int_0^\infty \rho_{\mathrm{ex}}(t-t'')h(t'')\mathrm{d}t'' \\ &= \int_0^\infty h(t')\int_0^\infty h(t'')\left[\frac{1}{2T}\int_{-T}^{T}\rho_{\mathrm{ex}}(t-t')\rho_{\mathrm{ex}}(t+\tau-t'')\mathrm{d}t\right]\mathrm{d}t'\mathrm{d}t'' \\ &= \int_0^\infty h(t')\mathrm{d}t'\int_0^\infty h(t'')[\phi_{\rho\rho}(\tau+t'-t'')]\mathrm{d}t'' \end{aligned} \tag{5.128}$$

对其进行傅里叶变换可得

$$H(-\mathrm{i}\omega)H(\mathrm{i}\omega) = |H(\mathrm{i}\omega)|^2 = \frac{F\{\phi_{PP}(\tau)\}}{F\{\phi_{\rho\rho}(\tau)\}} \approx \frac{F\{\phi_{PP}(\tau)\}}{\mathrm{c}} \tag{5.129}$$

其中,方程的最后一步利用了随机反应性的自相关函数为 δ 函数及其傅里叶变换为常数这两个条件。由此可知,反应堆噪声的自相关函数的计算只能得到反应堆传递函数的大小,但无法得到其相位。通过对不同频率的傅里叶变换可得其频谱关系。这为对运行中核反应堆部件失效和早期问题的在线非测量式监测提供了途径。

例5.9 EBR-Ⅰ反应堆传递函数的测量。

在钠冷金属燃料快中子核反应堆EBR-Ⅰ上进行的反应堆传递函数测量是一个很好的测量传递函数的实例。Mark Ⅱ反应堆在低功率水平下是稳定的,但是在中等功率水平下存在功率波动。测量得到的传递函数如图5.6所示。其中,图5.6(a)给出了不同冷却剂流量下的传递函数,图5.6(b)和(c)分别给出了不同功率水平下的传递函数。在低冷却剂流量和高功率水平下,传递函数存在一个明显的峰值,这表明存在不稳定;然而,在大流量和低功率水平下并没有出现峰值。

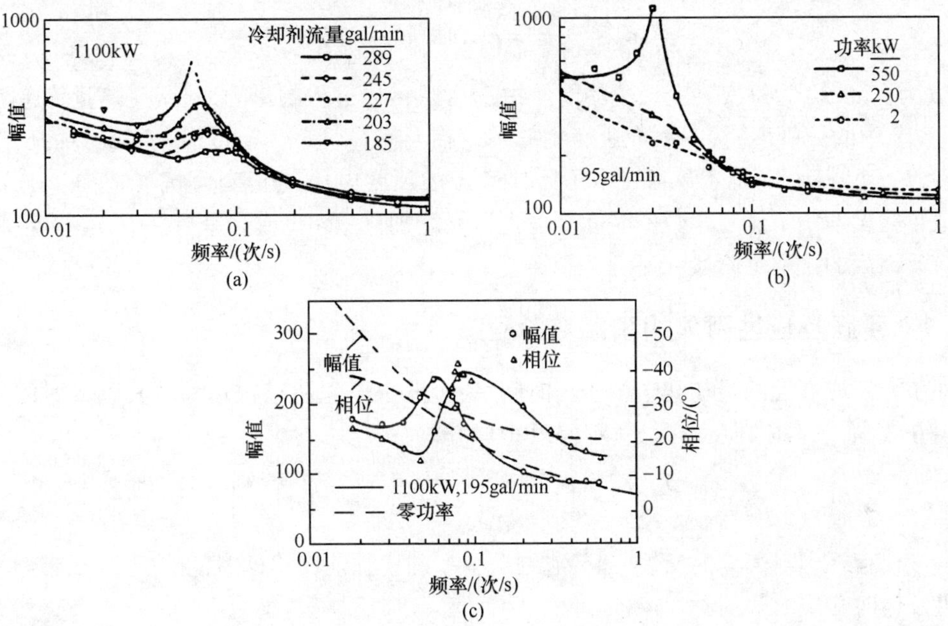

图5.6 EBR-Ⅰ反应堆的传递函数(1gal = 3.785L)[9]

(a)冷却剂流量;(b)、(c)反应堆功率。

Mark Ⅱ确实存在因功率增加或冷却剂流量减少而引入正反应性的反馈。然而,在达到稳态后在常流量下增加反应堆功率,净反应性效应是负的,这表明总渐近功率系数是负的。计算表明:该反应堆的多普勒效应可以忽略不计;燃料元件向堆芯中心弯曲引入了很大的正反应性;支撑燃料棒的结构板向外膨胀引起燃料棒向外移动,这引入负反应性。

利用三温度模型能解释上述观察到的现象。该方法对因燃料弯曲而引入的即时正反应性和因支撑板膨胀引起的燃料棒向外移动引入的滞后负反应性均建立了合适的模型。对两个分隔结构间的热传导和对流传热采用了一个三项的公式表示其对功率的反馈效应。修正后的模型较好地符合了实验测量得到的传递函数。

5.11 带反馈的核反应堆瞬态

在引入各种反馈效应之后,核反应堆动力学方程组本质上是非线性的。对核反应堆动态行为的计算分析需利用复杂的计算机程序对中子动力学、温度、流量和结构移动、状态的改变等等之间的耦合建立详细的模型。然而,通过将各种反馈引入5.4节中所述的点堆中子动力学模型,可对各种反馈对中子动力学过程的影响做一个简单但富有物理意义的解释。

一组缓发中子近似下带反馈的点堆中子动力学方程组为

$$\begin{cases}\dfrac{\mathrm{d}n(t)}{\mathrm{d}t}=\left(\dfrac{\rho_{\mathrm{ex}}+\alpha_{\mathrm{f}}T(t)-\beta}{\Lambda}\right)n(t)+\lambda C(t)\\[2ex]\dfrac{\mathrm{d}C(t)}{\mathrm{d}t}=\dfrac{\beta}{\Lambda}n(t)-\lambda C(t)\end{cases}\tag{5.130}$$

其中,方程组中已引入了反馈反应性$\rho_{\mathrm{f}}(t)=\alpha_{\mathrm{f}}T(t)$。而且,假设温度$T$(如燃料温度或集总的燃料-慢化剂温度)满足

$$\rho C_{\mathrm{p}}\frac{\mathrm{d}T(t)}{\mathrm{d}t}=E_{\mathrm{f}}\Sigma_{\mathrm{f}}vn(t)-\theta T(t)\tag{5.131}$$

式中:ρ为密度;E_{f}为每次裂变释放的能量;θ包含热传导过程的影响,$\theta\approx\kappa/$(热量传递距离)。

5.4节中的分析表明,一个阶跃变化的缓发临界反应性($\rho_{\mathrm{ex}}<\beta$)引入到临界的反应堆中将先引起一个瞬跳变(中子数目在中子代时间Λ的尺度内从n_0瞬变为$n_0/(1-\rho_{\mathrm{ex}}/\beta)$),随后中子数目在缓发中子衰变常数的时间尺度上缓慢增加($\rho_{\mathrm{ex}}>0$)或衰减($\rho_{\mathrm{ex}}<0$)。本节将分别分析带反馈后的这两个阶段。

5.11.1 阶跃反应性引入的瞬跳变阶段

在引入反应性后的最初几个中子代时间里,缓发中子先驱核数目保持其临界时的平衡值$\lambda C_0=(\beta/\Lambda)n_0$。不存在反馈时,方程(5.130)的解为

$$n(t)=n_0\exp\left(\frac{\rho_{\mathrm{ex}}-\beta}{\Lambda}t\right)\left[1+\frac{\beta}{\Lambda}\int_0^t\exp\left(-\frac{\rho_{\mathrm{ex}}-\beta}{\Lambda}t'\right)\mathrm{d}t'\right]\approx\frac{n_0}{1-\rho_{\mathrm{ex}}/\beta}\tag{5.132}$$

假设仅存在燃料温度的反馈,而且它对裂变率的增加能做出即时的响应,那么带燃料温度反应性反馈时相应的解为

$$n(t)=n_0\exp\left(\frac{\rho_{\mathrm{ex}}+\alpha_{\mathrm{f}}T(t)-\beta}{\Lambda}t\right)\left[1+\frac{\beta}{\Lambda}\int_0^t\exp\left(-\frac{\rho_{\mathrm{ex}}+\alpha_{\mathrm{f}}T(t')-\beta}{\Lambda}t'\right)\mathrm{d}t'\right]\tag{5.133}$$

在极短的时间$t\sim\Lambda\ll\rho C_{\mathrm{p}}/\theta$内,方程(5.131)的解为

$$T(t)\approx\frac{E_{\mathrm{f}}v\Sigma_{\mathrm{f}}}{\rho C_{\mathrm{p}}}\int_0^t n(t')\mathrm{d}t'\tag{5.134}$$

如果反应性反馈是负的($\alpha_{\mathrm{f}}<0$),那么反馈效应是减小输入的阶跃反应性。如果$\rho_{\mathrm{ex}}>0$,那么n和T均即时地增加,而且$\rho_{\mathrm{f}}=\alpha_{\mathrm{f}}T<0$;如果$\rho_{\mathrm{ex}}<0$,那么$n$和$T$均即时地减小,而且$\rho_{\mathrm{f}}=\alpha_{\mathrm{f}}T>0$($T_0=0$)。如果反应性反馈是正的($\alpha_{\mathrm{f}}>0$),那么反馈效应是增大输入的阶跃反应性。如果$\rho_{\mathrm{ex}}>0$,那么$n$和$T$均即时地增加,而且$\rho_{\mathrm{f}}=\alpha_{\mathrm{f}}T>0$;如果$\rho_{\mathrm{ex}}<0$,那么$n$和$T$均即时地减小,而且$\rho_{\mathrm{f}}=\alpha_{\mathrm{f}}T<0$。因此,反应性负反馈能减小瞬跳变的大小;而且,如果反应性负反馈的绝对值大于输入的反应性,那么瞬跳变将发生符号的变化。反应性正反馈将增加瞬跳变的大小。

5.11.2 阶跃反应性引入($\rho_{\mathrm{ex}}<\beta$)的瞬跳变后的阶段

正如5.4节分析的不带反馈的情形,中子数目在瞬发中子的时间尺度上发生瞬跳变后,在随后的瞬态过程中,中子数目在缓发中子先驱核衰变的时间尺度上发生变化:

$$n(t)=\frac{n_0\exp\{(\lambda\rho_{\mathrm{ex}}/\beta)t/(1-\rho_{\mathrm{ex}}/\beta)\}}{1-\rho_{\mathrm{ex}}/\beta}\tag{5.135}$$

对于带反馈的情形,利用即时突跳近似($\mathrm{d}n/\mathrm{d}t=0$)并求解方程(5.130)可得

$$n(t) \approx \frac{n_0 \exp\left\{-\lambda\left(t-\int_0^t \frac{\mathrm{d}t'}{1-[\rho_{ex}+\alpha_f T(t')]/\beta}\right)\right\}}{1-[\rho_{ex}+\alpha_f T(t)]/\beta} \tag{5.136}$$

当 $\alpha_f=0$ 时，该方程就变为方程(5.135)。需要说明的是，只有在 $t=0$ 和 $t=t_{pj}\approx\Lambda$ 的瞬跳变之后，方程(5.136)才成立。与由方程(5.135)计算的不带反馈时的瞬跳变 $n_0\to n_0/(1-\rho_{ex}/\beta)$ 相比，该方程在 $t=t_{pj}$时，中子数目的有效瞬跳变为 $n_0\to n_0/[1-(\rho_{ex}+\alpha_f T(t_{pj}))/\beta]$。求解方程(5.131)可得

$$T(t) \approx \frac{E_f v\Sigma_f}{\rho C_p}\int_0^t n(t')\exp[-(\theta/\rho C_p)(t-t')]\mathrm{d}t' \tag{5.137}$$

由此可知，反应性反馈的出现极大地改变了中子动力学的瞬态过程。当引入一个阶跃正反应性，例如 $0<\rho_{ex}<\beta$，若没有反应性反馈，它将引起中子数目按 $(\beta/\rho_{ex}-1)/\lambda$ 为周期的指数规律增长；若存在负反应性反馈($\alpha_f<0$)，中子数目的增长周期将变得更长（中子数目以更慢的速率增长）；若 $|\alpha_f|T(t)>\rho_{ex}$，周期是负的（中子数目随时间减小）。对于引入一个阶跃负反应性的情形，即 $\rho_{ex}<0$，而且反应性反馈也是负的，那么因温度降低引入的正反应性将减慢中子数目的衰减速率；若 $|\alpha_f T(t)|>|\rho_{ex}|$，负反馈甚至引起中子数目的增加。因此，具有负反应性温度系数的核反应堆能在阶跃反应性引入后自动调整核反应堆的状态至新的临界状态。例如，当核反应堆从冷态启动时，通过抽出控制棒可增加中子数目和裂变功率，但这一过程也将引入负反应性直至核反应堆在新的温度和中子数目下达到临界状态。负反应性温度系数也使核反应堆具有自动的负荷跟随能力，即输出功率的增加导致冷却剂入口温度的降低，这将向核反应堆引入正反应性，并引起中子数目和裂变率增加直至核反应堆在更高功率水平下达到新的临界状态。

5.12 反应堆功率激增

分析一些假想的事故往往需计算核反应堆内中子数目快速的、超临界的激增过程。虽然这样的分析通常需利用复杂的计算机程序耦合求解中子-热工水力方程组，但是仍然可以通过一些解析模型来分析这种快速的超临界激增过程而解释其物理意义。由于缓发中子先驱核的响应较慢，因此在这种过程中它们不重要并常常可以忽略其影响。

5.12.1 考虑裂变能量反馈的阶跃反应性响应

对于一个阶跃的反应性($\Delta k_0>k\beta$)，且反应性负反馈与积累的裂变能量成正比，瞬发中子动力学方程可写为

$$\frac{1}{P}\frac{\mathrm{d}P(t)}{\mathrm{d}t}=\frac{k-1}{\Lambda}=\frac{\Delta k_0-\alpha_E E(t)}{\Lambda}=\frac{\Delta k_0}{\Lambda}-\frac{\alpha_E}{\Lambda}\int_0^t P(t')\mathrm{d}t' \tag{5.138}$$

其中，Δk_0 使反应堆处于瞬发临界状态，且有

$$E(t)\equiv\int_0^t P(t')\mathrm{d}t',\ \alpha_E\equiv\frac{\partial k}{\partial E} \tag{5.139}$$

方程(5.139)的解为

$$E(t)=\frac{\Delta k_0/\Lambda+R}{\alpha_E/\Lambda}\frac{1-\mathrm{e}^{-Rt}}{\frac{R+\Delta k_0/\Lambda}{R-\Delta k_0/\Lambda}\mathrm{e}^{-Rt}+1} \tag{5.140}$$

式中

$$R \equiv \sqrt{\left(\frac{\Delta k_0}{\Lambda}\right)^2 + 2\left(\frac{\alpha_E}{\Lambda}\right)P_0} \tag{5.141}$$

对于较低的初始功率 P_0,$R \approx \Delta k_0/\Lambda$,且有

$$E(t) \approx \left[(2(\Delta k_0/\alpha_E)(1 - e^{-(\Delta k_0/\Lambda)t})\right] \Big/ \left(\frac{2(\Delta k_0/\Lambda)^2}{(\alpha_E/\Lambda)P_0}e^{-(\Delta k_0/\Lambda)t} + 1\right) \tag{5.142}$$

那么即时的功率为

$$\begin{aligned} P(t) = \dot{E}(t) &\approx \frac{2R^2}{\alpha_E/\Lambda}\left(\frac{R + \Delta k_0/\Lambda}{R - \Delta k_0/\Lambda}\right)e^{-Rt} \Big/ \left(\frac{R + \Delta k_0/\Lambda}{R - \Delta k_0/\Lambda}e^{-Rt} + 1\right)^2 \\ &\approx \frac{4(\Delta k_0/\Lambda)^4}{(\alpha_E/\Lambda)^2 P_0}e^{-(\Delta k_0/\Lambda)t} \Big/ \left[2\frac{(\Delta k_0/\Lambda)^2}{(\alpha_E/\Lambda)P_0}e^{-(\Delta k_0/\Lambda)t} + 1\right]^2 \end{aligned} \tag{5.143}$$

其中,方程(5.143)约等号后的形式仅在低初始功率下成立。

方程(5.143)描述了一个对称的功率激增过程;该功率在 $t \approx 1.3/(\Delta k_0/\Lambda)$ 达到其最大值 $P_{max} = (\Delta k_0/\Lambda)^2/2(\alpha_E/\Lambda)$,随后降低到0。功率峰值宽度(最大功率1/2所对应的时间)约为 $3.52/(\Delta k_0/\Lambda)$,且产生的总裂变能量为 $2\Delta k_0/\alpha_E$。

5.12.2 考虑裂变能量反馈的斜坡反应性响应

如果外部反应性是斜坡变化的(如控制棒抽出),那么方程(5.138)变为

$$\frac{1}{P}\frac{dP(t)}{dt} = \frac{at - \alpha_E E(t)}{\Lambda} = \frac{at}{\Lambda} - \frac{\alpha_E}{\Lambda}\int_0^t P(t')dt' \tag{5.144}$$

该方程的解具有如下形式:

$$E(t) = \frac{a}{\alpha_E}t + \text{周期函数} \tag{5.145}$$

由此可知,核反应堆的功率具有一个基值 a/α_E,并在此基础上叠加一系列的振荡;这些振荡是由外部反应性和反馈反应性在瞬发临界($\rho = \beta$)时的振荡引起的。本节将分析其中一种功率振荡。对方程(5.144)微分可得描述即时周期 $\theta \equiv (dP/dt)/P$ 的方程为

$$\frac{d\theta(t)}{dt} = \frac{a}{\Lambda} - \frac{\alpha_E}{\Lambda}P(t) \tag{5.146}$$

将式(5.146)代入式(5.144)可得

$$\frac{dP}{d\theta} = \frac{\theta P}{a/\Lambda - (\alpha_E/\Lambda)P} \tag{5.147}$$

该方程的解为

$$\frac{1}{2}\theta^2(t) = \frac{a}{\Lambda}\ln\frac{P(t)}{P_0} - \frac{\alpha_E}{\Lambda}[P(t) - P_0] \tag{5.148}$$

当 $\theta = 0$ 时,功率振荡出现最大值,而且满足

$$P_{max} = P_0 + \frac{a}{\alpha_E}\ln\frac{P_{max}}{P_0} \approx \frac{a}{\alpha_E}\ln\frac{P_{max}}{P_0} \tag{5.149}$$

其中,方程在约等号后的形式只有在 $P_0 \ll P_{max}$ 时才成立。此处的 $P_0 = a/\alpha_E$ 指振荡开始时的基态功率。

5.12.3 考虑裂变能量非线性反馈的阶跃反应性响应

在大型快中子动力反应堆中,多普勒反馈系数并不是常数;它大致随燃料温度的倒数变

化。理论分析表明它随燃料温度的 1 次方到 3/2 次方的倒数变化。假设在瞬态过程中，随着裂变能量的积累，燃料不存在热量损失，并且燃料的比热容是常数，那么可以用一组随温度变化的反馈反应性 $\alpha_E E^n$ 来描述多普勒效应；其中，α_E 为瞬态开始时刻燃料温度的反馈系数。在此情形下，当外部反应性为 Δk_0 时的瞬发中子动力学方程为

$$\frac{1}{P}\frac{\mathrm{d}P(t)}{\mathrm{d}t} = \frac{\Delta k_0}{\Lambda} - \frac{\alpha'_E}{\Lambda}[E(t)]^n \tag{5.150}$$

方程(5.150)的解(累积裂变能量)为

$$E(t) = \left[(n+1)\frac{\Delta k_0}{\alpha'_E}\right]^{1/n} \Big/ \left[1 + n\mathrm{e}^{-(n\Delta k_0/\Lambda)t}\right]^{1/n} \tag{5.151}$$

对式(5.151)微分可得即时的功率为

$$\begin{aligned} P(t) &= \dot{E}(t) \\ &= \left[(n+1)\frac{\Delta k_0}{\alpha'_E}\right]^{1/n}\left(n^2\frac{\Delta k_0}{\Lambda}\right)\mathrm{e}^{-(n\Delta k_0/\Lambda)t} \Big/ \left[1 + n\mathrm{e}^{-(n\Delta k_0/\Lambda)t}\right]^{1/(n+1)} \end{aligned} \tag{5.152}$$

在此情形下，核反应堆的功率先达到其最大值：

$$P_{\max} = \frac{n}{n+1}\left[\frac{(\Delta k_0/\Lambda)^{n+1}}{\alpha'_E/\Lambda}\right]^{1/n}$$

随后降低至 0。功率峰释放出的总能量 $E_{\mathrm{tot}} = [(1+n)\Delta k_0/\alpha'_E]^{1/n}$。

5.12.4 Bethe – Tait 模型

因外部反应性引入而引起的核反应堆功率激增过程对反馈反应性是非常敏感的，也就是对核反应堆的热工、水力条件和几何条件是非常敏感的。在现代的分析方法中，对这些因素的耦合分析是通过利用计算机进行数值计算实现的。然而，一个早期用于快中子金属燃料核反应堆的半解析模型有助于理解这一物理过程。描述这一过程的瞬发中子动力学方程为

$$\frac{1}{P}\frac{\mathrm{d}P(t)}{\mathrm{d}t} = \frac{k-1-\beta}{\Lambda} = \frac{\Delta k}{\Lambda} = \Delta k_0 + \Delta k_{\mathrm{input}}(t) + \Delta k_{\mathrm{displ}}(t) + \Delta k_{\mathrm{other}}(t) \tag{5.153}$$

式中：Δk_0 为触发瞬态的阶跃反应性(触发瞬发超临界)；$\Delta k_{\mathrm{input}}$ 为控制棒移动引入的反应性；$\Delta k_{\mathrm{displ}}$ 为因压力累积而引入的与堆芯材料位移相关的反应性；$\Delta k_{\mathrm{other}}$ 包含多普勒效应和其他非水力学效应引入的反应性。

位移反应性为

$$\Delta k_{\mathrm{displ}}(t) = \int \rho(r,t)\boldsymbol{u}(r,t)\cdot\nabla w^+(r)\,\mathrm{d}r \tag{5.154}$$

式中：ρ 为材料密度；$\boldsymbol{u}(r,t)$ 为材料从 $r \sim r+\mathrm{d}r$ 的位移；$w^+(r)$ 为在 r 处单位质量材料引起裂变的权重(对该权重函数的讨论参见第 13 章)。

水力学方程可将位移与压力联系起来：

$$\rho\frac{\partial^2 \boldsymbol{u}(r,t)}{\partial t^2} = -\nabla p(r,t) \tag{5.155}$$

而且

$$\frac{\partial\rho(r,t)}{\partial t} + \nabla\cdot\left[\rho(r,t)\frac{\partial \boldsymbol{u}(r,t)}{\partial t}\right] = 0 \tag{5.156}$$

如下的状态方程可将压力和能量密度 $e(r,t)$ 和密度相关联：

$$p(r,t)=p(e(r,t),\rho(r,t)) \tag{5.157}$$

如果忽略密度变化和膨胀或压缩所做的功,那么对方程(5.154)微分两次后将方程(5.155)代入,可得

$$\frac{\partial^2 \Delta k_{\text{displ}}}{\partial t^2}=-\int \nabla p(r,t)\cdot\nabla w^+(r)\,\mathrm{d}r \tag{5.158}$$

假设瞬态初期仅存在多普勒效应而无其他反馈直至堆内产生的总能量达到阈值 E^* 而引起堆芯材料气化和压力的增加;压力的增加引起堆芯膨胀直至其引入的负反应性而结束功率激增过程。本节将忽略这一过程的详细推导过程(有兴趣的读者可查阅参考文献[9]),仅对球形堆芯的主要结果做一个小结。当能量 E 超过其阈值时,它在随后的过程中按如下规律变化:

$$E-E^*=E^*\left[\mathrm{e}^{(\Delta k/\Lambda)(t-t^*)}-1\right] \tag{5.159}$$

堆芯中心附近的压力与 $E-E^*\approx E$ 成比例,因而压力按如下规律变化:

$$p\sim EN\mathrm{e}^{(\Delta k/\Lambda)t} \tag{5.160}$$

堆芯中使其解体的压力梯度与 p/R 成比例。那么由压力梯度引起的径向加速度为

$$\ddot{R}\sim|\nabla p|=\frac{C_1}{R}\mathrm{e}^{(\Delta k/\Lambda)t} \tag{5.161}$$

对式(5.161)积分两次可得即时的堆芯半径为

$$R'(t)\approx R\left[1+\frac{C_1\Lambda^2}{(\Delta k)^2R^2}\mathrm{e}^{(\Delta k/\Lambda)t}\right] \tag{5.162}$$

当膨胀引入的负反应性与多普勒和控制棒引入的反应性足以补偿最初引入的反应性时,核反应堆功率激增过程被终止:

$$\Delta k_{\text{displ}}(R'-R)=\Delta k_0-\Delta k_{\text{other}}-\Delta k_{\text{input}}=\Delta k' \tag{5.163}$$

这发生在 t 时刻:

$$\mathrm{e}^{(\Delta k'/\Lambda)t}=\frac{(\Delta k')^3R^2}{C_1\Delta k_{\text{displ}}\Lambda^2} \tag{5.164}$$

此时核反应堆产生的总能量为

$$E\sim\frac{(\Delta k')^3R^2}{\Lambda^2} \tag{5.165}$$

数值计算表明,上述近似关系式能较好地描述较大的初始反应性引入而导致的功率激增过程。对于中等的初始反应性,下面的表达式能更好地符合数值计算的结果:

$$\left(\frac{E}{E^*}-1\right)\sim\left[\frac{(\Delta k')^3R^2}{\Lambda^2}\right]^{2/9} \tag{5.166}$$

5.13 数值方法

实际上,通常可采用数值方法求解中子动力学方程组。求解这一方程组的主要困难是对其时间项的差分。热中子核反应堆和快中子核反应堆中瞬发中子的时间尺度分别在 $10^{-4}\sim10^{-5}$ s 和 $10^{-6}\sim10^{-7}$ s 的量级上,而缓发中子的时间尺度通常在零点几秒到十几秒的量级上。当 $\rho\ll\beta$ 时,瞬跳变近似可以消除方程组中与瞬发中子时间尺度相关的项,因而对时间的直接差分格式可获得令人满意的结果。当必须保留瞬发中子动力学过程时(如瞬发临界附近的瞬

态),用于求解常微分方程组的常见数值方法(如龙格 - 库塔方法)为避免数值稳定性而不得不采用极小的时间步长,但在这样的时间步长上,中子数目的变化是非常小的。现在已经有许多求解刚性常微分方程组(方程中存在非常不同的时间常数)的方法[2,7]可用于求解中子动力学方程组。

参考文献

[1] D. SAPHIER, "Reactor Dynamics," in Y. Ronen, ed., *CRC Handbook of Nuclear Reactor Calculations II*, CRC Press, Boca Raton, FL (**1986**).

[2] G. HALL and J. M. WATTS, *Modern Numerical Methods for Ordinary Differential Equations*, Clarendon Press, Oxford (**1976**).

[3] J. L. DUDERSTADT and L. J. HAMILTON, *Nuclear Reactor Analysis*, Wiley, New York (**1976**), Chap. 6 and pp. 556 – 565.

[4] A. F. HENRY, *Nuclear-Reactor Analysis*, MIT Press, Cambridge, MA (**1975**), Chap. 7.

[5] D. L. HETRICK, ed., *Dynamics of Nuclear Systems*, University of Arizona Press, Tucson, AZ (**1972**).

[6] A. Z. AKCASU, G. S. LELLOUCHE, and M. L. SHOTKIN, *Mathematical Methods in Nuclear Reactor Dynamics*, Academic Press, New York (**1971**).

[7] C. W. GEAR, *Numerical Initial Value Problems in Ordinary Differential Equations*, Prentice Hall, Englewood Cliffs, NJ (**1971**).

[8] G. I. BELL and S. GLASSTONE, *Nuclear Reactor Theory*, Wiley (Van Nostrand Reinhold), New York (**1970**), Chap. 9.

[9] H. H. HUMMEL and D. OKRENT, *Reactivity Coefficients in Large Fast Power Reactors*, American Nuclear Society, LaGrange Park, IL (**1970**).

[10] L. E. WEAVER, *Reactor Dynamics and Control*, Elsevier, New York (**1968**).

[11] H. P. FLATT, "Reactor Kinetics Calculations," in H. Greenspan, C. N. Kelber, and D. Okrent, eds., *Computational Methods in Reactor Physics.* Gordon and Breach. New York (**1968**).

[12] D. L. HETRICK and I. E. WEAVER. eds., *Neutron Dynamics and Control*, USAEC-CONF-650413, U. S. Atomic Energy Commission, Washington, DC (**1966**).

[13] M. ASH, *Nuclear Reactor* Kinetics, McGraw-Hill, New York (**1965**).

[14] G. R. KEEPIN, *Physics of Nuclear Kinetics*, Addison-Wesley, Reading, MA (**1965**).

[15] A. RADKOWSKY, ed., *Naval Reactors Physics Handbook*, U. S. Atomic Energy Commission, Washington, DC (**1964**), Chap. 5.

[16] T. J. THOMPSON and J. G. BECKERLY, eds., *The Technology of Nuclear Reactor Safety*, MIT Press, Cambridge, MA (**1964**).

[17] L. E. WEAVER, ed., *Reactor Kinetics and Control*, USAEC-TID-7662, U. S. Atomic Energy Commission, Washington, DC (**1964**).

[18] J. A. THIE, *Reactor Noise*, Rowman & Littlefield, Totowa, NJ (**1963**).

[19] J. LASALLE and S. LEFSCHETZ, Stability *by Liapunov's Direct Methods and Applications*, Academic Press, New York (**1961**).

[20] R. V. MEGHREBLIAN and D. K. HOLMES, *Reactor Analysis*, McGraw-Hill, New York (**1960**), Chap. 9.

习题

5.1　对于处于临界状态的热中子裸堆,试计算其吸收截面减小了 5% 所引起的反应性变化。

5.2　对于以纯^{235}U金属为燃料的球形核反应堆,实验中中子探测器测得的某一瞬态的周期 $T=1s$。六组缓发中子的有效参数 γ_i 分别为 1.10、1.03、1.05、1.03、1.01 和 1.01。试计算该装置的有效增殖系数。

5.3　试采用一组缓发中子近似和瞬跳变近似及其以下参数计算在 $0<t<10s$ 内的中子

数目:$\beta=0.0075$,$\lambda=0.08s^{-1}$,$\Lambda=6\times10^{-5}s$。假设 $0<t<5s$ 内引入的外部反应性按斜坡规律变化,即 $\rho_{ex}(t)=0.1\beta t$。这样的外部反应性可能是由于部分控制棒抽出引起的。

5.4 在一个参数为 $\beta=0.0075$ 和 $\Lambda=6\times10^{-5}s$ 的装置上进行了脉冲中子测量实验。在此测量中,瞬发中子按指数衰减,衰减常数 $\alpha_0=-200s^{-1}$。试计算装置的有效增殖系数及其反应性。

5.5 一根控制棒在5s内从一个处于临界状态的反应堆内被抽出,随后再次插入反应堆以维持其临界状态。控制棒抽出的反应性价值 $\rho=0.0025$。利用一组缓发中子近似和瞬跳变近似计算 $0<t<10s$ 内的中子和先驱核的相对数目(相对于初始临界状态)。中子动力学参数:$\beta=0.0075$,$\lambda=0.08s^{-1}$,$\Lambda=6\times10^{-5}s$。

5.6 一根控制棒紧急插入一个处于临界状态的反应堆内。中子探测器的信号即使下降至控制棒插入前的1/3处,随后按照指数规律衰变。假设一组缓发中子的参数为 $\beta=0.0075$ 和 $\lambda=0.08s^{-1}$;中子代时间 $\Lambda=10^{-4}s$。试计算控制棒的价值及其核反应堆功率下降至1%初始功率的时间。

5.7 以 $\omega(s=i\omega)$ 为变量试绘制核反应堆零功率传递函数的实部和虚部。假设核反应堆以 ^{235}U 为燃料,其一组缓发中子的参数:$\beta=0.0075$,$\lambda=0.08s^{-1}$ 和 $\Lambda=6\times10^{-5}s$。

5.8 计算以 UO_2 为燃料、H_2O 为冷却剂的热中子反应堆的多普勒反应性温度系数。该热中子反应堆的燃料棒直径为1cm,其燃料温度为450K。单位 ^{238}U 原子的慢化剂宏观吸收截面为100。在300K时的共振积分 $I=10b$。

5.9 推导压水堆空泡反应性系数的表达式,即慢化剂被相应的空泡代替而产生的反应性系数。计算当水中含有 1000×10^{-6} ^{10}B 时的空泡反应性系数。

5.10 试计算圆柱状石墨裸堆的不泄漏反应性温度系数。该反应堆的高度与直径比 $H/D=1$;$k_\infty=1.10$;徙动面积 $M^2=400cm^2$;慢化剂线性膨胀系数 $\theta_M=1\times10^{-5}℃^{-1}$。

5.11 试计算某一压水堆从热态零功率($T_F=T_M=530°F$)变为热态满功率($T_F=1200°F$,$T_M=572°F$)过程的反应性亏损。其中,燃料和慢化剂的温度系数:$\alpha_F=-1.0\times10^{-5}(\Delta k/k)/°F$,$\alpha_M=-2.0\times10^{-4}(\Delta k/k)/°F$。

5.12 向一个稳态运行中的临界反应堆引入一个阶跃反应性 $\rho=\Delta k/k=0.0025$。该反应堆的一组缓发中子参数:$\beta=0.0075$,$\lambda=0.08s^{-1}$ 和 $\Lambda=6\times10^{-5}s$;反应性温度系数 $\alpha_T=-2.5\times10^{-4}℃^{-1}$。假设释放的热量与温度成正比。试写出描述瞬发中子和缓发中子的动力学方程和温度方程。线性化并求解(如拉普拉斯变换)该组耦合方程。

5.13 利用方程(5.111)和如下参数计算线性稳定的功率阈值(以 P_0X_F/β 为单位)。其中,X_F/X_M 为 -0.25 和 -0.5,ω_M 为0.1、0.25和0.5。

5.14 利用单温度模型分析某一核反应堆的线性稳定性。该核反应堆通过热传导排出热量的时间常数为 ω_R^{-1},而且总的稳态功率系数是负的,即 $X_R<0$。该核反应堆在所有功率下均是稳定的吗?

5.15 在通过对流传热过程排出热量的情况下,重新求解习题5.14。

5.16 利用方程(5.143)计算并绘制某一快中子反应堆在 $t=0$ 时刻引入一个阶跃反应性 $\Delta k_0=+0.02$ 后的功率暴涨过程。已知快堆的代时间 $\Lambda=1\times10^{-6}s$,能量负反馈系数 $\alpha_E=-0.5\times10^{-6}(\Delta k/k)/MJ$,$P_0=100MW$。

5.17 一根控制棒从一个以 ^{235}U 为燃料的核反应堆抽出,此时该反应堆处于低功率、室温的临界状态下。随着控制棒的抽出，中子探测器的信号立即上升至 125%，随后近似按指数规律变化。试问：(1)控制棒的反应性价值是多少？(2)按指数规律增长的探测器信号的指数是多少？

5.18　一个处于冷态的临界压水堆，其燃料为富集度 4% 的 UO_2。反应堆内的控制棒束被抽出了零点几厘米后引入一个正反应性 $\rho = 0.0005$。中子注量率开始增加并引起裂变率的增加。试讨论随着裂变热量增加所能引起的各类反馈反应性效应。

5.19　对于一个采用氧化物燃料的快堆，试利用表 5.3 中所列的反应性温度系数计算反应堆温度从 300℃ 升至 500℃ 所能引起的反应性变化。假设燃料、冷却剂和结构材料的温度是相同的。如果燃料温度从 300℃ 升至 800℃，而冷却剂和结构材料的温度升至 350℃，那么反应性又变化多少？

5.20　(编程题)对于以 UO_2 为燃料的压水堆，试求解方程(5.133)和方程(5.134)计算该反应堆内中子数目在控制棒阶跃抽出后的响应过程。已知控制棒引入的反应性 $\rho = 0.002$；燃料具有的负多普勒反馈系数为 $-2 \times 10^{-6} (\Delta k/k)/\mathrm{K}$；$\beta = 0.0065$；$\lambda = 0.08\mathrm{s}^{-1}$；$\Lambda = 1.0 \times 10^{-4}\mathrm{s}$；燃料中裂变功率 $vn\Sigma_f E_f = 250\mathrm{W/cm^3}$；燃料密度 $\rho = 10.0\mathrm{g/cm^3}$；$C_p = 220\mathrm{J/(kg \cdot K)}$。(建议本题采用数值解法。)

5.21　对于一个以 UO_2 为燃料的水冷核反应堆，试利用方程(5.87)计算慢化剂的逃脱共振吸收的反应性温度系数。已知，燃料芯块直径为 1cm、高度为 H；栅格参数 $\Sigma_p/N_M = 100$；$\rho = 10.0\mathrm{g/cm^3}$；水的线性膨胀系数 $\theta_M = 1 \times 10^{-4}\mathrm{g/cm^3}$。

5.22　利用方程(3.90)和方程(3.92)计算 $\partial\Sigma_a^F/\partial\xi$ 和 $\partial\xi/\partial T_F$，同理计算 $\partial\Sigma_a^M/\partial\xi$ 和 $\partial\xi/\partial T_M$，并利用方程(5.89)推导热中子利用系数的反应性温度系数的具体表达式。

5.23　在落棒实验中，控制棒插入一个处于冷态的临界反应堆内。实验发现中子注量率立即变为原先的 1/2，随后缓慢地衰减。利用一群缓发中子动力学模型确定控制棒的反应性价值。已知，$\beta = 0.0065$，$\lambda = 0.08\mathrm{s}^{-1}$。

第 6 章　燃　耗

反应堆的特性在寿期内的长期变化取决于其成分的变化，成分的变化与燃料消耗及其补偿方式有关。燃料的利用效率强烈地影响核电厂的经济性，而它反过来又受到燃耗相关的长期变化的影响。本章将分析反应堆运行中燃料成分的变化及其他们对反应堆的影响、热中子反应堆中裂变产物钐和氙的影响、来自乏燃料或核武器的钚作为燃料的影响，以及放射性废物的产生、乏燃料中余热的导出和长寿期锕系元素的消除。

6.1　燃料成分的变化

燃料元件的初始成分与燃料类型有关。对于采用铀燃料循环的反应堆，直接从天然铀加工而成的燃料是^{234}U、^{235}U和^{238}U的混合物。其中，易裂变的^{235}U的浓度与燃料的富集度有关，可以在0.72%（天然铀）~90%之间变化。源于后处理的再循环燃料含有铀在嬗变－衰变过程中产生的各种同位素。采用钍燃料循环的反应堆含有^{232}Th和^{233}U或^{235}U；若采用钍再循环燃料，这些燃料还含有钍在嬗变－衰变过程中产生的各种同位素。

在反应堆的运行过程中，燃料成分发生明显的变化。许多燃料原子核因俘获中子而发生嬗变并进一步衰变。在以铀为燃料的反应堆中，这个过程生成各种在元素周期表中属于锕系的超铀元素。以钍为燃料的反应堆在这个过程中生成各种铀的同位素。每次裂变消耗一个易裂变核，在此过程中产生两个中等质量的裂变产物。裂变产物通常含有多余的中子；它们可通过β衰变或释放中子而衰变（通常伴随着γ射线的释放），或者通过俘获中子而嬗变成更重的同位素，而这些生成的重核又将经历放射性衰变和中子嬗变，等等。易裂变核也可能因俘获而经历嬗变；嬗变后的易裂变核可能发生衰变，也可能进一步嬗变。

6.1.1　燃料的嬗变－衰变链

天然铀含有0.72%的^{235}U，它是唯一一种自然界中存在的能由热中子引起裂变的同位素。然而，嬗变－衰变链能生产可做反应堆燃料的其他三种比较重要的易裂变同位素。那些能通过中子嬗变和衰变成易裂变同位素的同位素通常称为增殖同位素。^{239}Pu和^{241}Pu是增殖同位素^{238}U经历嬗变－衰变后的产物，^{233}U是增殖同位素^{232}Th经历嬗变－衰变后的产物。这两个嬗变－衰变链如图6.1所示。图中，经历$(n,\ \gamma)$嬗变反应的同位素位于同一行并以水平的箭头相连，箭头上的数据是其反应截面(b)；向下的箭头表示β衰变，箭头上的数据是其半衰期。热中子裂变采用虚线的对角线上的箭头表示，箭头上的数据是热中子裂变截面。（在嬗变－衰变过程中也发生快中子裂变，但它们在热中子反应堆中相对不重要。）燃料同位素的天然丰度、半衰期、衰变模式、衰变能量、自发裂变份额、经$kT = 0.0253\text{eV}$的麦克斯韦谱平均后的热中子俘获和裂变截面、无限稀释的俘获和裂变共振积分、经裂变谱平均后的俘获和裂变截面如表6.1所列。

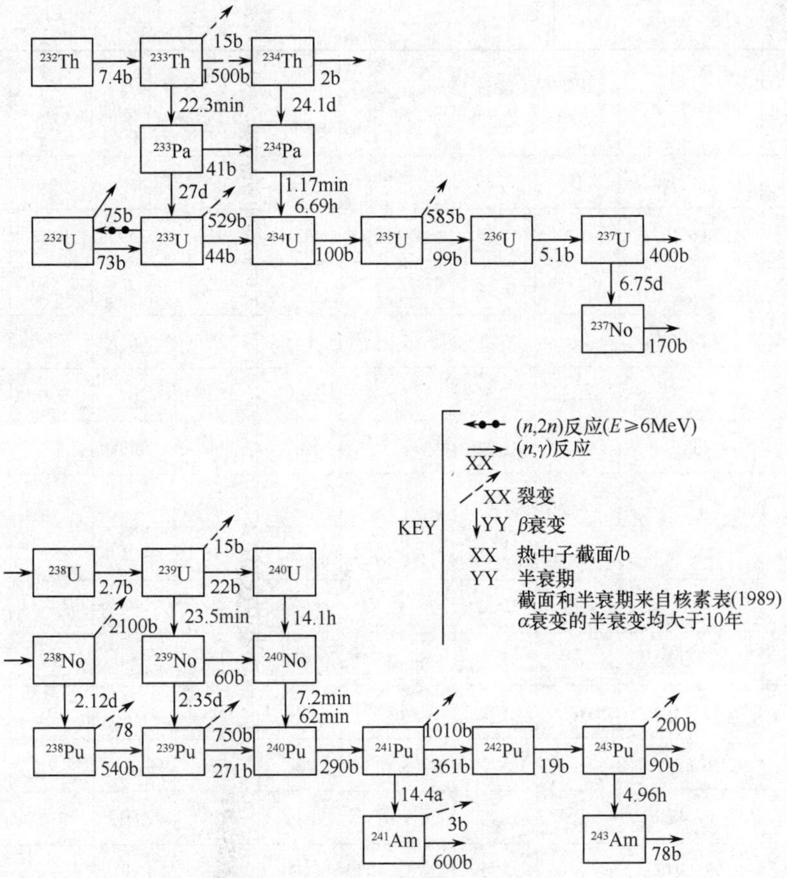

图 6.1 ^{238}U 和 ^{232}Th 的嬗变－衰变链[3]

表 6.1 各类燃料同位素截面和衰变常数

同位素	丰度/%	$t_{1/2}$	衰变类型	能量 /MeV	自发裂变产额 /%	σ_γ^{th} /b	σ_f^{th} /b	RI_γ /b	RI_f /b	σ_γ^χ /b	σ_f^χ /b
^{232}Th	100	1.41×10^{10}a	α	4.1	$<1\times10^{-9}$	7	—	84	—	0.09	0.08
^{233}Th	—	22.3min	β	1.2	—	1285	13	643	11	0.09	0.11
^{234}Th	—	24.1d	β	0.27	—	2	—	94	—	0.11	0.04
^{233}Pa	—	27.0d	β	0.57	—	35	—	864	—	0.28	0.33
^{234}Pa	—	6.7h	β	2.2	—	—	—	—	—	—	—
^{232}U	—	68.9a	α	5.4	—	64	66	173	364	0.03	2.01
^{233}U	—	1.59×10^{5}a	α	4.9	$<6\times10^{-9}$	41	469	138	774	0.07	1.95
^{234}U	0.0057	2.46×10^{5}a	α	4.9	1.7×10^{-9}	88	6	631	7	0.22	1.22
^{235}U	0.719	7.04×10^{8}a	α	4.7	7.0×10^{-9}	87	507	133	278	0.09	1.24
^{236}U	—	2.34×10^{6}a	α	4.6	9.6×10^{-8}	5	54	346	8	0.11	0.59
^{237}U	—	6.75d	β	0.52	—	392	1	1084	49	0.93	0.74
^{238}U	99.27	4.47×10^{9}a	α	4.3	5×10^{-5}	2	10	278	2	0.07	0.31
^{239}U	—	23.5min	β	1.3	—	—	—	—	—	—	—

(续)

同位素	丰度/%	$t_{1/2}$	衰变类型	能量/MeV	自发裂变产额/%	σ_γ^{th} /b	σ_f^{th} /b	RI_γ /b	RI_f /b	σ_γ^χ /b	σ_f^χ /b
^{240}U	—	14.1h	β	0.39	—	—	—	—	—	—	—
^{236}Np	—	1.54×10^5a	ec*	0.94	—	621	2453	259	1032	0.19	1.92
			β*	0.49	—	—	—	—	—	—	—
^{237}Np	—	2.14×10^6a	α	5.0	$<2\times10^{-10}$	144	20	661	7	0.17	1.33
^{238}Np	—	2.12d	β	1.3	—	399	1835	201	940	0.11	1.42
^{239}Np	—	236d	β	0.72	—	33	—	445	—	0.19	1.46
^{240}Np	—	—	—	—	—	—	—	—	—	—	—
^{236}Pu	—	2.86a	α	5.9	1.4×10^{-7}	126	146	401	59	0.15	2.08
^{237}Pu	—	45d	ec*	0.22	—	—	—	—	—	—	—
^{238}Pu	—	87.7a	α	5.6	1.9×10^{-7}	458	15	154	33	0.10	1.99
^{239}Pu	—	2.41×10^4a	α	5.2	3×10^{-10}	274	698	182	303	0.05	1.80
^{240}Pu	—	6.56×10^3a	α	5.3	5.7×10^{-6}	264	53	8103	9	0.10	1.36
^{241}Pu	—	14.4a	β	0.02	$<2\times10^{-14}$	326	938	180	576	0.12	1.65
^{242}Pu	—	3.73×10^5a	α	5.0	$>5.5\times10^{-4}$	17	—	1130	—	0.09	1.13
^{241}Am	—	432a	α	5.6	4×10^{-10}	532	3	1305	14	0.23	1.38

注:数据来源于布鲁海文国家实验室核数据中心,http://www.dne.bnl.gov/CoN/index.html。

* 87.3% 电子俘获,12.5% β

6.1.2 燃耗-嬗变-衰变方程

各种燃料同位素在反应堆中的浓度可以由一组耦合的生成-消耗方程来描述。本章采用由两个数字组成的上标来区分不同的同位素:第一个数字是其原子序数的最后一位数字;第二个数字是其相对原子质量的最后一位数字。虽然中子的各种反应率实际上是所有能群之和,但是为了简便,本章采用 $\sigma_x^{nm}\phi n^{nm}$ 这一形式表示反应率而忽略能量的影响。

在采用铀燃料循环的反应堆中,各种同位素的浓度可以表示为

$$\frac{\partial n^{24}}{\partial t} = -\sigma_a^{24}\phi n^{24} \tag{6.1a}$$

$$\frac{\partial n^{25}}{\partial t} = \sigma_\gamma^{24}\phi n^{24} - \sigma_a^{25}\phi n^{25} \tag{6.1b}$$

$$\frac{\partial n^{26}}{\partial t} = \sigma_\gamma^{25}\phi n^{25} - \sigma_a^{26}\phi n^{26} + \lambda_{ec}^{36}n^{36} \tag{6.1c}$$

$$\frac{\partial n^{27}}{\partial t} = \sigma_\gamma^{26}\phi n^{26} - \sigma_{n,2n}^{28}\phi n^{28} - \lambda^{27}n^{27} \tag{6.1d}$$

$$\frac{\partial n^{28}}{\partial t} = -\sigma_a^{28}\phi n^{28} \tag{6.1e}$$

$$\frac{\partial n^{29}}{\partial t} = \sigma_\gamma^{28}\phi n^{28} - (\lambda^{29} + \sigma_a^{29}\phi) n^{29} \tag{6.1f}$$

$$\frac{\partial n^{36}}{\partial t} = \sigma_{n,2n}^{37}\phi n^{37} - (\lambda^{36} + \sigma_a^{36}\phi) n^{36} \tag{6.1g}$$

$$\frac{\partial n^{37}}{\partial t} = \lambda^{27} n^{27} - \sigma_a^{37}\phi n^{37} \tag{6.1h}$$

$$\frac{\partial n^{38}}{\partial t} = \sigma_\gamma^{37}\phi n^{37} - (\lambda^{38} + \sigma_a^{38}\phi) n^{38} \tag{6.1i}$$

$$\frac{\partial n^{39}}{\partial t} = \lambda^{29} n^{29} - (\lambda^{39} + \sigma_a^{39}\phi) n^{39} \tag{6.1j}$$

$$\frac{\partial n^{48}}{\partial t} = \lambda^{38} n^{38} - \sigma_a^{48}\phi n^{48} \tag{6.1k}$$

$$\frac{\partial n^{49}}{\partial t} = \lambda^{39} n^{39} - \sigma_a^{49}\phi n^{49} + \sigma_\gamma^{48}\phi n^{48} \tag{6.1l}$$

$$\frac{\partial n^{40}}{\partial t} = \sigma_\gamma^{49}\phi n^{49} - \sigma_a^{40}\phi n^{40} + \sigma_\gamma^{29}\phi n^{29} + \sigma_\gamma^{39}\phi n^{39} \tag{6.1m}$$

$$\frac{\partial n^{41}}{\partial t} = \sigma_\gamma^{40}\phi n^{40} - (\lambda^{41} + \sigma_a^{41}\phi) n^{41} \tag{6.1n}$$

$$\frac{\partial n^{42}}{\partial t} = \sigma_\gamma^{41}\phi n^{41} - \sigma_a^{42}\phi n^{42} \tag{6.1o}$$

$$\frac{\partial n^{43}}{\partial t} = \sigma_\gamma^{42}\phi n^{42} - (\lambda^{43} + \sigma_a^{43}\phi) n^{43} \tag{6.1p}$$

$$\frac{\partial n^{51}}{\partial t} = \sigma_\gamma^{41}\phi n^{41} - (\lambda^{51} + \sigma_a^{51}\phi) n^{51} \tag{6.1q}$$

$$\frac{\partial n^{52}}{\partial t} = \sigma_\gamma^{51}\phi n^{51} - \sigma_a^{52}\phi n^{52} \tag{6.1r}$$

$$\frac{\partial n^{53}}{\partial t} = \lambda^{43} n^{43} - \sigma_a^{53}\phi n^{53} + \sigma_\gamma^{52}\phi n^{52} \tag{6.1s}$$

与图 6.1 比较可知，方程组（6.1）已经利用了一些近似。例如，^{239}U 经中子俘获生成 ^{240}U；^{240}U 随后衰变（$t_{1/2} = 14$h）成 ^{240}Np，并进一步衰变（$t_{1/2} = 7$min）成 ^{240}Pu。这个过程被简化为 ^{239}U 经中子俘获直接生成 ^{240}Pu。另外，^{239}Np 经中子俘获生产 ^{240}Np；^{240}Np 随后衰变（$t_{1/2} = 7$min）成 ^{240}Pu。这一过程被近似为 ^{239}Np 经中子俘获直接生成 ^{240}Pu。这些近似的主要目的是：在保留燃耗计算中长时间尺度信息的前提下，消除方程中很短时间尺度上的衰变，以改善数值求解过程。

对于采用 Th 燃料循环的反应堆，燃料同位素的浓度可以表示为

$$\frac{\partial n^{02}}{\partial t} = -\sigma_a^{02}\phi n^{02} \tag{6.2a}$$

$$\frac{\partial n^{03}}{\partial t} = \sigma_\gamma^{02}\phi n^{02} - (\lambda^{03} + \sigma_a^{03}\phi) n^{03} \tag{6.2b}$$

$$\frac{\partial n^{13}}{\partial t}=\sigma_{\gamma}^{03}\phi n^{03}-(\lambda^{13}+\sigma_{a}^{13}\phi)n^{13} \tag{6.2c}$$

$$\frac{\partial n^{22}}{\partial t}=-(\lambda^{22}+\sigma_{a}^{22}\phi)n^{22} \tag{6.2d}$$

$$\frac{\partial n^{23}}{\partial t}=\sigma_{\gamma}^{22}\phi n^{22}+\lambda^{13}n^{13}-\sigma_{a}^{23}\phi n^{23} \tag{6.2e}$$

$$\frac{\partial n^{24}}{\partial t}=\sigma_{\gamma}^{23}\phi n^{23}+\sigma_{\gamma}^{13}\phi n^{13}-\sigma_{a}^{24}\phi n^{24} \tag{6.2f}$$

$$\frac{\partial n^{25}}{\partial t}=\sigma_{\gamma}^{24}\phi n^{24}-\sigma_{a}^{25}\phi n^{25} \tag{6.2g}$$

$$\frac{\partial n^{26}}{\partial t}=\sigma_{\gamma}^{25}\phi n^{25}-\sigma_{a}^{26}\phi n^{26} \tag{6.2h}$$

$$\frac{\partial n^{27}}{\partial t}=\sigma_{\gamma}^{26}\phi n^{26}-(\lambda^{27}+\sigma_{a}^{27}\phi)n^{27} \tag{6.2i}$$

$$\frac{\partial n^{37}}{\partial t}=\lambda^{27}n^{27}-\sigma_{a}^{37}\phi n^{37} \tag{6.2j}$$

该方程组也采用了消除短时间尺度的近似,如^{233}Pa 直接生成^{234}U。

例 6.1 以纯^{235}U 为燃料的反应堆的燃料消耗。

假设以纯^{235}U 为燃料的反应堆在常中子注量率 10^{14}n/(cm^2·s)下运行 1 年。方程(6.1b)的解为

$$n^{25}(t)=n^{25}(0)\exp(-\sigma_{a}^{25}\phi t)$$

在该反应堆运行 1 年后,则有

$$\sigma_{a}^{25}\phi t=594\times10^{-24}\times1\times10^{14}\times3.15\times10^{17}=1.87$$

那么 $n^{25}(t)=0.154n^{25}(0)$。由此可得,1 年中裂变掉的原子数目为

$$[n(1)-n(0)][\sigma_{f}/(\sigma_{f}+\sigma_{\gamma})]=0.846n^{25}(0)(507/594)=0.722n^{25}(0)$$

由于^{235}U 每次裂变释放 192.9MeV 可回收的能量,那么总的可回收的裂变能为

$$0.722n^{25}(0)\times192.9\times1.6\times10^{-19}=2.23\times10^{-17}\times n^{25}(0)(\mathrm{MJ})$$

如果初始堆芯装有 100kg^{235}U,那么释放的总可回收的裂变能为

$$2.23\times10^{-17}\times n^{25}(0)\times(10^{5}/235)\times(6.02\times10^{23})=0.95\times10^{9}(\mathrm{MJ})=1.1\times10^{4}(\mathrm{MW\cdot d})$$

若忽略^{236}Np 经电子俘获衰变生成^{236}U 这一过程,$n^{25}(t)$的解代入方程(6.1c)可得

$$n^{26}(t)=[n^{25}(0)\sigma_{\gamma}^{25}/(\sigma_{a}^{25}-\sigma_{a}^{26})][\exp(-\sigma_{a}^{26}\phi t)-\exp(-\sigma_{a}^{25}\phi t)]$$

这个 $n^{26}(t)$的表达式可用于求解方程(6.1d),并得到相似的但更为复杂的 $n^{27}(t)$的解,以此类推。

6.1.3 裂变产物

裂变过程通常生成 2 个中等质量的原子核,并同时释放 2 个或 3 个中子。有意思的是裂

变产物的质量并不等于裂变核素的1/2,而是在质量数等于100和140处出现两个峰值,如图6.2所示。裂变生成的同位素通常富含中子,并经历进一步的放射性衰变。它们也可能俘获中子,其俘获截面从零点零几靶恩到几百万靶恩不等。裂变产物核素j通用的生成-消耗方程为

$$\frac{\mathrm{d}n_j}{\mathrm{d}t} = \gamma_j \Sigma_\mathrm{f} \phi + \sum_j (\lambda^{i\to j} + \sigma^{i\to j}\phi) n_i - (\lambda^j + \sigma_\mathrm{a}^j \phi) n_j \tag{6.3}$$

式中:γ_j为裂变产物核素j的裂变份额;$\lambda^{i\to j}$为同位素i衰变成同位素j的衰变(β、α、中子等,衰变)常数;$\sigma^{i\to j}$为同位素i经中子俘获生成同位素j的嬗变截面。

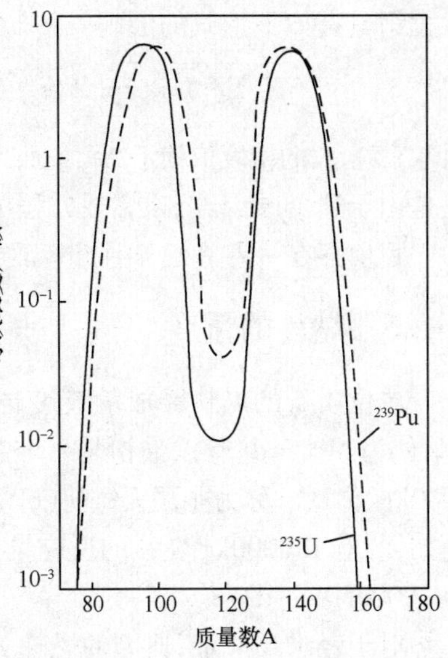

图6.2 ^{235}U和^{239}Pu的裂变份额[15]

虽然裂变产物将经历各种嬗变和衰变,但是直接裂变产物及其子代同位素的总量仍然随时间增长:

$$\frac{\mathrm{d}n_\mathrm{fp}}{\mathrm{d}t} = \sum_j \frac{\mathrm{d}n_j}{\mathrm{d}t} = \sum_j \gamma_j \Sigma_\mathrm{f} \phi \tag{6.4}$$

6.1.4 燃耗方程的求解

如果已知随时间变化的中子注量率,那么在反应堆寿期内对上述方程组积分即可确定燃料成分的变化。然而,中子注量率分布与燃料成分有密切的关系。在实际应用中,首先须根据循环初的反应堆成分与临界控制棒位置或硼溶液浓度(对压水堆而言)计算获得初始的中子注量率分布;其次在一定燃耗时间步Δt_burn内,利用该中子注量率分布对燃耗方程进行积分得到新的燃料成分;然后根据新的燃料成分利用试算法计算获得新的临界控制棒位置或硼溶液浓度及其中子注量率分布;再利用新的中子注量率分布在下一个燃耗时间步Δt_burn内对生成-消耗方程进行积分得到新的燃料成分;依此类推直至燃料循环末。Δt_burn的最大值取决于燃料成分变化的快慢、燃料成分的变化对中子注量率分布的影响及其数值积分格式的精度。若暂时忽略Xe和Sm等相对短寿期裂变产物的物理过程,燃料成分与中子注量率的变化通常在几百小时或者更长的时间尺度上。

从已知成分的时刻t_i求解t_{i+1}时刻的燃耗方程的主要步骤:①确定t_i时刻的多群常数;②求解t_i时刻的多群扩散方程并获得中子注量率、临界控制棒位置或硼溶液浓度(调整控制棒的位置或硼溶液浓度使反应堆处于临界状态);③将燃耗方程从t_i时刻积分到t_{i+1}时刻(求解中子注量率也可采用多群输运计算,或多群或连续能量蒙特卡罗计算;群截面的计算涉及无限介质谱计算和单位栅元均匀化计算或直接基于预先计算而生成的截面常数拟合。),而且可利用每一点的中子注量率对反应堆中每一个位置的燃耗方程进行积分,也可利用燃料元件的平均中子注量率对一个燃料元件进行积分,还可利用燃料组件的平均中子注量率对整个燃料组件进行积分。

假设中子注量率在时间间隔$t_{i+1} < t < t_{i+1}$内为常数,燃耗方程组可表示成矩阵形式:

$$\frac{\mathrm{d}\boldsymbol{N}(t)}{\mathrm{d}t} = \boldsymbol{A}(\phi(t_i))\boldsymbol{N}(t) + \boldsymbol{F}(\phi(t_i)) \quad (t_i \leqslant t \leqslant t_{i+1}) \tag{6.5}$$

方程组具有如下形式的通解:

$$\boldsymbol{N}(t_{i+1})=\exp[\boldsymbol{A}(t_i)\Delta t]\boldsymbol{N}(t_i)+\boldsymbol{A}^{-1}(t_i)\{\exp[\boldsymbol{A}(t_i)\Delta t]-1\}\boldsymbol{F}(t_i) \tag{6.6}$$

通常来说,解的精度依赖于 Δt_{burn},而且对所有需要计算的同位素,Δt_{burn} 须满足 $(\lambda^i+\sigma_a^i\varphi)\Delta t_{\text{burn}}\ll 1$。正是由于这个原因,忽略燃耗方程中所有短时间尺度的物理过程对求解燃耗方程是非常经济的。目前存在一些在已知注量率的情况下用于求解燃耗方程的计算机程序[7]。

6.1.5 燃耗的量度

单位质量的燃料释放的裂变能是衡量燃耗最常用的方法。例如,反应堆释放的裂变能(单位为 MW·d)除以最初装入堆芯的燃料(包括易裂变和可增殖同位素)的总质量(单位为1000kg 或 1t),称为兆瓦天每吨(MW·d/t)。燃耗的另一个单位是 MW·d/kg = 10^{-3}MW·d/t。例如,装有 100000kg 燃料的反应堆在 3000MW 的功率水平上运行了 1000d,那么燃料的燃耗为 30000MW·d/t。

对于轻水反应堆,典型的燃耗为 30000~50000MW·d/t。快中子反应堆的期望燃耗能达到 100000~150000MW·d/t。

6.1.6 燃料成分随燃耗的变化

最初的易裂变同位素(如 ^{235}U)随着反应堆的运行逐渐减少。然而,可增殖同位素 ^{238}U 的中子嬗变生成新的易裂变同位素 ^{239}Pu;它通过中子俘获继续嬗变成 ^{240}Pu 或更高质量数的锕系元素。典型轻水反应堆中随燃耗增加生成的各种 Pu 的同位素如图 6.3 所示。

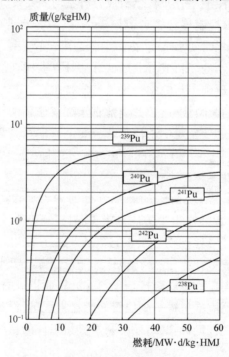

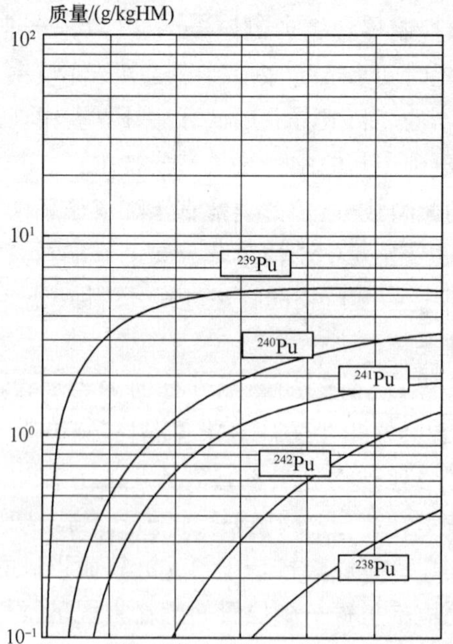

图 6.3 Pu 同位素在以 4%(质量分数)UO_2 为燃料的轻水反应堆内的积累过程[1]

从典型轻水反应堆和液态金属快中子增殖反应堆中卸出的乏燃料的主要成分如表 6.2 所列。表中数据的单位为密度(单位为 g/cm^3)与 10^{-24} 的乘积;乘以微观截面(b)可得其宏观截面。压水堆乏燃料的成分及其对应的平均富集度和燃耗见表6.2第二列和第三列所示,第二列是1995年以前使用的典型燃料,而第三列是1995年后使用的典型燃料。

表6.2 UO_2乏燃料卸料时的重金属成分①

反应堆类型		LWR	LWR	LMFBR	LMFBR
初始富集度(质量分数)/%		3.13	4.11	20	20
功率/(MW/MTU)		21.90	27.99	54.76	54.76
燃耗/(GW·d/t)		32	46	100	150
锕系元素 $/1\times10^{24}cm^{-3}$	^{234}U	3.92×10^{-6}	4.51×10^{-6}	3.37×10^{-5}	2.88×10^{-5}
	^{235}U	1.92×10^{-4}	1.72×10^{-4}	2.17×10^{-3}	1.37×10^{-3}
	^{236}U	8.73×10^{-5}	1.23×10^{-4}	4.58×10^{-4}	5.62×10^{-4}
	^{237}U	②	2.48×10^{-7}	5.71×10^{-7}	7.89×10^{-7}
	^{238}U	2.12×10^{-2}	2.08×10^{-2}	1.63×10^{-2}	1.53×10^{-2}
	^{237}Np	1.01×10^{-5}	1.64×10^{-5}	5.11×10^{-5}	1.01×10^{-4}
	^{239}Np	1.25×10^{-6}	1.55×10^{-6}	2.93×10^{-6}	3.16×10^{-6}
	^{238}Pu	3.36×10^{-6}	6.56×10^{-6}	3.84×10^{-6}	1.20×10^{-5}
	^{239}Pu	1.23×10^{-4}	1.23×10^{-4}	1.04×10^{-3}	1.36×10^{-3}
	^{240}Pu	4.05×10^{-5}	4.28×10^{-5}	7.83×10^{-5}	1.71×10^{-4}
	^{241}Pu	3.44×10^{-5}	4.07×10^{-5}	2.60×10^{-6}	8.37×10^{-6}
	^{242}Pu	1.05×10^{-5}	1.69×10^{-5}	②	4.70×10^{-7}
	^{241}Am	1.45×10^{-6}	1.62×10^{-6}	1.50×10^{-7}	6.87×10^{-7}
	^{243}Am	2.12×10^{-6}	4.46×10^{-6}	②	②
	^{242}Cm	3.71×10^{-7}	5.66×10^{-7}	②	②
	^{244}Cm	4.81×10^{-7}	1.39×10^{-6}	②	②

① 由 ORIGEN 计算获得[7]。

② <0.001%

6.1.7 燃料成分变化的反应性效应

燃料成分的变化对反应性的影响较为复杂。燃料原子核的裂变产生2个负反应性效应:燃料原子核数量的减少和裂变产物的生成。许多裂变产物具有很大的中子俘获截面。不同的可增殖同位素通过嬗变-衰变链可生成锕系元素(以铀为燃料的反应堆)或铀的同位素(以钍为燃料的反应堆),其中的一些核素是易裂变的。可增殖同位素嬗变成非易裂变的同位素可能产生正反应性效应,也可能产生负效应,这取决于所涉及同位素的截面。可增殖同位素嬗变成易裂变的同位素产生正反应性效应。在燃料循环初期,由于燃料具有较高的初始富集度,与易裂变同位素消耗相比,可增殖同位素的嬗变-衰变过程通常生成更多的易裂变核,这引入正反应性直至嬗变生成的易裂变核达到其平衡浓度。

在以铀为燃料的反应堆的燃料循环初期,^{239}Pu 的积聚可能引入一个比因 ^{235}U 消耗和裂变产物积聚引入的负反应性还要大的正反应性。对于热中子反应堆,因为 $\eta^{49}<\eta^{25}$,所以,为了产生正、反应性效应,^{239}Pu 的生成量必须超过 ^{235}U 的消耗量。在快中子反应堆中,对于

能量大于 10keV 的中子,因为 $\eta^{49} > \eta^{25}$,即使^{235}U 的消耗量大于^{239}Pu 的生成量,^{239}Pu 的积聚在燃料循环初期仍然能引入正反应性。当^{238}U 嬗变率与^{239}Pu 消耗率达到平衡时,^{239}Pu 达到饱和浓度;此后,^{235}U 的消耗和裂变产物的积聚引入负反应性并在随后的燃料寿期内不断地增大。

6.1.8 补偿燃料消耗引起的反应性变化

在整个燃料循环寿期内,燃料消耗引起的反应性变化必须得到补偿以维持反应堆的临界。最主要的补偿元件是控制棒。燃料消耗过程引入正反应性时,可插入控制棒;出现负反应性时,可抽出控制棒。调整冷却剂水中的中子吸收材料(如硼酸)的浓度是另一种可用于补偿因燃料消耗引起的反应性变化的方法。可溶性毒物适用于补偿压水堆内燃料消耗的反应性效应,但是不适用于沸水堆,因为硼可能在沸腾表面析出。由于温度升高会降低可溶性中子吸收材料的密度,因此可溶性毒物导致正冷却剂温度系数。这要求必须限制其最大的浓度,因而它能补偿的最大的反应性变化也随之受到了制约。

可燃毒物(如置于燃料组件内的硼、铒或镉)随时间不断地被消耗,因而它们也能用于补偿因燃料消耗引入的负反应性。可燃毒物的浓度随时间的变化可表示为

$$\frac{dn^{bp}}{dt} = -f_{bp} n^{bp} \sigma_{bp} \phi \tag{6.7}$$

式中:f_{bp}为毒物元件的自屏蔽系数(可燃毒物内的中子注量率与其附近燃料元件内的中子注量率之比)。

须恰当地选取可燃毒物的浓度以确保它们在循环初期具有足够的($f_{bp} \ll 1$)空间自屏蔽以屏蔽其对中子的俘获,并能维持其中子俘获率为常数。在某个时刻之后,可燃毒物的浓度能大幅地减少(意味着f_{bp}的增加和毒物的耗尽)以增加反应性。若可燃毒物在因燃料消耗引入的负反应性大幅增加时(如^{239}Pu 达到饱和浓度)耗尽,它们至少可以部分地补偿因燃料消耗而降低的反应性。

6.1.9 反应性惩罚

因为某些锕系元素是中子吸收材料,所以^{238}U 在嬗变-衰变过程生成的锕系元素及其在燃料内的积聚将引起反应性惩罚。^{239}Pu 和^{241}Pu 是易裂变的,^{240}Pu 可嬗变成^{241}Pu,^{242}Pu 可嬗变成裂变截面很小的^{243}Pu,那么^{242}Pu 的积聚使其成为热中子反应堆内的强中子寄生吸收材料。^{243}Pu 衰变而成的^{243}Am 在反应堆内积聚也成为热中子反应堆内的主要中子寄生吸收材料,不过它很容易在燃料后处理过程中被分离出来。分离不同的钚同位素是非常困难的,因此如果钚与铀一起进行再循环,^{242}Pu 引入的负反应性成为一个越来越严重的问题。如图 6.4 所示,^{235}U 中子俘获生成的^{236}U 也面临相同的问题,因为它很难与^{235}U 分离。^{237}Np 也存在这个问题,它是由^{236}U 嬗变成^{237}U 并进一步衰变产生的。然而,由于^{237}Np 很容易被分离出来,因而它在再循环燃料中并不会持续地积聚。

燃料在沸水堆内经过 1 个、2 个和 3 个循环后,其寿期末的反应性惩罚如表 6.3 所列。虽然已经假设在每次再循环时^{237}Np 和^{243}Am 被分离出去,但是由于^{236}U 和^{242}Pu 的积聚而导致的^{237}Np 和^{243}Am 的反应性惩罚一直在增加。

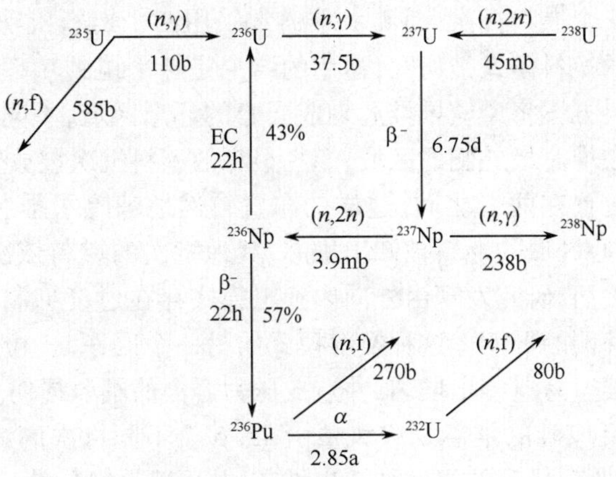

图 6.4 ^{235}U 的中子嬗变－衰变链[4]

表 6.3 再循环 BWR 燃料的反应性惩罚[16]（% $\Delta k/k$）

循环末期	^{236}U	^{237}Np	^{242}Pu	^{243}Am
1	0.62	0.13	0.65	0.36
2	0.90	0.59	1.53	0.57
3	1.12	0.73	2.04	0.89

6.1.10 燃料消耗对功率分布的影响

在燃料的寿期内，燃料的消耗和控制棒的补偿动作影响堆芯的功率分布。功率最大的位置，燃耗也最大。燃料消耗初期产生的正反应性增大了功率峰值。随后的负反应性效应将引起功率峰值移至具有更高无限增殖系数的区域。因燃料消耗引起的功率峰值须移动控制棒进行消除。然而，为消除燃料消耗引起的反应性影响而移动控制棒本身引起功率峰值；控制棒的插入减少了其附近燃料的消耗，因此当控制棒抽出后，更高的无限增殖系数使该区域面临功率的峰值。同理，可燃毒物能"屏蔽"其附近的燃料，这产生了高无限增殖系数区域，并随着可燃毒物的耗尽，这些区域将出现功率峰值。确定合适的燃料区域、可燃毒物的分布和恰当的控制棒移动策略以补偿燃料消耗引起的反应性变化而不引起大的功率峰值是反应堆物理分析的主要任务之一。

6.1.11 堆内燃料管理

反应堆堆芯内的燃料通常由几个不同批次的燃料组成，不同批次的燃料在反应堆内停留的时间不同。燃料批次的选择是平衡燃耗最大化与停堆换料次数最少化的结果，停堆的次数影响电厂的容量因子。在每一次换料时，具有最深燃耗的燃料批次被卸出堆芯，低燃耗的燃料批次被移至不同的位置，新燃料或已使用过的燃料被装入堆芯以代替卸出的燃料。确定不同批次的燃料在反应堆中的分布以确保反应堆能满足安全、功率分布和燃耗或燃料循环周期等要求是燃料管理分析的主要内容。虽然燃料管理通常是提前计划好的，但是它实际上需要不断地被更新以实现比预期更高或者更低的容量因子（与根据计划的换料时间估计的反应性相比，这需要更大或更小的反应性）和应对突发的燃料消耗（与根据计划的换料时间估计的反应性相比，这需要更大的反应性）。

压水堆通常采用三个燃料批次,而沸水堆通常采用四个燃料批次;12~18个月进行一次换料。曾经大量不同的换料模式被研究,通用的结论是越平坦的功率分布能从燃料获得更多的能量。由外向内换料方案将反应堆堆芯划成同心的环形区域,不同的区域放置不同批次的燃料。新燃料被放置在堆芯最外侧的区域,燃耗最深的燃料批次被放置在堆芯的中心区域,中等燃耗的燃料批次被放置在两者之间,这样的布置自然地消除了堆芯中心区域的功率峰值。在换料时,位于堆芯中心区域的燃料被卸出堆芯,其他批次的燃料依次向内移动,新燃料被放置在堆芯的最外侧。然而,研究发现由外向内换料模式存在过度抑制了堆芯中心的功率峰值而使其出现在堆芯的外侧的可能。这种换料模式的另一个问题是:位于堆芯外侧区域的新燃料产生的大量快中子很容易泄漏出堆芯,并造成压力容器的辐照损伤。

分散换料模式将反应堆的堆芯划成大量由4~6个不同批次的燃料组件组成的小区域。在换料时,每个区域内燃耗最深的组件被卸出堆芯,并用新燃料代替。这种换料模式能实现更均匀的功率分布,而且比由外向内换料模式泄漏更少的快中子。

由于泄漏的快中子造成压力容器损伤引起严重的问题,因而许多不同的换料模式被研究以最小化快中子泄漏。比如:在反应堆最外侧仅布置部分使用过的燃料组件;在焊接处或其他重要的位置放置高燃耗的燃料组件;在最外侧的燃料组件中放置可燃毒物;在堆芯最外侧的区域放置空燃料组件;等等。

资源利用的最大化要求在材料损伤的限值内使燃耗最大化;对于轻水反应堆,更高富集度的燃料已经研制成功并达到了50000MW·d/t的燃耗。更深的燃耗产生更多的锕系元素和裂变产物,具有较大热中子吸收截面的它们减少了控制棒的热中子有效吸收份额,进而减小了控制棒的价值,而且使冷却剂温度反应性系数更大。高富集度、高燃耗的燃料为更长的换料周期提供了条件,这进一步提高了电厂的容量因子,并降低了发电成本。

6.2 钐和氙

两种短寿期的裂变产物^{149}Sm和^{135}Xe因其具有极大的热中子吸收截面而在反应堆功率变化时引起一些特殊的反应性瞬态行为。

6.2.1 钐中毒

^{149}Sm是由裂变产物^{149}Nd(钕)经β衰变生成的,如图6.5所示。它的热中子吸收截面为4×10^4b,而且它也具有很大的超热中子共振吸收截面。因为^{149}Nd的半衰期仅为1.7h,所以可假设^{149}Pm直接由裂变生成,那么^{149}Sm的生成–消耗方程可写为

$$\frac{\mathrm{d}P}{\mathrm{d}t}=\gamma^{\mathrm{Nd}}\Sigma_{\mathrm{f}}\phi-\lambda^{\mathrm{P}}P$$

$$\frac{\mathrm{d}S}{\mathrm{d}t}=\lambda^{\mathrm{P}}P-\sigma_{\mathrm{a}}^{\mathrm{S}}\phi S \tag{6.8}$$

式中:P和S分别代表^{149}Pm和^{149}Sm。

当中子注量率ϕ为常数时,该方程组的解为

$$\begin{cases}P(t)=\dfrac{\gamma^{\mathrm{Nd}}\Sigma_{\mathrm{f}}\phi}{\lambda^{\mathrm{P}}}(1-\mathrm{e}^{-\lambda^{\mathrm{P}}t})+P(0)\mathrm{e}^{-\lambda^{\mathrm{P}}t}\\ S(t)=S(0)\mathrm{e}^{-\sigma_{\mathrm{a}}^{\mathrm{S}}\phi t}+\dfrac{\gamma^{\mathrm{Nd}}\Sigma_{\mathrm{f}}}{\sigma_{\mathrm{a}}^{\mathrm{S}}}(1-\mathrm{e}^{-\sigma_{\mathrm{a}}^{\mathrm{S}}\phi t})-\dfrac{\gamma^{\mathrm{Nd}}\Sigma_{\mathrm{f}}\phi-\lambda^{\mathrm{P}}P(0)}{\lambda^{\mathrm{P}}-\sigma_{\mathrm{a}}^{\mathrm{S}}\phi}(\mathrm{e}^{-\sigma_{\mathrm{a}}^{\mathrm{S}}\phi t}-\mathrm{e}^{-\lambda^{\mathrm{P}}t})\end{cases} \tag{6.9}$$

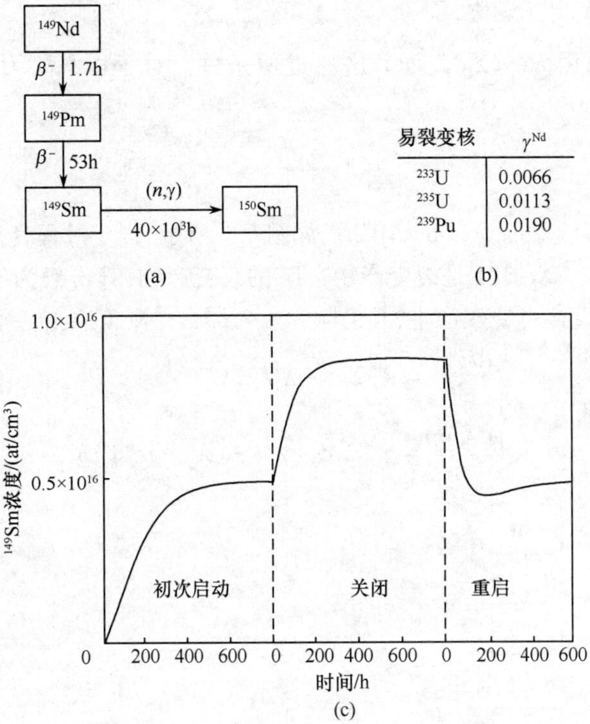

图 6.5 轻水反应堆内典型工况下^{149}Sm 的变化[3]

(a)嬗变－衰变链；(b)裂变产额；(c)随时间的变化过程。

当反应堆首次启动时，即 $P(0)=S(0)=0$，钷和钐达到平衡时的浓度为

$$P_{\mathrm{eq}}=\frac{\gamma^{\mathrm{Nd}}\Sigma_{\mathrm{f}}\phi}{\lambda^{\mathrm{P}}},S_{\mathrm{eq}}=\frac{\gamma^{\mathrm{Nd}}\Sigma_{\mathrm{f}}}{\sigma_{\mathrm{a}}^{\mathrm{S}}} \tag{6.10}$$

^{149}Pm 的平衡浓度与中子注量率水平有关。^{149}Sm 的平衡浓度取决于^{149}Pm 的裂变率和^{149}Sm 的嬗变率。由于这两个值均与中子注量率成比例，因而^{149}Sm 的平衡浓度与中子注量率水平无关。它们达到平衡浓度的时间取决于 ϕ、$\sigma_{\mathrm{a}}^{\mathrm{S}}$ 和 λ^{P}。对于典型热中子反应堆的中子注量率水平（如 5×10^{13} n/(cm^2·s)），它们通常需要几百小时才能达到平衡。

当反应堆运行足够长的时间，即^{149}Sm 已达到平衡浓度后，关闭反应堆，即当 $P(0)=P_{\mathrm{eq}}$，$S(0)=S_{\mathrm{eq}}$，且 $\phi=0$ 时，方程(6.9)的解为

$$\begin{cases}P(t)=P_{\mathrm{eq}}\mathrm{e}^{-\lambda^{\mathrm{P}}t}\\S(t)=S_{\mathrm{eq}}+P_{\mathrm{eq}}(1-\mathrm{e}^{-\lambda^{\mathrm{P}}t})\rightarrow S_{\mathrm{eq}}+P_{\mathrm{eq}}\end{cases} \tag{6.11}$$

这表明，随着^{149}Pm（时间常数 $1/\lambda^{\mathrm{P}}=78$h）逐渐衰变成^{149}Sm，^{149}Sm 的浓度逐渐增至 $S_{\mathrm{eq}}+P_{\mathrm{eq}}$。如果反应堆重新启动，那么^{149}Sm 逐渐消耗直至^{149}Pm 重新积聚；随后，^{149}Sm 再次回到平衡浓度。钐浓度在上述过程中随时间的变化过程如图 6.5 所示。

利用微扰理论计算^{149}Sm 的反应性价值为

$$\rho_{\mathrm{Sm}}^{(t)}=-\frac{S(t)\sigma_{\mathrm{a}}^{\mathrm{S}}}{\Sigma_{\mathrm{a}}} \tag{6.12}$$

其中，平衡浓度下的反应性价值为

$$\rho_{\mathrm{Sm}}^{\mathrm{eq}} = -\frac{\gamma^{\mathrm{Nd}}\Sigma_{\mathrm{f}}}{\sigma_{\mathrm{a}}^{\mathrm{S}}}\frac{\sigma_{\mathrm{a}}^{\mathrm{S}}}{\Sigma_{\mathrm{a}}} = -\gamma^{\mathrm{Nd}}\frac{\Sigma_{\mathrm{f}}}{\Sigma_{\mathrm{a}}} = -\frac{\gamma^{\mathrm{Nd}}}{\nu} \tag{6.13}$$

在公式推导过程中利用 $k \approx \nu\Sigma_{\mathrm{f}}/\Sigma_{\mathrm{a}} = 1$ 这一近似条件。对于以 ^{235}U 为燃料的反应堆，$\rho_{\mathrm{Sm}}^{\mathrm{eq}} \approx -0.0045$。

6.2.2 氙中毒

^{135}Xe 的热中子吸收截面为 2.6×10^6b。如图 6.6 所示，裂变过程直接生成 ^{135}Xe，其份额为 γ^{Xe}；^{135}I 的衰变也生成 ^{135}Xe。^{135}I 是裂变产物 ^{135}Te 的衰变产物，其份额为 γ^{Te}。由于 ^{135}Te 的半衰期仅为 19s，假设 ^{135}I 直接由裂变产生，其份额为 γ^{Te}，那么 ^{135}Xe 的生成－消耗方程可写为

$$\begin{cases} \dfrac{\mathrm{d}I(t)}{\mathrm{d}t} = \gamma^{\mathrm{Te}}\Sigma_{\mathrm{f}}\phi - \lambda^{\mathrm{I}}I \\ \dfrac{\mathrm{d}X(t)}{\mathrm{d}t} = \gamma^{\mathrm{Xe}}\Sigma_{\mathrm{f}}\phi + \lambda^{\mathrm{I}}I - (\lambda^{\mathrm{X}} + \sigma_{\mathrm{a}}^{\mathrm{X}}\phi)X \end{cases} \tag{6.14}$$

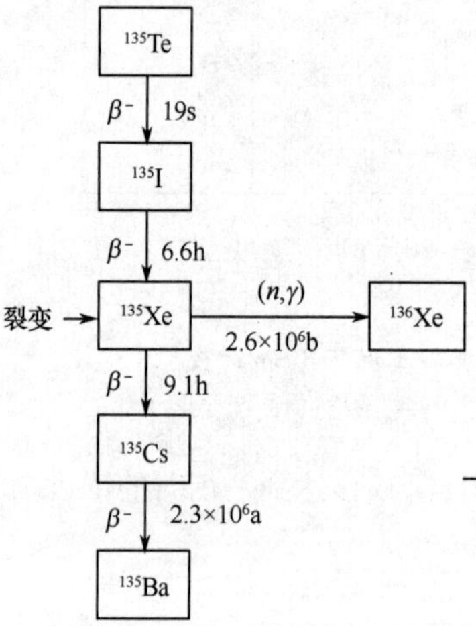

(a)

易裂变核	$\gamma(^{135}\mathrm{Te})$	$\gamma(^{135}\mathrm{Xe})$
^{233}U	0.051	
^{235}U	0.061	0.003
^{239}Pu	0.055	

(b)

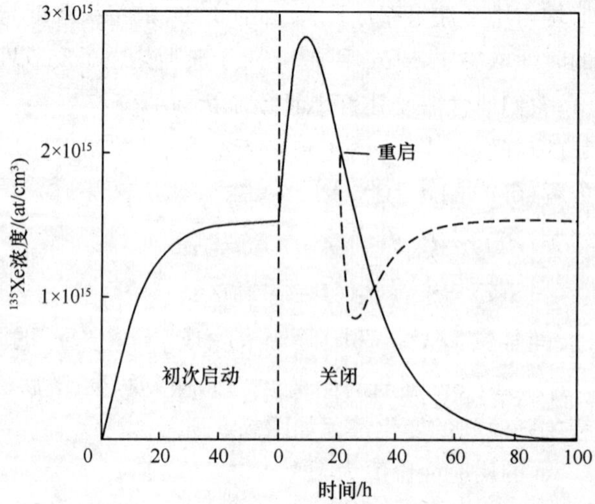

(c)

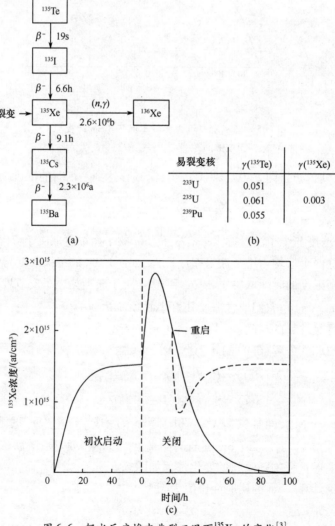

图 6.6 轻水反应堆内典型工况下 ^{135}Xe 的变化[3]

(a)嬗变－衰变链；(b)裂变产额；(c)随时间的变化过程。

方程组的解为

$$\begin{cases} I(t) = \dfrac{\gamma^{\mathrm{Te}}\Sigma_{\mathrm{f}}\phi}{\lambda^{\mathrm{I}}}(1 - \mathrm{e}^{-\lambda^{\mathrm{I}}t}) + I(0)\mathrm{e}^{-\lambda^{\mathrm{I}}t} \\ X(t) = \dfrac{(\gamma^{\mathrm{Te}} + \gamma^{\mathrm{Xe}})\Sigma_{\mathrm{f}}\phi}{\lambda^{\mathrm{X}} + \sigma_{\mathrm{a}}^{\mathrm{X}}\phi}[1 - \mathrm{e}^{-(\lambda^{\mathrm{X}} + \sigma_{\mathrm{a}}^{\mathrm{X}}\phi)t}] + \\ \quad \dfrac{\gamma^{\mathrm{Te}}\Sigma_{\mathrm{f}}\phi - \lambda^{\mathrm{I}}I(0)}{\lambda^{\mathrm{X}} - \lambda^{\mathrm{I}} + \sigma_{\mathrm{a}}^{\mathrm{X}}\phi}[\mathrm{e}^{-(\lambda^{\mathrm{X}} + \sigma_{\mathrm{a}}^{\mathrm{X}}\phi)t} - \mathrm{e}^{-\lambda^{\mathrm{I}}t}] + X(0)\mathrm{e}^{-(\lambda^{\mathrm{X}} + \sigma_{\mathrm{a}}^{\mathrm{X}}\phi)t} \end{cases} \tag{6.15}$$

当反应堆首次启动时,即 $X(0) = I(0) = 0$,$^{135}\mathrm{I}$ 和 $^{135}\mathrm{Xe}$ 达到平衡时的浓度为

$$\begin{cases} I_{\mathrm{eq}} = \dfrac{\gamma^{\mathrm{Te}}\Sigma_{\mathrm{f}}\phi}{\lambda^{\mathrm{I}}} \\ X_{\mathrm{eq}} = \dfrac{(\gamma^{\mathrm{Te}} + \gamma^{\mathrm{Xe}})\Sigma_{\mathrm{f}}\phi}{\lambda^{\mathrm{X}} + \sigma_{\mathrm{a}}^{\mathrm{X}}\phi} \end{cases} \tag{6.16}$$

它们的时间常数分别为 $1/\lambda^{\mathrm{I}} = 0.1\mathrm{h}$ 和 $1/(\lambda^{\mathrm{X}} + \sigma_{\mathrm{a}}^{\mathrm{X}}\phi) \approx 30\mathrm{h}$。利用微扰理论计算的平衡氙的反应性价值为

$$\rho_{\mathrm{Xe}}^{\mathrm{eq}} = -\frac{\sigma_{\mathrm{a}}^{\mathrm{X}}(\gamma^{\mathrm{Te}} + \gamma^{\mathrm{Xe}})\Sigma_{\mathrm{f}}\phi}{\Sigma_{\mathrm{a}}(\lambda^{\mathrm{X}} + \sigma_{\mathrm{a}}^{\mathrm{X}}\phi)} \approx -\frac{\gamma^{\mathrm{Te}} + \gamma^{\mathrm{Xe}}}{\nu\left(1 + \dfrac{\lambda^{\mathrm{X}}}{\sigma_{\mathrm{a}}^{\mathrm{X}}\phi}\right)} = -\frac{0.026}{1 + \dfrac{0.756 \times 10^{13}}{\phi}} \tag{6.17}$$

6.2.3 氙峰

当反应堆在平衡氙状态下停堆时,即当 $I(0) = I_{\mathrm{eq}}$,$X(0) = X_{\mathrm{eq}}$ 和 $\phi = 0$ 时,碘和氙的浓度满足方程(6.15),化简可得

$$\begin{cases} I(t) = I_{\mathrm{eq}}\mathrm{e}^{-\lambda^{\mathrm{I}}t} \\ X(t) = I_{\mathrm{eq}}\dfrac{\lambda^{\mathrm{I}}}{\lambda^{\mathrm{I}} - \lambda^{\mathrm{X}}}[\mathrm{e}^{-\lambda^{\mathrm{X}}t} - \mathrm{e}^{-\lambda^{\mathrm{I}}t}] + X_{\mathrm{eq}}\mathrm{e}^{-\lambda^{\mathrm{X}}t} \end{cases} \tag{6.18}$$

如果 $\phi > (\gamma^{\mathrm{X}}/\gamma^{\mathrm{Te}})(\lambda^{\mathrm{X}}/\sigma_{\mathrm{a}}^{\mathrm{X}})$,那么停堆后氙将不断地积聚,且在

$$t_{\mathrm{Pk}} = \frac{1}{\lambda^{\mathrm{I}} - \lambda^{\mathrm{X}}}\ln\frac{\lambda^{\mathrm{I}}/\lambda^{\mathrm{X}}}{1 + (\lambda^{\mathrm{X}}/\lambda^{\mathrm{I}})(\lambda^{\mathrm{I}}/\lambda^{\mathrm{X}} - 1)(X_{\mathrm{eq}}/I_{\mathrm{eq}})} \tag{6.19}$$

时达到峰值;随后,若反应堆不再启动,积聚的氙逐渐衰减直至全部消失。对于以 $^{235}\mathrm{U}$ 和 $^{233}\mathrm{U}$ 为燃料的反应堆,当其中子注量率 $\phi > 4 \times 10^{11}\mathrm{n(cm^2 \cdot s)}$ 和 $\phi > 3 \times 10^{12}\mathrm{n/(cm^2 \cdot s)}$ 时,氙浓度在反应堆停堆后将有所增加。典型热中子反应堆的中子注量率(如 $5 \times 10^{13}\mathrm{n/(cm^2 \cdot s)}$)通常远大于上面这些阈值,那么对于热中子反应堆,由方程(6.19)可知在 11.6h 时出现氙峰。如果反应堆须在氙完全衰变之前启动,那么氙浓度首先将因氙的消耗而降低,随后因逐渐增加的碘的衰变而再一次升高,并最终在新的功率水平下重新达到平衡值 I_{eq} 和 X_{eq}。氙浓度在这一过程中随时间的变化如图 6.6 所示。

6.2.4 功率变化的影响

当反应堆的功率发生变化时(如负荷跟随),氙的浓度也随之发生变化。假设反应堆内的碘和氙在中子注量率 ϕ_0 下已经分别达到其平衡浓度 $I_{\mathrm{eq}}(\phi_0)$ 和 $X_{\mathrm{eq}}(\phi_0)$,在 $t = t_0$ 时刻,中子注量率从 ϕ_0 变为 ϕ_1,那么方程(6.15)可写为

$$\begin{cases} I(t)=I_{eq}(\phi_1)\left(1-\dfrac{\phi_1-\phi_0}{\phi_1}\mathrm{e}^{-\lambda^{I}t}\right) \\ X(t)=X_{eq}(\phi_1)\left(1-\dfrac{\phi_1-\phi_0}{\phi_1}\left\{\dfrac{\lambda^{X}}{\lambda^{X}+\sigma_a^{X}\phi_0}\mathrm{e}^{-(\lambda^{X}+\sigma_a^{X}\phi_1)t}+\right.\right. \\ \left.\left.\dfrac{\gamma^{Te}}{\gamma^{Te}+\gamma^{Xe}}\dfrac{\lambda^{X}+\sigma_a^{X}\phi_1}{\lambda^{X}-\lambda^{I}+\sigma_a^{X}\phi_1}\left[\mathrm{e}^{-\lambda^{I}t}-\mathrm{e}^{-(\lambda^{X}+\sigma_a^{X}\phi_1)t}\right]\right\}\right) \end{cases} \tag{6.20}$$

在此瞬态过程中氙浓度随时间的变化如图 6.7 所示。

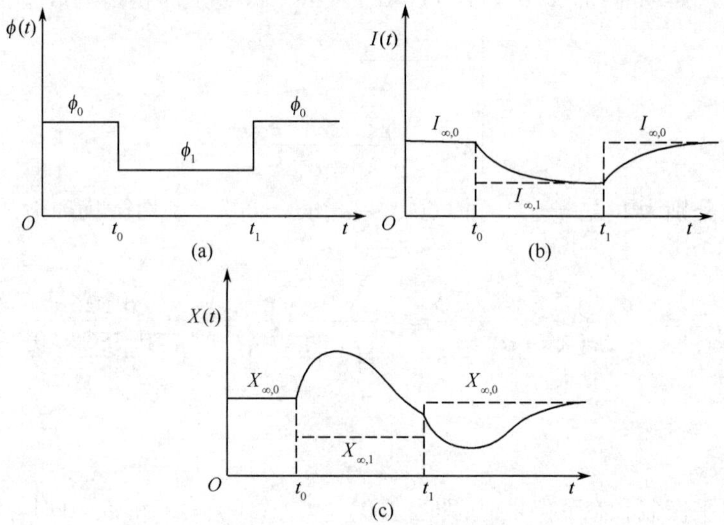

图 6.7 Xe 浓度随反应堆功率水平的变化[9]

利用微扰理论计算氙在此瞬态过程中任一时刻的反应性价值为

$$\rho_{Xe}(t)=-\frac{\sigma_a^{X}X(t)}{\Sigma_a}\approx-\frac{\sigma_a^{X}X(t)}{\nu\Sigma_f} \tag{6.21}$$

例 6.2 氙的反应性价值。

为了分析氙在反应堆内的积聚过程,假设以 ^{235}U 为燃料的反应堆在热中子注量率为 $5\times10^{13}\mathrm{n/(cm^2\cdot s)}$ 的水平上运行了 2 个月,这意味着氙和碘已经达到了其平衡浓度,如方程(6.16)所示。碘和氙的各种常数:$\sigma_a^{X}=2.6\times10^{-18}\mathrm{cm}^2$,$t_{1/2}^{I}=6.6\mathrm{h}$,$t_{1/2}^{X}=9.1\mathrm{h}$,$\lambda=\ln2/t_{1/2}$,$\gamma_{Te}=0.061$,$\gamma_{Xe}=0.003$,$\nu=2.434$。那么氙和碘的平衡浓度分别为

$$X_{eq}=0.0212\times10^{18}\Sigma_f\ \mathrm{cm}^{-3},I_{eq}=0.105\times10^{18}\Sigma_f\ \mathrm{cm}^{-3}$$

平衡氙的反应性价值为

$$\rho_{Xe}^{eq}\approx-\sigma_a^{X}X_{eq}/\Sigma_a=-0.022\Delta k/k$$

其中,计算中已经应用了近似的临界条件 $\nu\Sigma_f\approx\Sigma_a$。

如果反应堆关闭 6h 后再次启动,那么须补偿的氙的反应性价值为

$$\rho_{Xe}(t=6\mathrm{h})\approx-\sigma_a^{X}X(t=6\mathrm{h})/\nu\Sigma_f=-(0.633X_{eq}+0.366I_{eq})\times\sigma_a^{X}/\nu\Sigma_f$$
$$=-(0.0143+0.0409)=-0.552\Delta k/k$$

氙在停堆 6h 后达到其最大的浓度,这主要是由于在停堆后碘的衰变比氙的衰变快而造成氙的积聚。

6.3 可增殖到易裂变的转换和增殖

6.3.1 中子的可利用性

由图 6.1 所示的嬗变 - 衰变链可知，若将只能在快中子能区裂变的可增殖同位素^{238}U和^{232}Th分别转化成易裂变同位素^{239}Pu、^{241}Pu和^{233}U，从铀和钍中获取的能量可增加 2 个量级。易裂变同位素通常在热中子能区具有很大的裂变截面，而在快中子能区具有一定的裂变截面。可增殖同位素嬗变成易裂变同位素的速率取决于维持链式裂变反应后剩余中子的数目。当不存在泄漏和除燃料之外的其他吸收时，剩余中子的数目为$\eta-1$。主要易裂变同位素的η值如图 6.8 所示。

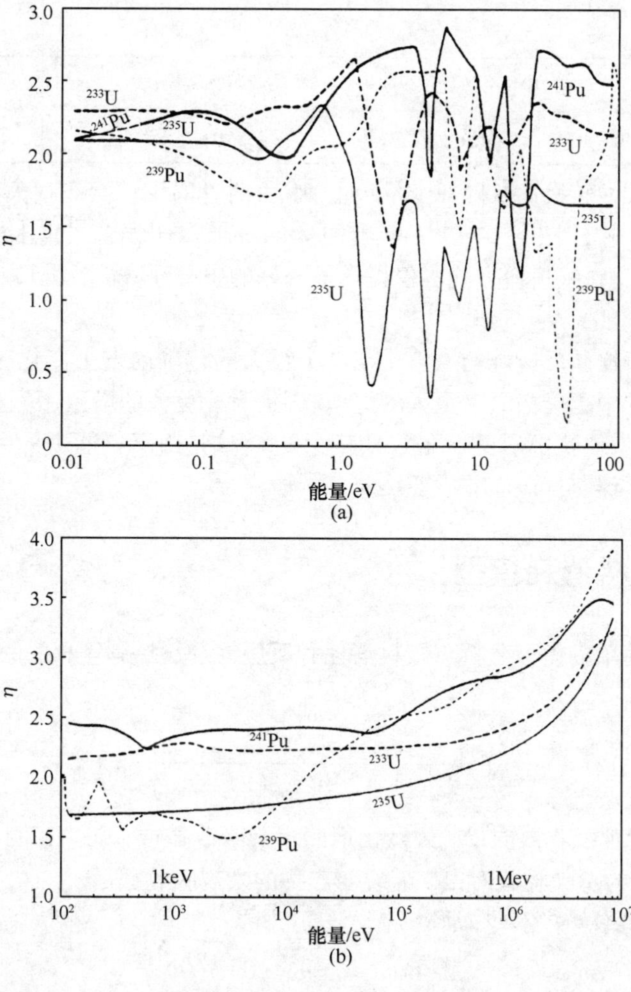

图 6.8 主要易裂变核素的η值[17]

可增殖同位素向易裂变同位素的转换特性取决于燃料循环类型和中子能谱。对于热中子反应堆（$E<1\text{eV}$）来说，^{233}U在易裂变核中具有最大的η值。因此，在热中子谱下，^{232}Th—^{233}U燃料循环具有最大的将可增殖同位素转换成易裂变同位素的能力。在快中子谱（$E>5\times10^4\text{eV}$）下，^{239}Pu和^{241}Pu具有更大的η值。基于^{238}U—^{239}Pu循环的液态金属冷却快中子增殖反应堆更能充分利用在高能区越来越大的 η^{49}。

6.3.2 转换比和增殖比

即时的转换比可定义为新易裂变同位素的生成速度与易裂变同位素的消耗速度之比。当这个比值大于 1 时,通常称为增殖比,因为反应堆能生产出的易裂变材料比它本身消耗的多。各类反应堆在参考设计下的平均转换比或增殖比如表 6.4 所列。

表 6.4　不同类型反应堆的转换比/增殖比[3]

反应堆	初始燃料	燃料循环	转换比
BWR	2% ~4% (质量分数) ^{235}U	^{238}U—^{239}Pu	0.6
PWR	2% ~4% (质量分数) ^{235}U	^{238}U —^{239}Pu	0.6
PHWR	天然铀	^{238}U —^{239}Pu	0.8
HTGR	≈5% (质量分数) ^{235}U	^{232}Th—^{233}U	0.8
LMFBR	10% ~20% (质量分数) ^{239}Pu	^{238}U—^{239}Pu	1.0 ~1.6

压水堆和沸水堆的转换比在同一个量级上,因为两者的设计具有很大的相似性。高温气冷堆的转换比更高一些,因为^{233}U 比^{235}U 具有更大的 η 值。压力管式重水堆(坎杜堆)具有较高的转换比,是由于其在线换料方式不仅提供了较好的中子经济性,而且减少了用以补偿剩余反应性的控制毒物。

液态金属快中子增殖反应堆的增殖比在一个很大的范围内发生变化,这主要是受到中子能谱的影响。更硬的中子能谱具有更大的 η 值,因而具有更大的增殖比。然而,正如第 5 章分析的那样,更软的能谱使快中子反应堆更加安全一些,这是由于低能中子更容易被共振吸收,因此它们更容易发生俘获反应而非裂变反应。

6.4 简单的燃料消耗模型

本节采用一个简单的模型分析与燃料消耗和反应性补偿控制等相关的概念。在这个模型中,临界条件写为

$$k = \eta f = \frac{\eta \Sigma_a^F(t)}{\Sigma_a^F(t) + \Sigma_a^M + \Sigma_a^{fp}(t) + \Sigma_a^C(t)} = 1 \tag{6.22}$$

式中:Σ_a^F 为燃料的宏观吸收截面;Σ_a^M 为慢化剂的宏观吸收截面;Σ_a^C 为控制材料(可溶性毒物、可燃毒物和控制棒)的总吸收截面;Σ_a^{fp} 为裂变产物的宏观吸收截面。

假设反应堆的功率保持不变,即

$$\nu\Sigma_f^F(t)\phi(t) = \nu\Sigma_f^F(0)\phi(0)$$

而且假设 $\eta = \nu\Sigma_f^F/\Sigma_a^F$ 随时间保持不变,燃料在任意时刻的宏观吸收截面为

$$\begin{aligned} \Sigma_a^F(t) &= N_F(t)\sigma_a^F = \sigma_a^F\left[N_F(0) - \varepsilon\sigma_a^F\int_0^t N_F(t')\phi(t')\mathrm{d}t'\right] \\ &= N_F(0)\sigma_a^F\left[1 - \varepsilon\phi(0)\sigma_a^F t\right] \end{aligned} \tag{6.23}$$

任意时刻的中子注量率与循环初的中子注量率的关系为

$$\phi(t)=\frac{\phi(0)}{1-\varepsilon\sigma_a^F\phi(0)t} \tag{6.24}$$

式中：ε 是小于 1 的系数，用于考虑因嬗变－衰变过程生成新易裂变核的影响。

裂变产物的吸收截面是平衡氙和钐的吸收截面及其他裂变产物的吸收截面之和。氙和钐的平衡浓度可分别由方程(6.16)和方程(6.10)进行计算，而其他裂变产物由其等效截面代替：

$$\Sigma_{fp'}=\sigma_{fp'}\gamma_{fp'}\Sigma_f(t)\phi(t)t=\sigma_{fp'}\gamma_{fp'}\Sigma_f(0)\phi(0)t \tag{6.25}$$

这些裂变产物以份额 $\gamma_{fp'}$ 的速度随时间积累。$\sigma_{fp'}\gamma_{fp'}$ 为每次裂变 40～50b。将方程(6.25)代入方程(6.22)可得为了维持反应堆临界所需的控制截面为

$$\Sigma_a^C(t)=(\eta-1)\Sigma_a^F(0)[1-\sigma_a^F\varepsilon\phi(0)t]-\Sigma_a^M-\frac{(\gamma^{Te}+\gamma^{Xe})\Sigma_f(0)\phi(0)}{\lambda^X/\sigma_a^X+\phi(t)}-$$

$$\gamma^{Nd}\Sigma_f(0)[1-\sigma_a^F\varepsilon\phi(0)t]-\sigma_{fp'}\gamma_{fp'}\Sigma_f(0)\phi(0)t \tag{6.26}$$

在燃料循环末期，不再需要可溶性毒物，而且可燃毒物也应已被消耗殆尽了。燃料循环的寿期（或循环周期）就是指反应堆在安全限值内不能再抽出控制棒以维持临界的时刻。既然控制材料在燃料循环寿期末的最小截面通常很小，可假设其为 0，且令方程(6.26)中 $\Sigma_a^C=0$，可得到循环寿期末的时间，即

$$t_{EOC}=\begin{cases}\dfrac{\eta\rho_{ex}(1+\alpha)-(\gamma^{Te}+\gamma^{Xe})\phi(0)\sigma_a^X/\lambda^X-\gamma^{Nd}}{[(\eta-1)(1+\alpha)\sigma_a^F-\gamma^{Nd}\sigma_a^F+\gamma_{fp'}]\phi(0)}, & \phi(0)\ll\dfrac{\lambda^X}{\sigma_a^X}\\[2ex] \dfrac{\eta\rho_{ex}(1+\alpha)-(\gamma^{Te}+\gamma^{Xe}+\gamma^{Nd})}{[(\eta-1)(1+\alpha)\sigma_a^F-(\gamma^{Te}+\gamma^{Xe}+\gamma^{Nd})\sigma_a^F+\gamma_{fp'}\sigma_{fp'}]\phi(0)}, & \phi(0)\gg\dfrac{\lambda^X}{\sigma_a^X}\end{cases} \tag{6.27}$$

式中：α 为燃料的俘获与裂变比；ρ_{ex} 为燃料循环初期无氙、钐、裂变产物或控制棒时的剩余反应性，且有

$$\rho_{ex}=\frac{k_\infty(0)-1}{k_\infty(0)} \tag{6.28}$$

控制材料的初始截面（包括可溶性毒物和可燃毒物）必须能产生比 ρ_{ex} 大的负反应性。由方程(6.27)可知，燃料循环的寿期与功率或中子注量率水平成反比。

6.5 燃料后处理与再循环

在轻水反应堆内因 ^{238}U 的中子嬗变生成大量的钚。从一个轻水反应堆卸出的燃耗为 45GW·d/t的乏燃料含有约 200kg 易裂变的钚（主要是 ^{239}Pu 和 ^{241}Pu）。对乏燃料进行后处理回收钚（和剩余的富集铀）并制成新燃料进行钚（和铀）的再循环。

6.5.1 轻水反应堆再循环燃料的成分

如表 6.2 所列，乏燃料含有大量的易裂变和可增殖同位素，这成为回收铀和钚同位素并再次作为反应堆燃料进行利用的主要动机。在压水堆内连续循环使用的燃料中钚的含量如表 6.5所列。初始和第二次装入反应堆的燃料均为低浓缩 UO_2。从第一个燃料循环卸出的钚以混合氧化物（MOX）$UPuO_2$的形式进入第三个燃料循环，从第二个燃料循环卸出的钚在第四个

燃料循环时被装入堆芯,依次类推。MOX 燃料的比例从第三个燃料循环的 18% 增加在第七个燃料循环的 30%;此后,从 MOX 乏燃料和 UO_2乏燃料中回收的钚与燃料循环初装入堆芯的钚具有相同的成分,即钚达到其平衡浓度。为了补偿再循环燃料的反应性惩罚,MOX 燃料内的钚的含量从最初的 5% 增加至平衡态的 8%。

表 6.5 压水堆内再循环钚模式下的钚浓度[3]

装料		1	2	3	4	5	6	7
再循环				1	2	3	4	5
UO_2 内的^{235}U		2.14	3.0	3.0	3.0	3.0	3.0	3.0
MOX 内的 Pu		—	—	4.72	5.83	6.89	7.51	8.05
燃料内的 MOX		—	—	18.4	23.4	26.5	27.8	28.8
卸出的^{235}U		0.83	—	—	—	—	—	—
卸出的 Pu	^{239}Pu	56.8	56.8	49.7	44.6	42.1	40.9	40.0
	^{240}Pu	23.8	23.8	27.0	38.7	29.4	29.6	29.8
	^{241}Pu	14.3	14.3	16.2	17.2	17.4	17.4	17.3
	^{242}Pu	5.1	5.1	7.1	9.5	11.1	12.1	12.9

6.5.2 MOX 燃料堆芯在物理上的特性

在压水堆中利用 MOX 燃料在如下几个方面改变了反应堆的物理特性。钚同位素的截面随能量的变化比铀同位素更加复杂,如图 6.9 所示。钚同位素在热能区的吸收截面是铀的两倍;在超热中子(0.3~1.5eV)能区,MOX 燃料存在较大的共振吸收,而且共振峰之间相互重叠。UO_2燃料元件和 MOX 燃料元件内典型的热中子能谱如图 6.10 所示。

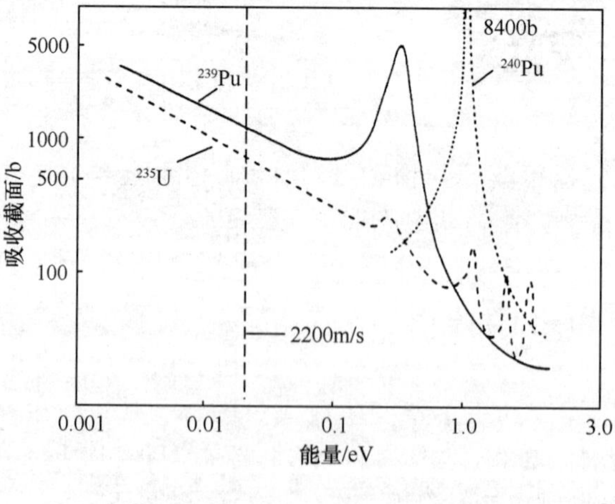

图 6.9 ^{239}Pu 的热中子吸收截面[4]

典型轻水反应堆内经热中子谱平均后的^{235}U 和^{239}Pu 的热中子参数如表 6.6 所列。由于^{239}Pu具有更大的热中子吸收截面,MOX 燃料内控制棒、可燃毒物和可溶性毒物(针对压水堆)的反应性价值比 UO_2燃料内的小,除非 MOX 燃料元件能被放置在远离控制棒和可燃毒物的位置上。^{239}Pu 更大的裂变截面使 MOX 燃料比 UO_2燃料具有更大的局部功率峰值,除非 MOX 燃料能被放置在远离水隙的位置上。

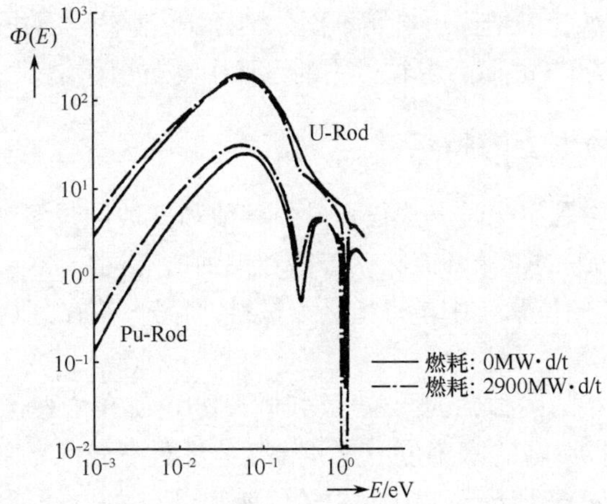

图6.10 UO_2和MOX PWR燃料栅元中的热中子谱[1]

表6.6 轻水反应堆内^{235}U和^{239}Pu的热中子参数[4]

参数	^{235}U	^{239}Pu
裂变截面/b	365	610
吸收截面/b	430	915
每吸收一个中子释放的中子数	2.07	1.90
缓发中子份额	0.0065	0.0021
代时间/s	4.7×10^{-5}	2.7×10^{-5}

MOX燃料和UO_2燃料在反应性上也存在差别。正如6.1节所述，循环中的MOX燃料内积聚的^{240}Pu和^{242}Pu是中子寄生吸收材料，这导致反应性惩罚。^{239}Pu的η值小于^{235}U的，这意味着为了获得相同的初始剩余反应性，MOX燃料比UO_2燃料需要更多的易裂变材料。而且，如图6.9所示，因为MOX燃料中^{239}Pu和^{240}Pu在低能区存在共振峰，所以MOX燃料具有更大的温度亏损。然而，由于^{239}Pu比^{235}U具有更小的η值，所以MOX燃料因燃耗引起的反应性减少比UO_2燃料小；而且^{240}Pu嬗变成易裂变的^{241}Pu，这减少了反应堆所需的剩余反应性。

^{239}Pu、^{241}Pu和^{235}U的缓发中子份额分别为0.0020、0.0054、0.0064。为了避免瞬发临界，MOX燃料所能引入的正反应性比UO_2燃料小。确切的数据与燃料内^{239}Pu、^{241}Pu和^{235}U间的比例有关。随着^{241}Pu的积聚，MOX燃料与UO_2燃料在此方面的差别将有所缩小。MOX燃料的中子代时间也比UO_2燃料的小，这意味着瞬发超临界时MOX燃料的功率激增过程更短。^{239}Pu的裂变中子能量比^{235}U的大。另外，由于钚同位素在超热中子能区内的吸收共振，MOX燃料的慢化剂和燃料的反应性温度系数比UO_2燃料更大（负）一些。锕系元素能释放大量的α粒子，这意味随着锕系元素的积聚，导出MOX燃料衰变热的要求会变得更高。上述各种因素限制着MOX燃料在堆芯内的份额。

钚裂变与铀裂变产生相同份额的^{135}Xe。由于钚的同位素具有更高的热中子吸收截面，因此MOX燃料在氙峰阶段重新启动反应堆所需的剩余反应性比UO_2燃料的小，而且MOX燃料内氙振荡引起的功率振荡比UO_2燃料的小。

在其他类型的反应堆上进行钚的再循环也需要考虑上述类似的物理特性。然而，^{235}U和^{239}Pu在不同能谱（如高温气冷堆的超热中子谱和液态金属快中子增殖反应堆的快中子谱）

下不同的 η 值对反应性惩罚的结论也有所不同。实际上,液态金属快中子增殖反应堆现在的设计倾向于从^{235}U 转变为^{239}Pu,而后者在过去的设计中常被用作增殖材料。

6.5.3 再循环铀在物理上的特点

虽然在后处理过程中利用化学方法很容易分离铀和其他同位素,但是分离铀的各种同位素是不切实际的。因此,铀的再循环意味就着循环铀的所有同位素。铀的各种同位素具有不同的特性,例如其中一些同位素是中子寄生吸收材料,而另一些在其衰变过程中能释放出高能伽马射线。

在新燃料中份额很小的两种铀的同位素(^{234}U 和^{236}U)使在浓缩再循环铀时不得不加入更多的^{235}U 以达到比新燃料更高的富集度。这是由于^{234}U 具有较大的共振积分,并随着^{235}U 的浓缩而同时被浓缩。如图 6.4 所示,^{235}U 的中子俘获和^{236}Np 的电子俘获均能产生^{236}U;它是具有较大俘获共振积分的中子寄生吸收材料。衰变产物^{208}Tl 使铀的后处理变得非常困难,因为它在衰变过程中释放出能量为 2.6MeV 的伽马射线,且半衰期 $t_{1/2}=3.1\text{min}$。如图 6.4 所示,这种放射性同位素是由^{232}U 经过一系列 α 衰变生成的。

6.5.4 再循环钚在物理上的特点

钚在后处理时面临铀在后处理中相同的问题——钚的所有同位素必须一起被循环。^{236}Pu 能衰变成^{232}U。正如前面提到的那样,^{232}U 在衰变过程中释放出能量为 2.6MeV 的伽马射线。^{238}Pu 由^{237}Np 经中子嬗变而生成,其 α 衰变的半衰期为 88 年。当它的量较大时,它将放出大量的衰变热。^{240}Pu 具有较大的共振俘获积分。^{238}Pu 和^{240}Pu 是自发裂变中子源。^{241}Pu 具有较大的裂变截面,但会衰变成^{241}Am;^{241}Am 具有较大的热中子俘获截面和俘获共振积分。^{241}Am 衰变成能释放高能伽马射线的同位素。因为^{241}Pu 能衰变成^{241}Am,所以长期储存将削弱钚作为燃料的潜力。来自轻水反应堆的燃耗为 35000MW·d/t 的乏燃料内的钚必须在其被卸出堆芯后 3 年之内被使用,否则不得不通过后处理去除乏燃料内的^{241}Am 及其衰变产物。

6.5.5 反应堆的换料

采用再循环钚的核燃料循环已经被广泛地研究[1]。采用^{238}U-^{239}Pu 循环与^{232}Th-^{233}U 循环的轻水反应堆和采用^{238}U-^{239}Pu 循环的液态金属快中子反应堆典型的燃料特征参数如表 6.7所列。在一定的时间(如 1 年)内,部分燃料从反应堆中被卸出(年卸料量),一定量的燃料被再次装入反应堆(年循环使用燃料量),需要从外界补偿一定量的新燃料(年补料量)。如果乏燃料不进行后处理和再循环,那么每年所有装入反应堆的燃料均需要从外界输入。由于液态金属快中子增殖反应堆生产的燃料比其自身消耗的多,若液态金属快中子增殖反应堆和轻水反应堆的数量比为 7:5,前者通过^{238}U 嬗变生成的燃料可作为后者的燃料。

表 6.7 1000MW·t 反应堆典型燃料特征参数[8]

特征参数	反应堆类型		
	LWR	LWR	LMFBR
燃料循环	^{232}Th—^{233}U	^{238}U—^{239}Pu	^{238}U—^{233}Pu
转换比	0.78	0.71	1.32
初始堆芯装量/kg	1580	2150	3160

（续）

特征参数	反应堆类型		
	LWR	LWR	LMFBR
燃耗/(MW·d/t)	35000	33000	100000
年循环使用燃料量/kg	720	1000	1480
年卸料量/kg	435	650	1690
年补料量/kg	285	350	-210

6.6 放射性废物

6.6.1 放射性

虽然经放射性辐照活化后的结构材料和其他材料也属于放射性废物，但是燃料中的各种同位素在嬗变-衰变过程中生成的锕系元素和裂变产物才是反应堆产生的主要放射性废物。从轻水反应堆和液态金属快中子增殖反应堆卸出的每吨乏燃料的放射性活度如表6.8所列。在刚停堆时，乏燃料具有的绝大部分放射性源于裂变产物，但由于裂变产物的半衰期很短，其相对放射性水平很快地下降。实际上，乏燃料的放射性在其从反应堆卸出的6个月内将明显地降低，如表6.8所列。从废物管理的角度来说，比较棘手的裂变产物主要是那些半衰期很长的核素，如^{99}Tc($t_{1/2}=2.1\times10^5$a)和^{129}I($t_{1/2}=1.59\times10^5$a)与能释放伽马射线的产物，如^{90}Sr和^{137}Cs，它们产生大量的衰变热。锕系元素的放射性在反应堆停堆初期仅占很小的一部分，但是随着时间的推移，它们的份额变得越来越大，因为^{239}Pu和^{240}Pu具有很长的半衰期；大约1000a之后，放射性主要来自锕系元素。

表6.8 典型LWR与LMFBR乏燃料(刚卸料时、卸料180d后)的放射性①

核素	半衰期	辐射类型②	活度(Ci/t重金属)			
			LWR乏燃料		LMFBR乏燃料	
			卸料时	180d	卸料时	30d
^{3}H	12.3a	β	5.744×10^2	5.587×10^2	1.648×10^3	1.640×10^3
^{85}Kr	10.73a	β,γ	1.108×10^4	1.074×10^4	1.473×10^4	1.466×10^4
^{89}Sr	50.5d	β,γ	1.058×10^6	9.603×10^4	1.333×10^6	8.939×10^5
^{90}Sr	29.0a	β,γ	8.425×10^4	8.323×10^4	9.591×10^4	9.572×10^4
^{90}Y	64.0h	β,γ	8.850×10^4	8.325×10^4	1.214×10^5	9.572×10^4
^{91}Y	59.0d	β,γ	1.263×10^6	1.525×10^5	1.794×10^6	1.269×10^6
^{95}Zr	64.0d	β,γ	1.637×10^6	2.437×10^6	3.215×10^6	2.340×10^6
^{95}Nb	3.50d	β,γ	1.557×10^6	4.689×10^5	3.149×10^6	2.954×10^6
^{99}Mo	66.0h	β,γ	1.875×10^6	3.780×10^{-14}	4.040×10^6	2.108×10^3
^{99m}Tc	6.0h	γ	1.618×10^6	3.589×10^{-14}	3.487×10^6	2.002×10^3
^{99}Tc	2.1×10^5a	β,γ	1.435×10^1	1.442×10^1	3.278×10^1	3.293×10^1
^{103}Ru	40.0d	β,γ	1.560×10^6	6.680×10^4	4.617×10^6	2.730×10^6
^{106}Ru	369.0d	β,γ	4.935×10^5	3.519×10^5	2.248×10^6	2.125×10^6

(续)

核素	半衰期	辐射类型②	活度(Ci/t 重金属)			
			LWR 乏燃料		LMFBR 乏燃料	
			卸料时	180d	卸料时	30d
^{130m}Rh	56.0min	γ	1.561×10^{6}	6.686×10^{4}	4.619×10^{6}	2.733×10^{6}
^{111}Ag	7.47d	β,γ	5.375×10^{4}	3.005×10^{-3}	2.294×10^{5}	1.422×10^{4}
^{115}Cd	44.6d	β,γ	1.483×10^{3}	9.042×10^{1}	7.041×10^{3}	4.418×10^{3}
^{125}Sn	9.65d	β,γ	1.081×10^{4}	2.624×10^{-2}	3.404×10^{4}	3.946×10^{3}
^{124}Sb	60.2d	β,γ	4.147×10^{2}	5.219×10^{1}	2.329×10^{3}	1.649×10^{3}
^{125}Sb	2.73a	β,γ	9.525×10^{3}	8.498×10^{3}	5.251×10^{4}	5.171×10^{4}
^{125m}Te	58.0d	γ	1.976×10^{3}	2.031×10^{3}	1.121×10^{4}	1.144×10^{4}
^{127m}Te	109.0d	β,γ	1.384×10^{4}	4.595×10^{3}	4.969×10^{4}	4.265×10^{4}
^{127}Te	9.4h	β,γ	9.920×10^{4}	4.500×10^{3}	3.247×10^{5}	4.308×10^{4}
^{129m}Te	33.4d	β,γ	8.508×10^{4}	2.041×10^{3}	2.316×10^{5}	1.249×10^{5}
^{129}Te	70.0min	β,γ	3.211×10^{5}	1.296×10^{3}	8.454×10^{5}	7.932×10^{4}
^{132}Te	78.0h	β,γ	1.486×10^{6}	3.159×10^{-11}	3.473×10^{6}	5.783×10^{3}
^{129}I	1.59×10^{7}a	β,γ	3.219×10^{-2}	3.268×10^{-2}	1.033×10^{-1}	1.040×10^{-1}
^{131}I	8.04d	β,γ	1.028×10^{6}	1.933×10^{-1}	2.602×10^{6}	2.020×10^{5}
^{132}I	2.285h	β,γ	1.511×10^{6}	3.254×10^{-11}	3.546×10^{6}	5.956×10^{3}
^{133}Xe	5.29d	β,γ	2.098×10^{6}	1.612×10^{-4}	4.414×10^{6}	1.076×10^{5}
^{134}Cs	2.06a	β,γ	2.718×10^{5}	2.303×10^{5}	8.283×10^{4}	8.058×10^{4}
^{136}Cs	13.0d	β,γ	6.962×10^{4}	4.719×10^{0}	2.577×10^{5}	5.204×10^{4}
^{137}Cs	30.1a	β,γ	1.115×10^{5}	1.102×10^{5}	2.522×10^{5}	2.518×10^{5}
^{140}Ba	12.79d	β,γ	1.953×10^{6}	1.133×10^{2}	3.636×10^{6}	7.153×10^{5}
^{140}La	40.23h	β,γ	2.019×10^{6}	1.303×10^{2}	3.698×10^{4}	8.238×10^{5}
^{141}Ce	32.53d	β,γ	1.784×10^{6}	3.876×10^{4}	3.730×10^{6}	1.979×10^{6}
^{144}Ce	284.0d	β,γ	1.229×10^{6}	7.925×10^{5}	2.148×10^{6}	1.996×10^{6}
^{143}Pr	13.58d	β	1.657×10^{6}	1.887×10^{2}	3.044×10^{6}	7.349×10^{5}
^{147}Nd	10.99d	β,γ	7.902×10^{5}	9.278×10^{0}	1.513×10^{6}	2.283×10^{5}
^{147}Pm	2.62a	β,γ	1.031×10^{5}	9.859×10^{4}	6.344×10^{5}	6.353×10^{5}
^{149}Pm	53.1h	β,γ	3.919×10^{5}	1.326×10^{-19}	9.842×10^{5}	8.451×10^{1}
^{151}Sm	93.0a	β^+,β^-,γ	8.658×10^{2}	8.696×10^{2}	9.693×10^{3}	9.703×10^{3}
^{152}Eu	13.4a	β^+,β^-,γ	7.838×10^{0}	7.635×10^{0}	4.759×10^{1}	4.738×10^{1}
^{155}Eu	4.8a	β,γ	2.540×10^{3}	2.365×10^{3}	4.305×10^{4}	4.255×10^{4}
^{160}Tb	72.3d	β,γ	1.418×10^{3}	2.525×10^{2}	4.880×10^{3}	3.661×10^{3}
^{239}Np	2.35d	β,γ	2.435×10^{7}	2.050×10^{1}	5.990×10^{7}	8.727×10^{3}
^{238}Pu	87.8a	α,γ	2.899×10^{3}	3.021×10^{3}	2.770×10^{4}	2.820×10^{4}
^{239}Pu	2.44×10^{4}a	α,γ,SF	3.250×10^{2}	3.314×10^{2}	6.247×10^{3}	6.263×10^{3}
^{240}Pu	6.54×10^{3}a	α,γ,SF	4.842×10^{2}	4.843×10^{2}	8.323×10^{3}	8.323×10^{3}

（续）

核素	半衰期	辐射类型②	活度（Ci/t 重金属）			
			LWR 乏燃料		LMFBR 乏燃料	
			卸料时	180d	卸料时	30d
^{241}Pu	15.0a	α,β,γ	1.098×10^5	1.072×10^5	7.280×10^5	7.252×10^5
^{241}Am	433.0a	α,γ,SF	8.023×10^1	1.657×10^2	9.091×10^3	9.186×10^3
^{242}Cm	163.0d	α,γ,SF	3.666×10^4	1.717×10^4	8.467×10^5	7.489×10^5
^{244}Cm	17.9d	α,γ	2.772×10^3	2.720×10^3	8.032×10^3	8.007×10^3

① 由 ORIGEN 计算获得[7]。

② α 代表阿尔法粒子，β 代表电子，γ 代表伽马射线，SF 自发核裂变

6.6.2 潜在危害

简单而有用的危害指数可用于衡量放射性物质的潜在危害，它的定义是将单位质量的放射性物质稀释至人类使用所能接受的最高限值所需的水量。轻水反应堆的乏燃料在反应堆停堆后的危害指数随时间的变化如图 6.11 所示。裂变产物是反应堆停堆时的危害指数的主要因素；1000 年之后，超铀元素（锕系元素）变为主要因素。随着^{239}Pu和^{240}Pu的不断积聚，在燃料中加入再循环钚将增加乏燃料的危害。随着燃耗的不同，乏燃料在反应堆停堆后 1000 年到 10000 年后的危害小于铀矿的危害。

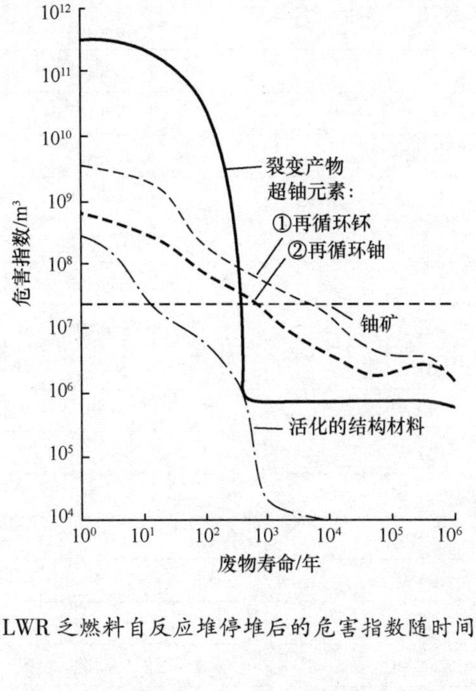

图 6.11 LWR 乏燃料自反应堆停堆后的危害指数随时间的变化[18]

6.6.3 风险指数

若某一放射性同位素被吞食，它能引起癌症的辐射量（Ci）用于评价放射性对健康危害的影响；每居里癌症剂量如表 6.9 所列。每居里癌症剂量不能作为放射性材料生物学危害的绝对衡量标准，因为它并未考虑某一人群中的每一个成员实际吞食的放射性同位素的量及其引起此类事件的概率。然而，每居里癌症剂量可用于构建生物学潜在危害的相对衡量标准。利

用表6.8与表6.9中的数据可得每吨乏燃料(重金属)的癌症剂量,即CD/THM,再乘以从反应堆卸出的乏燃料内重金属的质量(t)可得总癌症剂量(TCD)。同理可得每吨天然铀癌症剂量,再乘以每吨乏燃料对应的天然铀的质量即可得天然铀总癌症剂量(TCDNU)。(一个压水堆的燃料需要约5t天然铀。)两者的比值可定义为风险指数,即RF = TCD/TCDNU。风险指数可理解为某一人群中的每一个成员按足以引起一例癌症的比例吞食乏燃料所能引起的癌症数量与另一人群中的每一个成员按足以引起一例癌症的比例吞食相应的天然铀(如5t)所能引起的癌症数量之比。通过其分子和分母,风险指数消除了放射性同位素是否被吞入人体等这样高度不确定的因素,因而风险指数可作为乏燃料及其相应的天然铀所能引起的潜在危害的相对衡量标准。

表6.9 乏燃料内发射性同位素的每居里癌症剂量[1]①

同位素	毒性指数/(CD/Ci)	半衰期/a	毒性指数/(CD/g)
锕系元素及其子代			
^{210}Pb	455.0	22.3	3.48×10^{4}
^{223}Ra	15.6	0.03	7.99×10^{5}
^{226}Ra	36.3	1.60×10^{3}	3.59×10^{1}
^{227}Ac	1185.0	21.8	8.58×10^{4}
^{229}Th	127.3	7.3×10^{3}	2.72×10^{1}
^{230}Th	19.1	7.54×10^{4}	3.94×10^{-1}
^{231}Pa	372.0	3.28×10^{4}	1.76×10^{-1}
^{234}U	7.59	2.46×10^{5}	4.71×10^{-2}
^{235}U	7.23	7.04×10^{8}	1.56×10^{-5}
^{236}U	7.50	2.34×10^{7}	4.85×10^{-4}
^{238}U	6.97	4.47×10^{9}	2.34×10^{-6}
^{237}Np	197.2	2.14×10^{6}	1.39×10^{-1}
^{238}Pu	246.1	87.7	4.22×10^{3}
^{239}Pu	267.5	2.41×10^{4}	1.66×10^{1}
^{240}Pu	267.5	6.56×10^{3}	6.08×10^{1}
^{242}Pu	267.5	3.75×10^{5}	1.65×10^{0}
^{241}Am	272.9	433	9.36×10^{2}
^{242m}Am	267.5	141	2.80×10^{4}
^{243}Am	272.9	7.37×10^{3}	5.45×10^{1}
^{242}Cm	6.90	0.45	2.29×10^{4}
^{243}Cm	196.9	29.1	9.96×10^{3}
^{244}Cm	163.0	18.1	1.32×10^{4}
^{245}Cm	284.0	8.5×10^{3}	4.88×10^{1}
^{246}Cm	284.0	4.8×10^{3}	8.67×10^{1}
短寿期裂变产物			
^{90}Sr	16.7	29.1	2.28×10^{3}
^{90}Y	0.60	7.3×10^{-3}	3.26×10^{5}
^{137}Cs	5.77	30.2	4.99×10^{2}

（续）

同位素	毒性指数/（CD/Ci）	半衰期/a	毒性指数/（CD/g）
长寿期裂变产物			
^{99}Tc	0.17	2.13×10^{5}	2.28×10^{-3}
^{129}I	64.8	1.57×10^{7}	1.15×10^{-2}
^{93}Zr	0.095	1.5×10^{6}	2.44×10^{-4}
^{135}Cs	0.84	2.3×10^{6}	9.68×10^{-4}
^{14}C	0.20	5.73×10^{3}	8.92×10^{-1}
^{59}Ni	0.08	7.6×10^{4}	6.38×10^{-3}
^{63}Ni	0.03	100	1.70×10^{0}
^{126}Sn	1.70	1.0×10^{5}	4.83×10^{-2}

① 毒性指数根据以下参考文献中所述方法进行计算。Bernard L. Cohn，"Effects of the ICRP Publication 30 and the 1980 BEIR Repart of Hazard Assessments of High Level Waste，" *Health Phys.* *42*(2) 133－143 (1982). ICRP Publication 30，Part 4，88，19，and *BEIR III*，80，19。这些指数代表吞服每克同位素所产生的致命的癌症剂量。这些指数仅表示材料的危害而非实际的风险，因为它们仅仅假设同位素被吞服而不能包含其衰变过程

轻水反应堆典型乏燃料的风险指数如图 6.12 所示。在乏燃料从反应堆中卸出后最初的几十年内，短寿期的裂变产物是主要来源；但是，在 200～300 年之后，裂变产物的活度与锕系元素的活度相比可以忽略不计。在最初的 5000 年里，锕系元素的 α 毒性主要由 ^{241}Am 引起，随后主要是由 ^{240}Pu 引起并一直持续至 100000 年，之后是 ^{237}Np。当风险指数小于 1 后，乏燃料引起癌症的风险将小于天然铀矿引起癌症的风险。

燃料的循环使用可极大地减小乏燃料的长期 α 毒性。除去图 6.12 所示的乏燃料内 99.5% 的 Pu、Am 和 Np 后的乏燃料的风险指数如图 6.13 所示。200～300 年后，乏燃料的 α 毒性小于天然铀矿的毒性。由 6.8 节的分析可知，从中子平衡的角度来说，在快中子反应堆上进行乏燃料循环直到消除 99.5% 的 Pu、Am 和 Np 是可行的，但是在热中子反应堆上是不可行的。

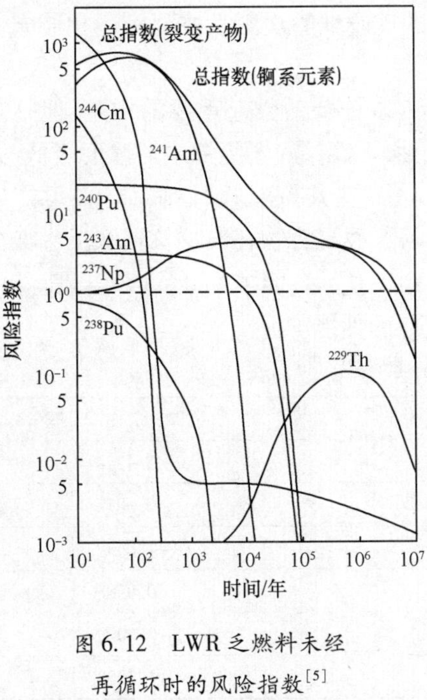

图 6.12　LWR 乏燃料未经再循环时的风险指数[5]

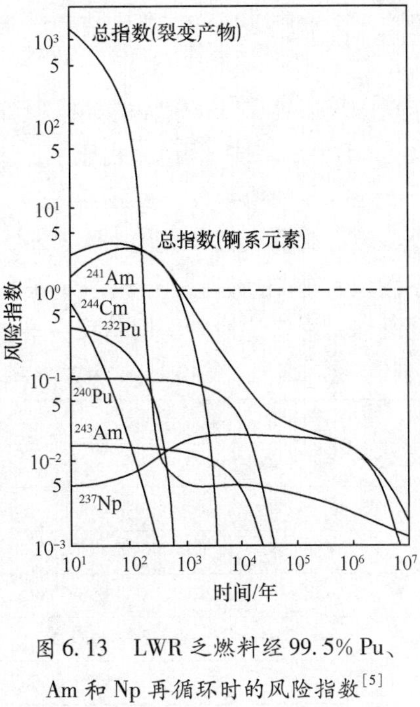

图 6.13　LWR 乏燃料经 99.5% Pu、Am 和 Np 再循环时的风险指数[5]

6.7 烧毁剩余的武器级铀和钚

6.7.1 武器级铀和钚的成分

随着全世界范围内核武器的减少,多余的高浓缩武器级铀和钚可作为反应堆的燃料。典型的武器级铀和钚与典型的反应堆级铀和钚的成分如表6.10所列。反应堆级铀是指在轻水反应堆内使用的典型低浓缩铀。反应堆级钚是指轻水反应堆的燃料经过嬗变生成的钚。武器级铀需要稀释才能在反应堆内被使用,而武器级钚可以直接在反应堆内被使用。

表6.10 武器级和反应堆级铀和钚的成分(质量分数)[2](%)

同位素	武器级钚	反应堆钚	同位素	武器级铀(HEU)	反应堆铀(LEU)	天然铀
^{238}Pu	0.01	1.3	^{234}U	0.12	0.025	0.0057
^{239}Pu	93.8	60.3	^{235}U	94.0	3.5	0.7193
^{240}Pu	5.8	24.3	^{238}U	5.88	96.475	99.275
^{241}Pu	0.13	5.6	—	—	—	—
^{242}Pu	0.02	5.0	—	—	—	—
^{241}Am	0.22	3.5	—	—	—	—

6.7.2 以武器级与反应堆级钚为燃料的反应堆在物理上的差别

在采用低浓缩铀燃料的轻水反应堆内使用武器级钚与反应堆级钚存在一些相似性,但也存在一些重要的差异。^{239}Pu、^{241}Pu和^{235}U在热中子谱下裂变时的缓发中子份额分别为0.0021、0.0049和0.0065。正如6.5节所述,因为^{239}Pu的缓发中子份额远小于^{235}U的份额,所以以钚为燃料的反应堆的次瞬发临界反应性范围比以铀为燃料的反应堆小得多。因为^{239}Pu缓发中子的份额也小于^{241}Pu的份额,那么装有武器级钚的反应堆的次瞬发临界范围比装有反应堆级钚的反应堆更小。

对于反应堆级钚,^{240}Pu较大的共振积分可对负多普勒系数起重要的作用;但是对于武器级钚,它的作用很小。同理可知,相比于反应堆级铀,^{238}U在武器级铀中的浓度极低,这极大地减小了^{238}U的负多普勒系数。在武器级燃料中加入一些共振吸收材料(如钨)可产生一定的负多普勒系数。武器级铀和其他UO_2-ZrO_2与钨的各种混合物在典型核轻水反应堆栅格下的多普勒系数如表6.11所列。由于^{239}Pu在快中子谱下比^{235}U具有更大的裂变截面和η值,因此以武器级钚为燃料的快中子增殖反应堆具有更好的性能。

表6.11 含武器级钚燃料的多普勒温度系数

燃料成分	$\Delta k/k(\times 10^{-5})$
R-G UO_2(3% ^{235}U)	-2.4720
W-G UO_2 - ZrO_2(0.6% UO_2)	-0.0017
W-G UO_2 - ZrO_2 + W (3% UO_2)	-1.0357
W-G MOX - ZrO_2(2.7% UO_2, 0.3% PuO_2)	-0.9588
W-G PuO_2 - ZrO_2(0.34% PuO_2)	-0.0009
W-G PuO_2 - ZrO_2 + W (3% PuO_2)	-1.2003

6.8 铀资源的利用

在轻水反应堆的典型燃料循环中，通过裂变仅释放出约1%铀蕴藏的能量，约3%的能量留在核燃料制造过程中产生的尾料内，约96%的能量留在浓缩过程产生的贫铀内与从反应堆中卸出的铀、钚和其他锕系同位素内。对贫铀和乏燃料反复的后处理和再循环可利用剩下的这部分能量。基于轻水反应堆一次通过燃料循环模式估算的全世界的铀消耗量如图6.14所示。

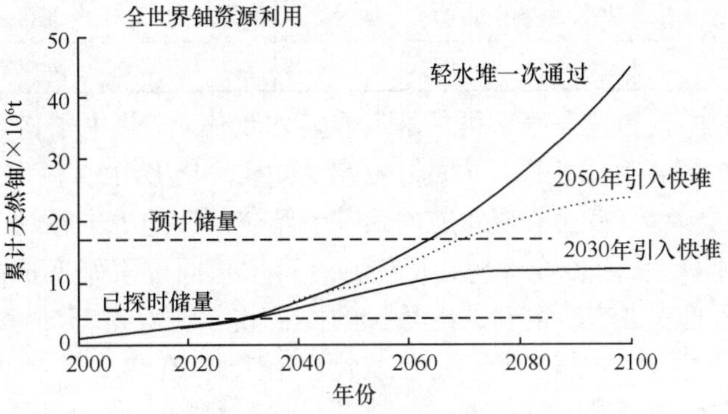

图6.14 全世界铀资源的利用

为了完全地利用铀，每一个裂变的超铀原子必须释放一个中子以维持裂变反应，还须释放出另一个中子由^{238}U（或^{240}Pu）俘获而嬗变成^{239}Pu（或^{241}Pu）以补偿裂变的原子。当然，裂变产物、结构材料和超铀元素等其他材料也不可避免地寄生俘获中子。通过乏燃料反复的再循环使燃料经历足够长时间的辐照后，再循环燃料内的超铀元素将达到其平衡浓度，如表6.12所列。值得注意的是，混合不同循环次数的乏燃料使其平衡浓度也不相同。

表6.12 热中子和快中子谱下连续再循环燃料内超铀同位素的平衡质量份额[14]（%）

同位素	热堆中子谱	快堆中子谱
^{237}Np	5.51	0.75
^{238}Pu	4.17	0.89
^{239}Pu	23.03	66.75
^{240}Pu	10.49	24.48
^{241}Pu	9.48	2.98
^{242}Pu	3.89	1.86
^{241}Am	0.54	0.97
^{242}Am	0.02	0.07
^{243}Am	8.11	0.44
^{242}Cm	0.18	0.40
^{243}Cm	0.02	0.03
^{244}Cm	17.85	0.28
^{245}Cm	1.27	0.07

(续)

同位素	热堆中子谱	快堆中子谱
^{246}Cm	11.71	0.03
^{247}Cm	0.75	2.0×10^{-3}
^{248}Cm	2.77	6.0×10^{-4}
^{249}Bk	0.05	1.0×10^{-5}
^{249}Cf	0.03	4.0×10^{-5}
^{250}Cf	0.03	7.0×10^{-6}
^{251}Cf	0.02	9.0×10^{-7}
^{252}Cf	0.08	4.0×10^{-8}

利用超铀元素的俘获和裂变概率可估算其在轻水反应堆(热中子谱)和液态金属快中子反应堆(快中子谱)内因寄生俘获而损失的中子数,如图6.15所示。在如表6.12所列的平衡浓度下,对于快中子反应堆,每次裂变对应的因寄生俘获损失的中子数约为0.25,而热中子反应堆约为1.25。这意味着,为了维持链式反应并将可增殖同位素嬗变成易裂变同位素,在快中子谱和热中子谱下每次裂变所需释放的最少的中子数分别为2.25个和3.25个(忽略裂变产物、控制元件和结构材料的俘获和泄漏)。从物理上来说,在热中子谱下一种嬗变超铀核素成其他超铀核素比在快中子谱下需要更多的中子。由于$2.5<\eta\ll3.5$,因此在热中子反应堆内通过反复再循环方式利用铀蕴藏的所有能量是不可能的,而在快中子反应内是可能的。

由快中子增殖反应堆(将^{238}U嬗变成易裂变的^{239}Pu并作为轻水反应堆的燃料)和轻水反应堆共同组成的燃料循环模式所需要的铀与轻水反应堆一次通过燃料循环模式所需要的铀如图6.14所示。若期望核能满足全世界不断增长的能量需求,尽早应用快中子增殖反应堆是非常必要的。

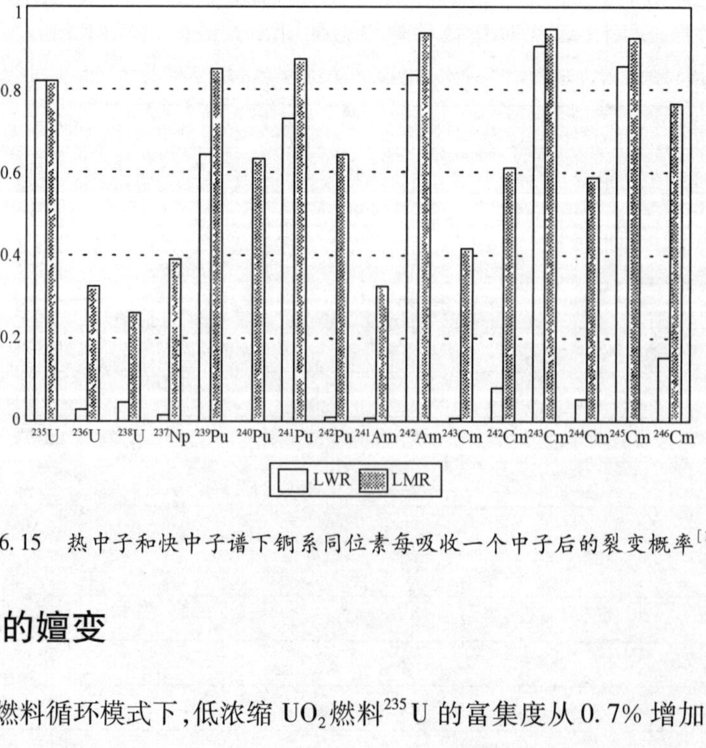

图6.15　热中子和快中子谱下锕系同位素每吸收一个中子后的裂变概率[1]

6.9　乏燃料的嬗变

在一次通过燃料循环模式下,低浓缩UO_2燃料^{235}U的富集度从0.7%增加至3%~5%)在商用反应堆内被辐照至 30 ~ 50GW · d/t,随后乏燃料被当作高放废物进行处置。美国和其他一些国家将其作为参考燃料循环模式。由于目前较低的铀价,这是近期最便宜的燃料循环模式;而且,由于对核扩散的担忧,美国政府一直施行禁止乏燃料后处理的政策,这与一次通过燃料循环模式是一致的。然而,从长期来看,一次通过燃料循环是不利的。这种燃料循环损失了乏燃料和贫铀内剩余的易裂变材料(Pu 和^{235}U 各 1%) 和^{238}U(> 90%) 及其所蕴藏的潜在能量,这些材料含有 90% 以上铀所蕴藏的能量。而且,在乏燃料内,具有潜在放射毒性的所有核素与体积较大但放射毒性较小的^{238}U 混合在一起,这导致高放废物的体积最大化,这些高放废物不得不面临上百年甚至上百万年的地质储存。在一次通过燃料循环模式下,全球积聚的乏燃料量如图 6.16 所示。

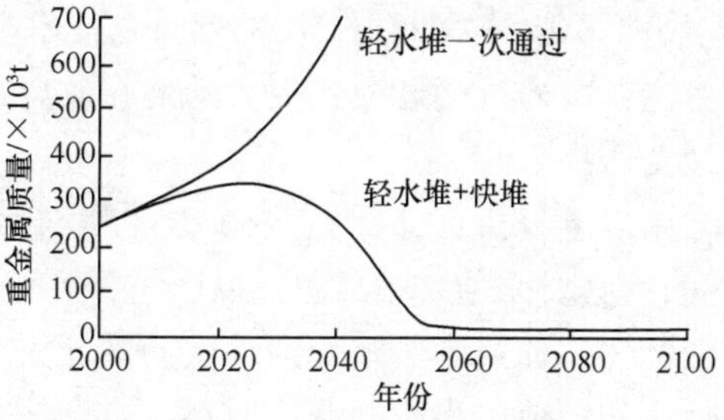

图 6.16 全世界的乏燃料

从反应堆中卸出的乏燃料内已经积聚了大量的钚和其他次锕系元素。到目前为止,美国的乏燃料内已经积聚了 40000t 铀,而且仍以每年 2000t 的速度增加。按照美国目前的反应堆的装机容量,若继续实行一次通过燃料循环政策,美国每 30 年须兴建一个尤卡山级的地质储存点。嬗变乏燃料的目标是减少必须进行地质储存的高放废物量及其储存时间,进而减少地质储存点的数量和安全级的储存时间。美国国家研究委员会最近的一项研究表明,嬗变可以减少对地质储存点的需求,但是不能消除这种需求。

乏燃料的短期放射毒性主要来自裂变产物;300 ~ 500 年之后,乏燃料内只存在长寿期的放射性核素(特别是^{99}Tc、^{129}I,也有^{135}Cs、^{93}Zr 及其他核素)。其中一些长寿期的放射性核素相对容易移动,虽然它们的数量较少,却很容易引起潜在的放射性危害。然而,乏燃料的长期潜在放射毒性主要来自嬗变生成的锕系元素(Pu 和其他的次锕系元素,如 Np、Am、Cm 等),这些元素在几百年甚至上千年内均是很强的放射源。典型乏燃料内的锕系元素、裂变产物和活化的结构材料的放射毒性如图 6.17 所示。

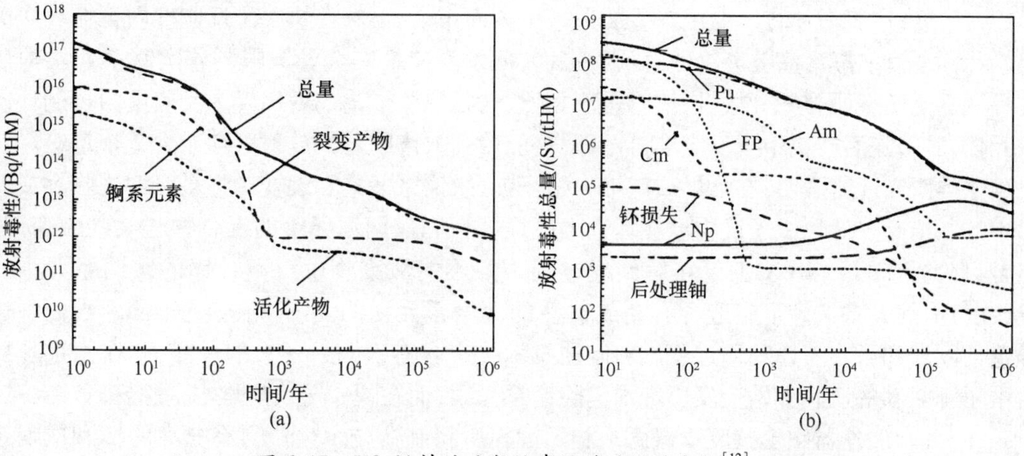

图 6.17 UO_2燃料的反射性毒性随时间的变化[12]

(3.7% ^{235}U,45GW · d/tHM,1Bq = 2.7 × 10^{-11}Ci,1Sv = 100rad)

通过 UO_2乏燃料的后处理回收剩余的 U 和 Pu 不仅能将高放废物(次锕系元素、裂变产物、活化的结构材料等)的长期放射毒性减小 1 个量级,而且能极大地减小高放废物的体积。

后处理技术(如 PUREX 技术)能有效地回收 99.9% 的 U 和 Pu。许多国家(英国、法国、日本、印度、俄罗斯和中国)已将此技术进行商业运行。自从开启核能时代的那一刻开始,人们就设想在商用反应堆内以混合氧化物物(MOX)UO_2-PuO_2的形式循环利用 U 和 Pu。目前,西欧的一些商用反应堆正在使用再循环 Pu。(后处理的铀并未进行大量的再循环,这主要由于较低的铀价格,而且新铀不含有降低反应性的中子吸收材料^{236}U。)由于钚再循环过程产生新的次锕系元素和裂变产物,因此目前这种简单的钚循环仅能将乏燃料的放射毒性减少为原来的1/3而不是 1/10。重复循环 MOX 燃料在技术上是可行的,并能增加燃料的利用率,但是实际上将产生比一次通过循环模式更大的潜在放射毒性,因为在其循环中进一步产生新的次锕系元素和裂变产物。

由以上分析可知,为了减少乏燃料与生俱来的潜在放射性危害或者缩短这些危害存在的时间,有必要采取如下的措施:①消除锕系元素(Pu 和次锕系元素);②消除具有危害的长寿期裂变产物。通过中子嬗变消除次锕系元素、裂变产物和钚意味着须在乏燃料后处理过程中将其从废物中分离出来并制成燃料。已商业化的 PUREX 工艺能有效地分离 99.9% 的 Pu;利用改进的 PUREX 工艺,有效分离 Np 在技术上也是可行的。但是,Am、Cm 和长寿期裂变产物的分离方法目前仍处于研究阶段。与 PUREX 工艺不同的是,目前正处于发展阶段的高温冶金(PYRO)分离技术在分离 Pu 的同时能分离 Np、Am 和 Cm 并制成可在金属燃料快中子反应堆内再循环的共沉积金属燃料,这意味着彻底清除了高放废物中的锕系元素。

由于所有锕系元素均具有潜在的放射毒性,而且锕系元素通过中子俘获反应又能转变成其他的锕系元素,所以消除锕系元素最有效的方法是使其裂变。在热中子谱下(如商用反应堆),一些锕系元素不能进行有效的裂变;所有锕系元素在快中子谱下吸收一个中子后裂变的概率大于在热中子谱下的概率,如图 6.15 所示。在热中子谱下,长寿期裂变产物的中子吸收截面很小,在快中子谱下甚至变得更小,这意味着在高通量的热中子谱下消除裂变产物将更加有利一些。(消除^{135}Cs是不实际的,因为 Cs 同位素具有很强的中子吸收能力。)

在反应堆内嬗变次锕系元素的研究一直在进行中。研究表明在目前的热中子谱的商用反应堆内再循环次锕系元素和钚并不能有效地减少它们的总放射毒性,而且为此还需要增加燃料的富集度,这将增加核能的成本。从另一个方面来说,虽然在快中子反应堆内再循环次锕系元素和钚预计能减少高放废物的总放射毒性,但是反应堆安全要求限制着次锕系元素的最大装量。研究还表明,与一次通过燃料循环相比,先在热中子谱的商用轻水反应堆内再循环次锕系元素和钚,随后在快中子反应堆再循环,这能使高放废物总的放射毒性减少 2 个量级。

这类研究通常表明,在临界反应堆内嬗变钚、次锕系元素和裂变产物最终均受临界或安全因素的制约。虽然快中子反应堆在理论上能烧掉钚和次锕系元素的混合物与某些裂变产物,但是目前成熟的 PUREX 工艺在后处理过程中并不能从废物中分离带钚的次锕系元素。而且,在目前的设备条件下制造含有高放射性的次锕系元素的 MOX 燃料是非常困难的。这已经迫使欧洲和日本考虑利用远程燃料制造技术生产含有次锕系元素的燃料,并在由加速器分裂中子源驱动的次临界嬗变反应堆内消除锕系元素,而在快中子反应堆内消除钚。

在美国,加速器嬗变核废物概念是利用远程燃料制造技术生产含有分离的钚和次锕系元素(不含^{238}U)的燃料,并在外部中子源驱动下的次临界嬗变反应堆中消除它们。类似的概念是先在临界反应堆内反复地辐照钚和次锕系元素,最后在次临界嬗变反应堆内进行最终的辐照。

次锕系元素通常具有很小的缓发中子份额,而且快中子反应堆因缺乏^{238}U而具有正、反应性系数,这两个因素导致锕系元素消除反应堆或嬗变反应堆不得不维持在次临界状态。在快中子反应堆中加入^{238}U可以产生负的反应性系数,但是加入的^{238}U将嬗变生成新的钚和次锕系元素,因而降低了锕系元素的消除率。

PYRO分离技术可在分离Pu的同时分离Np、Am和Cm,这意味着在废物流中不再出现锕系元素;而且,所有这些元素可在金属燃料快中子反应堆内进行再循环。然而,在燃料中仍然有必要加入一些^{238}U以避免上面提到的安全问题,不过这降低了锕系元素的净消除率。也就是说,安全因素或净消除率限制着在临界反应堆内对锕系元素的嬗变;然而,外部中子源驱动的次临界反应堆不存在这样的限制。一些研究表明,加速器驱动和聚变中子源驱动的次临界反应堆能比临界反应堆在更大的程度上消除钚、次锕系元素和/或长寿期裂变产物。在商用的热中子反应堆、快中子反应堆和中子源驱动的次临界反应堆内再循环钚、次锕系元素和长寿期裂变产物的最佳途径正在积极的研究中。

中子源驱动的次临界反应堆的能谱取决于反应堆的慢化和吸收特性,即次临界反应堆的成分,而不是中子源的能谱。因此,次临界反应堆的成分可以嬗变为目标进行优化,而不再受临界反应堆面临的临界和安全方面的限制。

每吨装入反应堆的铀所产生的其中两种长寿期的裂变产物和四种长寿期的锕系元素的质量如图6.18所示,这几种元素在乏燃料从反应堆中卸出后的很长时间内将释放出高放废物的绝大部分剂量率。在图中,一次通过燃料循环表示在从轻水反应堆中卸出的乏燃料不进行后处理而直接送至高放废物地质处置点。单次MOX燃料循环表示从轻水反应堆的乏燃料分离后的钚在轻水反应堆上再循环一次后不再后处理而直接送至高放废物地质处置点,分离的铀送至低放废物地质处置点。

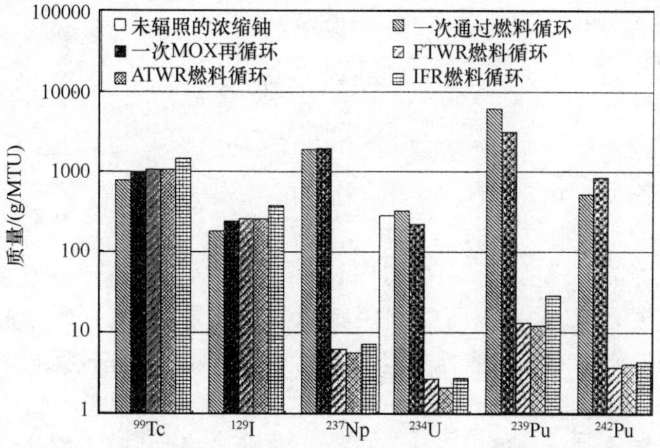

图6.18 HLW中各类同位素的浓度

对于一体化快中子反应堆(IFR)的燃料循环来说,对来自轻水反应堆的乏燃料元件进行后处理分离出裂变产物并将其送至高放废物地质处置点,分离出铀并将其送至低放废物地质处置点,分离出超铀元素(TRU)并以TRU-U金属燃料方式在一体化快中子反应堆中反复循环(每次后处理分离的裂变产物送至高放废物地质处置点)。在一体化快中子反应堆的燃料中掺杂一部分铀是必要的,因为这能产生负反应性多普勒系数,但^{238}U嬗变成超铀元素降低了超铀元素的嬗变率。若一体化快中子反应堆运行在次临界状态下以获得更大的瞬发临界裕度,那么它可以使用纯超铀元素制成的金属燃料。在这样的情况下,超铀元素的净嬗变率将变得更大。

聚变堆驱动的核废物嬗变反应堆(FTWR)燃料循环和加速器驱动的核废物嬗变反应堆(ATWR)燃料循环均基于一体化快中子反应堆燃料循环,两者的差别在于次临界的一体化快中子反应堆分别由聚变堆和加速器驱动。另一个差别是钠冷却剂(IFR 和 ATWR)比锂冷却剂(FTWR)具有更好的中子利用率。

如图6.18所示,单次MOX燃料循环并不能明显地减少需要地质处置的长寿期放射性材料。从另一方面来说,在临界的或者次临界的一体化快中子反应堆内反复循环来自轻水反应堆的锕系元素可极大地减少最终需要地址处置的锕系元素量。

高放废物地质处置点的最大容量是由其衰变热的非能动导出能力决定的。以上各种循环产生的须地质处置的物质释放的衰变热如图6.19所示,图中纵坐标所示的衰变热已经过轻水反应堆释放的总能量值归一化。与一次通过燃料循环相比,在一体化快中子反应堆内反复循环来自轻水反应堆的锕系元素能将所需的地质处置点的容量减少几个量级。

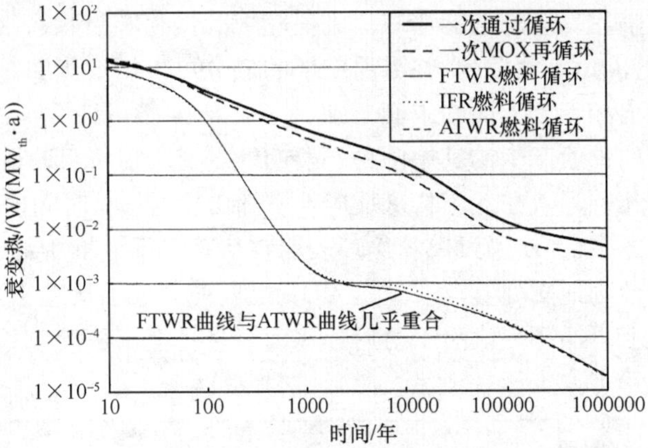

图6.19 衰变热的产生率

6.10 闭式燃料循环

前两节所讨论的铀资源利用和乏燃料内长寿期锕系元素的嬗变存在直接的联系。两者共同的焦点是裂变超铀元素,这不仅可以利用其蕴藏的能量,而且还可消除长寿期的"废物"。充分利用铀所蕴藏的能量的唯一途径是将^{238}U嬗变成易裂变的超铀元素。闭式燃料循环一直是核能发展的终极目标;然而,短期的经济性、对核扩散和环境保护不恰当的反应与核能发展在美国和欧洲的短期停滞一直阻碍了这一目标的实现,直到最近才重新意识到了这个终极目标的重要性。

全球核能伙伴计划已经发出发展全球闭式燃料循环的倡议,在防止核扩散、增强能源安全和可持续发展等目标下发展和利用再循环技术和乏燃料消除技术。第四代反应堆有助于实现闭式燃料循环这一目标;对它们的介绍参见7.10节。

参考文献

[1] *Physics of Plutonium Recycling*, Vols. I-V, Nuclear Energy Agency, Paris (**1995**).

[2] *Management and Disposition of Excess Weapons Plutonium*, National Academy Press, Washington, DC (**1995**).

[3] R. A. KNIEF, *Nuclear Engineering*, Taylor & Francis, Washington, DC (**1992**), Chaps. 2 and 6.

[4] R. G. COCHRAN and N. TSOULFANIDIS, *The Nuclear-Fuel Cycle: Analysis and Management*, American Nuclear Society, LaGrange Park, IL (**1990**).

[5] L. KOCH, "Formation and Recycling of Minor Actinides in Nuclear Power Stations," in A. J. Freeman and C. Keller, eds., *Handbook of the Physics and Chemistry of Actinides*, Vol. 4, Elsevier Science Publishers, Amsterdam (**1986**), Chap. 9.

[6] S. H. LEVINE, "In-Core Fuel Management of Four Reactor Types," in Y. Ronen, ed., *CRC Handbook of Nuclear Reactor Calculations II*, CRC Press. Boca Raton, FL. (**1986**).

[7] A. G. CROFF, *ORTGEN2: A Revised and Updated Version of the Oak Ridge Isotope Generation and Depletion Code*, ORNL-5621, Oak Ridge National Laboratory, Oak Ridge. TN (**1980**).

[8] *International Nuclear Fuel Cycle Evaluation*, STI/PUB/534, International Atomic Energy Agency, Vienna (**1980**).

[9] J. J. DUDERSTADT and L. J. HAMILTON. *Nuclear Reactor Analysis*, Wiley, New York (**1976**), Chap 15.

[10] A. F. HENRY, *Nuclear-Reactor Analysis*, MIT Press, Cambridge, MA (**1975**), Chap. 6.

[11] National Research Council, *Nuclear Wastes Technologies for Separations and Transmutation*, National Academy Press, Washington, DC (**1996**).

[12] *First Phase P & T Systems Study: Study and Assessment Report on Actinide and Fission Product Partitioning and* Transmutation, OECD/NEA. Paris (**1999**).

[13] *Proc. 1st - 5th NEA International Exchange Meeting*, OECD/NEA. Paris (**1990**, **1992**, **1994**, **1996**, **1998**).

[14] D. C. WADE and R. N. HILL, "*The Design Rationale of the IFR*," *Prog. Nucl. Energy 31*, 13 (**1997**).

[15] L. J. TEMPLIN, ed., *Reactor Physics Constants*, 2nd ed., ANL-5800. Argonne National Laboratory, Argonne IL (**1963**).

[16] A. SESONSKE, *Nuclear Power Plant Design Analysis.* USAEC-TID-26241, U. S. Atomic Energy Commission, Washington, DC (**1973**).

[17] N. L. SHAPIRO et al., *Electric Power Research Institute Report*, EPRI-NP-359. Electric Power Research Institute, Palo Alts, CA (**1977**).

[18] *Oceanus*, *20*, Woods Hole Oceano-graphic Institute, Wood Hole, MA (**1977**).

习题

6.1 一个装有125kg ^{235}U的反应堆,其UO_2燃料的富集度为93%,且反应堆内的中子注量率为常数($5\times10^{13}n/(cm^2\cdot s)$)。已知$^{235}U$的热中子裂变截面为450b,试计算反应堆的平均燃耗。

6.2 试计算$^{235}U-^{238}U$混合物能实现增殖(易裂变核素$n^{25}+n^{49}$的浓度随时间升高)的最大富集度。已知$\sigma_a^{25}=700b$,$\sigma_a^{49}=1050b$,$\sigma_\gamma^{49}=8b$,$\eta^{25}=2.08$,$\eta^{49}=2.12$,且假设^{238}U俘获中子后立刻生成^{239}Pu。

6.3 (编程题)一个热中子反应堆的燃料为93% ^{235}U和7% ^{238}U,其密度为18.9g/cm^3,初始的热中子注量率为3×10^{14} $n/(cm^2\cdot s)$。假设中子注量率不利因子为2且反应堆功率保持不变,试编写计算机程序:(1)计算2000h内^{235}U的消耗率和^{239}Pu的生成率随时间的变化;(2)利用微扰理论估计2000h内反应性随时间的变化;(3)绘制出计算结果。

6.4 (编程题)反应堆装有125kg ^{235}U,其UO_2燃料的富集度为93%,且反应堆内的中子注量率ϕ为常数,等于$5\times10^{13}n/(cm^2\cdot s)$。利用微扰理论计算平衡氙和钐、其他裂变产物的反应性价值随时间的变化,并绘制出计算结果。已知$\sigma_a^{25}=450b$,每次裂变后$\gamma^{fp}\sigma_a^{fp}=50b$,堆芯内燃料占据80%的体积。

6.5 一个装有^{235}U燃料的反应堆运行在中子注量率为1×10^{14} $n/(cm^2\cdot s)$的状态下。反应堆在常功率下运行了2周后突然发生了紧急停堆。经过检查后发现紧急停堆信号有误,因而在停堆 12h 后重新启动了该反应堆。虽然控制棒被抽出至紧急停堆前的位置处,且反应堆的温度也与停堆时的相同,但是反应堆未达到临界。假设控制棒的价值 $\Delta\rho = 0.002\text{cm}^{-1}$,试计算控制棒再抽出多少厘米后反应堆能重新临界。

6.6 某一反应堆内的钐在中子注量率为 ϕ_0 下达到了其平衡浓度,试推导当中子注量率突然变为 ϕ_1 时钐浓度随时间的变化应满足的方程。

6.7 对于 6.2 题中的反应堆,试计算它在中子注量率为 $5\times10^{13}\text{n/(cm}^2\cdot\text{s)}$ 的状态下运行 1 年所需的初始剩余反应性。

6.8 对于运行在中子注量率为 $5\times10^{13}\text{n/(cm}^2\cdot\text{s)}$ 下的压水堆,试计算其 UO_2 燃料元件的核功率密度。其中,燃料密度为 10g/cm^3,^{235}U 的富集度为 4%。

6.9 根据表 6.5 中提供的反应堆装量,试计算每个燃料循环末期 Pu 所产生 α 衰变热。

6.10 一个装有 100kg 富集度为 3% 的 UO_2 燃料的热中子反应堆在常中子注量率 $5\times10^{13}\text{n/(cm}^2\cdot\text{s)}$ 下运行了 1 年。已知 ^{235}U 的热中子吸收截面为 500b,俘获与裂变比为 0.2,燃料密度为 10g/cm^3,试计算燃料的平均燃耗。

6.11 一个以 ^{235}U 为燃料的热中子反应堆在常中子注量率 $5\times10^{12}\text{n/(cm}^2\cdot\text{s)}$ 下运行了 2 个月,随后其中子注量率减少到原先的 1/2;10h 后,反应堆重新回到满功率状态。试分别计算反应堆降功率时、降功率后 10h、重返满功率时和重返满功率 10h 后的氙的反应性价值。

6.12 在如下中子注量率下重新分析习题 6.11:$1\times10^{13}\text{n/(cm}^2\cdot\text{s)}$、$5\times10^{13}\text{n/(cm}^2\cdot\text{s)}$ 和 $1\times10^{14}\text{n/(cm}^2\cdot\text{s)}$。

6.13 ^{149}Sm 的平衡浓度与反应堆的功率水平无关,且当反应堆停堆时,^{149}Sm 的浓度将发生变化。试问 ^{149}Sm 在反应堆停堆后所能达到的浓度是否会小于平衡时的浓度?

6.14 试分别计算以 ^{233}U、^{235}U 和 ^{239}Pu 为燃料的反应堆的平衡氙浓度和峰值浓度。已知热中子注量率为 $1\times10^{14}\ \text{n/(cm}^2\cdot\text{s)}$。

6.15 对于一个最初装有 125kg ^{235}U 的圆柱形均匀裸堆,估算当它运行至最大的局部燃料消耗达到 50% 时释放的总裂变能。

6.16 试计算典型轻水反应堆乏燃料中 ^{99}Tc、^{129}I、^{90}Sr 和 ^{137}Cs 从堆芯卸出 10^4 年后的放射性活度(Ci/t)和毒性(CD/t)。

6.17 计算表 6.12 中的超铀同位素在其平衡浓度时的毒性(CD/t)。

6.18 计算武器级钚在热中子注量率为 $1\times10^{14}\text{n/(cm}^2\cdot\text{s)}$ 条件下辐照 1 年所发生的成分变化。

6.19 以 $^{235}U-^{232}Th$(混合比为 1:20)混合物为燃料的反应堆在常中子注量率 $8\times10^{13}\text{n/(cm}^2\cdot\text{s)}$ 下运行了 1 年。试根据初始的 ^{235}U 浓度计算反应堆运行 1 年时 ^{233}U 和 ^{235}U 的浓度,并确定其转换比。

6.20 对于表 6.7 中所列的反应堆,试计算单位初始燃料装量所蕴藏的能量和单次循环所能释放的裂变能。

第 7 章　核动力反应堆

截止到 2000 年，全世界共有 434 座核动力反应堆正在运行中，产生 350442MW 的电力。在这些反应堆中，压水堆（PWR）有 252 座，沸水堆（BWR）有 92 座，各种类型的气冷堆（GCR）有 34 座，各种类型的重水堆（大部分为 CANDU）有 39 座，石墨慢化轻水压力管式反应堆（RB-MR）有 15 座和液态金属快中子增殖反应堆（LMFBR）有 2 座。本章将简要介绍这些反应堆相关的物理特征。反应堆的电功率通常在 900 ~ 1300MW 的范围内变化（CANDU 的电功率仅为 650MW）；而且，任何一类反应堆在尺寸与功率上均可能存在极大的差异，因此反应堆的数量仅仅是一种量度方法。除了上述的反应堆电站，目前全世界还有 100 多个军用反应堆和大量各种研究堆与特殊用途的反应堆。

7.1　压水堆

基于来自海军反应堆计划的经验，压水堆首先在美国发展起来。第一个商用核电机组于 1957 年在宾夕法尼亚州希平港核电站启动。目前，压水堆在全世界范围内广泛地被采用。压水堆的基本结构单元是尺寸为 20cm × 20cm × 4m 的燃料组件，如图 7.1 所示。这些燃料组件由直径约为 1cm 且以锆为包壳的 UO_2 燃料棒组成。燃料的富集度在 2% ~ 4% 或者更高的范围内变化，其具体大小取决于目标燃耗。典型压水堆的燃料组件由 17 × 17 直径约为 1cm 的燃料棒阵列组成。冷却剂流经敞开式的栅格结构，这样的栅格结构允许冷却剂在流动过程中互相搅混。冷却剂在一定的压力下工作，而且在正常运行时冷却剂不允许出现沸腾。

通过调整冷却剂中硼酸的浓度可实现反应性的长期控制。逐渐降低可溶性毒物（硼酸）的浓度能补偿因燃料消耗引起的反应性损失；反应堆启动后，必须减小毒物的浓度以补偿因 ^{135}Xe 和 ^{149}Sm 积聚而引起的反应性损失。在冷却剂中添加或稀释硼酸能减少启堆和停堆过程中控制棒的动作。由于可溶性毒物能使慢化剂的反应性温度系数变成正的（温度的增加将引起其吸收截面的减小），所以其最大浓度是受到限制的。利用固体可燃毒物能减少可溶性硼酸所须调节的反应性大小。

固体可燃毒物由相互独立的补偿棒组成，在燃料组件中它们占据了一部分燃料棒的位置。补偿棒可由不锈钢包壳的硅酸硼玻璃棒组成，或者由锆包壳的弥散在 Al_2O_3 基体中的 B_4C 芯块组成。补偿棒随着燃料的消耗不断地被消耗，这引入的正反应性能补偿因燃料消耗引起的负反应性，因而它能降低用于调整反应性的硼酸浓度。

因为压水堆内热中子的徙动长度相对较小（约 6cm），所以控制棒必须分散布置。短期与快速的反应性控制是通过插入整个长度上均为控制材料的控制棒入燃料组件中来实现的。例如，在 17 × 17 的燃料组件中，由在顶部相互链接的 24 根控制棒组成控制棒组件，如图 7.1 所示。控制棒的材料可能是 B_4C，也可能是银 - 铟 - 镉（Ag - In - Cd）的混合物，这种弱吸收介质混合物可以减少控制棒抽出后引起的中子注量率峰值。仅下部 25% 的长度上含有可燃毒

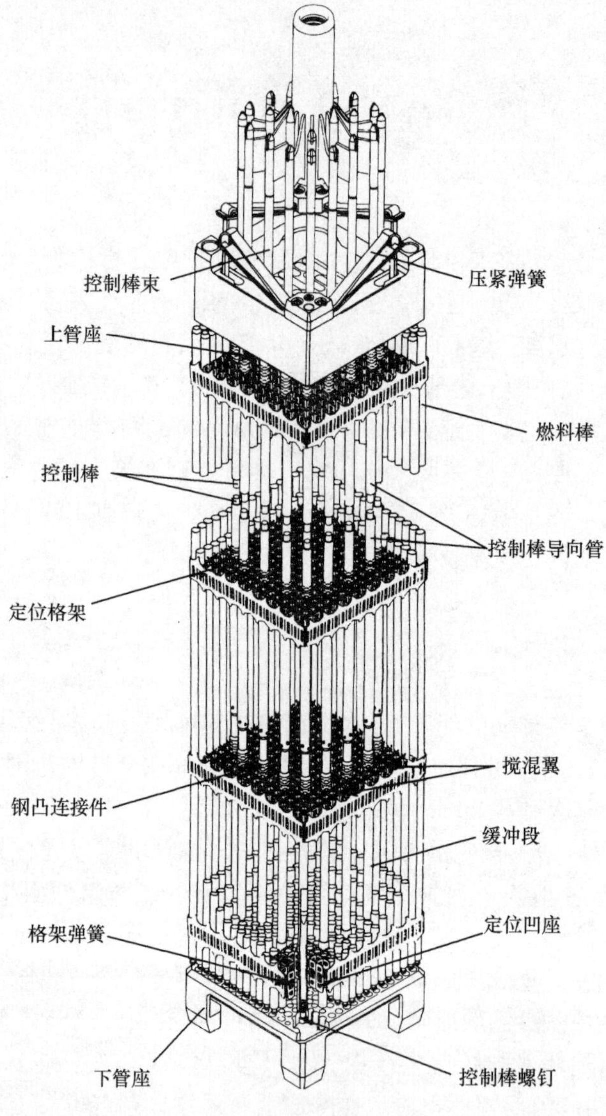

图 7.1　压水堆燃料组件

的“部分长度”控制棒可用于控制反应堆的轴向中子注量率分布；它们主要用于控制轴向氙振荡(见第16章)和减小轴向功率峰值。

“全长”控制棒通常称为调节棒，用于通过调整硼酸浓度不能实现的快速反应性调节，也能用作停堆控制棒或紧急停堆控制棒。出于安全或者需要比正常停堆更多的负反应性时，这些通常被抽出在反应堆之外的控制棒可迅速地插入并引入足够的负反应性。在压水堆堆芯中，典型的控制棒分布如图7.2所示。

典型的压水堆堆芯由190～240个燃料组件组成。它们含有90000～125000kg UO_2。堆芯的直径通常为3.5m、高度为3.5～4m，并被置于压力容器内，如图7.3所示。冷却剂通常从压力容器的上部流入，通过压力容器与堆芯之间的环形流道向下流动，流经堆芯底板进行流量分配，随后向上流过堆芯(燃料组件区)，最终在压力容器上部流出压力容器。冷却剂通常被加压至15.5MPa(2250psi)；在压力容器处，冷却剂的进口温度为290℃，出口温度为325℃。

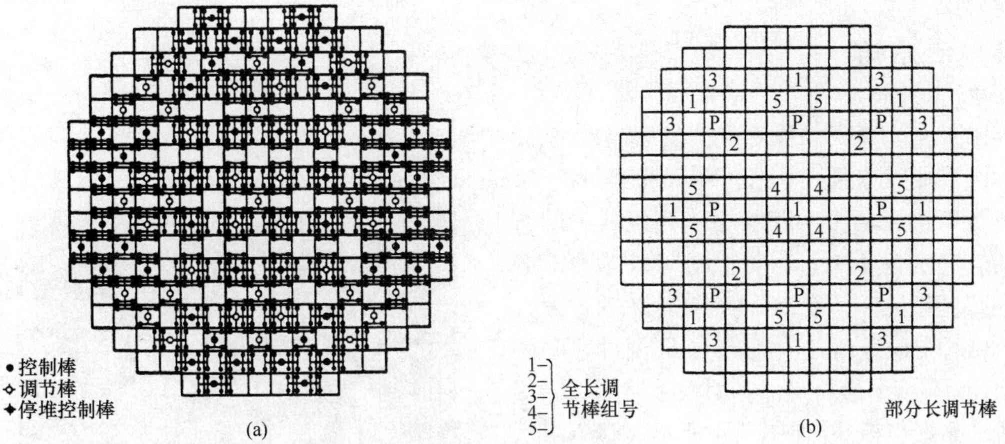

图7.2　压水堆内控制元件的典型排布

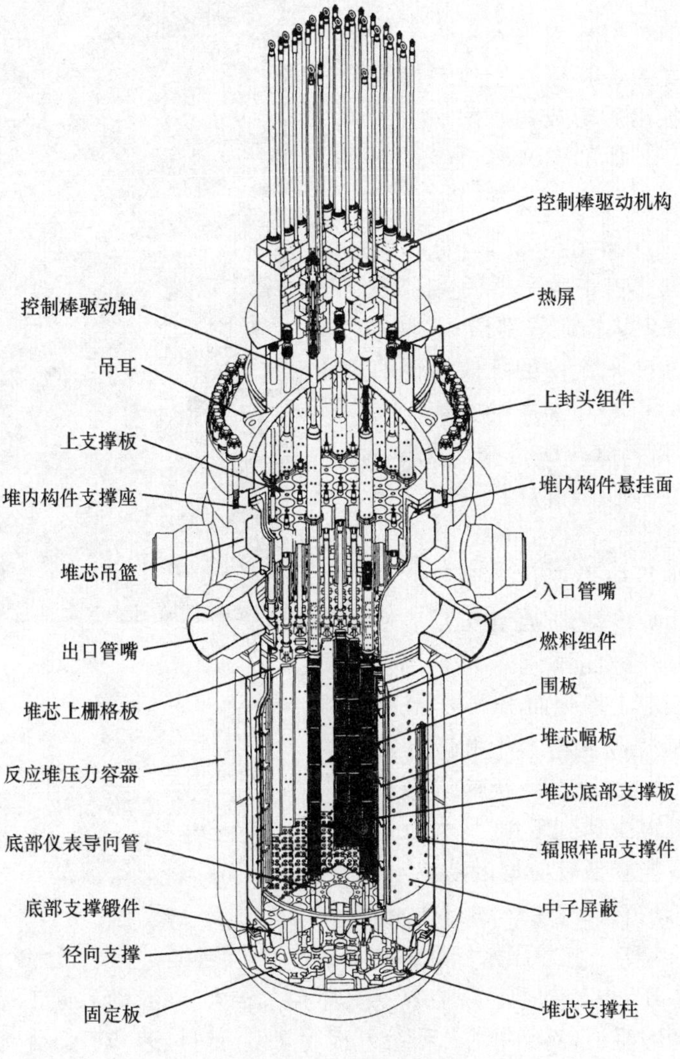

图7.3　压水堆

7.2 沸水堆

沸水堆(BWR)首先在美国发展起来,随后推广到全世界。沸水堆在许多方面与压水堆相似。沸水堆堆芯的基本结构单元是尺寸为14cm×14cm×4m的燃料组件,这些燃料组件由8×8带锆包壳的UO_2燃料棒阵列组成。燃料棒的直径约为1.3cm。^{235}U的富集度在2%~4%的范围内变化。8×8的燃料棒阵列被放入一个锆合金通道内,这可防止不同组件之间的横向流动。4个燃料组件和1根十字形控制棒组成一个燃料模块,如图7.4所示。整个沸水堆堆芯由这样的模块拼接而成,如图7.5所示。

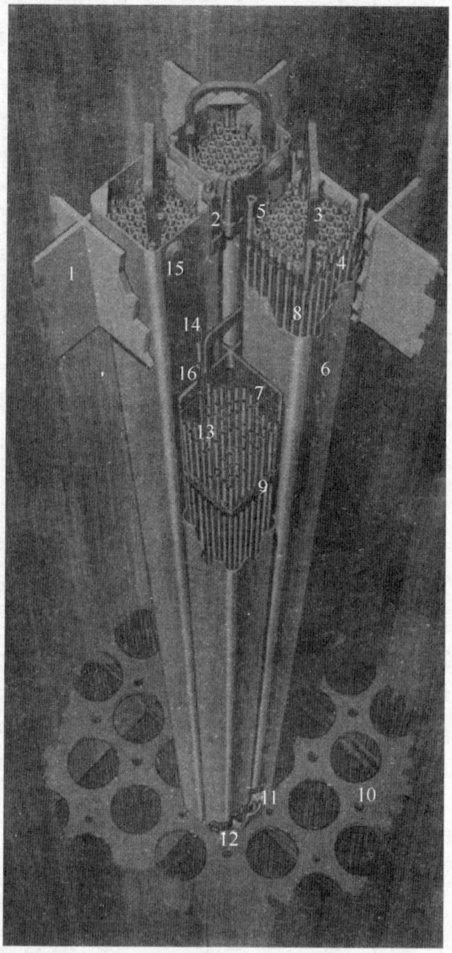

图7.4 沸水堆燃料组件

1—顶部燃料导向管;2—通道固定器;3—上部固定板;4—膨胀弹簧;5—锁紧块;6—通道;7—控制棒;8—燃料棒;9—支架;10—堆芯支撑板组件;11—底部固定板;12—燃料支撑片;13—燃料芯块;14—端塞;15—通道定位隔架;16—腔室弹簧。

不同富集度的燃料棒被装入每一个燃料组件中。低富集度的燃料棒置于控制棒周围以抑制因控制棒抽出后形成的水隙而引起的中子注量率峰值。其他的燃料棒也经过细致的布置以展平燃料组件内的功率分布。因燃耗引起的长期反应性变化和因大幅度功率调节引起的反应性变化可由十字形的B_4C控制棒进行补偿。控制棒从堆芯底部插入,因为它们在堆芯底部单相冷却剂中的反应性价值大于其在堆芯顶部两相冷却剂中的价值。在一些UO_2燃料中均匀混杂Gd_2O_3可补偿因燃料消耗引入的负反应性;随着它们的消耗,这种燃料棒能提供正反应性。

沸水堆的短期反应性变化由循环流量和控制棒控制。利用负冷却剂/慢化剂反应性温度系数,增加冷却剂流量能降低冷却剂温度及其沸腾程度以增强中子慢化而引入正反应性。正反应性的引入能提高功率水平和冷却剂的温度,这反过来引入负反应性;反应堆最终在更高的功率水平下再次达到平衡。同理可知,减小冷却剂的流量能降低反应堆的功率水平。典型的沸水堆堆芯约有750个燃料组件,含有140000~160000kg UO_2。它与压水堆堆芯的大小差不多,也同样置于压力容器内,如图7.6所示。压力约为7.2MPa的冷却剂从压力容器上部流入压力容器,随后向下流动通过压力容器壁面与堆芯围板间的流道,流经堆芯流量分配板后向上流过堆芯和上部结构,从堆芯流出时变成温度为290℃的蒸汽。约有30%的冷却剂流量在压力容器内自循环,这能增加通过堆芯的冷却剂总流量。

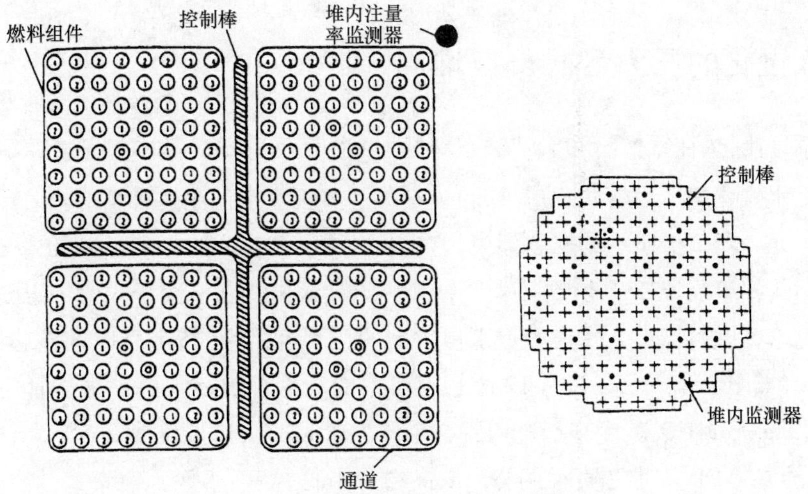

图 7.5　四个沸水堆燃料组件组成的燃料模块

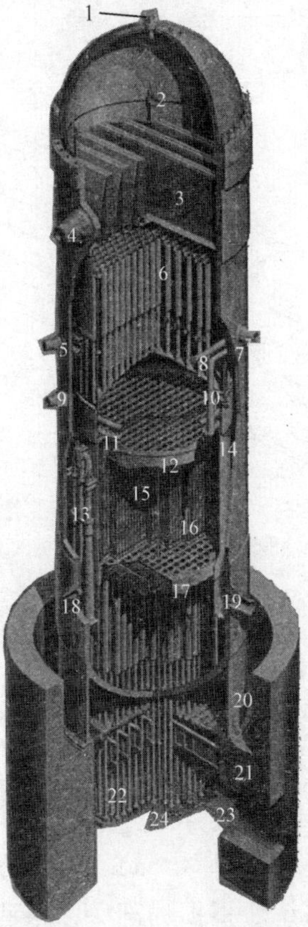

图 7.6　沸水堆

1—排放和顶部喷淋；2—蒸汽干燥器吊耳；3—蒸汽干燥器组件；4—蒸汽发生器出口；5—堆芯喷淋入口；6—汽水分离器组件；7—给水入口；8—给水分配器；9—低压冷却剂喷射入口；10—堆芯喷淋管线；11—堆芯喷淋分配器；12—顶部导向板；13—喷射泵组件；14—堆芯围栏；15—燃料组件；16—堆芯导向板；17—堆芯支撑板；18—喷射泵/再循环水入口；19—再循环水出口；20—压力容器支撑裙座；21—屏蔽墙；22—控制棒驱动器；23—控制棒水力驱动管线；24—堆内注量率监视器。

7.3 重水慢化的压力管式反应堆

重水(D_2O)慢化、在线换料和天然铀燃料是CANDU反应堆的基本特征。CANDU是由加拿大开发的重水慢化的压力管式反应堆,目前其他一些国家也采用这种反应堆。CANDU堆芯的基本结构单元为图7.7所示的燃料棒束,它由长为49cm、直径约为1.3cm的37根带锆合金包壳的UO_2燃料棒组成。12个燃料棒束一端接一端地被放置在一个压力管中,压力为10MPa的重水将流过这些燃料棒束。在充满重水慢化剂的压力容器中,整个反应堆堆芯由380根固定的排管组成,如图7.8所示。装有12个燃料棒束的压力管被装入每一根排管中,这样堆芯共装有100000kg天然UO_2。冷却剂进入每一个压力管时的入口温度为265℃,出口温度约为310℃。典型的CANDU堆堆芯直径约为7m、高约为4m。

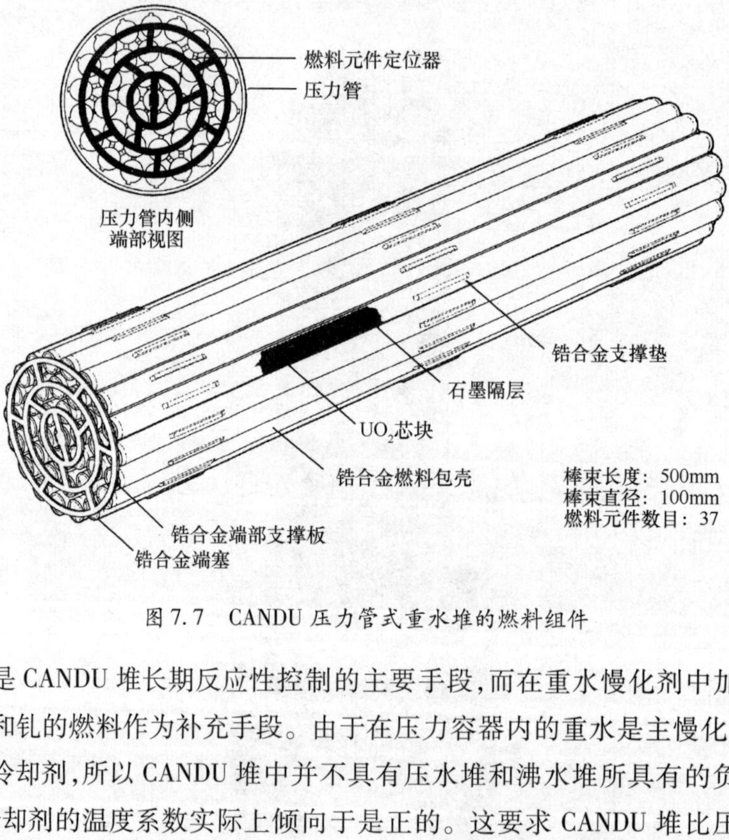

图7.7 CANDU压力管式重水堆的燃料组件

在线换料是CANDU堆长期反应性控制的主要手段,而在重水慢化剂中加入可溶性毒物或使用混有硼和钆的燃料作为补充手段。由于在压力容器内的重水是主慢化剂,而不是在压力管内的重水冷却剂,所以CANDU堆中并不具有压水堆和沸水堆所具有的负冷却剂温度系数。而且,其冷却剂的温度系数实际上倾向于是正的。这要求CANDU堆比压水堆和沸水堆拥有更加精确的反应性主动控制系统。根据局部中子探测器的测量,通过控制每个腔室(共14个)中H_2O的量(在D_2O系统中H_2O是毒物)来控制反应性。

CANDU堆也利用控制棒进行反应性控制。调节棒用于展平反应堆功率和短期的反应性调整。以不锈钢为包壳的4根镉棒位于堆芯上部,它们作为调节棒的补充手段,也可快速插入堆芯以快速或紧急关闭反应堆。后备停堆反应性是通过往慢化剂中注入氮化钆溶液来实现的。

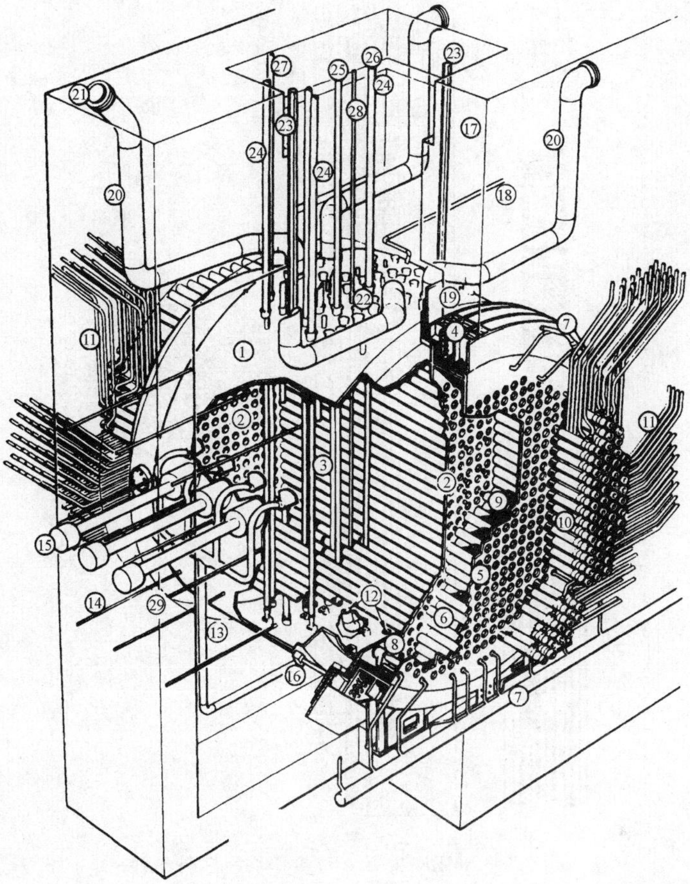

图7.8 CANDU压力管式重水堆

1—排管容器；2—排管容器侧管板；3—排管；4—嵌入环；5—换料机侧管侧；6—端部屏蔽延伸管；7—端部屏蔽冷却管；8—进出口过滤器；9—钢球屏蔽；10—端面配件；11—进水管；12—慢化剂进口；13—慢化剂出口；14—水平注量率监测器单元；15—电离室；16—抗震阻尼器；17—堆腔顶壁；18—慢化剂溢流管；19—屏蔽板；20—泄压管；21—爆破膜；22—反应性控制管嘴；23—观察口；24—停堆棒；25—调节棒；26—机械式控制吸收棒；27—液态区域控制单元；28—垂直注量率监测单元；29—液态注入停堆管嘴。

7.4 石墨慢化的压力管式反应堆

世界上第一个商用反应堆是位于莫斯科附近于1954年启动的石墨慢化的压力管式反应堆。这种反应堆逐渐被称为RBMR（RBMR是俄语“高功率压力管反应堆”的缩写）。这种反应堆主要分布于苏联。RBMR堆芯的基本结构单元为燃料槽管，它由掺杂2.5%铌的锆合金制成，如图7.9所示。每根槽管由上、下两组燃料束组成，分别由冷却剂冷却；冷却剂的压力为7.2MPa；进、出口温度分别为270℃和284℃。每组燃料束由18根直径为1.3cm、长为3.6m、富集度为1.8%～2.0%的UO_2燃料棒组成。每根燃料槽管置于底边长为0.25m、高为7m的长方体石墨内。含有1661根燃料槽管和222个控制棒通道的石墨块并列在一起组成圆柱形堆芯；堆芯的直径为12.2m，含有200000kg UO_2。

由于中子在石墨中的徙动长度约为60cm，所以堆芯内部的耦合相当松散，这容易引起中

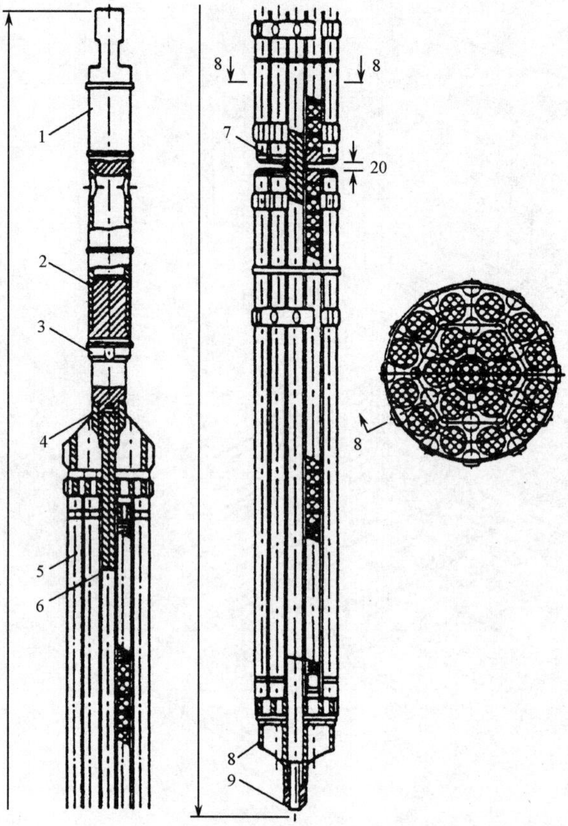

图 7.9　RMBK 压力管式石墨堆的燃料组件

1—悬吊柄；2—销；3—接头；4—柄；5—燃料元件；6—支撑棒；7—套管；8—端盖；9—螺帽。

子注量率的不均匀。而且，由于中子由石墨慢化，随着冷却剂温度的升高，它的密度和吸收截面将减小，所以冷却剂的反应性温度系数是正的。因此，RBMR 反应堆本质上对功率振荡是不稳定的，这要求按区进行功率分布控制。211 根圆柱形 B_4C 控制棒分散在整个堆芯内，控制棒带有石墨填充棒。当控制棒抽出时，利用石墨填充棒来挤出控制棒通道中的 H_2O。其中 24 根用于紧急停堆的控制棒一直被抽出在堆芯之外。另外 24 根较短的吸收棒从其底部插入堆芯以抑制轴向氙振荡(见第 16 章)和减小轴向功率峰值。如果反应堆首次装料，那么需要用另外 240 根控制槽管代替燃料槽管以减低其初始反应性。随着燃料消耗和剩余反应性的降低，这些控制槽管逐渐被燃料槽管所代替。

7.5　石墨慢化的气冷反应堆

世界上第一次自持链式裂变反应是在芝加哥的一堆空气冷却的石墨中实现的，它也是世界上第一个实验堆和生产反应堆的原型。在法国和英国的气冷反应堆最初以 CO_2 为冷却剂、以石墨为慢化剂。最初的 MAGNOX 反应堆由以镁合金为包壳的天然铀棒组成。镁合金具有很低的中子吸收截面，而且这种反应堆由此而得名。天然铀棒被置于石墨块中，并采用 CO_2 作为冷却剂。CO_2的压力为300psi；反应堆出口温度为400℃。典型的MAGNOX反应堆的堆芯直径为14m、高为8m。为了实现更高的出口温度(650℃)，MAGNOX反应堆的后续堆型——先进气冷堆(AGR)的运行压力为600psi。高的出口温度意味着须采用耐高温的包壳，这反过来要求使用低浓缩铀。先进气冷堆的燃料组件由36根燃料棒组成，每个燃料棒由以不锈钢为包壳的富集度为2.3%的UO_2燃料芯块组成；而且，不锈钢包壳外表面带有肋片以强化传热，如图7.10所示。36根燃料棒置于石墨管中，装有燃料的石墨管置于石墨块中。CO_2引起管路系统和蒸汽发生器大量的腐蚀，这导致CO_2被放弃不再作为冷却剂。大部分先进的气冷反应堆采用氦气作为冷却剂。

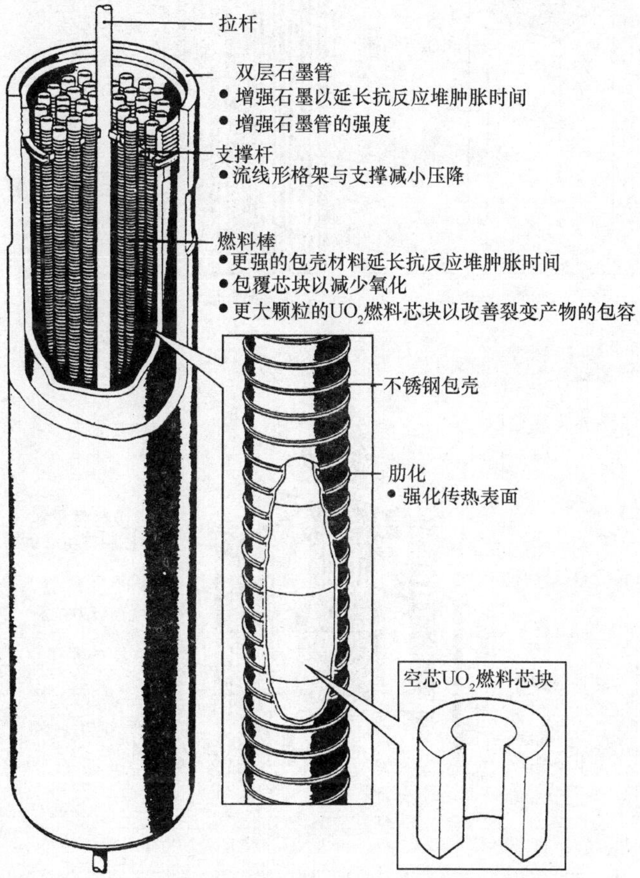

图7.10 先进气冷堆的燃料组件[4]

高温气冷堆(HTGR)是现代的气冷反应堆。高温气冷堆的基本结构单元(燃料组件)是包含大量通道的棱柱状石墨块，这些通道分别用于装入燃料棒和作为冷却剂的流道，如图7.11所示。以富集度为93%的UC/ThO_2为燃料并制成小球弥散在直径为1.6cm、高为6cm的石墨基体中。490个燃料组件一层一层放置在一起组成直径为8.4m、有效燃料高度为6.3m的堆芯，并含有1720kg铀和37500kg钍，如图7.12所示。通常6个燃料组件围绕1个控制棒组件。将含有B_4C的石墨棒插入每一个燃料柱以实现长期反应性控制。控制棒组件内另有两根控制棒可实现短期的反应性控制。迄今为止，高温气冷堆并未实现大规模的应用。

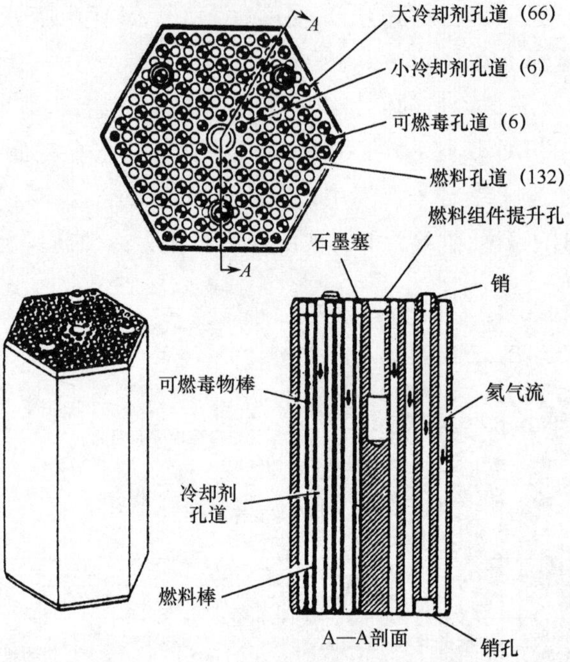

图 7.11　高温气冷堆的燃料组件

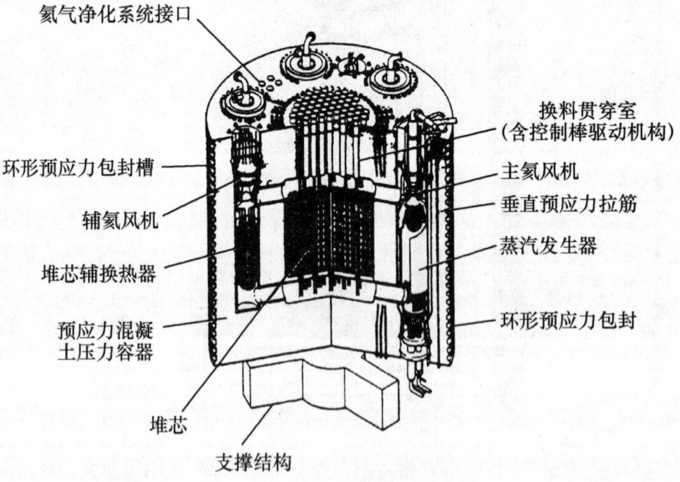

图 7.12　高温气冷堆

7.6　液态金属快中子反应堆

1952 年,坐落于爱达荷州的液态金属快中子增殖反应堆(LMFBR)EBR－I 是世界上第一个利用核能发电的反应堆。虽然从那时起一些液态金属快中子增殖反应堆一直在运行中,但是迄今这种反应堆仍未被大规模的应用。快中子谱的液态金属快中子增殖反应堆完全不同于以上各节介绍的热中子谱反应堆。

现代液态金属快中子增殖反应堆的基本结构单元为图 7.13 所示的燃料组件。快中子增殖反应堆的主要易裂变核素为^{239}Pu，而主要的可增殖核素为^{238}U。燃料组件由 270 根直径为 0.9cm、长为 2.7m 的 PuO_2-UO_2 燃料棒阵列组成并被封装在不锈钢包壳中。其中，燃料通常含有 10% ~ 30% 的 Pu。液态钠能直接流过燃料棒阵列间的通道。液态金属快中子增殖反应堆的堆芯通常由约 350 个这样的燃料组件组成。另有 230 个仅装有 UO_2 或低浓度 Pu 的燃料组件被放置在堆芯周围，如图 7.14 所示。堆芯内 PuO_2/UO_2 总的质量为 32000kg。典型的液态金属快中子增殖反应堆堆芯高为 1m、直径为 2m。

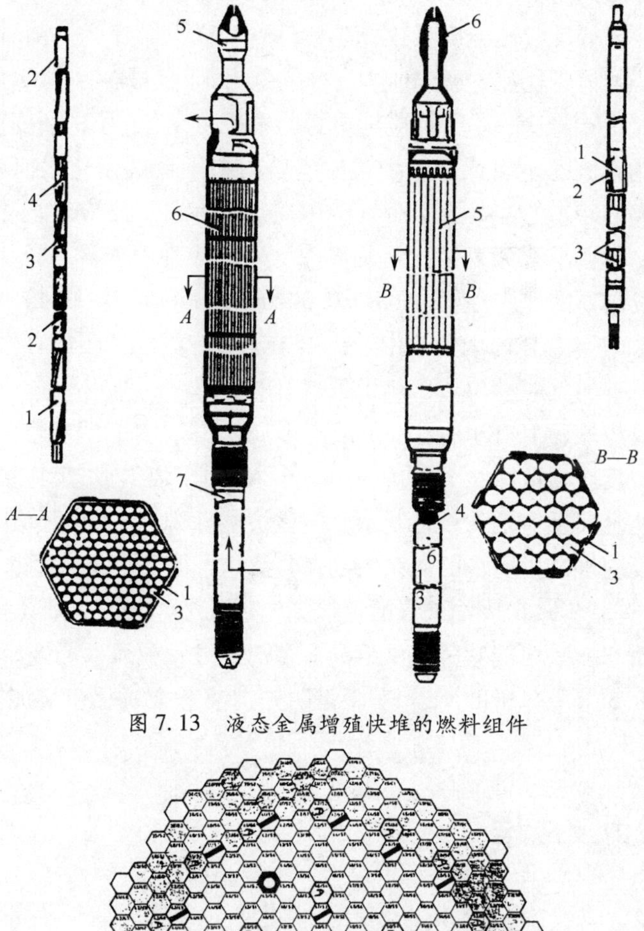

图 7.13　液态金属增殖快堆的燃料组件

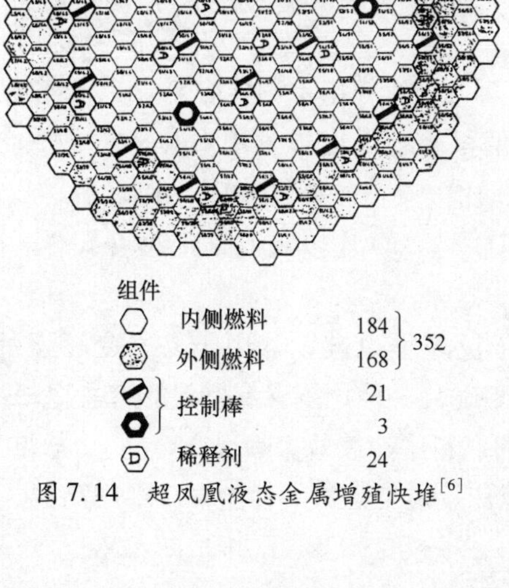

图 7.14　超凤凰液态金属增殖快堆[6]

反应性控制由 B_4C 控制棒束实现。控制棒束占据燃料组件的位置,并几乎位于内、外两个同心圆上。控制棒束通常分成两组,任意一组足以停止反应堆的运行。与热中子反应堆的燃耗反应性变化效应相反,液态金属快中子增殖反应堆生成的易裂变核素比消耗的多。此外,快中子反应堆内裂变产物的负反应性效应远小于热中子反应堆的,因为它们主要是热中子吸收体,如氙和钐等。

正如慢化剂与冷却剂是不同物质的反应堆那样,如 RBMK 和 CANDU,液态金属快中子增殖反应堆具有正的冷却剂反应性温度系数,但另有原因,详见第 5 章。随着温度的升高,钠密度的减小能硬化中子能谱,这导致更低的俘获与裂变比,而且减少了^{23}Na 在千电子伏能区的共振吸收。快中子谱意味着比热中子反应堆更短的中子寿命(中子从裂变产生到被吸收或泄漏的平均时间),因为在液态金属快中子增殖反应堆内中子在被慢化之前就被吸收或泄漏了(液态金属快中子增殖反应堆内中子寿命 $\Lambda \approx 10^{-6}$s,而热中子反应堆内中子寿命在 10^{-4} ~ 10^{-5}s 范围内变化)。这意味着须对瞬发超临界($\rho > \beta$)反应性引入具有更快的响应。而且,在快中子谱下钚的瞬发临界的反应性(^{239}Pu, $\beta = 0.0020$ 和^{241}Pu, $\beta = 0.0054$)小于热中子谱下^{235}U 的相应的值($\beta = 0.0067$)。另外,因为快中子比热中子具有更小的吸收截面,所以快中子谱下控制棒的误抽出等扰动的反应性价值比热中子谱下的更小。

先进液态金属反应堆(ALMR)是另一类液态金属快中子增殖反应堆。它通常采用 Pu/U 金属合金作为燃料。反应堆可由 2 个电功率为 606MW 的模块组成;反应堆也可以由 1 ~ 3 个模块构成。先进液态金属反应堆的设计基于一体化快堆(IFR)锕系循环概念(详见 7.11 节)。一体化快堆比轻水反应堆产生更少的锕系废物;而且,它可循环自身和轻水反应堆产生的锕系废物以回收能量,并进一步减少废物处置的负担。先进液态金属反应堆具有非能动安全特性,即在极端的非正常瞬态——未能紧急停堆下的冷却剂丧失和中间系统排热丧失等工况下保证堆芯的安全。正如 8.5 节所分析的那样,实验表明先进液态金属反应堆能够承受这样极端的事故而不损坏。

7.7 其他的动力反应堆

迄今,虽然许多反应堆被设计并强化其通过嬗变生产易裂变核素的能力,但是这些反应堆均停留在演示阶段,并不能成为成熟的动力反应堆而获得大规模的应用。在这样的反应堆中,有两类反应堆是从传统的热中子轻水反应堆演变而来。轻水增殖反应堆(LWBR)采用$^{232}Th - ^{233}U$ 燃料循环,而且它比$^{238}U - ^{239}Pu$ 燃料循环更容易利用热中子嬗变生产易裂变核素(详见第 6 章)。谱偏移轻水反应堆采用 $D_2O - H_2O$ 混合物作为冷却剂。在燃料循环早期,采用高 D_2O 与 H_2O 比以获得较硬的中子谱以增强^{238}U 嬗变成易裂变的钚;随着燃料的不断消耗,逐渐减小 D_2O 与 H_2O 比以获得软化的中子谱以补偿因燃料消耗而减小的反应性。

两种石墨慢化的热中子反应堆也被设计用于易裂变核素的生产。热中子熔盐增殖堆(MSBR)采用$^{232}Th - ^{233}U$ 燃料循环并使用了含有燃料的熔盐冷却剂(典型的熔盐 $LiF - BeF_2 - ThF_4 - UF_4$)。通过从循环的燃料中连续地去除裂变产物,熔盐堆能获得更高的中子利用率而用于易裂变核素的生产。球床反应堆是另一种氦气冷却的高温气冷堆,它采用直径为 6cm 并含有$^{232}Th-^{233}U$的石墨燃料球作为燃料元件。

与液态金属快中子增殖反应堆相似,气冷快堆(GCFR)采用以不锈钢为包壳的PuO_2/UO_2燃料棒。这些燃料棒表面通常装有肋片以强化传热,因此它们之间的间距通常是液态金属快中子增殖反应堆燃料的2倍。

7.8　动力反应堆的特征

主要动力反应堆的典型参数如表7.1所列。

表7.1　主要动力反应堆的典型参数[4]

类型	热功率/MW	堆芯直径/m	堆芯高度/m	平均功率密度/(MW/m^3)	线功率/(kW/m)	平均燃耗/(MW·d/t)
MAGNOX	1875	17.37	9.14	0.87	33.0	3150
AGR	1500	9.1	8.3	2.78	16.9	11000
CANDU	3425	7.74	5.94	12.2	27.9	26400
PWR	3800	3.6	3.81	95.0	17.5	38800
BWR	3800	5.0	3.81	51.0	19.0	24600
RBMK	3140	11.8	7.0	4.1	14.3	15400
LMFBR	612	1.47	0.91	380	27.0	153000

7.9　先进的第三代反应堆

在本章前几节中介绍的反应堆均可算作第一代和第二代核反应堆,这些设计在20世纪60—90年代就已经基本成熟了。第三代核反应堆的设计开始于20世纪90年代,而且这些反应堆在1995—2015年期间逐渐被应用。第三代反应堆设计从上一代反应堆中获得了大量的经验。在美国、欧洲和日本,第三代的设计一直以融入非能动安全特征,以确保反应堆的安全不再完全依赖于主动控制方法为主要目标。在欧洲,第三代的设计也增强了采用混合氧化物燃料的能力,这一直被视为通向闭式燃料循环的第一步。

7.9.1　先进沸水堆

先进沸水堆设计(ABWR)(和7.9.2节介绍的先进压水堆)基于传统的具有负温度系数的UO_2燃料组件。非能动安全在这些反应堆的设计中被强化,以确保在丧失冷却剂等事故中有充足的水能淹没堆芯,并提供3天的冷却而不需要操作员的动作(目前的反应堆设计需要操作员在约20min内进行干预)。

第一个和第二个先进沸水堆建于日本,并分别于1996年和1997年投入运行。这两个反应堆的活性区高为3.71m、直径为5.16m;以富集度为3.2%的UO_2为燃料;设计燃耗为32000MW·d/t。这两个反应堆的功率密度为50.6MW/m^3,电功率为1350MW。先进沸水堆拥有3套独立的、冗余的安全系统,每一套安全系统在物理上和电气设备上均是独立的,这些系统能保证堆芯在任何时间均能处于淹没状态。这一特性与较大的燃料裕度预计能极大地降低紧急停堆事故的频率(小于1次/年)。整个电厂对LOCA事故的响应将自动完成;在72h内不需要操作员的任何干预(具备了非能动安全核电厂相同的能力)。在美国,先进沸水堆的改进版——经济简化型沸水堆(ESBWR)依靠自然循环和非能动安全特征极大地简化了设计并提高了其性能。经济简化型沸水堆的电功率为1560MW,使用富集度为4.2%的UO_2燃料,目标燃耗为50000MW·d/t。

7.9.2　先进压水堆

欧洲(EPR,1600MW级)、美国(AP-600,600MW级和AP-1000,1000MW级)、日本(AP-WR,1500MW级)和韩国(APR,1400MW级)一直在发展先进压水堆(APWR)。EPR于2006年在欧洲建造,而且可以预计在未来几十年其他先进压水堆在全世界范围内将会被建造。

EPR利用241个标准17×17的PWR燃料组件产生4500MW·t的热功率。每个燃料组件含有265根燃料棒。燃料棒含有富集度为5%的UO_2或MOX燃料芯块,并可能含有Gd_2O_3可燃毒。含有或不含有可燃毒的燃料芯块被密封在锆合金包壳中。燃料棒的外径为0.95cm、长为4.2m、包壳厚度为0.57mm。反应堆堆芯的高度为4.2m、等效直径为3.77m。燃料循环的周期为24个月,并可采用由内向外或由外向内的燃料管理模式。EPR典型的初始堆芯如图7.15所示。

Ｇ 含镉高富集度	■ 中等富集度
■ 无镉高富集度	□ 低富集度

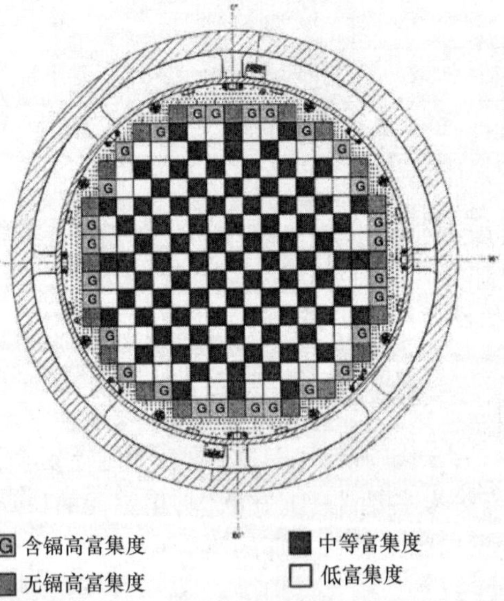

图7.15　先进压水堆的典型初装堆芯装料布置

改变冷却剂中可溶性硼的浓度能控制相对缓慢变化的反应性,包括因燃料消耗引起的反应性变化。快速停堆系统由89个控制棒组件组成,每个燃料组件内含有一个控制棒组件,每个控制棒组件由24根吸收棒组成并连接在同一个控制棒驱动机构上。吸收棒由Ag-In-Cd合金和烧结的B_4C芯块组成。

7.9.3　先进压力管式反应堆

7.3节介绍的加拿大的CANDU类反应堆在一些方面进行了改进,从反应堆物理的角度来说,最主要的改进是利用H_2O代替D_2O作为冷却剂,这使反应堆具有了负空泡反应性系数。新的ACR-700反应堆的电功率增加至700MW。

7.9.4　模块式高温气冷堆

两种氦气冷却的模块式热中子反应堆一直处于发展中,这两种设计虽然具有完全不同的布置,但是它们均利用石墨较大的热容以实现非能动安全;而且,这两种反应堆均采用多层嵌套包覆 TRISO 燃料颗粒以包容裂变产物,并利用不同数量的模块组成核电厂。

模块式球床高温气冷堆(PBMR)如图 7.16 所示,它拥有一个垂直的钢制压力容器并内衬石墨块作为反射层,这些石墨块能提供较大的热容。控制棒从上往下插入石墨反射层中的控制棒通道内。反应堆堆芯的直径为 3.7m、高为 9m。堆芯内侧为石墨球区,它作为中子反射层并提供热容;堆芯外侧的环形区包含约 370000 个网球大小的燃料球。氦气由上向下流过燃料球区。每个反应堆模块的电功率为 110MW。

每个直径为 6cm 的燃料球由厚 5mm 的石墨层作为外壳,并含有 15000 粒 TRISO 燃料颗粒,每个燃料颗粒的直径为 0.92mm,如图 7.17 所示。TRISO 燃料颗粒的中心是富集度为 8% 的 UO_2燃料核,燃料核周围以多孔的热解碳作为缓冲层以容纳裂变气体。缓冲层之外是两层热解碳和一层 SiC 以阻止裂变产物的泄漏。

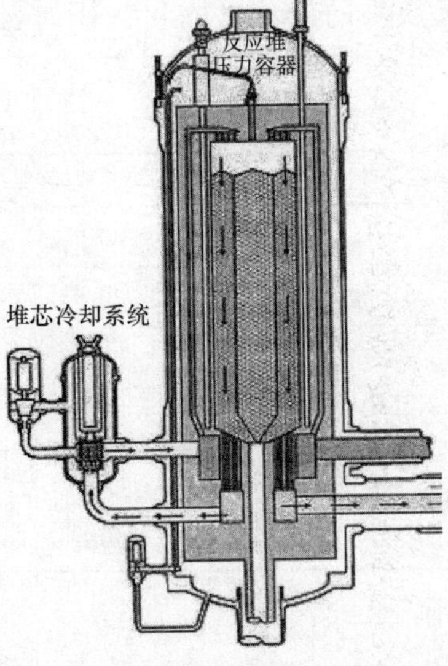

图 7.16　球床模块化堆

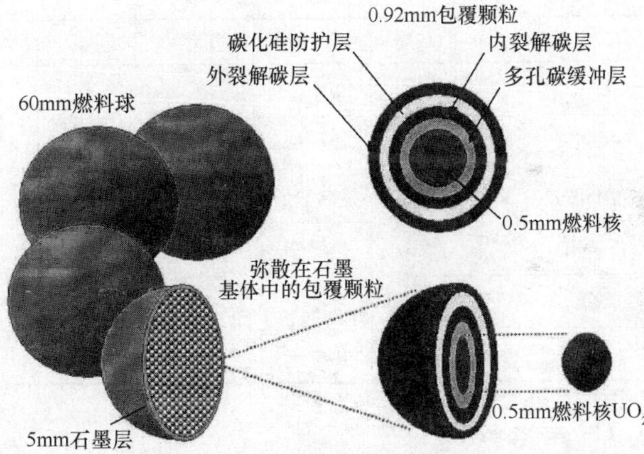

图 7.17　球床 TRISO 燃料球及其截面

模块式球床高温气冷堆通过从堆芯底部卸出“烧过”的燃料球,并从堆芯顶部补充新的或者已经用过的燃料球以维持反应堆的临界。对每个离开堆芯的燃料球须进行燃耗的测量,燃耗超过参考值的燃料球将被移除并储存,没有超过燃耗的燃料球继续循环(约循环 10 次)。

模块式氦气透平高温气冷堆(GT－MHR)是基于 7.5 节介绍的棱柱状设计的高温气冷堆。它也采用 TRISO 包覆颗粒燃料,这能使燃耗超过 100000MW · d/t,它采用高效率的直接布雷登气体透平循环技术。每一个反应堆模块的热功率为 600MW,电功率为 286MW,效率为 48% 。

在 GT－MHR 中,更小的 TRISO 燃料颗粒与石墨混合制成圆柱状的燃料芯块,直径为 13mm,长度为 51mm,这些燃料芯块仍被放置在六棱柱石墨单元的燃料通道内。石墨单元的高度为 793mm、对边宽度为 360mm。在堆芯的高度方向上,10 层六棱柱燃料组件被放在一起形成燃料柱,102个这样的燃料柱堆成一个环形堆芯。石墨反射单元被置于环形堆芯的内部和外侧以反射和慢化中子,并在丧失冷却剂事故时提供足够的热容以维持燃料温度在损坏限值之下而不需要任何应急措施。

7.10 先进的第四代反应堆

2006年研究的第四代反应堆,其主要目标是确保反应堆及其相关的分离技术成为通向闭式燃料循环的重要一步。具体的目标:①系统具备长期可利用率并实现铀资源的有效利用;②放射性废物最少化;③安全、可靠,极低的堆芯损坏概率并消除厂外应急;④消除可供武器和恐怖主义利用的核材料;⑤与其他能源系统相比,在整个寿期内具有成本优势和相同的资本风险。

为了使三种用途,即电力、制氢和工艺热、锕系元素管理在技术上具有一定的冗余性和互补性,以及性能目标的可实现性,并且实现与国家战略相一致的商业运行,6种反应堆系统被推荐进行优先研究,分别是气冷快堆(GFR)、铅冷快堆(LFR)、钠冷快堆(SFR)、超高温气冷堆(VHFR)、超临界水堆(SCWR)和熔盐堆(MSR)。这些反应堆的设计目标和特征如表7.2所列。

表7.2 第四代核反应堆的设计目标和特征

反应堆	冷却剂	中子能谱	电力	制氢	锕系元素焚烧	最早建成时间
GFR	气体	快中子	✓	✓	✓	2025
LFR	铅	快中子	✓	✓	✓	2025
MSR	熔盐	超热中子	✓	✓	✓	2025
SCWR	水	热中子	✓	×	(快谱方案)	2025
SFR	钠	快中子	✓	×	✓	2020
VHTR	气体	热中子	×	✓	×	2020

7.10.1 气冷快堆

气冷快堆的主要特征是快中子谱、氦气冷却和闭式燃料循环。高的出口温度使气冷快堆满足制氢和提供工艺热的需求,而且快中子谱能实现裂变锕系元素的目的。堆芯结构可基于棱柱状燃料元件(HTGR和GT-MHR)或棒状或板状燃料元件设计。复合陶瓷燃料、TRISO包覆颗粒和以陶瓷为包壳的弥散燃料均可作为其燃料。气冷快堆可以采用直接布雷登氦气透平循环用于电力生产或为热化学制氢提供工艺热。通过在快中子谱下完全循环锕系元素,气冷快堆可最少化需地质处置的长寿期废物;通过嬗变^{238}U为可裂变的超铀元素,气冷快堆可最大化利用铀(包括贫铀)所蕴藏的能量。2006年参考设计的电功率为286MW。

7.10.2 铅冷快堆

铅冷快堆的主要特征是快中子谱、液态铅或铅铋共晶冷却剂和闭式燃料循环。液态金属出口温度850℃的潜力使铅冷快堆能满足制氢和电力生产的目的,而且快中子谱能实现裂变锕系元素的目标。含有铀或超铀元素的金属燃料或氮基弥散型燃料能通过液态金属冷却剂的自然循环进行冷却。通过在快中子谱下完全循环锕系元素,铅冷快堆可最少化需地质处置的长寿期废物,而且通过嬗变^{238}U为可裂变的超铀元素,铅冷快堆也可最大化利用铀(包括贫铀)所蕴藏的能量。2006年各种功率大小的铅冷快堆均在研究之中,包括1200MW级、300~400MW级的模块式系统和50~150MW级、15~20年换料周期、可换堆芯的电池式系统。

7.10.3 熔盐堆

熔盐堆的主要特征是超热中子谱、流动的燃料-冷却剂熔盐混合物和闭式燃料循环。出口温度可达800℃的潜力使熔盐堆能实现电力生产和制氢的目的;但是,超热中子谱使一些锕系元素必须经过多次嬗变才能转化为具有较大裂变截面的元素以实现锕系元素裂变的目标。熔盐堆的燃料为钠、锆、铀和锕系元素的氟化物的混合物,它们将一同流过石墨堆芯。

7.10.4 超临界水堆

超临界水堆的主要特征是运行在超临界状态之上的高温、高压水冷反应堆以获得比目前轻水反应堆更高的热效率。通过采用直接循环的能量转换系统可使电厂的辅助系统得到极大地简化。2006年参考设计的电功率为1700MW、运行压力为25MPa,出口温度为510℃。快中子谱的设计可采用完全锕系元素循环的闭式燃料循环和液态后处理工艺。

7.10.5 钠冷快堆

钠冷快堆的主要特征是快中子谱、钠冷却剂和闭式燃料循环。因为2006年技术条件下钠冷快堆的出口温度为550℃,它能满足电力生产的要求,但不能实现制氢的目标;快中子谱可以实现裂变锕系元素的目标。基于如下两种反应堆技术路线,钠冷快堆的燃料循环可实现完全锕系元素再循环模式:①基于一体化快堆技术、采用铀-钚-锕系元素-锆的金属合金燃料、150~500MW级的反应堆和高温冶金工厂。②基于液态金属快堆,采用铀-钚氧化物弥散性燃料、500~1500MW级的反应堆和液态后处理工厂。通过在快中子谱下循环锕系元素,钠冷快堆可最少化需地质处置的长寿期废物;而且,通过嬗变^{238}U为可裂变的超铀元素,钠冷快堆可最大化利用铀(包括贫铀)所蕴藏的能量。

7.10.6 超高温气冷堆

超高温气冷堆的主要特征是热中子谱、氦气冷却和一次通过燃料循环。超高温气冷堆的出口温度可达1000℃,这使其能成为高效率的系统,可提供工艺热,比如热化学制氢,而且也可进行联合发电。反应堆的堆芯可以是柱状的(如HTGR和GT-MHR),也可以是球床的(PBMR)。2006年,柱状超高温气冷堆的参考设计的热功率是600MW,并可通过中间热交换器提供工艺热。

7.11 先进的次临界反应堆

因为次临界装置维持临界状态不再受到燃料燃耗的限制,所以上述任何一种反应堆在次临界运行时可采用更加灵活的燃料循环。由于锕系元素的缓发中子份额(如^{239}Pu的$\beta=0.0020$)远小于^{235}U的,因此含有大量超铀元素的反应堆具有很小的瞬发临界反应性裕度。而且,为了使燃料中大部分易裂变同位素发生裂变或为了取得很高的^{238}U嬗变率,实际上这意味着需要补偿大量的因燃料消耗引起的负反应性。由于次临界运行能提供额外的反应性裕度($\approx 1-k_{sub}$),而且,调整外部中子源源强 S 可补偿任意大小的负反应性而维持反应堆内的中子数目($N=Sl/(1-k_{sub})$,其中 l 是中子寿命),因此利用次临界运行的反应堆可以同时实现充分利用铀资源和裂变锕系元素这两个目标。迄今的研究表明,利用一定数目的次临界运行的反应堆可实现完全的闭式燃料循环。

目前存在两种类型的中子源有望在第四代反应堆开始运行之后可被利用:①以质子加速器-分裂目标源为基础的质子加速器分裂中子源,这类中子源2006年在橡树岭国家实验室开始运行;②托卡马克D-T聚变中子源,它是国际ITER聚变计划的基础;ITER 2006年在法国开始建造。

加速器嬗变废物(ATW)反应堆的概念设计基于质子直线加速器,通过加速器将质子加速至1000MeV,并引导高能质子向下通过反应堆中心的垂直腔室至Pb-Li目标源,通过分裂反应产生能量为20MeV的中子,这些高能中子入射周围的次临界反应堆引起裂变,如图7.18所示。目标的中子产生率为$(0.1\sim1)\times10^{19}$/s,中子源的分布通常是高度集中的。加速器嬗变废物这一技术需要在分裂中子源上进行测试。

聚变嬗变废物(FTW)反应堆的概念设计基于约束在半径为3~4m的环形D-T等离子体,它能产生能量为14MeV的中子。环形的次临界反应堆(内径为4~5m,高约为3m,厚度约为1m)围绕在等离子体腔室的周围,如图7.19所示。目标的中子产生率为$(1\sim10)\times10^{19}$/s,而且该中子源分布在整个环形等离子体腔室的表面上。聚变中子源技术需要在ITER实验堆上进行测试,后者有望在2016—2019年开始运行。

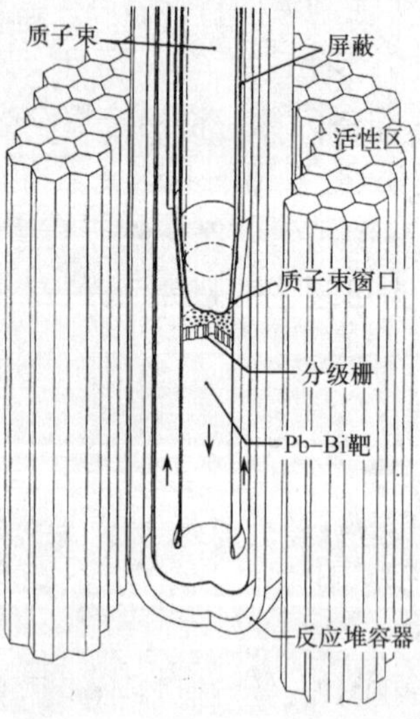

图7.18 气冷ADS分裂靶

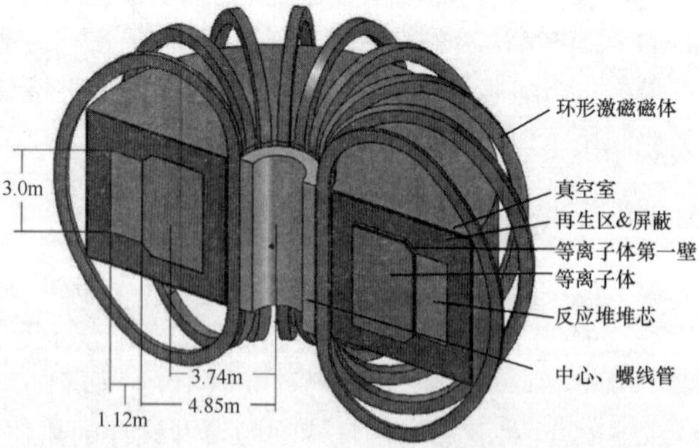

图7.19 托卡马克D-T聚变中子源驱动的次临界反应堆

7.12 核反应堆分析

本节将简要介绍用于核动力反应堆的性能分析、中子动力学分析与核分析的计算方法。更加详细的反应堆分析方法和各类常见代码的介绍见参考文献[5,6]。除了前几章介绍的计算方法之外,第9~16章将进一步介绍其他用于反应堆分析的计算方法。

7.12.1　均匀化多群截面的构建

分析以上各节介绍的核动力反应堆的结构可知,反应堆堆芯通常由大量不同材料特性的结构组成,其中一些是强吸收的燃料和控制单元,它们的尺寸通常小于中子扩散长度或与之在同一个量级上。作为反应堆物理分析的主要计算工具,中子扩散理论仅适用于弱吸收介质或者离开不同材料界面几个扩散距离之外的区域。许多核截面随中子能谱(如共振)发生剧烈的变化,而中子能谱反过来又与材料的空间分布存在密切关系。因此,反应堆物理分析的第一步是获得不同燃料组件或者燃料模块的等效均匀化截面和强吸收控制单元的有效截面,均匀化后的截面通常包含了中子分布随空间和能量变化的各类效应。“等效”是指这些近似模型与真实的非均匀结构具有相同的反应率。构建这样的等效模型是反应堆物理计算的主要任务之一。

对空间和能量的精细处理,不同反应堆具有不同的侧重点。例如:对于热中子反应堆,大部分中子在热中子谱下被吸收,由于热中子的平均自由程较小,因此对空间非均匀性的处理是最重要的,而对于能谱的处理虽仍是重要的,但居第二位;对于快中子反应堆,由于大部分吸收发生在具有较长平均自由程的快中子阶段,能谱的精细处理是第一位的,而空间的不均匀性处理居第二位。

对于热中子反应堆,均匀化过程通常开始于燃料棒栅元及其周围的冷却剂、慢化剂和其他结构的均匀化。典型的计算通常须建立精细群的体积平均的燃料棒栅元模型(30 ~ 60 个快中子群、15 ~ 172 个热中子群),并利用积分输运理论计算燃料核素的非均匀共振截面。该栅元模型通常也用于计算中间群截面,后者用于该非均匀燃料棒栅元的输运计算。栅元计算所得的包含空间效应的中间群中子注量率可用于构建该非均匀燃料栅元以体积 - 注量率为权重的均匀化截面,这些燃料栅元的均匀化截面的能群数通常比精细群模型的要少。对燃料组件内不同类型的燃料栅元应用上述计算方法获取其均匀化截面;在组件的中间群模型(5 ~ 15 个)中,一个均匀化截面代表一个燃料栅元。然后,对燃料组件或模块进行中间群扩散或输运计算,并包括水隙、周围的结构或控制单元等。所得的中间群中子注量率可用于构建体积 - 注量率为权重的燃料组件的少群截面并用于扩散计算。通常来说,对快中子能区和热中子能区($E < 1\text{eV}$)分别执行独立的计算。对构成堆芯的各种燃料组件或模块应用上述计算过程,获取代表每一个均匀化燃料组件或模块的等效少群扩散或输运截面。对控制单元须进行输运计算以构建有效少群扩散理论截面,在扩散理论模型中,这些截面代表该控制单元。

快中子反应堆也采用上述相似的计算过程,但是须加强对能谱和重叠共振的处理,而可适当弱化对空间结构的处理(除非其影响了共振的处理)。在典型的快堆计算中,整个燃料组件或者相似的燃料组件按体积权重均匀化后构建超精细群(约为 2000 个)模型,并利用积分输运计算构建燃料的非均匀共振截面。然后计算得到超精细群能谱,并用其生成可进行全堆芯多群(20 ~ 40 个群)扩散计算或输运计算的精细群截面。

对在随后的应用中可能遇到的不同情况均需要构建相应的均匀化多群截面,因为群截面及其生成过程往往依赖于中子注量率的空间分布和能谱的细节。出现控制单元或强吸收体,如氙、燃料成分随燃耗的变化、瞬态过程中遇到的不同的温度和冷却剂密度及其他因素均影响空间和能量分布,在等效均匀化多群常数的准备过程中都必须考虑这些因素。

7.12.2 临界和注量率分布计算

等效的均匀化多群截面能用于全堆芯的扩散或输运计算,全堆芯计算可以通过调整控制棒的位置使反应堆临界($k=1$),或者获得反应堆的特征值(有效增殖系数)k。若计算采用了三维有限差分模型,则所得的中子注量率是整个堆芯的平均分布。然而,计算燃料棒的功率限值及其燃料消耗过程需要燃料棒内精细的注量率分布。全堆芯扩散或输运计算所得的平均注量率与燃料栅元输运计算所得的注量率叠加可重构燃料棒内精细的注量率,后者是在燃料栅元均匀化多群截面加工过程中获得的。

通常来说,为了提高计算的经济性,在全堆芯中子注量率分布计算时仍然可采用一些近似方法,例如以整个燃料组件为单元的节块模型和参数化的多项式模型。在这种情况下,全堆芯的平均注量率(如节块上)须与燃料栅元的输运计算所得的注量率叠加重构出燃料棒内精细的注量率。需要注意的是,注量率的重构过程须与燃料栅元的均匀化过程及全堆芯的注量率近似计算过程保持一致。

7.12.3 燃料循环分析

在多步的燃料循环分析计算中,全堆芯多群注量率分布计算、控制棒临界棒位计算和燃料棒内注量率重构计算均需要与燃料成分变化的计算和裂变产物积聚的计算耦合起来。第一步是执行大量的注量率分布计算以确定使反应堆临界的控制棒位置和相应的新燃料装料存在和不存在氙和钐时的注量率分布;第二步是基于最初的平衡氙和钐时的注量率分布,在燃耗时间步内求解燃料消耗和锕系元素/裂变产物积聚方程;第三步是求解中子注量率方程以确定在新的燃料成分和裂变产物下新的临界控制棒位置和注量率分布;第四步是基于平衡氙和钐在新的燃料计算步内利用第三步计算得到的中子注量率分布求解燃料消耗和锕系元素/裂变产物积聚方程,以此类推。典型的时间步长为150MW·d/t、350MW·d/t、500MW·d/t、1000MW·d/t和2000MW·d/t。为了计算平衡状态下的氙、钐和^{239}Pu,最初通常采取较小的时间步长。利用7.12.1节所述的计算方法,每一个时间步可重新计算均匀化的截面,也可利用预先生成的截面数据表进行内插获得均匀化截面。

高效的燃料管理需要根据以上方法进行许多次燃料循环分析。在反应堆装料之前,为了取得最优的燃料性能,基于一定的条件,如电厂的可利用率、功率要求模式和换料周期,需要执行一系列这样的计算,以确定合适的混合物和新燃料组件与再循环燃料组件的位置。随着反应堆的运行和实际条件的变化,为了取得最优的燃料性能,往往还需要额外的计算以调整剩下的运行计划和/或换料日期。

燃料循环分析需要大量的临界计算和注量率分布计算,这要求中子注量率求解方法具有很高的效率。注量率近似计算方法(如节块模型)被广泛地用于这类计算。值得注意的是,目前还有适合燃耗计算的蒙特卡罗程序。

在快中子反应堆的计算中,更重要的是确定燃料中初始的钚浓度和锕系元素随着燃料的变化。

7.12.4 瞬态分析

对大量计划中的运行瞬态(如启动、改变功率)和可能造成非正常或事故工况(如控制棒弹出、丧失冷却剂)的潜在瞬态进行分析是非常必要的,每一个工况涉及控制与反应堆系统性能的各种条件。这类计算均须求解描述中子注量率分布、反应堆功率水平和分布、热传导和温度分布、热量传输系统的流体力学和热力学、材料膨胀和移动等的动态方程。在极端事故条件下,还须求解状态方程和燃料混合物熔化与汽化的流体力学控制方程。中子注量率的水平与空间分布决定着反应性的大小、热源的水平与分布,反应性是任何反应堆瞬态的驱动力,热源的水平与分布是其他分析计算的主要输入条件。

描述中子动力学过程最简单的点堆模型假设中子注量率仅发生大小或功率水平的变化而其空间分布保持不变。与燃料和慢化剂的温度和密度的变化、燃料和结构材料的移动等相关的反应性系数须根据一系列静态中子注量率和临界计算进行预先计算,或利用微扰理论进行计算。在计算获得温度和密度的变化、燃料和结构的移动等之后,这些变化的反应性价值以反应性系数的形式融入功率水平的计算中。

参考或设计基准的功率分布经常与点堆动力学计算相结合用于评价燃料的完整性,随后进行独立的计算以确定实际的功率分布并未超过设计基准的功率分布。对某些事故的仿真(如控制单元弹出),采用设计基准的功率分布是不合适的,那么基于温度、密度、流量和从瞬态分析计算中获得的其他信息,功率分布必须被重新计算。

反应性反馈系数通常是根据参考控制棒位置和其他堆芯条件确定的。如果控制棒位置或堆芯的其他条件发生较大的变化,那么基于微扰的共轭注量率的体积权重的反应性系数将发生变化(因为注量率及其共轭分布已经发生了变化)。在瞬态分析中最重要的临界阶段,最重要的反应性系数必须根据当时的条件重新计算。

点堆动力学计算并不能描述与注量率空间分布相关的效应,然而注量率分布可能发生变化,如反应堆内局部区域的冷却剂流量减小。注量率在空间上的变化不仅影响局部的功率分布和热源分布,而且改变反应性及其系数。因此,这样的情况下必须进行空间-时间注量率分布计算。这样的计算本质上是去寻求注量率空间分布的一系列解,而且每一个时间步均可采用温度、密度和材料位置等的最新的计算结果。这样的计算通常采用注量率的近似求解方法(如节块法),以确保其计算量在可接受的范围之内。

7.12.5 反应堆运行数据

反应堆操作员必须了解这些预先计算或在线计算的各种反应堆物理参数和响应,以确保能做出正确的操作决定,如控制单元的插入模式和对仪表读数的理解。大部分这样的信息来源于燃料管理和瞬态安全分析,因为安全分析通常考虑大量的非正常和正常工况。其他信息来源于堆芯运行数据,虽然它们通常仅仅是正常运行工况下的数据。额外的功率分布和临界计算必须并入数据库。

7.12.6 临界安全分析

在核燃料装入反应堆之前的浓缩、加工和运输过程的各个阶段,在乏燃料临时储存、后处理、运输和永久储存的各个阶段,核燃料以各种形式被放置在一起。比如,乏燃料组件以一定的布置形式储存在核电厂的燃料池中(用于去除衰变热),经后处理的桶装液态燃料放置在储存架上。临界安全要求具备一套严格的燃料管理系统以确保每一个储存单元的燃料质量是已知的,并且各种布置在所有正常和可预见的不正常情况下均能很好地维持在次临界状态。当核燃料被装入反应堆前,必须对堆芯外的各种燃料布置进行临界计算。虽然扩散理论和前几章中介绍的方法可能用于某些布置的分析,但是临界安全分析通常采用更加准确的输运方法(见第9章)。

7.13 反应堆物理与热工水力的耦合

7.13.1 功率分布

裂变过程释放的90%以上的可回收能量以裂变产物动能和电子动能的形式存在,它们分布在裂变发生点周围(毫米量级)的燃料中;小于10%的裂变能量以中子动能和伽马射线的形式存在,它们分布在裂变点周围10cm的范围内。因此,裂变能量的分布大致满足裂变率的分布:

$$q'''(r) \approx \mathrm{c} \times \sum_f (r)\phi(r) \tag{7.1}$$

导出这些热量而不超过各种材料温度、燃料到冷却剂的热流密度等等的最大许用值决定了许用的中子注量率峰值、燃料元件尺寸、冷却剂分布等参数。中子注量率分布影响燃料和冷却剂/慢化剂的温度,燃料的温度影响燃料的共振截面,冷却剂/慢化剂的温度影响其慢化能力,这两者反过来又影响中子注量率分布。

由于共振的多普勒展宽效应,燃料内局部温度的升高导致局部共振吸收的增加,因而减少轻水反应堆内慢化至热能区的中子。这导致局部裂变率的减少,进而能减缓燃料温度的升高。燃料内局部共振吸收的增加使更多中子被燃料吸收,因而相对减少了其附近其他吸收介质对中子的吸收,如减小了周围控制棒的价值。

冷却剂温度对中子慢化的影响也是非常重要的。在大部分轻水反应堆中,局部水温的升高引起密度的减小将降低水的中子慢化能力,这反过来又引起局部功率的下降。当冷却剂通过堆芯时,随着高度的增加,来自燃料元件的热量逐渐加热冷却剂使其温度升高,因此轴向的功率密度随着高度逐渐降低。这样的功率密度分布导致在堆芯底部产生功率峰值。因为沸水堆冷却剂空泡主要发生在堆芯的上部,所以这个现象在沸水堆内是非常明显的。沸水堆的控制棒从底部插入堆芯不仅可使其价值最大化,而且可减小轴向功率分布在其底部的峰值。在快中子反应堆中,局部钠冷却剂密度的减小将引起中子谱硬化并导致局部 η 的增加,这将增加局部发热量。气冷反应堆中反应堆物理与热工水力间的耦合较弱,这是气冷堆采用不同材料的慢化剂和冷却剂造成的。

7.13.2 温度反应性效应

5.7节~5.12节已分析过与燃料、冷却剂/慢化剂和结构材料的温度变化相关的反应性效应及其对反应堆动力学过程的影响。8.4节将分析三哩岛事故和切尔诺贝利事故中热工水力过程与反应堆物理过程相互作用产生正反应性的现象。反应堆内每个区域局部温度、密度和中子注量率的变化均引起反应性的变化,以这些因素对反应性的相对重要性为权重在整个反应堆内对其求和可得总反应性。反应堆的热工水力特性不仅影响局部温度和密度对中子注量率分布和大小变化的响应过程,而且影响中子注量率分布和大小对温度和密度变化的响应过程。

7.13.3 反应堆物理和热工水力的耦合计算

上述分析清楚地表明,反应堆的功率分布和有效增殖系数不仅取决于堆芯内各种材料

(燃料、冷却剂、结构材料、控制棒)的分布,而且取决于材料的温度和密度分布。反应堆设计的主要任务之一是确定材料和温度 - 密度分布并使反应堆在目标工况下保持临界但又不超出任何热工水力的限值。因为燃料消耗改变燃料的成分,所以这个问题因燃料消耗而变得更加复杂。这意味着,材料和温度 - 密度分布必须使反应堆在整个寿期内都保持临界但又不能超出任何热工水力的限值。通常须采用试算法才能完成这一任务,即静态的中子注量率计算与热工水力计算之间的不断迭代直至获得一致的结果;通过调节控制毒物的水平使反应堆临界,并保证在整个寿期内满足热工水力和安全限值。

一旦反应堆的设计方案确定后,需要对大量的运行瞬态和非正常瞬态进行分析以确保反应堆在正常运行过程中不会超出热工水力的限制,而且在非正常条件下也能安全运行。瞬态分析程序通常在一定的近似条件下可获得功率的大小和分布及其相应的温度和密度分布。

参 考 文 献

[1] "European Pressurized Water Reactor," *Nucl. Eng. Des. 187*, 1 – 142 (**1999**).

[2] D. C. WADE and R. N. HILL, "The Design Rationale of the IFR", *Prog. Nucl. Energy 31*, 13 (1997); E. L. CLUEKLER. "U. S. Advanced Liquid Metal Reactor (ALMR)," *Prog. Nucl. Energy 31*, 43 (**1997**).

[3] R. A. KNIEF, *Nuclear Engineering*, Taylor & Francis, Washington, DC (**1992**), Chaps. 8 – 12.

[4] G. COLLIER and C. F. HEWITT, *Introduction to Nuclear Power*, Hemisphere Publishing, Washington, DC (**1987**), Chaps. 2 and 3.

[5] P. J. TURINSKY, "Thermal Reactor Calculations," in Y. Ronen, ed., *CRC Handbook of Nuclear Reactor Calculations*, CRC Press, Boca Raton. FL (**1986**).

[6] M. SALVATORES, "Fast Reactor Calculations," in Y. Ronen, ed., *CRC Handbook of Nuclear Reactor Calculations*, CRC Press, Boca Raton. FL (**1986**).

[7] R. H. SIMON and G. J. SCHLUETER, "From High-Temperature Gas-Cooled Reactors to Gas-Cooled Fast Breeder Reactors," *Nucl. Eng. Des.* 4, 1195 (**1974**).

[8] *Report on the Accident at the Chernobyl Nuclear Power Station*, NUREC-1250, U. S. Nuclear Regulatory Commission, Washington, DC (**1987**).

习题

7.1　试分别从中子能谱,裂变铀和超铀元素的能力,反应性的多普勒温度系数和对瞬发超临界反应性的动态响应时间常数等方面分析热中子反应堆与快中子反应堆的差别。

7.2　简述快中子反应堆在实现闭式燃料循环中的作用。

第8章　反应堆安全

迄今为止，已采取了大量的措施以确保反应堆的安全运行，这些措施的根本目标是避免放射性核素从反应堆中释放出来危害公众或运行人员的健康。本章将分析反应堆安全的基本要素、安全分析方法、反应堆事故和反应堆安全设计方法，并且将重点阐述反应堆物理在其中所起的作用。

8.1　反应堆安全的基本要素

8.1.1　放射性核素

反应堆内放射性核素一旦被释放出来最影响公众健康的是裂变产物和因中子嬗变而生成的锕系元素。实际上，大部分放射性核素只有当它们被吸入或吞入并在人体器官内浓缩后才是真正有害的。由第6章中的分析可知，在运行中的反应堆内，短寿期的裂变产物是放射性核素的主要来源。最重要的裂变产物及其所影响的人体器官如表8.1所列。

表8.1　核反应堆事故时与内照射剂量相关的重要裂变产物[14]

同位素	放射性半衰期	裂变产额/%	沉积份额①	有效半衰期	内照射剂量/(mrem③/μCi)	反应堆内存量②/(Ci/(kW·t))	
						400天	平衡
骨骼							
^{89}Sr	50d	4.8	0.28	50d	413	43.4	43.6
$^{90}Sr-^{90}Y$	28a	5.9	0.12	18a	44200	1.45	53.6
^{91}Y	58d	5.9	0.19	58d	337	53.2	53.6
$^{144}Ce-^{144}Pr$	280d	6.1	0.075	240d	1210	34.7	55.4
甲状腺							
^{131}I	8.1d	2.9	0.23	7.6d	1484	26.3	26.3
^{132}I	2.4h	4.4	0.23	2.4h	54	40.0	40.0
^{133}I	20h	6.5	0.23	20h	399	59.0	59.0
^{134}I	52m	7.6	0.23	52m	25	69.0	69.0
^{135}I	6.7h	5.9	0.23	6.7h	124	53.6	53.6
肾							
$^{103}Ru-^{103m}Rh$	40d	2.9	0.01	13d	6.9	26.3	26.3
$^{106}Ru-^{106}Rh$	1.0a	0.38	0.01	19d	65	1.8	3.5
$^{129m}Te-^{129}Te$	34d	1.0	0.02	10d	46	9.1	9.1

（续）

同位素	放射性半衰期	裂变产额/%	沉积份额①	有效半衰期	内照射剂量/(mrem③/μCi)	反应堆内存量②/(Ci/(kW·t))	
						400 天	平衡
肌肉							
$^{137}Cs-^{137m}Ba$	33a	5.9	0.36	17 d	8.6	1.2	53.6

① 吸入材料在相应组织内的沉积份额。

② 燃料在 LWR 内典型的平均滞留时间为 400 个有效满功率天；平衡是指相比于放射性核素的半衰期具有足够长的时间。

③ $1rem = 10^{-2}Sv$

在裂变产物中，特别需要注意的是^{90}Sr、^{137}Cs 和碘的同位素。锶有较高的裂变份额，而且其化学特性与钙相似，容易在骨结构中沉积。^{90}Sr 及其子代同位素^{90}Y 在单位活度内能产生非常高的剂量，这将严重损坏骨髓产生的血细胞。碘及其放射性同位素容易在甲状腺肿内沉积并诱发肿瘤。

8.1.2　防止放射性核素释放的多道屏障

防止裂变产物和锕系元素释放的多道屏障是反应堆的关键安全措施。在运行中的反应堆内，裂变产物阻留在 UO_2燃料芯块内，这些 UO_2燃料芯块装在包壳内并组装成燃料元件，燃料元件又放置在一起形成反应堆堆芯。反应堆堆芯放置在压力容器内。压力容器放置在安全壳内。压力容器和安全壳能提供很大的过压保护。因此，燃料芯块、包壳、压力容器和安全壳组成了防止裂变产物释放的四道屏障。

8.1.3　纵深防御

阻止裂变产物释放的第一级防御是通过设计防止发生任何可能引起燃料或其他反应堆系统损坏的事件。反应堆设计采用大量的预防手段来保证反应堆的安全，例如负反应性系数能固有地保证反应堆的稳定运行、足够的设计安全裕度、各类结构和部件采用已知性能的可靠材料、充分的测量和控制等。

阻止裂变产物释放的第二级防御是保护系统，它们被设计为能停止因操作员失误或部件失效可能引起的燃料损坏和裂变产物释放的任何瞬态或者能将其带入可控的状态。反应堆紧急停堆系统、压力释放系统等等组成了反应堆保护系统。反应堆紧急停堆系统能快速地向堆芯插入控制棒以关闭反应堆，它通常能被任一超限值信号所触发。

阻止裂变产物释放的第三级防御是事故缓解系统，如果发生事故，该类系统能有效地限制事故的后果。事故缓解系统包括应急堆芯冷却、应急二回路给水、应急电力系统、释放到安全壳内的裂变产物除去系统和承高压的预应力安全壳。

8.1.4　能量源

裂变产物释放的风险与反应堆内能量的多少存在直接关系。反应堆内能量主要来源于正反应性引入而释放的裂变能。在事故条件下，除裂变能，其他的能量源也可能成为重要的来源。例如，裂变产物衰变过程中释放的热量约为反应堆正常运行功率的 7.5%，它成为停堆后堆内热量的主要来源。储存在反应堆内各类材料内的热能是另一个来源,事故后它可能发生再分配过程(如在失压时水将闪蒸成蒸汽)。在事故过程中,随着温度的升高可能激活一些放热的化学反应(表8.2),它们释放的化学能也将成为热量源,而且大部分化学反应产生存在爆炸风险的氢气。

表8.2 与核安全相关的放热反应及其特性[15]①

反应物(R)	温度/℃	形成的氧化产物	释放热量/(kcal/(kg·°R))		与水反应释放的氢气量/(l/(kg·°R))
			氧气	水	
Zr(液态)	1852②	ZrO_2	-2883	-1560	490
SS(液态)	1370②	FeO, Cr_2O_3, NiO	-1430 ~ -1330	-253 ~ -144	440
Na(固态)	25	Na_2O	-2162	—	—
	25	NaOH	—	-1466	490
C(固态)	1000	CO	-2267	+2700	1870
	1000	CO_2	-7867	+2067	3740
H_2(气态)	1000	H_2O	-29560	—	—

① 正值表示引起吸热反应所需吸收的能量,负值表示放热反应释放的能量。

② 熔点

8.2 反应堆安全分析

假想所有合理可信的失效可能发生并对其进行分析以设计反应堆保护系统和事故缓解系统,阻止事故的发生,防止事故过程中裂变产物的释放,研究各种放射性核素释放事故所能引起的后果。通常需利用各种复杂的计算机程序进行这样的分析,这些计算机程序须模拟中子动力学和裂变功率产生过程,堆芯内各种材料的温度、密度、状态与材料位置及其一回路系统和二回路系统(压水堆的一回路冷却剂系统从反应堆堆芯带走热量并将其输运至蒸汽发生器或换热器,一回路冷却剂在此通过传热管壁面将热量传递给温度更低的二回路冷却剂,二回路冷却剂被加热饱和温度以产生蒸汽,这些蒸汽进入汽轮机做功并发电)中的各种变化所能引起的反应性价值,反应堆安全保护和缓解系统的性能,防止放射性核素释放的燃料元件、压力容器和安全壳结构的完整性,各种放射性核素释放后的扩散过程,对受影响人群的健康效应及其放射学评价。

事故通常按照初因事件进行分类,本节将简要介绍一些重要的初因事件。

8.2.1 冷却剂丧失或流动丧失

一台或多台主冷却剂泵失效将引起冷却剂失流事故(LOFA),这导致冷却剂的温度升高和密度减小。主冷却剂管线破裂、主冷却剂泵密封失效、压力释放阀或安全阀误开启等将引起冷却剂丧失事故(LOCA),这将导致冷却剂温度升高、密度减小,并可能导致堆芯裸露。在此类事故的早期,压水堆和沸水堆的负冷却剂温度系数能迅速降低反应堆的功率,并主导反应堆在这类事故早期的行为。

8.2.2 热阱丧失

当二回路冷却剂系统内蒸汽流量减少或者因汽轮机脱扣而无蒸汽流动时,或者当二回路冷却剂系统给水减少或丧失时,反应堆将面临欠冷事故或者其极端情况——热阱丧失事故(LOHA)。此类事故将减少从一回路冷却剂系统排出的热量,并引起一回路冷却剂温度升高和密度降低。负冷却剂温度系数仍然主导反应堆在这类事故早期的行为。

8.2.3 反应性引入

控制棒失控地抽出或者弹出是反应性引入事故最常见的触发形式。此外,反应堆还存在其他的反应性引入机制。停止中的主冷却剂泵(或沸水堆的再循环回路)突然启动将向一回路冷却剂系统注入冷水,若冷却剂的反应性系数是负的,这将向反应堆内引入正反应性。二回路冷却剂系统的蒸汽管线破裂将增加从一回路冷却剂系统排出的热量,若冷却剂的反应性系数是负的,这也将向反应堆引入正反应性。冷水反应性引入的风险通常限制着负冷却剂反应性系数的大小。

8.2.4 未能紧急停堆的预期瞬态

未能紧急停堆的预期瞬态(ATWS)是指能触发反应堆保护系统紧急停堆的瞬态事件。此类事件在反应堆寿期内平均发生1次或2次。若紧急停堆系统失效,此类事件将可能引发事故。

8.3 定量的风险分析

寻找和应用反应堆事故发生时,公众和工作人员面临风险的量化方法是评价反应堆安全性的基础。基于可能引起放射性核素释放的各类事件序列(情景)、每个事件序列发生的概率和放射性核素释放后引起的公众和工作人员健康后果,可对与反应堆相关的公众安全风险进行量化分析。

8.3.1 概率风险分析

设计安全保护系统和事故缓解系统以使部件损坏程度最小化,若这些系统正常工作,它们能阻止如前所述的各类初因事件触发的每一个潜在事故引起放射性核素的释放。对于一个特定的初因事件(如冷却剂丧失事故),相关的各级安全系统(如电力、应急堆芯冷却、裂变产物从反应堆释放和安全壳)的正常运行或者失效是次第发生的。初因事件的发生频率 λ 和每个安全系统的失效概率 P_i 须最先确定下来。然后,基于各种安全系统的正常运行或者失效可构建跟踪事故各种路径的事件树,如图8.1(a)所示。既然条件概率 P_i 很小,若各种失效概率是相互独立的,任何一个特定事件序列发生的总概率是其触发频率与序列中各失效概率的乘积。然而,各种安全系统的失效概率实际上并不是相互独立的(如电力系统失效意味着应急堆芯冷却和裂变产物去除系统失效)。另外,利用各种系统之间的相互关系能极大地简化事件树,如图8.1(b)所示。

量化初因事件的发生频率和各种安全系统的失效概率是概率风险分析方法的核心。故障树分析方法可用于解决这一问题。某一安全系统的失效(如电力丧失)往往是主系统(厂外电

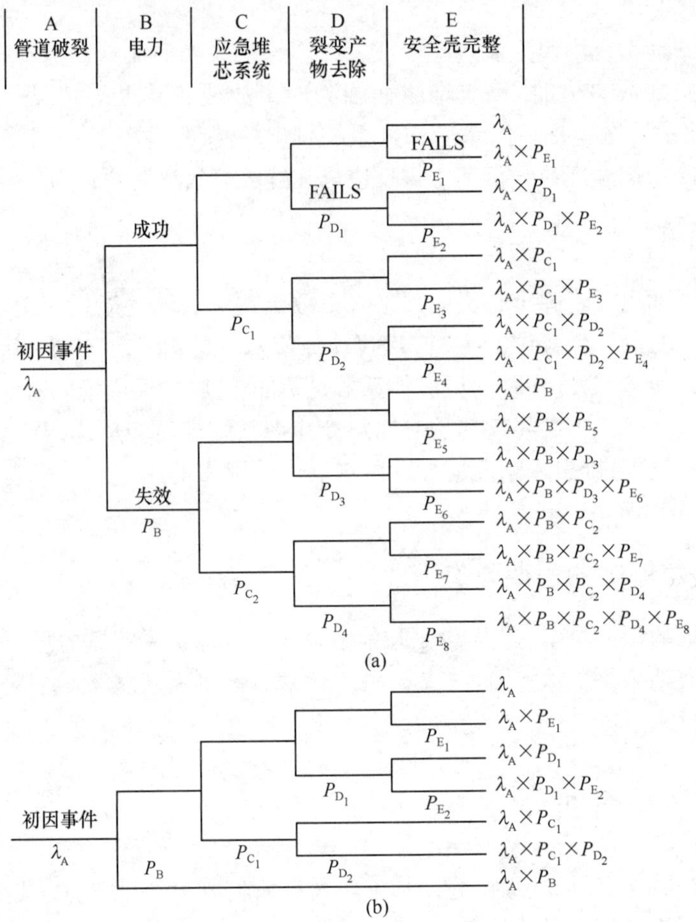

图 8.1 LWR 中 LOCA 事故的事件树逻辑图[13]
(a)基本树;(b)简化树。

力供应)和备用系统(厂内柴油机发电机)同时失效的结果。厂外电力供应失效是本地电网与其他电网间的连接失效,或本地电网失效的结果。当然,每一个第二级系统的失效概率可能与一些第三级系统的失效有关,以此类推。通过向后跟踪若干级可能失效的系统即可构建故障树。通过设定故障树中各级的失效概率,并利用统计的方法将其结合起来即可得到一个特定安全系统的总失效概率。故障树分析需要的数据包括部件和系统的失效率、人因、系统维护和测试时间等。已经证明概率风险分析方法是一种用于确定某一电厂各种失效模式及其相对重要性的非常有效的分析方法。然而,对于采用不同堆型和安全壳系统的各类电厂来说,其结果差别很大,如图 8.2 所示。

8.3.2 放射学分析

从防护建筑中释放出一定量的放射性核素所引起的公众安全后果与受影响人群的不同器官接受的剂量及其放射性对这些器官的影响有关。携带放射性核素的微尘从释放点向周围环境的扩散与风向和气象条件有关。被这些微尘影响的人群与微尘区域内人群分布的模式和采取的撤离方法有关。计算放射性核素在受影响人群中的扩散并不复杂。大部分放射性核素必

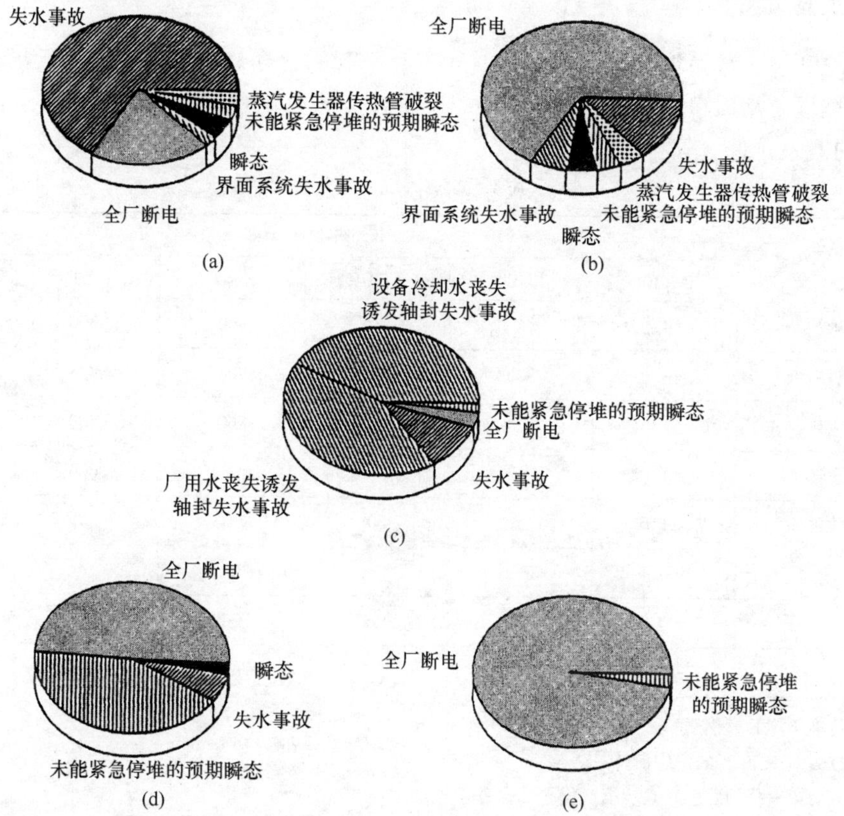

图 8.2 典型核电厂堆芯损坏概率的主要影响因素[5]

(a)SEQUOYAH PWR;(b)SURRY PWR;(c)ZION PWR;(d)PEACH BOTTOM BWR;(e)GRAND GULF BWR。

须在被吸入或吞入之后才真正影响人的健康。在放射性核素释放后很短的时间内,吸入是它们进入人体最可能的途径。长期来说,放射性核素进入人体的方式很多,如吸入、喝受污染的水和食用在食物链任何一个阶段被污染的食物。计算受影响人群摄入的放射性核素实际上面临很大的不确定性;若缺乏相关的数据,可用最严重的情况作为计算的条件。

放射性照射的健康效应可以分为早期死亡(急性)、早期致病和潜在效应三类。早期死亡定义为在遭受放射性照射后一年内发生的死亡,它遵循基于放射性效应数据建立的线性的剂量－效应关系,即从 320rad(注:放射性剂量采用多种单位。1rad 对应于 1g 物质吸收 100J 能量,1Gy = 100rad。雷姆是拉德与品质系数的乘积;X 射线、伽马射线和电子的品质系数是 1,中子和质子是 10,阿尔法粒子是 20。1Sv = 100rem。)全身放射性照射的 0.01% 死亡风险到 750rad 的 99.99%。早期致病主要与呼吸道有关,特别是肺部损伤。基于放射性效应数据,线性的剂量—效应关系为肺部的内照射从 3000rad 引起 5% 的肺部损伤到 6000rad 引起 100% 的损伤。吸入放射性核素的潜在效应包括癌症死亡、甲状腺结节和遗传损害,这些通常发生在事故后的 10 ~40 年。大剂量放射性照射与潜在效应的剂量—效应关系是线性的。然而,由于缺乏小剂量照射的数据,事故后小剂量放射性核素被吸入后的潜在效应目前并不清楚。虽然目前通行的做法是将线性的剂量—效应关系外推至零剂量,但是这个做法与理论研究的结果是矛盾的,因为理论研究表明放射能需要高于某个阈值才引起细胞的损坏。将剂量—效应关系线性外推至零剂量,预测的癌症死亡率是 100 人/10^6(人 · rem)。

8.3.3 反应堆的风险

压水堆和沸水堆可能发生的事故及其频率和引起的公众健康与财产损失后果如表8.3所列。反应堆堆芯熔毁事故的概率为5×10^{-5}/(堆·年),这引起的后果并不严重。越严重的事故,发生的概率越低。

表8.3 一个核反应堆事故估计的发生概率及其后果[13]

后果	每堆年的发生概率					
	$1:2\times10^4$①	$1:10^6$	$1:10^7$	$1:10^8$	$1:10^9$	常见事件
早期致死	<1.0	<1.0	110	900	3300	—
早期致病	<1.0	300	3000	14000	45000	4.5×10^5
潜在癌症致死②/年	<1.0	170	460	860	1500	17000
甲状腺瘤②/年	<1.0	1400	3500	6000	8000	8000
遗传效应③/年	<1.0	25	60	110	170	8000
总损害十亿美元	<0.1	0.9	3	8	14	—
去污面积/km^2	<0.3	5000	8000	8000	8000	—
重新安置面积/km^2	<0.3	340	650	750	750	—

① 估计的每堆年堆芯融化概率。
② 潜在事故后10~40年的发生率。
③ 潜在事故后第一代的发生率。从第二代起发生率应更低

为了使核事故的风险更加容易理解,利用相同的方法估计其他技术和人类可能面临的自然现象对公众健康的风险,如图8.3和图8.4所示。通过比较可知,在美国运行中的100个反应堆所引起公众健康风险是非常小的。

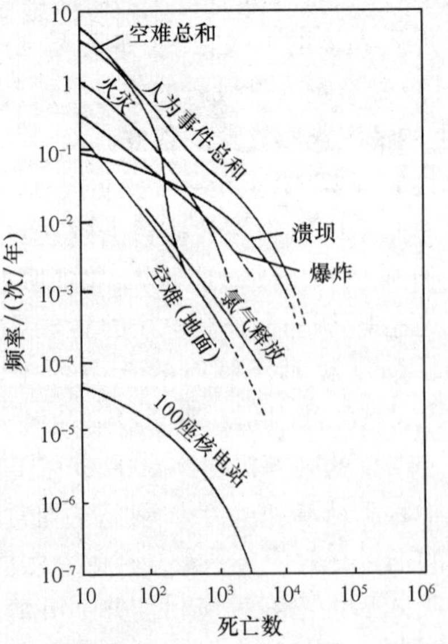

图8.3 各类技术事故引起的死亡频率(估计值)[13]

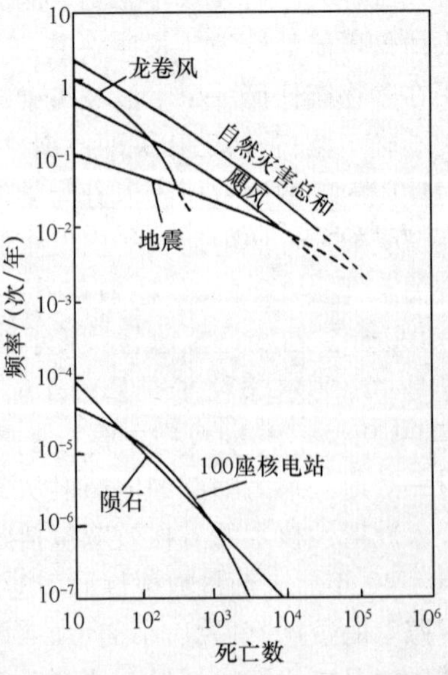

图8.4 估计的核电站事故和各类自然现象引起的死亡频率(估计值)[13]

8.4 反应堆事故

迄今,在三哩岛和切尔诺贝利发生过两次重大的反应堆事故,弄清这两个事故到底什么地方出现了问题是非常重要的。反思发生事故的原因,可为反应堆设计以改善其安全和运行程序提供基础。

8.4.1 三哩岛核事故

1979 年 3 月 28 日,在宾夕法尼亚州哈里斯堡附近,三哩岛核电厂(TMI)2 号机组发生的一系列事件酿成了美国商用核能历史上唯一一次重大核事故。TMI－2 是一个标准的压水堆机组。这个核事故主要与反应堆热量排出系统有关,为了帮助了解整个事故发生的序列,图 8.5 示出了简化的压水堆热量排出系统。反应堆当时运行在约 97% 的功率水平上。虽然信号显示二回路应急给水管线上的两个给水阀是处于打开状态的,但是实际上它们处于误关闭状态。操作员正在执行离子交换器管线(用以保持二回路冷却剂水质)的例行清理程序,但是操作没有成功,引起二回路冷却剂系统的一台凝水泵脱扣(关闭)。为了保护二回路冷却剂系统和透平,这又触发了二回路冷却剂系统的主给水泵自动脱扣。蒸汽发生器二回路侧冷却剂的丧失引起一回路和反应堆堆芯向蒸汽发生器的排热减少(热阱丧失事故)。

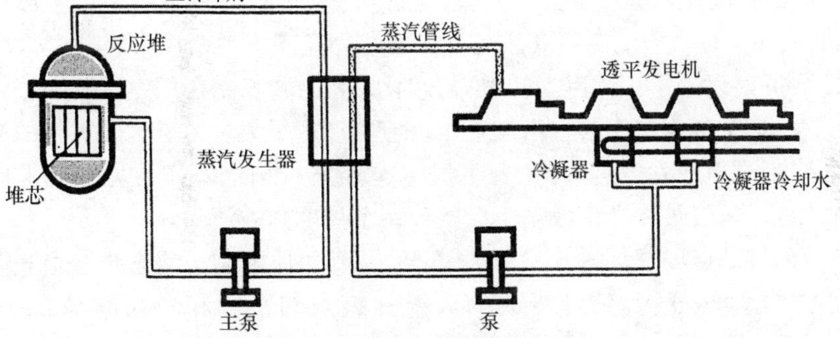

图 8.5 PWR 核电厂热量导出系统

随着一回路冷却剂温度和压力的升高,一回路冷却剂的压力超过稳压器释放阀的整定值(15.55MPa),释放阀自动打开;在事故发生后 8s,基于一回路冷却剂压力过高信号,反应堆保护系统已经将控制棒插入反应堆。随着控制棒的插入(反应堆关闭),一回路系统得到了冷却。在事故发生后 13s,一回路冷却剂压力回落到 15.21MPa 以下,这是释放阀关闭的整定值。虽然释放阀电磁线管的电源已被关闭,但是释放阀并未因此而关闭,这引起一回路冷却剂不断地通过打开的释放阀流入安全壳底部的疏水箱。冷却剂的丧失在降低一回路冷却剂系统压力的同时,也减小了一回路系统内的冷却剂水位。事故发展到此时,操作员仍然不知道发生了冷却剂丧失事故。因为控制台上的信号已经指示释放阀的电磁线管失去电源,所以直到事故后 142min,这个在稳压器排出管线上被卡住的阀门才被操作员关闭,一回路冷却剂才停止丧失。

在事故发生后 14s,虽然二回路应急给水泵达到了设计压力,但是操作员并不知道,因二回路应急冷却剂管线上的这两个阀门误关闭,应急冷却剂一直未能进入蒸汽发生器。在事故发生后 8min,操作员注意到蒸汽发生器处于低压低水位状态而发现了这两个阀门误关闭,因而它们被打开以恢复对蒸汽发生器的供水。

事故发生后约2min,一回路冷却剂系统压力低于高压安注系统的压力整定值(11.31MPa),高压安注系统投入运行,向堆芯注入含硼水。由于设计的原因,稳压器中的水位与一回路系统内的水位没有直接关系。即使一回路冷却剂不断地丧失,稳压器的水位信号一直指示一回路系统处于满水状态。由于操作员一直被训练避免一回路系统出现满水位状态,因为这将导致稳压器的失效,因而操作员关闭了其中一台高压安注泵,并减小了高压安注系统上其他泵的流量,这导致注入一回路系统的应急冷却剂流量低于从释放阀流出的流量。

在事故发生后约73min,信号显示其中一个一回路系统回路上的2台主冷却剂泵出现振动并处于低压、低流量状态,所以操作员关闭了它们。这是因为操作员担心冷却剂泵的这种状态将损坏泵的密封而引起冷却剂丧失事故,但是他们并不知道冷却剂丧失事故已经发生。在事故发生后100min,另一个回路上的主冷却剂泵因相同的原因而被关闭。泵的关闭导致一回路冷却剂发生汽水分离,这明显地阻碍了冷却剂在反应堆与蒸汽发生器之间的循环。一回路中剩下的液体不足以淹没整个堆芯,而衰变热不断地蒸发不再循环的冷却剂。在事故发生后约111min,反应堆的出口温度快速升至325℃并保持这个温度。由于堆芯裸露,包壳的温度高到足以引发放热的锆与蒸汽反应,这不仅增加了进入系统的能量,而且也产生了氢气。包壳的温度最终超过了其熔点(2100K)并开始熔化,UO_2燃料开始溶于其中。

在接下去的13h,操作人员想尽各种办法试图再次冷却堆芯,并最终获得了成功。在事故发生后200min,操作员再次启动高压安注淹没了堆芯并充满了整个压力容器。熔化的堆芯在事故发生后224min时发生了一次巨大的坍塌,熔化的残余物积聚在压力容器的底封头中并被冷却剂淹灭。三分之一的锆包壳与蒸汽发生了反应并产生了大量的氢气。氢气的浓度已经高到足以燃烧的程度;在事故发生后9.5h,氢气发生了燃烧。然而,系统压力一直维持在压力容器的设计压力之内。氢气最终在事故发生后的第一个星期内被清除。

尽管大部分的堆芯已经损坏,但是反应堆安全壳成功地限制了放射性核素的释放(小于总量的1%)。经放射学分析,估计释放的放射性核素的平均和最大的潜在剂量分别为0.015mSv和0.83mSv。1mSv的剂量引起的癌症的发病率为1:50000;作为比较,普通人群正常的发病率为1:7。TMI-2事故未引起重大的公众健康影响。

事后而论,TMI-2核事故是一个很大的、昂贵的,但测量水平极差的一次安全实验,不过它却演示了一个精心设计的反应堆所具有的安全性。两个重大的可信事故,即热阱丧失和冷却剂丧失发生了,而不清楚反应堆状态的操作员采取了使实际情况变得更糟的操作来处理他们设想的情况。虽然反应堆被毁坏,但是没有人员丧亡。TMI-2核事故暴露了反应堆运行规程、操作员培训和反应堆运行的安全相关信息交换中存在的重大缺陷。

8.4.2 切尔诺贝利核事故

1986年4月26日凌晨,基辅以北130km处的切尔诺贝利核电厂的四号机组正在进行一项实验。实验的目的是为了测试汽轮机脱扣后转子的能量作为堆芯应急冷却电源的可能性。具有讽刺性的是一个为了增强反应堆系统安全性的实验却引发了一次核事故。实验要求RBMR反应堆的功率从满功率的3200MW·t降低到700~1000MW·t;而且,为了实现实验状态,停用了一部分安全系统。

实验是从插入控制棒开始的,并成功地将功率减小至1600MW·t,此后功率一直按计划降低。此时，应急堆芯冷却系统已被关闭，以阻止其在实验过程中投入工作。然而，操作员的失误导致反应堆的功率未能维持在 700 ~ 1000MW，而是降低到了 30MW。为了补偿氙毒而从堆芯抽出了大部分控制棒，反应堆的功率因而开始上升并稳定在约 200MW。实验开始后大约 20min，所有 8 台主泵被打开，以确保在实验后能提供足够的冷却。反应堆在大流量时的自动紧急停堆功能被关闭，以防止实验过程中出现紧急停堆。冷却剂流量的增加不仅降低了冷却剂的温度，而且增大了冷却剂的密度。更大的冷却剂密度增强了冷却剂对中子的吸收，这一效应引入了负的反应性，因此为了提升功率，操作员进一步从反应堆中抽出控制棒。而且，增大的冷却剂密度也使冷却剂的正空泡反应性价值最大化。低功率和高流量产生了不稳定，这需要大量对反应堆的人为干预，因此，操作员屏蔽了其他的应急停堆信号。

实验开始后 22min，计算机指示反应堆出现了剩余反应性。为了能顺利完成实验，在反应堆尚能自动紧急停堆之前，操作员屏蔽了最后一个紧急停堆信号。功率开始上升，在压力管中的冷却剂产生空泡（蒸汽），空泡又引入正的反应性，这导致功率进一步上升。操作员开始从全部抽出状态插入控制棒。然而，控制棒的底部是石墨挤水棒，当处于全部抽出状态的控制棒插入反应堆时，这些石墨最先进入堆芯活性区并挤走能吸收中子的水，因而进一步引入正反应性，这导致功率的加速上升。在接下去的 4s 内，反应堆的实际功率增加到了额定功率的 100 倍，随后短时间内出现下降。接下去反应堆反复出现功率脉冲，其中的一次达到额定功率的 500 倍。解体后的燃料通过破裂的包壳进入冷却剂中，引起的蒸汽爆炸掀开了反应堆堆芯的上部屏蔽，这也剪断了所有冷却剂管道并移除了所有控制棒。爆炸轻易地摧毁了并不牢固的安全壳和水泥墙结构，并将燃烧中的燃料和石墨，连同大量的放射性气体和颗粒释放至环境中。

事故导致了 31 例早期死亡，超过 1000 人受到了大剂量的辐照。周围的居民受到了大于 0.25Sv 的剂量，最严重的受到 0.4 ~ 0.5Sv 的剂量。作为参考，国际辐射防护委员会推荐的每年的剂量限值：全身辐照为 50mSv；除眼睛晶状体之外的其他的局部辐照为 500mSv。能测量到的由大气返回地面的放射性遍布了全世界。据估计，事故后在电厂周围的单人全身剂量为 100mGy，在波兰为 4mGy，在欧洲的其他地区为 1mGy，在日本和北美为 0.01mGy。24000 名撤离的人员估计受到的平均剂量为 0.43Sv。据估计，在接下去的 10 年内将引起 26 例白血病，这大概是白血病自然发病率的 2 倍。

长期来说，从电厂附近撤离的人员因切尔诺贝利核事故的辐射微尘受到的终身剂量为 1.6×10^4 人 · Sv，苏联在欧洲的地区为 4.7×10^5 人 · Sv，苏联在亚洲的地区为 1.1×10^5 人 · Sv，欧洲为 5.8×10^5 人 · Sv，亚洲为 2.7×10^4 人 · Sv，美国为 1.1×10^3 人 · Sv，整个北半球为 1.2×10^6 人 · Sv。例如，在欧洲，切尔诺贝利核事故引起的 50 年内的辐射剂量的增加值在几分之一个天然本底到几倍的天然本底之间。没有任何科学的证据支持辐射剂量在如此水平上的增加所引起的效应。然而，若外推高剂量水平下的剂量—效应关系式，由此可评价因切尔诺贝利核事故的放射性微尘引起的长期健康效应。据估计，全世界人口因切尔诺贝利核事故释放的放射性微尘增加的癌症的发病率分别为：从核电厂附近撤离的人群，2.4%；苏联在欧洲的区域，0.12%；苏联在亚洲的区域，0.01%；欧洲，0.02%，亚洲，0.00013%；北半球，0.00005%。

事故后的分析表明，反应堆具有的设计缺陷有：①正的冷却剂空泡反应性系数；②容易屏蔽的安全系统；③缓慢的紧急停堆过程（控制棒全部插入需 15 ~ 20s，5s 的有效负反应性）；

④缺乏安全壳和应急裂变产物控制系统。这些设计缺陷是RBMK反应堆所特有的,这类反应堆主要分布在苏联国家。事故后,对其他RBMK反应堆进行的技术修正包括:①允许的控制棒最大抽出限值;②不允许操作员故意践踏安全系统;③减小正的冷却剂空泡反应性系数;④发展其他停堆手段。

操作员的错误和松散的管理明显是切尔诺贝利核事故的其中一部分原因,而且政府将大部分责任归咎于此。6个核电厂的管理人员最终被审判并判违反安全规程、玩忽职守罪等。核电厂的负责人、总工程师和副总工程师被判10年劳动改造。然而,正的冷却剂温度系数和缺乏安全壳建筑以承受过压事件也是该事故的主要原因。

8.5 非能动安全

三哩岛核事故和切尔诺贝利核事故的经验促使先进反应堆的设计重点放在非能动安全上。一般来说,非能动安全设计的目标是尽可能平衡反应堆的功率水平与热量排出,反应堆在非正常事件发生时能自动关闭,在无需操作员动作或工程安全系统运行的情况下排出衰变热。

8.5.1 压水堆

AP-600的主要安全特征是非能动的应急堆芯冷却系统,该系统的主要组成部分是处于堆芯上方的大水箱及其水箱内的水。当发生冷却剂丧失事故时,在冷却剂系统仍处于高压状态时,这些水能被注入堆芯;当系统已经失压时,这些水能通过重力流入堆芯,而所有操作无需泵或电力的支持。在正常条件下,反应堆的衰变热可通过蒸汽发生器排出;在蒸汽发生器不可用时,通过堆芯与反应堆压力容器上部的水箱之间的自然循环将衰变热排出堆芯。通过重力驱动下水的喷淋和空气的自然循环最终冷却安全壳。依靠非能动安全手段,AP-600中泵的数量比标准压水堆少1/2。

PIUS反应堆的压力容器、稳压器和蒸汽发生器均浸泡在含硼水中。如果在正常运行中泵发生失效,水的压力能将含硼水注入堆芯,这不仅能起到应急冷却的作用,而且能起到停堆的作用。堆芯和含硼水池之间的自然循环能排出衰变热。

8.5.2 沸水堆

简化沸水堆(SBWR)的主冷却剂通过自然循环方式流过堆芯,这消除了标准沸水堆中采用的再循环水泵、阀门和相关的控制。在发生冷却剂丧失事故时,蒸汽可排入位于堆芯上部的抑压池以达到冷却剂系统卸压的目的,而且抑压池中的水能依靠重力注入堆芯以实现应急堆芯冷却。也就是说,整个系统利用自然循环将衰变热带至抑压池。整个系统被封闭在混凝土安全壳结构内;抑压池中的水向下整个系统以提供持续的冷却,并通过水的蒸发将来自堆芯的衰变热最终排至环境。

8.5.3 一体化快堆

一体化快堆(IFR)的安全手段包括:①运行状态与安全限值之间较大的设计裕度;②依赖

非能动过程平衡功率水平和衰变热的排出能力；③完全非能动地排出衰变热。在发生未能紧急停堆的预期瞬态（ATWS）时，即使控制系统和二回路系统失效，一体化快堆也能进行非能动的功率调节。用于导出衰变热的热量传输系统运行在常压下、具有较大的热容、采用自然循环方式、与堆芯一起被放置在双层冷却剂箱中、具有完全独立且不会失效的二回路系统。

即使对于发生概率远低于设计基准的事故，一体化快堆系统被设计成利用其固有安全性以防止放射性的释放。材料和几何结构固有的特性能在事故早期使燃料分散而足以避免瞬发超临界及其由此释放的能量，也足以保证反应堆处于次临界状态和反应堆压力容器内的可冷却性，从而防止因燃料芯块失效而引起放射性熔融物的大量积累。

8.5.4　非能动安全的演示

在实验增殖堆 EBR－Ⅱ上的一系列实验很好地验证和演示了一体化快堆的非能动安全特征。EBR－Ⅱ采用与一体化快堆相同的燃料和热量传输系统。实验演示表明，在丧失热阱和丧失冷却剂这两个最严重的事故中，负反应性反馈能安全地关闭处于满功率运行中的反应堆，而不需要紧急停堆系统和其他安全系统的动作。停堆过程中测量得到的瞬态温度低于保持燃料完整性和反应堆安全的限值。

在第一个演示实验中，当反应堆处于满功率运行时，冷却剂泵被关闭。此时，紧急停堆系统已经被置于不动作状态（另一套独立的应急紧急停堆系统处于运行状态，但它并没有被使用），而且操作员未采取任何动作。EBR－Ⅱ对冷却剂失流的响应如图 8.6 所示。冷却剂停止流动引起温度升高，由此产生的负反应性快速地降低了反应堆的功率，这反过来降低了冷却剂的温度。因为金属燃料具有较大的热导率，所以它们的温度仅仅稍微高于冷却剂温度。这意味着，随着冷却剂温度的降低，它们因具有相对较小的负多普勒反应性系数而引入很小的正反应性。

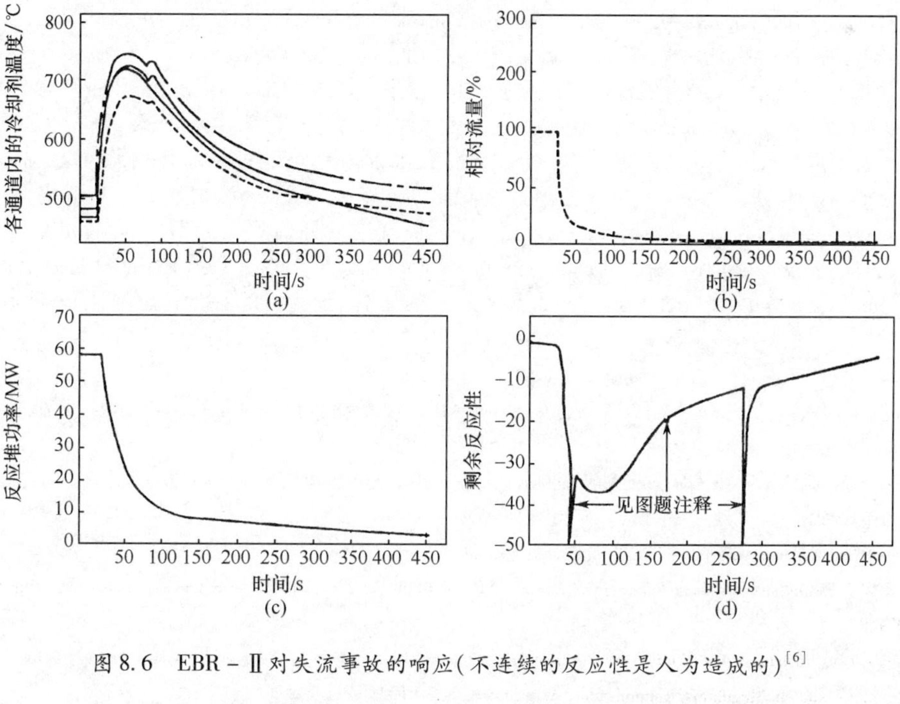

图 8.6　EBR－Ⅱ对失流事故的响应（不连续的反应性是人为造成的）[6]

在第二个演示实验中，在反应堆满功率运行时，反应堆系统从一回路排出热量的能力被消除。此时,紧急停堆系统被屏蔽,而且操作员未采取任何动作。EBR-Ⅱ对丧失热阱的响应如图8.7所示。负反应性反馈再一次关闭了反应堆。

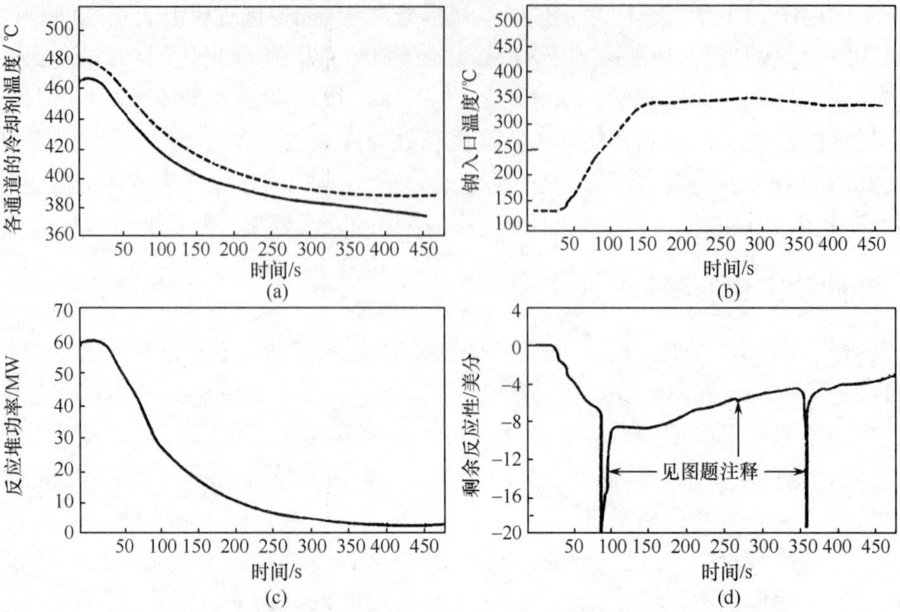

图8.7 EBR-Ⅱ对丧失热阱事故的响应(不连续的反应性是人为造成的)[6]

参考文献

[1] D. C. WADE, R. A. WIGELAND, and D. J. HILL, "The Safety of the IFR," *Prog. Nucl. Energy. 31*, 63 (**1997**).

[2] R. A. KNIEF, *Nuclear Engineering*, Taylor & Francis, Washington, DC (**1992**), Chaps. 13–16.

[3] H. CEMBER, *Introduction* to *Health Physics*, 3rd ed., McGraw-Hill, New York (**1996**).

[4] K. E. CARLSON et al., *RELAP5/MOD3 Code Manual*, Vols. I and II, EG&G Idaho report NUREG/CR-5535, U.S. Nuclear Regulatory Commission, Washington, DC (**1990**).

[5] *Severe Accident Risks: An Assessment for Five U.S. Nuclear Plants*, NUREG-1150, U.S. Nuclear Regulatory Commission, Washington, DC (1989); *Nucl. Eng. Des. 135*, 1–135 (**1992**).

[6] S. FISTEDIS, "The Experimental Breeder Reactor-II Inherent Safety Demonstration," *Nucl. Eng. Des. 101*, 1 (**1987**); J. I. SACKETT, "Operating and Test Experience with EBR-II, the IFR Prototype," *Prog. Nucl. Energy 31*, 111 (**1997**).

[7] J. G, COLLIER and G. F. HEWITT, *Introduction to Nuclear Power*, Hemisphere Publishing, Washington, DC (**1987**), Chaps. 4–6.

[8] "Special Issue: Chernobyl," *Nucl. Safety* 28 (**1987**).

[9] "Chernobyl: A Special Report," *Nucl. News*, 29, 87 (**1986**); "Chernobyl: The Soviet Report", *Nucl. New*, Special Report (**1986**).

[10] *Report on the Accident at the Chernobyl Nuclear Power Station*, NUREG-1250, U.S. Nuclear Regulatory Commission, Washington, DC (**1987**).

[11] "The Ordeal at Three Mile Island", *Nucl. News*, Special Report (**1979**).

[12] *The TMI-2 Lessons Learned Task Force Final Report*, NUREG-0585, U.S. Nuclear Regulatory Commission, Washington, DC (**1979**).

[13] WASH-1400, *Reactor Safety Study: An Assessment of Accident Risks in* U.S. *Commercial Nuclear Power Plants*, NUREG-74/014, U.S. Nuclear Regulatory Commission, Washington, DC (**1975**).

[14] T. J. BURNETT, *Nucl. Sci. Eng.* 2, 382 (**1957**).

[15] T. J. THOMPSON and J. G. BECKERLEY, eds., *The Technology of Nuclear Reactor Safety*, MIT Press, Cambridge, MA (**1964**).

习题

8.1　阐述三哩岛核事故与切尔诺贝利核事故在反应性反馈上的差别。

8.2　试从现代轻水反应堆(LWR)与切尔诺贝利 RBMK 反应堆的重要差异角度阐明发生在切尔诺贝利类型反应堆上的事故和大规模放射性释放在现代轻水反应堆上是不可能发生的。

8.3　如何改进三哩岛核电厂压水堆(PWR)的设计?

8.4　如何改进切尔诺贝利核电厂 RBMK 反应堆的设计?

第 2 篇

高等反应堆物理

第 9 章　中子输运理论

计算中子的输运及其与物质的相互作用是核反应堆物理分析的基础内容，本章将介绍计算核反应堆内中子输运的主要方法。

9.1　中子输运方程

9.1.1　建立

中子在空间及其运动方向上的分布可由粒子分布函数 $N(\boldsymbol{r},\boldsymbol{\Omega},t)$ 进行描述。如图 9.1 所示，$N(\boldsymbol{r},\boldsymbol{\Omega},t)\mathrm{d}\boldsymbol{r}\mathrm{d}\boldsymbol{\Omega}$ 表示在 $\boldsymbol{r}$ 处 $\mathrm{d}\boldsymbol{r}$ 微元体积内运动在 $\boldsymbol{\Omega}$ 方向上 $\mathrm{d}\boldsymbol{\Omega}$ 微元立体角内的中子数目。如图 9.2 所示，根据中子运动方向上长度 $\mathrm{d}l=v\mathrm{d}t$、横截面积为 $\mathrm{d}A$ 的圆柱体微元内的中子平衡可得 $N(\boldsymbol{r},\boldsymbol{\Omega},t)$ 的控制方程。$N(\boldsymbol{r},\boldsymbol{\Omega},t)$ 在这个微元体内的变化率等于单位时间内从 $\boldsymbol{\Omega}$ 方向进入（如通过图 9.2 中微元体的左侧端面）微元体的中子数目与流出（如通过图 9.2 中微元体的右侧端面）该微元体的中子数目之差，加上单位时间内因裂变和从其他方向 $\boldsymbol{\Omega}'$ 散射至 $\boldsymbol{\Omega}$ 方向而进入微元体的中子数目，加上单位时间内由外部中子源 S_{ex} 引入微元体的中子数目，再减去单位时间内微元体内 $\boldsymbol{\Omega}$ 方向上被吸收或散射至其他方向 $\boldsymbol{\Omega}'$ 的中子数目：

$$
\begin{aligned}
\frac{\partial N(\boldsymbol{r},\boldsymbol{\Omega},t)}{\partial t}\mathrm{d}\boldsymbol{r}\mathrm{d}\boldsymbol{\Omega} = {} & v[N(\boldsymbol{r},\boldsymbol{\Omega},t)-N(\boldsymbol{r}+\boldsymbol{\Omega}\mathrm{d}l,\boldsymbol{\Omega},t)]\mathrm{d}A\mathrm{d}\boldsymbol{\Omega}+ \\
& \mathrm{d}\boldsymbol{r}\mathrm{d}\boldsymbol{\Omega}\int_0^{4\pi}\Sigma_{\mathrm{s}}(\boldsymbol{r},\boldsymbol{\Omega}'\to\boldsymbol{\Omega})vN(\boldsymbol{r},\boldsymbol{\Omega}',t)\mathrm{d}\boldsymbol{\Omega}'+ \\
& \mathrm{d}\boldsymbol{r}\mathrm{d}\boldsymbol{\Omega}\frac{1}{4\pi}\int_0^{4\pi}\nu\Sigma_{\mathrm{f}}(\boldsymbol{r})vN(\boldsymbol{r},\boldsymbol{\Omega}',t)\mathrm{d}\boldsymbol{\Omega}'+ \\
& S_{\mathrm{ex}}(\boldsymbol{r},\boldsymbol{\Omega})\mathrm{d}\boldsymbol{r}\mathrm{d}\boldsymbol{\Omega}-[\Sigma_{\mathrm{a}}(\boldsymbol{r})+\Sigma_{\mathrm{s}}(\boldsymbol{r})]vN(\boldsymbol{r},\boldsymbol{\Omega},t)\mathrm{d}\boldsymbol{r}\mathrm{d}\boldsymbol{\Omega}
\end{aligned}
\tag{9.1}
$$

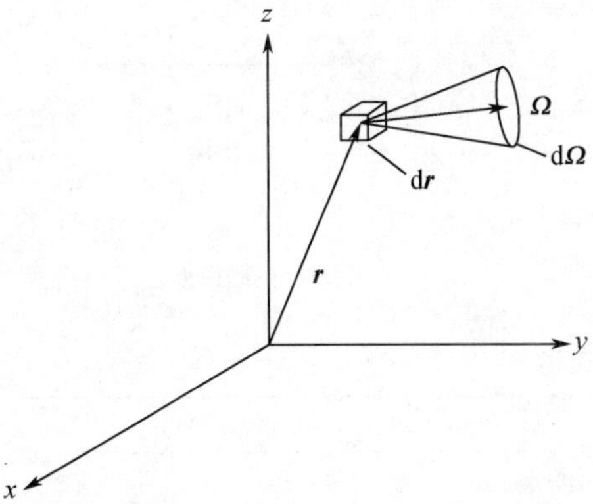

图 9.1　位于 $\boldsymbol{r}$ 处 $\mathrm{d}\boldsymbol{r}$ 微元体积内运动在 $\boldsymbol{\Omega}$ 方向上 $\mathrm{d}\boldsymbol{\Omega}$ 微元立体角内的粒子[2]

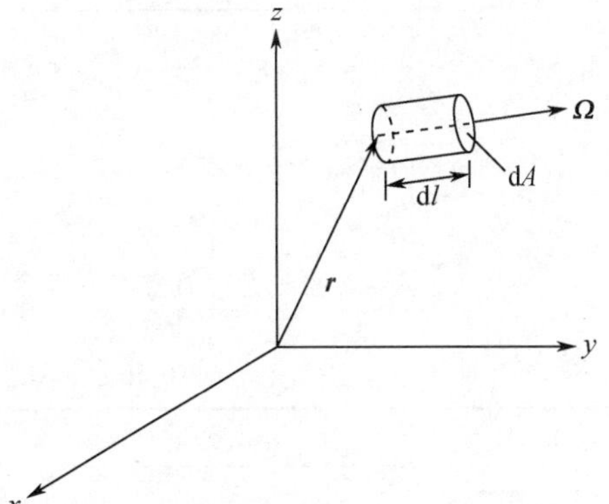

图 9.2　位于 $\boldsymbol{r}$ 处沿 $\boldsymbol{\Omega}$ 方向运动的粒子的微元体[2]

为了计算中子流项,对 $N(\boldsymbol{r}+\boldsymbol{\Omega}\mathrm{d}l,\boldsymbol{\Omega},t)$ 进行泰勒级数展开:

$$\begin{aligned} N(\boldsymbol{r}+\boldsymbol{\Omega}\mathrm{d}l,\boldsymbol{\Omega},t) &= N(\boldsymbol{r},\boldsymbol{\Omega},t)+\frac{\partial N(\boldsymbol{r},\boldsymbol{\Omega},t)}{\partial l}\mathrm{d}l+\cdots \\ &= N(\boldsymbol{r},\boldsymbol{\Omega},t)+\boldsymbol{\Omega}\cdot\nabla N(\boldsymbol{r},\boldsymbol{\Omega},t) \end{aligned} \tag{9.2}$$

定义角中子注量率分布为

$$\psi(\boldsymbol{r},\boldsymbol{\Omega},t)\equiv vN(\boldsymbol{r},\boldsymbol{\Omega},t) \tag{9.3}$$

而且,从方向 $\boldsymbol{\Omega}'$ 至方向 $\boldsymbol{\Omega}$ 的散射仅与两者的乘积 $\boldsymbol{\Omega}'\cdot\boldsymbol{\Omega}\equiv\mu_0$ 有关,即

$$\Sigma_{\mathrm{s}}(\boldsymbol{r},\boldsymbol{\Omega}'\to\boldsymbol{\Omega})=\frac{1}{2\pi}\Sigma_{\mathrm{s}}(\boldsymbol{r},\boldsymbol{\Omega}'\cdot\boldsymbol{\Omega})\equiv\frac{1}{2\pi}\Sigma_{\mathrm{s}}(\boldsymbol{r},\mu_0) \tag{9.4}$$

改写 $\Sigma_{\mathrm{t}}=\Sigma_{\mathrm{a}}+\Sigma_{\mathrm{s}}$,那么中子输运方程可变为

$$\begin{aligned} \frac{1}{v}\frac{\partial\psi(\boldsymbol{r},\boldsymbol{\Omega},t)}{\partial t}+\boldsymbol{\Omega}\cdot\nabla\psi(\boldsymbol{r},\boldsymbol{\Omega},t)+\Sigma_{\mathrm{t}}(\boldsymbol{r})\psi(\boldsymbol{r},\boldsymbol{\Omega}',t) &= \int_{-1}^{1}\Sigma_{\mathrm{s}}(\boldsymbol{r},\mu_0)\psi(\boldsymbol{r},\boldsymbol{\Omega}',t)\mathrm{d}\mu_0+ \\ &\frac{1}{4\pi}\int_0^{4\pi}\nu\Sigma_{\mathrm{f}}(\boldsymbol{r})\psi(\boldsymbol{r},\boldsymbol{\Omega}',t)\mathrm{d}\boldsymbol{\Omega}'+S_{\mathrm{ex}}(\boldsymbol{r},\boldsymbol{\Omega})\equiv S(\boldsymbol{r},\boldsymbol{\Omega}) \end{aligned} \tag{9.5}$$

中子流算子 $\boldsymbol{\Omega}\cdot\nabla\psi$ 在常见几何结构内的具体表达式如表9.1所列,相应的坐标系如图9.3~图9.5所示。

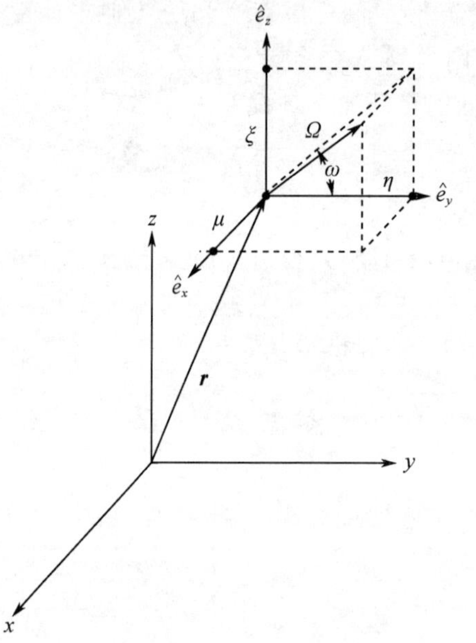

图9.3　笛卡儿坐标系下的空间—角度[2]

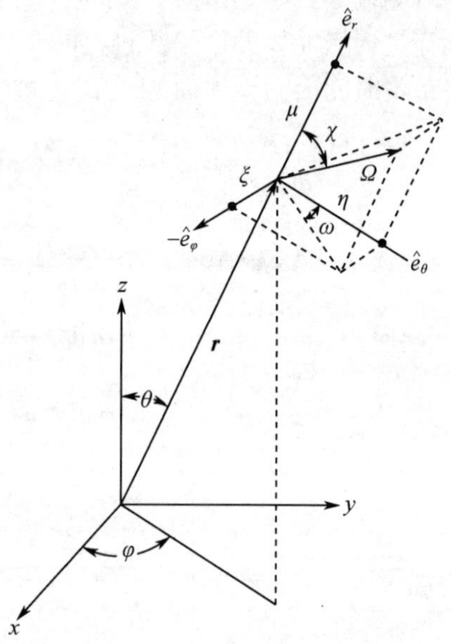

图9.4　球坐标系下的空间—角度[2]

表9.1　守恒形式的中子流算子[2]

空间变量	角度变量	$\boldsymbol{\Omega}\cdot\nabla\Psi$
笛卡儿坐标系		
x(一维)	μ	$\mu\frac{\partial\psi}{\partial x}$

(续)

空间变量	角度变量	$\boldsymbol{\Omega}\cdot\nabla\Psi$
x, y(二维)	μ, η	$\mu\frac{\partial\psi}{\partial x}+\eta\frac{\partial\psi}{\partial y}$
x, y, z(三维)	μ, η, ξ	$\mu\frac{\partial\psi}{\partial x}+\eta\frac{\partial\psi}{\partial y}+\xi\frac{\partial\psi}{\partial z}$
圆柱坐标系		
ρ(一维)	ω, ξ	$\frac{\mu}{\rho}\frac{\partial}{\partial\rho}(\rho\psi)-\frac{1}{\rho}\frac{\partial}{\partial\omega}(\eta\psi)$
ρ,θ(二维)	ω, ξ	$\frac{\mu}{\rho}\frac{\partial}{\partial\rho}(\rho\psi)-\frac{\eta}{\rho}\frac{\partial\psi}{\partial\theta}-\frac{1}{\rho}\frac{\partial}{\partial\omega}(\eta\psi)$
ρ,z(三维)	ω, ξ	$\frac{\mu}{\rho}\frac{\partial}{\partial\rho}(\rho\psi)+\xi\frac{\partial\psi}{\partial z}-\frac{1}{\rho}\frac{\partial}{\partial\omega}(\eta\psi)$
ρ,z,θ	ω, ξ	$\frac{\mu}{\rho}\frac{\partial}{\partial\rho}(\rho\psi)-\frac{\eta}{\rho}\frac{\partial\psi}{\partial\theta}+\xi\frac{\partial\psi}{\partial z}-\frac{1}{\rho}\frac{\partial}{\partial\omega}(\eta\psi)$, $\mu=(1-\xi^2)^{1/2}\cos\omega,\eta=(1-\xi^2)^{1/2}\sin\omega$
球坐标系		
ρ	μ	$\frac{\mu}{\rho^2}\frac{\partial}{\partial\rho}(\rho^2\psi)+\frac{1}{\rho}\frac{\partial}{\partial\mu}[(1-\mu^2)\psi]$
ρ,θ	μ, ω	$\frac{\mu}{\rho^2}\frac{\partial}{\partial\rho}(\rho^2\psi)+\frac{\eta}{\rho\sin\theta}\frac{\partial}{\partial\theta}(\sin\theta\psi)+\frac{1}{\rho}\frac{\partial}{\partial\mu}[(1-\mu^2)\psi]-\frac{\cot\theta}{\rho}\frac{\partial}{\partial\omega}(\xi\psi)$
ρ,θ,φ	μ, ω	$\frac{\mu}{\rho^2}\frac{\partial}{\partial\rho}(\rho^2\psi)+\frac{\eta}{\rho\sin\theta}\frac{\partial}{\partial\theta}(\sin\theta\psi)+\frac{\xi}{\rho\sin\theta}\frac{\partial\psi}{\partial\varphi}+\frac{1}{\rho}\frac{\partial}{\partial\mu}[(1-\mu^2)\psi]-\frac{\cot\theta}{\rho}\frac{\partial}{\partial\omega}(\xi\psi)$, $\eta=(1-\mu^2)^{1/2}\cos\omega,\xi=(1-\mu^2)^{1/2}\sin\omega$

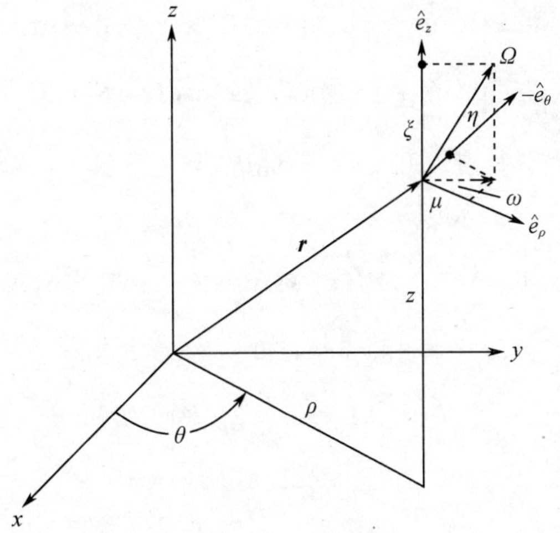

图 9.5 圆柱坐标系下的空间—角度[2]

9.1.2 边界条件

方程(9.5)的边界条件通常须根据物理状况来确定。例如,对于左边界 $\boldsymbol{r}_{\mathrm{L}}$ 及其法矢量 $\boldsymbol{n}$,$\boldsymbol{n}\cdot\boldsymbol{\Omega}>0$ 表示向内,那么左边界处可采用的边界条件包括:

真空:
$$\psi(\boldsymbol{r}_{\mathrm{L}},\boldsymbol{\Omega})=0,\boldsymbol{n}\cdot\boldsymbol{\Omega}>0 \tag{9.6a}$$

已知入射的角中子注量率:
$$\psi(\boldsymbol{r}_{\mathrm{L}},\boldsymbol{\Omega})=\psi_{\mathrm{in}}(\boldsymbol{r}_{\mathrm{L}},\boldsymbol{\Omega}),\boldsymbol{n}\cdot\boldsymbol{\Omega}>0 \tag{9.6b}$$

反射:
$$\psi(\boldsymbol{r}_{\mathrm{L}},\boldsymbol{\Omega})=\int_0^{4\pi}\alpha(\boldsymbol{\Omega}'\to\boldsymbol{\Omega})\psi(\boldsymbol{r}_{\mathrm{L}},\boldsymbol{\Omega}')\mathrm{d}\boldsymbol{\Omega}',\boldsymbol{n}\cdot\boldsymbol{\Omega}>0 \tag{9.6c}$$

式中:α 为反射函数或反照函数。

9.1.3 中子注量率和中子流密度

中子注量率是微元体内的中子总数与其速度的乘积,其中,对各方向上的中子数在角度上积分可得中子总数。那么

$$\phi(\boldsymbol{r})\equiv\int_0^{4\pi}\psi(\boldsymbol{r},\boldsymbol{\Omega})\mathrm{d}\boldsymbol{\Omega} \tag{9.7}$$

ξ 坐标(方向)的中子流密度是向 ξ 坐标正方向运动的净中子数目,即

$$J_{\xi}(\boldsymbol{r})\equiv\boldsymbol{n}_{\xi}\int_0^{4\pi}(\boldsymbol{n}_{\xi}\cdot\boldsymbol{\Omega})\psi(\boldsymbol{r},\boldsymbol{\Omega})\mathrm{d}\boldsymbol{\Omega} \tag{9.8}$$

9.1.4 分中子流密度

ξ 坐标正、负方向的分中子流密度分别是沿 ξ 坐标正方向和负方向运动的中子数,即

$$\begin{cases}\boldsymbol{J}_{\xi}^{+}(\boldsymbol{r})\equiv\boldsymbol{n}_{\xi}\int_0^{2\pi}\mathrm{d}\phi\int_0^{1}(\boldsymbol{n}_{\xi}\cdot\boldsymbol{\Omega})\psi(\boldsymbol{r},\boldsymbol{\Omega})\mathrm{d}\mu\\ \boldsymbol{J}_{\xi}^{-}(\boldsymbol{r})\equiv\boldsymbol{n}_{\xi}\int_0^{2\pi}\mathrm{d}\phi\int_{-1}^{0}(\boldsymbol{n}_{\xi}\cdot\boldsymbol{\Omega})\psi(\boldsymbol{r},\boldsymbol{\Omega})\mathrm{d}\mu\end{cases} \tag{9.9}$$

9.2 积分输运理论

方程(9.5)的稳态形式为

$$\frac{\mathrm{d}\psi(\boldsymbol{r},\boldsymbol{\Omega})}{\mathrm{d}R}\mathrm{d}\boldsymbol{r}\mathrm{d}\boldsymbol{\Omega}+\Sigma_{\mathrm{t}}(\boldsymbol{r})\psi(\boldsymbol{r},\boldsymbol{\Omega})\mathrm{d}\boldsymbol{r}\mathrm{d}\boldsymbol{\Omega}=S(\boldsymbol{r},\boldsymbol{\Omega})\mathrm{d}\boldsymbol{r}\mathrm{d}\boldsymbol{\Omega} \tag{9.10}$$

式中:$\mathrm{d}R$ 为 $\boldsymbol{\Omega}$ 方向上的微分长度,即 $\boldsymbol{\Omega}\cdot\nabla=\mathrm{d}/\mathrm{d}R$。

方程(9.10)沿 $\boldsymbol{\Omega}$ 方向从 $\boldsymbol{r}_0$ 积分至 $\boldsymbol{r}$ 可得

$$\psi(\boldsymbol{r},\boldsymbol{\Omega})\mathrm{d}\boldsymbol{r}=\mathrm{e}^{-\alpha(\boldsymbol{r}_0,\boldsymbol{r})}\psi(\boldsymbol{r}_0,\boldsymbol{\Omega})\mathrm{d}\boldsymbol{r}_0+\int_{\boldsymbol{r}_0}^{\boldsymbol{r}}\mathrm{e}^{-\alpha(\boldsymbol{r}',\boldsymbol{r})}S(\boldsymbol{r}',\boldsymbol{\Omega})\mathrm{d}\boldsymbol{r}' \tag{9.11}$$

式中:$\alpha(\boldsymbol{r}',\boldsymbol{r})$ 为 $\boldsymbol{\Omega}$ 方向上 $\boldsymbol{r}'$ 与 $\boldsymbol{r}$ 之间的光学长度,且有

$$\alpha(\boldsymbol{r}',\boldsymbol{r})\equiv\left|\int_{\boldsymbol{r}'}^{\boldsymbol{r}}\Sigma_{\mathrm{t}}(R)\mathrm{d}R\right| \tag{9.12}$$

9.2.1 各向同性点源

对于位于 $\boldsymbol{r}_0$ 处且源强为 S_0(单位为 n/s)的各向同性点源,$\boldsymbol{\Omega}$ 方向上 $\mathrm{d}\boldsymbol{\Omega}$ 微元立体角内的

角中子注量率为 $S_0(\mathrm{d}\boldsymbol{\Omega}/4\pi)$。如图9.6所示，当距离微元立体角的圆锥顶点 $R \equiv |\boldsymbol{r}-\boldsymbol{r}'|$ 时，微元立体角所对应的微元体 $\mathrm{d}\boldsymbol{r}$ 的体积为 $4\pi\mathrm{d}\boldsymbol{\Omega}R^2\mathrm{d}R$。由方程(9.11)可知，$\boldsymbol{r}'$ 处的各向同性点源发出的中子未经碰撞在 $\boldsymbol{r}$ 处形成的角中子注量率为

$$\psi_{\mathrm{pt}}(R)=\psi(|\boldsymbol{r}-\boldsymbol{r}'|,\boldsymbol{\Omega})=\frac{S_0\mathrm{e}^{-\alpha(\boldsymbol{r},\boldsymbol{r}')}}{4\pi|\boldsymbol{r}-\boldsymbol{r}'|^2}=\frac{S_0\mathrm{e}^{-\alpha(R,0)}}{4\pi R^2} \tag{9.13}$$

式中：方向 $\boldsymbol{\Omega}$ 是从 $\boldsymbol{r}'$ 处指向 $\boldsymbol{r}$ 处。

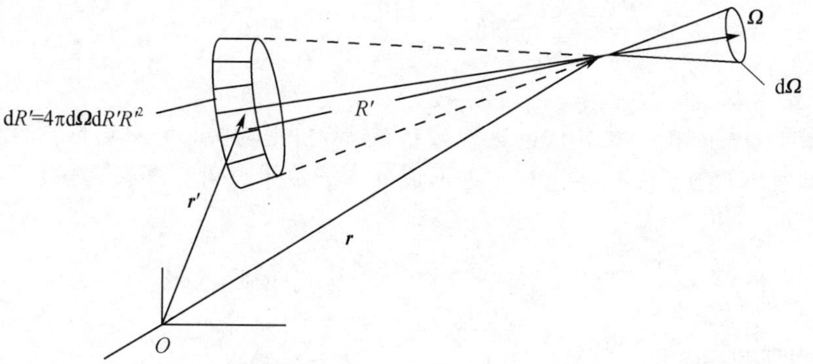

图9.6　角度为 $\mathrm{d}\Omega$ 且与 r 点距离为 R 的圆锥微元体[2]

9.2.2　各向同性面源

如图9.7所示，一个均匀的各向同性面源发出的中子未经碰撞在 x 处形成的中子注量率可以通过将此面源上每一点视为各向同性点源并对整个平面积分获得，即

$$\begin{aligned}\phi_{\mathrm{pl}}(x,0) &= \int_0^{\infty}2\pi\rho\psi_{\mathrm{pt}}(R)\mathrm{d}\rho = \int_x^{\infty}2\pi R\psi_{\mathrm{pt}}(R)\mathrm{d}R \\ &= \frac{S_0}{2}\int_x^{\infty}\mathrm{e}^{-\alpha(R,0)}\frac{\mathrm{d}R}{R} = \frac{1}{2}S_0E_1(\alpha(x,0))\end{aligned} \tag{9.14}$$

其中，指数积分函数定义为

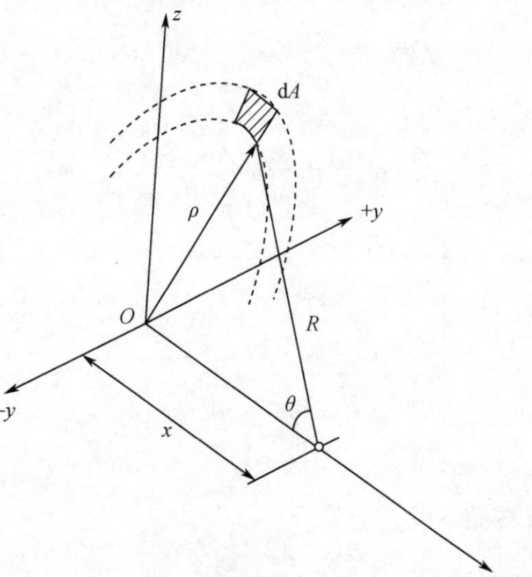

图9.7　用于各向同性面源计算的坐标系[10]

$$E_n(y) \equiv \int_1^{\infty} e^{-yu} u^{-n} du = \int_0^1 e^{-y/\mu} u^{\mu-2} d\mu \tag{9.15}$$

采用相似的方法可计算由一个均匀的各向同性面源发出的中子未经碰撞在 x 处形成的 x 方向上的中子流密度,即

$$\begin{aligned} J_{\mathrm{pl},x}(x,0) &= \int_0^{\infty} 2\pi\rho \frac{x}{R}\psi_{\mathrm{pt}}(R)\,d\rho = \int_x^{\infty} 2\pi R \frac{S_0 e^{-\alpha(R,0)}}{4\pi R^2} \frac{x}{R} dR \\ &= \frac{S_0}{2}\int_x^{\infty} e^{-\alpha(R,0)} \frac{x}{R}\frac{dR}{R} = \frac{1}{2} S_0 E_2(\alpha(x,0)) \end{aligned} \tag{9.16}$$

式中:$\mu = \boldsymbol{\Omega} \cdot \boldsymbol{n}_x = x/R$。

厚度为 a 的平板内的一维各向同性源分布 $S_0(x)$ 可视为由一系列各向同性的面源组成,那么由该板源发出的中子未经碰撞在 x 处形成的中子注量率可以通过对每一个面源积分得到,即

$$\phi(x) = \int_0^a S_0(x')\phi_{\mathrm{pl}}(x,x')\,dx' = \frac{1}{2}\int_0^a S_0(x') E_1(\alpha(x,x'))\,dx' \tag{9.17}$$

9.2.3 各向异性面源

由图9.7可知,在源平面上环形区域 $2\pi\rho d\rho$ 内的所有源中子将沿相同的方向 μ 在 $d\mu$ 范围内通过与环形区域中心距离为 x 的点。利用关系式 $\mu = \cos\theta = x/R$ 和 $R^2 = x^2 + \rho^2$ 可得来自各向异性面源 $S(\mu)$ 的中子未经碰撞在 x 处形成的角中子注量率为

$$\psi(x,\mu)d\mu = \psi_{\mathrm{pt}}(R(\rho))2\pi\rho d\rho = \frac{S(\mu)e^{-\alpha(x,0)/\mu}}{\mu}d\mu \tag{9.18}$$

来自均匀各向异性面源的中子未经碰撞在 x 处形成的中子注量率和中子流密度分别为

$$\phi(x) \equiv \int_{-1}^{1}\psi(x,\mu)\,d\mu = \int_0^1 S(\mu)e^{-\alpha(x,0)/\mu}\frac{d\mu}{\mu} \tag{9.19}$$

$$J_x(x) \equiv \int_{-1}^{1}\mu\psi(x,\mu)\,d\mu = \int_0^1 S(\mu)e^{-\alpha(x,0)/\mu}d\mu \tag{9.20}$$

各向异性面源可展开为

$$S(\mu) = \sum_{n=0}(2n+1)p_n^+(\mu)S_n \tag{9.21}$$

其中,半幅勒让德多项式 $p_n^+(\mu)$ 为

$$\begin{cases} p_n^+(\mu) = P_n(2\mu-1) \\ p_0^+(\mu) = 1 \\ p_1^+(\mu) = 2\mu - 1 \\ p_2^+(\mu) = 6\mu^2 - 6\mu + 1 \\ p_3^+(\mu) = 20\mu^3 - 30\mu^2 + 12\mu - 1 \\ \cdots \end{cases} \tag{9.22}$$

这些半幅勒让德多项式具有如下的正交特性:

$$\int_0^1 p_n^+(\mu)p_m^+(\mu)\,d\mu = \frac{\delta_{nm}}{2n+1} \tag{9.23}$$

利用其正交特性，那么

$$S_n = \int_0^1 p_n^+(\mu) S(\mu)\,\mathrm{d}\mu$$

各向异性面源展开式(9.21)代入方程(9.19)可得来自均匀各向异性面源的中子未经碰撞在 x 处形成的中子注量率为

$$\phi(x) = \sum_{n=0} (2n+1) S_n B_n^+(\alpha(x,0)) \tag{9.24}$$

式中

$$\begin{cases} B_n^+(\alpha(x,0)) \equiv \int_0^1 p_n^+(\mu)\,\mathrm{e}^{-\alpha(x,0)/\mu}\dfrac{\mathrm{d}\mu}{\mu} \\ B_0^+(\alpha(x,0)) = E_1(\alpha(x,0)) \\ B_1^+(\alpha(x,0)) = 2E_2(\alpha(x,0)) - E_1(\alpha(x,0)) \\ \cdots \end{cases} \tag{9.25}$$

同理可得，来自均匀各向异性面源的中子未经碰撞在 x 处形成的 x 方向上的中子流密度为

$$J_x(x) = \sum_{n=0} (2n+1) S_n L_n^+(\alpha(x,0)) \tag{9.26}$$

式中

$$\begin{cases} L_n^+(\alpha(x,0)) \equiv \int_0^1 p_n^+(\mu)\,\mathrm{e}^{-\alpha(x,0)/\mu}\mathrm{d}\mu \\ L_0^+(\alpha(x,0)) = E_2(\alpha(x,0)) \\ L_1^+(\alpha(x,0)) = 2E_3(\alpha(x,0)) - E_2(\alpha(x,0)) \\ \cdots \end{cases} \tag{9.27}$$

9.2.4　穿透与吸收概率

对于厚度为 a 的纯吸收平板，在它左侧表面($x=0$)上存在一个各向同性面源。应用式(9.26)，平板的穿透概率正好等于右侧表面($x=a$)出射的中子流密度与左侧表面入射的中子流密度之比为

$$T = \frac{J(a)}{J_{\text{in}}(0)} = \frac{S_0 L_0^+(\alpha(a,0))}{S_0} = E_2(\alpha(a,0)) \tag{9.28}$$

平板的吸收概率 $A = 1 - T = 1 - E_2[\alpha(a,0)]$。

9.2.5　逃脱概率

厚度为 a 的纯吸收平板内存在源强为 S_0 的均匀各向同性中子源。假设平板内 x 处的中子源可视为一个各向同性面源，其中向左的源强为 $S_0/2$，向右的源强为 $S_0/2$，那么由 $x=x'$ 处的面源产生的中子在表面 $x=a$ 处形成的向外的中子流密度为

$$J_{\text{out}}(a:x') = \frac{1}{2} S_0 L_0^+(\alpha(a,x')) = \frac{1}{2} S_0 E_2(\alpha(a,x')) \tag{9.29}$$

对整个平板积分，即可得通过表面 $x=a$ 向外的总中子流密度为

$$J_{\text{out}}(a) = \int_0^a J_{\text{out}}(a:x')\,\mathrm{d}x' = \frac{1}{2} S_0 \int_0^a E_2(\alpha(a,x'))\,\mathrm{d}x' \tag{9.30}$$

利用指数积分函数的微分特性：

$$\frac{\mathrm{d}E_n}{\mathrm{d}y}=-E_{n-1}(y)\quad(n=1,2,3,\cdots)\tag{9.31}$$

方程(9.30)可以变为

$$\begin{aligned}J_{\text{out}}(a)&=-\frac{1}{2}S_0\int_0^a\frac{\mathrm{d}E_3(\alpha)}{\mathrm{d}\alpha}\mathrm{d}x'=-\frac{1}{2}\frac{S_0}{\Sigma_t}\int_0^{\alpha(a,0)}\frac{\mathrm{d}E_3}{\mathrm{d}\alpha}\mathrm{d}\alpha\\&=\frac{1}{2}\frac{S_0}{\Sigma_t}[E_3(0)-E_3(\alpha(a,0))]=\frac{1}{2}\frac{S_0}{\Sigma_t}\left[\frac{1}{2}-E_3(\alpha(a,0))\right]\end{aligned}\tag{9.32}$$

由对称性可知,通过表面 $x=0$ 向外的中子流密度具有相同的值。中子从平板逃脱的概率为平板的两个表面处向外的中子流密度之和与平板内中子源的总产生率 aS_0 之比,即

$$P_0=\frac{J_{\text{out}}(a)+J_{\text{out}}(0)}{aS_0}=\frac{1}{a\Sigma_t}\left[\frac{1}{2}-E_3(a\Sigma_t)\right]\tag{9.33}$$

9.2.6 用于扩散理论计算的首次碰撞源

本节分析表面源中子入射扩散介质的情形,该面源位于扩散介质的表面,而且发出的中子在其向前半球内几乎是各向同性的。也就是说,表面源中子在其向前半球内各向同性地射入扩散介质,这致使扩散介质内向前运动的中子数远大于向后运动的中子数。虽然扩散理论适用于分析在介质内经散射而使其在方向上变为随机分布后的中子,但是它不能精确地处理未经历碰撞的源中子,因为扩散理论基于中子注量率在所有角度上几乎是各向同性的这一假设(进一步的分析参见9.6节)。积分输运理论能分析入射源中子的首次碰撞过程,并将其转化为适用于扩散理论计算使用的首次碰撞源分布①:

$$S_{\text{fc}}(x)=\Sigma_s(x)\phi(x)=S_0\Sigma_s(x)E_1(\alpha(x,0))\tag{9.34}$$

如果入射源中子具有明显向前运动的趋势以致在其向前半球内是各向异性的,那么须采用各向异性面源来计算首次碰撞中子源:

$$S_{\text{fc}}(x)=\Sigma_s(x)\sum_{n=0}(2n+1)S_nB_n^+(\alpha(x,0))\tag{9.35}$$

9.2.7 各向同性散射和裂变的引入

本节仍以含有各向同性中子源的平板为例继续介绍积分输运理论,但将包含各向同性散射、裂变和吸收。未经碰撞的源中子形成的中子注量率为

$$\phi_0(x)=\frac{1}{2}\int_0^a S_0(x')E_1(\alpha(x,x'))\mathrm{d}x'\tag{9.36}$$

如果源中子在 $x=x'$ 处的首次碰撞率视为 x' 处的各向同性的首次碰撞中子面源,那么因 x' 处的首次碰撞源形成的首次碰撞中子注量率为

$$\phi_1(x:x')=\frac{1}{2}[\Sigma_s(x')+\nu\Sigma_f(x')]\phi_0(x')E_1(\alpha(x,x'))\tag{9.37}$$

对平板内所有首次碰撞中子源积分可得 x 处总的首次碰撞中子注量率为

$$\phi_1(x)=\int_0^a\phi_1(x:x')\mathrm{d}x'=\int_0^a\left\{\frac{1}{2}[\Sigma_s(x')+\nu\Sigma_f(x')]\phi_0(x')\right\}E_1(\alpha(x,x'))\mathrm{d}x'\tag{9.38}$$

① 积分输运理论将扩散理论不能处理的源中子转化扩散介质内的首次碰撞源,由此扩散理论可对后续的中子运动过程进行分析而不需要再利用输运理论。

依次类推,第 n 次碰撞中子形成的中子注量率为

$$\phi_n(x) = \int_0^a \left\{ \frac{1}{2} [\Sigma_s(x') + \nu\Sigma_f(x')] \phi_{n-1}(x') \right\} E_1(\alpha(x,x'))\,dx',$$

$$n = 1,2,3,\cdots,\infty \tag{9.39}$$

总中子注量率是未经碰撞、首次碰撞、第二次碰撞等所有中子注量率之和,即

$$\begin{aligned}\phi(x) &\equiv \phi_0(x) + \sum_{n=1}^{\infty}\phi_n(x)\\ &= \frac{1}{2}\int_0^a S_0(x')E_1(\alpha(x,x'))\,dx' + \\ &\quad \frac{1}{2}\int_0^a [\Sigma_s(x') + \nu\Sigma_f(x')] \sum_{n=1}^{\infty}\phi_{n-1}(x')E_1(\alpha(x,x'))\,dx'\\ &= \frac{1}{2}\int_0^a S_0(x')E_1(\alpha(x,x'))\,dx' + \\ &\quad \frac{1}{2}\int_0^a [\Sigma_s(x') + \nu\Sigma_f(x')]\phi(x')E_1(\alpha(x,x'))\,dx'\end{aligned} \tag{9.40}$$

方程(9.40)就是用于求解存在各向同性散射和裂变的平板内的中子注量率的积分方程,它含有积分核 $\frac{1}{2}[\Sigma_s(x') + \nu\Sigma_f(x')]E_1(\alpha(x,x'))$ 和首次碰撞源 $\frac{1}{2}S_0(x')E_1(\alpha(x,x'))$。

9.2.8 任意几何形状内的体积源

将空间中的每一位置视为一个点源,且其源强为中子源在该位置处的源强,由此可以构建来自任意中子源分布的未经碰撞的源中子形成的中子注量率。由方程(9.13)可得 $\boldsymbol{r}'$ 处的各向同性点源发出的中子未经碰撞在 $\boldsymbol{r}$ 处形成的角中子注量率。对所有空间位置 $\boldsymbol{r}'$ 积分可得未经碰撞中子在 $\boldsymbol{r}$ 处形成的总角中子注量率,对所有角度 $\boldsymbol{\Omega}$ 积分可得未经碰撞中子形成的中子注量率为

$$\phi_{un}(\boldsymbol{r}) = \int \frac{S_0(\boldsymbol{r}')e^{-\alpha(r,r')}}{4\pi|\boldsymbol{r} - \boldsymbol{r}'|^2}d\boldsymbol{r}' \tag{9.41}$$

利用推导方程(9.40)的方法可以推导得到包含各向同性散射和裂变的总中子注量率的积分方程为

$$\begin{aligned}\phi(r) &= \int \frac{[\Sigma_s(\boldsymbol{r}') + \nu\Sigma_f(\boldsymbol{r}')]\phi(\boldsymbol{r}')e^{-\alpha(r,r')}}{4\pi|\boldsymbol{r} - \boldsymbol{r}'|^2}d\boldsymbol{r}' + \phi_{un}(\boldsymbol{r}')\\ &= \int \{[\Sigma_s(\boldsymbol{r}') + \nu\Sigma_f(\boldsymbol{r}')]\phi(\boldsymbol{r}') + S_0(\boldsymbol{r}')\} \frac{e^{-\alpha(r,r')}}{4\pi|\boldsymbol{r} - \boldsymbol{r}'|^2}d\boldsymbol{r}'\end{aligned} \tag{9.42}$$

式中:$e^{-\alpha(r,r')}/4\pi|\boldsymbol{r} - \boldsymbol{r}'|^2$ 为各向同性点源核;ϕ_{un} 为由未经碰撞的源中子形成的中子注量率分布,可由方程(9.41)计算。

需要特别说明的是,方程(9.40)和方程(9.42)的推导并未包含边界条件。在整个反应堆体积内积分得到的散射源已被用于推导 n 次碰撞的中子注量率,这意味着中子从核反应堆逃脱后不再返回至核反应堆内。因此,这些方程实际上只在真空边界条件下成立,但在反射边界条件下是不成立的。

9.2.9 各向同性线源的中子注量率

图9.8所示的各向同性线源,其强度为 S_0(单位:n/(cm·s))。利用点源核,线源上 z 处

长度为 dz 的微元在垂直距离线源 t 的 P 点处形成的微分中子注量率为

$$\mathrm{d}\phi(t)=\frac{S_0\mathrm{d}z\mathrm{e}^{-\alpha(t,z)}}{4\pi R^2} \tag{9.43}$$

式中:$\alpha(t,z)$为 z 处的点源与 P 点的光学长度,其中,z 点与 P 点的距离为 R,P 点与线源在 $z=0$ 面上的垂直距离为 t。

利用 $R=t/\cos\theta$ 和 $\mathrm{d}z=R\mathrm{d}\theta/\cos\theta=t\mathrm{d}\theta/\cos^2\theta$ 这两个关系式,并在整个线源上积分微分中子注量率可得距离线源 t 的中子注量率为

$$\begin{aligned}\phi(t)&=\int_{-\infty}^{+\infty}\frac{S_0\mathrm{e}^{-\alpha(t,z)}}{4\pi R^2}\mathrm{d}z=S_0\int_0^{+\infty}\frac{\mathrm{e}^{-\alpha(t,0)/\cos\theta}}{2\pi t^2/\cos^2\theta}\mathrm{d}z\\&=\frac{S_0}{2\pi t}\int_0^{\pi/2}\mathrm{e}^{-\alpha(t,0)/\cos\theta}\mathrm{d}\theta\equiv\frac{S_0}{2\pi t}Ki_1(\alpha(t,0))\end{aligned} \tag{9.44}$$

式中:$Ki_1(x)$为一阶 Bickley 函数。

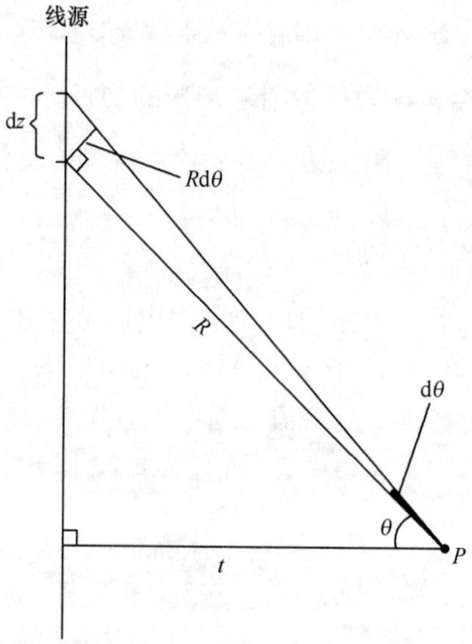

图 9.8 各向同性线源在 P 点形成的中子注量率计算示意图[3]

9.2.10 Bickley 函数

n 阶 Bickley 函数定义为

$$Ki_n(x)\equiv\int_0^{\pi/2}\cos^{n-1}\theta\mathrm{e}^{-x/\cos\theta}\mathrm{d}\theta=\int_0^{\infty}\frac{\mathrm{e}^{-x\cosh(u)}}{\cosh^n(u)}\mathrm{d}u \tag{9.45}$$

Bickley 函数的微分定律为

$$\frac{\mathrm{d}Ki_n(x)}{\mathrm{d}x}=-Ki_{n-1}(x) \tag{9.46}$$

Bickley 函数的积分定律为

$$Ki_n(x)=Ki_n(0)-\int_0^x Ki_{n-1}(x')\mathrm{d}x'=\int_x^{\infty}Ki_{n-1}(x')\mathrm{d}x' \tag{9.47}$$

Bickley 函数的卷积定律为

$$nKi_{n+1}(x)=(n-1)Ki_{n-1}(x)+x[Ki_{n-2}(x)-Ki_n(x)] \tag{9.48}$$

Bickley 函数须数值求解,具体见参考文献[3]。

9.2.11 源中子未经碰撞到达与线源距离为 t 处的概率

如图9.9所示，各向同性线源上 P 点发出的一个中子未经碰撞到达与线源垂直距离为 t 处的概率与中子飞行的角度有关。线源上 P 点处的中子未经碰撞通过垂直于 R 方向且与线源距离为 t 的微元面积 $\mathrm{d}A = R\mathrm{d}\theta t\mathrm{d}\varphi = t^2\mathrm{d}\theta\mathrm{d}\varphi/\cos\theta$ 的微分中子流密度为

$$\mathrm{d}J(t,\theta) = \frac{\mathrm{e}^{-\alpha(t,z)}}{4\pi R^2}\mathrm{d}A = \frac{\mathrm{e}^{-\alpha(t,0)/\cos\theta}}{4\pi(t/\cos\theta)^2}\frac{t^2\mathrm{d}\theta\mathrm{d}\varphi}{\cos\theta} \tag{9.49}$$

式中：$\alpha(t,z)$ 为路径 R 上的光学长度。

利用对所有的角度积分即可得各向同性线源发出的中子通过与线源距离为 t 的圆柱面的概率为

$$\begin{aligned} P(t) &= \int_0^{2\pi}\mathrm{d}\varphi\int_{-\pi/2}^{+\pi/2}\frac{\mathrm{e}^{-\alpha(t,0)/\cos\theta}(t^2/\cos\theta)}{4\pi(t/\cos\theta)^2}\mathrm{d}\theta \\ &= \int_0^{\pi/2}\cos\theta\mathrm{e}^{-\alpha(t,0)/\cos\theta}\mathrm{d}\theta = Ki_2(\alpha(t,0)) \end{aligned} \tag{9.50}$$

式中：$\alpha(t,0)$ 为与线源垂直距离为 t 的圆柱面的光学长度。

在以上的推导过程中，因空间对称性而引入了 Bickley 函数和指数积分函数。虽然空间对称性减少了相关问题所涉及的空间维度，但中子的飞行路线在空间上仍然是三维的。

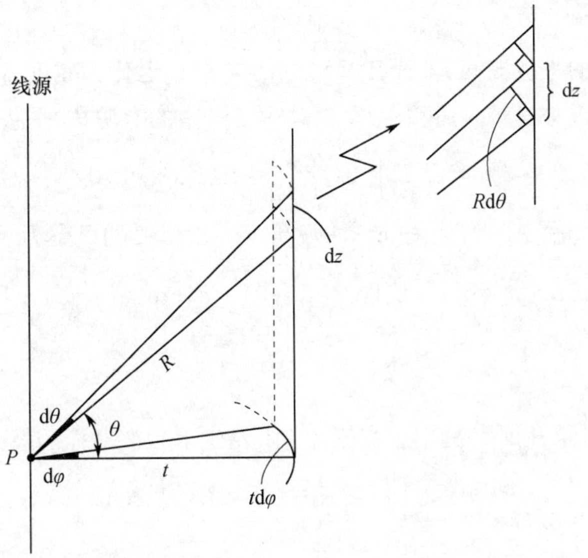

图9.9 各向同性线源中子未经碰撞通过距离线源 t 处概率计算示意图 $t=x,\tau=\alpha(x,0)$[3]

9.3 碰撞概率方法

如果将整个空间划分为离散的单元 V_i，并假设任一单元具有均匀的截面和中子注量率，那么方程(9.42)在整个空间上积分并除以体积 V_i 可得

$$\phi_i = \sum_j T^{j\to i}[(\Sigma_{sj} + \nu\Sigma_{fj})\phi_j + S_{0j}] \tag{9.51}$$

该式将中子注量率与首次飞行穿透概率 $T^{j\to i}$ 联系起来，即

$$T^{j\to i}\equiv\frac{1}{V_i}\int_{V_i}\mathrm{d}\boldsymbol{r}_i\int_{V_j}\frac{\mathrm{e}^{-\alpha(\boldsymbol{r}_i,\boldsymbol{r}_j)}}{4\pi|\boldsymbol{r}_i-\boldsymbol{r}_j|^2}\mathrm{d}\boldsymbol{r}_j \tag{9.52}$$

9.3.1 穿透和碰撞概率的互易关系

由于 $\alpha(\boldsymbol{r}_i,\boldsymbol{r}_j)=\alpha(\boldsymbol{r}_j,\boldsymbol{r}_i)$(光学长度与中子在 $\boldsymbol{r}_i$ 和 $\boldsymbol{r}_j$ 之间直线飞行的方向无关),那么穿透概率之间存在互易关系:

$$V_iT^{j\to i}=V_jT^{i\to j} \tag{9.53}$$

方程(9.51)两边同乘以 $\Sigma_{ti}V_i$,可得

$$\Sigma_{ti}V_i\phi_i=\sum_j P^{ji}\frac{(\Sigma_{sj}+\nu\Sigma_{fj})\phi_j+S_{0j}}{\Sigma_{tj}} \tag{9.54}$$

利用碰撞概率 P^{ij} 可将单元 i 内的碰撞率与所有其他单元 j 内的散射、裂变和外部中子源而引入的中子联系起来。碰撞概率 P^{ij} 的定义为

$$P^{ji}\equiv\Sigma_{ti}\Sigma_{tj}V_iT^{j\to i}=\Sigma_{ti}\Sigma_{tj}\int_{V_i}\mathrm{d}\boldsymbol{r}_i\int_{V_j}\frac{\mathrm{e}^{-\alpha(\boldsymbol{r}_i,\boldsymbol{r}_j)}}{4\pi|\boldsymbol{r}_i-\boldsymbol{r}_j|^2}\mathrm{d}\boldsymbol{r}_j \tag{9.55}$$

因为 $\alpha(\boldsymbol{r}_i,\boldsymbol{r}_j)=\alpha(\boldsymbol{r}_j,\boldsymbol{r}_i)$,所以碰撞概率也满足互易关系:

$$P^{ji}=P^{ij} \tag{9.56}$$

9.3.2 平板的碰撞概率

对于以 x_i 为中心的平板栅元,方程(9.55)中的体积 V_i 退化为宽度 $\Delta_i\equiv x_{i+1/2}-x_{i-1/2}$,利用平板的中子注量率核 $E_1(\alpha(x',x))/2$ 代替方程(9.55)中的点源核,平板的碰撞概率可写为

$$P^{ji}=\Sigma_{ti}\Sigma_{tj}\int_{\Delta_j}\mathrm{d}x'\int_{\Delta_j}\frac{1}{2}E_1(\alpha(x',x))\mathrm{d}x \tag{9.57}$$

当 $j\neq i$ 时,来自栅元 j 的中子在栅元 i 中发生下一次碰撞的概率为

$$P^{ji}=\frac{1}{2}\Sigma_{ti}\Sigma_{tj}[E_3(\alpha_{i+1/2,j+1/2})-E_3(\alpha_{i-1/2,j+1/2})-E_3(\alpha_{i+1/2,j-1/2})+E_3(\alpha_{i-1/2,j-1/2})] \tag{9.58}$$

式中:$\alpha_{i,j}\equiv\alpha(x_i,x_j)$。

当 $j=i$ 时,来自栅元 j(即 i)的中子在栅元 i 中发生下一次碰撞的概率为

$$P^{ii}=\Sigma_{ti}\Delta_i\left[1-\frac{1}{2\Sigma_{ti}\Delta_i}(1-2E_3(\Sigma_{ti}\Delta_i))\right] \tag{9.59}$$

9.3.3 二维几何体的碰撞概率

图9.10所示的二维截面,它们在垂直纸面的方向上无限长,且体积分别为 V_i 和 V_j。如图9.10所示,从体积 V_i 内 t 点(坐标为 φ 和 y)发出的中子能在 $-\pi/2\leqslant\theta\leqslant\pi/2$(角度 θ 参考图9.9)的范围内通过体积 V_j。

由方程(9.50)可知,从 t 点出发的中子到达通过体积 V_j 内 t' 点的垂直于纸面的直线上某一点的概率为 $Ki_2(\alpha(t',t))$,其中,$\alpha(t',t)$ 为图9.10所示截面上的光学长度。参考图9.10,分别用 t_i 和 t_j 表示 t 点和 t' 点的连线与体积 V_i 和 V_j 表面相交的点在截面上的投影点。那么,$Ki_2(\Sigma_{ti}(t_i-t)+\alpha(t_j,t_i))$ 为从体积 V_i 内 t 点发出的中子沿着 φ 方向到达 V_j 的概率,而 $Ki_2(\Sigma_{ti}(t_i-t)+\alpha(t_j,t_i)+\alpha(t_j+\Delta t_j,t_j))$ 不仅包含了中子未经碰撞到达 V_j 的概率,而且还包含了穿过体

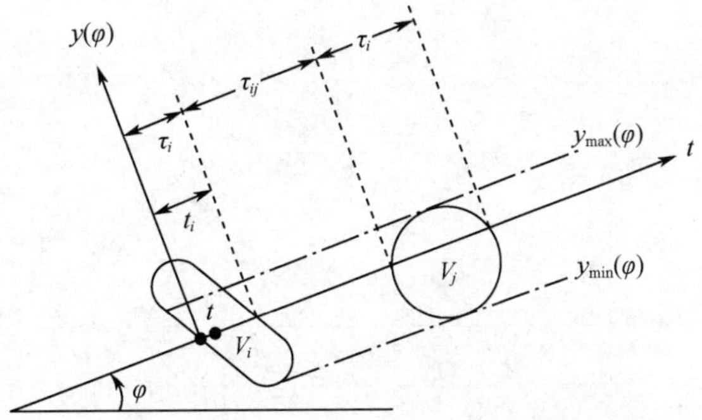

图 9.10 二维几何结构碰撞概率计算示意图[3]

积 V_j并出现在其另一表面的概率,其中,Δt_j为体积 V_j在图 9.10 所示截面上的宽度。利用这两个概率可得从体积 V_i内 t 点发出并沿着角度 φ 飞行的中子在 V_j内发生第一次碰撞的概率为

$$p_{ij}(t,\varphi,y)=Ki_2(\Sigma_{ti}(t_i-t)+\alpha(t_j,t_i))-Ki_2(\Sigma_{ti}(t_i-t)+\alpha(t_j,t_i)+\alpha(t_j+\Delta t_j,t_j))$$

对该概率在所有源点进行平均,并利用 Bickley 函数的微分特性可得

$$\begin{aligned}p_{ij}(\varphi,y) &= \frac{1}{t_i}\int_0^{t_i}p_{ij}(t,\varphi,y)\,\mathrm{d}t\\ &= \frac{1}{\Sigma_{ti}t_i}[Ki_3(\alpha(t_j,t_i))-Ki_3(\alpha(t_j,t_i)+\alpha(t_j+\Delta t_j,t_i))-\\ &\quad Ki_3(\alpha(t_j,t_i)+\alpha(t_i,0))+Ki_3(\alpha(t_j,t_i)+\alpha(t_j+\Delta t_j,t_i)+\alpha(t_i,0))]\end{aligned} \tag{9.60}$$

为了获得体积 V_i内均匀分布的各向同性源发出的一个中子在体积 V_j内发生第一次碰撞的平均概率 P^{ij},方程(9.60)仍须乘以各向同性中子源在 φ 方向上、$\mathrm{d}\varphi$ 范围内发出中子的概率 $\mathrm{d}\varphi/2\pi$,与体积 V_i内均匀分布中子源在 y 方向上、$t_i(y)$长度上发出中子的概率 $t_i(y)\mathrm{d}y/V_i$,并对 φ 和 y 积分。需要指出的是,体积 V_i和 V_j在图 9.10 中实际上是横截面的面积。那么,平均碰撞概率为

$$\begin{aligned}P^{ij} &= \frac{1}{2\pi}\int_{\varphi_{min}}^{\varphi_{max}}\mathrm{d}\varphi\int_{y_{min}(\varphi)}^{y_{max}(\varphi)}\mathrm{d}y\,[Ki_3(\alpha(t_j,t_i))-Ki_3(\alpha(t_j,t_i)+\alpha(t_j+\Delta t_j,t_i))-\\ &\quad Ki_3(\alpha(t_j,t_i)+\alpha(t_i,0))+Ki_3(\alpha(t_j,t_i)+\alpha(t_j+\Delta t_j,t_j)+\alpha(t_i,0))]\end{aligned} \tag{9.61}$$

同理可得

$$P^{ii} = \Sigma_{ti}V_i-\frac{1}{2\pi}\int_{\varphi_{min}}^{\varphi_{max}}\mathrm{d}\varphi\int_{y_{min}(\varphi)}^{y_{max}(\varphi)}[Ki_3(0)-Ki_3(\alpha(t_i,0))]\mathrm{d}y \tag{9.62}$$

9.3.4 环形几何体的碰撞概率

燃料元件、包壳及其周围的慢化剂等的环形几何体是常见的结构。对于图 9.11 所示的环形几何结构,方程(9.61)变为

$$P^{ij}=\delta_{ij}\Sigma_{tj}V_j+2(S_{i-1,j-1}-S_{i-1,j}-S_{i,j-1}+S_{i,j}) \tag{9.63}$$

式中

$$S_{i,j}\equiv\int_0^{R_i}[Ki_3(\tau_{ij}^+)-Ki_3(\tau_{ij}^-)]\mathrm{d}y \tag{9.64}$$

τ 为图 9.11 所示的在弦长上的光学长度 α:

$$\tau_{ij}^{\pm}\equiv\sqrt{\boldsymbol{R}_j^2-y^2}\mp\sqrt{\boldsymbol{R}_i^2-y^2} \tag{9.65}$$

数值求解上述表示式见参考文献[3]。

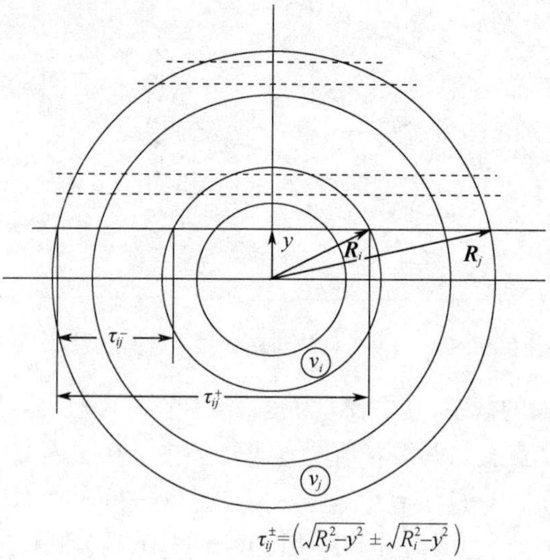

图 9.11　环形几何碰撞概率计算示意图[3]

9.4　平板的界面流方法

9.4.1　入射中子流产生的出射中子流和反应率

如图 9.12 所示的平板,平板内区域 i 的两个界面 i、$i+1$ 处的入射中子流密度分别为 J_i^+、J_{i+1}^-,出射中子流密度分别为 J_i^-、J_{i+1}^+。x'处的角中子注量率在 x 处引起的角中子注量率为

$$\psi(x,\mu)=\mathrm{e}^{-\Sigma_{ti}(x-x')/\mu}\psi(x',\mu) \tag{9.66}$$

式中:假设总截面 Σ_t 在区域 Δ_i 内是均匀的;μ 为中子运动方向与 x 轴夹角的余弦。

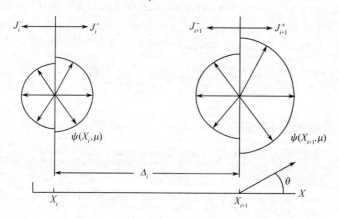

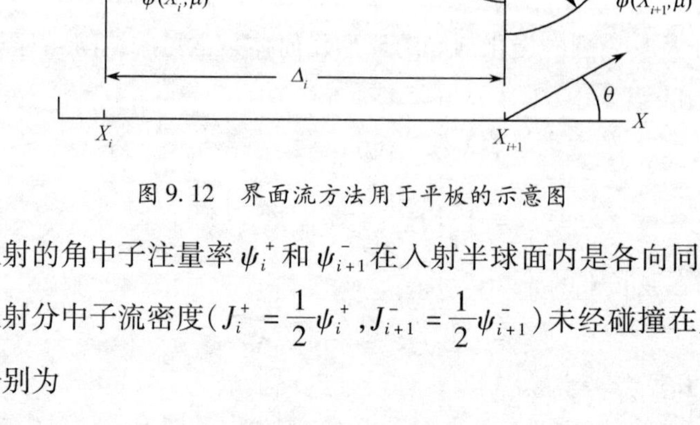

图 9.12　界面流方法用于平板的示意图

进一步假设入射的角中子注量率 ψ_i^+ 和 ψ_{i+1}^- 在入射半球面内是各向同性的(双 P_0 近似),那么一个表面的入射分中子流密度($J_i^+=\dfrac{1}{2}\psi_i^+$,$J_{i+1}^-=\dfrac{1}{2}\psi_{i+1}^-$)未经碰撞在另一个表面形成的出射中子流密度分别为

$$\begin{cases}\hat{J}_{\mathrm{un}}^{+}(x_{i+1}) = 2J_i^+\int_0^1 \mu \mathrm{e}^{-\Sigma_{\mathrm{t}i}\Delta_i/\mu}\mathrm{d}\mu = 2E_3(\Delta_i\Sigma_{\mathrm{t}i})J_i^+ \\ \hat{J}_{\mathrm{un}}^{-}(x_i) = 2J_{i+1}^-\int_{-1}^0 \mu \mathrm{e}^{+\Sigma_{\mathrm{t}i}\Delta_i/\mu}\mathrm{d}\mu = 2E_3(\Delta_i\Sigma_{\mathrm{t}i})J_{i+1}^-\end{cases} \tag{9.67}$$

式中:E_n为指数积分函数,且有

$$E_n(z) \equiv \int_0^1 \mu^{n-2}\mathrm{e}^{-z/\mu}\mathrm{d}\mu \tag{9.68}$$

入射中子在区域Δ_i内的首次碰撞率为

$$\begin{aligned}\hat{R}_{i1} &= \Sigma_{\mathrm{t}i}\left[2J_i^+\int_0^1\mathrm{d}\mu\int_{x_i}^{x_{i+1}}\mathrm{e}^{-\Sigma_{\mathrm{t}i}(x-x_i)/\mu}\mathrm{d}x + 2J_{i+1}^-\int_{-1}^0\mathrm{d}\mu\int_{x_i}^{x_{i+1}}\mathrm{e}^{-\Sigma_{\mathrm{t}i}(x-x_{i+1})/\mu}\mathrm{d}x\right] \\ &= (J_i^+ + J_{i+1}^-)\left[1-2E_3(\Delta_i\Sigma_{\mathrm{t}i})\right]\end{aligned} \tag{9.69}$$

在该碰撞率中,份额为c_i(如$c_i=(\Sigma_{\mathrm{s}i}+\nu\Sigma_{\mathrm{f}i})/\Sigma_{\mathrm{t}i}$)的散射中子构成了一次碰撞中子源;假设它们是各向同性的(一半向右,另一半向左),而且在Δ_i内是均匀分布的。若这些散射中子可视为各向同性的面源,那么x处散射的中子未经碰撞在x_{i+1}和x_i处形成的角中子注量率分别为

$$\left(\frac{1}{2}c_i\frac{\hat{R}_{i1}}{\Delta_i}\right)\frac{\exp(-\Sigma_{\mathrm{t}i}(x_{i+1}-x)/\mu)}{\mu}$$

和

$$\left(\frac{1}{2}c_i\frac{\hat{R}_{i1}}{\Delta_i}\right)\frac{\exp(-\Sigma_{\mathrm{t}i}(x_i-x)/\mu)}{\mu}$$

由此可得一次碰撞源中子在两个界面处形成的出射中子流密度分别为

$$\begin{cases}\hat{J}_1^+(x_{i+1}) = \int_{x_i}^{x_{i+1}}\mathrm{d}x\int_0^1\mu\left(\frac{1}{2}c_i\frac{\hat{R}_{i1}}{\Delta_i}\right)\frac{\mathrm{e}^{-\Sigma_{\mathrm{t}i}(x_{i+1}-x)/\mu}}{\mu}\mathrm{d}\mu \\ \qquad\qquad = \frac{1}{2}\frac{c_i\hat{R}_{i1}}{\Delta_i\Sigma_{\mathrm{t}i}}\left[\frac{1}{2}-E_3(\Delta_i\Sigma_{\mathrm{t}i})\right] = \frac{1}{2}c_iP_{0i}\hat{R}_{i1} \\ \hat{J}_1^-(x_i) = \frac{1}{2}c_iP_{0i}\hat{R}_{i1} = \frac{1}{2}c_iP_{0i}(J_i^+ + J_{i+1}^-)\left[1-2E_2(\Delta_i\Sigma_{\mathrm{t}i})\right]\end{cases} \tag{9.70}$$

区域Δ_i内均匀分布的源中子的平均首次飞行逃脱概率为

$$\begin{aligned}P_{0i} &\equiv \frac{1}{2}\frac{1}{\Delta_i}\left[\int_{x_i}^{x_{i+1}}\mathrm{d}x\int_0^1\mu\frac{\mathrm{e}^{-\Sigma_{\mathrm{t}i}(x_{i+1}-x)/\mu}}{\mu}\mathrm{d}\mu + \int_{x_i}^{x_{i+1}}\mathrm{d}x\int_{-1}^0\mu\frac{\mathrm{e}^{-\Sigma_{\mathrm{t}i}(x_i-x)/\mu}}{\mu}\mathrm{d}\mu\right] \\ &= \frac{1}{\Delta_i\Sigma_{\mathrm{t}i}}\left[\frac{1}{2}-E_3(\Delta_i\Sigma_{\mathrm{t}i})\right]\end{aligned} \tag{9.71}$$

入射中子在区域Δ_i内第二次碰撞的碰撞率为

$$\begin{aligned}\hat{R}_{i2} &= \Sigma_{\mathrm{t}i}\frac{1}{2}c_i\frac{\hat{R}_{i1}}{\Delta_i}\left(\int_0^1\mathrm{d}\mu\int_{x_i}^{x_{i+1}}\mathrm{d}x'\int_{x_i}^{x_{i+1}}\frac{\mathrm{e}^{-\Sigma_{\mathrm{t}i}(x-x')/\mu}}{\mu}\mathrm{d}x + \int_{-1}^0\mathrm{d}\mu\int_{x_i}^{x_{i+1}}\mathrm{d}x'\int_{x_i}^{x_{i+1}}\frac{\mathrm{e}^{-\Sigma_{\mathrm{t}i}(x-x')/\mu}}{\mu}\mathrm{d}x\right) \\ &= c_i\hat{R}_{i1}(1-P_{0i}) = c_i(J_i^+ + J_{i+1}^-)\left[1-2E_3(\Delta_i\Sigma_{\mathrm{t}i})\right](1-P_{0i})\end{aligned} \tag{9.72}$$

同样地,该碰撞率中份额为c_i的中子成为两次碰撞源中子,假设它也是各向同性的。将方程(9.70)中的$\hat{R}_{i1}$替换为$\hat{R}_{i2}$,即可得因两次碰撞源中子在两个界面处形成的出射中子流密度均为

$$\hat{J}_2^+(x_{i+1}) = \hat{J}_2^-(x_i) = \frac{1}{2}c_i P_{0i}\hat{R}_{i2}$$
$$= \frac{1}{2}c_i^2(J_i^+ + J_{i+1}^-)[1-2E_3(\Delta_i\Sigma_{ti})](1-P_{0i})P_{0i} \tag{9.73}$$

依此类推,入射中子在区域Δ_i内第n次碰撞的碰撞率为

$$\hat{R}_{in} = c_i^{n-1}(J_i^+ + J_{i+1}^-)[1-2E_3(\Delta_i\Sigma_{ti})](1-P_{0i})^{n-1} \tag{9.74}$$

入射中子经过n次碰撞后在两个界面处形成的出射中子流密度均为

$$\hat{J}_n^+(x_{i+1}) = \hat{J}_n^-(x_i) = \frac{1}{2}c_i^n(J_i^+ + J_{i+1}^-)[1-2E_3(\Delta_i\Sigma_{ti})](1-P_{0i})^{n-1}P_{0i} \tag{9.75}$$

对方程(9.74)求和,即可获得因中子入射产生的总碰撞率为

$$\hat{R}_i = \sum_{n=1}^{\infty}\hat{R}_{in} = (J_i^+ + J_{i+1}^-)[1-2E_3(\Delta_i\Sigma_{ti})]\sum_{n=0}^{\infty}c_i^n(1-P_{0i})^n$$
$$= \frac{(J_i^+ + J_{i+1}^-)[1-2E_3(\Delta_i\Sigma_{ti})]}{1-c_i(1-P_{0i})} \tag{9.76}$$

而且对方程(9.75)求和并加上方程(9.67)定义的未经碰撞部分,即可得因中子入射而在两个界面处形成的总出射中子流密度分别为

$$\begin{cases}\hat{J}^+(x_{i+1}) = \left[\frac{1}{2}\frac{c_iP_{0i}[1-2E_3(\Delta_i\Sigma_{ti})]}{1-c_i(1-P_{0i})} + 2E_3(\Delta_i\Sigma_{ti})\right]J_i^+ + \\ \qquad \left[\frac{1}{2}\frac{c_iP_{0i}[1-2E_3(\Delta_i\Sigma_{ti})]}{1-c_i(1-P_{0i})}\right]J_{i+1}^- \\ \hat{J}^-(x_i) = \left[\frac{1}{2}\frac{c_iP_{0i}[1-2E_3(\Delta_i\Sigma_{ti})]}{1-c_i(1-P_{0i})} + 2E_3(\Delta_i\Sigma_{ti})\right]J_{i+1}^- + \\ \qquad \left[\frac{1}{2}\frac{c_iP_{0i}[1-2E_3(\Delta_i\Sigma_{ti})]}{1-c_i(1-P_{0i})}\right]J_i^+\end{cases} \tag{9.77}$$

9.4.2 内部中子源产生的出射中子流密度和反应率

假设区域Δ_i内存在均匀分布的中子源,单位长度上的强度为s_i/Δ_i。该中子源是各向异性的,s_i^+个中子向右,s_i^-个中子向左。源中子未经碰撞在两个界面处形成的出射中子流密度为

$$\begin{cases}J_{\mathrm{un},s}^+(x_{i+1}) = \frac{s_i^+}{\Delta_i}\int_{x_i}^{x_{i+1}}\mathrm{d}x\int_0^1\mu\frac{\mathrm{e}^{-\Sigma_{ti}(x_{i+1}-x)/\mu}}{\mu}\mathrm{d}\mu = s_i^+P_{0i} \\ J_{\mathrm{un},s}^-(x_i) = \frac{s_i^-}{\Delta_i}\int_{x_i}^{x_{i+1}}\mathrm{d}x\int_{-1}^0\mu\frac{\mathrm{e}^{-\Sigma_{ti}(x_i-x)/\mu}}{\mu}\mathrm{d}\mu = s_i^-P_{0i}\end{cases} \tag{9.78}$$

源中子在区域Δ_i内的首次碰撞率为

$$\hat{R}_{i1,s} = \frac{s_i^+}{\Delta_i}\Sigma_{ti}\int_{x_i}^{x_{i+1}}\mathrm{d}x'\int_{x'}^{x_{i+1}}\mathrm{d}x\int_0^1\frac{\mathrm{e}^{-\Sigma_{ti}(x-x')/\mu}}{\mu}\mathrm{d}\mu +$$
$$\frac{s_i^-}{\Delta_i}\Sigma_{ti}\int_{x_i}^{x_{i+1}}\mathrm{d}x'\int_{x_i}^{x'}\mathrm{d}x\int_{-1}^0\frac{\mathrm{e}^{-\Sigma_{ti}(x-x')/\mu}}{\mu}\mathrm{d}\mu$$
$$= (s_i^+ + s_i^-)\left[1 - \frac{1}{\Sigma_{ti}\Delta_i}\left(\frac{1}{2} - E_3(\Delta_i\Sigma_{ti})\right)\right]$$
$$= s_i(1-P_{0i}) \tag{9.79}$$

如前所述,c_i表示源中子中经历散射碰撞的份额,而且将其视为各向同性的一次碰撞平面源,那么一次碰撞源中子在两个界面处形成的出射中子流密度分别为

$$\begin{cases} J_{1s}^{+}(x_{i+1}) = \int_0^1 \mu \mathrm{d}\mu \int_{x_i}^{x_{i+1}} \frac{1}{2} c_i \frac{\hat{R}_{i1,s}}{\Delta_i} \frac{\mathrm{e}^{-\Sigma_{ti}(x_{i+1}-x)/\mu}}{\mu} \mathrm{d}x = \frac{1}{2} c_i \hat{R}_{i1,s} P_{0i} = \frac{1}{2} c_i s_i (1-P_{0i}) P_{0i} \\ \hat{J}_{1s}^{-}(x_i) = \int_{-1}^0 \mu \mathrm{d}\mu \int_{x_i}^{x_{i+1}} \frac{1}{2} c_i \frac{\hat{R}_{i1,s}}{\Delta_i} \frac{\mathrm{e}^{-\Sigma_{ti}(x_i-x)/\mu}}{\mu} \mathrm{d}x = \frac{1}{2} c_i \hat{R}_{i1,s} P_{0i} = \frac{1}{2} c_i s_i (1-P_{0i}) P_{0i} \end{cases} \tag{9.80}$$

同理可得,源中子的第n次碰撞率的通用表达式为

$$\hat{R}_{in,s} = c_i^{n-1} s_i (1-P_{0i})^n \tag{9.81}$$

而且,源中子经历n次碰撞后在两个界面处形成的出射中子流密度均为

$$J_{ns}^{+}(x_{i+1}) = J_{ns}^{-}(x_i) = \frac{1}{2} s_i P_{0i} c_i^n (1-P_{0i})^n \tag{9.82}$$

源中子在区域Δ_i内引起的总碰撞率为

$$\hat{R}_{i,s} = \sum_{n=1}^{\infty} \hat{R}_{in,s} = \frac{s_i(1-P_{0i})}{1-c_i(1-P_{0i})} \tag{9.83}$$

而且,对方程(9.82)求和并加上方程(9.78),即可得各向异性的中子源在两个界面处形成的总出射中子流密度分别为

$$\begin{cases} J_s^{+}(x_{i+1}) = \left(s_i^{+} - \frac{1}{2} s_i\right) P_{0i} + \frac{\frac{1}{2} s_i P_{0i}}{1-c_i(1-P_{0i})} \\ \hat{J}_s^{-}(x_i) = \left(s_i^{-} - \frac{1}{2} s_i\right) P_{0i} + \frac{\frac{1}{2} s_i P_{0i}}{1-c_i(1-P_{0i})} \end{cases} \tag{9.84}$$

9.4.3 总反应率与出射中子流密度

方程(9.76)与方程(9.83)之和为区域Δ_i内源中子和入射中子流产生的总碰撞率,即

$$R_i = \frac{(J_i^{+} + J_{i+1}^{-})(1-T_{0i}) + s_i(1-P_{0i})}{1-c_i(1-P_{0i})} \tag{9.85}$$

其中,首次飞行穿透概率或者未经碰撞穿透概率为

$$T_{0i} \equiv E_3(\Delta_i \Sigma_{ti}) \tag{9.86}$$

总逃脱概率为

$$P_i \equiv P_{0i} \sum_{n=0}^{\infty} [c_i(1-P_{0i})]^n = \frac{P_{0i}}{1-c_i(1-P_{0i})} \tag{9.87}$$

总反射概率为

$$R_i \equiv \frac{1}{2} \frac{c_i P_{0i}[1-2E_3(\Delta_i \Sigma_{ti})]}{1-c_i(1-P_{0i})} = \frac{1}{2} c_i P_i (1-T_{0i}) \tag{9.88}$$

总穿透概率为

$$T_i = T_{0i} + R_i = T_{0i} + \frac{1}{2} c_i P_i (1-T_{0i}) \tag{9.89}$$

方程(9.77)与方程(9.84)之和即为源中子和入射中子流在两个界面处形成的总出射中

子流密度:

$$\begin{cases} J_{i+1}^{+} = T_i J_i^{+} + R_i J_{i+1}^{-} + \frac{1}{2} s_i P_i + \left(s_i^{+} - \frac{1}{2} s_i\right) P_{0i} \\ J_i^{-} = T_i J_{i+1}^{-} + R_i J_i^{+} + \frac{1}{2} s_i P_i + \left(s_i^{-} - \frac{1}{2} s_i\right) P_{0i} \end{cases} \tag{9.90}$$

从方程(9.90)可以看出,积分输运理论界面流方法具有的内在优势。为了求解界面 i 处的中子流密度,只需要已知界面 $i+1$ 处的中子流密度和所涉区域内的中子源。这本质上是界面 i 和 $i+1$ 处的分中子流密度这四个未知量的“四点”耦合问题以及求解每个区域的函数 E_3。相比较而言,对于上一节所述的标准碰撞概率方法,求解某一区域内的中子注量率涉及所有其他区域内的中子注量率和穿透概率,这本质上是将待求问题的所有区域均耦合起来。然而,无论何种方法均需要采用迭代方法进行求解。

由公式的推导可知,为了计算某一区域的未经碰撞穿透概率,界面流方法基于角中子注量率分布在每一界面处的入射半球内是各向同性这一假设,即 $D-P_0$ 假设。当待求问题中的散射(和裂变)率大于吸收率,或者与吸收率在同一量级上时,这个假设在物理上是合理的,因为从每一个区域出射的中子注量率基本上是各向同性的。然而,当待求问题的入射中子源位于几乎纯吸收介质的边界上时,中子注量率将变得更加倾向于进入该区域。例如,当一个各向同性的入射中子源位于一个纯吸收区域的界面($x=0$)处时,与中子源距离为 x 处的中子流密度衰减至 $E_2(\Sigma x)$。如果利用界面流方法求解此问题,并将距离 x 分成 N 个宽度为 Δ 的区域,那么由界面流公式计算可得 x 处的中子流密度为 $\prod_{n=1}^{N} E_2(\Sigma\Delta)$。这与此问题的精确值 $E_2(\Sigma n\Delta)$ 不相符。因此,在强吸收的多区域问题中,界面流方法可能是不精确的。

方程组(9.90)的两式相加可得入射中子流、出射中子流和中子源间的平衡关系:

$$J_{i+1}^{+} + J_i^{-} = (T_i + R_i)(J_i^{+} + J_{i+1}^{-}) + s_i P_i \tag{9.91a}$$

或

$$J_{\text{out}} = [T_{i0} + (1 - T_{i0}) c_i P_i] J_{\text{in}} + s_i P_i \tag{9.91b}$$

通过方程组(9.90)的第一个方程求解 J_i^{+} 需要利用第二个方程的结果,这意味着可采用矩阵表示相邻界面的分中子流密度间的耦合关系:

$$\begin{bmatrix} J_i^{+} \\ J_i^{-} \end{bmatrix} = \begin{bmatrix} T_i^{-1} & -T_i^{-1} R_i \\ R_i T_i^{-1} & T_i - R_i T_i^{-1} R_i \end{bmatrix} \begin{bmatrix} J_{i+1}^{+} \\ J_{i+1}^{-} \end{bmatrix} +$$

$$\frac{1}{2} s_i \left\{ P_i \begin{pmatrix} -T_i^{-1} \\ 1 - R_i T_i^{-1} \end{pmatrix} + P_{0i} \begin{bmatrix} -T_i^{-1}(s_i^{+} - \frac{1}{2} s_i) \\ \left(s_i^{-} - \frac{1}{2} s_i\right) - R_i T_i^{-1} \left(s_i^{+} - \frac{1}{2} s_i\right) \end{bmatrix} \right\} \tag{9.92}$$

方程(9.92)的形式非常合适于从待求解问题的边界采用步进的方式进行数值求解。

9.4.4 边界条件

积分输运理论的界面流方法的边界条件具有特别简单的形式。令 $x=0, i=0$ 代表输运介质的左界面,若 $x<0$ 的区域不存在中子源,即真空介质或非散射介质,那么 $J_0^{+}=0$。若 $x<0$ 的区域存在无源的散射介质,反照率或者反射边界条件是非常合适的,即 $J_0^{+}=\beta J_0^{-}$,其中,β 为反射系数或反照率。若已知 $x=0$ 处的入射中子流密度 J_{in},边界条件就是 $J_0^{+}=J_{\text{in}}$。

9.4.5　响应矩阵

若介质内不存在中子源，方程(9.92)可写成更加简洁的形式：

$$\boldsymbol{J}_i^{\pm} = \boldsymbol{R}_i \boldsymbol{J}_{i+1}^{\pm} \tag{9.93}$$

式中：$\boldsymbol{J}$ 表示列矢量；$\boldsymbol{R}$ 表示矩阵。

由此可将左边界的入射和出射中子流密度 $\boldsymbol{J}_0^{\pm}$ 与右边界的入射和出射中子流密度 $\boldsymbol{J}_I^{\pm}$ 联系起来：

$$\boldsymbol{J}_0^{\pm} = [\boldsymbol{R}_0 \cdot \boldsymbol{R}_1 \cdot \boldsymbol{R}_2 \cdots \boldsymbol{R}_{I-2} \cdot \boldsymbol{R}_{I-1}] \boldsymbol{J}_I^{\pm} \equiv \boldsymbol{R}\boldsymbol{J}_I^{\pm} \tag{9.94}$$

其中，矩阵 $\boldsymbol{R}$ 为每个子区间 Δ_i 的矩阵 $\boldsymbol{R}_i$ 的乘积，并具有如下的形式：

$$\boldsymbol{R} = \begin{bmatrix} R^{11} & R^{12} \\ R^{21} & R^{22} \end{bmatrix} \tag{9.95}$$

由此方程(9.94)可以写成如下两个方程：

$$\begin{cases} J_0^+ = R^{11} J_I^+ + R^{12} J_I^- \\ J_0^- = R^{21} J_I^+ + R^{22} J_I^- \end{cases} \tag{9.96}$$

求解该方程组可得入射中子流 J_0^+、J_I^- 和出射中子流 J_0^-、J_I^+ 之间的响应矩阵关系式：

$$\begin{bmatrix} J_0^- \\ J_I^+ \end{bmatrix} = \begin{bmatrix} R^{22} - R^{21}(R^{11})^{-1}R^{12} & R^{21}(R^{11})^{-1} \\ -R^{21}(R^{11})^{-1}R^{12} & R^{21}(R^{11})^{-1} \end{bmatrix} \begin{bmatrix} J_I^- \\ J_0^+ \end{bmatrix} \tag{9.97a}$$

或

$$\boldsymbol{J}_{\text{out}} = \boldsymbol{RMJ}_{\text{in}} \tag{9.97b}$$

一旦计算得到响应矩阵 $\boldsymbol{RM}$，根据方程(9.97)和已知的入射中子流密度可得出射中子流密度。这一形式可以避免对内部中子源进行显式地运算。

9.5　多维界面流方法

9.5.1　推广至多维形式

积分输运理论的界面流公式理论上可以推广至二维和三维形式。首先，改写方程(9.90)中变量的符号 $J_i^+ = J_i^{\text{in}}$，$J_i^- = J_i^{\text{out}}$，$J_{i+1}^+ = J_{i+1}^{\text{out}}$，$J_{i+1}^- = J_{i+1}^{\text{in}}$，而且方程中后两项定义为

$$\begin{cases} \Lambda_{i+1}^{\text{s}} s_i P_i \equiv \dfrac{1}{2} s_i P_i + \left(s_i^+ - \dfrac{1}{2} s_i\right) P_{0i} \\ \Lambda_i^{\text{s}} s_i P_i \equiv \dfrac{1}{2} s_i P_i + \left(s_i^- - \dfrac{1}{2} s_i\right) P_{0i} \end{cases} \tag{9.98}$$

式中：Λ_i^{s} 为源中子从左边界 i 处逃逸的份额；Λ_{i+1}^{s} 为源中子从右边界 $i+1$ 处逃逸的份额。利用方程(9.85)～方程(9.89)，由方程(9.90)可得

$$\begin{cases} J_{i+1}^{\text{out}} = T_{0i} J_i^{\text{in}} + (1 - T_{0i})(J_i^{\text{in}} + J_{i+1}^{\text{in}}) c_i P_i \Lambda_{i+1} + \Lambda_{i+1}^{\text{s}} s_i P_i \\ J_i^{\text{out}} = T_{0i} J_{i+1}^{\text{in}} + (1 - T_{0i})(J_i^{\text{in}} + J_{i+1}^{\text{in}}) c_i P_i + \Lambda_i^{\text{s}} s_i P_i \end{cases} \tag{9.99}$$

式中：$\Lambda_i = \Lambda_{i+1} = \dfrac{1}{2}$ 分别是从边界 i 和 $i+1$ 处散射中子逃逸的份额。

对于出射中子流密度来说，方程(9.99)右端的各项均具有明确的物理意义，因而很容易将其推广至多维形式。通过界面 $i+1$ 向外的中子流密度由三部分组成：①界面 i 处向内的中

子流密度乘以其未经碰撞穿透至界面 $i+1$ 处的概率 T_{0i};②通过所有界面进入的中子流密度乘以这些中子流碰撞之前未能从区域 i 逃脱的概率 $(1-T_{0i})$,再乘以首次碰撞为散射的概率 c_i,再乘以散射后的中子在随后过程中从区域 i 逃逸的概率 P_i,再乘以从界面 $i+1$ 逃逸的份额 Λ_{i+1};③区域 i 内总的源中子 s_i 乘以这些源中子从区域 i 逃逸的概率 P_i,再乘以从界面 $i+1$ 处逃逸的概率 Λ_{i+1}^{s}。值得注意的是,Λ_{i+1} 和 Λ_{i+1}^{s} 理论上是不同的,因为中子源可以是各向异性的。例如,对于平板,$\Lambda_{i+1}=1/2$,而 Λ_{i+1}^{s} 须由方程(9.98)计算。

从理论上来说,界面流方法推广至多维形式是非常直接的。下面以图9.13所示的二维结构为例解释其推广过程。从区域 k 进入区域 i 的中子流密度记为 $\boldsymbol{J}_{ki}$(图中由符号 $\Gamma_{k\to i}$ 表示),从区域 k 进入区域 i 后未经碰撞穿过区域 i 进入区域 j 的概率记为 T_{0i}^{kj},在区域 i 内经历过碰撞或者源中子从区域 i 逃逸后进入区域 j 的概率记为 Λ_{ij}。由此方程(9.99)推广至二维形式为

$$\boldsymbol{J}_{ij}=\sum_{k}^{i}T_{0i}^{kj}\boldsymbol{J}_{ki}+\sum_{k}^{i}\left(1-\sum_{l}^{i}T_{0i}^{kl}\right)\boldsymbol{J}_{ki}c_iP_i\Lambda_{ij}+\Lambda_{ij}^{s}s_iP_i \tag{9.100}$$

式中:Σ_k^i 表示对所有与区域 i 相邻的区域进行求和。

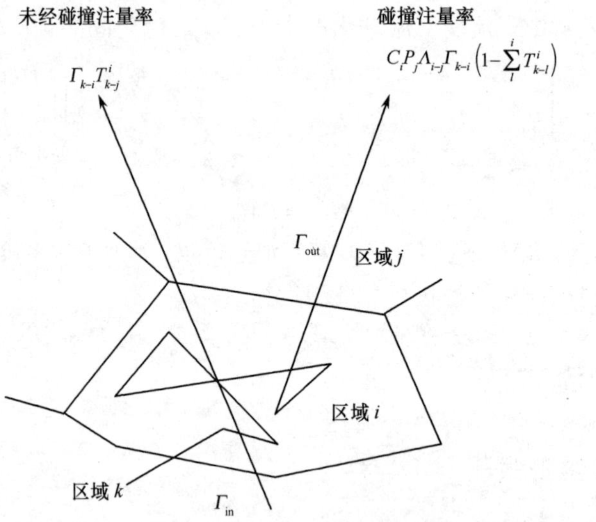

图9.13 界面流方法用于多维几何体时的平面投影

方程(9.100)中的三项分别对应:①从与区域 i 相邻的区域进入区域 i 的中子流密度与其未经碰撞穿过区域 i 后进入区域 j 的概率之积,并对所有相邻区域进行求和(注意:凹面的概率包括从区域 j 逃逸的中子未经碰撞穿过区域 i 后回到区域 j 的概率);②从与区域 i 相邻的区域进入区域 i 的中子流密度与这些中子流在区域 i 内经历碰撞的概率、首次碰撞为散射的概率 c_i、散射后的中子在随后过程中从区域 i 逃逸的概率及其与从界面 $i+1$ 逃逸的份额的乘积,并对所有相邻区域进行求和;③区域 i 内所有源中子 s_i 与其从区域 i 逃逸的概率以及从界面 $i+1$ 处逃逸的概率的乘积。

9.5.2 穿透概率和逃脱概率的计算

利用如前所述的点源核可构建穿透概率和逃脱概率的通用形式。假设入射中子流在入射半球面上的分布是各向同性的,而且中子源(散射、裂变和外部)在体积内的分布是均匀且各向同性的。所得的结果也可通过以下方法推广至各向异性入射中子注量率和非均匀各向异性

的体积源等情形。

在体积 V_i 内 $\boldsymbol{r}_i$ 处各向同性的中子未经碰撞从与其相邻体积 V_k 的界面 S_{ki} 逃脱的概率为中子落入微元立体角 $\mathrm{d}\boldsymbol{\Omega}$ 内的概率 $\mathrm{d}\boldsymbol{\Omega}/4\pi|\boldsymbol{r}_{S_{ki}}-\boldsymbol{r}_i|^2$ 与从 $\boldsymbol{r}_i$ 处沿着 $\boldsymbol{\Omega}$ 方向未经碰撞到达界面 $\boldsymbol{r}_{S_{ki}}$ 的概率 $\mathrm{e}^{-\alpha(\boldsymbol{r}_{S_{ki}},\boldsymbol{r}_i)}$ 的乘积，并对其在所有方向上积分所得的结果。此概率在体积 V_i 内所有点 $\boldsymbol{r}_i$ 进行平均可得

$$P_{0i}\Lambda_k = \frac{1}{4\pi V_i}\int_{V_i}\mathrm{d}\boldsymbol{r}_i\int_{S_{ki}}\frac{\mathrm{e}^{-\alpha(\boldsymbol{r}_{S_{ki}},\boldsymbol{r}_i)}}{|\boldsymbol{r}_{S_{ki}}-\boldsymbol{r}_i|^2}\mathrm{d}S \tag{9.101}$$

若方程的积分中引入函数 $f(\boldsymbol{r}_{S_{ki}}-\boldsymbol{r}_i)$ 以考虑中子的方向性，上式也适用于各向异性的情形。同理，方程的积分中引入函数 $g(\boldsymbol{r}_i)$ 可考虑中子源的空间分布。

在入射半球上各向同性分布的单位中子注量率从体积 V_k 通过界面 S_{ki} 进入体积 V_i 后未经碰撞穿过体积 V_i 并通过界面 S_{ji} 进入相邻体积 V_j 的概率为从界面 S_{ki} 入射的一个中子落入与界面 S_{ji} 相交的微元立体角的概率 $\boldsymbol{n}_{S_{ki}}\cdot\mathrm{d}\boldsymbol{\Omega}/4\pi|\boldsymbol{r}_{S_{ki}}-\boldsymbol{r}_{S_{ji}}|^2=(\boldsymbol{n}_{S_{ki}}\cdot\boldsymbol{\Omega})\mathrm{d}\boldsymbol{\Omega}/4\pi|\boldsymbol{r}_{S_{ki}}-\boldsymbol{r}_{S_{ji}}|^2$ 与该中子从 $\boldsymbol{r}_{S_{ki}}$ 处沿着方向 $\boldsymbol{\Omega}$ 未经碰撞到达 $\boldsymbol{r}_{S_{ji}}$ 处的概率 $\mathrm{e}^{-\alpha(\boldsymbol{r}_{S_{ki}},\boldsymbol{r}_{S_{ji}})}$ 的乘积，并对从点 $\boldsymbol{r}_{S_{ki}}$ 出发与界面 S_{ji} 相交的所有方向 $\boldsymbol{\Omega}$ 进行积分所得的结果。其中，$\boldsymbol{n}_{S_{ki}}$ 为从体积 V_k 进入体积 V_i 的界面 S_{ki} 的单位法矢量。此概率对界面 S_{ki} 上所有的点 $\boldsymbol{r}_{S_{ki}}$ 积分后平均可得

$$T_{0i}^{kj} = \frac{\int_{S_{ki}}\mathrm{d}S\int_{S_{ji}}[\mathrm{e}^{-\alpha(\boldsymbol{r}_{S_{ki}},\boldsymbol{r}_{S_{ji}})}(\boldsymbol{n}_{S_{ki}}\cdot\boldsymbol{\Omega})/4\pi|\boldsymbol{r}_{S_{ki}}-\boldsymbol{r}_{S_{ji}}|^2]\mathrm{d}S}{\int_{n_{S_{ki}}\cdot\boldsymbol{\Omega}>0}\mathrm{d}\boldsymbol{\Omega}\int_{S_{ki}}\mathrm{d}S} \tag{9.102}$$

若方程的积分中引入函数 $f(\boldsymbol{r}_{S_{ki}}-\boldsymbol{r}_{S_{ji}})$ 以考虑中子的方向性，上式可以计算各向异性的情形。

9.5.3　二维几何结构的穿透概率

本节以一个二维几何结构（在其中一个方向上是对称的）为例介绍其穿透概率的计算方法。需要指出的是，中子仍然在三维空间内飞行。假设体积 V_i 在轴向上是对称的，并且其边界是平的垂直表面；它在水平面（$x-y$ 平面）上的剖面如图 9.14 所示，其轴向垂直于纸面。三维的投影和垂直方向上的投影如图 9.15 所示。图 9.14 中 ξ_1 和 ξ_3 点是图 9.15 中垂直轴在水平面上的投影。本节将计算中子从体积 1 进入并穿过体积 i 后进入体积 3 的穿透系数（概

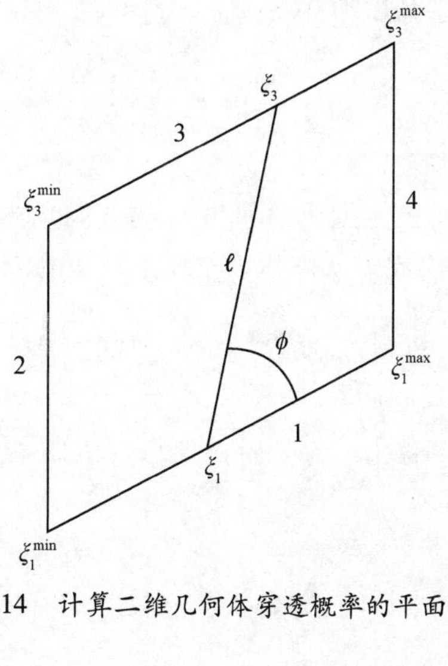

图 9.14　计算二维几何体穿透概率的平面投影

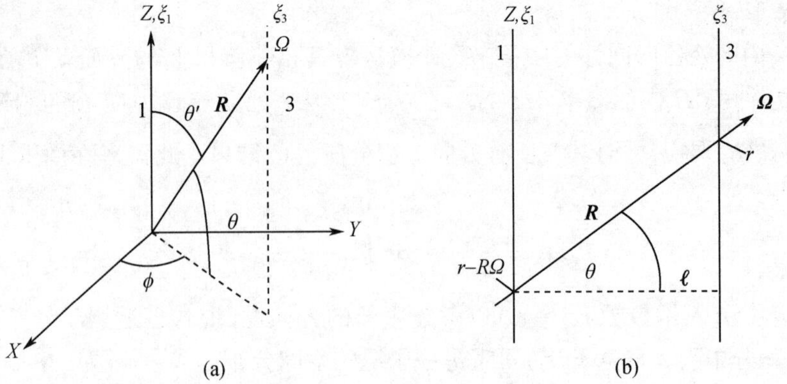

图9.15 计算三维几何的碰撞概率及其轴向投影示意图

率)。在此坐标系中,微分立体角为

$$\mathrm{d}\boldsymbol{\Omega}=\frac{1}{4\pi}\sin\theta'\mathrm{d}\theta'\mathrm{d}\phi=-\frac{1}{4\pi}\cos\theta\mathrm{d}\theta\mathrm{d}\phi \tag{9.103}$$

从体积1的ξ_1点处入射的角中子注量率$\psi(\boldsymbol{r}-R\boldsymbol{\Omega},\boldsymbol{\Omega})$在穿过距离$R$到达$\xi_3$点后进入体积3时衰减为

$$\psi(\boldsymbol{r},\boldsymbol{\Omega})=\psi(\boldsymbol{r}-R\boldsymbol{\Omega},\boldsymbol{\Omega})\mathrm{e}^{-\Sigma R} \tag{9.104}$$

在体积1的ξ_1点处,入射分中子流密度(单位为n/(cm^2·s))为

$$\begin{aligned}j_{\mathrm{in}}(\xi_1)&=\int_{\boldsymbol{n}_{\mathrm{in}}\cdot\boldsymbol{\Omega}>0}(\boldsymbol{n}_{\mathrm{in}}\cdot\boldsymbol{\Omega})\psi(\boldsymbol{r}-R\boldsymbol{\Omega},\boldsymbol{\Omega})\mathrm{d}\boldsymbol{\Omega}\\&=-\frac{1}{4\pi}\int_0^{\pi}\mathrm{d}\phi\int_{-\pi/2}^{\pi/2}\psi(\boldsymbol{r}-R\boldsymbol{\Omega},\boldsymbol{\Omega})\cos^2\theta\sin\phi\mathrm{d}\theta\end{aligned} \tag{9.105}$$

式中:$\boldsymbol{n}_{\mathrm{in}}\cdot\boldsymbol{\Omega}=\cos\theta\sin\phi$。

当入射中子注量率在入射半球内是各向同性的时,式(9.105)可简化为

$$j_{\mathrm{in}}^{\mathrm{iso}}(\xi_1)=\frac{1}{4}\psi(\boldsymbol{r}-R\boldsymbol{\Omega}) \tag{9.106}$$

方程(9.106)乘以轴向上的任意高度H并在$\xi_1^{\min}\leqslant\xi_1\leqslant\xi_1^{\max}$范围内积分,可得入射分中子流密度为

$$J_{\mathrm{in}}=H\int_{\xi_1^{\min}}^{\xi_1^{\max}}j_{\mathrm{in}}(\xi_1)\mathrm{d}\xi_1 \tag{9.107}$$

来自体积1的入射中子于ξ_1点在体积3所对应的方向角内进入体积i,并未经碰撞穿过体积i而进入体积3,这部分中子构成了从体积i进入体积3的未经碰撞中子流,且可以表示为

$$\begin{aligned}J_{\mathrm{out}}&=H\int_{\xi_1^{\min}}^{\xi_1^{\max}}\mathrm{d}\xi_1\int_{\substack{\boldsymbol{n}_{\mathrm{out}}\cdot\boldsymbol{\Omega}>0\\ \phi(\xi_1)\in 3}}(\boldsymbol{\Omega}\cdot\boldsymbol{n}_{\mathrm{out}})\psi(\boldsymbol{r}-R\boldsymbol{\Omega},\boldsymbol{\Omega})\mathrm{e}^{-\Sigma R}\mathrm{d}\boldsymbol{\Omega}\\&=H\int_{\xi_1^{\min}}^{\xi_1^{\max}}\mathrm{d}\xi_1\int_{\phi_{\min}(\xi_1)}^{\phi_{\max}(\xi_1)}\mathrm{d}\phi\int_{-\pi/2}^{\pi/2}\psi(\boldsymbol{r}-R\boldsymbol{\Omega},\boldsymbol{\Omega})\mathrm{e}^{-\Sigma l(\phi(\xi_1))/\cos\theta}\cos^2\theta\sin\phi\mathrm{d}\theta\end{aligned} \tag{9.108}$$

其中,若体积1和3的界面是不平行的,那么$\boldsymbol{n}_{\mathrm{out}}\cdot\boldsymbol{\Omega}=\cos\theta\sin\phi_{\mathrm{out}}$与$\boldsymbol{n}_{\mathrm{in}}\cdot\boldsymbol{\Omega}=\cos\theta\sin\phi$是不同

的;$\phi(\xi_1)\in 3$ 表示在 ξ_1 点处与体积3的界面对应的角度 ϕ。若来自体积1的中子注量率在入射半球内是各向同性的,则方程(9.108)可变为

$$J_{\text{out}}^{\text{iso}} = \frac{H}{2\pi}\int_{\xi_1^{\min}}^{\xi_1^{\max}} \mathrm{d}\xi_1 \int_{\phi_{\min}(\xi_1)}^{\phi_{\max}(\xi_1)} \sin\phi_{\text{out}} Ki_3[\Sigma l(\phi(\xi_1))]\psi(\boldsymbol{r}-R\boldsymbol{\Omega})\mathrm{d}\phi \tag{9.109}$$

由此可得,来自体积1且在 $\xi_1^{\min}\leqslant\xi_1\leqslant\xi_1^{\max}$ 上均匀分布的各向同性入射中子的穿透概率为入射体积3的中子流与体积 i 的入射中子流密度之比为

$$T_{0i}^{13} \equiv \frac{J_{\text{out}}^{\text{iso}}}{J_{\text{in}}^{\text{iso}}} = \frac{2}{\pi}\frac{\int_{\xi_1^{\min}}^{\xi_1^{\max}} \mathrm{d}\xi_1 \int_{\phi_{\min}(\xi_1)}^{\phi_{\max}(\xi_1)} \sin\phi_{\text{out}} Ki_3[\Sigma l(\phi(\xi_1))]\mathrm{d}\phi}{\xi_1^{\max}-\xi_1^{\min}} \tag{9.110}$$

当入射界面(如体积1与体积 i 的界面)和出射界面(如体积3与体积 i 的界面)不平行时,需要特别注意的是以上方程中出射界面的法方向 $\boldsymbol{n}_{\text{out}}$ 的选取。从体积1入射体积 i 的中子流密度的计算公式基于入射界面上角中子注量率满足 $D-P_0$ 近似。满足 $D-P_0$ 近似的入射角中子注量率未经碰撞穿过区域 i 的输运过程可正确地被计算;利用 $\boldsymbol{n}_{\text{out}}=\boldsymbol{n}_{\text{in}}$,垂直于入射平面方向上的未经碰撞出射中子流密度也可被正确地计算出来。即使从体积 i 出射的中子并不垂直于出射界面,入射体积3的中子流密度仍然可以被计算出来。在计算从区域 i 到区域3的入射中子流时,除了来自区域1的未经碰撞的中子流,还须加上来自区域2和区域4的未经碰撞的中子流和碰撞后形成的中子流;体积3的入射界面上所有入射中子流均满足 $D-P_0$ 近似。因而上面的方程可采用 $\boldsymbol{n}_{\text{out}}=\boldsymbol{n}_{\text{in}}$。

9.5.4 二维几何结构的逃脱概率

与各向同性点源距离为 R 且垂直于中子运动方向 $\boldsymbol{\Omega}$ 的单位法向面积 $\mathrm{d}A$ 上的中子注量率为 $\exp(-\Sigma R)/4\pi R^2$。如图9.15所示,$\boldsymbol{\Omega}$ 方向上单位法向面积 $\mathrm{d}A=R\mathrm{d}\theta l\mathrm{d}\phi=l^2\mathrm{d}\theta\mathrm{d}\phi/\cos\theta$。参考图9.16,位于体积 V_i 内 $\boldsymbol{r}_i$ 处单位轴向长度上单位强度的各向同性源中子未经碰撞通过 ξ_3 表面进入体积3的中子流密度为

$$\begin{aligned}
J_{\text{out}}^3(\boldsymbol{r}_i) &= \int_{A\supset S_3}(\boldsymbol{n}_{\text{out}}\cdot\boldsymbol{\Omega})\frac{\mathrm{e}^{-\Sigma R}\mathrm{d}A}{4\pi R^2} \\
&= \int_{\phi\supset S_3}\mathrm{d}\phi\int_{-\pi/2}^{\pi/2}\cos\theta\sin\phi_{\text{out}}\frac{\mathrm{e}^{-\Sigma l(\phi)/\cos\theta}(l^2/\cos\theta)}{4\pi(l/\cos\theta)^2}\mathrm{d}\theta \\
&= \frac{1}{2\pi}\int_{\phi\supset S_3}\sin\phi_{\text{out}}\mathrm{d}\phi\int_0^{\pi/2}\cos^2\theta\mathrm{e}^{-\Sigma l(\phi)/\cos\theta}\mathrm{d}\theta \\
&= \int_{\phi\supset S_3}\sin\phi_{\text{out}}\frac{Ki_3(\Sigma l(\phi))}{2\pi}\mathrm{d}\phi
\end{aligned} \tag{9.111}$$

式中:$\phi\supset S_3$ 表示体积 V_i 内 $\boldsymbol{r}_i$ 处与界面 S_3 所成夹角 ϕ 的范围,即 $\phi_{\min}<\phi<\phi_{\max}$ 如图9.16所示。

图9.16中,$\boldsymbol{n}_{\text{out}}$ 为界面向外的单位法矢量;ϕ_{out} 为中子运动方向与该表面形成的夹角;ϕ 为所选坐标系下中子的运动方向。通常 $\phi_{\text{out}}\neq\phi$,但是可通过适当地选取坐标系以使 $\phi_{\text{out}}=\phi$。

$J_{\text{out}}^3(x,y)$ 在体积 V_i 的二维投影面 A_i 上的平均值正好是一个均匀分布的各向同性中子源 s_i 产生的未经碰撞中子流 $s_i\Lambda_{i3}^{\text{s}}P_{0i}$ 离开体积 V_i 进入体积 V_3 的概率:

$$\Lambda_{i3}^{\text{s}}P_{0i} = \frac{1}{A_i}\int_{A_i}J_{\text{out}}^3(x,y)\mathrm{d}x\mathrm{d}y$$

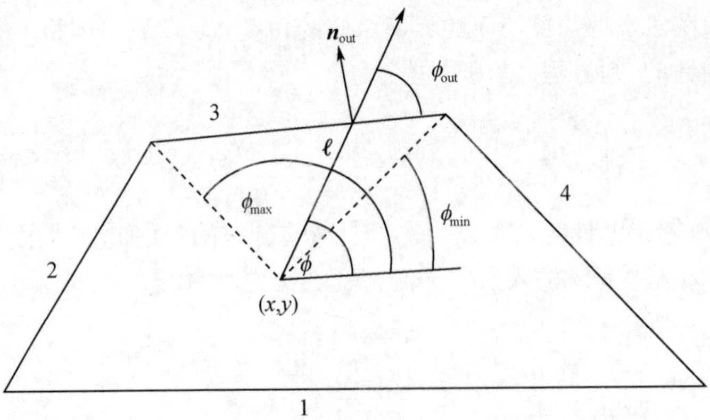

图9.16 计算逃脱概率的二维平面投影示意图

$$= \frac{1}{A_i}\int_{A_i} \mathrm{d}x\mathrm{d}y \int_{\phi \supset S_3} \sin\phi_{\mathrm{out}} \frac{Ki_3(\Sigma l(\phi))}{2\pi}\mathrm{d}\phi \tag{9.112}$$

方程(9.112)对所有与体积 V_i 相邻体积 V_k 求和,即可得到总的未经碰撞逃脱概率为

$$P_{0i} = \sum_k \Lambda_{ik} P_{0i} \tag{9.113}$$

而且每个方向上的逃逸概率可由下式计算:

$$\Lambda_{ij} = \frac{\Lambda_{ij} P_{0i}}{P_{0i}} = \frac{\Lambda_{ij} P_{0i}}{\sum_k \Lambda_{ik} P_{0i}} \tag{9.114}$$

与上节一维几何结构相同,二维几何结构的总逃逸概率应包括未经碰撞、一次碰撞等的逃脱概率,由此可得

$$P_i = \frac{P_{0i}}{1 - c_i(1 - P_{0i})} \tag{9.115}$$

式中:$c_i = (\Sigma_{si} + \nu\Sigma_{fi})/\Sigma_{ti}$ 为每次碰撞产生下一次碰撞的中子数目。

9.5.5 逃脱概率的简化近似

基于一些物理现象,首次飞行逃脱概率可简化近似。如果体积 V_i 内中子的平均光学长度 $\langle l \rangle$ 远小于其发生碰撞的平均自由程 λ,逃脱概率为1。若 $\langle l \rangle \gg \lambda$,飞行逃脱概率可近似为 $1 - \exp(-\lambda/\langle l \rangle) \approx \lambda/\langle l \rangle$。若将中子平均光学长度与几何体的平均弦长 $4V/S$ 联系起来(其中,S 为几何体表面积,V 为体积),逃脱概率可近似为一个有理式:

$$P_0 = \frac{1}{1 + \langle l \rangle/\lambda} = \frac{1}{1 + 4V/S\lambda} = \frac{1}{4V/S\lambda}\left[1 - \frac{1}{1 + 4V/S\lambda}\right] \tag{9.116}$$

众所周知,有理近似式(9.116)首先由维格纳提出并以其名字命名,但维格纳有理近似式计算首次飞行逃脱概率偏小。大量的蒙特卡罗计算表明首次飞行逃脱概率确实仅与参数 $4V/S\lambda$ 相关,改进的有理近似式具有如下形式:

$$P_0 = \frac{1}{4V/S\lambda}\left\{1 - \frac{1}{[1 + (4V/S\lambda)/c]^c}\right\} \tag{9.117}$$

通过对圆柱几何体进行理论分析,索尔近似表明 $c = 4.58$。利用蒙特卡罗方法对大量其内部存在均匀分布中子源且具有不同 $4V/S\lambda$ 的几何体进行计算,拟合首次飞行逃脱概率的计算结果表明 $c = 2.09$。

9.6 一维几何结构的球谐函数方法

球谐函数近似是一种对角中子注量率和微分散射截面进行勒让德多项式展开的近似方法。

9.6.1 勒让德多项式

常见的低阶勒让德多项式：

$$P_0(\mu)=1, P_1(\mu)=\mu, P_2(\mu)=\frac{1}{2}(3\mu^2-1), P_3(\mu)=\frac{1}{2}(5\mu^3-3\mu) \tag{9.118}$$

高阶的勒让德多项式可由递推公式获得：

$$(2n+1)\mu P_n(\mu)=(n+1)P_{n+1}(\mu)+nP_{n-1}(\mu) \tag{9.119}$$

不同阶的勒让德多项式具有正交性：

$$\int_{-1}^{1} P_m(\mu)P_n(\mu)\mathrm{d}\mu = \frac{2\delta_{mn}}{2n+1} \tag{9.120}$$

参考图9.17，利用加法原理，以μ'和μ夹角的余弦$\mu_0=\cos\theta_0$作自变量的勒让德多项式可由分别以μ'和μ为自变量的勒让德多项式进行展开：

$$P_n(\mu_0) = P_n(\mu')P_n(\mu) + 2\sum_{m=1}^{n}\frac{(n-m)!}{(n+m)!}P_n^m(\mu')P_n^m(\mu)\cos m(\phi-\phi') \tag{9.121}$$

其中，连带勒让德函数的定义为

$$P_n^m(\mu) \equiv (1-\mu^2)^{m/2}\frac{\mathrm{d}^m P_n(\mu)}{\mathrm{d}\mu^m} \tag{9.122}$$

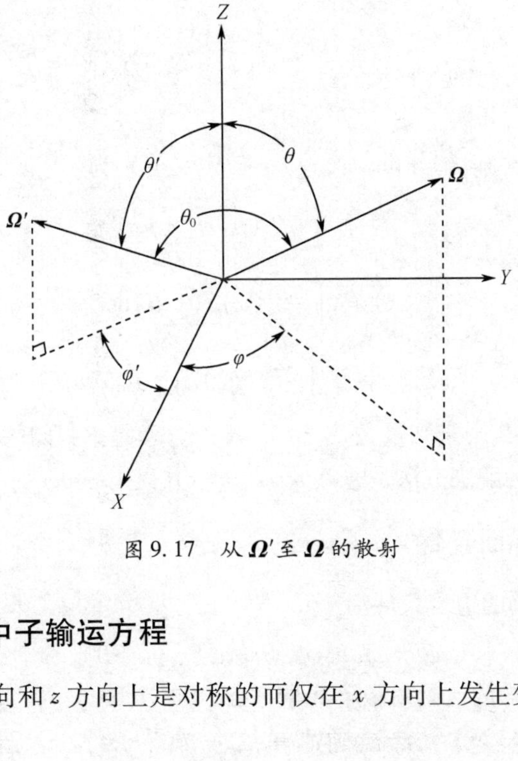

图9.17 从$\boldsymbol{\Omega}'$至$\boldsymbol{\Omega}$的散射

9.6.2 一维平板的中子输运方程

当物理特性在y方向和z方向上是对称的而仅在x方向上发生变化时，稳态的中子输运方程(9.5)可简化为

$$\mu \frac{\partial\psi(x,\mu)}{\partial x} + \Sigma_t(x,\mu)\psi(x,\mu)$$
$$= \int_{-1}^{1} \Sigma_s(x,\mu' \to \mu)\psi(x,\mu')\mathrm{d}\mu' + S(x,\mu)$$
$$= \int_{-1}^{1} \Sigma_s(x,\mu_0)\psi(x,\mu')\mathrm{d}\mu' + S(x,\mu) \tag{9.123}$$

其中,方程的第二个等号依据一个物理现象,即从一个方向 $\mu' = \cos\theta'$ 至另一个方向 $\mu = \cos\theta$ 的散射过程仅与这两个方向 μ' 和 μ 之间夹角的余弦 $\mu_0 = \cos\theta_0$ 有关,而与散射过程中入射(μ')和出射(μ)的方向无关。

9.6.3 P_L 方程

球谐函数方程(P_L 方程)基于角中子注量率采用 $L+1$ 阶勒让德多项式展开这一近似:

$$\psi(x,\mu) = \sum_{l=0}^{L} \frac{2l+1}{2}\phi_l(x)P_l(\mu) \tag{9.124}$$

而且角度依赖的微分散射截面也采用勒让德多项式展开:

$$\Sigma_s(x,\mu_0) = \sum_{m=0}^{M} \frac{2m+1}{2}\Sigma_{sm}(x)P_m(\mu_0) \tag{9.125}$$

将方程(9.124)和方程(9.125)代入方程(9.123),并利用加法原理(方程(9.121))将 $P_m(\mu_0)$ 代替为 $P_m(\mu)$ 和 $P_m(\mu')$,而且利用递推关系(方程(9.119))将 $\mu P_n(\mu)$ 代替为 $P_{n\pm1}(\mu)$;所得的方程两边同乘以 $P_k(\mu)(k=0,\cdots,L)$ 后在 $-1\leqslant\mu\leqslant1$ 范围内积分,并利用正交关系(方程(9.120))可得由 $L+1$ 个方程组成的 P_L 方程:

$$\begin{cases} \dfrac{\mathrm{d}\phi_1(x)}{\mathrm{d}x} + (\Sigma_t - \Sigma_{s0})\phi_0(x) = S_0(x), & n=0 \\ \dfrac{n+1}{2n+1}\dfrac{\mathrm{d}\phi_{n+1}(x)}{\mathrm{d}x} + \dfrac{n}{2n+1}\dfrac{\mathrm{d}\phi_{n-1}(x)}{\mathrm{d}x} + (\Sigma_t - \Sigma_{sn})\phi_n(x) = S_n(x), & n=1,\cdots,L \end{cases} \tag{9.126}$$

其中,下标 n 表示第 n 个勒让德分量,ϕ_n,S_n 和 Σ_{sn} 定义分别为

$$\begin{cases} \phi_n(x) \equiv \int_{-1}^{1} P_n(\mu)\psi(x,\mu)\mathrm{d}\mu \\ S_n(x) \equiv \int_{-1}^{1} P_n(\mu)S(x,\mu)\mathrm{d}\mu \\ \Sigma_{sn}(x) \equiv \int_{-1}^{1} P_n(\mu_0)\Sigma(x,\mu_0)\mathrm{d}\mu_0 \end{cases} \tag{9.127}$$

因为方程组存在 $L+2$ 个未知量,这一组 $L+1$ 个方程是不封闭的,即方程个数小于未知量的个数。这个问题通常的解决方法是忽略 $n=L$ 这个方程中的 $\mathrm{d}\phi_{L+1}/\mathrm{d}x$ 项。

9.6.4 边界条件和界面条件

在左边界 x_L 处,精确的边界条件为

$$\psi(x_L,\mu) = \psi_{in}(x_L,\mu) \quad (\mu>0) \tag{9.128}$$

式中:$\psi_{in}(x_L,\mu>0)$ 为已知的入射角中子注量率;$\psi_{in}(x_L,\mu>0)=0$ 为真空边界条件。但是由于 L 为有限值,方程(9.124)无法精确满足这一边界条件。最直接的办法是构建与方

程(9.124)相容的近似边界条件:方程(9.124)代入精确的边界条件(方程(9.128))后两边同乘以 $P_m(\mu)$ 并在 $0\leqslant\mu\leqslant1$ 的范围内积分。对于左边界来说,奇数次的勒让德多项式代表入射方向(μ 和 $-\mu$ 是不同的),因而在上述过程中仅以奇数次的勒让德多项式($m=1,3,\cdots,L(L-1)$)为权重函数,并利用正交关系式(方程(9.120))可得马绍克边界条件:

$$\int_0^1 P_m(\mu)\sum_{n=0}^{N}\frac{2n+1}{2}\phi_n(x_{\mathrm{L}})P_n(\mu)\,\mathrm{d}\mu \equiv \phi_m(x_{\mathrm{L}})$$
$$=\int_0^1 P_m(\mu)\psi_{\mathrm{in}}(x_{\mathrm{L}},\mu)\,\mathrm{d}\mu \quad (m=1,3,\cdots,L(L-1)) \tag{9.129}$$

方程组(9.129)包含 $(L+1)/2$ 个边界条件。同理可得右边界的 $(L+1)/2$ 个边界条件。马绍克边界条件确保边界处精确的向内的分中子流密度能用于求解,即

$$J^{+}(x_{\mathrm{L}}) \equiv \int_0^1 P_1(\mu)\sum_{n=0}^{N}\frac{2n+1}{2}\phi_n(x_{\mathrm{L}})P_n(\mu)\,\mathrm{d}\mu$$
$$\equiv \int_0^1 P_1(\mu)\psi_{\mathrm{in}}(x_{\mathrm{L}},\mu)\,\mathrm{d}\mu \equiv J_{\mathrm{in}}^{+}(x_{\mathrm{L}}) \tag{9.130}$$

直接令角中子注量率的展开式(方程(9.124))满足精确的边界条件可得马克边界条件:

$$\sum_{n=0}^{N}\frac{2n+1}{2}\phi_n(x_{\mathrm{L}})P_n(\mu_i) = \psi_{\mathrm{in}}(x_{\mathrm{L}},\mu_i) \quad (\mu_i>0) \tag{9.131}$$

其中,代表入射的 $(L+1)/2$ 个离散值 μ_i 是方程 $P_{L+1}(\mu_i)=0$ 的正根。同理,令角中子注量率的展开式满足精确的右边界条件可得另外 $(L+1)/2$ 个边界条件,其中,该 $(L+1)/2$ 个代表入射方向的离散值 μ_i 是方程 $P_{L+1}(\mu_i)=0$ 的负根。利用马克边界条件所得的无源、纯吸收无限大半平板问题的解析解验证了马克边界条件的合理性。然而,经验表明,采用马克边界条件的解的精度通常比马绍克边界条件的要差一些。

对称或者反射边界条件 $\psi(x_{\mathrm{L}},\mu)=\psi(x_{\mathrm{L}},-\mu)$ 要求角中子注量率中的所有奇数次分量为0,即 $\phi_n(x_{\mathrm{L}})=0(n=1,3,5,\cdots)$。

精确的界面条件,即角中子注量率的连续性条件为

$$\psi(x_{\mathrm{s}}-\varepsilon,\mu)=\psi(x_{\mathrm{s}}+\varepsilon,\mu) \tag{9.132}$$

式中:ε 是一个非常小的距离。

有限的 L 阶角中子注量率展开式(方程(9.124))同样不能精确满足该界面条件。采用推导马绍克边界条件相同的方法,即利用方程(9.124)代替精确的角中子注量率并要求其前 $L+1$ 个勒让德分量满足界面条件(即乘以 $P_m(m=0,\cdots,L)$ 并在 $-1\leqslant\mu\leqslant1$ 内积分)。利用正交关系式(方程(9.120))可得界面处近似的连续性条件为

$$\phi_n(x_{\mathrm{s}}-\varepsilon)=\phi_n(x_{\mathrm{s}}+\varepsilon) \quad (n=0,1,2,\cdots,L) \tag{9.133}$$

需要指出的是,有一些原因致使 L 为偶数的展开式是不合适的[6]。不过在实际中 P_L 方法通常选取奇数阶展开式。

9.6.5 P_1 方程与扩散理论

若忽略 $\mathrm{d}\phi_2/\mathrm{d}x$,方程组(9.126)的前两个方程就可组成 P_1 方程:

$$\begin{cases}\dfrac{\mathrm{d}\phi_1(x)}{\mathrm{d}x}+(\Sigma_{\mathrm{t}}-\Sigma_{\mathrm{s0}})\phi_0(x)=S_0\\[2ex] \dfrac{1}{3}\dfrac{\mathrm{d}\phi_0(x)}{\mathrm{d}x}+(\Sigma_{\mathrm{t}}-\Sigma_{\mathrm{s1}})\phi_1(x)=S_1\end{cases} \tag{9.134}$$

式中:$\Sigma_{s0}=\Sigma_s$,即总散射截面;$\Sigma_{s1}=\bar{\mu}_0\Sigma_s$,$\bar{\mu}_0$为平均散射角余弦。

假设源中子是各向同性的,即其各向异性分量 $S_1=0$,P_1方程组的第二个方程可变为描述中子扩散过程的菲克定律:

$$\phi_1(x)=\int_{-1}^{1}\mu\psi(x,\mu)\mathrm{d}\mu\equiv J(x)=-\frac{1}{3(\Sigma_t-\bar{\mu}_0\Sigma_s)}\frac{\mathrm{d}\phi_0}{\mathrm{d}x} \tag{9.135}$$

将式(9.135)代入 P_1方程组的第一个方程可得中子扩散方程:

$$-\frac{\mathrm{d}}{\mathrm{d}x}\left[D_0(x)\frac{\mathrm{d}\phi_0}{\mathrm{d}x}\right]+(\Sigma_t-\Sigma_s)\phi_0(x)=S_0(x) \tag{9.136}$$

其中,扩散系数和输运截面分别定义为

$$D_0\equiv\frac{1}{3(\Sigma_t-\bar{\mu}_0\Sigma_s)}\equiv\frac{1}{\Sigma_{tr}} \tag{9.137}$$

在以上推导扩散理论过程中,最基本的一个假设是角中子注量率是线性各向异性的,即

$$\psi(x,\mu)\approx\frac{1}{2}\phi_0(x)+\frac{3}{2}\mu\phi_1(x) \tag{9.138}$$

另一个基本假设是中子源是各向同性的,或者至少不能存在线性各向异性分量($S_1=0$)。当这些假设能满足时(占优的随机散射碰撞、远离不同物性的界面和不存在各向异性中子源,介质内的中子分布几乎是各向同性的),扩散理论是一个很好的近似方法。

扩散理论的边界条件可以直接从马绍克边界条件(方程(9.130))中导出。例如,左边界处向内的中子流密度为

$$J_{in}^{+}(x_L)=\int_0^1 P_1(\mu)\left[\frac{1}{2}\phi_0(x_L)+\frac{3}{2}\mu\phi_1(x_L)\right]\mathrm{d}\mu=\frac{1}{4}\phi_0(x_L)-\frac{1}{2}D\frac{\mathrm{d}\phi_0(x_L)}{\mathrm{d}x} \tag{9.139}$$

如果 $J_{in}^{+}=0$,扩散理论的真空边界条件也能从对方程中注量率与其梯度比值的几何解释中推导出来,即实际的物理边界外推一定距离后的中子注量率为0:

$$\phi(x_L-\lambda_{ex})=0,\lambda_{ex}=\frac{2}{3\Sigma_{tr}}\equiv\frac{2}{3}\lambda_{tr} \tag{9.140}$$

扩散近似下的界面条件为

$$\begin{cases}\phi_0(x_s+\varepsilon)=\phi_0(x_s-\varepsilon)\\ -D_0(x_s+\varepsilon)\dfrac{\mathrm{d}\phi_0(x_s+\varepsilon)}{\mathrm{d}x}=-D_0(x_s-\varepsilon)\dfrac{\mathrm{d}\phi_0(x_s-\varepsilon)}{\mathrm{d}x}\end{cases} \tag{9.141}$$

9.6.6 简化的 P_L 方程组或扩展的扩散理论

利用由 P_1方程组推导扩散理论相同的方法可用于简化 L 为奇数阶次的 P_L 方程组,即利用角中子注量率的偶数阶次分量的梯度求解奇数阶次方程以获得其奇数阶次分量,并用所得的结果消去偶次阶次方程中的奇数阶次分量。例如,对于各向同性源和各向同性散射的 P_3近似,利用以下变量替换:

$$F_0=2\phi_2+\phi_0,F_1=\phi_2 \tag{9.142}$$

可将四个耦合的 P_3方程组简化为两个耦合的扩散方程组:

$$-\frac{\mathrm{d}}{\mathrm{d}x}\left(D_0\frac{\mathrm{d}F_0}{\mathrm{d}x}\right)+(\Sigma_{\mathrm{t}}-\Sigma_{\mathrm{s0}})F_0=S_0+2(\Sigma_{\mathrm{t}}-\Sigma_{\mathrm{s0}})F_1-$$

$$\frac{\mathrm{d}}{\mathrm{d}x}\left(D_1\frac{\mathrm{d}F_1}{\mathrm{d}x}\right)+\left[\frac{5}{3}(\Sigma_{\mathrm{t}}-\Sigma_{\mathrm{s2}})+\frac{4}{3}(\Sigma_{\mathrm{t}}-\Sigma_{\mathrm{s0}})\right]F_1 \tag{9.143}$$

$$=-\frac{2}{3}S_0+\frac{2}{3}(\Sigma_{\mathrm{t}}-\Sigma_{\mathrm{s0}})F_0$$

式中

$$D_1\equiv\frac{3}{7(\Sigma_{\mathrm{t}}-\Sigma_{\mathrm{s3}})} \tag{9.144}$$

马绍克真空边界条件 $J_{\mathrm{in}}^{+}=0$ 可变为

$$\begin{cases}\dfrac{1}{2}F_0(x_{\mathrm{L}})-\dfrac{3}{8}F_1(x_{\mathrm{L}})=D_0\dfrac{\mathrm{d}F_0(x_{\mathrm{L}})}{\mathrm{d}x}\\[2ex]-\dfrac{1}{8}F_0(x_{\mathrm{L}})+\dfrac{7}{8}F_1(x_{\mathrm{L}})=D_1\dfrac{\mathrm{d}F_1(x_{\mathrm{L}})}{\mathrm{d}x}\end{cases} \tag{9.145}$$

P_L 方程组的这些公式为利用求解扩散理论的数值方法求解高阶输运近似提供了基础。

9.6.7　球形和圆柱形几何结构的 P_L 方程

对于球对称几何结构,(一维)中子输运方程可变为

$$\mu\frac{\partial\psi(r,\mu)}{\partial r}+\frac{1-\mu^2}{r}\frac{\partial\psi(r,\mu)}{\partial\mu}+\Sigma_{\mathrm{t}}(r)\psi(r,\mu)$$

$$=\int_{-1}^{1}\Sigma_{\mathrm{s}}(r,\mu'\to\mu)\psi(r,\mu')\mathrm{d}\mu'+S(r,\mu) \tag{9.146}$$

式中:r 为以球形几何体中心为原点的半径方向矢量 $\boldsymbol{r}$ 的大小;$\mu=\boldsymbol{\Omega}\cdot\boldsymbol{r}$。

采用相同的方法,即利用方程(9.124)和方程(9.125)展开角中子注量率和角度依赖的微分散射截面,并利用加法原理、正交关系式和递推关系式

$$(1-\mu^2)\frac{\mathrm{d}P_m(\mu)}{\mathrm{d}\mu}=(m+1)[\mu P_m(\mu)-P_{m+1}(\mu)] \tag{9.147}$$

可得球形几何结构的 P_L 方程组为

$$\begin{cases}\dfrac{\mathrm{d}\phi_1}{\mathrm{d}r}+\dfrac{2}{r}\phi_1+(\Sigma_{\mathrm{t}}-\Sigma_{\mathrm{s0}})\phi_0=S_0, & n=0\\[2ex]\dfrac{n+1}{2n+1}\left(\dfrac{\mathrm{d}\phi_{n+1}}{\mathrm{d}r}+\dfrac{n+2}{r}\phi_{n+1}\right)+\dfrac{n}{2n+1}\left(\dfrac{\mathrm{d}\phi_{n-1}}{\mathrm{d}x}-\dfrac{n-1}{r}\phi_{n-1}\right)+(\Sigma_{\mathrm{t}}-\Sigma_{\mathrm{s}n})\phi_n=S_n, & n=1,\cdots,L\end{cases} \tag{9.148}$$

对于圆柱对称几何结构,由于角中子注量率所依赖的中子运动方向矢量 $\boldsymbol{\Omega}$ 具有两个分量而不再是一维平板和球的一个分量,因此圆柱形几何结构的输运方程变的更加复杂。参考图 9.18,μ 定义为中子运动方向矢量与圆柱轴的夹角的余弦;φ 定义为中子运动方向矢量 $\boldsymbol{\Omega}$ 在$x-y$平面上的投影矢量 $\boldsymbol{\Omega}_p$ 与半径方向矢量 $\boldsymbol{r}$ 之间的夹角,其中,$\boldsymbol{\Omega}_p/\sin\theta$ 为单位矢量:

$$\mu=\cos\theta=\boldsymbol{\Omega}\cdot\boldsymbol{n}_z,\varphi=\arccos\frac{\boldsymbol{r}\cdot\boldsymbol{\Omega}_p}{\sin\theta} \tag{9.149}$$

由此可得,圆柱对称几何结构的中子输运方程为

$$\sin\theta\left[\cos\varphi\frac{\partial\psi(r,\mu,\varphi)}{\partial r}-\frac{\sin\theta}{4}\frac{\partial\psi(r,\mu,\varphi)}{\partial\varphi}\right]+\boldsymbol{\Sigma}_{\mathrm{t}}(r)\psi(r,\mu,\varphi)$$

$$=\int_0^{4\pi}\boldsymbol{\Sigma}_{\mathrm{s}}(r,\boldsymbol{\Omega}\cdot\boldsymbol{\Omega}')\psi(r,\mu',\varphi')\mathrm{d}\boldsymbol{\Omega}'+S(r,\mu,\varphi) \tag{9.150}$$

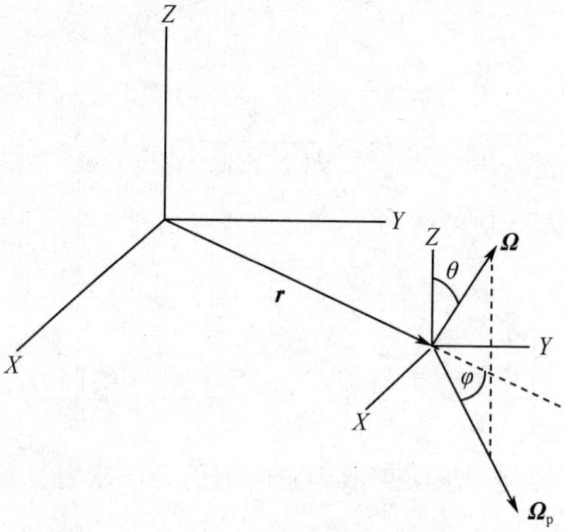

图 9.18　P_L 方程在圆柱坐标系的符号

角度依赖的微分散射截面在柱坐标下可展开为

$$\begin{aligned}\boldsymbol{\Sigma}_{\mathrm{s}}(r,\boldsymbol{\Omega}\cdot\boldsymbol{\Omega}')&=\frac{\boldsymbol{\Sigma}_{\mathrm{s}}(r,\mu_0)}{2\pi}=\frac{1}{2\pi}\sum_{l'=0}^{L}\frac{2l'+1}{2}\boldsymbol{\Sigma}_{\mathrm{s}l'}(r)P_{l'}(\mu_0)\\&=\frac{1}{2\pi}\sum_{l'=0}^{L}\frac{2l'+1}{2}\boldsymbol{\Sigma}_{\mathrm{s}l'}(r)\times\\&\quad\left[P_{l'}(\mu)P_{l'}(\mu')+2\sum_{m=0}^{l'}\frac{(l'-m)!}{(l'+m)!}P_{l'}^{m}(\mu)P_{l'}^{m}(\mu')\cos m(\varphi-\varphi')\right]\end{aligned} \tag{9.151}$$

其中,方程的最后一步已经应用了勒让德多项式的加法原理。将式(9.151)代入方程(9.150),并依次乘以所有 $l\leqslant L$ 阶函数 $P_l^m(\mu)\cos(m\varphi)$,再利用递推关系式

$$\begin{cases}(l+m-1)(l+m)P_{l-1}^{m-1}(\mu)-(l-m+1)(l-m+2)P_{l+1}^{m-1}(\mu)\\=(2l+1)\sqrt{1-\mu^2}P_l^m(\mu),\quad m\neq 0\\P_{l+1}^{m+1}(\mu)-P_{l-1}^{m+1}(\mu)=(2l+1)\sqrt{1-\mu^2}P_l^m(\mu)\end{cases} \tag{9.152}$$

和正交关系式

$$\int_0^{2\pi}\mathrm{d}\varphi\int_{-1}^{1}P_l^m(\mu)P_{l'}^{m'}(\mu)\cos m\varphi\cos m'\varphi\mathrm{d}\mu$$

$$=\begin{cases}\pi\dfrac{2(l+m)!}{(2l+1)(l-m)!}\delta_{ll'}\delta_{mm'},&m\neq 0\\2\pi\dfrac{2}{2l+1}\delta_{ll'}\delta_{mm'},&m=0\end{cases} \tag{9.153}$$

可得圆柱坐标系下具有各向同性中子源的 P_L 方程组:

$$\begin{cases} J_l^{m+1} + J_l^{m-1} + (\Sigma_t - \Sigma_{sl})\phi_l^m = S\delta_{l0}, & l=0,\cdots,L-1;m=1,\cdots,L \\ \dfrac{(1-\delta_{m0})(L+m-1)(L+m)}{2(2L+1)}\left[\dfrac{d\phi_{L-1}^{m-1}}{dr} - (m-1)\dfrac{\phi_{L-1}^{m-1}}{r}\right] - \\ \dfrac{1+\delta_{m_0}}{2(2L+1)}\left[\dfrac{d\phi_{L-1}^{m-1}}{dr} + (m+1)\dfrac{\phi_{L-1}^{m+1}}{r}\right] + (\Sigma_t - \Sigma_{sL})\phi_L^m = 0, & l=L;m=1,\cdots,L \end{cases} \tag{9.154}$$

式中

$$\begin{cases} J_l^{m+1} \equiv \dfrac{1}{2}(1+\delta_{m0})\left\{\left[\dfrac{d\phi_{l+1}^{m+1}}{dr} + (m+1)\dfrac{\phi_{l+1}^{m+1}}{r}\right] - \left[\dfrac{d\phi_{l-1}^{m+1}}{dr} + (m+1)\dfrac{\phi_{l-1}^{m+1}}{r}\right]\right\}\Big/(2l+1) \\ J_l^{m-1} \equiv \dfrac{1}{2}(1-\delta_{m0})\left\{(l+m-1)(l+m)\left[\dfrac{d\phi_{l-1}^{m-1}}{dr} - (m-1)\dfrac{\phi_{l-1}^{m-1}}{r}\right] - \right. \\ \qquad \left.(l-m+1)(l-m+2)\left[\dfrac{d\phi_{l+1}^{m-1}}{dr} - (m-1)\dfrac{\phi_{l+1}^{m-1}}{r}\right]\right\}\Big/(2l+1) \end{cases} \tag{9.155}$$

基于角中子注量率分布的展开式：

$$\psi(r,\mu,\varphi) = \sum_{l=0}^{L} \frac{2l+1}{4\pi}\sum_{m=-l}^{l}\frac{(l-m)!}{(l+m)!}\phi_l^m(r)P_l^m(\mu)\cos m\varphi \tag{9.156}$$

P_L 方程组包含 $L+1$ 个中子注量率的分量：

$$\phi_l^m(r) \equiv \int_{-1}^{1} P_l^m(\mu)\,d\mu\int_0^{2\pi}\cos m\varphi\,\psi(r,\mu,\phi)\,d\varphi \tag{9.157}$$

球形和圆柱形几何结构在其外边界上适用马克或马绍克边界条件，但这仅提供了 $(L+2)/2$ 个边界条件。另外，$(L+2)/2$ 边界条件须利用其在原点处的对称性进行构建，也就是说角中子注量率的奇数阶次分量在原点处为 0。这两类几何体同样适用马绍克界面连续性条件。

9.6.8　一维几何结构的扩散方程

球形和圆柱形结构的 P_1 方程组也可简化为相应的扩散方程。令 r 为中子注量率的空间坐标，P_1 方程组可简化为

$$-\frac{1}{r^n}\frac{d}{dr}\left[r^n D_0 \frac{d\phi(r)}{dr}\right] + [\Sigma_t(r) - \Sigma_{s0}]\phi(r) = S_0(r) \tag{9.158}$$

式中：$n=0$ 表示平板；$n=1$ 表示圆柱；$n=2$ 表示球。

对于圆柱形和球形结构而言，将其 P_L 方程组简化为如平板那样的耦合扩散方程组是不可能的，因为不能消去这两个坐标系下相互耦合的中子注量率的勒让德分量的导数项。因此，效率较高的扩散理论解法程序不能用于求解球形和圆柱形结构的 P_L 方程组，而不得不采用效率较低的迭代解法求解 P_L 方程组[6]。

9.6.9　半角勒让德多项式

P_L 方法的有效性取决于角中子注量率在 $-1 \leqslant \mu \leqslant 1$ 范围内利用低阶连续多项式进行展

开的合理性。在某些情况下,角中子注量率具有明显的方向性,因而采用一个连续的多项式同时在向前和向后两个方向上展开并不能很好地描述角中子注量率,但是向前或向后方向的低阶多项式展开却能较好地描述角中子注量率。基于这个原因,半角勒让德多项式被发展起来。向前($\mu>0$)和向后($\mu<0$)的半角勒让德多项式定义分别为

$$\begin{cases} p_l^+(\mu) \equiv P_l(2\mu-1), & \mu>0 \\ p_l^-(\mu) \equiv P_l(2\mu+1), & \mu<0 \end{cases} \tag{9.159}$$

这些多项式满足

$$\begin{cases} p_l^+(0) = p_l^-(-1) = P_l(-1) \\ p_l^-(1) = p_l^+(0) = P_l(1) \end{cases} \tag{9.160}$$

而且它们满足的正交关系为

$$\int_0^1 p_l^+(\mu)p_m^+(\mu)\,\mathrm{d}\mu = \int_{-1}^0 p_l^-(\mu)p_m^-(\mu)\,\mathrm{d}\mu = \frac{\delta_{lm}}{2l+1} \tag{9.161}$$

递推关系为

$$\begin{cases} (l+1)p_{l+1}^+(\mu) + (2l+1)p_l^+(\mu) + lp_{l-1}^+(\mu) = 2(2l+1)\mu p_l^+(\mu) \\ (l+1)p_{l+1}^-(\mu) - (2l+1)p_l^-(\mu) + lp_{l-1}^-(\mu) = 2(2l+1)\mu p_l^-(\mu) \end{cases} \tag{9.162}$$

9.6.10 双 P_L 理论

在每一个半空间 $0\leqslant\mu\leqslant1$ 和 $-1\leqslant\mu\leqslant0$ 内独立地展开角中子注量率:

$$\psi(x,\mu) \approx \begin{cases} \sum\limits_{l'=0}^{L}(2l'+1)\phi_{l'}^+(x)p_{l'}^+(x), & \mu>0 \\ \sum\limits_{l'=0}^{L}(2l'+1)\phi_{l'}^-(x)p_{l'}^-(x), & \mu<0 \end{cases} \tag{9.163}$$

将式(9.163)代入方程(9.123),依次分别乘以 p_l^+ ($l\leqslant L$)和 p_l^- ($l\leqslant L$),并分别在 $0\leqslant\mu\leqslant1$ 和 $-1\leqslant\mu\leqslant0$ 上积分,再利用递推关系式和正交关系可得一组耦合的个数为 $2(L+1)$ 的双 P_L($D-P_L$)方程组:

$$\begin{cases} \dfrac{l+1}{2(2l+1)}\dfrac{\mathrm{d}\phi_{l+1}^+}{\mathrm{d}x} + \dfrac{2l+1}{2(2l+1)}\dfrac{\mathrm{d}\phi_l^+}{\mathrm{d}x} + \dfrac{l}{2(2l+1)}\dfrac{\mathrm{d}\phi_{l-1}^+}{\mathrm{d}x} + \Sigma_t\phi_l^+ = \sum\limits_{l'=1}^{2L+1}\dfrac{2l'+1}{2}C_{ll'}^+\Sigma_{sl'}\phi_{l'} + S_l^+ \\ \dfrac{l+1}{2(2l+1)}\dfrac{\mathrm{d}\phi_{l+1}^-}{\mathrm{d}x} - \dfrac{2l+1}{2(2l+1)}\dfrac{\mathrm{d}\phi_l^-}{\mathrm{d}x} + \dfrac{l}{2(2l+1)}\dfrac{\mathrm{d}\phi_{l-1}^-}{\mathrm{d}x} + \Sigma_t\phi_l^- = \sum\limits_{l'=1}^{2L+1}\dfrac{2l'+1}{2}C_{ll'}^-\Sigma_{sl'}\phi_{l'} + S_l^- \end{cases}$$

$$(l=0,1,2,\cdots,L) \tag{9.164}$$

式中

$$\begin{cases} C_{ll'}^+ \equiv \int_0^1 p_l^+(\mu)P_{l'}(\mu)\,\mathrm{d}\mu \\ C_{ll'}^- \equiv \int_{-1}^0 p_l^-(\mu)P_{l'}(\mu)\,\mathrm{d}\mu \\ S_l^+ \equiv \int_0^1 p_l^+(\mu)S(x,\mu)\,\mathrm{d}\mu \\ S_l^+ \equiv \int_{-1}^0 p_l^-(\mu)S(x,\mu)\,\mathrm{d}\mu \end{cases} \tag{9.165}$$

正如方程(9.164)中散射求和项体现的那样,中子注量率的向前(+)和向后(-)分量方

程之间的耦合关系来源于中子在 $-1 \leqslant \mu \leqslant 0$ 方向与 $0 \leqslant \mu \leqslant 1$ 方向之间的相互散射。这些求和项中的上限源于微分散射截面展开式在 $2L+1$ 处的截断。散射项包含中子注量率所有的勒让德分量,它们须由半角勒让德多项式进行描述:

$$P_l(\mu) \approx \begin{cases} \sum_{l'=0}^{L,l} (2l'+1) C_{l'l}^{+} p_{l'}^{+}(\mu), & \mu > 0 \\ \sum_{l'=0}^{L,l} (2l'+1) C_{l'l}^{-} p_{l'}^{-}(\mu), & \mu < 0 \end{cases} \tag{9.166}$$

其中,求和上限取 l 与 L 的小者。该表达式可导出

$$\phi_l(x) \equiv \int_{-1}^{1} P(\mu)\psi(x,\mu)\mathrm{d}\mu \approx \sum_{l'=0}^{L,l} (2l'+1)\left[C_{l'l}^{+}\phi_{l'}^{+}(x) + C_{l'l}^{-}\phi_{l'}^{-}(x)\right] \tag{9.167}$$

由此可得 $D-P_L$ 方程组的最终形式为

$$\begin{cases} \dfrac{l+1}{2(2l+1)}\dfrac{\mathrm{d}\phi_{l+1}^{+}}{\mathrm{d}x} + \dfrac{2l+1}{2(2l+1)}\dfrac{\mathrm{d}\phi_{l}^{+}}{\mathrm{d}x} + \dfrac{l}{2(2l+1)}\dfrac{\mathrm{d}\phi_{l-1}^{+}}{\mathrm{d}x} + \Sigma_{\mathrm{t}}\phi_l^{+} \\ \quad = \sum_{l'=1}^{2L+1} \dfrac{2l'+1}{2} C_{ll'}^{+}\Sigma_{\mathrm{s}l'} \sum_{l''=0}^{L,l'} (C_{l''l'}^{+},\phi_{l''}^{+} + C_{l''l'}^{-}\phi_{l''}^{-}) + S_l^{+} \\ \dfrac{l+1}{2(2l+1)}\dfrac{\mathrm{d}\phi_{l+1}^{-}}{\mathrm{d}x} - \dfrac{2l+1}{2(2l+1)}\dfrac{\mathrm{d}\phi_{l}^{-}}{\mathrm{d}x} + \dfrac{l}{2(2l+1)}\dfrac{\mathrm{d}\phi_{l-1}^{-}}{\mathrm{d}x} + \Sigma_{\mathrm{t}}\phi_l^{-} \\ \quad = \sum_{l'=1}^{2L+1} \dfrac{2l'+1}{2} C_{ll'}^{-}\Sigma_{\mathrm{s}l'} \sum_{l''=0}^{L,l'} (C_{l''l'}^{+}\phi_{l''}^{+} + C_{l''l'}^{-}\phi_{l''}^{-}) + S_l^{-} \end{cases}, \quad l = 0,1,2,\cdots,L \tag{9.168}$$

$D-P_L$ 方程组的界面和边界条件可直接从 P_L 方程组的边界条件中推得。所有的 ϕ_l^{+} 和 ϕ_l^{-} 在界面上是连续的。真空边界条件要求在其所在边界处的中子注量率的入射分量为0(在左边界上所有的 $\phi_l^{+}(x_{\mathrm{L}})=0$,在右边界上所有的 $\phi_l^{-}(x_{\mathrm{R}})=0$)。对称或者反射边界条件要求 $\phi_l^{+}(x_{\mathrm{L}})=\phi_l^{-}(x_{\mathrm{L}})$。若在左边界上已知入射的角中子注量率 $\psi_{\mathrm{in}}(x_{\mathrm{L}},\mu>0)$ 或者在右边界上已知入射的角中子注量率 $\psi_{\mathrm{in}}(x_{\mathrm{R}},\mu<0)$,则相应的边界条件为

$$\begin{cases} \phi_l^{+}(x_{\mathrm{L}}) = \int_0^1 p_l^{+}(\mu)\psi_{\mathrm{in}}(x_{\mathrm{L}},\mu>0)\mathrm{d}\mu \\ \phi_l^{-}(x_{\mathrm{R}}) = \int_{-1}^0 p_l^{-}(\mu)\psi_{\mathrm{in}}(x_{\mathrm{R}},\mu<0)\mathrm{d}\mu \end{cases} \tag{9.169}$$

$D-P_L$ 近似产生了 $2(L+1)$ 个一阶常微分方程组,并需要求解 $2(L+1)$ 个未知量(注量率分量 ϕ_l^{+} 和 ϕ_l^{-})。P_{2L} 近似同样会得到相同数目的一阶常微分方程组和未知量 ϕ_l。在向前和向后方向的半空间中运动的中子数目比在角度上的分布更加重要时,在未知量数目相同的情况下,$D-P_L$ 近似比 P_{2L} 近似能获得更加精确的结果。因此,$D-P_L$ 近似更加适合处理界面和边界问题,而 P_{2L} 近似更加适合处理深穿透问题。

9.6.11 $D-P_0$ 方程组

因具有最简单的形式而被广泛应用的 $D-P_L$ 方法是 $D-P_0$ 方程组。令方程(9.168)中的 $L=0$, $C_{00}^{\pm}=1$ 和 $C_{01}^{\pm}=1/2$,可得 $D-P_0$ 方程组为

$$\begin{cases}\frac{1}{2}\frac{\mathrm{d}\phi_0^+}{\mathrm{d}x}+\left[\Sigma_t-\frac{1}{2}\Sigma_{s0}\left(1+\frac{3}{4}\bar{\mu}_0\right)\right]\phi_0^+=\frac{1}{2}\Sigma_{s0}\left(1+\frac{3}{4}\bar{\mu}_0\right)\phi_0^-+S_0^+\\-\frac{1}{2}\frac{\mathrm{d}\phi_0^-}{\mathrm{d}x}+\left[\Sigma_t-\frac{1}{2}\Sigma_{s0}\left(1+\frac{3}{4}\bar{\mu}_0\right)\right]\phi_0^-=\frac{1}{2}\Sigma_{s0}\left(1+\frac{3}{4}\bar{\mu}_0\right)\phi_0^++S_0^-\end{cases}\tag{9.170}$$

9.7 多维球谐输运理论

9.7.1 球谐函数

利用连带勒让德函数,球谐函数可定义为

$$Y_{lm}(\mu,\varphi)=\frac{\sqrt{(l-m)!}}{\sqrt{(l+m)!}}P_l^m(\mu)\mathrm{e}^{\mathrm{i}m\varphi}\tag{9.171}$$

若采用星号表示复数的共轭,那么

$$Y_{l,-m}(\mu,\varphi)=(-1)^mY_{lm}^*(\mu,\varphi)\tag{9.172}$$

常见的低阶球谐函数有

$$\begin{cases}Y_{00}(\mu,\varphi)=P_0^0(\mu)=P_0(\mu)=1\\Y_{10}(\mu,\varphi)=P_1^0(\mu)=P_1(\mu)=\mu\\Y_{11}(\mu,\varphi)=-\frac{1}{\sqrt{2}}\sqrt{1-\mu^2}(\cos\varphi+\mathrm{i}\sin\varphi)\\Y_{1,-1}(\mu,\varphi)=\frac{1}{\sqrt{2}}\sqrt{1-\mu^2}(\cos\varphi-\mathrm{i}\sin\varphi)\end{cases}\tag{9.173}$$

其他阶的球谐函数可由如下的连带勒让德函数(方程(9.122))的递推关系式推得:

$$(2l+1)\mu P_l^m(\mu)=(l-m+1)P_{l+1}^m(\mu)+(l+m)P_{l-1}^m(\mu)\tag{9.174}$$

参考图9.19,利用球谐函数可计算笛卡儿坐标系下的方向余弦:

$$\begin{cases}\boldsymbol{\Omega}_z\equiv\boldsymbol{\Omega}\cdot\boldsymbol{n}_z=\mu\\\boldsymbol{\Omega}_x\equiv\boldsymbol{\Omega}\cdot\boldsymbol{n}_x=\sqrt{1-\mu^2}\cos\varphi=-\frac{1}{\sqrt{2}}(Y_{11}-Y_{1,-1})=\frac{1}{\sqrt{2}}(Y_{11}^*-Y_{1,-1}^*)\\\boldsymbol{\Omega}_y\equiv\boldsymbol{\Omega}\cdot\boldsymbol{n}_y=\sqrt{1-\mu^2}\sin\varphi=\frac{\mathrm{i}}{\sqrt{2}}(Y_{11}+Y_{1,-1})=\frac{-\mathrm{i}}{\sqrt{2}}(Y_{11}^*+Y_{1,-1}^*)\end{cases}\tag{9.175}$$

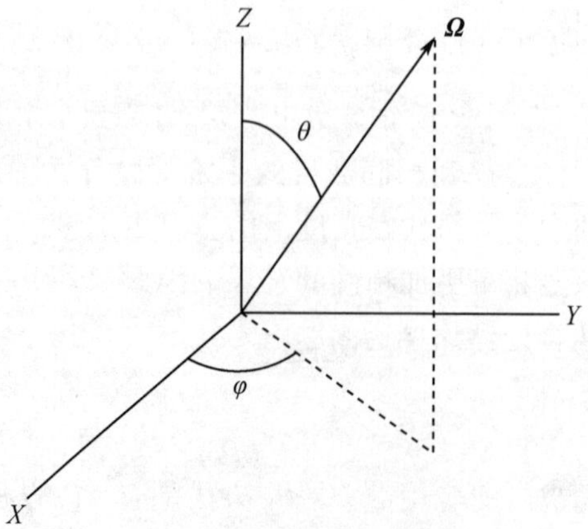

图9.19 球谐函数的符号

球谐函数满足的正交关系为

$$\int_{-1}^{1}\mathrm{d}\mu\int_{0}^{2\pi}Y_{l'm'}^{*}(\mu,\varphi)Y_{lm}(\mu,\varphi)\mathrm{d}\varphi = \frac{4\pi}{2l+1}\delta_{ll'}\delta_{mm'} \tag{9.176}$$

球谐函数表示的勒让德多项式加法原理为

$$P_l(\mu_0) = \sum_{m=-l}^{l}Y_{lm}(\mu,\varphi)Y_{lm}^{*}(\mu',\varphi') \tag{9.177}$$

9.7.2　笛卡儿坐标系下的球谐函数输运方程

利用球谐函数,角中子注量率可展开为

$$\psi(r,\boldsymbol{\Omega}) = \sum_{l=0}^{L}\frac{2l+1}{4\pi}\sum_{m=-l}^{l}\phi_{lm}(r)Y_{lm}(\mu,\varphi) \tag{9.178}$$

微分散射截面可展开为

$$\Sigma_{\mathrm{s}}(r,\mu_0) = \sum_{l'=0}^{L}\frac{2l'+1}{4\pi}\Sigma_{\mathrm{s}l'}(r)P_{l'}(\mu_0) \tag{9.179}$$

将它们代入三维的中子输运方程,可得

$$\begin{aligned}&\boldsymbol{\Omega}\cdot\nabla\psi(\boldsymbol{r},\boldsymbol{\Omega}) + \Sigma_{\mathrm{t}}(\boldsymbol{r},\boldsymbol{\Omega})\psi(\boldsymbol{r},\boldsymbol{\Omega})\\ &= \frac{1}{4\pi}\int_{4\pi}\nu\Sigma_{\mathrm{f}}(\boldsymbol{r})\psi(\boldsymbol{r},\boldsymbol{\Omega}')\mathrm{d}\boldsymbol{\Omega}' + \int_{4\pi}\Sigma_{\mathrm{s}}(\boldsymbol{r},\boldsymbol{\Omega}'\cdot\boldsymbol{\Omega})\psi(\boldsymbol{r},\boldsymbol{\Omega}')\mathrm{d}\boldsymbol{\Omega}' + S(\boldsymbol{r},\boldsymbol{\Omega})\end{aligned} \tag{9.180}$$

并依次乘以 Y_{lm}^{*}后对 $\mathrm{d}\boldsymbol{\Omega}$ 进行积分,再利用正交关系式、递推关系式与加法原理可得角中子注量率分量 ϕ_{lm}的球谐函数方程组为

$$\begin{aligned}&\frac{1}{2l+1}\left\{\frac{1}{2}\sqrt{(l+m+2)(l+m+1)}\left(-\frac{\partial}{\partial x}-\mathrm{i}\frac{\partial}{\partial y}\right)\phi_{l+1,m+1}+\right.\\ &\frac{1}{2}\sqrt{(l-m+2)(l-m+1)}\left(\frac{\partial}{\partial x}-\mathrm{i}\frac{\partial}{\partial y}\right)\phi_{l+1,m-1}+\\ &\frac{1}{2}\sqrt{(l-m-1)(l-m)}\left(\frac{\partial}{\partial x}+\mathrm{i}\frac{\partial}{\partial y}\right)\phi_{l-1,m+1}+\\ &\frac{1}{2}\sqrt{(l+m-1)(l+m)}\left(-\frac{\partial}{\partial x}+\mathrm{i}\frac{\partial}{\partial y}\right)\phi_{l-1,m-1}+\\ &\left.\sqrt{(l+m+1)(l+m-1)}\frac{\partial\phi_{l+1,m}}{\partial z}+\sqrt{(l+m)(l-m)}\frac{\partial\phi_{l-1,m}}{\partial z}\right\}+\Sigma_{\mathrm{t}}\phi_{lm}\\ &=\Sigma_{\mathrm{s}l}\phi_{lm}+\delta_{l0}\nu\Sigma_{\mathrm{f}}\phi_{00}+Q_{lm}\quad(l=0,\cdots,L;m=-l,\cdots,l)\end{aligned} \tag{9.181}$$

式中:Q_{lm}为外部中子源的 Y_{lm}^{*}分量。

实际上,很少按照如上的形式直接求解方程组(9.181),但是它已成为发展其他近似方法的基础。需要指出的是,每个分量 ϕ_{lm}的控制方程仅含有与同其阶分量的散射项,因此,方程组(9.181)内各方程的耦合关系完全来源于中子流密度项,即 $\boldsymbol{\Omega}\cdot\nabla\psi$。

9.7.3　笛卡儿坐标系下的 P_1 方程

与一维的情形相同,三维球谐函数方程组(9.1)也缺乏封闭性。令第 $l=L$ 个方程中 ϕ_{L+1} 的空间导数为0,三维 P_L 近似才能封闭。本节以最低阶数的 P_1 近似为例详细地介绍三维球谐

函数近似。利用方程(9.173)和方程(9.175),角中子注量率的分量与中子注量率和各坐标方向上的中子流密度存在如下的关系:

$$\begin{cases}\phi(\boldsymbol{r}) \equiv \int\psi(\boldsymbol{r},\boldsymbol{\Omega})\mathrm{d}\boldsymbol{\Omega} = \phi_{00} \\ J_x(\boldsymbol{r}) \equiv \int(n_x \cdot \boldsymbol{\Omega})\psi(\boldsymbol{r},\boldsymbol{\Omega})\mathrm{d}\boldsymbol{\Omega} = \dfrac{1}{\sqrt{2}}(\phi_{1,-1} - \phi_{11}) \\ J_y(\boldsymbol{r}) \equiv \int(n_y \cdot \boldsymbol{\Omega})\psi(\boldsymbol{r},\boldsymbol{\Omega})\mathrm{d}\boldsymbol{\Omega} = -\dfrac{i}{\sqrt{2}}(\phi_{1,-1} + \phi_{11}) \\ J_z(\boldsymbol{r}) \equiv \int(n_z \cdot \boldsymbol{\Omega})\psi(\boldsymbol{r},\boldsymbol{\Omega})\mathrm{d}\boldsymbol{\Omega} = \phi_{10}\end{cases} \tag{9.182}$$

利用这些关系式(方程(9.175)和方程(9.182)),当 $L=1$ 时,方程(9.178)可整理成如下的形式:

$$\psi(\boldsymbol{r},\boldsymbol{\Omega}) = \frac{1}{4\pi}[\phi(\boldsymbol{r}) + 3\boldsymbol{\Omega}\cdot J(\boldsymbol{r})] \tag{9.183}$$

将方程(9.182)表示的角中子注量率分量代入方程(9.181)($l=0, m=0$)可得精确的方程(在这一方程中无须忽略高阶分量的导数项):

$$\nabla\cdot\boldsymbol{J}(\boldsymbol{r}) + \Sigma_{\mathrm{t}}(\boldsymbol{r})\phi(\boldsymbol{r}) = \Sigma_{\mathrm{s0}}(\boldsymbol{r})\phi(\boldsymbol{r}) + \nu\Sigma_{\mathrm{f}}(\boldsymbol{r})\phi(\boldsymbol{r}) + Q_{00}(\boldsymbol{r}) \tag{9.184}$$

$l=1, m=1$ 时的方程(9.181)加或减 $l=1, m=-1$ 时的方程(9.181)可得两个近似方程(在这些方程中忽略高阶分量的导数项):

$$\begin{cases}\dfrac{1}{3}\dfrac{\partial\phi(\boldsymbol{r})}{\partial x} + \Sigma_{\mathrm{t}}(\boldsymbol{r})J_x(\boldsymbol{r}) - \Sigma_{\mathrm{s1}}(\boldsymbol{r})J_x(\boldsymbol{r}) = \int(\boldsymbol{n}_x\cdot\boldsymbol{\Omega})Q\mathrm{d}\boldsymbol{\Omega} \equiv Q_{1x} \\ \dfrac{1}{3}\dfrac{\partial\phi(\boldsymbol{r})}{\partial y} + \Sigma_{\mathrm{t}}(\boldsymbol{r})J_y(\boldsymbol{r}) - \Sigma_{\mathrm{s1}}(\boldsymbol{r})J_y(\boldsymbol{r}) = \int(\boldsymbol{n}_y\cdot\boldsymbol{\Omega})Q\mathrm{d}\boldsymbol{\Omega} \equiv Q_{1y}\end{cases} \tag{9.185}$$

而且 $l=1, m=0$ 时的方程(9.181)可得近似方程:

$$\frac{1}{3}\frac{\partial\phi(\boldsymbol{r})}{\partial z} + \Sigma_{\mathrm{t}}(\boldsymbol{r})J_z(\boldsymbol{r}) - \Sigma_{\mathrm{s1}}(\boldsymbol{r})J_z(\boldsymbol{r}) = \int(\boldsymbol{n}_z\cdot\boldsymbol{\Omega})Q\mathrm{d}\boldsymbol{\Omega} \equiv Q_{1z} \tag{9.186}$$

方程(9.184)~方程(9.186)组成了三维笛卡儿坐标系下的 P_1 方程组。

9.7.4 扩散理论

正如9.6.5节所述,由一维的 P_1 方程组可以导出扩散方程,这在三维条件下是否仍然成立?若各向异性源项 Q_1 为0,方程(9.185)和方程(9.186)可表示成菲克定律:

$$\boldsymbol{J}(\boldsymbol{r}) = \frac{1}{3[\Sigma_{\mathrm{t}}(\boldsymbol{r}) - \bar{\mu}_0\Sigma_{\mathrm{s}}(\boldsymbol{r})]}\nabla\phi(\boldsymbol{r}) \equiv -D\nabla\phi(\boldsymbol{r}) \tag{9.187}$$

方程(9.187)代入方程(9.184)可得三维笛卡儿坐标系下的扩散方程:

$$-\nabla\cdot D(\boldsymbol{r})\nabla\phi(\boldsymbol{r}) + [\Sigma_{\mathrm{t}}(\boldsymbol{r}) - \Sigma_0(\boldsymbol{r})]\phi(\boldsymbol{r}) = \nu\Sigma_{\mathrm{f}}(\boldsymbol{r})\phi(\boldsymbol{r}) + Q_{00}(\boldsymbol{r}) \tag{9.188}$$

方程(9.187)和由此得到的扩散方程基于两个主要的假设:①忽略角中子注量率的高阶分量 ϕ_2;②忽略各向异性中子源。需要指出的是,为了获得菲克定律,也须忽略中子流密度对时间的导数项。

9.8 一维平板的离散纵标法

离散纵标法是一种在离散的角度方向或者纵标上求解中子输运方程的方法,而且它利用求积关系式在离散纵标上的求和代替散射和裂变中子源对角度的积分。该方法的本质是选择离散纵标、求积权重、差分格式和迭代求解。在一维坐标系下，恰当地选择离散纵标可使离散纵标方法与9.6节介绍的P_L和$D-P_L$方法完全等价。实际上，利用离散纵标是求解一维P_L和$D-P_L$方程最有效的方法。然而，这种方法并不适用于多维几何结构。

利用微分散射截面的球谐函数展开式（方程(9.125)）和勒让德多项式的加法原理（方程(9.121)），平板内的一维中子输运方程（方程(9.123)）可写为

$$\mu\frac{\mathrm{d}\psi(x,\mu)}{\mathrm{d}x}+\Sigma_{\mathrm{t}}(x)\psi(x,\mu)$$
$$=\sum_{l'=0}\frac{2l'+1}{2}\Sigma_{\mathrm{s}l'}(x)P_{l'}(x)\int_{-1}^{1}P_{l'}(\mu)\psi(x,\mu')\mathrm{d}\mu'+S(x,\mu)\tag{9.189}$$

其中，源项包含了外部中子源和裂变源（在增殖介质中，如核反应堆）。本节首先分析固定外中子源问题（如次临界核反应堆），随后分析临界核反应堆问题。在求解临界问题时，固定源问题是其迭代过程的组成部分。

定义N个离散的纵标方向μ_n，其相应的求积权重为w_n，由此方程(9.189)中对角度的积分可写为

$$\phi_l(x)\equiv\int_{-1}^{1}P_l(\mu)\psi(x,\mu)\mathrm{d}\mu\approx\sum_n w_nP_l(\mu_n)\psi_n(x)\tag{9.190}$$

式中：$\psi_n\equiv\psi(\mu_n)$。

求积权重可归化为

$$\sum_{n=1}^{N}w_n=2\tag{9.191}$$

为了方便，离散纵标和求积权重可选成关于$\mu=0$对称，因此向前和向后的中子注量率具有相同的精度。这意味着：

$$\begin{cases}\mu_{N+1-n}=-\mu_n,\mu_n>0, & n=1,2,\cdots,N/2\\ w_{N+1-n}=w_n,w_n>0, & n=1,2,\cdots,N/2\end{cases}\tag{9.192}$$

选取偶数个离散纵标时，反射边界条件可以简化为

$$\psi_n=\psi_{N+1-n}\quad(n=1,2,\cdots,N/2)\tag{9.193}$$

已知入射角中子注量率$\psi_{\mathrm{in}}(\mu)$，这一边界条件（包括真空边界条件$\psi_{\mathrm{in}}(\mu)=0$）可写为

$$\psi_n=\psi_{\mathrm{in}}(\mu_n)\quad(n=1,2,\cdots,N/2)\tag{9.194}$$

通常选取偶数个离散纵标（N为偶数），因为这能获得正确的边界条件（在数目上），而且避免N为奇数时的其他问题。即使存在这样的限制，离散纵标和求积权重的选取仍然是非常自由的。

9.8.1 P_L和$D-P_L$离散纵标

若离散纵标μ选为N阶勒让德多项式的根，即

$$P_N(\mu_i)=0\tag{9.195}$$

而且，求积权重选为能使所有阶次小于$N-1$的勒让德多项式能满足

$$\int_{-1}^{1}P_l(\mu)\mathrm{d}\mu=\sum_{n=1}^{N}w_nP_l(\mu_n)=2\delta_{l0}\quad(l=0,1,\cdots,N-1)\tag{9.196}$$

那么纵标个数为N的离散纵标方程与P_{N-1}方程完全等价。方程(9.189)两边依次同时乘以

$w_nP_l(\mu_n)(0\leqslant l\leqslant N-1)$,并应用递推公式(方程(9.119))可得

$$w_n\left[\frac{l+1}{2l+1}P_{l+1}(\mu_n)+\frac{l}{2l+1}P_{l-1}(\mu_n)\right]\frac{\mathrm{d}\psi_n}{\mathrm{d}x}+w_nP_l(\mu_n)\Sigma_t\psi_n$$
$$=\sum_{l'=0}^{N-1}\frac{2l'+1}{2}\Sigma_{sl'}w_nP_{l'}(\mu_n)P_l(\mu_n)\phi_{l'}+w_nP_l(\mu_n)S(\mu_n)$$
$$(l=0,\cdots,N-1;n=1,\cdots,N)\tag{9.197}$$

在$1\leqslant n\leqslant N$范围,对这些方程求和可得

$$\frac{l+1}{2l+1}\frac{\mathrm{d}\phi_{l+1}}{\mathrm{d}x}+\frac{l}{2l+1}\frac{\mathrm{d}\phi_{l-1}}{\mathrm{d}x}+\Sigma_t\phi_l$$
$$=\sum_{l'=0}^{N-1}\frac{2l'+1}{2}\Sigma_{sl'}\phi_{l'}\left[\sum_{n=0}^{N}w_nP_{l'}(\mu_n)P_l(\mu_n)\right]+\sum_{n=1}^{N}w_nP_l(\mu_n)S(\mu_n)$$
$$(l=0,\cdots,N-1)\tag{9.198}$$

选择满足方程(9.196)的权重显然可使所有阶次小于N的多项式均能被准确地积分(阶次为n的任何多项式可表示为阶次小于n的勒让德多项式之和),而且所有阶次小于$2N$的多项也能被准确地积分。因此,散射积分项可变为

$$\sum_{n=0}^{N}w_nP_{l'}(\mu_n)P_l(\mu_n)=\int_{-1}^{1}P_{l'}(\mu_n)P_l(\mu_n)\mathrm{d}\mu=\frac{2\delta_{ll'}}{2l+1}\tag{9.199}$$

而且假设随角度变化的源项也能由阶次小于$2N$的多项式进行展开,即

$$\sum_{n=1}^{N}w_nP_l(\mu_n)S(\mu_n)=\int_{-1}^{1}P_l(\mu)S(\mu)\mathrm{d}\mu=\frac{2S_l}{2l+1}\tag{9.200}$$

式中:S_l为由方程(9.127)定义的源项的勒让德分量。

将方程(9.199)和方程(9.200)代入方程(9.198),可得

$$\begin{cases}\dfrac{l+1}{2l+1}\dfrac{\mathrm{d}\phi_{l+1}}{\mathrm{d}x}+\dfrac{l}{2l+1}\dfrac{\mathrm{d}\phi_{l-1}}{\mathrm{d}x}+(\Sigma_t-\Sigma_{sl})\phi_l=S_l, & l=0,\cdots,N-2\\ \dfrac{N-1}{2(N-1)+1}\dfrac{\mathrm{d}\phi_{(N-1)-1}}{\mathrm{d}x}+(\Sigma_t-\Sigma_{s,N-1})\phi_{N-1}=S_{N-1}, & l=N-1\end{cases}\tag{9.201}$$

当ϕ_{-1}设为0后,这一组方程与$L=N-1$时的P_L方程组完全相同。相应的离散纵标和权重如表9.2所列。

表9.2 P_{N-1}纵标及其权重[2]

N	$\pm\mu_n$	w_n
$N=2$	0.57735	1.00000
$N=4$	0.33998	0.65215
	0.86114	0.34785
$N=6$	0.23862	0.46791
	0.66121	0.36076
	0.93247	0.17132
$N=8$	0.18343	0.36268
	0.52553	0.31371
	0.79667	0.22238
	0.96029	0.10123

（续）

N	$\pm\mu_n$	w_n
$N=10$	0.14887	0.29552
	0.43340	0.26927
	0.67941	0.21909
	0.86506	0.14945
	0.97391	0.06667
$N=12$	0.12523	0.24915
	0.36783	0.23349
	0.58732	0.20317
	0.76990	0.16008
	0.90412	0.10694
	0.98156	0.04718

$D-P_L$ 的离散纵标是 $L=N/2-1$ 的半角勒让德多项式的根：

$$\begin{cases}P_{N/2}(2\mu_n+1)=0, & n=1,2,\cdots,N/2\\ P_{N/2}(2\mu_n-1)=0, & n=N/2+1,\cdots,N\end{cases} \tag{9.202}$$

相应的权重函数可由以下公式确定：

$$\begin{cases}\sum\limits_{n=1}^{N/2} w_n P_l(2\mu_n+1)=\delta_{l0}, & l=0,\cdots,\dfrac{N-2}{2}\\ \sum\limits_{n=(N+2)/2}^{N} w_n P_l(2\mu_n-1)=\delta_{l0}, & l=0,\cdots,\dfrac{N-2}{2}\end{cases} \tag{9.203}$$

这些离散纵标和权重可由表 9.2 中的数据计算得到。

当需要准确计算角中子注量率大量的勒让德分量时，如非均匀介质内的深穿透问题和各向异性散射问题，P_L 的离散纵标和权重比 $D-P_L$ 的离散纵标和权重更加合适。然而，对于靠近边界的角中子注量率，因其具有更明显的各向异性，此时 $D-P_L$ 的离散纵标和权重更加合适一些。对于任何一组离散纵标和权重，一维坐标系下的离散纵标方法本质上是求解 P_L 或 $D-P_L$ 方程组的数值方法。权重和离散纵标的其他选择可用于特定的问题（如聚束的离散纵标可用于加强某一特定方向下的角中子注量率）。然而，当选择的离散纵标和权重不能使低阶的多项式正确地被积分时，这可能引起一些不合理的结果。

9.8.2　空间差分和迭代解法

假设中子截面在 $x_{i-1/2}\leqslant x\leqslant x_{i+1/2}$ 范围内是常数，在 $x_{i-1/2}\leqslant x\leqslant x_{i+1/2}$ 范围内对方程（9.189）积分可得

$$\mu_n(\psi_n^{i+1/2}-\psi_n^{i-1/2})+\Sigma_t^i\psi_n^i\Delta_i = \Delta_i Q_n^i \equiv \Delta_i\left[\sum_{l'=0}^{L}\frac{2l'+1}{2}\Sigma_{sl'}^i P_{l'}(\mu_n)\phi_{l'}^i + S^i(\mu_n)\right] \tag{9.204}$$

式中：$\psi_n^i\equiv\psi(x_i,\mu_n)$；$\Delta_i=x_{i+1/2}-x_{i-1/2}$。

若采用钻石（中心）差分格式：

$$\psi_n^i=\frac{1}{2}(\psi_n^{i+1/2}+\psi_n^{i-1/2}) \tag{9.205}$$

向右运动($\mu_n>0$)的角中子注量率的算法为

$$\begin{cases}\psi_n^i=\left(1+\dfrac{\Sigma_t^i\Delta_i}{2|\mu_n|}\right)^{-1}\left(\psi_n^{i-1/2}+\dfrac{Q_n^i\Delta_i}{2|\mu_n|}\right)\\ \psi_n^{i+1/2}=2\psi_n^i-\psi_n^{i-1/2}\end{cases}\tag{9.206}$$

而向左运动($\mu_n<0$)的角中子注量率的算法为

$$\begin{cases}\psi_n^i=\left(1+\dfrac{\Sigma_t^i\Delta_i}{2|\mu_n|}\right)^{-1}\left(\psi_n^{i+1/2}+\dfrac{Q_n^i\Delta_i}{2|\mu_n|}\right)\\ \psi_n^{i-1/2}=2\psi_n^i-\psi_n^{i+1/2}\end{cases}\tag{9.207}$$

根据方程(9.194)将正向纵标上的角中子注量率设为已知值可得左边界上的边界条件;真空边界条件为 $\psi_n^{1/2}=0,\mu_n>0$。需要指出的是,本节中实际的物理边界在 $x_{1/2}$ 和 $x_{I+1/2}$ 处。随后利用方程(9.206)从左往右计算 $\mu_n>0$ 的角中子注量率直至右边界。在右边界上,采用与方程(9.194)类似的条件设定边界条件(如真空边界条件为 $\psi_n^{I+1/2}=0,\mu_n<0$),随后利用方程(9.207)从右往左计算 $\mu_n<0$ 的角中子注量率直至左边界。若 Q_n^i 内不存在散射或裂变源,完成上述迭代过程即可得到问题的解。然而,若存在散射源或裂变源,上述的迭代过程中须不断地更新 Q_n^i,并重复上述双向迭代过程直至收敛。若右边界处为反射条件,在从右往左的迭代中须采用 $\psi_{N+1-n}^{I+1/2}=\psi_n^{I+1/2}$ 作为边界条件。若两侧边界上均为反射条件,须先假设左侧边界处的边界条件,随后在双向迭代过程中不断地进行更新。这样的边界条件会减慢整个收敛过程。

9.8.3 空间网格大小的限制

截断误差决定了空间网格的许用大小。对于一组特定的离散纵标,无中子源时的方程(9.189)可改写为

$$\mu_n\frac{d\psi_n(x)}{dx}+\Sigma_t(x)\psi_n(x)=0\tag{9.208}$$

若已知 $x_{i-1/2}$ 处的角中子注量率,则 $x_{i+1/2}$ 处准确的角中子注量率为

$$\psi_n^{i+1/2}=\exp\left(-\frac{\Sigma_t^i\Delta_i}{|\mu_n|}\right)\psi_n^{i-1/2}\tag{9.209}$$

利用方程(9.205)消去方程(9.204)中的 ψ_n^i,并令其 $Q_n^i=0$,所得的有限差分的近似解为

$$\psi_n^{i+1/2}=\frac{1-\Sigma_t^i\Delta_i/2|\mu_n|}{1+\Sigma_t^i\Delta_i/2|\mu_n|}\psi_n^{i-1/2}\tag{9.210}$$

近似解(有限差分解)的误差为 $O((\Sigma_t^i\Delta_i/2|\mu_n|)^2)$。由此可知,网格的许用大小取决于计算所需的精度和最小的 $|\mu_n|$。

若 $\Delta_i>2|\mu_n|/\Sigma_t^i$,结果中将出现负的角中子注量率。虽然目前已经存在一些负角中子注量率的校正格式,如在迭代过程中出现角中子注量率出现负值时就令其为 0,但是这将引起其他的问题。为了解决这一问题,曾经提出过大量的替代差分格式,但是中心差分格式仍然是最常用的格式。

9.9 一维球形结构内的离散纵标方法

如图 9.20 所示,在曲面几何结构内,描述中子运动方向的角度随中子运动而发生变化。

这意味着，在中子流算符中不得不引入对角度的导数，这使曲面几何结构与平板几何结构存在本质的差别。在球形结构内，中子输运方程可写为

$$\frac{\mu}{\rho^2}\frac{\partial}{\partial\rho}[\rho^2\psi(\rho,\mu)]+\frac{1}{\rho}\frac{\partial}{\partial\mu}[(1-\mu^2)\psi(\rho,\mu)]+\Sigma_t(\rho)\psi(\rho,\mu)=Q(\rho,\mu) \quad (9.211)$$

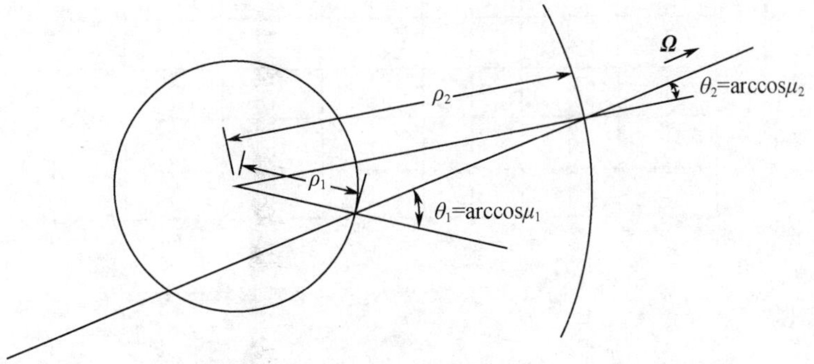

图9.20　中子运动过程中角度坐标的变化[2]

9.9.1　角度导数的差分格式

角度导数的差分格式须满足物理上的一些限制，例如，在无限大介质内，均匀且各向同性的角中子注量率在角度和径向上的中子流之和（方程(9.211)中的前两项）必须为0。角度导数可近似为

$$\frac{1}{\rho}\frac{\partial}{\partial\mu}[(1-\mu^2)\psi(\rho,\mu)]\approx\frac{2}{\rho w_n}(\alpha_{n+1/2}\psi_{n+1/2}-\alpha_{n-1/2}\psi_{n-1/2}) \quad (9.212)$$

均匀介质和各向同性的角中子注量率要求 $\psi_n=\psi_{n\pm1}=\phi_n/2$（$\phi_n$为中子注量率）。空间和角度导数项之和为0这一要求具体表现为

$$\alpha_{n+1/2}=\alpha_{n-1/2}-\mu_n w_n \quad (9.213)$$

这是从已知的 $\alpha_{1/2}$ 计算 $\alpha_{n+1/2}$ 的递推公式（算法）。若选择 $\alpha_{1/2}=0$ 且 N 为偶数，由方程(9.213)可知 $\alpha_{N+1/2}=0$，这封闭了角度的差分格式算法。

若采用中心差分关系式

$$\psi_n=\frac{1}{2}(\psi_{n+1/2}+\psi_{n-1/2}) \quad (9.214)$$

则方程(9.211)可变为

$$\frac{\mu_n}{\rho^2}\frac{\partial}{\partial\rho}(\rho^2\psi_n)+\frac{2}{\rho w_n}[2\alpha_{n+1/2}\psi_n-(\alpha_{n+1/2}\psi_{n+1/2}+\alpha_{n-1/2}\psi_{n-1/2})]+\Sigma_t\psi_n=Q_n \quad (9.215)$$

对于空间导数的离散方法与平板几何结构的相同。但需要指出的是，随半径的变化，微分面积和微分体积均随之发生变化。

9.9.2　迭代求解算法

离散后的方程组可根据中子运动方向进行迭代求解。参考图9.21，本节以 $S_4(N=4)$ 方程的求解为例介绍迭代求解算法。计算开始于方向 $n=1/2$ 的外球面。

第一步，已知入射角中子注量率，这一边界条件（包括真空边界条件）可表示为

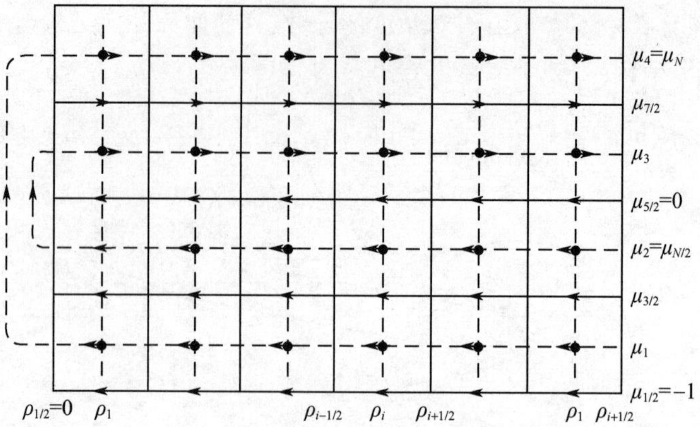

图 9.21　一维球形几何的空间—角度网格迭代[2]

$$\psi_n^{I+1/2}=\psi_{\text{in}}(\mu_n)\quad(n=1,\cdots,N/2) \tag{9.216}$$

这为迭代提供了初始值 $\psi_n^{I+1/2}$。向内的迭代可利用以下的公式:

$$\psi_n^{i-1/2}=2\psi_n^i-\psi_n^{i+1/2} \tag{9.217}$$

$$\psi_{1/2}^i=\frac{2\psi_{1/2}^{i+1/2}+(\rho_{i+1/2}-\rho_{i-1/2})Q_{1/2}^i}{2+\Sigma_t^i(\rho_{i+1/2}-\rho_{i-1/2})}\quad(\mu<0) \tag{9.218}$$

第二步,ψ_1^i行的计算由方程(9.126)和方程(9.127)并用以下迭代公式向内迭代:

$$\psi_n^i=\left[2|\mu_n|A_{i-1/2}+\frac{2}{w_n}(A_{i+1/2}-A_{i-1/2})\alpha_{n+1/2}+V_i\Sigma_t^i\right]^{-1}\times$$
$$\left[|\mu_n|(A_{i+1/2}+A_{i-1/2})\psi_n^{i+1/2}+\frac{1}{w_n}(A_{i+1/2}-A_{i-1/2})(\alpha_{n+1/2}+\alpha_{n-1/2})\psi_{n-1/2}^i+V_iQ_n^i\right] \tag{9.219}$$

第三步,利用角度的中心差分格式计算 $\psi_{3/2}^i$:

$$\psi_{n+1/2}^i=2\psi_n^i-\psi_{n-1/2}^i \tag{9.220}$$

并依次利用方程(9.127)和方程(9.129)求解 ψ_n^i,而利用方程(9.220)求解 $\psi_{n+1/2}^i$直至求得所有向内($\mu_n<0,n\leqslant N/2$)的角中子注量率。

第四步,利用球心处的对称条件确定球心处($i=1/2$)用于向外($\mu_n>0,n>N/2$)迭代的初始值:

$$\psi_{N+1-n}^{1/2}=\psi_n^{1/2}\quad(n=1,2,\cdots,N/2) \tag{9.221}$$

然后利用以下的公式向外进行迭代:

$$\psi_n^{i+1/2}=2\psi_n^i-\psi_n^{i-1/2} \tag{9.222}$$

$$\psi_n^i=\left[2|\mu_n|A_{i+1/2}+\frac{2}{w_n}(A_{i+1/2}-A_{i-1/2})\alpha_{n+1/2}+V_i\Sigma_t^i\right]^{-1}\times$$
$$\left[|\mu_n|(A_{i+1/2}+A_{i-1/2})\psi_n^{i-1/2}+\frac{1}{w_n}(A_{i+1/2}-A_{i-1/2})(\alpha_{n+1/2}+\alpha_{n-1/2})\psi_{n-1/2}^i+V_iQ_n^i\right] \tag{9.223}$$

同时,利用角度的中心差分关系式求解 $\psi_{n+1/2}^i$:

$$\psi_{n+1/2}^i=2\psi_n^i-\psi_{n-1/2}^i \tag{9.224}$$

以上各式中的 A 和 V 分别为微元球壳面积和体积：

$$A_{i+1/2}=4\pi\rho_{i+1/2}^{2},V_i=\frac{4\pi}{3}(\rho_{i+1/2}^{3}-\rho_{i-1/2}^{3}) \tag{9.225}$$

利用以上公式计算获得的角中子注量率可以进一步计算中子注量率、散射项和裂变源项，并在下一次迭代中进行更新。

9.9.3 加速收敛技术

在给定散射和裂变中子源 Q 后，双向迭代过程所得的角中子注量率 ψ_n^i 是精确的，因而迭代求解的收敛速度取决于这些源项的收敛速度。由方程(9.204)可知，这些源项仅取决于由方程(9.190)定义的勒让德分量与离散纵标下的角中子注量率 ψ_n^i 乘积之和。这意味着，可通过在中间计算步中利用低阶(如扩散理论)的近似方法所得的解 ϕ_l^i 来加速 ψ_n^i 的收敛。这是合成法的基础。

粗网格再平衡法是另一种加速收敛技术，它基于 ψ_n^i 的收敛解必须满足中子平衡这一物理事实。在迭代的中间步中，要求还未收敛的解在一些粗网格上满足中子平衡条件以加速收敛过程。当空间网格不够精细时，这两个加速收敛技术均可能使求解过程变得不稳定。具体的分析可见参考文献[2]。即使对于非常精细的网格，合成方法也可能面临不稳定。

另一个加速收敛方法是切比雪夫加速法，也可用于加速离散纵标方法的求解过程。

9.9.4 临界计算

9.9.1节~9.9.3节介绍了固定外部中子源下的离散纵标方法及其求解技术，本节简要地介绍无外部中子源时的临界核反应堆问题。在求解临界问题时，需要在描述固定中子源的方程中增加有效增殖系数的倒数 k^{-1} 作为裂变源项的特征值。迭代开始时需要先假设 k_0 和 $\psi^{(0)}$，并由此计算裂变源 $S_\mathrm{f}^{(0)}$ 和散射源 $S_\mathrm{s}^{(0)}$。利用9.9.2节介绍的求解过程可得角中子注量率的第一次迭代值 $\psi^{(1)}$；根据 $\psi^{(1)}$ 可以计算裂变源的第一次迭代值 $S_\mathrm{f}^{(1)}(\psi^{(1)}/k_1)$、特征值的第一次迭代值 $k_1=k_0S_\mathrm{f}^{(1)}/S_\mathrm{f}^{(0)}$ 和散射源的第一次迭代值 $S_\mathrm{s}^{(1)}(\psi^{(1)}/k_1)$。利用这些第一次迭代值可计算角中子注量率的第二次迭代值 $\psi^{(2)}$。依次类推，直至特征值收敛为止。与固定中子源问题的单次迭代求解过程相比，临界问题的求解过程需要内、外两个迭代。内迭代进行角中子注量率的迭代，这与固定中子源问题相同；外迭代进行特征值的迭代；外迭代称为功率迭代。对于功率迭代，同样存在一些加速收敛的方法。

9.10 多维离散纵标法

9.10.1 离散纵标及其求积组

对于多维几何结构来说，需要两个角度坐标才能描述中子的运动方向。参考图9.22，中子运动方向 $\boldsymbol{\Omega}$ 与坐标轴 x_1、x_2 和 x_3 夹角的余弦分别为 μ、η 和 ξ。因为 $\boldsymbol{\Omega}$ 是单位矢量，需满足 $\mu^2+\eta^2+\xi^2=1$，所以这三个方向余弦仅其中的两个是独立的。

对于三维问题，角中子注量率在单位球体的八个卦限内随中子运动方向 $\boldsymbol{\Omega}$ 的变化而变化。对于二维问题，即几何结构在其中一个坐标方向上是对称的，确定角中子注量率时所涉及的卦限减少为四个。对于一维问题，即几何结构在其中两个坐标方向上对称的，角中子注量率在两个卦限内即可被确定下来。为了简便,在这八个卦限内的方向坐标通常是对称选取的,即它们关于 x_1-x_2 平面、x_2-x_3 平面与 x_3-x_1 平面是对称的。若其中一个卦限内的离散纵标和求积权重已经被确定且构建成一组满足 $\mu_n^2+\eta_n^2+\xi_n^2=1$ 的方向余弦,通过改变其中一个或多个方向余弦的符号即可得到其他卦限内的离散纵标和求积权重,它们分别是 $(-\mu_n,\eta_n,\xi_n)$、$(\mu_n,-\eta_n,\xi_n)$、$(\mu_n,\eta_n,-\xi_n)$、$(-\mu_n,-\eta_n,\xi_n)$、$(-\mu_n,\eta_n,-\xi_n)$、$(\mu_n,-\eta_n,-\xi_n)$、$(-\mu_n,-\eta_n,-\xi_n)$。

在图 9.23 所示的全对称求积组中,方向余弦在每一个坐标轴上均选取了 $N/2$ 个相同的纵标,即 $\mu_n=\eta_n=\xi_n(n=1,\cdots,N/2)$。$S_N$ 这一符号已被广泛用于代表离散纵标法,这源于利用上述求积组能严格地定义 S_N 法。仅利用全对称求积组的旋转对称性与 $\mu_n^2+\eta_n^2+\xi_n^2=1$ 尚不能完全确定所有的方向余弦。然而,一旦选定 μ_1,其他的 μ_n 可由下面的递推公式进行计算:

$$\mu_n^2=\mu_1^2+2(n-1)\frac{1-3\mu_1^2}{N-2} \tag{9.226}$$

并根据 $\mu_n=\eta_n=\xi_n$ 和 $\mu_n^2+\eta_n^2+\xi_n^2=1$ 可确定其他的离散纵标。例如,若每个坐标上仅有一个方向余弦,即 S_2 近似,满足公式 $\mu_1^2+\eta_1^2+\xi_1^2=1$ 即可确定所有的离散纵标为 $\mu_1=\eta_1=\xi_1=\sqrt{1/3}$,它就不再具有选择其他离散纵标的自由度。

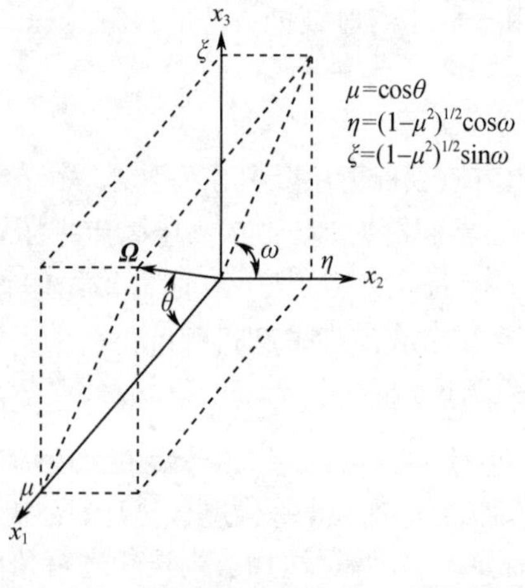

图 9.22 多维离散纵标法的坐标系[2]

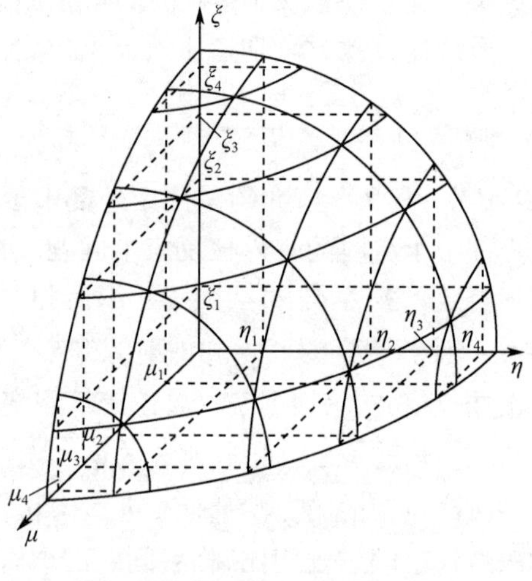

图 9.23 S_8 的全对称求积组[2]

每一个卦限内的权重可进行归一化,即

$$\sum_{n=1}^{N(N+2)/8} w_n = 1 \tag{9.227}$$

其中,n 须遍历卦限内所有的 $(\mu_i,\eta_j,\xi_k)(i,j,k=1,\cdots,N/2)$。对于 S_2 近似,因为每个卦限内只有一个离散纵标,所以 $w_1=1$。对于其他的 S_N 近似,等对称条件 $\mu_n=\eta_n=\xi_n$ 要求通过轮转得到的离散纵标具有相等的权重,如图 9.24 所示,其中标有相同数字的所有纵标具有相同的权重 w_n。

需要注意的是,与一维问题不同,这些全对称求积组并不能使任何阶次的勒让德多项式均能精确地被积分。然而,在上述限制内,权重的选择仍具有一定的自由度,而且在每一个角度变量上能精确积分勒让德多项式的最大个数与其选择的自由度个数相同。一组求积权重如表 9.3 所列。

S_2 1

S_4 1
1 1

S_6 1
2 2
1 2 1

S_8 1
2 2
2 3 2
1 2 2 1

S_{12} 1
2 2
3 4 3
3 5 5 3
2 4 5 4 2
1 2 3 3 2 1

S_{16} 1
2 2
3 5 3
4 6 6 4
4 7 8 7 4
3 6 8 8 6 3
2 5 6 7 6 5 2
1 2 3 4 4 3 2 1

图9.24 一个卦限内的 S_N 纵标[2]

表9.3 全对称 S_N 求积组[2]

S_N	n	μ_n	w_n
S_4	1	0.35002	0.33333
	2	0.86889	—
S6	1	0.26664	0.17613
	2	0.68150	0.15721
	3	0.92618	—
S_8	1	0.21822	0.12099
	2	0.57735	0.09074
	3	0.78680	0.09259
	4	0.95119	—
S_{12}	1	0.16721	0.07076
	2	0.45955	0.05588
	3	0.62802	0.03734
	4	0.76002	0.05028
	5	0.87227	0.02585
	6	0.97164	—

9.10.2 二维笛卡儿坐标系下的 S_N 法

二维笛卡儿坐标系下的离散纵标方程组为

$$\mu_n \frac{\partial \psi(\boldsymbol{\Omega}_n)}{\partial x} + \eta_n \frac{\partial \psi(\boldsymbol{\Omega}_n)}{\partial y} + \Sigma_t \psi(\boldsymbol{\Omega}_n) = Q(\boldsymbol{\Omega}_n) \tag{9.228}$$

其中,方程中的空间坐标已被展开;$\boldsymbol{\Omega}_n = \boldsymbol{\Omega}(\mu_n, \eta_n)$;源项 Q 包含利用球谐函数进行展开的散射、裂变和外部中子源:

$$Q(\boldsymbol{\Omega}_n) = \sum_{l=0}^{L} \sum_{m=0}^{l} (2 - \delta_{m0}) Y_{lm}(\boldsymbol{\Omega}_n) \Sigma_{sl} \phi_l^m + S(\boldsymbol{\Omega}_n) \tag{9.229}$$

离散纵标近似下的角中子注量率的分量为

$$\phi_l^m = \frac{1}{4}\sum_{n=1}^{N(N+2)/2} w_n Y_{lm}(\boldsymbol{\Omega}_n)\psi(\boldsymbol{\Omega}_n) \tag{9.230}$$

在空间上,将二维问题的 $x-y$ 区域划分成若干个网格,例如,以 (x_i, y_i) 为中心的矩形网格为 $x_{i-1/2} \leqslant x \leqslant x_{i+1/2}, y_{i-1/2} \leqslant y \leqslant y_{i+1/2}$,且每一个网格内的各种截面均为常数。在该网格内对方程(9.228)积分,可得

$$\frac{\mu_n}{\Delta x_i}(\psi_n^{i+1/2,j} - \psi_n^{i-1/2,j}) + \frac{\eta_n}{\Delta y_i}(\psi_n^{i,j+1/2} - \psi_n^{i,j-1/2}) + \Sigma_t^{ij}\psi_n^{ij} = Q_n^{ij} \tag{9.231}$$

式中:定义体平均参数为

$$\psi_n^{ij} \equiv \frac{1}{\Delta x_i \Delta y_j}\int_i \mathrm{d}x \int_j \psi_n(x,y)\,\mathrm{d}y \tag{9.232}$$

$$Q_n^{ij} \equiv \frac{1}{\Delta x_i \Delta y_j}\int_i \mathrm{d}x \int_j Q_n(x,y)\,\mathrm{d}y \tag{9.233}$$

面平均参数为

$$\psi_n^{i+1/2,j} \equiv \frac{1}{\Delta y_j}\int_j \psi_n(x_{i+1/2}, y)\,\mathrm{d}y \tag{9.234}$$

$$\psi_n^{i,j+1/2} \equiv \frac{1}{\Delta x_i}\int_j \psi_n(x_i, y_{j+1/2})\,\mathrm{d}x \tag{9.235}$$

对于每一个网格,须将体平均的角中子注量率与面平均的角中子注量率联系起来,最常用的是中心差分法和 θ 权重法。中心差分法可写为

$$\psi_n^{ij} = \frac{1}{2}(\psi_n^{i+1/2,j} + \psi_n^{i-1/2,j}) = \frac{1}{2}(\psi_n^{i,j+1/2} + \psi_n^{i,j-1/2}) \tag{9.236}$$

在二维网格上顺着中子运动方向来回迭代即可求解上述方程组。参考图 9.25,每一轮(对散射源的)迭代须在每个网格点相应的 4 个卦限(象限)内进行 4 次内迭代。在 $(\mu_n > 0, \eta_n > 0)$ 卦限(象限)内,迭代须从左到右,从下到上;在 $(\mu_n < 0, \eta_n > 0)$ 卦限(象限)内,迭代须从右到左,从下到上;在 $(\mu_n > 0, \eta_n < 0)$ 卦限(象限)内,迭代须从左到右,从上到下;在 $(\mu_n < 0, \eta_n < 0)$ 卦限(象限)内,迭代须从右到左,从上到下。

在 $(\mu_n > 0, \eta_n > 0)$ 卦限(象限)内,方程(9.236)代入方程(9.231)后并整理,可得

$$\psi_n^{ij} = \left(\Sigma_t^{ij} + \frac{2\mu_n}{\Delta x_i} + \frac{2\eta_n}{\Delta y_i}\right)^{-1}\left(\frac{2\mu_n}{\Delta x_i}\psi_n^{i-1/2,j} + \frac{2\eta_n}{\Delta y_i}\psi_n^{i,j-1/2} + Q_n^{ij}\right) \tag{9.237}$$

第一步,迭代从已知的边界条件开始,例如已知入射角中子注量率(包括真空)边界可表示为

$$\psi_n^{1/2,j} = \psi_{\text{in}}(x_{\text{L}}, \mu_n > 0) \quad (j = 1, \cdots, J)$$

$$\psi_n^{i,1/2} = \psi_{\text{in}}(y_{\text{B}}, \eta_n > 0) \quad (i = 1, \cdots, I)$$

式中:x_{L} 表示左边界,y_{B} 表示底部边界。

角中子注量率 ψ_n^{11} 可以由方程(9.237)计算得到。

第二步,依次利用方程(9.236)和方程(9.237)从左往右进行计算得到 $\psi_n^{3/2,1}, \psi_n^{2,1}, \cdots, \psi_n^{I+1/2,1}$。

第三步,利用方程(9.236)计算 $\psi_n^{1,3/2}, \psi_n^{2,3/2}, \cdots, \psi_n^{I,3/2}$。

第四步,利用边界条件 $\psi_n^{1/2,2} = \psi_{\text{in}}(x_{\text{L}}, \mu_n > 0)$,并从左向右利用方程(9.236)和方

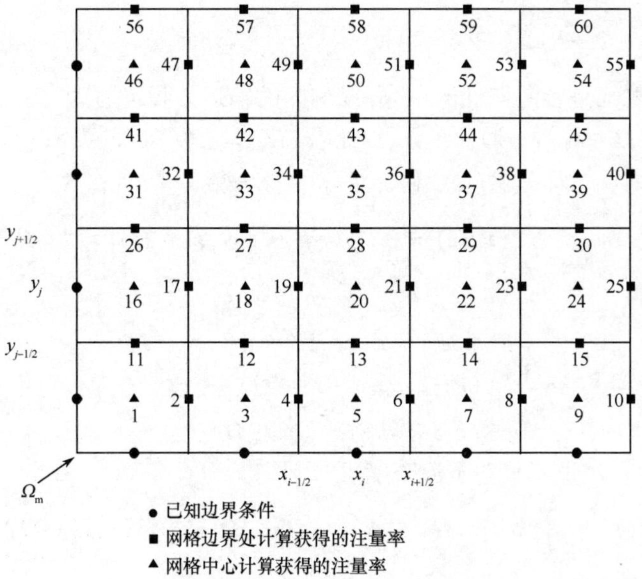

图 9.25　二维网格在($\mu_n>0,\eta_n>0$)卦限(象限)内的迭代顺序[2]

程(9.237)可得第即 $j=2$ 行的解。依次类推,直至计算得到所有出射的角中子注量率。在其他三个卦限(象限)内的计算与此相同,但是需要构造与卦限相配的类似方程(9.237)的算法。在得到所有网格上的角中子注量率后,即可构建中子注量率:

$$\phi^{ij}=\frac{1}{4}\sum_{n=1}^{N(N+2)/2}w_n\psi_n^{ij} \tag{9.238}$$

及相应的勒让德分量:

$$\phi_{lm}^{ij}=\frac{1}{4}\sum_{n=1}^{N(N+2)/2}w_nY_{lm}(\boldsymbol{\Omega}_n)\psi_n^{ij} \tag{9.239}$$

并用其计算散射和裂变源项。重复上述过程直至源收敛。

9.10.3　进一步的讨论

多维几何结构的离散纵标法与几何结构存在非常密切的关系。由于空间网格和角度网格耦合在一起,因此这个方法最初限于规则的几何结构,如平行六面体、圆柱和球。然而,三角形空间网格技术的发展使该方法能用于各种几何结构。大量其他的纵标和权重求积组已经被发展起来并用于特定的目的,如为了适合深穿透问题而强化特定的方向。虽然适合于一维几何结构的加速收敛技术依然适合于多维离散纵标法,但是随多维尺度而来的复杂性降低了加速收敛技术的效率。在散射截面(多群情况下包含群内散射截面)远大于吸收截面且计算区域的厚度仅为光学厚度时,源收敛将变得异常缓慢。在局部中子源和散射微弱的问题中,由于对角度的离散,角中子注量率分布在角度上出现不真实的振荡,称为射线效应。对于这样的振荡,存在一些特别的补救方法,如在离散纵标计算中对首次碰撞中子源采用半解析方法进行计算。不管这些困难,在扩散理论不合适的情况下,离散纵标方法为计算核反应堆及其周围屏蔽与结构材料内的中子注量率分布提供了强有力的计算工具。关于离散纵标法更加详细的介绍见参考文献[2,5]。

9.11 偶对称输运公式

若中子源和散射均是各向同性的,单群或群内的输运方程可写为

$$\boldsymbol{\Omega}\cdot\nabla\psi(\boldsymbol{r},\boldsymbol{\Omega})+\Sigma_{\mathrm{t}}(\boldsymbol{r},\boldsymbol{\Omega})\psi(\boldsymbol{r},\boldsymbol{\Omega})=\Sigma_{\mathrm{s}}(\boldsymbol{r})\phi(\boldsymbol{r})+S(\boldsymbol{r}) \tag{9.240}$$

定义角中子注量率的偶对称分量(+)和奇对称(-)分量:

$$\psi^{\pm}(\boldsymbol{r},\boldsymbol{\Omega})=\frac{1}{2}[\psi(\boldsymbol{r},\boldsymbol{\Omega})\pm\psi(\boldsymbol{r},-\boldsymbol{\Omega})] \tag{9.241}$$

由此可得

$$\begin{cases}\psi(\boldsymbol{r},\boldsymbol{\Omega})=\psi^{+}(\boldsymbol{r},\boldsymbol{\Omega})+\psi^{-}(\boldsymbol{r},-\boldsymbol{\Omega})\\ \psi^{+}(\boldsymbol{r},\boldsymbol{\Omega})=\psi^{+}(\boldsymbol{r},-\boldsymbol{\Omega})\\ \psi^{-}(\boldsymbol{r},\boldsymbol{\Omega})=-\psi^{-}(\boldsymbol{r},-\boldsymbol{\Omega})\end{cases} \tag{9.242}$$

利用这些关系式,中子注量率和中子流密度可分别定义为

$$\begin{cases}\phi(\boldsymbol{r})\equiv\int(\psi^{+}(\boldsymbol{r},\boldsymbol{\Omega})+\psi^{-}(\boldsymbol{r},\boldsymbol{\Omega}))\mathrm{d}\boldsymbol{\Omega}=\int\psi^{+}(\boldsymbol{r},\boldsymbol{\Omega})\mathrm{d}\boldsymbol{\Omega}\\ \boldsymbol{J}(\boldsymbol{r})\equiv\int\boldsymbol{\Omega}(\psi^{+}(\boldsymbol{r},\boldsymbol{\Omega})+\psi^{-}(\boldsymbol{r},\boldsymbol{\Omega}))\mathrm{d}\boldsymbol{\Omega}=\int\boldsymbol{\Omega}\psi^{-}(\boldsymbol{r},\boldsymbol{\Omega})\mathrm{d}\boldsymbol{\Omega}\end{cases} \tag{9.243}$$

将以 $-\boldsymbol{\Omega}$ 和 $\boldsymbol{\Omega}$ 为变量的方程(9.240)相加,并利用方程(9.241)可得

$$\boldsymbol{\Omega}\cdot\nabla\psi^{-}(\boldsymbol{r},\boldsymbol{\Omega})+\Sigma_{\mathrm{t}}(\boldsymbol{r})\psi^{+}(\boldsymbol{r},\boldsymbol{\Omega})=\Sigma_{\mathrm{s}}(\boldsymbol{r})\phi(\boldsymbol{r})+S(\boldsymbol{r}) \tag{9.244}$$

同理,两个方程相减,可得

$$\boldsymbol{\Omega}\cdot\nabla\psi^{+}(\boldsymbol{r},\boldsymbol{\Omega})+\Sigma_{\mathrm{t}}(\boldsymbol{r})\psi^{-}(\boldsymbol{r},\boldsymbol{\Omega})=0 \tag{9.245}$$

方程(9.245)代入方程(9.244)消去角中子注量率的奇对称分量后,可得

$$-\boldsymbol{\Omega}\cdot\nabla\left[\frac{1}{\Sigma_{\mathrm{t}}(\boldsymbol{r})}\boldsymbol{\Omega}\cdot\nabla\psi^{+}(\boldsymbol{r},\boldsymbol{\Omega})\right]+\Sigma_{\mathrm{t}}(\boldsymbol{r})\psi^{+}(\boldsymbol{r},\boldsymbol{\Omega})=\Sigma_{\mathrm{s}}(\boldsymbol{r})\phi(\boldsymbol{r})+S(\boldsymbol{r}) \tag{9.246}$$

方程(9.245)代入方程(9.243)的第二个方程可得仅含有角中子注量率偶对称分量的中子流密度为

$$\boldsymbol{J}(\boldsymbol{r})=-\int\boldsymbol{\Omega}\frac{1}{\Sigma_{\mathrm{t}}(\boldsymbol{r})}\boldsymbol{\Omega}\cdot\nabla\psi^{+}(\boldsymbol{r},\boldsymbol{\Omega})\mathrm{d}\boldsymbol{\Omega} \tag{9.247}$$

真空边界条件变为

$$\begin{gathered}0=\psi(\boldsymbol{r}_{\mathrm{s}},\boldsymbol{\Omega})=\boldsymbol{\Omega}\cdot\nabla\psi^{+}(\boldsymbol{r}_{\mathrm{s}},\boldsymbol{\Omega})\pm\Sigma_{\mathrm{t}}(\boldsymbol{r}_{\mathrm{s}})\psi^{+}(\boldsymbol{r}_{\mathrm{s}},\boldsymbol{\Omega})\\ (\boldsymbol{\Omega}\cdot n_{\mathrm{s}}>0,\text{取“+”号};\boldsymbol{\Omega}\cdot n_{\mathrm{s}}<0,\text{取“-”号})\end{gathered} \tag{9.248}$$

反射边界条件为

$$\psi^{+}(\boldsymbol{r}_{\mathrm{s}},\boldsymbol{\Omega})=\psi^{+}(\boldsymbol{r}_{\mathrm{s}},\boldsymbol{\Omega}') \tag{9.249}$$

式中:$\boldsymbol{\Omega}'$是在空间上相对于入射方向 $\boldsymbol{\Omega}$ 的反射方向。

9.12 蒙特卡罗方法

从最基本的层面来说,中子在介质内的输运过程本质上是一个随机过程。总截面表征中子在飞行一段距离之后经历碰撞的概率(单位长度、单位原子密度)。若确实发生了碰撞,散射、俘获、裂变等等截面表征该中子经历相应事件的概率。本章此前各节分析的中子注量率实际上是中子注量率函数的均值或期望值。蒙特卡罗方法是一种将中子输运过程视为随机过程

并直接对其进行模拟的方法。

9.12.1　概率分布函数

假设自变量 x 在 $a \leqslant x \leqslant b$ 的范围内变化,且存在一个概率分布函数(PDF)$f(x)$,它满足 $f(x)\mathrm{d}x$是某一变量在 x 和 $x+\mathrm{d}x$ 之间取某一值的概率。概率分布函数可归一化:

$$\int_{a}^{b} f(x)\,\mathrm{d}x = 1 \tag{9.250}$$

通常来说,$f(x) \geqslant 0$ 不是 x 的单调增函数。这意味着,一个给定的 f 值并不对应唯一一个 x。

一个更加有用的物理量是积分概率分布函数 $F(x)$,它定义为变量 x 的值在小于等于 x 的概率:

$$F(x) = \int_{a}^{x} f(x')\,\mathrm{d}x' \tag{9.251}$$

它是 x 的单调增函数。因此,一个中子在 x 和 $x+\mathrm{d}x$ 之间取 x 值的概率为 $F(x+\mathrm{d}x)-F(x)=f(x)\mathrm{d}x$。若 $\boldsymbol{\kappa}$ 是一个介于 0 ~ 1 之间的随机数,令 $F(x)=\boldsymbol{\kappa}$ 即可确定 x 的分布 $f(x)$。在某些情形下,可以通过直接求解 $x=F^{-1}(\boldsymbol{\kappa})$ 获得 x。若积分概率分布函数是离散的值 $F(x_i)$,通过内插可确定 x 的值。例如,在 $F(x_j) \leqslant \boldsymbol{\kappa} \leqslant F(x_{j-1})$ 上线性内插可得

$$x = x_j - \frac{F(x_j)-\boldsymbol{\kappa}}{F(x_j)-F(x_{j-1})}(x_j - x_{j-1}) \tag{9.252}$$

虽然目前存在许多确定概率分布函数的方法,但是通常优先利用积分概率分布函数确定概率分布函数。

9.12.2　中子输运过程的模拟

通过跟踪一个中子在介质内运动的路径,并考察其在路径上所经历的各种过程(中子历史)就能理解蒙特卡罗方法是如何模拟中子在介质内输运这一随机过程的。假设这样的模拟从核反应堆内的中子源开始(若核反应堆内不全是裂变中子源,外部中子源是比较常见的),而且假设裂变源中子空间上满足某种的分布(蒙特卡罗方法计算裂变源空间分布的方法详见 9.12.5 节)、能量上是裂变能谱、方向上是各向同性的。这些分布均可利用概率分布函数和积分概率分布函数进行描述。具体来说,首先生成一个随机数,并根据裂变源空间分布的积分概率分布函数计算确定该源中子在空间上的位置;其次生成另一个随机数,并依据裂变能谱的积分概率分布函数计算确定该源中子的能量;再次生成第三个和第四个随机数,并根据两个彼此独立的角度变量(如 $\mu=\cos\theta$ 和 φ)的积分概率分布函数计算确定源中子的运动方向。

确定上述参数之后,源中子即可开始运动(飞行)。在经历碰撞之前,该源中子一直保持直线飞行。沿其飞行路径飞行一定距离 s 后,中子经历碰撞的概率为

$$T(s) = \Sigma_{\mathrm{t}}(s)\exp\left[-\int_{0}^{s}\Sigma_{\mathrm{t}}(s')\,\mathrm{d}s'\right] \tag{9.253}$$

这就是碰撞距离 s 的概率分布函数。理论上,产生一个随机数 λ 并根据如下的积分概率分布函数即可确定中子经历第一次碰撞所飞行的距离 s:

$$-\ln\lambda = \int_{0}^{s}\Sigma_{\mathrm{t}}(s')\,\mathrm{d}s' \tag{9.254}$$

实际上,非均匀介质使这一过程变得非常的复杂。首先必须已知第一次碰撞点的介质成分。假设介质是逐点均匀的,而且在中子飞行路径上每一段均匀介质的长度为 s_j。若

$$\sum_{j=1}^{n-1} \Sigma_{tj} s_j \leqslant -\ln\lambda < \sum_{j=1}^{n} \Sigma_{tj} s_j \tag{9.255}$$

这意味着中子已进入第 n 个区域,而且发生碰撞时它在该区域内飞行的距离为

$$s_n = \frac{1}{\Sigma_{tn}}\left(-\ln\lambda - \sum_{j=1}^{n} \Sigma_{tj} s_j\right) \tag{9.256}$$

虽然处理复杂几何结构内中子的飞行距离是一个异常复杂的过程,但是这已经非常成熟了。现代蒙特卡罗程序本质上能对任何几何结构进行建模,这是蒙特卡罗方法的优势之一。

确定中子在第 n 个区域的 s_n 处发生碰撞后,下一步须确定与中子发生碰撞的原子核及其种类和发生的反应类型。中子在此处与核素 i 发生 x 反应的概率为

$$p_{ix} = \frac{N_i \sigma_{ix}}{\sum_{i,x} N_i \sigma_{ix}} \tag{9.257}$$

式中:N_i为区域 n 内核素 i 的原子核数密度;σ_{ix}为中子与核素 i 发生 x 反应的微观截面。

构建概率分布函数和积分概率分布函数后,生成一个随机数 η,并令 η 等于积分概率分布函数(可能涉及如方程(9.252)的内插)即可确定核素种类和反应类型。

若发生吸收反应,中子历史将终止;被吸收时中子的能量和位置均须被记录下来,并开始新的中子历史。若发生弹性散射,产生另一个随机数,令其等于质心坐标系下散射角余弦的积分概率分布函数以确定 μ_{cm},并将其转换为实验室坐标系下相应的值。(因为在质心坐标系下除了高能中子与重核散射之外,所有弹性散射是各向同性的,这意味着散射的概率分布函数和积分概率分布函数非常简单。)对于处于非热能区的中子,由散射过程运动学可知,散射后中子的能量与 μ_{cm}存在如下的确定关系:

$$E' = \frac{E(A^2 + 2A\mu_{cm} + 1)}{(A+1)^2} \tag{9.258}$$

求得 E'后,实验室坐标系下的散射角余弦为

$$\mu = \cos\theta = \frac{1}{2}(A+1)\sqrt{\frac{E}{E'}} + \frac{1}{2}(A-1)\sqrt{\frac{E'}{E}} \tag{9.259}$$

若发生非弹性散射或热中子与受约束的栅格原子发生弹性散射,其积分概率分布函数将变的比较复杂。生成另一个随机数,并令其等于方向角 φ 的积分概率分布函数,由此散射后的中子方向即可被确定下来。散射后的中子可视为裂变源中子,重复上述计算直至该中子从系统中泄漏出去或被吸收。

9.12.3 统计估计

基于 x 的概率分布函数,函数 $h(x)$的均值或期望值定义为

$$\langle h \rangle = \int_a^b h(x) f(x)\,dx \tag{9.260}$$

标准差 σ 和方差 V 分别定义为

$$\sigma(h) = \sqrt{V(h)} = \left\{\int_a^b [h(x) - \langle h \rangle]^2 f(x)\,dx\right\}^{1/2} = [\langle h^2 \rangle - \langle h \rangle^2]^{1/2} \tag{9.261}$$

对于 N 个根据积分概率分布函数选取的 x 来说,均值$\langle h \rangle$的统计估计值为

$$\bar{h} = \frac{1}{N}\sum_{n=1}^{N} h(x_n) \tag{9.262}$$

中心极限定理能给出该估计值的误差范围。中心极限定理表明,若已经得到均值$\langle h \rangle$的大量

的估计值 $\bar{h}$，而且每一个估计值均包含 N 个试验点，统计估计值 $\bar{h}$ 通常满足 $\langle h \rangle$ 的正态分布，而且其精度为 $O(1/N^{1/2})$。当 N 趋向无穷大时，中心极限定理可写为如下的形式：

$$P\left\{\langle h\rangle-\frac{M\sigma(h)}{\sqrt{N}}\leqslant\bar{h}\leqslant\langle h\rangle+\frac{M\sigma(h)}{\sqrt{N}}\right\}=\begin{cases}0.6826, & M=1\\0.954, & M=2\\0.997, & M=3\end{cases}\tag{9.263}$$

中心极限定理表明，均值 $\langle h \rangle$ 的统计估计值（方程(9.262)）的置信概率在 $\pm M\sigma/\sqrt{N}$ 范围内。当 $M=1$ 时，置信概率为 68.3%；$M=2$ 时，置信概率为 95.4%；$M=3$ 时，置信概率为 99.7%，等等。）

函数 $h(x)$ 的一阶矩和两阶矩通常是未知的。不过利用统计数据可构造这两个量的近似值。$\bar{h}$ 的期望值为

$$\begin{aligned}\langle\bar{h}\rangle &= \frac{1}{N}\sum_{n=1}^{N}\langle h(x_n)\rangle = \frac{1}{N}\sum_{n=1}^{N}\int_{a}^{b}f(x_n)h(x_n)\mathrm{d}x_n\\ &= \frac{1}{N}\sum_{n=1}^{N}\int_{a}^{b}f(x)h(x)\mathrm{d}x = \frac{1}{N}\sum_{n=1}^{N}\langle h\rangle = \langle h\rangle\end{aligned}\tag{9.264}$$

由于 $\langle\bar{h}\rangle=\langle h\rangle$，$\langle\bar{h}\rangle$ 是 $\langle h\rangle$ 的无偏估计。

$\bar{h}^2$ 的期望值为

$$\begin{aligned}\langle\bar{h}^2\rangle &= \frac{1}{N^2}\left\langle\sum_{n=1}^{N}h(x_n)\sum_{m=1}^{N}h(x_m)\right\rangle = \frac{1}{N^2}\left\langle\sum_{n=1}^{N}h^2(x_n)+\sum_{n=1}^{N}h(x_m)\sum_{m\neq n}^{N}h(x_m)\right\rangle\\ &= \frac{1}{N^2}[N\langle h^2\rangle+N(N-1)\langle h\rangle^2] = \frac{\langle h^2\rangle}{N}-\frac{N-1}{N}\langle h\rangle^2\end{aligned}\tag{9.265}$$

由于 $\langle\bar{h}^2\rangle\neq\langle h\rangle^2$，$\bar{h}^2$ 是 $\langle\bar{h}^2\rangle$ 的有偏估计。

由于 $\langle\bar{h}^2\rangle\neq\langle h\rangle^2$，统计估计值 $\bar{h}$ 的方差为

$$V(\bar{h})=\frac{1}{N}(\langle h^2\rangle-\langle h\rangle^2)=\frac{V(h)}{N}\approx\frac{1}{N-1}(\overline{h^2}-\bar{h}^2)\tag{9.266}$$

而且均方根误差与统计估计值 $\bar{h}$ 存在如下的关系：

$$\varepsilon^2=\frac{1}{N}\left(\frac{\langle h^2\rangle}{\langle h\rangle^2}-1\right)\approx\frac{1}{N-1}\left(\frac{\overline{h^2}}{\bar{h}^2}-1\right)\tag{9.267}$$

9.12.4 减方差技术

对于基于变量 x 随机抽样的物理量 $h(x)$，为了增加其均值的置信度，减小均方根误差在蒙特卡罗计算中是非常重要的一项技术。由方程(9.267)可知，通过增加中子历史数目可减小均方根误差，但是这需要消耗大量的计算时间。目前已发展出许多其他的可减小均方根误差或者方差误差的方法。本节将介绍其中一些常见的减方差技术。

重点抽样法的基本思想是：在保持均值不变的情况下通过修正概率分布函数以减小方差。将计算均值及其统计估计值的方程(9.260)和方程(9.262)改为

$$\langle h_2\rangle = \int_{a}^{b}h(x)\frac{f(x)}{f^*(x)}f^*(x)\mathrm{d}x\tag{9.268}$$

$$\bar{h}_2 = \frac{1}{N}\sum_{n=1}^{N}h(x_n)\frac{f(x)}{f^*(x)} \equiv \frac{1}{N}\sum_{n=1}^{N}h(x_n)w(x_n)\tag{9.269}$$

其中，按如前所述的方法根据 $f^*(x)$ 选取 x_n；$w(x_n)\equiv f(x_n)/f^*(x_n)$ 是权重函数。明显的是，由方程(9.260)确定的均值 $\langle h\rangle$ 与由方程(9.268)确定的均值 $\langle h_2\rangle$ 是相同的。由方程(9.269)确

定的均值的统计估计值$\bar{h}_2$与由方程(9.262)确定的均值的统计估计值$\bar{h}$均具有相同的期望值$\langle h\rangle$。然而,它们的方差是不同的,这正是重点抽样的目的。两种抽样的方差分别为

$$\begin{aligned}V_1(\bar{h}_1) &= \frac{1}{N}\int_{\mathrm{a}}^{b}[h(x)-\langle h\rangle]^2 f(x)\,\mathrm{d}x \\ &= \frac{1}{N}\left[\int_{\mathrm{a}}^{b}h^2(x)f(x)\,\mathrm{d}x-\langle h\rangle^2\right]\end{aligned} \tag{9.270}$$

$$\begin{aligned}V_2(\bar{h}_2) &= \frac{1}{N}\int_{\mathrm{a}}^{b}\left[h(x)\frac{f(x)}{f^*(x)}-\langle h\rangle\right]^2 f^*(x)\,\mathrm{d}x \\ &= \frac{1}{N}\left[\int_{\mathrm{a}}^{b}\frac{h^2(x)f^2(x)}{f^*(x)}\mathrm{d}x-\langle h\rangle^2\right]\end{aligned} \tag{9.271}$$

选择$f^*(x)$的目标是使$V_2<V_1$。如果分布$h(x)$和它的期望值已知,那么最佳的$f^*(x)$为

$$f^*(x)=\frac{h(x)f(x)}{\langle h\rangle} \tag{9.272}$$

此时,$V_2=0$。这表明恰当地选择$f^*(x)$能极大地减小方差。$f^*(x)$应选为对$\langle h\rangle$具有更大贡献的中子,这意味着$f^*(x)$应该选为中子的权重或共轭函数(详见第13章)。然而,被广泛使用的减小方差技术通常是根据经验和直觉选取那些对所须计算值$\langle h\rangle$具有最大贡献的中子进行强化的格式。非相似减小方差格式是一种调整中子历史上每一事件的权重的方法。此处所谓的事件可以是一次碰撞,也可以是中子从一个区域穿越边界进入另一个区域,等等。

对于穿透问题,指数变换法是一种非常有效的方法,因为它增加了深穿透中子的数目,而这些中子对所计算的目标(如屏蔽的穿透、控制棒的穿透)具有更大的贡献。若感兴趣的参数主要取决于x正方向上的中子,人为地减小x方向上的截面可以增加其穿透的可能性,例如:

$$\Sigma_{\mathrm{t}}^{\mathrm{ex}}=\Sigma_{\mathrm{t}}(1-p\boldsymbol{\Omega}\cdot\boldsymbol{n}_x)\quad(0\leqslant p\leqslant 1) \tag{9.273}$$

在碰撞中,中子必须乘以一个附加权重w_{ex}以保持该碰撞中子所希望的权重,即

$$\Sigma_{\mathrm{t}}\mathrm{e}^{-\Sigma_{\mathrm{t}}s}\mathrm{d}s=w_{\mathrm{ex}}\Sigma_{\mathrm{t}}^{\mathrm{ex}}\mathrm{e}^{-\Sigma_{\mathrm{t}}^{\mathrm{ex}}s}\mathrm{d}s \tag{9.274}$$

其中,附加权重定义为

$$w_{\mathrm{ex}}=\frac{\exp[-p(\boldsymbol{\Omega}\cdot\boldsymbol{n}_x)s]}{1-p(\boldsymbol{\Omega}\cdot\boldsymbol{n}_x)} \tag{9.275}$$

对于一个因体积非常小而中子碰撞概率很低的区域来说,当计算这类区域的反应率时,人为的强制碰撞法是一个有效的方法。若一个中子进入权重为w的区域经过距离l后穿过该区域,可将该中子分裂成两个中子,并令一个中子未经碰撞穿过该区域,而令另一个中子在该区域内进行强制碰撞。由于该中子未经碰撞穿过该区域的概率是$\mathrm{e}^{-\Sigma_{\mathrm{t}}l}$,经历碰撞和未经碰撞中子的权重分别为$w_{\mathrm{c}}=w[1-\mathrm{e}^{-\Sigma_{\mathrm{t}}l}]$和$w_{\mathrm{un}}=w\mathrm{e}^{-\Sigma_{\mathrm{t}}l}$。权重为$w_{\mathrm{un}}$的未经碰撞的中子在该区域的外表面重新开始它的历史,而经碰撞的中子也开始它自己的历史。在该区域内中子经历碰撞的概率分布函数为

$$f(s)=\frac{\Sigma_{\mathrm{t}}\mathrm{e}^{-\Sigma_{\mathrm{t}}s}}{1-\mathrm{e}^{-\Sigma_{\mathrm{t}}l}} \tag{9.276}$$

生成一个随机数$\xi(0\leqslant\xi\leqslant 1)$,由此可得发生碰撞的距离为

$$s=-\frac{1}{\Sigma_{\mathrm{t}}}\ln[1-\xi(1-\mathrm{e}^{-\Sigma_{\mathrm{t}}l})] \tag{9.277}$$

经历碰撞后,权重为w_{c}的中子继续它的历史。

对于中子须进入某一特定区域的问题,降低其他区域的吸收可增加进入该区域的中子。

吸收权重法并不终止那些吸收中子的历史，而是假设碰撞的所有结果均是散射，但是碰撞后的中子必须乘以一个权重以包含其逃脱吸收的概率：

$$w_{\mathrm{a}}=w\left(1-\frac{\Sigma_{\mathrm{a}}}{\Sigma_{\mathrm{t}}}\right) \tag{9.278}$$

由于继续权重很小的中子的历史导致很低的计算效率，俄罗斯轮盘赌适合解决此类问题。俄罗斯轮盘赌或者增加某一中子的权重，或者终止该中子的历史。具体地说，生成一个随机数$\xi(0\leqslant\xi\leqslant1)$，并与一个介于2~10之间的数$v$进行比较。若$\xi>1/v$，终止该中子的历史；若$\xi<1/v$，继续该中子的历史，并将其权重从最初的$w$增加至$w_{\mathrm{RR}}=wv$。

对于深穿透问题，分裂法可增加穿透中子的数目。当一个中子从权重为I_i的区域进入权重为I_{i+1}的区域时，先终止该中子的历史，然后重新开始I_{i+1}/I_i个具有相同能量与运动方向但权重仅为$w_{\mathrm{s}}=wI_{i+1}/I_i$的新中子。在此所谓的权重主要指相对于$\langle h\rangle$的重要性来说的。俄罗斯轮盘赌可与分裂法联合使用以终止远离穿透方向且权重过低的中子历史。

9.12.5　计数

通过对每次碰撞事件进行计数可获得所有区域、所有能量范围内所有核素的反应率。通过对碰撞事件和表面穿过次数进行计数可构建中子注量率和中子流密度。根据定义，某个区域内的碰撞率等于截面、中子注量率与体积的乘积。因此，基于碰撞率(CR)的计数，中子注量率可由下式计算：

$$\phi=\frac{\mathrm{CR}}{\Sigma_{\mathrm{t}}V} \tag{9.279}$$

这一方法的缺点是仅在体积V内发生碰撞的中子才对CR和ϕ有贡献。中子注量率的另一个定义是穿过某一体积的所有中子在单位时间、单位体积内的路径长度：

$$\bar{\phi}=\frac{\bar{l}}{V}=\frac{1}{V}\frac{1}{N}\sum_{n=1}^{N}l_n \tag{9.280}$$

式中：l_n为单位时间内第n个中子历史在体积V内的穿行路径长度。

若考虑中子的权重，则中子注量率的定义为

$$\bar{\phi}=\frac{1}{V}\frac{1}{N}\sum_{n=1}^{N}w_nl_n \tag{9.281}$$

式中：w_n为中子在穿过该体积时的权重(需要注意的是，中子在其历史上可能多次穿过某一体积，因而其每一次穿过均需要被计算在内)。

中子注量率估计值的方差为

$$V_{\mathrm{ar}}=\frac{N}{N-1}\left[\frac{1}{V^2N}\sum_{n=1}^{N}(w_nl_n)^2-\frac{1}{V^2N^2}\left(\sum_{n=1}^{N}w_nl_n\right)^2\right] \tag{9.282}$$

穿过某一表面的中子流密度是核反应堆物理计算的另一个重要的物理量。对在正、反两个方向上穿过某一给定表面的中子穿过率$p^{\pm}$进行计数可得中子流密度。单位时间内正、反两个方向上穿过该表面的中子数可由下式计算：

$$p^{\pm}=\frac{1}{N}\sum_{n=1}^{N}w_np_n^{\pm} \tag{9.283}$$

式中：w_n为中子穿过该表面时的权重(需要注意的是，一个中子在其历史上可能多次穿过该表面，且每一次穿过均需要被计算在内)。

穿过率除以表面积A后可得分中子流密度。正、反分中子流密度相减即可得该表面的

(净)中子流密度,即

$$J = J^{+} - J^{-} = \frac{p^{+} - p^{-}}{A} = \frac{1}{AN}\sum_{n=1}^{N} w_n (p_n^{+} - p_n^{-}) \tag{9.284}$$

若蒙特卡罗方法用于计算变化很小的参数,例如扰动的反应性价值、反应性系数等,须采用特殊的办法以避免这些变化很小的参数值被统计误差所淹没。相关抽样法是解决此类问题的一种方法。对于两次计算,相关抽样法利用相同的随机数序列以生成中子历史上各事件的序列。若系统未发生变化,这两次计算一定具有相同的结果。若两次计算存在差别,结果之间的差别必是由扰动引起的。

9.12.6 临界问题

蒙特卡罗方法适用于计算核反应堆的增殖系数及特征值问题相关的中子注量率分布。蒙特卡罗方法求解此类问题通常是从空间上为任意分布、能量上为裂变谱分布的各向同性中子开始的。最初的中子空间分布可以是均匀分布,可以是相似问题的上一次蒙特卡罗方法的计算结果,也可以是确定论输运计算(如离散纵标方法)的结果。计算给定的某一代中子历史直至其全部终止,由此获得下一代中子的分布,重复上述过程直至中子源的空间分布稳定下来(收敛)。在开始收敛阶段,可以通过增加中子总数以获得更精确的结果。一旦裂变中子源的空间分布稳定,相邻两代中子数之比可作为增殖系数的统计估计值。目前存在大量的方法可用于减少中子空间分布稳定之前的计算量。

采用如下的方法可确定每一代裂变源的分布。若 w_n 是中子因吸收而被终止其历史时的权重,在相同的位置上将产生 I_n 或 I_{n+1} 个下一代的裂变中子。利用方程(9.285)可确定下一代的裂变中子数。

$$w_n \frac{\nu\Sigma_{\mathrm{f}}}{\Sigma_{\mathrm{a}}} = I_n + R_n \tag{9.285}$$

式中:I_n 为整数;$0 < R_n < 1$。

具体的操作是:生成一个随机数 $\xi(0 \leqslant \xi \leqslant 1)$,若 $R_n > \xi$,生成 $I_n + 1$ 个下一代中子;反之,生成 I_n 个下一代中子。采用路径长度也可用于计算生成的下一代裂变中子总数:

$$\sum_i w_{ni} l_{ni} \frac{\nu\Sigma_{\mathrm{f}i}}{\Sigma_{\mathrm{a}i}} = \text{下一代中子的总数} \tag{9.286}$$

式中:w_{ni} 为中子在穿过区域 i 时的权重;l_{ni} 为中子在区域 i 内穿行的总路径长度。

临界计算面临的其中一个问题是须防止中子总数过度的增加或减少,这分别对应装置处于超临界状态或次临界状态。避免该问题有两种方法:一种是在每一次碰撞中乘以根据所期望的下一代中子数目而确定的权重以改变碰撞中子的权重;另一种是简单地令每一代最初的中子数目相同,即若上一代中子产生更多的中子时,则减少下一代中子,若上一代中子产生更少的中子,则可重复使用一部分中子。

9.12.7 源问题

许多核反应堆物理问题可以归结为源问题,如屏蔽计算。在屏蔽计算中,核反应堆堆芯可视为一个固定中子源。非均匀栅格内中子慢化过程中的共振吸收计算、中子从慢化能区进入热能区后的热化计算、非均匀栅格内固定裂变中子源时的反应性温度系数计算均可抽象为源问题。

在可分辨共振能区,共振截面可由大量的与不同中子能量对应的离散数据表示,也可用多普勒展宽的布赖特-维格纳公式表示。在不可分辨共振能区,共振截面基于能级间距和能级宽度统计值的概率分布函数来选择(参见第 11 章)。对于慢化通过共振吸收区的中子,在 E 和 αE 间的均匀分布进行抽样可确定其能量、对路径长度分布进行抽样可确定其位置、对反应类型分布抽样可确定其碰撞类型等。利用相关抽样法和不同温度下的有效多普勒展宽截面可计算反应性温度系数。

在慢化剂内,慢化进入热能区形成的中子源分布可用于确定在热能区各向同性的中子。旋转-振动水平分布(参见第 12 章)影响中子与束缚原子和分子间的非弹性散射,它可用于构建非弹性散射的概率分布函数。随后,跟踪热中子的历史直至其因吸收而终止。不同能量下的路径长度估计器可用于估计热中子的能谱。

9.12.8　随机数

随机数的生成是蒙特卡罗方法的一个基础问题。目前存在大量的随机数生成器或者随机数生成算法,而且如何生成随机数仍是一个颇有争议的问题。关于随机数的讨论及用于生成随机数的 FORTRAN 程序详见参考文献[1]。

参 考 文 献

[1] W. H. PRESS et al., *Numerical Recipes*, Cambridge University Press, Cambridge (**1989**), Chap. 7.

[2] E. E. LEWIS and W. F. MILLER, *Computational Methods of Neutron Transport*, Wiley-Interscience, New York (**1984**); reprinted by American Nuclear Society, La Grange Park. IL (**1993**).

[3] R. J. J. STAMM'LER and M. J. ABBATE, *Methods of Steady-State Reactor Physics in Nuclear Design*, Academic Press, London (**1983**). Chaps. IV and V.

[4] S. O. LINDAHL and Z. WEISS. "The Response Matrix Method," in J. Lewins and M. Becker eds., *Adv. Nucl. Sci. Technol. 13* (**1981**).

[5] B. G. CARLSON and K. D. LATHROP, "Transport Theory: The Method of Discrete Ordinates," in H. Greenspan, C. N. Kelber, and D. Okrent. eds., *Computing Methods in Reactor Physics*, Gordon and Breach, New York (**1968**).

[6] E. M. GELBARD, "Spherical Harmonics Methods: P_L and Double P_L. Approximations," in H. Greenspan, C. N. Kelber. and D. Okrent. Eds., *Computing Methods in Reactor Physics*, Cordon and Breach, New York (**1968**).

[7] M. H. KALOS, F. R. NAKACHE, and J. CELNIK, "Monte Carlo Methods in Reactor Computations," in H. Greenspan, C. N. Kelber, and D. Okrent, eds., *Computing Methods in Reactor Physics*, Gordon and Breach, New York (**1968**).

[8] J. SPANIER and E. M. GELBARD. *Monte Carlo Principles and Neutron Transport Problems*, Addison-Wesley, Reading, MA (**1964**).

[9] M. CLARK and K. F. HANSEN, *Numerical Methods of Reactor Analysis*, Academic Press, New York (**1964**).

[10] R. V. MEGHREBLIAN and D. K. HOLMES, *Reactor Analysis*, McGraw-Hill, New York, (**1960**), pp. 160-267 and 626-747.

[11] B. DAVISON, *Neutron Transport Theory*, Oxford University Press, London (**1957**).

[12] K. M. CASE, F.DE HOFFMANN and G. PLACZEK, *Introduction to the Theory of Neutron Diffusion.* Los Alamos National Laboratory, Los Alamos, NM (**1953**).

[13] A. F. HENRY. *Nuclear Reactor Analysis.* MIT Press, Cambridge, MA (**1975**), Chap. 6.

[14] R. SANCHEZ, "Approximate Solution of the Two-Dimensional Integral Transport Equation by Collision Probabilities Methods," *Nucl. Sci. Engr. 64*, 384 (**1977**); "A Transport Multicell Method for Two-Dimensional Lattices of Hexagonal Cells," *Nucl. Sci. Engr. 92*, 247 (**1986**).

习题

9.1 参考方程(9.28),试推导线性各向异性的中子注量率入射纯吸收平板时的穿透概率和吸收概率。

9.2 试利用勒让德多项式的正交关系式推导半幅勒让德多项式的正交关系式,即方程(9.23)。

9.3 试推导积分输运方程,即方程(9.42)。

9.4 对于以边长为 a_x 和 b_x 矩形,试利用方程(9.110)和方程(9.112)推导二维几何结构的穿透概率和逃脱概率。在 $0.1 < X = 4V/S\lambda < 10.0$ 的范围内,计算穿透概率和首次飞行逃脱概率。

9.5 在 $0.1 < X = 4V/S\lambda < 10.0$ 的范围内,试利用方程(9.117)计算首次飞行逃脱概率,并与题 9.4 的结果进行比较。其中,方程(9.117)中的 $c = 2.09$。

9.6 试推导 P_L 方程组,即方程(9.126)。

9.7 试从 P_3 方程组出发推导简化的 P_3 方程组及其边界条件,即方程(9.143)和方程(9.145)。

9.8 利用 S_N 方程组和方程(9.202)与方程(9.203)定义的离散纵标与权重,推导 $D-P_{N-1}$ 方程组。

9.9 (编程题)试编写一个程序求解一维平板的离散纵标方程组,要求分别采用 S_2、S_4、S_8 和 S_{12} 近似求解厚度为 100cm 的均匀平板在真空边界条件下的角中子注量率。其中,$\Sigma_t = 0.25\text{cm}^{-1}$,$\Sigma_{s0} = 0.15\text{cm}^{-1}$,在 $0 < x < 25\text{cm}$ 范围内存在各向同性中子源 $S_0 = 10^{14}\text{n}/(\text{cm}\cdot\text{s})$。

9.10 (编程题)试编写一个程序求解包含各向异性散射时的一维平板的离散纵标方程组。其中,各向异性散射的分量分别为 $\Sigma_{s1} = 0.01$,$\Sigma_{s2} = 0.0025$,其他条件与题 9.9 相同。

9.11 试推导球形几何结构的一维离散纵标方程的空间差分方程,并与方程(9.219)和方程(9.223)协调一致。

9.12 (编程题)试编写一个程序求解二维 $x-y$ 几何结构的 S_N 方程组,要求分别采用 S_2、S_4、S_8 和 S_{12} 近似求解边长为 100cm 的正方形在真空边界条件下的角中子注量率。其中,$\Sigma_t = 0.25\text{cm}^{-1}$,$\Sigma_{s0} = 0.15\text{cm}^{-1}$,$\Sigma_{s1} = 0.01$,$\Sigma_{s2} = 0.0025$,在 $0 < x < 25\text{cm}$、$25 < y < 50\text{cm}$ 范围内存在各向同性中子源 $S_0 = 10^{14}\text{n}/(\text{cm}\cdot\text{s})$。

9.13 以 x 为自变量的概率分布函数为 $f(x) = 4/[\pi(1+x^2)]\,(0 \leqslant x \leqslant 1)$。若随机变量 ξ 在 $0 \leqslant \xi \leqslant 1$ 范围内,试证明 $x = \tan(\xi\pi/4)$。

9.14 试从 P_5 方程组出发推导简化的 P_5 方程组及其相应的马绍克边界条件。(提示:$F_0 = 2\phi_2 + \phi_0, F_1 = \frac{4}{3}\phi_4 + \phi_2, F_2 = \phi_4$)

9.15 试从一维的 P_1 方程组出发推导圆柱形几何结构和球形几何结构的扩散方程,即方程(9.158)。

9.16 试推导直角坐标系下的中子输运方程的球谐函数近似方程,即方程(9.181)。

9.17 试绘制能量在 $10^4\text{eV} \leqslant E \leqslant 10^7\text{eV}$ 范围内的裂变谱 $\chi(E) = 0.453\exp(-1.036E)\sinh\sqrt{2.29E}$ 的积分概率分布函数。

9.18 试分别计算一维 S_2、S_4 和 S_8 近似下求解中子输运方程所能接受的最大的空间网格大小。其中，$\Sigma_t = 0.3\text{cm}^{-1}$。

9.19 试绘制某一区域内截面的概率分布函数和积分概率分布函数。该区域的各类截面分别为 $\Sigma_a = 0.15\text{cm}^{-1}$，$\Sigma_s = 0.08\text{cm}^{-1}$，$\Sigma_f = 0.08\text{cm}^{-1}$。

9.20 （编程题）试编写一个蒙特卡罗程序计算一个厚度 $a = 1.0\text{m}$ 的平板反应堆的增殖系数和中子注量率。其中，反应堆内的散射是各向同性的，而且在 $0 \leqslant x \leqslant 50\text{cm}$ 范围内，$\Sigma_a = 0.12\text{cm}^{-1}$，$\Sigma_s = 0.05\text{cm}^{-1}$ 和 $\nu\Sigma_f = 0.15\text{cm}^{-1}$，在 $50 \leqslant x \leqslant 100\text{cm}$ 范围内，$\Sigma_a = 0.10\text{cm}^{-1}$，$\Sigma_s = 0.05\text{cm}^{-1}$ 和 $\nu\Sigma_f = 0.12\text{cm}^{-1}$。

9.21 对于厚度为 a 的平板，其左侧界面处存在中子源 $S(\mu) \sim \mu^2$，平板的吸收截面为 Σ_a，各向同性散射截面为 Σ_s。试推导未经碰撞的中子在平板右侧界面处形成的中子流密度的表达式和总中子流密度表达式。

9.22 试从粒子守恒出发推导在空间－角度－能量空间内的玻耳兹曼输运方程，并判断各类假设的合理性。

第10章　中子慢化

本章主要介绍热能区以上的快中子慢化的计算方法，且引入勒作为中子能量的另一种表示方法，并推导以勒为变量的公式。

10.1　弹性散射传递函数

10.1.1　勒

采用勒代替能量作为变量可以比较方便地处理中子慢化过程，勒的定义为

$$u \equiv \ln \frac{E_0}{E} \tag{10.1}$$

式中：E_0为核反应堆内可能出现的最大中子能量，如10MeV。

勒的增量 $\mathrm{d}u$ 与相应的能量增量 $\mathrm{d}E$ 之间满足

$$\mathrm{d}u = \frac{\mathrm{d}u}{\mathrm{d}E}\mathrm{d}E = -\frac{\mathrm{d}E}{E} \tag{10.2}$$

式中：负号"－"表示随着中子能量的降低，勒逐渐地增加。

从物理上来说，在能量区间 $\mathrm{d}u$ 内的总中子注量率与在相应 $\mathrm{d}E$ 内的总中子注量率应该相等。这意味着，单位能量区间内的中子注量率与单位勒区间内的中子注量率之间存在一一对应关系，即

$$\phi(u)\mathrm{d}u = -\phi(E)\mathrm{d}E \Rightarrow \phi(u) = E\phi(E) \tag{10.3}$$

10.1.2　弹性散射动力学

在第1章中，基于能量和动量守恒定律分析了弹性散射过程，得到的主要结论是弹性散射前后中子能量的变化 $E' \to E$ 与质心坐标系下的散射角余弦 $\mu_c = \cos\theta_c$ 存在确定的关系，即

$$\frac{E}{E'} = \frac{A^2 + 1 + 2A\mu_c}{(A+1)^2} = \mathrm{e}^{u'-u} \equiv \mathrm{e}^{-U} \tag{10.4}$$

同时也建立了实验室坐标系下散射角余弦 $\mu_0 = \cos\theta_0$ 与质心坐标系下散射角余弦之间的关系，即

$$\mu_0 = \frac{1 + A\mu_c}{(A^2 + 2A\mu_c + 1)^{1/2}} \tag{10.5}$$

由此可得，勒的增量与实验室坐标系下散射角余弦之间的关系为

$$\mu_0(U) = \frac{1}{2}\left[(A+1)\mathrm{e}^{-U/2} - (A-1)\mathrm{e}^{U/2}\right] \tag{10.6}$$

10.1.3　弹性散射核

通用的勒－散射角散射传递函数可写为

$$\sigma_s(\mu_0,u'\to u)=\sigma_s(u')p_0(u',\mu_0)g(\mu_0,u'\to u) \tag{10.7}$$

式中：$\mu_0=\boldsymbol{\Omega}'\cdot\boldsymbol{\Omega}$为实验室坐标系下散射碰撞前后中子入射方向与出射方向夹角的余弦，如图10.1所示；$p_0(u',\mu_0)$为勒是u'的中子散射通过角度$\theta_0=\arccos\mu_0$的概率；$g(\mu_0,u'\to u)$为勒是u'的中子散射通过角度$\theta_0=\arccos\mu_0$且其最终的勒为u的概率。函数g满足归一化公式：

$$\int g(\mu_0,u'\to u)\mathrm{d}u=1 \tag{10.8}$$

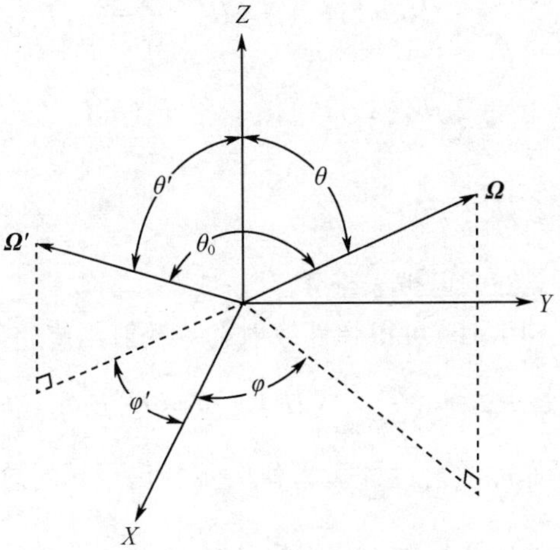

图10.1 与散射过程有关的角度[2]

散射通过角度$\theta_0=\arccos\mu_0$的角传递函数为

$$\sigma_s(\mu_0,u')\equiv\int\sigma_s(\mu_0,u'\to u)\mathrm{d}u=\sigma_s(u')p_0(u',\mu_0) \tag{10.9}$$

以$(u',U=u-u',\mu_0)$为变量改写勒－散射角传递函数，并利用勒让德多项式展开可得

$$\sigma_s(u',U,\mu_0)=\sum_{l'=0}^{\infty}\frac{1}{2}(2l'+1)b_{l'}^0(u',U)P_{l'}(\mu_0) \tag{10.10}$$

式中：$P_l(\mu_0)$为实验室坐标系下散射角余弦的第l阶勒让德多项式分量。

利用勒让德多项式的正交性可得散射传递函数的勒让德系数为

$$b_{l'}^0(u',U)=\int_{-1}^{1}P_l(\mu_0)\sigma_s(u',U,\mu_0)\mathrm{d}\mu_0 \tag{10.11}$$

由方程(10.6)可知，对于弹性散射，勒与散射角之间存在确定的关系。这意味着，散射碰撞时勒在U处变化$\mathrm{d}U$的概率与该散射的散射角余弦在μ_0处变化$\mathrm{d}\mu_0$的概率相等，且其余的均为0：

$$\sigma_s(u',U,\mu_0)\mathrm{d}U=-\sigma_s(\mu_0,u')\delta(\mu_0-\mu_0(U))\mathrm{d}\mu_0(U) \tag{10.12}$$

式中：负号“－”反映散射角余弦的增加对应于勒的减少。

将方程(10.12)代入方程(10.11)可得

$$b_l^0(u',U)=\sigma_s(\mu_0(U),u')P_l(\mu_0(U))\left[-\frac{\mathrm{d}\mu_0(U)}{\mathrm{d}U}\right] \tag{10.13}$$

在实验室坐标系下，散射中子通过散射角μ_0处$\mathrm{d}\mu_0$范围内的概率与质心坐标系下其通过相应散射角μ_c处$\mathrm{d}\mu_c$范围内的概率相等，即

$$\sigma_s(u',\mu_0)\mathrm{d}\mu_0=\sigma_s^c(u',\mu_c)\mathrm{d}\mu_c \tag{10.14}$$

而且，实验观察发现，质心坐标系下的散射传递函数能以其散射角$\theta_c=\arccos\mu_c$为变量进行勒

让德多项式展开,方程(10.14)变为

$$\sigma_s(u',\mu_0) = \sigma_s^c(u',\mu_c)\frac{d\mu_c}{d\mu_0} = \sum_{l'=0}^{\infty}\frac{1}{2}(2l'+1)b_{l'}^c(u')P_{l'}(\mu_c)\frac{d\mu_c}{d\mu_0} \tag{10.15}$$

这使实验室坐标系下以勒增量为变量的散射传递函数的勒让德分量 $b_l^0(u',U)$ 可与质心坐标系下散射角分布的勒让德分量联系起来,即

$$\begin{aligned} b_l^0(u',U) &= \sum_{l'=0}^{\infty}\frac{1}{2}(2l'+1)b_{l'}^c(u')P_{l'}(\mu_c(U))\frac{d\mu_c(U)}{d\mu_0(U)}P_l(\mu_0(U))\left[-\frac{d\mu_0(U)}{dU}\right] \\ &= \sum_{l'=0}^{\infty}\frac{1}{2}(2l'+1)b_{l'}^c(u')P_{l'}(\mu_c(U))P_l(\mu_0(U))\left[-\frac{d\mu_c(U)}{dU}\right] \\ &\equiv \sum_{l'=0}^{\infty}T_{ll'}(U)b_{l'}^c(u') \end{aligned} \tag{10.16}$$

式中:$b_{l'}^c(u')$ 在核截面数据文件中已被表格化。

将式(10.16)代入方程(10.10)可得弹性散射勒-散射角传递函数为

$$\sigma_s(u',U,\mu_0) = \sum_{l',l}\frac{1}{2}(2l+1)T_{ll'}(U)P_l(\mu_0)b_{l'}^c(u') \tag{10.17}$$

对式(10.17)进行积分可得弹性散射过程引起勒从 u' 变化至 u 的总概率为

$$\sigma_s(u'\to u) = \int_{-1}^{1}\sigma_s(u',U,\mu_0)d\mu_0 = \sum_{l'=0}^{\infty}T_{0l'}(U)b_{l'}^c(u') \tag{10.18}$$

10.1.4 质心坐标系下的各向同性散射

散射共振附近的区域除外,质心坐标系下弹性散射角的分布可以用该坐标系下散射角余弦的平均值 $\bar{\mu}_c = 0.07A^{2/3}E(\mathrm{MeV})$ 表示。弹性散射角分布在质心坐标系下本质上是各向同性的,高能中子与重核散射除外。当质心坐标系下的散射视为球对称(各向同性)时,散射角分布的勒让德分量为

$$b_l^c(u') = \sigma_s(u')\delta_{l0} \tag{10.19}$$

在此情况下,方程(10.18)变为

$$\sigma_s^{iso}(u'\to u) = \sigma_s(u')T_{00}(U) = \frac{\sigma_s(u')e^{u'-u}}{1-\alpha} \tag{10.20}$$

由此可得,各向同性散射的平均勒增为

$$\xi^{iso} = \int_0^{\ln 1/\alpha}\frac{\sigma_s(u'\to u)UdU}{\sigma_s(u')} = \int_0^{\ln 1/\alpha}T_{00}(U)UdU = 1+\frac{\alpha\ln\alpha}{1-\alpha} \tag{10.21}$$

实验室坐标系下散射角余弦的平均值为

$$\bar{\mu}_0^{iso} = \int_0^{\ln 1/\alpha}\frac{\sigma_s(u'\to u)\mu_0(U)dU}{\sigma_s(u')} = \int_0^{\ln 1/\alpha}T_{10}(U)dU = \frac{2}{3A} \tag{10.22}$$

式中:A 为经历散射的原子核的相对原子质量;$\alpha = [(A-1)/(A+1)]^2$。

由此可知,对于某一给定的原子核,这些量与勒无关。然而,对于混合物,$\xi = \sum_j\sigma_{sj}(u)\xi_j/\sum_j\sigma_{sj}(u)$ 和 $\mu_0 = \sum_j\sigma_{sj}(u)\mu_{0j}/\sum_j\sigma_{sj}(u)$ 与勒有关。

10.1.5 质心坐标系下线性各向异性散射

当质心坐标系下散射传递函数仅有前两阶勒让德分量非零时,方程(10.18)变为

$$\sigma_s^{\text{anis}}(u'\to u) = T_{00}(U)b_0^c(u') + T_{01}(U)b_1^c(u')$$
$$= \frac{\sigma_s(u')\mathrm{e}^{u'-u}}{1-\alpha}\left\{1+\bar{\mu}_c(u')\left[3-\frac{6}{1-\alpha}(1-\mathrm{e}^{-u'-u})\right]\right\} \tag{10.23}$$

在此情形下，方程(10.24)表明一次弹性碰撞中平均勒增因各向异性散射而有所减小(中子慢化被减弱)，即

$$\xi(u') = \frac{b_0^c(u')}{\sigma_s(u')}\int_0^{\ln 1/\alpha} UT_{00}(U)\mathrm{d}U + \frac{b_1^c(u')}{\sigma_s(u')}\int_0^{\ln 1/\alpha} UT_{01}(U)\mathrm{d}U$$
$$= \xi^{\text{iso}} - 3\frac{b_1^c(u')}{b_0^c(u')}\left[\frac{1}{4}\frac{A^2+1}{A} + \frac{1}{8}\frac{(A^2-1)^2}{A^2}\ln\frac{A-1}{A+1}\right]$$
$$\xrightarrow[\text{较大的} A]{} \xi^{\text{iso}} - \frac{2}{A}\frac{b_1^c(u')}{b_0^c(u')} = \xi^{\text{iso}}[1-\bar{\mu}_c(u')] \tag{10.24}$$

而且，实验室坐标系下散射角余弦的平均值因各向异性散射而有所增大(更趋于向前散射)，即

$$\bar{\mu}_0(u') = \frac{b_0^c(u')}{\sigma_s(u')}\int_0^{\ln 1/\alpha} \mu_0(U)\left[T_{00}(U) + \frac{b_1^c(u')}{b_0^c(u')}T_{01}(U)\right]\mathrm{d}U$$
$$= [\bar{\mu}_0(u')]^{\text{iso}} + \bar{\mu}_c(u')\left(1-\frac{3}{5A^2}\right) \tag{10.25}$$

各向异性散射时，ξ 和 μ_0 与勒相关。

10.2　P_1 和 B_1 慢化方程

10.2.1　推导

通过改写因散射而从能区 du 移除的中子和从能区 du' 散射进入能区 du 形成的散射源中子(在中子能量大于 1eV 的慢化能区，仅存在从 $u' \leqslant u$ 的向下散射而不存在向上散射)，中子输运方程可以直接变换为以勒为变量的形式：

$$\boldsymbol{\Omega}\cdot\nabla\psi(\boldsymbol{r},\boldsymbol{\Omega},u) + \Sigma_t(\boldsymbol{r},u)\psi(\boldsymbol{r},\boldsymbol{\Omega},u)$$
$$= \int_0^u \mathrm{d}u'\int_0^{4\pi}\frac{\Sigma_s(\boldsymbol{r},\mu_0,U,u')}{2\pi}\psi(\boldsymbol{r},\boldsymbol{\Omega}',u')\mathrm{d}\boldsymbol{\Omega}' +$$
$$\frac{1}{k}\chi(u)\int_0^\infty \mathrm{d}u'\int_0^{4\pi}\frac{\nu\Sigma_f(\boldsymbol{r},u')}{4\pi}\psi(\boldsymbol{r},\boldsymbol{\Omega}',u')\mathrm{d}\boldsymbol{\Omega}'$$
$$\equiv \int_{u-\ln 1/\alpha}^u \mathrm{d}u'\int_0^{4\pi}\frac{\Sigma_{\text{sel}}(\boldsymbol{r},\mu_0,U,u')}{2\pi}\psi(\boldsymbol{r},\boldsymbol{\Omega}',u')\mathrm{d}\boldsymbol{\Omega}' + S(\boldsymbol{r},\boldsymbol{\Omega},u) \tag{10.26}$$

式中：$\mu_0 = \boldsymbol{\Omega}'\cdot\boldsymbol{\Omega}$ 为实验室坐标系下中子散射前后入射方向和出射方向夹角的余弦。

在方程(10.26)的最后一步中，非弹性散射中子和裂变中子均归入源项，而散射项中仅仅保留弹性散射。宏观弹性散射传递函数是所有核素的数密度与微观弹性散射传递函数(方程(10.17))乘积之和：

$$\Sigma_{\text{sel}}(\boldsymbol{r},\mu_0,U,u') = \sum_j N_j(\boldsymbol{r})\sigma_{sj}(\mu_0,U,u')$$

$$= \sum_j N_j(\boldsymbol{r}) \sum_{l',l} \frac{1}{2}(2l+1) T_{ll'}(U) P_l(\mu_0) b_{l'}^{c}(u') \qquad (10.27)$$

而且,为了符号的简便,散射积分的积分下限统一标为 $1-\ln(1/\alpha)$,实际上每个核素的积分下限为 $1-\ln(1/\alpha_j)$ 且均不相同。

在第9章中,采用角中子注量率勒让德级数展法推导得到了一维单群 P_n 方程组。实际上,勒让德级数展法可推广应用于以勒为变量的角中子注量率:

$$\psi(z,\mu,u) \approx \frac{1}{2}\phi_0(z,u)P_0(\mu) + \frac{3}{2}\phi_1(z,u)P_1(\mu)$$
$$= \frac{1}{2}\phi_0(z,u) + \frac{3}{2}\mu J_z(z,u) = \frac{1}{2}\phi_0(z,u) + \frac{3}{2}\boldsymbol{\Omega}_z J_z(z,u) \qquad (10.28)$$

式中:μ 为中子运动方向与 z 轴夹角的余弦,$\mu = \boldsymbol{\Omega} \cdot n_z = \boldsymbol{\Omega}_z = \cos\theta$,如图10.2所示。

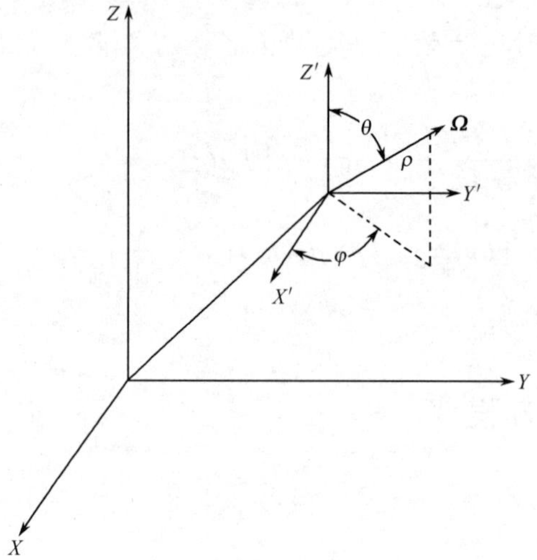

图10.2 笛卡儿坐标系中方向矢量 $\boldsymbol{\Omega}$ 示意图[2]

利用勒让德多项式的正交特性,z 轴方向上的中子流密度 J_z 可与 $n=1$ 时的角中子注量率分量联系起来,即

$$J_z(z,u) \equiv \phi_1(z,u) \equiv \int_{-1}^{1} P_1(\mu)\psi(z,\mu,u)\mathrm{d}\mu \qquad (10.29)$$

同理,$\boldsymbol{\Omega}_x = \boldsymbol{\Omega} \cdot \boldsymbol{n}_x = \sin\theta\cos\varphi$,$\boldsymbol{\Omega}_y = \boldsymbol{\Omega} \cdot \boldsymbol{n}_y = \sin\theta\sin\varphi$ 和 $\mathrm{d}\boldsymbol{\Omega} = \sin\theta\mathrm{d}\theta\mathrm{d}\varphi/4\pi$。那么三维几何结构中角中子注量率的 P_1 展开式为

$$\psi(\boldsymbol{r},\mu,u) \approx \frac{1}{2}\phi_0(\boldsymbol{r},u) + \frac{3}{2}\boldsymbol{\Omega} \cdot \boldsymbol{J}(\boldsymbol{r},u) \qquad (10.30)$$

采用第9章中推导一维 P_1 方程组相同的方法,将方程(10.28)代入一维中子输运方程后,方程两边依次乘以 $P_0=1$ 和 $P_1(\mu=\boldsymbol{\Omega}_z)=\mu$ 并对 μ 积分可得由两个方程组成的 P_1 方程组。而且,此方法可推广至三维条件下,即方程(10.30)代入方程(10.26)后,方程两边依次乘以1和 $\boldsymbol{\Omega}$(即1和 $\boldsymbol{\Omega}_x=\mu_x$,$\boldsymbol{\Omega}_y=\mu_y$,$\boldsymbol{\Omega}_z=\mu_z$)并对 $\boldsymbol{\Omega}$ 积分可得三维 P_1 方程组:

$$\int_0^{4\pi}\left[\boldsymbol{\Omega}\cdot\nabla\left(\frac{1}{2}\phi_0 + \frac{3}{2}\boldsymbol{\Omega}\cdot\boldsymbol{J}\right) + \Sigma_t(\boldsymbol{r},u)\left(\frac{1}{2}\phi_0 + \frac{3}{2}\boldsymbol{\Omega}\cdot\boldsymbol{J}\right)\right]\mathrm{d}\boldsymbol{\Omega}$$

$$= \int_0^{4\pi} \mathrm{d}\boldsymbol{\Omega} \int_0^u \mathrm{d}u' \int_0^{4\pi} \frac{\Sigma_{\mathrm{sel}}(\boldsymbol{r},\mu_0,U,u')}{2\pi} \left(\frac{1}{2}\phi_0(u') + \frac{3}{2}\boldsymbol{\Omega}' \cdot \boldsymbol{J}(u') \right) \mathrm{d}\boldsymbol{\Omega}' + S_0(\boldsymbol{r},u) \tag{10.31}$$

$$\int_0^{4\pi} \left[\boldsymbol{\Omega} \cdot \nabla \left(\frac{1}{2}\phi_0 + \frac{3}{2}\boldsymbol{\Omega} \cdot \boldsymbol{J} \right) + \Sigma_{\mathrm{t}}(\boldsymbol{r},u) \left(\frac{1}{2}\phi_0 + \frac{3}{2}\boldsymbol{\Omega} \cdot \boldsymbol{J} \right) \right] \boldsymbol{\Omega} \mathrm{d}\boldsymbol{\Omega}$$

$$= \int_0^{4\pi} \boldsymbol{\Omega} \mathrm{d}\boldsymbol{\Omega} \int_0^u \mathrm{d}u' \int_0^{4\pi} \frac{\Sigma_{\mathrm{sel}}(\boldsymbol{r},\mu_0,U,u')}{2\pi} \left(\frac{1}{2}\phi_0(u') + \frac{3}{2}\boldsymbol{\Omega}' \cdot \boldsymbol{J}(u') \right) \mathrm{d}\boldsymbol{\Omega}' + S_1(\boldsymbol{r},u) \tag{10.32}$$

式中

$$\begin{cases} S_0(\boldsymbol{r},u) \equiv \int_0^{4\pi} S(\boldsymbol{r},\boldsymbol{\Omega},u) \mathrm{d}\boldsymbol{\Omega} \\ S_1(\boldsymbol{r},u) \equiv \int_0^{4\pi} S(\boldsymbol{r},\boldsymbol{\Omega},u) \boldsymbol{\Omega} \mathrm{d}\boldsymbol{\Omega} \end{cases} \tag{10.33}$$

为了简化此 P_1 方程组,利用方程(10.27)展开弹性散射传递函数,并利用勒让德多项式的加法定理

$$P_n(\mu_0) = P_n(\mu')P_n(\mu) + 2\sum_{m=1}^{n} \frac{(n-m)!}{(n+m)!} P_n^m(\mu')P_n^m(\mu)\cos m(\varphi' - \varphi) \tag{10.34}$$

将散射角余弦 $\mu_0 = \cos\theta_0$ 与中子入射方向、出射方向与 z 轴夹角(图 10.1)的余弦 $\mu' = \cos\theta'$、$\mu = \cos\theta$ 联系起来,其中 P_n^m 是连带勒让德函数;并利用

$$\begin{cases} \int \mathrm{d}\boldsymbol{\Omega} = 1 \\ \int \boldsymbol{\Omega}_\xi \boldsymbol{\Omega}_\chi \mathrm{d}\boldsymbol{\Omega} = \frac{1}{3}\delta_{\xi\chi} \\ \int \boldsymbol{\Omega}_\xi \mathrm{d}\boldsymbol{\Omega} = \int \boldsymbol{\Omega}_\xi^3 \mathrm{d}\boldsymbol{\Omega} = 0 \end{cases} \tag{10.35}$$

式中:$\xi = x, y, z$。

方程(10.31)和方程(10.32)可简化为

$$\nabla \cdot \boldsymbol{J}(\boldsymbol{r},u) + \Sigma_{\mathrm{t}}(\boldsymbol{r},u)\phi(\boldsymbol{r},u) = \int_{u-\ln 1/\alpha}^{u} \Sigma_{\mathrm{s0}}(\boldsymbol{r},U,u')\phi(\boldsymbol{r},u')\mathrm{d}u' + S_0(\boldsymbol{r},u) \tag{10.36}$$

$$\frac{1}{3}\nabla\phi(\boldsymbol{r},u) + \Sigma_{\mathrm{t}}(\boldsymbol{r},u)\boldsymbol{J}(\boldsymbol{r},u) = \int_{u-\ln 1/\alpha}^{u} \Sigma_{\mathrm{s1}}(\boldsymbol{r},U,u')\boldsymbol{J}(\boldsymbol{r},u')\mathrm{d}u' + S_1(\boldsymbol{r},u) \tag{10.37}$$

其中,省略了中子注量率的下标 0。而且弹性散射传递函数的勒让德分量定义为

$$\begin{aligned} \Sigma_{\mathrm{s}n}(\boldsymbol{r},U,u') &\equiv \int_{-1}^{1} \Sigma_{\mathrm{sel}}(\boldsymbol{r},\mu_0,U,u')P_n(\mu_0)\mathrm{d}\mu_0 \\ &= \sum_j N_j(\boldsymbol{r}) \sum_{l'=0} T_{nl'}(U) b_{l'}^{\mathrm{c}}(u') \equiv \sum_j N_j(\boldsymbol{r}) \sigma_{\mathrm{s}n}^j(u' \to u) \end{aligned} \tag{10.38}$$

实际上,以勒为变量的各向同性和线性各向异性散射传递函数分别为

$$\sigma_{\mathrm{s0}}^j(u' \to u) = \begin{cases} \sigma_{\mathrm{s}}^j(u') \dfrac{\mathrm{e}^{u'-u}}{1-\alpha_j}, & u - \ln \dfrac{1}{\alpha_j} < u' < u \\ 0, & \text{其他} \end{cases} \tag{10.39}$$

$$\sigma_{\mathrm{s1}}^j(u' \to u) = \begin{cases} \dfrac{\sigma_{\mathrm{s}}^j(u')\mathrm{e}^{u'-u}}{1-\alpha_j} \left[\dfrac{A+1}{2}\mathrm{e}^{(1/2)(u'-u)} - \dfrac{A-1}{2}\mathrm{e}^{-(1/2)(u'-u)} \right], & u - \ln \dfrac{1}{\alpha_j} < u' < u \\ 0, & \text{其他} \end{cases} \tag{10.40}$$

方程(10.36)和方程(10.37)的推导过程引入了一个重要的近似,即角中子注量率是线性各向异性的,如方程(10.30)所示。此近似在离开不同介质(在很大的均匀区域内部)的界面几个平均自由程后才能得到满足。对于各向异性中子源,需要离开更远的距离才能满足该近似。

10.2.2 有限大小的均匀介质

为了求解方程(10.36)和方程(10.37),假设介质是均匀的,而且中子注量率和中子流密度随空间坐标的变化关系由简单的曲率模型进行描述,即

$$\phi(z,u)=\phi(u)\exp(\mathrm{i}Bz),J(z,u)=J(u)\exp(\mathrm{i}Bz)$$

那么 P_1 方程组的两个方程分别变为

$$\mathrm{i}BJ(u)+\Sigma_{\mathrm{t}}(u)\phi(u)=\int_{u-\ln 1/\alpha}^{u}\Sigma_{\mathrm{s0}}(U,u')\phi(u')\mathrm{d}u'+S_0(u) \tag{10.41}$$

$$\frac{1}{3}\mathrm{i}B\phi(u)+\Sigma_{\mathrm{t}}(u)J(u)=\int_{u-\ln 1/\alpha}^{u}\Sigma_{\mathrm{s1}}(U,u')J(u')\mathrm{d}u'+S_1(u) \tag{10.42}$$

其中,参数 B 表征了中子从介质的泄漏或流入。注意,这个过程完全等价于方程(10.36)和方程(10.37)的傅里叶变换。

在 $\Delta u_g=u_g-u_{g-1}$ 对上述两个方程积分,并且定义如下变量:

$$\begin{cases}\phi_g\equiv\displaystyle\int_{u_{g-1}}^{u_g}\phi(u)\mathrm{d}u, \quad J_g\equiv\int_{u_{g-1}}^{u_g}J(u)\mathrm{d}u\\ \Sigma_{\mathrm{t}}^{g}\equiv\dfrac{1}{\Delta u_g}\displaystyle\int_{u_{g-1}}^{u_g}\Sigma_{\mathrm{t}}\mathrm{d}u, \quad S_n^{g}\equiv\int_{u_{g-1}}^{u_g}S_n(u)\mathrm{d}u\\ \Sigma_{\mathrm{s}n}^{g'\to g}\equiv\dfrac{1}{\Delta u_{g'}}\displaystyle\int_{u_{g'-1}}^{u_{g'}}\mathrm{d}u'\int_{u_{g-1}}^{u_g}\Sigma_{\mathrm{s}n}(u'\to u)\mathrm{d}u, \quad n=0,1\end{cases} \tag{10.43}$$

在式(10.43)中,已经利用了渐进的中子注量率 $\phi(u)\sim1$(对应于 $\phi(E)\sim1/E$)并假设 $J(u)\sim1$ 以计算总截面和散射截面,由此可得多群形式的 P_1 方程组:

$$\mathrm{i}BJ_g+\Sigma_{\mathrm{t}}^{g}\phi_g=\sum_{g'\leqslant g}\Sigma_{\mathrm{s0}}^{g'\to g}\phi_{g'}+S_0^{g} \quad (g=1,\cdots,G) \tag{10.44}$$

$$\frac{1}{3}\mathrm{i}B\phi_g+\Sigma_{\mathrm{t}}^{g}J_g=\sum_{g'\leqslant g}\Sigma_{\mathrm{s1}}^{g'\to g}J_{g'}+S_1^{g} \quad (g=1,\cdots,G) \tag{10.45}$$

10.2.3 B_1 方程

在推导 P_1 方程组过程中,引入的主要近似是角中子注量率的线性各向异性假设(方程(10.28)或方程(10.30))。假设随角度变化的散射传递函数由各向同性和线性各向异性散射两部分组成,这可避免角中子注量率线性各向异性假设。简化方程(10.26)为一维形式:

$$\mu\frac{\partial\psi(z,\mu,u)}{\partial z}+\Sigma_{\mathrm{t}}(z,u)\psi(z,\mu,u)$$
$$=\int_{-1}^{1}\mathrm{d}\mu'\int_{u-\ln 1/\alpha}^{u}\Sigma_{\mathrm{s}}(z,\mu_0,U,u')\psi(z,\mu',u')\mathrm{d}u'+S(z,\mu,u) \tag{10.46}$$

同样假设在均匀介质内角中子注量率在空间上满足 $\psi(z,\mu,u)=\psi(\mu,u)\exp(\mathrm{i}Bz)$,那么

$$[\Sigma_{\mathrm{t}}(u)+\mathrm{i}Bu]\psi(\mu,u)$$
$$=\int_{-1}^{1}\mathrm{d}\mu'\int_{u-\ln 1/\alpha}^{u}\Sigma_{\mathrm{s}}(\mu_0,U,u')\psi(\mu',u')\mathrm{d}u'+S(\mu,u) \tag{10.47}$$

方程两边同除以$(\Sigma_t + iBu)$并假设散射是线性各向异性的，那么

$$\psi(\mu,u) = (\Sigma_t(u) + iBu)^{-1}\left[\frac{1}{2}\int_{u-\ln 1/\alpha}^{u} \Sigma_{s0}(u' \to u)\phi(u')du' + \frac{3}{2}\mu\int_{u-\ln 1/\alpha}^{u} \Sigma_{s1}(u' \to u)J(u')du' + S(\mu,u)\right] \tag{10.48}$$

上述推导过程并未采用方程(10.28)这一假设。ϕ 和 J 定义如下：

$$\begin{cases} \phi(u) \equiv \int_{-1}^{1}\psi(\mu,u)d\mu \\ J(u) \equiv \int_{-1}^{1}\psi(\mu,u)\mu d\mu \end{cases} \tag{10.49}$$

方程(10.48)分别乘以 1 和 μ 并对 μ 积分可得两个 B_1 方程：

$$\begin{aligned} iBJ(u) + \Sigma_t(u)\phi(u) &= \int_{u-\ln 1/\alpha}^{u} \Sigma_{s0}(u' \to u)\phi(u')du' + S_0(u) \\ \frac{1}{3}iB\phi(u) + \gamma(u)\Sigma_t(u)J(u) &= \int_{u-\ln 1/\alpha}^{u} \Sigma_{s1}(u' \to u)J(u')du' + S_1(u) \end{aligned} \tag{10.50}$$

式中

$$\gamma(u) = \frac{[B/\Sigma_t(u)]^2\arctan[B/\Sigma_t(u)]}{3\{B/\Sigma_t(u) - \arctan[B/\Sigma_t(u)]\}} \approx 1 + \frac{4}{15}\frac{B}{\Sigma_t(u)} \tag{10.51}$$

B_1方程组与P_1方程组(方程(10.44)和方程(10.45))在形式上的差别仅是B_1方程组具有系数γ。B_1近似的本质是线性各向异性的散射传递函数，而P_1近似的本质是线性各向异性的角中子注量率。研究发现，B_1方程组对平板几何结构更加精确一些，但是只有当 B 非常大时，这两种近似才存在明显差异。多群P_1方程组和B_1方程组是大部分多群快谱程序的基础[4,10]。热中子核反应堆(PWR)和快中子核反应堆(LMFBR)的典型能谱如图 10.3 所示。

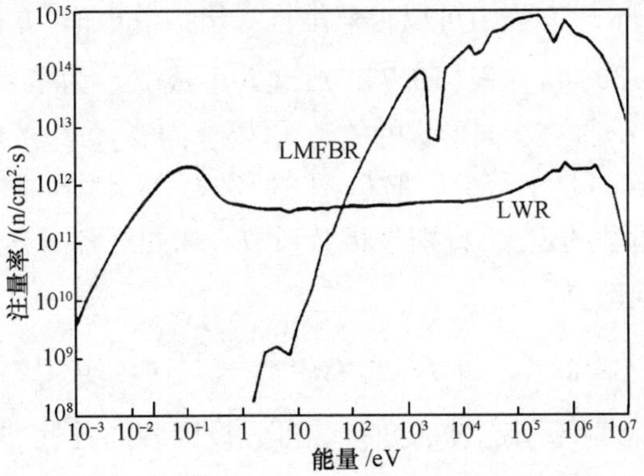

图 10.3　PWR 和 LMFBR 的典型中子能谱[1]

10.2.4　少群常数

对于中子慢化过程，核反应堆分析程序通常在精细群或超精细群下先求解一个或者多个均匀化区域的多群方程(热中子核反应堆计算通常选取 50 ~ 100 群，快中子核反应堆计算通常选取 1000 群)，然后计算少群常数用于扩散计算(水慢化热中子核反应堆计算通常选取 2 ~ 4

群,石墨慢化热中子核反应堆通常选取5~10群,快中子核反应堆通常选取20~30群)。以精细群或超精细群的中子注量率为权重合并少群内所有精细群或超精细群的群常数以生成该少群的群常数。若采用g表示精细群或超精细群、k表示少群,少群俘获和裂变截面的计算公式为

$$\sigma^k = \frac{\sum_{g \in k} \sigma^g \phi_g}{\sum_{g \in k} \phi_g} \tag{10.52}$$

散射传递截面为

$$\sigma_{sn}^{k' \to k} = \frac{\sum_{g' \in k'} \sum_{g \in k'} \sigma_{sn}^{g' \to g} \phi_{g'}}{\sum_{g' \in k'} \phi_{g'}} \tag{10.53}$$

式中:$g \in k$表示对少群k内的所有精细群或超精细群g进行求和。

正如10.2.4节将分析的那样,少群扩散系数存在多种定义。其中一种是根据随方向变化的少群输运系数定义的,即

$$\sigma_{tr,\xi}^k = \frac{\sum_{g \in k} (\sigma_t^g J_{g\xi} - \sum_{g'} \sigma_{s1}^{g' \to g} J_{g'\xi})}{\sum_{g \in k} J_{g\xi}} \quad (\xi = x, y, z) \tag{10.54}$$

式中:$J_{g\xi}$为ξ方向上精细群或超精细群的中子流密度。扩散系数与输运系数的关系为$D_g = 1/3\Sigma_{tr}^g$。

10.3 扩散理论

10.3.1 以勒为变量的扩散理论

正如第9章所述,单群P_1方程组可以自然地推导出扩散理论(方程),然而,对于以勒为变量的P_1方程组(方程(10.36)和方程(10.37)),这并不成立。为了由方程(10.37)推导出与$\boldsymbol{J}(\boldsymbol{r},E) = -D(\boldsymbol{r},E)\nabla\phi(\boldsymbol{r},E)$具有相同形式的关系式,要求:①$\Sigma_{s1}(u' \to u)$约等于$\Sigma_{s1}(u')\delta(u'-u)$或为0;②$\boldsymbol{J}(\boldsymbol{r},u)$与$\nabla\phi(\boldsymbol{r},u)$是平行的。但是,上述要求(关系式)通常没有一个能成立,这导致出现了多种多群扩散常数的定义,特别是扩散系数。在处理各向异性散射时,一个常用的方法是假设中子运动是单速的,那么

$$\int_{u-\ln 1/\alpha}^{u} \Sigma_{s1}(\boldsymbol{r}, U, u') \boldsymbol{J}(\boldsymbol{r}, u') \mathrm{d}u' \approx \Sigma_s(\boldsymbol{r}, u) \bar{\mu}_0 J(\boldsymbol{r}, u) \tag{10.55}$$

这意味着,假设各向异性散射不引起勒的变化。再假设因各向异性非弹性散射引起的各向异性源消失,则由方程(10.37)可得

$$\begin{aligned} \boldsymbol{J}(\boldsymbol{r},u) &= -\frac{1}{3[\Sigma_t(\boldsymbol{r},u) - \bar{\mu}_0 \Sigma_s(\boldsymbol{r},u)]} \nabla \phi(\boldsymbol{r},u) \\ &= -\frac{1}{3\Sigma_{tr}(\boldsymbol{r},u)} \nabla\phi(\boldsymbol{r},u) = -D(\boldsymbol{r},u)\nabla\phi(\boldsymbol{r},u) \end{aligned} \tag{10.56}$$

将上式(菲克定律)代入方程(10.36)可得以勒为变量的扩散方程为

$$-\nabla \cdot D(\boldsymbol{r},u) \nabla\phi(\boldsymbol{r},u) + \Sigma_t(\boldsymbol{r},u)\phi(\boldsymbol{r},u)$$

$$
\begin{aligned}
&= \int_{u-\ln 1/\alpha}^{u} \Sigma_{s0}(\boldsymbol{r},U,u')\phi(\boldsymbol{r},u')\mathrm{d}u' + S_0(\boldsymbol{r},u) \\
&= \int_{u-\ln 1/\alpha}^{u} \Sigma_{s0}(\boldsymbol{r},U,u')\phi(\boldsymbol{r},u')\mathrm{d}u' + \int_0^u \Sigma_{in}^0(\boldsymbol{r},u'\to u)\phi(\boldsymbol{r},u')\mathrm{d}u' + \\
&\quad \frac{1}{k}\chi(u)\int_0^\infty \nu\Sigma_f(\boldsymbol{r},u')\phi(\boldsymbol{r},u')\mathrm{d}u'
\end{aligned}
\tag{10.57}
$$

其中,在方程的最后一个形式中,非弹性散射和裂变源对各向同性源的贡献已进行了显式的表示。

10.3.2　含方向变化的扩散理论

在 10.3.1 节中从输运方程推导以勒为变量的扩散方程时,忽略了各向异性散射对中子勒变化(能量变化)的影响。若采用以下定义,各向异性散射引起的勒变化仍有可能被考虑进来:

$$
\Sigma_{tr,\xi}(\boldsymbol{r},u) \equiv \Sigma_t(\boldsymbol{r},u) - \frac{\int_{u-\ln 1/\alpha}^{u} \Sigma_{s1}(\boldsymbol{r},U,u')J_\xi(\boldsymbol{r},u')\mathrm{d}u'}{J_\xi(\boldsymbol{r},u)} \quad (\xi = x,y,z) \tag{10.58}
$$

式中:J_ξ为 ξ 方向上的中子流密度。

由于以勒为变量的中子流密度在不同的方向上完全不同,所以由方程(10.58)定义的 $\Sigma_{tr,\xi}$ 在不同的方向上也完全不同。这意味,可定义随方向变化的扩散系数 $D_\xi = 1/3\Sigma_{tr,\xi}$,由此扩散方程变为

$$
\begin{aligned}
&-\left[\frac{\partial}{\partial x}D_x(\boldsymbol{r},u)\frac{\partial}{\partial x} + \frac{\partial}{\partial y}D_y(\boldsymbol{r},u)\frac{\partial}{\partial y} + \frac{\partial}{\partial z}D_z(\boldsymbol{r},u)\frac{\partial}{\partial z}\right]\phi(\boldsymbol{r},u) + \Sigma_t(\boldsymbol{r},u)\phi(\boldsymbol{r},u) \\
&= \int_{u-\ln 1/\alpha}^{u} \Sigma_{s0}(\boldsymbol{r},U,u')\phi(\boldsymbol{r},u')\mathrm{d}u' + \int_0^u \Sigma_{in}^0(\boldsymbol{r},u'\to u)\phi(\boldsymbol{r},u')\mathrm{d}u' + \\
&\quad \frac{1}{k}\chi(u)\int_0^\infty \nu\Sigma_f(\boldsymbol{r},u')\phi(\boldsymbol{r},u')\mathrm{d}u'
\end{aligned}
\tag{10.59}
$$

10.3.3　多群扩散理论

在区间 $\Delta u_g = u_g - u_{g-1}$上对从以勒为变量的扩散方程(方程(10.57)或方程(10.59))或者直接对以勒为变量的 P_1方程组(方程(10.36)和方程(10.37))积分可得多群扩散方程。这三个推导过程定义的大部分群常数是相同的,如式(10.43)定义的那样;裂变和吸收截面的计算公式与总截面的计算公式相似。然而,扩散系数的定义因推导过程的不同而不同。若从方程(10.57)进行推导,则多群扩散项可写为

$$
-\nabla\cdot D^g(\boldsymbol{r})\nabla\phi_g(\boldsymbol{r}) \equiv -\int_{u_{g-1}}^{u_g} \nabla\cdot D(\boldsymbol{r},u)\nabla\phi(\boldsymbol{r},u)\mathrm{d}u \tag{10.60}
$$

但是这一过程对 D^g的定义并不明确。由于在计算扩散系数时中子注量率的梯度是未知的,因此存在各种定义:

$$
D^g(\boldsymbol{r}) = \frac{\int_{u_{g-1}}^{u_g} D(\boldsymbol{r},u)\mathrm{d}u}{\Delta u_g} \tag{10.61}
$$

或

$$
D^g(\boldsymbol{r}) = \frac{1}{3\Sigma_{tr}^g} = \frac{1}{3(\Sigma_t^g - \bar{\mu}_0^g\Sigma_s^g)} \tag{10.62}
$$

从方程(10.59)推导多群扩散方程时也面临这个问题。

在 Δu_g 上对方程(10.37)积分可得 ξ 方向的扩散系数的正式定义:

$$D_{\xi}^{g}(\boldsymbol{r}) = \frac{J_{\xi,g}(\boldsymbol{r})}{3\int_{u_{g-1}}^{u_g}\left[\Sigma_{\mathrm{t}}(\boldsymbol{r},u)J_{\xi}(\boldsymbol{r},u) - \sum_{g'\leqslant g}\int_{u_{g'-1}}^{u_{g'}}\Sigma_{\mathrm{s1}}(\boldsymbol{r},u'\to u)J_{\xi}(\boldsymbol{r},u')\mathrm{d}u'\right]\mathrm{d}u} \tag{10.63}$$

各种推导过程所得的多群扩散方程具有相同的形式:

$$-\frac{\partial}{\partial x}D_x^g(\boldsymbol{r})\frac{\partial\phi_g(\boldsymbol{r})}{\partial x} - \frac{\partial}{\partial y}D_y^g(\boldsymbol{r})\frac{\partial\phi_g(\boldsymbol{r})}{\partial y} + \frac{\partial}{\partial z}D_z^g(\boldsymbol{r})\frac{\partial\phi_g(\boldsymbol{r})}{\partial z} + \Sigma_{\mathrm{t}}^g(\boldsymbol{r})\phi_g(\boldsymbol{r})$$

$$= \sum_{g'\leqslant g}\Sigma_{\mathrm{s}}^{g'\to g}(\boldsymbol{r})\phi_{g'}(\boldsymbol{r}) + \frac{\chi^g}{k}\sum_{g'=1}^{G}\nu\Sigma_{\mathrm{f}}^{g'}(\boldsymbol{r})\phi_{g'}(\boldsymbol{r}) \quad (g = 1,\cdots,G) \tag{10.64}$$

其中,弹性散射项和非弹性散射项已经合并成一个散射项。

10.3.4 边界条件和界面条件

从外边界入射的中子流密度为0(除非存在外部中子源)是一种比较合理的边界条件,即

$$\phi(\boldsymbol{r}_{\mathrm{b}},\boldsymbol{\Omega},u) = 0, \hat{\boldsymbol{n}}_{\mathrm{b}}\cdot\boldsymbol{\Omega}<0 \tag{10.65}$$

式中:$\boldsymbol{n}_{\mathrm{b}}$为外边界 $\boldsymbol{r}_{\mathrm{b}}$处向外的单位法矢量。

界面条件是界面处角中子注量率连续,即

$$\psi(\boldsymbol{r}_i-\varepsilon,\boldsymbol{\Omega},u) = \psi(\boldsymbol{r}_i+\varepsilon,\boldsymbol{\Omega},u) \tag{10.66}$$

式中:ε 为无穷小量。扩散理论显然不能精确满足上述输运边界条件。

第9章讨论的马绍克边界条件可表示为

$$J_{\mathrm{in}} = -\boldsymbol{n}_{\mathrm{b}}\cdot\boldsymbol{J}(\boldsymbol{r}_{\mathrm{b}},u) = -\boldsymbol{n}_{\mathrm{b}}\cdot\int\boldsymbol{\Omega}\psi(\boldsymbol{r}_{\mathrm{b}},\boldsymbol{\Omega},u)\mathrm{d}\boldsymbol{\Omega} = 0 \tag{10.67}$$

利用分中子流密度及其在3.1节中的几何解释,此边界条件可理解为在物理边界外 $0.71/\Sigma_{\mathrm{tr}}(u)$ 处中子注量率为0。鉴于随勒变化的外推边界计算较困难,而且外推距离与实际尺寸相比通常较小,因而外推边界处中子注量率为0可近似为物理边界处中子注量率为0,这可视为方程(10.65)的一个合理近似,即

$$\begin{cases}\phi(\boldsymbol{r}_{\mathrm{b}},u) = 0\\ \phi_g(\boldsymbol{r}_{\mathrm{b}}) = 0\end{cases} \tag{10.68}$$

令方程(10.66)的前二阶勒让德分量满足该方程可得近似的界面条件,即

$$\begin{cases}\int\psi(\boldsymbol{r}_i-\varepsilon,\boldsymbol{\Omega},u)\mathrm{d}\boldsymbol{\Omega} = \int\psi(\boldsymbol{r}_i+\varepsilon,\boldsymbol{\Omega},u)\mathrm{d}\boldsymbol{\Omega}\\ \int\boldsymbol{n}_i\cdot\boldsymbol{\Omega}\psi(\boldsymbol{r}_i-\varepsilon,\boldsymbol{\Omega},u)\mathrm{d}\boldsymbol{\Omega} = \int\boldsymbol{n}_i\cdot\boldsymbol{\Omega}\psi(\boldsymbol{r}_i+\varepsilon,\boldsymbol{\Omega},u)\mathrm{d}\boldsymbol{\Omega}\end{cases} \tag{10.69}$$

结合中子注量率和中子流密度的定义,由方程(10.69)可得

$$\begin{cases}\phi(\boldsymbol{r}_i-\varepsilon,u) = \phi(\boldsymbol{r}_i+\varepsilon,u)\\ \boldsymbol{n}_i\cdot\boldsymbol{J}(\boldsymbol{r}_i-\varepsilon,u) = \boldsymbol{n}_i\cdot\boldsymbol{J}(\boldsymbol{r}_i+\varepsilon,u)\end{cases} \tag{10.70}$$

多群形式的界面条件为

$$\begin{cases}\phi_g(\boldsymbol{r}_i-\varepsilon) = \phi_g(\boldsymbol{r}_i+\varepsilon)\\ \boldsymbol{n}_i\cdot\boldsymbol{J}_g(\boldsymbol{r}_i-\varepsilon) = \boldsymbol{n}_i\cdot\boldsymbol{J}_g(\boldsymbol{r}_i+\varepsilon)\end{cases} \tag{10.71}$$

10.4　连续慢化理论

在裂变能区之上和热能区之下的慢化能区，中子慢化主要依靠弹性散射。由于热能区之下的弹性散射不存在勒减小的情形，因此散射积分只需包含从低勒能区向高勒能区的散射即可。研究表明，输运方程中的散射积分可由弹性散射慢化密度的导数代替，这可简化它的计算。计算慢化密度与求解方程是一个耦合过程，因而无法直接求得散射积分。目前存在大量计算慢化密度的方法，这些方法统称为连续慢化理论。

10.4.1　慢化密度形式的 P_1 方程

第4章中引入的慢化密度及其定义可推广以涵盖各向异性散射。各向同性慢化密度定义为（在实验室坐标系下）因各向同性弹性散射而慢化至能量为 E 或勒为 u 的中子数目：

$$q_0^i(x,u) = \int_0^u \mathrm{d}u' \int_u^\infty \Sigma_{s0}^i(x,u' \to u'')\phi(x,u')\mathrm{d}u'' \tag{10.72}$$

线性各向异性慢化密度定义为因线性各向异性散射而慢化至勒为 u 的中子数目：

$$q_1^i(x,u) = \int_0^u \mathrm{d}u' \int_u^\infty \Sigma_{s1}^i(x,u' \to u'')J(x,u')\mathrm{d}u'' \tag{10.73}$$

这两个慢化密度包含角度影响的中子慢化密度的零阶和一阶勒让德分量。

利用方程（10.20），方程（10.72）可以进一步表示为

$$\begin{aligned} q_0^i(x,u) &\equiv \int_{u-\ln 1/\alpha_i}^u \mathrm{d}u' \int_u^{u+\ln 1/\alpha_i} \Sigma_s^i(u') \frac{\mathrm{e}^{u'-u''}}{1-\alpha_i}\phi(x,u')\mathrm{d}u'' \\ &= \int_{u-\ln 1/\alpha_i}^u \Sigma_s^i(u') \frac{\mathrm{e}^{u'-u}-\alpha_i}{1-\alpha_i}\phi(x,u')\mathrm{d}u' \end{aligned} \tag{10.74}$$

同理，利用方程（10.23），方程（10.73）可进一步表示为

$$q_1^i(x,u) = \int_{u-\ln 1/\alpha_i}^u \mathrm{d}u' \int_u^{u+\ln 1/\alpha_i} \frac{\Sigma_s^i(u')\mathrm{e}^{u'-u''}}{1-\alpha_i}\left\{1+3\bar{\mu}_c(u')\left[1-\frac{2(1-\mathrm{e}^{u'-u''})}{1-\alpha_i}\right]\right\}J(x,u')\mathrm{d}u'' \tag{10.75}$$

式中：A_i 为散射核的原子量；$\alpha_i = [(A_i-1)/A_i+1]^2$。

利用如下的两个方程，慢化密度可与 P_1 方程组（方程（10.36）和方程（10.37））中的散射积分项联系起来：

$$\begin{aligned} \frac{\partial q_0^i}{\partial u} &= \int_u^\infty \Sigma_{s0}^i(x,u \to u'')\phi(x,u)\mathrm{d}u'' - \int_0^u \Sigma_{s0}^i(x,u' \to u)\phi(x,u')\mathrm{d}u' \\ &= \Sigma_s^i(x,u)\phi(x,u) - \int_0^u \Sigma_{s0}^i(x,u' \to u)\phi(x,u')\mathrm{d}u' \end{aligned} \tag{10.76}$$

$$\begin{aligned} \frac{\partial q_1^i}{\partial u} &= \int_0^u \Sigma_{s1}^i(x,u \to u'')J(x,u)\mathrm{d}u'' - \int_0^u \Sigma_{s1}^i(x,u' \to u)J(x,u')\mathrm{d}u' \\ &= \bar{\mu}_0^i\Sigma_s^i(x,u)J(x,u) - \int_0^u \Sigma_{s1}^i(x,u' \to u)J(x,u')\mathrm{d}u' \end{aligned} \tag{10.77}$$

利用方程（10.76）和方程（10.77）消去方程（10.36）和方程（10.37）中的散射积分项可得 P_1 方程组（一维平板）：

$$\frac{\partial J(x,u)}{\partial x}+\Sigma_{\mathrm{ne}}(x,u)\phi(x,u)=-\sum_{i=1}^{I}\frac{\partial q_0^i(x,u)}{\partial u}+S_0(x,u) \tag{10.78}$$

$$\frac{1}{3}\frac{\partial\phi(x,u)}{\partial x}+\Sigma_{\mathrm{tr}}(x,u)J(x,u)=-\sum_{i=1}^{I}\frac{\partial q_1^i(x,u)}{\partial u}+S_1(x,u) \tag{10.79}$$

其中,无弹性散射截面可定义为

$$\Sigma_{\mathrm{ne}}(x,u)\equiv\Sigma_{\mathrm{t}}(x,u)-\sum_{i=1}^{I}\Sigma_{\mathrm{s}}^i(x,u) \tag{10.80}$$

输运截面可定义为

$$\Sigma_{\mathrm{tr}}(x,u)\equiv\Sigma_{\mathrm{t}}(x,u)-\sum_{i=1}^{I}\bar{\mu}_0^i\Sigma_{\mathrm{s}}^i(x,u) \tag{10.81}$$

在 $\Delta u_g=u_g-u_{g-1}$ 内对方程(10.78)和方程(10.79)积分可得基于弹性散射慢化密度的多群 P_1 方程组:

$$\frac{\partial J_g(x)}{\partial x}+\Sigma_{\mathrm{ne}}^g(x)\phi_g(x)=-\sum_{i=1}^{I}\left[q_0^i(x,u_{g+1})-q_0^i(x,u_g)\right]+S_0^g(x) \tag{10.82}$$

$$\frac{1}{3}\frac{\partial\phi_g(x)}{\partial x}+\Sigma_{\mathrm{tr}}^g(x)J_g(x)=-\sum_{i=1}^{I}\left[q_1^i(x,u_{g+1})-q_1^i(x,u_g)\right]+S_1^g(x)\quad(g=1,\cdots,G) \tag{10.83}$$

其中,各种多群常数分别定义为

$$\begin{cases}\phi_g(x)\equiv\displaystyle\int_{u_g}^{u_{g+1}}\phi(x,u)\mathrm{d}u\\ J_g(x)\equiv\displaystyle\int_{u_g}^{u_{g+1}}J(x,u)\mathrm{d}u\\ S_n^g(x)\equiv\displaystyle\int_{u_g}^{u_{g+1}}S_n(x,u)\mathrm{d}u\\ \Sigma_{\mathrm{ne}}^g(x)\equiv\dfrac{\displaystyle\int_{u_g}^{u_{g+1}}\Sigma_{\mathrm{ne}}(x,u)\phi(x,u)\mathrm{d}u}{\phi_g(x)}\\ \Sigma_{\mathrm{tr}}^g(x)\equiv\dfrac{\displaystyle\int_{u_g}^{u_{g+1}}\Sigma_{\mathrm{tr}}(x,u)J(x,u)\mathrm{d}u}{J_g(x)}\end{cases} \tag{10.84}$$

在这些公式中,基于群平均输运方程的各种群常数的定义较自然且清楚。

随能量变化的 P_1 方程组简化为扩散方程时面临的困难同样出现在方程(10.83)中;为了获得菲克定律形式的关系式,即 $J=-D\mathrm{d}\phi/\mathrm{d}x$,同样须要求各向异性源消失,且各向异性散射密度不改变中子能群,或者假设它为0。利用这两个假设,慢化密度形式的多群扩散方程可表示为

$$-\frac{\partial}{\partial x}\left[\frac{1}{3\Sigma_{\mathrm{tr}}^g(x)}\frac{\partial\phi_g(x)}{\partial x}\right]+\Sigma_{\mathrm{ne}}^g(x)\phi_g(x)=-\sum_{i=1}^{I}\left[q_0^i(x,u_{g+1})-q_0^i(x,u_g)\right]+S_0^g(x)\quad(g=1,\cdots,G) \tag{10.85}$$

其中,该方程中的扩散系数是根据能谱为权重的群平均输运截面定义的。方程(10.81)所定义的输运截面包含了各种核素的平均散射角余弦,即输运截面中包含了各向异性散射效应。

假设方程(10.82)和方程(10.83)中的中子注量率和中子流密度在空间上的分布可由一个简单的曲率进行描述,如

$$\phi(x,u)=\phi(u)\exp(\mathrm{i}Bx),J(x,u)=J(u)\exp(\mathrm{i}Bx)$$

那么这两个方程可变为在多群谱计算程序中最常见的形式:

$$\begin{aligned}\mathrm{i}BJ_g+\Sigma_{\mathrm{ne}}^{g}\phi_g&=-\sum_{i=1}^{I}\left[q_0^i(u_{g+1})-q_0^i(u_g)\right]+S_0^g\\\frac{1}{3}\mathrm{i}B\phi_g+\Sigma_{\mathrm{tr}}^{g}J_g&=-\sum_{i=1}^{I}\left[q_1^i(u_{g+1})-q_1^i(u_g)\right]+S_1^g\\&(g=1,\cdots,G)\end{aligned}\tag{10.86}$$

根据群常数的定义(式(10.84)),若利用中子注量率和中子流密度的渐进解($\phi_{\mathrm{asy}}(u)\sim1$ 和 $J_{\mathrm{asy}}(u)\sim1$)计算精细群或超精细群的群常数,那么根据精细群或超精细群计算的解 ϕ_g 和 J_g 可生成少群常数:

$$\begin{cases}\Sigma_{\mathrm{ne}}^{k}(x)=\dfrac{\sum\limits_{g\in k}\Sigma_{\mathrm{ne}}^{g}(x)\phi_g(x)}{\sum\limits_{g\in k}\phi_g(x)}\\\Sigma_{\mathrm{tr}}^{k}(x)=\dfrac{\sum\limits_{g\in k}\Sigma_{\mathrm{tr}}^{g}(x)J_g(x)}{\sum\limits_{g\in k}\phi_g(x)}\end{cases}\tag{10.87}$$

式中:$g\in k$ 表示对少群 k 中包含的所有精细群或超精细群 g 进行求和。

10.4.2　氢核的慢化密度

计算氢核的慢化密度比较简单,因为一个中子在一次碰撞中可从任何勒散射至任何大的勒,这是由于 $\alpha_{\mathrm{H}}=0$。对于氢核来说,方程(10.72)和方程(10.73)可以变为

$$q_0^{\mathrm{H}}(x,u)=\int_0^u\Sigma_{\mathrm{s}}^{\mathrm{H}}(u')\mathrm{e}^{u'-u}\phi(x,u')\mathrm{d}u'\tag{10.88}$$

$$q_1^{\mathrm{H}}(x,u)=\frac{2}{3}\int_0^u\Sigma_{\mathrm{s}}^{\mathrm{H}}(u')\mathrm{e}^{3(u'-u)/2}J(x,u')\mathrm{d}u'\tag{10.89}$$

对上面的两个方程求导可得

$$\frac{\partial q_0^{\mathrm{H}}(x,u)}{\partial u}+q_0^{\mathrm{H}}(x,u)=\Sigma_{\mathrm{s}}^{\mathrm{H}}(u)\phi(x,u)\tag{10.90}$$

$$\frac{\partial q_1^{\mathrm{H}}(x,u)}{\partial u}+\frac{3}{2}q_1^{\mathrm{H}}(x,u)=\frac{2}{3}\Sigma_{\mathrm{s}}^{\mathrm{H}}(u)J(x,u)\tag{10.91}$$

方程(10.90)和方程(10.91)在 Δu_g 积分可得其多群形式的方程:

$$\begin{cases}\left[q_0^{\mathrm{H}}(u_{g+1})-q_0^{\mathrm{H}}(u_g)\right]+\dfrac{1}{2}\left[q_0^{\mathrm{H}}(u_{g+1})+q_0^{\mathrm{H}}(u_g)\right]\Delta u_g=\Sigma_{\mathrm{s}}^{\mathrm{H}g}\phi_g\\\left[q_1^{\mathrm{H}}(u_{g+1})-q_1^{\mathrm{H}}(u_g)\right]+\dfrac{3}{4}\left[q_1^{\mathrm{H}}(u_{g+1})+q_1^{\mathrm{H}}(u_g)\right]\Delta u_g=\dfrac{2}{3}\Sigma_{\mathrm{s}}^{\mathrm{H}g}J_g\end{cases}\tag{10.92}$$

10.4.3　重核散射

对于除氢之外的慢化剂,利用处理氢的方法并不能得到简单而精确的慢化密度微分方程,

因为中子在一次碰撞中不可能失去全部的能量,这意味着方程(10.72)和方程(10.73)中的积分下限是 $u-\ln(1/\alpha_i)$,而不是0。与氢核相对,重核属于另一个极端情况,中子在与其的一次散射碰撞中勒的增加非常小,那么方程(10.72)和方程(10.73)中的被积函数可进行泰勒展开:

$$\Sigma_s^i(u')\phi(u') \approx \Sigma_s^i(u)\phi(u) + (u'-u)\frac{\partial}{\partial u}[\Sigma_s^i(u)\phi(u)] + \cdots \tag{10.93}$$

$$\Sigma_s^i(u')J(u') \approx \Sigma_s^i(u)J(u) + (u'-u)\frac{\partial}{\partial u}[\Sigma_s^i(u)J(u)] + \cdots \tag{10.94}$$

保留展开项的不同阶次可得不同的近似结果。

10.4.4 年龄近似

仅保留方程(10.93)的第一项,并令 $q_1^i=0$ 是最简单的近似:

$$q_0^i(x,u) \approx \xi_i \Sigma_s^i(x,u)\phi(x,u) \tag{10.95}$$

式中:$\xi_i=\xi_i^{\text{iso}}$,如方程(10.21)所示。

这就是著名的年龄近似。由于对 q_0^i 和 q_1^i 的近似,方程(10.78)和方程(10.79)就变成非调和(因为忽略了 q_1^i)P_1 方程组:

$$\begin{cases}\dfrac{\partial J(x,u)}{\partial x} + \Sigma_{ne}(x,u)\phi(x,u) = -\displaystyle\sum_{i=1}^{I}\frac{\partial}{\partial u}[\xi_i\Sigma_s^i(x,u)\phi(x,u)] + S_0(x,u) \\ \dfrac{1}{3}\dfrac{\partial\phi(x,u)}{\partial x} + \Sigma_{tr}(x,u)J(x,u) = S_1(x,u)\end{cases} \tag{10.96}$$

再假设各向异性源为0($S_1=0$),方程组(10.96)可进一步简化为年龄-扩散方程:

$$-\frac{\partial}{\partial x}\left[\frac{1}{3\Sigma_{tr}(x,u)}\frac{\partial\phi(x,u)}{\partial x}\right] + \Sigma_{ne}(x,u)\phi(x,u)$$
$$= -\sum_{i=1}^{I}\frac{\partial}{\partial u}[\xi_i\Sigma_s^i(x,u)\phi(x,u)] + S_0(x,u) \tag{10.97}$$

10.4.5 Selengut-Goertzel 近似

慢化密度的年龄近似及其非调和的 P_1 方程组和年龄-扩散方程组仅适用于重核慢化剂,即较小的散射积分区间($\ln(1/\alpha_i)$),但不合适于氢核。对于由氢核与重核组成的混合慢化剂,氢核仍进行精确地处理,而其他的重核采用年龄近似,这就是 Selengut-Goertzel 近似:

$$\sum_{i=1}^{I}\frac{\partial q_0^i}{\partial u} = \frac{\partial q_0^{\mathrm{H}}}{\partial u} + \sum_{i\neq \mathrm{H}}^{I}\frac{\partial}{\partial u}(\xi_i\Sigma_s^i\phi) \tag{10.98}$$

10.4.6 调和 P_1 近似

若不假设 $q_1^i=0$,且保留方程(10.94)泰勒展开的第一项用于计算方程(10.73),即

$$q_1^i(x,u) \approx \xi_i^1\Sigma_s^i(x,u)J(x,u) \tag{10.99}$$

其中，平均勒增的第一个勒让德分量为

$$\xi_i^1 = (A_i + 1)^2 \left\{ \frac{1 + 1/A_i}{9} \left[1 - \alpha_i^{3/2} \left(\frac{3}{2} \ln \frac{1}{\alpha_i} + 1 \right) \right] - (1 - 1/A_i) \left[1 - \alpha_i^{1/2} \left(\frac{1}{2} \ln \frac{1}{\alpha_i} + 1 \right) \right] \right\} \tag{10.100}$$

由此可得 Selengut – Goertzel 近似下的调和 P_1 方程组：

$$\frac{\partial J(x,u)}{\partial x} + \Sigma_{\mathrm{ne}}(x,u)\phi(x,u) = -\sum_{i \neq \mathrm{H}}^{I} \frac{\partial}{\partial u}\left[\xi_i \Sigma_s^i(x,u)\phi(x,u) \right] - \frac{\partial q_0^{\mathrm{H}}(x,u)}{\partial u} + S_0(x,u) \tag{10.101}$$

$$\frac{1}{3} \frac{\partial \phi(x,u)}{\partial x} + \left[\Sigma_{\mathrm{tr}}(x,u) + \xi_i^1 \Sigma_s^i(x,u) \right] J(x,u) = S_1(x,u) \tag{10.102}$$

10.4.7　扩展年龄近似

若在计算方程(10.72)时保留方程(10.93)的前两项，则由此可得

$$q_0^i(x,u) \approx \xi_i \Sigma_s^i(x,u)\phi(x,u) + \frac{a_i}{\xi_i} \frac{\partial q_0^i(x,u)}{\partial u} \tag{10.103}$$

其中

$$a_i = \int_{u-\ln 1/\alpha_i}^{u} \frac{\mathrm{e}^{u'-u} - \alpha_i}{1 - \alpha_i}(u' - u)\,\mathrm{d}u' = \frac{\alpha_i [\ln(1/\alpha_i)]^2}{2(1 - \alpha_i)} - \xi_i \tag{10.104}$$

若利用无限大区域(忽略泄漏)的弹性散射慢化密度平衡方程

$$\frac{\partial q_0(u)}{\partial u} = -\Sigma_{\mathrm{ne}}(u)\phi(u) \tag{10.105}$$

由此方程(10.103)可变为

$$q_0(x,u) \approx \sum_i \left[\xi_i \Sigma_s^i(x,u) - \frac{a_i}{\xi_i} \Sigma_{\mathrm{ne}}(u) \right] \phi(x,u) \approx \xi \Sigma_t(x,u)\phi(x,u) \tag{10.106}$$

利用该扩展年龄近似，方程(10.101)右端第一项中的求和可用 $-\mathrm{d}(\xi\Sigma_t\phi)/\mathrm{d}u$ 代替。

10.4.8　Grueling – Goertzel 近似

到目前为止，可准确地计算氢核的慢化密度，重核的慢化密度也可利用各类年龄近似进行计算。然而，以上各类年龄近似均不能较好地处理非氢轻慢化剂。为了计算非氢慢化剂的慢化密度，一种方法是保留方程(10.93)和方程(10.94)更多的项以提高精度。此外，重新构建慢化密度的近似方程，并使其具有如下的特征：①保持描述氢核慢化密度方程的简单性；②当 $A_i = 1$ 时，该近似方程就是氢核的慢化密度方程。保留泰勒级数展开式(方程(10.93))的前三项用于计算方程(10.72)：

$$\lambda_0^i \frac{\partial q_0^i}{\partial u} + q_0^i \approx \lambda_0^i \left[\xi_i \frac{\partial(\Sigma_s^i \phi)}{\partial u} + a_i \frac{\partial^2(\Sigma_s^i \phi)}{\partial u^2} \right] + \left[\xi_i \Sigma_s^i \phi + a_i \frac{\partial(\Sigma_s^i \phi)}{\partial u} \right] \tag{10.107}$$

这样做的目的是获得形如方程(10.90)的 q_0^i 的方程。忽略 $\partial^2\phi/\partial u^2$ 并选择 λ_0^i 以消去 $\partial\phi/\partial u$

可得

$$\lambda_0^i \frac{\partial q_0^i(x,u)}{\partial u} + q_0^i(x,u) = \xi_i \Sigma_s^i(x,u)\phi(x,u) \tag{10.108}$$

此方程与氢核慢化密度方程(方程(10.90))具有相同的形式,其中

$$\lambda_0^i = \frac{1-\alpha_i\left\{1+\ln(1/\alpha_i)+\frac{1}{2}[\ln(1/\alpha_i)]^2\right\}}{1-\alpha_i[1+\ln(1/\alpha_i)]} \tag{10.109}$$

同理,保留方程(10.94)的前三项用以计算方程(10.73)可得

$$\lambda_1^i \frac{\partial q_1^i(x,u)}{\partial u} + q_1^i(x,u) = \xi_i^1 \Sigma_s^i(x,u) J(x,u) \tag{10.110}$$

其中

$$\lambda_1^i = -\left[\frac{(1+1/A_i)^2}{4/A_i}\frac{1+1/A_i}{3}\left\{\frac{8}{9}-\alpha_i^{3/2}\left[\left(\ln\frac{1}{2}\right)^2-\frac{4}{3}\ln\frac{1}{\alpha_i}+\frac{8}{9}\right]\right\}-\right.$$
$$\left.\left(1-\frac{1}{A_i}\right)\left\{8-\alpha_i^{1/2}\left[\left(\ln\frac{1}{\alpha_i}\right)^2-4\ln\frac{1}{\alpha_i}+8\right]\right\}\right]\Big/\xi_i^1 \tag{10.111}$$

10.4.9 P_1连续慢化方程小结

弹性散射慢化密度形式的 P_l 方程组为

$$\begin{cases}\dfrac{\partial J(x,u)}{\partial x} + \Sigma_{ne}(x,u)\phi(x,u) = -\dfrac{\partial q_0^H(x,u)}{\partial u} - \sum\limits_{i\neq H}\dfrac{\partial q_0^i(x,u)}{\partial u} + S_0(x,u) \\ \dfrac{1}{3}\dfrac{\partial \phi(x,u)}{\partial x} + \Sigma_{tr}(x,u)J(x,u) = -\dfrac{\partial q_1^H(x,u)}{\partial u} - \sum\limits_{i\neq H}\dfrac{\partial q_1^i(x,u)}{\partial u} + S_1(x,u)\end{cases} \tag{10.112}$$

对于弹性散射慢化密度项,若氢核采用精确的方程,而其他非氢慢化剂采用 Grueling – Goertzel 近似,由此可得

$$\begin{cases}\dfrac{\partial q_0^H(x,u)}{\partial u} + q_0^H(x,u) = \Sigma_s^H(x,u)\phi(x,u) \\ \dfrac{2}{3}\dfrac{\partial q_1^H(x,u)}{\partial u} + q_1^H(x,u) = \dfrac{4}{9}\Sigma_s^H(x,u)J(x,u) \\ \lambda_0^i\dfrac{\partial q_0^i(x,u)}{\partial u} + q_0^i(x,u) = \xi_i\Sigma_s^i(x,u)\phi(x,u) \\ \lambda_1^i\dfrac{\partial q_1^i(x,u)}{\partial u} + q_1^i(x,u) = \xi_i^1\Sigma_s^i(x,u)J(x,u)\end{cases} \tag{10.113}$$

方程组(10.113)代表着完整的 P_l 连续慢化理论。

10.4.10 考虑各向异性散射

在超精细群计算中,当中子与某些具有显著慢化作用的原子核发生散射碰撞时,能群宽度可能小于 $\ln(1/\alpha_i)$。为了更加精确地描述群散射截面(这些截面实际上表征了小角度散射的概率),有必要保留更多的勒让德分量。(在快堆的计算中更容易碰到这种情况。)利用弹性散射传递函数的 l 阶勒让德分量定义相应阶次的慢化密度即可将慢化密度的定义可以推广以描述更高阶的各向异性散射:

$$q_l^i(x,u) = \int_0^u \mathrm{d}u' \int_u^\infty \Sigma_{sl}^i(x,u' \to u'')\phi_l(x,u')\mathrm{d}u'' \tag{10.114}$$

式中

$$\Sigma_{sl}^i(u' \to u) = N_i \sigma_s^i(u') \sum_{l'=0}^\infty T_{ll'}^i(U) \frac{b_{l'i}^c(u')}{b_{0i}^c(u')} \equiv \sum_{l'=0}^\infty T_{ll'}^i(U) \Sigma_{sl'}^i(u') \tag{10.115}$$

利用泰勒级数展开方程(10.114)中的被积函数

$$\Sigma_{sl'}^i(u')\phi_{l'}(u') = \sum_{n=0}^\infty \frac{(u'-u)^n}{n!} \frac{\mathrm{d}^n}{\mathrm{d}u^n}[\Sigma_{sl'}^i(u)\phi_{l'}(u)] \tag{10.116}$$

并利用方程(10.115)可得

$$q_l^i(u) = -\sum_{n=0}^\infty \frac{\mathrm{d}^n}{\mathrm{d}u^n}[G_{l,n+1}^i(u)\phi_l(u)] \tag{10.117}$$

式中

$$\begin{aligned} G_{l,n}^i(u) &= \sum_{l'=0}^\infty \Sigma_{sl'}^i(u) \frac{2l'+1}{2n!} \int_{u-\ln 1/\alpha_i}^u \mathrm{d}u' \int_u^{u+\ln 1/\alpha_i} P_l[\mu_0(u'-u'')] \times \\ &\quad P_l[\mu_c(u'-u'')](u'-u)^n \frac{2\mathrm{e}^{u'-u''}}{1-\alpha_i} \mathrm{d}u'' \\ &\equiv \sum_{l'=0}^\infty \Sigma_{sl'}^i(u) T_{ll',n}^i(u) \end{aligned} \tag{10.118}$$

将 Grueling - Goertzel 近似所采用的计算方法推广并为慢化密度的每一个勒让德分量建立一个方程

$$\begin{aligned} \lambda_l(u) \frac{\mathrm{d}q_l^i(u)}{\mathrm{d}u} + q_l(u) = &-\sum_i^I \Bigg\{ G_{l,1}^i(u)\phi_l(u)\left[1 - \frac{\mathrm{d}\lambda_l(u)}{\mathrm{d}u}\right] + \\ &\sum_{n=2}^\infty \left[\frac{\mathrm{d}^n[G_{l,n+1}^i(u)\phi_l(u)]}{\mathrm{d}u^n} + \lambda_l(u) \frac{\mathrm{d}^n[G_{l,n}^i(u)\phi_l(u)]}{\mathrm{d}u^n} \right] \Bigg\} \end{aligned} \tag{10.119}$$

其中,选择 $\lambda_l(u)$ 以消去 $\phi_l(u)$ 的第一个微分项:

$$\lambda_l(u) \frac{\sum_i \sum_{l'=0}^\infty T_{ll',2}^i(u) \Sigma_{sl'l}^i(u)}{\sum_i \sum_{l'=0}^\infty T_{ll',1}^i(u) \Sigma_{sl'l}^i(u)} = \frac{\sum_i G_{l,2}^i(u)}{\sum_i G_{l,1}^i(u)} \tag{10.120}$$

方程(10.119)包含了 Grueling - Goertzel 理论,即当保留方程(10.119)中 $l=0,1$ 时的慢化项,忽略 $n \geqslant 2$ 各项并且令

$$\begin{cases} \xi_i^l(u) = -\dfrac{G_{l,1}^i(u)}{\Sigma_s(u)} \\ a_l^i(u) = -\dfrac{G_{l,2}^i(u)}{\Sigma_s(u)} \end{cases} \tag{10.121}$$

10.4.11　考虑散射共振

当混合物中出现共振散射核素时,共振散射核 j 引起中子注量率 ϕ 连带其他核素的 $\Sigma_s^i\phi$ 在数量上发生一个突然的变化。虽然可保留散射传递函数大量的泰勒级数展开项以获得慢化密度较精确的近似,但这是不实际的。在此情况下,为了获得更好的近似,可对总碰撞密度进

行泰勒级数展开:

$$\Sigma_t(u')\phi_l(u') = \sum_{n=0}^{\infty} \frac{(u'-u)^n}{n!} \frac{d^n}{du^n}[\Sigma_t(u)\phi_l(u)] \tag{10.122}$$

利用这个展开式计算方程(10.144)可得

$$q_l(u) = -\sum_i \sum_{n=0}^{\infty} H_{l,n+1}^i(u) \frac{d^n[\Sigma_t(u)\phi_l(u)]}{du^n} \tag{10.123}$$

式中

$$H_{l,n}^i(u) = \frac{1}{n!}\sum_{l'=0}^{\infty} \frac{2l'+1}{2}\int_{u-\ln 1/\alpha_i}^{u} du' \int_{u}^{u+\ln 1/\alpha_i} P_l[\mu_0(u'-u'')] \times$$
$$P_{l'}[\mu_c(u'-u'')](u'-u)^n \frac{2e^{u'-u''}}{1-\alpha_i} \frac{\Sigma_{sl'}^i(u)}{\Sigma_t(u)} du'' \tag{10.124}$$

对方程(10.123)求导可得

$$\frac{dq_l(u)}{du} = -\sum_i \left[\sum_{n=0}^{\infty} H_{l,n}^i(u) \frac{d^{n+1}[\Sigma_t(u)\phi_l(u)]}{du^{n+1}} + \sum_{n=0}^{\infty} \frac{dH_{l,n}^i(u)}{du} \frac{d^n[\Sigma_t(u)\phi_l(u)]}{du^n}\right] \tag{10.125}$$

重复以前的步骤,为慢化密度的 l 阶勒让德分量分别构造与氢核的慢化密度类似的方程:

$$\hat{\lambda}_l(u)\frac{dq_l(u)}{du} + q_l(u) = -\sum_i \left\{\left[H_{l,0}^i(u) + \hat{\lambda}_l(u)\frac{dH_{l,0}^i(u)}{du}\right]\Sigma_t(u)\phi_l(u) + \right.$$
$$\sum_{n=2}^{\infty}\left[H_{l,n}^i(u)\frac{d^n[\Sigma_t(u)\phi_l(u)]}{du^n} + \hat{\lambda}_l(u)H_{l,n-1}^i(u)\frac{d^n[\Sigma_t(u)\phi_l(u)]}{du^n} + \right.$$
$$\left.\left.\hat{\lambda}_l(u)\frac{dH_{l,n}^i(u)}{du}\frac{d^n[\Sigma_t(u)\phi_l(u)]}{du^n}\right]\right\} \tag{10.126}$$

其中,采用方程(10.127)计算 $\hat{\lambda}_l(u)$ 以消去 ϕ_l 的一阶导数项。

$$\hat{\lambda}_l(u) = -\frac{\sum_i H_{l,1}^i(u)}{\sum_i [H_{l,0}^i(u) + dH_{l,1}^i(u)/du]} \tag{10.127}$$

10.4.12 P_l 连续慢化方程

从第9章介绍的单群 P_l 方程组可推出以勒为变量的 P_l 方程组:

$$\frac{l+1}{2l+1}\frac{\partial\phi_{l+1}(x,u)}{\partial x} + \frac{l}{2l+1}\frac{\partial\phi_{l-1}(x,u)}{\partial x} + \Sigma_t(x,u)\phi_l(x,u)$$
$$= \int_0^u \Sigma_{s,l}(x,u'\to u)\phi_l(x,u')du' + S_l(x,u) \quad (l=1,\cdots,L) \tag{10.128}$$

慢化密度的勒让德分量与散射积分的勒让德分量有关。对方程(10.114)求导可得

$$\frac{\partial q_l(u)}{\partial u} = \Sigma_{s,l}(u)\phi_l(u) - \int_0^u \Sigma_{s,l}(u'\to u)\phi_l(u')du' \tag{10.129}$$

利用方程(10.129)消去方程(10.128)中的散射积分项可得 P_l 连续慢化方程组:

$$\frac{l+1}{2l+1}\frac{\partial\phi_{l+1}(x,u)}{\partial x} + \frac{l}{2l+1}\frac{\partial\phi_{l-1}(x,u)}{\partial x} + \Sigma_{ne}^l(x,u)\phi_l(x,u)$$

$$= -\frac{\partial q_l(u)}{\partial u} + S_l(x,u) \quad (l=1,\cdots,L) \tag{10.130}$$

其中,无弹性散射截面定义为

$$\Sigma_{\rm ne}^l(x,u) \equiv \Sigma_{\rm t}(x,u) - \Sigma_{{\rm s},l}(u) \tag{10.131}$$

由方程(10.126)可计算非氢慢化剂的慢化密度的勒让德分量;由方程(10.90)和方程(10.91)及其类似的高阶勒让德分量方程可计算氢核的慢化密度的勒让德分量。

10.5 多群离散纵标输运理论

当中子注量率高度各向异性时,低阶的 P_1 近似和扩散近似不足以精确地处理中子慢化及其输运过程。例如,由完全不同特性的材料组成的非均匀栅格,或者当快中子明显地从一个区域流向另一个区域时均属于高度各向异性的情形。对于此类情形,利用第 9 章介绍的离散纵标方法处理慢化过程是非常合适的。将微分弹性散射截面(对散射角度)展开(方程(9.179))用于双微分弹性散射截面(对散射角度和勒增)的展开,并利用勒让德多项式的加法原理(方程(9.177))将散射角余弦 μ_0 与散射过程中入射角余弦 μ' 和出射角余弦 μ 关联起来可得

$$\begin{aligned}
&\Sigma_{\rm s}(\boldsymbol{r},\boldsymbol{\Omega}'\cdot\boldsymbol{\Omega},u'\to u)\\
&= \sum_{l'=0}^{L}\frac{2l'+1}{4\pi}\Sigma_{{\rm s}l'}(\boldsymbol{r},u'\to u)P_l(\mu_0)\\
&= \sum_{l'=0}^{L}\frac{2l'+1}{4\pi}\Sigma_{{\rm s}l'}(\boldsymbol{r},u'\to u)\sum_{m=-l'}^{l'}Y_{l'm}(\mu,\varphi)Y_{l'm}^*(\mu',\varphi')\\
&= \sum_{l'=0}^{L}\frac{2l'+1}{4\pi}\Sigma_{{\rm s}l'}(\boldsymbol{r},u'\to u)\times\\
&\left[P_{l'}(\mu)P_{l'}(\mu') + 2\sum_{m=-l'}^{l'}\frac{(l'-m)!}{(l'+m)!}P_{l'}^m(\mu)P_{l'}^m(\mu')\cos m(\varphi-\varphi')\right]
\end{aligned} \tag{10.132}$$

利用式(10.132)代替中子输运方程(方程(10.26))中的双微分散射截面可得

$$\begin{aligned}
&\boldsymbol{\Omega}\cdot\nabla\psi(\boldsymbol{r},\boldsymbol{\Omega},u) + \Sigma_{\rm t}(\boldsymbol{r},u)\psi(\boldsymbol{r},\boldsymbol{\Omega},u)\\
&= S_{\rm ex}(\boldsymbol{r},\boldsymbol{\Omega},u) + \int_0^u\sum_{l'=0}^{L}Y_{l'm}(\boldsymbol{\Omega})\Sigma_{{\rm s}l'}(\boldsymbol{r},u'\to u)\phi_{l'm}(\boldsymbol{r},\mu')\,{\rm d}u' +\\
&\frac{\chi(u)}{4\pi}\int_0^\infty \nu\Sigma_{\rm f}(\boldsymbol{r},u')\phi(\boldsymbol{r},u')\,{\rm d}u'
\end{aligned} \tag{10.133}$$

其中,角中子注量率的勒让德分量和中子注量率分别定义为

$$\begin{cases}
\phi_{l'm}(\boldsymbol{r},u') \equiv \int_{4\pi}Y_{l'm}^*(\boldsymbol{\Omega}')\psi(\boldsymbol{r},\boldsymbol{\Omega}',u')\,{\rm d}\boldsymbol{\Omega}'\\
\phi(\boldsymbol{r},u') = \phi_{00}(\boldsymbol{r},u') \equiv \int_{4\pi}\psi(\boldsymbol{r},\boldsymbol{\Omega}',u')\,{\rm d}\boldsymbol{\Omega}'
\end{cases} \tag{10.134}$$

在 $\Delta u_g = u_{g+1} - u_g$ 内对方程(10.133)积分可得多群输运方程:

$$\begin{aligned}
&\boldsymbol{\Omega}\cdot\nabla\psi_g(\boldsymbol{r},\boldsymbol{\Omega}) + \Sigma_{\rm t}^g(\boldsymbol{r})\psi_g(\boldsymbol{r},\boldsymbol{\Omega})\\
&= S_{\rm ex}^g(\boldsymbol{r},\boldsymbol{\Omega}) + \sum_{g'=1}^{G}\sum_{l'=0}^{L}Y_{l'm}(\boldsymbol{\Omega})\Sigma_{{\rm s}l'}^{g'\to g}(\boldsymbol{r})\phi_{l'm}^{g'}(\boldsymbol{r}) + \frac{\chi^g}{4\pi}\sum_{g'=1}^{G}\nu\Sigma_{\rm f}^{g'}(\boldsymbol{r})\phi_g(\boldsymbol{r})\\
&\qquad (g=1,\cdots,G)
\end{aligned} \tag{10.135}$$

其中,多群常数分别定义为

$$
\begin{cases}
\psi_g(\boldsymbol{r},\boldsymbol{\Omega}) \equiv \int_{\Delta u_g} \psi(\boldsymbol{r},\boldsymbol{\Omega},u)\,\mathrm{d}u \\
\phi_{lm}^g(\boldsymbol{r}) \equiv \int_{\Delta u_g} \phi_{lm}(\boldsymbol{r},u)\,\mathrm{d}u \\
\phi_g(\boldsymbol{r}) \equiv \int_{\Delta u_g} \phi(\boldsymbol{r},u)\,\mathrm{d}u \\
\chi^g \equiv \int_{\Delta u_g} \chi(\boldsymbol{r},u)\,\mathrm{d}u \\
S_{\mathrm{ex}}^g(\boldsymbol{r},\boldsymbol{\Omega}) \equiv \int_{\Delta u_g} S_{\mathrm{ex}}(\boldsymbol{r},\boldsymbol{\Omega},u)\,\mathrm{d}u \\
\Sigma_{\mathrm{t}}^g(\boldsymbol{r}) \equiv \dfrac{\int_0^{4\pi}\mathrm{d}\boldsymbol{\Omega}\int_{\Delta u_g} \Sigma_{\mathrm{t}}(\boldsymbol{r},u)\psi(\boldsymbol{r},\boldsymbol{\Omega},u)\,\mathrm{d}u}{\int_0^{4\pi}\mathrm{d}\boldsymbol{\Omega}\int_{\Delta u_g} \psi(\boldsymbol{r},\boldsymbol{\Omega},u)\,\mathrm{d}u} = \dfrac{\int_{\Delta u_g} \Sigma_{\mathrm{t}}(\boldsymbol{r},u)\phi(\boldsymbol{r},u)\,\mathrm{d}u}{\int_{\Delta u_g} \phi(\boldsymbol{r},u)\,\mathrm{d}u} \\
\nu\Sigma_{\mathrm{f}}^g(\boldsymbol{r}) \equiv \dfrac{\int_{\Delta u_g} \nu\Sigma_{\mathrm{f}}(\boldsymbol{r},u)\phi(\boldsymbol{r},u)\,\mathrm{d}u}{\int_{\Delta u_g} \phi(\boldsymbol{r},u)\,\mathrm{d}u} \\
\Sigma_{\mathrm{s}l'}^{g'\to g}(\boldsymbol{r}) \equiv \dfrac{\int_{\Delta u_g}\mathrm{d}u\int_{\Delta u_{g'}} \Sigma_{\mathrm{s}l}(\boldsymbol{r},u'\to u)\phi_{lm}(\boldsymbol{r},u')\,\mathrm{d}u'}{\int_{\Delta u_{g'}} \phi_{lm}(\boldsymbol{r},u')\,\mathrm{d}u'}
\end{cases}
\tag{10.136}
$$

针对每一个离散纵标 $\boldsymbol{\Omega}_n$,改写方程(10.135)可得多群离散纵标方程:

$$
\boldsymbol{\Omega}_n \cdot \nabla \psi_g(\boldsymbol{r},\boldsymbol{\Omega}_n) + \Sigma_{\mathrm{t}}^g(\boldsymbol{r})\psi_g(\boldsymbol{r},\boldsymbol{\Omega}_n) = Q^g(\boldsymbol{r},\boldsymbol{\Omega}_n) \quad (g=1,\cdots,G) \tag{10.137}
$$

其中,外部中子源、裂变源和群散射源项合并为

$$
Q^g(\boldsymbol{r},\boldsymbol{\Omega}_n) \equiv \sum_{g'=1}^{G}\sum_{l'=0}^{L} Y_{l'm}(\boldsymbol{\Omega}_n)\Sigma_{\mathrm{s}l'}^{g'\to g}(\boldsymbol{r})\phi_{l'm}^{g'}(\boldsymbol{r}) + \frac{\chi^g}{4\pi}\sum_{g'=1}^{G}\nu\Sigma_{\mathrm{f}}^{g'}(\boldsymbol{r})\phi_{g'}(\boldsymbol{r}) + S_{\mathrm{ex}}^g(\boldsymbol{r},\boldsymbol{\Omega}_n) \tag{10.138}
$$

方程组(10.137)中每一群的控制方程均与第9章介绍的离散纵标方程具有相同的形式。因此,第9章介绍的求解离散纵标方程的方法同样适用于逐群求解多群离散纵标方程组。若给定裂变源和散射源,那么多群离散纵标方程组可用第9章所述的方法逐群进行求解。在随后的源迭代中,对每一群进行求和得到新的散射源和裂变源。利用散射源和裂变源的新迭代值再逐群地求解中子注量率,重复上述过程直至收敛。临界特征值计算的源迭代过程与第9章介绍的方法基本相同,不同的是多群离散纵标方程需要对所有能群进行求和。

参考文献

[1] J. J. Duderstadt and L. J. Hamilton, *Nuclear Reactor Analysis*, Wiley, New York (**1976**), pp. 347 – 369.

[2] A. R. Henry, *Nuclear Reactor Analysis*, MIT Press, Cambridge, MA (**1975**), pp. 359 – 367 and 386 – 423.

[3] W. M. Stacey, "The Effect of Wide Scattering Resonances on Neutron Multigroup Cross Sections," Nucl. Sci. Eng. *47*, 29 (**1972**); "The Effect of Anisotropic Scattering upon the Elastic Moderation of Fast Neutrons," Nucl. Sci. Eng *44*, 194

(**1971**); "Continuous Slowing Down Theory for Anisotropic Elastic Moderation in the P_n and B_n Representations," Nucl. Sci. Eng. *41*, 457 (**1970**).

[4] B. J. TOPPEL, A. L. RAGO, and D. M. O'SHEA, *MC^2: A Code to Calculate Multigroup Cross Sections*, ANL-7318, Argonne National Laboratory, Argonne, IL (**1967**).

[5] J. H. FERZIGER and P. F. ZWEIFEL, *The Theory of Neutron Slowing Down in Nuclear Reactors*, MIT Press, Cambridge, MA (**1966**).

[6] M. M. R. WILLIAMS, *The Slowing Down and Thermalization of Neutrons*, North-Holland, Amsterdam (**1966**), pp. 317 – 516.

[7] D. S. SELENGUT et al., "The Neutron Slowing Down Problem," in A. Radkowsky, ed. *Naval Reactor Physics Handbook*, U. S. Atomic Energy Commission, Washington, DC (**1964**).

[8] G. GOERTZEL and E. GRUELING, "Approximate Method for Treating Neutron Slowing Down," Nucl. Sci. Eng. *7*, 69 (**1960**).

[9] H. J. AMSTER, "Heavy Moderator Approximations in Neutron Transport Theory," J. Appl. Phys. *29*. 623 (**1958**).

[10] H. BOHL, JR, E. M. GELBARD, and G. H. RYAN, *MUFT – 4: A Fast Neutron Spectrum Code*, WAPD – TM – 22, Bettis Atomic Power Laboratory, West Mifflin, PA (**1957**).

[11] R. A. KNIEF, *Nuclear Engineering*, 2nd ed., Taylor & Francis, Washington, DC (**1992**).

习题

10.1　计算能量为 1MeV、100keV 和 1keV 的中子与铀、铁、碳和氢在质心坐标系下的平均散射角余弦。

10.2　计算能量为 1MeV、100keV 和 1keV 的中子与铀、铁、碳和氢在实验室坐标系下各向同性散射和线性各向异性散射的平均勒增和平均散射角余弦。

10.3　推导以勒为变量的 P_1 方程组，即方程(10.36)和方程(10.37)。

10.4　推导各向同性和线性各向异性勒传递函数，即方程(10.39)和方程(10.40)。

10.5　计算碳的多群散射传递函数 $\Sigma_{s0}^{g'\to g}$，其中，$1\text{eV} < E < 10\text{MeV}$ 的能区划分成 54 个等勒的能区，且 g' 为 1、10 和 50。

10.6　推导以勒为变量的 B_1 方程组，即方程(10.50)。

10.7　利用年龄近似(方程(10.96))，计算无限大介质中的中子注量率和中子流密度。

10.8　参考方程(10.90)和方程(10.91)，推导氢介质中具有更高阶勒让德分量的慢化密度的微分方程。

10.9　推导多群 P_1 连续慢化方程，即方程(10.112)和方程(10.113)。

10.10　(编程题)试编制计算机程序求解多群 P_1 连续慢化方程。燃料组件由富集度为 3%、以锆合金包壳的 UO_2 燃料元件与水组成。燃料棒直径为 1cm，锆合金包壳的厚度为 0.05cm；在正方形燃料元件矩阵中，燃料棒的中心距为 2.0cm。假设空间梯度可以忽略。

第11章　共振吸收

11.1　共振吸收截面

当入射中子与原子核在质心坐标系下的相对能量及其中子结合能之和与原子核俘获中子后形成的复合核的某个能级能量相符合时，中子被吸收的概率将明显地增大，这通常称为共振吸收。对于质量数为奇数的可裂变燃料同位素，在零点几电子伏到几千电子伏的范围内均能发生共振；对于质量数为偶数的燃料同位素，共振通常发生在几电子伏到 10^4 eV 的范围内，如图 11.1 ~ 图 11.4 所示。在低能区，共振是互相独立的，通常称为可分辨的；在高能区，共振相互重叠以致实验无法对它们进行分辨，通常称为不可分辨的。本章首先介绍低能区内可分辨的共振，因为这样的共振引起的空间自屏蔽与能量自屏蔽是非常重要的。在高能区，空间自屏蔽变得不那么重要，但是重叠共振间的干涉效应变得重要了。

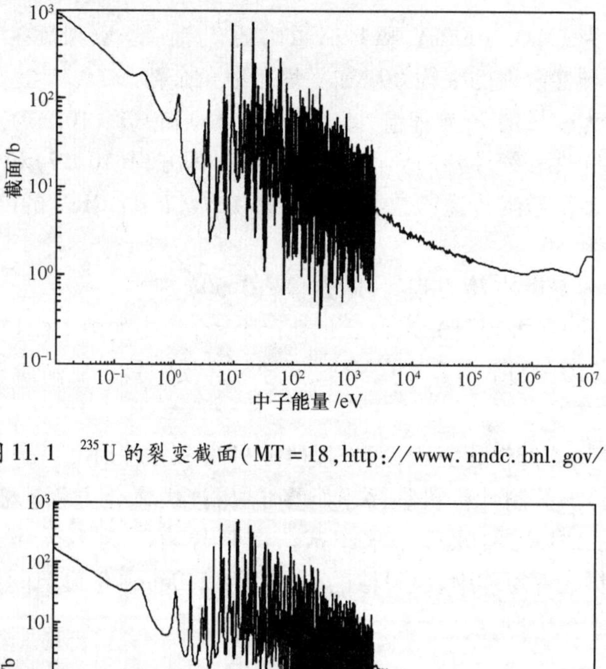

图 11.1　^{235}U 的裂变截面(MT = 18, http://www.nndc.bnl.gov/)

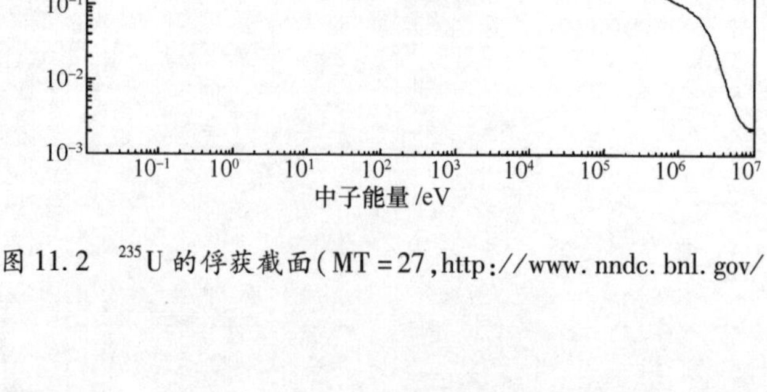

图 11.2　^{235}U 的俘获截面(MT = 27, http://www.nndc.bnl.gov/)

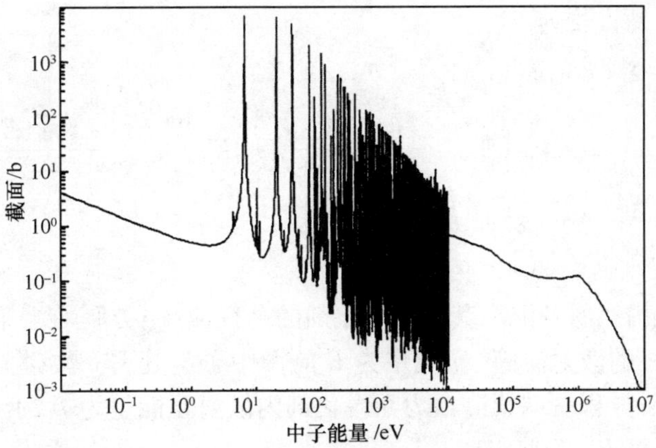

图 11.3 ^{238}U 的俘获截面(MT = 27, http://www.nndc.bnl.gov/)

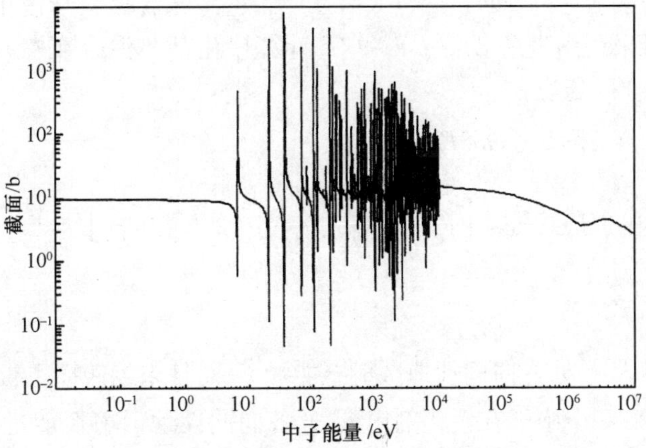

图 11.4 ^{238}U 的弹性散射截面(MT = 2, http://www.nndc.bnl.gov/)

11.2 非均匀燃料-慢化剂栅格内的可分辨单能级共振

11.2.1 非均匀燃料-慢化剂栅元内的中子平衡

在 10eV 以下的低能区,中子的平均自由程通常与燃料和慢化剂的尺寸是相当的,因而在此情况下必须考虑燃料-慢化剂栅元在空间上的非均匀性。核反应堆内燃料组件通常由大量的单位栅元组成,这些单位栅元常包含燃料、慢化剂/冷却剂、包壳等。为了简化分析,本节以燃料(F)与慢化剂(M)组成的两区单位栅元为例分析其内部的中子平衡。对于这种两区的单位栅元,某些慢化剂可与燃料相互混合(如 UO_2 燃料中的氧)。4.3 节已经分析了均匀混合物内可分辨共振的中子吸收问题,在此进一步分析这一问题,并包含非均匀燃料-慢化剂栅元的空间自屏蔽效应。本节以燃料-慢化剂栅元组成的阵列为例,燃料的体积为 V_F,慢化剂的体积为 V_M。定义首次飞行逃脱概率如下:

$P_{F0}(E)$——一个在燃料内慢化至能量为 E 的中子在慢化剂内经历下一次碰撞的概率;

$P_{M0}(E)$——一个在慢化剂内慢化至能量为 E 的中子在燃料内经历下一次碰撞的概率。假设这两个概率分别在燃料和慢化剂内是相同的。

燃料内的中子平衡方程为

$$\begin{aligned}&[\Sigma_{\mathrm{m}}^{\mathrm{F}}+\Sigma_{\mathrm{t}}^{\mathrm{F}}(E)]\phi_{\mathrm{F}}(E)V_{\mathrm{F}}\\&=V_{\mathrm{F}}[1-P_{\mathrm{F0}}(E)]\left[\int_{E}^{E/\alpha_{\mathrm{F}}}\frac{\Sigma_{\mathrm{S}}^{\mathrm{F}}(E')\phi_{\mathrm{F}}(E')}{(1-\alpha_{\mathrm{F}})E'}\mathrm{d}E'+\int_{E}^{E/\alpha_{\mathrm{m}}}\frac{\Sigma_{\mathrm{m}}^{\mathrm{F}}\phi(E')}{(1-\alpha_{\mathrm{m}})E'}\mathrm{d}E'\right]+\\&V_{\mathrm{M}}P_{\mathrm{M0}}(E)\int_{E}^{E/\alpha_{\mathrm{M}}}\frac{\Sigma_{\mathrm{S}}^{\mathrm{M}}\phi_{\mathrm{M}}(E')}{(1-\alpha_{\mathrm{M}})E'}\mathrm{d}E'\end{aligned}\tag{11.1}$$

方程左端为燃料体积内燃料及混在其中的慢化剂的总反应率;方程右端第一项为燃料内散射(与燃料核或慢化剂核的散射碰撞)至能量为 E 的源中子与其下一次碰撞仍发生在燃料内的概率 $(1-P_{\mathrm{F0}})$ 的乘积;方程右端第二项为在慢化剂内散射至能量为 E 的源中子与其下一次碰撞发生在燃料内的概率 P_{M0} 的乘积。

吸收共振的实际宽度通常远小于慢化剂的散射区间,即 $\Gamma_{\mathrm{p}}\ll(1-\alpha_{\mathrm{M}})E_0$,也远小于混合在燃料中的慢化剂的散射区间,即 $\Gamma_{\mathrm{p}}\ll(1-\alpha_{\mathrm{m}})E_0$,这意味着燃料与慢化剂内处于共振能量之上的中子注量率可采用渐进解 $\phi_{\mathrm{asy}}(E)\sim1/E$ 计算慢化剂与混合在燃料中的慢化剂的散射积分,那么方程(11.1)可变为

$$\begin{aligned}&[\Sigma_{\mathrm{m}}^{\mathrm{F}}+\Sigma_{\mathrm{t}}^{\mathrm{F}}(E)]\phi_{\mathrm{F}}(E)V_{\mathrm{F}}\\&=V_{\mathrm{F}}[1-P_{\mathrm{F0}}(E)]\left[\int_{E}^{E/\alpha_{\mathrm{F}}}\frac{\Sigma_{\mathrm{S}}^{\mathrm{F}}(E')\phi_{\mathrm{F}}(E')}{(1-\alpha_{\mathrm{F}})E'}\mathrm{d}E'+\frac{\Sigma_{\mathrm{m}}^{\mathrm{F}}}{E}\right]+V_{M}P_{M0}(E)\frac{\Sigma_{\mathrm{S}}^{\mathrm{M}}}{E}\end{aligned}\tag{11.2}$$

11.2.2 互易关系式

一个中子在燃料内 r_{F} 处各向同性地散射至能量 E,而且未经碰撞飞行至慢化剂内 r_{M} 处的概率定义为 $G(r_{\mathrm{F}};r_{\mathrm{M}})$;一个中子在慢化剂内 r_{M} 处各向同性地散射至能量 E,而且未经碰撞飞行至燃料内 r_{F} 处的概率定义为 $G(r_{\mathrm{M}};r_{\mathrm{F}})$。若散射至能量 E 的中子在每一区域内的分布是均匀的,那么可得以下定义:

$$\begin{cases}V_{\mathrm{F}}P_{\mathrm{F0}}(E)\equiv\Sigma_{\mathrm{t}}^{\mathrm{M}}(E)\int_{V_{\mathrm{F}}}\mathrm{d}r_{\mathrm{F}}\int_{V_{\mathrm{M}}}G(r_{\mathrm{F}};r_{\mathrm{M}})\mathrm{d}r_{\mathrm{M}}\\V_{\mathrm{M}}P_{\mathrm{M0}}(E)\equiv[\Sigma_{\mathrm{m}}^{\mathrm{F}}(E)+\Sigma_{\mathrm{t}}^{\mathrm{F}}(E)]\int_{V_{\mathrm{M}}}\mathrm{d}r_{\mathrm{M}}\int_{V_{\mathrm{F}}}G(r_{\mathrm{M}};r_{\mathrm{F}})\mathrm{d}r_{\mathrm{F}}\end{cases}\tag{11.3}$$

既然 $G(r_{\mathrm{F}};r_{\mathrm{M}})$ 和 $G(r_{\mathrm{M}};r_{\mathrm{F}})$ 仅仅与 r_{F} 和 r_{M} 之间的碰撞概率有关,而且这个概率与中子运动方向无关,即 $G(r_{\mathrm{M}};r_{\mathrm{F}})=G(r_{\mathrm{F}};r_{\mathrm{M}})$,式(11.3)的两个方程合并后可得两个首次飞行碰撞概率之间的互易关系式:

$$P_{\mathrm{F0}}(E)[\Sigma_{\mathrm{m}}^{\mathrm{F}}+\Sigma_{\mathrm{t}}^{\mathrm{F}}(E)]V_{\mathrm{F}}=P_{\mathrm{M0}}(E)\Sigma_{\mathrm{t}}^{\mathrm{M}}(E)V_{\mathrm{M}}\tag{11.4}$$

假设慢化剂对中子的吸收远小于其散射,将互易关系式代入方程(11.2)可得

$$\begin{aligned}&[\Sigma_{\mathrm{m}}^{\mathrm{F}}+\Sigma_{\mathrm{t}}^{\mathrm{F}}(E)]\phi_{\mathrm{F}}(E)\\&=[1-P_{\mathrm{F0}}(E)]\left[\int_{E}^{E/\alpha_{\mathrm{F}}}\frac{\Sigma_{\mathrm{S}}^{\mathrm{F}}(E')\phi_{\mathrm{F}}(E')}{(1-\alpha_{\mathrm{F}})E'}\mathrm{d}E'+\frac{\Sigma_{\mathrm{m}}^{\mathrm{F}}}{E}\right]+P_{\mathrm{F0}}(E)\frac{\Sigma_{\mathrm{m}}^{\mathrm{F}}+\Sigma_{\mathrm{t}}^{\mathrm{F}}(E)}{E}\end{aligned}\tag{11.5}$$

11.2.3 窄共振近似

若共振的实际宽度远小于共振原子核的散射区间,即 $\Gamma_{\mathrm{p}}\ll(1-\alpha)E_0$,共振对方

程(11.5)中散射积分的影响可以忽略。利用燃料中的渐近中子注量率 $\phi(E)\sim 1/E$ 计算积分可得

$$\phi_{\mathrm{F}}^{\mathrm{NR}}(E)=\frac{[1-P_{\mathrm{F0}}(E)]\Sigma_{\mathrm{p}}^{\mathrm{F}}+P_{\mathrm{F0}}(E)\Sigma_{\mathrm{t}}^{\mathrm{F}}(E)+\Sigma_{\mathrm{m}}^{\mathrm{F}}}{[\Sigma_{\mathrm{m}}^{\mathrm{F}}+\Sigma_{\mathrm{t}}^{\mathrm{F}}(E)]E} \tag{11.6}$$

利用方程(11.6)计算俘获共振积分

$$I^{\gamma}\equiv\int\sigma_{\gamma}(E)\phi(E)\,\mathrm{d}E \tag{11.7}$$

可得窄共振近似下非均匀栅元的共振积分为

$$\begin{aligned} I_{\mathrm{NR}}^{\gamma} &= \int\sigma_{\gamma}(E)\frac{\sigma_{\mathrm{p}}^{\mathrm{F}}+\sigma_{\mathrm{m}}^{\mathrm{F}}+P_{\mathrm{F0}}(E)[\sigma_{\mathrm{t}}^{\mathrm{F}}(E)-\sigma_{\mathrm{p}}^{\mathrm{F}}]}{\sigma_{\mathrm{m}}^{\mathrm{F}}+\sigma_{\mathrm{t}}^{\mathrm{F}}(E)}\frac{\mathrm{d}E}{E} \\ &= \int\sigma_{\gamma}(E)\frac{\sigma_{\mathrm{p}}^{\mathrm{F}}+\sigma_{\mathrm{m}}^{\mathrm{F}}+\sigma_{\mathrm{e}}(E)}{\sigma_{\mathrm{m}}^{\mathrm{F}}+\sigma_{\mathrm{t}}^{\mathrm{F}}(E)+\sigma_{\mathrm{e}}(E)}\frac{\mathrm{d}E}{E} \end{aligned} \tag{11.8}$$

其中,逃脱截面定义为

$$P_{\mathrm{F0}}(E)\equiv\frac{\sigma_{\mathrm{e}}(E)}{\sigma_{\mathrm{e}}(E)+\sigma_{\mathrm{m}}^{\mathrm{F}}+\sigma_{\mathrm{t}}^{\mathrm{F}}(E)}\Rightarrow\sigma_{\mathrm{e}}(E)=P_{\mathrm{F0}}(E)\frac{\sigma_{\mathrm{t}}^{\mathrm{F}}(E)+\sigma_{\mathrm{m}}^{\mathrm{F}}}{1-P_{\mathrm{F0}}(E)} \tag{11.9}$$

而且,$\sigma_{\mathrm{t}}^{\mathrm{F}}(E)$ 和 $\sigma_{\mathrm{p}}^{\mathrm{F}}$ 分别表示共振核的总微观截面和势散射微观截面,$\sigma_{\mathrm{m}}^{\mathrm{F}}$ 表示混在燃料内的慢化剂的总截面。

11.2.4　宽共振近似

若共振的实际宽度远大于共振原子核的散射区间,即 $\Gamma_{\mathrm{p}}\gg(1-\alpha)E_0$,方程(11.5)中的积分核(被积函数)为

$$\Sigma_{\mathrm{s}}^{\mathrm{res}}(E')\phi(E')/E'\approx\Sigma_{\mathrm{s}}^{\mathrm{res}}(E)\phi(E)/E$$

这可得宽共振近似下燃料区域的中子注量率:

$$\phi_{\mathrm{F}}^{\mathrm{WR}}(E)=\frac{P_{\mathrm{F0}}(E)\Sigma_{\mathrm{t}}^{\mathrm{F}}(E)+\Sigma_{\mathrm{m}}^{\mathrm{F}}}{[\Sigma_{\mathrm{t}}^{\mathrm{F}}(E)+\Sigma_{\mathrm{m}}^{\mathrm{F}}-(1-P_{\mathrm{F0}}(E))\Sigma_{\mathrm{S}}^{\mathrm{F}}(E)]E} \tag{11.10}$$

利用上式计算共振积分(方程(11.7))可得

$$\begin{aligned} I_{\mathrm{WR}}^{\gamma} &\equiv \int\sigma_{\gamma}(E)\frac{P_{\mathrm{F0}}(E)\sigma_{\mathrm{t}}^{\mathrm{F}}(E)+\sigma_{\mathrm{m}}^{\mathrm{F}}}{\sigma_{\mathrm{t}}^{\mathrm{F}}+\sigma_{\mathrm{m}}^{\mathrm{F}}+[1-P_{\mathrm{F0}}(E)]\sigma_{\mathrm{S}}^{\mathrm{F}}(E)}\frac{\mathrm{d}E}{E} \\ &= \int\sigma_{\gamma}(E)\frac{\sigma_{\mathrm{m}}^{\mathrm{F}}+\sigma_{\mathrm{e}}(E)}{\sigma_{\mathrm{m}}^{\mathrm{F}}+\sigma_{\mathrm{a}}^{\mathrm{F}}(E)+\sigma_{\mathrm{e}}(E)}\frac{\mathrm{d}E}{E} \end{aligned} \tag{11.11}$$

式中:$\sigma_{\mathrm{a}}^{\mathrm{F}}=\sigma_{\gamma}^{\mathrm{F}}+\sigma_{\mathrm{f}}^{\mathrm{F}}$ 为共振原子核的微观吸收截面。

11.2.5　计算共振积分

由 4.3 节的分析可知,经原子核热运动平均后(n,γ)俘获截面或裂变截面可统一表示为

$$\sigma_q(E,T)=\sigma_0\frac{\Gamma_q}{\Gamma}\left(\frac{E_0}{E}\right)^{1/2}\psi(\xi,x)\quad(q=\gamma,\mathrm{f}) \tag{11.12}$$

包含共振和势散射及其两者间干涉的总散射截面可表示为

$$\sigma_s(E,T)=\sigma_0\frac{\Gamma_n}{\Gamma}\psi(\xi,x)+\frac{\sigma_0 R}{\lambda_0}\chi(\xi,x)+4\pi R^2 \tag{11.13}$$

式中:R 为原子核半径;λ_0 为中子的德布罗意波波长;ψ 和 χ 函数分别为

$$\psi(\xi,x)=\frac{\xi}{2\sqrt{\pi}}\int_{-\infty}^{+\infty}\mathrm{e}^{-(1/4)(x-y)^2\xi^2}\frac{\mathrm{d}y}{1+y^2} \tag{11.14}$$

$$\chi(\xi,x)=\frac{\xi}{\sqrt{\pi}}\int_{-\infty}^{+\infty}\mathrm{e}^{-(1/4)(x-y)^2\xi^2}\frac{y\mathrm{d}y}{1+y^2} \tag{11.15}$$

它们均是对中子与原子核相对运动的积分,其中,$x=2(E_{cm}-E_0)/\Gamma$。假设原子核的热运动可用温度为 T 的麦克斯韦分布进行描述;E_{cm} 为在中子-原子核质心坐标系下的中子能量。其他描述共振的参数包括共振的峰值截面 σ_0;E_0 为在中子-原子核质心坐标系下共振峰值所对应的中子能量;Γ 为共振宽度;Γ_γ 为中子俘获的实际宽度;Γ_f 为裂变的实际宽度;Γ_n 为散射的实际宽度。虽然共振吸收截面关于 E_0 是对称的,但共振散射截面是非对称的,因为势散射和共振散射间的干涉在 $E>E_0$ 范围内能增强共振,而在 $E<E_0$ 的范围内将削弱共振,如图11.4所示。

描述原子核热运动的参数被包含在如下的参数中:

$$\xi=\frac{\Gamma}{(4E_0kT/A)^{1/2}} \tag{11.16}$$

式中:A 为共振原子核的相对原子质量;k 为玻耳兹曼常数。

将上述描述共振截面的公式分别代入方程(11.8)和方程(11.11)中可得窄共振近似(忽略散射干涉)下的共振积分为

$$I_{NR}^{\gamma}=\frac{\Gamma_\gamma}{2E_0}(\sigma_p^F+\sigma_m^F+\sigma_e)\int_{-\infty}^{+\infty}\frac{\psi(\xi,x)\mathrm{d}x}{\psi(\xi,x)+\beta}\equiv\frac{\Gamma_\gamma}{E_0}(\sigma_p^F+\sigma_m^F+\sigma_e)J(\xi,\beta) \tag{11.17}$$

宽共振近似下的共振积分变为

$$I_{WR}^{\gamma}=\frac{\Gamma_\gamma}{2E_0}(\sigma_m^F+\sigma_e)\int_{-\infty}^{+\infty}\frac{\psi(\xi,x)\mathrm{d}x}{\psi(\xi,x)+\beta'}\equiv\frac{\Gamma_\gamma}{E_0}(\sigma_m^F+\sigma_e)J(\xi,\beta') \tag{11.18}$$

式中

$$\beta\equiv\frac{\sigma_p^F+\sigma_m^F+\sigma_e}{\sigma_0},\quad \beta'\equiv\frac{\sigma_m^F+\sigma_e}{\sigma_0}\frac{\Gamma}{\Gamma_\gamma} \tag{11.19}$$

其中,函数 $J(\xi,\beta)$ 如表4.3所列。慢化剂的属性(如材料属性)并未显式地出现在共振积分的表达式中,这一方面是因为公式的推导已假设了从燃料逃逸的中子在慢化剂内发生下一次碰撞,另一方面也是因为在使用互易关系式时忽略了慢化剂的吸收。

11.2.6 无限稀释共振积分

在无限稀释极限条件下,即当 $\sigma_m^F+\sigma_e\gg\sigma_0$ 时,共振积分的所有公式均接近其无限稀释值:

$$\begin{cases}I_\infty^\gamma=\dfrac{\pi}{2}\sigma_0\dfrac{\Gamma_\gamma}{E_0}\\[2ex] I_\infty^f=\dfrac{\pi}{2}\sigma_0\dfrac{\Gamma_f}{E_0}\end{cases} \tag{11.20}$$

一些燃料同位素的无限稀释共振积分如表 11.1 所列。因为共振的自屏蔽效应,实际的共振积分比表 11.1 中所列的值要小些。

表 11.1 常见元素的无限稀释总共振积分①

同位素	RI(n,γ)/b	RI(n,f)/b
^{232}Th	84	—
^{233}U	138	774
^{233}Pa	864	—
^{234}U	631	7
^{235}U	133	278
^{236}U	346	8
^{237}Np	661	7
^{239}Np	445	—
^{239}Pu	181	302
^{241}Pu	180	573
^{241}Am	1305	14
^{238}U	278	2
^{240}Pu	8103	9
^{242}Pu	1130	6
^{242}Am	391	1258

① 通过 ORIGEN 计算[14]

11.2.7 均匀栅元与非均匀栅元的等效性

对于给定的共振吸收原子核,具有相同的 $\sigma_m^F+\sigma_e$ 的组件即具有相同的共振积分。而且,对于给定 $\sigma_m^F+\sigma_e$ 的非均匀组件,当均匀组件的每个共振吸收核的共振散射截面 $\sigma_s^M=\sigma_m^F+\sigma_e$ 时,非均匀组件与均匀组件具有相同的共振积分。当 $\sigma_e\sim P_{F0}=0$ 时(共振吸收核与慢化剂构成均匀混合物),方程(11.17)和方程(11.18)退化为均匀介质的共振积分,即方程(4.68)和方程(4.71)。

11.2.8 非均匀介质的逃脱共振概率

对于燃料体积为 V_F 和慢化剂体积为 V_M 的燃料 - 慢化剂栅元,其共振俘获率为

$$R_\gamma = V_F N_F\int\sigma_\gamma^F(E)\phi_F(E)\,dE = V_F N_F I^\gamma \tag{11.21}$$

假设中子注量率在燃料和慢化剂内是均匀的,并用共振前的渐进中子注量率 $\phi_{asy}=1/E$ 计算共振积分。而且,慢化密度 q 和渐进中子注量率之间存在如下的关系:

$$q=\xi\Sigma_s E\phi_{asy} \tag{11.22}$$

因而渐进中子注量率下的渐进慢化密度 $q=\xi\Sigma_s$。其中,栅元的平均渐进慢化能力为

$$\xi\Sigma_s=\frac{V_M\xi_M\Sigma_s^M+V_F(\xi_F\Sigma_p^F+\xi_m\Sigma_m^F)}{V_M+V_F} \tag{11.23}$$

栅元内中子逃脱共振的概率为1减去共振吸收概率,而共振吸收概率为共振吸收率除以总的慢化中子数 $q(V_F+V_M)$:

$$p=1-\frac{R_\gamma}{q(V_M+V_F)}=1-\frac{V_F N_F \Gamma^\gamma}{\xi\Sigma_s(V_M+V_F)}=1-\frac{\Gamma^\gamma}{\xi\sigma_s} \tag{11.24}$$

式中:$\xi\sigma_s$ 为每个燃料原子核对应的栅元的慢化能力。

由此可知,包含若干个共振峰的能群 g 内中子的总逃脱共振概率为

$$P=\prod_{i\in g}p_i=\prod_{i\in g}\left(1-\frac{\Gamma_i^\gamma}{\xi\sigma_s}\right)\approx\exp\left(-\frac{\Gamma_i^\gamma}{\xi\sigma_s}\sum_{i\in g}\Gamma_i^\gamma\right) \tag{11.25}$$

式中:$i\in g$ 表示介于 E_g 和 E_{g-1} 间的能群 g 内所有的共振。

与慢化剂内的中子注量率相比,因为空间自屏蔽效应,燃料块状化使燃料内的中子注量率变小,这能减小共振积分,但又不会减小慢化能力。因而,与相应的均匀燃料-慢化剂相比,块状化燃料的逃脱共振概率将增加。实际上,早期的石墨慢化反应堆采用块状化天然铀燃料是其取得临界的关键——逃脱共振概率从0.7(均匀的石墨-天然铀组件)增加至0.88(非均匀的组件)。

11.2.9 多群共振截面的均匀化

对能群 g 内所有共振引起的共振吸收率求和,并除以燃料原子核的数密度 N_F,除以燃料-慢化剂栅元的体积,除以渐进中子注量率在该能群内的积分可得共振吸收介质的有效多群截面:

$$\sigma_g^{\text{res}}=\frac{\sum_{i\in g}R_\gamma^i/N_F}{(V_M+V_F)\int_{E_g}^{E_{g-1}}\phi_{\text{asy}}\mathrm{d}E}=\frac{V_F\sum_{i\in g}\Gamma_i^\gamma}{(V_M+V_F)\ln(E_{g-1}/E_g)} \tag{11.26}$$

11.2.10 改进的和中间共振近似

窄共振 $\Gamma_p \ll (1-\alpha)E_0$ 和宽共振 $\Gamma_p \gg (1-\alpha)E_0$ 近似均为极端情形。大量的共振实际上通常处于这两个极端之间。通过中子平衡方程的迭代以改善中子注量率能改进窄共振和宽共振近似:

$$\begin{aligned}&[\sigma_m^F+\sigma_t^F(E)]\phi_F^{(n)}(E)\\&=[1-P_{F0}(E)]\left[\int_E^{E/\alpha_F}\frac{\sigma_S^F(E')\phi_F^{(n-1)}(E')}{(1-\alpha_F)E'}\mathrm{d}E'+\frac{\sigma_m^F}{E}\right]+P_{F0}(E)\frac{\sigma_m^F+\sigma_t^F(E)}{E}\end{aligned} \tag{11.27}$$

第一次迭代可选取窄共振近似下或宽共振近似下的中子注量率,或者中间共振近似下的中子注量率:

$$\begin{cases}\phi_{NR}^{(1)}=\dfrac{\sigma_p^F+\sigma_m^F+\sigma_e}{\sigma_t^F+\sigma_m^F+\sigma_e}\dfrac{1}{E}\\[2ex]\phi_{WR}^{(1)}=\dfrac{\sigma_m^F+\sigma_e}{\sigma_a^F+\sigma_m^F+\sigma_e}\dfrac{1}{E}\\[2ex]\phi_{IR}^{(1)}=\dfrac{\lambda\sigma_p^F+\sigma_m^F+\sigma_e}{\lambda\sigma_s^F+\sigma_a^F+\sigma_m^F+\sigma_e}\dfrac{1}{E}\end{cases} \tag{11.28}$$

其中,λ 须满足 $0<\lambda<1$,进一步说明参见第 13 章。在实际应用中,上述迭代过程通常不会超过 1 次。

11.3 首次飞行逃脱概率

为了计算 11.2 节所述的共振积分,首先必须计算燃料内能量为 E 的中子在慢化剂内经历其下一次碰撞的概率,即首次飞行逃脱概率。虽然采用蒙特卡罗方法可精确计算此概率,但是由于蒙特卡罗方法通常需要较大的计算量,所以目前存在一些近似的解析计算方法。

11.3.1 一根孤立燃料棒的逃脱概率

如图 11.5 所示,对于一根被慢化剂包围的孤立燃料棒,其内部能量为 E 的中子在慢化剂中经历其下一次碰撞的概率就是中子未经碰撞从燃料棒逃脱的概率 P_0。若燃料棒的成分是均匀的,在任意形状的燃料棒内 r_0 处各向同性地产生的一个中子从燃料棒逃脱的概率为

$$P'_0(r_0) = \int_S e^{-l/\lambda}\frac{(\boldsymbol{\Omega}\cdot\boldsymbol{n}_s)ds}{4\pi l^2} \tag{11.29}$$

式中:$\lambda=1/\Sigma_t$ 为中子的总平均自由程;$l(r_0,\boldsymbol{\Omega})$ 为在 $\boldsymbol{\Omega}$ 方向上 r_0 至燃料棒表面的距离;$\boldsymbol{n}_s$ 为燃料棒表面外法线的单位矢量;$(\boldsymbol{\Omega}\cdot\boldsymbol{n}_s)ds/4\pi l^2(r_0,\boldsymbol{\Omega})$ 为燃料表面微元 ds 所对应的方向角;$e^{-l/\lambda}$ 为中子未经碰撞达到燃料棒表面的概率。

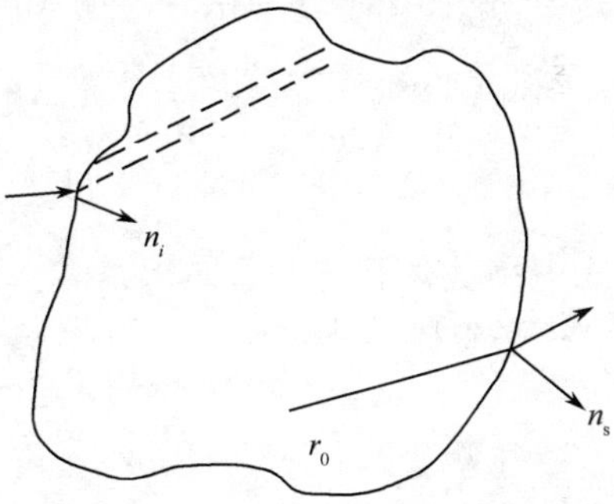

图 11.5 逃脱概率计算示意图

若生成的中子是各向同性的,则平均逃脱概率为

$$P_0 = \frac{1}{V}\int P'_0(r_0)dr_0 = \frac{1}{V}\int dV\int\frac{e^{-l/\lambda}}{4\pi}d\boldsymbol{\Omega} \tag{11.30}$$

若采用 $\boldsymbol{\Omega}$ 方向上横截面面积为 $ds(\boldsymbol{n}_i\cdot\boldsymbol{\Omega})$ 的管状微元表示微元体,其中,$\boldsymbol{n}_i$ 为燃料棒表面内法线单位矢量,那么微元体积 $dV=dl\,ds(\boldsymbol{n}_i\cdot\boldsymbol{\Omega})$,而且方程(11.30)沿 l 方向积分可变为

$$P_0 = \frac{\lambda}{4\pi V}\int\int(1-e^{-l_s(\boldsymbol{\Omega})/\lambda})(\boldsymbol{n}_i\cdot\boldsymbol{\Omega})ds\,d\boldsymbol{\Omega} \tag{11.31}$$

式中:$l_s(\boldsymbol{\Omega})$ 为 $\boldsymbol{\Omega}$ 方向上燃料棒表面到表面的弦长。

对于厚度为 a 的长燃料板,P_0 的解析解为

$$P_0=\frac{\lambda}{a}\left[\frac{1}{2}-E_3\left(\frac{a}{\lambda}\right)\right] \tag{11.32}$$

式中:E_3 为指数积分函数。

对于半径为 a 的球,P_0 的近似解为

$$\begin{cases} P_0=\dfrac{\lambda}{R_0}\left[1-\dfrac{8}{9(R_0/\lambda)^2}+\dfrac{4}{3(R_0/\lambda)}\left(1+\dfrac{2}{3(R_0/\lambda)}\right)e^{-(3/2)(R_0/\lambda)}\right] \\ R_0\equiv\dfrac{4a}{3} \end{cases} \tag{11.33}$$

对于半径为 a 的长柱状燃料棒, P_0 的近似解为

$$P_0 = \frac{\lambda}{R_0}\left[1 - \frac{4}{\pi}\int_0^{\pi/2}\cos\beta Ki_3\left(\frac{R_0}{\lambda}\cos\beta\right)\mathrm{d}\beta\right]$$

式中

$$Ki_n(X) \equiv \int_0^{\infty}\frac{\mathrm{e}^{-X\cosh u}\mathrm{d}u}{(\cosh u)^n} \tag{11.34}$$

$$R_0 = 2a$$

利用弦长分布理论可得更加通用的 P_0 的计算式。弦长介于 l_s 和 $l_s + \mathrm{d}l_s$ 之间的概率为

$$\phi(l_s) = \frac{\int\left[\int_{l'_s = l_s}(\boldsymbol{\Omega}\cdot\boldsymbol{n}_i)\mathrm{d}\boldsymbol{\Omega}\right]_{(\boldsymbol{\Omega}\cdot\boldsymbol{n}_i)>0}\mathrm{d}s}{\iint(\boldsymbol{\Omega}\cdot\boldsymbol{n}_i)\mathrm{d}\boldsymbol{\Omega}\mathrm{d}s} \tag{11.35}$$

其中,分子中对 $\boldsymbol{\Omega}$ 的积分仅包含当 $l'_s = l_s$(燃料棒的一种弦长)时的 $\boldsymbol{\Omega}$ 值。分母可直接进行计算:

$$\iint(\boldsymbol{\Omega}\cdot\boldsymbol{n}_i)\mathrm{d}\boldsymbol{\Omega}\mathrm{d}s = 2\pi S\int_0^1\mu\mathrm{d}\mu = \pi S \tag{11.36}$$

式中: S 为燃料棒的表面积。

燃料棒的体积为

$$V = \int l(\boldsymbol{\Omega}\cdot\boldsymbol{n}_i)\mathrm{d}s,\quad (\boldsymbol{\Omega}\cdot\boldsymbol{n}_i) > 0 \tag{11.37}$$

平均弦长为

$$\begin{aligned}\bar{l}_s &= \int l_s\phi(l_s)\mathrm{d}l_s = \frac{1}{\pi S}\int l_s\left[\iint_{l'_s = l_s}(\boldsymbol{\Omega}\cdot\boldsymbol{n}_i)\mathrm{d}\boldsymbol{\Omega}\mathrm{d}s\right]_{(\boldsymbol{\Omega}\cdot\boldsymbol{n}_i)>0}\mathrm{d}l_s \\ &= \frac{1}{\pi S}\iint l_s(\boldsymbol{\Omega}\cdot\boldsymbol{n}_i)\mathrm{d}\boldsymbol{\Omega}\mathrm{d}s = \frac{4V}{S}\quad (\boldsymbol{\Omega}\cdot\boldsymbol{n}_i) > 0\end{aligned} \tag{11.38}$$

因此

$$\frac{4\pi V}{\bar{l}_s}\phi(l_s)\mathrm{d}l_s = \int\left[\int_{l'_s = l_s}(\boldsymbol{\Omega}\cdot\boldsymbol{n}_i)\mathrm{d}\boldsymbol{\Omega}\right]_{(\boldsymbol{\Omega}\cdot\boldsymbol{n}_i)>0}\mathrm{d}s \tag{11.39}$$

将式(11.39)代入方程(11.31)可得

$$P_0 = \frac{\lambda}{\bar{l}_s}\int(1 - \mathrm{e}^{-l_s/\lambda})\phi(l_s)\mathrm{d}l_s = \frac{\lambda}{\bar{l}_s} - \int\mathrm{e}^{-l_s/\lambda}\phi(l_s)\mathrm{d}l_s \tag{11.40}$$

当燃料棒的尺寸远小于中子的平均自由程时($l_s \ll \lambda$),方程(11.40)可简化为

$$P_0 \approx 1 - \frac{1}{2}\frac{\bar{l}_s^2}{\bar{l}_s\lambda} \approx 1 \tag{11.41}$$

当燃料棒的尺寸远大于中子的平均自由程时($l_s \gg \lambda$),方程(11.40)可简化为

$$P_0 \approx \frac{\lambda}{\bar{l}_s} \tag{11.42}$$

这意味着,方程(11.40)可利用有理式进行逼近。例如,著名的维格纳近似为

$$P_0 = \frac{1}{1 + \bar{l}_s/\lambda} = \frac{1}{1 + 4V/\lambda S} \tag{11.43}$$

对于长圆柱燃料棒，积分弦长分布函数的经验拟合公式可得一个改进的近似公式，即索尔近似：

$$P_0 = \frac{\lambda}{\bar{l}_s}\left[1 - \frac{1}{1 + (\bar{l}_s/4.58\lambda)^{4.58}}\right] \tag{11.44}$$

一个更加通用的有理式近似公式：

$$P_0 = \frac{1}{1 + \bar{l}_s/\lambda}\left[1 - \left(\frac{\bar{l}_s/\lambda}{c}\right)^{-c}\right] \tag{11.45}$$

其中，常数 c 需根据经验确定。当 $c = 2.09$ 时，对于除了圆柱之外的其他所有几何结构，它比维格纳近似和索尔近似均具有更高的精度。当 $c = 1$ 时，方程(11.45)即为维格纳近似；当 $c = 4.58$ 时，方程(11.45)为索尔近似。

11.3.2 紧密排列的栅格

当分散在慢化剂介质内的大量燃料元件形成紧密栅格排列时，从某一燃料元件内未经碰撞逃脱的一个中子可能未经碰撞穿过慢化剂介质而进入另一个燃料元件内，并可能与其燃料原子发生碰撞，或者未经碰撞穿过此燃料元件，再次进入慢化剂介质，依次类推。在此情形下，在燃料元件内被慢化至能量为 E 的中子从燃料元件逃脱的概率 P_0 与其在慢化剂内经历下一次碰撞的概率 P_{F0} 并不相等，但是两者仍存在一定的联系。假设一个中子从产生它的燃料元件逃脱后未经历一次碰撞沿直线穿过该燃料元件与其他燃料元件之间的慢化剂的概率为 $G_m^{(1)}$，该中子未经碰撞穿过第二个燃料元件而再次进入慢化剂的概率为 $G_f^{(2)}$，依此类推；那么

$$P_{F0} = P_0\left[(1 - G_m^{(1)}) + G_m^{(1)}G_f^{(2)}(1 - G_m^{(2)}) + G_m^{(1)}G_f^{(2)}G_m^{(2)}G_f^{(3)}(1 - G_m^{(3)}) + \cdots\right] \tag{11.46}$$

其中，$G_x^{(n)}$ 取决于栅格的几何形状，而且每次从慢化剂或燃料逃脱的概率也不相同($n = 1$ 与 $n = 2$ 或 $n = 4$ 和 $n = 5$ 并不相等)。若假设每次飞行的概率可用其平均值代替，方程(11.46)的求和可变为

$$P_{F0} = \frac{P_0(1 - G_f)(1 - G_m)}{1 - G_f G_m} \tag{11.47}$$

$G_{m,f}$ 可由方程(11.43)计算或者直接写为

$$G_{m,f} = \frac{1}{1 + \bar{l}_{m,f}/\lambda_{m,f}} \text{或 } G_{m,f} = e^{-\bar{l}_{m,f}/\lambda_{m,f}} \tag{11.48}$$

式中：$\bar{l}_m$、λ_m 分别为燃料栅格间的慢化剂的平均弦长和中子在慢化剂内的平均自由程；当角标为 f 时表示燃料元件的平均弦长和平均自由程。对 P_0 的修正称为丹可夫(Dancoff)修正；由此 P_{F0} 可改写为

$$P_{F0} = P_0(1 - \gamma) \tag{11.49}$$

其中，系数 γ 表征因某一燃料元件周围出现其他燃料元件而导致从该燃料元件逃脱的一个中子与慢化剂原子核发生碰撞概率的减小。在正方形栅格或棱形栅格中的燃料棒，有

$$\gamma = \frac{\exp(-\tau \bar{l}_s N_F \sigma_s^M)}{1 + (1-\tau)\bar{l}_s N_F \sigma_s^M} \tag{11.50}$$

式中

$$\tau = \begin{cases} \left[\dfrac{\sqrt{\pi}}{2}\left(1 + \dfrac{V_F}{V_M}\right)^{1/2} - 1\right]\dfrac{V_F}{V_M} - 0.08, & \text{正方形栅格} \\ \left[\left(\dfrac{\pi}{2\sqrt{3}}\right)^{1/2}\left(1 + \dfrac{V_F}{V_M}\right)^{1/2} - 1\right]\dfrac{V_F}{V_M} - 0.12, & \text{棱形栅格} \end{cases} \tag{11.51}$$

11.4 不可分辨共振

在可分辨共振能区(几百电子伏或者更低),利用高分辨率的数据可确定每一个独立共振的参数;与可分辨共振不同的是,因为多普勒效应的宽度和测量仪器的分辨率远大于共振的宽度,确定相对高能区的共振参数变得非常困难。在此情况下,不可能获得共振参数随能量变化的精确关系。相反地,利用统计理论可估计这些参数的期望值。在出现大量共振的能区,以下两类参数的期望值对核反应堆分析是非常重要的:第一类是某一过程的反应率,表示为$\langle \sigma_x \phi \rangle$;第二类是平均中子注量率,表示为$\langle \phi \rangle$。

由于窄共振近似更适合于分析相对高能的不可分辨共振能区,因而常采用扩展的 J 积分方法计算不可分辨共振。基于谱统计理论,利用已知分布函数可确定一组共振积分的共振参数,进而利用这些共振积分的平均值可描述重要的物理参数,如反应率和中子注量率。理论上,一旦共振参数的平均值被确定,共振积分的均值也随之被确定。

表征共振参数的统计规律需要两类分布。按照波特–托马斯的分析,共振的半宽度在理论上满足自由度为 ν 的 χ^2 分布:

$$P_\nu(y)\,dy = \frac{\nu}{2\Gamma(\nu/2)}\left(\frac{\nu y}{2}\right)^{(\nu/2)-1} e^{-(\nu y/2)}\,dy \tag{11.52}$$

式中:$y = \Gamma_x/\langle \Gamma_x \rangle$;$\Gamma(\nu/2)$为以 $\nu/2$ 为自变量的 γ 函数;自由度 ν 由某类反应 x 可能实现的通道(途径)数量决定。

对于某一特定的自旋态,两个相邻能级的间距($D = |E_k - E_{k+1}|$)可由维格纳分布描述:

$$W(y)\,dy = \frac{\pi}{2} y \exp\left(-\frac{\pi}{4}y^2\right)dy \tag{11.53}$$

式中:$y = D/\langle D \rangle$。从物理上来说,它描述了相同自旋顺序的相邻能级间相互排斥的趋势。对于下面将介绍的积分方法,能级相关函数描述了在某一给定能级 E_k 附近 $|E_{k'} - E_k|$ 的范围内出现任一能级 $E_{k'}$ 的概率。根据卷积积分方程,维格纳分布与能量相关函数之间存在如下关系:

$$\boldsymbol{\Omega}(y) = W(y) + \int_0^y W(t)\boldsymbol{\Omega}(y-t)\,dt \tag{11.54}$$

若能级 $E_{k'}$ 与能级 E_k 属于不同的自旋顺序,这两个能级在统计上是独立的,因此能级相关函数为1。

一旦已知平均参数,根据以上各分布即可得到其平均值。对于弹性散射,中子宽度与中子的能量有关;强度函数是比较方便使用的平均参数。若中子的轨道角动量为 l,则强度函数为

$$S_l = \frac{\sum_J g_J \langle \Gamma_{nlk}^{(0)} \rangle}{\langle D_k \rangle} \quad (k \in J, l) \tag{11.55}$$

式中：$\langle \Gamma_{nlk}^{(0)} \rangle$为 l 和 k 的平均约化中子宽度，它与中子能量无关；$\langle D_k \rangle$为能级 k 所在自旋顺序的平均能级间距；g_J 可表示为

$$g_J = \frac{2J+1}{2(2I+1)} \tag{11.56}$$

其中：J 为中子－核系统的总自旋；I 为目标原子核的自旋。

^{235}U、^{238}U、^{239}Pu 的共振统计参数如表 11.2 所列。

表 11.2　^{235}U、^{238}U 和 ^{239}Pu 的共振统计参数[5]

^{235}U	^{238}U	^{239}Pu
$S_0 = (0.915 \pm 0.5) \times 10^{-4}$	$S_0 = (0.90 \pm 0.10) \times 10^{-4}$	$S_0 = (1.07 \pm 0.1) \times 10^{-4}$
$(0 < E < 50\text{eV})$		
$S_0^{J=3} \approx S_0^{J=4} \approx S_0$		
$S_1 = (2.0 \pm 0.3) \times 10^{-4}$	$S_1 = (2.5 \pm 0.5) \times 10^{-4}$	$S_1 = (2.5 \pm 0.5) \times 10^{-4}$
$\overline{D}_{\text{obs}}^{l=0} = (0.53 \pm 0.05)\text{eV}$	$\overline{D}_{\text{obs}}^{l=0} = D_{J=1/2}^{l=0,1} = (20.8 \pm 2.0)\text{eV}$	$\overline{D}_{\text{obs}}^{l=0} = (2.3 \pm 0.2)\text{eV}$
$\overline{D}_{J=2}^{l=1} = 1.23\text{eV}$	$\overline{D}_{J=1/2}^{l=1} = (11.4 \pm 1.1)\text{eV}$	$\overline{D}_{J=0}^{l=0,1} = 8.78\text{eV}$
$\overline{D}_{J=3}^{l=0,1} = \overline{D}_{J=4}^{l=0,1} = 1.06\text{eV}$		$\overline{D}_{J=1}^{l=0,1} = 3.12\text{eV}$
$\overline{D}_{J=5}^{l=1} = 1.18\text{eV}$		$\overline{D}_{J=2}^{l=1} = 2.12\text{eV}$
$\overline{\Gamma}_\gamma^{l=0} = 47.9\text{meV}$	$\overline{\Gamma}_\gamma^{l=0} = (24.8 \pm 5.6)\text{meV}$	$\overline{\Gamma}_\gamma^{l=0} = 38.7\text{meV}$
$\overline{\Gamma}^{l=0} = 65.1\text{meV}$ $(0 < E < 50\text{eV})$	—	$\overline{\Gamma}_{fJ=0}^{l=0} = 2800\text{meV}$ $\overline{\Gamma}_{fJ=1}^{l=0} = 57\text{meV}$ $(0 < E < 100\text{eV})$
$\nu_f = 4$	—	$\nu_f = 2$，当$(1,J) = (0,0)$时 $\nu_f = 1$，当$(1,J) = (0,1)$时
$\nu_\gamma = 27$	$\nu_\gamma = 39$	$\nu_\gamma = 24$
$\sigma_{\text{pot}} = (11.7 \pm 0.1)\text{b}$	$\sigma_{\text{pot}} = (10.6 \pm 0.2)\text{b}$	$\sigma_{\text{pot}} = (10.3 \pm 0.15)\text{b}$
$R = (9.65 \pm 0.05) \times 10^{-13}\text{cm}$	$R = (9.18 \pm 0.13) \times 10^{-13}\text{cm}$	$R = (9.05 \pm 0.11) \times 10^{-13}\text{cm}$

包含自旋效应的单能级布赖特－维格纳公式为

$$\sigma_{xk} = \frac{\pi \lambda_0^2 g_J \Gamma_{xk} \Gamma_{nk}}{(E - E_k)^2 + (\Gamma_k / 2)^2} \tag{11.57}$$

式中：对于 E_k 处的共振，Γ_{xk}为俘获$(x = \gamma)$或裂变$(x = \text{f})$宽度；Γ_{nk}为中子宽度；Γ_k 为总宽度；λ_0 为中子的德布罗意波长。

11.4.1　孤立共振的多群截面

利用窄共振近似下的中子注量率 $\phi \sim 1/\Sigma_t$，共振的有效多群截面可表示为

$$\sigma_{xk}^g = \frac{\int_{E_g}^{E_{g-1}} \sigma_{xk}(E)/\Sigma_t(E)\,\text{d}E}{\int_{E_g}^{E_{g-1}} 1/\Sigma_t(E)\,\text{d}E} = \frac{\Sigma_p \Gamma_{xk} J_k}{f \Delta E_g N_{\text{res}}} \tag{11.58}$$

式中

$$f = \frac{\Sigma_{\mathrm{p}}}{\Delta E_g}\int_{E_g}^{E_{g-1}} 1/\Sigma_{\mathrm{t}}(E)\,\mathrm{d}E \tag{11.59}$$

在不可分辨共振区,方程(11.52)~方程(11.54)所定义的分布的统计平均值可用于构建反应 x 的有效多群截面为

$$\langle \sigma_{xk}^{g} \rangle = \frac{\sigma_{\mathrm{p}}}{f}\sum_{\text{自旋态}} \frac{\langle \Gamma_{xk} J_k \rangle}{\langle D_k \rangle} \tag{11.60}$$

式中:$\sigma_{\mathrm{p}} = \Sigma_{\mathrm{p}}/N_{\mathrm{res}}$为单位共振原子核的势散射截面;$\langle \cdot \rangle$表示能级宽度和能级间距统计分布的平均值。

11.4.2 自重叠效应

对于高能中子,较大的多普勒宽度和较小的能级间距导致易裂变同位素的共振易发生自重叠现象,虽然可增殖同位素的自重叠现象较少,但是非常重要的。对于快中子核反应堆,自重叠效应在其运行温度下是不重要的,但是它确实影响10keV以上能区的多普勒效应随温度变化的关系。若出现其他共振,它们对共振 k 的有效截面的影响在于其对中子注量率($\phi \sim 1/\Sigma_{\mathrm{t}}$)的影响,这要求对 J 函数进行扩展:

$$\begin{aligned} J^{*}(\xi_k,\beta_k) &= \frac{1}{2}\int_{-\infty}^{+\infty} \frac{\psi_k \mathrm{d}x_k}{\psi_k + \beta_k + \sum\limits_{k'\neq k}(\sigma_{0k'}/\sigma_{0k})\psi_{k'}} \\ &= \frac{1}{2}\int_{-\infty}^{+\infty} \frac{\psi_k \mathrm{d}x_k}{\psi_k + \beta_k} - \frac{1}{2}\int_{-\infty}^{+\infty} \frac{\psi_k \sum\limits_{k'\neq k}(\sigma_{0k'}/\sigma_{0k})\psi_{k'}\mathrm{d}x_k}{(\psi_k + \beta_k)\left[\psi_k + \beta_k + \sum\limits_{k'\neq k}(\sigma_{0k'}/\sigma_{0k})\psi_{k'}\right]} \\ &\equiv J_k(\xi_k,\beta_k) + \sum_{k'\neq k} H_{kk'} \end{aligned} \tag{11.61}$$

式中:ψ_k、$\psi_{k'}$分别由 E_k、$E_{k'}$共振处的共振参数进行计算。

由于须对共振参数和能级间距进行统计平均,因此方程(11.61)右端第二项(重叠项)的计算比较复杂,各种近似计算公式见参考文献[5,6]。

由此可知,多群截面须在方程(11.58)的基础上增加一个负的重叠效应修正项:

$$\langle \sigma_{xk}^{g} \rangle = \frac{\sigma_{\mathrm{p}}}{f}\sum_{\text{自旋态}} \frac{\langle \Gamma_{xk} J_k \rangle}{\langle D_k \rangle} + \frac{\sigma_{\mathrm{p}}}{f}\sum_{k'}\sum_{\text{自旋态}} \frac{\langle \Gamma_{xk} H_{kk'} \rangle}{\langle D_k \rangle} \tag{11.62}$$

11.4.3 不同序列的重叠效应

某一同位素的共振间距可能属于不同的 J 个自旋态,该同位素的共振间距是不相关的,而且不同同位素的共振间距也通常是不相关的。其中,最重要的一个现象是某一易裂变同位素的共振与某一可增殖同位素的共振相互重叠。若暂时忽略其自重叠效应,某一易裂变同位素在 E_k 处的共振序列与某一可增殖同位素在 E_i 处的共振序列重叠的 J 函数为

$$J_k^{*}(\xi_k,\beta_k) = \frac{1}{2}\int_{-\infty}^{+\infty} \frac{\psi_k \mathrm{d}x_k}{\psi_k + \beta_k + (\sigma_{0i}/\sigma_{0k})\psi_i} \tag{11.63}$$

与方程(11.62)一样,可将 J 函数分成正常的 J 函数和重叠项两个部分,并利用其他一些

近似，有效多群共振截面可表示为

$$\langle\sigma_{xk}^{g}\rangle=\frac{\sigma_{\mathrm{p}}}{f}\sum_{\text{自旋态}}\frac{\langle\Gamma_{xk}J_k\rangle}{\langle D_k\rangle}\left(1-\frac{\langle\Gamma_i H_i\rangle}{\langle D_i\rangle}\right) \tag{11.64}$$

对于该易裂变同位素的一个单一自旋态，方程(11.59)中的中子注量率修正因子 f 可写为

$$f\approx\left(1-\frac{\langle\Gamma_{xk}J_k\rangle}{\langle D_k\rangle}\right)\left(1-\frac{\langle\Gamma_i H_i\rangle}{\langle D_i\rangle}\right) \tag{11.65}$$

因此，某一易裂变同位素与某一可增殖同位素重叠时的有效多群截面可表示为

$$\langle\sigma_{xk}^{g}\rangle=\sigma_{\mathrm{p}}\frac{\langle\Gamma_{xk}J_k\rangle}{\langle D_k\rangle}\Big/\left(1-\frac{\langle\Gamma_k H_k\rangle}{\langle D_k\rangle}\right) \tag{11.66}$$

在此近似下，共振的重叠效应被由其产生的中子注量率的变化所补偿，而且与其重叠的可增殖同位素的参数并未出现在公式中。由方程(11.64)可知，与易裂变同位素重叠的共振序列 i 同时出现在方程的分子和分母中，而且具有相同的阶次，因此互相抵消了。

由此可知，对于某一易裂变同位素来说，若包含其自重叠效应和与不同序列共振的重叠效应，及其与某一可增殖同位素共振序列 i 的重叠效应，其共振序列 k 的有效多群截面为

$$\langle\sigma_{xk}^{g}\rangle=\frac{\sigma_{\mathrm{p}}\sum\limits_{\text{自旋态}}\left[\langle\Gamma_{xk}J_k\rangle/\langle D_k\rangle+\sum\limits_{k'}\langle\Gamma_{xk}H_{kk'}\rangle/\langle D_k\rangle\right]}{1-\sum\limits_{\text{自旋态}}\langle\Gamma_k J_k\rangle/\langle D_k\rangle} \tag{11.67}$$

11.5　空间自屏蔽的多区方法

11.5.1　空间自屏蔽

4.3 节和 11.2 节已经介绍了共振吸收有效多群截面的近似计算方法，这些近似方法均采用了近似的中子注量率计算共振积分，其通用的形式可表示为

$$\phi(E)\sim f_{\mathrm{ss}}(\Sigma_{\mathrm{t}}(E))\times M(E)$$

式中：$M(E)$ 为能谱函数，即使介质中不含有共振吸收材料，该能谱函数依然存在；f_{ss} 为自屏蔽系数，它取决于能量依赖的总截面。

例如，对于均匀的混合物，由方程(4.65)可知，在窄共振近似条件下，$M(E)=1/E$，$f_{\mathrm{ss}}\sim 1/(\Sigma_{\mathrm{t}}^{\mathrm{res}}(E)+\Sigma_{\mathrm{s}}^{\mathrm{M}})$。由方程(11.6)和方程(11.10)可知，非均匀共振吸收介质内中子注量率的近似表达式同样满足该通用形式。

对于 11.2 节介绍的非均匀共振吸收介质的近似方法，自屏蔽系数 f_{ss} 及其相应的多群截面实际上默认其在共振吸收介质内是常数。然而，最简单的物理分析即可表明在共振吸收介质内部的自屏蔽远比其表面要明显的多，在共振吸收介质的表面，中子能谱取决于来自共振介质附近的慢化剂区域的中子。而且，共振吸收介质表面对来自慢化剂的中子的自屏蔽完全不同于对介质内部的中子的自屏蔽。因此，对于非均匀共振介质（如燃料棒），即使利用体积平均的反应率守恒获得了正确的多群截面，共振吸收介质内不同位置处的反应率仍然是不正确的，这在燃耗和裂变热量分布的计算等方面均将引入误差。即使利用多群输运理论计算了共振吸收介质内部的多群中子注量率在空间上的分布，由于与空间无关的体积平均的多群截面代替了空间依赖的多群截面（它包含了自屏蔽对空间的依赖关系），反应率的空间分布仍然是不精

确的。

解决群内自屏蔽对空间的依赖性这一问题最简单的方法是在燃料棒栅元的输运计算中将共振能区正常的多群结构(如20~50群)进一步细分成超精细群结构。若超精细群结构具有足够的能群数以保证群内的自屏蔽项为1(超精细群截面在其群内的变化是非常小的),超精细群截面即具有了足够的精度,而且正常多群结构上的空间自屏蔽效应可利用超精细群结构进行确定。然而,除了个别情形之外,这个方法实际上是行不通的。因为与共振的宽度相比,每一个超精细能群的宽度必须足够小,这导致为了覆盖整个共振能区超精细能群结构需要大量的能群。而且,对于不可分辨共振,这个方法实际上是完全不可行的。

11.5.2 多区理论

与超精细群方法不同的是,在多区理论中,每一个能群并不是再在能量上进行细化,而是按总截面的大小进行细分,这使常见的能群结构能包含总截面的所有变化。本节将从多群方程推导出多区方程。若假设散射和裂变可由一个通用的传递函数 Σ_s 表示,包含能量变化影响的输运方程可写为

$$\begin{aligned}\boldsymbol{\Omega}\cdot\nabla\psi(\boldsymbol{r},E,\boldsymbol{\Omega})+\Sigma_t(\boldsymbol{r},E)\psi(\boldsymbol{r},E,\boldsymbol{\Omega})\\=\int_0^\infty \mathrm{d}E'\int_0^{4\pi}\Sigma_s(\boldsymbol{r},E'\to E,\boldsymbol{\Omega}'\to\boldsymbol{\Omega})\psi(\boldsymbol{r},E',\boldsymbol{\Omega}')\mathrm{d}\boldsymbol{\Omega}'\end{aligned}\tag{11.68}$$

在 $E_g \leqslant E \leqslant E_{g-1}$ 能区内对方程(11.68)积分可得标准的多群方程为

$$\begin{aligned}\boldsymbol{\Omega}\cdot\nabla\psi_g(\boldsymbol{r},\boldsymbol{\Omega})+\Sigma_t^g(\boldsymbol{r},\boldsymbol{\Omega})\psi_g(\boldsymbol{r},\boldsymbol{\Omega})\\=\sum_{g'=1}^{G}\int_0^{4\pi}\Sigma_s^{g'\to g}(\boldsymbol{r},\boldsymbol{\Omega}'\to\boldsymbol{\Omega})\psi_{g'}(\boldsymbol{r},\boldsymbol{\Omega}')\mathrm{d}\boldsymbol{\Omega}'\quad(g=1,\cdots,G)\end{aligned}\tag{11.69}$$

式中

$$\psi_g(\boldsymbol{r},\boldsymbol{\Omega})\equiv\int_{E_g}^{E_{g-1}}\psi(\boldsymbol{r},E,\boldsymbol{\Omega})\mathrm{d}E$$

$$\Sigma_t^g(\boldsymbol{r},\boldsymbol{\Omega})\equiv\frac{\int_{E_g}^{E_{g-1}}\Sigma_t(\boldsymbol{r},E)\psi(\boldsymbol{r},E,\boldsymbol{\Omega})\mathrm{d}E}{\psi_g(\boldsymbol{r},\boldsymbol{\Omega})}$$

$$\begin{aligned}&\Sigma_s^{g'\to g}(\boldsymbol{r},\boldsymbol{\Omega}'\to\boldsymbol{\Omega})\\&\equiv\frac{\int_{E_g}^{E_{g-1}}\mathrm{d}E\int_{E_{g'}}^{E_{g'-1}}\Sigma_s(\boldsymbol{r},E'\to E,\boldsymbol{\Omega}'\to\boldsymbol{\Omega})\psi(\boldsymbol{r},E',\boldsymbol{\Omega}')\mathrm{d}E'}{\psi_{g'}(\boldsymbol{r},\boldsymbol{\Omega}')}\quad(g,g'=1,\cdots,G)\end{aligned}\tag{11.70}$$

采用与多群方程相似的推导方法可推得多区方程,不同的是每个能群 g 须进一步划分为 b 个截面区 (g,b),并覆盖能群 g 内总截面的所有范围,如图11.6所示。在此定义海维赛德函数 $H_{gb}(E)$;当 $\Sigma_{tb}\leqslant\Sigma_t(E)\leqslant\Sigma_{tb+1}$ 时,$H_{gb}(E)=1$,其余为0。方程(11.68)两边同乘以 $H_{gb}(E)$ 后并在 $E_g\leqslant E\leqslant E_{g-1}$ 内对能群 g 积分,在 $\Sigma_{tb}\leqslant\Sigma_t(E)\leqslant\Sigma_{tb+1}$ 内对截面区 b 积分,可得

$$\begin{aligned}\boldsymbol{\Omega}\cdot\nabla\psi_{gb}(\boldsymbol{r},\boldsymbol{\Omega})+\Sigma_t^{gb}(\boldsymbol{r},\boldsymbol{\Omega})\psi_{gb}(\boldsymbol{r},\boldsymbol{\Omega})\\=\sum_{g'=1}^{G}\sum_{b'=1}^{B}\int_0^{4\pi}\Sigma_s^{g'b'\to gb}(\boldsymbol{r},\boldsymbol{\Omega}'\to\boldsymbol{\Omega})\psi_{g'b'}(\boldsymbol{r},\boldsymbol{\Omega}')\mathrm{d}\boldsymbol{\Omega}'\end{aligned}\tag{11.71}$$

$$(g,g'=1,\cdots,G;b,b'=1,\cdots,B)$$

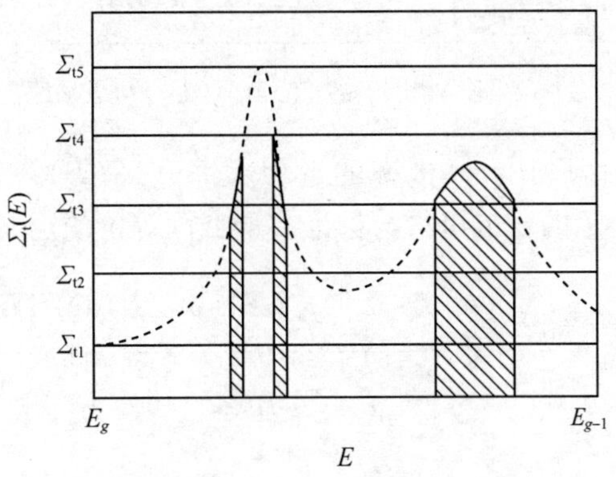

图 11.6　海维赛德函数 $H_{gb=3}$ 用于 4 区总截面的第三个截面区[11]

（阴影区域的 $H_{gb=3}=1$，其余为 0）

其中，多区参数分别定义为

$$\psi_{gb}(\boldsymbol{r},\boldsymbol{\Omega}) \equiv \int_{E_g}^{E_{g-1}} \mathrm{d}E \int_{\Sigma_{tgb}}^{\Sigma_{tgb+1}} H_{gb}(E)\psi(\boldsymbol{r},E,\boldsymbol{\Omega})\,\mathrm{d}\Sigma_t^*$$

$$\Sigma_t^{gb}(\boldsymbol{r},\boldsymbol{\Omega}) \equiv \frac{\int_{E_g}^{E_{g-1}} \mathrm{d}E \int_{\Sigma_{tgb}}^{\Sigma_{tgb+1}} H_{gb}(E)\Sigma_t(\boldsymbol{r},E)\psi(\boldsymbol{r},E,\boldsymbol{\Omega})\,\mathrm{d}\Sigma_t^*}{\psi_{gb}(\boldsymbol{r},\boldsymbol{\Omega})}$$

$$\begin{aligned}\Sigma_s^{g'b'\to gb}(\boldsymbol{r},\boldsymbol{\Omega}'\to\boldsymbol{\Omega}) \equiv & \int_{E_g}^{E_{g-1}} \mathrm{d}E \int_{E_{g'}}^{E_{g'-1}} \mathrm{d}E' \int_{\Sigma_{tgb}}^{\Sigma_{tgb+1}} \mathrm{d}\Sigma_t^*(E)\ \times \\ & \int_{\Sigma_{tgb}}^{\Sigma_{tgb+1}} H_{gb}(E)H_{g'b'}(E')\Sigma_s(\boldsymbol{r},E'\to E,\boldsymbol{\Omega}'\to\boldsymbol{\Omega}) \\ & \psi(\boldsymbol{r},E',\boldsymbol{\Omega}')\,\mathrm{d}\Sigma_t^*(E')/\psi_{g'b'}(\boldsymbol{r},\boldsymbol{\Omega}')\end{aligned} \tag{11.72}$$

参数 Σ_t^* 须归一化，因而

$$\sum_{b=1}^{B} \int_{\Sigma_{tgb}}^{\Sigma_{tgb+1}} \mathrm{d}\Sigma_t^* = 1 \tag{11.73}$$

多区参数与多群参数之间满足

$$\begin{cases}\psi_g(\boldsymbol{r},\boldsymbol{\Omega}) = \sum\limits_{b=1}^{B} \psi_{gb}(\boldsymbol{r},\boldsymbol{\Omega}) \\ \Sigma_t^g(\boldsymbol{r},\boldsymbol{\Omega}) = \sum\limits_{b=1}^{B} \Sigma_t^{gb}(\boldsymbol{r})\psi_{gb}(\boldsymbol{r},\boldsymbol{\Omega}) \Big/ \sum\limits_{b=1}^{B} \psi_{gb}(\boldsymbol{r},\boldsymbol{\Omega})\end{cases} \tag{11.74}$$

11.5.3　多区参数的确定

虽然利用 11.5.2 节的定义直接求解多区参数在理论上是可行的，但是上述关系式可进一步改写成更加容易利用现存自屏蔽多群截面库的形式。x 反应的标准多群截面是根据对能量的积分定义的，不过它可转变为对总截面的积分：

$$\Sigma_x^g \equiv \frac{\int_{E_g}^{E_{g-1}} \Sigma_x(E)\psi(E)\,\mathrm{d}E}{\int_{E_g}^{E_{g-1}} \psi(E)\,\mathrm{d}E} = \frac{\int_{E_g}^{E_{g-1}} \Sigma_x(E)M(E)f_{ss}(E)\,\mathrm{d}E}{\int_{E_g}^{E_{g-1}} M(E)f_{ss}(E)\,\mathrm{d}E}$$

$$= \frac{\int_{E_g}^{E_{g-1}} \mathrm{d}E \sum_{b=1}^{B} \int_{\Sigma_{tb}}^{\Sigma_{tb+1}} H_{gb}(E) \Sigma_x(E) M(E) f_{ss}(E) \mathrm{d}\Sigma_t^*(E)}{\int_{E_g}^{E_{g-1}} \mathrm{d}E \sum_{b=1}^{B} \int_{\Sigma_{tb}}^{\Sigma_{tb+1}} H_{gb}(E) M(E) f_{ss}(E) \mathrm{d}\Sigma_t^*(E)} \tag{11.75}$$

其中,方程(11.75)已利用了中子注量率的近似关系式 $\phi(E) \sim M(E) f_{ss}(E)$。在计算方程(11.75)时,先计算对能量的积分可得与标准多群截面等价的定义:

$$\Sigma_x^g = \frac{\sum_{b=1}^{B} \int_{\Sigma_{tb}}^{\Sigma_{tb+1}} \Sigma_x(\Sigma_t^*) f_{ss}(\Sigma_t^*) p(\Sigma_t^*) \mathrm{d}\Sigma_t^*(E)}{\sum_{b=1}^{B} \int_{\Sigma_{tb}}^{\Sigma_{tb+1}} f_{ss}(\Sigma_t^*) p(\Sigma_t^*) \mathrm{d}\Sigma_t^*(E)} \tag{11.76}$$

式中

$$p(\Sigma_t^*) \equiv \frac{\int_{E_g}^{E_{g-1}} H_{gb}(E) M(E) \mathrm{d}E}{\int_{E_g}^{E_{g-1}} M(E) \mathrm{d}E} \tag{11.77}$$

$$\Sigma_x(\Sigma_t^*) \equiv \int_{E_g}^{E_{g-1}} \Sigma_x(E) H_{gb}(E) M(E) \mathrm{d}E \Big/ \int_{E_g}^{E_{g-1}} H_{gb}(E) M(E) \mathrm{d}E \tag{11.78}$$

由总截面概率分布函数 $p(\Sigma_t^*)$ 的定义可知 $p(\Sigma_t^*)\mathrm{d}\Sigma_t^*(E)$ 为在能群 $E_g \leqslant E \leqslant E_{g-1}$ 内总截面 Σ_t^* 位于 $\mathrm{d}\Sigma_t^*(E)$ 内的归一化概率。

在方程(11.76)的实际计算中,对截面的积分通常可由其平均值代替,因而

$$\Sigma_x^g = \frac{\sum_{b=1}^{B} \Sigma_x^{gb} f_{ss}(\Sigma_{tb}^*) P_b}{\sum_{b=1}^{B} f_{ss}(\Sigma_{tb}^*) P_b} \tag{11.79}$$

其中,截面各区的权重定义为

$$P_b \equiv \int_{\Sigma_{tb}}^{\Sigma_{tb+1}} p(\Sigma_t^*) \mathrm{d}\Sigma_t^*(E) \tag{11.80}$$

相对于方程(11.75)的第二个形式中的直接积分方法,方程(11.79)的优势在于在共振能区内 $\Sigma_x(\Sigma_t^*)$ 通常比 $\Sigma_x(E)$ 更加平滑,因此非常容易定义一个合适的积分。一旦确定了总截面概率分布函数,即可非常精确、有效地计算与该分布相关的积分。

11.5.4 多区参数的计算

虽然最直接的方法是根据经验来选择多区结构(Σ_t)并计算 P_b 和 Σ_{tb},但是更加常见的是采用矩量法计算多区参数。通用的自屏蔽系数公式为

$$f_{ss}(E) = \frac{1}{[\Sigma_t(E) + \Sigma_0]^n} \tag{11.81}$$

要求多区参数的表达式满足 Σ_0 和 n 的各类已知结果可得多区参数。例如,两区模型存在两个权重参数(P_1、P_2),而且,对于每一类反应 x,每一能群内存在两个两群-两区截面(Σ_x^{g1}、Σ_x^{g2})。标准的多群代码能生成不考虑自屏蔽($f_{ss} = 1/[\Sigma_t(E) + \Sigma_0]^0$)、完全自屏蔽的中子注量率权重($f_{ss} = 1/[\Sigma_t(E) + \Sigma_0]^1$)和完全自屏蔽的中子流密度权重($f_{ss} = 1/[\Sigma_t(E) + \Sigma_0]^2$)下能群 g 的

群截面$(\Sigma_x^g)_0$、$(\Sigma_x^g)_1$ 和$(\Sigma_x^g)_2$。由方程(11.79)可得三个总截面的方程,并令 $P_1+P_2=1$,由此可得的四个方程可用于计算多区参数。为了使解唯一,不妨令 $\Sigma_{t1}<\Sigma_{t2}$。这四个方程的解为

$$\begin{cases}P_{1/2}=\dfrac{1}{2}\pm\delta\\[2ex]\Sigma_{t1/2}=\dfrac{1}{A\pm B}\end{cases}\tag{11.82}$$

式中

$$\begin{cases}\delta\equiv\dfrac{1-A(\Sigma_t^g)_1}{2B(\Sigma_t^g)_1}\\[2ex]A\equiv\dfrac{1}{2(\Sigma_t^g)_2}\dfrac{(\Sigma_t^g)_0-(\Sigma_t^g)_2}{(\Sigma_t^g)_0-(\Sigma_t^g)_1}\\[2ex]B^2\equiv\dfrac{1}{(\Sigma_t^g)_0(\Sigma_t^g)_1}[1-2A(\Sigma_t^g)_1+(\Sigma_t^g)_0(\Sigma_t^g)_1A^2]\end{cases}\tag{11.83}$$

一旦确定了 P_1、P_2、$(\Sigma_t^g)_0$、$(\Sigma_t^g)_1$ 和$(\Sigma_t^g)_2$,对于某一类反应 x,由方程(11.79)生成的能群 g 的不考虑自屏蔽($f_{ss}=1/[\Sigma_t(E)+\Sigma_0]^0$)、完全自屏蔽的中子注量率权重($f_{ss}=1/[\Sigma_t(E)+\Sigma_0]^1$)截面$(\Sigma_x^g)_0$ 和$(\Sigma_x^g)_1$ 可得其群-区截面 Σ_x^{g1} 和 Σ_x^{g2} 为

$$\begin{aligned}&\Sigma_x^{g2/1}=(\Sigma_t^g)_0\pm\frac{C}{P_1}\\&C=[(\Sigma_x^g)_0-(\Sigma_x^g)_1]\frac{P_1/(\Sigma_t^g)_1+P_2/(\Sigma_t^g)_2}{1/(\Sigma_t^g)_1-1/(\Sigma_t^g)_2}\end{aligned}\tag{11.84}$$

以上方法可推广至更多区的情形。实际计算表明,2 区模型至 4 区模型已具有足够的精度。

在标准的多群理论中,从能群 g' 至能群 g 的散射率取决于能群 g' 的散射截面 $\Sigma_s^{g'}$ 及传递概率 $T^{g'\to g}$(能群 g' 内的一个中子散射至能群 g 的概率),且 $\Sigma_s^{g'\to g}=\Sigma_s^{g'}T^{g'\to g}$。传递概率与能群 g' 的散射截面无关,也与能群 g 的散射截面无关。由 $\Sigma_s^{g'b'}$ 代替 $\Sigma_s^{g'}$ 并假设从群-区 $g'b'$ 至群-区 gb 的传递概率是能群 g' 至能群 g 的传递概率与能群 g 内区 b 的权重 P_b^g 的乘积,即 $\Sigma_s^{g'b'\to gb}=\Sigma_s^{g'b'}T^{g'\to g}P_b^g$。目前还存在群-区散射传递概率的其他各种定义,因而对它的计算均具有一定的随意性。

11.5.5　界面条件

多区输运理论的界面-边界条件也具有一定的随意性,如角中子注量率的连续性条件要求

$$\sum_{b=1}^{B}\psi_{gb}(-\boldsymbol{s},\boldsymbol{\Omega})\equiv\psi_g(-\boldsymbol{s},\boldsymbol{\Omega})=\psi_g(+\boldsymbol{s},\boldsymbol{\Omega})\equiv\sum_{b=1}^{B}\psi_{gb}(+\boldsymbol{s},\boldsymbol{\Omega})\tag{11.85}$$

式中:$\pm\boldsymbol{s}$ 表示界面 $\boldsymbol{r}=\boldsymbol{s}$ 处的+侧和-侧。

由于不同介质界面两侧的截面不存在任何联系,因而利用+侧的权重可调整从-侧穿过界面至+侧时的角中子注量率分布为

$$\psi_{gb}(+\boldsymbol{s},\boldsymbol{\Omega})=P_b^{g+}\psi_g(-\boldsymbol{s},\boldsymbol{\Omega})=P_b^{g+}\sum_{b'=1}^{B}\psi_{gb'}(-\boldsymbol{s},\boldsymbol{\Omega})\tag{11.86}$$

11.6 共振吸收截面的描述

11.6.1 R 矩阵公式

R 矩阵理论是量子力学对反应截面最通用的描述方法。由 **R** 矩阵理论可知,从任何入射通道 c 至出射通道 c' 的反应截面可由碰撞矩阵 $\boldsymbol{U}_{cc'}$ 表示为

$$\sigma_{cc'} = \pi\lambda^2 g_c |\delta_{cc'} - \boldsymbol{U}_{cc'}|^2 \tag{11.87}$$

式中:g_c 为统计因子;$\delta_{cc'}$ 为克罗内克函数。

根据碰撞矩阵的归一性,总截面是碰撞矩阵的线性函数:

$$\sigma_t = \sum_{c'} \sigma_{cc'} = 2\pi\lambda^2 g_c (1 - \mathrm{Re}\{\boldsymbol{U}_{cc'}\}) \tag{11.88}$$

根据维格纳和艾森巴德的理论,碰撞矩阵可由共振参数矩阵 **R** 表示为

$$U_{cc'} = \exp[-\mathrm{i}(\phi_c + \phi_{c'})]\{\delta_{cc'} + \mathrm{i}\boldsymbol{P}_c^{1/2}[(\boldsymbol{I} - \boldsymbol{RL}^0)^{-1}\boldsymbol{R}]_{cc'} P_{c'}^{1/2}\} \tag{11.89}$$

式中:**R** 为实对称矩阵,且定义为

$$\boldsymbol{R}_{cc'} = \sum_{\lambda} \frac{\gamma_{\lambda c}\gamma_{\lambda c'}}{E_\lambda - E} \tag{11.90}$$

$$L_{cc'}^0 = (S_c - B_c + \mathrm{i}P_c)\delta_{cc'} \tag{11.91}$$

其中:E_λ、$\gamma_{\lambda c}$ 和 B_c 分别为 **R** 矩阵状态、约化宽度值和任意的边界参数,它们均与能量无关。在以上所有参数中,仅 ϕ_c、S_c 和 P_c 与弹性散射通道的动量有关。硬球相偏移因子 ϕ_c 直接与通道半径处的输出波函数的大小有关;能级偏移因子 S_c 和穿透因子 P_c 分别反映了其对数导数的实部和虚部,如表 11.3 所列。这些参数与 **R** 矩阵一起可确定截面随能量的变化关系。需要指出的是,矩阵 **R** 主要的作用是描述共振能量 E_λ 处截面的急剧增大现象,而其他与能量相关参数的变化则相对平滑一些。以上所有与能量无关的参数理论上须通过实验数据拟合获取。

表 11.3 通道半径 r_c 定义的各种 l 状态下随动量变化的因子[12] ($\rho = kr_c$)

因子	$l=0$	$l=1$	$l=2$	$l=3$
P_l	ρ	$\dfrac{\rho^3}{1+\rho^2}$	$\dfrac{\rho^5}{9+3\rho^2+\rho^4}$	$\dfrac{\rho^7}{225+45\rho^2+6\rho^4+\rho^6}$
S_l	0	$\dfrac{-1}{1+\rho^2}$	$\dfrac{-(18+3\rho^2)}{9+3\rho^2+\rho^4}$	$\dfrac{-(675+90\rho^2+6\rho^4)}{225+45\rho^2+6\rho^4+\rho^6}$
ϕ_l	ρ	$\rho - \arctan\rho$	$\rho - \arctan\dfrac{3\rho}{3-\rho^2}$	$\rho - \arctan\dfrac{\rho(15-\rho^2)}{15-6\rho^2}$

根据维格纳的推导,碰撞矩阵也可由与 **R** 矩阵等价的能级矩阵展开,而后者更适合于理论分析。由能级矩阵 **A** 表示的碰撞矩阵可写为

$$\boldsymbol{U}_{cc'} = \exp[-\mathrm{i}(\phi_c + \phi_{c'})](\delta_{cc'} + \mathrm{i}\sum_{\lambda,\mu} \Gamma_{\lambda c}^{1/2} A_{\lambda\mu} \Gamma_{\mu c'}^{1/2}) \tag{11.92}$$

其中，能级矩阵 $\boldsymbol{A}$ 定义如下：

$$(\boldsymbol{A}^{-1})_{\lambda c} = (E_\lambda - E)\delta_{\lambda\mu} - \sum_c \gamma_{\lambda c} L_c^0 \gamma_{\mu c}$$
$$\Gamma_{\lambda c}^{1/2} = \sqrt{2P_c}\gamma_{\lambda c} \tag{11.93}$$

该表达式更清晰地描述了碰撞矩阵与能量的依赖关系。

11.6.2 实用的公式

虽然 $\boldsymbol{R}$ 矩阵公式理论上是精确成立的，但是为了应用于核截面数据评价和核反应堆分析，它仍需进一步的简化。在目前的 ENDF/B 核数据库中，存在四个与共振吸收相关的公式，即单能级布赖特－维格纳(SLBW)公式、多能级布赖特－维格纳(MLBW)公式、阿德勒－阿德勒(AA)公式和莱克－摩尔(RM)公式。这些公式均是 $\boldsymbol{R}$ 矩阵采用不同近似后的结果。

除了莱克－摩尔公式，其他公式对能量的处理均采用相似的函数形式，并可视为是对维格纳能级矩阵不同近似的结果。在能量域或者动量域(k 平面)内很容易将其表示成极点展开公式。在核反应堆分析中通用公式为

$$\sigma_x = \frac{1}{E}\sum_{l,J}\sum_\lambda \mathrm{Re}\left\{\rho_{l,J,\lambda}^{(x)} \frac{-\mathrm{i}\sqrt{E}}{d_\lambda - E}\right\}(\text{能量域})$$
$$= \frac{1}{E}\sum_{l,J}\sum_\lambda \mathrm{Re}\left\{\frac{\rho_{l,J,\lambda}^{(x)}}{2}\left(\frac{-\mathrm{i}}{\sqrt{d_\lambda}-\sqrt{E}} - \frac{-\mathrm{i}}{\sqrt{d_\lambda}+\sqrt{E}}\right)\right\}(\text{动量域}) \tag{11.94}$$

式中：角标 x 表示反应类型；角标 f、γ 和 R 分别表示裂变、俘获和复合核(或总共振)截面。

从物理上来说，公式中的每一项均保留了布赖特－维格纳共振的一般特征；传统的共振积分概念基于布赖特－维格纳共振。这些极点(d_λ)和余数($\rho_{l,J,\lambda}^{(x)}$)与常见的共振参数之间的关系如表 11.4 所列。对常见的共振公式与精确的极点公式进行直接的比较是可能的；然而，$\rho_{l,J,\lambda}^{(x)}$ 通常因不同的近似而不同。

表 11.4　典型公式的极点与残差[12]

公式	极点，d_λ	余数，$\rho_{l,J,\lambda}^{(x)}$
SLBW	$E_{0\lambda} - \frac{\mathrm{i}\Gamma_{t\lambda}}{2}$	$C_{gJ}\frac{\Gamma_{x\lambda}\Gamma_{n\lambda}}{\Gamma_{t\lambda}/2}\frac{1}{\sqrt{E}}, x\in\{\mathrm{f},\gamma\}$ $C_{gJ}2\Gamma_{n\lambda}\frac{1}{\sqrt{E}}\exp(-\mathrm{i}2\phi_l), x\in R$
MLBW	$E_{0\lambda} - \frac{\mathrm{i}\Gamma_{t\lambda}}{2}$	$C_{gJ}\frac{\Gamma_{x\lambda}\Gamma_{n\lambda}}{\Gamma_{t\lambda}/2}\frac{1}{\sqrt{E}}, x\in\{\mathrm{f},\gamma\}$ $C_{gJ}2\Gamma_{n\lambda}\frac{1}{\sqrt{E}}[\exp(-\mathrm{i}2\phi_l) + W_{\lambda'}], x\in R$ 式中 $W_{\lambda'} = \sum_{\lambda'\neq\lambda}\frac{\mathrm{i}\Gamma_{n\lambda'}}{(E_\lambda - E_{\lambda'}) + \mathrm{i}[(\Gamma_{t\lambda}+\Gamma_{t\lambda'})/2]}$
AA	$\mu_\lambda - \mathrm{i}\nu_\lambda$	$C_{gJ}[G_\lambda^{(x)} + \mathrm{i}H_\lambda^{(x)}], x\in\{\mathrm{f},\gamma\}$ $C_{gJ}\exp(-\mathrm{i}2\phi_l)[G_\lambda^{(x)} + \mathrm{i}H^{(x)}], x\in R$

1. 单能级布赖特－维格纳近似

单能级布赖特－维格纳近似描述的是共振孤立时的极限情况。因而给定能量 E 处能级矩阵 A 可视为仅存在一个元素的矩阵。原先的分析均采用了此近似计算共振积分。实际上，如果精确处理共振，共振截面显然不是由一组孤立且互相独立的共振组成的。在处理由多种

核素组成介质内的中子慢化时,慢化能区存在不同核素的许多共振;确定每一个共振对宏观截面的影响是一个困难的问题。正是由于这个原因,在实际的应用中,如在 ENDF/B 核数据库中,单能级近似通常借助方程(11.92)线性耦合布赖特-维格纳项连同表格化的平滑的数据点一起以便正确描述截面和中子注量率本身连续的这一特性。

2. 多能级布赖特-维格纳近似

多能级布赖特-维格纳近似对应于能级矩阵的逆矩阵是对角矩阵的情形。在实际应用中,单能级和多能级布赖特-维格纳近似均要求所有参数是正的。虽然在许多情形中极点与余数与能量无关,但它们实际上是随能量变化的。在能量域内,如果采用单能级和多能级布赖特-维格纳近似,附加项可能产生所有 $l>0$ 的序列。

严格来说,对于所有 $l>1$ 的状态,若考虑穿透因子和能级偏移因子与能量的依赖关系,单能级和多能级布赖特-维格纳近似中的幅值 $\rho_{l,J,\lambda}^{(x)}$ 和极点 d_λ 也将随能量的变化而变化。参考 ENDF/B 核数据库手册,单个共振的幅值与穿透因子成比例,而极点 d_λ 的实部可表示为

$$d_\lambda = E'_\lambda = E_\lambda + \frac{S_l(|E_\lambda|) - S_l(E)}{2P_l(|E_\lambda|)}\Gamma_{n\lambda}(|E_\lambda|)$$

后者实际上等价于假设边界参数 $B_l = S_l(|E_\lambda|)$。如表 11.3 所列,$P_l(\rho)$、$S_l(\rho)$ 具有有理函数的特性,因而每一个共振在动量域内具有 $2(l+1)$ 极点项,而不仅仅是方程(11.94)中所示的两项。由于 $P_l(\rho)$ 和 $S_l(\rho)$ 是线形函数,额外的 $2l$ 个极点通常大于这两个极点,这可以解释穿透因子和能级偏移因子随能量变化而相对平滑的本质。这些能量效应可直接加入到通用的极点公式中去[13]。

3. 阿德勒-阿德勒近似

能级矩阵的逆矩阵的对角化能直接得到方程(11.92)定义的极点展开公式。阿德勒-阿德勒近似等价于卡布-佩尔斯公式,在卡布-佩尔斯公式中,极点和余数均假设与能量无关。根据以上的分析,这实际上假设方程(11.91)定义的 L^0 与能量无关。该近似通常仅适用于可裂变同位素在低能区的 s 波序列;上述假设在此区域是成立的。

4. 莱克-摩尔近似

在实际应用中,大量共振能级和通道的出现致使直接使用 $\boldsymbol{R}$ 矩阵公式显然是非常困难的。莱克和摩尔提供的简化试图解决这一问题。在理论上,唯一重要的假设为

$$\sum_{c\in\gamma}\gamma_{\lambda c}L_{cc'}^0\gamma_{\mu c'} = \delta_{\lambda\mu}\sum_{c\in\gamma}\gamma_{\lambda c}^2 L_c^0 \tag{11.95}$$

此公式假设存在大量的俘获通道和 $\gamma_{\lambda c}$ 的随机符号。这与总俘获宽度通常非常窄这一实验观测结果是一致的。若将碰撞矩阵整理成 2×2 的块矩阵,而且块矩阵的上对角块和下对角块分别为非俘获通道和俘获通道,再利用方程(11.95)和通道矩阵与能级矩阵的一致性,那么碰撞矩阵可约化为 $m\times m$ 阶的矩阵,其中 m 为非俘获通道的总数。除了实数的 $\boldsymbol{R}$ 矩阵变为复数的 $\boldsymbol{R}'$ 矩阵:

$$R'_{cc'} = \sum_\lambda \frac{\gamma_{\lambda c}\gamma_{\lambda c'}}{E_\lambda - E - \mathrm{i}\Gamma_{\lambda_\gamma}/2} \tag{11.96}$$

约化的碰撞矩阵保持了原来的形式。将约化的 $\boldsymbol{R}$ 矩阵代入最初方程可得莱克-摩尔近似下通用的碰撞矩阵公式:

$$\boldsymbol{U}(E) = \mathrm{e}^{-\mathrm{i}\varphi}(\boldsymbol{I}+2\boldsymbol{Y})\mathrm{e}^{-\mathrm{i}\varphi} \tag{11.97}$$

式中

$$Y = \mathrm{i}P^{1/2}(I - R\hat{L})^{-1}RP^{1/2} = F^{-1}[(I - \mathrm{i}FK)^{-1} - I] \quad (11.98)$$

$$K = (L^0)^{1/2}R(L^0)^{1/2},\quad F = I - \mathrm{i}\hat{S}P^{-1},\quad \hat{S} = S(E) - B \quad (11.99)$$

需要注意的是，在ENDF/B核评价数据库手册中，传统的莱克－摩尔公式最初是为相对低能区的应用发展起来的。传统的莱克－摩尔公式与本节所述的通用莱克－摩尔公式的不同之处在于前者引入了另外两个附加假设。第一个假设是$\hat{S}=0$，这基于$\lim S_t(E) = -l$这一事实。因而，当$\lim_{E\to 0}B_c = -l$时，$\hat{S}_l = 0$，而且能级偏移系数在低能区不起作用。第二个假设是通道矩阵K内存在单一的弹性散射通道。虽然这个假设能简化计算，但是这个假设对于质量数为奇数的核素不成立，因为对于这些核素来说，多个弹性散射通道仍有可能起作用。ENDF/B－VI核评价数据库迄今为止仍然采用这两个假设。

莱克－摩尔近似采用的约化碰撞矩阵不再具有归一性，因为$R'_{cc'}$为复矩阵。若俘获截面定义为

$$\sigma_\gamma = \sigma_t - \sum_{c' \notin \gamma} \sigma_{cc'} \quad (11.100)$$

而且总截面守恒，那么约化的碰撞矩阵不具有归一性在实际应用中不会引起任何问题。所有参数均保留R矩阵理论中所具有的物理意义和统计属性。通道矩阵的阶次通常不超过3×3。因此，对于核数据评价来说，它是一种非常好的方法，因而新的ENDF/B－VI核评价数据库已提供莱克－摩尔参数。

然而，与其他三种近似不同的是，核反应堆物理中传统的共振理论与莱克－摩尔公式定义的共振是不相容的。莱克－摩尔公式在核反应堆物理计算中的直接应用需要大量的预先处理，而且使许多已经广泛使用的基于共振积分的计算方法变得无用。因而，目前需要寻求补救的方法以便新发展的莱克－摩尔参数能在现存的计算方法框架下被充分地利用。

11.6.3 通用的极点公式

虽然任意一组R矩阵参数（包括莱克－摩尔公式中的参数）均可数值地转化为卡布－佩尔斯型参数，但是所得参数均是能量的隐函数。除了一些可裂变同位素低能区的共振之外，这些参数与能量的依赖关系不能被忽略。因此，从实用的角度来说，传统的极点展开式对于大部分重要的核素实际上是无用的。然而，若极点公式采用不同的形式，那么可得一个与传统形式（方程(11.94)定义）相容的极点公式。

1. 精确的极点公式

在k平面（动量域）内进行极点展开可保持R矩阵公式描述截面的精确性，这与单能级布赖特－维格纳近似、多能级布赖特－维格纳近似和阿德勒－阿德勒近似在本质上是一致的。这样的展开式在理论上是基于碰撞函数在动量域内是单值和亚纯函数。由复分析的相关理论可知，具有这样性质的函数必为有理函数。若基于方程(11.89)定义的碰撞矩阵$U_{cc'}$与能量$\sqrt{E}$显式的依赖关系，而且能级矩阵可表示为余子式与其逆矩阵的行列式之比，那么其有理函数的特征是非常明显的。通过将S_l和P_l代入方程(11.89)或方程(11.92)，碰撞矩阵$U_{cc'}$可展开成阶次为$2(N+l)$的有理函数，其中N为共振的总数。这反映了余子式与能级矩阵的逆矩阵的行列式的多项式本质。因而，利用部分分式可得其他近似的极点公式。一个可用于所有截面的通用极点公式可表示为

$$\sigma_{\mathrm{t}}=\sigma_{\mathrm{p}}+\frac{1}{E}\sum_{l,J}\sum_{\lambda=1}^{M}\sum_{j=1}^{jj}\mathrm{Re}\left\{\left[R_{l,J,j,\lambda}^{(t)}\mathrm{e}^{-\mathrm{i}2\phi_1}\right]\frac{-\mathrm{i}}{p_{\lambda}^{(j)*}-\sqrt{E}}\right\}\tag{11.101}$$

x 过程的反应截面为

$$\sigma_{x}=\frac{1}{E}\sum_{l,J}\sum_{\lambda=1}^{M}\sum_{j=1}^{jj}\mathrm{Re}\left\{R_{l,J,j,\lambda}^{(x)}\frac{-\mathrm{i}}{p_{\lambda}^{(j)*}-\sqrt{E}}\right\}\tag{11.102}$$

式中:$R_{l,J,j,\lambda}^{(t)}$、$p_{\lambda}^{(j)}$ 分别为极点和余数。

需要指出的是,为了保持其具有与方程(11.92)相同的形式,式(11.101)和式(11.102)采用了复共轭 $p_{\lambda}^{(j)*}$。这两个方程可视为通用化的极点公式,公式中的所有参数与能量无关,而截面与能量的依赖关系仅通过公式中的有理项本身进行描述。

参数 M 和 jj 与共振参数的类型及其产生这些极点参数的假设有关。

(1) 阿德勒-阿德勒近似。$M=N$(共振的总数),$jj=2$。所有极点参数可由部分分式推导获得。

(2) 单能级和多能级布赖特-维格纳近似。若穿透系数和能级偏移系数均与能量无关,那么 $M=N$,$jj=2$。若所有参数与能量有关,那么 $M=N$,$jj=2(l+1)$。

(3) 莱克-摩尔近似。若采用方程(11.98),那么对于 $S_l(E)=0$ 和 $S_l(E)\neq0$ 这两种情况,$M=N+l$,$jj=2$。此外,也可以保持 ENDF/B 核评价数据库手册中采用的传统表达式,即在方程(11.98)中,令 $\boldsymbol{F}=\boldsymbol{I}$,但与单能级和多能级布赖特-维格纳近似一样,须利用下式代替共振能量 E_λ 并引入能级偏移因子:

$$E_{\lambda}'=E_{\lambda}+\frac{S_l(|E_\lambda|)-S_l(E)}{2P_l(|E_\lambda|)}\Gamma_{n\lambda}(|E_\lambda|)$$

在此情况下,极点的数目变为 $M=N$,$jj=2(l+1)$。

比较方程(11.94)与方程(11.101)可知:①对于 s 波,精确的极点公式与传统的公式在动量域内均由相同数量的项组成,而且这些项具有相同的函数形式。特别地,阿德勒-阿德勒公式是精确的极点公式在 $p_{\lambda}^{(1)}=-p_{\lambda}^{(2)}$ 和 $R_{l,J,1,\lambda}^{(x)}=R_{l,J,2,\lambda}^{(x)}$ 时的极限情况。②对于更高的角动量状态,方程(11.101)比方程(11.94)多 $2l$ 或 $2lN$ 项,但这并不是本质差别。若方程(11.94)包含穿透系数和能级偏移系数与能量的依赖关系,这两个公式仍然由相同数量的项组成。

方程(11.101)和方程(11.102)在理论上为任何一组 $\boldsymbol{R}$ 矩阵系数转化为极点参数提供了基础,虽然这样的转换实际上仍然是非常困难的。莱克-摩尔形式的 $\boldsymbol{R}$ 矩阵系数在数值上极大地方便了这样的转换。该方法的主要局限是:若在动量域内确定截面,那么每一个共振由 $2\sim2(l+1)$ 项分式组成。这对计算效率、数据储存及其与现存核反应堆计算代码的改善均带来很大的困难。

2. 简化的极点公式

方程(11.101)和方程(11.102)中的 $M\times jj$ 个极点可被分成两类:一类是 $2N$ 个 s 波的极点具有明显的峰值和清晰的间隔;另一类是 $2l$ 或 $2lN$ 个极点分布紧密,而且它们具有极大的虚部(或宽度)。实际上,第二类极点对求和的来说可视为并无共振式的波动,即如它们是光滑的。另外,s 波极点通常是成对出现的,它们虽具有相反的符号,但不一定具有相同的大小。这些特征为简化极点公式提供了基础。

令 $q_l^{(x)}(\sqrt{E})$ 表示 $2l$ 或 $2lN$ 个具有很大宽度的极点,方程(11.102)可改写成

$$\sigma_x = \frac{1}{E}\sum_{l}\mathrm{Re}\left\{\sum_{J}\sum_{\lambda=1}^{N}\left[R_{l,J,j,\lambda}^{(x)} - \frac{-2\sqrt{E}\mathrm{i}}{(p_{\lambda}^{(1)*})^2 - E}\right] + s_l^{(x)}(\sqrt{E}) + q_l^{(x)}(\sqrt{E})\cdot\delta_l\right\} \quad (\sqrt{E}>0) \tag{11.103}$$

它与哈姆伯莱特－罗森菲尔德公式具有相同的形式。其中

$$s_l^{(x)}(\sqrt{E}) = \sum_{J}\sum_{\lambda=1}^{N}\left[\frac{R_{l,J,2,\lambda}^{(x)}(-\mathrm{i})}{p_{\lambda}^{(2)*} - \sqrt{E}} - \frac{R_{l,J,1,\lambda}^{(x)}(-\mathrm{i})}{-p_{\lambda}^{(1)*} - \sqrt{E}}\right] \tag{11.104}$$

$\delta_0=0$；当 $l>0$ 时，$\delta_l=1$。从物理上来说，参数 $s_l^{(x)}(\sqrt{E})$ 表征了与阿德勒－阿德勒极限（$p_{\lambda}^{(1)} = -p_{\lambda}^{(2)}$）的偏离程度，而且它通常不是一个小量，但在计算区域内随能量变化平滑。因而，在能量依赖关系显式表达的哈姆伯莱特－罗森菲尔德公式中，参数 $s_l^{(x)}(\sqrt{E})$ 和 $q_l^{(x)}(\sqrt{E})$ 通常用于随能量变化平滑的项。

因此，从实用的角度来说，精确的极点公式可视为由波动项与两个非波动（背景）项组成。波动项在能量域内由 N 个 $\mathrm{Re}\{p_{\lambda}^{(1)}\}>0$ 的极点组成，这与传统的极点公式是一致的。非波动（背景）项分别描述在计算域 $\sqrt{E}>0$ 范围内具有负实部的极点和对于 $l>0$ 的状态具有宽度（$|\mathrm{Im}p_{\lambda}^{(j)}|$）极大的极点。在 ENDF/B VI 评价核数据库文件中，采用莱克－摩尔参数描述的所有重要的核素均可观察到波动分量和非波动分量。

从实用的角度来说，基于其平滑特性，这些随能量变化平滑的项在有限的区域内可由更加简单的函数进行描述。数值计算表明，在有限的范围内利用有理函数逼近这些函数是非常合适的。因而近似函数 $\hat{s}_l^{(x)}(\sqrt{E})$ 和 $\hat{q}_l^{(x)}(\sqrt{E})$ 可选为任意阶次的有理函数。从数学上来说，这些近似函数可视为对原函数 $s_l^{(x)}(\sqrt{E})$ 和 $q_l^{(x)}(\sqrt{E})$ 在 $\sqrt{E}>0$ 范围内解析连续性的描述。这一方法的优势在于所得的有理函数可表示为部分分式组成的极点展开式：

$$\hat{s}_l^{(x)}(\sqrt{E}) = \frac{P_{MM}(\sqrt{E})}{Q_{NN}(\sqrt{E})} = \sum_{\lambda=1}^{NN}\frac{r_{\lambda}^{(x)}(-\mathrm{i})}{\alpha_{\lambda}^{*} - \sqrt{E}} \tag{11.105}$$

$$\hat{q}_l^{(x)}(\sqrt{E}) = \sum_{\lambda=1}^{NN}\frac{b_{\lambda}^{(x)}(-\mathrm{i})}{\xi_{\lambda}^{*} - \sqrt{E}} \tag{11.106}$$

式中：$NN>MM$；α_{λ}^{*}、ξ_{λ}^{*} 分别为拟合的有理函数（如两个低阶多项式之比）的极点；$r_{\lambda}^{(x)}$ 和 $b_{\lambda}^{(x)}$ 为其相应的余数。

11.6.4　通用极点公式的多普勒展宽

精确的多普勒展宽须在动量域内进行，而简化的多普勒展宽基于能量域内的近似核。基于计算精度的需要，两种展宽均得到了广泛的应用。本节将介绍并比较基于传统极点公式与通用极点公式的多普勒展宽截面。

1. 精确的多普勒展宽

麦克斯韦－玻耳兹曼核可以进行精确地表示为

$$S(\sqrt{E},\sqrt{E'}) = \frac{\sqrt{E'}}{\sqrt{\pi E}\Delta_{\mathrm{m}}}\left\{\exp\left[-\frac{(\sqrt{E}-\sqrt{E'})^2}{\Delta_{\mathrm{m}}^2}\right] - \exp\left[-\frac{(\sqrt{E}+\sqrt{E'})^2}{\Delta_{\mathrm{m}}^2}\right]\right\} \tag{11.107}$$

式中:Δ_m 为动量域内的多普勒宽度,且有

$$\Delta_m = \sqrt{\frac{kT}{A}} \tag{11.108}$$

由方程(11.94)和方程(11.102)可得 $\sqrt{E'}\sigma_x(\sqrt{E'})$ 的多普勒展开分别如下:

基于传统的极点公式为

$$\sigma_x(\sqrt{E},T) = \frac{1}{E}\sum_{l,J}\sum_{\lambda=1}^{N}\mathrm{Re}\left\{\frac{R_{l,J,j,\lambda}^{(x)}}{2}\frac{\sqrt{\pi}}{\Delta_m}\left[W\left(\frac{\sqrt{E}-\varsigma_\lambda}{\Delta_m^2}\right)-W^*\left(\frac{\sqrt{E}+\varsigma_\lambda^*}{\Delta_m}\right)\right]\right\} \tag{11.109}$$

基于通用的极点公式为

$$\sigma_x(\sqrt{E},T) = \frac{1}{E}\sum_{l}\mathrm{Re}\left\{\sum_{J}\sum_{\lambda=1}^{N}\sum_{j=1}^{2}R_{l,J,j,\lambda}^{(x)}\left[\frac{\sqrt{\pi}}{\Delta_m}W\left(\frac{\sqrt{E}-p_\lambda^{(j)*}}{\Delta_m}\right)\right]+\hat{s}_l^{(x)}(\sqrt{E},T)+\hat{q}_l^{(x)}(\sqrt{E})\delta_l\right\} \tag{11.110}$$

式中:$\hat{q}_l^{(x)}(\sqrt{E})$ 对多普勒展宽不敏感;且有

$$\hat{s}_l^{(x)}(\sqrt{E},T) = \sum_{k=1}^{NN}r_k^{(x)}\left[\frac{\sqrt{\pi}}{\Delta_m}W\left(\frac{\sqrt{E}-\alpha_k^*}{\Delta_m}\right)\right] \tag{11.111}$$

$W(z)$ 为复概率积分,并与多普勒展宽线形函数满足如下关系:

$$W(z) = \frac{\mathrm{i}}{\pi}\int_{-\infty}^{\infty}\frac{\mathrm{e}^{-t^2}}{z-t}\mathrm{d}t \tag{11.112}$$

$$\psi(x,y)+\mathrm{i}\chi(x,y) = \sqrt{\pi}yW(z) \tag{11.113}$$

$$z = x+\mathrm{i}y$$

在单能级极限中,方程(11.109)与由 Ishiguro 提出的精确多普勒展宽的通用形式是等价的。因此,除了因平滑项 $\hat{q}_l^{(x)}(\sqrt{E},T)$ 引起的非实质性差别之外,方程(11.109)与方程(11.110)具有相同的函数形式,但具有不同的参数。从实际应用的角度来说,若平滑项由其近似公式代替,这两个方程的计算量差不多。

2. 近似的多普勒展宽

对于现存的基于传统极点公式的计算机代码,多普勒展宽通常基于能量域内近似的高斯核:

$$M(E_\lambda - E) = \frac{1}{\sqrt{\pi}\Delta_E}\exp\left[\frac{(E_\lambda - E)^2}{\Delta_E}\right] \tag{11.114}$$

式中:$\Delta_E = \sqrt{4kTE/A}$ 为能量域内的多普勒宽度。

这一近似成立的前提是要求满足 $E \gg \Delta_E$。能量域内的高斯核在 $E > 1\mathrm{eV}$ 范围内通常是成立的。因而多普勒展宽截面分别如下:

基于传统的公式为

$$\sigma_x(E,T) = \frac{1}{E}\sum_{l,J}\sum_{\lambda=1}^{N}\mathrm{Re}\left\{\sqrt{E}R_{l,J,\lambda}^{(x)}\frac{\sqrt{\pi}}{\Delta_E}W\left(\frac{\sqrt{E}-d_\lambda}{\Delta_E}\right)\right\} \tag{11.115}$$

基于简化的通用极点公式为

$$\sigma_x(\sqrt{E},T) = \frac{1}{E}\sum_l \mathrm{Re}\left\{\sum_J \sum_{\lambda=1}^{N} 2\sqrt{E}R_{l,J,1,\lambda}^{(x)}\frac{\sqrt{\pi}}{\Delta_{\mathrm{E}}}W\left(\frac{E-\varepsilon_\lambda}{\Delta_{\mathrm{E}}}\right) + \hat{s}_l^{(x)}(E,T) + \hat{q}_l^{(x)}(E)\delta_l\right\} \tag{11.116}$$

式中

$$\varepsilon_\lambda = [p_\lambda^{(j)*}]^2 \tag{11.117}$$

参考文献

[1] W. ROTHENSTEIN and M. SEGEV, "Unit Cell Calculations," in Y. Ronen, ed., *CRC Handbook of Nuclear Reactor Calculations I*, CRC Press, Boca Raton, FL (**1986**).

[2] J. J. DUDERSTADT and L. J. HAMILTON, *Nuclear Reactor Analysis*, Wiley, New York (**1976**), Chaps. 2 and 8.

[3] A. F. Henry, *Nuclear-Reactor Analysis*, MIT Press, Cambridge, MA (**1975**), Chap. 5.

[4] G. I. BELL, *Nuclear Reactor Theory*, Van Nostrand Reinhold, New York (**1970**), Chap. 8.

[5] H. H. HUMMEL and D. OKRENT, *Reactivity Coefficients in Large Fast Power Reactors*, American Nuclear Society, La Grange Park, IL (**1970**).

[6] R. B. NICHOLSON and E. A. FISCHER, "The Doppler Effect in Fast Reactors," in *Advances in Nuclear Science and Technology*, Academic Press, New York (**1968**).

[7] R. N. HWANG, "Doppler Effect Calculations with Interference Corrections," *Nucl. Sci. Eng. 21*, 523 (**1965**).

[8] L. W. NORDHEIM, "The Doppler Coefficient," in T. J. Thompson and J. G. Beckerley, eds., *The Technology of Nuclear Reactor Safety*, MIT Press, Cambridge, MA (**1964**).

[9] A. SAUER, "Approximate Escape Probabilities," *Nucl. Sci. Eng. 16*, 329 (**1963**).

[10] L. DRESNER, *Resonance Absorption in Nuclear Reactors*, Pergamon Press, Elmsford, NY (**1960**).

[11] D. E. CULLEN, "Nuclear Cross Section Preparation," in Y. Ronen, ed., *CRC Handbook of Nuclear Reactor Calculations I*, CRC Press, Boca Raton, FL (**1986**).

[12] R. N. HWANG, "An Overview of the Current Status of Resonance Theory in Reactor Physics Applications," in W. Audrejtscheff and D. Elenkov, eds., *Proc. 11th Int. School Nuclear Physics, Neutron Physics, and Nuclear Energy*, Institute for Nuclear Research and Nuclear Energy, Sofia, Bulgaria (**1993**).

[13] C. JAMMES and R. N. HWANG, "Conversion of Single and Multi-Level Breit-Wigner Resonance Parameters to Pole Representation Parameters," *Nucl. Sci. Eng. 134*, 37 (**2000**).

[14] A. G. CROFF, *ORIGEN2: A Revised and Updated Version of the Oak Ridge Isotope Generation and Depletion Code*, ORNL-5621, Oak Ridge National Laboratory, Oak Ridge, TN (**1980**).

习题

11.1 试分别推导窄共振和宽共振近似下的中子注量率,即方程(11.6)和方程(11.10)。

11.2 核反应堆内的燃料组件由一组相同的燃料棒阵列而成。燃料棒的直径为1cm;在阵列中,燃料棒在两个方向上的中心距均为3cm。UO_2 燃料的富集度为2.8%、温度为800℃。慢化剂为 H_2O,其密度为0.85g/cm^3。试计算均匀介质内^{238}U 在36.8eV 处的共振在窄共振和宽共振近似下的共振积分。假设燃料棒是孤立的。

11.3 计算包含 Dancoff 修正后的均匀介质内^{238}U 在36.8eV 处的共振在窄共振和宽共振近似下的共振积分。其他参数与习题11.2相同。

11.4 假设习题11.2中的燃料和慢化剂是均匀混合的,试计算均匀介质内^{238}U在36.8eV处的共振在窄共振和宽共振近似下的共振积分。其他参数与习题11.2相同。

11.5 试计算^{238}U在36.8eV处的共振对群截面的影响,其中能群位于$E_g = 10eV$与$E_{g-1} = 10keV$之间。

11.6 当慢化剂为重水时,计算均匀介质内^{238}U在36.8eV处的共振在窄共振和宽共振近似下的共振积分,并计算其对群截面的影响。其中,能群位于$E_g = 10eV$与$E_{g-1} = 100eV$之间,其他参数与习题11.2相同。

11.7 利用方程(11.32)和方程(11.43)计算在水中的燃料板($0.1 \leqslant \lambda/l_s \leqslant 10.0$)的中子逃脱概率,并比较其精确值与有理近似下的结果。

11.8 推导中子在厚度为a的平板内的首次飞行逃脱概率(方程(10.32))。

11.9 根据方程(11.62)计算^{238}U的多群俘获截面,其中能群位于$E_g = 1keV$与$E_{g-1} = 10keV$之间。

11.10 计算两区的群吸收截面,其中,能群位于$E_g = 10eV$与$E_{g-1} = 10keV$之间。在$10eV \leqslant E \leqslant 50eV$区域,$\Sigma_{a1} = 0.4cm^{-1}$,$\Sigma_{t1} = 0.5cm^{-1}$;在$50eV \leqslant E \leqslant 100eV$区域,$\Sigma_{a2} = 0.6cm^{-1}$,$\Sigma_{t2} = 0.8cm^{-1}$。

第 12 章　中子热化

与中子慢化相比，中子的热化更加复杂一些，因为目标原子核所具有的热能与中子的能量在同一个量级上，这引起中子在散射碰撞过程中可能得到能量，也可能失去能量。而且，原子核通常被束缚在晶格或者分子结构中，这增加了计算散射截面和进行散射动力学分析的困难。中子热化理论通常须先计算热中子的截面，它表征了热中子散射与能量的传递关系，然后利用这些截面计算热中子能谱。本章主要将介绍中子热化的近似模型以厘清该物理过程的实质。在此基础上，本章也将介绍计算均匀和非均匀栅格内热中子能谱的解析方法和数值方法。

12.1　热中子的双微分散射截面

当一个中子入射一组质量数为 A 的目标原子核时，对该散射过程的量子力学分析可知中子从能量 E' 散射至 E、从方向 $\boldsymbol{\Omega}'$ 散射至 $\boldsymbol{\Omega}$ 的微分散射截面为

$$\Sigma_s(E'\to E,\mu_0)=\frac{\Sigma_b}{4\pi kT}\left(\frac{E}{E'}\right)^{1/2}\exp\left(-\frac{\beta}{2}\right)S(\alpha,\beta) \tag{12.1}$$

式中：$\mu_0=\boldsymbol{\Omega}'\cdot\boldsymbol{\Omega}$；

$$\begin{aligned}\alpha&\equiv\frac{E'+E-2\mu_0\sqrt{E'E}}{AkT}\\ \beta&\equiv\frac{E-E'}{kT}\end{aligned} \tag{12.2}$$

$S(\alpha,\beta)$ 为散射函数，它与散射动力学过程和散射材料的微观结构有关。根据自由原子的截面 Σ_f 和相对原子质量 A 可定义束缚原子的截面 Σ_b 为

$$\Sigma_b=N\sigma_b=N\left(\frac{A+1}{A}\right)^2\sigma_f=\left(\frac{A+1}{A}\right)^2\Sigma_f$$

σ_b 和 σ_f 分别为一个入射中子与一个束缚原子核和一个自由原子核的散射截面。

12.2　单原子麦克斯韦气内的中子散射

12.2.1　微分散射截面

最简单的中子热化模型基于中子与非束缚的单原子气原子核的散射过程。对于这样的原子核，其能量分布满足麦克斯韦分布，其相应的散射函数为

$$S(\alpha,\beta)=\frac{1}{2(\pi\alpha)^{1/2}}\exp\left(-\frac{\alpha^2+\beta^2}{4\alpha}\right) \tag{12.3}$$

由此可得微分散射截面为

$$\Sigma_s(E'\to E,\mu_0)=\left(1+\frac{1}{A}\right)^2\frac{\Sigma_f}{4\pi}\left(\frac{E}{E'}\right)^{1/2}\left(\frac{A}{2\pi kT\hbar^2\kappa^2}\right)^{1/2}\times$$
$$\exp\left[-\frac{A}{2kT\hbar^2\kappa^2}\left(\varepsilon-\frac{\hbar^2\kappa^2}{2A}\right)^2\right] \tag{12.4}$$

其中:A 为目标原子核的相对原子质量;σ_f 为一个中子与自由原子核相互作用时的总散射截面;

$$\begin{aligned}&\varepsilon\equiv E'-E\\&\hbar^2\kappa^2=2m(E'+E-2\mu_0\sqrt{E'E})\end{aligned} \tag{12.5}$$

利用弹性散射(E',E)与 μ_0 之间的关系式:

$$\mu_0=\frac{1}{2}\left[(A+1)\sqrt{\frac{E}{E'}}-(A-1)\sqrt{\frac{E'}{E}}\right] \tag{12.6}$$

在 $-1\leqslant\mu_0\leqslant 1$ 范围内对方程(12.4)积分可得散射传递函数的零阶勒让德分量:

$$\Sigma_{s0}(E'\to E)=\frac{\Sigma_f\theta^2}{2E'}\times$$
$$\left\{\exp\left(\frac{E'}{kT}-\frac{E}{kT}\right)\left[\operatorname{erf}\left(\theta\sqrt{\frac{E'}{kT}}-\eta\sqrt{\frac{E}{kT}}\right)\pm\operatorname{erf}\left(\theta\sqrt{\frac{E'}{kT}}+\eta\sqrt{\frac{E}{kT}}\right)\right]+\right. \tag{12.7}$$
$$\left.\operatorname{erf}\left(\theta\sqrt{\frac{E}{kT}}-\eta\sqrt{\frac{E'}{kT}}\right)\mp\operatorname{erf}\left(\theta\sqrt{\frac{E}{kT}}+\eta\sqrt{\frac{E'}{kT}}\right)\right\}$$

式中:$\operatorname{erf}(x)$为误差函数;

$$\theta\equiv\frac{A+1}{2\sqrt{A}},\quad \eta\equiv\frac{A-1}{2\sqrt{A}} \tag{12.8}$$

当 $E'<E$ 时取上部的算符,当 $E'>E$ 时取下部的算符。

12.2.2 冷原子核极限

当 $T\to 0$ 时,方程(12.7)可简化为中子从静止目标原子核散射时的散射传递函数:

$$\Sigma_{s0}(E'\to E)=\begin{cases}\dfrac{\Sigma_f(E')}{E'}\dfrac{(A+1)^2}{4A}, & E<E'<\dfrac{E}{\alpha}\\0, & \text{其他}\end{cases} \tag{12.9}$$

该式曾在第10章中用于中子在热能区之上的高能区的慢化过程,因为与中子在高能区的能量相比,原子核的运动可以忽略。

12.2.3 自由氢(质子)气模型

氢是水分子的组成原子,它也是水冷核反应堆内中子热化的主要核素。自由氢气模型忽略氢被束缚在水分子结构中的影响,并将中子的热化过程视为发生在自由质子(氢核)气中。对于从氢核($A=1$)的散射,散射传递函数的零阶勒让德分量(方程(12.7))可简化为

$$\Sigma_{s0}(E'\to E)=\begin{cases}\dfrac{\Sigma_f^H(E')}{E'}\left[\exp\left(\dfrac{E'-E}{kT}\right)\operatorname{erf}\left(\sqrt{\dfrac{E'}{kT}}\right)\right], & E'<E\\\dfrac{\Sigma_f^H(E')}{E'}\operatorname{erf}\left(\sqrt{\dfrac{E'}{kT}}\right), & E'>E\end{cases} \tag{12.10}$$

12.2.4　拉德考夫斯基模型

拉德考夫斯基模型采用氢气模型(方程(12.10))描述散射传递函数的零阶勒让德分量，并用下式描述传递函数的一阶勒让德分量：

$$\Sigma_{s1}(E'\to E)=\Sigma_s(E)\bar{\mu}_0(E)\delta(E-E') \tag{12.11}$$

束缚态截面 Σ_b 与自由态截面 Σ_f 之间满足

$$\Sigma_s=\Sigma_b=\Sigma_f\frac{[(A+1)/A]^2}{(1+1/A_{mol})^2}=4\Sigma_f\left(\frac{A_{mol}}{A_{mol}+1}\right)^2 \tag{12.12}$$

式中：A 为束缚在相对分子质量为 A_{mol} 的分子中的原子的相对原子质量。方程(12.12)的最后一个等号中已令束缚在水中的氢核的相对原子质量 A 为 1。

在实际应用中，该模型须通过调整 A_{mol} 直至 Σ_b 与实验测量的散射截面符合为止。利用 $\mu_0=2/(3A_{mol})$ 可计算 $\Sigma_{tr}(E)=\Sigma_b[1-\mu_0(E)]$。

12.2.5　重气模型

若 A 足够大，散射传递函数(方程(12.7))可展开为 A^{-1} 的多项式，并保留展开式的主要项可得

$$\Sigma_{s0}(E'\to E)=\Sigma_f\left\{\delta(E-E')+\left(\frac{E}{E'}\right)^{1/2}\frac{E'+E}{A}[-\delta'(E-E')+kT\delta''(E-E')]\right\} \tag{12.13}$$

式中：δ'、δ''为 δ 函数的一阶和二阶导数。

在所有能量范围内对式(12.13)积分可得总散射截面为

$$\Sigma_{s0}(E)=\Sigma_f\left(1+\frac{kT}{2AE}\right) \tag{12.14}$$

利用方程(12.13)计算散射积分项可得

$$\begin{aligned}&\int_0^\infty \Sigma_{s0}(E'\to E)\phi(E')\mathrm{d}E'\\&=\frac{2\Sigma_f}{A}\left[kTE\frac{\mathrm{d}^2\phi(E)}{\mathrm{d}E^2}+E\frac{\mathrm{d}\phi(E)}{\mathrm{d}E}+\phi(E)\right]+\Sigma_{s0}(E)\phi(E)\end{aligned} \tag{12.15}$$

在方程(12.15)的推导过程中已利用了 delta 函数导数的如下特性：

$$\int f(x)\frac{\mathrm{d}^n}{\mathrm{d}x^n}\delta(x-a)\mathrm{d}x=(-1)^n\frac{\mathrm{d}^nf(x=a)}{\mathrm{d}x^n} \tag{12.16}$$

将该散射积分项代入中子平衡方程：

$$\Sigma_t(E)\phi(E)=\int_0^\infty \Sigma_{s0}(E'\to E)\phi(E')\mathrm{d}E' \tag{12.17}$$

可得

$$\Sigma_a(E)\phi(E)=\frac{2\Sigma_f}{A}\left[kTE\frac{\mathrm{d}^2\phi(E)}{\mathrm{d}E^2}+E\frac{\mathrm{d}\phi(E)}{\mathrm{d}E}+\phi(E)\right] \tag{12.18}$$

方程(12.18)就是用于计算热中子能谱 $\phi(E)$ 的重气模型。

12.3 由束缚原子核散射的热中子

对于由一组束缚原子核散射的中子,由量子力学的分析可知中子从能量 E' 散射至 E、从方向 $\boldsymbol{\Omega}'$ 散射至 $\boldsymbol{\Omega}$ 的双微分散射截面为

$$\Sigma_s(E' \to E, \boldsymbol{\Omega}' \to \boldsymbol{\Omega}) = \frac{\Sigma_{coh}}{4\pi\hbar}\sqrt{\frac{E}{E'}}\frac{1}{2\pi}\int_{-\infty}^{\infty}\int e^{i(\boldsymbol{\kappa}\cdot\boldsymbol{r}-\varepsilon t/\hbar)}G(\boldsymbol{r},t)\,d\boldsymbol{r}dt + \frac{\Sigma_{inc}}{4\pi\hbar}\sqrt{\frac{E}{E'}}\frac{1}{2\pi}\int_{-\infty}^{\infty}\int e^{i(\boldsymbol{\kappa}\cdot\boldsymbol{r}-\varepsilon t/\hbar)}G_s(\boldsymbol{r},t)\,d\boldsymbol{r}dt \tag{12.19}$$

式中:$\hbar$ 为约化普朗克常量;$\hbar\boldsymbol{\kappa} = m(\boldsymbol{v}' - \boldsymbol{v})$ 为中子动量交换矢量;$\varepsilon = E' - E$ 为中子能量的变化;Σ_{coh}、Σ_{inc} 分别为束缚原子核的相干宏观截面和非相干宏观截面。

当中子波长 $\lambda = 2.86 \times 10^{-9}/E^{1/2}$(cm)与晶体或分子内原子间的间距在同一量级上时,中子与原子核的干涉变得重要,中子与不同原子核间的干涉须考虑相干散射。中子由孤立原子核的散射时仅须考虑非相干散射。

12.3.1 对分布函数和散射函数

$G(\boldsymbol{r},t)$ 和 $G_s(\boldsymbol{r},t)$ 为对分布函数。假设散射的目标原子核 $t=0$ 时位于原点 $\boldsymbol{r}=0$ 处,那么 $G(\boldsymbol{r},t)$ 是 t 时刻一个原子出现在 $\boldsymbol{r}$ 处单位体积 $d\boldsymbol{r}$ 内的概率。$G(\boldsymbol{r},t) = G_s(\boldsymbol{r},t) + G_d(\boldsymbol{r},t)$,其中 $G_s(\boldsymbol{r},t)$ 为 t 时刻 $\boldsymbol{r}$ 处单位体积 $d\boldsymbol{r}$ 内出现的原子与 $t=0$ 时在原点 $\boldsymbol{r}=0$ 处出现的是相同原子的概率,而 $G_d(\boldsymbol{r},t)$ 是 t 时刻 $\boldsymbol{r}$ 处单位体积 $d\boldsymbol{r}$ 内出现不同原子的概率。对分布函数代入方程(12.19)中的积分可定义各类散射函数:

$$S(\boldsymbol{\kappa},G) = \frac{1}{2\pi}\int_{-\infty}^{\infty}\int e^{i(\boldsymbol{\kappa}\cdot\boldsymbol{r}-\varepsilon t/\hbar)}G(\boldsymbol{r},t)\,d\boldsymbol{r}dt \tag{12.20}$$

同理,根据 G_s 可定义 S_s。

细致平衡原理要求相干截面和非相干截面满足

$$M(E,T)\sqrt{\frac{E'}{E}}[\Sigma_{coh}S(-\boldsymbol{\kappa},-\varepsilon) + \Sigma_{inc}S_s(-\boldsymbol{\kappa},-\varepsilon)] = M(E',T)\sqrt{\frac{E}{E'}}[\Sigma_{coh}S(\boldsymbol{\kappa},\varepsilon) + \Sigma_{inc}S_s(\boldsymbol{\kappa},\varepsilon)] \tag{12.21}$$

由于

$$M(E,T) = \frac{2\pi\sqrt{E}}{(\pi kT)^{3/2}}\exp\left(-\frac{E}{kT}\right) \tag{12.22}$$

那么细致平衡原理可变为

$$e^{-\varepsilon/2kT}S(\boldsymbol{\kappa},\varepsilon) = e^{\varepsilon/2kT}S(-\boldsymbol{\kappa},-\varepsilon) \tag{12.23}$$

同理可得,S_s 须满足的方程。结果表明,S 和 S_s 均为 ε 的偶函数。

在许多散射模型中,$S(\boldsymbol{\kappa},\varepsilon)$ 是 κ^2 的函数,而且散射传递函数可等价地定义为

$$S(\alpha,\beta) = kTe^{\beta/2}S(\boldsymbol{\kappa},\varepsilon) = \frac{1}{2(\pi\alpha)^{1/2}}\exp\left(-\frac{\alpha^2+\beta^2}{4\alpha}\right) \tag{12.24}$$

式中:α 和 β 由方程(12.2)定义。

利用散射函数,双微分散射传递函数可写为

$$\Sigma_s(E'\to E,\boldsymbol{\Omega}'\to\boldsymbol{\Omega})=\frac{1}{4\pi\hbar kT}\sqrt{\frac{E}{E'}}e^{-\beta/2}[\Sigma_{coh}S(\alpha,\beta)+\Sigma_{inc}S_s(\alpha,\beta)] \tag{12.25}$$

12.3.2 中间散射函数

双微分散射传递函数的一个等价的表达式为

$$\Sigma_s(E'\to E,\boldsymbol{\Omega}'\to\boldsymbol{\Omega})=\frac{1}{4\pi\hbar}\sqrt{\frac{E}{E'}}\frac{1}{2\pi}\int_{-\infty}^{\infty}e^{-i\varepsilon t/\hbar}[\chi_{coh}(\boldsymbol{\kappa},t)+\chi_{inc}(\boldsymbol{\kappa},t)]dt \tag{12.26}$$

其中,中间散射函数的定义为

$$\begin{cases}\chi_{coh}(\boldsymbol{\kappa},t)\equiv\int e^{-i\boldsymbol{\kappa}\cdot\boldsymbol{r}}G(\boldsymbol{r},t)d\boldsymbol{r}\\ \chi_{inc}(\boldsymbol{\kappa},t)\equiv\int e^{-i\boldsymbol{\kappa}\cdot\boldsymbol{r}}G_s(\boldsymbol{r},t)d\boldsymbol{r}\end{cases} \tag{12.27}$$

12.3.3 非相干近似

相干效应(包含在对分布函数 G_d 中)对弹性散射是非常重要的,但对非弹性散射不是那么重要,特别是液体和多晶固体的非弹性散射。因此,令方程(12.19)中 $G_d=0$ 即可得适用于非弹性散射的非相干近似模型:

$$\Sigma_s(E'\to E,\boldsymbol{\Omega}'\to\boldsymbol{\Omega})=\frac{\Sigma_{coh}+\Sigma_{inc}}{4\pi\hbar}\sqrt{\frac{E}{E'}}\frac{1}{2\pi}\int_{-\infty}^{\infty}\int e^{i(\boldsymbol{\kappa}\cdot\boldsymbol{r}-\varepsilon t/\hbar)}G_s(\boldsymbol{r},t)d\boldsymbol{r}dt \tag{12.28}$$

值得注意的是该近似保留了相干散射截面 Σ_{coh} 和非相干截面 Σ_{inc},仅仅忽略了因不同原子引起的干涉效应。根据非相干近似,方程(12.25)中 $S(\alpha,\beta)=S_s(\alpha,\beta)$,而且,方程(12.26)中 $\chi_{coh}(\boldsymbol{\kappa},t)=\chi_{inc}(\boldsymbol{\kappa},t)$。

12.3.4 散射的高斯公式

在非相干近似中,中间散射函数在许多情形下可采用高斯形式:

$$\chi_s(\boldsymbol{\kappa},t)=\exp\left[-\frac{1}{2}\kappa^2\Lambda(t)\right] \tag{12.29}$$

式中

$$\Lambda\left(t+\frac{i}{2T}\right)=\int_0^{\infty}g(\omega)\left[\coth\frac{\omega}{2kT}-\frac{\cos\omega t}{\sin(\omega/2kT)}\right]\frac{d\omega}{\omega} \tag{12.30}$$

不同的频率分布函数 $g(\omega)$ 可表征不同的慢化剂。对于晶体,$g(\omega)$ 就是声子频谱。对于液体和分子,$g(\omega)$ 包含扩散和振动特性,而且是温度的函数。一些代表性的频率分布函数为

$$\begin{cases} g(\omega) = \dfrac{1}{A}\delta(\omega)\text{(理想气体)} \\ g(\omega) = \dfrac{3\omega^2}{A\theta^3}\text{(德拜晶体)} \\ g(\omega) = \dfrac{1}{A}\delta(\omega - \theta)\text{(爱因斯坦晶体)} \\ g(\omega) = \dfrac{1}{A}f_d(\omega) + \sum_i \gamma_i \delta(\omega - \omega_i)\text{(分子液体)} \end{cases} \tag{12.31}$$

式中:$\theta = h\nu_m/2\pi k \equiv \hbar\nu_m/k$,$\nu_m$ 为最大允许的频率;$f_d(\omega)$ 表征与分子扩散运动相关的频率分布,$\gamma_i\delta(\omega - \omega_i)$ 表征分子液体内频率为 ω_i 的各个原子的内部振动。

采用高斯公式的散射函数为

$$S_s(\alpha,\beta) = \frac{1}{2\pi}\int_{-\infty}^{\infty} e^{i\beta t}\exp[-\alpha W^2(t)]dt \tag{12.32}$$

式中

$$W^2(t) = \int_{-\infty}^{\infty} \frac{g(\beta)[\cosh(\beta/2) - \cos(kT\beta t/\hbar)]d\beta}{\beta\sinh(\beta/2)} \tag{12.33}$$

12.3.5 散射函数的测量

基于非相干近似,通过测量 $\boldsymbol{\Sigma}_s(E'\to E,\boldsymbol{\Omega}'\to\boldsymbol{\Omega})$ 可由方程(12.25)确定散射函数 $S_s(\alpha,\beta)$。对于动量传递和能量传递较小的中子散射过程,展开方程(12.32)中的指数项可确定频率分布函数与散射函数 $S_s(\alpha,\beta)$之间的关系为

$$f(\beta) = 2\beta\sinh\frac{\beta}{2}\lim_{\alpha\to 0}\frac{S_s(\alpha,\beta)}{\alpha} \tag{12.34}$$

式中:$h\omega/2\pi = E' - E = \beta kT$。

由此可知,通过测量动量和能量传递较小的散射的双微分截面可推得散射函数 S_s,进而得到频率分布函数。利用实验确定的频率分布函数 $g(\omega)$,将其外推即可计算能量和动量传递较大时的散射传递函数。

12.3.6 频率分布函数在中子慢化介质上的应用

利用具有如下频率分布的分子液体模型可计算水的双微分散射传递函数:

$$g(\omega) = \frac{1}{18} + \sum_{i=2}^{4}\frac{1}{A_i}\delta(\omega - \omega_i) \tag{12.35}$$

式中:第一项表示自由气体分子的平动(扩散运动),第二项表示受阻旋转运动($A_2 = 2.32$,$h\omega/2\pi = 0.06$eV),第三项和第四项分别表示模式为 $A_3 = 5.84$,$h\omega/2\pi = 0.205$eV 和 $A_4 = 2.92$,$h\omega/2\pi = 0.481$eV 的振动。将此频率分布(内尔金分布函数)代入方程(12.32)可得散射函数,并进一步代入方程(12.1)可得到双微分散射传递函数。计算结果与实验测量得到的双微分传递函数如图12.1所示,图中也给出了自由氢气模型(方程(12.4))的计算结果。

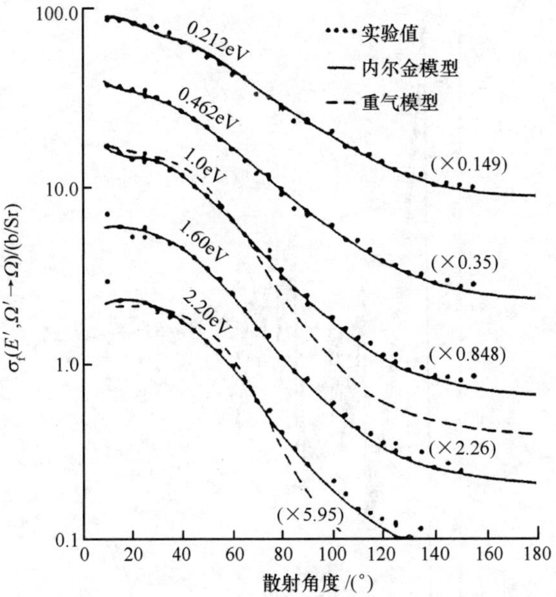

图 12.1　不同入射能量的中子在水中的双微分散射传递函数的测量值与计算值[3]

基于另外两个稍有不同的模型,石墨的声子频谱如图 12.2 所示。对体对称和谐原子间力的晶体栅格,应用非相干近似(方程(12.28))可得石墨的双微分散射传递函数为

$$\Sigma_s(E' \to E, \boldsymbol{\Omega}' \to \boldsymbol{\Omega}) = \frac{\Sigma_b}{4\pi\hbar}\sqrt{\frac{E}{E'}}\frac{1}{2}\int_{-\infty}^{\infty} e^{-i\varepsilon t/\hbar} \times$$

$$\exp\left[\frac{\hbar\kappa^2}{2Am}\int_{-\infty}^{\infty}\frac{f(\omega)e^{-\hbar\omega/2kT}}{2\omega\sinh(\hbar\omega/2kT)}(e^{-i\omega t}-1)d\omega\right]dt \tag{12.36}$$

将图 12.2 所示的杨 - 科佩尔频率分布代入方程(12.36)可得石墨的非弹性截面,如图 12.3所示。与其吸收截面和弹性散射截面(无非相干近似)相加可得石墨的总截面,如图 12.3所示。图 12.3 也给出了其实验测量值,其中 m 为中子质量。

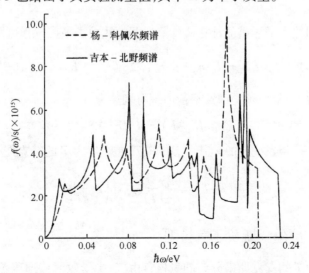

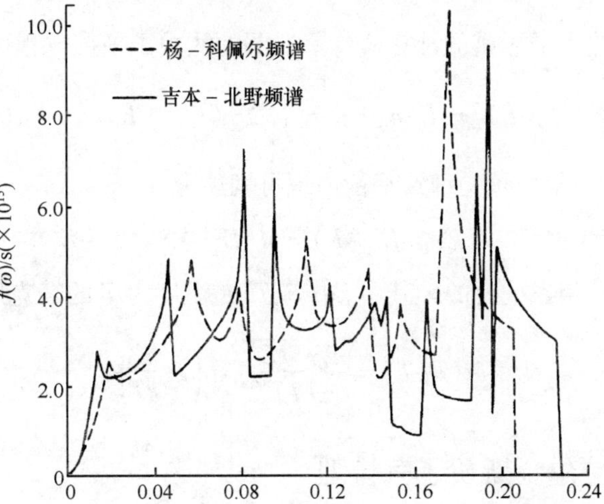

图 12.2　两种不同模型下石墨的光子频率分布函数[3]

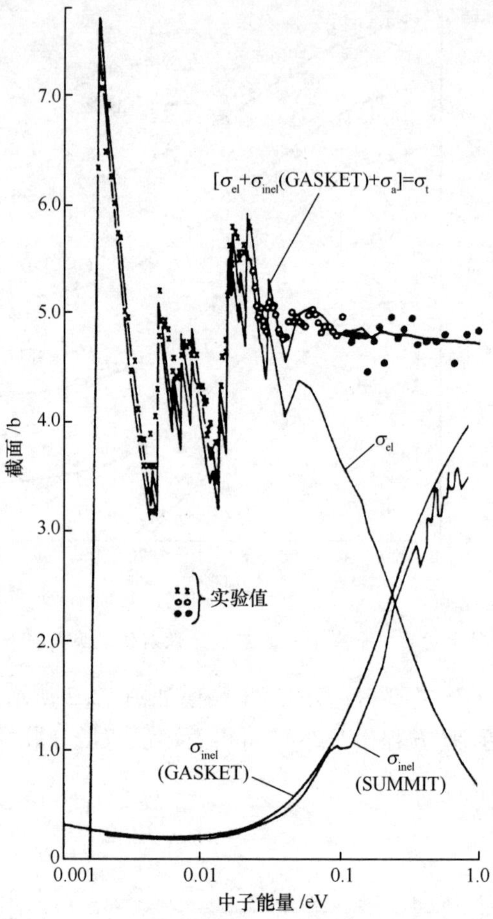

图 12.3　石墨各类截面的计算值与实验值[3]

12.4　均匀介质内的热中子能谱

从本节开始介绍热中子能谱的计算。忽略泄漏的热中子平衡方程可写为

$$[\Sigma_a(E)+\Sigma_s(E)]v(E)n(E)=\int_0^{\infty}\Sigma_{s0}(E'\to E)v(E')n(E')\mathrm{d}E' \tag{12.37}$$

当处于平衡态时,中子分布的细致平衡原理可表述为

$$M(E',T)\Sigma_{s0}(E'\to E)=M(E,T)\Sigma_{s0}(E\to E') \tag{12.38}$$

它对求解热中子分布是相当重要的。其中,$M(E,T)$是温度为T的麦克斯韦分布,即

$$M(E,T)=\frac{2\pi\sqrt{E}}{(\pi kT)^{3/2}}\exp\left(-\frac{E}{kT}\right) \tag{12.39}$$

12.4.1　维格纳－威尔金斯质子气模型

对于满足温度为T的麦克斯韦分布的氢核自由气,中子散射传递函数的零阶勒让德分量如式(12.10)所示。定义无量纲变量$x=(E/kT)^{1/2}$并对称化散射传递函数可得

$$S(x'\to x)\equiv\frac{1}{\Sigma_{\mathrm{f}}^{\mathrm{H}}}\sqrt{\frac{M(x')}{M(x)}}x'\Sigma_{s0}(x'\to x) \tag{12.40}$$

定义约化密度为

$$\chi(x)\equiv\frac{n(x)}{\sqrt{M(x)}} \tag{12.41}$$

由此方程(12.37)可变为

$$\left[\frac{x\Sigma_{\mathrm{s}}(x)}{\Sigma_{\mathrm{f}}}+\frac{\Sigma_{a0}(E)}{\Sigma_{\mathrm{f}}}\right]\chi(x)=\int_0^{\infty}S(x'\to x)\chi(x')\mathrm{d}x' \tag{12.42}$$

或者

$$\begin{aligned}&\left[\left(x+\frac{1}{2x}\right)\mathrm{erf}(x)+\frac{\exp(-x^2)}{\sqrt{\pi}}+\frac{\Sigma_{a0}}{\Sigma_{\mathrm{f}}}\right]\chi(x)\\&=2\exp\left(-\frac{x^2}{2}\right)\int_0^x\chi(x')\mathrm{erf}(x')\exp\left[-\frac{1}{2}(x')^2\right]\mathrm{d}x'+\\&\quad 2\exp\left(\frac{x^2}{2}\right)\mathrm{erf}(x)\int_0^x\chi(x')\exp\left[-\frac{1}{2}(x')^2\right]\mathrm{d}x'\end{aligned} \tag{12.43}$$

式中：$\mathrm{erf}(x)$为以 x 为变量的误差函数。

方程的推导中已经假设吸收截面满足 $1/v$ 率，而且 $\Sigma_{a0}=\Sigma_a$ 为 $v_0=2200\mathrm{m/s}$ 时的宏观吸收截面。

定义一个二阶微分算子可将方程(12.42)变为二阶微分方程。而且，该二阶微分算子作用于 $\mathrm{erf}(x)\exp(x^2/2)$ 或 $\exp(-x^2/2)$ 时均为 0。这样的二阶微分算子可定义为

$$L=\frac{\mathrm{d}^2}{\mathrm{d}x^2}+a(x)\frac{\mathrm{d}}{\mathrm{d}x}+b(x) \tag{12.44}$$

式中

$$\begin{aligned}a(x)&=\frac{-\sqrt{\pi}\mathrm{erf}(x)}{\exp(-x^2)+x\sqrt{\pi}\mathrm{erf}(x)}\\b(x)&=\frac{\exp(-x^2)}{\exp(-x^2)+x\sqrt{\pi}\mathrm{erf}(x)}-x^2\end{aligned} \tag{12.45}$$

若该微分算子除以函数

$$P(x)=\exp(-x^2)+x\sqrt{\pi}\mathrm{erf}(x) \tag{12.46}$$

后代入方程(12.42)，由此可得维格纳-威尔金斯方程为

$$-\frac{\mathrm{d}}{\mathrm{d}x}\left\{\frac{1}{P(x)}\frac{\mathrm{d}}{\mathrm{d}x}\left[V(x)+\frac{\Sigma_{a0}}{\Sigma_{\mathrm{f}}}\right]\chi(x)\right\}+\left\{W(x)\left[V(x)+\frac{\Sigma_{a0}}{\Sigma_{\mathrm{f}}}\right]-\frac{4}{\sqrt{\pi}}\right\}\chi(x)=0 \tag{12.47}$$

式中

$$\begin{cases}W(x)=\dfrac{x^2}{P(x)}-\dfrac{\exp(-x^2)}{P^2(x)}\\V(x)=x\Sigma_{\mathrm{s}}(x)\end{cases} \tag{12.48}$$

令方程(12.43)中的 $x = 0$ 可得方程(12.47)在热能区低能端的边界条件 $\chi(0)=0$。在 $x=0$ 附近,方程(12.43)存在两个解,一个为常数,另一个随 x 变化而变化。然而仅第二个解能满足 $\chi(0)=0$ 这一边界条件。要求热能区高能端的中子注量率满足慢化能区的渐近解 $1/E \sim 1/x^2$ 即可得方程(12.47)的另一个边界条件。

定义

$$\begin{cases}\mu(x) \equiv \left[V(x)+\dfrac{\Sigma_{a0}}{\Sigma_f}\right]\chi(x) \\ y(x) \equiv \dfrac{1}{\mu(x)P(x)}\dfrac{d\mu(x)}{dx}\end{cases} \tag{12.49}$$

方程(12.47)可简化为里卡蒂方程:

$$\frac{dy(x)}{dx} = W(x) - \frac{4}{\sqrt{\pi}}\left[V(x)+\frac{\Sigma_{a0}}{\Sigma_f}\right]^{-1} - P(x)y^2(x) \tag{12.50}$$

在低能区(x 较小的区域),方程(12.50)存在幂级数解:

$$y(x) \approx \frac{a_1}{x} + a_2 x + a_3 x^3 + a_4 x^4 + \cdots \tag{12.51}$$

它的系数分别为

$$a_1 = 1, a_2 = -\frac{4}{3}\left(\frac{1+\delta}{1+2\delta}\right), a_3 = \frac{103+380\delta+364\delta^2}{90(1+2\delta)^2} \tag{12.52}$$

其中,δ 定义为

$$\delta \equiv \frac{\sqrt{\pi}}{4}\frac{\Sigma_a(x)}{\Sigma_f} \approx \frac{\sqrt{\pi}}{4}\frac{\Sigma_{a0}}{\Sigma_f} \tag{12.53}$$

若在幂级数成立的区域内进行多项式拟合,低能区的解及其形式可扩展至更高的能区(即 x 更大的区域)。定义如下两个多项式:

$$\begin{cases}W(x) = \prod\limits_{k=1}^{K}(x-x_k) \\ q(x) = \sum\limits_{k=1}^{K}\dfrac{W(x)}{x-x_k}\dfrac{dV(x_k)/dx}{dW(x_k)/dx}\end{cases} \tag{12.54}$$

利用这两个多项式可将低能区的解外插至更大的 $x > x_n$ 区域:

$$y(x_{n+1}) = y(x_n) + \int_{x_n}^{x_{n+1}} q(x)\,dx \tag{12.55}$$

这些公式可与方程(12.50)一起构成预测-校正型解。

边界条件 $\mu(0)=0$ 及其 $\mu(x) \neq 0$ 表明

$$\lim_{x\to 0}\left[y(x) - \frac{1}{x}\right] = 0 \tag{12.56}$$

反之表明

$$\mu(x) = \frac{x\,d\mu(0)}{dx}\exp\left\{\int_0^x\left[P(x')y(x') - \frac{1}{x'}\right]dx'\right\} \tag{12.57}$$

由此可得中子密度的表达式为

$$n(x) = \frac{4}{\pi^{3/4}} \frac{x\sqrt{M(x)}}{V(x) + \Sigma_{a0}/\Sigma_f} \exp\left\{\int_0^x \left[P(x')y(x') - \frac{1}{x'}\right]dx'\right\} \tag{12.58}$$

其中,对指数的积分项可利用数值方法进行求解。

若利用下式代替方程(12.58)中的 Σ_{a0},即

$$\Sigma_{a0} \to \Sigma_a(E) + \frac{B^2}{3[\Sigma_a(E) + \Sigma_s(E)(1-\bar{\mu}_0)]} \tag{12.59}$$

由此可包含非 $1/v$ 率吸收介质和泄漏效应。其中,B 表示几何曲率。

满足 $1/v$ 率的吸收介质内的热中子能谱与麦克斯韦谱如图 12.4 所示,其中满足 $1/E$ 率的慢化中子注量率作为热中子谱的上边界,而且包含热中子共振。由图 12.4 可知,由于满足 $1/v$ 率的吸收介质对低能中子的吸收和满足 $1/E$ 率的慢化中子源增加的高能中子,由此所得的热中子能谱明显比麦克斯韦谱要硬一些,而且共振附近对中子注量率的抑制也相当明显。

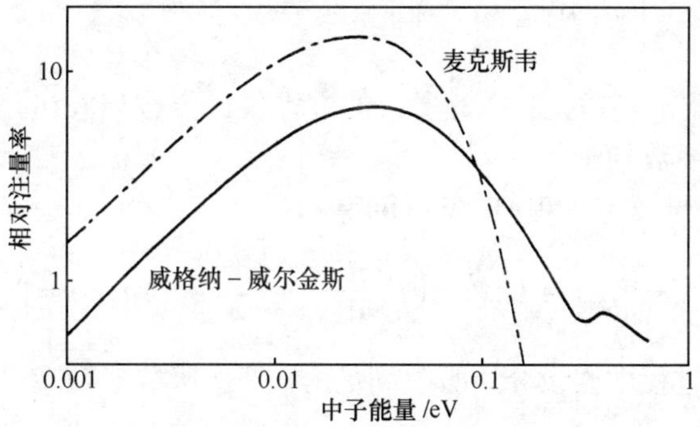

图 12.4　典型 PWR 成分下的维格纳 - 威尔金斯和麦克斯韦热中子谱[4]

12.4.2　重气模型

如方程(12.18)所示的重气模型本质上一个热中子注量率的二阶微分方程。在求解它之前,本节将重新推导重气模型。由 12.4.1 节的分析可知,弱吸收介质内的热中子能谱与麦克斯韦分布相似,由此可令方程(12.37)的解具有如下形式:

$$\phi(E) = M(E)\psi(E) \tag{12.60}$$

而且,利用细致平衡原理,方程(12.38)改写方程(12.37)为

$$\Sigma_t(E)M(E)\psi(E) = M(E)\int_0^\infty \Sigma_{s0}(E' \to E)\psi(E')dE' \tag{12.61}$$

假设 ψ 随 E 缓慢变化,那么散射积分内的 $\psi(E')$ 可进行泰勒展开:

$$\psi(E') = \psi(E) + (E'-E)\frac{d\psi(E)}{dE} + \frac{1}{2}(E'-E)^2\frac{d^2\psi(E)}{dE^2} + \cdots \tag{12.62}$$

由此可得

$$\Sigma_t(E)M(E)\psi(E) = M(E)\sum_{n=1}^{\infty}\frac{1}{n!}A_n(E)\frac{d^n\psi(E)}{dE^n} \tag{12.63}$$

其中,散射能量传递函数的分量为

$$A_n(E) = \int_0^{\infty} \Sigma_{s0}(E' \to E)(E' - E)^n \mathrm{d}E' \tag{12.64}$$

方程(12.63)右端的第一项可与方程左端总截面中的散射部分相互抵消。虽然该展开式(方程(12.63))对任何散射传递函数均是成立的,但是它的有效性取决于泰勒级数收敛的速度。这意味着,$\Sigma_{s0}(E' \to E)$在$E' = E$处须具有明显的峰值(例如,对于重核慢化剂,它不能明显地改变中子的能量)。散射传递函数(方程(12.7))可展开为$1/A$的多项式,并将其展开式代入方程(12.64)可得

$$\begin{cases} A_1(E) = \left(\dfrac{A}{A+1}\right)^2 \dfrac{2\Sigma_f}{A}(2kT - E) + O\left(\dfrac{1}{A^2}\right) \\ A_2(E) = \left(\dfrac{A}{A+1}\right)^2 \dfrac{4\Sigma_f}{A} EkT + O\left(\dfrac{1}{A^2}\right) \\ A_n(E) = O\left(\dfrac{1}{A^2}\right), \quad n \geqslant 3 \end{cases} \tag{12.65}$$

若方程(12.63)仅保留至$n=2$的项,由此所得的方程仅比方程(12.18)多了一个系数$[A/(A+1)]^2$。当A较大时,该系数趋于1。

以$x = (E/kT)^{1/2}$变量改写方程(12.63)可得

$$x\frac{\mathrm{d}^2 n(x)}{\mathrm{d}x^2} + (2x^2 - 1)\frac{\mathrm{d}n(x)}{\mathrm{d}x} + (4x - \Delta)n(x) = 0 \tag{12.66}$$

在方程(12.66)的推导过程中假设介质吸收满足$1/v$率。吸收参数定义为

$$\Delta \equiv \frac{2A\Sigma_{a0}}{\Sigma_f} \tag{12.67}$$

零吸收,即$\Delta = 0$时,方程的精确解为

$$n(x) = a_1 x^2 \mathrm{e}^{-x^2} + a_2[x^2 \mathrm{e}^{-x^2} E_1(x^2) - 1] \tag{12.68}$$

式中:E_1为指数积分函数。

由于解的第二项在$x=0$时是负的,而在x较大时是正的,所以a_2必须为0。

当出现吸收时,对方程(12.66)积分可得

$$x\frac{\mathrm{d}n(x)}{\mathrm{d}x} + 2(x^2 - 1)n(x) = \Delta\int_0^x n(x')\mathrm{d}x' = \frac{2A}{\Sigma_f}q(x) \tag{12.69}$$

其中,方程(12.69)已假设所有慢化至x以下的中子(慢化密度$q(x)$)在$x < x' < 0$范围内全部被吸收。方程(12.69)进行积分可得一个积分方程:

$$n(x) = x^2 \mathrm{e}^{-x^2}\left[\frac{4}{\sqrt{\pi}} + \Delta\int_0^x \frac{\mathrm{e}^{u^2}}{u^3}\mathrm{d}u\int_0^u n(u')\mathrm{d}u'\right] \tag{12.70}$$

这样形式的解非常适合迭代求解。中子注量率$\phi = nv$在较大x时的渐进解为

$$\phi(E) = \frac{A}{2\Sigma_f E}\left[1 - \frac{1}{2}\Delta\left(\frac{kT}{E}\right)^{1/2} + \frac{1}{8}(\Delta^2 + 16)\frac{kT}{E} + \cdots\right] \tag{12.71}$$

方程(12.70)可利用数值方法进行求解并得到热中子谱$\phi(E)$。以参数$\Gamma = \Sigma_{a0}/\Sigma_f$为变量的热中子能谱如图12.5所示。

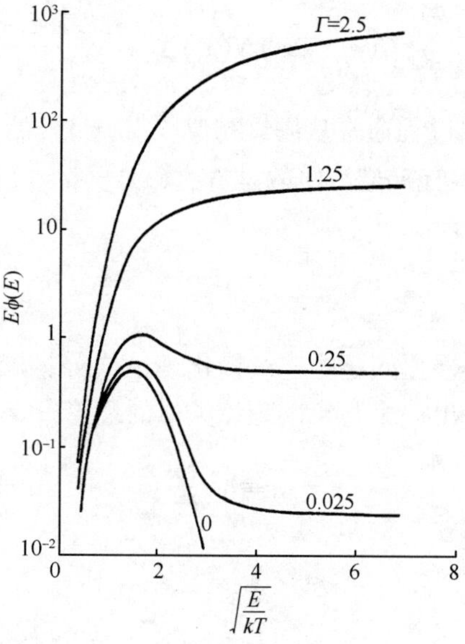

图 12.5　重气模型用于 $1/v$ 吸收剂在不同 $\Gamma=\Sigma_{a0}/\Sigma_f$ 下的中子能谱[2]

12.4.3　数值求解

中子散射核通常比较复杂以致不容易求得其解析解或半解析解，对其控制方程直接进行数值求解是一个较好的选择。本节以质子气模型为例介绍适用于任何散射核的数值解法。方程(12.37)可写为

$$[V(x)+\Gamma]N(x)=\int_0^{x_c}G(x'\to x)N(x')\mathrm{d}x'+\int_{x_c}^{\infty}G(x'\to x)N_{\mathrm{asym}}(x')\mathrm{d}x' \tag{12.72}$$

式中

$$\begin{cases} V(x)=\dfrac{x\Sigma_s(x)}{\Sigma_f} \\ \Gamma=\dfrac{\Sigma_{a0}}{\Sigma_f} \\ G(x'\to x)=x'\Sigma(x'\to x) \end{cases} \tag{12.73}$$

而且，选择恰当的 x_c 以保证在 $x'>x_c$ 的慢化能区内中子密度可采用其渐进解 N_{asym}。利用此假设，方程(12.72)的最后一项可写为 $cx\mathrm{erf}(x)/(x_c+\Gamma)^2$，其中，$\mathrm{erf}(x)$ 为误差函数。

将热能区 $0\leqslant x\leqslant x_c$ 划分为 I 个能区，并在每一个能区内采用梯形公式，由此可将方程(12.72)的右侧近似为

$$\sum_{j=1}^{i-1}G(x_j\to x_i)N(x_j)\Delta_j+G(x_i\to x_i)N(x_i)\Delta_i+\frac{2cx_i\mathrm{erf}(x_i)}{(x_c+\Gamma)^2} \tag{12.74}$$

方程(12.74)代入方程(12.72)后可采用矩阵求逆方法或迭代方法进行求解。对于迭代方法，方程(12.72)宜改写为

$$N(x_i) = \frac{1}{V(x_i)+\Gamma}\left[\sum_{j=1}^{I} G(x_j \to x_i)N(x_j)\Delta_j + \frac{2cx_i\mathrm{erf}(x_i)}{(x_c+\Gamma)^2}\right] \quad (i=1,\cdots,I) \tag{12.75}$$

方程(12.75)的迭代求解过程通常从假设初值$N^{(0)}(x_i)$开始,并将其代入方程右端计算得到$N^{(1)}(x_i)$,依此类推。对于初值,最简便的是$N^{(0)}(x_i)=N_{\mathrm{asym}}(x_i)$。迭代过程须保持中子守恒,这可通过调整常数$c$来实现。

12.4.4 分量展开解法

第11章中用于分析中子慢化问题的连续慢化理论或分量展开方法同样适用于中子热化问题。对于重核,本节将推导出一个与年龄理论类似的理论。定义如下变量:

$$u \equiv \ln\frac{T}{E} \tag{12.76}$$

由此方程(12.37)可改写为

$$[\Sigma_a(u)+\Sigma_s(u)]\phi(u) = \int_0^{\infty}\Sigma(u'\to u)\phi(u')\mathrm{d}u' \tag{12.77}$$

式中

$$\phi(u) \equiv En(E)v(E)$$
$$\Sigma(u'\to u) \equiv E\Sigma(E'\to E)$$

由于热能区之上的能区内$\phi(u)$近似等于常数,那么$\phi(u')$对u进行泰勒展开并代入方程(12.77)可得

$$\begin{aligned}&[\Sigma_a(u)+\Sigma_s(u)-\langle\xi^0\Sigma\rangle]\phi(u)\\&= -\langle\xi\Sigma\rangle\frac{\mathrm{d}\phi(u)}{\mathrm{d}u}+\frac{1}{2!}\langle\xi^2\Sigma\rangle\frac{\mathrm{d}^2\phi(u)}{\mathrm{d}u^2}+\cdots+\frac{(-1)^n}{n!}\langle\xi^n\Sigma\rangle\frac{\mathrm{d}^n\phi(u)}{\mathrm{d}u^n}+\cdots\end{aligned} \tag{12.78}$$

式中

$$\langle\xi^n\Sigma\rangle \equiv (-1)^n\int_0^{\infty}\Sigma(u'\to u)(u'-u)^n\mathrm{d}u' \tag{12.79}$$

需要指出的是,对于热能区以上的能区(在此能区不存在向上散射),方程(12.78)中的第n项相对于$\langle\xi^n\Sigma\rangle\mathrm{d}\phi(u)/\mathrm{d}u$在$(\xi_0)^{n-1}$的量级上,其中,$\xi_0$为与静止的自由原子散射时的平均对数能量损失,$\xi_0\equiv\xi^{\mathrm{iso}}=1+\alpha\ln\alpha/(1-\alpha)$。因此,对于与氢和氘除外原子的散射,方程(12.78)只需保留前几项即可保证泰勒展开的精度。

对方程(12.78)求导,保留至$\mathrm{d}^2\phi/\mathrm{d}u^2$项求得$\langle\xi^2\Sigma\rangle\mathrm{d}^2\phi/\mathrm{d}u^2$,将结果代入方程(12.78)后忽略$\xi_0^3$及其更高阶的项可得

$$\begin{aligned}&[\Sigma_a(u)+\Sigma_s(u)-\langle\xi^0\Sigma\rangle]\phi(u)\\&= -\left\{\Sigma_s(u)\xi(u)+\gamma(u)[\Sigma_a(u)+\Sigma_s(u)-\langle\xi^0\Sigma_s\rangle]+\gamma(u)\frac{\mathrm{d}\langle\xi\Sigma\rangle}{\mathrm{d}u}\right\}\frac{\mathrm{d}\phi(u)}{\mathrm{d}u}\end{aligned} \tag{12.80}$$

对其积分可得

$$\phi(u) = \frac{K(u)\exp\left\{-\int_{-\infty}^{u}\hat{\Sigma}_a(u')/[\xi(u')\Sigma_s(u')+\gamma(u')\hat{\Sigma}_a(u')]\mathrm{d}u'\right\}}{\Sigma_s(u)\xi(u)+\gamma(u)\hat{\Sigma}_a(u)} \tag{12.81}$$

式中

$$
\begin{cases}
K(u) \equiv \exp\left\{\int_{-\infty}^{u}\left[\dfrac{\hat{\Sigma}_a(u')(\mathrm{d}\gamma(u')/\mathrm{d}u') + \mathrm{d}[\xi(u')\Sigma_s(u')]/\mathrm{d}u'}{\xi(u')\Sigma_s(u') + \gamma(u')\hat{\Sigma}_a(u')} - \right.\right. \\
\qquad \left.\left.\dfrac{g(u')[\Sigma_a(u) + \gamma(u')\mathrm{d}\hat{\Sigma}_a(u')/\mathrm{d}u']}{\xi(u')\Sigma_s(u') + \gamma(u')\hat{\Sigma}_a(u')}\right]\mathrm{d}u'\right\} \\
g(u) \equiv \dfrac{\xi(u)\Sigma_s(u) + \gamma(u)\Sigma_a(u)}{\xi(u)\Sigma_s(u) + \gamma(u)\hat{\Sigma}_a(u) + \gamma(u)\mathrm{d}\langle\xi\Sigma\rangle/\mathrm{d}u} \\
\hat{\Sigma}_a(u) \equiv \Sigma_a(u) + \Sigma_s(u) - \langle\xi^0\Sigma\rangle \\
\xi(u) \equiv \dfrac{\langle\xi\Sigma(u)\rangle}{\Sigma_s(u)} \\
\gamma(u) \equiv \dfrac{1}{2}\dfrac{\langle\xi^2\Sigma(u)\rangle}{\langle\xi\Sigma(u)\rangle}
\end{cases}
\tag{12.82}
$$

散射核的分量为

$$
\begin{aligned}
\langle\xi^n\Sigma\rangle = & (-1)^{n+1}\Sigma_f\left\{\frac{\alpha}{1-\alpha}[(\ln\alpha)^n - n(\ln\alpha)^{n-1} + n(n-1)(\ln\alpha)^{n-2} + \cdots + (-1)^n n!] + \right. \\
& \frac{(-1)^{n+1}n!}{1-\alpha} - \frac{(1+\mu)^2}{4\mu}\left[\left(\frac{2\mu}{1+\mu} - \frac{1}{2}\mu(1-\alpha) - \frac{1-\mu}{1+\mu}\right)\alpha(\ln\alpha)^n - \right. \\
& \left.\left.(1-\alpha)\alpha(\ln 2)^{n-1}(2\ln\alpha + n)\right]\frac{\overline{T}}{E}\right\} + O\left(\frac{\mu}{E^2}\right)
\end{aligned}
\tag{12.83}
$$

式中：$\mu \equiv m/M$ 为中子质量与散射原子质量之比。

对于静止的非束缚原子，$K(u)\to 1$，那么方程(12.81)与第10章中的 Grueling－Goertzel 近似一致。当 $\gamma=0$ 时，方程(12.81)即可简化为费米年龄理论。$\gamma\neq 0$ 表示在热能区存在向上散射。$\Sigma_a(u)+\Sigma_s(u)-\langle\xi^0\Sigma\rangle$ 引起的减小表征化学键的影响。

对于石墨内的中子热化过程，热中子谱的表达式为

$$
\begin{aligned}
\xi\Sigma_f E\phi(E) = & 1 - 1.1138\left(\frac{1}{2}\Delta\right)z + \left[0.6526\left(\frac{1}{2}\Delta\right) + 1.913\left(\frac{\overline{T}}{T}\right)\right]z^2 - \\
& \left[0.2673\left(\frac{1}{2}\Delta\right)^3 + 3.313\left(\frac{\overline{T}}{T}\right)\right]z^3 + \left[0.08596\left(\frac{1}{2}\Delta\right)^4 + 2.752\left(\frac{1}{2}\Delta\right)^2\left(\frac{\overline{T}}{T}\right) + \right. \\
& \left. 4.935\left(\frac{\overline{T}}{T}\right)^2 + 0.201\frac{(K^2)_{av}}{T^2} - 0.6204\frac{B_{av}}{T^2}\right]z^4 + O(z^5)
\end{aligned}
\tag{12.84}
$$

式中：$z\equiv(T/E)^{1/2}$；$\Delta\equiv 2\Sigma_a(T)/\mu\Sigma_f$；其他参数均可根据晶体振动谱定义，例如垂直振动为 $\rho_1(\omega)$，水平振动为 $\rho_2(\omega)$，那么

$$
\begin{cases}
\overline{T} \equiv \dfrac{1}{3}T_1 + \dfrac{2}{3}T_2 \\
T_i \equiv \dfrac{1}{2}\displaystyle\int_0^{\theta_i}\omega\rho_i(\omega)\coth\frac{\omega}{2T}\mathrm{d}\omega \\
(K^2)_{av} \equiv \dfrac{3}{4}T_1^2 + T_1T_2 + 2T_2^2 \\
B_{av} \equiv \dfrac{1}{3}\displaystyle\int_0^{\theta_i}\omega^2\rho_1(\omega)\mathrm{d}\omega + \dfrac{2}{3}\int_0^{\theta_i}\omega^2\rho_2(\omega)\mathrm{d}\omega
\end{cases}
\tag{12.85}
$$

其中:θ_i 为不同晶体振动模式的截断频率。

石墨和麦克斯韦分布下的自由碳气的相应参数如表12.1所列。

表12.1 碳的热化参数

T/K	石墨			自由气		
	$\overline{T}/T$	$(K^2)_{av}/T^2$	B_{av}/T^2	$\overline{T}/T$	$(K^2)_{av}/T^2$	B_{av}/T^2
300	2.363	21.63	25	1	15/4	0
600	1.432	7.794	25/4	1	15/4	0

对于氢原子,方程(12.78)不可能像处理重核那样进行截断近似。然而,对于氢则有

$$\langle \xi^n \Sigma \rangle = (-1)^{n+1} n!\ \Sigma_f + O\left(\frac{1}{E^2}\right) \tag{12.86}$$

忽略方程(12.78)中$1/E^2$及其更高阶的项可得精度为$O(1/E^2)$的中子注量率$\phi(u)$。利用上述假设,方程可写为

$$\frac{\hat{\Sigma}_a(u)}{\Sigma_f}\phi(u) = -\frac{d\phi(u)}{du} + \frac{d^2\phi(u)}{du^2} - \cdots + (-1)^n \frac{d^n\phi(u)}{du^n} + \cdots \tag{12.87}$$

改写方程(12.87)并对其积分可得

$$\phi(u) = \frac{1}{\hat{\Sigma}_a(u) + \Sigma_f}\exp\left(-\int_E^\infty \frac{\hat{\Sigma}_a(E')}{\hat{\Sigma}_a(E') + \Sigma_f}\frac{dE'}{E'}\right) \tag{12.88}$$

以$(E/T)^{1/2}$为变量展开方程(12.88)可得

$$E\phi(E) = 1 - 3\left(\frac{1}{2}\Delta\right)z + \left[6\left(\frac{1}{2}\Delta\right)^2 + \left(\frac{\overline{T}}{T}\right)\right]z^2 - \left[10\left(\frac{1}{2}\Delta\right)^3 + \frac{25}{6}\left(\frac{1}{2}\Delta\right)\left(\frac{\overline{T}}{T}\right)\right]z^3 +$$
$$\left[15\left(\frac{1}{2}\Delta\right)^4 + \frac{43}{4}\left(\frac{1}{2}\Delta\right)^2\left(\frac{\overline{T}}{T}\right) + \frac{3}{4}\left(\frac{\overline{T}}{T}\right)^2 + \frac{4}{5}\frac{(K^2)_{av}}{T^2} - \frac{1}{2}\frac{B_{av}}{T^2}\right]z^4 + O(z^5) \tag{12.89}$$

对于束缚在温度为293K的水分子中的氢,热化参数为$\overline{T}/T = 4.345$, $B_{av}/T^2 = 126.90$, $(K^2)_{av}/T^2 = 53.63$。

12.4.5 多群计算

上述各节介绍的热中子散射传递函数可用于热中子能谱的多群计算。群与群之间的散射传递项可定义为

$$\Sigma^{g'\to g} = \frac{\int_{E_g}^{E_{g-1}} dE \int_{E_{g'}}^{E_{g'-1}} \Sigma_{s0}(E' \to E)\phi(E')dE'}{\int_{E_{g'}}^{E_{g'-1}} \phi(E')dE'} \tag{12.90}$$

计算方程(12.90)须已知能量区间$E_g < E < E_{g-1}$内的热中子注量率随能量变化的近似关系(热中子能谱)。若能量区间足够小,该能区内的热中子注量率可近似为常数。

忽略泄漏的多群热中子平衡方程为

$$\Sigma_a^g \phi_g = \sum_{g' \neq g}^{G} \Sigma_s^{g'\to g}\phi_{g'} + S_g \quad (g = 1, \cdots, G) \tag{12.91}$$

式中：S_g 为进入热能区的慢化中子源。

12.4.6　不同模型在慢化剂上的应用

对于混有不同数量镉吸收剂的水，利用两种理论模型计算的热中子注量率与实验测得的热中子注量率如图 12.6 所示。其中，理论计算是基于自由气模型和内尔金模型计算的散射传递截面。

对于混有硼吸收剂的石墨，利用两种理论模型计算的热中子注量率与实验测得的热中子注量率如图 12.7 所示。其中，理论计算基于晶体模型（方程（12.36））和重气模型（方程（12.13））计算的散射传递函数。

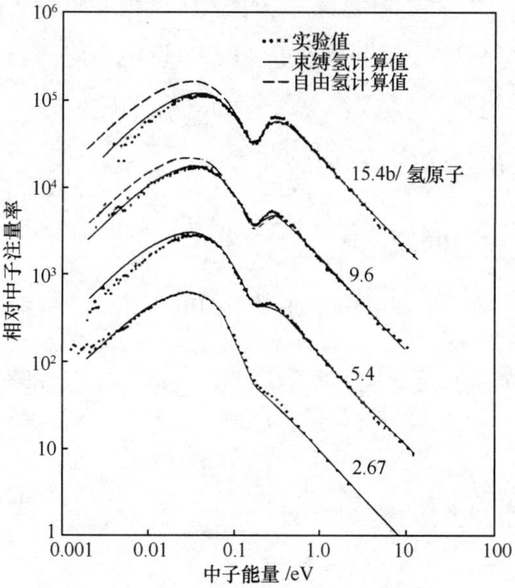

图 12.6　含镉水中中子能谱的实验值与计算值[3]

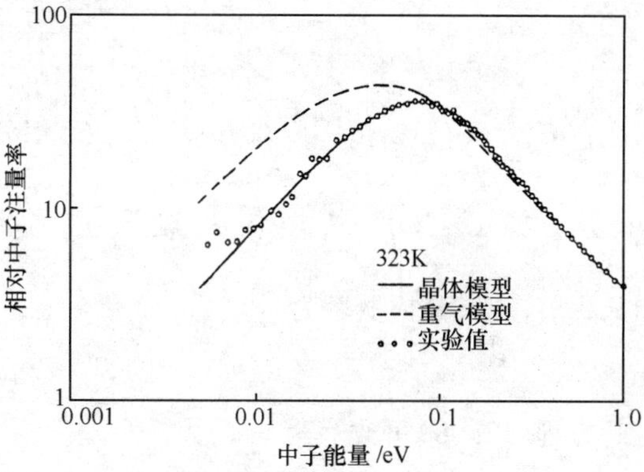

图 12.7　在 323K 下石墨内中子能谱的实验值与计算值[3]

12.5　非均匀栅格内的热中子能谱

热能区 $E < E_{\mathrm{th}} \sim 1\mathrm{eV}$ 的中子输运方程可写为

$$\begin{aligned}&\boldsymbol{\Omega}\cdot\nabla\psi(\boldsymbol{r},E,\boldsymbol{\Omega})\\&=\int_0^{E_{\mathrm{th}}}\mathrm{d}E'\int_0^{4\pi}\Sigma_{\mathrm{s}}(\boldsymbol{r},E'\to E,\boldsymbol{\Omega}'\to\boldsymbol{\Omega})\psi(\boldsymbol{r},E',\boldsymbol{\Omega}')\mathrm{d}\boldsymbol{\Omega}'+\frac{S(\boldsymbol{r},E)}{4\pi}\quad(0<E<E_{\mathrm{th}})\end{aligned}\tag{12.92}$$

其中，源项 S 为中子从慢化能区散射至热能区形成的中子源：

$$S(\boldsymbol{r},E)=\int_{E_{\mathrm{th}}}^{\infty}\Sigma_{\mathrm{s}}(\boldsymbol{r},E'\to E)\phi(\boldsymbol{r},E')\mathrm{d}E'\tag{12.93}$$

参考 9.2 节的内容，方程（12.92）可变为中子注量率的积分方程。各向同性散射假设下的方程为

$$\phi(\boldsymbol{r},E) = \int \mathrm{d}\boldsymbol{r}' \frac{\mathrm{e}^{-\alpha(\boldsymbol{r},\boldsymbol{r}')}}{4\pi|\boldsymbol{r}-\boldsymbol{r}'|^2}\left[\int_0^{E_{\text{th}}} \Sigma_{s0}(\boldsymbol{r}',E'\to E)\phi(\boldsymbol{r},E')\mathrm{d}E' + S(\boldsymbol{r}',E)\right] \tag{12.94}$$

在实际应用中,可将待研究的问题(如一个燃料组件)在空间上分割成 I 个区域,并在每个区域 i(体积为 V_i)内对方程(12.94)进行积分,并定义(与方程(9.52)相似):

$$T^{j\to i}(E) \equiv \frac{1}{V_i}\int_{V_i}\mathrm{d}\boldsymbol{r}_i\int_{V_j}\frac{\mathrm{e}^{-\alpha(\boldsymbol{r}_i,\boldsymbol{r}_j)}}{4\pi|\boldsymbol{r}_i-\boldsymbol{r}_j|^2}\mathrm{d}\boldsymbol{r}_j \tag{12.95}$$

由此可得一个在空间上相互耦合的中子注量率 ϕ_i 的方程组:

$$\phi_i(E) = \sum_{j=1}^{I} T^{j\to i}(E)\left[\int_0^{E_{\text{th}}}\Sigma_{sj}(E'\to E)\phi_j(E')\mathrm{d}E' + S_j(E')\right] \tag{12.96}$$

若将热能区划分成 G 个能群,并采用恰当的微分散射截面和权重 $w(E)$(热中子能谱)计算多群散射截面:

$$\Sigma_{sj}^{g'\to g} \equiv \frac{\int_{E_g}^{E_{g-1}}\mathrm{d}E\int_{E_{g'}}^{E_{g'-1}}\Sigma_{s0j}(E'\to E)w(E')\mathrm{d}E'}{\int_{E_g}^{E_{g-1}}w(E')\mathrm{d}E'} \tag{12.97}$$

那么在 $E_g < E < E_{g-1}$ 范围内对方程(12.96)积分可得一个多群中子注量率的方程组:

$$\phi_i^g = \sum_{j=1}^{I} T_g^{j\to i}\left(\sum_{g'=1}^{G}\Sigma_{sj}^{g'\to g}\phi_j^{g'} + S_j^g\right) \quad (g = 1,\cdots,G) \tag{12.98}$$

如9.3节,定义碰撞概率为

$$P_g^{ji} \equiv V_i\Sigma_{ti}^g\Sigma_{tj}^g T_g^{j\to i} \tag{12.99}$$

由此方程(12.98)可改写为

$$\Sigma_{ti}^g V_i\phi_i^g = \sum_{j=1}^{N} P_g^{ji}\frac{\sum_{g'=1}^{G}\Sigma_{sj}^{g'\to g}\phi_j^{g'} + S_j^g}{\Sigma_{tj}^g} \quad (g = 1,\cdots,G;i = 1,\cdots,I) \tag{12.100}$$

碰撞概率可根据9.3节中所介绍的方法进行计算。多群散射截面可利用本章介绍的任一微分散射截面和权重函数进行计算。随后,求解一组 $I\times G$ 个方程(方程(12.100))可得每一个区域的群中子注量率。此方法广泛用于计算非均匀的反应堆燃料组件内的热中子能谱。

12.6 脉冲中子的热化

12.6.1 空间特征函数的展开

在 $t=0$ 时刻向某一有限大小的均匀非增殖介质内引入一束能量为 E_0 的中子脉冲 Q,控制该介质内中子注量率分布的动态扩散方程为

$$\frac{1}{v}\frac{\partial\phi(r,E,t)}{\partial t} - D(E)\nabla^2\phi(r,E,t) + \Sigma_a(E)\phi(r,E,t)$$

$$= \int_0^\infty \Sigma(E'\to E)\phi(r,E',t)\mathrm{d}E' - \Sigma_s(E)\phi(r,E,t) + \delta(t)Q(r)\delta(E-E_0) \tag{12.101}$$

假设空间特征函数满足如下方程,并与相应的边界条件可构成一个封闭的方程:

$$\nabla^2 G_n(r) + B_n^2 G_n(r) = 0 \tag{12.102}$$

由此方程(12.101)的解可展开为

$$\phi(r,E,t) = \sum_n \phi_n(E,t) G_n(r) \tag{12.103}$$

而且,空间特征函数具有如下的正交特性:

$$\int G_n(r) G_m(r) \mathrm{d}r = \delta_{mn} \tag{12.104}$$

将方程(12.103)代入方程(12.101),应用空间特征函数的正交特性(方程(12.104))可得一组相互耦合的 $\phi_n(E,t)$ 的方程:

$$\begin{aligned} &\frac{1}{v}\frac{\partial \phi_n(E,t)}{\partial t} + D(E) B_n^2 \nabla^2 \phi_n(E,t) + \Sigma_a(E)\phi_n(E,t) \\ &= \int_0^\infty \Sigma(E' \to E)\phi_n(E',t)\mathrm{d}E' - \Sigma_s(E)\phi_n(E,t) + \delta(t)\delta(E-E_0)Q_n \end{aligned} \tag{12.105}$$

式中:$Q_n \equiv \int G_n(r) Q(r) \mathrm{d}r$。

12.6.2　散射算子的能量特征函数

散射算子 S_0 定义为

$$S_0 \phi(E) \equiv \int_0^\infty \Sigma(E' \to E)\phi(E')\mathrm{d}E' - \Sigma_s(E)\phi(E) \tag{12.106}$$

它具有一组特征值谱和一组特征函数,而且中子能谱可根据特征函数进行展开。通用的特征值问题为

$$\kappa\chi(E) = \Sigma_s(E)\chi(E) - \int_0^\infty \Sigma(E' \to E)\chi(E')\mathrm{d}E' \tag{12.107a}$$

或者

$$\kappa\chi(E) = -S_0 \chi(E) \tag{12.107b}$$

定义共轭散射算子 S_0^+ 为(关于共轭的定义详见第 13 章):

$$\int \chi^+(E) S_0 \chi(E) \mathrm{d}E = \int \chi(E) S_0^+ \chi^+(E) \mathrm{d}E \tag{12.108}$$

而且,它满足方程

$$S_0^+ \chi^+(E) = \int_0^\infty \Sigma(E \to E')\chi^+(E')\mathrm{d}E' - \Sigma_s(E)\chi^+(E) \tag{12.109}$$

若细致平衡原理表述为

$$\Sigma(E' \to E) M(E') = \Sigma(E \to E') M(E) \tag{12.110}$$

那么它要求如下关系式成立:

$$\chi(E) = M(E)\chi^+(E) \tag{12.111}$$

式中:$M(E)$ 为麦克斯韦分布。

因此,细致平衡原理确保最小的特征值$\kappa_0=0$和特征函数$\chi_0(E)=M(E)$与散射模型无关。

本节以12.2节的重气模型为例继续进行分析。由方程(12.15)可知

$$S_0\chi(E)=\frac{2\Sigma_f}{A}\left[kTE\frac{d^2\chi(E)}{dE^2}+E\frac{d\chi(E)}{dE}+\chi(E)\right] \tag{12.112}$$

由方程(12.108)可知

$$S_0^+\chi^+(E)=\frac{2\Sigma_f}{A}\left[kTE\frac{d^2\chi^+(E)}{dE^2}+(2kT-E)\frac{d\chi^+(E)}{dE}\right] \tag{12.113}$$

特征值问题(方程(12.107))和共轭特征值问题(方程(12.109))具有相同的特征值(参见第13章)。将

$$\chi^+(E)=\sum_{n=0}^{\infty}a_nE^n \tag{12.114}$$

代入共轭特征值问题:

$$S_0^+\chi^+(E)+\kappa\chi^+(E)=0 \tag{12.115}$$

它与方程(12.113)共同表明特征值谱是离散的:

$$\kappa_n=\frac{2\Sigma_f}{A}n\quad(n=0,1,2,\cdots) \tag{12.116}$$

相应的特征函数是阶次为1的拉盖尔多项式:

$$\chi_n^+(E)=\frac{L_n^{(1)}(E)}{\sqrt{n+1}} \tag{12.117}$$

式中

$$L_0^{(1)}(E)=1,\quad L_1^{(1)}(E)=2-E,\quad L_2^{(1)}(E)=3-3E+\frac{1}{2}E^2,\cdots \tag{12.118}$$

任意函数均可由这组多项式展开。

12.6.3 散射算子的能量特征函数展开

假设中子注量率$\phi_n(E,t)$可表示为

$$\phi_n(E,t)\sim\phi_n(E)e^{-\lambda_nt} \tag{12.119}$$

由此方程(12.105)中齐次部分可以简化为如下的特征值问题:

$$\left[-\frac{\lambda_n}{v}+D(E)B_n^2\right]\phi_n(E)=S_0\phi_n(E) \tag{12.120}$$

利用散射算子$\chi_m(E)$的特征函数,每个$\phi_n(E)$可展开为

$$\phi_n(E)=\sum_m C_{mn}\chi_m(E) \tag{12.121}$$

将该展开式代入方程(12.120)后同乘以$\chi_p^+(E)$,并在整个能量范围积分可得

$$\sum_m(-\lambda_nV_{mp}+D_{mp}B_n^2+\kappa_{mp}\delta_{mp})C_{mn}=0 \tag{12.122}$$

式中

$$\begin{cases} V_{mp} = \int_0^\infty \frac{1}{v}\chi_m(E)\chi_p^+(E)\,\mathrm{d}E \\ D_{mp} = \int_0^\infty D(E)\chi_m(E)\chi_p^+(E)\,\mathrm{d}E \end{cases} \tag{12.123}$$

对于方程(12.122),克莱姆法则要求如下关系式成立:

$$\det(-\lambda_n V_{mp} + D_{mp}B_n^2 + \kappa_m \delta_{mp}) = 0 \tag{12.124}$$

这就是用于确定 κ_m 的特征值条件。

因为 $\lambda_{n>0} > \lambda_0$(更大的 B_n^2),所以 $n>0$ 的空间谐波比 $n=0$ 的谐波衰减的更快。若忽略所有高阶的空间谐波,中子脉冲将随着空间基态谐波的能量谐波逐渐衰减:

$$\phi(r,E,t) = G_0(r)\sum_p A_p \phi_{p,0}(E)\mathrm{e}^{-\lambda_{p,0}t} \tag{12.125}$$

对于 $n>0$,因为 $\lambda_{p,0} < \lambda_{p,n}$,所以经过足够时间后,有

$$\phi(r,E,t) \to G_0(r)\phi_{0,0}(E)\mathrm{e}^{-\lambda_{0,0}t} \tag{12.126}$$

若仅保留方程(12.121)的第一项(仅保留能量谐波中的基态特征函数),则方程(12.124)变为

$$\lambda_{0,0} = \frac{D_{00}}{V_{00}}B_0^2 \equiv \overline{D}_0 B_0^2 \tag{12.127}$$

若保留方程(12.121)的前两项,则方程(12.124)变为

$$\lambda_{0,0} = \overline{D}_0 B_0^2 - \frac{1}{V_{00}\kappa_1}(D_{01} - \overline{D}_0 V_{01})^2 B_0^4 \tag{12.128}$$

因此,测量中子脉冲随时间的衰减过程可得麦克斯韦分布平均后的扩散系数 D_{00}。方程(12.128)中的第二项就是扩散冷却项,它与介质的热化特性有关。

参考文献

[1] W. ROTHENSTEIN and M. SEGEV, "Unit Cell Calculations," in Y. Ronen, ed., *CRC Handbook of Nuclear Reactor Calculations I*, CRC Press, Boca Raton, FL (**1986**).

[2] J. J. DUDERSTADT and L. J. HAMILTON, *Nuclear Reactor Analysis*, Wiley, New York (**1976**), Chap. 9.

[3] G. I. BELL and S. GLASSTONE, *Nuclear Reactor Theory*, Wiley (Van Nostrand Reinhold), New York (**1970**), Chap. 7.

[4] D. E. PARKS, M. S. NELKIN, N. F. WIKNER, and J. R. BEYSTER, *Slow Neutron Scattering and Thermalization with Reactor Applications*, W. A. Benjamin, New York (**1970**).

[5] *Neutron Thermalization and Reactor Spectra*, STI/PUB/160, International Atomic Energy Agency, Vienna (**1968**).

[6] I. I. GUREVICH and L. V. TARASOV, *Low Energy Neutron Physics*. Wiley, New York (**1968**).

[7] M. M. R. WILLIAMS, *The Slowing Down and Thermalization of Neutrons*, Wiley-Interscience, New York (**1966**).

[8] R. J. BREEN et al., "The Neutron Thermalization Problem," in A. Radkowsky, ed., *Naval Reactors Physics Handbook*, U. S. Atomic Energy Commission, Washington, DC (**1964**).

[9] K. H. BECKHURTS and K. WIRTZ, *Neutron Physics*, Springer-Verlag, Berlin (**1964**).

[10] T. –Y. WU and T. OHMURA, *Quantum Theory of Scattering*, Prentice Hall, Englewood Cliffs, NJ (**1962**).

[11] H. C. HONECK. "Thermos, A Thermalization Transport Theory Code for Reactor Lattice Calculations," USAEC report BNL-5826, Brookhaven National Laboratory, Upton. NY (**1961**).

[12] J. R. BEYSTER, N. CORNGOLD, H. C. HONECK, G. D. JOANOU, and D. E. PARKS, in *Third U. N. Conference on Peaceful U-*

ses of Atomic Energy (**1964**), p.258.

[13] E. P. WIGNER and J. E. WILKINS, "Effect of the Temperature of the Moderator on the Velocity Distribution of Neutrons with Numerical Calculations for Hydrogen as Moderator," USAEC report AECD-2775 (**1944**).

习题

12.1 利用质子气模型(方程(12.51)~方程(12.53)和方程(12.58))计算温度为300K的水中的低能中子注量率分布。其中,$\sigma_s^H=38b$,$\sigma_s^{H_2O}=0.66b$,$\sigma_s^O=4.2b$。

12.2 利用有效中子温度模型(方程(4.30)和方程(4.31))计算温度为300K的水中的热中子能谱,并与质子气模型进行比较。

12.3 假设水中存在$1/v$吸收介质,重新计算习题12.1和习题12.2。其中,$\sigma_{a0}=25b$,$N_a/N_{H_2O}=0.1$。

12.4 某一水慢化的核反应堆的热中子注量率为$2.5\times10^{14}n/(cm^2\cdot s)$,试计算密度为$0.75g/cm^3$时的水中的吸收率。

12.5 利用重气模型,计算在$E\gg kT$近似下的温度为500K的石墨内的中子注量率。其中,$\sigma_s^c=4.8b$,$\sigma_a^c=0.004b$。

12.6 假设石墨中混有$1/v$吸收介质,重新计算习题12.5。其中,对于$1/v$吸收介质,每个单原子对应的吸收截面$\sigma_{a0}=0.5b$。

12.7 (编程题)试编制计算机程序求解质子气模型(方程(12.50))下的热中子能谱;假设能量区间的大小$\Delta E=0.01eV$。试计算温度为300K的水中的热中子能谱。其中,$\sigma_s^H=38b$,$\sigma_s^{H_2O}=0.66b$,$\sigma_s^O=4.2b$。

12.8 (编程题)利用数值方法直接求解质子气模型,并计算温度为300K的水中的热中子能谱。将计算结果与习题12.7所得的结果进行比较。

12.9 计算并绘制石墨内和满足麦克斯韦分布的碳原子气内的热中子能谱。其中,石墨的温度为300K。

12.10 根据方程(12.89)计算并绘制温度为293K的水中的热中子能谱。

第13章　微扰理论和变分方法

许多情形下需估计大量核反应堆材料特性的单个扰动对增殖系数和反应率的影响。微扰理论是估计因扰动引起的增殖系数或反应率变化的一种方法,而无需计算扰动对中子注量率分布的影响。广义微扰理论估计和变分估计能包含变化的中子注量率的影响而无需计算变化后的中子注量率,因而它们是计算反应性系数和进行敏感性分析的强有力的工具。在核反应堆物理领域,除了扰动估计,变分方法在发展近似计算方法方面具有更加广泛的应用。

13.1　微扰理论对反应性的估计

13.1.1　多群扩散微扰理论

本节将分析临界核反应堆内发生的微小扰动的反应性价值问题。描述该核反应堆的多群扩散方程为

$$\begin{aligned}&-\nabla\cdot D_0^g(r)\nabla\phi_0^g(r)+\Sigma_{t0}^g\phi_0^g(r)\\&=\sum_{g'=1}^{G}\Sigma_0^{g'\to g}(r)\phi_0^{g'}(r)+\frac{1}{k_0}\chi^g\sum_{g'=1}^{G}\nu\Sigma_f^{g'}(r)\phi_0^{g'}(r)\quad(g=1,\cdots,G)\end{aligned}\tag{13.1}$$

假设材料的微观截面、密度或者几何形状发生了变化,例如 $D_0=D_0+\Delta D,\Sigma_0\to\Sigma_0+\Delta\Sigma$。这些变化引起中子注量率的变化 $\phi_0=\phi_0+\delta\phi$ 和有效增殖系数的变化 $k_0=k_0+\Delta k$。那么,扰动系统的控制方程为

$$\begin{aligned}&-\nabla\cdot(D_0^g+\Delta D_0^g)\nabla(\phi_0^g+\delta\phi^g)+(\Sigma_{t0}^g+\Delta\Sigma_t^g)(\phi_0^g+\delta\phi^g)\\&=\sum_{g'=1}^{G}(\Sigma_0^{g'\to g}+\Delta\Sigma^{g'\to g})(\phi_0^{g'}+\delta\phi^{g'})+\\&\quad\frac{1}{k_0+\Delta k}\chi^g\sum_{g'=1}^{G}(\nu\Sigma_{f0}^{g'}+\Delta(\nu\Sigma_f^{g'}))(\phi_0^{g'}+\delta\phi^{g'})\quad(g=1,\cdots,G)\end{aligned}\tag{13.2}$$

理论上,利用其他章节介绍的方法求解方程(13.2)即可得 Δk。然而,这在某些情况下实际上是不可行的,因为有时需要进行大量这样的计算,例如与许多不同变化相关的反应性系数的计算、材料截面的不确定性对增殖系数影响的敏感性分析等。微扰理论的目标就是无需求解扰动系统(不计算 $\delta\phi$)而估计出增殖系数的变化量 Δk。

利用方程(13.1)消去方程(13.2)中的某些项,并在所得方程两端同乘以任意与空间有关的函数 ϕ_g^+ 后在整个核反应堆体积上对方程进行积分,然后对所有能群求和即可得到一个 Δk 的精确表达式:

$$\int\sum_{g=1}^{G}\phi_g^+\left\{\left[-\nabla\cdot D_0^g\nabla(\delta\phi^g)+\Sigma_{t0}^g\delta\phi^g-\sum_{g'=1}^{G}\Sigma_0^{g'\to g}\delta\phi^{g'}-\frac{\chi^g}{k_0+\Delta k}\sum_{g'=1}^{G}\nu\Sigma_{f0}^{g'}\delta\phi^{g'}\right]+\right.$$

$$\left[-\nabla\cdot\Delta D^g\nabla\phi_0^g+\Delta\Sigma_t^g\phi_0^g-\sum_{g'=1}^{G}\Delta\Sigma^{g'\to g}\phi_0^{g'}-\frac{\chi^g}{k_0+\Delta k}\sum_{g'=1}^{G}\Delta(\nu\Sigma_f^{g'})\phi_0^{g'}\right]+$$

$$\left[-\nabla\cdot\Delta D^g\nabla(\delta\phi^g)+\Delta\Sigma_t^g\delta\phi^g-\sum_{g'=1}^{G}\Delta\Sigma^{g'\to g}\delta\phi^{g'}-\frac{\chi^g}{k_0+\Delta k}\sum_{g'=1}^{G}\Delta(\nu\Sigma_f^{g'})\delta\phi^{g'}\right]\Bigg\}\mathrm{d}r$$

$$=\left(\frac{1}{k_0+\Delta k}-\frac{1}{k_0}\right)\int\sum_{g=1}^{G}\phi_g^+\chi^g\sum_{g'=1}^{G}\nu\Sigma_{f0}^{g'}\phi_0^{g'}\mathrm{d}r$$

$$=-\frac{\Delta k}{k_0(k_0+\Delta k)}\int\sum_{g=1}^{G}\phi_g^+\chi^g\sum_{g'=1}^{G}\nu\Sigma_{f0}^{g'}\phi_0^{g'}\mathrm{d}r \tag{13.3}$$

方程(13.3)左端的[·]项中有两项包含 $\delta\phi$,这意味着为了获得 Δk 不得不计算 $\delta\phi^g$;然而,这是不期望的。方程左端第三项[·]包含 $\delta\phi$、$\Delta\Sigma$ 和 ΔD 的乘积,暂时可以忽略这些二阶小量。方程左端第一项[·]的所有项均为一阶小量,第二项[·]包含须计算的 Δk,这些均不可能被忽略。因此,可行的是适当地选择 ϕ_g^+ 以消去方程(13.3)左端第一项[·]及其 $\delta\phi^g$。为了确定 ϕ_g^+ 满足的方程,对第一项[·]中的梯度项进行分部积分并利用散度定理:

$$\begin{aligned}-\int\phi_g^+\nabla\cdot D_0^g\nabla(\delta\phi^g)\mathrm{d}r&=-\int\nabla\cdot[\phi_g^+D_0^g\nabla(\delta\phi^g)]\mathrm{d}r+\int D_0^g\nabla\phi_g^+\cdot\nabla(\delta\phi^g)\mathrm{d}r\\&=-\int_s[\phi_g^+D_0^g\nabla(\delta\phi^g)]\cdot\boldsymbol{n}_s\mathrm{d}s+\int\nabla\cdot(\delta\phi^gD_0^g\nabla\phi_g^+)\mathrm{d}r-\\&\quad\int\delta\phi^g\nabla\cdot(D_0^g\nabla\phi_g^+)\mathrm{d}r\\&=-\int_s[\phi_g^+D_0^g\nabla(\delta\phi^g)]\cdot\boldsymbol{n}_s\mathrm{d}s+\int_s(\delta\phi^gD_0^g\nabla\phi_g^+)\cdot\boldsymbol{n}_s\mathrm{d}s-\\&\quad\int\delta\phi^g\nabla\cdot(D_0^g\nabla\phi_g^+)\mathrm{d}r\end{aligned} \tag{13.4}$$

式中:$\boldsymbol{n}_s$ 为核反应堆表面的外法向单位矢量;在 s 上的积分表示对核反应堆表面的积分。若假设 $\delta\phi^g$ 与 ϕ^g 满足相同的边界条件,且在核反应堆表面为0,那么方程(13.4)(最终形式)右端第二项为0。若假设边界条件 $\phi_g^+(\boldsymbol{r}_s)=0$($\phi_g^+$ 在核反应堆表面为0),方程(13.4)右端第一项也为0。将方程(13.4)代入方程(13.3)并交换上标 g 和 g',方程(13.3)第一项[·]为0要求下式成立:

$$\int\sum_{g=1}^{G}\delta\phi^g\left[-\nabla\cdot D_0^g\nabla\phi_g^++\Sigma_{t0}^g\phi_g^+-\sum_{g'=1}^{G}\Sigma_0^{g'\to g}\phi_{g'}^+-\frac{\nu\Sigma_{f0}^g}{k_0+\Delta k}\sum_{g'=1}^{G}\chi^{g'}\phi_{g'}^+\right]\mathrm{d}r=0 \tag{13.5}$$

由式(13.5)可知,若 ϕ_g^+ 满足

$$-\nabla\cdot D_0^g\nabla\phi_g^++\Sigma_{t0}^g\phi_g^+=\sum_{g'=1}^{G}\Sigma_0^{g'\to g}\phi_{g'}^++\frac{\nu\Sigma_{f0}^g}{k_0+\Delta k}\sum_{g'=1}^{G}\chi^{g'}\phi_{g'}^+\quad(g=1,\cdots,G) \tag{13.6}$$

而且 ϕ_g^+ 在核反应堆表面为0,即

$$\phi_g^+(\boldsymbol{r}_s)=0\quad(g=1,\cdots,G) \tag{13.7}$$

那么方程(13.5)成立,即 $\delta\phi^g$ 从方程(13.3)中消失。

利用满足方程(13.6)和方程(13.7)的函数 ϕ_g^+ 消去方程(13.3)中的第一项[·],并近似 $k_0(k_0+\Delta k)\to k_0(k_0^2\approx k_0)$,那么方程(13.3)可简化为反应性价值的微扰理论表达式:

$$\rho_{\text{pert}} \equiv \frac{\Delta k}{k_0} = \frac{\int \sum_{g=1}^{G} \phi_g^+ \left[\nabla \cdot \Delta D^g \nabla \phi_0^g - \Delta \Sigma_t^g \phi_0^g + \sum_{g'=1}^{G} \Delta \Sigma^{g' \to g} \phi_0^{g'} + \frac{\chi^g}{k_0} \sum_{g'=1}^{G} \Delta(\nu \Sigma_f^{g'}) \phi_0^{g'} \right] \mathrm{d}r}{\int \sum_{g=1}^{G} \phi_g^+ \chi^g \sum_{g'=1}^{G} \nu \Sigma_{f0}^{g'} \delta \phi_0^{g'} \mathrm{d}r} + O(\delta\phi) \tag{13.8}$$

式中：$O(\delta\phi)$为因忽略方程(13.3)中的第三项[·]而引入的与 $\delta\phi$ 同阶的误差。

13.2　共轭算子和权重函数

13.2.1　共轭算子

从数学角度上来说，当 $k_0 + \Delta k \to k_0$，方程(13.6)是方程(13.1)的共轭方程，且函数 ϕ_g^+ 称为共轭函数。逐项比较方程(13.6)和方程(13.1)可确定多群扩散方程的直接算子和共轭算子分别为

$$\begin{array}{ll} \text{直接算子} & \text{共轭算子} \\ [D(\phi)]_g \equiv -\nabla \cdot D^g \nabla \phi^g & [D^+(\phi^+)]_g \equiv -\nabla \cdot D^g \nabla \phi_g^+ \\ [\Sigma(\phi)]_g \equiv \Sigma_t^g \phi^g & [\Sigma^+(\phi^+)]_g \equiv \Sigma_t^g \phi_g^+ \\ [S(\phi)]_g \equiv \sum_{g'=1}^{G} \Sigma^{g' \to g} \phi^{g'} & [S^+(\phi^+)]_g \equiv \sum_{g'=1}^{G} \Sigma^{g \to g'} \phi_{g'}^+ \\ [F(\phi)]_g \equiv \chi^g \sum_{g'=1}^{G} \nu \Sigma_f^{g'} \phi^{g'} & [F^+(\phi^+)]_g \equiv \nu \Sigma_f^g \sum_{g'=1}^{G} \chi^{g'} \phi_{g'}^+ \end{array} \tag{13.9}$$

由比较可知，群扩散和群吸收的直接算子与其共轭算子是相同的，也就是说它们是自共轭的。然而，群散射和裂变的共轭算子与其直接算子是不同的。需要指出的是，共轭群扩散算子的定义与共轭边界条件(方程(13.7))有关。利用这些算子，因核反应堆特性变化引起的反应性价值的微扰理论估计表达式(方程(13.8))可变为

$$\begin{aligned} \rho_{\text{pert}} &= \frac{\int \sum_{g=1}^{G} \phi_g^+ \{ -[\Delta D(\phi_0)]_g - [\Delta \Sigma(\phi_0)]_g + [\Delta S(\phi_0)]_g + (1/k_0)[\Delta F(\phi_0)]_g \} \mathrm{d}r}{\int \sum_{g=1}^{G} \phi_g^+ [F_0(\phi_0)]_g \mathrm{d}r} + O(\delta\phi) \\ &\equiv \frac{\int \sum_{g=1}^{G} \phi_g^+ \{ -[\Delta A(\phi_0)]_g + (1/k_0)[\Delta F(\phi_0)]_g \} \mathrm{d}r}{\int \sum_{g=1}^{G} \phi_g^+ [F_0(\phi_0)]_g \mathrm{d}r} + O(\delta\phi) \end{aligned} \tag{13.10}$$

由上述推导可知，共轭算子的定义为

$$\int \sum_{g=1}^{G} \phi_g^+ [B(\phi)]_g \mathrm{d}r \equiv \int \sum_{g=1}^{G} \phi^g [B^+(\phi^+)]_g \mathrm{d}r \tag{13.11}$$

式中：$[B(\phi)]_g$ 代表方程(13.9)中的任一算子。

该共轭群算子的定义是相当通用化的,而且利用恰当的输运群算子$[T(\phi)]_g$代替$[D(\phi)]_g$即可得到多群输运理论下的广义微扰理论估计表达式。

利用对能量的积分代替对能量的求和,即可将上述公式从多群模式推广包含能量变化的扩散或输运理论模式。引入以下符号:

$$\langle B\phi\rangle \equiv \int \sum_{g=1}^{G} [B(\phi)]_g \mathrm{d}\boldsymbol{r} \text{ 或} \int \mathrm{d}\boldsymbol{r} \int_0^{\infty} B(\phi)\,\mathrm{d}E \tag{13.12}$$

那么微扰理论对反应性价值估计的表达式可进一步简化为

$$\rho_{\text{pert}} = \frac{\langle \phi^+, (\Delta F - \Delta A)\phi_0\rangle}{\langle \phi^+, F_0\phi_0\rangle} + O(\delta\phi) \tag{13.13}$$

共轭算子的定义可简化为

$$\langle \phi^+, B\phi\rangle \equiv \langle \phi, B^+\phi^+\rangle \tag{13.14}$$

13.2.2 共轭函数的物理意义

方程(13.6)基于多群扩散方程从数学上定义了共轭函数,即共轭函数是一个满足方程(13.6)的函数。共轭函数的物理意义涉及"中子价值"这一概念,更加具体地说,中子价值是一个进入核反应堆的中子对某一特定的物理量的重要性或价值。例如,中子价值可定义为一个满足某一能量和角度分布的中子在某一位置进入核反应堆后在其所有的经历中可能产生的计数的大小,且包括其因引起裂变或散射而产生的其他能量和方向的二级、三级中子在它们的所有经历中可能产生的计数的大小。对于一个临界的核反应堆来说,中子价值$\psi^+(\boldsymbol{r},\boldsymbol{\Omega},E)$可定义为由于一个能量为$E$且方向为$\boldsymbol{\Omega}$的中子在$\boldsymbol{r}$处进入核反应堆后所引起的中子总数的渐进增加量。(严格地说,应该为能量为E的在$\mathrm{d}E$范围内、方向为$\boldsymbol{\Omega}$的在$\mathrm{d}\boldsymbol{\Omega}$范围内和位置为$\boldsymbol{r}$在$\mathrm{d}\boldsymbol{r}$范围内。)当某一能量与方向的中子在某一位置进入核反应堆后:①它可能运动至另一个位置$\boldsymbol{r}+\mathrm{d}\boldsymbol{r}$,这引起其价值的变化;②它可能被吸收,这致使其价值变为0;③它可能被散射至另一个能量E'和方向$\boldsymbol{\Omega}'$,这同样引起其价值的变化;④它可能引起裂变,这致使其本身的价值变为0,但是它产生了ν个能量为E'且各向同性的新中子,而且它们常具有不同的价值。在一个临界的核反应堆内,虽然N个中子运动并经历上述各种不同的反应,但是它们的总价值应该保持不变,这可表述为

$$\begin{aligned} N\Big\{ & [\psi^+(\boldsymbol{r}+\mathrm{d}\boldsymbol{r},\boldsymbol{\Omega},E) - \psi^+(\boldsymbol{r},\boldsymbol{\Omega},E)] - \\ & [\Sigma_{\mathrm{a}}(\boldsymbol{r},E) + \Sigma_{\mathrm{s}}(\boldsymbol{r},E)]\psi^+(\boldsymbol{r},\boldsymbol{\Omega},E) + \\ & \int_0^{\infty}\mathrm{d}E'\int_0^{4\pi}\Sigma_{\mathrm{s}}(\boldsymbol{r},E\to E',\boldsymbol{\Omega}\to\boldsymbol{\Omega}')\psi^+(\boldsymbol{r},\boldsymbol{\Omega}',E')\,\mathrm{d}\boldsymbol{\Omega}' + \\ & \frac{\nu\Sigma_{\mathrm{f}}(\boldsymbol{r},E)}{k}\int_0^{\infty}\mathrm{d}E'\int_0^{4\pi}\chi(E')\psi^+(\boldsymbol{r},\boldsymbol{\Omega}',E')\,\mathrm{d}\boldsymbol{\Omega}'\Big\} = 0 \end{aligned} \tag{13.15}$$

在方程(13.15)中,若利用泰勒级数展开$\boldsymbol{r}+\mathrm{d}\boldsymbol{r}$处的中子价值,即

$$\psi^+(\boldsymbol{r}+\mathrm{d}\boldsymbol{r},\boldsymbol{\Omega},E) \approx \psi^+(\boldsymbol{r},\boldsymbol{\Omega},E) + \boldsymbol{\Omega}\cdot\nabla\psi^+(\boldsymbol{r},\boldsymbol{\Omega},E) \tag{13.16}$$

那么方程(13.15)变为共轭函数(或中子价值)须满足的输运方程(共轭输运方程):

$$\boldsymbol{\Omega}\cdot\nabla\psi^+(\boldsymbol{r},\boldsymbol{\Omega},E) - \Sigma_{\mathrm{t}}(\boldsymbol{r},E)\psi^+(\boldsymbol{r},\boldsymbol{\Omega},E) +$$

$$\int_0^\infty \mathrm{d}E'\int_0^{4\pi} \Sigma_s(\boldsymbol{r},E\rightarrow E',\boldsymbol{\Omega}\rightarrow\boldsymbol{\Omega}')\psi^+(\boldsymbol{r},\boldsymbol{\Omega}',E')\mathrm{d}\boldsymbol{\Omega}' +$$

$$\frac{\nu\Sigma_f(\boldsymbol{r},E)}{k}\int_0^\infty \mathrm{d}E'\int_0^{4\pi} \chi(E')\psi^+(\boldsymbol{r},\boldsymbol{\Omega}',E')\mathrm{d}\boldsymbol{\Omega}' = 0 \tag{13.17}$$

由于离开核反应堆的中子的价值为 0,因而共轭函数满足的边界条件为

$$\psi^+(\boldsymbol{r}_s,\boldsymbol{\Omega},E)=0,\quad \boldsymbol{n}_s\cdot\boldsymbol{\Omega}>0 \tag{13.18}$$

式中:$\boldsymbol{n}_s$ 为核反应堆表面外法线的单位矢量。

第 9 章中推导的中子输运方程为

$$-\boldsymbol{\Omega}\cdot\nabla\psi(\boldsymbol{r},\boldsymbol{\Omega},E) - \Sigma_t(\boldsymbol{r},E)\psi(\boldsymbol{r},\boldsymbol{\Omega},E) +$$

$$\int_0^\infty \mathrm{d}E'\int_0^{4\pi} \Sigma_s(\boldsymbol{r},E'\rightarrow E,\boldsymbol{\Omega}'\rightarrow\boldsymbol{\Omega})(\boldsymbol{r},\boldsymbol{\Omega}',E')\mathrm{d}\boldsymbol{\Omega}' +$$

$$\frac{\chi(E)}{k}\int_0^\infty \mathrm{d}E'\int_0^{4\pi} \nu\Sigma_f(\boldsymbol{r},E')\psi^+(\boldsymbol{r},\boldsymbol{\Omega}',E')\mathrm{d}\boldsymbol{\Omega}' = 0 \tag{13.19}$$

其相应的边界条件为

$$\psi(\boldsymbol{r}_s,\boldsymbol{\Omega},E)=0,\quad \boldsymbol{n}_s\cdot\boldsymbol{\Omega}<0 \tag{13.20}$$

比较方程(13.19)与方程(13.17)可知,中子输运方程是基于中子的向后平衡,即这些中子在“过去”时刻(从 $t-\Delta t$ 至 t 的时间间隔)经历散射、裂变或从其他位置运动至当前位置,而这些中子在“现在”时刻(t 时刻)经历吸收和散射;共轭输运方程是基于中子价值的向前平衡,即这些中子在“现在”时刻(t 时刻)经历吸收和散射,而这些中子在“将来”时刻(从 t 至 $t+\Delta t$ 的时间间隔)运动至其他位置、散射至其他能量和方向,或引起具有某一能量与角度分布的裂变。

13.2.3 共轭方程的特征值

13.2.2 节从物理意义的角度推导了稳态的中子价值平衡方程(方程(13.17)),在方程的推导过程中,假设它的有效增殖系数与稳态的中子价值平衡方程的是相同的。下面从纯数学的角度严格但简要地推导这两个方程的有效增殖系数或特征值之间的关系。中子平衡方程的特征值满足

$$(A-\lambda F)\phi=0 \tag{13.21}$$

共轭方程的特征值满足

$$(A^+-\lambda^+F^+)\phi^+=0 \tag{13.22}$$

若共轭算子和直接算子满足方程(13.14),方程(13.21)与方程(13.22)的特征值是相同的。具体来说,方程(13.21)两端同乘以 ϕ^+,并对所有空间、方向和能量积分;方程(13.22)两端同乘以 ϕ,并对所有空间、方向和能量积分;根据方程(13.14)可得

$$\lambda=\frac{\langle\phi^+,A\phi\rangle}{\langle\phi^+,F\phi\rangle}=\frac{\langle\phi,A^+\phi^+\rangle}{\langle\phi,F^+\phi^+\rangle}=\lambda^+ \tag{13.23}$$

13.3 变分/广义微扰理论对反应性的估计

在许多实际应用中,核反应堆物性的扰动将引起中子注量率的变化,而且中子注量率的变

化对其反应性价值具有重要的影响(方程(13.3)中的第三项[·]是重要的,不能被忽略)。本节将扩展13.1节中介绍的微扰理论并进一步包含变化的中子注量率及其影响。这样的扩展需要应用变分理论,也可仅简单地对微扰理论进行直觉式的扩展;这两个方法所得的结果仅存在较小的差别。扩展的或广义的微扰理论已广泛地用于核反应堆物理计算,特别是反应性价值的计算和反应率的计算,而且它也广泛地用于敏感性分析。由于变分理论更加系统化,而且它在核反应堆物理分析中具有更加广泛的应用,因而本节从变分的角度推导广义微扰理论对反应性价值的估计。

13.3.1 单群扩散理论

用于描述临界核反应堆的单群扩散方程为

$$-\nabla\cdot D_0\nabla\phi_0+\Sigma_{a0}\phi_0-\lambda_0\nu\Sigma_{f0}\phi_0=0 \tag{13.24}$$

其中,为了符号的简便,$\lambda\equiv 1/k$。根据共轭算子的定义(方程(13.11)),并令 $G=1$,可得共轭单群扩散方程为

$$-\nabla\cdot D_0\nabla\phi_0^+ +\Sigma_{a0}\phi_0^+ -\lambda_0\nu\Sigma_{f0}\phi_0^+ =0 \tag{13.25}$$

单群扩散方程是自共轭的,而且 $\phi^+=\phi$。假设扰动为 $D_0\to D=D_0+\Delta D,\Sigma_0\to\Sigma=\Sigma_0+\Delta\Sigma$,而且这些扰动引起中子注量率的变化 $\phi_0\to\phi_{ex}=\phi_0+\delta\phi$ 和特征值的变化 $\lambda_0\to\lambda=\lambda_0+\Delta\lambda$。受扰动的系统满足如下方程:

$$-\nabla\cdot D\nabla\phi_{ex}+\Sigma_a\phi_{ex}-\lambda\nu\Sigma_f\phi_{ex}=0 \tag{13.26}$$

方程(13.26)两端同乘以 ϕ_0^+,而方程(13.25)两端同乘以 ϕ_{ex},并在整个核反应堆体积内对它们进行积分可得扰动的反应性价值的准确表达式:

$$\rho_{ex}\{\phi_0^+,\phi_{ex}\}=-\Delta\lambda=\frac{\langle\phi_0^+,(\lambda_0\Delta(\nu\Sigma_f)\phi_{ex}+\nabla\cdot\Delta D\nabla\phi_{ex}-\Delta\Sigma_a\phi_{ex})\rangle}{\langle\phi_0^+,\nu\Sigma_f\phi_{ex}\rangle} \tag{13.27}$$

若假设 $\phi_{ex}\approx\phi_0$ 并代入方程(13.27),那么基于单群扩散理论的微扰理论对扰动的反应性价值的估计为

$$\rho_{pert}\{\phi_0^+,\phi_0\}=\frac{\langle\phi_0^+,(\lambda_0\Delta(\nu\Sigma_f)\phi_0+\nabla\cdot\Delta D\nabla\phi_0-\Delta\Sigma_a\phi_0)\rangle}{\langle\phi_0^+,\nu\Sigma_f\phi_0\rangle}+O(\delta\phi) \tag{13.28}$$

方程(13.28)与 $\delta\phi$ 具有同阶的精度。

变分或者广义微扰理论可获得一个具有二阶精度的反应性价值估计。值得指出的是,方程(13.27)通过对空间的积分(更加普遍的情况是需要对空间和能量进行积分)定义了一个包含函数 ϕ_0^+ 与 ϕ_{ex} 的表达式。从数学上来说,函数的函数称为泛函。变分理论的主要思想是构造一个等价的变分泛函 $\rho_{var}\{\phi_0^+,\phi,\Gamma^+\}$,并使其具有如下的性质:①若函数 ϕ_0^+ 和 ϕ_{ex} 用于计算泛函 ρ_{var},那么泛函 $\rho_{var}\{\phi_0^+,\phi_{ex},\Gamma^+\}$ 与泛函 $\rho_{ex}\{\phi_0^+,\phi_{ex}\}$ 具有相同的值;②利用函数 ϕ_0^+ 和 $\phi=\phi_{ex}+\delta\phi$ 计算的泛函 $\rho_{var}\{\phi_0^+,\phi,\Gamma^+\}$ 与泛函 $\rho_{ex}\{\phi_0^+,\phi_{ex}\}$ 不同,其精度与 $O(\delta\phi^2,\delta\phi\delta\Gamma^+)$ 同阶。当 $\phi_{ex}=\phi_0+\delta\phi$ 时,$\rho_{var}\{\phi_0^+,\phi_0,\Gamma^+\}=\rho_{ex}\{\phi_0^+,\phi_{ex}\}+O(\delta\phi^2)$。

方程(13.26)两边同乘以函数 Γ^+ 后在核反应堆的空间(空间和能量)内积分;1减去得到的公式再乘以精确的泛函(方程(13.27))可得泛函:

$$\rho_{var}\{\phi_0^+,\phi,\Gamma^+\}=\frac{\langle\phi_0^+,(\lambda_0\Delta(\nu\Sigma_f)\phi+\nabla\cdot\Delta D\nabla\phi-\Delta\Sigma_a\phi)\rangle}{\langle\phi_0^+,\nu\Sigma_f\phi\rangle}\times$$

$$[1-\langle \Gamma^{+}, -\nabla\cdot D\nabla\phi+\Sigma_{a}\phi-\lambda\nu\Sigma_{f}\phi\rangle] \tag{13.29}$$

方程中[·]内的部分称为修正泛函。泛函 $\rho_{var}\{\phi_0^{+},\phi,\Gamma^{+}\}$ 明显满足上述泛函定义的第一条性质,即当 $\phi=\phi_{ex}$时,修正泛函为0,而且第一项与 $\rho_{ex}\{\phi_0^{+},\phi_{ex}\}$ 完全相同。泛函相减可得

$$\begin{aligned}&\rho_{var}\{\phi_0^{+},\phi_{ex},\Gamma^{+}\}-\rho_{var}\{\phi_0^{+},\phi_{ex}-\delta\phi,\Gamma^{+}\}\\&=-\frac{\langle\phi_0^{+},(\lambda_0\Delta(\nu\Sigma_f)\phi_{ex}+\nabla\cdot\Delta D\nabla\phi_{ex}-\Delta\Sigma_a\phi_{ex})\rangle}{\langle\phi_0^{+},\nu\Sigma_f\phi_{ex}\rangle}\times\\&\left[\langle\Gamma^{+},(-\nabla\cdot D\nabla\delta\phi+\Sigma_a\delta\phi-\lambda\nu\Sigma_f\delta\phi)\rangle+\frac{\langle\phi_0^{+},\nu\Sigma_f\delta\phi\rangle}{\langle\phi_0^{+},\nu\Sigma_f\phi_{ex}\rangle}\right]+\\&\frac{\langle\phi_0^{+},\lambda_0\Delta(\nu\Sigma_f)\delta\phi+\nabla\cdot D\nabla\delta\phi-\Delta\Sigma_a\delta\phi\rangle}{\langle\phi_0^{+},\nu\Sigma_f\phi_{ex}\rangle}+O(\delta\phi^2)\end{aligned} \tag{13.30}$$

若 Γ^{+}满足如下方程:

$$\begin{aligned}&-\nabla\cdot D\nabla\Gamma_{ex}^{+}+\Sigma_a\Gamma_{ex}^{+}-\lambda\nu\Sigma_f\Gamma_{ex}^{+}\\&=\frac{-\nabla\cdot\Delta D\nabla\phi_0^{+}+\Delta\Sigma_a\phi_0^{+}-\lambda_0\Delta(\nu\Sigma_f)\phi_0^{+}}{\langle\phi_0^{+},(-\nabla\cdot\Delta D\nabla\phi_{ex}+\Delta\Sigma_a\phi_{ex}-\lambda_0\Delta(\nu\Sigma_f)\phi_{ex})\rangle}-\frac{\nu\Sigma_f\phi_0^{+}}{\langle\phi_0^{+},\nu\Sigma_f\phi_{ex}\rangle}\end{aligned} \tag{13.31}$$

那么对于任意的 $\delta\phi$,方程(13.30)右端所有项均为0,即

$$\rho_{var}\{\phi_0^{+},\phi,\Gamma_{ex}^{+}\}=\rho_{ex}\{\phi_0^{+},\phi_{ex}\}+O(\delta\phi^2)$$

因此,若利用方程(13.25)计算函数 ϕ_0^{+},利用方程(13.31)计算 Γ^{+},那么对于任意函数 $\phi=\phi_{ex}+\delta\phi$,变分泛函(方程(13.29))可得扰动的反应性价值,而且该反应性价值与 $O(\delta\phi^2)$ 同阶。

然而,求解方程(13.31)仍需要已知 ϕ_{ex},但以上的推导正是为了避免计算它。若利用 ϕ_0 代替方程(13.31)中的 ϕ_{ex},即

$$\begin{aligned}&-\nabla\cdot D_0\nabla\Gamma_0^{+}+\Sigma_{a0}\Gamma_0^{+}-\lambda_0\nu\Sigma_{f0}\Gamma_0^{+}\\&=\frac{-\nabla\cdot\Delta D\nabla\phi_0^{+}+\Delta\Sigma_a\phi_0^{+}-\lambda_0\Delta(\nu\Sigma_f)\phi_0^{+}}{\langle\phi_0^{+},(-\nabla\cdot\Delta D\nabla\phi_0+\Delta\Sigma_a\phi_0-\lambda_0\Delta(\nu\Sigma_f)\phi_0)\rangle}-\frac{\nu\Sigma_f\phi_0^{+}}{\langle\phi_0^{+},\nu\Sigma_f\phi_0\rangle}\end{aligned} \tag{13.32}$$

那么

$$\rho_{var}\{\phi_0^{+},\phi,\Gamma_0^{+}\}=\rho_{ex}\{\phi_0^{+},\phi_{ex}\}+O(\delta\phi^2,\delta\phi\delta\Gamma^{+})$$

式中:$\Gamma_{ex}^{+}=\Gamma_0^{+}+\delta\Gamma^{+}$。也就是说,变分泛函 $\rho_{var}\{\phi_0^{+},\phi,\Gamma_0^{+}\}$ 具有 $\delta\phi$ 和 $\delta\Gamma^{+}$ 的二阶精度。

实际上,函数 Γ^{+} 与扰动引起的中子注量率的变化 $\delta\phi$ 有关。令方程(13.26)中的 $D=D_0+\Delta D$, $\Sigma=\Sigma_0+\Delta\Sigma$ 和 $\phi_{ex}=\phi_0+\delta\phi$,并利用方程(13.24)可得 $\delta\phi$ 满足的方程:

$$-\nabla\cdot D\nabla(\delta\phi)+\Sigma_a(\delta\phi)-\lambda\nu\Sigma_f(\delta\phi)=-[-\nabla\cdot\Delta D\nabla\phi_0+\Delta\Sigma_a\phi_0-\Delta(\lambda\nu\Sigma_f)\phi_0] \tag{13.33}$$

比较方程(13.33)与方程(13.31)可知,由于对于单群扩散方程来说,$\phi_0=\phi_0^{+}$,那么 $\Gamma^{+}\approx-\delta\phi$。分析表明多群扩散方程也存在类似的关系式。

定义中子注量率的变分修正系数:

$$f_{var}\{\phi_0,\Gamma_0^{+}\}=\langle\Gamma_0^{+},(-\nabla\cdot\Delta D\nabla\phi_0+\Delta\Sigma_a\phi_0-\lambda_0\Delta(\nu\Sigma_f)\phi_0-\Delta\lambda\Delta(\nu\Sigma_f)\phi_0)\rangle \tag{13.34}$$

由此核反应堆物性变化引起的反应性价值的变分估计可简写为微扰理论估计值与变分修正因子的乘积:

$$\rho_{\text{var}}\{\phi_0^+,\phi,\Gamma_0^+\}=\rho_{\text{pert}}\{\phi_0^+,\phi_0\}[1-f_{\text{var}}\{\phi_0,\Gamma_0^+\}] \tag{13.35}$$

变分估计的计算包含了三个与临界核反应堆参数相关的空间函数 ϕ_0^+、ϕ_0 和 Γ_0^+,同时也包含了方程(13.29)中所需要的空间积分运算。方程(13.32)左端与齐次的方程(13.24)相同。然而,双正交特性 $\langle\Gamma_0^+,F_0\phi_0\rangle=0$ 保证了解的存在性[13]。需要指出的是,由于方程(13.32)右端的分子和分母中同时出现了扰动相关的参数,因而方程(13.32)右端的源项对在一定空间区域内所有的扰动都是相同的。这意味着,对于某一空间区域,计算一次 Γ_0^+ 即可用于该空间区域内不同类型、不同大小的所有扰动的反应性价值的计算。

对于核反应堆特性变化引起的正反应性($f_{\text{var}}<0$)或处于 $0<f_{\text{var}}\ll 1$ 范围内较小的负反应性,方程(13.35)对反应性的估计具有很好的精度。然而,对于较大的负反应性,如 $f_{\text{var}}\sim 1$,修正项($1-f_{\text{var}}$)变得不那么精确了。在此情形下,需要采用更加精确的公式 $\rho_{\text{var}}=\rho_{\text{pert}}[1-f_{\text{var}}/(1+f_{\text{var}})]$,该修正公式可由方程(13.27)导出,其推导过程详见参考文献[1]。综上所述,对反应性价值的一个更好的变分估计可写为

$$\rho_{\text{var}}\{\phi_0^+,\phi_0,\Gamma_0^+\}=\rho_{\text{pert}}\{\phi_0^+,\phi_0\}\begin{cases}1-f_{\text{var}}\{\phi_0,\Gamma_0^+\}, & \rho_0>0\\ 1-\dfrac{f_{\text{var}}\{\phi_0,\Gamma_0^+\}}{1+f_{\text{var}}\{\phi_0,\Gamma_0^+\}}, & \rho_0<0\end{cases} \tag{13.36}$$

13.3.2 其他输运模型

上述公式可直接推广至描述中子输运过程的其他方法,如多群扩散或输运理论。采用算子 A 代表中子运动、吸收和散射,算子 F 表示裂变,因而描述临界核反应堆内中子注量率的通用方程及其通用共轭方程(方程(13.24)和方程(13.25))为

$$(A_0-\lambda_0F_0)\phi_0=0 \tag{13.37}$$

$$(A_0^+-\lambda_0^+F_0^+)\phi_0^+=0 \tag{13.38}$$

受扰动后,核反应堆内通用的中子注量率方程(方程(13.26))为

$$(A-\lambda F)\phi_{\text{ex}}=0 \tag{13.39}$$

扰动的反应性价值的通用精确表达式及其微扰理论的通用估计式(方程(13.27)和方程(13.28))为

$$\rho_{\text{ex}}\{\phi_0^+,\phi_{\text{ex}}\}=\frac{\langle\phi_0^+,(\lambda_0\Delta F-\Delta A)\phi_{\text{ex}}\rangle}{\langle\phi_0^+,F\phi_{\text{ex}}\rangle} \tag{13.40}$$

$$\rho_{\text{pert}}\{\phi_0^+,\phi_0\}=\frac{\langle\phi_0^+,(\lambda_0\Delta F-\Delta A)\phi_0\rangle}{\langle\phi_0^+,F\phi_0\rangle} \tag{13.41}$$

描述广义共轭函数 Γ_0^+ 的方程(13.32)变为

$$(A_0-\lambda_0F_0)\Gamma_0^+=\frac{(\Delta A^+-\lambda_0\Delta F^+)\phi_0^+}{\langle\phi_0^+,(\Delta A-\lambda_0\Delta F)\phi_0\rangle}-\frac{F_0^+\phi_0^+}{\langle\phi_0^+,F_0\phi_0\rangle} \tag{13.42}$$

对扰动的反应性价值的变分估计如方程(13.36)所示,其中 ρ_{pert} 如方程(13.41)所示,而中子注量率的修正因子为

$$f_{\text{var}}\{\phi_0^+,\phi_0,\Gamma_0^+\}=\langle\Gamma_0^+,(\Delta A-\lambda_0\Delta F-\Delta\lambda\Delta F)\phi_0\rangle \tag{13.43}$$

13.3.3　大型压水堆内局部扰动的反应性价值

一个大型(40 个徙动长度)压水堆堆芯采用平板模型和两群模型,当热群吸收截面发生局部扰动时,分别利用微扰理论和变分方法进行估计,并与准确值进行比较。扰动发生在堆芯的左侧 1/4 处。当截面的变化较小而产生较小的反应性变化时,微扰理论和变分方法均能获得很好的估计,因为中子注量率在此情况下发生的变化较小。当截面发生较大的变化而具有较大的反应性价值并伴随较明显的中子注量率变化时,微扰理论的估计精度较差,而经中子注量率修正后的变分法可获得较高精度的预测值,即使中子注量率发生 100% 量级的变化。扰动的反应性价值的微扰理论和变分方法估计值及其精确值如图 13.1 所示,未扰动时的堆芯中子注量率与两个不同扰动下的中子注量率分别如图 13.2 所示。

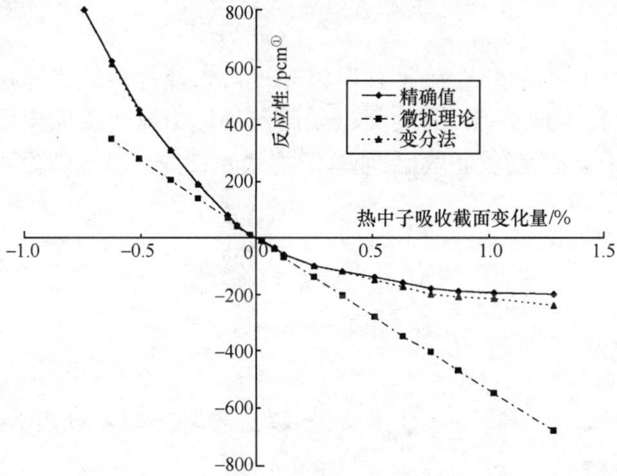

图 13.1　平板 PWR 两群扩散理论下热中子截面变化的反应性价值:精确值与微扰理论与变分理论值的比较[1]

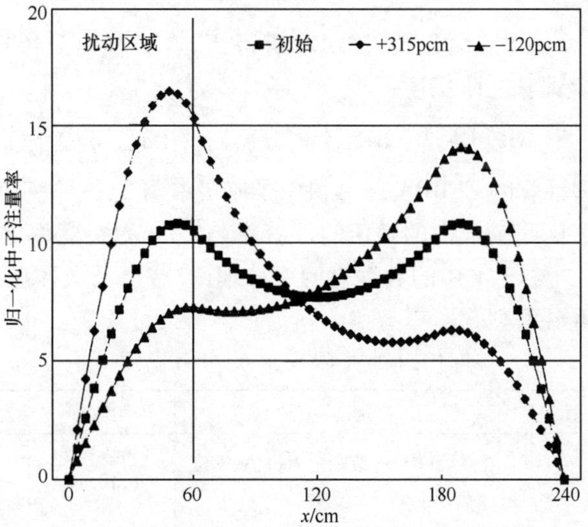

图 13.2　两群平板 PWR 模型中未受扰动和受到两种扰动下的热中子注量率分布[1]

① 1pcm = $10^{-5}\Delta k/k$,pcm 为反应性的常用单位。

13.3.4 高精度的变分估计

更高精度的反应性估计的变分方法详见参考文献[17,20]。然而,这样的估计过于复杂而限制了它们在实际中的应用。

13.4 变分/广义微扰理论对临界核反应堆内反应率比的估计

在不求解扰动系统的中子注量率(方程(13.39))的前提下,微扰理论可对如下的反应率比进行估计:

$$\mathrm{RR}\{\phi_{\mathrm{ex}}\} = \frac{\langle \Sigma_i \phi_{\mathrm{ex}} \rangle}{\langle \Sigma_j \phi_{\mathrm{ex}} \rangle} \tag{13.44}$$

其中,扰动后精确的中子注量率 ϕ_{ex} 满足方程(13.39),未经扰动的临界核反应堆内的中子注量率满足方程(13.37)。与上一节相同,无论采用何种理论描述核反应堆内的中子注量率分布,算子 A 均表示中子运动、吸收和散射,而算子 F 表示裂变。微扰理论的估计为

$$\mathrm{RR}_{\mathrm{pert}}\{\phi_0\} = \frac{\langle \Sigma_i \phi_0 \rangle}{\langle \Sigma_j \phi_0 \rangle} \tag{13.45}$$

它的精度与 $O(\delta\phi = \phi_{\mathrm{ex}} - \phi_0)$ 同阶。

变分理论的估计为

$$\mathrm{RR}_{\mathrm{var}}\{\phi_0, \Gamma_{R0}^+\} = \frac{\langle \Sigma_i \phi_0 \rangle}{\langle \Sigma_j \phi_0 \rangle}[1 - \langle \Gamma_{R0}^+, (\Delta A - \Delta(\lambda F))\phi_0 \rangle] \tag{13.46}$$

其中,广义共轭函数 Γ_R^+ 定义为

$$(A^+ - \lambda F^+)\Gamma_R^+ = \frac{\Sigma_i}{\langle \Sigma_i \phi_{\mathrm{ex}} \rangle} - \frac{\Sigma_j}{\langle \Sigma_j \phi_{\mathrm{ex}} \rangle} \tag{13.47}$$

当 $A \to A_0, F \to F_0$ 和 $\phi_{\mathrm{ex}} = \phi_0$ 时,由方程(13.47)可得 Γ_{R0}^+。方程(13.46)的精度与 $O(\delta\Gamma^+ \delta\phi)$ 同阶;方程(13.48)可验证其二阶精度:

$$\mathrm{RR}_{\mathrm{ex}}\{\phi_0\} - \mathrm{RR}_{\mathrm{var}}\{\phi_0, \Gamma_{R0}^+\} = O(\delta\Gamma^+ \delta\phi) \tag{13.48}$$

利用多群扩散模型计算的 ZEBRA 球形快中子临界装置的各种反应率比如表 13.1 所列。表中的增殖比是在整个核反应堆内的 ^{238}U 的俘获率与 ^{239}Pu 的裂变率之比。该装置参考组件的成分如表 13.2 所列。表 13.1 中的数据表明变分理论(或广义微扰理论)对中子注量率的修正是提高估计精度的重要手段。

表 13.1 受扰动的反应率比[13]

参数比	参考值	扰动	$\mathrm{RR}_{\mathrm{exact}}$	$\mathrm{RR}_{\mathrm{pert}}$	$\mathrm{RR}_{\mathrm{var}}$
中心 $\sigma_c 28/\sigma_f 49$	0.09866	在 0→9.45cm 范围内 Na 的数密度增加 0.01at/cm^3	0.10241	0.09866	0.10225
	0.09866	σ_f^{49} 增加 10%	0.08964	0.08969	0.08964
	0.09866	在 9.45→22.95cm 范围内 Pu 的数密度增加 0.0015at/cm^3	0.09887	0.09866	0.09884

（续）

参数比	参考值	扰动	RR_{exact}	RR_{pert}	RR_{var}
堆芯增殖比率	0.80040	在 0→9.45cm 范围内 Na 的数密度增加 0.01at/cm^3	0.80554	0.80040	0.80549
装置增殖比	2.1844	σ_f^{49} 增加 10%	1.9939	2.0038	1.9937
	2.1844	在 9.45～22.95cm 内 Pu 的数密度增加 0.0015at/cm^3	1.6034	1.6446	1.6049

表 13.2　ZEBRA 临界装置球形计算模型的燃料成分[13]

同位素	堆芯（0～22.95cm）	反射层（22.95～49.95cm）
^{239}Pu	0.00371	0.0003
^{238}U	0.03174	0.04099
^{56}Fe	0.005698	0.00477

13.5　变分/广义微扰理论对反应率的估计

反应堆物理分析中的许多问题均可抽象为固定源问题：

$$A_0\phi_0 = S \tag{13.49}$$

式中：算子 A 代表中子输运、吸收、散射与可能出现的裂变。

假设方程(13.49)已经被求解并得到 ϕ_0，随后核反应堆发生扰动，扰动后的中子注量率满足

$$A\phi_{ex} = S \tag{13.50}$$

与 13.4 节相同，本节的主要任务是在不求解 ϕ_{ex} 的前提下获得反应率：

$$R\{\phi_{ex}\} = \langle \Sigma\phi_{ex}\rangle \tag{13.51}$$

微扰理论对反应率的估计 $R_{pert}\{\phi_0\} = \langle \Sigma\phi_0\rangle + O(\delta\phi)$ 仅仅是因扰动引起的中子注量率变化的零阶精度。

定义共轭函数 ϕ_{R0}^+ 为

$$A^+\phi_{R0}^+ = \Sigma \tag{13.52}$$

由此可得变分理论对反应率的估计为

$$R_{var}\{\phi_0,\phi_{R0}^+\} = \langle \Sigma\phi_0\rangle - \langle \phi_{R0}^+,(S - A_0\phi_0)\rangle \tag{13.53}$$

该估计与扰动后核反应堆内反应率的精确值之间相差一个二阶项：

$$R_{ex}\{\phi_{ex}\} - R_{var}\{\phi_0,\phi_{R0}^+\} = O(\delta\phi\delta\phi_R^+) \tag{13.54}$$

其中，当方程(13.52)中 $A\to A_0$ 时可得 ϕ_{R0}^+。

由共轭算子的定义可知：

$$\langle \Sigma\phi\rangle = \langle A^+\phi_R^+,\phi\rangle = \langle \phi_R^+,A\phi\rangle = \langle \phi_R^+S\rangle \tag{13.55}$$

这表明源分布 S 与广义共轭函数 ϕ_R^+ 的乘积在整个核反应堆体积内积分可得反应率。这一结

果表明,广义共轭函数 ϕ_R^+ 可认为是源中子对反应率的价值(权重)函数。

13.6 变分理论

13.6.1 不动点

本章前几节利用变分泛函已经建立了变分或者广义微扰理论。采用控制方程的精确解计算变分泛函可获得所求物理量(如反应性价值,反应率)的精确值;采用控制方程的近似解或者近似控制方程的精确解计算变分泛函可获得所求物理量的近似解,而且该近似解通常具有二阶精度。换句话说,当采用近似解计算变分泛函时,近似解与精确解之间的一阶变分项均为0。变分泛函的这一特性可表述为变分泛函在控制方程精确解处是不动的(一阶变化项消失)。使变分泛函不动的函数称为不动点函数。这意味着,若两个不同函数的差别趋于无穷小,而且其中一个函数满足准确的控制方程(变分函数的不动点函数),那么这两个函数使变分泛函具有相同的值。

各种极小值原理通常可采用变分泛函进行表述,而且变分泛函最小化特性是不动点原理(条件)的一种表现形式。由极小值原理或最小变分泛函可知,当计算中采用的函数在 $\delta\phi^2$ 量级上不同于不动点函数时,变分泛函的值均将变大;当计算中采用的函数完全偏离不动点函数时,不动点泛函的值可能大于或小于不动点的值。

13.6.2 鲁索普洛斯变分泛函

若方程(13.53)描述的变分泛函表示成更加通用的形式,它即为鲁索普洛斯泛函:

$$R_{\text{var}}\{\phi,\phi_R^+\} = \langle \Sigma\phi \rangle - \langle \phi_R^+, (A\phi - S) \rangle \tag{13.56}$$

该变分泛函的不动点条件可表示为

$$\begin{aligned}\delta R_{\text{var}} &\equiv R_{\text{var}}\{\phi+\delta\phi,\phi_R^+ + \delta\phi_R^+\} - R_{\text{var}}\{\phi,\phi_R^+\} \\ &= \langle \Sigma\delta\phi \rangle - \langle \delta\phi_R^+ (A\phi - S) \rangle + \langle A^+\phi_R^+, \delta\phi \rangle = 0\end{aligned} \tag{13.57}$$

对于任意独立的变分 $\delta\phi$ 和 $\delta\phi_R^+$,上式要求:

$$\delta\phi: \Sigma - A^+\phi_{Rs}^+ = 0 \tag{13.58a}$$

$$\delta\phi_R^+: S - A\phi_s = 0 \tag{13.58b}$$

其中,下表 s 表示其为不动点处的解。当采用不动点处的解计算方程(13.56)时,变分泛函可获得精确解 $\langle \Sigma\phi_s \rangle$。当采用近似函数或试验函数 $\phi = \phi_s + \delta\phi$ 和 $\phi_R^+ = \phi_{Rs}^+ + \delta\phi_R^+$ 计算方程(13.56)时,所得的结果不同于精确解,但具有 $\delta\phi\delta\phi_R^+$ 同阶的精度。

13.6.3 施温格变分泛函

在估计反应率时,方程(13.56)或方程(13.53)对试验函数的范数非常敏感。变分泛函的不动点原理可用于选择最佳的范数。定义两个函数 $\chi^+ = c^+\phi_R^+$ 和 $\chi = c\phi$,并将其代入方程(13.56)定义的变分泛函。对于任意独立的变分 δc^+ 和 δc,其不动点条件为

$$\delta R_{\text{var}} = \langle \Sigma\phi \rangle \delta c + \langle \phi_R^+, (S - Ac\phi) \rangle \delta c^+ - \langle A^+ c^+ \phi_R^+, \phi \rangle \delta c = 0 \tag{13.59}$$

由方程(13.59)可知,任意的 δc^+ 和 δc 须满足

$$\begin{cases} c^{+}=\dfrac{\langle\Sigma\phi\rangle}{\langle\phi_R^{+},A\phi\rangle} \\ c=\dfrac{\langle\phi_R^{+}S\rangle}{\langle\phi_R^{+},A\phi\rangle} \end{cases} \tag{13.60}$$

将方程(13.60)定义的范数代入方程(13.56)可得与鲁索普洛斯变分泛函等价的施温格变分原理(变分泛函):

$$J\{\phi,\phi_R^{+}\}=\frac{\langle\Sigma\phi\rangle\langle\phi_R^{+}S\rangle}{\langle\phi_R^{+},A\phi\rangle} \tag{13.61}$$

而且,方程(13.61)的值与实验函数的范数无关。

13.6.4 瑞利商

对于临界核反应堆的特征值问题,其输运方程和共轭方程分别为

$$(A-\lambda F)\phi=0,\quad (A^{+}-\lambda F^{+})\phi^{+}=0 \tag{13.62}$$

其瑞利商是其特征值的变分泛函:

$$\lambda\{\phi^{+},\phi\}=\frac{\langle\phi^{+},A\phi\rangle}{\langle\phi^{+},F\phi\rangle} \tag{13.63}$$

当方程组(13.62)的第一个方程的精确解用于计算方程(13.63)时,方程(13.63)的值为特征值的精确解。对于任意独立的变分 $\delta\phi^{+}$ 和 $\delta\phi$,若要求瑞利商的一阶变分为0,即

$$\delta\lambda=\frac{\langle\delta\phi^{+},A\phi\rangle+\langle\phi^{+},A\delta\phi\rangle}{\langle\phi^{+},F\phi\rangle}-\frac{\langle\phi^{+},A\phi\rangle}{\langle\phi^{+},F\phi\rangle}\frac{\langle\delta\phi^{+},F\phi\rangle+\langle\phi^{+},F\delta\phi\rangle}{\langle\phi^{+},F\phi\rangle}=0 \tag{13.64}$$

那么不动点函数 ϕ_s 和 ϕ_s^{+} 须满足方程组(13.62)。

13.6.5 构建变分泛函的流程

虽然试算法是构建变分泛函的常用方法,但是仍然可利用一个系统流程来实现变分泛函的构建。基本过程:首先,利用控制方程与一些函数(如 ϕ^{+} 和 Γ^{+})的内积获得所需的物理量;其次,利用不动点原理(条件)确定函数 ϕ^{+} 和 Γ^{+} 须满足的方程。例如,假设需要估计由方程 $A\phi=S$ 确定的 ϕ 及其 $\langle\Sigma\phi\rangle$,那么可利用方程(13.56)构建鲁索普洛斯变分泛函

$$R_{\text{var}}\{\phi^{+},\phi\}=\langle\Sigma\phi\rangle-\langle\phi^{+},(S-A\phi)\rangle$$

并且利用不动点原理获得 ϕ^{+} 须满足的方程 $A^{+}\phi^{+}=\Sigma$。假设需要估计从 $(A_0-\lambda_0F_0)\phi_0=0$ 到 $(A-\lambda F)\phi=0$ 过程中因 ΔF 和 ΔA 引起的反应性价值 $\langle\phi_0^{+},(\lambda_0\Delta F-\Delta A)\phi\rangle/\langle\phi_0^{+},F\phi\rangle$,那么可利用方程(13.29)构建变分泛函 $\rho_{\text{var}}\{\phi_0^{+},\phi,\Gamma^{+}\}=\langle\phi_0^{+},(\lambda_0\Delta F-\Delta A)\phi\rangle/\langle\phi_0^{+},F\phi\rangle[1-\langle\Gamma^{+},(A-\lambda F)\phi\rangle]$

13.7 中等宽度共振积分的变分估计

中子在由共振吸收剂和慢化剂(m)组成的介质内的弹性慢化过程满足

$$[\sigma_{\text{m}}+\sigma(u)]\phi(u)=\int_{u-\Delta_{\text{m}}}^{u}\frac{e^{u'-u}}{1-\alpha_{\text{m}}}\sigma_{\text{m}}\phi(u')\mathrm{d}u'+\int_{u-\Delta}^{u}\frac{e^{u'-u}}{1-\alpha}\sigma_{\text{s}}(u')\phi(u')\mathrm{d}u'$$

$$\approx \sigma_{\mathrm{m}} + \int_{u-\Delta}^{u} \frac{\mathrm{e}^{u'-u}}{1-\alpha} \sigma_{\mathrm{s}}(u') \phi(u') \mathrm{d}u' \tag{13.65}$$

式中:σ_{m}、σ 和 σ_{s} 分别为每个共振吸收剂原子对应慢化剂散射截面、共振吸收介质的总微观截面和散射微观截面。

方程(13.65)已经假设了采用渐进中子注量率计算慢化剂的散射积分,而且假设渐进中子注量率为常数,并设为1。该方程对应方程组(13.58)中的第二个方程。

本节将利用变分法估计共振积分:

$$I = \int \sigma_{\mathrm{a}}(u) \phi(u) \mathrm{d}u = \langle \sigma_{\mathrm{a}} \phi \rangle \tag{13.66}$$

式中:< · >表示对勒的积分。

根据共轭算子的定义(方程(13.14)),该问题的共轭方程(对应于方程组(13.58)的第一个方程)为

$$[\sigma_{\mathrm{m}} + \sigma(u)] \phi_R^+(u) - \int_{u-\Delta}^{u} \frac{\mathrm{e}^{u-u'}}{1-\alpha} \sigma_{\mathrm{s}}(u') \phi_R^+(u') \mathrm{d}u' = \sigma_{\mathrm{a}}(u) \tag{13.67}$$

而且,相应的施温格变分泛函为

$$\begin{aligned} J\{\phi, \phi_R^+\} &= \frac{\langle \Sigma\phi \rangle \langle \phi_R^+ S \rangle}{\langle \phi_R^+, A\phi \rangle} \\ &= \frac{\left[\int_0^\infty \sigma_{\mathrm{a}}(u) \phi(u) \mathrm{d}u\right] \left[\int_0^\infty \sigma_{\mathrm{m}} \phi_R^+(u) \mathrm{d}u\right]}{\int_0^\infty \phi_R^+(u) \left\{[\sigma_{\mathrm{m}} + \sigma(u)] \phi(u) - \int_{u-\Delta}^{u} [\mathrm{e}^{u'-u}/(1-\alpha)] \sigma_{\mathrm{s}}(u') \phi(u') \mathrm{d}u'\right\} \mathrm{d}u} \end{aligned} \tag{13.68}$$

第4章中介绍的窄共振和宽共振近似下的中子注量率分别为

$$\begin{cases} \phi_{\mathrm{NR}}(u) = \dfrac{\sigma_{\mathrm{m}} + \sigma_{\mathrm{p}}}{\sigma_{\mathrm{m}} + \sigma(u)} \\ \phi_{\mathrm{WR}}(u) = \dfrac{\sigma_{\mathrm{m}}}{\sigma_{\mathrm{m}} + \sigma_{\mathrm{a}}(u)} \end{cases} \tag{13.69}$$

式中:σ_{p} 为共振吸收剂的背景散射截面。

对于方程(13.67),采用推导方程(13.69)时相似的近似可得相应的近似共轭函数。对于宽共振吸收近似,$\sigma_{\mathrm{s}}\phi_R^+$ 在整个散射区间内近似保持不变,因而

$$\phi_{\mathrm{WR}}^+(u) = \frac{\sigma_{\mathrm{a}}(u)}{\sigma_{\mathrm{m}} + \sigma_{\mathrm{a}}(u)} \tag{13.70}$$

在窄共振近似下,非共振区的 $\sigma_{\mathrm{s}}\phi_R^+$ 公式可用于计算散射积分,因而

$$\phi_{\mathrm{NR}}^+(u) = \frac{\sigma_{\mathrm{a}}(u)}{\sigma_{\mathrm{m}}} \frac{\sigma_{\mathrm{m}} + \sigma_{\mathrm{p}}}{\sigma_{\mathrm{m}} + \sigma(u)} \tag{13.71}$$

这些结果表明,实验函数为

$$\begin{cases} \phi_\lambda(u) = \dfrac{\sigma_{\mathrm{m}} + \lambda\sigma_{\mathrm{p}}}{\sigma_{\mathrm{m}} + \sigma_{\mathrm{a}}(u) + \lambda\sigma_{\mathrm{s}}(u)} \\ \phi_k^+(u) = \dfrac{\sigma_{\mathrm{m}} + \kappa\sigma_{\mathrm{p}}}{\sigma_{\mathrm{m}}} \dfrac{\sigma_{\mathrm{a}}(u)}{\sigma_{\mathrm{m}} + \sigma_{\mathrm{a}}(u) + \kappa\sigma_{\mathrm{s}}(u)} \end{cases} \tag{13.72}$$

其中,实验函数包含任意常数 λ 和 κ。将方程(13.72)代入方程(13.68)并要求任意独立的变分 $\delta\lambda$ 和 $\delta\kappa$ 满足不动点原理即可确定这两个常数。这意味着,须求解关于 $\chi_{\kappa\lambda}$ 和 $Y_{\kappa\lambda}$ 的两个超越方程:

$$\begin{cases}\lambda = \dfrac{\chi_{\kappa\lambda}^2}{1+\chi_{\kappa\lambda}^2} \\ \beta_\kappa = \beta_\lambda \dfrac{1+2\sigma_{\mathrm{p}}(1-Y_{\kappa\lambda})}{\sigma_{\mathrm{m}}}\end{cases} \tag{13.73}$$

式中

$$\begin{cases}\beta_i^2 = 1 + \dfrac{\sigma_0}{\sigma_{\mathrm{m}}+\mathrm{i}\sigma_{\mathrm{p}}}\dfrac{\Gamma_\gamma + \mathrm{i}\Gamma_n}{\Gamma}, \quad i=\lambda,\kappa,0,1 \\ \chi_{\kappa\lambda} = \dfrac{2E_0(1-\alpha)}{\Gamma(\beta_\kappa+\beta_\lambda)} \\ Y_{\kappa\lambda} = \arctan(\chi_{\kappa\lambda}/\chi_{\lambda\kappa})\end{cases} \tag{13.74}$$

其中:Γ 为共振宽度;σ_0、E_0 分别为共振的峰值截面及其发生处的能量。

共振积分的变分估计为

$$J\{\phi_\lambda,\phi_\kappa^+\} = \frac{\pi\sigma_0\Gamma_\gamma/2E_0}{\beta_\lambda + [(\sigma_{\mathrm{m}}+\sigma_{\mathrm{p}})(\beta_1^2-\beta_0^2)/(\sigma_{\mathrm{m}}+\lambda\sigma_{\mathrm{p}})(\beta_\kappa+\beta_\lambda)](1-\lambda-Y_{\kappa\lambda})} \tag{13.75}$$

计算表明,该变分估计对中等宽度共振的共振积分的估计比窄共振近似或宽共振近似均具有更高的精度。

13.8　非均匀反应性效应

本节以非均匀栅格的反应性效应作为应用瑞利商的一个例子。由基于积分输运理论的碰撞概率方法(如方程(12.100))可知,非均匀栅格内的多群中子注量率分布满足如下方程:

$$\mu_{\mathrm{t}}^{ng}\phi_n^g = \sum_{g'n'} P_{n'n}^g(\mu_{\mathrm{s}}^{n'g'\to g} + \lambda\nu\mu_{\mathrm{f}}^{n'g'}\chi^g)\phi_n^{g'}$$
$$(n,n' = 1,\cdots,N;g,g' = 1,\cdots,G)$$

其相应的共轭方程为

$$\mu_{\mathrm{t}}^{ng}\phi_n^{+g} = \sum_{g'n'} P_{nn'}^{g'}(\mu_{\mathrm{s}}^{n'g\to g'} + \lambda\nu\mu_{\mathrm{f}}^{ng}\chi^{g'})\phi_n^{+g'}$$
$$(n,n' = 1,\cdots,N;g,g' = 1,\cdots,G) \tag{13.76}$$

式中:n、g 分别表示该非均匀栅格的空间区域和能群;$P_{n'n}^g$ 为在区域 n' 内第 g 群的一个中在区域 n 内经历一下次碰撞的概率;μ^{ng} 为在区域 n 内第 g 群中子的截面与区域 n 的相对大小(该区域的体积与所有区域的总体积之比)的乘积。

由方程(13.63)可知,其瑞利商为

$$\lambda\{\phi^+,\phi\} = \frac{\sum\limits_{gn}\phi_n^{+g}(\mu_{\mathrm{t}}^{ng}\phi_n^g - \sum\limits_{g'n'}P_{n'n}^g\mu_{\mathrm{s}}^{n'g'\to g}\phi_{n'}^{g'})}{\sum\limits_{gn}\phi_n^{+g}\chi^g\sum\limits_{g'n'}P_{n'n}^{g'}\nu\mu_{\mathrm{f}}^{n'g'}\phi_{n'}^{g'}} \tag{13.77}$$

方程(13.77)具有各种用途,例如,采用近似的中子注量率和共轭中子注量率(甚至可以是均匀模型)为实验函数计算方程(13.77)可得高精度的非均匀栅格的无限增殖系数。

13.9 近似方程的变分推导

当不动点函数 ϕ_s 使变分泛函的一阶变分为0时,变分泛函必处于不动点处;若以控制方程能满足不动点条件为依据构建变分泛函,那么不动点函数 ϕ_s 必满足 ϕ 的控制方程。这两个叙述是等价的。因此,正如粒子动力学方程可等价地表述为哈密顿函数一样,核反应堆物理的控制方程可以等价地表述为不动点的变分泛函。例如,函数 ϕ_s^+ 和 ϕ_s 使方程(13.63)定义的瑞利商处于不动点这一表述与 ϕ_s^+ 和 ϕ_s 满足方程(13.62)及其相应边界条件这一表述是完全等价的。这种等价性为核反应堆物理相关近似方程的变分推导提供了理论基础。

例如,二维单群扩散方程为

$$-\frac{\partial}{\partial x}\left[D(x,y)\frac{\partial\phi(x,y)}{\partial x}\right]-\frac{\partial}{\partial y}\left[D(x,y)\frac{\partial\phi(x,y)}{\partial y}\right]+\left[\Sigma_a(x,y)-\frac{\nu\Sigma_f(x,y)}{k}\right]\phi(x,y)=0 \tag{13.78}$$

一个等价的变分表述为如下的变分泛函满足不动点条件:

$$F\{\phi^+,\phi\}=\int\phi^+(x,y)\left[-\frac{\partial}{\partial x}D\frac{\partial\phi}{\partial x}-\frac{\partial}{\partial y}D\frac{\partial\phi}{\partial y}+\left(\Sigma_a-\frac{\nu\Sigma_f}{k}\right)\phi\right]\mathrm{d}x\mathrm{d}y \tag{13.79}$$

由于单群扩散方程是自共轭的,因而由一个已知的函数 $\phi_y(y)$(可通过一维计算获得)和一个未知的函数 $\phi_x(x)$ 可构建一个分离变量解:

$$\phi^+(x,y)=\phi(x,y)=\phi_x(x)\phi_y(y) \tag{13.80}$$

将方程(13.80)代入方程(13.79),并要求任意变分 $\delta\phi_x$ 满足不动点条件(由于 ϕ_y 是已知的,那么它不再是任意的函数),由此可得未知函数 $\phi_x(x)$ 的一维方程:

$$-\frac{\mathrm{d}}{\mathrm{d}x}\left[D_x(x)\frac{\mathrm{d}\phi_x(x)}{\mathrm{d}x}\right]+\left[\Sigma_{Rx}(x)+D_x(x)B_g^2(x)-\frac{\nu\Sigma_{fx}}{k}\right]\phi_x(x)=0 \tag{13.81}$$

其中,与 y 无关的常数定义如下:

$$\begin{cases}D_x(x)\equiv\int\phi_y^2(y)D(x,y)\mathrm{d}y\\ D_x(x)B_g^2(x)\equiv-\int\frac{\partial}{\partial y}\left[D(x,y)\frac{\partial\phi_y(y)}{\partial y}\right]\phi_y(y)\mathrm{d}y\\ \Sigma_x(x)\equiv\int\phi_y^2(y)\Sigma(x,y)\mathrm{d}y\end{cases} \tag{13.82}$$

该方法称为变分综合法。关于变分综合法更加详细的介绍参见第15章。

13.9.1 界面和边界条件的并入

在推导方程(13.81)和方程(13.82)过程中,假设已知函数 $\phi_y(y)$ 是 y 的连续函数,这意味着试验函数的近似函数也必须是 y 的连续函数。若修改变分泛函以便不仅方程(13.78)满足不动点条件,而且在界面 $y = y_i$ 处的中子注量率和中子流密度是连续的,那么可取消函数 $\phi_y(y)$ 须连续的这一限制。修改后的变分泛函为

$$F_{\mathrm{dis}}\{\phi^+,\phi\} = \int \phi^+(x,y)\left[-\frac{\partial}{\partial x}\left(D\frac{\partial\phi}{\partial x}\right)-\frac{\partial}{\partial y}\left(D\frac{\partial\phi}{\partial y}\right)+\left(\Sigma_a-\frac{\nu\Sigma_f}{k}\right)\phi\right]\mathrm{d}x\mathrm{d}y + \int \phi_i^+(x,y_i)\left[\phi(x,y_i+\varepsilon)-\phi(x,y_i-\varepsilon)\right]\mathrm{d}x + \int J_i^+(x,y_i)\left[-D(x,y_i+\varepsilon)\frac{\partial\phi(x,y_i+\varepsilon)}{\partial y}+D(x,y_i-\varepsilon)\frac{\partial\phi(x,y_i-\varepsilon)}{\partial y}\right]\mathrm{d}x \tag{13.83}$$

若要求任意独立的变分 $\delta\phi_x$ 在整个空间内和变分 $\delta\phi_i^+$ 和 δJ_i^+ 在界面 $y = y_i$ 处满足不动点条件,那么方程(13.78)除了在界面处之外的其他整个空间内成立,而且在界面上的中子注量率和中子流密度须满足如下的连续性条件:

$$\begin{cases}\phi(x,y_i+\varepsilon)=\phi(x,y_i-\varepsilon)\\ -D(x,y_i+\varepsilon)\dfrac{\partial\phi(x,y_i+\varepsilon)}{\partial y} = -D(x,y_i-\varepsilon)\dfrac{\partial\phi(x,y_i-\varepsilon)}{\partial y}\end{cases} \tag{13.84}$$

利用相似的方法可将边界条件并入变分泛函,这意味着变分泛函可接受不满足边界条件的试验函数。

界面条件和边界条件的并入对推导综合法和节块法是非常重要的。13.11 节和第 15 章将对其进行更加详细的分析。

13.10　偶对称输运方程的变分近似

13.10.1　偶对称输运方程的变分原理

当散射和中子源是各向同性的时,9.11 节介绍的偶对称形式输运方程是比较方便的近似输运方程。角中子注量率的偶对称分量是自共轭的,它的变分泛函为

$$J\{\psi^+,\phi\} = \int_V\left\{\int\left[\frac{1}{\Sigma}(\boldsymbol{\Omega}\cdot\nabla\psi^+)^2+\Sigma_t(\psi^+)^2\right]\mathrm{d}\boldsymbol{\Omega}-\Sigma_s\phi^2-2\phi S\right\}\mathrm{d}\boldsymbol{r} + \int_S\mathrm{d}s\int|\boldsymbol{n}\cdot\boldsymbol{\Omega}|[\psi^+(\boldsymbol{r}_s)]^2\mathrm{d}\boldsymbol{\Omega} \tag{13.85}$$

其中,为了符号的简便,角中子注量率随$(\boldsymbol{r},\boldsymbol{\Omega})$变化不再进行显式的表示;两个积分分别是对整个体积 V 及其表面 S 的积分;$\boldsymbol{n}$ 为表面的外法向单位矢量。需要注意的是,ψ^+ 仅仅是角中子注量率的偶对称分量,而不是它的共轭函数。泛函 J 对任意但非独立(由于 ϕ 与 ψ^+ 有关)变分 $\delta\psi^+$ 和 $\delta\phi$ 关于参考函数 ψ_0^+ 和 ϕ_0 的变分可得

$$\begin{aligned}\delta J &\equiv J\{\psi_0^+ + \delta\psi^+,\phi+\delta\phi\} - J\{\psi_0^+,\phi\}\\ &= 2\int_V\mathrm{d}\boldsymbol{r}\int\left[\frac{1}{\Sigma(r)}(\boldsymbol{\Omega}\cdot\nabla\delta\psi^+)(\boldsymbol{\Omega}\cdot\nabla\psi_0^+)+\Sigma_t\psi_0^+\delta\psi^+-\delta\phi(\Sigma_s\phi_0+S)\right]\mathrm{d}\boldsymbol{\Omega} +\\ &\quad 2\int_S\mathrm{d}s\int|\boldsymbol{n}_s\cdot\boldsymbol{\Omega}|\psi_0^+\delta\psi^+\,\mathrm{d}\boldsymbol{\Omega}+O((\delta\psi^+)^2,(\delta\phi)^2)\end{aligned}$$

$$= 2\int_V d\boldsymbol{r}\int\delta\psi^+\left[-\boldsymbol{\Omega}\cdot\nabla\left(\frac{1}{\Sigma_t}\boldsymbol{\Omega}\cdot\nabla\delta\psi_0^+\right)+\Sigma_t\psi_0^+-\Sigma_s\phi_0-S\right]d\boldsymbol{\Omega}+$$

$$2\int_S ds\int\left[|\boldsymbol{n}_s\cdot\boldsymbol{\Omega}|\psi_0^+ + \boldsymbol{n}\cdot\boldsymbol{\Omega}\left(\frac{1}{\Sigma_t}\Omega\cdot\nabla\delta\psi_0^+\right)\right]\delta\psi^+ d\boldsymbol{\Omega}+O((\delta\psi^+)^2) \tag{13.86}$$

其中,为了得到最终形式,在方程推导过程中已经利用了分部积分和散度定理。对于任意独立的变分 $\delta\psi^+$,要求方程(13.86)中对体积和表面的积分为0可得 ψ_0^+ 和 ϕ_0 满足的方程即为单群偶对称输运方程:

$$-\boldsymbol{\Omega}\cdot\nabla\left[\frac{1}{\Sigma_t(\boldsymbol{r})}\boldsymbol{\Omega}\cdot\nabla\psi_0^+(\boldsymbol{r},\boldsymbol{\Omega})\right]+\Sigma_t(\boldsymbol{r})\psi_0^+(\boldsymbol{r},\boldsymbol{\Omega})-\Sigma_s(\boldsymbol{r})\phi_0(\boldsymbol{r})-S(\boldsymbol{r})=0 \tag{13.87}$$

和角中子注量率的偶对称分量须满足的真空边界条件:

$$\begin{cases}\boldsymbol{\Omega}\cdot\nabla\psi^+(\boldsymbol{r}_s,\boldsymbol{\Omega})+\Sigma_t(\boldsymbol{r}_s)\psi^+(\boldsymbol{r}_s,\boldsymbol{\Omega})=0, & \boldsymbol{n}_s\cdot\boldsymbol{\Omega}>0\\ \boldsymbol{\Omega}\cdot\nabla\psi^+(\boldsymbol{r}_s,\boldsymbol{\Omega})-\Sigma_t(\boldsymbol{r}_s)\psi^+(\boldsymbol{r}_s,\boldsymbol{\Omega})=0, & \boldsymbol{n}_s\cdot\boldsymbol{\Omega}<0\end{cases} \tag{13.88}$$

13.10.2 Ritz 方法

Ritz 方法是一种通过结合一些近似解以构建更好的近似解的方法,其中,用于构建新的近似解的每一个近似解可能代表了精确解的一些特征。例如,利用已知函数 $\chi_i(\boldsymbol{r},\boldsymbol{\Omega})$ 对角中子注量率的偶对称分量进行展开以获得更好的近似解:

$$\psi^+(\boldsymbol{r},\boldsymbol{\Omega})\approx\sum_i a_i\chi_i(\boldsymbol{r},\boldsymbol{\Omega}) \tag{13.89}$$

Ritz 方法的一般过程如下:

首先,将展开式(如方程(13.89))代入变分泛函(如方程(13.85))。

其次,要求任意独立的变分满足不动点原理(一阶变分为0):

$$\delta J\{\boldsymbol{a}\}=0=2\delta\boldsymbol{a}^{\mathrm{T}}[\boldsymbol{A}\boldsymbol{a}-\boldsymbol{S}] \tag{13.90}$$

式中:$\boldsymbol{a}$ 为关于 a_i 的列矢量;$\boldsymbol{a}^{\mathrm{T}}$ 为转置后形成的行矢量;矩阵 $\boldsymbol{A}$ 为

$$A_{ij}=\int_V\left\{\int\left[\frac{1}{\Sigma_t}(\boldsymbol{\Omega}\cdot\nabla\chi_i)(\boldsymbol{\Omega}\cdot\nabla\chi_j)+\Sigma_t\chi_i\chi_j\right]d\boldsymbol{\Omega}-\Sigma_s\int\chi_i d\boldsymbol{\Omega}'\int\chi_j d\boldsymbol{\Omega}\right\}d\boldsymbol{r}+$$

$$\int_S ds\int|\boldsymbol{n}_s\cdot\boldsymbol{\Omega}|\chi_i\chi_j d\boldsymbol{\Omega} \tag{13.91}$$

和

$$S_i=\int_V d\boldsymbol{r}\int\chi_i S(\boldsymbol{r})d\boldsymbol{\Omega} \tag{13.92}$$

因此,变分原理的不动点条件要求 a_i 为方程(13.93)的解:

$$\boldsymbol{A}\boldsymbol{a}=\boldsymbol{S} \tag{13.93}$$

13.10.3 扩散近似

第9章介绍的扩散近似假设角中子注量率可展开为

$$\psi(\boldsymbol{r},\boldsymbol{\Omega})\approx\phi(\boldsymbol{r})+3\boldsymbol{\Omega}\cdot\boldsymbol{J}(\boldsymbol{r}) \tag{13.94}$$

利用方程(13.94)可得角中子注量率的偶对称分量为中子注量率,即

$$\psi^{+}(\boldsymbol{r},\boldsymbol{\Omega}) \equiv \frac{1}{2}[\psi(\boldsymbol{r},\boldsymbol{\Omega}) + \psi^{+}(\boldsymbol{r},-\boldsymbol{\Omega})] = \phi(\boldsymbol{r}) \tag{13.95}$$

将方程(13.95)代入方程(13.85)定义的变分泛函可得

$$\begin{aligned} J\{\phi\} &= \int_V \mathrm{d}\boldsymbol{r} \int \left[\frac{1}{\Sigma_t} (\boldsymbol{\Omega} \cdot \nabla \phi)^2 + \Sigma_t \phi^2 - \Sigma_s \phi^2 - 2\phi S \right] \mathrm{d}\boldsymbol{\Omega} + \int_S \phi^2 \mathrm{d}s \int |\boldsymbol{n} \cdot \boldsymbol{\Omega}| \mathrm{d}\boldsymbol{\Omega} \\ &= \int_V \left[\frac{1}{3\Sigma_t} (\nabla \phi)^2 + (\Sigma_t - \Sigma_s)\phi^2 - 2\phi S \right] \mathrm{d}\boldsymbol{r} + \frac{1}{2} \int_S \phi^2 \mathrm{d}s \end{aligned} \tag{13.96}$$

任意独立的变分 $\delta\phi$ 在所有体积和表面上满足不动点条件可得方程:

$$-\nabla \cdot \left[\frac{1}{3\Sigma_t(\boldsymbol{r})} \nabla \phi_0(\boldsymbol{r}) \right] + [\Sigma_t(\boldsymbol{r}) - \Sigma_s(\boldsymbol{r})]\phi_0(\boldsymbol{r}) = S(\boldsymbol{r}) \tag{13.97}$$

和边界条件:

$$-\frac{2}{3\Sigma_t(\boldsymbol{r}_s)} \boldsymbol{n}_s \cdot \nabla \phi_0(\boldsymbol{r}_s) + \phi_0(\boldsymbol{r}_s) = 0 \tag{13.98}$$

方程(13.97)与其他的扩散方程的不同之处在于其第一项中包含 Σ_t^{-1} 而不是 $[\Sigma_t - \mu_0 \Sigma_s]^{-1}$。若忽略各向异性散射,即当 $\mu_0 \to 0$ 时,该方程与其他的扩散方程是完全相同的。方程(13.98)要求在核反应堆的外推边界(实际边界外推 $2/3\Sigma_t$)上的中子注量率为 0,这与第 9 章中由 P_1 理论得到的结果是一致的。

13.10.4　一维平板上的输运方程

对于位于 $x=0$ 至 $x=a$ 范围内的一维平板,方程(13.85)定义的变分泛函可写为

$$\begin{aligned} J\{\psi^{+}\} = &\int_0^a \left\{ \int_{-1}^{1} \frac{1}{2} \left[\frac{\mu^2}{\Sigma_t} \left(\frac{\partial \psi^{+}}{\partial x} \right) + \Sigma_t (\psi^{+})^2 \right] \mathrm{d}\mu - \Sigma_s \phi^2 - 2\phi S \right\} \mathrm{d}x + \\ &\int_{-1}^{1} \frac{1}{2} |\mu| (\psi^{+})^2 |_{x=0} \mathrm{d}\mu + \int_{-1}^{1} \frac{1}{2} |\mu| (\psi^{+})^2 |_{x=a} \mathrm{d}\mu \end{aligned} \tag{13.99}$$

要求任意独立的变分 $\delta\psi^{+}$ 在 $0<x<a$ 内和在边界 $x=0$ 和 $x=a$ 上满足不动点条件可得 ψ^{+} 满足的一维输运方程:

$$-\mu^2 \frac{\partial}{\partial x} \left[\frac{1}{\Sigma_t(x)} \frac{\partial}{\partial x} \psi^{+}(x,\mu) \right] + \Sigma_t(x) \psi^{+}(x,\mu) = \Sigma_s(x)\phi(x) + S(x) \tag{13.100}$$

及其 2 个外推的真空边界条件:

$$\begin{cases} \psi^{+}(a,\mu) + \dfrac{1}{\Sigma_t(a)} \dfrac{\partial}{\partial x} \psi^{+}(a,\mu) = 0 \\ \psi^{+}(0,\mu) - \dfrac{1}{\Sigma_t(0)} \dfrac{\partial}{\partial x} \psi^{+}(0,\mu) = 0 \end{cases} \tag{13.101}$$

13.11　边界微扰理论

算子形式的多群扩散方程为

$$A_0(\boldsymbol{r})\phi_0(\boldsymbol{r}) = \lambda_0 F_0(\boldsymbol{r})\phi_0(\boldsymbol{r}) \tag{13.102}$$

其通用的边界条件为

$$a_0 \boldsymbol{n} \cdot \phi_0(\boldsymbol{r}_s) + b_0\phi_0(\boldsymbol{r}_s) = 0 \tag{13.103}$$

式中:a_0、b_0 分别为群相关的算子,它们随边界 $\boldsymbol{r}_s$ 的变化而变化。

多群扩散方程(方程(13.102))的共轭方程为

$$A_0^+(\boldsymbol{r})\phi_0^+(\boldsymbol{r}) = \lambda_0 F_0^+(\boldsymbol{r})\phi_0^+(\boldsymbol{r}) \tag{13.104}$$

其中,方程(13.102)和方程(13.104)采用了方程(13.11)或方程(13.14)所定义的共轭算子。扩散算子中的空间导数项进行两次分部积分可得

$$\begin{aligned} & -\int_V \phi_0^{2}(\nabla\cdot D_0\,\nabla\phi_0)\,\mathrm{d}\boldsymbol{r} \\ & = -\int_V \phi_0(\nabla\cdot D_0\,\nabla\phi_0^+)\,\mathrm{d}\boldsymbol{r} - \int_s \boldsymbol{n}\cdot(\phi_0^+ D_0\,\nabla\phi_0 - \phi_0 D_0\,\nabla\phi_0^+)\,\mathrm{d}s \end{aligned} \tag{13.105}$$

利用边界条件(方程(13.103))计算面积分中的 $\boldsymbol{n}\cdot\nabla\phi_0$ 可得共轭边界条件为

$$a_0 \boldsymbol{n} \cdot \nabla\phi_0^+(\boldsymbol{r}_s) + b_0\phi_0^+(\boldsymbol{r}_s) = 0 \tag{13.106}$$

现假设某一扰动使 b_0 变为 $b_0 + b_1$,由此相应的边界条件变为

$$\begin{cases} a_0 \boldsymbol{n}\cdot\nabla\phi^+(\boldsymbol{r}_s) + (b_0 + b_1)\phi^+(\boldsymbol{r}_s) = 0 \\ a_0 \boldsymbol{n}\cdot\nabla\phi(\boldsymbol{r}_s) + (b_0 + b_1)\phi(\boldsymbol{r}_s) = 0 \end{cases} \tag{13.107}$$

其中,$|b_1/b_0| \equiv \varepsilon \ll 1$。由于边界条件的扰动引起中子注量率的变化,受扰动后中子注量率及其相应的特征值满足如下的方程:

$$A_0(\boldsymbol{r})\phi(\boldsymbol{r}) = \lambda F_0(\boldsymbol{r})\phi(\boldsymbol{r}) \tag{13.108}$$

展开扰动后中子注量率及其特征值为

$$\phi = \phi_0 + \phi_1 + \phi_2 + \cdots \tag{13.109}$$

$$\lambda = \lambda_0 + \lambda_1 + \lambda_2 + \cdots \tag{13.110}$$

其中,各项的下标分别表示与小量 $|b_1/b_0| \equiv \varepsilon \ll 1$ 相关的阶次。将方程(13.109)和方程(13.110)代入方程(13.107)和方程(13.108)可得如下不同阶次的微扰理论方程及其相应阶次的边界条件:

ε^0 阶:

$$\begin{cases} A_0(\boldsymbol{r})\phi_0(\boldsymbol{r}) = \lambda_0 F_0(\boldsymbol{r})\phi_0(\boldsymbol{r}) & (13.111) \\ a_0 \boldsymbol{n}\cdot\nabla\phi_0(\boldsymbol{r}_s) + b_0\phi_0(\boldsymbol{r}_s) = 0 & (13.112) \end{cases}$$

ε^1 阶:

$$\begin{cases} [A_0(\boldsymbol{r}) - \lambda_0 F_0(\boldsymbol{r})]\phi_1(\boldsymbol{r}) = \lambda_1 F_0(\boldsymbol{r})\phi_0(\boldsymbol{r}) & (13.113) \\ a_0 \boldsymbol{n}\cdot\nabla\phi_1(\boldsymbol{r}_s) + b_0\phi_1(\boldsymbol{r}_s) + b_1\phi_0(\boldsymbol{r}_s) = 0 & (13.114) \end{cases}$$

ε^2 阶:

$$\begin{cases} [A_0(\boldsymbol{r}) - \lambda_0 F_0(\boldsymbol{r})]\phi_2(\boldsymbol{r}) = \lambda_1 F_0(\boldsymbol{r})\phi_1(\boldsymbol{r}) + \lambda_2 F_0(\boldsymbol{r})\phi_0(\boldsymbol{r}) & (13.115) \\ a_0 \boldsymbol{n}\cdot\nabla\phi_2(\boldsymbol{r}_s) + b_0\phi_2(\boldsymbol{r}_s) + b_1\phi_1(\boldsymbol{r}_s) = 0 & (13.116) \end{cases}$$

方程(13.111)两边同乘以 ϕ_0^+ 并对空间积分并对所有能群求和,可得零阶特征值的估计值为

$$\lambda_0 = \frac{\langle \phi_0^+, A_0\phi_0 \rangle}{\langle \phi_0^+, F_0\phi_0 \rangle} \tag{13.117}$$

方程(13.113)两边同乘以 ϕ_0^+、对空间积分、对所有能群求和、对微分项进行分部积分,并利用边界条件(方程(13.106)和方程(13.114))可得特征值的一阶修正项:

$$\lambda_1 = \frac{\langle \phi_0^+, D_0 a_0^{-1} b_1 \phi_0 \rangle_s}{\langle \phi_0^+, F_0\phi_0 \rangle} \tag{13.118}$$

式中:$\langle \cdot \rangle_s$ 表示对所有表面的积分和对所有能群的求和。

方程(13.115)两边同乘以 ϕ_0^+、对空间积分、对所有能群求和、对微分项进行分部积分,并利用相应的边界条件(方程(13.106)和方程(13.116))可得特征值的二阶修正项:

$$\lambda_2 = -\lambda_1 \frac{\langle \phi_0^+, F_0\phi_1 \rangle}{\langle \phi_0^+, F_0\phi_0 \rangle} + \frac{\langle \phi_0^+, D_0 a_0^{-1} b_1 \phi_1 \rangle_s}{\langle \phi_0^+, F_0\phi_0 \rangle} \tag{13.119}$$

由此可知,微扰理论对特征值具有二阶精度的估计为

$$\begin{aligned}\lambda &\approx \lambda_0 + \lambda_1 + \lambda_2 \\ &= \frac{\langle \phi_0^+, A_0\phi_0 \rangle + (1 - \langle \phi_0^+, F_0\phi_1 \rangle / \langle \phi_0^+, F_0\phi_0 \rangle)\langle \phi_0^+, D_0 a_0^{-1} b_1 \phi_0 \rangle_s + \langle \phi_0^+, D_0 a_0^{-1} b_1 \phi_1 \rangle_s}{\langle \phi_0^+, F_0\phi_0 \rangle}\end{aligned} \tag{13.120}$$

为了计算这个具有二阶精度的估计值,必须在相应边界条件下求解方程(13.104)、方程(13.111)和方程(13.113)。关于 ϕ_0^+ 和 ϕ_0 的这两个方程及其相应的边界条件与边界扰动 b_1 无关。利用方程(13.118),关于 ϕ_1 的方程(13.113)可变为

$$[A_0(\boldsymbol{r}) - \lambda_0 F_0(\boldsymbol{r})]\phi_1(\boldsymbol{r}) = \frac{\langle \phi_0^+, D_0 a_0^{-1} b_1 \phi_0 \rangle_s F_0(\boldsymbol{r})\phi_0(\boldsymbol{r})}{\langle \phi_0^+, F_0\phi_0 \rangle} \tag{13.121}$$

方程(13.121)表明,ϕ_1 的大小与边界上的扰动 b_1 有关。对于一阶微扰理论估计 $\lambda \approx \lambda_0 + \lambda_1$,方程(13.120)中与 ϕ_1 有关的项为 0,这就可避免计算 ϕ_1。

参 考 文 献

[1] W. M. STACEY and J. A. FAVORITE, "Variational Reactivity Estimates," *Joint Int. Conf. Mathematical Methods and Supercomputing for Nuclear, Applications I*, American Nuclear Society. La Grange Park, IL (**1997**), pp. 900 – 909.

[2] K. F. LAURIN-KOVITZ and E. E. LEWIS, "Solution of the Mathematical Adjoint Equations for an Interface Current Nodal Formulation," *Nucl.* Sci. *Eng. 123*, 369 (**1996**).

[3] Y. RONEN, ed., *Uncertainty Analysis*, CRC Press, Boca Raton, FL (**1988**).

[4] A. GANDINI, "Generalized Perturbation Theory (GPT) Methods: A Heuristic Approach," in J. Lewins and M. Becker, eds., *Advances in Nuclear Science and Technology*, Vol. 19, Plenum Press, New York (**1987**).

[5] T. A. TAIWO and A. F. HENRY, "Perturbation Theory Based on a Nodal Model," *Nucl. Sci. Eng. 92*, 34 (**1986**).

[6] M. L. WILLIAMS, "Perturbation Theory for Nuclear Reactor Analysis," in Y. Ronen, ed., *CRC Handbook of Nuclear Reactor Calculations I*, CRC Press, Boca Raton, FL (**1986**).
[7] F. RAHNEMA and G. C. POMRANING, "Boundary Perturbation Theory for Inhomogeneous Transport Equations, " *Nucl.* Sci. *Eng.* 84, 313 (**1983**).
[8] E. W. LARSEN and G. C. POMRANING, "Boundary Perturbation Theory, "*Nucl. Sci. Eng. 77*, 415 (**1981**).
[9] D. G. CACUCI, "Sensitivity Theory for Nonlinear Systems," *J. Math Phys. 22*, 2794 and 2803 (**1981**).
[10] D. G. CACUCI, C. F. WEBER, E. M. OBLOW, and J. H. MARABLE, "Sensitivity Theory for General Systems of Nonlinpar Equations," *Nud. Sci.* Eng. *75*, 88 (**1980**).
[11] M. KOMATA, "Generalized Perturbation Theory Applicable to Reactor Boundary Changes. "Nucl. Sci. *Eng. 64*, 811 (**1977**).
[12] E. GREENSPAN, "Developments in Perturbation Theory," in J. Lewins and M. Becker, eds., *Advances in Nuclear Science and Technology*, Vol. 9, Plenum Press, New York (**1976**).
[13] W. M. STACEY, *Variational Methods in Nuclear Reactor Physics*, Academic Press, New York (**1974**).
[14] W. M. STACEY, "Variational Estimates of Reactivity Worths and Reaction Rate Ratios in Critical Systems, "*Nucl. Sci. Eng 48*, 444 (**1972**).
[15] W. M. STACEY, "Variational Estimates and Generalized Perturbation Theory for Ratios of Linear and Bilinear Functionals, " *J. Math. phys. 13*, 1119 (**1972**).
[16] G. I. BELL and S. GLASSTONE, *Nuclear Reactor Theory*, Van Nostrand Reinhold, New York (**1970**), Chap. 6.
[17] J. DEVOOGHT, "Higher - Order Variational Principles and Iterative Processes, " *Nucl. Sci. Eng. 41*, 399 (**1970**).
[18] A. GANDINI, "A Generalized Perturbation Method for Bilinear Functionals of the Real and Adjoint Neutron Fluxes," *J. Nucl. Energy Part A/B 21*,755 (**1967**).
[19] G. C. POMRANING, "The Calculation of Ratios in Critical Systems," *J. Nucl. Energy Part A/B* 21, 285 (**1967**).
[20] G. C. POMRANING, "Generalized Variational Principles for Reactor Analysis," *Proc. Int. Conf. Utilization of Research Reactors and Mathematics and Computation*, Mexico, D. F. (**1966**), p. 250.
[21] G. C. POMRANING, "Variational Principles for Eigenvalue Equations," *J. Math. Phys. 8*, 149 (**1967**).
[22] G. C. POMRANING, "A Derivation of Variational Principles for Inhomogeneous Equations," *Nucl. Sci. Eng. 29*, 220 (**1967**).
[23] J. LEWINS, "A Variational Principle for Ratios in Critical Systems," *J. Nucl Energy Part A/B 20*, 141 (**1966**).
[24] G. C. POMRANINC. "A Variational Description of Dissipative Processes," *J. Nucl. Energy Part A/B 20*, 617 (**1966**).
[25] J. LEWINS, *Importance: The Adjoint Function*, Pergamon Press, Oxford (**1965**).
[26] L. N. USACHEV, "Perturbation Theory for tire Breeding Ratio and Other Number Ratios Pertaining to Various Reactor Processes," *J. Nucl. Energy Part A/B 18*, 571 (**1964**).
[27] D. S. SELENGUT, *Variational Analysis of Multidimensional Systems*, Hanford Engineering Laboratory report HW-59126 (**1959**).
[28] N. C. FRANCIS, J. C. STEWART, L. S. BOHL, and T. J. KRIEGER, "Variational Solutions of the Transport Equation," *Prog. Nucl. Energy 3*, 360 (**1958**).

习题

13.1 对于厚度为1m的处于临界状态的平板反应堆,试利用单群扩散理论和微扰理论计算其左半侧裂变截面增加0.25%的反应性价值。

13.2 对于一个大型反应堆堆型,试利用两群扩散理论和微扰理论计算热中子吸收截面增加0.5%的反应性价值。其中:第1群,$D = 1.2\text{cm}$,$\Sigma_a = 0.012\text{cm}^{-1}$,$\Sigma^{1\to 2} = 0.018\text{cm}^{-1}$,$\nu\Sigma_f = 0.006\text{cm}^{-1}$;第2群,$D = 0.4\text{cm}$,$\Sigma_a = 0.12\text{cm}^{-1}$,$\nu\Sigma_f = 0.15\text{cm}^{-1}$。

13.3 试证明权重方程(方程(13.17))的每一项与中子输运方程(方程(13.19))相应项在数学上是共轭的。

13.4 试从离散坐标方程和共轭输运方程的离散坐标近似推导临界反应堆的多群离散坐标共轭方程。

13.5　试从中子输运过程的多群离散坐标方程推导微扰理论估计反应性价值的表达式。

13.6　求解无限大介质的中子注量率分布和共轭能量分布。其中：第 1 群，$\Sigma_a = 0.03\text{cm}^{-1}$，$\Sigma^{1\to2} = 0.06\text{cm}^{-1}$，$\nu\Sigma_f = 0.004\text{cm}^{-1}$；第 2 群，$\Sigma_a = 0.031\text{cm}^{-1}$，$\Sigma^{2\to3} = 0.088\text{cm}^{-1}$，$\nu\Sigma_f = 0.018\text{cm}^{-1}$；第 3 群，$\Sigma_a = 0.12\text{cm}^{-1}$，$\nu\Sigma_f = 0.18\text{cm}^{-1}$。

13.7　试证明 $\rho_{var}\{\phi_0^+, \phi, \Gamma_0^+\} = \rho_{var}\{\phi_0^+, \phi_{ex}\} + O(\delta\phi^2, \delta\phi\delta\Gamma)$，其中 $\Gamma_{ex}^+ = \Gamma_0^+ + \delta\Gamma^+$，通过求解方程(13.32)可得 Γ_0^+。

13.8　对于一个临界的平板反应堆，其单群扩散理论相关常数分别为 $D = 1.0\text{cm}$，$\Sigma_a = 0.15\text{cm}^{-1}$，$\nu\Sigma_f = 0.16\text{cm}^{-1}$。计算该反应堆左侧 1/4 处吸收截面变化 1% 时的中子注量率修正函数 Γ_0^+。（提示：Γ_0^+ 与 $\phi_0^+ = \phi_0$ 是正交的，并可利用临界反应堆特征函数的高阶谐波展开 Γ_0^+。）

13.9　利用方程(13.36)所示的变分/广义微扰理论重新计算习题 13.8 的反应性价值。

13.10　试证明 $\text{RR}_{var}\{\phi_0, \Gamma_{R0}^+\} - \text{RR}_{ex}\{\phi_{ex}\} = O(\delta\Gamma_R^+\delta\phi)$。

13.11　对于一个临界的平板裸堆，其单群扩散理论相关常数分别为 $D = 1.0\text{cm}$，$\Sigma_a = 0.15\text{cm}^{-1}$，$\nu\Sigma_f = 0.16\text{cm}^{-1}$。利用方程(13.47)计算该反应堆右侧 1/10 处吸收裂变率比值中的吸收截面变化 1% 时的变分估计值。

13.12　利用瑞利商估计圆柱裸堆的有效增殖系数。其中，$H/D = 1$，$H = 2\text{m}$，单群扩散理论相关常数分别为 $D = 1.0\text{cm}$，$\Sigma_a = 0.15\text{cm}^{-1}$，$\nu\Sigma_f = 0.16\text{cm}^{-1}$。

13.13　在遮窗模型中，习题 13.11 中 Σ_a 变化 10% 足以表示控制棒组的移动。试利用瑞利商计算控制棒组插入一半时的有效增殖系数。在计算中可利用习题 13.11 所得的中子注量率分布及其共轭中子注量率分布。利用直接求解法（如直接求解双区扩散问题）计算控制棒组插入堆芯一半时有效增殖系数，并与其变分估计值进行比较。

13.14　对于均匀非裂变材料平板，其厚度为 50cm，在其左半侧平面内存在均匀快中子源，源强 S_f。试利用直接求解法和施温格变分法求解该反应堆右半侧的热中子吸收率。其中，施温格变分法可基于源强 $1/2S_f$ 的无限大介质构建试验函数。两群参数：快群，$D = 2.0\text{cm}$，$\Sigma_a = 0.006\text{cm}^{-1}$，$\Sigma^{1\to2} = 0.018\text{cm}^{-1}$；热群，$D = 0.4\text{cm}$，$\Sigma_a = 0.12\text{cm}^{-1}$。

13.15　试基于多群扩散理论重新推导 13.3 节的变分/广义微扰理论。

13.16　试讨论方程(13.55)如何能用于计算当地探测器对距离其一定距离的点源的响应，若已知点源附近的共轭函数。

13.17　试推导方程(13.81)所示的变分综合近似。

13.18　试证明方程(13.83)所示的变分泛函的不动点原理要求扩散方程成立，而且中子注量率和中子流密度在界面 $y = y_i$ 处是连续的。

13.19　利用方程(13.99)所示的泛函的不动点原理要求方程(13.100)及其相应的边界条件方程(13.101)成立。

13.20　对于厚度为 $2a$ 的均匀平板反应堆，其两侧边界满足零中子注量率条件，更具体地说，$x = 0$ 处满足零中子注量率条件和 $x = a$ 处满足对称边界条件 $\hat{n}\cdot\nabla\phi = 0$ 的平板。当 $x = a$ 处的对称边界条件变为 $\hat{n}\cdot\nabla\phi + b_1\phi = 0$ 时，试利用边界微扰理论推导估计特征值 λ_1 变化的表达式。

13.21　在处于临界状态的均匀平板反应堆内，由单群理论可知，10% 的中子从反应堆内泄漏,剩余的90%被吸收。试利用微扰理论估计该反应堆右半侧吸收截面变化5%的反应性价值。试分析不考虑吸收截面变化引起中子注量率变化时所引起的误差。因为该误差的存在,微扰理论估计的反应性价值是偏低还是偏高?在不计算中子注量率变化的前提下,如何包含中子注量率变化对反应性价值的影响?

第14章 均匀化

核反应堆堆芯通常由大量的燃料组件构成,每一个燃料组件又包含大量相互分隔的具有不同成分的燃料元件。而且,每一个燃料组件由燃料棒、包壳、冷却剂、结构材料、可燃毒、水通道、控制棒等成千上万个相互分隔的非均匀区域组成。大部分广泛用于临界计算和全堆芯中子注量率计算的方法(特别是扩散理论)常适用于较大的(相对于平均自由程)均匀介质。在前几章中介绍的如超精细能谱计算、慢化过程中的中子扩散计算等,可将不同材料属性的非均匀栅格等效成均匀混合物的各种方法均可归入均匀化理论。非均匀燃料组件的均匀化过程一般包括两个步骤:第一步是利用输运理论对单位栅元或燃料组件进行栅格输运计算以获取详细的非均匀介质内的中子注量率分布;第二步是利用第一步获得的中子注量率分布计算单位栅元或燃料组件平均的均匀截面。

核反应堆分析通常先进行局部结构非常详细的能量和空间的输运计算以获取能量和空间平均的少群截面,然后利用这些截面进行全堆芯的少群扩散计算。例如,对于热中子核反应堆,首先对由燃料、包壳、冷却剂和其他结构组成的燃料棒栅元进行输运计算(通常采用20~100个能量群)以获得6~20群经其几何形状与20~100群精细群能谱平均的中间群截面。对于燃料组件及其周围的水隙和控制棒,通常需要一些不同的燃料棒栅元计算。然后,针对某个特定的燃料组件,构建能代表该燃料组件内所有的燃料棒、控制棒、水隙等的组件模型,并对其进行中间群组件输运计算。中间群输运计算通常需要足够精细的能群以包含不同成分的燃料元件、控制棒、水隙等对能谱的影响。整个核反应堆的计算通常需要一些不同的中间群组件计算;若再考虑运行温度、燃耗和空泡份额等的不同,通常须进行大量的中间群组件计算。最后,中间群组件输运计算的结果根据组件几何形状和中间群能谱进行平均以获得2~6群的均匀化少群组件截面;利用这些少群截面可进行全堆芯的临界计算和中子注量率的计算。

本书前几章中已经陆续地介绍了由精细群能谱或者中间群能谱并群获得少群截面的方法。本章主要介绍对空间(组件的几何形状)的平均方法以获得空间均匀化截面。本章也将介绍扩散理论不适用区域(如控制棒)的有效扩散截面生成方法。

14.1 等效的均匀化截面

本节以一个由燃料元件(体积为 V_F)和慢化剂元件(体积为 V_M)组成的阵列为例介绍通用的均匀化问题。对于这样的栅元阵列,燃料-慢化剂单位栅元的平均吸收截面为

$$\langle \Sigma_a \rangle_{cell} = \frac{\Sigma_a^F \phi_F V_F + \Sigma_a^M \phi_M V_M}{\phi_F V_F + \phi_M V_M} = \frac{\Sigma_a^F + \Sigma_a^M (V_M/V_F)\xi}{1 + (V_M/V_F)\xi} \tag{14.1}$$

式中:ϕ_F 和 ϕ_M 分别为燃料和慢化剂内的平均中子注量率;注量率不利因子定义为

$$\xi \equiv \frac{\phi_M}{\phi_F} \tag{14.2}$$

等效的基本原理要求均匀化的平均吸收截面乘以栅元精确的中子注量率和栅元的体积应等于该栅元精确的吸收率:

$$\langle \Sigma_a \rangle_{cell} \phi_{cell} V_{cell} \equiv \Sigma_a^F \phi_F V_F + \Sigma_a^M \phi_M V_M \tag{14.3}$$

其中,栅元精确的中子注量率可定义为

$$\phi_{cell} = \frac{\phi_F V_F + \phi_M V_M}{V_F + V_M} \equiv \frac{\phi_F V_F + \phi_M V_M}{V_{cell}} \tag{14.4}$$

两区栅元的平均吸收截面的定义很容易推广至由更多区域组成的非均匀组件:

$$\begin{cases} \langle \Sigma_a \rangle_{cell} = \dfrac{\Sigma_a^1 + \sum\limits_{i=2}^{I} \Sigma_a^i (V_i/V_1) \xi_i}{1 + \sum\limits_{i=2}^{I} (V_i/V_1) \xi_i}, \quad \xi_i \equiv \dfrac{\phi_i}{\phi_F} \\ \phi_{cell} \equiv \dfrac{\sum\limits_{i=1}^{I} \phi_i V_i}{\sum\limits_{i=1}^{I} V_i} \equiv \dfrac{\sum\limits_{i=1}^{I} \phi_i V_i}{V_{cell}} \end{cases} \tag{14.5}$$

同理,可定义等效的栅元平均裂变截面和散射截面。栅元平均扩散系数的定义比较困难。等效的栅元平均扩散系数必须能正确地描述栅元的泄漏,这使它与采用的计算方法有密切关系。

由以上的分析可知,栅元均匀化问题实际上可简化为确定注量率不利因子 ξ 和等效的扩散系数问题,前者使均匀化模型能正确地描述栅元内的反应率,后者使均匀化模型能正确地描述栅元间的泄漏。需要注意的是,为了正确计算均匀化截面,仅需已知不同区域的中子注量率的相对值,而无需已知其绝对值,这使得在通过全堆芯计算确定注量率的绝对值之前计算堆芯内局部区域的均匀化截面成为可能。第4章已经介绍了利用扩散理论计算注量率不利因子的方法。本章主要介绍扩散理论不适用的非均匀问题,这实际上是核反应堆及其计算中最普遍的情形。

14.2 ABH 碰撞概率方法

在组件输运程序(见14.4节)发展起来之前,ABH 碰撞概率方法(该名称源于提出该方法的研究者,见参考文献[15])曾广泛用于热中子不利因子的计算。假设燃料(F)和慢化剂(M)组成的单位栅元在其边界上的净中子流密度为0,并进一步假设慢化剂内的慢化中子源是均匀的,而且燃料内不存在中子慢化。定义如下参数:

P_{FM}——在燃料区域F内均匀生成的各向同性中子最终在慢化剂区域M内被吸收的平均概率。

P_F——在燃料区域F内均匀生成的各向同性中子从燃料区域逃脱的平均概率。

β_M——中子从燃料区域F逃脱进入慢化剂区域M并在慢化剂区域M被吸收的条件概率。同理,可得慢化剂区域的 P_{MF}。正如第11章所述,它们之间存在如下互易关系式:

$$V_F \Sigma_a^F P_{FM} = V_M \Sigma_a^M P_{MF} \tag{14.6}$$

既然中子只能在慢化剂内慢化至热中子,因而根据互易关系式可将热中子利用系数表示为

$$f \equiv P_{\mathrm{MF}} = \frac{V_{\mathrm{F}}}{V_{\mathrm{M}}} \frac{\Sigma_{\mathrm{a}}^{\mathrm{F}}}{\Sigma_{\mathrm{a}}^{\mathrm{M}}} P_{\mathrm{FM}} = \frac{\Sigma_{\mathrm{a}}^{\mathrm{F}} V_{\mathrm{F}} \phi_{\mathrm{F}}}{\Sigma_{\mathrm{a}}^{\mathrm{F}} V_{\mathrm{F}} \phi_{\mathrm{F}} + \Sigma_{\mathrm{a}}^{\mathrm{M}} V_{\mathrm{M}} \phi_{\mathrm{M}}} \tag{14.7}$$

根据互易关系式,热中子不利因子为

$$\xi \equiv \frac{\phi_{\mathrm{M}}}{\phi_{\mathrm{F}}} = \frac{\Sigma_{\mathrm{a}}^{\mathrm{F}}}{\Sigma_{\mathrm{a}}^{\mathrm{M}}} \frac{V_{\mathrm{F}}}{V_{\mathrm{M}}} \left(\frac{1}{f} - 1 \right) = \frac{1}{P_{\mathrm{FM}}} - \frac{\Sigma_{\mathrm{a}}^{\mathrm{F}}}{\Sigma_{\mathrm{a}}^{\mathrm{M}}} \frac{V_{\mathrm{F}}}{V_{\mathrm{M}}} \tag{14.8}$$

由第 11 章的分析可知,在燃料内均匀生成的各向同性中子未经碰撞从燃料中逃逸进入慢化剂的概率为

$$P_{\mathrm{F0}} \approx \frac{1}{1 + 4(V_{\mathrm{F}} \Sigma_{\mathrm{t}}^{\mathrm{F}} / S_{\mathrm{F}})} \tag{14.9}$$

式中:S_{F} 为燃料的表面积。

若该中子未能逃逸却经历了一次散射[概率为$(1 - P_{\mathrm{F0}}) \Sigma_{\mathrm{s}}^{\mathrm{F}} / \Sigma_{\mathrm{t}}^{\mathrm{F}}$],它未经第二次碰撞而从燃料中逃逸的概率仍为 P_{F0}。以此类推,该中子从燃料逃逸进入慢化剂的总概率为

$$\begin{aligned} P_{\mathrm{F}} &= P_{\mathrm{F0}} \left[1 + (1 - P_{\mathrm{F0}}) \frac{\Sigma_{\mathrm{s}}^{\mathrm{F}}}{\Sigma_{\mathrm{t}}^{\mathrm{F}}} + (1 - P_{\mathrm{F0}})^2 \left(\frac{\Sigma_{\mathrm{s}}^{\mathrm{F}}}{\Sigma_{\mathrm{t}}^{\mathrm{F}}} \right)^2 + \cdots \right] \\ &= \frac{P_{\mathrm{F0}}}{1 - (1 - P_{\mathrm{F0}}) \Sigma_{\mathrm{s}}^{\mathrm{F}} / \Sigma_{\mathrm{t}}^{\mathrm{F}}} = \frac{1}{1 + (\Sigma_{\mathrm{a}}^{\mathrm{F}} / \Sigma_{\mathrm{t}}^{\mathrm{F}}) [(1 - P_{\mathrm{F0}}) / P_{\mathrm{F0}}]} \end{aligned} \tag{14.10}$$

若考虑半径为 a 的圆柱形燃料棒内首次碰撞的不均匀性,一个更加精确的表达式为

$$P_{\mathrm{F}} = \left\{ 1 + \frac{\Sigma_{\mathrm{a}}^{\mathrm{F}}}{\Sigma_{\mathrm{t}}^{\mathrm{F}}} \left(\frac{1 - P_{\mathrm{F0}}}{P_{\mathrm{F0}}} + a \right) \left[1 + \alpha \left(\frac{\Sigma_{\mathrm{s}}^{\mathrm{F}}}{\Sigma_{\mathrm{t}}^{\mathrm{F}}} \right) + \beta \left(\frac{\Sigma_{\mathrm{s}}^{\mathrm{F}}}{\Sigma_{\mathrm{t}}^{\mathrm{F}}} \right)^2 \right] + a \Sigma_{\mathrm{a}}^{\mathrm{F}} \right\}^{-1} \tag{14.11}$$

其中,参数 α 和 β 如图 14.1 所示。当 α 和 β 均为 0 时,方程(14.11)与方程(14.10)相同。

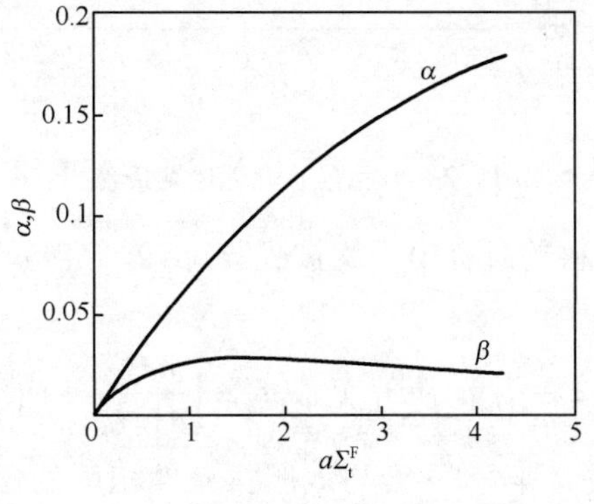

图 14.1　圆柱的逃脱概率的 ABH 方法参数 α 和 β[11]

根据各参数的定义可知:

$$P_{\mathrm{FM}} = P_{\mathrm{F}} \beta_{\mathrm{M}} \tag{14.12}$$

由此,方程(14.7)可改写为

$$\frac{1}{f} - 1 = \frac{\Sigma_{\mathrm{a}}^{\mathrm{M}}}{\Sigma_{\mathrm{a}}^{\mathrm{F}}} \frac{V_{\mathrm{M}}}{V_{\mathrm{F}}} \frac{1}{P_{\mathrm{F}}} + \frac{1 - f - \beta_{\mathrm{M}}}{f} = \frac{\Sigma_{\mathrm{a}}^{\mathrm{M}}}{\Sigma_{\mathrm{a}}^{\mathrm{F}}} \frac{V_{\mathrm{M}}}{V_{\mathrm{F}}} \frac{1}{P_{\mathrm{F}}} + \frac{1 - P_{\mathrm{MF}}}{P_{\mathrm{MF}}} - \frac{\beta_{\mathrm{M}}}{P_{\mathrm{MF}}} \tag{14.13}$$

为了估算 β_{M},假设 $P_{\mathrm{F}} \approx P_{\mathrm{F0}} \approx S_{\mathrm{F}} / 4 V_{\mathrm{F}} \Sigma_{\mathrm{a}}^{\mathrm{F}}$,并利用互易关系式(方程(14.6))可得条件概率 β_{M} 的一个近似表达式:

$$\beta_{\mathrm{M}} \approx \frac{4 V_{\mathrm{M}} \Sigma_{\mathrm{a}}^{\mathrm{M}}}{S_{\mathrm{M}}} P_{\mathrm{MF}} \tag{14.14}$$

假设 $P_{MF} \approx P_M$(慢化剂内产生的一个热中子在被吸收之前从慢化剂逃逸的概率),并利用慢化剂的扩散方程可得 P_M。慢化剂内中子扩散方程为

$$-D_M \nabla^2 \phi_M(\boldsymbol{r}) + \Sigma_a^M \phi_M(\boldsymbol{r}) = q_M \tag{14.15}$$

式中:q_M 为慢化剂内均匀的慢化密度。

方程(14.15)的边界条件为在栅元边界上是对称边界,在燃料-慢化剂界面上是输运边界条件:

对于栅元边界,有

$$\boldsymbol{n}_s \cdot \nabla \phi_M = 0 \tag{14.16a}$$

对于燃料-慢化剂界面,有

$$\boldsymbol{n}_s \cdot \left(\frac{1}{\phi_M} \nabla \phi_M\right)\bigg|_a = \frac{1}{d} \tag{14.16b}$$

式中:$\boldsymbol{n}_s$ 为栅元表面法向的单位矢量;d 为与慢化剂内平均输运自由程有关的输运参数,圆柱形单位栅元的 d 如图 14.2 所示。

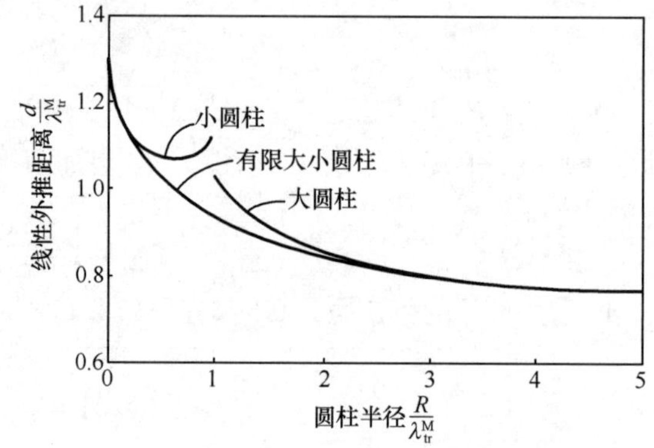

图 14.2 圆柱体的输运边界条件[11]

假设从慢化剂扩散至燃料的所有中子均被吸收,由此 P_M 等于从慢化剂流入燃料的所有中子除以慢化剂内的所有中子:

$$P_M = \frac{J_{out}^M S_F}{q_M V_M} = \frac{S_F}{q_M V_M} \boldsymbol{n}_s \cdot D_M \nabla \phi_M \big|_a = \left[\frac{adV_M}{2V_F L_M^2} + E\left(\frac{a}{L_M}, \frac{b}{L_M}\right)\right]^{-1} \tag{14.17}$$

式中:a 为燃料区域的厚度或者半径;b 为与该燃料元件相关的慢化剂区域的厚度;$L_M^2 = D_M / \Sigma_a^M$;$E(a/L_M, b/L_M)$ 为栅格函数,见表 3.6 所列。

根据对 β_M 和 P_{MF} 的近似(方程(14.14)和方程(14.17))及其 P_F 的表达式(方程(14.11)),方程(14.13)可变为

$$\frac{1}{f} - 1 = \frac{\Sigma_a^M}{\Sigma_a^F} \frac{V_M}{V_F}\left\{1 + \frac{\Sigma_a^F}{\Sigma_t^F}\left(\frac{1 - P_{F0}}{P_{F0}} - a\Sigma_t^F\right)\left[1 + \alpha\left(\frac{\Sigma_s^F}{\Sigma_t^F}\right) + \beta\left(\frac{\Sigma_s^F}{\Sigma_t^F}\right)^2\right]\right\} + \left(\frac{ad}{2L_M^2} - a\Sigma_a^M\right)\frac{V_M}{V_F} + E\left(\frac{a}{L_M}, \frac{b}{L_M}\right) - 1 \tag{14.18}$$

根据如下的热中子不利因子的计算式:

$$\xi = \frac{\Sigma_a^F}{\Sigma_a^M} \frac{V_F}{V_M}\left(\frac{1}{f} - 1\right) \tag{14.19}$$

结合方程(14.1)可得均匀化截面。

虽然本节基于热中子推导了 ABH 方法,但是对多群格式中的任何一群均可采用上述方法获得其均匀化截面。

14.3　黑体理论

以反应率守恒为前提匹配某个区域的近似解(如扩散理论)与其临近区域精确的输运方程解以获取有效扩散理论截面的方法称为黑体理论。当采用多群扩散理论时,该方法可用于处理控制棒、块状化可燃毒等。

对于区域 $x_i \leqslant x \leqslant x_{i+1}$ 内存在的一块纯吸收平板,该平板的单群输运方程为

$$\mu \frac{\partial\psi(x,\mu)}{\partial x} + \Sigma_{\mathrm{a}}\psi(x,\mu) = 0 \tag{14.20}$$

以从区域左侧边界进入的角中子注量率 $\psi^+(x_i,\mu)$ 和从右侧边界进入的角中子注量率 $\psi^-(x_{i+1},\mu)$ 为边界条件求解该方程可得该平板右侧边界处向外的角中子注量率 $\psi^+(x_{i+1},\mu)$ 和左侧边界处向外的角中子注量率 $\psi^-(x_i,\mu)$ 分别为

$$\begin{cases} \psi^+(x_{i+1},\mu) = \psi^+(x_i,\mu)\exp\left(-\Sigma_{\mathrm{a}}\dfrac{\Delta}{\mu}\right), & 0<\mu<1 \\ \psi^-(x_i,\mu) = \psi^-(x_{i+1},\mu)\exp\left(\Sigma_{\mathrm{a}}\dfrac{\Delta}{\mu}\right), & -1<\mu<0 \end{cases} \tag{14.21}$$

式中:“+/-”分别表示 $\mu>0/\mu<0$;$\Delta = x_{i+1} - x_i$。

假设进入纯吸收区域的入射角中子注量率可以表示为与其邻近的燃料-慢化剂区域的扩散理论解相容的 P_l 形式,即

$$\begin{cases} \psi^+(x_i,\mu) = \phi(x_i) + 3\mu J(x_i), & 0<\mu<1 \\ \psi^-(x_{i+1},\mu) = \phi(x_{i+1}) + 3\mu J(x_{i+1}), & -1<\mu<0 \end{cases} \tag{14.22}$$

在纯吸收区域界面上的中子流密度可写为

$$\begin{cases} J(x_i) \equiv \displaystyle\int_{-1}^{1}\mu\psi(x_i,\mu)\frac{\mathrm{d}\mu}{2} \\ \quad = \displaystyle\int_{-1}^{0}\mu\psi^-(x_i,\mu)\frac{\mathrm{d}\mu}{2} + \int_0^1 \mu[\phi(x_i) + 3\mu J(x_i)]\frac{\mathrm{d}\mu}{2} \\ J(x_{i+1}) \equiv \displaystyle\int_{-1}^{1}\mu\psi(x_{i+1},\mu)\frac{\mathrm{d}\mu}{2} \\ \quad = \displaystyle\int_{-1}^{0}\mu[\phi(x_{i+1}) + 3\mu J(x_{i+1})]\frac{\mathrm{d}\mu}{2} + \int_0^1 \mu\psi(x_{i+1},\mu)\frac{\mathrm{d}\mu}{2} \end{cases} \tag{14.23}$$

若利用方程组(14.21)计算向外的角中子注量率,方程组(14.23)变为

$$\begin{cases} \dfrac{1}{2}J(x_i) = \dfrac{1}{4}\phi(x_i) - \dfrac{1}{2}E_3(\Sigma_{\mathrm{a}}\Delta)\phi(x_{i+1}) + \dfrac{3}{2}E_4(\Sigma_{\mathrm{a}}\Delta)J(x_{i+1}) \\ -\dfrac{1}{2}J(x_{i+1}) = \dfrac{1}{4}\phi(x_{i+1}) - \dfrac{1}{2}E_3(\Sigma_{\mathrm{a}}\Delta)\phi(x_i) - \dfrac{3}{2}E_4(\Sigma_{\mathrm{a}}\Delta)J(x_i) \end{cases} \tag{14.24}$$

其中,E_3 和 E_4 为指数积分函数,定义如下:

$$E_{n+2}(\xi) \equiv \int_0^1 \mu^n \exp\left(-\frac{\Sigma_a \Delta}{\mu}\right) d\mu \tag{14.25}$$

改写方程组(14.24)可用于定义如下的黑体参数:

$$\begin{cases} \alpha(\Sigma_a \Delta) \equiv \dfrac{J(x_i) - J(x_{i+1})}{\phi(x_i) + \phi(x_{i+1})} = \dfrac{1 - 2E_3(\Sigma_a \Delta)}{2[1 + 3E_4(\Sigma_a \Delta)]} \\ \beta(\Sigma_a \Delta) \equiv \dfrac{J(x_i) + J(x_{i+1})}{\phi(x_i) - \phi(x_{i+1})} = \dfrac{1 + 2E_3(\Sigma_a \Delta)}{2[1 - 3E_4(\Sigma_a \Delta)]} \end{cases} \tag{14.26}$$

参数 α 为纯吸收区域表面的平均入射中子流与平均中子注量率之比。该参数可作为其邻近区域的扩散理论计算的边界条件:

$$\frac{J_M}{\phi_M} = -\frac{D^M \nabla \phi_M}{\phi_M} = \alpha \tag{14.27}$$

例如,ABH 方法的输运参数 d 满足 $d/\lambda_{tr} = 1/3\alpha$。该输运边界条件也可用于计算控制棒的有效扩散理论截面:

$$\Sigma_a^c = \frac{\Sigma_a^M}{a[\Sigma_a^M/\alpha + (1/L_M)\coth(a/L_M)] - 1} \tag{14.28}$$

式中:a 为燃料-慢化剂区域(表示为 M)的半厚度。

虽然上述过程针对纯吸收平板,但是若上式中采用相应能量下的截面,那么以上推导及其结果对任何能量均是成立的。

对于吸收截面随空间变化的纯吸收平板来说,若上述公式中相应的参数做以下替换:

$$\Sigma_a \Delta \to \int_{x_i}^{x_{i+1}} \Sigma_a(x) dx \tag{14.29}$$

那么以上推导及其结果依然成立。

14.4 燃料组件的输运计算

14.4.1 燃料棒栅元

一个燃料组件通常由大量具有不同燃料装量、富集度、燃耗等的燃料棒组成,每一根燃料棒又被其他材料或结构,如包壳、慢化剂和\或结构材料和可燃毒等所包围,如图 14.3 所示。在这种非均匀水平上,燃料组件可以认为由大量的单位栅元或燃料棒栅元组成,每个栅元由燃料棒、包壳、周围的慢化剂和可能的结构材料与可燃毒组成。燃料组件均匀化的第一步是计算燃料、包壳、慢化剂等内的多群中子注量率分布,并依此计算每一个燃料棒栅元的体积平均截面。

若燃料棒栅元周围存在大量与其相同的燃料棒,那么燃料棒栅元计算可采用对称边界条件。然而,若燃料棒栅元周围存在水隙、控制棒、可燃毒或成分完全不同的燃料棒(如 UO_2 燃料棒附近的 MOX 燃料棒),那么该假设(对称边界条件)在此情况下不再完全成立。利用栅元边界处的部分入射中子流 J^-(和零反射边界条件或黑边界条件)或净中子流 $J = J^+ - J^-$(和理想的反射边界条件),燃料棒栅元周围环境的影响也可以被引入进燃料棒栅元计算。

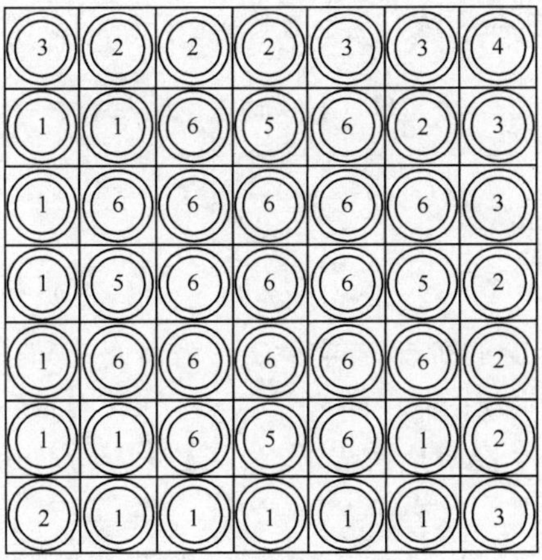

图 14.3 典型的燃料组件[16]

14.4.2 维格纳 - 塞茨近似

假设与每根燃料棒有关的单位栅元是对称的，而且整个组件均由这样的单位栅元组成，那么单位栅元边界的形状与燃料组件的栅格形状有关，而且它通常是非圆柱形的（通常为正方形或六边形）。由于燃料棒通常是圆柱形的，因此，为了计算简便，以慢化剂体积保持不变为前提可将实际非圆柱形的燃料棒栅元等效成圆柱形栅元。例如，维格纳 - 塞茨栅元近似依此引入等效半径为 R 的单位栅元；等效半径与燃料棒 - 燃料棒间的节距 p 有关，例如，对于正方形燃料栅格，$R = p/\pi^{1/2}$，对于六边形栅格，$R = p(3^{1/2}/2\pi)^{1/2}$。

然而，单位栅元几何形状的改变导致采用反射边界条件时在栅元慢化剂内出现不正常的高中子注量率，这是由于因反射而引入的中子一直在圆的弦方向上运动而不能通过栅元最中心的区域。如图 14.4 所示，对于圆柱形边界，在栅元边界上反射的中子始终不能通过栅元最中心的区域。然而，对于正方形边界，正方形边界（或六边形边界）上正确的反射能使中子通过栅元最中心的区域。该问题可通过在边界的入射法线上采用余弦分布的“白反射”进行修正。

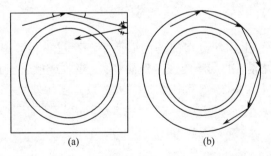

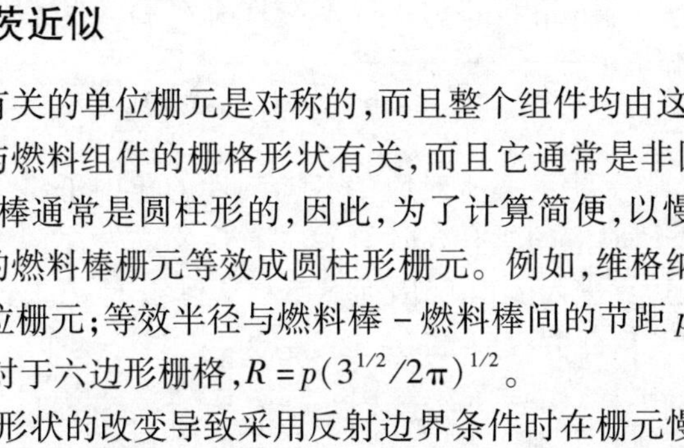

图 14.4 维格纳 - 塞茨栅元近似发射边界条件引起的问题[16]

14.4.3 燃料棒栅元模型的碰撞概率法

9.3 节中介绍的碰撞概率方法可拓展用于处理反照率（部分反射）和入射中子流边界条件，利用这些边界条件可包含燃料棒栅元邻近区域对栅元的影响。对于图 14.5 所示的由 i 个环形区域组成的圆柱形燃料棒栅元，燃料棒栅元外表面 S_B 上均匀分布的各向同性中子进入栅

元后在从栅元外表面逃脱之前在区域 i 内经历其首次碰撞的概率为

$$\gamma_{0i} \equiv \frac{\Sigma_{ti}\int_{V_i} d\boldsymbol{r}_i \int_{S_B} d\boldsymbol{r}_B \int_{\Omega \supset V_i} (\boldsymbol{n}\cdot\boldsymbol{\Omega})(1/4\pi)e^{-\alpha(\boldsymbol{r}_i,\boldsymbol{r}_B)} d\boldsymbol{\Omega}}{\int_{S_B} d\boldsymbol{r}_B \int_{\boldsymbol{n}\cdot\boldsymbol{\Omega}<0} (\boldsymbol{n}\cdot\boldsymbol{\Omega})(1/4\pi) d\boldsymbol{\Omega}} \tag{14.30}$$

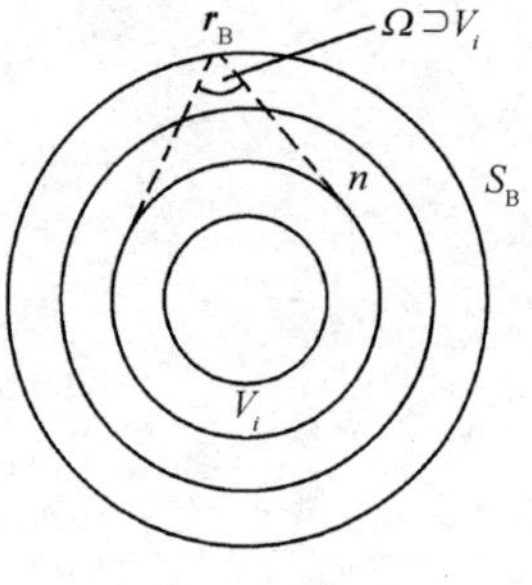

图 14.5 圆柱形燃料棒的栅元模型

式中:$\Omega \supset V_i$ 表示与体积 V_i 相交的所有方向角 Ω;$\boldsymbol{n}$ 为表面 S_B 的外法线单位矢量;$\alpha(\boldsymbol{r}_i,\boldsymbol{r}_B)$ 为沿着弦 $\boldsymbol{r}_B$ 到 $\boldsymbol{r}_i$ 的光学距离;$(\boldsymbol{n}\cdot\boldsymbol{\Omega})/4\pi$ 为单位强度下各向同性的中子注量率从边界 S_B 进入燃料棒栅元的中子率。

首次碰撞概率 γ_{0i} 与首次飞行逃脱概率 P_{0i}(进入燃料棒栅元体积 V_i 的中子未经碰撞从燃料棒栅元边界 S_B 逃脱的概率)有关:

$$P_{0i} \equiv \frac{\int_{V_i} d\boldsymbol{r}_i \int_{S_B} d\boldsymbol{r}_B \int_{\Omega \subset V_i} (\boldsymbol{n}\cdot\boldsymbol{\Omega})(1/4\pi)e^{-\alpha(\boldsymbol{r}_B,\boldsymbol{r}_i)} d\boldsymbol{\Omega}}{\int_{V_i} d\boldsymbol{r}_i \int_{4\pi} (1/4\pi) d\boldsymbol{\Omega}} \tag{14.31}$$

式中:$1/4\pi$ 为 V_i 内单位中子注量率所对应的各向同性的角中子注量率;$\Omega \subset V_i$ 表示体积 V_i 内的中子首次飞行至 $\boldsymbol{r}_B$ 所对应的所有方向角 Ω。除了 Σ_{ti} 之外,两个定义的分子是相同的,这表明了中子未经碰撞从边界进入体积 V_i 内的概率与从体积 V_i 内未经碰撞逃脱燃料棒栅元的概率是相同的这一事实。由此方程(14.30)可改写为

$$\gamma_{0i} \equiv \frac{\Sigma_{ti}V_iP_{0i}}{S_B\int_{-1}^{0} d\mu \int_0^{2\pi} (\boldsymbol{n}\cdot\boldsymbol{\Omega}/4\pi) d\phi} = \frac{\Sigma_{ti}V_iP_{0i}}{\frac{1}{4}S_B} \tag{14.32}$$

由于体积 V_i 内均匀的各向同性中子在体积 V_j 内经历其首次碰撞的概率为 $P^{ij}/\Sigma_{ti}V_i$,因此方程(14.32)可改写为

$$\gamma_{0i} = \frac{\Sigma_{ti}V_i}{\frac{1}{4}S_B}\left(1 - \sum_{j=1}^{I} \frac{P^{ij}}{\Sigma_{ti}V_i}\right) = \frac{4}{S_B}\left(\Sigma_{ti}V_i - \sum_{j=1}^{I} P^{ij}\right) \tag{14.33}$$

燃料棒栅元外表面 S_B 上均匀分布的各向同性中子穿过燃料棒栅元的外表面进入区域 i 后在从栅元外面表逃脱之前在区域 i 内因碰撞而消失(吸收或散射至其他能群)的概率 R_i 与其总的逃脱概率 P_i(体积 V_i 内的一个中子最终从燃料棒栅元外表面逃脱的概率)存在如下关系:

$$R_i = \frac{\Sigma_{ri}V_iP_i}{\frac{1}{4}S_B} \tag{14.34}$$

式中:Σ_{ri} 为区域 i 内中子因吸收和散射至另一能群而引起的移除截面。

利用中子源及其相应的中子注量率响应函数可以构建燃料棒栅元内任一环形区域内的中子注量率为

$$\phi_i = \sum_{k=1}^{I} Q_k X^{ki}(\beta) + j_{ex}^{-} Y_i(\beta) \tag{14.35}$$

式中：Q_k 为环形区域 k 内的中子源密度；$X^{ki}(\beta)$ 为区域 k 内的单位中子源密度在区域 i 内产生的中子注量率，而且它包含反照率为 β 的栅元边界上多次反射的影响；$Y_i(\beta)$ 为栅元边界上的单位入射中子流密度在环形区域 i 内产生的中子注量率；j_{ex}^- 为燃料棒栅元外表面上的入射中子流密度。$X^{ki}(0)$ 和 $Y_i(0)$ 可分别表示燃料棒栅元边界的反照率为 0 时（从燃料棒栅元边界 S_B 处逃脱的中子不再被反射回栅元）的响应函数。根据 $X^{ki}(0)$ 和 $Y_i(0)$ 与反照率 β 可计算响应函数 $X^{ki}(\beta)$ 和 $Y_i(\beta)$。

对于从燃料棒栅元边界 S_B 上入射的中子，燃料棒栅元的有效反照率为 $(1-R)$。其中，从栅元外表面入射进栅元的一个中子在栅元内移除的总概率为

$$R = \sum_{i=1}^{I} R_i = \sum_{i=1}^{I} \Sigma_{ri} V_i Y_i(0) \tag{14.36}$$

对于一群入射进燃料棒栅元的中子，份额为 R 的中子因吸收或散射而消失，而份额为 $(1-R)$ 的中子返回至栅元外表面 S_B。对于返回至外表面的中子，份额为 β（对于从燃料棒栅元逃脱的中子，组件内栅元的邻近材料的反照率）的中子被反射回燃料棒栅元内。对于份额为 $(1-R)\beta$ 的第二次进入栅元的中子，份额为 R 的中子消失，而份额 $(1-R)$ 为的中子第二次返回至边界 S_B，依次类推。

因此，通过边界入射至栅元的中子流实际上须乘以 $1+(1-R)\beta+[(1-R)\beta]^2+\cdots=1/[1-(1-R)\beta]$ 这一系数。若不包含外表面反照时的因入射中子在环形区域 i 内产生的中子注量率为 $Y_i(0)$，那么包含中子反照后的中子注量率为

$$Y_i(\beta) = \frac{Y_i(0)}{1-(1-R)\beta} \tag{14.37}$$

区域 k 内的单位中子源在区域 i 中产生的中子注量率 $X^{ki}(\beta)$ 可分为两个部分：第一部分是区域 k 内的单位中子源在不考虑边界反照中子时在区域 i 内产生的中子注量率 $X^{ki}(0)$；第二部分是体积 V_k 内的中子源 $P_k V_k$ 因反照率为 β 的边界的反射而在区域 i 内产生的中子注量率。当这些反射中子被视为入射注量率时，反射中子乘以 $Y_i(\beta)$ 后即可获得其在区域 i 内产生的中子注量率。综合这两部分可得

$$X^{ki}(\beta) = X^{ki}(0) + \beta P_k V_k \frac{Y_i(0)}{1-(1-R)\beta} \tag{14.38}$$

碰撞概率方程（9.54）未包含外表面的反照（$\beta=0$）和入射中子流的影响。因而该方程可用于计算基本响应函数 $X^{ki}(0)$ 和 $Y_i(0)$，再考虑入射中子流密度 j_{ex}^- 对首次碰撞中子源的影响可得

$$\begin{aligned} \Sigma_{ti} V_i \phi_i &= \sum_{j=1}^{I} P^{ji}\left[\frac{(\Sigma_{sj}+\nu\Sigma_{fj})\phi_j}{\Sigma_{tj}} + \frac{Q_j}{\Sigma_{tj}}\right] + \gamma_{i0} j_{ex}^- \\ &\equiv \sum_{j=1}^{I} P^{ji}\left(c_j \phi_j + \frac{Q_j}{\Sigma_{tj}}\right) + \gamma_{i0} j_{ex}^- \end{aligned} \tag{14.39}$$

圆柱形栅元的碰撞概率 P^{ji} 可由方程（9.63）~方程（9.65）进行计算。在某些情况下，裂变中子源可视为固定源而并入 Q_j 项。

当体积 V_k 内存在单位中子源且外部无入射中子流时，$X^{ki}(0)$ 满足方程（14.39），即

$$\Sigma_{ti}V_iX^{ki}(0)=\sum_{j=1}^{I}P^{ji}c_jX^{kj}(0)+\frac{P^{ki}}{\Sigma_{tk}}\quad(i=1,\cdots,I;k=1,\cdots,I)\tag{14.40}$$

求解方程(14.40)(方程个数为 I^2 个)即可获得 $X^{ki}(0)$。当燃料棒栅元内无体积源且外界中子源为单位源时,$Y_i(0)$满足方程(14.39),即

$$\Sigma_{ti}V_iY_i(0)=\sum_{j=1}^{I}P^{ji}c_jY_j(0)+\gamma_{i0}\quad(i=1,\cdots,I)\tag{14.41}$$

求解方程(14.41)(方程个数为 I 个)即可获得 $Y_i(0)$。

综上所述,燃料棒栅元计算包括:①求解方程(14.40)和方程(14.41)获得孤立燃料棒栅元的响应函数 $X^{ki}(0)$和 $Y_i(0)$;②利用方程(14.37)和方程(14.38)构建当栅元邻近介质的反照率为 β 时的响应函数 $X^{ki}(\beta)$和 $Y_i(\beta)$;③利用方程(14.35)计算燃料棒栅元内每个环形区域的中子注量率;④利用方程(14.5)构建栅元的均匀化截面。

14.4.4 界面流公式

燃料棒栅元内的中子通过其外表面 S_B 向外的分中子流密度由两部分组成:①燃料棒栅元内的源中子首次穿过外表面 S_B($\sum_{i=1}^{I}P_iV_iQ_i$)的中子;②入射中子流(j_{ex}^-)中穿过燃料棒栅元而未被吸收或散射的中子(概率为$(1-R)$)。这两部分中子在外表面被反射的概率为 β;它们构成入射中子流后再次回到外表面 S_B 构成向外的中子流,依次类推。燃料棒栅元内源中子和从燃料棒栅元邻近介质入射进栅元的中子产生的总出射中子流密度为

$$j_{out}^+(\beta)=\frac{\sum_{i=1}^{I}P_iV_iQ_i+(1-R)j_{ex}^-}{1-\beta(1-R)}\tag{14.42}$$

通过栅元外表面 S_B 向内的分中子流密度也由两部分组成:①从燃料棒栅元内部首次逃逸至栅元外表面 S_B 并以概率 β 被外表面反射的源中子;②外界的入射中子流(j_{ex}^-)。这两部分中子均可能穿过燃料棒栅元而未被吸收或散射(概率为$(1-R)$)而达到燃料棒栅元的外表面,并以概率 β 被外表面反射,依次类推。由此可得总入射中子流密度为

$$j_{in}^-(\beta)=\frac{\beta\sum_{i=1}^{I}P_iV_iQ_i+j_{ex}^-}{1-\beta(1-R)}\tag{14.43}$$

综上可得,向外穿过燃料棒栅元外表面的净中子流密度为

$$j(\beta)\equiv j_{out}^+(\beta)-j_{in}^-(\beta)=\frac{(1-\beta)\sum_{i=1}^{I}P_iV_iQ_i-Rj_{ex}^-}{1-\beta(1-R)}\tag{14.44}$$

14.4.5 燃料棒栅元的多群碰撞概率模型

若替换 $\Sigma_{ti}\to\Sigma_{ti}^g$,$\Sigma_{ri}\to\Sigma_{ti}^g-\Sigma_{si}^{g'\to g}$(群移除截面),$\gamma_{0i}\to\gamma_{0i}^g$,$P^{ji}\to P_g^{ji}$ 和 $R_i\to R_i^g$ 并将其中一些方程推广至多群模式,那么上述单群燃料棒栅元碰撞概率模型可推广至多群模式。方程(14.40)可改写为多群形式:

$$\Sigma_{\mathrm{ti}}^{g} V_i X_g^{ki}(0) = \sum_{j=1}^{I} P_g^{ji} \frac{\sum_{g'=1}^{G} (\Sigma_{\mathrm{sj}}^{g'\to g} + \chi^g \nu \Sigma_{\mathrm{fj}}^{g'}) X_{g'}^{ji}(0) + \delta_{jk}}{\Sigma_{\mathrm{tj}}^{g}} \tag{14.45}$$

$$(g = 1,\cdots,G; i,k = 1,\cdots,I)$$

将其改写为矩阵形式：

$$\boldsymbol{V}_i \boldsymbol{\Sigma}_{\mathrm{ti}} \boldsymbol{X}^{ki}(0) = \sum_{j=1}^{I} [\boldsymbol{P}_{\mathrm{SF}}^{ji} \boldsymbol{X}^{ji}(0) + \boldsymbol{P}^{ji}] \quad (i,j = 1,\cdots,I) \tag{14.46}$$

方程(14.41)变为多群形式：

$$\Sigma_{\mathrm{ti}}^{g} V_i Y_i^g(0) = \sum_{j=1}^{I} P_g^{ji} \frac{\sum_{g'=1}^{G} (\Sigma_{\mathrm{sj}}^{g'\to g} + \chi^g \nu \Sigma_{\mathrm{fj}}^{g'}) Y_j^{g'}(0)}{\Sigma_{\mathrm{tj}}^{g}} + \gamma_{0i}^{g} \tag{14.47}$$

$$(g = 1,\cdots,G; i,k = 1,\cdots,I)$$

将其改为矩阵形式：

$$\boldsymbol{V}_i \boldsymbol{\Sigma}_{\mathrm{ti}} \boldsymbol{Y}_i(0) = \sum_{j=1}^{I} \boldsymbol{P}_{\mathrm{SF}}^{ji} \boldsymbol{X}^{ji}(0) + \boldsymbol{\gamma}_{0i} \tag{14.48}$$

利用相应的多群概率，方程(14.37)和方程(14.38)可用于修正基本的中子注量率响应函数 $X_g^{ki}(0)$ 和 $Y_i^g(0)$ 以包含界面反射的影响，由此燃料棒栅元内每一个区域的多群中子注量率可由多群模式的方程(14.35)进行计算：

$$\phi_i^g = \sum_{k=1}^{I} Q_k^g X_g^{ki}(\beta) + j_{\mathrm{ex}}^{-g} Y_i^g(\beta) \quad (i = 1,\cdots,I) \tag{14.49}$$

14.4.6　共振截面

利用第 11 章介绍的方法可计算得到燃料棒栅元级的均匀化共振截面。

14.4.7　全组件输运计算

经过一系列以上非均匀燃料棒的均匀化后，整个燃料组件可视为由大量均匀区域构成；然而，这些均匀区域周围存在结构材料、水隙、控制棒和其他不相似的燃料组件等，即整个组件仍然是非均匀介质，而且由其再组成更大尺度的非均匀介质，即核反应堆本身。均匀化计算的下一步是对由均匀化燃料棒栅元及其他结构组成的整个燃料组件进行多群输运计算以获取每个均匀化燃料棒栅元的平均群中子注量率；并利用这些平均群中子注量率计算能代表整个组件的均匀化截面。

第 9 章介绍的任何一种输运方法（碰撞概率法、离散坐标法和蒙特卡罗方法）均可用于全组件的输运计算；甚至在某些情形下扩散理论也可用于全组件的均匀化计算。在组件边界上，这样的计算通常采用反射边界条件；有时将组件计算的边界定义在水隙或其他分隔介质的中心线上以满足相同组件的无限阵列这一假设。组件均匀化后可进行基于均匀化的组件的全堆芯计算。全堆芯计算仍需要考虑不同的组件拥有不同的特性这一事实。然而，不相似的邻近组件，或者组件附近存在控制棒，或者组件存在明显的泄漏均影响组件的均匀化计算及其均匀化后的性质。目前存在一些方法,比如扩展组件计算的边界以包含邻近组件的影响,或者在更大范围(尺度)内进行组件计算均可解决该问题。

14.5 均匀化理论

利用均匀化截面进行计算所得的结果与在空间上未经均匀化而直接进行计算所得的结果必须在某种尺度上是等效的。进一步来说,均匀化过程应该能与完全非均匀结构的输运计算结果在积分特性上保持一致。对于均匀化计算方法,本节首先假设完全非均匀结构的输运计算结果是已知的,然后对其进行近似并进一步用于计算均匀化截面。

14.5.1 均匀化

多群输运理论可准确地确定中子注量率分布和有效增殖系数。通用形式的多群输运方程可表示为

$$\nabla\cdot \boldsymbol{J}_g(\boldsymbol{r}) + \Sigma_t^g(\boldsymbol{r})\phi_g(\boldsymbol{r}) = \frac{\chi^g}{k}\sum_{g'=1}^{G}\nu\Sigma_f^{g'}(\boldsymbol{r})\phi_{g'}(\boldsymbol{r}) + \sum_{g'=1}^{G}\Sigma_s^{g'\to g}(\boldsymbol{r})\phi_{g'}(\boldsymbol{r}) \quad (g=1,\cdots,G) \tag{14.50}$$

假设已知方程(14.50)的解并用于生成均匀化截面,当利用这些均匀化截面求解均匀化的输运方程时,有

$$\nabla\cdot \hat{\boldsymbol{J}}_g(\boldsymbol{r}) + \hat{\Sigma}_t^g(\boldsymbol{r})\hat{\phi}_g(\boldsymbol{r}) = \frac{\chi^g}{\hat{k}}\sum_{g'=1}^{G}\nu\hat{\Sigma}_f^{g'}(\boldsymbol{r})\hat{\phi}_{g'}(\boldsymbol{r}) + \sum_{g'=1}^{G}\hat{\Sigma}_s^{g'\to g}(\boldsymbol{r})\hat{\phi}_{g'}(\boldsymbol{r}) \quad (g=1,\cdots,G) \tag{14.51}$$

方程(14.51)所得重要参数的值必须与方程(14.50)所得的精确解是相同的,即重要的参数必须保持守恒。对于核反应堆分析,重要的参数包括增殖系数、经均匀化区域平均的群反应率和经均匀化区域表面平均的群中子流密度。后两个参数的守恒方程分别为

$$\int_{V_i}\hat{\Sigma}_x^g(\boldsymbol{r})\hat{\phi}_g(\boldsymbol{r})\mathrm{d}\boldsymbol{r} = \int_{V_i}\Sigma_x^g(\boldsymbol{r})\phi_g(\boldsymbol{r})\mathrm{d}\boldsymbol{r} \tag{14.52}$$

$$\int_{S_i^k}\hat{\boldsymbol{J}}_g(\boldsymbol{r})\cdot\mathrm{d}\boldsymbol{S} = \int_{S_i^k}\boldsymbol{J}_g(\boldsymbol{r})\cdot\mathrm{d}\boldsymbol{S} \tag{14.53}$$

式中:V_i 为均匀化区域 i 的体积;S_i^k 为均匀化区域 i 的第 k 个表面。满足方程(14.52)和方程(14.53)能保证有效增殖系数是守恒的。

若均匀化截面在整个均匀化区域上是相同的,那么其准确的定义为

$$\hat{\Sigma}_x^g \equiv \frac{\int_{V_i}\Sigma_x^g(\boldsymbol{r})\phi_g(\boldsymbol{r})\mathrm{d}\boldsymbol{r}}{\int_{V_i}\hat{\phi}_g(\boldsymbol{r})\mathrm{d}\boldsymbol{r}} \tag{14.54}$$

若均匀化后的计算采用扩散理论,那么

$$\hat{D}_{ik}^g \equiv -\frac{\int_{S_i^k}\boldsymbol{J}_g(\boldsymbol{r})\cdot\mathrm{d}\boldsymbol{S}}{\int_{S_i^k}\nabla\hat{\phi}_g(\boldsymbol{r})\cdot\mathrm{d}\boldsymbol{S}} \tag{14.55}$$

然而，利用方程(14.54)和方程(14.55)计算均匀化截面和均匀化扩散系数的困难在于全堆芯输运方程的精确解是未知的(实际上精确解也不可能是已知的，否则也就没有必要进行均匀化了)。在求解方程(14.51)之前，全堆芯扩散方程的解也是未知的，而且求解扩散方程需要均匀化群常数作为输入参数。另一个问题是由于方程(14.55)中的积分通常对每一个截面 k 均是不同的，因此不可能定义一个不变的均匀化扩散常数而保持对所有表面平均的中子流密度守恒。

14.5.2　传统的均匀化理论

传统的燃料棒或组件均匀化过程通常以对称边界条件 $\boldsymbol{n}\cdot\boldsymbol{J}_A^g(\boldsymbol{r})=0$ 下的燃料棒或组件的输运计算解 $\phi_A^g(\boldsymbol{r})$ 和 $\boldsymbol{J}_A^g(\boldsymbol{r})$ 近似全堆芯的输运计算解 $\phi^g(\boldsymbol{r})$ 和 $\boldsymbol{J}^g(\boldsymbol{r})$。组件的输运解 $\phi_A^g(\boldsymbol{r})$ 代替精确的全堆芯输运解 $\phi^g(\boldsymbol{r})$ 即可求解方程(14.54)。组件的输运解 $\phi_A^g(\boldsymbol{r})$ 也可用于计算方程(14.54)的分母中对中子注量率的积分。均匀化扩散系数的另一个定义可表示为

$$\hat{D}_{iA}^g \equiv \frac{\int_{V_i} D^g(\boldsymbol{r})\phi_A^g(\boldsymbol{r})\cdot \mathrm{d}\boldsymbol{r}}{\int_{V_i}\phi_A^g(\boldsymbol{r})\cdot \mathrm{d}\boldsymbol{r}} \tag{14.56}$$

与基准问题的精确解比较发现，传统的均匀化方法在计算中存在相当大的误差。误差的主要来源在于对均匀化扩散系数的处理及要求中子注量率和中子流密度在不同均匀化区域的界面上是连续的这一附加的边界条件。这一问题的根源是，中子注量率和中子流密度在界面上连续导致均匀化后的扩散方程缺乏足够的自由度，以同时保证反应率和界面上的中子流密度是守恒的。

14.6　等效均匀化理论

若解除中子注量率在界面上连续这一条件，均匀化问题的反应率和中子流密度(方程(14.52)和方程(14.53)成立)仍有可能与非均匀问题的精确值保持一致。中子注量率在均匀化区域 i 与 $i+1$ 之间的界面 x_{i+1} 上代替连续性条件的界面条件为

$$\hat{\phi}_i^+(x_{i+1})f_i^+(x_{i+1}) = \hat{\phi}_{i+1}^-(x_{i+1})f_{i+1}^-(x_{i+1}) \tag{14.57}$$

式中：$\hat{\phi}_i^+(x_{i+1})$、$\hat{\phi}_{i+1}^-(x_{i+1})$ 分别为均匀化区域 $x_i\leqslant x\leqslant x_{i+1}$ 和 $x_{i+1}\leqslant x\leqslant x_{i+2}$ 在界面上的均匀化中子注量率，如图 14.6 所示；$f_{i+1}^-(x_{i+1})$ 为区域 $x_{i+1}\leqslant x\leqslant x_{i+2}$ 在界面 x_{i+1} 处的注量率不连续因子；$f_i^+(x_{i+1})$ 为区域 $x_i\leqslant x\leqslant x_{i+1}$ 在界面 x_{i+1} 处的注量率不连续因子。界面 x_{i+1} 两侧的注量率不连续因子的定义为非均匀介质的中子注量率与均匀介质的中子注量率之比：

$$\begin{cases} f_i^+(x_{i+1}) = \dfrac{\phi_i^+(x_{i+1})}{\hat{\phi}_i^+(x_{i+1})} \\[2ex] f_{i+1}^-(x_{i+1}) = \dfrac{\phi_{i+1}^-(x_{i+1})}{\hat{\phi}_{i+1}^-(x_{i+1})} \end{cases} \tag{14.58}$$

方程(14.57)和方程(14.58)不仅表明了非均匀介质的中子注量率在界面处是连续的，而且将界面处均匀介质的中子注量率与非均匀介质的中子注量率联系起来。注量率不连续因子

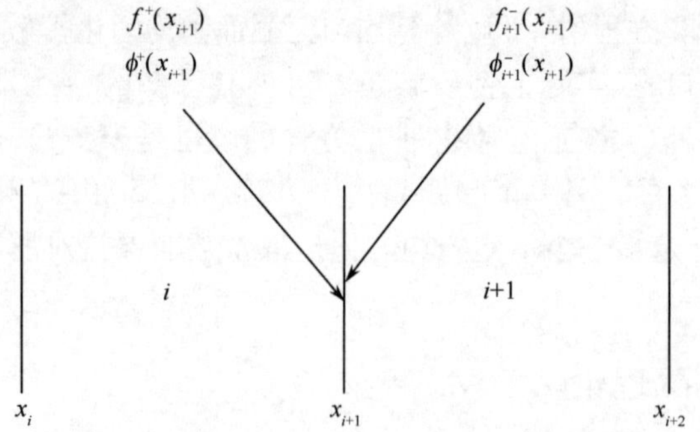

图 14.6　等效理论的符号

为均匀化过程引入了额外的自由度以确保方程(14.52)和方程(14.53)的成立。

为了实施等效均匀化理论,先暂时假设全堆芯非均匀介质的精确解是已知的,因而利用方程(14.54)可直接计算均匀化截面。本节以均匀化的二维多群扩散方程为例继续介绍方程(14.53)的应用过程:

$$-\nabla\cdot\hat{D}_{ij}^g\nabla\hat{\phi}_{ij}^g(x,y)+\hat{\Sigma}_{tij}^g\hat{\phi}_{ij}^g(x,y)=\frac{\chi^g}{k}\sum_{g'=1}^{G}\nu\hat{\Sigma}_{fij}^{g'}\hat{\phi}_{ij}^{g'}(x,y)+\sum_{g'=1}^{G}\hat{\Sigma}_{ij}^{g'\to g}\hat{\phi}_{ij}^{g'}(x,y)\quad(g=1,\cdots,G)\tag{14.59}$$

其中,假设均匀化区域(i,j)的均匀化截面已由方程(14.54)计算获得,而且假设均匀化截面和扩散系数在区域(i,j)内均为常数。在均匀化区域$(i,j)$$(x_i\leqslant x\leqslant x_{i+1};y_i\leqslant y\leqslant y_{i+1})$内,方程在$y$方向上积分可得

$$-\hat{D}_{ij}^g\frac{\mathrm{d}^2}{\mathrm{d}x^2}\int_{y_j}^{y_{j+1}}\hat{\phi}_{ij}^g(x,y)\mathrm{d}y-\hat{D}_{ij}^g\int_{y_j}^{y_{j+1}}\frac{\mathrm{d}^2\hat{\phi}_{ij}^g(x,y)}{\mathrm{d}y^2}\mathrm{d}y+\hat{\Sigma}_t^g\int_{y_j}^{y_{j+1}}\hat{\phi}_{ij}^g(x,y)\mathrm{d}y$$
$$=\frac{\chi^g}{k}\sum_{g'=1}^{G}\nu\hat{\Sigma}_{fij}^{g'}\int_{y_j}^{y_{j+1}}\hat{\phi}_{ij}^{g'}(x,y)\mathrm{d}y+\sum_{g'=1}^{G}\Sigma_{ij}^{g'\to g}\int_{y_j}^{y_{j+1}}\hat{\phi}_{ij}^{g'}(x,y)\mathrm{d}y\quad(g=1,\cdots,G)\tag{14.60}$$

由于非均匀介质的精确解假设是已知的,因而非均匀介质在y方向上的泄漏理论上也是已知的,并可用于计算方程(14.60)中的泄漏项,即

$$\hat{L}_{ijy}^g(x)\equiv-\hat{D}_{ij}^g\int_{y_j}^{y_{j+1}}\frac{\mathrm{d}^2\hat{\phi}_{ij}^g(x,y)}{\mathrm{d}y^2}\mathrm{d}y$$
$$=L_{ijy}^g(x)\equiv\int_{y_j}^{y_{j+1}}\frac{\mathrm{d}J^g(x,y)}{\mathrm{d}y}\mathrm{d}y=J^g(x,y_{j+1})-J^g(x,y_j)\tag{14.61}$$

而且,非均匀介质在x_{i+1}和x_i处的中子流密度J_g假设是已知的,并可作为求解均匀区域(i,j)的方程(14.60)的边界条件:

$$\begin{cases}-\hat{D}_{ij}^g\dfrac{\mathrm{d}}{\mathrm{d}x}\displaystyle\int_{y_j}^{y_{j+1}}\hat{\phi}_{ij}^g(x_{i+1},y)\mathrm{d}y=\int_{y_j}^{y_{j+1}}J_g(x_{i+1},y)\mathrm{d}y\\-\hat{D}_{ij}^g\dfrac{\mathrm{d}}{\mathrm{d}x}\displaystyle\int_{y_j}^{y_{j+1}}\hat{\phi}_{ij}^g(x_i,y)\mathrm{d}y=\int_{y_j}^{y_{j+1}}J_g(x_i,y)\mathrm{d}y\end{cases}\tag{14.62}$$

利用假设已知的非均匀介质在界面处的中子注量率及计算得到的均匀介质在界面处的中

子注量率可计算界面处的注量率不连续因子：

$$\begin{cases} f_{ig}^{+} = \dfrac{\Phi_i^g(x_{i+1})}{\hat{\Phi}_i^g(x_{i+1})} \\ f_{ig}^{-} = \dfrac{\Phi_i^g(x_i)}{\hat{\Phi}_i^g(x_i)} \end{cases} \tag{14.63}$$

式中

$$\begin{cases} \hat{\Phi}_i^g(x) \equiv \displaystyle\int_{y_j}^{y_{j+1}} \hat{\phi}_{ij}^g(x,y)\,\mathrm{d}y \\ \Phi_i^g(x) \equiv \displaystyle\int_{y_j}^{y_{j+1}} \phi_{ij}^g(x,y)\,\mathrm{d}y \end{cases} \tag{14.64}$$

然而，由于全堆芯的非均匀介质的精确解实际上是未知的，因此上述过程实际上是利用零中子流密度边界条件下局部的一个组件或者一组组件的非均匀解作为其近似值（近似解）。而且，为了计算方程（14.60）中的泄漏项（方程（14.61））、边界条件（方程（14.62））及注量率不连续因子的分子均需要非均匀介质的近似解。同理可得，区域(i,j)在边界 $y=y_j$ 和 $y=y_{j+1}$ 处的注量率不连续因子。区域(i,j)的四个注量率不连续因子通常是不同的。

值得注意的是，上述过程对均匀化扩散系数的任何定义都是适用的。然而，扩散系数不同的定义影响均匀化中子注量率的计算结果，因而进一步影响注量率不连续因子的计算结果。以非均匀介质的中子注量率为权重可定义一个较常用的均匀化扩散系数：

$$\hat{D}_{ij}^g = \frac{\displaystyle\int_{x_i}^{x_{i+1}} \mathrm{d}x \int_{y_i}^{y_{i+1}} D^g(x,y)\phi^g(x,y)\,\mathrm{d}y}{\displaystyle\int_{x_i}^{x_{i+1}} \mathrm{d}x \int_{y_i}^{y_{i+1}} \phi^g(x,y)\,\mathrm{d}y} \tag{14.65}$$

通过计算非均匀与均匀组件的中子注量率和中子流密度可得注量率不连续因子。在这两个计算中，中子注量率对体积的积分通常可被归一化至相同的值。若均匀组件计算采用了零中子流对称边界条件，那么均匀介质（组件）的中子注量率分布是均匀的。在这两个近似下，仅进行非均匀组件计算即可得到注量率不连续因子，它为非均匀组件的中子注量率在表面上的积分与其在体积上的积分之比：

$$\frac{\displaystyle\int_{y_i}^{y_{i+1}} \phi_A^g(x,y)\,\mathrm{d}y}{\displaystyle\int_{x_i}^{x_{i+1}} \mathrm{d}x \int_{y_i}^{y_{i+1}} \phi_A^g(x,y)\,\mathrm{d}y} = \frac{\Phi_{i+1}^g(x_{i+1})}{\displaystyle\int_{x_i}^{x_{i+1}} \mathrm{d}x \int_{y_i}^{y_{i+1}} \hat{\phi}_{ij}^g(x,y)\,\mathrm{d}y} = \frac{\Phi_{i+1}^g(x_{i+1})}{\Delta x_i \hat{\Phi}_{ij}^g} \equiv \frac{f_{ig}^{+}}{\Delta x} \tag{14.66}$$

式中：$\phi_A^g(x,y)$为非均匀组件计算得到的中子注量率；在方程（14.66）的第二步中已假设非均匀介质和均匀介质的中子注量率进行了归一化；在第三步中已假设均匀介质的中子注量率是均匀的。对于组件边界上净中子流密度为零的组件，根据方程（14.66）计算所得的注量率不连续因子，或组件不连续因子是足够精确的；但是，对于在组件边界上存在明显泄漏的情况，它是不够精确的，这是目前该领域的研究热点。

等效均匀化理论对任何节块法（它通常利用表面平均的中子注量率耦合不同的节块）均是适用的。节块(i,j)与节块$(i+1,j)$在界面 x_{i+1}上的中子流密度为

$$J_g^{+}(i,j)=\frac{2D_{ij}^{g}D_{i+1j}^{g}}{\Delta x_i\Delta x_{i+1}}\frac{f_{gi}^{+}\Phi_i^{g}-f_{gi+1}^{-}\Phi_{i+1}^{g}}{f_{gi+1}^{-}D_{ij}^{g}/\Delta x_i+f_{gi}^{+}D_{i+1,j}^{g}/\Delta x_{i+1}} \tag{14.67}$$

同理可得节块其他界面的表达式。

14.7 多尺度均匀化理论

更加严谨的均匀化理论建立在核反应堆典型的空间结构上:高度非均匀的燃料组件位于几乎周期性(对称)的结构(阵列)中;而且,对于不同的组件,其平均特性变化缓慢。这表明,均匀化理论须引入了两个空间尺度——因组件内的非均匀性而引入的精细尺度(r_{f})和因组件间的缓慢变化引入的粗略尺度(r_{c}),这两个尺度是独立的空间变量。本节以单群扩散理论为例介绍多尺度均匀化理论。以 r_{f} 和 r_{c} 为独立空间变量的控制方程为

$$-\left(\frac{\partial}{\partial \boldsymbol{r}_{\mathrm{c}}}+\frac{\partial}{\partial \boldsymbol{r}_{\mathrm{f}}}\right)\cdot D(\boldsymbol{r}_{\mathrm{c}},\boldsymbol{r}_{\mathrm{f}})\left(\frac{\partial}{\partial \boldsymbol{r}_{\mathrm{c}}}+\frac{\partial}{\partial \boldsymbol{r}_{\mathrm{f}}}\right)\Phi(\boldsymbol{r}_{\mathrm{c}},\boldsymbol{r}_{\mathrm{f}})+$$

$$\Sigma_{\mathrm{a}}(\boldsymbol{r}_{\mathrm{c}},\boldsymbol{r}_{\mathrm{f}})\Phi(\boldsymbol{r}_{\mathrm{c}},\boldsymbol{r}_{\mathrm{f}})-\frac{1}{k}\nu\Sigma_{\mathrm{f}}(\boldsymbol{r}_{\mathrm{c}},\boldsymbol{r}_{\mathrm{f}})\Phi(\boldsymbol{r}_{\mathrm{c}},\boldsymbol{r}_{\mathrm{f}})=0 \tag{14.68}$$

若以堆芯的平均扩散长度 L 为变量对其进行归一化,那么方程中的空间梯度具有不同的量级:$O(L\mathrm{d}/\mathrm{d}\boldsymbol{r}_{\mathrm{c}})\sim O(L\boldsymbol{r}_{\mathrm{f}}/\boldsymbol{r}_{\mathrm{c}}\mathrm{d}/\mathrm{d}\boldsymbol{r}_{\mathrm{f}})\sim\varepsilon O(L\mathrm{d}/\mathrm{d}\boldsymbol{r}_{\mathrm{f}})$,其中,$\varepsilon\equiv\boldsymbol{r}_{\mathrm{f}}/\boldsymbol{r}_{\mathrm{c}}$ 为一个小量,它与组件内非均匀性的尺度与组件尺度之比在同一量级上。以 ε 为参数对中子注量率和特征值进行幂级数展开可得

$$\Phi(\boldsymbol{r}_{\mathrm{c}},\boldsymbol{r}_{\mathrm{f}})=\sum_{n=0}\varepsilon^{n}\phi_n(\boldsymbol{r}_{\mathrm{c}},\boldsymbol{r}_{\mathrm{f}})\quad\left(\frac{1}{k}=\sum_{n=0}\frac{\varepsilon^{n}}{k_n}\right) \tag{14.69}$$

将方程(14.69)代入方程(14.68)并保留与 $O(\varepsilon^0)$ 同阶的项可得

$$L_{r_{\mathrm{f}}}\Phi_0(\boldsymbol{r}_{\mathrm{c}},\boldsymbol{r}_{\mathrm{f}})\equiv-\frac{\partial}{\partial r_{\mathrm{f}}}\cdot D(\boldsymbol{r}_{\mathrm{c}},\boldsymbol{r}_{\mathrm{f}})\frac{\partial\Phi_0(\boldsymbol{r}_{\mathrm{c}},\boldsymbol{r}_{\mathrm{f}})}{\partial \boldsymbol{r}_{\mathrm{f}}}+$$

$$\Sigma_{\mathrm{a}}(\boldsymbol{r}_{\mathrm{c}},\boldsymbol{r}_{\mathrm{f}})\Phi_0(\boldsymbol{r}_{\mathrm{c}},\boldsymbol{r}_{\mathrm{f}})-\frac{1}{k_0}\nu\Sigma_{\mathrm{f}}(\boldsymbol{r}_{\mathrm{c}},\boldsymbol{r}_{\mathrm{f}})\Phi_0(\boldsymbol{r}_{\mathrm{c}},\boldsymbol{r}_{\mathrm{f}})=0 \tag{14.70}$$

方程(14.70)与周期性(对称)边界条件一起可以描述任意一个组件 k 内详细的非均匀的中子注量率;对应于核反应堆内存在的 K 种不同的燃料组件,存在 K 个这样的非均匀组件问题。方程中存在 $\boldsymbol{r}_{\mathrm{c}}$ 表明了计算对不同组件的依赖性;而方程中的 $\boldsymbol{r}_{\mathrm{f}}$ 表征了计算对组件内空间的依赖性。由于在方程中未出现 $\boldsymbol{r}_{\mathrm{c}}$ 的梯度项,因而方程的通解为

$$\Phi_0(\boldsymbol{r}_{\mathrm{c}},\boldsymbol{r}_{\mathrm{f}})=A_0(\boldsymbol{r}_{\mathrm{c}})\phi_0(\boldsymbol{r}_{\mathrm{c}},\boldsymbol{r}_{\mathrm{f}}) \tag{14.71}$$

式中:$A_0(\boldsymbol{r}_{\mathrm{c}})$ 为全堆芯空间尺度上的任意函数,并需由更高阶的方程确定。

与 $O(\varepsilon^1)$ 同阶(一阶)的方程为

$$L_{r_{\mathrm{f}}}\Phi_1(\boldsymbol{r}_{\mathrm{c}},\boldsymbol{r}_{\mathrm{f}})\equiv-\frac{\partial}{\partial \boldsymbol{r}_{\mathrm{c}}}\cdot D(\boldsymbol{r}_{\mathrm{c}},\boldsymbol{r}_{\mathrm{f}})\frac{\partial}{\partial \boldsymbol{r}_{\mathrm{f}}}\phi_0(\boldsymbol{r}_{\mathrm{c}},\boldsymbol{r}_{\mathrm{f}})A_0(\boldsymbol{r}_{\mathrm{c}})+$$

$$\frac{\partial}{\partial \boldsymbol{r}_{\mathrm{f}}}\cdot D(\boldsymbol{r}_{\mathrm{c}},\boldsymbol{r}_{\mathrm{f}})\frac{\partial}{\partial \boldsymbol{r}_{\mathrm{c}}}\phi_0(\boldsymbol{r}_{\mathrm{c}},\boldsymbol{r}_{\mathrm{f}})A_0(\boldsymbol{r}_{\mathrm{c}})+\frac{1}{k_1}\nu\Sigma_{\mathrm{f}}(\boldsymbol{r}_{\mathrm{c}},\boldsymbol{r}_{\mathrm{f}})\phi_0(\boldsymbol{r}_{\mathrm{c}},\boldsymbol{r}_{\mathrm{f}})A_0(\boldsymbol{r}_{\mathrm{c}}) \tag{14.72}$$

这是一个与齐次的方程(14.70)具有相同形式的非齐次方程。由弗雷德霍姆置换定律可知,

当且仅当方程右端与方程(14.70)的共轭方程的解正交时,方程(14.72)有解。由于周期性边界条件下的单群扩散方程是自共轭的(多群扩散方程和输运方程非自共轭),因而方程(14.72)存在解的条件为

$$\frac{1}{k_1}=\langle \phi_0,\nu\Sigma_f\phi_0\rangle A_0+\left\langle \phi_0,\left(\frac{\partial}{\partial \boldsymbol{r}_f}D+D\frac{\partial}{\partial \boldsymbol{r}_f}\right)\phi_0\right\rangle\cdot\frac{\partial A_0}{\partial \boldsymbol{r}_c}+$$
$$\langle \phi_0,\frac{\partial \phi_0}{\partial \boldsymbol{r}_f}\cdot\frac{\partial D}{\partial \boldsymbol{r}_c}+D\frac{\partial}{\partial \boldsymbol{r}_f}\cdot\frac{\partial \phi_0}{\partial \boldsymbol{r}_c}\rangle A_0 \tag{14.73}$$

式中:$\langle\cdot\rangle$表示节块 k 内对 $\boldsymbol{r}_f$ 进行空间积分。

求解方程(14.73)可得 k_1。方程(14.72)的解由齐次方程的解 ϕ_0、任意系数 $A_1(\boldsymbol{r}_c)$ 和对应于方程右端项的特解三部分组成,即

$$\boldsymbol{\Phi}_1(\boldsymbol{r}_c,\boldsymbol{r}_f)=A_1(\boldsymbol{r}_c)\phi_0(\boldsymbol{r}_c,\boldsymbol{r}_f)+\sum_{\xi}g_{\xi}(\boldsymbol{r}_c,\boldsymbol{r}_f)\boldsymbol{n}_{\xi}\cdot\frac{\partial A_0(\boldsymbol{r}_c)}{\partial \boldsymbol{r}_c}+q(\boldsymbol{r}_c,\boldsymbol{r}_f)A_0(\boldsymbol{r}_c) \tag{14.74}$$

其中,特解在周期边界条件下满足

$$\begin{cases}L_{r_f}g_{\xi}(\boldsymbol{r}_c,\boldsymbol{r}_f)=\boldsymbol{n}_{\xi}\cdot\left[\dfrac{\partial}{\partial \boldsymbol{r}_f}\nabla\phi_0(\boldsymbol{r}_c,\boldsymbol{r}_f)+D(\boldsymbol{r}_c,\boldsymbol{r}_f)\dfrac{\partial}{\partial \boldsymbol{r}_f}\phi_0(\boldsymbol{r}_c,\boldsymbol{r}_f)\right]\\ L_{r_f}q(\boldsymbol{r}_c,\boldsymbol{r}_f)=\dfrac{1}{k_1}\nu\Sigma_f(\boldsymbol{r}_c,\boldsymbol{r}_f)\phi_0(\boldsymbol{r}_c,\boldsymbol{r}_f)\end{cases} \tag{14.75}$$

每一个坐标方向上均存在与方程组(14.75)的第一个方程类似的方程。

与 $O(\varepsilon^2)$同阶(二阶)的方程为

$$L_{r_f}\boldsymbol{\Phi}_2(\boldsymbol{r}_c,\boldsymbol{r}_f)\equiv\frac{\partial}{\partial \boldsymbol{r}_c}\cdot D\frac{\partial}{\partial \boldsymbol{r}_f}\phi_0+\left(\frac{\partial}{\partial \boldsymbol{r}_f}\cdot D\frac{\partial}{\partial \boldsymbol{r}_c}+\frac{\partial}{\partial \boldsymbol{r}_c}\cdot D\frac{\partial}{\partial \boldsymbol{r}_f}\right)\phi_1+$$
$$\frac{1}{k_1}\nu\Sigma_f\phi_1+\frac{1}{k_2}\nu\Sigma_f\phi_0 \tag{14.76}$$

该方程解存在的条件为

$$\left\langle \phi_0,\left(\frac{1}{k_1}\nu\Sigma_f\phi_1+\frac{1}{k_2}\nu\Sigma_f\phi_0\right)\right\rangle+\langle \phi_0,\frac{\partial}{\partial \boldsymbol{r}_c}\cdot D\frac{\partial}{\partial \boldsymbol{r}_c}\phi_0\rangle+$$
$$\left\langle \phi_0,\left(\frac{\partial}{\partial \boldsymbol{r}_f}\cdot D\frac{\partial}{\partial \boldsymbol{r}_c}+\frac{\partial}{\partial \boldsymbol{r}_c}\cdot D\frac{\partial}{\partial \boldsymbol{r}_f}\right)\phi_1\right\rangle=0 \tag{14.77}$$

求解该方程可得 k_2。方程(14.76)在组件内非均匀性的空间尺度 $\boldsymbol{r}_f$ 上积分可得经组件平均后的全堆芯的扩散方程为

$$\frac{\partial}{\partial \boldsymbol{r}_c}\langle \boldsymbol{D}\rangle\frac{\partial}{\partial \boldsymbol{r}_c}A_0(\boldsymbol{r}_c)+\frac{1}{\boldsymbol{\varepsilon}^2}\left(\frac{1}{k}\langle \nu\Sigma_f\rangle-\langle \boldsymbol{\Sigma}_a\rangle\right)A_0(\boldsymbol{r}_c)+\langle \boldsymbol{\Gamma}\rangle\frac{\partial A_0(\boldsymbol{r}_c)}{\partial \boldsymbol{r}_c}+\langle S\rangle A_0(\boldsymbol{r}_c)=0 \tag{14.78}$$

其中,定义范数 $N\equiv\langle \phi_0,\phi_0\rangle$;以共轭中子注量率为权重的组件平均的均匀化裂变截面和均匀化吸收截面分别为

$$
\begin{cases}
\langle \nu\Sigma_{\mathrm{f}} \rangle = \dfrac{\langle \phi_0, \nu\Sigma_{\mathrm{f}}\phi_0 \rangle}{N} \\
\langle \Sigma_{\mathrm{a}} \rangle = \dfrac{\langle \phi_0, \Sigma_{\mathrm{a}}\phi_0 \rangle}{N}
\end{cases}
\tag{14.79}
$$

二维问题的扩散张量的各个分量分别为

$$
\begin{cases}
\langle D_{11} \rangle = \left[\langle \phi_0, D\phi_0 \rangle + \left\langle \phi_0, \left(D\dfrac{\partial}{\partial r_{\mathrm{f1}}} + \dfrac{\partial}{\partial r_{\mathrm{f1}}} D \right) g_2 \right\rangle \right] \Big/ N \\
\langle D_{12} \rangle = \left\langle \phi_0, \left(\dfrac{\partial}{\partial r_{\mathrm{f1}}} D + D\dfrac{\partial}{\partial r_{\mathrm{f1}}} \right) g_1 \right\rangle \Big/ N \\
\langle D_{21} \rangle = \left\langle \phi_0, \left(\dfrac{\partial}{\partial r_{\mathrm{f2}}} D + D\dfrac{\partial}{\partial r_{\mathrm{f2}}} \right) g_2 \right\rangle \Big/ N \\
\langle D_{22} \rangle = \left[\langle \phi_0, D\phi_0 \rangle + \left\langle \phi_0, \left(D\dfrac{\partial}{\partial r_{\mathrm{f2}}} + \dfrac{\partial}{\partial r_{\mathrm{f2}}} D \right) g_1 \right\rangle \right] \Big/ N \\
\langle D_{33} \rangle = \dfrac{\langle \phi_0, D\phi_0 \rangle}{N} \\
\langle D_{13} \rangle = \langle D_{23} \rangle = \langle D_{31} \rangle = \langle D_{32} \rangle = 0
\end{cases}
\tag{14.80}
$$

与有效裂变截面或吸收截面一样可定义源项$\langle S \rangle$为

$$
\langle S \rangle = \left\langle \phi_0, \left(\frac{\partial}{\partial \boldsymbol{r}_{\mathrm{c}}} \cdot D\frac{\partial}{\partial \boldsymbol{r}_{\mathrm{f}}} + \frac{\partial}{\partial \boldsymbol{r}_{\mathrm{f}}} \cdot D\frac{\partial}{\partial \boldsymbol{r}_{\mathrm{c}}} \right) q \right\rangle +
\frac{1}{k} \langle \phi_0, \nu\Sigma_{\mathrm{f}} q \rangle - \frac{1}{k} \langle \phi_0, \nu\Sigma_{\mathrm{f}}\phi_0 \rangle - \left\langle \frac{\partial}{\partial \boldsymbol{r}_{\mathrm{c}}}\phi_0, D\frac{\partial}{\partial \boldsymbol{r}_{\mathrm{c}}}\phi_0 \right\rangle \tag{14.81}
$$

除以上参数外,方程另有一个对流项$\langle \boldsymbol{\Gamma} \rangle$,定义见参考文献[1]。源项和对流项是由组件与组件之间截面和扩散系数的变化引起的。它们能表征在 ϕ_0 的计算中不能描述的相邻组件间的泄漏。而且,源项和对流项在精确的周期性边界条件下整个核反应堆的计算中将自行消失。

因此,周期性边界条件下方程(14.70)和方程(14.72)的解(详细的组件内的中子注量率分布 ϕ_0 及其补充函数 g_ξ 和 q)可用于计算以共轭中子注量率为权重的均匀化组件参数,而这些参数是扩散方程(14.78)的输入参数。利用输运方程代替扩散方程(方程(14.70))可得基于输运栅格均匀化计算的多尺度均匀化方法,并且进一步可得全堆芯的扩散方程。

14.8 中子注量率的重构

均匀化过程生成能代表整个燃料组件的均匀化截面,这些均匀化截面在全堆芯计算中可用于代表整个燃料组件,也可代表一组燃料组件(如模块)。全堆芯计算得到的中子注量率分布仅是全堆芯的中子注量率分布,但不能反映局部中子注量率的精细分布。在组件或模块均匀化过程中生成的组件或模块精细的中子注量率可与全堆芯的中子注量率分布进行叠加,而且更加精细的燃料棒栅元的中子注量率分布进一步可与组件或模块的中子注量率分布进行叠加。需要指出的是,精细中子注量率分布的重构过程所采用的假设与均匀化过程所采用的假设必须是一致的。

参考文献

[1] H. ZHANG, RIZWAN-UDDIN, and J. J. DORNING, "Systematic Homogenization and Self-Consistent Flux and Pin Power Reconstruction for Nodal Diffusion Methods, Part I: Diffusion Theory Based Theory," *Nucl. Sci. Eng. 121*, 226 (**1995**); "Transport Equation Based Systematic Homogenization Theory for Nodal Diffusion Methods with Self-Consistent Flux and Pill Power Reconstruction," J. *Transport Theory Stat. Phys. 26*,433 (1997); "A Multiple Scales Systematic Theory for the Simultaneous Homogenization of Lattice Cells and Fuel Assemblies," *J. Transport Theory Stat. Phys. 26*, 765 (**1997**).

[2] A HEBERT et al., "A Consistent Technique for the Global Homogenization of a Pressurized Water Reactor Assembly," *Nucl.* Sci. *Eng. 109*, 360 (**1991**); "Development of a Third Generation SPH Method for the Homogenization of a PWR Assembly," *Proc. Conf. Mathematical Methods and Supercomputing in Nuclear Applications*, Karlsruhe, Germany (**1993**), p. 558; "A Consistent Technique for the Pin-by-Pin Homogenization of a Pressurized Water Assembly," *Nucl. Sci. Eng. 113*, 227 (**1993**).

[3] K. S. SMITH, "Assembly Homogenization Techniques for Light Water Reactor Analysis," *Prog. Nucl. Energy 14*,303 (**1986**).

[4] A. JONSSON, "Control Rods and Burnable Absorber Calculations," in Y. Ronen, ed., *CRC Handbook of Nuclear Reactor Calculations III*, CRC Press, Boca Raton, FL(**1986**).

[5] R. J. J. STAMM'LER and M. J. ABBATE, *Methods of Steady State Reactor Physics in Nuclear Design*, Academic Press, London (**1983**), Chap. VII.

[6] A. KAVENOKY, "The SPH Homogenization Method," *Proc. Specialist's Mtg. Homogenization Methods in Reactor Physics*, Lugano, Switzerland, 1978, IAEA-TECDOC-231, International Atomic Energy Agency, Vienna (**1980**).

[7] V. C. DENIZ, "The Theory of Neutron Leakage in Reactor Calculations," in Y. Ronen, ed., *CRC Handbook of Nuclear Reactor Calculations II*, CRC Press, Boca Raton, FL (**1986**), p. 409.

[8] K. KOEBKE, "A New Approach to Homogenization and Group Condensation," *Proc. Specialist's Mtg. Homogenization Methods in Reactor Physics*, Lugano, Switzerland, 1978, IAEA-TECDOC-231, International Atomic Energy Agency, Vienna (**1980**).

[9] R. T. CHIANG and J. DORNING, "A Homogenization *Theory* for Lattices with Burnup and Non-uniform Loadings," *Proc. Top. Mtg. Advances in Reactor Physics and Core Thermal Hydraulics.* American Nuclear Society, La Grange Park, IL (**1980**), p. 240.

[10] E. W. LARSEN, "Neutron Transport and Diffusion in Inhomogeneous Media, I," *J. Math. Phys. 16*, 1421 (**1975**); "Neutron Transport and Diffusion in Inhomogeneous Media, II," *Nucl. Sci. Eng. 60*,357 (1976); "Neutron Drift in Heterogeneous Media," *Nucl. Sci. Eng.* 65, 290 (**1978**).

[11] J. J. DUDERSTADT and L. J. HAMILTON, *Nuclear Reactor Analysis*, Wiley, New York (**1976**), Chap. 10.

[12] A. F. HENRY, *Nuclear Reactor Analysis*, MIT Press, Cambridge, MA(**1975**), Chap. 10.

[13] J. R. ASKEW, F. J. FAYERS, and F. B. KEMSHELL, "A General Description of the Lattice Code WIMS," J. *Br. Nucl. Energy Soc. 5*, 564 (**1966**).

[14] C. W. MAYNARD, "Blackness Theory for Slabs," in A. Radkowsky, ed., *Naval Reactors Physics Handbook*, U. S. Atomic Energy Commission, Washington, DC (**1964**), pp. 409-448.

[15] A. AMOUYAL, P. BENOIST, and J. HOROWITZ, "New Method of Determining the Thermal Utilization Factor in a Unit Cell," J. *Nucl. Energy 6*, 79 (**1957**).

[16] E. E. LEWIS and W. F. MILLER, *Computational Methods of Neutron Transport*, American Nuclear Society, La Grange Park, IL (**1993**).

习题

14.1 试推导 ABH 方法。

14.2 两区板状单位栅元由厚度 $a=1\text{cm}$ 的燃料板和两侧厚度 $b=2\text{cm}$ 的慢化剂区组成。若慢化剂内存在均匀慢化源且零中子率密度边界条件。燃料为 UO_2，其热中子 $\Sigma_a=$

0.169cm^{-1},Σ_s=0.372cm^{-1},$1-\mu_0$=0.9887;慢化剂为H_2O,Σ_a=0.022cm^{-1},Σ_s=3.45cm^{-1},$1-\mu_0$=0.676。试利用ABH方法计算热中子不利因子,热中子利用系数和栅元的均匀化散射截面和吸收截面。

14.3 试推导黑体理论。

14.4 核反应堆组件的结构:左侧是3个如习题14.2所述的燃料-慢化剂栅元阵列,紧接着厚度为0.1cm的硼板,其右侧是3个燃料-慢化剂栅元阵列。试利用黑体理论计算硼板的用于扩散计算的有效截面。其中,硼板的热中子参数:Σ_a=25cm^{-1},Σ_s=0.346cm^{-1},$1-\mu_0$=0.9394。

14.5 反应堆燃料组件由5个如习题14.4所述的燃料、慢化剂和硼板阵列组成,试利用单群扩散理论计算组件详细的非均匀注量率分布,并利用等效均匀化理论计算组件的均匀化吸收截面、散射截面、扩散系数和组件注量率不利因子。

14.6 在边长为2cm的正方形慢化材料中心存在一根直径为1cm的燃料棒,试构建其维格纳-塞茨模型。

14.7 试建立并求解习题14.6的单群碰撞概率方程。燃料和慢化剂的参数如习题14.2所示。

14.8 试利用传统均匀化理论计算习题14.7中燃料棒栅元模型的均匀化截面。

14.9 如习题14.2所述,厚度为1cm的燃料棒与厚度为2cm的H_2O相间排列而成的阵列,但燃料板内燃料的富集度不同。以燃料板和两侧厚1cm的H_2O组成燃料组件,试利用扩散理论求解零中子流边界条件下组件的非均匀中子注量率,并试利用等效均匀化理论计算组件的均匀化截面、扩散系数和注量率不连续因子。

14.10 (编程题)试编写一个一维平板的S_4程序;利用该程序计算获得的非均匀中子注量率重新计算习题14.9所述的均匀化截面。

第 15 章　节块法和综合法

即使局部的燃料棒、包壳、冷却剂等组成的非均匀栅元被均匀化之后,整个核反应堆仍然是高度非均匀的,因为组件内部和组件间的燃料成分、可燃毒、控制棒、水隙、结构材料等仍然存在明显的差异。传统的少群有限差分模型在网格大小上受到如下两个因素的限制:①它必须足够精细以表征模型在空间上的非均匀性;②它必须小于或等于最小的热中子群扩散长度以保证数值计算的精度。少群有限差分模型通常需要 $10^5 \sim 10^6$ 个未知量(每个能群、每个网格上的中子注量率)才足以保证其计算的精度。直接求解这样一个问题(即使是扩散方程)仍面临难以接受的计算量,这样的计算量直到最近才有所改观。对于那些须多次计算全堆芯中子注量率空间分布的情形,例如燃耗计算或瞬态计算,直接求解少群有限差分模型仍然是不切实际的。

大量计算量较小的近似方法已经被发展起来以快速计算核反应堆的有效增殖系数与中子注量率分布,虽然这些近似方法在诸多方面存在明显的差别,但是由于历史的原因,它们通常称为节块法、粗网格法或综合法。

节块法将整个核反应堆堆芯在空间上分割成一些较大的区域(称为节块),并利用节块的一小部分参数来描述全堆芯的中子注量率分布。节块法通常需要节块内详细的非均匀中子注量率分布以生成每一个节块的均匀化参数,而且它也需要计算相邻节块间的耦合参数以连接相邻节块间的平均中子注量率。全堆芯的节块平均中子注量率分布可与节块内非均匀的中子注量率分布耦合构建全堆芯的非均匀中子注量率分布。

粗网格法是对网格间中子注量率的变化进行高精度的近似以提高传统有限差分方法的数值精度。与节块法相同的是,粗网格法通常需要局部区域详细的非均匀中子注量率分布以构建均匀化参数,并最终与粗网格上的中子注量率分布耦合以获得全堆芯详细的非均匀中子注量率分布。

综合法通常是结合轴向一维的计算结果和二维平板详细的非均匀中子注量率分布以构建全堆芯详细的非均匀中子注量率分布。虽然综合法无需如节块法和粗网格法那样对堆芯内的区域进行均匀化,但是它实际上仍然须进行均匀化计算以获得轴向合成计算所需的参数,因此,它实际上仍然须确保均匀化计算与近似模型计算之间具有一定的一致性。

15.1　节块法公式

多群中子平衡方程可写为

$$\nabla \cdot J_g(r) + \Sigma_t^g(r)\phi_g(r) = \sum_{g'=1}^{G} \Sigma^{g' \to g}(r)\phi_{g'}(r) + \frac{\chi^g}{k}\sum_{g'=1}^{G} \nu\Sigma_f^{g'}(r)\phi_{g'}(r) \quad (g = 1, \cdots, G) \tag{15.1}$$

方程(15.1)在图 15.1 所示的节块 n 内积分可得节块 n 的中子平衡方程:

$$\sum_{n'} L_{nn'}^{g} + \Sigma_{tn}^{g} \bar{\phi}_{g}^{n} V_{n} = \sum_{g'=1}^{G} \Sigma_{n}^{g'\to g} \bar{\phi}_{g'}^{n} V_{n} + \frac{\chi^{g}}{k} \sum_{g'=1}^{G} \nu \Sigma_{fn}^{g'} \bar{\phi}_{g'}^{n} V_{n} \quad (g = 1,\cdots,G; n = 1,\cdots,N) \tag{15.2}$$

其中,节块平均的总截面、散射截面和裂变截面采用如下形式的定义:

$$\Sigma_{tn}^{g} \equiv \frac{\int_{V_n} \Sigma_{t}^{g}(r)\phi_{g}(r)\mathrm{d}r}{\int_{V_n} \phi_{g}(r)\mathrm{d}r} \tag{15.3}$$

节块的平均中子注量率定义为

$$\bar{\phi}_{g}^{n} \equiv \frac{\int_{V_n} \phi_{g}(r)\mathrm{d}r}{V_n} \tag{15.4}$$

节块 n 与相邻节块 n'之间的泄漏可由其公共表面上的中子流密度的面积分进行定义:

$$L_{nn'}^{g} \equiv \int_{r_s \in S_{nn'}} \boldsymbol{n} \cdot \boldsymbol{J}_{g}(r_s)\mathrm{d}r_s \tag{15.5}$$

为了能对泄漏项的分析更加具体化,假设节块是边长分别为 Δx、Δy 和 Δz 的平行六面体,如图 15.1 所示。在 $x = +\Delta x/2$ 和 $-\Delta x/2$ 处的界面上,x 方向上界面平均的净中子流密度可分别定义为

$$J_{gx\pm}^{n} \equiv \frac{\int_{-\Delta y/2}^{\Delta y/2} \mathrm{d}y \int_{-\Delta z/2}^{\Delta z/2} \boldsymbol{n}_x \cdot \boldsymbol{J}_g(\pm\Delta x/2, y, z)\mathrm{d}z}{\Delta y \Delta z} \tag{15.6}$$

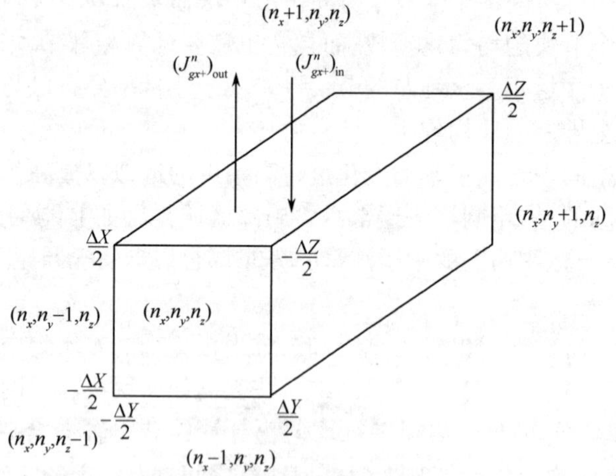

图 15.1　节块模型及其符号

同理可得边界 $\pm\Delta y/2$ 和 $\pm\Delta z/2$ 处 y 方向上和 z 方向上界面平均的净中子流密度。根据向上 $\boldsymbol{J}_g^{+}$ 和向下 $\boldsymbol{J}_g^{-}$ 的分中子流密度,边界 $\pm\Delta x/2$ 处界面平均的向外和向内的分中子流密度分别为

$$\begin{cases} (\bar{J}_{gx\pm}^{n})_{out} \equiv \dfrac{\int_{-\Delta y/2}^{\Delta y/2} \mathrm{d}y \int_{-\Delta z/2}^{\Delta z/2} \boldsymbol{n}_x \cdot \boldsymbol{J}_g^{\pm}(\pm\Delta x/2, y, z)\mathrm{d}z}{\Delta y \Delta z} \\ (\bar{J}_{gx\pm}^{n})_{in} \equiv \dfrac{\int_{-\Delta y/2}^{\Delta y/2} \mathrm{d}y \int_{-\Delta z/2}^{\Delta z/2} \boldsymbol{n}_x \cdot \boldsymbol{J}_g^{\mp}(\pm\Delta x/2, y, z)\mathrm{d}z}{\Delta y \Delta z} \end{cases} \tag{15.7}$$

同理可得边界 $\pm\Delta y/2$ 和 $\pm\Delta z/2$ 处 y 方向和 z 方向上界面平均的分中子流密度。

因为净中子流密度与分中子流密度有关,所以界面平均的净中子流密度与界面平均的分中子流密度满足如下的关系式:

$$\bar{J}^n_{gx\pm} = \pm\left[(\bar{J}^n_{gx\pm})_{\text{out}} - (\bar{J}^n_{gx\pm})_{\text{in}}\right] \tag{15.8}$$

根据节块六个界面上的净中子流密度及其定义,中子平衡方程(方程(15.2))可改写为

$$\frac{(\bar{J}^n_{gx+} - \bar{J}^n_{gx-})}{\Delta x} + \frac{(\bar{J}^n_{gy+} - \bar{J}^n_{gy-})}{\Delta y} + \frac{(\bar{J}^n_{gz+} - \bar{J}^n_{gz-})}{\Delta z} + \Sigma^g_{\text{tn}}\bar{\phi}^n_g$$
$$= \sum_{g'=1}^{G}\Sigma_n^{g'\to g}\bar{\phi}^n_{g'} + \frac{\chi^g}{k}\sum_{g'=1}^{G}\nu\Sigma^{g'}_{\text{fn}}\bar{\phi}^n_{g'} \quad (g = 1,\cdots,G) \tag{15.9}$$

各种节块法的主要差别来源于方程(15.9)中界面平均中子流密度计算方法的不同。

在扩散近似下,x 方向上的分中子流密度与中子注量率满足如下关系:

$$J^{\pm}_{gx} = \frac{1}{4}\phi_g(x) \mp \frac{1}{2}D^g\frac{\mathrm{d}\phi_g(x)}{\mathrm{d}x} \tag{15.10}$$

同理可得 y 方向和 z 方向上的分中子流密度。由于 $\pm\Delta x/2$ 处界面平均的中子注量率为

$$\bar{\phi}^n_{gx\pm} \equiv \frac{\int_{-\Delta y/2}^{\Delta y/2}\mathrm{d}y\int_{-\Delta z/2}^{\Delta z/2}\phi_g(\pm\Delta x/2, y, z)\,\mathrm{d}z}{\Delta y\Delta z} \tag{15.11}$$

它与其相应的界面平均的分中子流密度满足如下关系:

$$\bar{\phi}^n_{gx\pm} = 2\left[(\bar{J}^n_{gx\pm})_{\text{out}} + (\bar{J}^n_{gx\pm})_{\text{in}}\right] \tag{15.12}$$

同理可得 y 方向和 z 方向上 $\pm\Delta y/2$ 和 $\pm\Delta z/2$ 处的表达式。节块 n 的所有面积分均基于趋于其内表面的极限进行计算。

如上所述,各种节块法之间的差别主要是在于方程(15.9)中界面平均中子流密度计算方法的不同。由此形成了两类差别较大的节块法。第一类被称为传统模型或仿真模型,此类模型通常基于详细的计算或核反应堆的运行经验,根据相邻节块间平均中子注量率的差来计算界面平均的中子流密度,而且常利用经验校正耦合系数。第二类节块法有时称为一致公式化模型。为了使节块趋于无限小时的解能期望收敛于精确解的节块方程,此类模型通常基于横向积分这一概念,并利用比普通有限差分更高阶的近似计算界面平均的中子流密度和节块间的耦合项。

15.2　传统节块法

第一类节块法基于相对简单的含参数的数学模型,并通过调整这些参数以匹配更详细模型的计算结果或者测量结果。这类方法广泛地用于核反应堆的三维模拟机,它们对指导和解释研究堆和动力堆的运行过程起着重要的作用。这类方法的基础是利用单一节块的平均中子注量率或者平均裂变率代表每个均匀化燃料组件的中子注量率或裂变率,并利用节块间的快中子扩散(耦合系数)来耦合相邻节块间的平均注量率或裂变率。反射层通常采用反照率来表示。这类方法经常基于一群半理论。而且,耦合系数和反射层反照率通常会被调整以匹配更详细模型的计算结果或试验结果。

早期的节块法通常强制要求净中子流密度在节块界面处是连续的,即

$$\bar{J}_{gx}^{n}\left(\frac{\Delta x_n}{2}\right)=-D_n^g\frac{\mathrm{d}\,\bar{\phi}_{gx}^{n}}{\mathrm{d}x}\bigg|_{\Delta x_n/2}=-D_{n,\mathrm{eff}}^{g}(\alpha_{gx}^{n,n+1}\bar{\phi}_g^{n+1}-\alpha_{gx}^{n,n}\bar{\phi}_g^{n}) \tag{15.13}$$

式中:$\bar{\phi}_g^n$ 为节块的平均中子注量率。而且,调整有效扩散系数和耦合系数 α 以匹配由更详细的有限差分模型计算所得到的界面净中子流密度或节块的平均中子注量率。然而,净中子流密度匹配方法有时导致非物理的解,而且导致耦合系数对相邻燃料组件特性高度敏感。这两个原因促使形成了基于界面处分中子流密度匹配以求取耦合系数的方法,即

$$\begin{cases}\bar{J}_{gx}^{n+}\left(\dfrac{\Delta x_n}{2}\right)\equiv\displaystyle\int_{-\Delta y/2}^{\Delta y/2}\mathrm{d}y\int_{-\Delta z/2}^{\Delta z/2}\boldsymbol{n}_x\cdot\boldsymbol{J}_g^{+}(\Delta x/2,y,z)\,\mathrm{d}z=\alpha_g^{n,n+1}\,\bar{\phi}_g^{n}\Delta x_n\\ \bar{J}_{gx}^{n-}\left(\dfrac{\Delta x_n}{2}\right)\equiv-\displaystyle\int_{-\Delta y/2}^{\Delta y/2}\mathrm{d}y\int_{-\Delta z/2}^{\Delta z/2}\boldsymbol{n}_x\cdot\boldsymbol{J}_g^{-}(\Delta x/2,y,z)\,\mathrm{d}z=\alpha_g^{n+1,n}\,\bar{\phi}_g^{n+1}\Delta x_{n+1}\end{cases} \tag{15.14}$$

对于二维模型,总耦合方法利用详细的各向异性中子注量率(扩散理论的有限差分解)计算界面处的分中子流密度:

$$\boldsymbol{n}_x\cdot\boldsymbol{J}_g^{\pm}\left(\frac{\Delta x_n}{2},y\right)=\frac{1}{4}\phi_g\left(\frac{\Delta x_n}{2},y\right)\mp\frac{1}{2}D_g\left(\frac{\Delta x_n}{2},y\right)\frac{\partial}{\partial x}\phi_g\left(\frac{\Delta x_n}{2},y\right) \tag{15.15}$$

它也可用于计算耦合系数 α。利用详细的二维平板模型的计算结果可计算 $\bar{\phi}_g^n$ 和 $\bar{\phi}_g^{n+1}$,并进一步根据方程(15.14)和方程(15.6)(对于二维问题,方程中 Δz 方向上的积分须略去)可计算 α_g^n 和 α_g^{n+1}。二维平板的节块方程(方程(15.9))可写为

$$\begin{aligned}&-\alpha_g^{n_x+1,n}\frac{\Delta x_{n_x+1}}{\Delta x_n}\bar{\phi}_g^{n_x+1}-\alpha_g^{n_y+1,n}\frac{\Delta y_{n_y+1}}{\Delta y_n}\bar{\phi}_g^{n_y+1}-\\&\alpha_g^{n_x-1,n}\frac{\Delta x_{n_x-1}}{\Delta x_n}\bar{\phi}_g^{n_x-1}-\alpha_g^{n_y-1,n}\frac{\Delta y_{n_y-1}}{\Delta y_n}\bar{\phi}_g^{n_y-1}+\\&(\alpha_g^{n,n_x+1}+\alpha_g^{n,n_y+1}+\alpha_g^{n,n_x-1}+\alpha_g^{n,n_y-1}+\Sigma_{\mathrm{tn}}^{g})\,\bar{\phi}_g^{n}-\\&=\sum_{g'=1}^{G}\Sigma_n^{g'\to g}\,\bar{\phi}_{g'}^{n}-\frac{\chi^g}{k}\sum_{g'=1}^{G}\nu\Sigma_{\mathrm{fn}}^{g'}\,\bar{\phi}_{g'}^{n}=0\end{aligned} \tag{15.16}$$

其中,节块 n 记为(n_x,n_y);其 x 方向和 y 方向上的相邻节块表示为 $n_x\pm1$ 和 $n_y\pm1$。例如,n, n_x+1表示在界面 $x=+\Delta x/2$ 处节块(n_x,n_y)与相邻节块(n_x+1,n_y)间的耦合,如图15.1所示。

大部分传统的节块法实际上并不采用详细的二维平板模型的计算结果来计算节块间的耦合系数,而是采用节块内的碰撞概率方法进行计算。基于节块内裂变中子产生率的平衡,方程(15.16)在单群时可写为

$$\begin{aligned}&-W^{n_x+1,n}S^{n_x+1}-W^{n_y+1,n}S^{n_y+1}-W^{n_x-1,n}S^{n_x-1}-W^{n_y-1,n}S^{n_y-1}+\\&\left(W^{n,n_x+1}+W^{n,n_y+1}+W^{n,n_x-1}+W^{n,n_y-1}+\frac{k}{k_\infty^n}-1\right)S^n=0\end{aligned} \tag{15.17}$$

式中

$$\begin{aligned}S^n&\equiv\nu\Sigma_{\mathrm{fn}}\phi^n\Delta x_n\Delta y_n\\k_\infty^n&\equiv\frac{\nu\Sigma_{\mathrm{fn}}}{\Sigma_{\mathrm{an}}}\end{aligned} \tag{15.18}$$

节块间的耦合项为

$$
\begin{cases}
W^{n,n_x+1} = \dfrac{\overline{J}_x^{n+}(\Delta x_n/2)}{\nu\Sigma_{fn}\overline{\phi}^n} \\
W^{n_x+1,n} = \dfrac{\overline{J}_x^{n-}(\Delta x_n/2)\Delta x_n}{\nu\Sigma_{fn}\overline{\phi}^{n+1}\Delta x_{n+1}}
\end{cases}
\tag{15.19}
$$

这些耦合系数 W^{n,n_x+1} 的物理意义为在节块(n_x,n_y)内产生的一个裂变中子逃逸至相邻节块(n_x+1,n_y)的概率,依次类推。因此,利用碰撞概率或其他方法可直接计算这些新的耦合系数。例如,著名的 FLARE 程序采用如下的关系式:

$$
W^{n,n_x+1} = (1-g)\frac{\sqrt{M_n^2}}{2\Delta x_n} + g\frac{M_n^2}{(\Delta x_n)^2}
\tag{15.20}
$$

式中:M_n^2 为节块(n_x,n_y)的徙动面积;g 为可调整的系数。

式(15.20)中的两项分别为描述从厚度为 Δx_n 的平板泄漏的单群输运核和扩散核。在一群半近似下,FLARE 程序采用的方程变为

$$
W^{n,n_x+1} = \frac{M_n^2}{(\Delta x_n)^2}\frac{1}{k_\infty^n}\frac{2}{1+M_{n+1}/M_n}
\tag{15.21}
$$

一个内部节块的中子平衡可表示为

$$
S^n = \frac{k_\infty^n}{k}\sum_{m=1}^{6}W^{m,n}S^m
\tag{15.22}
$$

其中,求和符号表示对这该节块相邻的六个节块进行求和。由于通常假设从某一节块逃脱的中子进入相邻节块后即被吸收,那么 $W^{m,n}$ 表示在节块 m 内产生的中子在节块 n 中被吸收的概率(实际上这个假设也是不必要的)。对于每一个位于核反应堆堆芯表面 r 处与反射层相邻的节块,若引入反照率 β_{nr},那么其中子平衡方程为

$$
S^n = \frac{k_\infty^n}{k}\left[\sum_{m\neq r}^{6}W^{m,n}S^m + (1-\beta_{nr})W^{n,r}S^n\right] \quad (n=1,\cdots,N)
\tag{15.23}
$$

方程(15.22)和方程(15.23)可采用迭代法进行求解。而且,每一步迭代可利用最新的 S^n 更新特征值:

$$
k = \frac{\sum_n S^n[1-(1-\beta_{nr})W^{n,r}]}{\sum_n S^n/k_\infty^n}
\tag{15.24}
$$

本节介绍的节块法通常需要调整耦合系数以使其结果与更加详细的计算所得到的或实验测量得到的功率分布与有效增殖系数等一致。基于这种节块法的计算通常较快,并被广泛用于核反应堆三维的堆芯模拟器(仿真机)。

15.3　基于扩散理论的横向积分节块法

第二类节块法的主要思想是:在两个截面方向上对三维扩散方程进行积分而将其简化为

带横向泄漏项的一维扩散方程;进一步利用多项式近似中子注量率在该一维空间坐标上的变化关系,最终求解该节块的一维扩散方程。对于均匀化后的核反应堆模型,当节块的大小趋于无限小时,这类节块法在数学上与传统的有限差分方法是一致的。

15.3.1 横向积分方程

对于节块 n,三维多群扩散方程在 y 方向和 z 方向(即截面方向)上积分后可得一个一维群扩散方程:

$$\frac{\mathrm{d}}{\mathrm{d}x}\bar{J}^{n}_{gx}(x) + \frac{1}{\Delta y}L^{g}_{ny}(x) + \frac{1}{\Delta z}L^{g}_{nz}(x) + \Sigma^{g}_{tn}\bar{\phi}^{n}_{gx}(x) = \sum_{g'=1}^{G}\Sigma_{n}^{g'\to g}\bar{\phi}^{n}_{g'x}(x) + \frac{\chi^{g}}{k}\sum_{g'=1}^{G}\nu\Sigma^{g'}_{fn}\bar{\phi}^{n}_{g'x}(x)\quad (g=1,\cdots,G) \tag{15.25}$$

其中,x 方向上截面平均的中子注量率与中子流密度可定义为

$$\bar{\phi}^{n}_{gx}(x) \equiv \frac{\int_{-\Delta y/2}^{\Delta y/2}\mathrm{d}y\int_{-\Delta z/2}^{\Delta z/2}\phi^{n}_{g}(x,y,z)\,\mathrm{d}z}{\Delta y\Delta z} \tag{15.26}$$

$$\bar{J}^{n}_{gx}(x) \equiv \frac{\int_{-\Delta y/2}^{\Delta y/2}\mathrm{d}y\int_{-\Delta z/2}^{\Delta z/2}J^{n}_{g}(x,y,z)\,\mathrm{d}z}{\Delta y\Delta z} \tag{15.27}$$

垂直于 x 方向的横向泄漏项为

$$\begin{aligned}L^{g}_{ny}(x) &= \frac{1}{\Delta z}\int_{-\Delta z/2}^{\Delta z/2}\boldsymbol{n}_{y}\cdot[\boldsymbol{J}_{g}(x,\Delta y/2,z) - \boldsymbol{J}_{g}(x,-\Delta y/2,z)]\,\mathrm{d}z\\ &= -\frac{1}{\Delta z}\int_{-\Delta z/2}^{\Delta z/2}\left[D^{g}_{n}\frac{\partial\phi_{g}(x,\Delta y/2,z)}{\partial y} - D^{g}_{n}\frac{\partial\phi_{g}(x,-\Delta y/2,z)}{\partial y}\right]\mathrm{d}z\end{aligned} \tag{15.28}$$

$$\begin{aligned}L^{g}_{nz}(x) &= \frac{1}{\Delta y}\int_{-\Delta y/2}^{\Delta y/2}\boldsymbol{n}_{y}\cdot[\boldsymbol{J}_{g}(x,y,\Delta z/2) - \boldsymbol{J}_{g}(x,y,-\Delta z/2)]\,\mathrm{d}y\\ &= -\frac{1}{\Delta y}\int_{-\Delta y/2}^{\Delta y/2}\left[D^{g}_{n}\frac{\partial\phi_{g}(x,y,\Delta z/2)}{\partial z} - D^{g}_{n}\frac{\partial\phi_{g}(x,y,-\Delta z/2)}{\partial z}\right]\mathrm{d}y\end{aligned} \tag{15.29}$$

由扩散理论近似可知

$$\bar{J}^{n}_{gx}(x) = -D^{g}_{n}\frac{\mathrm{d}\bar{\phi}^{n}_{gx}(x)}{\mathrm{d}x} \tag{15.30}$$

因此,节块 n 经横向积分后的一维(x 方向)多群扩散方程为

$$-\frac{\mathrm{d}}{\mathrm{d}x}D^{g}_{n}\frac{\mathrm{d}}{\mathrm{d}x}\bar{\phi}^{n}_{gx}(x) + \frac{1}{\Delta y}L^{g}_{ny}(x) + \frac{1}{\Delta z}L^{g}_{nz}(x) + \Sigma^{g}_{tn}\bar{\phi}^{n}_{gx}(x) = \sum_{g'=1}^{G}\Sigma_{n}^{g'\to g}\bar{\phi}^{n}_{g'x}(x) + \frac{\chi^{g}}{k}\sum_{g'=1}^{G}\nu\Sigma^{g'}_{fn}\bar{\phi}^{n}_{g'x}(x)\quad (g=1,\cdots,G) \tag{15.31}$$

节块平均的群中子注量率和横向泄漏项分别可定义为

$$\bar{\phi}^{n}_{g} \equiv \frac{1}{\Delta x}\int_{-\Delta x/2}^{\Delta x/2}\bar{\phi}^{n}_{gx}(x)\,\mathrm{d}x = \frac{1}{\Delta x\Delta y\Delta z}\int_{-\Delta x/2}^{\Delta x/2}\mathrm{d}x\int_{-\Delta y/2}^{\Delta y/2}\mathrm{d}y\int_{-\Delta z/2}^{\Delta z/2}\phi_{g}(x,y,z)\,\mathrm{d}z \tag{15.32}$$

$$\begin{cases} \bar{L}_{ny}^{g} \equiv \dfrac{1}{\Delta x}\displaystyle\int_{-\Delta x/2}^{\Delta x/2} L_{ny}^{g}(x)\,\mathrm{d}x = J_{gy+}^{n} - J_{gy-}^{n} \\ \bar{L}_{nz}^{g} \equiv \dfrac{1}{\Delta x}\displaystyle\int_{-\Delta x/2}^{\Delta x/2} L_{nz}^{g}(x)\,\mathrm{d}x = J_{gz+}^{n} - J_{gz-}^{n} \end{cases} \tag{15.33}$$

方程(15.25)在 x 方向上积分并利用方程(15.32)和方程(15.33)可得节块内的中子平衡方程(15.9)。同理可得 y 方向或者 z 方向的一维横向积分方程。

15.3.2　多项式展开法

若 x 方向的中子注量率采用如下方法展开,粗网格方法能比传统的有限差分方法获得更高精度的计算结果:

$$\bar{\phi}_{gx}^{n}(x) \approx \bar{\phi}_{g}^{n} f_0(x) + \sum_{i=1}^{I} a_{gxi}^{n} f_i(x) \quad \left(-\frac{\Delta x}{2} \leqslant x \leqslant \frac{\Delta x}{2}\right) \tag{15.34}$$

其中,多项式 f 为

$$\begin{cases} f_0(x) = 1 \\ f_1(x) = \dfrac{x}{\Delta x} \equiv \xi \\ f_2(x) = 3\xi^2 - \dfrac{1}{4} \\ f_3(x) = \xi\left(\xi - \dfrac{1}{2}\right)\left(\xi + \dfrac{1}{2}\right) \\ f_4(x) = \left(\xi^2 - \dfrac{1}{20}\right)\left(\xi - \dfrac{1}{2}\right)\left(\xi + \dfrac{1}{2}\right) \\ \cdots \end{cases} \tag{15.35}$$

这些多项式须被归一化以保证中子注量率展开式的体积平均值仍等于如方程(15.32)定义的体积平均的中子注量率:

$$\frac{1}{\Delta x}\int_{-\Delta x/2}^{\Delta x/2} f_i(x)\,\mathrm{d}x = \begin{cases} 1, & i = 0 \\ 0, & i > 0 \end{cases} \tag{15.36}$$

和中子注量率在节块界面 $x = \pm\Delta x/2$ 上的面平均值仍等于如方程(15.11)定义的表面平均的中子注量率:

$$\bar{\phi}_{gx}^{n}\left(\pm\frac{\Delta x}{2}\right) = \phi_{gx\pm}^{n} \tag{15.37}$$

根据以上两个要求,方程(15.34)中的多项式系数必须满足

$$\begin{cases} a_{gx1}^{n} = \phi_{gx+}^{n} - \phi_{gx-}^{n} \\ a_{gx2}^{n} = \phi_{gx+}^{n} - \phi_{gx-}^{n} - 2\bar{\phi}_{g}^{n} \end{cases} \tag{15.38}$$

而且多项式也需要满足

$$f_i\left(\pm\frac{\Delta x}{2}\right) = 0 \quad (i > 2) \tag{15.39}$$

根据这些多项式,x 方向上在 $x = \pm\Delta x/2$ 处向外的面平均中子流密度为

$$(J_{gx+}^{n})_{\text{out}} = J_{gx+}^{n} + (J_{gx+}^{n})_{\text{in}} = -D_{n}^{g}\frac{\mathrm{d}}{\mathrm{d}x}\overline{\phi}_{gx}^{n}\left(\frac{\Delta x}{2}\right) + (J_{gx+}^{n})_{\text{in}}$$

$$= -\frac{D_{n}^{g}}{\Delta x}\left(a_{gx1}^{n} + 3a_{gx2}^{n} + \frac{1}{2}a_{gx3}^{n} + \frac{1}{5}a_{gx4}^{n}\right) + (J_{gx+}^{n})_{\text{in}} \tag{15.40}$$

$$(J_{gx-}^{n})_{\text{out}} = -J_{gx-}^{n} + (J_{gx-}^{n})_{\text{in}} = D_{n}^{g}\frac{\mathrm{d}}{\mathrm{d}x}\overline{\phi}_{gx}^{n}\left(-\frac{\Delta x}{2}\right) + (J_{gx-}^{n})_{\text{in}}$$

$$= \frac{D_{n}^{g}}{\Delta x}\left(a_{gx1}^{n} - 3a_{gx2}^{n} + \frac{1}{2}a_{gx3}^{n} - \frac{1}{5}a_{gx4}^{n}\right) + (J_{gx-}^{n})_{\text{in}} \tag{15.41}$$

同理可得界面 $y = \pm\Delta y/2$ 和 $z = \pm\Delta z/2$ 处 y 方向和 z 方向上的面平均中子流密度。

若 x 方向的中子注量率的多项式展开(方程(15.34))在 $I=2$ 处截断,而且 y 方向和 z 方向的中子注量率也做相似的展开,那么基于节块平均的中子注量率和通过节块边界的进、出节块的分中子流密度,横向积分的节块方程是可解的(方程的数目等于未知量的数目)。基于节块平均的中子注量率和 $x = \pm\Delta x/2$ 处的分中子流密度,方程(15.38)和方程(15.12)代入方程(15.40)和方程(15.41)可得

$$(J_{gx+}^{n})_{\text{out}}\left(1 + \frac{8D_{n}^{g}}{\Delta x}\right) + (J_{gx-}^{n})_{\text{out}}\frac{4D_{n}^{g}}{\Delta x} - \frac{6D_{n}^{g}}{\Delta x}\overline{\phi}_{g}^{n}$$

$$= (J_{gx+}^{n})_{\text{in}}\left(1 - \frac{8D_{n}^{g}}{\Delta x}\right) + (J_{gx-}^{n})_{\text{in}}\left(-\frac{4D_{n}^{g}}{\Delta x}\right) \tag{15.42}$$

$$(J_{gx-}^{n})_{\text{out}}\left(1 + \frac{8D_{n}^{g}}{\Delta x}\right) + (J_{gx+}^{n})_{\text{out}}\frac{4D_{n}^{g}}{\Delta x} - \frac{6D_{n}^{g}}{\Delta x}\overline{\phi}_{g}^{n}$$

$$= (J_{gx-}^{n})_{\text{in}}\left(1 - \frac{8D_{n}^{g}}{\Delta x}\right) + (J_{gx+}^{n})_{\text{in}}\left(-\frac{4D_{n}^{g}}{\Delta x}\right) \tag{15.43}$$

同理可得 y 方向和 z 方向上 $y = \pm\Delta y/2$ 和 $z = \pm\Delta z/2$ 处的面平均中子流密度。方程(15.8)代入节块中子平衡方程(15.9)可得基于分中子流密度的节块方程:

$$\frac{1}{\Delta x}\{[(J_{gx+}^{n})_{\text{out}} + (J_{gx-}^{n})_{\text{out}}] - [(J_{gx+}^{n})_{\text{in}} + (J_{gx-}^{n})_{\text{in}}]\} +$$

$$\frac{1}{\Delta y}\{[(J_{gy+}^{n})_{\text{out}} + (J_{gy-}^{n})_{\text{out}}] - [(J_{gy+}^{n})_{\text{in}} + (J_{gy-}^{n})_{\text{in}}]\} +$$

$$\frac{1}{\Delta z}\{[(J_{gz+}^{n})_{\text{out}} + (J_{gz-}^{n})_{\text{out}}] - [(J_{gz+}^{n})_{\text{in}} + (J_{gz-}^{n})_{\text{in}}]\} + \Sigma_{\text{tn}}^{g}\overline{\phi}_{g}^{n}$$

$$= \sum_{g'=1}^{G}\Sigma_{n}^{g'\to g}\overline{\phi}_{g'}^{n} + \frac{\chi^{g}}{k}\sum_{g'=1}^{G}\nu\Sigma_{\text{fn}}^{g'}\overline{\phi}_{g'}^{n} \quad (g = 1,\cdots,G) \tag{15.44}$$

值得注意的是,方程(15.1)在整个节块内积分也可得此方程。

对于节块 n,在 $\Delta x/2$ 处进入节块的分中子流密度与相邻节块 $n+1$ 在 $\Delta x/2$ 处向外的分中子流密度存在密切的关系。利用第14章介绍的中子注量率不连续性条件,面平均中子注量率满足如下的关系:

$$\begin{cases} f^n_{gx+}\phi^n_{gx+} = f^{n+1}_{gx-}\phi^{n+1}_{gx-} \\ f^n_{gx+}[(J^n_{gx+})_{\text{out}} + (J^n_{gx+})_{\text{in}}] = f^{n+1}_{gx-}[(J^{n+1}_{gx-})_{\text{out}} + (J^{n+1}_{gx-})_{\text{in}}] \end{cases} \tag{15.45}$$

其中,在导出第二个方程时已经利用了方程(5.12)。当中子注量率的不连续因子为 1 时,方程(15.45)变为中子注量率的连续性条件。面平均中子流密度的连续性条件为

$$\begin{cases} J^n_{gx+} = J^{n+1}_{gx-} \\ (J^n_{gx+})_{\text{out}} - (J^n_{gx+})_{\text{in}} = (J^{n+1}_{gx-})_{\text{in}} - (J^{n+1}_{gx-})_{\text{out}} \end{cases} \tag{15.46}$$

它与中子注量率的不连续条件结合可得

$$(J^n_{gx+})_{\text{in}} = \frac{2}{1 + f^n_{gx+}/f^{n+1}_{gx-}}(J^{n+1}_{gx-})_{\text{out}} + \frac{1 - f^n_{gx+}/f^{n+1}_{gx-}}{1 + f^n_{gx+}/f^{n+1}_{gx-}}(J^n_{gx+})_{\text{out}} \tag{15.47}$$

同理,节块 n 与相邻节块 $n-1$ 在 $-\Delta x/2$ 处的不连续条件为

$$(J^n_{gx-})_{\text{in}} = \frac{2}{1 + f^n_{gx-}/f^{n-1}_{gx+}}(J^{n-1}_{gx+})_{\text{out}} + \frac{1 - f^n_{gx-}/f^{n-1}_{gx+}}{1 + f^n_{gx-}/f^{n-1}_{gx+}}(J^n_{gx-})_{\text{out}} \tag{15.48}$$

同理可得 y 方向和 z 方向上 $y = \pm\Delta y/2$ 和 $z = \pm\Delta z/2$ 处的面平均部分入射中子流密度与相邻节块在 y 方向和 z 方向上出射的分中子流密度之间的关系式。

若中子注量率进行如下的展开:

$$\phi^n_g(x,y,z) = \bar{\phi}^n_g + \sum_{i=1}^{2}\alpha^n_{gxi}f_i(x) + \sum_{j=1}^{2}\alpha^n_{gxj}f_j(y) + \sum_{k=1}^{2}\alpha^n_{gzk}f_k(z) \tag{15.49}$$

那么无需借助于横向积分过程即可推导出上述的所有方程。例如,由方程(15.8)和方程(15.9)可直接推导获得方程(15.44),而界面条件(方程(15.45)和方程(15.46))也可通过其他途径获取。然而,若推导更高阶的公式,那么必须采用横向积分方法。

当方程(15.34)中的 $I>2$ 时,横向积分方程是不可解的,因为方程的数目和未知量的数目不再相等。权重残差方法可用于推导更高阶的近似方程,但是它本身又需要对高阶泄漏分量进行近似。方程(15.25)两边同乘以空间函数 $w_i(x)$ 后积分可得

$$\begin{aligned} &\left\langle w_i(x), \frac{\mathrm{d}}{\mathrm{d}x}\bar{J}^n_{gx}(x)\right\rangle + \Sigma^g_{\text{tn}}\bar{\phi}^n_{gxi} \\ &= \sum_{g'=1}^{G}\Sigma_n^{g'\to g}\bar{\phi}^n_{g'xi} + \frac{\chi^g}{k}\sum_{g'=1}^{G}\nu\Sigma^n_{\text{fg}'}\bar{\phi}^n_{g'xi} - \frac{1}{\Delta y}L^g_{nyxi} - \frac{1}{\Delta z}L^g_{nzxi} \end{aligned} \tag{15.50}$$

其中,中子注量率的第 i 个空间分量为

$$\bar{\phi}^n_{gxi} \equiv \langle w_i(x), \bar{\phi}^n_{gx}(x)\rangle = \frac{1}{\Delta x}\int_{-\Delta x/2}^{\Delta x/2} w_i(x)\,\bar{\phi}^n_{gx}(x)\,\mathrm{d}x \tag{15.51}$$

y 方向的横向泄漏项的第 i 个空间分量为

$$L^g_{nyxi} \equiv \langle w_i(x), L^g_{ny}(x)\rangle = \frac{1}{\Delta x}\int_{-\Delta x/2}^{\Delta x/2} w_i(x) L^g_{ny}(x)\,\mathrm{d}x \tag{15.52}$$

同理可得 z 方向上的横向泄漏项。

当 $w_0 = 1$ 时,方程(15.50)即为节块中子平衡方程。与有限差分解的数值比较发现,当 $w_1(x) = f_1(x)$ 和 $w_2(x) = f_2(x)$ 时,方程(15.50)可获得较好的计算结果。将这两个权重函数代入方程(15.50)后对方程第一项进行分部积分可得求解中子注量率高阶分量的两个方程:

$$\frac{1}{2\Delta x}T_{nx}^{g}+\frac{D_{n}^{g}}{(\Delta x)^{2}}\alpha_{gx1}^{n}+\Sigma_{tn}^{g}\overline{\phi}_{gx1}^{n}=\sum_{g'=1}^{G}\Sigma_{n}^{g'\to g}\overline{\phi}_{g'x1}^{n}+\frac{\chi^{g}}{k}\sum_{g'=1}^{G}\nu\Sigma_{fg'}^{n}\overline{\phi}_{g'x1}^{n}-\frac{1}{\Delta y}L_{nyx1}^{g}-\frac{1}{\Delta z}L_{nzx1}^{g} \tag{15.53}$$

$$\frac{1}{2\Delta x}L_{nx}^{g}+\frac{3D_{n}^{g}}{(\Delta x)^{2}}\alpha_{gx2}^{n}+\Sigma_{tn}^{g}\overline{\phi}_{gx2}^{n}=\sum_{g'=1}^{G}\Sigma_{n}^{g'\to g}\overline{\phi}_{g'x2}^{n}+\frac{\chi^{g}}{k}\sum_{g'=1}^{G}\nu\Sigma_{fg'}^{n}\overline{\phi}_{g'x2}^{n}-\frac{1}{\Delta y}L_{nyx2}^{g}-\frac{1}{\Delta z}L_{nzx2}^{g} \tag{15.54}$$

式中

$$\begin{cases}T_{nx}^{g}\equiv J_{gx+}^{n}+J_{gx-}^{n}\\ L_{nx}^{g}\equiv J_{gx+}^{n}-J_{gx-}^{n}\end{cases} \tag{15.55}$$

将方程 $w_1(x)=f_1(x)$、$w_2(x)=f_2(x)$ 和方程(5.49)代入方程(15.51)可得中子注量率展开式的高阶系数:

$$\begin{cases}\alpha_{gx3}^{n}=-120\phi_{gx3}^{n}+10\alpha_{gx1}^{n}\\ \alpha_{gx4}^{n}=-700\phi_{gx2}^{n}+35\alpha_{gx2}^{n}\end{cases} \tag{15.56}$$

为了求解方程(15.53)和方程(15.54),仍然须对 x 方向的横向泄漏项随 x 的变化关系做进一步近似(同理,y 方向和 z 方向上的横向泄漏项需要类似的近似)。对此存在大量的近似方法,但是最成功的是如下的二项式近似:

$$L_{ny}^{g}(x)=L_{ny}^{g}(x)+C_{gy1}^{n}f_1(x)+C_{gy2}^{n}f_2(x) \tag{15.57}$$

为了计算横向泄漏项的分量,方程(15.57)假设了节块 n 与其 x 方向上的两个相邻节块是相互耦合的。方程(15.57)代入方程(15.52)可得基于相邻节块的面平均泄漏(或面平均分中子流密度)的横向泄漏分量计算公式。

三个坐标方向上的结果结合起来可得每一群的界面中子流密度平衡方程:

$$\boldsymbol{J}_{g}^{n,\mathrm{out}}=\boldsymbol{P}_{g}^{n}[\boldsymbol{Q}_{g}^{n}-\boldsymbol{L}_{g}^{n}]+\boldsymbol{R}_{g}^{n}\boldsymbol{J}_{g}^{n,\mathrm{in}} \tag{15.58}$$

式中:列矢量 $\boldsymbol{J}_{g}^{n,\mathrm{out}}$ 和 $\boldsymbol{J}_{g}^{n,\mathrm{in}}$ 包含节块 n 六个面平均分中子流密度(出射和入射);列矢量 $\boldsymbol{Q}_{g}^{n}$ 包含节块平均的 g 群散射和裂变中子源;列矢量 $\boldsymbol{L}_{g}^{n}$ 包含横向泄漏项的高阶空间分量,它通常可利用二项式拟合或其他近似计算获得;矩阵 $\boldsymbol{P}_{g}^{n}$ 和 $\boldsymbol{R}_{g}^{n}$ 包含节块耦合系数。

目前存在各种迭代方法用于求解方程(15.58)。通常来说,三维几何结构可在轴向上划分出一定数目的平面,随后利用相邻平面内最新的计算结果(群中子注量率)求解每个平面内的节点方程。各群在平面间的迭代次数通常随着平面内该群中子扩散长度的增加而增加。

以上介绍的节块法已经假设了均匀化截面在整个节块内是保持不变的。当节块的截面发生变化时,例如与空间相关的燃耗计算,常截面假设将引入误差。在这样的情况下,对节块的截面参数进行多项式拟合可提高计算的精度。

15.3.3 解析方法

在横向积分节块方程的推导过程中,采用不同的解析解可得各种不同的横向积分方法。

例如,解析节块法是以对一维横向积分方程直接积分为手段将节块的泄漏项与该节块及其相邻节块的平均中子注量率联系起来。格林函数节块法是利用格林函数求解一维横向积分方程,并利用得到的表达式与多项展开式结合以计算各种系数。更详细的介绍见参考文献[2]。

15.3.4 非均匀中子注量率的重构

求解节块方程可得全堆芯节块平均的中子注量率$\overline{\phi}_g^n$和节块界面上的中子流密度;节块平均的中子注量率可用于构建每个节块或者组件 n 内的中子注量率分布 $\phi_g^n(x,y,z)$,例如利用方程(15.34)的多项式展开法。这些全堆芯的中子注量率与节块内的中子注量率分布可按照反应堆功率进行归一化。为了获得非均匀组件内精细的中子注量率分布,节块平均的中子注量率或者多项式形式的中子注量率分布须与节块内中子注量率的形状因子 $A_g^n(x,y)$ 进行叠加:

$$\Phi_g^n(x,y,z)=\phi_g^n(x,y,z)A_g^n(x,y) \tag{15.59}$$

其中,形状因子 $A_g^n(x,y)$ 通常可利用二维的组件输运计算获得。例如,最简单的方法是通过对称边界条件下的组件计算确定 $A_g^n(x,y)$,进而利用方程(15.59)构建非均匀中子注量率分布。利用方程(15.59)构建一个粗略的节块内的中子注量率分布以逼近全堆芯计算获得的节块内中子注量率分布的形状可提高计算的精度。为了保持一致性,节块均匀化计算与中子注量率重构须采用相同形状的中子注量率分布。在实际中,为了获得更好的计算结果,节块的均匀化过程、节块方程的求解与中子注量率分布的重构之间须进行多次迭代计算。

15.4 基于积分输运理论的横向积分节块法

15.4.1 积分输运方程的横向积分

15.3 节中的概念和方法可推广并发展基于积分输运方程的节块法。虽然在核反应堆分析中通常须处理三维几何结构,但是为了符号的简便,本节以二维长方形结构为例介绍基于积分输运方程的节块法。假设详细的非均匀组件进行了输运计算并获得了均匀化的多群常数,并假设多群常数在整个节块内($-\Delta x/2\leqslant x\leqslant\Delta x/2$, $-\Delta y/2\leqslant x\leqslant\Delta y/2$)保持不变,那么二维笛卡儿坐标系下的多群输运方程为

$$\mu\frac{\partial}{\partial x}\psi_g^n(x,y,\mu,\phi)+\sqrt{1-\mu^2}\cos\phi\frac{\partial}{\partial y}\psi_g^n(x,y,\mu,\phi)+\Sigma_{\mathrm{tn}}^g\psi_g^n(x,y,\mu,\phi)$$
$$=\frac{1}{4\pi}S_g^n(x,y)\quad(g=1,\cdots,G) \tag{15.60}$$

其中,为了符号的简洁,群散射和裂变项已并入源项:

$$S_g^n(x,y)=\frac{\chi^g}{k}\sum_{g'=1}^{G}\nu\Sigma_{\mathrm{f}}^{g'}\int_{-1}^{1}\mathrm{d}\mu\int_0^{2\pi}\psi_{g'}^n(x,y,\mu,\phi)\mathrm{d}\phi+$$
$$\sum_{g'=1}^{G}\Sigma_n^{g'\to g}\int_{-1}^{1}\mathrm{d}\mu\int_0^{2\pi}\psi_{g'}^n(x,y,\mu,\phi)\mathrm{d}\phi \tag{15.61}$$

方程中已经假设了散射是各向同性的,而且方向角在笛卡儿坐标系下可写为

$$\begin{cases}\boldsymbol{\Omega}_x \equiv \boldsymbol{\Omega}\cdot\boldsymbol{n}_x = \mu \\ \boldsymbol{\Omega}_y \equiv \boldsymbol{\Omega}\cdot\boldsymbol{n}_y = \sqrt{1-\mu^2}\cos\phi\end{cases} \tag{15.62}$$

笛卡儿坐标系及其相应的方向角与节块 n 的空间区域分别如图 15.2 和图 15.3 所示。

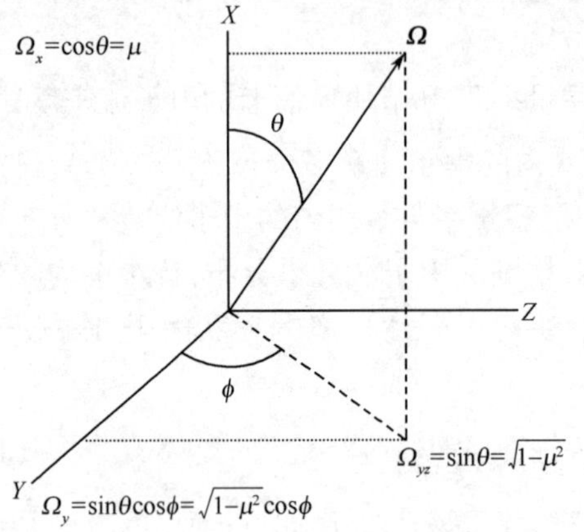

图 15.2 二维节块输运模型的坐标系

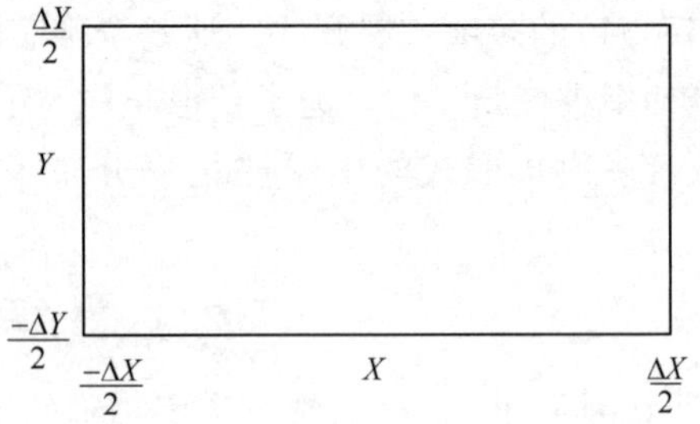

图 15.3 二维节块模型的空间区域

方程(15.60)在 $-\Delta y/2\leqslant y\leqslant \Delta y/2$ 内积分可得节块 n 在 x 方向上的一维横向积分输运方程:

$$\mu\frac{\partial}{\partial x}\psi_{gx}^{n}(x,\mu,\phi)+\Sigma_{tn}^{g}\psi_{gx}^{n}(x,\mu,\phi)+L_{ny}^{g}(x,\mu,\phi)$$

$$=\frac{1}{4\pi}\int_{-\Delta y}^{\Delta y}S_g^n(x,y)\,\mathrm{d}y\equiv\frac{1}{4\pi}S_g^n(x)\quad(g=1,\cdots,G) \tag{15.63}$$

其中,x 方向的角中子注量率定义为

$$\psi_{gx}^{n}(x,\mu,\phi)\equiv\frac{1}{\Delta y}\int_{-\Delta y}^{\Delta y}\psi_g^n(x,y,\mu,\phi)\,\mathrm{d}y \tag{15.64}$$

通过节块界面 $y=-\Delta y/2$ 和 $y=\Delta y/2$ 处的平均中子净损失率定义为横向泄漏项:

$$L_{ny}^{g}(x,\mu,\phi)\equiv\frac{1}{\Delta y}\sqrt{1-\mu^2}\cos\phi\left[\psi_g^n\left(x,+\frac{\Delta y}{2},\mu,\phi\right)-\psi_g^n\left(x,-\frac{\Delta y}{2},\mu,\phi\right)\right] \tag{15.65}$$

假设散射、裂变和泄漏是已知的,方程(15.63)积分可得

$$\psi_{gx}^{n}(x,\mu>0,\phi)=\int_{-\Delta x/2}^{x}\mathrm{e}^{-\Sigma_{tn}^{g}(x-x')/\mu}\frac{1}{\mu}\left[\frac{1}{4\pi}S_g^n(x')-L_{ny}^{g}(x',\mu,\phi)\right]\mathrm{d}x'+$$
$$\psi_{gx-}^{n,\mathrm{in}}(\mu,\phi)\,\mathrm{e}^{-\Sigma_{tn}^{g}(x+\Delta x/2)/\mu}\quad(\mu>0) \tag{15.66a}$$

$$\psi_{gx}^{n}(x,\mu<0,\phi)=-\int_{x}^{\Delta x/2}\mathrm{e}^{-\Sigma_{tn}^{g}(x-x')/\mu}\frac{1}{\mu}\left[\frac{1}{4\pi}S_g^n(x')-L_{ny}^{g}(x',\mu,\phi)\right]\mathrm{d}x'+$$
$$\psi_{gx+}^{n,\mathrm{in}}(\mu,\phi)\,\mathrm{e}^{-\Sigma_{tn}^{g}(x-\Delta x/2)/\mu}\quad(\mu<0) \tag{15.66b}$$

其中,在节块界面 $x=-\Delta x/2$ 和 $x=\Delta x/2$ 处向内的平均角中子注量率为

$$\begin{cases}\psi_{gx+}^{n,\mathrm{in}}(\mu,\phi)\equiv\psi_{gx}^{n}\left(\dfrac{\Delta x}{2},\mu<0,\phi\right)\\ \psi_{gx-}^{n,\mathrm{in}}(\mu,\phi)\equiv\psi_{gx}^{n}\left(-\dfrac{\Delta x}{2},\mu>0,\phi\right)\end{cases} \tag{15.67}$$

在节块界面 $x=-\Delta x/2$ 和 $x=\Delta x/2$ 处向外的平均角中子注量率为

$$\begin{cases}\psi_{gx+}^{n,\mathrm{out}}(\mu,\phi)\equiv\psi_{gx}^{n}\left(\dfrac{\Delta x}{2},\mu>0,\phi\right)\\ \psi_{gx-}^{n,\mathrm{out}}(\mu,\phi)\equiv\psi_{gx}^{n}\left(-\dfrac{\Delta x}{2},\mu<0,\phi\right)\end{cases}\tag{15.68}$$

x 方向的平均中子注量率为

$$\begin{aligned}\phi_{gx}^{n}(x)&=\int_0^{2\pi}\mathrm{d}\phi\left[\int_0^1\psi_{gx}^{n}(x,\mu>0,\phi)\mathrm{d}\mu+\int_{-1}^{0}\psi_{gx}^{n}(x,\mu<0,\phi)\mathrm{d}\mu\right]\\&=\frac{1}{2}\int_{-\Delta x/2}^{\Delta x/2}E_1(\Sigma_{\mathrm{tn}}^{g}|x-x'|)[S_g^n(x')-L_{ny}^{g,\mathrm{iso}}(x')]\mathrm{d}x'-\\&\int_{-\Delta x/2}^{\Delta x/2}\mathrm{d}x'\int_0^1\mathrm{e}^{-\Sigma_{\mathrm{tn}}|x-x'|/u}\frac{\mathrm{d}\mu}{\mu}\int_0^{2\pi}L_{ny}^{g,\mathrm{anis}}(x',|\mu|,\phi)\mathrm{d}\phi+\\&\int_0^1\mathrm{e}^{-\Sigma_{\mathrm{tn}}^{g}(x+\Delta x/2)/\mu}\mathrm{d}\mu\int_0^{2\pi}\psi_{gx-}^{n,\mathrm{in}}(\mu,\phi)\mathrm{d}\phi+\\&\int_{-1}^{0}\mathrm{e}^{-\Sigma_{\mathrm{tn}}^{g}(x-\Delta x/2)/\mu}\mathrm{d}\mu\int_0^{2\pi}\psi_{gx+}^{n,\mathrm{in}}(\mu,\phi)\mathrm{d}\phi\end{aligned}\tag{15.69}$$

其中,指数积分函数为

$$E_n(\xi)\equiv\int_0^1\mu^{n-2}\exp(-\xi/\mu)\mathrm{d}\mu\tag{15.70}$$

而且,横向泄漏项已分为各向同性分量和各向异性分量:

$$L_{ny}^{g}(x',\mu,\phi)=\frac{1}{4\pi}L_{ny}^{g,\mathrm{iso}}(x')+L_{ny}^{g,\mathrm{anis}}(x',\mu,\phi)\tag{15.71}$$

15.4.2　中子注量率的多项式展开

采用与节块法扩散模型相同的方法,展开 x 方向的中子注量率为

$$\phi_{gx}^{n}(x)=\sum_{i=1}^{I}a_i\phi_{gxi}^{n}f_i(x)\quad(I\leqslant2)\tag{15.72}$$

其中,展开式的系数为

$$\frac{1}{a_i}\equiv\frac{1}{\Delta x}\int_{-\Delta x/2}^{\Delta x/2}[f_i(x)]^2\mathrm{d}x\tag{15.73}$$

多项式为

$$\begin{cases}f_0=1\\ f_1(x)=\dfrac{x}{\Delta x}\\ f_2(x)=3\left(\dfrac{x}{\Delta x}\right)^2-\dfrac{1}{4}\end{cases}\tag{15.74}$$

中子注量率的分量为

$$\phi_{gxi}^{n}\equiv\int_{-\Delta x/2}^{\Delta x/2}\phi_{gx}^{n}(x)f_i(x)\mathrm{d}x\tag{15.75}$$

ϕ_{gx0}^{n} 为节块的平均中子注量率。

15.4.3　横向泄漏的各向同性分量

横向泄漏项的各向同性分量的界面平均值为

$$\bar{L}_{ny}^{g,\text{iso}} \equiv \frac{1}{\Delta x}\int_{-\Delta x/2}^{\Delta x/2} L_{ny}^{g,\text{iso}}(x)\,\mathrm{d}x = [(J_{gy+}^{n})_{\text{out}} - (J_{gy+}^{n})_{\text{in}}] - [(J_{gy-}^{n})_{\text{out}} - (J_{gy-}^{n})_{\text{in}}] \quad (15.76)$$

其中,在界面 $y=-\Delta y/2$ 和 $y=\Delta y/2$ 处向外和向内分中子流密度的界面平均值分别为

$$\begin{cases}(J_{gy+}^{n})_{\text{out}} \equiv \int_0^{2\pi}\mathrm{d}\phi\int_0^1 \psi_{gy+}^{n,\text{out}}(\mu,\phi)\mu\mathrm{d}\mu \\ (J_{gy-}^{n})_{\text{out}} \equiv \int_0^{2\pi}\mathrm{d}\phi\int_{-1}^0 \psi_{gy-}^{n,\text{out}}(\mu,\phi)\mu\mathrm{d}\mu\end{cases} \quad (15.77)$$

和

$$\begin{cases}(J_{gy+}^{n})_{\text{in}} \equiv \int_0^{2\pi}\mathrm{d}\phi\int_{-1}^0 \psi_{gy+}^{n,\text{in}}(\mu,\phi)\mu\mathrm{d}\mu \\ (J_{gy-}^{n})_{\text{in}} \equiv \int_0^{2\pi}\mathrm{d}\phi\int_0^1 \psi_{gy-}^{n,\text{in}}(\mu,\phi)\mu\mathrm{d}\mu\end{cases} \quad (15.78)$$

在界面 $y=-\Delta y/2$ 和 $y=\Delta y/2$ 处的角中子注量率 $\psi_{gy\pm}^{n,\text{in}}$ 和 $\psi_{gy\pm}^{n,\text{out}}$ 的定义与方程(15.67)和方程(15.68)相似。

15.4.4 界面角中子注量率的 $D-P_n$ 展开

在节块界面上的角中子注量率可采用 $D-P_1$ 近似进行展开,由此可得节块界面上线性各向异性的入射和出射角中子注量率。若角中子注量率采用半空间的多项式进行展开,例如采用半幅勒让德多项式,即:当 $0\leqslant\xi\leqslant1$ 时 $p_n^+(\xi)=P_n(2\xi-1)$;当 $-1\leqslant\xi\leqslant0$ 时,$p_n^-(\xi)=P_n(2\xi+1)$。那么 $\pm\Delta x/2$ 处的面平均入射角中子注量率为

$$\begin{aligned}\psi_{gx\pm}^{n,\text{in}}(\mu,\phi) &\equiv \psi_{gx}^{n}\left(\pm\frac{\Delta x}{2},\mu \lessgtr 0,\phi\right) \\ &\approx \frac{1}{2\pi}\left[\frac{1}{2}a_0^{\pm}p_0^{\mp} + \frac{3}{2}a_{1x}^{\pm}p_1^{\mp}(\Omega_x) + \frac{3}{2}a_{1y}^{\pm}p_1^{\mp}(\Omega_y)\right] \\ &\approx \frac{1}{2\pi}\left[\frac{1}{2}C_0^{\pm} + \frac{3}{2}C_{1x}^{\pm}\mu + \frac{3}{2}C_{1y}^{\pm}\sqrt{1-\mu^2}\cos\phi\right] \\ &= \frac{1}{2\pi}(4\bar{\psi}_{gx\pm}^{n,\text{in}} \pm 6J_{gx\pm}^{n,\text{in}}) + \frac{1}{2\pi}(12\bar{J}_{gx\pm}^{n,\text{in}} \pm 6\bar{\psi}_{gx\pm}^{n,\text{in}})\mu + \frac{1}{2\pi}(3\bar{J}_{gy\pm}^{n,\text{in}})\sqrt{1-\mu^2}\cos\phi\end{aligned} \quad (15.79)$$

方程(15.79)中出现的面平均入射角中子注量率的分量分别为

$$\begin{cases}\bar{\psi}_{gx-}^{n,\text{in}} \equiv \int_0^{2\pi}\mathrm{d}\phi\int_0^1 \psi_{gx-}^{n,\text{in}}(\mu,\phi)\,\mathrm{d}\mu \\ \bar{\psi}_{gx+}^{n,\text{in}} \equiv \int_0^{2\pi}\mathrm{d}\phi\int_{-1}^0 \psi_{gx+}^{n,\text{in}}(\mu,\phi)\,\mathrm{d}\mu \\ \bar{J}_{gx-}^{n,\text{in}} \equiv \int_0^{2\pi}\mathrm{d}\phi\int_0^1 \mu\psi_{gx-}^{n,\text{in}}(\mu,\phi)\,\mathrm{d}\mu \\ \bar{J}_{gx+}^{n,\text{in}} \equiv \int_0^{2\pi}\mathrm{d}\phi\int_{-1}^0 \mu\psi_{gx+}^{n,\text{in}}(\mu,\phi)\,\mathrm{d}\mu \\ \bar{J}_{gy-}^{n,\text{in}} \equiv \int_0^{2\pi}\cos\phi\mathrm{d}\phi\int_0^1 \sqrt{1-\mu^2}\psi_{gy-}^{n,\text{in}}(\mu,\phi)\,\mathrm{d}\mu \\ \bar{J}_{gy+}^{n,\text{in}} \equiv \int_0^{2\pi}\cos\phi\mathrm{d}\phi\int_{-1}^0 \sqrt{1-\mu^2}\psi_{gx+}^{n,\text{in}}(\mu,\phi)\,\mathrm{d}\mu\end{cases} \quad (15.80)$$

利用方程(15.79)可计算方程(15.69)包含的入射角中子注量率的积分项,即

$$\begin{aligned}\phi_{gx}^{n}(x) = & \int_{-\Delta x/2}^{\Delta x/2} E_1(\Sigma_{tn}^{g}|x-x'|)\frac{1}{2}[S_g^n(x') - L_{ny}^{g,\mathrm{iso}}(x')]\mathrm{d}x' - \\ & \int_{-\Delta x/2}^{\Delta x/2}\mathrm{d}x'\int_0^1 \mathrm{e}^{-\Sigma_{tn}^{g}|x-x'|/\mu}\frac{\mathrm{d}\mu}{\mu}\mathrm{d}x'\int_0^{2\pi} L_{ny}^{g,\mathrm{anis}}(x',|\mu|,\phi)\mathrm{d}\phi + \\ & \bar{\psi}_{gx-}^{n,\mathrm{in}}\left[4E_2\left(\Sigma_{tn}^{g}\left(x+\frac{\Delta x}{2}\right)\right) - 6E_3\left(\Sigma_{tn}^{g}\left(x+\frac{\Delta x}{2}\right)\right)\right] + \\ & \bar{J}_{gx-}^{n,\mathrm{in}}\left[12E_3\left(\Sigma_{tn}^{g}\left(x+\frac{\Delta x}{2}\right)\right) - 6E_2\left(\Sigma_{tn}^{g}\left(x+\frac{\Delta x}{2}\right)\right)\right] + \\ & \bar{\psi}_{gx+}^{n,\mathrm{in}}\left[4E_2\left(\Sigma_{tn}^{g}\left(\frac{\Delta x}{2}-x\right)\right) - 6E_3\left(\Sigma_{tn}^{g}\left(\frac{\Delta x}{2}-x\right)\right)\right] + \\ & \bar{J}_{gx+}^{n,\mathrm{in}}\left[6E_2\left(\Sigma_{tn}^{g}\left(\frac{\Delta x}{2}-x\right)\right) - 12E_3\left(\Sigma_{tn}^{g}\left(\frac{\Delta x}{2}-x\right)\right)\right]\end{aligned} \tag{15.81}$$

15.4.5　向外的界面平均的角中子注量率的分量

利用方程(15.79)展开 $-\Delta x/2$ 处向内的角中子注量率,并代入方程(15.66a)可得 $\Delta x/2$ 处向外的面平均中子注量率和面平均中子流密度的分量:

$$\begin{aligned}\bar{\psi}_{gx+}^{n,\mathrm{out}} \equiv & \int_0^{2\pi}\mathrm{d}\phi\int_0^1 \psi_{gx}^{n}(\Delta x/2,\mu>0,\phi)\mathrm{d}\mu \\ = & \frac{1}{2}\int_{-\Delta x/2}^{\Delta x/2} E_1[\Sigma_{tn}^{g}(\Delta x/2 - x')][S_g^n(x') - L_{ny}^{g,\mathrm{iso}}(x')]\mathrm{d}x' - \\ & \int_{-\Delta x/2}^{\Delta x/2}\mathrm{d}x'\int_0^1 \mathrm{e}^{-\Sigma_{tn}^{g}(\Delta x/2-x')/\mu}/\mu\mathrm{d}\mu\int_0^{2\pi} L_{ny}^{g,\mathrm{anis}}(x',\mu,\phi)\mathrm{d}\phi + \\ & \bar{\psi}_{gx-}^{n,\mathrm{in}}[4E_2(\Sigma_{tn}^{g}\Delta x) - 6E_3(\Sigma_{tn}^{g}\Delta x)] + \\ & \bar{J}_{gx-}^{n,\mathrm{in}}[12E_3(\Sigma_{tn}^{g}\Delta x) - 6E_2(\Sigma_{tn}^{g}\Delta x)]\end{aligned} \tag{15.82}$$

$$\begin{aligned}\bar{J}_{gx+}^{n,\mathrm{out}} \equiv & \int_0^{2\pi}\mathrm{d}\phi\int_0^1 \mu\psi_{gx}^{n}(\Delta x/2,\mu>0,\phi)\mathrm{d}\mu \\ = & \frac{1}{2}\int_{-\Delta x/2}^{\Delta x/2} E_2[\Sigma_{tn}^{g}(\Delta x/2 - x')][S_g^n(x') - L_{ny}^{g,\mathrm{iso}}(x')]\mathrm{d}x' - \\ & \int_{-\Delta x/2}^{\Delta x/2}\mathrm{d}x'\int_0^1 \mathrm{e}^{-\Sigma_{tn}^{g}(\Delta x/2-x')/\mu}\mathrm{d}\mu\int_0^{2\pi} L_{ny}^{g,\mathrm{anis}}(x',\mu,\phi)\mathrm{d}\phi + \\ & \bar{\psi}_{gx-}^{n,\mathrm{in}}[4E_3(\Sigma_{tn}^{g}\Delta x) - 6E_4(\Sigma_{tn}^{g}\Delta x)] + \\ & \bar{J}_{gx-}^{n,\mathrm{in}}[12E_4(\Sigma_{tn}^{g}\Delta x) - 6E_3(\Sigma_{tn}^{g}\Delta x)]\end{aligned} \tag{15.83}$$

利用方程(15.79)展开 $\Delta x/2$ 处向内的角中子注量率,并代入方程(15.66)可得 $-\Delta x/2$ 处向外的面平均中子注量率和面平均中子流密度的分量:

$$\begin{aligned}\bar{\psi}_{gx-}^{n,\mathrm{out}} \equiv & \int_0^{2\pi}\mathrm{d}\phi\int_{-1}^0 \psi_{gx}^{n}(-\Delta x/2,\mu<0,\phi)\mathrm{d}\mu \\ = & \frac{1}{2}\int_{-\Delta x/2}^{\Delta x/2} E_1[\Sigma_{tn}^{g}(\Delta x/2 + x')][S_g^n(x') - L_{ny}^{g,\mathrm{iso}}(x')]\mathrm{d}x' -\end{aligned}$$

$$\int_{-\Delta x/2}^{\Delta x/2}\mathrm{d}x'\int_{-1}^{0}\mathrm{e}^{-\Sigma_{\mathrm{tn}}^{g}(\Delta x/2+x')/\mu}/\mu\mathrm{d}\mu\int_{0}^{2\pi}L_{ny}^{g,\mathrm{anis}}(x',\mu,\phi)\mathrm{d}\phi +$$
$$\bar{\psi}_{gx+}^{n,\mathrm{in}}[4E_2(\Sigma_{\mathrm{tn}}^{g}\Delta x)+6E_3(\Sigma_{\mathrm{tn}}^{g}\Delta x)]+$$
$$\bar{J}_{gx+}^{n,\mathrm{in}}[12E_3(\Sigma_{\mathrm{tn}}^{g}\Delta x)+6E_2(\Sigma_{\mathrm{tn}}^{g}\Delta x)] \tag{15.84}$$

$$\begin{aligned}\bar{J}_{gx-}^{n,\mathrm{out}} &\equiv \int_0^{2\pi}\mathrm{d}\phi\int_{-1}^{0}\mu\psi_{gx}^{n}(-\Delta x/2,\mu<0,\phi)\mathrm{d}\mu\\ &= \frac{1}{2}\int_{-\Delta x/2}^{\Delta x/2}E_2[\Sigma_{\mathrm{tn}}^{g}(\Delta x/2-x')][S_g^n(x')-L_{ny}^{g,\mathrm{iso}}(x')]\mathrm{d}x' -\\ &\quad \int_{-\Delta x/2}^{\Delta x/2}\mathrm{d}x'\int_{-1}^{0}\mathrm{e}^{-\Sigma_{\mathrm{tn}}^{g}(\Delta x/2+x')/\mu}\mathrm{d}\mu\int_{0}^{2\pi}L_{ny}^{g,\mathrm{anis}}(x',\mu,\phi)\mathrm{d}\phi +\\ &\quad \bar{\psi}_{gx+}^{n,\mathrm{in}}[4E_3(\Sigma_{\mathrm{tn}}^{g}\Delta x)+6E_4(\Sigma_{\mathrm{tn}}^{g}\Delta x)]+\\ &\quad \bar{J}_{gx+}^{n,\mathrm{in}}[12E_4(\Sigma_{\mathrm{tn}}^{g}\Delta x)+6E_3(\Sigma_{\mathrm{tn}}^{g}\Delta x)]\end{aligned} \tag{15.85}$$

15.4.6 节块输运方程

与方程(15.58)相同,上述方程可改写成矩阵和列矢量形式:

$$\boldsymbol{\psi}_g^{n,\mathrm{out}} = \boldsymbol{P}_g^n[\boldsymbol{Q}_g^n - \boldsymbol{L}_g^n] + \boldsymbol{R}_g^n\boldsymbol{\psi}_g^{n,\mathrm{in}} \tag{15.86}$$

式中:列矢量 $\boldsymbol{Q}_g^n$ 为散射和裂变中子源;$\boldsymbol{L}_g^n$ 为横向泄漏项;列矢量 $\boldsymbol{\psi}_g^{n,\mathrm{out}}$ 包含向外的面平均分中子流密度(方程(15.83)和方程(15.85))和半角积分中子注量率(方程(15.82)和方程(15.84));列矢量 $\boldsymbol{\psi}_g^{n,\mathrm{in}}$ 包含入射的面平均分中子流密度和半角积分中子注量率(方程(15.80));矩阵 $\boldsymbol{P}_g^n$ 和 $\boldsymbol{R}_g^n$ 包含节块耦合系数。

横向积分公式可计算中子由界面 $-\Delta x/2$ 处进入节块 n 并从界面 $\Delta x/2$ 处出射的传递率,例如,方程(15.82)和方程(15.83)中的$\bar{\psi}_{gx+}^{n,\mathrm{in}}$和 $J_{gx+}^{n,\mathrm{in}}$,但是它不能计算出中子从 x 方向上的界面进入节块并从 y 方向或 z 方向上的界面出射的传递率。

15.5 基于离散纵标近似的横向积分节块法

本节推导基于离散纵标近似的节块输运方程。方程的推导与15.3节和15.4节介绍的推导过程相似,因此本节仅简要地介绍如何根据离散纵标法推导节块耦合方程。在二维笛卡儿坐标系下,具有均匀常数截面的节块且散射是各向同性的多群离散纵标方程为

$$\mu^m\frac{\partial\psi_g^m(x,y)}{\partial x} + \eta^m\frac{\partial\psi_g^m(x,y)}{\partial y} + \Sigma_{\mathrm{t}}^{g}\psi_g^m(x,y) = \frac{\Sigma_{\mathrm{s}}^{g}\phi_g(x,y)}{2\pi} + \frac{Q^g(x,y)}{2\pi} \tag{15.87}$$

式中:$\psi_g^m(x,y)=\psi_g(x,y,\boldsymbol{\Omega}_m)$ 为离散纵标 Ω_m 上 g 群的角中子注量率;$\mu^m=\boldsymbol{n}_x\cdot\boldsymbol{\Omega}_{\mathrm{m}}$ 和 $\eta^m=\boldsymbol{n}_y\cdot\boldsymbol{\Omega}_m$。

令节块位于 $-\Delta x/2\leqslant x\leqslant\Delta x/2$ 和 $-\Delta y/2\leqslant x\leqslant\Delta y/2$,方程(15.87)在 $-\Delta y/2\leqslant x\leqslant\Delta y/2$ 上积分可得截面平均的一维离散纵标方程:

$$\mu^m\frac{\partial\psi_{gx}^m(x)}{\partial x} + \Sigma_{\mathrm{t}}^{g}\psi_{gx}^m(x) = \frac{\Sigma_{\mathrm{s}}^{g}\phi_{gx}(x)}{2\pi} + \frac{Q_x^g(x)}{2\pi} - \frac{L_{my}^g(x)}{\Delta y} \equiv S_g^m(x) \tag{15.88}$$

其中,y 方向的横向泄漏为

$$L_{my}^{g}(x) \equiv \int_{-\Delta y/2}^{\Delta y/2} \eta^{m} \frac{\partial \psi_{g}^{m}(x,y)}{\partial y} \mathrm{d}y = \eta^{m}[\psi_{gy+}^{m}(x) - \psi_{gy-}^{m}(x)] \tag{15.89}$$

式中：$\psi_{gy\pm}^{m}(x) = \psi_{gy}^{m}(x, y = \pm\Delta y/2)$。

节块内的源项 $S_g^m(x)$ 可利用如下的多项式进行展开：

$$\begin{cases} f_0(x) = 1 \\ f_1(x) = x \\ f_2(x) = x^2 - \dfrac{1}{12} \\ f_3(x) = x^3 - \dfrac{3}{20}x \\ f_4(x) = x^4 - \dfrac{3}{14}x^2 + \dfrac{3}{560} \\ f_5(x) = x^5 - \dfrac{5}{18}x^3 + \dfrac{5}{336}x \\ f_6(x) = x^6 - \dfrac{15}{44}x^4 + \dfrac{5}{176}x^2 - \dfrac{5}{14784} \end{cases} \tag{15.90}$$

方程(15.88)按中子运动方向在 $-\Delta x/2 \leqslant x \leqslant \Delta x/2$ 上积分（当 $\mu^m > 0$ 时，从 $-\Delta x/2$ 积分至 $\Delta x/2$；当 $\mu^m < 0$ 时，从 $\Delta x/2$ 积分至 $-\Delta x/2$），并利用正交关系式

$$\int_{-\Delta x/2}^{\Delta x/2} f_i(x) f_j(x) \mathrm{d}x = \delta_{ij}\left[\int_{-\Delta x/2}^{\Delta x/2} f_i^2(x)\mathrm{d}x\right] \tag{15.91}$$

可得在边界上向外的角中子注量率、向内的角中子注量率与中子源之间的关系式：

$$\psi_{gx\pm}^{m,\mathrm{out}} = \frac{1}{\mu^m}\sum_{i=0}^{6} S_{gi}^{m} \int_{-\Delta x/2}^{\Delta x/2} f_i(\pm x) \mathrm{e}^{\Sigma_t^g (x-\Delta x/2)/\mu^m} \mathrm{d}x + \psi_{gx\mp}^{m,\mathrm{in}} \mathrm{e}^{-\Sigma_t^g \Delta x/|\mu^m|} \tag{15.92}$$

式中：S_{gi}^m 为源项 $S_g^m(x)$ 多项式展开的系数。

方程(15.88)在 $-\Delta x/2 < x' < x$ 按照中子运动方向积分（当 $\mu^m > 0$ 时，方程从 $-\Delta x/2$ 积分至 x；当 $\mu^m < 0$ 时，从 x 积分至 $-\Delta x/2$）可得 $\psi_{gx}^m(x)$ 的与方程(15.92)相似的表达式，两者主要差别在于其积分上限为 x。所得表达式可利用多项式展开并乘以 f_i 后在 $-\Delta x/2 < x < \Delta x/2$ 积分可得基于入射角中子注量率和节块内中子源的节块平均角中子注量率展开式的系数：

$$\begin{aligned} \psi_{gi}^{m} = {} & \frac{1}{\mu^m D_i}\sum_{j=0}^{6} S_{gj}^{m} \int_{-\Delta x/2}^{\Delta x/2} f_i(\pm x)\mathrm{d}x \int_{-\Delta x/2}^{x} f_j(\pm x') \mathrm{e}^{\Sigma_t (x'-x)/|\mu^m|} \mathrm{d}x' + {} \\ & \frac{1}{D_i} \psi_{gx\mp}^{m,\mathrm{in}} \int_{-\Delta x/2}^{\Delta x/2} f_i(\pm x) \mathrm{e}^{\Sigma_t (x-\Delta x/2)/|\mu^m|} \mathrm{d}x \quad (i = 1, \cdots, 6) \end{aligned} \tag{15.93}$$

在节块 $n-1$ 与节块 n 间的界面上，进、出节块的角中子注量率满足

$$\begin{cases} (\psi_{gx+}^{m,\mathrm{out}})_{n-1} = (\psi_{gx-}^{m,\mathrm{in}})_{n}, & \mu^m > 0 \\ (\psi_{gx+}^{m,\mathrm{in}})_{n-1} = (\psi_{gx-}^{m,\mathrm{out}})_{n}, & \mu^m < 0 \end{cases} \tag{15.94}$$

它们能用于获得求解 x 方向横向积分方程的方程。同理可获得并求解 y 方向的横向积分方程。

15.6 有限元粗网格方法

有限元方法为推导比传统有限差分方法具有更高精度的粗网格方法提供了一个系统的手段。有限元方法通常是利用一个假设的在有限空间范围内非零的试验函数来描述随空间或其他参数变化的中子注量率和中子流密度。这些试验函数在体积 V_i 内通常是连续的,但在与其相邻体积的界面上,它们可以是不连续的。有限元近似可从不连续试验函数的变分原理中推得,也可以从权重残差方法中推得。

本节以单群 P_1 理论和扩散理论为例介绍有限元近似方法。若利用对角的截面矩阵代替总截面和裂变截面、多群散射矩阵代替散射截面、多群中子注量率和中子流密度的列矢量代替中子注量率和中子流密度,那么本节所得的单群形式的公式很容易推广至多群形式。

15.6.1 P_1 方程的变分泛函

核反应堆的堆芯通常可以划分成若干体积为 V_i 的区域,代表中子注量率和中子流密度的试验函数在每一个体积内是连续的。这些区域通过界面 S_k 联系在一起,试验函数在界面上可以是非连续的。单群 P_1 方程的变分泛函为

$$\begin{aligned} F_1\{\boldsymbol{J}^*,\phi^*,\boldsymbol{J},\phi\} = &\sum_i\int_{V_i}\phi^*[(\Sigma_t-\Sigma_s-\nu\Sigma_f/k)\phi+\nabla\cdot\boldsymbol{J}]\mathrm{d}r+ \\ &\sum_i\int_{V_i}\boldsymbol{J}^*\cdot[D^{-1}\boldsymbol{J}+\nabla\phi]\mathrm{d}r+\sum_k\int_{S_k}\boldsymbol{n}_k\cdot\phi_k^*[\boldsymbol{J}_{k+}-\boldsymbol{J}_{k-}]\mathrm{d}s+ \\ &\sum_k\int_{S_k}\boldsymbol{J}^*\cdot\boldsymbol{n}_k[\phi_{k+}-\phi_{k-}]\mathrm{d}s \end{aligned} \tag{15.95}$$

试验函数的前两项是体积分的求和,后两项是相邻体积界面上积分的求和。下标 $k+$ 和 $k-$ 表示界面正侧或者负侧的极限。

对于共轭中子注量率 ϕ^* 和共轭中子流密度 $\boldsymbol{J}^*$ 的任意独立变分,不动点原理要求它们在不同的体积内满足如下的关系式:

$$\begin{aligned} \frac{\delta F_1}{\delta\phi_i}\delta\phi_i^* &= \int_{V_i}\delta\phi^*[(\Sigma_t-\Sigma_s-\nu\Sigma_f/k)\phi+\nabla\cdot\boldsymbol{J}]\mathrm{d}r=0 \\ &\Rightarrow(\Sigma_t-\Sigma_s-\nu\Sigma_f/k)\phi+\nabla\cdot\boldsymbol{J}=0, r\in V_i \end{aligned} \tag{15.96}$$

$$\begin{aligned} \frac{\delta F_1}{\delta\boldsymbol{J}_i^*}\delta\boldsymbol{J}_i^* &= \int_{V_i}\delta\boldsymbol{J}^*\cdot[D^{-1}\boldsymbol{J}+\nabla\phi]\mathrm{d}r=0 \\ &\Rightarrow\boldsymbol{J}=-D\nabla\phi\quad(r\in V_i) \end{aligned} \tag{15.97}$$

即 P_1 方程在每个体积 V_i 内成立。

对于界面上的共轭中子注量率 ϕ_k^* 和共轭中子流密度 $\boldsymbol{J}_k^*$ 的任意独立变分,不动点原理要求它们满足如下的关系:

$$\begin{aligned} \frac{\delta F_1}{\delta\phi_k^*}\delta\phi_k^* &= \int_{S_k}\delta\phi_k^*\boldsymbol{n}_k\cdot[\boldsymbol{J}_{k+}-\boldsymbol{J}_{k-}]\mathrm{d}r=0 \\ &\Rightarrow\boldsymbol{n}_k\cdot\boldsymbol{J}_{k+}=\boldsymbol{n}_k\cdot\boldsymbol{J}_{k-} \end{aligned} \tag{15.98}$$

$$\frac{\delta F_1}{\delta \boldsymbol{J}_k^*}\delta \boldsymbol{J}_k^* = \int_{S_k} \delta \boldsymbol{J}_k^* \cdot \boldsymbol{n}_k [\phi_{k+} - \phi_{k-}] \mathrm{d}s = 0$$

$$\Rightarrow \phi_{k+} = \phi_{k-} \tag{15.99}$$

即中子注量率和中子流密度的法向分量在每个界面处是连续的。

由以上的分析可知,对于任一体积 V_i 内和任一界面 S_k 上任意独立的共轭中子注量率和共轭中子流密度的变分,方程(15.95)的变分泛函满足不动点原理等价于 P_1 方程在任一体积 V_i 内成立,而且中子注量率和中子流密度的法向分量在界面上连续。利用这一等价性可建立有限元近似以获得中子注量率分布。

15.6.2 一维有限差分近似

虽然有限元近似本质上与传统的有限差分近似无关,但是利用变分推导一维平板的有限差分近似仍然具有一定的借鉴意义。假设平板的宽度为 $0 < x < a$,且满足零中子注量率边界条件。若将此一维平板分割为 N 个网格,该平板内的中子注量率和中子流密度可展开为

$$\begin{cases} \phi(x) = \sum\limits_{n=1}^{N-1} \phi_n H_n(x) \\ \phi^*(x) = \sum\limits_{n=1}^{N-1} \phi_n^* H_n(x) \end{cases} \tag{15.100}$$

$$\begin{cases} J(x) = \sum\limits_{n=0}^{N-1} J_n K_n(x) \\ J^*(x) = \sum\limits_{n=0}^{N-1} J_n^* K_n(x) \end{cases} \tag{15.101}$$

其中,H_n 和 K_n 为赫维赛德阶跃函数:

$$H_n(x) = \begin{cases} 0, & x_n - h_{n-1}/2 < x < x_n + h_n/2 \\ 1, & \text{其他} \end{cases} \tag{15.102a}$$

$$K_n(x) = \begin{cases} 1, & x_n < x < x_{n+1} \\ 0, & \text{其他} \end{cases} \tag{15.102b}$$

这两个函数的范围如图 15.4 所示。中子注量率和共轭中子注量率的试验函数在体积 V_i 内(网格 $x_n - h_{n-1}/2 < x < x_n + h_n/2$)是连续的,而且该体积(网格)的边界为 $x_n - h_{n-1}/2$ 和 $x_n + h_n/2$;中子流密度和共轭中子流密度的试验函数在网格 $x_n < x < x_{n+1}$ 上是连续的,而且该体积

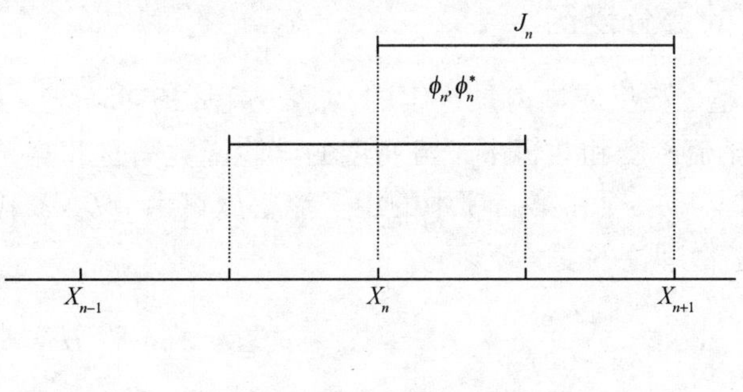

图 15.4 有限差分近似的试验函数

(网格)的边界为 x_n 和 x_{n+1}。

对于方程(15.100),由于共轭中子注量率的试验函数为分段常数,界面上的变分不再独立于体积内的变分。也就是说,方程(15.96)和方程(15.98)不能单独处理而须结合起来。由此可得

$$\begin{aligned}\frac{\delta F_1}{\delta\phi^*}\delta\phi^* &= \sum_{n=1}^{N-1}\delta\phi_n^*\left\{\int_{x_n-h_{n-1}/2}^{x_n+h_n/2}\left[(\Sigma_t-\Sigma_s-\nu\Sigma_f/k)\phi+\mathrm{d}J/\mathrm{d}x\right]\mathrm{d}x+(J_n-J_{n-1})\right\}\\ &= \sum_{n=1}^{N-1}\delta\phi_n^*\{[(h_{n-1}/2)(\Sigma_{tn-1}-\Sigma_{sn-1}-\nu\Sigma_{fn-1}/k)+\\ &\quad (h_n/2)(\Sigma_{tn}-\Sigma_{sn}-\nu\Sigma_{fn}/k)]\phi_n+(J_n-J_{n-1})\}=0\end{aligned} \tag{15.103}$$

式中:下标为 n 的材料在区间 $x_n<x<x_{n+1}$ 上是均匀的。

同理,共轭中子流密度的试验函数的变分为

$$\begin{aligned}\frac{\delta F_1}{\delta J^*}\delta J^* &= \sum_{n=0}^{N-1}\delta J_n^*\left[\int_{x_n}^{x_{n+1}}(D^{-1}J+\mathrm{d}\phi/\mathrm{d}x)\mathrm{d}x+(\phi_{n+1}-\phi_n)\right]\\ &= \sum_{n=0}^{N-1}\delta J_n^*[h_nD_n^{-1}J_n+(\phi_{n+1}-\phi_n)]=0\end{aligned} \tag{15.104}$$

对于在网格上任意的独立变分 $\delta\phi_n^*$ 和 δJ_n^*,变分泛函的不动点原理要求

$$\begin{cases}\left[\dfrac{h_{n-1}}{2}\left(\Sigma_{tn-1}-\Sigma_{sn-1}-\dfrac{\nu\Sigma_{fn-1}}{k}\right)+\dfrac{h_n}{2}\left(\Sigma_{tn}-\Sigma_{sn}-\dfrac{\nu\Sigma_{fn}}{k}\right)\right]\phi_n+(J_n-J_{n-1})=0\\ J_n=-D_n\dfrac{\phi_{n+1}-\phi_n}{h_n}\end{cases} \tag{15.105}$$

合并方程组(15.105)中的两个方程可得扩散方程有限差分方法的标准形式:

$$\begin{aligned}&\left[\frac{h_{n-1}}{2}\left(\Sigma_{tn-1}-\Sigma_{sn-1}-\frac{\nu\Sigma_{fn-1}}{k}\right)+\frac{h_n}{2}\left(\Sigma_{tn}-\Sigma_{sn}-\frac{\nu\Sigma_{fn}}{k}\right)+\frac{D_{n-1}}{h_{n-1}}+\frac{D_n}{h_n}\right]\phi_n-\\ &\qquad\frac{D_{n-1}}{h_{n-1}}\phi_{n-1}+\frac{D_{n+1}}{h_n}\phi_{n+1}=0\end{aligned} \tag{15.106}$$

中子注量率和共轭中子注量率在体积 V_i 内(网格 $x_n-h_{n-1}/2<x<x_n+h_n/2$)是连续的,而且该体积(网格)通过边界 $x_n-h_{n-1}/2$ 和 $x_n+h_n/2$ 与其他体积耦合在一起。

15.6.3 扩散理论的变分泛函

假设试验函数在整个核反应堆内是连续的,那么方程(15.95)定义的变分泛函中的最后一项等于0。假设中子流密度和共轭中子流密度的试验函数满足菲克定律,那么变分泛函的第二项也等于0,而且其第一项和第三项中的中子流密度可由 $-D\nabla\phi$ 代替。在这些条件下,方程(15.95)即变为扩散理论的变分泛函:

$$\begin{aligned}F_d\{\phi^*,\phi\} &= \sum_i\int_{V_i}\phi^*[(\Sigma_t-\Sigma_s-\nu\Sigma_f/k)\phi-\nabla\cdot D\nabla\phi]\mathrm{d}r+\\ &\quad\sum_k\int_{S_k}\phi^*\boldsymbol{n}_k\cdot[(-D\nabla\phi)_{k+}-(-D\nabla\phi)_{k-}]\mathrm{d}S\end{aligned}$$

$$= \sum_i \int_{V_i} [\phi^* (\Sigma_t - \Sigma_s - \nu\Sigma_f/k)\phi + \nabla\phi^* \cdot D\nabla\phi] \mathrm{d}r \tag{15.107}$$

在推导该变分泛函的第二个形式时,泛函第一项中的散度项经过分部积分可与第二项中的内表面积分相等并消去,而且最终因物理边界条件而消去。值得注意的是,该变分泛函的第二个形式允许试验函数在内部边界上不完全满足 $-D\nabla\phi \cdot \boldsymbol{n}_s$ 的连续性条件。

15.6.4　一维线性有限元扩散近似

本小节以零中子注量率边界条件下一维平板核反应堆的单群扩散模型为例介绍有限元近似。假设中子注量率可展开为

$$\begin{cases} \phi(x) = \sum_{n=1}^{N-1} \phi_n H_n(x) \\ \phi^*(x) = \sum_{n=1}^{N-1} \phi_n^* H_n(x) \end{cases} \tag{15.108}$$

如图 15.5 所示,函数 $H_n(x)$ 为

$$H_n(x) = \begin{cases} \dfrac{x_{n+1} - x}{h_n}, & x_n < x < x_{n+1} \\ \dfrac{x - x_{n-1}}{h_{n-1}}, & x_{n-1} < x < x_n \\ 0, & \text{其他} \end{cases} \tag{15.109}$$

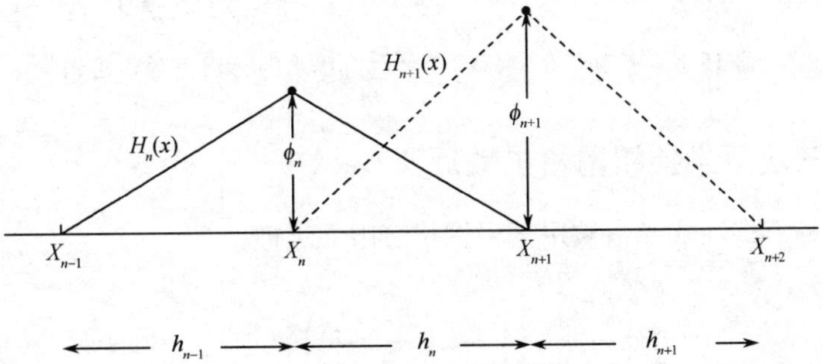

图 15.5　线性有限元近似的试验函数

试验函数 ϕ 和 ϕ^* 与矢量 $D\nabla\phi$ 和 $D\nabla\phi^*$ 在网格 $x_{n-1} < x < x_n$ 是连续的。对于所有共轭试验函数的任意独立变分,方程(15.107)所定义的变分泛函满足不动点条件可得

$$\begin{aligned} \frac{\delta F_d}{\delta \phi_n^*}\delta\phi_n^* = \delta\phi_n^* \Big[\int_{x_{n-1}}^{x_n} \Big\{ & \frac{x - x_n}{h_{n-1}} (\Sigma_{tn-1} - \Sigma_{sn-1} - \nu\Sigma_{fn-1}/k) \sum_{n'=n-1}^{n+1} \phi_{n'} H_{n'}(x) + \\ & \frac{D_{n-1}}{h_{n-1}} \sum_{n'=n-1}^{n+1} \frac{\mathrm{d}[\phi_{n'} H_{n'}(x)]}{\mathrm{d}x} \Big\} \mathrm{d}x + \int_{x_n}^{x_{n+1}} \Big\{ \frac{x_{n+1} - x}{h_n} (\Sigma_{tn} - \Sigma_{sn} - \nu\Sigma_{fn}/k) \\ & \sum_{n'=n-1}^{n+1} \phi_{n'} H_{n'}(x) - \frac{D_n}{h_n} \sum_{n'=n-1}^{n+1} \frac{\mathrm{d}[\phi_{n'} H_{n'}(x)]}{\mathrm{d}x} \Big\} \mathrm{d}x \\ = 0 & \end{aligned} \tag{15.110}$$

由方程(15.110)可知

$$
\begin{aligned}
&h_{n-1}(\Sigma_{\mathrm{t}n-1}-\Sigma_{\mathrm{s}n-1}-\nu\Sigma_{\mathrm{f}n-1}/k)\left(\frac{1}{3}\phi_n+\frac{1}{6}\phi_{n-1}\right)+\\
&h_n(\Sigma_{\mathrm{t}n}-\Sigma_{\mathrm{s}n}-\nu\Sigma_{\mathrm{f}n}/k)\left(\frac{1}{3}\phi_n+\frac{1}{6}\phi_{n+1}\right)+\\
&\frac{D_{n-1}}{h_{n-1}}(\phi_n-\phi_{n-1})-\frac{D_n}{h_n}(\phi_{n+1}-\phi_n)=0
\end{aligned}
\tag{15.111}
$$

该方程与有限差分方法对应的方程(15.106)相似,但它耦合了更多的网格点。

数值计算表明方程(15.111)能在更大的网格间距 h_n 上获得与方程(15.106)相同精度的结果。这是因为方程(15.109)定义的试验函数中中子注量率采用了分段线性近似,这比方程(15.100)和方程(15.101)定义的试验函数中的阶跃近似更加合理一些,如图15.6所示。由此可知,更高阶的多项式试验函数应能更好地描述中子注量率而能获得更高的计算精度。

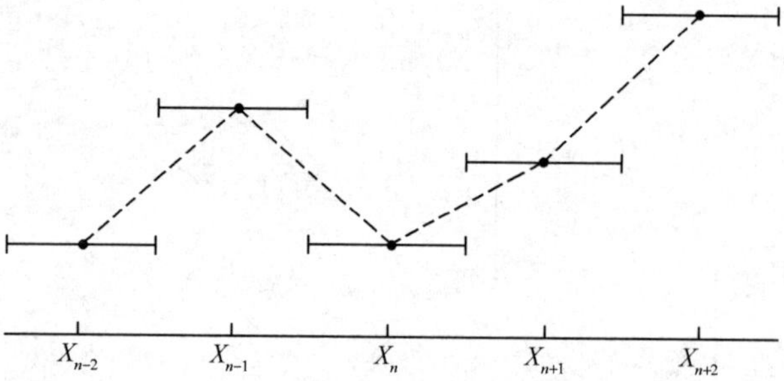

图15.6 有限差分(实线)与线性有限元(虚线)解的示意图

15.6.5 高阶三次厄米特粗网格扩散近似

三次厄米特插值多项式经常被用于粗网格有限元近似:

$$
H_n^0(x)=\begin{cases}3\left(\dfrac{x-x_{n-1}}{h_{n-1}}\right)^2-2\left(\dfrac{x-x_{n-1}}{h_{n-1}}\right)^3, & x_{n-1}\leqslant x\leqslant x_n\\ 3\left(\dfrac{x_{n+1}-x}{h_n}\right)^2-2\left(\dfrac{x_{n+1}-x_n}{h_n}\right)^3, & x_n\leqslant x\leqslant x_{n+1}\\ 0, & \text{其他}\end{cases}
\tag{15.112a}
$$

$$
H_n^-(x)=\begin{cases}\left[-\left(\dfrac{x-x_{n-1}}{h_{n-1}}\right)^2+\left(\dfrac{x-x_{n-1}}{h_{n-1}}\right)^3\right]h_{n-1}, & x_{n-1}\leqslant x\leqslant x_n\\ 0, & \text{其他}\end{cases}
\tag{15.112b}
$$

$$
H_n^+(x)=\begin{cases}\left[\left(\dfrac{x_{n+1}-x}{h_n}\right)^2-\left(\dfrac{x_{n+1}-x}{h_n}\right)^3\right]h_n, & x_n\leqslant x\leqslant x_{n+1}\\ 0, & \text{其他}\end{cases}
\tag{15.112c}
$$

这些多项式具有如下性质：

$$\begin{cases} H_n^0(x_n) = \dfrac{\mathrm{d}H_n^-(x_n)}{\mathrm{d}x} = \dfrac{\mathrm{d}H_n^+(x_n)}{\mathrm{d}x} = 1 \\ H_n^-(x_n) = H_n^+(x_n) = 0 \end{cases} \tag{15.113}$$

利用这些多项式可构建如下的试验函数：

$$\begin{cases} \phi(x) = \sum\limits_{n=1}^{N-1} [\phi_n^0 H_n^0(x) + \phi_n^- H_n^-(x) + \phi_n^+ H_n^+(x)] \\ \phi^*(x) = \sum\limits_{n=1}^{N-1} [\phi_n^{*0} H_n^0(x) + \phi_n^{*-} H_n^-(x) + \phi_n^{*+} H_n^+(x)] \end{cases} \tag{15.114}$$

方程(15.113)中该函数的第二个性质确保试验函数在 x_n 处是连续的。因此,这些试验函数适用于方程(15.107)的变分泛函。

对于所有共轭试验函数在所有内部网格上的任意独立变分,变分泛函的不动点条件要求 $(\delta F_{\mathrm{d}}/\delta\phi_n^{*0})\delta\phi_n^{*0}=0,(\delta F_{\mathrm{d}}/\delta\phi_n^{*-})\delta\phi_n^{*-}=0,(\delta F_{\mathrm{d}}/\delta\phi_n^{*+})\delta\phi_n^{*+}=0(n=1,\cdots,N-1)$,由此可得三个在每一网格上成立的方程:

$$\begin{aligned} &-\frac{D_n}{h_n}(\phi_{n+1}^0-\phi_n^0)+\frac{D_{n-1}}{h_{n-1}}(\phi_n^0-\phi_{n-1}^0)+ \\ &h_n\left(\Sigma_{\mathrm{t}n}-\Sigma_{\mathrm{s}n}-\frac{\nu\Sigma_{\mathrm{f}n}}{k}\right)\left(\frac{7}{20}\phi_n^0+\frac{3}{20}\phi_{n+1}^0-\frac{1}{30}h_n\phi_{n+1}^-+\frac{1}{20}h_n\phi_{n+1}^+\right)+ \\ &h_{n-1}\left(\Sigma_{\mathrm{t}n-1}-\Sigma_{\mathrm{s}n-1}-\frac{\nu\Sigma_{\mathrm{f}n-1}}{k}\right)\left(\frac{7}{20}\phi_n^0+\frac{3}{20}\phi_{n+1}^0+\frac{1}{30}h_{n-1}\phi_{n-1}^+-\frac{1}{20}h_{n-1}\phi_n^-\right)=0 \end{aligned} \tag{15.115a}$$

$$\begin{aligned} &h_n\left(\Sigma_{\mathrm{t}n}-\Sigma_{\mathrm{s}n}-\frac{\nu\Sigma_{\mathrm{f}n}}{k}\right)\left[-\frac{3}{140}(\phi_{n+1}^0-\phi_n^0)+\frac{1}{420}h_n(\phi_{n+1}^-+\phi_n^+)\right]+ \\ &\frac{D_n}{h_n}\left[-\frac{1}{5}(\phi_{n+1}^0-\phi_n^0)+\frac{1}{10}h_n(\phi_{n+1}^-+\phi_n^+)\right]=0 \end{aligned} \tag{15.115b}$$

$$h_n\left(\Sigma_{\mathrm{t}n}-\Sigma_{\mathrm{s}n}-\frac{\nu\Sigma_{\mathrm{f}n}}{k}\right)\left[-\frac{1}{2}(\phi_{n+1}^0-\phi_n^0)+\frac{1}{60}h_n(\phi_{n+1}^--\phi_n^+)\right]+\frac{D_n}{6}(\phi_{n+1}^-+\phi_n^+)=0 \tag{15.115c}$$

以上这些方程在内部网格上是成立的。零中子注量率边界条件要求 ϕ_0^0 和 ϕ_N^0 为 0,其他边界条件也可得相应的结果,例如对称边界条件要求 $\phi_0^0=\phi_1^0$。然而,为了计算 $\phi_0^\pm$ 和 $\phi_N^\pm$ 需要额外的限制条件。变分泛函在外边界上的不动点条件 $(\delta F_{\mathrm{d}}/\delta\phi_N^{*\pm})\delta\phi_N^{*\pm}=0$ 和 $(\delta F_{\mathrm{d}}/\delta\phi_0^{*\pm})\delta\phi_0^{*\pm}=0$ 为封闭方程提供必要的辅助方程。

与方程(15.109)的线性多项式相比,三次厄米特多项式可提高有限元近似的计算精度,但是这也需要消耗更多的计算时间,因为每个网格点包含三个方程而非一个方程。当然,在此所述的精度是相对于均匀问题的精确解,而不是非均匀问题的精确解。当与局部的非均匀解叠加时,虽然更高精度的均匀堆芯的解看似能获得更高精度的非均匀堆芯的解,但是这实际上并非一定成立。

15.6.6　多维有限元粗网格方法

在二维问题中,整个核反应堆被划分为一定数目的区域 V_i,通常把它们称为单元体。这些单元体可采用不同的形状,如三角形、四边形等。有限元近似解通常由一些与单元体有关的形状函数的线性组合而成,形状函数通常是单元体内局部坐标下的多项式。形状函数在与其相关的粗网格点上通常为1,而在其相关边界上通常为0。例如,在三角形单元体内,中子注量率可由一个二次多项式描述:

$$\phi(x,y)=a_1+a_2x+a_3y+a_4x^2+a_5xy+a_6y^2 \tag{15.116}$$

对于不同的单元体,多项式通常需要重新定义以便多项式的系数等于单元体内各支撑点的中子注量率。例如,二次多项式近似需要六个支撑点,线性近似需要三个支撑点,依此类推。在构造的方程中,每个支撑点上的中子注量率是未知的。

15.7 变分的离散纵标节块法

15.2 节至 15.4 节介绍的节块法和粗网格法通常分为三步:①进行当地燃料组件的二维输运计算并生成每个节块的均匀化截面;②在全堆芯范围内求解节块方程以获得每个节块的平均中子注量率;③重构节块内精细的非均匀中子注量率。经验表明在节块法和粗网格法的第二步中,利用高阶多项式能更好地逼近粗网格内的中子注量率分布,因而能获得更高精度的均匀化问题的解。

直接利用非均匀组件输运计算获得的精细的中子注量率描述节块内或者粗网格内的中子注量率分布,而不是对其进行多项式近似,就可将均匀化、中子注量率求解和精细的非均匀解的重构这三步过程在一步内完成。既然非均匀组件计算通常采用高阶的输运解,而全堆芯的节块计算通常只需相对低阶的输运计算,那么本节介绍一种一步方法,它采用非均匀二维组件的高阶离散纵标计算结果作为试验函数构建低阶离散纵标节块计算模型。

15.7.1 变分原理

中子输运方程的一个变分泛函可写为

$$\begin{aligned}
&F\{\psi(r,\boldsymbol{\Omega}),\psi^*(r,\boldsymbol{\Omega})\}\\
&=\sum_{\lambda=1}^{\Lambda}\Big\{\iiint_{V_\lambda}\mathrm{d}V\iint_{4\pi}\psi^*(r,\boldsymbol{\Omega})[-\boldsymbol{\Omega}\cdot\nabla\psi(r,\boldsymbol{\Omega})-\Sigma_{\mathrm{t}}(r)\psi(r,\boldsymbol{\Omega})+\\
&\iint_{4\pi}\Sigma_{\mathrm{s}}(r,\boldsymbol{\Omega}'\to\boldsymbol{\Omega})\psi(r,\boldsymbol{\Omega}')\mathrm{d}\boldsymbol{\Omega}'+\frac{1}{4\pi}\iint_{4\pi}\nu\Sigma_{\mathrm{f}}(r)\psi(r,\boldsymbol{\Omega}')\mathrm{d}\boldsymbol{\Omega}']\mathrm{d}\boldsymbol{\Omega}+\\
&\sum_{\nu(\lambda)}\iint_{\sigma_{\lambda,\nu(\lambda)}}\mathrm{d}S\iint_{4\pi}H(-\boldsymbol{\Omega}\cdot\boldsymbol{n})(\boldsymbol{\Omega}\cdot\boldsymbol{n})\psi^*(r_{\lambda,\nu(\lambda)},\boldsymbol{\Omega})[\psi(r_{\lambda,\nu(\lambda)},\boldsymbol{\Omega})-\\
&\psi(r_{\nu(\lambda),\lambda},\boldsymbol{\Omega})]\mathrm{d}\boldsymbol{\Omega}+\iint_{S_\lambda}\mathrm{d}S\iint_{4\pi}H(-\boldsymbol{\Omega}\cdot\boldsymbol{n})(\boldsymbol{\Omega}\cdot\boldsymbol{n})\psi^*(r_{\mathrm{ex}},\boldsymbol{\Omega})\psi(r_{\mathrm{ex}},\boldsymbol{\Omega})\mathrm{d}\boldsymbol{\Omega}\Big\}
\end{aligned} \tag{15.117}$$

泛函 F 须对核反应堆内所有 Λ 个区域(或节块)求和。泛函的第一项是对节块体积 V_λ 及其所有方向角 4π 积分求和。泛函的第二项是对节块 λ 的 $\nu(\lambda)$ 个内部界面求和,该项允许试验函数在界面处是不连续的。符号 $r_{\lambda,\nu(\lambda)}$ 表示从节块 λ 内部趋向节块第 $\nu(\lambda)$ 个表面所有点的极限;同理,$r_{\nu(\lambda),\lambda}$ 表示从相邻节块趋向节块 λ 第 $\nu(\lambda)$ 个表面所有点的极限(第 $\nu(\lambda)$ 表面的另一侧)。在该项求和中,每一项包含对表面 $\sigma_{\lambda,\nu(\lambda)}$(由点 $r_{\lambda,\nu(\lambda)}$ 和方向角 4π 构成)的积分。最后一项是对节块 λ 外表面 S_λ(由点 r_{ex} 构成)的积分。该项允许试验函数不满足真空边界条件。在泛函 F 中，$\boldsymbol{n}$ 指节块 λ 的内部或外部表面向外的单位法矢量。函数 H 为赫维赛德阶跃函数。此外，$\Sigma_t(r)$、$\Sigma_s(r,\boldsymbol{\Omega}'\to\boldsymbol{\Omega})$ 和 $\nu\Sigma_f(r)$ 分别为移除截面、从 $\boldsymbol{\Omega}'$ 至 $\boldsymbol{\Omega}$ 的散射截面和裂变产生的中子数。虽然泛函 F 仅是单群形式的，但是非常容易推广至多群形式。

不动点条件 $(\delta F/\delta\psi^*)\delta\psi^*=0$ 要求试验函数 $\psi(r,\boldsymbol{\Omega})$ 在不动点处的值即为满足玻耳兹曼输运方程的角中子注量率：

$$\begin{aligned}&\boldsymbol{\Omega}\cdot\nabla\psi(r,\boldsymbol{\Omega})+\Sigma_t(r)\psi(r,\boldsymbol{\Omega})\\&=\iint_{4\pi}\Sigma_s(r,\boldsymbol{\Omega}'\to\boldsymbol{\Omega})\psi(r,\boldsymbol{\Omega}')\mathrm{d}\boldsymbol{\Omega}'+\frac{1}{4\pi}\iint_{4\pi}\nu\Sigma_f(r)\psi(r,\boldsymbol{\Omega}')\mathrm{d}\boldsymbol{\Omega}'\end{aligned}\tag{15.118}$$

而且要求其满足的界面条件和真空边界条件分别为

$$\psi(r_{\lambda,\nu(\lambda)},\boldsymbol{\Omega})-\psi(r_{\nu(\lambda),\lambda},\boldsymbol{\Omega})=0\tag{15.119}$$

和

$$\psi(r_{ex},\boldsymbol{\Omega})=0,\quad \boldsymbol{\Omega}\cdot\boldsymbol{n}<0\tag{15.120}$$

不动点条件 $(\delta F/\delta\psi)\delta\psi=0$ 要求试验函数 $\psi^*(r,\boldsymbol{\Omega})$ 在不动点处的值即为满足共轭输运方程的共轭角中子注量率：

$$\begin{aligned}&-\boldsymbol{\Omega}\cdot\nabla\psi^*(r,\boldsymbol{\Omega})+\Sigma_t(r)\psi^*(r,\boldsymbol{\Omega})\\&=\iint_{4\pi}\Sigma_s(r,\boldsymbol{\Omega}\to\boldsymbol{\Omega}')\psi^*(r,\boldsymbol{\Omega}')\mathrm{d}\boldsymbol{\Omega}'+\frac{1}{4\pi}\iint_{4\pi}\nu\Sigma_f(r)\psi^*(r,\boldsymbol{\Omega}')\mathrm{d}\boldsymbol{\Omega}'\end{aligned}\tag{15.121}$$

而且要求其满足的界面条件和真空边界条件分别为

$$\psi^*(r_{\lambda,\nu(\lambda)},\boldsymbol{\Omega})-\psi^*(r_{\nu(\lambda),\lambda},\boldsymbol{\Omega})=0\tag{15.122}$$

和

$$\psi^*(r_{ex},\boldsymbol{\Omega})=0,\quad \boldsymbol{\Omega}\cdot\boldsymbol{n}>0\tag{15.123}$$

为了将泛函 F 用于推导节块法，首先需将核反应堆堆芯分割成 $I\times J\times K$ 个区域，其中 I、J 和 K 分别为 x、y 和 z 方向上分割区域的数目。由此，乘积 $I\times J\times K$ 等于泛函 F 中的 Λ。节块 ijk 的界面分别为 x_i、x_{i+1}、y_j、y_{j+1}、z_k 和 z_{k+1}，如图 15.7 所示。节块（或体积）的区域函数表示为 $\Delta_{ijk}(x,y,z)$，其定义为

$$\Delta_{ijk}(x,y,z)=\begin{cases}1, & x_i<x<x_{i+1}, y_j<y<y_{j+1}, z_k<z<z_{k+1}\\0, & 其他\end{cases}\tag{15.124}$$

在 $x-y$ 平面上的 $I\times J$ 个区域可称为通道。角中子注量率 $\psi(x,y,z,\boldsymbol{\Omega})$ 可由一维轴向函数 $g_{ijk}(z,\boldsymbol{\Omega})$ 与二维平面函数 $f_{ijk}(x,y,\boldsymbol{\Omega})$ 的乘积构成，其中函数 $f_{ijk}(x,y,\boldsymbol{\Omega})$ 通常是预先计算的。

随角度变化的轴向函数 $g_{ijk}(z,\boldsymbol{\Omega})$ 须被离散成 8 个函数 $g_{ijk}^n(z)$，每一个函数对应单位球的一个卦限，每个卦限的区域函数记为 $\Delta^n(\boldsymbol{\Omega})$，其定义为

$$\Delta^n(\boldsymbol{\Omega})=\begin{cases}1, & 在卦限\ n\ 内的\ \boldsymbol{\Omega}\\0, & 其他\end{cases}\tag{15.125}$$

图 15.8 是将卦限 1 内（$\mu>0,\eta>0$ 和 $\xi>0$）的方向角分成 10 个 $\Delta^{mn}(\boldsymbol{\Omega})$（整个单位球内的个数 $M=80$）的例子。注意，相邻区域间的边界是任意的。

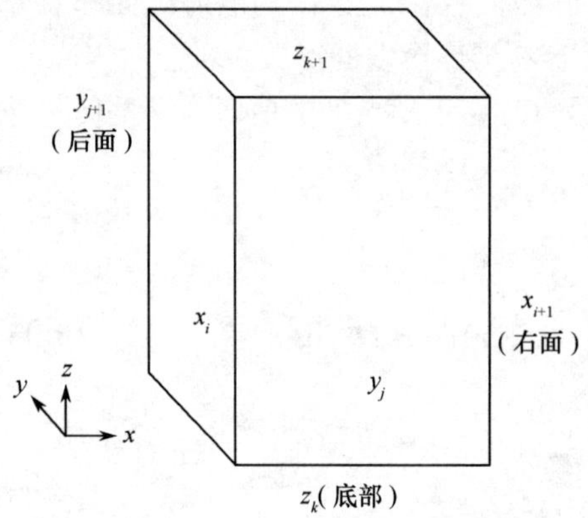

图 15.7 边界表面的符号示意图

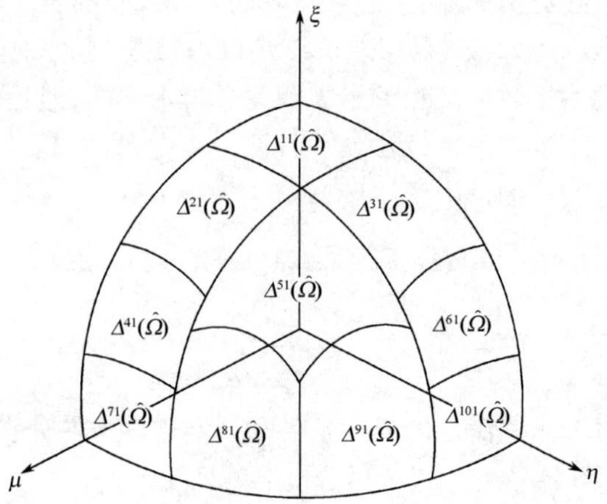

图 15.8 S_8 的区域函数 $\Delta^{mn}(\Omega)$ 示例

在卦限 n 内区域 m 所对应的单位球的表面积记为 w^{mn},定义如下:

$$w^{mn} = \frac{1}{4\pi}\iint_{4\pi}\Delta^{n}(\boldsymbol{\Omega})\Delta^{mn}(\boldsymbol{\Omega})\mathrm{d}\boldsymbol{\Omega} = \frac{1}{4\pi}\iint_{\pi/2}\Delta^{mn}(\boldsymbol{\Omega})\mathrm{d}\boldsymbol{\Omega} \tag{15.126}$$

其中,在第 n 卦限上区域 m 的 $\Delta^{mn}=1$,而其余的均为 0。因此,w^{mn} 的物理意义是标准离散纵标的权重,而且 $\sum_{n=1}^{8}\sum_{m=1}^{M/8} w^{mn} = 1$。需要注意的是,符号 mn 为在卦限 n 内区域 m 的缩写,而且这个符号也要求在卦限 n 的 $M/8$ 个区域与其他任何一个象限是对称的,因而最有效的是采用标准对称正交组。通过改变符号可消除这一要求,但是实际上它并不意味着任何限制。

如图 15.9 所示,立体角 $\boldsymbol{\Omega}$ 可分解为三个方向余弦($\boldsymbol{i}$,$\boldsymbol{j}$ 和 $\boldsymbol{k}$ 分别为 x、y 和 z 轴的单位矢量):

$$\mu = \boldsymbol{\Omega}\cdot\boldsymbol{i}, \eta = \boldsymbol{\Omega}\cdot\boldsymbol{j}, \xi = \boldsymbol{\Omega}\cdot\boldsymbol{k} \tag{15.127}$$

方位角 ω 为立体角 $\boldsymbol{\Omega}$ 在 $y-z$ 平面上的投影与 z 轴的夹角,如图 15.9 所示,由此

$$\begin{cases}\eta = \sqrt{1-\mu^2}\sin\omega \\ \xi = \sqrt{1-\mu^2}\cos\omega\end{cases} \tag{15.128}$$

与之相应的 $\boldsymbol{\Omega}$ 方向余弦的平均值定义如下:

$$\begin{cases}\mu^{mn} \equiv \dfrac{1}{4\pi w^{mn}}\iint_{\text{象限}n}\Delta^{mn}(\boldsymbol{\Omega})\mu\mathrm{d}\boldsymbol{\Omega} \\ \eta^{mn} \equiv \dfrac{1}{4\pi w^{mn}}\iint_{\text{象限}n}\Delta^{mn}(\boldsymbol{\Omega})\eta\mathrm{d}\boldsymbol{\Omega} \\ \xi^{mn} \equiv \dfrac{1}{4\pi w^{mn}}\iint_{\text{象限}n}\Delta^{mn}(\boldsymbol{\Omega})\xi\mathrm{d}\boldsymbol{\Omega}\end{cases} \tag{15.129}$$

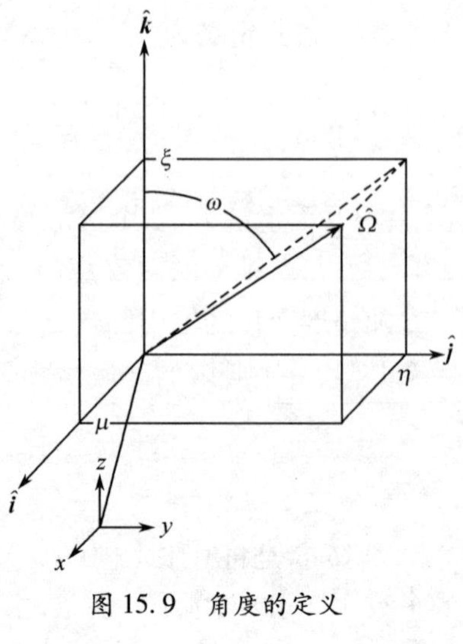

图 15.9 角度的定义

利用方程(15.124)和方程(15.125)定义的区域函数,泛函 F 中角中子注量率的试验函数可写为

$$
\begin{aligned}
\psi(x,y,z,\boldsymbol{\Omega}) &\approx g(z,\boldsymbol{\Omega})f(x,y,\boldsymbol{\Omega}) \\
&= \sum_{i,j,k=1}^{I\times J\times K} \Delta_{ijk}(x,y,z)\left[g_{ijk}(z,\boldsymbol{\Omega})f_{ijk}(x,y,\boldsymbol{\Omega})\right] \\
&= \sum_{i,j,k=1}^{I\times J\times K} \Delta_{ijk}(x,y,z)\sum_{i=1}^{8}\Delta^{n}(\boldsymbol{\Omega})g_{ijk}^{n}(z)\sum_{m=1}^{M/8}\Delta^{mn}(\boldsymbol{\Omega})f_{ijk}^{mn}(x,y)
\end{aligned}
\tag{15.130}
$$

共轭角中子注量率 $\psi^{*}(x,y,z,\boldsymbol{\Omega})$ 可进行相似的展开。

将方程(15.130)及其相应的共轭角中子注量率代入变分泛函 F,并要求每一个共轭轴向函数 $g_{ijk}^{*n}(z)$ 满足不动点条件可得简化轴线函数 $g_{ijk}^{n}(z)$ 的方程,其中,须预先计算节块函数 $f_{ijk}^{mn}(x,y)$ 和 $f_{ijk}^{*mn}(x,y)$ 以定义均匀化参数。任何一个轴向函数 $g_{ijk}^{n}(z)$(共 8 个)均满足如下的方程:

$$
\begin{aligned}
&\bar{\xi}_{ijk}^{n}\frac{\mathrm{d}g_{ijk}^{n}(z)}{\mathrm{d}z} + \bar{B}_{ijk}^{n}g_{ijk}^{n}(z) + \bar{\Sigma}_{\mathrm{s},ijk}^{n}(z)g_{ijk}^{n}(z) \\
&= \sum_{n'=1}^{8}\nu\,\bar{\Sigma}_{\mathrm{f},ijk}^{mn'}(z)g_{ijk}^{n'}(z) + \sum_{n'=1}^{8}\bar{\Sigma}_{\mathrm{s},ijk}^{mn'}(z)g_{ijk}^{n'}(z) - \\
&(1-\delta_{i1})H(\mu^{n})\left[\bar{\mu}_{ijk}^{n}(x_i)g_{ijk}^{n}(z) - \bar{\mu}_{(i,i-1)jk}^{n}(x_i)g_{(i-1)jk}^{n}(z)\right] + \\
&(1-\delta_{i1})H(-\mu^{n})\left[\bar{\mu}_{ijk}^{n}(x_{i+1})g_{ijk}^{n}(z) - \bar{\mu}_{(i,i+1)jk}^{n}(x_{i+1})g_{(i+1)jk}^{n}(z)\right] - \\
&\delta_{i1}H(\mu^{n})\,\bar{\mu}_{1jk}^{n}(x_i)g_{1jk}^{n}(z) + \delta_{iI}H(-\mu^{n})\,\bar{\mu}_{Ijk}^{n}(x_{I+1})g_{Ijk}^{n}(z) - \\
&(1-\delta_{j1})H(-\eta^{n})\left[\bar{\eta}_{ijk}^{n}(y_j)g_{ijk}^{n}(z) - \bar{\eta}_{i(j,j+1)k}^{n}(y_j)g_{i(j+1)k}^{n}(z)\right] + \\
&(1-\delta_{jJ})H(-\eta^{n})\left[\bar{\eta}_{ijk}^{n}(y_{j+1})g_{ijk}^{n}(z) - \bar{\eta}_{i(j,j+1)k}^{n}(y_{j+1})g_{i(j+1)k}^{n}(z)\right] - \\
&\delta_{j1}H(\eta^{n})\,\bar{\eta}_{i1k}^{n}(y_j)g_{i1k}^{n}(z) + \delta_{jJ}H(-\eta^{n})\,\bar{\eta}_{iJk}^{n}(y_{J+1})g_{iJk}^{n}(z)
\end{aligned}
\tag{15.131}
$$

在方程(15.131)中,通道 ij、轴向区域 k 在卦限 n 处的均匀化总截面、裂变截面和散射截面分别定义为

$$
\bar{\Sigma}_{ijk}^{n}(z) = \frac{\int_{x_i}^{x_{i+1}}\mathrm{d}x\int_{y_j}^{y_{j+1}}\Sigma(x,y,z)\sum_{m=1}^{M/8}w^{mn}f_{ijk}^{*mn}(x,y)f_{ijk}^{mn}(x,y)\,\mathrm{d}y}{\int_{x_i}^{x_{i+1}}\mathrm{d}x\int_{y_j}^{y_{j+1}}\sum_{m=1}^{M/8}w^{mn}f_{ijk}^{*mn}(x,y)f_{ijk}^{mn}(x,y)\,\mathrm{d}y}
\tag{15.132}
$$

$$
\bar{\Sigma}_{f,ijk}^{mn'}(z) = \frac{\int_{x_i}^{x_{i+1}}\mathrm{d}x\int_{y_j}^{y_{j+1}}\mathrm{d}y\Sigma_{\mathrm{f}}(x,y,z)\left[\sum_{m=1}^{M/8}w^{mn}f_{ijk}^{*mn}(x,y)\right]\left[\sum_{m'=1}^{M/8}w^{m'n'}f_{ijk}^{m'n'}(x,y)\right]}{\int_{x_i}^{x_{i+1}}\mathrm{d}x\int_{y_j}^{y_{j+1}}\sum_{m=1}^{M/8}w^{mn}f_{ijk}^{*mn}(x,y)f_{ijk}^{mn}(x,y)\,\mathrm{d}y}
\tag{15.133}
$$

$$
\begin{aligned}
\bar{\Sigma}_{\mathrm{f},ijk}^{mn'}(z) = &\Bigg(\int_{x_i}^{x_{i+1}}\mathrm{d}x\int_{y_j}^{y_{j+1}}\sum_{l=0}^{L}(2l+1)\Sigma_{\mathrm{s}}^{l}(x,y,z)\Bigg\{\left[\sum_{m=1}^{M/8}w^{mn}P_l(\mu^{mn})f_{ijk}^{*mn}(x,y)\right]\times \\
&\left[\sum_{m'=1}^{M/8}w^{m'n'}P_l(\mu^{m'n'})f_{ijk}^{m'n'}(x,y)\right]\mathrm{d}y + \\
&2\sum_{k=1}^{l}\frac{(l-k)!}{(l+k)!}\left[\sum_{m=1}^{M/8}w^{mn}P_l^{k}(\mu^{mn})\cos(k\omega^{mn})f_{ijk}^{*mn}(x,y)\right]\times
\end{aligned}
$$

$$\left[\sum_{m'=1}^{M/8} w^{m'n'} P_l^k(\mu^{m'n'}) \cos(k\omega^{m'n'}) f_{ijk}^{m'n'}(x,y)\right] +$$
$$2\sum_{k=1}^{l} \frac{(l-k)!}{(l+k)!}\left[\sum_{m=1}^{M/8} w^{mn} P_l^k(\mu^{mn}) \sin(k\omega^{mn}) f_{ijk}^{*mn}(x,y)\right] \times$$
$$\left.\left.\left[\sum_{m'=1}^{M/8} w^{m'n'} P_l^k(\mu^{m'n'}) \sin(k\omega^{m'n'}) f_{ijk}^{m'n'}(x,y)\right]\right\}\right) \Bigg/$$
$$\int_{x_i}^{x_{i+1}} \mathrm{d}x \int_{y_j}^{y_{j+1}} \sum_{m=1}^{M/8} w^{mn} f_{ijk}^{*mn}(x,y) f_{ijk}^{mn}(x,y)\,\mathrm{d}y \tag{15.134}$$

值得注意的是,在推导方程(15.134)时,散射截面 $\Sigma_s(r,\boldsymbol{\Omega}'\to\boldsymbol{\Omega})$ 已经利用 L 阶勒让德多项式进行了展开,并应用了球谐函数的加法原理。均匀化散射截面的各向同性分量与裂变截面具有相同的形式。

节块 ijk 的横向泄漏项(在 x 和 y 方向上的泄漏)定义为

$$\bar{B}_{ijk}^{n}(z) = \left[\int_{x_i}^{x_{i+1}} \mathrm{d}x \int_{y_j}^{y_{j+1}} \mathrm{d}y \sum_{m=1}^{M/8} w^{mn} \mu^{mn} f_{ijk}^{*mn}(x,y) \frac{\partial f_{ijk}^{mn}(x,y)}{\partial x} + \right.$$
$$\left. \int_{x_i}^{x_{i+1}} \mathrm{d}x \int_{y_j}^{y_{j+1}} \mathrm{d}y \sum_{m=1}^{M/8} w^{mn} \eta^{mn} f_{ijk}^{*mn}(x,y) \frac{\partial f_{ijk}^{mn}(x,y)}{\partial x}\right] \Bigg/$$
$$\int_{x_i}^{x_{i+1}} \mathrm{d}x \int_{y_j}^{y_{j+1}} \sum_{m=1}^{M/8} w^{mn} f_{ijk}^{*mn}(x,y) f_{ijk}^{mn}(x,y)\,\mathrm{d}y \tag{15.135}$$

卦限 n 的均匀化离散纵标定义为

$$\bar{\xi}_{ijk}^{n} = \frac{\int_{x_i}^{x_{i+1}} \mathrm{d}x \int_{y_j}^{y_{j+1}} \sum_{m=1}^{M/8} w^{mn} \xi^{mn} f_{ijk}^{*mn}(x,y) f_{ijk}^{mn}(x,y)\,\mathrm{d}y}{\int_{x_i}^{x_{i+1}} \mathrm{d}x \int_{y_j}^{y_{j+1}} \sum_{m=1}^{M/8} w^{mn} f_{ijk}^{*mn}(x,y) f_{ijk}^{mn}(x,y)\,\mathrm{d}y} \tag{15.136}$$

为了将节块 ijk 与 x 方向上的相邻节块(节块 $(i-1)jk$ 和 $(i+1)jk$)耦合起来,卦限 n 需要四个参数,它们分别为

$$\begin{cases}
\bar{\mu}_{ijk}^{n}(x_i) = \dfrac{\int_{y_j}^{y_{j+1}} \sum_{m=1}^{M/8} w^{mn} \mu^{mn} f_{ijk}^{*mn}(x_i,y) f_{ijk}^{mn}(x_i,y)\,\mathrm{d}y}{\int_{x_i}^{x_{i+1}} \mathrm{d}x \int_{y_j}^{y_{j+1}} \sum_{m=1}^{M/8} w^{mn} f_{ijk}^{*mn}(x,y) f_{ijk}^{mn}(x,y)\,\mathrm{d}y} \\
\bar{\mu}_{(i,i-1)jk}^{n}(x_i) = \dfrac{\int_{y_j}^{y_{j+1}} \sum_{m=1}^{M/8} w^{mn} \mu^{mn} f_{ijk}^{*mn}(x_i,y) f_{(i-1)jk}^{mn}(x_i,y)\,\mathrm{d}y}{\int_{x_i}^{x_{i+1}} \mathrm{d}x \int_{y_j}^{y_{j+1}} \sum_{m=1}^{M/8} w^{mn} f_{ijk}^{*mn}(x,y) f_{ijk}^{mn}(x,y)\,\mathrm{d}y} \\
\bar{\mu}_{ijk}^{n}(x_{i+1}) = \dfrac{\int_{y_j}^{y_{j+1}} \sum_{m=1}^{M/8} w^{mn} \mu^{mn} f_{ijk}^{*mn}(x_{i+1},y) f_{ijk}^{mn}(x_{i+1},y)\,\mathrm{d}y}{\int_{x_i}^{x_{i+1}} \mathrm{d}x \int_{y_j}^{y_{j+1}} \sum_{m=1}^{M/8} w^{mn} f_{ijk}^{*mn}(x,y) f_{ijk}^{mn}(x,y)\,\mathrm{d}y} \\
\bar{\mu}_{(i,i+1)jk}^{n}(x_{i+1}) = \dfrac{\int_{y_j}^{y_{j+1}} \sum_{m=1}^{M/8} w^{mn} \mu^{mn} f_{ijk}^{*mn}(x_{i+1},y) f_{(i+1)jk}^{mn}(x_{i+1},y)\,\mathrm{d}y}{\int_{x_i}^{x_{i+1}} \mathrm{d}x \int_{y_j}^{y_{j+1}} \sum_{m=1}^{M/8} w^{mn} f_{ijk}^{*mn}(x,y) f_{ijk}^{mn}(x,y)\,\mathrm{d}y}
\end{cases} \tag{15.137}$$

为了将节块 ijk 与 y 方向上的相邻节块（节块 $i(j-1)k$ 和 $i(j+1)jk$）耦合起来，卦限 n 需要四个参数，它们分别为

$$\begin{cases}\bar{\eta}_{ijk}^{n}(y_j) = \dfrac{\displaystyle\int_{x_i}^{x_{i+1}}\sum_{m=1}^{M/8} w^{mn}\eta^{mn} f_{ijk}^{*mn}(x,y_j) f_{ijk}^{mn}(x,y_j)\,\mathrm{d}x}{\displaystyle\int_{x_i}^{x_{i+1}}\mathrm{d}x\int_{y_j}^{y_{j+1}}\sum_{m=1}^{M/8} w^{mn} f_{ijk}^{*mn}(x,y) f_{ijk}^{mn}(x,y)\,\mathrm{d}y} \\ \bar{\eta}_{i(j,j-1)k}^{n}(y_j) = \dfrac{\displaystyle\int_{y_j}^{y_{j+1}}\sum_{m=1}^{M/8} w^{mn}\eta^{mn} f_{ijk}^{*mn}(x,y_j) f_{i(j-1)k}^{mn}(x,y_j)\,\mathrm{d}x}{\displaystyle\int_{x_i}^{x_{i+1}}\mathrm{d}x\int_{y_j}^{y_{j+1}}\sum_{m=1}^{M/8} w^{mn} f_{ijk}^{*mn}(x,y) f_{ijk}^{mn}(x,y)\,\mathrm{d}y} \\ \bar{\eta}_{ijk}^{n}(y_{j+1}) = \dfrac{\displaystyle\int_{y_j}^{y_{j+1}}\sum_{m=1}^{M/8} w^{mn}\eta^{mn} f_{ijk}^{*mn}(x,y_{j+1}) f_{ijk}^{mn}(x,y_{j+1})\,\mathrm{d}x}{\displaystyle\int_{x_i}^{x_{i+1}}\mathrm{d}x\int_{y_j}^{y_{j+1}}\sum_{m=1}^{M/8} w^{mn} f_{ijk}^{*mn}(x,y) f_{ijk}^{mn}(x,y)\,\mathrm{d}y} \\ \bar{\eta}_{i(j,j+1)k}^{n}(y_{j+1}) = \dfrac{\displaystyle\int_{y_j}^{y_{j+1}}\sum_{m=1}^{M/8} w^{mn}\eta^{mn} f_{ijk}^{*mn}(x,y_{j+1}) f_{i(j+1)k}^{mn}(x,y_{j+1})\,\mathrm{d}x}{\displaystyle\int_{x_i}^{x_{i+1}}\mathrm{d}x\int_{y_j}^{y_{j+1}}\sum_{m=1}^{M/8} w^{mn} f_{ijk}^{*mn}(x,y) f_{ijk}^{mn}(x,y)\,\mathrm{d}y}\end{cases} \tag{15.138}$$

需要注意的是，方程(15.131)中赫维赛德阶跃函数的自变量是方程(15.129)中的方向余弦 μ^{mn} 与 $\eta^{\mu\nu}$。由于方程仅需要表明其所属的卦限，因而方程仅采用了单一上标 n。

节块 ijk 与其轴向上的相邻节块（节块 $ij(k-1)$ 和 $ij(k+1)$）耦合的界面条件为

$$\begin{cases}\bar{\xi}_{ijk}^{n} g_{ijk}^{n}(z_k) = \bar{\xi}_{ij(k,k-1)}^{n} g_{ij(k-1)}^{n}(z_k), & \bar{\xi}_{ijk}^{n} > 0 \\ \bar{\xi}_{ijk}^{n} g_{ijk}^{n}(z_{k+1}) = \bar{\xi}_{ij(k,k+1)}^{n} g_{ij(k+1)}^{n}(z_{k+1}), & \bar{\xi}_{ijk}^{n} < 0\end{cases} \tag{15.139}$$

其中，耦合参数定义为

$$\begin{cases}\bar{\xi}_{ij(k,k-1)}^{n} = \dfrac{\displaystyle\int_{x_i}^{x_{i+1}}\mathrm{d}x\int_{y_j}^{y_{j+1}}\sum_{m=1}^{M/8} w^{mn}\xi^{mn} f_{ijk}^{*mn}(x,y) f_{ij(k-1)}^{mn}(x,y)\,\mathrm{d}y}{\displaystyle\int_{x_i}^{x_{i+1}}\mathrm{d}x\int_{y_j}^{y_{j+1}}\sum_{m=1}^{M/8} w^{mn} f_{ijk}^{*mn}(x,y) f_{ijk}^{mn}(x,y)\,\mathrm{d}y} \\ \bar{\xi}_{ij(k,k+1)}^{n} = \dfrac{\displaystyle\int_{x_i}^{x_{i+1}}\mathrm{d}x\int_{y_j}^{y_{j+1}}\sum_{m=1}^{M/8} w^{mn}\xi^{mn} f_{ijk}^{*mn}(x,y) f_{ij(k+1)}^{mn}(x,y)\,\mathrm{d}y}{\displaystyle\int_{x_i}^{x_{i+1}}\mathrm{d}x\int_{y_j}^{y_{j+1}}\sum_{m=1}^{M/8} w^{mn} f_{ijk}^{*mn}(x,y) f_{ijk}^{mn}(x,y)\,\mathrm{d}y}\end{cases} \tag{15.140}$$

方程(15.131)的边界条件为

$$\begin{cases}g_{ij1}^{n}(z_1) = 0, & \bar{\xi}_{ij1}^{n} > 0 \\ g_{ijK}^{n}(z_{K+1}) = 0, & \bar{\xi}_{ijK}^{n} < 0\end{cases} \tag{15.141}$$

将方程(15.130)定义的角中子注量率的试验函数代入各向同性中子注量率的定义可得非均匀中子注量率的重构方程：

$$\phi(x,y,z) \equiv \iint_{4\pi}\psi(x,y,z,\boldsymbol{\Omega})\,\mathrm{d}\boldsymbol{\Omega}$$

$$\approx \iint_{4\pi} \sum_{n=1}^{8} \Delta^{n}(\boldsymbol{\Omega}) g_{ijk}^{n}(z) \sum_{n=1}^{M/8} \Delta^{mn}(\boldsymbol{\Omega}) f_{ijk}^{n}(x,y)\,\mathrm{d}\boldsymbol{\Omega}$$
$$= \sum_{n=1}^{8} g_{ijk}^{n}(z) \sum_{n=1}^{M/8} f_{ijk}^{mn}(x,y) \iint_{4\pi} \Delta^{n}(\Omega)\Delta^{mn}(\boldsymbol{\Omega})\,\mathrm{d}\boldsymbol{\Omega}$$
$$= 4\pi \sum_{n=1}^{8} g_{ijk}^{n}(z) \sum_{n=1}^{M/8} w^{mn} f_{ijk}^{mn}(x,y) \tag{15.142}$$

15.7.2 应用

实施变分离散纵标节块法与其他标准节块法相同。首先,为了均匀化节块,在 $x-y$ 平面内对局部的非均匀区域(如组件或扩展组件)在精细的网格上进行高阶二维计算(此类二维平面计算也可提供节块的试验函数)。对于三维的全堆芯计算来说,标准节块法仅仅进行了二维的局部计算,很少将节块间的轴向耦合包含在这一步中。变分离散纵标节块法利用离散纵标法(S_N 法)进行局部区域(如组件)计算。精细网格上的 S_N 计算可得角中子注量率 $f_{ijk}^{mn}(x,y)$;对于三维问题来说,该计算获得 $M=N(N+2)$ 个角中子注量率。变分离散纵标节块法在每一个节块上还需求解共轭角中子注量率 $f_{ijk}^{*mn}(x,y)$。8 个 S_2 方向上的每一个截面定义均不同;然而,根据二维计算中假设的轴向对称性,实际上只需其中的 4 个。根据方程(15.132)~方程(15.138)和方程(15.140),试验函数 $f_{ijk}^{mn}(x,y)$ 和 $f_{ijk}^{*mn}(x,y)$ 及其标准的 S_N 坐标与权重可用于计算均匀化参数。

标准节块法的第二步是进行全堆芯的扩散计算。横向积分方法通常须求解 3 个经横向积分的一维方程以获得 x、y 和 z 方向上的中子注量率。这实际上等价于寻求 4 阶多项式系数问题。在变分节块法中,全堆芯方程是一维(z 方向)的 S_2 一阶微分方程;在精度上,它等价于扩散方程。既然变分节块法仍需要进行 z 轴上的空间离散,因此任何方法均适用,例如粗网格法、有限差分法、高阶多项式展开法或其他标准方法。

标准节块法和变分节块法的最后一步是根据均匀堆芯的计算结果重构非均匀中子注量率或反应率。变分节块法根据方程(15.142)重构中子注量率。

15.8 多群扩散理论的变分原理

多群扩散理论对中子分布完整的数学描述实际上是一组与中子注量率和共轭中子注量率及其相应的边界条件、初始条件、终值条件和连续性条件相关的耦合偏微分方程。通过直接地或者间接地限制许用的试验函数,与多群扩散理论等价的变分方法不仅须包含微分方程本身,如欧拉方程,而且须包含相应的边界条件、初始条件、终值条件和连续性条件。

包含上述所有条件的变分泛函为

$$J = \Big[\int_{t_0}^{t_f}\mathrm{d}t\int_V \mathrm{d}\boldsymbol{r}\Big\{\boldsymbol{\Phi}^{*\mathrm{T}}[\boldsymbol{\Sigma}-(1-\beta)\boldsymbol{\chi}\boldsymbol{F}^{\mathrm{T}}\boldsymbol{\Phi}] + \boldsymbol{\Phi}^{*\mathrm{T}}\nabla\cdot\boldsymbol{j} + \boldsymbol{\Phi}^{*\mathrm{T}}\boldsymbol{\tau}\dot{\boldsymbol{\Phi}} -$$
$$\boldsymbol{\Phi}^{*\mathrm{T}}\sum_{m=1}^{M}\lambda_m\boldsymbol{\chi}_m C_m - \boldsymbol{j}^{*\mathrm{T}}\cdot 3\boldsymbol{\Sigma}_{\mathrm{tr}}\boldsymbol{j} - \boldsymbol{j}^{*\mathrm{T}}\nabla\boldsymbol{\Phi} - \sum_{m=1}^{M}C_m^{*}\beta_m\boldsymbol{F}^{\mathrm{T}}\boldsymbol{\Phi} +$$
$$\sum_{m=1}^{M}C_m^{*}\lambda_m C_m + \sum_{m=1}^{M}C_m^{*}\dot{C}_m - \boldsymbol{\Phi}^{*\mathrm{T}}\boldsymbol{S} + \boldsymbol{S}^{*\mathrm{T}}\boldsymbol{\Phi}\Big\}\Big]_1 +$$
$$\Big[\int_{t_0}^{t_f}\mathrm{d}t\int_{S_{\mathrm{in}}}\mathrm{d}s\boldsymbol{n}\cdot\{\gamma\boldsymbol{\Phi}_{+}^{*\mathrm{T}} + (1-\gamma)\boldsymbol{\Phi}_{-}^{*\mathrm{T}}(\boldsymbol{j}_{+}-\boldsymbol{j}_{-}) -$$

$$
\begin{aligned}
&(\eta \boldsymbol{j}_{+}^{*\mathrm{T}} + (1-\eta)\boldsymbol{j}_{-}^{*\mathrm{T}})(\boldsymbol{\Phi}_{+} - \boldsymbol{\Phi}_{-})\}\Big]_{2} + \\
&\Big[\int_V \mathrm{d}\boldsymbol{r}\Big\{[a\boldsymbol{\Phi}^{*\mathrm{T}}(+) + (1-a)\boldsymbol{\Phi}^{*\mathrm{T}}(-)]\boldsymbol{\tau}[\boldsymbol{\Phi}(+) - \boldsymbol{\Phi}(-)] + \\
&\sum_{m=1}^{M}[bC_m^*(+) + (1-b)C_m^*(-)][C_m(+) - C_m(-)]\Big\}\Big]_3 + \\
&\Big[\int_V \mathrm{d}\boldsymbol{r}\{\boldsymbol{\Phi}^{*\mathrm{T}}(t_0)\boldsymbol{\tau}[\boldsymbol{\Phi}(t_0) - \boldsymbol{g}_0] - \boldsymbol{g}_{\mathrm{f}}^{*\mathrm{T}}\boldsymbol{\tau}\boldsymbol{\Phi}(t_{\mathrm{f}}) + \\
&\sum_{m=1}^{M}[C_m^*(t_0)(C_m(t_0) - h_{m0}) - h_{m\mathrm{f}}^* C_m(t_{\mathrm{f}})]\Big\}\Big]_4 + \\
&\Big[\int_{t_0}^{t_{\mathrm{f}}}\mathrm{d}t\int_{S_0}\mathrm{d}s\{(\boldsymbol{j}_{S_0}^{*\mathrm{T}}\cdot\boldsymbol{n})(\boldsymbol{\Phi}_{S_0} + l\boldsymbol{j}_{S_0}\cdot\boldsymbol{n})\}\Big]_5 \\
\equiv\ & J_1 + J_2 + J_3 + J_4 + J_5 \qquad (15.143)
\end{aligned}
$$

式中：$\boldsymbol{\Phi}$、$\boldsymbol{\Phi}^*$ 为 $G\times 1$ 列矩阵，群中子注量率和群共轭中子注量率；$\boldsymbol{j}$、$\boldsymbol{j}^*$ 为 $G\times 1$ 列矩阵，群中子流密度和群共轭中子流密度；$\boldsymbol{S}$、$\boldsymbol{S}^*$ 为 $G\times 1$ 列矩阵，群中子源和群共轭中子源；C_m、C_m^* 为中子先驱核密度和共轭中子先驱核密度；$\boldsymbol{\Sigma}$ 为 $G\times G$ 矩阵，群移除和散射截面；$\boldsymbol{\Sigma}_{\mathrm{tr}}$ 为 $G\times G$ 对角矩阵，群输运截面；$\boldsymbol{\tau}$ 为 $G\times G$ 对角矩阵，群中子速度的倒数；$\boldsymbol{F}$ 为 $G\times 1$ 列矩阵，群中子裂变中子数与裂变截面的乘积；$\boldsymbol{\chi}$、$\boldsymbol{\chi}_m$ 为 $G\times 1$ 列矩阵，瞬发和缓发裂变中子谱；λ_m、β_m 为缓发中子先驱核衰变率和每次裂变的先驱核生成率。

方程右端第一组括号内的项是对时间($t_0\leqslant t\leqslant t_{\mathrm{f}}$)和反应堆体积的积分。这一项对应于中子注量率、共轭中子注量率、中子流密度、共轭中子流密度须满足的欧拉方程和先驱核方程。泛函 J_1 对于每个函数($\boldsymbol{\Phi},\boldsymbol{\Phi}^*, \boldsymbol{j}, \boldsymbol{j}^*, C_m, C_m^*$)变分为零可导出欧拉方程。在对泛函 J_1 的变分中，需要采取分部积分，这将引入一些附加项。若要求这些附加项为 0，连同泛函 J_1 的不动点原理导出的欧拉方程，这对许用试验函数强加了一些限制。方程(15.144)中的 $J_2\sim J_5$项正是为了消除这些对试验函数的限制。

若允许中子注量率、共轭中子注量率、中子流密度、共轭中子流密度的试验函数在内部界面 S_{in}上是不连续的，那么 J_2 必须保留并与 J_1 相加，因此泛函 $J_{12}=J_1+J_2$ 的不动点原理可导出欧拉方程和中子注量率与中子流密度的连续性条件。下标“+”和“-”表示各参数对界面 S_{in}两侧在单位法矢量上的极限。γ 和 η 为任意常数。

在综合法中，J_2 项导致对界面条件的过度约束。例如，泛函 J_{12}对 $\boldsymbol{\Phi}^*$ 的变分为(对于列矢量的变分实际上须对列矢量的每一个元素进行独立的变分)：

$$
\begin{aligned}
\frac{\delta J_{12}}{\delta\boldsymbol{\Phi}^*}\delta\boldsymbol{\Phi}^{*\mathrm{T}} = 0 = &\Big[\int_{t_0}^{t_{\mathrm{f}}}\mathrm{d}t\int_V \mathrm{d}\boldsymbol{r}\delta\boldsymbol{\Phi}^{*\mathrm{T}}\{[\boldsymbol{\Sigma} - (1-\beta)\boldsymbol{\chi}\boldsymbol{F}^{\mathrm{T}}]\boldsymbol{\Phi} + \nabla\cdot\boldsymbol{j} + \boldsymbol{\tau}\dot{\boldsymbol{\Phi}} - \\
&\sum_{m=1}^{M}\lambda_m\boldsymbol{\chi}_m C_m - \boldsymbol{S}\Big\}\Big]_1 + \\
&\Big[\int_{t_0}^{t_{\mathrm{f}}}\mathrm{d}t\int_{S_{\mathrm{in}}}\mathrm{d}s\boldsymbol{n}\cdot\{[\gamma\delta\boldsymbol{\Phi}_{+}^{*\mathrm{T}} + (1-\gamma)\delta\boldsymbol{\Phi}_{-}^{*\mathrm{T}}](\boldsymbol{j}_{+} - \boldsymbol{j}_{-})\}\Big]_2 \qquad (15.144)
\end{aligned}
$$

对于任意的 $\delta\boldsymbol{\Phi}^{*\mathrm{T}}$，当且仅当方程第一个括号内的项为 0 时，方程的第一项为 0，这就意味着满足中子平衡方程。对于任意的 $\delta\boldsymbol{\Phi}_{+}^{*\mathrm{T}}$和 $\delta\boldsymbol{\Phi}_{-}^{*\mathrm{T}}$，第二项为 0 看似能导出两个中子流密度连续性条件。然而，共轭中子流密度的连续性要求 $\delta\boldsymbol{\Phi}_{+}^{*\mathrm{T}}=\delta\boldsymbol{\Phi}_{-}^{*\mathrm{T}}$，这实际上仅仅是一个中子流密度连续性条件。在综合法中所遇到的困难来源于对试验函数强加了 $\delta\boldsymbol{\Phi}_{+}^{*\mathrm{T}}=\delta\boldsymbol{\Phi}_{-}^{*\mathrm{T}}$这一条件。

若允许中子注量率、共轭中子注量率、先驱核密度和共轭先驱核密度的试验函数在 t_{in}时刻是不连续的,那么 J_3必须保留并与 J_1相加;泛函 $J_{13}=J_1+J_3$的不动点原理可导出欧拉方程和中子注量率与先驱核在时间上的连续性条件。下标"+"和"-"表示各参数在 t_{in}时刻前后的极限。a 和 b 为任意常数。对 J_2过度约束问题的讨论同样适用于 J_3。

若中子注量率和先驱核密度的试验函数未能满足已知的初值条件 $\boldsymbol{g}_0$ 和 h_{m0},而且共轭中子注量率和共轭先驱核密度的试验函数未能满足已知的终值条件 $\boldsymbol{g}_f^*$ 和 h_{mf}^*,那么 J_4必须保留并与 J_1相加;对由此所得的泛函变分及其不动点原理可导出欧拉方程和相应的初值条件与终值条件。同理,即使中子注量率和中子流密度的试验函数未能满足这些边界条件,泛函 $J_{15}=J_1+J_5$的不动点原理可导出欧拉方程及其外边界的边界条件 $\boldsymbol{\Phi}_{S_0}+l\boldsymbol{j}_{S_0}\cdot\boldsymbol{n}=0$ 和 $\boldsymbol{\Phi}_{S_0}^*+l\boldsymbol{j}_{S_0}^*\cdot\boldsymbol{n}=0$。

多群扩散理论的二阶变分原理也可采用与方程(15.143)中的试验函数 J 相同类型的试验函数,而且它在综合法的应用中同样存在过度约束问题。利用菲克定律关联中子注量率和中子流密度,并对方程(15.143)中的某些项进行分部积分可得

$$
\begin{aligned}
F = & \Big[\int_{t_0}^{t_f}\mathrm{d}t\int_V \mathrm{d}\boldsymbol{r}\Big\{\boldsymbol{\Phi}^{*\mathrm{T}}[\boldsymbol{\Sigma}-(1-\beta)\boldsymbol{\chi}\boldsymbol{F}^{\mathrm{T}}]\boldsymbol{\Phi}+\boldsymbol{\Phi}^{*\mathrm{T}}\nabla\cdot\boldsymbol{D}\nabla\boldsymbol{\Phi}+\boldsymbol{\Phi}^{*\mathrm{T}}\boldsymbol{\tau}\dot{\boldsymbol{\Phi}}- \\
& \boldsymbol{\Phi}^{*\mathrm{T}}\sum_{m=1}^{M}\lambda_m\chi_m C_m-\sum_{m=1}^{M}C_m^*\beta_m\boldsymbol{F}^{\mathrm{T}}\boldsymbol{\Phi}+\sum_{m=1}^{M}C_m^*\lambda_m C_m+\sum_{m=1}^{M}C_m^*\dot{C}_m-\boldsymbol{\Phi}^{*\mathrm{T}}\boldsymbol{S}+\boldsymbol{S}^{*\mathrm{T}}\boldsymbol{\Phi}\Big\}\Big]_1+ \\
& \Big[\int_{t_0}^{t_f}\mathrm{d}t\int_{S_{in}}\mathrm{d}s\boldsymbol{n}\cdot\{(\boldsymbol{\Phi}_+^{*\mathrm{T}}-\boldsymbol{\Phi}_-^{*\mathrm{T}})[(1-\gamma)\boldsymbol{D}_+\nabla\boldsymbol{\Phi}_++\gamma\boldsymbol{D}_-\nabla\boldsymbol{\Phi}_-]+ \\
& [(1-\eta)\nabla\boldsymbol{\Phi}_-^{*\mathrm{T}}\boldsymbol{D}_-+\eta\nabla\boldsymbol{\Phi}_+^{*\mathrm{T}}\boldsymbol{D}_+](\boldsymbol{\Phi}_+-\boldsymbol{\Phi}_-)\}\Big]_2+ \\
& \Big[\int_V\mathrm{d}\boldsymbol{r}\Big\{[a\boldsymbol{\Phi}^{*\mathrm{T}}(+)+(1-a)\boldsymbol{\Phi}^{*\mathrm{T}}(-)]\boldsymbol{\tau}[\boldsymbol{\Phi}(+)-\boldsymbol{\Phi}(-)]+ \\
& \sum_{m=1}^{M}[bC_m^*(+)+(1-b)C_m^*(-)][C_m(+)-C_m(-)]\Big\}\Big]_3+ \\
& \Big[\int_V\mathrm{d}\boldsymbol{r}\Big\{\boldsymbol{\Phi}^{*\mathrm{T}}(t_0)\boldsymbol{\tau}[\boldsymbol{\Phi}(t_0)-\boldsymbol{g}_0]-\boldsymbol{g}_{\mathrm{f}}^{*\mathrm{T}}\boldsymbol{\tau}\boldsymbol{\Phi}(t_{\mathrm{f}})+ \\
& \sum_{m=1}^{M}[C_m^*(t_0)(C_m(t_0)-h_{m0})-h_{mf}^*C_m(t_{\mathrm{f}})]\Big\}\Big]_4+ \\
& \Big[-\int_{t_0}^{t_f}\mathrm{d}t\int_{S_0}\mathrm{d}s\{n\cdot\nabla\boldsymbol{\Phi}_{S_0}^{*\mathrm{T}}D(\boldsymbol{\Phi}_{S_0}-l\nabla\boldsymbol{\Phi}_{S_0}\cdot\boldsymbol{n})-\boldsymbol{\Phi}_{S_0}^{*\mathrm{T}}\boldsymbol{D}\nabla\boldsymbol{\Phi}_{S_0}\cdot\boldsymbol{n}\}\Big]_5 \\
\equiv & F_1+F_2+F_3+F_4+F_5
\end{aligned}
\tag{15.145}
$$

其中,在方程(15.145)中已经引入了扩散系数矩阵,$\boldsymbol{D}=1/3\boldsymbol{\Sigma}_{\mathrm{tr}}$。

15.9 单通道空间综合法

本节以一个部分插入一根(或一组)控制棒的均匀核反应堆为例介绍单通道综合法的基本思想,如图15.10所示。在控制棒端部以上或以下几个扩散长度之外的范围内,径向的中子注量率分布本质是一维的,它们分别为 ϕ_{rod}和 ϕ_{unrod}。在控制棒端部附近,综合这两类中子注量率分布大致可描述其实际的径向中子注量率分布。综合近似法采用如下形式的试验函数:

$$
\boldsymbol{\Phi}(x,y,z,t)=\sum_{n=1}^{N}\boldsymbol{\psi}_n(x,y)\boldsymbol{\rho}_n(z,t)
\tag{15.146}
$$

$$\boldsymbol{J}(x,y,z,t) = \sum_{n=1}^{N}\left[\boldsymbol{J}_{nx}(x,y)\boldsymbol{b}_n(z,t)\boldsymbol{i} + \boldsymbol{J}_{ny}(x,y)\boldsymbol{g}_n(z,t)\boldsymbol{j} + \boldsymbol{J}_{nz}(x,y)\boldsymbol{d}_n(z,t)\boldsymbol{k}\right] \tag{15.147}$$

式中：$\boldsymbol{\psi}_n$ 和 $\boldsymbol{J}_n$ 均为 $G\times G$ 阶的对角矩阵，而且矩阵的元素分别为已知的群展开函数 $\psi_n^g(x,y)$ 和 $J_n^g(x,y)$；$\boldsymbol{\rho}_n$、$\boldsymbol{b}_n$、$\boldsymbol{g}_n$、$\boldsymbol{d}_n$ 为 $G\times 1$ 阶的列矢量，其元素为相应的未知的群展开系数。

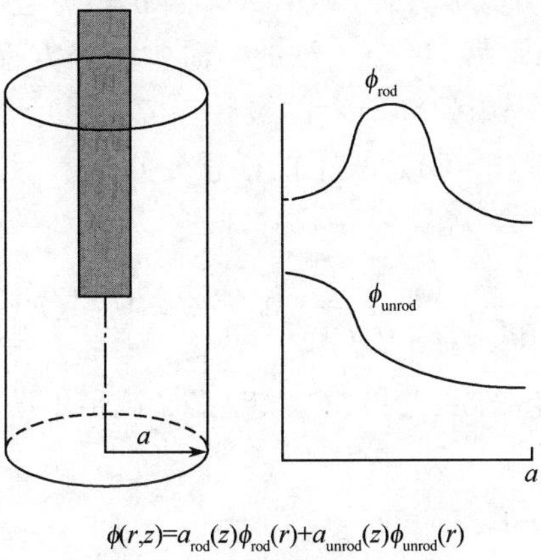

图 15.10 单通道综合法示例

同理可得共轭中子注量率和中子流密度的展开式（展开函数和共轭展开函数必须是线性独立的，但它们可采用相似的函数）。先驱核浓度的试验函数可采用如下的形式：

$$C_m(x,y,z,t) = \frac{\beta_m}{\lambda_m}\boldsymbol{F}^{\mathrm{T}}(x,y,z,t)\sum_{n=1}^{N}\psi_n(x,y)\boldsymbol{\pi}C_{m,n}(z,t) \tag{15.148}$$

$$C_m^*(x,y,z,t) = \boldsymbol{\chi}_m^{\mathrm{T}}\sum_{n=1}^{N}\boldsymbol{\psi}_n^*(x,y)\boldsymbol{\pi}C_{m,n}^*(z,t) \tag{15.149}$$

式中：$\boldsymbol{\pi}$ 为 $G\times 1$ 阶的单位列矢量。

对于试验函数的任意变分，方程（15.143）定义的泛函 J 须满足不动点原理。因为已经选定了展开函数，所以这一要求实际上转变为针对展开系数，即不动点条件可用于构建计算展开系数的相关方程。

若上述试验函数用于整个核反应堆和所有计算时间，那么方程（15.143）中的 J_2 和 J_3 均等于零。在此情形下，由 J_1 和 J_5 组成的变分泛函满足不动点条件可得如下的在 $0<z<L$ 和 $t>t_0$ 成立的方程组：

$$\begin{cases}\dfrac{\delta J}{\delta\boldsymbol{\rho}_{n'}^{*\mathrm{T}}}=0, & n'=1,\cdots,N\\ \dfrac{\delta J}{\delta\boldsymbol{b}_{n'}^{*\mathrm{T}}}=0, & n'=1,\cdots,N\\ \dfrac{\delta J}{\delta\boldsymbol{g}_{n'}^{*\mathrm{T}}}=0, & n'=1,\cdots,N\\ \dfrac{\delta J}{\delta\boldsymbol{d}_{n'}^{*\mathrm{T}}}=0, & n'=1,\cdots,N\\ \dfrac{\delta J}{\delta C_{m,n'}^{*}}=0, & m=1,\cdots,M;n'=1,\cdots,N\end{cases} \tag{15.150}$$

方程组(15.150)联立并消去 $\boldsymbol{b}_n$、$\boldsymbol{g}_n$、$\boldsymbol{d}_n$ 可得 NG 个标量方程;采用矩阵表示这些方程为

$$\left(\boldsymbol{M}+\boldsymbol{R}-\frac{\partial}{\partial z}\boldsymbol{A}\frac{\partial}{\partial z}\right)\boldsymbol{\rho}+\boldsymbol{T}\dot{\boldsymbol{\rho}}=\sum_{m=1}^{M}\beta_m\boldsymbol{F}_m\boldsymbol{C}_m+\boldsymbol{S} \tag{15.151}$$

式中:$\boldsymbol{A}$、$\boldsymbol{M}$ 和 $\boldsymbol{R}$ 为 $NG\times NG$ 阶的矩阵;$\boldsymbol{F}_m$ 为 $NG\times N$ 阶的矩阵;$\boldsymbol{R}$ 和 $\boldsymbol{A}$ 为因消去 $\boldsymbol{b}_n$、$\boldsymbol{g}_n$ 和 $\boldsymbol{d}_n$ 而产生的径向和轴向泄漏矩阵;$\boldsymbol{\rho}$ 和 $\boldsymbol{S}$ 为 $NG\times1$ 阶的列矢量;$\boldsymbol{C}_m$ 为 $N\times1$ 阶的列矢量。

因此,G 个三维动态二阶偏微分方程(PDE)(多群扩散方程)被 NG 个一维动态的一阶偏微分方程(方程(15.151))所代替。M 个三维的一阶常微分方程(ODE)(先驱核方程)被 NM 个一维的一阶常微分方程(方程组(15.150)的最后一个方程)所代替。

对于在顶部($z=L$)和底部($z=0$)边界上的任意变分 $\delta\boldsymbol{d}_n^{*\mathrm{T}}$,泛函 J 满足不动点条件可得该模型在顶部和底部的边界条件:

$$\frac{\delta J}{\delta\boldsymbol{d}_{n'}^{*\mathrm{T}}(z=0,L)}=0\quad(n'=1,\cdots,N) \tag{15.152}$$

在 $t=t_0$ 时刻,对于任意变分 $\delta\rho_n^{*\mathrm{T}}$ 和 $\delta C_{m,n}^{*\mathrm{T}}$,泛函 J 满足不动点条件可得初始条件:

$$\frac{\delta J}{\delta\boldsymbol{\rho}_{n'}^{*\mathrm{T}}(z=0,L)}=0\quad(n'=1,\cdots,N) \tag{15.153}$$

$$\frac{\delta J}{\delta\boldsymbol{C}_{m,n'}^{*\mathrm{T}}(t_0)}=0\quad(m,=1,\cdots,M;n'=1,\cdots,N) \tag{15.154}$$

根据二阶变分泛函 F(方程(15.145))也可推导出相同的综合法方程,两者唯一的差别在于方程(15.151)中泄漏矩阵 $\boldsymbol{R}$ 和 $\boldsymbol{A}$ 的元素具有不同的定义。若增加一些限制条件,这两组公式是完全相同的。

在核反应堆不同的轴向位置及其不同条件下的 $x-y$ 平面上的二维稳态中子注量率分布通常可被选为展开函数。对于某些问题,若不同的轴向位置选取不同的展开函数,那么变分泛函须采用不连续的试验函数。这意味着,在展开函数发生变化的 $x-y$ 平面上,变分泛函须保留 J_2 项。对于这样的变分泛函,同理可得方程(15.151)及由展开函数定义的展开系数。对在界面上的任意变分 $\delta\boldsymbol{j}^{*\mathrm{T}}\cdot\boldsymbol{n}$ 和 $\delta\boldsymbol{\Phi}^{*\mathrm{T}}$,泛函变分满足不动点条件可得界面条件为

$$\int_{t_0}^{t_f}\mathrm{d}t\int_{S_{\mathrm{in}}}\boldsymbol{n}\cdot\boldsymbol{k}\left\{\sum_{n'=1}^{zn}\left[\eta\delta\boldsymbol{d}_{n'+}^{*\mathrm{T}}\boldsymbol{j}_{n'z+}^{*\mathrm{T}}+(1-\eta)\delta\boldsymbol{d}_{n-}^{*\mathrm{T}}\boldsymbol{j}_{nz-}^{*\mathrm{T}}\right]\sum_{n=1}^{N}\left(\boldsymbol{\psi}_{n+}\boldsymbol{\rho}_{n+}-\boldsymbol{\psi}_{n-}\boldsymbol{\rho}_{n-}\right)\right\}\mathrm{d}x\mathrm{d}y=0 \tag{15.155}$$

$$\int_{t_0}^{t_f}\mathrm{d}t\int_{S_{\mathrm{in}}}\boldsymbol{n}\cdot\boldsymbol{k}\left\{\sum_{n'=1}^{zn}\left[\gamma\delta\boldsymbol{\rho}_{n'+}^{*\mathrm{T}}\boldsymbol{\psi}_{n'+}^{*\mathrm{T}}+(1-\gamma)\delta\boldsymbol{\rho}_{n-}^{*\mathrm{T}}\boldsymbol{\psi}_{n-}^{*\mathrm{T}}\right]\sum_{n=1}^{N}\left(\boldsymbol{j}_{nz+}\boldsymbol{d}_{n+}-\boldsymbol{j}_{nz-}\boldsymbol{d}_{n-}\right)\right\}\mathrm{d}x\mathrm{d}y=0 \tag{15.156}$$

由方程(15.155)和方程(15.156)可知,若假设每一个 $\delta\boldsymbol{\rho}_{n+}^{*\mathrm{T}}$ 和 $\delta\boldsymbol{\rho}_{n-}^{*\mathrm{T}}$ 是独立的,由此可得 $2N$ 个关于 $\boldsymbol{d}_n$(N 个)的方程。同样地,若假设 $\delta\boldsymbol{d}_{n+}^{*\mathrm{T}}$ 和 $\delta\boldsymbol{d}_{n-}^{*\mathrm{T}}$ 是独立的,由此可得 $2N$ 个关于 $\boldsymbol{\rho}_n$(N 个)的方程。因此,系统的过度约束系数为2。目前存在一些方法可避免这一问题。

若允许中子注量率与共轭中子注量率、中子流密度和共轭中子流密度的试验函数在相同的界面处是不连续的,这可避免过度约束问题。在此情形下,$\boldsymbol{J}_{nz+}^{*\mathrm{T}}\equiv\boldsymbol{J}_{nz-}^{*\mathrm{T}}$,$\delta\boldsymbol{d}_{n+}^{*\mathrm{T}}\equiv\delta\boldsymbol{d}_{n-}^{*\mathrm{T}}$,等等。当中子注量率和中子流密度的展开函数发生变化时,交错界面技术是一种避免过度约束的方法且被广泛地应用。但是这类方法存在一些不足,例如内部界面 S_{in} 通常是核反应堆内真实的物理界面,而且希望在此界面处同时改变中子流密度和中子注量率的展开函数。在实际应用

中,假设中子流密度和中子注量率的试验函数分别在两个不同的但无限接近的界面上发生变化,这可解决交错界面技术的不足。另一个避免过度约束的方法是选择 γ 和 η 等于0、1。从数学上来说,综合法方程在推导过程采用了拉格朗日乘数法,并且利用界面+侧或者-侧的中子注量率或中子流密度的展开函数展开拉格朗日乘数。对界面+侧和-侧的任意选取意味着界面条件可以是非对称的。避免过度约束的第三种方法是令 $\delta\boldsymbol{\rho}_{n+}^{*\mathrm{T}} \equiv \delta\boldsymbol{\rho}_{n-}^{*\mathrm{T}}$ 和 $\delta\boldsymbol{d}_{n+}^{*\mathrm{T}} \equiv \delta\boldsymbol{d}_{n-}^{*\mathrm{T}}$。当 $\gamma = \eta = 1/2$ 时,界面条件与对界面+侧和-侧的选择无关。然而,上述所有解除界面条件过度约束的方法均不十分令人满意。

正如15.8节所述,界面条件的过度约束是由于未能保证试验函数满足 $\delta\boldsymbol{\Phi}_{+}^{*} = \delta\boldsymbol{\Phi}_{-}^{*}$ 和 $\delta\boldsymbol{j}_{+}^{*} = \delta\boldsymbol{j}_{-}^{*}$ 这些条件;若共轭中子注量率和共轭中子流密度是连续的,试验函数必须满足这些条件。虽然试验函数未能准确地满足这些限制条件,但是它可近似地满足并获得变分 $\delta\boldsymbol{\rho}_{n+}^{*\mathrm{T}}$ 和 $\delta\boldsymbol{\rho}_{n-}^{*\mathrm{T}}$、$\delta\boldsymbol{d}_{n+}^{*\mathrm{T}}$ 和 $\delta\boldsymbol{d}_{n-}^{*\mathrm{T}}$ 之间的关系。依此,条件 $\delta\boldsymbol{\Phi}_{+}^{*} = \delta\boldsymbol{\Phi}_{-}^{*}$ 可变为

$$\sum_{n=1}^{N} \boldsymbol{\psi}_{n+}^{*} \delta\boldsymbol{\rho}_{n+}^{*} = \sum_{n=1}^{N} \boldsymbol{\psi}_{n-}^{*} \delta\boldsymbol{\rho}_{n-}^{*}$$

虽然通常也不能精确地被满足上式,但是它可近似地被满足。在上式两边同乘以任意的 $G \times G$ 对角矩阵 $\boldsymbol{\omega}_{n'}(x,y)$ 并在表面 S_{in} 上积分可得联系 $\delta\boldsymbol{\rho}_{n-}^{*}$($N$个)和 $\delta\boldsymbol{\rho}_{n+}^{*}$($N$个)的关系式:

$$\sum_{n=1}^{N} \left(\int_{S_{\mathrm{in}}} \boldsymbol{\psi}_{n+}^{*} \omega_{n'} \mathrm{d}x\mathrm{d}y \right) \delta\boldsymbol{\rho}_{n+}^{*} = \sum_{n=1}^{N} \left(\int_{S_{\mathrm{in}}} \boldsymbol{\psi}_{n-}^{*} \omega_{n'} \mathrm{d}x\mathrm{d}y \right) \delta\boldsymbol{\rho}_{n-}^{*}$$

对 N 个不同的矩阵函数 $\boldsymbol{\omega}_{n'}(x,y)$ 重复上述过程可得一组方程为

$$\boldsymbol{A}_{+} \delta\boldsymbol{\rho}_{+}^{*} = \boldsymbol{A}_{-} \delta\boldsymbol{\rho}_{-}^{*}$$

式中:$\boldsymbol{A}_{+}$ 为 $NG \times NG$ 阶的矩阵;$\delta\boldsymbol{\rho}_{+}$ 为 $NG \times 1$ 的列矢量。

该方程的解可写为

$$\delta\boldsymbol{\rho}_{+}^{*} = (\boldsymbol{A}_{+})^{-1} \boldsymbol{A}_{-} \delta\boldsymbol{\rho}_{-}^{*} \equiv \boldsymbol{Q} \delta\boldsymbol{\rho}_{-}^{*}$$

$NG \times NG$ 阶的矩阵 $\boldsymbol{Q}$ 可分成 N^2 个 $G \times G$ 阶的对角矩阵 $\boldsymbol{Q}_{n',n}$,据此上式可写为

$$\delta\boldsymbol{\rho}_{n+}^{*} = \sum_{n'=1}^{N} \boldsymbol{Q}_{nn'} \delta\boldsymbol{\rho}_{n'-}^{*} \quad (n = 1, \cdots, N) \tag{15.157}$$

$$\delta\boldsymbol{d}_{n+}^{*} = \sum_{n'=1}^{N} \boldsymbol{P}_{nn'} \delta d_{n'-}^{*} \quad (n = 1, \cdots, N) \tag{15.158}$$

式中:$\boldsymbol{P}_{nn'}$ 为一个与 $\boldsymbol{Q}_{n'n}$ 相似的 $G \times G$ 阶的对角矩阵。

利用方程(15.157)和方程(15.158),方程(15.155)和方程(15.156)均可得 N 个界面条件。由此所得的界面条件优于上述其他的界面条件,因为该方法的整个理论推导过程是一致的,而且不存在过度约束问题。中子注量率和中子流密度的试验函数可在同一界面处是不连续的,但对界面的+侧和-侧的任意选取导致界面条件是非对称的。

当核反应堆的物理结构在某一瞬态发生极大的改变时,其试验函数在不同时间间隔内可选择不同的展开函数。在展开函数发生变化的情形下,方程(15.143)中的 J_3 项应该被包含在变分泛函中。由变分泛函的不动点原理可得任一时间间隔内与方程(15.150)和方程(15.151)对应的方程,及其根据展开函数定义的系数;同理可得任一时间间隔内如方程(15.152)定义的边界条件和如方程(15.155)与方程(15.156)定义的空间界面条件及其根

据相应时刻的展开函数定义的系数;以及如方程(15.153)和方程(15.154)定义的初值条件。此外,由于 J_3 项中出现的时间界面条件,对它的变分可写为

$$\sum_{n'=1}^{N}\left\{\int_V \mathrm{d}\boldsymbol{r}\left[a\delta\boldsymbol{\rho}_{n'}^{*\mathrm{T}}(+)\boldsymbol{\psi}_{n'}^{*\mathrm{T}}(+)+(1-a)\delta\boldsymbol{\rho}_{n'}^{*\mathrm{T}}(-)\boldsymbol{\psi}_{n'}^{*\mathrm{T}}(-)\right]\boldsymbol{\tau}\times\right.$$

$$\sum_{n=1}^{N}\left[\boldsymbol{\psi}_n(+)\boldsymbol{\rho}_n(+)-\boldsymbol{\psi}_n(-)\boldsymbol{\rho}_n(-)\right]+$$

$$\boldsymbol{\pi}^{\mathrm{T}}\sum_{m=1}^{M}\int_V\left[b\delta C_{m,n'}^{*}(+)\boldsymbol{\psi}_{n'}^{*\mathrm{T}}(+)+(1-b)\delta C_{m,n'}^{*\mathrm{T}}(-)\boldsymbol{\psi}_{n'}^{*\mathrm{T}}(-)\right]\mathrm{d}\boldsymbol{r}\times$$

$$\left.\boldsymbol{\chi}_m\frac{\beta_m}{\lambda_m}\boldsymbol{F}^{\mathrm{T}}\sum_{n=1}^{N}\left[\boldsymbol{\psi}_n(+)\boldsymbol{\pi}C_{m,n}(+)-\boldsymbol{\psi}_n(-)\boldsymbol{\pi}C_{m,n}(-)\right]\right\}=0 \tag{15.159}$$

由于相同的原因(未能保证 $\delta\boldsymbol{\Phi}^*(+)=\delta\boldsymbol{\Phi}^*(-)$ 和 $\delta C_m^*(+)=\delta C_m^*(-)$),过度约束问题同样存在于时间界面处。假设每一个变分 $\delta\boldsymbol{\rho}_{n'}^*(+)$ 和 $\delta\boldsymbol{\rho}_{n'}^*(-)$ 是独立的,由此可得 $2N$ 个关联 N 个 $\rho_n(+)$ 和 N 个 $\rho_n(-)$ 的条件。对于 $\delta C_{m,n}^*(+)=\delta C_{m,n}^*(-)$,同样存在这个问题。消去时间界面上过度约束的方法显然与上述用于消去空间界面上过度约束的方法是相同的。交错不连续方法,即假设中子注量率和共轭中子注量率(先驱核密度和共轭先驱核密度)在各自的时间间隔内是连续的,可以消除时间界面上的过度约束;而且,假设中子注量率和共轭中子注量率发生变化的时刻是无限接近的,这从本质上消除了交错不连续方法带来的麻烦。与空间界面相同的是,以近似的方式施加 $\delta\boldsymbol{\Phi}^*(+)=\delta\boldsymbol{\Phi}^*(-)$ 和 $\delta C_m^*(+)=\delta C_m^*(-)$ 这两个限制,由此时间界面上的过度约束问题就不存在了。

利用相似的过程可推得综合法的共轭方程,在推导中,变分泛函满足不动点原理可得展开系数。推导过程也可得相似的结果及其终值条件,而不是初值条件。为了避免过度约束问题,在空间界面上,为了获得展开系数,中子注量率和中子流密度的变分仍然需近似地满足 $\delta\boldsymbol{\Phi}_+=\delta\boldsymbol{\Phi}_-$ 和 $\delta\boldsymbol{j}_+=\delta\boldsymbol{j}_-$ 这两个条件;同理,在时间界面上也须采用近似的 $\delta\phi(+)=\delta\phi(-)$ 和 $\delta C_m(+)=\delta C_m(-)$ 条件。

15.10 多通道空间综合法

15.9 节介绍的单通道综合法可允许不同的轴向区域采用不同的试验函数(不同的展开函数)。该方法同样适用于不同的平面区域(通道),即不同的通道采用不同的试验函数,这通常称为多通道综合法。多通道综合法提供了两个便利之处。利用包含所有区域的核反应堆模型的二维($x-y$)平面计算来获取展开函数,多通道特征使不同的通道可采用不同的展开系数成为可能,多通道特性意味着更大的灵活性,因此,多通道综合法比单通道综合法可在更大的范围内对二维平面中子注量率分布进行合成。第二个是多通道综合法可采用仅包含一个通道的模型的二维($x-y$)计算所获得的展开函数用于该通道的计算,这一点对于单通道综合法来说是不可能的。

多通道综合法的基本思想仍可借助图 15.10 所示的例子进行阐述。首先,假设核反应堆在径向上分成两个通道:$0\leqslant r\leqslant a/2$ 和 $a/2\leqslant r\leqslant a$。然后,每一个通道的中子注量率可由中子注量率 ϕ_{rod} 和 ϕ_{unrod} 来构建,即

$$\begin{cases}\phi(r,z)=a_{\text{rod}}^{1}(z)\phi_{\text{rod}}(r)+a_{\text{unrod}}^{1}(z)\phi_{\text{unrod}}(r), & 0\leqslant r\leqslant a/2\\ \phi(r,z)=a_{\text{rod}}^{2}(z)\phi_{\text{rod}}(r)+a_{\text{unrod}}^{2}(z)\phi_{\text{unrod}}(r), & a/2\leqslant r\leqslant a\end{cases}$$

多通道综合法的方程可由每个通道独立的试验函数推得。假设每一个通道的试验函数具有如下的形式：

$$\phi^{c}(x,y,z,t)=\sum_{n=1}^{N}\psi_{n}^{c}(x,y)\rho_{n}^{c}(z,t) \tag{15.160}$$

$$\begin{aligned}\boldsymbol{j}^{c}(x,y,z,t)=\sum_{n=1}^{N}\{&[J_{nx}^{c}(x,y)b_{n}^{c}(z,t)+\psi_{n}^{c}(x,y)B_{n}^{c}(z,t)]\boldsymbol{i}+\\&[J_{ny}^{c}(x,y)g_{n}^{c}(z,t)+\psi_{n}^{c}(x,y)G_{n}^{c}(z,t)]\boldsymbol{j}+J_{nz}^{c}(x,y)d_{n}^{c}(z,t)\boldsymbol{k}\}\end{aligned} \tag{15.161}$$

其中：上标 c 表示通道。

共轭中子注量率和共轭中子流密度可采取相似的展开。中子流密度 x 方向和 y 方向的分量分别展开为两项：第一项采用通常的扩散近似 $J_{nx}=-D(\partial\psi_{n},\partial x)$；第二项与 ψ_{n} 有关，它不仅可以增加方法的灵活性，而且可以保证在界面处 $\partial\psi_{n}/\partial x$ 为 0 的通道之间的耦合。

为了便于分析，假设两个通道是同心圆环，由此与分割通道的内部界面 S_{in}（每个垂直圆柱面）相关的界面项 J_2 须保留且并入变分泛函中。由于轴向和时间不连续的试验函数的初始条件、界面条件及其外部界面的推导过程与前一节的推导过程相同，因此本节不再对它们进行赘述。简而言之，多通道综合法的方程可由变分泛函 $J_{12}=J_1+J_2$ 及其不动点原理推得。这些方程可写成矩阵形式：

$$\begin{aligned}&\boldsymbol{M}^{c}\boldsymbol{\rho}^{c}+\boldsymbol{T}^{c}\dot{\boldsymbol{\rho}}^{c}+\boldsymbol{\Lambda}_{x}^{c}\boldsymbol{b}^{c}+\boldsymbol{\Lambda}_{x+}^{c}\boldsymbol{b}^{c+1}-\boldsymbol{\Lambda}_{x-}^{c}\boldsymbol{b}^{c-1}+\boldsymbol{\Gamma}_{x}^{c}\boldsymbol{B}^{c}+\boldsymbol{\Gamma}_{x+}^{c}\boldsymbol{B}^{c+1}-\boldsymbol{\Gamma}_{x-}^{c}\boldsymbol{B}^{c-1}+\\&\boldsymbol{\Lambda y}^{c}\boldsymbol{g}^{c}+\boldsymbol{\Lambda}_{y+}^{c}\boldsymbol{g}^{c+1}-\boldsymbol{\Lambda}_{y-}^{c}\boldsymbol{g}^{c-1}+\boldsymbol{\Gamma}_{y}^{c}\boldsymbol{G}^{c}+\boldsymbol{\Gamma}_{y+}^{c}\boldsymbol{G}^{c+1}-\boldsymbol{\Gamma}_{y-}^{c}\boldsymbol{G}^{c-1}+\boldsymbol{A}^{c}\frac{\partial\boldsymbol{d}^{c}}{\partial z}-\\&\sum_{m=1}^{M}\beta_{m}\boldsymbol{F}_{m}^{c}\boldsymbol{C}_{m}^{c}-\boldsymbol{S}^{c}=0\end{aligned} \tag{15.162}$$

$$\frac{\delta J_{12}}{\delta(\boldsymbol{b}_{n'}^{c*})^{\mathrm{T}}}=0\Rightarrow \boldsymbol{l}_{x}^{c}\boldsymbol{b}^{c}+\boldsymbol{L}_{x}^{c}\boldsymbol{B}^{c}+\boldsymbol{K}_{x}^{c}\boldsymbol{\rho}^{c}+\boldsymbol{K}_{x+}^{c}\boldsymbol{\rho}^{c-1}-\boldsymbol{K}_{x-}^{c}\boldsymbol{\rho}^{c-1}=0 \tag{15.163}$$

$$\frac{\delta J_{12}}{\delta(\boldsymbol{g}_{n'}^{c*})^{\mathrm{T}}}=0\Rightarrow \boldsymbol{l}_{y}^{c}\boldsymbol{g}^{c}+\boldsymbol{L}_{y}^{c}\boldsymbol{G}^{c}+\boldsymbol{K}_{y}^{c}\boldsymbol{\rho}^{c}+\boldsymbol{K}_{y+}^{c}\boldsymbol{\rho}^{c+1}-\boldsymbol{K}_{y-}^{c}\boldsymbol{\rho}^{c-1}=0 \tag{15.164}$$

$$\frac{\delta J_{12}}{\delta(\boldsymbol{B}_{n'}^{c*})^{\mathrm{T}}}=0\Rightarrow \boldsymbol{h}_{x}^{c}\boldsymbol{b}^{c}+\boldsymbol{H}_{x}^{c}\boldsymbol{B}^{c}+\boldsymbol{W}_{x}^{c}\boldsymbol{\rho}^{c}+\boldsymbol{W}_{x+}^{c}\boldsymbol{\rho}^{c+1}-\boldsymbol{W}_{x-}^{c}\boldsymbol{\rho}^{c-1}=0 \tag{15.165}$$

$$\frac{\delta J_{12}}{\delta(\boldsymbol{G}_{n'}^{c*})^{\mathrm{T}}}=0\Rightarrow \boldsymbol{h}_{y}^{c}\boldsymbol{g}^{c}+\boldsymbol{H}_{y}^{c}\boldsymbol{G}^{c}+\boldsymbol{W}_{y}^{c}\boldsymbol{\rho}^{c}+\boldsymbol{W}_{y+}^{c}\boldsymbol{\rho}^{c+1}-\boldsymbol{W}_{y-}^{c}\boldsymbol{\rho}^{c-1}=0 \tag{15.166}$$

$$\frac{\delta J_{12}}{\delta(\boldsymbol{d}_{n'}^{c*})^{\mathrm{T}}}=0\Rightarrow \boldsymbol{U}_{y}^{c}\boldsymbol{d}^{c}+\boldsymbol{V}^{c}\frac{\partial\boldsymbol{\rho}^{c}}{\partial z}=0 \tag{15.167}$$

对于方程（15.162）~方程（15.167）中的矩阵和列矢量，除了 $\boldsymbol{F}_{m}^{c}$ 和 $\boldsymbol{C}_{m}^{c}$ 分别为 $NG\times N$ 阶和 $N\times1$ 阶，其余的均为 $NG\times NG$ 阶和 $NG\times1$ 阶。

方程（15.162）~方程（15.167）合并消去中子流密度的展开系数可得一组矩阵形式的一

维动态偏微分方程组:

$$\boldsymbol{M}^c\boldsymbol{\rho}^c + \boldsymbol{T}^c\dot{\boldsymbol{\rho}}^c + \boldsymbol{R}^c\boldsymbol{\rho}^c + \boldsymbol{R}^c_+\boldsymbol{\rho}^{c+1} + \boldsymbol{R}^c_{++}\boldsymbol{\rho}^{c+2} + \boldsymbol{R}^c_-\boldsymbol{\rho}^{c-1} + \boldsymbol{R}^c_{--}\boldsymbol{\rho}^{c-2} -$$

$$\boldsymbol{A}^c\frac{\partial}{\partial z}\left[(\boldsymbol{U}^c)^{-1}\boldsymbol{V}^c\frac{\partial\boldsymbol{\rho}^c}{\partial z}\right] - \sum_{m=1}^{M}\beta_m\boldsymbol{F}^c_m\boldsymbol{C}^c_m - \boldsymbol{S}^c = 0 \quad (c = 1,\cdots,\text{通道总数}) \tag{15.168}$$

其中,方程(15.168)中的矩阵$\boldsymbol{R}_+$和$\boldsymbol{R}_{++}$由中子流密度的相关系数消去后形成,它保证通道c在径向上与通道$c+1$和$c+2$之间的耦合;同理,矩阵$\boldsymbol{R}_-$和$\boldsymbol{R}_{--}$保证通道c与通道$c-1$和$c-2$之间的耦合。某一通道与相邻通道及次相邻通道之间的耦合是多通道综合法的基本特征,而且这与通道结构的选择无关。

径向耦合矩阵的构建涉及法向微分的面积分计算及大量的矩阵求逆和矩阵乘法计算。而且,所得的结果对面积分计算的一致性和精度非常敏感,这阻碍了多通道综合法的广泛应用。而且,那些导出矩阵$\boldsymbol{R}_+$的矩阵包含输运截面,这意味着输运截面的变化需要重新结算这些矩阵,即重复的矩阵求逆和矩阵乘法计算。这抵消了多通道综合法在灵活性和精度上的优势。关于多通道综合法更加详细的讨论见参考文献[10,13]。

15.11 谱综合法

15.9节和15.10节介绍的综合法旨在合成中子注量率的空间分布。实际上,各种近似方法也被广泛地用于分析详细的中子注量率空间分布;这类问题是重要的,但是变分方法并不经济。另一类重要的但不经济的问题是分析详细的中子注量率的能量分布。对于能谱合成问题,谱综合法通常仅利用一小部分能谱函数合成详细的中子能谱,这仍然是十分有意思的研究内容。该方法的基础仍是对每个空间区域或者通道c的试验函数进行如下的展开:

$$\boldsymbol{\Phi}^c(x,y,z,t) = \sum_{n=1}^{N}\boldsymbol{\psi}^c_n\boldsymbol{\rho}^c_n(x,y,z,t) \tag{15.169}$$

$$\boldsymbol{j}^c(x,y,z,t) = \sum_{n=1}^{N}\boldsymbol{J}^c_n\boldsymbol{b}^c_n(x,y,z,t) \tag{15.170}$$

式中:$\boldsymbol{\psi}_n$、$\boldsymbol{J}_n$为已知的$G\times1$阶的列矢量;每个展开系数ρ_n可用于相应展开函数ψ_n的所有G群分量。

共轭中子注量率和共轭中子流密度可进行相似的展开。因为谱综合法的主要目标是获得近似能谱,所以它没有必要对先驱核试验函数进行展开。

对于共轭展开系数,变分泛函满足不动点条件可得每一个通道内的能谱综合方程:

$$\frac{\delta J_1}{\delta\rho^{c*}_{n'}} = 0 \quad (n' = 1,\cdots,N) \tag{15.171}$$

$$\frac{\delta J_1}{\delta b^{c*}_{n'}} = 0 \quad (n' = 1,\cdots,N) \tag{15.172}$$

这两组方程合并、消去中子流密度相关的系数并改写为矩阵的形式可得

$$\boldsymbol{M}^c\boldsymbol{\rho}^c - \boldsymbol{\Lambda}^c\,\nabla\cdot(\boldsymbol{l}^c)^{-1}\boldsymbol{K}^c\,\nabla\boldsymbol{\rho}^c + \boldsymbol{T}^c\dot{\boldsymbol{\rho}}^c - \sum_{m=1}^{M}\beta_m\boldsymbol{F}^c_m\boldsymbol{C}_m - \boldsymbol{S}^c = 0 \tag{15.173}$$

式中：$\boldsymbol{M}^c$、$\boldsymbol{\Lambda}^c$、$\boldsymbol{l}^c$ 和 $\boldsymbol{T}^c$ 均为 $N\times N$ 阶的矩阵；$\boldsymbol{\rho}^c$、$\boldsymbol{F}_m^c$ 和 $\boldsymbol{S}^c$ 为 $N\times 1$ 阶的列矢量。

对于通道间的每一个空间界面，J_2 项须并入变分泛函。对该项的变分可得

$$\sum_{n'=1}^{N}\sum_{n=1}^{N}\boldsymbol{n}\cdot\{[\gamma\delta\boldsymbol{\rho}_{n'+}^{*}\boldsymbol{\psi}_{n'+}^{*\mathrm{T}}+(1-\gamma)\delta\boldsymbol{\rho}_{n'-}^{*}\boldsymbol{\psi}_{n'-}^{*\mathrm{T}}](\boldsymbol{J}_{n+}\boldsymbol{b}_{n+}-\boldsymbol{J}_{n-}\boldsymbol{b}_{n-})+$$

$$[\eta\delta\boldsymbol{b}_{n'+}^{*}\boldsymbol{\psi}_{n'+}^{*\mathrm{T}}+(1-\eta)\delta\boldsymbol{b}_{n'-}^{*}\boldsymbol{\psi}_{n'-}^{*\mathrm{T}}](\boldsymbol{\psi}_{n+}\boldsymbol{\rho}_{n+}-\boldsymbol{\psi}_{n-}\boldsymbol{\rho}_{n-})\}=0 \tag{15.174}$$

与空间综合法相同，对于许用的变分 $\delta\boldsymbol{\rho}_{n+}^{*}$ 和 $\delta\boldsymbol{\rho}_{n-}^{*}$，$\delta\boldsymbol{b}_{n+}^{*}$ 和 $\delta\boldsymbol{b}_{n-}^{*}$ 须增加一些限制，或者借助于某些方法，例如交错界面法，或者选择 $\gamma,\eta=1,0$ 等；否则将面临界面条件的过度约束问题。若变分 $\delta\boldsymbol{\Phi}_{+}^{*}$ 和 $\delta\boldsymbol{\Phi}_{-}^{*}$ 相等以确保连续性且 $\delta\boldsymbol{j}_{+}^{*}=\delta\boldsymbol{j}_{-}^{*}$，那么自然地能产生一些对许用的变分的限制。然而，这两个条件必须以近似的方式给出（除非 $N=G$，如果这样，就没有必要采用谱合成方法了）。假设

$$\delta\boldsymbol{\rho}_{n+}^{*}=\sum_{n'=1}^{N}Q_{nn'}\delta\boldsymbol{\rho}_{n-}^{*}$$

$$\delta\boldsymbol{b}_{n+}^{*}\cdot\boldsymbol{n}=\sum_{n'=1}^{N}P_{nn'}\delta\boldsymbol{b}_{n-}^{*}\cdot\boldsymbol{n}$$

那么利用上式消去方程（15.174）中的变分 $\delta\boldsymbol{\rho}_{n+}^{*}$ 和 $\delta\boldsymbol{b}_{n+}^{*}$ 可得任意独立变分 $\delta\boldsymbol{\rho}_{n-}^{*}$ 和 $\delta\boldsymbol{b}_{n-}^{*}$ 须满足的方程，由此可得合适的界面条件。

其他的方法，例如选择 $\gamma,\eta=0,1$ 和/或 $P_{nn'}=Q_{nn'}=\delta_{nn'}$ 等均可应对过度约束问题。因此，通常来说，空间的界面条件可写为

$$\sum_{n=1}^{N}\boldsymbol{n}\cdot[(\boldsymbol{A}_{n'}^{\mathrm{T}}\boldsymbol{J}_{n+})\boldsymbol{b}_{n+}-(\boldsymbol{A}_{n'}^{\mathrm{T}}\boldsymbol{J}_{n-})\boldsymbol{b}_{n-}]=0\quad(n'=1,\cdots,N) \tag{15.175}$$

$$\sum_{n=1}^{N}[(\boldsymbol{B}_{n'}^{\mathrm{T}}\boldsymbol{\psi}_{n+})\rho_{n+}-(\boldsymbol{B}_{n'}^{\mathrm{T}}\boldsymbol{\psi}_{n-})\rho_{n-}]=0\quad(n'=1,\cdots,N) \tag{15.176}$$

若

$$\boldsymbol{A}_{n'}^{\mathrm{T}}\boldsymbol{J}_{n+}=\boldsymbol{A}_{n'}^{\mathrm{T}}\boldsymbol{J}_{n-}\quad(n'=1,\cdots,N) \tag{15.177}$$

$$\boldsymbol{B}_{n'}^{\mathrm{T}}\boldsymbol{\psi}_{n+}=\boldsymbol{B}_{n'}^{\mathrm{T}}\boldsymbol{\psi}_{n-}\quad(n'=1,\cdots,N) \tag{15.178}$$

那么，方程（15.175）和方程（15.176）可简化为连续性条件：

$$\boldsymbol{n}\cdot(\boldsymbol{b}_{n+}-\boldsymbol{b}_{n-})=0$$

$$\boldsymbol{\rho}_{n+}=\boldsymbol{\rho}_{n-}$$

传统的少群近似实际上是谱综合法近似的一个特例，即展开函数 $\boldsymbol{\psi}_n$ 或 $\boldsymbol{J}_n$ 在并群至少群 n 时存在非零元素。因此，以上结果表明，少群中子注量率和法向中子流密度的连续性条件通常并不是恰当的界面条件，只有当方程（15.177）和方程（15.178）成立这一特殊情况下才成立。

当在不同时间的界面处采用了不同的谱展开函数时，J_3 项须并入变分泛函；根据变分泛函的不动点原理可得展开函数改变时刻展开系数所需满足的时间连续性条件。为了避免过度约束的连续性条件，需借助于一些方法，例如共轭中子注量率在不同的时刻发生改变，或者选择 $a=0,1$，或者以近似地方式利用连续性条件 $\delta\boldsymbol{\Phi}^{*}(+)=\delta\boldsymbol{\Phi}^{*}(-)$ 关联 $\delta\rho_n^{*}(+)$ 和 $\delta\rho_n^{*}(-)$。由此可得连续性条件为

$$\sum_{n=1}^{N}\{[\boldsymbol{D}_{n'}^{\mathrm{T}}\boldsymbol{\psi}_n(+)]\rho_n(+)-[\boldsymbol{D}_{n'}^{\mathrm{T}}\boldsymbol{\psi}_n(-)]\rho_n(-)\}=0 \quad (n'=1,\cdots,N) \tag{15.179}$$

式中:$\boldsymbol{D}_n$ 为 $N\times 1$ 阶列矢量。

由此可见,$\boldsymbol{\rho}_n(+)=\boldsymbol{\rho}_n(-)$并不是连续性条件。既然少群近似仅仅是谱综合法的一个特例,少群中子注量率在展开函数发生变化这一时刻的连续性通常不是正确的连续性条件,除非如下的关系式能成立:

$$\boldsymbol{D}_{n'}^{\mathrm{T}}\boldsymbol{\psi}_n(+)=\boldsymbol{D}_{n'}^{\mathrm{T}}\boldsymbol{\psi}_n(-) \quad (n'=1,\cdots,N) \tag{15.180}$$

通常来说,综合近似法缺乏如多群扩散方程那样确定的特性。因此,综合法并不能保证基态特征值(其相应的特征矢量的元素,即中子注量率非负)一定大于其他的特征值。虽然大部分用于求解综合法方程的数值方法通常能收敛于最大的特征值及其相应的特征矢量,但它们仍然有可能无法收敛于基态特征值。

参 考 文 献

[1] J. A. FAVORITE and W. M. STACEY, "A Variational Synthesis Nodal Discrete Ordinates Method," *Nucl. Sci. Eng. 132*, 181 (**1999**).

[2] T. M. SUTTON and B. N. AVILES, "Diffusion Theory Methods for Spatial Kinetics Calculations," *Prog. Nucl. Energy 30*, 119 (**1996**).

[3] R. T. ACKROYD et al., "Foundations of Finite Element Applications to Neutron Transport," Prog. *Nucl. Energy 29*, 43 (**1995**); "Some Recent Developments in Finite Element Methods for Neutron Transport," *Adv. Nucl. Sci. Technol. 19*, 381 (**1987**).

[4] R. D. LAWRENCE, "Progress in Nodal Methods for the Solution of the Neutron Diffusion and Transport Equations," *Prog. Nucl. Energy 17*, 271 (**1986**); "Three Dimensional Nodal Diffusion and Transport Methods for the Analysis of Fast Reactor Critical Experiments," *Prog. Nucl. Energy 18*, 101(**1986**).

[5] J. J. STAMM'LER and M. J. ABBATE, *Methods of Steady-State Reactor Physics in Nuclear Design*, Academic Press, London (**1983**), Chap. XI.

[6] N. K. GUPTA, "Nodal Methods for Three-Dimensional Simulators," *Prog. Nuci. Energy 7*, 127 (**1981**).

[7] J. J. DORNING, "Modern Coarse-Mesh Methods: A Development of the 70's," *Proc. Conf. Computational Methods in Nuclear Engineering*, Williamsburg, VA, American Nuclear Society, La Grange Park, IL (**1979**), p. 3-1.

[8] M. R. WAGNER, "Current Trends in Multidimensional Static Reactor Calculations," *Proc. Conf. Computational Methods* in *Nuclear Engineering*, Charleston. SC, CONF-750413, American Nuclear Society, La Grange Park, IL(**1975**), p. I-1.

[9] A. F. HENRY, *Nuclear-Reactor Analysis*, MIT Press, Cambridge, MA (**1975**), Chap. 11; "Refinements in Accuracy of Coarse-Mesh Finite-Difference Solutions of the Group-Diffusion Equations," *Proc. Semin. Numerical Reactor Calculations*, International Atomic Energy Agency, Vienna (**1972**), p. 447.

[10] W. M. STACEY, "Flux Synthesis Methods in Reactor Physics," *Reactor Technol. 15*, 210 (**1972**); "Variational Flux Synthesis Methods for Multigroup Neutron Diffusion Theory," *Nucl. Sci. Eng. 47*, 449 (**1972**); "Variational Flux Synthesis Approximations," *Proc. IAEA Semin. Numerical Reactor Calculations*, International Atomic Energy Agency, Vienna (**1972**), p. 561; *Variational Methods in Nuclear Reactor Physics*, Academic Press, New York (**1974**), Chap. 4.

[11] R. FROEHLICH, "A Theoretical Foundation for Coarse Mesh Variational Techniques," Proc. Int. Conf. Research on Reactor Utilization and Reactor *Computation*, Mexico, D. F., CNM-R-2 (**1967**), p. 219.

[12] S. KAPLAN, "Synthesis Methods in Reactor Analysis," *Adv. Nucl. Sci. Technol.* 3 (**1966**); "Some New Methods of Flux Synthesis," *Nuci. Sci. Eng. 13*, 22 (**1962**).

[13] E. L. WACHSPRESS et al., "Multichannel Flux Synthesis," *Nucl. Sci. Eng. 12*, 381 (**1962**); "Variational Synthesis with Discontinuous Trial Functions," *Proc.* Conf. Applications of Computational Methods to Reactor Problems, USAEC report ANL-

7050, Argonne National Laboratory, Argonne, IL (**1965**), p. 191, "Variational Multichannel Synthesis with Discontinuous Trial Functions," USAEC report KAPL-3095, Knolls Atomic Power Laboratory, Schenectady, NY (**1965**).

习题

15.1　由方程(15.16)所示的节块中子注量率平衡方程推到方程(15.17)所示的节块裂变率平衡方程。

15.2　利用逃脱概率的有理近似公式计算立方体节块的耦合项 $W^{n,n+1}$。

15.3　平板反应堆由两个区域组成，每个区域厚度均为50cm，材料如表15.1所列，两侧的边界条件均为零中子注量率密度。试利用两群扩散理论求解其精确解。

表 15.1

群常数	区域 1		区域 2	
	能群 1	能群 2	能群 1	能群 2
χ	1.0	0	1.0	0
$\nu\Sigma_f/cm^{-1}$	0.0085	0.1851	0.006	0.150
Σ_a/cm^{-1}	0.0121	0.121	0.010	0.100
$\Sigma_s^{1\to2}/cm^{-1}$	0.241	—	0.016	—
D/cm	1.267	0.354	1.280	0.400

15.4　对于习题15.3所述的问题，建立两节块的传统节块模型，求解其增殖系数，并与其精确解进行比较。

15.5　推导如方程(15.31)所示的基于横向积分的节块扩散方程，同理推导 y 方向和 z 方向的方程。

15.6　对于习题15.3所述的问题，建立两节块的横向积分节块模型，求解其增殖系数，并与其精确解进行比较。

15.7　推导基于扩散理论的节块方法的界面中子流密度平衡方程(方程(15.58))中矩阵 $\boldsymbol{P}_g^n$ 和 $\boldsymbol{R}_g^n$ 的元素。

15.8　通过对每一能群在节块上积分方程(15.1)推导方程(15.44)所示的节块平衡方程。

15.9　推导基于 P_1 输运理论的 G 群节块法的界面中子流密度平衡方程(方程(15.86))中矩阵 $\boldsymbol{P}_g^n$ 和 $\boldsymbol{R}_g^n$ 的元素。

15.10　对于习题15.3所述的问题，建立2区粗网格有限元模型积分节块模型，求解其增殖系数，并与其精确解进行比较。

15.11　试证明方程(15.107)所示的变分泛函 F_d 的两种形式是等价的条件：这两种形式的变分泛函对于任意独立的变分满足不动点条件要求扩散方程在体积 V_i 内是成立的，同时要求中子流密度在相邻体积的界面上是连续的。

15.12　试基于二次多项式展开法推导一维单群扩散方程的有限元粗网格近似。

15.13　试推导如方程(15.143)所示的变分泛函对 ϕ^*、j^* 和 C_m^* 的任意独立变分满足不动点条件要求不动点函数 ϕ、j 和 C_m 分别满足动态输运方程、菲克定律和先驱核平衡方程。

15.14　试通过方程(15.143)所示的变分泛函对 ϕ、j 和 C_m 的任意独立变分满足不动点条件推导出 ϕ^*、j^* 和 C_m^* 满足的动态方程。

15.15　试基于单群扩散方程构建习题15.3所述平板反应堆的单通道综合模型。可利用习题15.3所列的两群常数进行无限大介质谱计算获得 ϕ_1 和 ϕ_2 以生成单群常数。利用中子注量率和共轭中子注量率试验函数 $\phi = a\cos(\pi x/100)$ 计算增殖系数,并与习题15.3的精确解进行比较。

15.16　利用两通道综合方法重做习题15.15。

第 16 章　时空中子动力学

第 5 章中对核反应堆动力学的分析隐含了中子在空间上的分布保持不变而仅其总数随时间发生变化这一假设。然而，当一个临界的核反应堆发生局部扰动时，中子注量率的空间分布及其总数均将发生变化，而且中子注量率在空间上的变化将引起中子总数的变化。一个局部的扰动（如控制棒抽出）将立刻明显地改变其附近区域的中子注量率分布。一个局部区域的扰动也将影响整个核反应堆内的中子注量率分布（如中子注量率倾斜），这反过来又将改变反应性和堆内的中子总数。而且，对于次瞬发临界的瞬态过程，堆内最大的中子源是缓发中子先驱核，它通常将抑制中子注量率的倾斜直至缓发中子先驱核也发生变化（倾斜）。若在瞬态过程中更新点堆中子动力学参数，第 5 章中介绍的点堆中子动力学方程可扩展并包含中子注量率的倾斜效应和缓发中子的滞后效应。本书其他章节介绍的计算中子注量率空间分布的各种方法均可扩展用于计算随空间－时间变化的中子注量率分布，不过需要在其方程中增加中子注量率的时间导数项和缓发中子先驱核源项，并增加一组计算缓发中子先驱核浓度的方程。核反应堆稳定性的分析及其控制也可扩展并包含空间的影响，本章将以氙在空间中的振荡为例进行阐述。

16.1　中子注量率的倾斜和缓发中子的滞后

本节以临界核反应堆内局部材料发生一个阶跃变化为例分析因局部扰动引起的中子注量率倾斜与缓发中子滞后及其影响。利用多群扩散方程，临界的核反应堆可描述为

$$
\begin{aligned}
&-\nabla\cdot D^g(\boldsymbol{r},t)\nabla\phi_g(\boldsymbol{r},t)+\Sigma_{\mathrm{t}}^g(\boldsymbol{r},t)\phi_g(\boldsymbol{r},t)-\sum_{g'=1}^{G}\Sigma^{g'\to g}(\boldsymbol{r},t)\phi_{g'}(\boldsymbol{r},t)\\
&=\chi^g\sum_{g'=1}^{G}\nu\Sigma_{\mathrm{f}}^{g'}(\boldsymbol{r},t)\phi_{g'}(\boldsymbol{r},t)\quad(g=1,\cdots,G)
\end{aligned}
\tag{16.1}
$$

利用算符可将上式改写为

$$A_0\phi_0=M_0\phi_0 \tag{16.2}$$

式中：下标 0 表示初始的临界状态。

现假设核反应堆的材料特性在空间上发生一个非均匀的变化（局部的变化），并采用 ΔA 和 ΔM 表示算符的变化，即 $A_0\to A=A_0+\Delta A$ 和 $M_0\to M=M_0+\Delta M$。假设因该材料扰动引起的反应性变化远小于瞬发临界值，这意味着瞬跳跃近似可用于描述中子的动力学过程。而且，进一步采用单群缓发中子先驱核近似，那么核反应堆的中子动力学过程可表述为

$$0=[-A+(1-\beta)M]\phi+\lambda C \tag{16.3}$$

$$\dot{C}=\beta M\phi-\lambda C \tag{16.4}$$

假设中子注量率和缓发中子先驱核浓度可展开为

$$\phi(r,t)=\phi_0(r)+\Delta\phi(r,t) \tag{16.5}$$

$$C(r,t)=C_0(r)+\Delta C(r,t)\equiv\frac{\beta M_0\phi_0}{\lambda}+\Delta C \tag{16.6}$$

那么方程(16.3)和方程(16.4)线性化(忽略 $\Delta M\Delta\phi$ 等二次项)后进行拉普拉斯变换,并合这两个方程可得中子注量率的变化量在频域所满足的动态方程:

$$0=\left[-A_0+\left(1-\frac{s\beta}{s+\lambda}\right)M_0\right]\Delta\tilde{\phi}(\boldsymbol{r},s)+\frac{1}{s}\left[-\Delta A+\left(1-\frac{s\beta}{s+\lambda}\right)\Delta M\right]\phi_0 \tag{16.7}$$

16.1.1 模态特征函数展开

随时空变化的中子注量率可展开为

$$\Delta\phi(r,t)=\sum_{n=0}a_n(t)\psi_n(r) \tag{16.8}$$

式中:ψ_n 为初始临界核反应堆的空间特征函数,而且满足

$$A_0\psi_n=\frac{1}{k_n}M_0\psi_n \tag{16.9}$$

例如,对于厚度为 a 的均匀平板核反应堆,$\psi_n=\sin(n\pi x/a)$。临界核反应堆相应的共轭特征函数定义为

$$A_0^*\psi_n^*=\frac{1}{k_n}M_0^*\psi_n^* \tag{16.10}$$

根据第13章介绍的共轭运算符的定义,可知其满足如下的性质:

$$\langle\psi_m^*,M_0\psi_n\rangle=\delta_{mn} \tag{16.11}$$

$$\langle\psi_m^*,A_0\psi_n\rangle=\frac{1}{k_n}\langle\psi_m^*,M_0\psi_n\rangle \tag{16.12}$$

式中:符号〈·〉表示对空间的积分和对能群的求和。

特征函数展开式(方程(16.8))代入方程(16.7)后方程两边同乘以 ψ_m^*,对核反应堆整个空间积分和所有能群求和可得

$$\tilde{a}_m(s)=\frac{(s+\lambda)\left\langle\psi_m^*,\left(-\Delta A+\left(1-\frac{s\beta}{s+\lambda}\right)\Delta M\right)\phi_0\right\rangle}{s\left[(s+\lambda)\left(\frac{1-k_m}{1-(1-\beta)k_m}\right)\right]\left(1-\frac{(1-\beta)k_m}{k_m}\right)\langle\psi_m^*,M_0\psi_m\rangle} \tag{16.13}$$

其中,方程(16.13)的推导中已经利用了方程(16.11)和方程(16.12)。方程(16.13)进行拉普拉斯逆变换可得

$$a_m(t)=\frac{\rho_m k_m}{1-k_m}\left\{1-\frac{\beta k_m}{1-(1-\beta)k_m}\exp\left[-\frac{\lambda(1-k_m)t}{1-(1-\beta)k_m}\right]\right\}-$$

$$\frac{\beta k_m\langle\psi_m^*,\Delta M\phi_0\rangle}{[1-(1-\beta)k_m]\langle\psi_m^*,M_0\psi_m\rangle}\exp\left[-\frac{\lambda(1-k_m)t}{1-(1-\beta)k_m}\right] \tag{16.14}$$

其中，第 m 阶模态反应性为

$$\rho_m \equiv \frac{\langle \psi_m^*, (-\Delta A + \Delta M)\phi_0 \rangle}{\langle \psi_m^*, M_0 \psi_m \rangle} \tag{16.15}$$

16.1.2　中子注量率的倾斜

若 $\rho_m \neq 0$，在临界核反应堆内材料的非均匀扰动必将更高阶的谐波特征函数引入中子注量率分布；在方程(16.14)中的瞬态项消失之后，中子注量率变为

$$\phi(\boldsymbol{r}, \infty) = [1 + a_0(\infty)]\phi_0(r) + \sum_{n=1} \frac{\rho_n k_n}{1 - k_n} \psi_n(r) \tag{16.16}$$

对于采用一群半扩散近似的均匀平板核反应堆，由第 3 章中的结果可知 n 阶模态特征值为

$$k_n = \frac{k_\infty}{1 + M^2 B_n^2} = \frac{k_\infty}{1 + M^2[(n+1)\pi/a]^2} = \frac{1 + M^2(\pi/a)^2}{1 + M^2[(n+1)\pi/a]^2} \tag{16.17}$$

式中：M^2 为徙动面积；方程的最后一个形式已经利用了 $k_0 = 1$。

第一个谐波特征函数的大小是中子注量率倾斜的主要分量，它与一阶谐波反应性 ρ_1 的大小有关，也与一阶谐波特征值的分离值 $1 - k_1$ 有关($k_0 = 1$)。利用方程(16.17)，一群半扩散理论对均匀平板核反应堆的一阶谐波特征值分离值的估计为

$$1 - k_1 = \frac{3(M\pi/a)^2}{1 + (2M\pi/a)^2} \approx 3\left(\frac{M\pi}{a}\right)^2 \tag{16.18}$$

由方程(16.18)可知，若核反应堆的尺寸比徙动长度大得多，即当 $a/M \gg 1$ 时，一阶谐波特征值的分离值非常小，中子注量率的倾斜随之也非常小。

16.1.3　缓发中子的滞后

正如方程(16.14)所示，中子注量率倾斜不会在临界核反应堆引入材料变化的那一刻立即发生，而是在 $t \approx (2 \sim 3)\tau_{\text{tilt}}$ 时间内才逐渐建立起来，其中

$$\tau_{\text{tilt}} = \frac{1 - (1 - \beta)k_1}{\lambda(1 - k_1)} > \lambda^{-1} \tag{16.19}$$

从物理上来说，瞬发中子对材料变化的响应本质上与材料的变化是同步的(在瞬发中子寿命的尺度上)，而缓发中子源只能从最初的基态分布逐渐地变化至渐近分布。

16.2　空间点堆中子动力学

核反应堆内随时 - 空变化的中子注量率的多群扩散近似可表述为如下 G 个方程组成的方程组：

$$\frac{1}{v^g} \frac{\partial \phi_g(\boldsymbol{r}, t)}{\partial t} = \nabla \cdot D^g(\boldsymbol{r}, t) \nabla \phi_g(\boldsymbol{r}, t) - \Sigma_{\text{t}}^g(\boldsymbol{r}, t)\phi_g(\boldsymbol{r}, t) +$$

$$\sum_{g'=1}^{G} \Sigma^{g' \to g}(\boldsymbol{r}, t)\phi_{g'}(\boldsymbol{r}, t) + \lambda_0(1 - \beta)\chi_p^g \sum_{g'=1}^{G} \nu \Sigma_{\text{f}}^{g'}(\boldsymbol{r}, t)\phi_{g'}(\boldsymbol{r}, t) +$$

$$\sum_{m=1}^{M}\lambda_m\chi_m^g C_m(\boldsymbol{r},t)\quad (g=1,\cdots,G) \tag{16.20a}$$

将其改写成算符的形式为

$$\frac{1}{v}\frac{\partial\phi(\boldsymbol{r},t)}{\partial t}=-A(\boldsymbol{r},t)\phi(\boldsymbol{r},t)+\lambda_0(1-\beta)F_{\mathrm{p}}(\boldsymbol{r},t)\phi(\boldsymbol{r},t)+\sum_{m=1}^{M}\lambda_m C_m(\boldsymbol{r},t) \tag{16.20b}$$

随时空变化的 M 组缓发中子先驱核密度可表示为

$$\frac{\partial C_m(\boldsymbol{r},t)}{\partial t}=\lambda_0\beta_m\sum_{g=1}^{G}\nu\Sigma_{\mathrm{f}}^{g}(\boldsymbol{r},t)\phi_g(\boldsymbol{r},t)-\lambda_m C_m(\boldsymbol{r},t) \tag{16.21a}$$

将其改写为算符的形式为

$$\frac{\partial C_m(\boldsymbol{r},t)}{\partial t}=\lambda_0\beta_m F(\boldsymbol{r},t)\phi(\boldsymbol{r},t)-\lambda_m C_m(\boldsymbol{r},t)\quad (m=1,\cdots,M) \tag{16.21b}$$

式中:A、F 为消失运算符和生成运算符;$\phi(\boldsymbol{r},t)$ 为中子注量率;$C_m(\boldsymbol{r},t)$ 为第 m 组先驱核密度;v 为中子速度;χ_m、λ_m、β_m 分别为第 m 组先驱核的能谱、衰变常数和缓发中子份额;$F_p\equiv\chi_p F$ 为瞬发中子生成的裂变源(χ_p 为瞬发中子的裂变谱;$F_m\equiv\chi_m F$ 为第 m 组先驱核生成的缓发中子的裂变源);λ_0 为 $t=0$ 时刻的特征值。

在多群形式的方程(16.20b)和方程(16.21b)中,$\phi(\boldsymbol{r},t)$ 为各群中子注量率组成的一个列矢量;$\boldsymbol{A}$ 和 $\boldsymbol{F}$ 为矩阵。

在初始稳态时,这些方程可简化为

$$(A_0-\lambda_0F_0)\phi_0=0 \tag{16.22}$$

核反应堆受扰动后再次达到稳态时(缓发中子达到新的平衡时),这些方程可简化为

$$(A_{\mathrm{e}}-\lambda_{\mathrm{e}}F_{\mathrm{e}})\phi_{\mathrm{e}}=0 \tag{16.23}$$

扰动的静态反应性价值可定义为 $-\Delta\lambda=\lambda_0-\lambda_{\mathrm{e}}\equiv(k_{\mathrm{e}}-k_0)/k_{\mathrm{e}}k_0$。值得注意的是,因为方程(16.23)描述了一个特征值问题,所以静态是指中子注量率的空间分布,而不是指它的大小。

扰动的静态反应性价值为

$$\rho_{\mathrm{e}}\equiv-\Delta\lambda=\frac{\langle\phi_0^*,(\lambda_0\Delta F-\Delta A)\phi_{\mathrm{e}}\rangle}{\langle\phi_0^*,F\phi_{\mathrm{e}}\rangle} \tag{16.24}$$

其中,静态共轭中子注量率满足

$$(A_0^*-\lambda_0F_0^*)\phi_0^*=0 \tag{16.25}$$

内积符号〈·〉表示对整个核反应堆体积的积分和对所有能群的求和。

16.2.1 点堆中子动力学方程的推导

若中子注量率可表示为形状函数与幅值函数的乘积:

$$\phi(\boldsymbol{r},t)=\psi(\boldsymbol{r},t)n(t) \tag{16.26}$$

那么精确的时-空方程组可简化为点堆中子动力学模型。方程(16.20)和方程(16.21)两边同乘以静态共轭中子注量率后在整个核反应堆体积内积分并对所有能群求和可得点堆中子动

力学方程组为

$$\dot{n}(t)=\frac{\rho(t)-\bar{\beta}(t)}{\Lambda(t)}n(t)+\sum_{m=1}^{M}\lambda_m P_m(t) \tag{16.27}$$

$$\dot{P}_m(t)=\frac{\beta_m\gamma_m(t)}{\Lambda(t)}n(t)-\lambda_m P_m(t)\quad(m=1,\cdots,M) \tag{16.28}$$

其中,动态反应性、瞬发中子代时间和缓发中子有效份额分别定义为

$$\begin{aligned}\rho(t)&=\frac{\langle\phi_0^*,(\lambda_0\Delta F-\Delta A)\psi(\boldsymbol{r},t)\rangle}{\langle\phi_0^*,F\psi(\boldsymbol{r},t)\rangle}\\&=\int\sum_{g=1}^{G}\phi_0^{g*}(\boldsymbol{r})\chi_p^g\Big\{\Big[\lambda_0\sum_{g'=1}^{G}\Delta(\nu\Sigma_f^{g'}(\boldsymbol{r},t))\psi^{g'}(\boldsymbol{r},t)\Big]\mathrm{d}\boldsymbol{r}-\\&\quad\Big[\nabla\cdot\Delta D^g(\boldsymbol{r},t)\nabla\psi^g(\boldsymbol{r},t)+\Delta\Sigma_t^g(\boldsymbol{r},t)\psi^g(\boldsymbol{r},t)-\sum_{g'=1}^{G}\nabla\Sigma^{g'\to g}(\boldsymbol{r},t)\psi^{g'}(\boldsymbol{r},t)\Big]\Big\}\mathrm{d}\boldsymbol{r}\Big/\\&\quad\int\mathrm{d}\boldsymbol{r}\sum_{g=1}^{G}\phi_0^{g*}(\boldsymbol{r})\chi_p^g\sum_{g'=1}^{G}\nu\Sigma_f^{g'}(\boldsymbol{r},t)\psi^{g'}(\boldsymbol{r},t)\end{aligned} \tag{16.29}$$

$$\boldsymbol{\Lambda}^{-1}(t)=\frac{\langle\phi_0^*,F\psi(\boldsymbol{r},t)\rangle}{\langle\phi_0^*,v^{-1}\psi(\boldsymbol{r},t)\rangle}=\frac{\int\sum_{g=1}^{G}\phi_0^{g*}(\boldsymbol{r})\chi_p^g\sum_{g'=1}^{G}\nu\Sigma_f^{g'}(\boldsymbol{r},t)\psi^{g'}(\boldsymbol{r},t)\mathrm{d}\boldsymbol{r}}{\int\mathrm{d}\boldsymbol{r}\sum_{g=1}^{G}\phi_0^{g*}(\boldsymbol{r})(1/v^g)\psi^g(\boldsymbol{r},t)} \tag{16.30}$$

$$\gamma_m(t)=\frac{\langle\phi_0^*,F_m\psi(\boldsymbol{r},t)\rangle}{\langle\phi_0^*,F\psi(\boldsymbol{r},t)\rangle}=\frac{\int\sum_{g=1}^{G}\phi_0^{g*}(\boldsymbol{r})\chi_m^g\sum_{g'=1}^{G}\nu\Sigma_f^{g'}(\boldsymbol{r},t)\psi^{g'}(\boldsymbol{r},t)\mathrm{d}\boldsymbol{r}}{\int\sum_{g=1}^{G}\phi_0^{g*}(\boldsymbol{r})\chi_p^g\sum_{g'=1}^{G}\nu\Sigma_f^{g'}(\boldsymbol{r},t)\psi^{g'}(\boldsymbol{r},t)\mathrm{d}\boldsymbol{r}} \tag{16.31}$$

$\bar{\beta}=\gamma_1\beta_1+\gamma_2\beta_2+\cdots+\gamma_M\beta_M$;$\Delta A=A-A_0$ 和 $\Delta F=F-F_0$。理论上,点堆动力学方程组(方程(16.27)与方程(16.28))可用于计算中子注量率在时空上的精确分布,但前提是在所有时间内中子注量率均能采用其正确的空间分布计算方程(16.29)~方程(16.31)定义的参数。需要注意的是,这些参数仅与中子注量率的形状有关,而与其大小无关。

对于大型的轻水核反应堆,由于缓发中子的滞后效应,核反应堆受扰动之后,中子注量率通常将缓慢地达到其静态分布。在扰动后的几秒之内,由于随时间变化的中子注量率分布的形状 $\psi(\boldsymbol{r},t)$ 与扰动后再次达到静态时的形状 ϕ_e 不同,因而方程(16.29)定义的动态反应性与方程(16.24)定义的静态反应性也不同。

在点堆动力学方法的实际应用中,各参数通常可利用最初的静态中子注量率分布 ϕ_0 进行估计。根据一阶微扰理论,近似的反应性可表示为

$$\rho_0=\frac{\langle\phi_0^*,(\lambda_0\Delta F-\Delta A)\phi_0\rangle}{\langle\phi_0^*,F\phi_0\rangle} \tag{16.32}$$

由第 13 章的分析可知,该表达式可视为扰动后静态反应性的一阶近似(ρ_0 是对初始的和扰动的静态特征值的倒数之差 $-\Delta\lambda=\lambda_0-\lambda_e$ 的估计;它具有中子注量率变化 $\Delta\phi=\phi_e-\phi_0$ 的一阶精度)。

16.2.2 绝热和准静态方法

若整个瞬态计算均采用初始的静态中子注量率分布(或形状)计算方程(16.29)~方程(16.31)所定义的参数,方程(16.27)和方程(16.28)即为第5章中所述的标准点堆中子动力学近似。若瞬态计算在不同时刻采用该时刻下核反应堆瞬态条件所对应的静态中子注量率分布重新计算这些参数,这能比标准点堆中子动力学取得更高精度的计算结果,这种方法通常称为绝热方法。

对于准静态方法,在不同的时刻($t=t_n$),该方法利用点堆中子动力学方程计算中子注量率的大小,而利用如下的公式计算中子注量率的形状:

$$\left[A-\lambda_0(1-\beta)F_p+\frac{1}{v}\left(\frac{\dot{n}}{n}+\frac{1}{\Delta t_n}\right)\right]_{t_n}S_n=\frac{1}{v\Delta t_n}S_{n-1}+\frac{1}{n(t_n)}\sum_{m=1}^{M}\chi_m\lambda_m C_m(\boldsymbol{r},t_n) \tag{16.33}$$

式中:$\Delta t_n=t_n-t_{n-1}$为形状时间步长;缓发中子先驱核密度可直接根据中子注量率计算获得。第n步的中子注量率分布S_n可直接代入方程(16.29)定义的内积估算动态反应性:

$$\rho_n(t)\equiv\frac{\langle\phi_0^*,(\lambda_0\Delta F-\Delta A)S_n\rangle}{\langle\phi_0^*,FS_n\rangle} \tag{16.34}$$

方程(16.34)对动态反应性估计的精度取决于中子注量率分布的计算精度。若在已知的中子注量率分布S_{n-1}与下一步的中子注量率分布的最佳估计值S_n^l间进行插值,这可进一步提高计算的精度,其中,l表示利用方程(16.33)计算S_n时第l步的计算结果。(当残差满足收敛准则时,S_n^l可认为已经收敛。)然而,无论中子注量率分布采用何种近似,对应于t时刻反应堆条件,$\rho_n(t)$仅仅是对静态反应性一阶精度的估计。

16.2.3 静态反应性的变分原理

对于已经被扰动的核反应堆,进一步扰动的静态反应性价值的变分估计为

$$\rho_{v,e}=\frac{\langle\phi_0^*,(\lambda\Delta F-\Delta A)S\rangle}{\langle\phi_0^*,F'S\rangle}\left[1-\langle\phi_0^*,(A-\lambda F)\Gamma\rangle-\langle\Gamma^*,(A'-\lambda'F')S\rangle\right] \tag{16.35}$$

该式具有二阶精度(即误差~$(\Delta\phi)^2$),而且仅需已知ϕ_0和ϕ_0^*。其中,广义共轭函数Γ^*可由下式进行计算:

$$(A_0^*-\lambda_0F_0^*)\Gamma^*=\frac{(\Delta A^*-\lambda_0\Delta F^*)\phi_0^*}{\langle\phi_0^*,(\Delta A-\lambda_0\Delta F)\phi_0\rangle}-\frac{F_0^*\phi_0^*}{\langle\phi_0^*,F_0\phi_0\rangle} \tag{16.36}$$

而函数Γ可由下式进行计算:

$$(A_0-\lambda_0F_0)\Gamma=\frac{(\Delta A-\lambda_0\Delta F)\phi_0}{\langle\phi_0^*,(\Delta A-\lambda_0\Delta F)\phi_0\rangle}-\frac{F_0\phi_0}{\langle\phi_0^*,F_0\phi_0\rangle} \tag{16.37}$$

在方程(16.35)中,无上标“′”的运算符和特征值为初始扰动后的系统在t_n时刻的值;带有上标“′”的运算符和特征值为初始扰动后的系统叠加新扰动后在$t>t_n$时的值;$\Delta A=A'-A$和$\Delta F=F'-F$。变分泛函$\rho_{v,e}$可估计新扰动的静态反应性价值($-\Delta\lambda=\lambda-\lambda'$)。在初始扰动的静态特征值方程和初始扰动后新扰动的静态特征值方程及其相应的共轭方程处,变分泛函

$\rho_{v,e}$处于不动点处。同理,在广义共轭函数 Γ^* 和 Γ 函数处(方程(16.36)和方程(16.37)仅仅是它们的近似方程),该泛函处于不动点处。

对于计算中不更新中子注量率分布的点堆中子动力学方法,若变分泛函 $\rho_{v,e}$用于估算扰动的反应性价值,核反应堆初始的分布(方程(16.22)和方程(16.25))可用于扰动后的系统,即由 ϕ_0 代替 S。在这种情况下,变分泛函 $\rho_{v,e}$仅能提供方程(16.24)定义的静态反应性的估计值,且具有二阶精度;但它不是方程(16.29)定义的动态反应性的估计值,因为它忽略了缓发中子的滞后效应。这样的忽略在反应性估计中引入了误差,并进一步在功率计算中引入了误差。

对于准静态方法,若变分泛函 $\rho_{v,e}$用于估算扰动的反应性价值,而且利用 t_n 时刻最新的中子注量率分布用于扰动后系统的计算,即 S_n 代替 S。在这种情况下,变分泛函 $\rho_{v,e}$能提供因 t_n 时刻引入的扰动而引起的静态反应性的估计值,且具有二阶精度。该估计值仍然忽略了缓发中子的滞后效应。新扰动在初始扰动的系统中引起的反应性价值与初始扰动的动态反应性价值的估计值 $\rho_n[S_n(r,t)]$之和即为所有扰动的总反应性价值。因为需要采用初始扰动后系统的中子注量率分布,所以静态反应性变分估计利用采用插值的中子注量率分布是不合适的。

16.2.4　动态反应性的变分原理

为了包含缓发中子的滞后效应对反应性的影响,变分泛函在动态扩散方程和先驱核方程的解处满足不动点条件,而不是扰动后的稳态扩散方程的解。为了估计动态反应性的价值,构建如下的变分泛函:

$$\rho_v[\psi,\psi^*,\xi_m,\xi_m^*,\Gamma,\Gamma^*] = \frac{\langle\psi^*,(\lambda_0\Delta F-\Delta A)\psi\rangle}{\langle\psi^*,F\psi\rangle}\Big\{1-\langle\psi^*,(A_0-\lambda_0F_0)\Gamma\rangle - \left\langle\Gamma^*,\left[A-\lambda_0(1-\beta)F_{\mathrm{p}}+\frac{1}{v}\frac{\partial}{\partial t}\right]\psi\right\rangle+\left\langle\Gamma^*,\sum_{m=1}^{M}\lambda_m\chi_m\xi_m\right\rangle - \left\langle\sum_{m=1}^{M}\xi_m^*,\left(\lambda_m+\frac{\partial}{\partial t}\right)\xi_m\right\rangle+\left\langle\sum_{m=1}^{M}\xi_m^*,\lambda_0\beta_mF\psi\right\rangle\Big\} \tag{16.38}$$

对于试验函数所有独立变量的任意独立变分,变分泛函满足不动点条件。然而,为了保留动态反应性对时间的依赖性,变分泛函 ρ_v 中的积分(采用$\langle\cdot\rangle$表示)仅表示对空间和能量的积分,而不包括对时间的积分。因此,对于所有随能量和空间变化的函数 Γ^*、ξ_m^*、Γ,ψ、ψ^* 和 ξ_m 的任意独立变分,由变分泛函的不动点原理可得如下的方程:

$$A\psi_{\mathrm{s}}-\lambda_0(1-\beta)F_{\mathrm{p}}\psi_{\mathrm{s}}+\frac{1}{v}\frac{\partial\psi_{\mathrm{s}}}{\partial t}-\sum_{m=1}^{M}\lambda_m\chi_m\xi_{m,\mathrm{s}}=0 \tag{16.39}$$

$$\frac{\partial\xi_{m,s}}{\partial t}=\lambda_0\beta_mF\psi_{\mathrm{s}}-\lambda_m\xi_{m,\mathrm{s}} \tag{16.40}$$

$$A_0^*\psi_{\mathrm{s}}^*-\lambda_0F_0^*\psi_s^*=0 \tag{16.41}$$

$$(A_0-\lambda_0F_0)\Gamma_s=\frac{(\Delta A-\lambda_0\Delta F)\psi_{\mathrm{s}}}{\langle\psi_{\mathrm{s}}^*,(\Delta A-\lambda_0\Delta F)\psi_{\mathrm{s}}\rangle}-\frac{F\psi_{\mathrm{s}}}{\langle\psi_{\mathrm{s}}^*,F\psi_{\mathrm{s}}\rangle} \tag{16.42}$$

$$A^*\Gamma_{\mathrm{s}}^*-\lambda_0(1-\beta)F_p^*\Gamma_{\mathrm{s}}^*-\sum_{m=1}^{M}\lambda_0\beta_mF\xi_{m,\mathrm{s}}^*=\frac{(\Delta A^*-\lambda_0\Delta F^*)\psi_{\mathrm{s}}^*}{\langle\psi_{\mathrm{s}}^*,(\Delta A-\lambda_0\Delta F)\psi_{\mathrm{s}}\rangle}-\frac{F\psi_{\mathrm{s}}^*}{\langle\psi_{\mathrm{s}}^*,F\psi_{\mathrm{s}}\rangle} \tag{16.43}$$

$$\lambda_m \xi_{m,s}^* - \lambda \chi_m^{\mathrm{T}} \Gamma_s^* = 0 \tag{16.44}$$

分别比较方程(16.39)与方程(16.20)、方程(16.40)与方程(16.21)、方程(16.41)与方程(16.25)可知,ψ_s 和 $\xi_{m,s}$ 与准确的动态扩散方程和先驱核方程的解 $\phi(\boldsymbol{r},t)$ 和 $C_m(\boldsymbol{r},t)$ 是相同的;ψ_s^* 与未受扰动的静态共轭注量率 ϕ_0^* 是相同的。

ρ_v 在不动点处的值即为扰动的准确的动态反应性价值:

$$\rho_{v,s} = \frac{\langle \phi_0^*, (\lambda_0 \Delta F - \Delta A)\phi(\boldsymbol{r},t)\rangle}{\langle \phi_0^*, F\phi(\boldsymbol{r},t)\rangle} \tag{16.45}$$

为了使变分泛函 ρ_v 适用于准静态方法,现引入一个试验函数:

$$\psi(\boldsymbol{r},t) \approx S(\boldsymbol{r},t)n(t) \tag{16.46}$$

由此可得先驱核密度的时间导数的最佳近似为

$$\frac{\partial C_m(\boldsymbol{r},t)}{\partial t} \approx \beta_m FS(\boldsymbol{r},t)n(t) - \lambda_m C_m(\boldsymbol{r},t) \tag{16.47}$$

在此条件下(由方程(16.25)可知 $\psi^* = \phi_0^*$),变分泛函变为

$$\rho_v = \frac{\langle \psi^*, (\lambda_0 \Delta F - \Delta A)S\rangle}{\langle \phi_0^*, FS\rangle}\Big\{1 - \langle G^*, [A - \lambda_0(1-\beta)F_p]S\rangle - \left\langle G^*, \frac{1}{v}\frac{\partial S}{\partial t}\right\rangle - \frac{\dot{n}}{n}\left\langle G^*, \frac{1}{v}S\right\rangle + \frac{1}{n}\left\langle G^*, \sum_{m=1}^{M} \lambda_m \chi_m C_m\right\rangle\Big\} \tag{16.48}$$

其中,试验函数 $G^*(\boldsymbol{r},t)$ 代替了 $\Gamma^*(\boldsymbol{r},t)n(t)$;$\Delta A$ 和 ΔF 表示总扰动,而不是更新中子注量率形状后的扰动;$A = A_0 + \Delta A$ 和 $F = F_0 + \Delta F$。

方程(16.44)和方程(16.46)代入方程(16.43)可得 $G^*(\boldsymbol{r},t)$ 的方程:

$$(A^* - \lambda_0 F^*)G^*(\boldsymbol{r},t) = \frac{(\Delta A^* - \lambda_0 \Delta F^*)\phi_0^*}{\langle \phi_0^*, (\Delta A - \lambda_0 \Delta F)S(\boldsymbol{r},t)\rangle} - \frac{F^*\phi_0^*}{\langle \phi_0^*, FS(\boldsymbol{r},t)\rangle} \tag{16.49}$$

从计算的角度来说,对于一个特定的核反应堆堆芯结构,计算一次广义共轭函数 $G^*(\boldsymbol{r},t)$ 是经济的。若采用最初的静态分布,其近似方程为

$$(A_0^* - \lambda_0 F_0^*)G^* = \frac{(\Delta A^* - \lambda_0 \Delta F^*)\phi_0^*}{\langle \phi_0^*, (\Delta A - \lambda_0 \Delta F)S_0\rangle} - \frac{F_0^*\phi_0^*}{\langle \phi_0^*, F_0 S_0\rangle} \tag{16.50}$$

(任何大小的扰动 ΔA 和/或 ΔF 均可适用此方程,因为这些运算符同时出现在同一项的分子和分母中)。因而 $G^*(\boldsymbol{r})$ 与方程(16.36)中的 $\Gamma^*(\boldsymbol{r})$ 仅存在大小上的差别。

方程(16.48)定义的变分泛函及其形式非常适合准静态方法。在准静态方法中,点堆动力学方程仅用于计算中子注量率的大小 $n(t)$;先驱核的密度 $C_m(\boldsymbol{r},t)$ 在每一个时间步均被更新,因而可用于变分估计;利用方程(16.33)周期性地更新中子注量率的形状 $S(\boldsymbol{r},t)$。动态反应性的变分估计可采用中子注量率形状的插值,也可不采用插值。

值得注意的是,方程(16.50)定义的 $G^*(\boldsymbol{r},t)$ 满足如下的正交性条件:

$$\langle G^*, F_0 S_0\rangle = 0 \tag{16.51}$$

因此,假设初始中子注量率的形状 S_0 用于变分泛函 ρ_v,而且先驱核密度函数 $C_m(\boldsymbol{r},t)$ 具有与 S_0 相同的形状,那么动态反应性的变分估计可简化为方程(16.35)定义的静态反应性的变分估计(由方程(16.25)可知,方程(16.35)中括号内的第二项为0)。这一简化结果是这一新的

变分泛函将一直忽略缓发中子的滞后效应直至中子注量率的形状被重新计算或者其他的一些近似代替 S_0。

大型轻水核反应堆模型的数值计算表明，准静态方法中更新中子注量率形状所需的计算量为直接的动态反应性的变分估计 1/4 ~ 1/3。此外，对于准静态方法来说，与标准静态反应性的一阶估计相比，变分的反应性估计能明显地提高其精度，因而它不再需要中子注量率形状的插值计算或重新计算过程。

16.3　中子注量率的空间分布在时间上的积分

如前所述的计算中子注量率空间分布的各种方法（有限差分法、节块法、有限元法和综合法等等）均可用于计算时 - 空中子注量率分布，但是需要增加中子密度的时间导数项，并须区分中子平衡方程中的瞬发中子源和缓发中子源，及其增加缓发中子先驱核密度（如方程（16.20）和方程（16.21））。若每一个空间节点（如网格或节块）上的群中子注量率和先驱核密度采用列矢量 $\boldsymbol{\Phi}$ 表示，而多群中子和缓发中子先驱核平衡方程中的各项采用矩阵 $\boldsymbol{H}$ 表示，那么时 - 空中子动力学方程可改写为一组耦合的常微分方程：

$$\boldsymbol{H\Phi} = \dot{\boldsymbol{\Phi}} \tag{16.52}$$

16.3.1　显式积分：向前差分方法

求解方程（16.52）最简单的近似方法是向前差分算法：

$$\boldsymbol{\Phi}(p+1) = \boldsymbol{\Phi}(p) + \Delta t\boldsymbol{H}(p)\boldsymbol{\Phi}(p) \tag{16.53}$$

式中：自变量 p 表示函数在 t_p 时刻的值；$\Delta t = t_{p+1} - t_p$。

对于多群扩散方程组，该算法具体可表述为

$$\begin{aligned}\phi^g(p+1) = \phi^g(p) + \Delta t v^g \Big\{ & \nabla\cdot D^g(p)\,\nabla\phi^g(p) - \\ & [\Sigma_a^g(p) + \Sigma_s^g(p)]\phi^g(p) + \sum_{g'=1}^{G}\Sigma_s^{g'\to g}(p)\phi^{g'}(p) + \\ & (1-\beta)\chi_p^g\sum_{g'=1}^{G}\nu\Sigma_f^{g'}(p)\phi^{g'}(p) + \sum_{m=1}^{M}\lambda_m\chi_m^g C_m(p)\Big\} \quad (g = 1,\cdots,G)\end{aligned} \tag{16.54}$$

先驱核浓度方程为

$$C_m(p+1) = C_m(p) + \Delta t\Big[\beta_m\sum_{g=1}^{G}\nu\Sigma_f^g(p)\phi^g(p) - \lambda_m C_m(p)\Big] \quad (m = 1,\cdots,M) \tag{16.55}$$

该算法存在数值稳定性问题，它要求采用非常短的时间步长，这抵消了其算法简单这一优势。利用算符 $\boldsymbol{H}$ 的特征函数展开 $\boldsymbol{\Phi}(p)$ 可知数值稳定性问题的本质：

$$\boldsymbol{\Phi}(p) = \sum_n a_n\boldsymbol{\Omega}_n \tag{16.56}$$

式中

$$\boldsymbol{H\Omega}_n=\omega_n\boldsymbol{\Omega}_n \tag{16.57}$$

方程(16.56)代入方程(16.53)可得

$$\boldsymbol{\Phi}(p+1)=\sum_n a_n(1+\omega_n\Delta t)\boldsymbol{\Omega}_n \tag{16.58}$$

数值稳定性条件要求基态谐波 $\boldsymbol{\Omega}_1$ 比其他高阶谐波 $\boldsymbol{\Omega}_n(n\geqslant 2)$ 具有更高的增长速度。这意味着

$$|1+\omega_1\Delta t|>|1+\omega_n\Delta t|\quad(n\geqslant 2) \tag{16.59}$$

为了使上式成立,$|\omega_n\Delta t|\ll 1$。方程(16.57)定义的特征值问题是5.3节中倒时方程在大量空间节点和能群下的通用化表示。除了瞬发超临界过程,基态特征值的大小与缓发中子先驱核的衰变常数在同一个量级上;瞬发超临界过程须采用非常小的时间步长。数值计算表明最小的特征值与 $-v^g\Sigma_a^g$ 在同一个量级上:对于热中子,它通常为 -10^4;对于快中子,它通常为 -10^7。因此,数值稳定性要求 $\Delta t<10^{-7}$。若假设超热中子能群的时间导数项为零($1/v^G\gg 1/v^g,g\neq G$),那么 $\Delta t<10^{-4}$。

16.3.2 隐式积分:向后差分方法

与向前差分方法不同的是,如下的向后差分方算法不存在数值稳定性问题:

$$\boldsymbol{\Phi}(p+1)=[\boldsymbol{I}-\Delta t\boldsymbol{H}(p+1)]^{-1}\boldsymbol{\Phi}(p) \tag{16.60}$$

对于先驱核方程和多群扩散方程,方程(16.60)具体可表述为

$$C_m(p+1)=\frac{C_m(p)}{1+\lambda_m\Delta t}+\frac{\beta_m}{1+\lambda_m\Delta t}\sum_{g=1}^{G}\nu\Sigma_f^g(p+1)\phi^g(p+1)\quad(m=1,\cdots,M) \tag{16.61}$$

$$\begin{aligned}&\nabla\cdot D^g(p+1)\nabla\phi^g(p+1)+[\Sigma_a^g(p+1)+\Sigma_s^g(p+1)]\phi^g(p+1)+\\&\sum_{g'=1}^{G}\Sigma_s^{g'\to g}(p+1)\phi^{g'}(p+1)+(1-\beta)\chi_p^g\sum_{g'=1}^{G}\nu\Sigma_f^{g'\to g}(p+1)\phi^{g'}(p+1)+\\&\sum_{m=1}^{M}\frac{\lambda_m\chi_m^g\beta_m}{1+\lambda_m\Delta t}\sum_{g'=1}^{G}\nu\Sigma_f^{g'\to g}(p+1)\phi^{g'}(p+1)-\frac{1}{v^g\Delta t}\phi^g(p+1)\\=&-\frac{1}{v^g\Delta t}\phi^g(p)-\sum_{m=1}^{M}\frac{\lambda_m\chi_m^gC_m(p)}{1+\lambda_m\Delta t}\quad(g=1,\cdots,G)\end{aligned} \tag{16.62}$$

为了分析隐式算法的稳定性,方程(16.56)代入方程(16.60)可得

$$\boldsymbol{\Phi}(p+1)=\sum_n a_n(1-\omega_n\Delta t)^{-1}\boldsymbol{\Omega}_n \tag{16.63}$$

算法的稳定性条件为

$$|(1-\omega_1\Delta t)^{-1}|>|(1-\omega_n\Delta t)^{-1}|\quad(n\geqslant 2) \tag{16.64}$$

若 $\mathrm{Re}\{\omega_n\}<\mathrm{Re}\{\omega_1\}(n\geqslant 2)$,该算法是无条件稳定的。若 $\mathrm{Re}\{\omega_1\}>0$,要求 $\boldsymbol{\Phi}(p+1)$ 为一正矢量仍然可以保证算法的稳定性,这意味着

$$\Delta t<\frac{1}{\omega_1} \tag{16.65}$$

当 ω_1 较大时,快速瞬态过程要求采用较小的时间步长。

向后差分方算法的主要代价在于每一个时间步均需要进行矩阵求逆计算。需要求逆的矩阵实际上是方程(16.62)左端的系数矩阵。因此,虽然隐式方法可采用比显式方法大得多的时间步长,但是矩阵求逆所需的时间抵消了这一算法大步长的优势。虽然数值稳定性对该算法不存在限制,但是向后差分算法的时间步长实际上将受制于截断误差(在 Δt^2 的量级上)对计算精度的限制。

16.3.3　隐式积分:θ 方法

若在 $t_p \leqslant t \leqslant t_{p+1}$ 时间间隔内 $\boldsymbol{H}$ 保持不变,方程(16.52)具有如下形式的解:

$$\boldsymbol{\Phi}(p+1) = \exp(\boldsymbol{H}\Delta t)\boldsymbol{\Phi}(p) = \left(\boldsymbol{I} + \Delta t\boldsymbol{H} + \frac{\Delta t^2}{2}\boldsymbol{H}^2 + \cdots\right)\boldsymbol{\Phi}(p) \tag{16.66}$$

方程(16.53)和方程(16.60)定义的算法可视为方程(16.66)的两个近似。为了获得更好的计算结果,构建如下的算法:

$$\boldsymbol{\Phi}(p+1) - \boldsymbol{\Phi}(p) = \Delta t[\boldsymbol{M}\boldsymbol{\Phi}(p+1) + (\boldsymbol{H} - \boldsymbol{M})\boldsymbol{\Phi}(p)] \tag{16.67}$$

其中,矩阵 $\boldsymbol{M}$ 和 $\boldsymbol{H}$ 的元素满足

$$m_{ij} = \theta_{ij} h_{ij} \tag{16.68}$$

而且,要求选择 m_{ij}(θ_{ij} 随之确定下来)以确保由方程(16.67)计算所得的 $\boldsymbol{\Phi}(p+1)$ 与由方程(16.66)计算所得 $\boldsymbol{\Phi}(p+1)$ 相同。由此可得

$$\boldsymbol{M} = \frac{1}{\Delta t}\boldsymbol{I} - \boldsymbol{H}[\exp(\boldsymbol{H}\Delta t) - \boldsymbol{I}]^{-1} \tag{16.69}$$

假设 $\boldsymbol{H}$ 具有不同的特征值,那么利用如下的变换使其对角化:

$$(\boldsymbol{J}^+)^{\mathrm{T}}\boldsymbol{H}\boldsymbol{J} = \boldsymbol{\Gamma} \tag{16.70}$$

式中:$\boldsymbol{J}^+$ 和 $\boldsymbol{J}$ 为与 $\boldsymbol{H}$ 和 $\boldsymbol{H}^{\mathrm{T}}$ 相应的模态矩阵(矩阵 $\boldsymbol{J}^+$ 和 $\boldsymbol{J}$ 的每一列是 $\boldsymbol{H}$ 和 $\boldsymbol{H}^{\mathrm{T}}$ 的特征函数);$\boldsymbol{\Gamma}$ 为由 $\boldsymbol{H}$ 的特征值组成的对角矩阵。因而

$$(\boldsymbol{J}^+)^{\mathrm{T}}\boldsymbol{M}\boldsymbol{J} = \frac{1}{\Delta t}\boldsymbol{I} - \boldsymbol{\Gamma}[\exp(\Delta t\boldsymbol{\Gamma}) - \boldsymbol{I}]^{-1} = \boldsymbol{L} \tag{16.71}$$

由此可得

$$\boldsymbol{M} = \boldsymbol{J}\boldsymbol{L}(\boldsymbol{J}^+)^{\mathrm{T}} \tag{16.72}$$

m_{ij} 由方程(16.72)确定后,系数 θ_{ij} 为

$$\theta_{ij} = \frac{m_{ij}}{h_{ij}}$$

由于精确地求解 θ_{ij} 需要较大的计算量,因此一些近似方法已经被发展起来以求解多群中子动力学方程。若缓发中子可视为源项,那么在计算 θ_{ij} 时可将其忽略。中子注量率平方权重方法可计算获得与空间无关的 θ_{ij} 的平均值。缓发中子具有独立的 θ_{ij}。若将与能群 g 和 g' 有关的 θ_{ij} 记为 $\theta_{gg'}$,并与缓发中子有关的 θ_{ij} 记为 θ_d,那么可得如下的算法:

$$C_m(p+1) = \frac{1 - (1-\theta_d)\lambda_m}{1 + \theta_d\lambda_m\Delta t}\Delta t C_m(p) +$$

$$\frac{\Delta t\beta_m}{1+\theta_d\lambda_m\Delta t}\Big[\sum_{g=1}^{G}\nu\Sigma_f^g(p+1)\phi^g(p+1)\theta_{1g}+$$

$$\sum_{g=1}^{G}\nu\Sigma_f^g(p)\phi^g(p)(1-\theta_{1g})\Big]\quad(m=1,\cdots,M)\tag{16.73}$$

$$\theta_{gg}\{\nabla\cdot D^g(p+1)\nabla\phi^g(p+1)-[\Sigma_a^g(p+1)+\Sigma_s^g(p+1)]\phi^g(p+1)\}+$$

$$\sum_{g'=1}^{G}\theta_{gg'}\Sigma_s^{g'\to g}(p+1)\phi^{g'}(p+1)+(1-\beta)\chi_p^g\sum_{g'=1}^{G}\theta_{gg'}\nu\Sigma_f^{g'\to g}(p+1)\phi^{g'}(p+1)+$$

$$\sum_{m=1}^{M}\frac{\lambda_m\chi_m^g\beta_m\theta_d\Delta t}{1+\theta_d\lambda_m\Delta t}\sum_{g'=1}^{G}\nu\Sigma_f^{g'}(p+1)\phi^{g'}(p+1)\theta_{1g'}-\frac{1}{v^g\Delta t}\phi^g(p+1)$$

$$=-(1-\theta_{gg})\{\nabla\cdot D^g(p)\nabla\phi^g(p)+[\Sigma_a^g(p)+\Sigma_s^g(p)]\phi^g(p)\}-$$

$$\sum_{g'=1}^{G}(1-\theta_{gg'})\Sigma_s^{g'\to g}(p)\phi^{g'}(p)-(1-\beta)\chi_p^g\sum_{g'=1}^{G}(1-\theta_{gg'})\nu\Sigma_f^{g'}(p)\phi^{g'}(p)-$$

$$\frac{1}{v^g\Delta t}\phi^g(p)-\sum_{m=1}^{M}\frac{\lambda_m\chi_m^gC_m(p)}{1+\theta_d\lambda_m\Delta t}-\sum_{m=1}^{M}\frac{\lambda_m\chi_m^g\beta_m\theta_d\Delta t}{1+\theta_d\lambda_m\Delta t}\sum_{g'=1}^{G}\nu\Sigma_f^{g'}(p)\phi^{g'}(p)(1-\theta_{1g'})$$

$$(g=1,\cdots,G)\tag{16.74}$$

当 $\theta_{gg'},\theta_d\to1$ 时,方程(16.73)和方程(16.74)即简化为方程(16.61)和方程(16.62)定义的向后差分方法;当 $\theta_{gg'},\theta_d\to0$ 时,方程(16.73)和方程(16.74)即简化为方程(16.54)和方程(16.55)定义的向前差分方法。正如前所述,为了获得方程(16.73)和方程(16.74),该算法已经采用了大量的近似,因此方程(16.73)和方程(16.74)并不能严格地保留方程(16.67)和方程(16.72)所具有的数学特性。

为了分析 θ 方法的稳定性,假设矩阵 $\boldsymbol{H}$ 和时间步长 Δt 均保持不变,并利用方程(16.57)定义的矩阵 $\boldsymbol{H}$ 的特征函数展开方程(16.52)的精确解:

$$\boldsymbol{\Phi}(t_p)=\sum_{n=1}^{N}a_n\boldsymbol{\Omega}_n e^{\omega_n t_p}=\sum_{n=1}^{N}a_n\boldsymbol{\Omega}_n e^{\omega_n p\Delta t}\tag{16.75}$$

其中,根据初值条件可确定展开系数 a_n,而且 $\omega_1>\omega_2>\cdots>\omega_N$。为了使相同的特征函数满足方程(16.67),它变为

$$\gamma_n\boldsymbol{\Omega}_n=(\boldsymbol{I}-\Delta t\boldsymbol{M})^{-1}(\boldsymbol{I}+\Delta t\boldsymbol{H}-\Delta t\boldsymbol{M})\boldsymbol{\Omega}_n\tag{16.76}$$

其中,特征值须满足

$$\gamma_n=\frac{1+(1-\theta)\omega_n\Delta t}{1-\theta\omega_n\Delta t}\tag{16.77}$$

方程(16.67)定义的 θ 方法(近似)的通解可写为

$$\boldsymbol{\Phi}(t_p)=\sum_{n=1}^{N}a_n\gamma_n^p\boldsymbol{\Omega}_n\tag{16.78}$$

式中:$t_p=p\Delta t$。

与方程(16.75)的精确解比较可知,近似解已经利用 γ_n^p 代替了 $\exp(\omega_n t_p)=\exp(\omega_n p\Delta t)$。对于一个稳定的 θ 近似,$\gamma_n>-1$;否则,γ_n^p 将随时间振荡并发散。因此,方程(16.77)和特征

值 ω_n 可用于确定最大的稳定时间步长 Δt。

数值计算表明,方程(16.73)和方程(16.74)所定义的算法具有如下的特性:①数值稳定的时间步长比方程(16.54)和方程(16.55)所定义的显式算法所需的稳定时间步长大两个量级。②在相同的时间步长下,该算法比方程(16.61)和方程(16.62)所定义的隐式算法具有更高的精度。方程(16.74)所定义的算法与方程(16.62)所定义的向后差分算法一样均需要对同类型的矩阵进行求逆;此外,虽然与矩阵求逆所需的时间相比,计算 $\theta_{gg'}$ 和 θ_d 的时间可以忽略不计,但是该算法实际上还必须计算它们。而且,θ 值通常须根据经验或者直觉确定。

16.3.4 隐式积分:时间积分方法

理论上,缓发中子先驱核方程可直接从 t_p 积分至 t_{p+1}:

$$C_m(p+1) = \exp(-\lambda_m\Delta t)C_m(p) + \beta_m\int_{t_p}^{t_{p+1}}\exp[-\lambda_m(t_{p+1}-t)]\sum_{g=1}^{G}\nu\Sigma_f^g(p)\phi^g(p)\mathrm{d}t \tag{16.79}$$

假设在 $t_p\leqslant t\leqslant t_{p+1}$ 内群裂变率随时间线性变化,由方程(16.79)可得先驱核浓度的隐式积分算法:

$$\begin{aligned}C_m(p+1) = {} & \exp(-\lambda_m\Delta t)C_m(p) + \\ & \frac{\beta_m}{\lambda_m}\left\{\left[\frac{1-\exp(-\lambda_m\Delta t)}{\lambda_m\Delta t}-\exp(-\lambda_m\Delta t)\right]\sum_{g=1}^{G}\nu\Sigma_f^g(p)\phi^g(p) - \right. \\ & \left.\left[\frac{1-\exp(-\lambda_m\Delta t)}{\lambda_m\Delta t}-1\right]\sum_{g=1}^{G}\nu\Sigma_f^g(p+1)\phi^g(p+1)\right\}\end{aligned} \tag{16.80}$$

基于所有反应率线性变化这一假设,多群扩散方程在 $t_p\leqslant t\leqslant t_{p+1}$ 内积分可得中子注量率的隐式积分算法:

$$\begin{aligned}& \nabla\cdot D^g(p+1)\nabla\phi^g(p+1) - [\Sigma_a^g(p+1)+\Sigma_s^g(p+1)]\phi^g(p+1) + \\ & \sum_{g'=1}^{G}\Sigma_s^{g'\to g}(p+1)\phi^{g'}(p+1) + \\ & \left\{\chi_p^g - \sum_{m=1}^{M}\beta_m(\chi_p^g-\chi_m^g) + \frac{2}{\Delta t}\sum_{m=1}^{M}\frac{\chi_m^g\beta_m}{\lambda_m}\left[\frac{1-\exp(-\lambda_m\Delta t)}{\lambda_m\Delta t}-1\right]\right\}\times \\ & \sum_{g'=1}^{G}\nu\Sigma_f^{g'}(p+1)\phi^{g'}(p+1) - \frac{2}{v^g\Delta t}\phi^g(p+1) \\ = & -\frac{2}{\Delta t}\sum_{m=1}^{M}\chi_m^g[1-\exp(-\lambda_m\Delta t)]C_m(p) - \frac{2}{v^g\Delta t}\phi^g(p) - \\ & \left\{\chi_p^g - \sum_{m=1}^{M}\beta_m(\chi_p^g-\chi_m^g) - \right. \\ & \left.\frac{2}{\Delta t}\sum_{m=1}^{M}\frac{\chi_m^g\beta_m}{\lambda_m}\left[\frac{1-\exp(-\lambda_m\Delta t)}{\lambda_m\Delta t}-\exp(-\lambda_m\Delta t)\right]\right\}\sum_{g'=1}^{G}\nu\Sigma_f^{g'}(p)\phi^{g'}(p) - \\ & \nabla\cdot D^g(p)\nabla\phi^g(p) + [\Sigma_a^g(p)+\Sigma_s^g(p)]\phi^g(p) -\end{aligned}$$

$$\sum_{g'=1}^{G}\Sigma_{s}^{g'\to g}(p)\phi^{g'}(p)\quad(g=1,\cdots,G)\tag{16.81}$$

为了获得方程(16.81),先驱核浓度相关的积分已采用了与方程(16.80)相同的处理方法(群裂变率假设是线性变化的)。

正如方程(16.73)和方程(16.74)那样,方程(16.80)和方程(16.81)定义的时间积分算法可减小方程(16.61)和方程(16.62)定义的简单隐式积分公式的截断误差,而无需增加计算时间。

所有三种隐式积分算法均需要在每一个时间步上对相同的矩阵进行求逆。大量数值计算表明,θ 方法和时间积分方法本质上可获得相同的结果,而且这两种方法比向后差分算法更加精确一些。

16.3.5 隐式积分:GAKIN 方法

GAKIN 方法的数学特性可直接从空间的有限差分近似中导出。该近似为

$$\dot{\boldsymbol{\theta}}=\boldsymbol{K\theta}\tag{16.82}$$

式中

$$\boldsymbol{\theta}=[\boldsymbol{\Phi}^{1}\quad\cdots\quad\boldsymbol{\Phi}^{G}\quad\boldsymbol{d}_{1}\quad\cdots\quad\boldsymbol{d}_{M}]^{\mathrm{T}}\tag{16.83}$$

其中:$\boldsymbol{\Phi}^{g}$ 和 $\boldsymbol{d}_{m}$ 分别表示 N 个空间网格点上的群中子注量率和第 m 组先驱核的密度组成的 $N\times1$阶列矢量。

基于 $N\times N$ 阶的子矩阵 $\boldsymbol{K}_{ij}$,矩阵 $\boldsymbol{K}$ 可进一步改写为

$$\boldsymbol{K}=\begin{bmatrix}\boldsymbol{K}_{11}&\boldsymbol{K}_{12}&\boldsymbol{K}_{13}&\cdots&\boldsymbol{K}_{1,G+M}\\\boldsymbol{K}_{21}&\boldsymbol{K}_{22}&\boldsymbol{K}_{23}&\cdots&\boldsymbol{K}_{2,G+M}\\\vdots&\vdots&\vdots&&\vdots\\\boldsymbol{K}_{G+M,1}&\boldsymbol{K}_{G+M,2}&\boldsymbol{K}_{G+M,3}&\cdots&\boldsymbol{K}_{G+M,G+M}\end{bmatrix}\tag{16.84}$$

$N\times N$ 阶的矩阵 $\boldsymbol{K}_{ij}$可分裂为

$$\boldsymbol{K}_{ij}=\boldsymbol{\Gamma}_{ij}+v^{i}\boldsymbol{D}^{i}\quad(1\leqslant i\leqslant G)\tag{16.85}$$

式中:$\boldsymbol{D}^{i}$ 表示因扩散项引起的网格点之间的耦合。

矩阵 $\boldsymbol{K}$ 可分裂成下三角矩阵 $\boldsymbol{L}$、上三角矩阵 $\boldsymbol{U}$ 和对角矩阵 $\boldsymbol{\Gamma}$ 和 $\boldsymbol{D}$:

$$\boldsymbol{L}=\begin{bmatrix}0&0&0&\cdots&0\\\boldsymbol{K}_{21}&0&0&\cdots&0\\\vdots&\vdots&\vdots&&\vdots\\\boldsymbol{K}_{G+M,1}&\boldsymbol{K}_{G+M,2}&\boldsymbol{K}_{G+M,3}&\cdots&0\end{bmatrix}\tag{16.86}$$

$$\boldsymbol{U}=\begin{bmatrix}0&\boldsymbol{K}_{12}&\boldsymbol{K}_{13}&\cdots&\boldsymbol{K}_{1,G+M}\\0&0&\boldsymbol{K}_{23}&\cdots&\boldsymbol{K}_{2,G+M}\\\vdots&\vdots&\vdots&&\vdots\\0&0&0&\cdots&0\end{bmatrix}\tag{16.87}$$

$$\boldsymbol{\Gamma}=\begin{bmatrix}\boldsymbol{\Gamma}_{11} & 0 & 0 & \cdots & 0\\ 0 & \boldsymbol{\Gamma}_{22} & 0 & \cdots & 0\\ \vdots & \vdots & \boldsymbol{\Gamma}_{G,G} & \cdots & 0\\ 0 & 0 & \cdots & \boldsymbol{\Gamma}_{G+1,G+1} & 0\\ \vdots & \vdots & \vdots & & \vdots\\ 0 & 0 & 0 & \cdots & \boldsymbol{\Gamma}_{G+M,G+M}\end{bmatrix} \tag{16.88}$$

$$\boldsymbol{D}=\begin{bmatrix}v^1\boldsymbol{D}^1 & 0 & 0 & \cdots & 0\\ 0 & v^2\boldsymbol{D}^2 & 0 & \cdots & 0\\ \vdots & \vdots & v^G\boldsymbol{D}^G & \cdots & 0\\ 0 & 0 & \cdots & 0 & 0\\ \vdots & \vdots & \vdots & \ddots & \vdots\\ 0 & 0 & 0 & \cdots & 0\end{bmatrix} \tag{16.89}$$

根据上述矩阵，方程(16.82)可写为

$$\dot{\boldsymbol{\theta}}-\boldsymbol{\Gamma}\boldsymbol{\theta}=(\boldsymbol{L}+\boldsymbol{U})\boldsymbol{\theta}+\boldsymbol{D}\boldsymbol{\theta} \tag{16.90}$$

方程(16.90)在 $t_p \leqslant t \leqslant t_{p+1}$ 内积分可得

$$\boldsymbol{\theta}(t_{p+1}) = \exp(\Delta t\boldsymbol{\Gamma})\boldsymbol{\theta}(t_p) + \int_0^{\Delta t}\exp[(\Delta t - t')\boldsymbol{\Gamma}](\boldsymbol{L} + \boldsymbol{U})\boldsymbol{\theta}(t_p + t')\mathrm{d}t' + \int_0^{\Delta t}\exp[(\Delta t - t')\boldsymbol{\Gamma}]\boldsymbol{D}\boldsymbol{\theta}(t_p + t')\mathrm{d}t' \tag{16.91}$$

对于方程(16.91)的第一个积分项，假设

$$\boldsymbol{\theta}(t_p+t')=\exp(\boldsymbol{\omega}t')\boldsymbol{\theta}(t_p) \tag{16.92}$$

对于第二个积分项，假设

$$\boldsymbol{\theta}(t_p+t')=\exp[-\boldsymbol{\omega}(\Delta t-t')]\boldsymbol{\theta}(t_{p+1}) \tag{16.93}$$

通常来说，$\boldsymbol{\omega}$ 为对角矩阵。方程(16.92)和方程(16.93)代入方程(16.91)可得

$$\begin{aligned}&[\boldsymbol{I}-(\boldsymbol{\omega}-\boldsymbol{\Gamma})^{-1}(\boldsymbol{I}-\exp[(\boldsymbol{\Gamma}-\boldsymbol{\omega})\Delta t]\boldsymbol{D})]\boldsymbol{\theta}(t_{p+1})\\&=[\exp(\boldsymbol{\Gamma}\Delta t)+(\boldsymbol{\omega}-\boldsymbol{\Gamma})^{-1}(\exp(\boldsymbol{\omega}\Delta t)-\exp(\boldsymbol{\Gamma}\Delta t))(\boldsymbol{L}+\boldsymbol{U})]\boldsymbol{\theta}(t_p)\end{aligned} \tag{16.94}$$

上式可简写为

$$\boldsymbol{\theta}(t_{p+1})=\boldsymbol{A}\boldsymbol{\theta}(t_p) \tag{16.95}$$

若对角矩阵 $\boldsymbol{\omega}$ 的所有元素均等于 ω_1，且 ω_1 为如下特征值问题中实部最大的特征值：

$$\boldsymbol{K}\boldsymbol{\theta}_n=\omega_n\boldsymbol{\theta}_n \tag{16.96}$$

那么由方程(16.90)可得

$$(\boldsymbol{L}+\boldsymbol{U})\boldsymbol{\theta}_1=(\omega_1\boldsymbol{I}-\boldsymbol{\Gamma}-\boldsymbol{D})\boldsymbol{\theta}_1 \tag{16.97}$$

由矩阵 $\boldsymbol{A}$(及其 $\boldsymbol{\omega}=\omega_1\boldsymbol{I}$)的定义可知

$$\boldsymbol{A\theta}_1=\exp(\Delta t\omega_1)\boldsymbol{\theta}_1 \tag{16.98}$$

由此可知,当 ω_1 为实数时,$\boldsymbol{\theta}_1$ 为正。若所有 ω 均为实数,因而对于 $\omega=\omega_1$,$\boldsymbol{A}$ 是非负的、不可约的和本原的。由佩龙-弗罗贝纽斯定理可知,$\boldsymbol{A}$ 存在一个实数的最大特征值 ρ_1 及其相应的正特征矢量。由方程(16.98)可知,特征值 $\rho_1=\exp(\Delta t\omega_1)$ 相应的特征矢量为正,而且该特征矢量为中子动力学方程(16.96)的基态解。若 ρ_1 是矩阵 $\boldsymbol{A}$ 最大的特征值,方程(16.98)表明方程(16.95)定义的积分算法的渐近解是方程(16.82)在材料特性发生阶跃变化后的渐近解,可见该算法法是无条件稳定的。

转置矩阵 $\boldsymbol{A}^{\mathrm{T}}$ 具有与 $\boldsymbol{A}$ 相同的数学属性和特征值谱:

$$\boldsymbol{A}^{\mathrm{T}}\boldsymbol{q}_n=\rho_n\boldsymbol{q}_n \tag{16.99}$$

由佩龙-弗罗贝纽斯定理可知,$\boldsymbol{A}^{\mathrm{T}}$ 存在实数特征值 ρ_k,它大于其他特征值的实部,其相应的特征矢量为正。当 $n=k$ 时,方程(16.93)两边同乘以 $\boldsymbol{\theta}_1^{\mathrm{T}}$,而方程(16.98)两边同乘以 $\boldsymbol{q}_1^{\mathrm{T}}$,两式相减可得

$$0=[\exp(\Delta t\omega_1)-\rho_1]\boldsymbol{\theta}_1^{\mathrm{T}}\boldsymbol{q}_1 \tag{16.100}$$

因为 $\boldsymbol{\theta}_1$ 和 $\boldsymbol{q}_1$ 均为正,所以当且仅当特征值

$$\exp(\Delta t\omega_1)=\rho_1$$

为实数时,方程(16.100)成立。因此该方法是无条件稳定的。

方程(16.94)左端的矩阵求逆计算须对 G 个 $N\times N$ 阶的矩阵进行并可得矩阵 $\boldsymbol{A}$。实际上,ω_1 的一个近似表达式为

$$\omega_1=\frac{1}{\Delta t}\ln\frac{\theta_i(t_p)}{\theta_i(t_{p-1})} \tag{16.101}$$

式中:i 表示矢量 $\boldsymbol{\theta}$ 的所有分量或某个分量,而且在核反应堆的不同部分可采用不同的 ω_1($\omega\neq\omega_1\boldsymbol{I}$)。

16.3.6 交替方向的隐式方法

以上各节介绍的隐式积分方法均须在每个时间步对一个矩阵进行求逆。当对空间变量利用有限差分离散后,这一矩阵是 $NG\times NG$ 阶的,其中 N 为空间网格数,而 G 为能群数。对于一维问题,需求逆的矩阵是 $G\times G$ 个块对角阵;它的求逆过程可采用向后消去/先前回代方法完成,但是这需要完成 N 个 $G\times G$ 阶矩阵的求逆计算。对于 GAKIN 方法,该矩阵求逆计算变为 G 个 $N\times N$ 阶矩阵的求逆。

然而,对于多维问题,隐式方法所需的矩阵求逆是一个极消耗计算时间的过程。θ 方法和 GAKIN 方法可减少矩阵求逆所需的时间。交替方向隐式方法也可用于解决这一问题。交替方向隐式方法的基本思想是在每一个时间步上依次对一个空间方向采用隐式算法。本节以二维问题为例介绍交替方向隐式方法。利用 16.2 节中的符号,g 群中子注量率方程可写为

$$\dot{\boldsymbol{\Phi}}^g=\left(v^g\boldsymbol{D}_x^g+\frac{1}{2}\boldsymbol{\Gamma}_{gg}\right)\boldsymbol{\Phi}^g+\left(v^g\boldsymbol{D}_y^g+\frac{1}{2}\boldsymbol{\Gamma}_{gg}\right)\boldsymbol{\Phi}^g+\sum_{g'=1}^{G}\boldsymbol{K}_{gg'}\boldsymbol{\Phi}^{g'}+\sum_{m=1}^{M}\boldsymbol{K}_{g,G+M}\boldsymbol{d}_m \tag{16.102}$$

式中:$\boldsymbol{D}^g$ 为 $N\times N$ 阶的扩散矩阵,它代表 $\frac{\partial}{\partial x}D^g\frac{\partial}{\partial x}+\frac{\partial}{\partial y}D^g\frac{\partial}{\partial y}$。而且,该扩散矩阵已经分裂为 $\boldsymbol{D}_x^g$

和 $\boldsymbol{D}_y^g$，它们分别代表 $\frac{\partial}{\partial x}D^g\frac{\partial}{\partial x}$ 和 $\frac{\partial}{\partial y}D^g\frac{\partial}{\partial y}$。

在 t_p 至 t_{p+1} 的时间步，x 方向上采用隐式算法，而 y 方向上采用显示算法。若定义如下的两个参数：

$$\boldsymbol{H}_x^g \equiv \boldsymbol{v}^g \boldsymbol{D}_x^g + \frac{1}{2}\boldsymbol{\Gamma}_{gg}$$
$$\boldsymbol{H}_y^g \equiv v^g \boldsymbol{D}_y^g + \frac{1}{2}\boldsymbol{\Gamma}_{gg} \tag{16.103}$$

算法可写为

$$\begin{aligned}&\boldsymbol{\Phi}^g(p+1)-\boldsymbol{\Phi}^g(p)\\&=\Delta t\Big[\boldsymbol{H}_x^g(p+1)\boldsymbol{\Phi}^g(p+1)+\boldsymbol{H}_y^g(p)\boldsymbol{\Phi}^g(p)+\sum_{g'=1}^{G}\boldsymbol{K}_{gg'}(p)\boldsymbol{\Phi}^{g'}(p)+\\&\sum_{m=1}^{M}\boldsymbol{K}_{g,G+m}(p)\boldsymbol{d}_m(p)\Big]\quad(g=1,\cdots,G)\end{aligned} \tag{16.104a}$$

或者

$$\begin{aligned}[\boldsymbol{I}-\Delta t\boldsymbol{H}_x^g(p+1)]\boldsymbol{\Phi}^g(p+1)&=[\boldsymbol{I}+\Delta t\boldsymbol{H}_x^g(p)]\boldsymbol{\Phi}^g(p)+\\&\Delta t\Big[\sum_{g'=1}^{G}\boldsymbol{K}_{gg'}(p)\boldsymbol{\Phi}^{g'}(p)+\sum_{m=1}^{M}\boldsymbol{K}_{g,G+m}(p)\boldsymbol{d}_m(p)\Big]\\&(g=1,\cdots,G)\end{aligned} \tag{16.104b}$$

在 t_{p+1} 至 t_{p+2} 的时间步，y 方向上采用隐式算法，而且移除、散射、裂变和先驱核项也均采用隐式算法，由此可得

$$\begin{aligned}&\boldsymbol{\Phi}^g(p+2)-\boldsymbol{\Phi}^g(p+1)\\&=\Delta t\Big[\boldsymbol{H}_x^g(p+1)\boldsymbol{\Phi}^g(p+1)+\boldsymbol{H}_y^g(p+2)\boldsymbol{\Phi}^g(p+2)+\\&\sum_{g'=1}^{G}\boldsymbol{K}_{gg'}(p+2)\boldsymbol{\Phi}^{g'}(p+2)+\sum_{m=1}^{M}\boldsymbol{K}_{g,G+m}(p+2)\boldsymbol{d}_m(p+2)\Big]\quad(g=1,\cdots,G)\end{aligned} \tag{16.105}$$

先驱核密度采用方程(16.61)定义的隐式积分公式：

$$\boldsymbol{d}_m(p+2)=\frac{1}{1+\lambda_m\Delta t}\boldsymbol{d}_m(p+1)+\frac{\beta_m}{1+\lambda_m\Delta t}\sum_{g=1}^{G}\boldsymbol{F}^g(p+2)\boldsymbol{\Phi}^g(p+2) \tag{16.106}$$

式中：$\boldsymbol{F}^g$ 为 $N\times N$ 阶对角矩阵，代表相关网格的 $\nu\Sigma_f^g$。方程(16.106)代入方程(16.105)可得

$$\begin{aligned}&[\boldsymbol{I}-\Delta t\boldsymbol{H}_y^g(p+2)]\boldsymbol{\Phi}^g(p+2)-\Delta t\Big[\sum_{g'=1}^{G}\boldsymbol{K}_{gg'}(p+2)\boldsymbol{\Phi}^{g'}(p+2)+\\&\sum_{m=1}^{M}\boldsymbol{K}_{g,G+m}(p+2)\frac{\beta_m}{1+\lambda_m\Delta t}\sum_{g'=1}^{G}\boldsymbol{F}^{g'}(p+2)\boldsymbol{\Phi}^{g'}(p+2)\Big]\\&=[\boldsymbol{I}+\Delta t\boldsymbol{H}_x^g(p+1)]\boldsymbol{\Phi}^g(p+1)+\\&\Delta t\sum_{m=1}^{M}\frac{1}{1+\lambda_m\Delta t}\boldsymbol{K}_{g,G+m}(p+2)\boldsymbol{d}_m(p+1)\quad(g=1,\cdots,G)\end{aligned} \tag{16.107}$$

交替求解方程(16.104)和方程(16.107)即构成交替方向隐式算法的主体。若 x 方向和 y 方向各取 $N^{1/2}$ 个网格,求解方程(16.104)和方程(16.107)所需求逆的矩阵被分裂成 $N^{1/2}$ 个 $N^{1/2}G \times N^{1/2}G$ 阶矩阵,而不再是 $NG \times NG$ 阶矩阵。这是在于求解方程(16.104)时只需 x 方向的网格组成的矩阵进行求逆即可,而求解方程(16.107)时只需 y 方向的网格组成的矩阵进行求逆。在求解方程(16.104)时,每一个 $N^{1/2}G \times N^{1/2}G$ 阶矩阵又可分裂成 G 个 $N^{1/2} \times N^{1/2}$ 阶矩阵,因为在此时间步上,裂变源、散射和先驱核衰变的缓发中子源均采用显式格式。更加普遍的是这些源项在两个时间步上均采用隐式格式。

16.3.7 刚性限制方法

中子扩散方程和缓发中子先驱核浓度方程组成的这组方程是刚性的,因为瞬发中子的响应时间常数与先驱核的相差甚大。数值积分方法的稳定性和精度通常由最短的时间常数(瞬发中子的寿命)决定,但是它对先驱核浓度方程的解几乎没有任何影响。刚性限制方法是利用动态频率解耦先驱核方程与中子输运方程(或扩散方程)以将刚性限定于后者。动态频率的定义为

$$\begin{cases}\omega_{\phi}^{g}(\boldsymbol{r},t) \equiv \dfrac{1}{\phi_g}\dfrac{\partial \phi_g}{\partial t} \\ \omega_{c}^{g}(\boldsymbol{r},t) \equiv \dfrac{1}{C_m}\dfrac{\partial C_m}{\partial t}\end{cases} \tag{16.108}$$

这两个定义可用于代替多群扩散方程和先驱核方程中的时间导数项。由此,直接求解先驱核浓度方程后代入多群扩散方程可得

$$\nabla\cdot D^{g}(\boldsymbol{r},t)\nabla\phi_{g}(\boldsymbol{r},t) - \left[\Sigma_{\mathrm{t}}^{g} + \frac{\omega_{\phi}^{g}(\boldsymbol{r},t)}{v^{g}}\right]\phi_{g}(\boldsymbol{r},t) + \sum_{g'=1}^{G}\Sigma^{g'\to g}(\boldsymbol{r},t)\phi_{g'}(\boldsymbol{r},t) +$$
$$\left\{(1-\beta)\chi_{p}^{g} + \sum_{m=1}^{M}\frac{\beta_m\lambda_m\chi_m^{g}}{\omega_c^{g}(\boldsymbol{r},t)+\lambda_m}\right\}\sum_{g'=1}^{G}\nu\Sigma_{\mathrm{f}}^{g'}(\boldsymbol{r},t)\phi_{g'}(\boldsymbol{r},t) = 0 \quad (g=1,\cdots,G) \tag{16.109}$$

除了修正的总截面和裂变截面,这组方程与稳态多群扩散方程是相同的。修正后的总截面和裂变截面中包含了动态频率。因此,整个计算过程从估算动态频率开始,先求解方程(16.109)得到群中子注量率,然后更新先驱核浓度,再利用最新的中子注量率和先驱核浓度更新动态频率,重复上述过程直至收敛。

16.3.8 对称连续超松弛方法

对称连续超松弛方法采用连续的超松弛与指数变换相结合以解耦方程的刚性。矩阵 $\boldsymbol{H}$ 先分裂成下三角矩阵 $\boldsymbol{L}$、上三角矩阵 $\boldsymbol{U}$ 和对角矩阵 $\boldsymbol{D}$:

$$\boldsymbol{H} = \boldsymbol{L} + \boldsymbol{U} + \boldsymbol{D} \tag{16.110}$$

然后,第 $p+1$ 个时间步上先采用向前差分:

$$\boldsymbol{\Phi}_{n+1/2}(p+1) = \theta[\boldsymbol{I} - \Delta t_{p+1}(\boldsymbol{L}+\boldsymbol{D})]^{-1}[\Delta t_{p+1}\boldsymbol{U}\boldsymbol{\Phi}_{n}(p+1) + \boldsymbol{\Phi}(p)] +$$
$$(1-\theta)\boldsymbol{\Phi}_{n}(p+1) \tag{16.111}$$

再采用向后差分:

$$\boldsymbol{\Phi}_{n+1}(p+1) = \theta[\boldsymbol{I} - \Delta t_{p+1}(\boldsymbol{D}+\boldsymbol{U})]^{-1}[\Delta t_{p+1}\boldsymbol{L}\boldsymbol{\Phi}_{n+1/2}(p+1) + \boldsymbol{\Phi}(p)] +$$

$$(1-\theta)\boldsymbol{\Phi}_{n+1/2}(p+1) \tag{16.112}$$

式中：$1\leqslant\theta\leqslant 2$；$n$ 为迭代次数。

多群中子注量率和先驱核浓度先进行如下的指数变换：

$$\boldsymbol{\Phi}(p+1)=\exp(\Delta t_{p+1}\omega)\hat{\boldsymbol{\Phi}}(p+1) \tag{16.113}$$

然后利用当前时间步和上一个时间步的中子注量率和先驱核浓度计算动态频率：

$$\begin{cases}\boldsymbol{\omega}_{\phi}^{g}\equiv\dfrac{1}{\Delta t_{p+1}}\ln\dfrac{\boldsymbol{\Phi}_{g}(p)}{\boldsymbol{\Phi}_{g}(p-1)}\\ \boldsymbol{\omega}_{c}^{g}(p+1)\equiv\dfrac{1}{\Delta t_{p+1}}\ln\dfrac{\boldsymbol{C}_{m}(p)}{\boldsymbol{C}_{m}(p-1)}\end{cases} \tag{16.114}$$

随后利用方程(16.113)的指数变换，方程(16.52)可变为

$$\frac{\partial\hat{\boldsymbol{\Phi}}}{\partial t}=\exp(-\Delta t_{p+1}\boldsymbol{\omega})(\boldsymbol{H}-\boldsymbol{\omega})\exp(\Delta t_{p+1}\boldsymbol{\omega})\hat{\boldsymbol{\Phi}} \tag{16.115}$$

最终利用方程(16.111)和方程(16.112)的超松弛方法求解方程(16.115)。

在第一个时间步，利用方程(16.114)估算动态频率以确定 ω_0。随后在每一步的迭代中利用方程(16.111)和方程(16.112)计算全局频率修正因子 $\Delta\omega_n$。那么，动态频率可修正为

$$\boldsymbol{\Omega}_n=\boldsymbol{\Omega}_0+\omega_n\boldsymbol{I} \tag{16.116}$$

式中：$\boldsymbol{\Omega}$ 为动态频率 ω 组成的矩阵。

16.3.9 广义龙格－库塔方法

龙格－库塔方法在求解常微分方程中具有广泛的应用。该方法为了获取较高的精度而须采用较小的时间步长，这一要求限制了它在求解空间离散的时－空中子动力学问题中的运用。然而，广义龙格－库塔方法可采用较大的时间步长并具有较好的稳定性[3]，因而它正越来越多地被用于求解时空中子动力学问题。龙格－库塔方法基于方程(16.52)的显示格式和线性的泰勒级数近似：

$$\begin{aligned}\boldsymbol{\Phi}(p+1)&=\boldsymbol{\Phi}(p)+\Delta t_{p+1}\boldsymbol{H}(p+1)\boldsymbol{\Phi}(p+1)\\&\approx\boldsymbol{\Phi}(p)+\Delta t_{p+1}\left\{\boldsymbol{H}(p)\boldsymbol{\Phi}(p)+\Delta t_{p+1}\left[\left.\frac{\partial(\boldsymbol{H}\boldsymbol{\Phi})}{\partial\boldsymbol{\Phi}}\right|_{p}\frac{\boldsymbol{\Phi}(p+1)-\boldsymbol{\Phi}(p)}{\Delta t_{p+1}}\right]\right\}\end{aligned} \tag{16.117}$$

式中：$\partial\boldsymbol{H\Phi}/\partial\boldsymbol{\Phi}|_p$ 为方程(16.52)左端这项在 $t=t_p$ 时刻对多群中子注量率或中子先驱核密度的偏导数。

广义龙格－库塔方法基于如下的算法将中子注量率从 t_p 时刻计算至 t_{p+1} 时刻：

$$\boldsymbol{y}(p+1)=\boldsymbol{y}(p)+\sum_{i=1}^{s}c_i\boldsymbol{K}_i(p+1) \tag{16.118}$$

式中：s 为阶数；c_i 为龙格－库塔法固定的展开系数；列矢量 $\boldsymbol{K}(p+1)$ 为每一个 s 所对应的由 N 个方程组成的线性方程组的解，即

$$\left[\boldsymbol{I}-\gamma\Delta t_{p+1}\left.\frac{\partial(\boldsymbol{H}\boldsymbol{\Phi})}{\partial\boldsymbol{\Phi}}\right|_{p}\right]\boldsymbol{K}_i(p+1)$$

$$= \Delta t_{p+1} \boldsymbol{H\Phi}\big|_{p*} + \Delta t_{p+1}\left[\frac{\partial(\boldsymbol{H\Phi})}{\partial\boldsymbol{\Phi}}\bigg|_{p*}\sum_{m=1}^{i-1}\gamma_{im}\boldsymbol{K}_m(p+1)\right] \quad (i=1,\cdots,I) \tag{16.119}$$

式中:N 为能群数与空间网格数的乘积和缓发中子先驱核的组数与空间网格数的乘积之和;$\boldsymbol{H\Phi}|_{p*}$ 为方程(16.52)左端在中间时间步 t_{p*} 上的估算值,且有

$$\boldsymbol{\Phi}(p^*) = \boldsymbol{\Phi}(p) + \sum_{m=1}^{i-1}\alpha_{im}\boldsymbol{K}_m(p+1) \tag{16.120}$$

γ、γ_{im} 和 α_{im} 为常数。该算法可采用变时间步长,因为它已经采用了龙格-库塔-弗尔伯格方法估算 $\boldsymbol{\Phi}(p+1)$。该估算方法能在不增加计算时间的前提下控制截断误差。

16.4 稳定性

对于处于稳定运行中的核反应堆,中子动力学、热工水力学、氙等等物理现象相互作用而使其达到平衡状态。这些物理现象的状态函数①,如中子注量率、冷却剂的焓,冷却剂压力等,可用于描述核反应堆的状态。若处于平衡状态的核反应堆被扰动,那么:①这些状态函数能否限制在一定的范围之内?②经过足够长的时间后,核反应堆系统能否回到平衡状态?③一个或多个状态函数超出其特定范围之后,核反应堆系统是否会从平衡状态发散?这些问题属于核反应堆的稳定性问题。

基于5.9节介绍的一些概念,本节将进一步阐述适用于时-空核反应堆模型稳定性分析的理论。首先分析时-空耦合系统利用有限差分、节块或其他近似方法在空间上离散后的耦合常微分方程的稳定性;随后利用广义李雅普诺夫理论分析用于描述空间连续系统的耦合偏微分方程的稳定性。

16.4.1 经典的线性稳定性分析

时-空中子动力学方程经有限差分近似、时间综合近似、节块近似或点堆近似后,与其他近似后的状态函数方程一起构成离散的状态变量 y_i 的耦合常微分方程组:

$$\dot{y}_i(t) = f_i(y_i(t),\cdots,y_N(t)) \quad (i=1,\cdots,N) \tag{16.121}$$

例如,y_i 可以是节块 i 内的中子注量率,y_{I+j} 可以是节块 j 内的冷却剂焓。由于中子动力学方程中的截面参数与温度、密度和氙浓度有关,而温度、密度和氙浓度与中子注量率有关,所以这些常微分方程是相互耦合的,而且中子扩散、热扩散和冷却剂输运本身就耦合不同区域之间的状态变量。

方程(16.121)可写为矢量形式:

$$\dot{\boldsymbol{y}}_i(t) = \boldsymbol{f}(\boldsymbol{y}(t)) \tag{16.122}$$

式中:y_i 和 f_i 为列矢量 $\boldsymbol{y}$ 和 $\boldsymbol{f}$ 的元素。平衡态 $\boldsymbol{y}_e$ 满足

$$\boldsymbol{f}(\boldsymbol{y}_e) = 0 \tag{16.123}$$

① 对于随空间变化的系统,如核反应堆,系统的状态可利用随空间变化的状态函数进行定义。当根据任一近似方法离散空间变量后,系统的状态可根据离散的状态变量进行定义。

假设方程(16.122)的解可根据 $\boldsymbol{y}_e$ 展开为

$$\boldsymbol{y}(t) = \boldsymbol{y}_e + \hat{\boldsymbol{y}}(t) \tag{16.124}$$

而且方程(16.122)右侧中的线性部分$\hat{\boldsymbol{y}}$是可分离的,那么方程(16.122)可写为

$$\dot{\hat{\boldsymbol{y}}}_i(t) = \boldsymbol{h}(\boldsymbol{y}_e)\hat{\boldsymbol{y}}(t) + \boldsymbol{g}(\boldsymbol{y}_e, \hat{\boldsymbol{y}}(t)) \tag{16.125}$$

式中:矩阵 $\boldsymbol{h}$ 的元素为常数,而且它的一部分元素可能与平衡态有关;$\boldsymbol{g}$ 为非线性项。

经典的线性稳定性分析方法通常忽略方程(16.125)中的非线性项 $\boldsymbol{g}$。由此可知,线性化方程组的稳定性条件为矩阵 $\boldsymbol{h}$ 的所有特征值的实部均为负。为了充分地阐述稳定性条件,利用置换变换对角化矩阵 $\boldsymbol{h}$ 后代入线性化后的方程(16.125):

$$\boldsymbol{P}^{\mathrm{T}}\dot{\hat{\boldsymbol{y}}}(t)\boldsymbol{P} = \boldsymbol{P}^{\mathrm{T}}\boldsymbol{h}\boldsymbol{P}\boldsymbol{P}^{\mathrm{T}}\hat{\boldsymbol{y}}(t)\boldsymbol{P} \tag{16.126}$$

由于

$$\boldsymbol{P}^{\mathrm{T}}\boldsymbol{P} = \boldsymbol{P}\boldsymbol{P}^{\mathrm{T}} = \boldsymbol{I} \tag{16.127}$$

且定义 $\boldsymbol{X}(t) = \boldsymbol{P}^{\mathrm{T}}\hat{\boldsymbol{y}}(t)\boldsymbol{P}$,那么变换后的方程组为

$$\dot{X}_i(t) = \omega_i X_i(t) \quad (i = 1, \cdots, N) \tag{16.128}$$

式中:ω_i 为矩阵 $\boldsymbol{h}$ 的特征值。

根据初值条件 $X_i(0) = X_{i0}$,这些方程的解为

$$X_i(t) = X_{i0}\mathrm{e}^{\omega_i t} \quad (i = 1, \cdots, N) \tag{16.129}$$

方程(16.129)改写为矩阵形式:

$$\boldsymbol{X}(t) = \boldsymbol{\Gamma}(t)\boldsymbol{X}_{i0} \tag{16.130}$$

式中:$\boldsymbol{\Gamma}(t) = \mathrm{diag}(\exp(\omega_i t))$。

因此

$$\hat{\boldsymbol{y}}(t) = \boldsymbol{P}^{\mathrm{T}}\boldsymbol{X}(t)\boldsymbol{P} = \boldsymbol{P}^{\mathrm{T}}\boldsymbol{\Gamma}(t)\boldsymbol{X}_{i0}\boldsymbol{P} \tag{16.131}$$

若 $\mathrm{Re}\{\omega_i\} < 0, \lim\limits_{t\to\infty}\hat{\boldsymbol{y}}(t) = 0$,这意味着系统的状态将回到平衡态。若 $\mathrm{Re}\{\omega_i\} > 0$,当 $t \to \infty$ 时,$\hat{\boldsymbol{y}}$中的一个或者多个分量必趋于无穷大,这意味着系统是不稳定的。线性化方程的稳定性取决于矩阵的所有特征值是位于复平面的左侧(稳定)还是右侧(不稳定)。由此,利用拉普拉斯变换线性化后的方程至频域内,然后应用线性控制理论(Bode 方法、Nyquist 方法、根轨迹法和 Huiwitz 法)即可知系统的稳定性。这些方法已经在第 5 章中用于分析核反应堆的稳定性。

16.4.2　李雅普诺夫方法

利用李雅普诺夫方法,无需求解方程(16.125)即可得到其解的稳定性。李雅普诺夫方法的本质是选取一个标量函数 $V(\hat{\boldsymbol{y}})$ 并将其作为衡量状态方程 $\boldsymbol{y} = \boldsymbol{y}_e + \hat{\boldsymbol{y}}$偏离平衡态 $\boldsymbol{y}_e$ 程度的尺度。方程(16.125)在初始条件$\hat{\boldsymbol{y}}(t=0) = \hat{\boldsymbol{y}}_0$ 下的解记为$\hat{\boldsymbol{y}}(t, \hat{\boldsymbol{y}}_0)$。当 $V(\hat{\boldsymbol{y}}_0)$ 较小时,若 $V(\hat{\boldsymbol{y}}(t, \hat{\boldsymbol{y}}_0))$ 也很小,平衡态 $\boldsymbol{y}_e$ 是稳定的。若经过足够长的时间后 $V(\hat{\boldsymbol{y}}(t, \hat{\boldsymbol{y}}_0))$ 趋于 0,$\boldsymbol{y}_e$ 是渐进稳定平衡态。

定义与所有状态变量$\hat{\boldsymbol{y}}$有关的标量函数 $V(\hat{\boldsymbol{y}})$,而且它在区域 R 内具有如下的性质:

(1) $V(\hat{\boldsymbol{y}})$ 是正定的,即当$\hat{\boldsymbol{y}} \neq 0$ 时,$V(\hat{\boldsymbol{y}}) > 0$;或当$\hat{\boldsymbol{y}} = 0$ 时,$V(\hat{\boldsymbol{y}}) = 0$。

(2) $\lim\limits_{\hat{\boldsymbol{y}}\to 0} V(\hat{\boldsymbol{y}}) = 0, \lim\limits_{\hat{\boldsymbol{y}}\to\infty} V(\hat{\boldsymbol{y}}) = \infty$。

(3) $V(\hat{\boldsymbol{y}})$的所有空间偏导数连续($\partial V/\partial y_i$($i=1,\cdots,N$)存在且是连续的)。

(4) 在方程(16.125)的解处,$\dot{V}(\hat{\boldsymbol{y}})$是非正的,即

$$\dot{V}(\hat{\boldsymbol{y}}) = \sum_{i=1}^{M} \frac{\partial V_i}{\partial \hat{y}_i} \dot{\hat{y}} = \sum_{i=1}^{N} \frac{\partial V_i}{\partial \hat{y}_i} f_i \leqslant 0 \tag{16.132}$$

满足性质(1)~(4)的标量函数$V(\hat{\boldsymbol{y}})$称为李雅普诺夫函数。

基于李雅普诺夫函数可得三个关于方程(16.125)稳态解的定理。

定理16.1 (稳定性定理)若在区域R内存在关于平衡态$\boldsymbol{y}_e$的李雅普诺夫函数,对于此区域R内的所有初始扰动,该平衡态是稳定的。(对于区域R内所有初始扰动$\hat{\boldsymbol{y}}_0$,方程(16.125)的解$\boldsymbol{y}(t,\hat{\boldsymbol{y}}_0)$在$t>0$内均维持在区域$R$内。)

定理16.2 (渐进稳定性定理)若在区域R内存在关于平衡态$\boldsymbol{y}_e$的李雅普诺夫函数,而且在方程(16.125)的解处,该区域R内的$\dot{V}$是负定的(当$\hat{\boldsymbol{y}}\neq 0$时,$\dot{V}<0$;或当$\hat{\boldsymbol{y}}=0$时,$\dot{V}=0$),那么对于区域$R$内的所有初始扰动,该平衡态是渐近稳定的。(在区域$R$内的所有初始扰动$\hat{\boldsymbol{y}}_0$,经足够长的时间后,方程(16.125)的解为$\boldsymbol{y}(t,\hat{\boldsymbol{y}}_0)=0$。)

定理16.3 (不稳定定理)若区域R内关于平衡态$\boldsymbol{y}_e$的李雅普诺夫函数满足性质(1)~(3),但是在方程(16.125)的解处,该区域R内的$\dot{V}$无确定的符号,那么对于该区域R内的所有初始扰动,该平衡态$\boldsymbol{y}_e$是不稳定的。(区域R内的所有初始扰动$\hat{\boldsymbol{y}}_0$,在$t>0$内方程(16.125)的解$\boldsymbol{y}(t,\hat{\boldsymbol{y}}_0)$并不能维持在区域$R$内。)

本节仅从拓扑学角度对上述三个定理进行说明,而其严格的数学证明可参见相关文献,如参考文献[14]。性质(1)~(3)在由$\hat{y}_i$构成的相空间内定义了一个向上的凹表面(函数V)。由性质(1)可知,该表面在区域R内的$\hat{y}_1=\cdots=\hat{y}_N=0$处存在最小值;由性质(2)和(3)可知,该表面随着$\hat{y}_i$的增加而单调地增加。因此,由相同的V值点组成的轨迹构成了超平面$\hat{y}_i$的一系列等高线。这些等高线关于平衡点$\hat{y}_i=0$是同心的。从平衡点向外,每一条等高线对应的V值均大于上一条等高线对应的值。换句话说,$V(\boldsymbol{y})$是在$\hat{y}_i$组成的超空间内的一个"碗","碗"的中心在$\hat{y}_i=0$处。

这些等高线向外的法向为$\sum_{i=1}^{N}\frac{\partial V}{\partial \hat{y}_i}\boldsymbol{i}$,其中,$\boldsymbol{i}$表示$\hat{y}_i$组成的相空间内的单位矢量。系统的状态在相空间内移动的方向为

$$\sum_{i=1}^{N} \dot{y}_i \boldsymbol{i} = \sum_{i=1}^{N} f_i \boldsymbol{i} \tag{16.133}$$

为了保持稳定性,系统的状态在相空间内移动的方向不能是V增大的方向(决不能远离平衡态):

$$\left(\sum_{i=1}^{N} \frac{\partial V}{\partial \hat{y}_i}\boldsymbol{i}\right)\cdot\left(\sum_{j=1}^{N} f_j \boldsymbol{j}\right) = \sum_{i=1}^{N} \frac{\partial V}{\partial \hat{y}_i} f_i \leqslant 0 \tag{16.134}$$

为了保持渐进稳定性,系统的状态在相空间内移动的方向必须是V减小的方向(指向平衡态)。因此,方程(16.134)不能取等号。若系统的状态远离平衡态而进入V值更大的区域,即方程(16.134)的"$\leqslant$"为"$>$"所代替,那么该平衡态是不稳定的。

在系统的非线性项足够小这一极限下,李雅普诺夫方法可得与上一节相同的结果。例如,

如下的函数满足性质(1)至(3)：

$$V(\hat{\boldsymbol{y}}) = \hat{\boldsymbol{y}}^{\mathrm{T}}\boldsymbol{y} = \sum_{i=1}^{N}(\hat{y}_i)^2 \tag{16.135}$$

由方程(16.125)可知

$$\dot{V}(\hat{\boldsymbol{y}}) = \sum_{i=1}^{N}\frac{\partial V}{\partial \hat{y}_i}\dot{\hat{y}}_i = 2\sum_{i=1}^{N}\hat{y}_i\dot{\hat{y}}_i = 2\hat{\boldsymbol{y}}^{\mathrm{T}}\dot{\hat{\boldsymbol{y}}} = 2(\hat{\boldsymbol{y}}^{\mathrm{T}}\boldsymbol{h}\hat{\boldsymbol{y}} + \hat{\boldsymbol{y}}^{\mathrm{T}}\boldsymbol{g}) \tag{16.136}$$

若在区域 R 内 $|\hat{\boldsymbol{y}}^{\mathrm{T}}\boldsymbol{h}\hat{\boldsymbol{y}}| > |\hat{\boldsymbol{y}}^{\mathrm{T}}\boldsymbol{g}|$，$\dot{V}$为负定的充分条件是$\hat{\boldsymbol{y}}^{\mathrm{T}}\boldsymbol{h}\hat{\boldsymbol{y}}$为负；而$\hat{\boldsymbol{y}}^{\mathrm{T}}\boldsymbol{h}\hat{\boldsymbol{y}}$为负的充分条件是矩阵 $\boldsymbol{h}$ 的特征值均具有负实部。这与前一节的线性稳定性分析的结果是相同的。在此情况下，由李雅普诺夫方法可知线性稳定性分析成立的区域 R。

在李雅普诺夫方法的实际应用中，构建一个合适的李雅普诺夫函数是最主要的任务。因为某一系统的李雅普诺夫函数并不是唯一的，所以上述分析仅能得到系统稳定的充分条件而非必要条件。

16.4.3　分布参数系统的李雅普诺夫方法

核反应堆系统通常具有(空间上)分布参数的状态函数，而不是离散的状态变量。这些状态函数满足耦合的偏微分方程组，它们可写为

$$\dot{y}_i(r,t) = f_i(y_1(r,t),\cdots,y_N(r,t),r) \quad (i=1,\cdots,N) \tag{16.137}$$

式中：y_i 为状态函数(如群中子注量率)；f_i 为与空间有关的算符，包括状态函数的标量参数和空间导数。这些方程可改写为矢量形式：

$$\dot{\boldsymbol{y}}_i(r,t) = \boldsymbol{f}(\boldsymbol{y}(r,t),r) \tag{16.138}$$

式中：$\boldsymbol{y}$ 为由 y_i 组成的列矢量；$\boldsymbol{f}$ 为由算符组成的列矢量。

广义李雅普诺夫方法可用于分析由状态函数描述的系统，它须选择一个泛函，而该泛函能表征状态函数 $\boldsymbol{y}$ 与某一特定平衡态 $\boldsymbol{y}_{\mathrm{eq}}$ 的距离。两个状态 $\boldsymbol{y}_a$ 和 $\boldsymbol{y}_b$ 之间的距离可记为 $d[\boldsymbol{y}_a,\boldsymbol{y}_b]$，它是内积状态函数空间上的一个量度；状态函数的分量所有可能的位置函数所构成的空间称为内积状态函数空间。

对于任何 $\varepsilon>0$，若存在 $\delta>0$，而且当 $d[\boldsymbol{y}_0(r),\boldsymbol{y}_{\mathrm{eq}}(r)]<\delta$ 时，有

$$d[\boldsymbol{y}(r,t;\boldsymbol{y}_0),\boldsymbol{y}_{\mathrm{eq}}(r)] < \varepsilon \quad (t\geqslant 0) \tag{16.139}$$

那么，满足方程(16.140)的平衡态 $\boldsymbol{y}_{\mathrm{eq}}(r)$ 是稳定的。

$$\boldsymbol{f}(\boldsymbol{y}_{\mathrm{eq}}(r),r) = 0 \tag{16.140}$$

其中，$\boldsymbol{y}(r,t;\boldsymbol{y}_0)$为方程(16.138)在初值条件 $\boldsymbol{y}(r,0)=\boldsymbol{y}_0(r)$下的解。若经足够长的时间后，距离 $d[\boldsymbol{y}(r,t;\boldsymbol{y}_0),\boldsymbol{y}_{\mathrm{eq}}(r)]$趋于0，那么 $\boldsymbol{y}_{\mathrm{eq}}$是渐进稳定的。

定理16.4　(稳定性定理)平衡态 $\boldsymbol{y}_{\mathrm{eq}}(r)$是稳定的充分必要条件是其邻域内存在一个满足如下条件的泛函 $V[\boldsymbol{y}]$：

(1) V 对于 $d[\boldsymbol{y}_0,\boldsymbol{y}_{\mathrm{eq}}]$是正定的；即对于任何的 $C_1>0$，存在与 C_1 有关的 $C_2>0$，而且在 $t\geqslant 0$ 范围内，当 $d[\boldsymbol{y}_0,\boldsymbol{y}_{\mathrm{eq}}]>C_1$ 时，$V[\boldsymbol{y}]>C_2$，而且 $\lim\limits_{d[\boldsymbol{y},\boldsymbol{y}_{\mathrm{eq}}]\to 0}V[\boldsymbol{y}]=0$。

(2) V 对于 $d[\boldsymbol{y}_0,\boldsymbol{y}_{\mathrm{eq}}]$是连续的；即对于任何实数 $\varepsilon>0$，存在一个实数 $\delta>0$，而且在 $0<t<\infty$ 范围内，当 $d[\boldsymbol{y}_0,\boldsymbol{y}_{\mathrm{eq}}]<\delta$ 时，在状态函数空间内的所有 $\boldsymbol{y}$ 上 $V[\boldsymbol{y}]<\varepsilon$。

(3) 若 $d[\boldsymbol{y}_0,\boldsymbol{y}_{\mathrm{eq}}]<\delta_0$,当 $t>0$ 时,$V[\boldsymbol{y}]$ 在方程(16.138)的任何解 $\boldsymbol{y}$ 上是非增的。其中,δ_0 为一足够小的正数。

定理16.5 (渐进稳定性定理) 除了以上三个条件,若在足够长的时间之后,$V[\boldsymbol{y}]$ 在方程(16.138)的任何解 $\boldsymbol{y}$ 上均趋于0,那么该平衡态是渐近稳定的。

若将状态空间推广至状态函数空间,上一小节中对空间离散后形成的耦合常微分方程的拓扑学解释同样适合于分布参数系统。构建一个合适的李雅普诺夫泛函仍然是应用广义李雅普诺夫方法的主要任务。虽然定理中所述的条件是稳定的充分必要条件,但是泛函 V 的选择仍然将影响对稳定性的分析。因此,利用李雅普诺夫泛函进行稳定性分析仍然仅能得到稳定的充分条件。

16.4.4 核反应堆控制

一个控制操作(如抽出一组控制棒或增加冷却剂流量等)将改变核反应堆的运行状态。运行状态的变化本质上取决于该控制操作;当然,如何实现一个期望的状态变化需要大量的实际运行经验。在某些情况下,一个想当然的控制操作可能使一个问题恶化,而不是修正该问题——在大型功率核反应堆上控制棒引起的空间氙振荡就是一个这样的例子。迄今,控制理论在核反应堆控制上得到了广泛应用,本节以下内容将对其进行一个简要的评述。

16.4.5 控制理论的变分方法

当时-空核反应堆模型在空间上离散后(如节块法、有限差分法),它的动力学行为可由一组常微分方程(或可将其称为系统方程)描述:

$$\dot{y}_i(t)=f_i(y_1,\cdots,y_N,u_1,\cdots,u_R)\quad(i=1,\cdots,N)\tag{16.141}$$

方程的初始条件为

$$y_i(t=t_0)=y_{i0}\quad(i=0,\cdots,N)\tag{16.142}$$

式中:y_i 为状态变量(如节块的中子注量率,温度);u_i 为控制变量(如某个节块内的控制棒截面)。系统方程(方程(16.141))可写为更加简捷的矩阵形式:

$$\dot{\boldsymbol{y}}(t)=\boldsymbol{f}(\boldsymbol{y}(t),\boldsymbol{u}(t))\tag{16.143}$$

许多控制问题均可归结为利用控制矢量 $\boldsymbol{u}^*$ 使如下的泛函在方程(6.143)的解 $\boldsymbol{y}^*$ 处最小化①:

$$\boldsymbol{J}[\boldsymbol{y}]=\int_{t_0}^{t_\mathrm{f}}F(\boldsymbol{y}(t),\dot{\boldsymbol{y}}(t))\,\mathrm{d}t\tag{16.144}$$

若将控制变量等效为状态变量,控制问题即可归入经典的变分计算问题。变分理论要求变量在时间上是连续的,这一条件限制了泛函许用的控制变量。

利用拉格朗日乘数法,系统方程可视为限制条件或附属条件而并入泛函:

$$\boldsymbol{J}'[\boldsymbol{y},\boldsymbol{u},\boldsymbol{\lambda}]=\int_{t_0}^{t_\mathrm{f}}\left[F(\boldsymbol{y}(t),\dot{\boldsymbol{y}}(t))+\sum_{i=1}^{N}\lambda_i(t)\{\dot{y}_i(t)-f_i(\boldsymbol{y}(t),\boldsymbol{u}(t))\}\right]\mathrm{d}t\tag{16.145}$$

① 当控制的目标是校正注量率的扰动以使其与名义的注量率分布的偏差最小化,同时使局部注量率的变化率最小化,可以采用这种形式的泛函。其他的控制问题的目标通常是在尽可能短的时间内到达最终状态的;令 $F=1$ 并加上一项用于考虑偏离的校正措施也可用这种泛函。

对修正后的泛函进行变分并要求其在最小值点为0：

$$\delta \boldsymbol{J}' = 0 = \int_{t_0}^{t_f}\left\{\sum_{i=1}^{N}\left[\frac{\partial F}{\partial y_i}\delta y_i + \frac{\partial F}{\partial \dot{y}_i}\delta \dot{y}_i + \lambda_i \delta \dot{y}_i - \sum_{j=1}^{N}\lambda_j \frac{\partial f_j}{\partial y_i}\delta y_i - \sum_{r=1}^{R}\lambda_i \frac{\partial f_i}{\partial u_r}\delta u_r\right]\right\}\mathrm{d}t \tag{16.146}$$

对 $\delta \dot{y}_i$ 分部积分并根据初始条件 $\delta y_i(t)=0$，上式可变为

$$\delta \boldsymbol{J}' = 0 = \int_{t_0}^{t_f}\sum_{i=1}^{N}\left\{\left[\frac{\partial F}{\partial y_i} - \frac{\partial}{\partial t}\frac{\partial F}{\partial \dot{y}_i} - \dot{\lambda}_i - \sum_{j=1}^{N}\lambda_i \frac{\partial f_j}{\partial y_i}\right]\delta y_i - \sum_{r=1}^{R}\lambda_i \frac{\partial f_i}{\partial u_r}\delta u_r\right\}\mathrm{d}t + \sum_{i=1}^{N}\left(\lambda_i + \frac{\partial F}{\partial \dot{y}_i}\right)\delta y_i\bigg|_{t=t_f} \tag{16.147}$$

为了使方程(16.147)对任意连续的变分 δy_i 和 δu_r 均成立，那么

$$\dot{\lambda}_i(t) = -\sum_{j=1}^{N}\lambda_j(t)\frac{\partial f_j(\boldsymbol{y},\boldsymbol{u})}{\partial y_i} + \left[\frac{\partial F(\boldsymbol{y},\boldsymbol{f})}{\partial y_i} - \frac{\partial}{\partial t}\frac{\partial F(\boldsymbol{y},\boldsymbol{f})}{\partial \dot{y}_i}\right]\quad (i=1,\cdots,N) \tag{16.148}$$

$$\sum_{i=1}^{N}\lambda_i(t)\frac{\partial f_i(\boldsymbol{y},\boldsymbol{u})}{\partial u_r} = 0\quad (r=1,\cdots,R) \tag{16.149}$$

而且，$\boldsymbol{\lambda}_i$ 须满足终值条件：

$$\lambda_i(t_f) + \frac{\partial F}{\partial \dot{y}_i}\bigg|_{t_f} = 0\quad (i=1,\cdots,N) \tag{16.150}$$

为了获得最优控制 $u_r^*(t)$ 和最优解 $y_i^*(t)$，根据方程(16.142)定义的初值条件、方程(16.150)定义的终值条件，方程(16.141)、方程(16.148)和方程(16.149)必须同时被求解。

在许多问题中，状态变量和控制变量常受到诸多条件的限制。这些限制通常具有如下的形式，而且可利用拉格朗日乘数法将它们并入泛函（方程(16.144)）：

$$\phi_m(\boldsymbol{y}(t),\boldsymbol{u}(t)) = 0\quad (m=1,\cdots,M<N)$$

或者

$$\phi_m(\boldsymbol{y}(t),\dot{\boldsymbol{y}}(t),\boldsymbol{u}(t),\dot{\boldsymbol{u}}(t)) = 0\quad (m=1,\cdots,M<N)$$

此情况下，这些额外的拉格朗日乘数和限制也将出现在方程(16.141)、方程(16.148)和方程(16.149)中。

当出现如下积分形式的限制时，有

$$\int_{t_0}^{t_f}\phi_m(\boldsymbol{y}(t),\dot{\boldsymbol{y}}(t),\boldsymbol{u}(t),\dot{\boldsymbol{u}}(t))\mathrm{d}t = 0\quad (m=1,\cdots,M<N)$$

方程(16.144)定义的泛函可采用拉格朗日乘数 ω_m 进行修正：

$$J \to \hat{J} = \int_{t_0}^{t_f}\left(F + \sum_{m=1}^{M}\omega_m \phi_m\right)\mathrm{d}t = \int_{t_0}^{t_f}\hat{F}\mathrm{d}t \tag{16.151}$$

若利用 $\hat{F}$ 代替 F，那么相应的推导过程保持不变。不同的是，除了方程(16.141)、方程(16.148)和方程(16.149)，推导的结果中将出现关于 ω_m 的方程。

控制问题还经常遇到不等式限制（如控制棒的最大消耗率）。虽然它们有时可等效成如上分析的三种等式中的一种，但不等式限制通常仍须作为一类不同于变分方法的控制问题。

另一类问题是不连续的最优控制问题。

16.4.6 动态规划

动态规划可避免控制变量须连续这一要求。对于利用控制矢量 $\boldsymbol{u}^*(t)$ 使方程(16.144)定义的泛函在方程(16.143)的解 $\boldsymbol{y}^*(t)$ 处最小化这一问题,控制变量的限制条件通常可表示为

$$\boldsymbol{u}(t)\in\boldsymbol{\Omega}(t) \tag{16.152}$$

为了推导动态规划的公式,假设在可变的下限 $(t,y(t))$ 和固定的上限 $(t_f,y_f(t))$ 之间计算方程(16.144)定义的泛函。此泛函的最小值记为 S,且它为可变下限 $(t,y(t))$ 的函数:

$$S(t,\boldsymbol{y}(t))=\min_{\boldsymbol{u}(t)\in\boldsymbol{\Omega}(t)}\int_t^{t_f}F(\boldsymbol{y}(t'),\dot{\boldsymbol{y}}(\boldsymbol{y}(t'),\boldsymbol{u}(t')))\mathrm{d}t' \tag{16.153}$$

在方程(16.153)中,$\dot{\boldsymbol{y}}$ 为 $\boldsymbol{y}$ 和 $\boldsymbol{u}$ 的显式函数,这意味着在计算该积分时须满足方程(16.143)。

由 S 的定义可知,当 $\Delta t>0$ 时,有

$$S(t,\boldsymbol{y}(t))\leqslant S(t+\Delta t,\boldsymbol{y}(t+\Delta t))+\int_t^{t+\Delta t}F(\boldsymbol{y}(t'),\dot{\boldsymbol{y}}(\boldsymbol{y}(t'),\boldsymbol{u}(t')))\mathrm{d}t' \tag{16.154}$$

其中,$\boldsymbol{y}(t+\Delta t)$ 和 $\boldsymbol{y}(t)$ 须满足方程(16.143),即

$$\boldsymbol{y}(t+\Delta t)=\boldsymbol{y}(t)+\Delta t\boldsymbol{f}(\boldsymbol{y}(t),\boldsymbol{u}(t))+O(\Delta t^2) \tag{16.155}$$

在 $t\leqslant t'\leqslant t+\Delta t$ 内,当 $\boldsymbol{u}(t')=\boldsymbol{u}^*$(最优控制)时,方程(16.154)取等号。假设被积函数取 t 时刻的值并在积分时间内为常数,那么方程(16.154)可变为①

$$S(t,\boldsymbol{y}(t))=\min_{\boldsymbol{u}(t)\in\boldsymbol{\Omega}(t)}\left[S(t+\Delta t,\boldsymbol{y}(t+\Delta t))+\Delta tF(\boldsymbol{y}(t),\boldsymbol{f}(\boldsymbol{y}(t),\boldsymbol{u}(t)))\right] \tag{16.156}$$

利用如下的终值条件与回代计算可求解方程(16.156):

$$S(t_f,\boldsymbol{y}(t_f))=\min_{\boldsymbol{u}\in\boldsymbol{\Omega}}\int_{t_f}^{t_f}F(\boldsymbol{y},\dot{\boldsymbol{y}})\mathrm{d}t'=0 \tag{16.157}$$

每一步回代计算可得状态 $\boldsymbol{y}(t)$ 在 t_f 时刻的最优值。因此,当达到初值时刻,回代计算可得每一个离散时间上的最优控制及其包含最优轨迹的相应状态。

16.4.7 庞特里亚金最大值原理

若方程(16.156)右端第一项进行泰勒级数展开,该方程变为

$$0=\min_{\boldsymbol{u}(t)\in\boldsymbol{\Omega}(t)}\left[\frac{\partial S(t,\boldsymbol{y}(t))}{\partial t}+\sum_{i=1}^{N}\frac{\partial S(t,\boldsymbol{y}(t))}{\partial y_i}f_i(\boldsymbol{y}(t),\boldsymbol{u}(t))+F(\boldsymbol{y}(t),\boldsymbol{f}(\boldsymbol{y}(t),\boldsymbol{u}(t)))\right] \tag{16.158}$$

基于如下的定义:

$$\psi_i(t)\equiv-\frac{\partial S(t,\boldsymbol{y}(t))}{\partial y_i}\quad(i=1,\cdots,N) \tag{16.159}$$

---

① 在方程(16.156)中,最小值对应 t 时刻处控制矢量的值。这些值在 t 至 $t+\Delta t$ 范围内是常数。另一方面,方程(16.153)中的最小值对应任意时刻 $t'(t\leqslant t'\leqslant t+\Delta t)$ 处控制矢量的值。

$$\psi_{N+1}(t) \equiv -\frac{\partial S(t,\boldsymbol{y}(t))}{\partial t} \tag{16.160}$$

方程(16.158)可变为

$$0 = \min_{\boldsymbol{u}(t)\in\boldsymbol{\Omega}(t)}\left[-\psi_{N+1}(t) - \sum_{i=1}^{N}\psi_i(t)f_i(\boldsymbol{y}(t),\boldsymbol{u}(t)) + F(\boldsymbol{y}(t),\boldsymbol{f}(\boldsymbol{y}(t),\boldsymbol{u}(t)))\right]$$

它也可写为

$$0 = \max_{\boldsymbol{u}(t)\in\boldsymbol{\Omega}(t)}\left[\psi_{N+1}(t) + \sum_{i=1}^{N}\psi_i(t)f_i(\boldsymbol{y}(t),\boldsymbol{u}(t)) - F(\boldsymbol{y}(t),\boldsymbol{f}(\boldsymbol{y}(t),\boldsymbol{u}(t)))\right] \tag{16.161}$$

这就是庞特里亚金最大值原理。

当控制矢量 $\boldsymbol{u}(t)$ 为其最优值时,上式中方括号内对 t 和 y_i 的导数值必为 0,由此可得

$$\frac{\partial\psi_{N+1}(t)}{\partial y_j} + \sum_{i=1}^{N}\frac{\partial\psi_i}{\partial y_j}f_i = -\sum_{i=1}^{N}\psi_i\frac{\partial f_i}{\partial y_j} + \left(\frac{\partial F}{\partial y_j} + \sum_{i=1}^{N}\frac{\partial F}{\partial\dot{y}_i}\frac{\partial f_i}{\partial y_j}\right) \quad (j = 1,\cdots,N)$$

$$\frac{\partial\psi_{N+1}(t)}{\partial t} + \sum_{i=1}^{N}\frac{\partial\psi_i}{\partial t}f_i = -\sum_{i=1}^{N}\psi_i\frac{\partial f_i}{\partial t}$$

利用如下的等式:

$$\frac{\mathrm{d}\psi_j}{\mathrm{d}t} = -\sum_{i=1}^{N}\frac{\partial^2 S}{\partial y_i\partial y_j}f_i - \frac{\partial^2 S}{\partial t\partial y_j} = \sum_{i=1}^{N}\frac{\partial\psi_i}{\partial y_j}f_i + \frac{\partial y_{N+1}}{\partial y_j} \quad (j = 1,\cdots,N)$$

$$\frac{\mathrm{d}\psi_{N+1}}{\mathrm{d}t} = -\sum_{i=1}^{N}\frac{\partial^2 S}{\partial y_i\partial t}f_i - \frac{\partial^2 S}{\partial t^2} = -\sum_{i=1}^{N}\frac{\partial\psi_i}{\partial t}f_i + \frac{\partial\psi_{N+1}}{\partial t}$$

以上的方程可变为

$$\frac{\mathrm{d}\psi_j}{\mathrm{d}t} = -\sum_{i=1}^{N}\psi_i\frac{\partial f_i}{\partial y_j} + \left(\frac{\partial F}{\partial y_j} + \sum_{i=1}^{N}\frac{\partial F}{\partial\dot{y}_i}\frac{\partial f_i}{\partial y_j}\right) \quad (j = 1,\cdots,N) \tag{16.162}$$

$$\frac{\mathrm{d}\psi_{N+1}}{\mathrm{d}t} = -\sum_{i=1}^{N}\psi_i\frac{\partial f_i}{\partial t} \tag{16.163}$$

ψ_i 和 ψ_{N+1}的终值条件为

$$\psi_1(t_\mathrm{f}) = \cdots = \psi_N(t_\mathrm{f}) = \psi_{N+1}(t_\mathrm{f}) = 0 \tag{16.164}$$

因此,根据方程(16.142)和方程(16.164)定义的初值条件和终值条件,方程(16.141)、方程(16.161)、方程(16.162)和方程(16.163)可同时被求解。

变分法或最大值原理方法所得的方程均需迭代求解。当 $t = t_0$ 时,由初值条件可得 y_i。若求解最大值原理方法所得的方程并假设 ψ_i 的值,由方程(16.162)可计算控制变量的初始值。随后,由方程(16.141)、方程(16.162)和方程(16.163)可计算 $t_0 + \Delta t$ 时刻的 y_i 和 ψ_i,而且由方程(16.161)可得控制变量的值,依此类推。重复上述过程直至计算时间达到终值时刻 t_f。然后将计算得到的 $\psi_i(t_\mathrm{f})$ 和 $\psi_{N+1}(t_\mathrm{f})$ 与如下的终值条件相比较:

$$\psi_1(t_\mathrm{f}) = \cdots = \psi_N(t_\mathrm{f}) = \psi_{N+1}(t_\mathrm{f}) = 0$$

若两者不相符,修正初值并重复上述过程直至初始值 $\psi_i(t_0)$ 和 $\psi_{N+1}(t_0)$ 能获得正确的终值。

16.4.8　空间连续系统的变分方法

描述核反应堆内瞬态中子注量率分布和温度分布须采用偏微分方程组。根据空间离散后

的常微分方程组所得的最优控制与直接由偏微分方程描述的核反应堆动力学所得的最优控制是否相同？变分方法可推广并用于分析由偏微分方程组描述的反应堆动力学。

对于空间连续的核反应堆系统,它的状态须由状态函数 $y_i(r,t)$ 进行描述,而不是如前所述的离散的状态变量。由状态函数 y_i 所有的空间位置函数组成的函数空间 Γ_i 称为分量函数空间;所有分量函数空间的内积空间 $\Gamma=\Gamma_1\otimes\Gamma_2\otimes\cdots\otimes\Gamma_N$ 称为状态函数空间;状态函数矢量 $\boldsymbol{y}=(y_1,\cdots,y_N)$ 均定义在此空间内。同理,控制函数矢量 $\boldsymbol{u}=(u_1,\cdots,u_N)$ 均定义在由控制函数 u_r 所有的空间位置函数组成的分量函数空间的内积空间内。两个状态函数 $\boldsymbol{y}_a$ 和 $\boldsymbol{y}_b$ 之间的距离是在内积空间上的一个量度。

核反应堆动力学方程可表示为如下的形式:

$$\begin{cases}\dot{y}_i(r,t)=L_i(r)y_i(r,t)+f_i(\boldsymbol{y},\boldsymbol{u})\\ y_i(r,t_0)=y_{i0}(r) \qquad\qquad (i=1,\cdots,N)\\ y_i(R,t)=0\end{cases} \tag{16.165}$$

式中:y_i 为某一状态函数;L_i 为作用于 y_i 的空间微分算子;f_i 为与 $\boldsymbol{y}$ 和 $\boldsymbol{u}$ 有关的空间依赖函数;核反应堆的外边界记为 R。

这些方程可改写为矩阵形式:

$$\begin{cases}\dot{\boldsymbol{y}}(r,t)=\boldsymbol{L}(r)\boldsymbol{y}(r,t)+\boldsymbol{f}(\boldsymbol{y},\boldsymbol{u})\\ \boldsymbol{y}(r,0)=\boldsymbol{y}_0(r)\\ \boldsymbol{y}(R,t)=0\end{cases} \tag{16.166}$$

许多控制问题可抽象为利用控制函数矢量 $\boldsymbol{u}$ 使如下的泛函在方程(16.165)的解处最小化这一问题:

$$J[\boldsymbol{y},\boldsymbol{u}]=\int_{t_0}^{t_f}\mathrm{d}t\int_V F(\boldsymbol{y}(r,t),\dot{\boldsymbol{y}}(r,t))\,\mathrm{d}r \tag{16.167}$$

对于此类问题,标准的变法方法首先利用拉格朗日乘数矢量 $\boldsymbol{\lambda}(r,t)=(\lambda_1,\cdots,\lambda_N)$ 将方程(16.166)并入方程(16.167):

$$J'[\boldsymbol{y},\boldsymbol{u},\lambda]=\int_{t_0}^{t_f}\mathrm{d}t\int_V[F(\boldsymbol{y},\dot{\boldsymbol{y}})+\boldsymbol{\lambda}^{\mathrm{T}}(\dot{\boldsymbol{y}}-\boldsymbol{L}\boldsymbol{y}-\boldsymbol{f}(\boldsymbol{y},\boldsymbol{u}))]\,\mathrm{d}r \tag{16.168}$$

并采用相同的方法处理控制函数 u_r。其次,泛函 J' 的变分须为0,即

$$\delta J'=\int_{t_0}^{t_f}\mathrm{d}t\int_V\sum_{i=1}^{N}\left(\frac{\partial F}{\partial y_i}\delta y_i+\frac{\partial F}{\partial\dot{y}_i}\delta\dot{y}_i+\lambda_i\delta\dot{y}_i-\lambda_i L_i\delta y_i-\right.$$
$$\left.\sum_{j=1}^{N}\lambda_i\frac{\partial f_i}{\partial y_j}\delta y_j-\sum_{r=1}^{R}\lambda_i\frac{\partial f_i}{\partial u_r}\delta u_r\right)\mathrm{d}r=0$$

对上式中包含 $\delta\dot{y}_i$、L_i 和 δy_i 的项进行分部积分①,并利用初始条件 $\delta y_i(r,t_0)=0$ 可得

$$\delta J'=\int_{t_0}^{t_f}\mathrm{d}t\int_V\sum_{n=1}^{N}\left[\delta y_i\left(\frac{\partial F}{\partial y_i}-\frac{\partial}{\partial t}\frac{\partial F}{\partial\dot{y}_i}-\dot{\lambda}_i-L_i^{+}\lambda_i-\sum_{j=1}^{N}\lambda_j\frac{\partial f_j}{\partial y_i}\right)-\right.$$

① 变分算符 δ 与 ∂/∂t 和 L_i 的互易性隐含了连续变分 ∂y_i 这一假设,正如这些项也需要积分那样。

$$\sum_{r=1}^{R} \lambda_i \frac{\partial f_i}{\partial u_r} \delta u_r \Big] \mathrm{d}r + \int_V \sum_{i=1}^{N} \frac{\partial F}{\partial \dot{y}_i} \delta y_i \Big|_{t=t_f} \mathrm{d}r +$$

$$\int_V \sum_{i=1}^{N} \lambda_i \delta y_i \Big|_{t=t_f} \mathrm{d}r + \int_{t_0}^{t_f} \sum_{i=1}^{N} P_i(\lambda_i) \mathrm{d}t = 0 \tag{16.169}$$

其中,共轭运算符 L_i^+ 和双线性相伴式 P_i 定义为

$$\int_V \lambda_i L_i \delta y_i \mathrm{d}r = \int_V \lambda_i L_i^+ \delta y_i \mathrm{d}r + P_i(\lambda_i) \tag{16.170}$$

对于任意的 y_i 和 u_r,$\delta J'$均为0,由此可得拉格朗日乘数函数须满足的偏微分方程:

$$\dot{\lambda}_i(r,t) = -L_i^+(r)\lambda_i(r,t) - \sum_{j=1}^{N} \lambda_j(r,t) \frac{\partial f_j(\boldsymbol{y},\boldsymbol{u})}{\partial y_i} +$$

$$\frac{\partial F(\boldsymbol{y},\dot{\boldsymbol{y}})}{\partial y_i} - \frac{\partial}{\partial t} \frac{\partial F(\boldsymbol{y},\dot{\boldsymbol{y}})}{\partial \dot{y}_i} \quad (i = 1,\cdots,N) \tag{16.171}$$

其终值条件:

$$\left(\lambda_i + \frac{\partial F}{\partial \dot{y}_i}\right)_{t=t_f} = 0 \quad (i=1,\cdots,N) \tag{16.172}$$

其边界条件:

$$P_i(\lambda_i(R,t)) = 0 \quad (i=1,\cdots,N) \tag{16.173}$$

和

$$\sum_{i=1}^{N} \lambda_i(r,t) \frac{\partial f_i(\boldsymbol{y},\boldsymbol{u})}{\partial u_r} \quad (r = 1,\cdots,R) \tag{16.174}$$

在此组公式中,与状态变量 y_i 一样,控制变量 u_r 须是连续函数,这是人为对控制变量 u_r 的限制。在某些问题中,控制是不连续的。

16.4.9　空间连续系统的动态规划

如前所述,动态规划方法基于使方程(16.167)定义的泛函在固定上限和可变下限之间最小化,即

$$S(t,\boldsymbol{y}(r,t)) = \min_{\boldsymbol{u}(t)\in\boldsymbol{\Omega}(t)} \int_t^{t_f} \mathrm{d}t' \int_V F(\boldsymbol{y}(r,t'),\dot{\boldsymbol{y}}(\boldsymbol{y}(r,t'),\boldsymbol{u}(r,t'))) \tag{16.175}$$

方程(16.175)已经隐含了被积函数满足方程(16.166),而且对控制矢量函数的限制隐含在 $\boldsymbol{u}\in\boldsymbol{\Omega}$ 中。定义如下的泛函

$$S(t,\boldsymbol{y}(r,t)) \leqslant S(t+\Delta t,\boldsymbol{y}(r,t+\Delta t)) + \int_t^{t+\Delta t} \mathrm{d}t' \int_V \mathrm{d}r F(\boldsymbol{y}(r,t'),\dot{\boldsymbol{y}}(\boldsymbol{y}(r,t'),\boldsymbol{u}(r,t')))$$

当控制达到最优时,上式取等号。若对上式中的时间积分进行近似[①],那么

$$S(t,\boldsymbol{y}(r,t)) = \min_{\boldsymbol{u}(t)\in\boldsymbol{\Omega}(t)} [S(t+\Delta t,\boldsymbol{y}(r,t+\Delta t)) +$$

① 控制矢量函数在积分时间 $t \leqslant t' \leqslant t_f$ 内使方程(16.176)最小化;而且,控制矢量函数在 t 时刻使方程(16.176)最小化。

$$\Delta t\int_V \mathrm{d}rF(\boldsymbol{y}(r,t),\dot{\boldsymbol{y}}(\boldsymbol{y}(r,t),\boldsymbol{u}(r,t)))] \tag{16.176}$$

方程(16.176)是对由偏微分方程描述的核反应堆动力学的动态规划算法。利用如下的终值条件和回归迭代算法可求解方程(16.176):

$$S(t_{\mathrm{f}},\boldsymbol{y}(r,t))=0 \tag{16.177}$$

16.4.10 空间连续系统的庞特里亚金最大值原理

利用如下的泰勒级数式:

$$S(t+\Delta t,\boldsymbol{y}(r,t+\Delta t)) = S(t,\boldsymbol{y}(r,t)) + \Delta t\frac{\partial S(t,\boldsymbol{y}(r,t))}{\partial t} + \Delta t\int_V\sum_{i=1}^{N}\frac{\partial S(t,\boldsymbol{y}(r,t))}{\partial y_i}[L_i(r)y_i(r,t)+f_i(\boldsymbol{y}(r,t),\boldsymbol{u}(r,t))]\mathrm{d}r$$

方程(16.176) 可变为

$$0 = \min_{\boldsymbol{u}(t)\in\boldsymbol{\Omega}(t)}\left\{\frac{\partial S(t,\boldsymbol{y}(r,t))}{\partial t} + \int_V\sum_{i=1}^{N}\frac{\partial S(t,\boldsymbol{y}(r,t))}{\partial y_i}[L_i(r)y_i(r,t)+f_i(\boldsymbol{y}(r,t),\boldsymbol{u}(r,t))]\mathrm{d}r + \int_V F(\boldsymbol{y}(r,t),\dot{\boldsymbol{y}}(\boldsymbol{y}(r,t),\boldsymbol{u}(r,t)))]\right\}\mathrm{d}r \tag{16.178}$$

根据如下的定义:

$$\psi_i(r,t)\equiv-\frac{\partial S(t,\boldsymbol{y}(r,t))}{\partial y_i}\quad(i=1,\cdots,N) \tag{16.179}$$

$$\psi_{N+1}(r,t)\equiv-\frac{\partial S(t,\boldsymbol{y}(r,t))}{\partial t} \tag{16.180}$$

方程(16.178)可变为

$$0 = \min_{\boldsymbol{u}(t)\in\boldsymbol{\Omega}(t)}\left\{\psi_{N+1}(r,t) + \sum_{i=1}^{N}\int_V\psi_i(r,t)[L_i(r)y_i(r,t)+f_i(\boldsymbol{y}(r,t),\boldsymbol{u}(r,t))]\mathrm{d}r + \int_V F(\boldsymbol{y}(r,t),\dot{\boldsymbol{y}}(\boldsymbol{y}(r,t),\boldsymbol{u}(r,t)))]\mathrm{d}r\right\} \tag{16.181}$$

这就是由偏微分方程描述的核反应堆动力学的庞特里亚金最大值原理。

若选取最优控制 $\boldsymbol{u}^*(t)$,上式中方括号内各项的变分均为0,由此可得边界条件为

$$P_i(\psi_i(R,t))=0 \tag{16.182}$$

式中:P_i 为由方程(16.170)定义的双线性伴随式。

而且,上述变分还可得

$$\frac{\mathrm{d}\psi_j}{\mathrm{d}t} = -L_j^+\psi_j - \sum_{i=1}^{N}\psi_i\frac{\partial f_i}{\partial y_j} + \left[\frac{\partial F}{\partial y_j} + \sum_{i=1}^{N}\frac{\partial F}{\partial\dot{y}_i}\frac{\partial(L_iy_i+f_i)}{\partial y_j}\right]\quad(j=1,\cdots,N) \tag{16.183}$$

$$\frac{\mathrm{d}\psi_{N+1}}{\mathrm{d}t} = -\sum_{i=1}^{N}\psi_i \frac{\partial(L_i y_i + f_i)}{\partial t} \tag{16.184}$$

方程(16.162)前的等式已用于方程(16.183)和方程(16.184)的推导。ψ_j 和 ψ_{N+1} 的终值条件为

$$\psi_1(t_{\mathrm{f}}) = \cdots = \psi_N(t_{\mathrm{f}}) = \psi_{N+1}(t_{\mathrm{f}}) = 0 \tag{16.185}$$

求解方程(16.166)、方程(16.182)~方程(16.184)可得最优控制函数。这些方程与 y_i 有关的初始条件和与 ψ_j 和 ψ_{N+1} 有关的终值条件一起组成的方程组通常需采用迭代方法求解。庞特里亚金最大值原理可采用非连续的控制函数,并可将对控制函数的限制直接并入。与变分方法相比,这是它的优势。

16.5 氙在空间上的振荡

^{135}Xe 的热中子吸收截面为 2.6×10^6b,其 β 衰变的半衰期为 9.2h,并由如下的衰变链生成:

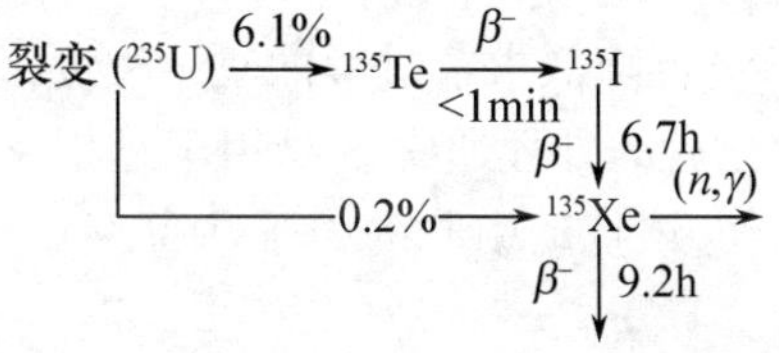

^{135}Xe 在某一时刻的生成率与^{135}I 的浓度有关,因而与该时刻之前 50h 左右的中子注量率历史有关。从另一方面来说,^{135}Xe 的消耗率因中子吸收而与该时刻的中子注量率和^{135}Xe 衰变过程中的中子注量率历史有关。对于运行在中子注量率水平大于 10^{13}n/(cm^2·s)的热中子核反应堆,堆内中子注量率突然降低将极大地减少氙的消耗率,而最初时刻氙的生成率并不能发生明显的变化,因而氙的浓度将有所增加。随着碘浓度因衰变而趋于新的平衡值,氙浓度在经历一个最大值后也将达到一个新的平衡值(参见 6.2 节)。

当核反应堆内的中子注量率分布发生倾斜时,在中子注量率减小的区域,氙浓度最初将增大,而在中子注量率增大的区域,它的浓度将减小。氙浓度分布的这种变化将随局部区域内中子注量率的增大(或减小)而将增强(或减弱)该区域的增殖能力,这就强化了中子注量率的倾斜程度。在中子注量率发生倾斜的几小时之后,在高中子注量率区域,碘浓度的升高增大了氙的生成率,这将引起该区域增殖能力的减弱;在低中子注量率区域,氙浓度因碘浓度的降低而减小,这最终引起该区域增殖能力的增强。氙浓度这样的变化可能减小甚至逆转中子注量率的倾斜方向。在某些情况下,氙的滞后生成效应可能引起中子注量率在空间上的振荡。这种振荡通常出现在大型动力核反应堆上,例如在汉福德和萨凡纳河的核反应堆,因而大部分热中子动力核反应堆须测量和控制氙振荡。

由于碘和氙的动力学过程具有较大的时间尺度,所以该动力学过程的分析可忽略瞬发和缓发中子动力学过程(可假设中子注量率的变化是即时的,而且缓发中子先驱核一直处于其平衡浓度)。通常可假设全部^{135}I 直接由裂变产生。根据这些假设,碘和氙动力学过程的控制方程可写为

$$\nabla\cdot D^g(r,t)\nabla\phi_g(r,t) - [\Sigma_{\mathrm{a}}^g(r,t) + \Sigma_{\mathrm{s}}^g(r,t) + \sigma_x^G X(r,t)\delta_{g,G}]\phi_g(r,t) +$$

$$\sum_{g'=1}^{G}\Sigma_{\mathrm{s}}^{g'\to g}(r,t)\phi_{g'}(r,t)+\chi_p^g\sum_{g'=1}^{G}\nu\Sigma_{\mathrm{f}}^{g'}(r,t)\phi_{g'}(r,t)=0\quad(g=1,\cdots,G)\tag{16.186}$$

$$\gamma_i\sum_{g=1}^{G}\Sigma_{\mathrm{f}}^{g}(r,t)\phi_g(r,t)-\lambda_i I(r,t)=\dot{I}(r,t)\tag{16.187}$$

$$\gamma_x\sum_{g=1}^{G}\Sigma_{\mathrm{f}}^{g}(r,t)\phi_g(r,t)+\lambda_i I(r,t)-\lambda_x X(r,t)-\sigma_x^G X(r,t)\phi_G(r,t)=\dot{X}(r,t)\tag{16.188}$$

这组控制方程已经假设除了热群($g=G$)之外,其他能群的氙吸收截面为0,而且吸收截面 Σ_{a}^{g} 不包含氙的吸收。σ_x^G 为氙的热中子微观吸收截面;γ 和 λ 分别表示裂变份额和衰变常数;I 和 X 分别表示碘浓度和氙浓度。宏观截面和扩散系数的变化通常是由控制棒的移动或温度反馈引起的。

16.5.1 线性稳定性分析

因氙吸收项引起的非线性效应(吸收截面对中子注量率的依赖性因温度反馈而引入的隐含非线性特性)使得采用解析的方法求解方程(16.186)~方程(16.188)是非常困难的。线性化方程(16.186)~方程(16.188)可降低求解过程的复杂程度,但这也意味着所得的结果仅适用于平衡态附近的区域。线性化后的方程通常主要用于分析系统的稳定性。也就是说,假设引入一个较小的中子注量率扰动,该扰动引起的中子注量率在空间上的倾斜是否将随时间发生振荡。

在平衡点按如下的形式展开中子注量率、碘浓度和氙浓度可得线性化的方程:

$$\phi_g(r,t)=\phi_0^g+\delta\phi_g(r,t)$$

$$I(r,t)=I_0+\delta I(r,t)$$

$$X(r,t)=X_0+\delta X(r,t)$$

其中,下表0表示平衡点。由于方程在平衡点的解满足稳态方程(16.186)~方程(16.188),且进一步忽略 $\delta\phi^g$ 和 δX 的非线性项可得

$$\begin{aligned}&\nabla\cdot D^g(r)\nabla\delta\phi_g(r,t)-\left[\Sigma_{\mathrm{a}}^{g}(r)+\Sigma_{\mathrm{s}}^{g}(r)+\sigma_x^G X_0(r)\delta_{g,G}\right]\delta\phi_g(r,t)+\\&\sum_{g'=1}^{G}\Sigma_{\mathrm{s}}^{g'\to g}(r)\delta\phi_{g'}(r,t)-\sigma_x^G\phi_0^G\delta X(r,t)\delta_{g,G}+\chi_p^g\sum_{g'=1}^{G}\nu\Sigma_{\mathrm{f}}^{g'}(r)\delta\phi_{g'}(r,t)\\&=0\quad(g=1,\cdots,G)\end{aligned}\tag{16.189}$$

$$\gamma_i\sum_{g=1}^{G}\Sigma_{\mathrm{f}}^{g}(r)\delta\phi_g(r,t)-\lambda_i\delta I(r,t)=\delta\dot{I}(r,t)\tag{16.190}$$

$$\begin{aligned}&\gamma_x\sum_{g=1}^{G}\Sigma_{\mathrm{f}}^{g}(r)\delta\phi_g(r,t)+\lambda_i\delta I(r,t)-\lambda_x\delta X(r,t)-\\&\sigma_x^G(r)X_0(r)\delta\phi_G(r,t)-\sigma_x^G\phi_0^G\delta X(r,t)\delta_{g,G}=\delta\dot{X}(r,t)\end{aligned}\tag{16.191}$$

其中,方程(16.189)~方程(16.191)暂时忽略了温度反馈效应,并假设了截面不随时间发生变化。在本节后面的部分将重新引入这些反馈效应。

利用拉普拉斯变换,方程(16.189)~方程(16.191)变为

$$\nabla \cdot D^g(r) \nabla \delta\phi_g(r,p) - [\Sigma_a^g(r) + \Sigma_s^g(r) + \sigma_x^G X_0(r)\delta_{g,G}]\delta\phi_g(r,p) + \sum_{g'=1}^{G} \Sigma_s^{g'\to g}(r)\delta\phi_{g'}(r,p) - \sigma_x^G \phi_0^G \delta X(r,p)\delta_{g,G} + \chi_p^g \sum_{g'=1}^{G} \nu\Sigma_f^{g'}(r)\delta_{g'}(r,p) = 0 \quad (g = 1,\cdots,G) \tag{16.192}$$

$$\gamma_i \sum_{g=1}^{G} \Sigma_f^g(r)\delta\phi_g(r,p) - (p + \lambda_i)\delta I(r,p) = -\delta I(r,t=0) \tag{16.193}$$

$$\gamma_x \sum_{g=1}^{G} \Sigma_f^g(r)\delta\phi_g(r,p) + \lambda_i \delta I(r,p) - (p + \lambda_x + \sigma_x^G(r)\phi_0^G(r))\delta X(r,p) - \sigma_x^G(r)X_0(r)\delta\phi_G(r,p) = -\delta X(r,t=0) \tag{16.194}$$

方程(16.192)~方程(16.194)可改写为矩阵形式：

$$\boldsymbol{H}\delta\boldsymbol{y} = \delta\boldsymbol{y}_0 \tag{16.195}$$

式中

$$\delta\boldsymbol{y}(r,p) \equiv \begin{bmatrix} \delta\phi^1(r,p) \\ \vdots \\ \delta\phi^G(r,p) \\ \delta I(r,p) \\ \delta X(r,p) \end{bmatrix}, \quad \delta\boldsymbol{y}_0 \equiv \begin{bmatrix} 0 \\ \vdots \\ 0 \\ -\delta I(r,t=0) \\ -\delta X(r,t=0) \end{bmatrix}$$

矩阵 $\boldsymbol{H}$ 由方程(16.192)~方程(16.194)左侧的系数项组成。

方程(16.195)的解具有如下的形式：

$$\delta\boldsymbol{y}(r,p) = \boldsymbol{H}^{-1}(r,p)\delta\boldsymbol{y}_0(r,t=0) \tag{16.196}$$

由此，方程(16.196)利用传递函数矩阵 $\boldsymbol{H}^{-1}$ 已将方程(16.192)~方程(16.194)的解与初始的扰动联系起来。解随时间消失(若 $\boldsymbol{H}$ 的根具有虚部分量，方程(16.192)~方程(16.194)的解将随时间发生振荡。这些根均位于复平面的左半平面可确保方程的解在振荡中逐渐衰减)的条件为传递函数的极点(矩阵 $\boldsymbol{H}$ 的根)均位于复平面的左半平面。矩阵 $\boldsymbol{H}$ 的根是(齐次的)方程(16.192)~方程(16.194)的特征值 p。这些齐次方程就是 p 模式方程。p 模式方程通常存在复数的特征函数和特征值；除了最简单的几何结构，它们须采用数值的方法进行求解。数值计算 p 特征值须采用专门的计算机程序，而且被成功地应用于平板结构。实际的核应堆模型须采用近似方法计算 p 特征值。两类近似方法(μ 模式近似和 λ 模式近似)已经成功地实现了这一点。

16.5.2　μ 模式近似

μ 模式近似基于方程(16.192)与标准静态扩散问题的唯一差别在于其热群平衡方程中含有附加项 $-\sigma_x^G\phi_0^G\delta X$ 这一事实。利用齐次的方程(16.193)和方程(16.194)，这一项可写为

$$\sigma_x^G(r)\phi_0^G(r)\delta\phi X(r,p) = N(r,p)\Sigma_f^G(r)\delta\phi_G(r,p) \tag{16.197}$$

式中

$$N(r,p)=\frac{[1+\eta(r)][\gamma_x p+\lambda_i(\gamma_x+\gamma_i)]\delta f(r,p)-\eta(r)(\gamma_x+\gamma_i)(p+\lambda_i)f_0(r)}{[1+p/\lambda_x+\eta(r)][(p+\lambda_i)(1+1/\eta(r))]} \tag{16.198}$$

$$\eta(r)\equiv\frac{\sigma_x^G(r)\phi_0^G(r)}{\lambda_x} \tag{16.199}$$

$$\delta f(r,p)\equiv\sum_{g=1}^{G}\frac{\Sigma_{\mathrm{f}}^g(r)}{\Sigma_{\mathrm{f}}^G(r)}\frac{\delta\phi_g(r,p)}{\delta\phi_G(r,p)} \tag{16.200}$$

$$f_0(r)\equiv\sum_{g=1}^{G}\frac{\Sigma_{\mathrm{f}}^g(r)}{\Sigma_{\mathrm{f}}^G(r)}\frac{\phi_0^g(r)}{\phi_0^G(r)} \tag{16.201}$$

在实际应用中,通常假设 $\delta f(r,p)=f_0(r)$。

利用如上定义,p 模式方程(齐次的方程(16.192) ~ 方程(16.194))可变为如下等价的形式:

$$\begin{aligned}&\nabla\cdot D^g(r)\nabla\delta\phi_g(r,p)-[\Sigma_{\mathrm{a}}^g(r)+\Sigma_{\mathrm{s}}^g(r)+\sigma_x^G X_0(r)\delta_{g,G}]\delta\phi_g(r,0)+\\&\sum_{g'=1}^{G}\Sigma_{\mathrm{s}}^{g'\to g}(r)\delta\phi_{g'}(r,p)+\chi_p^g\sum_{g'=1}^{G}\nu\Sigma_{\mathrm{f}}^{g'}(r)\delta\phi_{g'}(r,p)\\&=N(r,p)\Sigma_{\mathrm{f}}^G(r)\delta\phi_g(r,p)\delta_{g,G}\quad(g=1,\cdots,G)\end{aligned} \tag{16.202}$$

若 $N(r,p)$ 为实数,方程(16.202)中的 $N\Sigma_{\mathrm{f}}^G$ 在形式上像分布的毒物,而且方程(16.202)可采用标准的多群扩散程序进行求解。因为 p 特征值通常为复数,所以 $N(r,p)$ 通常为复数。μ 模式近似的根本假设是 $N(r,p)$ 为实数。

根据处理 $N(r,p)$ 空间分布方法的不同,μ 模式近似存在两种类型:

第一类 μ 模式近似假设 $N(r,p)\Sigma_{\mathrm{f}}^G(r)$ 在空间上的分布是显式的,并且将其视为分布的毒物。在此情形下,方程(16.202)就变为标准的多群扩散临界方程。具体的做法如下:首先假设 p 值,然后计算 $N(r,p)$ 并求解方程(16.202)获得特征值 k(在特征值问题中,$1/k$ 须乘以裂变项)。重复这一过程直至计算的特征值与已知的临界特征值相符;相应的 p 值是实部最大的 p 特征值的近似值。

第二类 μ 模式近似(μ 模式近似的名字来源于此)假设 $N(r,p)$ 是空间独立的,即

$$N(r,p)=\mu(p) \tag{16.203}$$

在此情形下,方程(16.202)定义了一个 μ 特征值的特征值问题,那么,标准的多群扩散程序稍作修改即可用于求解该方程。为了能利用 μ 特征值估计 p 特征值,仍须重新定义有效的 $\bar{\eta}$ 和 $\bar{f}_0$ 以包含其随空间变化的影响。在实际中,根据微扰理论,有效的 $\bar{\eta}$ 通常定义为

$$\bar{\eta}\equiv\frac{\int\phi_0^{G*}(r)\Sigma_{\mathrm{f}}^G(r)\eta(r)\phi_0^G(r)\mathrm{d}r}{\int\phi_0^{G*}(r)\Sigma_{\mathrm{f}}^G(r)\phi_0^G(r)\mathrm{d}r} \tag{16.204}$$

式中:上标中的星号“ * ”表示共轭。微扰理论还可将温度反馈效应包含在 μ 特征值的计算中。

16.5.3 λ 模式近似

λ 模式近似也基于方程(16.192) ~ 方程(16.194),并利用平衡态处中子平衡算符的特征

函数对空间依赖性进行展开(λ 模式)：

$$\nabla \cdot D^g(r) \nabla \psi_n^g(r) - [\Sigma_a^g(r) + \Sigma_s^g(r) + \sigma_x^G X_0(r)\delta_{g,G}]\psi_n^g(r) + \sum_{g'=1}^{G} \Sigma_s^{g' \to g}(r)\psi_n^{g'}(r) + \frac{1}{k_n}\chi_p^g \sum_{g'=1}^{G} \nu\Sigma_f^{g'}(r)\psi_n^{g'}(r) = 0 \quad (g = 1, \cdots, G) \tag{16.205}$$

归一化要求：

$$\int \left[\sum_{g'=1}^{G} \chi_p^{g'}(r)\psi_m^{g'*}(r)\right]\left[\sum_{g=1}^{G} \nu\Sigma_f^{g}(r)\psi_n^{g}(r)\right] dr = \delta_{mn} \tag{16.206}$$

其中,ψ_m^{g*} 满足方程(16.205)的共轭方程。在方程(16.192)左侧的 G 群中增加如下的功率反馈项即可将温度反馈显式地包含入该近似中：

$$+\alpha\delta f(r)\Sigma_f^G(r)\delta\phi_G(r,p)\phi_0^G(r)$$

若消去方程(16.193)和方程(16.194)中的碘浓度项,而且中子注量率和氙浓度采用 λ 模式进行展开：

$$\delta\phi_g(r,p) = \sum_{n=1}^{N} A_n(p)\psi_n^g(r) \quad (g = 1, \cdots, G) \tag{16.207}$$

$$\delta X(r,p) = \sum_{n=1}^{N} B_n(p)\Sigma_f^G(r)\psi_n^G(r) \tag{16.208}$$

那么采用方程(16.206)定义的双正交关系可将方程(16.192)～方程(16.194)简化为以 A_n 和 B_n 为未知数的一组个数为 $2N$ 的代数方程组,其中非齐次项包含了 $\delta X(r, t=0)$ 和 $\delta I(r,t=0)$ 的空间积分。这些方程可写为非齐次项 $\boldsymbol{R}$ 和包含 A_n 和 B_n 的列矢量 $\boldsymbol{A}(p)$ 间的传递函数关系：

$$\boldsymbol{A}(p) = \hat{\boldsymbol{H}}(p)\boldsymbol{R} \tag{16.209}$$

稳定性条件仍然为矩阵 $\hat{\boldsymbol{H}}$ 的全部极点位于复平面的左半平面。当方程(16.207)和方程(16.208)的展开式中 $N=1$ 时,方程(16.209)简化为标量形式：

$$A_1(p) = \hat{H}'(p)R \tag{16.210}$$

式中

$$\hat{H}'(p) = \frac{1}{(p-p_1)(p-p_2)} \tag{16.211}$$

$$p_1 = -p_r + \mathrm{i}\sqrt{c-p_r^2}$$

$$p_2 = -p_r - \mathrm{i}\sqrt{c-p_r^2}$$

$$p_r = \frac{\lambda_x}{2}\left\{\left(1+\frac{\lambda_i}{\lambda_x}+\eta\right) - \frac{\eta}{\Omega}\left[\frac{(\gamma_i+\gamma_x)\eta}{1+\beta} - \gamma_x\right]\right\} \tag{16.212}$$

$$c = \lambda_i\lambda_x\left[(1+\eta) + \frac{\eta(\gamma_i+\gamma_x)}{\Omega}\left(1-\frac{\eta}{1+\beta}\right)\right]$$

表征核反应堆的参数 η、Ω 和 β 具有如下的定义：

$$\eta \equiv \frac{1}{\lambda_x}\frac{\int \psi_1^{G*}(r)\sigma_x^G(r)\Sigma_f^G(r)\phi_0^G(r)\psi_1^G(r)\,dr}{\int \psi_1^{G*}(r)\Sigma_f^G(r)\psi_1^G(r)\,dr} \tag{16.213}$$

$$\Omega \equiv \frac{1/k_1 - 1/k_0}{\delta f \int \psi_1^{G*}(r)\Sigma_f^G(r)\psi_1^G(r)\,dr} - \frac{\int \psi_1^{G*}(r)\alpha(r)\Sigma_f^G(r)\phi_0^G(r)\psi_1^G(r)\,dr}{\int \psi_1^{G*}(r)\Sigma_f^G(r)\psi_1^G(r)\,dr} \tag{16.214}$$

$$\beta \equiv \frac{\delta f(\gamma_i + \gamma_x)\int \psi_1^{G*}(r)\Sigma_f^G(r)\phi_0^G(r)\psi_1^G(r)\,dr}{\int \psi_1^{G*}(r)\lambda_x(r)X_0(r)\psi_1^G(r)\,dr} - 1 \tag{16.215}$$

式中:δf 为总裂变率与热群裂变率之比,并假设其值与空间变量无关;k_0、k_1 分别为 λ 特征值的基态和一阶谐波特征值。

由$\hat{H}'(p)$的极点须位于复平面(p 平面)的左半平面($p_r>0$)这一要求可得参数 η、Ω 和 β 之间的关系。在实际应用中,$\beta \approx \eta$ 是一个较好的近似。由此,稳定性条件可变为在 $\eta-\Omega$ 相平面内的一条曲线,如图 16.1 所示。

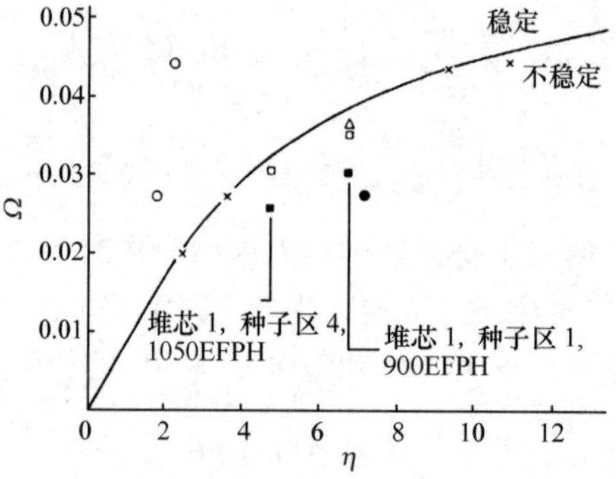

图 16.1 λ 模式线性氙稳定性判据[9]

PWR 结果:空心正方形,带反馈的计算值;实心正方形,不带反馈的计算值;空心三角形,由实验结果推定。

瞬态计算结果:空心圆形,衰减的振荡;叉形,等幅振荡;实心圆形,发散的振荡。

由方程(16.213)和方程(16.214)及其图 16.1 可知各种物理参数对氙空间稳定性的影响。Ω 值主要由特征值的分离值 $1/k_1-1/k_0$ 确定。核反应堆尺寸的增加、徙动长度的减小或功率分布的展平均使特征值的分离值变小,因而核反应堆变得更加的不稳定。负功率系数($\alpha<0$)可增大 Ω 值,因而它能使核反应堆更加稳定。η 值与热中子注量率水平 ϕ_0^G 正比例。热中子注量率水平的提高通常使核反应堆失稳(增大了 η 值);但是,若 $\alpha<0$(增大 Ω 值),核反应堆仍有可能是稳定的;也就是说,当 $\alpha<0$ 时,热中子注量率的增加使图 16.1 上的点向右上方移动。在某些条件下,热中子注量率的增加使反应堆更稳定;但在通常情况下,这是不成立的。

当 $\Omega>\gamma_i$ 时,由图 16.1 可知核反应堆的稳定性与 η 值无关。从物理的角度来说,Ω 是激发 λ 模式的一阶谐波特征值在功率反馈中出现的反应性的一个量度;γ_i 是碘衰变成氙这一过程所引入的最大反应性的一个量度。η 和 Ω 的值均可由标准的多群扩散程序进行计算。为了计算 η 和 Ω 值,也需要计算中子注量率的基态谐波和一阶谐波及其共轭中子注量率。任何能计算微扰理论型积分的程序均能计算方程(16.123)和方程(16.124)所定义的积分。中子注量率的一阶谐波及其共轭中子注量率的计算要求问题是对称的,以便可采用零注量率边界条件或者可采用维兰特迭代算法。一些实验值和数值计算结果如图 16.1 所示。符号的位置表明了其稳定性,而不同的符号表示不同的实验值或者计算值。

在 900EFPH 时,希平港核反应堆 1 号堆芯的 1 号种子区经历了平面氙振荡,其翻倍时间为 30h。利用该时间和计算的 η 值,Ω 的计算值与实验值符合较好,误差在 3% 之内。实验发现,在 893EFPH 时,希平港核反应堆的 1 号堆芯的 4 号种子区变得相当的不稳定,而在 1397EFPH 时变得轻微的不稳定。这些实验观察值与 1050EFPH 的稳定性判据是一致的。

对于各种二维三群的核反应堆模型,利用有限差分方法求解方程(16.186)~方程(16.188),并利用 λ 模式稳定性判据分析这些核反应堆模型的稳定性。如图 16.1 所示的结果表明,该稳定性判据能获得可靠的预测结果。

在本节的分析中,核反应堆总功率假设保持不变,而且非线性效应和控制棒移动对稳定性的影响也被忽略了。虽然计算一个不可控的核反应堆内氙动力学对总功率的影响是可行的,但大部分核反应堆通常是可控的,并可维持其总功率保持不变。对非线性效应和控制棒移动对稳定性的影响参见下一节的分析。

16.5.4 非线性稳定性判据

16.4 节介绍的广义李雅普诺夫方法适用于推导包含非线性效应的稳定性判据。利用单群中子动力学模型,保留瞬发中子动力学项,并在平衡点展开中子注量率、碘浓度和氙浓度,这些核反应堆动力学的控制方程写为矩阵形式:

$$\dot{\boldsymbol{y}}(r,t)=\boldsymbol{L}(r)\boldsymbol{y}(r,t)+\boldsymbol{g}(r,t) \tag{16.216}$$

式中

$$\begin{cases}\boldsymbol{y}(r,t)\equiv\begin{bmatrix}\delta\phi(r,t)\\ \delta X(r,t)\\ \delta I(r,t)\end{bmatrix},\quad \boldsymbol{g}(r,t)\equiv-\begin{bmatrix}v\sigma_x\delta X\delta\phi+\alpha v\Sigma_{\mathrm{f}}(\delta\phi)^2\\ \sigma_x\delta X\delta\phi\\ 0\end{bmatrix}\\ \boldsymbol{L}(r)\equiv\begin{bmatrix}v\nabla\cdot D\nabla-v\Sigma_{\mathrm{a}}+v\nu\Sigma_{\mathrm{f}}-v\sigma_xX_0-\alpha v\Sigma_{\mathrm{f}}\phi_0 & -v\sigma_x\phi_0 & 0\\ \gamma_x\Sigma_{\mathrm{f}}-\sigma_xX_0 & -\lambda_x-\sigma_x\phi_0 & \lambda_i\\ \gamma_i\Sigma_{\mathrm{f}} & 0 & -\lambda_i\end{bmatrix}\end{cases} \tag{16.217}$$

其中:v 为中子速度;α 为功率反馈系数;其他系数参见上节。

李雅普诺夫泛函可选为

$$V[\boldsymbol{y}]=\frac{1}{2}\int_R\boldsymbol{y}^{\mathrm{T}}(r,t)\boldsymbol{y}(r,t)\,\mathrm{d}r \tag{16.218}$$

李雅普诺夫稳定性(渐进稳定性)条件为沿方程(16.126)定义的迹上$\dot{V}$为半负定的(负定的)。$\dot{V}$的定义为

$$\begin{aligned}\dot{V}[\boldsymbol{y}]&=\frac{1}{2}\int_R(\dot{\boldsymbol{y}}^{\mathrm{T}}\boldsymbol{y}+\boldsymbol{y}^{\mathrm{T}}\dot{\boldsymbol{y}})\,\mathrm{d}r\\ &=\frac{1}{2}\int_R\dot{\boldsymbol{y}}^{\mathrm{T}}(\boldsymbol{L}^*+\boldsymbol{L})\boldsymbol{y}\mathrm{d}r+\int_R\boldsymbol{g}^{\mathrm{T}}\boldsymbol{y}\mathrm{d}r\end{aligned}$$

$$\leqslant -\mu\int_R \boldsymbol{y}^{\mathrm{T}}\boldsymbol{y}\mathrm{d}r + \left(\int_R \boldsymbol{g}^{\mathrm{T}}\boldsymbol{g}\mathrm{d}r\right)^{1/2}\left(\int_R \boldsymbol{y}^{\mathrm{T}}\boldsymbol{y}\mathrm{d}r\right)^{1/2} \tag{16.219}$$

其中,μ 为如下特征值问题的最小特征值:

$$\frac{1}{2}(\boldsymbol{L}^* + \boldsymbol{L})\boldsymbol{\varphi}_n = -\mu_n\boldsymbol{\varphi}_n \tag{16.220}$$

因而稳定性条件可写为

$$\mu \geqslant \frac{\left(\int_R \boldsymbol{g}^{\mathrm{T}}\boldsymbol{g}\mathrm{d}r\right)^{1/2}}{\left(\int_R \boldsymbol{y}^{\mathrm{T}}\boldsymbol{y}\mathrm{d}r\right)^{1/2}} \tag{16.221}$$

对于某一可由 μ 表征的核反应堆模型及其平衡态,不等式(16.221)定义了响应稳定的扰动范围。对于渐进稳定性,不等式(16.221)只能取不等号。

求解方程(16.220)定义的线性特征值问题可得 μ,而且它与方程(16.217)定义的矩阵 $\boldsymbol{L}$ 及其埃米特共轭矩阵 $\boldsymbol{L}^*$ 有关。若矩阵算符 $(\boldsymbol{L}+\boldsymbol{L}^*)/2$ 的特征值为实数,而且具有一组完全正交的特征函数,那么它是自共轭的。

由于系统的李雅普诺夫泛函不是唯一的,因此以上的分析仅获得系统稳定的充分条件,而非必要条件。

16.5.5 功率在空间上振荡的控制

在稳定性分析中引入控制系统的困难在于如何描述维持核反应堆临界所需的离散的控制棒动作。在许多情形下,处于平衡态的系统对控制棒动作的瞬态响应通常比较复杂,而且忽略其影响的稳定性分析可能使分析的结果完全不正确。

16.5.6 氙空间振荡的变分控制理论

当利用节块法近似随空间变化的状态函数时,一个通用的最优控制泛函可写为如下形式(对于一个 M 个节块的模型):

$$J[\phi_1,\cdots,\phi_M,u_1,\cdots,u_M] = \sum_{m=1}^{M}\int_{t_0}^{t_f}\{[\phi_m(t) - N_m(t)]^2 + Ku_m^2(t)\}\mathrm{d}t \tag{16.222}$$

式中:ϕ_m、N_m 分别为在节块 m 实际的和期望的瞬态中子注量率;u_m 为节块 m 上的控制;K 为可变常数,它调整最优控制泛函中两项间的相对权重。

控制的目的是在核反应堆处于临界前提下找到使最优控制泛函最小化的 $u_m(t)$:

$$\begin{aligned} 0 &= \sum_{m'\neq m}^{M} I_{mm'}[\phi_{m'}(t) - \phi_m(t)] + [\nu\Sigma_{fm} - \Sigma_{am} - \sigma_x X_m(t) - u_m(t)]\phi_m(t) \\ &= f_{1m} \end{aligned} \tag{16.223}$$

而且,要求满足碘和氙的动力学方程:

$$\dot{I}_m(t) = \gamma_i\Sigma_{fm}\phi_m(t) - \lambda_i I_m(t) = f_{2m}, \quad I_m(0) = I_{m0} \tag{16.224}$$

$$\begin{cases} \dot{X}_m(t) = \gamma_x\Sigma_{fm}\phi_m(t) + \lambda_i I_m(t) - [\lambda_x + \sigma_x\phi_m(t)]X_m(t) = f_{3m} \\ X_m(0) = X_{m0} \end{cases}, \quad m = 1,\cdots,M \tag{16.225}$$

式中：下标 m 表示节块 m；$I_{mm'}$ 为节块耦合系数，关于它更详细的分析可参见 15.2 和 15.3 节。

对于该控制问题，方程(16.148)可变为

$$\begin{aligned}0 = {} & 2[\phi_m(t) - N_m(t)] - [\nu\Sigma_{\mathrm{f}m} - \Sigma_{\mathrm{a}m} - \sigma_x X_m(t) - u_m(t)]\omega_{1m}(t) + \\ & \sum_{m' \neq m}^{M} I_{mm'}[\omega_{1m}(t) - \omega_{1m'}(t)] - \gamma_i \Sigma_{\mathrm{f}m}\omega_{2m}(t) - \\ & [\gamma_x \Sigma_{\mathrm{f}m} - \sigma_x X_m(t)]\omega_{3m}(t)\end{aligned} \tag{16.226}$$

$$\dot{\omega}_{2m}(t) = \lambda_i[\omega_{2m}(t) - \omega_{3m}(t)] \tag{16.227}$$

$$\dot{\omega}_{3m}(t) = \sigma_x \phi_m(t)\omega_{1m}(t) + [\lambda_x + \sigma_x \phi_m(t)]\omega_{3m}(t) \quad (m = 1,\cdots,M) \tag{16.228}$$

由于 λ 通常表示衰变常数，因而在此采用 ω 表示拉格朗日乘数。该问题与方程(16.150)相对应的终值条件可写为

$$\omega_{2m}(t_{\mathrm{f}}) = 0, \quad \omega_{3m}(t_{\mathrm{f}}) = 0 \quad (m = 1,\cdots,M) \tag{16.229}$$

方程(16.149)须稍做修改，因为最优控制泛函与控制本身有关。与方程(16.149)相对应的更加通用的关系式可写为

$$\frac{\partial F}{\partial u_r} + \sum_{i=1}^{N} \lambda_i(t) \frac{\partial f_i(\boldsymbol{y},\boldsymbol{u})}{\partial u_r} = 0 \quad (r = 1,\cdots,R) \tag{16.230}$$

由此该控制问题相应的方程也可写为

$$2Ku_m(t) + \omega_{1m}(t)\phi_m(t) = 0 \quad (m = 1,\cdots,M) \tag{16.231}$$

利用方程(16.231)可消去方程(16.223)和方程(16.226)中的 u_m。消去 u_m 后的方程(16.223)和方程(16.226)及其方程(16.224)、方程(16.225)、方程(16.227)和方程(16.228)组成了一组个数为 $6M$ 的方程组。利用如上定义的初值条件和终值条件，求解该方程组可得最优的中子注量率、碘浓度、氙浓度和拉格朗日乘数的迹。最优的控制须由方程(16.231)确定。

若随空间变化的状态函数不做任何的近似，相应的最优控制泛函可写为

$$J[\phi, u] = \int_V \mathrm{d}r \int_{t_0}^{t_{\mathrm{f}}} \{[\phi(r,t) - N(r,t)]^2 + Ku^2(r,t)\}\,\mathrm{d}t \tag{16.232}$$

相应的限制条件为

$$0 = \nabla \cdot D(r)\nabla\phi(r,t) + [\nu\Sigma_{\mathrm{f}}(r) - \Sigma_{\mathrm{a}}(r) - \sigma_x X(r,t) - u(r,t)]\phi(r,t) = f_1 \tag{16.233}$$

$$\dot{I}(r,t) = \gamma_i \Sigma_{\mathrm{f}}(r)\phi(r,t) - \lambda_i I(r,t) = f_2, \quad I(r,0) = I_0(r) \tag{16.234}$$

$$\begin{cases}\dot{X}(r,t) = \gamma_x \Sigma_{\mathrm{f}}(r)\phi(r,t) + \lambda_i I(r,t) - [\lambda_x + \sigma_x\phi(r,t)]X(r,t) = f_3 \\ X(r,0) = X_0(r)\end{cases} \tag{16.235}$$

对于该控制问题，方程(16.171)变为

$$\begin{aligned}0 = {} & 2[\phi(r,t) - N(r,t)] - \nabla \cdot D(r)\nabla\,\omega_1(r,t) - \\ & [\nu\Sigma_{\mathrm{f}}(r) - \Sigma_{\mathrm{a}}(r) - \sigma_x X(r,t) - u(r,t)]\omega_1(r,t) - \\ & \gamma_i\Sigma_{\mathrm{f}}(r)\omega_2(r,t) - [\gamma_x\Sigma_{\mathrm{f}}(r) - \sigma_x X(r,t)]\omega_3(r,t)\end{aligned} \tag{16.236}$$

$$\dot{\omega}_2(r,t)=\lambda_i[\omega_2(r,t)-\omega_3(r,t)] \tag{16.237}$$

$$\dot{\omega}_3(r,t)=\sigma_x\phi(r,t)\omega_1(r,t)+[\lambda_x+\sigma_x\phi(r,t)]\omega_3(r,t) \tag{16.238}$$

与方程(16.172)相对应的终值条件为

$$\omega_2(r,t_f)=0,\quad \omega_3(r,t_f)=0 \tag{16.239}$$

与方程(16.173)相对应的边界条件为

$$\omega_1(R,t)=0 \tag{16.240}$$

由于最优泛函包含控制函数,那么方程(16.174)须变为

$$\frac{\partial F}{\partial u_r}+\sum_{i=1}^{N}\lambda_i(r,t)\frac{\partial f_i(\boldsymbol{y},\boldsymbol{u})}{\partial u_r}=0\quad(r=1,\cdots,R) \tag{16.241}$$

对于该控制问题,方程(16.241)也须变为

$$2Ku(r,t)+\omega_1(r,t)\phi(r,t)=0 \tag{16.242}$$

16.6 随机中子动力学

核反应堆状态的演变本质上是一个随机过程,这从数学上须用一组随机的动力学方程进行描述。在确定论框架下,利用状态变量的平均值足以描述核反应堆物理涉及的大部分问题。然而,对于弱中子源条件下的核反应堆启动问题,或者核反应堆的实验研究,例如测量裂变过程释放的中子数,或者测量与分析核反应堆噪声等,这些状态变量的随机特征将变得重要。本节的主要目的是分析时-空零功率核反应堆模型内的随机现象。

16.6.1 随机模型

核反应堆在空间上通常可划分成 I 个栅元、在能量上通常可划分成 G 群。经空间和能量的划分后,核反应堆的状态可由如下的这组数进行描述:

$$N\equiv\{n_{ig}c_{im}\}\quad(i=1,\cdots,I;g=1,\cdots,G;m=1,\cdots,M)$$

式中:n_{ig} 为栅元 i 内 g 群中子数;c_{im} 为栅元 i 内第 m 组缓发中子先驱核数。

核反应堆从 t' 时刻、状态 N' 转变为 t 时刻、状态 N 的转变概率定义为 $P(N't'|Nt)$。由转变概率可定义概率生成函数为

$$G(N't'|Ut)\equiv\sum_N P(N't'|Nt)\prod_{igm}u_{ig}^{n_{ig}}\boldsymbol{v}_{im}^{c_{im}} \tag{16.243}$$

对 N 的求和表示对 n_{ig} 和 c_{im} 的所有 i、g 和 m 进行求和。u_{ig} 和 $\boldsymbol{v}_{im}$ 为转变变量。

为了便于记忆,转变概率可写为

$$P(N't'|Nt)\equiv\left[\prod_{ig}P_{ig}(N't'|n_{ig}t)\right]\left[\prod_{im}\hat{P}_{im}(N't'|c_{im}t)\right] \tag{16.244}$$

该定义并不表示概率的乘积,它仅仅是为了区分在空间-能量栅元内的中子数和空间栅元内的第 m 组先驱核数。

概率生成函数具有如下特性:

$$G(N't'|Ut)_{U=1}=\sum_N P(N't'|Nt)\equiv 1 \tag{16.245}$$

$$\left.\frac{\partial G(N't'|Ut)}{\partial u_{ig}}\right|_{U=1} = \sum_N n_{ig} P(N't'|Nt) \equiv \bar{n}_{ig}(t) \tag{16.246}$$

$$\left.\frac{\partial G(N't'|Ut)}{\partial v_{im}}\right|_{U=1} = \sum_N c_{im} P(N't'|Nt) \equiv \bar{c}_{im}(t) \tag{16.247}$$

$$W_{ig,i'g'}(t) \equiv \left.\frac{\partial^2 G(N't'|Ut)}{\partial u_{ig}\partial u_{i'g'}}\right|_{U=1} = \begin{cases} \overline{n_{ig}(t)[n_{ig}(t)-1]}, & ig = i'g' \\ \overline{n_{ig}(t)n_{i'g'}(t)}, & ig \neq i'g' \end{cases} \tag{16.248}$$

$$Y_{im,i'g'}(t) \equiv \left.\frac{\partial^2 G(N't'|Ut)}{\partial v_{im}\partial u_{i'g'}}\right|_{U=1} = \overline{n_{i'g'}(t)c_{im}(t)} \tag{16.249}$$

$$Z_{im,i'm'}(t) \equiv \left.\frac{\partial^2 G(N't'|Ut)}{\partial v_{im}\partial v_{i'm'}}\right|_{U=1} = \begin{cases} \overline{c_{im}(t)[c_{im}(t)-1]}, & im = i'm' \\ \overline{c_{im}(t)c_{i'm'}(t)}, & im \neq i'm' \end{cases} \tag{16.250}$$

符号 $U=1$ 表示当所有 u_{ig} 和 v_{im} 等于 1 时计算该表达式。横杠“—”表示期望值，如方程(16.246)和方程(16.247)定义。在以上的方程及以下的推导过程中，t 时刻的期望值与 t' 时刻的核反应堆状态存在隐式的依赖关系。考虑所有 $t \to t+\Delta t$ 的时间间隔内改变核反应堆状态的所有事件，由此可推导出转变概率和概率生成函数满足的平衡方程。在时间间隔 Δt 内，当 $\Delta t \to 0$ 时，发生多个事件的概率可忽略不计，而且，对所有单一事件概率求和即可得平衡方程。

源中子释放：

$$\left.\frac{\partial P}{\partial t}\right|_S = \sum_{ig} S_{ig}[P_{ig}(n_{ig}-1) - P_{ig}(n_{ig})]\left(\prod{}' P_{i'g'}\right)\left(\prod \hat{P}_{i'm'}\right)$$

$$\left.\frac{\partial G}{\partial t}\right|_S = \sum_{ig} S_{ig}[u_{ig}-1]G$$

俘获事件(包括被探测器的俘获)：

$$\left.\frac{\partial P}{\partial t}\right|_c = \sum_{ig} \Lambda_{cig}[(n_{ig}+1)P_{ig}(n_{ig}+1) - n_{ig}P_{ig}(n_{ig})]\left(\prod{}' P_{i'g'}\right)\left(\prod \hat{P}_{i'm'}\right)$$

$$\left.\frac{\partial G}{\partial t}\right|_c = \sum_{ig} \Lambda_{cig}[1-u_{ig}]\frac{\partial G}{\partial u_{ig}}$$

输运事件：

$$\left.\frac{\partial P}{\partial t}\right|_T = \sum_{ig}\sum_{i'} l_{ii'}^g[(n_{ig}+1)P_{ig}(n_{ig}+1)P_{i'g}(n_{i'g}-1) - n_{ig}P_{ig}(n_{ig})P_{i'g}(n_{i'g})]\left(\prod{}' P_{i''g''}\right)\left(\prod \hat{P}_{i''m}\right)$$

$$\left.\frac{\partial G}{\partial t}\right|_T = \sum_{ig}\sum_{i'} l_{ii'}^g[u_{i'g}-u_{ig}]\frac{\partial G}{\partial u_{ig}}$$

散射事件：

$$\left.\frac{\partial P}{\partial t}\right|_s = \sum_{ig} \Lambda_{sig}\left[(n_{ig}+1)P_{ig}(n_{ig}+1)\sum_{g'} K_i^{gg'} P_{ig}(n_{ig'}-1)\left(\prod{}' P_{i''g''}\right) - n_{ig}P_{ig}(n_{ig})\left(\prod{}' P_{i'g'}\right)\right]\left(\prod \hat{P}_{i'm'}\right)$$

$$\left.\frac{\partial G}{\partial t}\right|_s = \sum_{ig} \Lambda_{sig}\Big[\sum_{g'} K_i^{gg'} u_{ig'} - u_{ig}\Big]\frac{\partial G}{\partial u_{ig}}$$

缓发中子释放事件:

$$\left.\frac{\partial P}{\partial t}\right|_d = \sum_{im} \lambda_m \Big[(c_{im}+1)\hat{P}_{im}(c_{im}+1)\sum_g \chi_m^g P_{ig}(n_{ig}-1)\Big(\prod{}' P_{i'g'}\Big) - c_{im}\hat{P}_{ig}(c_{im})\Big(\prod{}' P_{i'g'}\Big)\Big]\Big(\prod \hat{P}_{i'm'}\Big)$$

$$\left.\frac{\partial G}{\partial t}\right|_d = \sum_{im} \lambda_m\Big[\sum_g \chi_m^g u_{ig} - \boldsymbol{v}_{im}\Big]\frac{\partial G}{\partial \boldsymbol{v}_{im}}$$

裂变事件:

$$\left.\frac{\partial P}{\partial t}\right|_f = \sum_{ig} \Lambda_{fig}\Big[(n_{ig}+1)P_{ig}(n_{ig}+1)\sum_{vp} p_g(\nu_{\mathrm{p}}) \times \Big\{(1-\beta'\nu_p)\sum_{g'}\chi_p^{g'}P_{ig}(n_{ig'}-\nu_p)\Big(\prod{}' P_{i''g''}\Big)\Big(\prod \hat{P}_{i'm'}\Big) + \sum_m \beta'_m v_p \sum_{g'}\chi_p^{g'}P_{ig'}(n_{ig'}-\nu_p)\hat{P}_{im}(c_{im}-1)\Big(\prod{}' P_{i''g''}\Big)\Big(\prod \hat{P}_{i'm'}\Big)\Big\} - n_{ig}P_{ig}(n_{ig})\Big(\prod{}' P_{i'g'}\Big)\Big(\prod \hat{P}_{i'm'}\Big)\Big]$$

$$\left.\frac{\partial G}{\partial t}\right|_f = \sum_{ig} \Lambda_{fig}\Big[\sum_{g'} f_g \chi_p^{g'} - \Big\{\beta' - \sum_m \beta'_m \boldsymbol{v}_{im}\Big\}\sum_{g'} u_{ig'}\frac{\partial f_g}{\partial u_{ig'}}\chi_p^{g'} - u_{ig}\Big]\frac{\partial G}{\partial u_{ig}}$$

式中:参数 Λ_{-ig} 表示空间栅元 i 内 g 群中子的反应频率,下表 c、s 和 f 分别表示俘获、散射和裂变,例如,$\Lambda_{fig}=v_g\Sigma_f^g$,$v_g$ 为中子速度,Σ_f^g 为裂变截面;$K^{gg'}$ 为中子从 g 群转移至 g' 群的散射事件的概率;χ_p^g 和 χ_m^g 分别为由裂变和第 m 组先驱核衰变产生 g 群中子的概率;第 m 组先驱核的衰变常数为 λ_m;β'_m 为第 m 组先驱核的数目与每次裂变中产生的瞬发中子数目之比($\beta'_m=\Sigma_m\beta_{m'}$);$S_{ig}$ 为空间栅元 i 内 g 群中子源的产生率;$l_{ii'}^g$ 表示 g 群中子从空间栅元 i 扩散至空间栅元 i' 的频率(中子的能群在扩散过程中并未发生变化);带上标的连乘符号 $\prod'$ 表示对所有 i、g 和 m 求和,但不包含该项显式表示的部分;参数 f_g 为 $p_g(\nu_p)$ 的概率生成函数,即由一个 g 群中子诱发的一次裂变产生的瞬发中子数的概率分布函数,即

$$f_g(u_{ig'}) = \sum_{n_{ig'}} u_{ig}^{n_{ig'}} p_g(\nu_p) \tag{16.251}$$

为了简便,方程(16.251)仅假设了单一可裂变核素。

由此,转变概率及概率生成函数须满足的平衡方程可写为

$$\frac{\partial P(N't'|Nt)}{\partial t} = \left.\frac{\partial P}{\partial t}\right|_S + \left.\frac{\partial P}{\partial t}\right|_c + \left.\frac{\partial P}{\partial t}\right|_T + \left.\frac{\partial P}{\partial t}\right|_s + \left.\frac{\partial P}{\partial t}\right|_d + \left.\frac{\partial P}{\partial t}\right|_f \tag{16.252}$$

$$\frac{\partial G(N't'|Ut)}{\partial t} = \left.\frac{\partial G}{\partial t}\right|_S + \left.\frac{\partial G}{\partial t}\right|_c + \left.\frac{\partial G}{\partial t}\right|_T + \left.\frac{\partial G}{\partial t}\right|_s + \left.\frac{\partial G}{\partial t}\right|_d + \left.\frac{\partial G}{\partial t}\right|_f \tag{16.253}$$

16.6.2 平均值、方差和协方差

根据方程(16.246)和方程(16.247),方程(16.253)对 u_{ig} 和 $\boldsymbol{v}_{im}$ 求导并计算其 $U=1$ 时的

值可得中子和先驱核分布的均值须满足的方程分别为

$$\frac{\partial \bar{n}_{ig}(t)}{\partial t} = S_{ig}(t) - [\Lambda_{cig}(t) + \Lambda_{sig}(t) + \Lambda_{fig}(t)]\bar{n}_{ig}(t) + \sum_{g'=1}^{G}\Lambda_{sig}(t)K_i^{g'g}\bar{n}_{ig'}(t) + \chi_p^g\sum_{g'=1}^{G}\bar{\nu}_p^{g'}\Lambda_{fig'}(t)\bar{n}_{ig'}(t) + \sum_{m=1}^{M}\chi_m^g\lambda_m\bar{c}_{im}(t) + \sum_{i'=1}^{I}l_{i'i}^g(t)[\bar{n}_{i'g}(t) - \bar{n}_{ig}(t)] \tag{16.254}$$

$$\frac{\partial \bar{c}_{im}(t)}{\partial t} = -\lambda_m\bar{c}_{im}(t) + \beta'_m\sum_{g=1}^{G}\bar{\nu}_p^g\Lambda_{fig}(t)\bar{n}_{ig}(t) \tag{16.255}$$

$$(g = 1,\cdots,G; i = 1,\cdots,I; m = 1,\cdots,M)$$

利用$\bar{\nu}_p^g \equiv (1-\beta)\bar{\nu}^g$，其中，$\bar{\nu}^g$ 为由 g 群中子诱发的每次裂变产生的平均中子数(瞬发和缓发)，方程(16.254)和方程(16.255)分别为多群近似下的时-空中子和先驱核动力学方程。

方程(16.253)对 u_{ig} 和 v_{im} 求二阶偏导并计算 $U=1$ 时的值可得方程(16.248)~方程(16.250)定义的变量所须满足的方程为

$$\frac{\partial W_{ig,i'g'}}{\partial t} = S_{ig}\bar{n}_{i'g'} + S_{i'g'}\bar{n}_{i'g'} - (\Lambda_{cig} + \Lambda_{ci'g'})W_{ig,i'g'} + \sum_j l_{ji}^g(W_{jg,i'g'} - W_{ig,i'g'}) + \sum_j l_{ji'}^{g'}(W_{jg',ig} - W_{ig,ig}) + \sum_{g''}(\Lambda_{cig''}K_i^{g''g}W_{i'g,ig} + \Lambda_{ci'g''}K_{i'}^{g''g'}W_{i'g'',ig}) - (\Lambda_{sig} + \Lambda_{si'g'})W_{ig,i'g'} + \sum_m\lambda_m(\chi_m^gY_{im,i'g'} + \chi_m^{g'}Y_{i'm,ig}) + \chi_p^g\sum_{g''}\bar{\nu}_p^{g''}\Lambda_{fig''}W_{i'g',ig''} + \chi_p^{g'}\sum_{g''}\bar{\nu}_p^{g''}\Lambda_{fi'g''}W_{ig,i'g''}(\Lambda_{fig} + \Lambda_{fi'g'})W_{ig,i'g'} + \chi_p^g\sum_{g''}\Lambda_{fig''}\overline{\nu_p^{g''}(\nu_p^{g''}-1)}\,\bar{n}_{ig'}\delta_{ig,i'g'} \quad (i,i' = 1,\cdots,I; g,g' = 1,\cdots,G) \tag{16.256}$$

$$\frac{\partial Y_{im,i'g'}}{\partial t} = S_{i'g'}\bar{c}_{im} - \Lambda_{ci'g'}Y_{im,i'g'} + \sum_j l_{ji'}^{g'}(Y_{im,jg'} - Y_{im,i'g'}) + \sum_{g''}\Lambda_{si'g''}K_{i'}^{g''g'}Y_{im,i'g'} - \Lambda_{si'g'}Y_{im,i'g'} - \lambda_mY_{im,i'g'} + \sum_{m'}\lambda_{m'}\chi_{m'}^{g'}Z_{im,i'm'} + \beta'_m\sum_{g''}\bar{\nu}_p^{g''}\Lambda_{fi'g''}W_{i'g',ig''} + \chi_p^{g'}\sum_{g''}\bar{\nu}_p^{g''}\Lambda_{fi'g''}Y_{im,i'g''} - \Lambda_{fi'g'}Y_{im,i'g'} + \beta_m\sum_{g''}\overline{(\nu_p^{g''})^2}\Lambda_{fi'g''}\bar{n}_{i'g''}\delta_{i,i'}$$

$$(i,i' = 1,\cdots,I;\quad m = 1,\cdots,M;\quad g' = 1,\cdots,G) \tag{16.257}$$

$$\frac{\partial Z_{im,i'm'}}{\partial t} = -\lambda_mZ_{im,i'm'} - \lambda_{m'}Z_{im,i'm'} + \beta'_m\sum_g\bar{\nu}_p^g\Lambda_{fi'g}Y_{im,i'g} + \beta'_{m'}\sum_g\bar{\nu}_p^g\Lambda_{fig}Y_{i'm',ig} \quad (i,i' = 1,\cdots,I; m = 1,\cdots,M) \tag{16.258}$$

方程(16.256)~方程(16.258)是相互耦合的。

由方程(16.248)~方程(16.250)可知，方程(16.256)~方程(16.258)的解与中子和先驱核分布的方差和协方差有关，例如：

$$\sigma_{ig}^2 \equiv \overline{(n_{ig}-\bar{n}_{ig})^2} = W_{ig,ig} - \bar{n}_{ig}(\bar{n}_{ig}-1) \tag{16.259}$$

$$\sigma_{im}^2 \equiv \overline{(c_{im}-\bar{c}_{im})^2} = Z_{im,im} - \bar{c}_{im}(\bar{c}_{im}-1) \tag{16.260}$$

$$\sigma_{igm}^2 \equiv \overline{(n_{ig}-\bar{n}_{ig})(c_{im}-\bar{c}_{im})} = Y_{im,ig} - \bar{n}_{ig}\bar{c}_{im} \tag{16.261}$$

16.6.3 相关性函数

定义如下的相关性函数：

$$\overline{n_{ig}(t)n_{i'g'}(t')} \equiv \sum_N \sum_{N'} n_{ig}n_{i'g'}P(N't'|Nt) \tag{16.262}$$

$$\overline{c_{im}(t)n_{i'g'}(t')} \equiv \sum_N \sum_{N'} c_{im}n_{i'g'}P(N't'|Nt) \tag{16.263}$$

$$\overline{n_{ig}(t)c_{i'm'}(t')} \equiv \sum_N \sum_{N'} n_{ig}c_{i'm'}P(N't'|Nt) \tag{16.264}$$

$$\overline{c_{im}(t)c_{i'm'}(t')} \equiv \sum_N \sum_{N'} c_{im}c_{i'm'}P(N't'|Nt) \tag{16.265}$$

方程(16.262)~方程(16.265)对时间 t 求导,并利用方程(16.245)~方程(16.248),方程(16.254)和方程(16.255),由此可知相关性函数须满足如下的方程:

$$\begin{aligned}\frac{\partial}{\partial t}\overline{n_{ig}(t)n_{i'g'}(t')} = {} & S_{ig}(t)\,\bar{n}_{i'g'}(t) - [\Lambda_{cig}(t)+T_{ig}(t)+\Lambda_{sig}(t)+\Lambda_{fig}(t)]\,\overline{n_{ig}(t)n_{i'g'}(t)} + \\ & \sum_{m=1}^{M}\lambda_m\chi_m^g\,\overline{c_{im}(t)n_{i'm'}(t')} + \\ & \sum_{g''=1}^{G}[\Lambda_{sig''}K_i^{g''g}(t)+\chi_p^g\,\bar{\nu}_p^{g''}\Lambda_{sig''}(t)]\,\overline{n_{ig''}(t)n_{i'g'}(t')}\end{aligned} \tag{16.266}$$

$$\frac{\partial}{\partial}\overline{c_{im}(t)n_{i'g'}(t')} = \beta'_m\sum_{g=1}^{G}\bar{\nu}_p^g\Lambda_{fig}\,\overline{n_{ig}(t)n_{i'g'}(t')} - \lambda_m\,\overline{c_{im}(t)n_{i'g'}(t')} \tag{16.267}$$

$$\begin{aligned}\frac{\partial}{\partial t}\overline{n_{ig}(t)c_{i'm'}(t')} = {} & S_{ig}(t)\,\bar{c}_{i'm'}(t) - [\Lambda_{cig}(t)+T_{ig}(t)+\Lambda_{sig}(t)+\Lambda_{fig}(t)]\,\overline{n_{ig}(t)c_{i'm'}(t')} + \\ & \sum_{m=1}^{M}\lambda_m\chi_m^g\,\overline{c_{im}(t)c_{i'm'}(t')} + \\ & \sum_{g''=1}^{G}[\Lambda_{sig''}K_i^{g''g}(t)+\chi_p^g\,\bar{\nu}_p^{g''}\Lambda_{sig''}(t)]\,\overline{n_{ig''}(t)c_{i'm'}(t')}\end{aligned} \tag{16.268}$$

$$\begin{aligned}\frac{\partial}{\partial t}\overline{c_{im}(t)c_{i'm'}(t')} = {} & \beta'_m\sum_{g=1}^{G}\bar{\nu}_p^g\Lambda_{fig}(t)\,\overline{n_{ig}(t)c_{i'm'}(t')} - \lambda_m\,\overline{c_{im}(t)c_{i'm'}(t')} \\ & (i,i'=1,\cdots,I;m,m'=1,\cdots,M)\end{aligned} \tag{16.269}$$

方程(16.266)和方程(16.267)是相互耦合的,而方程(16.268)和方程(16.269)是相互耦合的。算符 T_{ig}定义为

$$T_{ig}\,\overline{n_{ig}n_{i'g'}} = \sum_{i''=1}^{I} l_{i''i}^g\,\overline{(n_{ig}n_{i'g'} - n_{ig}n_{i'g'})}$$

16.6.4 物理解释、应用及其初值条件与边界条件

若存在一组完全相同的核反应堆且已知所有核反应堆在 t'时刻的状态 N',而且所有核反

应堆在 t'后的时间内进行相同的操作且每一个核反应堆在 t 时刻的状态 N 是已知的,那么处于状态 N 的核反应堆数目将接近分布 $P(N't'|Nt)$。$\bar{n}_{ig}$为 t 时刻在空间栅元 i 内 g 群中子数目的平均值(对所有核反应堆进行平均);$\bar{c}_{im}$为 t 时刻在空间栅元 i 内第 m 组先驱核数目的平均值(对所有核反应堆进行平均)。

同理,假设一个核反应堆在时刻 t'的状态 N'是已知的,随后以某一方式运行直至另一个时刻 t。若这样的过程被重复许多次,在 t 时刻核反应堆处于某一特定状态 N 的次数的分布接近 $P(N't'|Nt)$。同样地,$\bar{n}_{ig}$和$\bar{c}_{im}$分别为中子数目和先驱核数目的平均值。$\sigma_{ig}^2(t)$和 $\sigma_{im}^2(t)$分别为中子数目和先驱核数目的均方差。这两个均方差表征了中子或先驱核的实际数目等于该平均值的不确定性;而平均值通常可利用传统的动力学方程进行预测。

方程(16.254)~方程(16.258)的初值条件可由如下的等式进行计算:

$$P(N^0 t_0|Nt_0) = \delta_{NN^0} \tag{16.270}$$

式中:上标 0 表示已知的 t_0 时刻的状态。

由方程(16.243)和方程(16.245)~方程(16.250)可得如下的初值条件:

$$G(N^0 t_0|Ut_0) = \prod_{igm} u_{ig}^{n_{ig}^0} v_{im}^{c_{im}^0} \tag{16.271}$$

$$\bar{n}_{ig}(t_0) = \left.\frac{\partial G(N^0 t_0|Ut_0)}{\partial u_{ig}}\right|_{U=1} = n_{ig}^0 \tag{16.272}$$

$$\bar{c}_{im}(t_0) = \left.\frac{\partial G(N^0 t_0|Ut_0)}{\partial v_{im}}\right|_{U=1} = c_{im}^0 \tag{16.273}$$

$$W_{ig,i'g'}(t_0) = \begin{cases} n_{ig}^0(n_{ig}^0 - 1), & i'g' = ig \\ n_{ig}^0 n_{i'g'}^0, & i'g' \neq ig \end{cases} \tag{16.274}$$

$$Y_{im,i'g'}(t_0) = n_{i'g'}^0 c_{im}^0 \tag{16.275}$$

$$Z_{i'm',im}(t_0) = \begin{cases} c_{im}^0(c_{im}^0 - 1), & im = i'm' \\ c_{im}^0 c_{i'm'}^0, & im \neq i'm' \end{cases} \tag{16.276}$$

实际上,确定“已知的”初始条件是不可能的。利用齐次的初始条件可避免这一困难。对于次临界系统,方程(16.254)~方程(16.258)的渐近解可作为其他运行条件的初始条件。同理,静态的方程(16.254)~方程(16.258)的解也可作为初始条件。

为了计算净泄漏算子,假设核反应堆实际外边界的邻近区域存在一些假想的外部栅元,而且假设这些外部栅元的平均值、方差或协方差为 0,这可作为核反应堆的外边界条件。这等价于中子扩散方程的外推边界条件。

如上对 $P(N't'|Nt)$的物理解释可导出相关性函数的物理意义。例如,$\overline{n_{ig}(t)n_{i'g'}(t')}$为 t'时刻在空间栅元 i'内 g'群中子数与 t 时刻在空间栅元 i 内 g 群中子数的乘积的期望(平均)值。对于次临界核反应堆,若核反应堆的属性随时间保持不变,由遍历理论可知全体核反应堆的平均值可由一个核反应堆在一段时间内的平均值代替。在此情形下,若所选的能群和空间栅元与探测器的分辨率一致,参数$\overline{n_{ig}(t'+\tau)n_{i'g'}(t')}$可由实验进行测定。而且,利用如上所述的外边界条件,并经探测过程和计数电路统计值修正后,求解静态的方程(16.266)可得相应的理论值。

16.6.5 数值分析

对于一组缓发中子先驱核、单群、一维问题,方程(16.254)~方程(16.258)的数值计算结果可用于分析各种静态和动态条件下中子和先驱核的分布特性。数值计算所得的结果可由中子和先驱核分布的平均值和相对方差进行表征。相对方差的定义分别为

$$\mu_i \equiv \frac{\overline{(n_i - \bar{n}_i)^2}}{\bar{n}_i^2} = \frac{W_{i,i} - \bar{n}_i(\bar{n}_i - 1)}{\bar{n}_i^2} \tag{16.277}$$

$$\varepsilon_i \equiv \frac{\overline{(c_i - \bar{c}_i)^2}}{\bar{c}_i^2} = \frac{Z_{i,i} - \bar{c}_i(\bar{c}_i - 1)}{\bar{c}_i^2} \tag{16.278}$$

式中:μ_i、ε_i 表征在栅元 i 内中子和先驱核统计分布的相对分散程度。

大量的数值分析可得如下的结论:

(1) 当核反应堆处于次临界状态时,μ_i 和 ε_i 的渐近值随空间位置的不同而不同,而且在某一栅元内,$\varepsilon_i < \mu_i$。

(2) 当核反应堆处于次临界状态时,μ_i 和 ε_i 的渐近值与中子源水平及其分布和次临界程度有关。通常来说,增加中子源水平或增殖系数将减小 μ_i 和 ε_i。

(3) 当核反应堆处于超临界状态时,μ_i 和 ε_i 在所有区域内具有相同的渐近值,即 $\mu_i = \varepsilon_i$。

(4) 当核反应堆从次临界状态转变为超临界状态时,μ_i 通常将减小而 ε_i 将增大。

(5) 对于超临界核反应堆,μ_i 和 ε_i 的渐近值与核反应堆达到超临界的方式有关:

① 当一根或一组控制棒抽出至固定位置时,控制棒抽出的速度越快,μ_i 和 ε_i 的渐近值越大。

② 当从核反应堆内以相同的速度抽出一定数目的控制棒时,与同时抽出所有控制棒相比,先抽出核反应堆一侧的控制棒,再抽出另一侧的控制棒使 μ_i 和 ε_i 的渐近值更大。

③ 与一根或一组控制棒从位置 a 直接抽至位置 b 相比,从位置 a 抽至位置 c,然后插至位置 b 使 μ_i 和 ε_i 的渐近值更大。

(6) μ_i 和 ε_i 达到渐近值的时间因空间位置的不同而不同,特别是当中子注量率存在明显倾斜(不平衡)时。

(7) 当核反应堆从次临界状态变为超临界状态时,μ_i 和 ε_i 的渐近值通常与中子源水平和初始次临界状态时的增殖系数有关。

(8) 在 μ_i 和 ε_i 达到渐近值之前,超临界的程度越大,它们的渐进值越大。

(9) 对于一个超临界核反应堆,当 $\bar{n}_i$ 在 $10^5\,\text{n/cm}^3$ 水平上时,μ_i 和 ε_i 通常能达到它们的渐近值。

对于次临界核反应堆,中子数目的波动取决于中子源的波动和裂变、俘获与扩散过程的波动;其中,中子源指自发裂变率、中子诱发的裂变率和缓发先驱核的衰变率。先驱核数目的波动取决于裂变事件的波动在先驱核平均寿命($\tau = 1/\lambda$)上的积分。先驱核数目的波动与裂变事件波动的积分依赖关系通常将使先驱核数目的波动平滑化:

$$C_m(r,t) = \int_{t-n\tau}^{t} \mathrm{e}^{-\lambda(t-t')} \beta \Sigma_\mathrm{f}(t,t') n(r,t') v\mathrm{d}t' \quad (n \approx 10)$$

对于超临界核反应堆,先驱核数目的波动仍然与裂变的波动在先驱核最近几个平均寿命上的积分有关。然而,接近积分上限的那部分时间对积分的贡献是主要的。因此,先驱核的波

动越来越明显地依赖于裂变的即时波动。对于超临界核反应堆,大部分瞬发中子非常迅速地诱发裂变。因此,中子和先驱核数目的波动取决于裂变率的即时波动,而且它们在统计上是一致的,即具有相同的相对方差。

对于次临界核反应堆,由于裂变、俘获和扩散的相对概率随空间位置的变化而变化,因此,中子数目的波动在不同的空间位置上也呈现不同的统计规律。同理,由于次临界核反应堆内吸收和散射的相对概率及其裂变谱随着能群的变化而变化,所以中子数目的波动在不同能群内也呈现不同的统计特性。对于超临界核反应堆,中子数目的波动在所有区域和所有能群内呈现相同的统计特性。

利用数值计算可得中子和先驱核数目在核反应堆内的随机分布。对于次临界核反应堆,中子数目的随机分布与空间和能量存在依赖关系,而且先驱核数目的随机分布仅与空间存在依赖关系。通常来说,中子在次临界核反应堆内的随机分布在空间上比先驱核的随机分布更加分散。

在超临界核反应堆内,中子的渐近随机分布与空间和能量无关,而且与先驱核的渐近随机分布是相同的。当一个核反应堆由次临界状态转变为超临界状态时,中子的随机分布通常将变得更加一致,而先驱核的随机分布将变得更加分散。在超临界核反应堆内,渐近分布的分散性取决于核反应堆达到最终状态的方式、最初与最终的增殖特性和中子源水平。与中子和先驱核平均密度较大的核反应堆相比,中子和先驱核平均密度较小的核反应堆的渐近分布及其分散性对状态变化更加敏感。

16.6.6 启动分析

分析核反应堆启动问题的本质是确定实际的中子数目位于均值附近一定范围内的概率,而中子数目的均值通常由确定论的动力学方程计算获得。本节以启动时的功率激增过程为例介绍核反应堆启动分析。当然,触发紧急停堆引起的功率水平突跳可终止功率激增过程。在达到突跳点后至紧急停堆被触发的有限时间间隔内,中子数目将持续地增加。若核反应堆的启动过程是通过抽出控制棒实现的,分析这一过程主要关心的是实际的中子数目应小于由确定论的动力学方程计算的平均值,在此情形下,实际的中子密度将更晚达到突跳点;否则中子密度将在比确定论预计的更短的时间内达到功率突跳点,因而功率激增过程比确定论预计的更加严重。

启动分析过程可分为随机论部分和确定论部分。第一部分利用随机动力学进行分析,其所得结果作为第二部分(确定论的动力学分析)的初始条件。随机论分析部分通常忽略反馈效应。当随机论分析达到渐近值时,启动分析从随机论分析转为确定论分析,例如,当方程(16.277)和方程(16.278)定义的μ_i和ε_i达到渐近值时。若中子和先驱核分布在转换时刻的值是已知的,由此可得实际的中子和先驱核密度小于某一特定值的概率。

在一个具有较大增殖能力而又无反馈的核反应堆内,中子和先驱核的渐近分布可由伽马分布近似,而伽马分布完全可由分布的平均值和方差进行描述(例如,对于$\bar{n}_i$和μ_i、$\bar{c}_i$和ε_i)。理论分析表明,在静态的增殖过程中,当增殖过程没有限制时,随机变量的概率分布趋近于伽马分布。采用伽马分布的随机论分析与点堆动力学模型结合分析GODIVA弱中子源的瞬态数据表明,采用伽马分布描述中子和先驱核的渐进分布是合理的。

伽马分布为

$$F(x)\mathrm{d}x=\frac{r^r}{\Gamma(r)}x^{r-1}\mathrm{e}^{-rx}\mathrm{d}x \tag{16.279}$$

式中:Γ 为伽马函数;x 为随机变量的实际值与其平均值之比值;r 为随机变量的平均值与其均方根之比值。例如,对于单群模型,有

$$x=\frac{n_i}{\overline{n}_i},\quad r=\mu_i^{-1/2} \tag{16.280}$$

由方程(16.279)可知,$x<\Delta$ 的概率为

$$P(x<\Delta)=\int_0^{\Delta}F(x)\mathrm{d}x=1-\frac{\Gamma_{\mathrm{in}}(r,\Delta r)}{\Gamma(r)} \tag{16.281}$$

式中:Γ_{in}为不完全伽马函数。

利用表格化的函数,方程(16.281)可写为

$$P(x<\Delta)=\frac{(\Delta r)^r\mathrm{e}^{-\Delta r}M(1,r+1,\Delta r)}{r\Gamma(r)} \tag{16.282}$$

式中:M 为合流超线几何函数。

根据随机论部分的结果,确定论阶段的初值条件为

$$n_i^0=\Delta\,\overline{n}_i(t_s),\quad c_i^0=\Delta\,\overline{c}_i(t_s) \tag{16.283}$$

式中:$\overline{n}_i$ 和 $\overline{c}_i$ 分别为中子和先驱核密度在转换时刻 t_s 的平均值。对于给定的 Δ,由方程(16.282)可得$\overline{n}_i(t_s)<\Delta\,\overline{n}_i(t_s)$和$\overline{c}_i(t_s)<\Delta\,\overline{c}_i(t_s)$的概率。

参考文献

[1] J. A. FAVORITE and W. M. STACEY, "Variational Estimates of Point Kinetics Parameters," *Nucl. Sci. Eng. 121*, 353 (**1995**); "Variational Estimates for Use with the Improved Quasistatic Method for Reactor Dynamics," *Nucl. Sci. Eng. 126*, 282 (**1997**).

[2] T. M. SUTTON and B. N. AVILES, "Diffusion Theory Methods for Spatial Kinetics Calculations," *Prog. Nucl. Energy 30*, 119 (**1996**).

[3] P. KAPS and P. RFNTROP, "Generalized Runge – Kutta Methods of Order Four with Step – Size Control for Stiff Ordinary Differential Equations," *Numer. Math. 33*, 55 (**1979**); W. H. PRESS, S. A. TEUKOLSKY, W. T. VETTERLING, and B. P. FLANNERY, *Numerical Recipes in Fortran: The Art of Scientific Computing*, 2nd Ed., Cambridge University Press, Cambridge (**1992**).

[4] W. WERNER, "Solution Methods for the Space-Time Dependent Neutron Diffusion Equation," *Adv. Nucl. Sci. Technol. 10*, 313 (**1977**).

[5] H. L. DODDS, "Accuracy of the Quasistatic Method for Two-Dimensional Thermal Reactor Transients with Feedback," *Nucl. Sci.* Eng. *59*, 271 (**1976**).

[6] A. F. HENRY, *Nuclear Reactor Analysis*, MIT Press, Cambridge, MA (**1975**), Chap. 7.

[7] D. R. FERGUSON, "Multidimensional Reactor Dynamics: An Overview," *Proc. Conf. Computation Methods* in *Nuclear Engineering*, CONF-750413, *VI*, 49 (**1975**).

[8] D. C. WADE and R. A. RYDIN, "An Experimentally Measurable Relationship between Asymptotic Flux Tilts and Eigenvalue Separation," in D. L. Hetrick, ed., *Dynamics of Nuclear Systems*, University of Arizona Press, Tuscon, AZ (**1972**) p. 335.

[9] W. M. STACEY, "Space and Energy Dependent Neutronics in Reactor Transient Analysis," *Reactor Technol. 14*, 169 (**1971**); "Xenon-Induced Spatial Power Oscillations," *Reactor Technol. 13*, 252 (**1970**); *Space-Time Nuclear Reactor Kinetics*, Academic Press, New York (**1969**).

[10] K. O. OTT and D. A. MENELEY, "Accuracy of the Quasistatic Treatment of Spatial Reactor Kinetics," *Nucl. Sci. Eng. 36*, 402 (**1969**); D. A. MENELEY et. al., "A Kinetics Model for Fast Reactor Analysis in Two Dimensions," in D. L. HETRICK, ed., *Dynamics of Nuclear Systems*, University of Arizona Press, Tuscan, AZ (**1972**).

[11] J. LEWINS and A. L. BABB. "Optimum Nuclear Reactor Control Theory," *Adv. Nucl. Sci. Technol. 4*, 252 (**1968**).

[12] A. A. FEL'DBAUM, *Optimal Control Systems*, Academic Press, New York (**1965**).

[13] L. S. PONTRYAGIN, V. G. BOLTYANSKII, R. V. GAMKNELIDZE, and E. F. MISHCHENKO, The *Mathematical Theory of Optimum Processes*, Wiley Interscience, New York (**1962**).

[14] J. LASALLE and S. LEFSCHETZ, *Stability by Lyapunov's Direct Method*, Academic Press, New York (**1961**).

[15] R. BELLMAN, *Dynamic Programming*, Princeton University Press, Princeton, NJ (**1957**).

[16] J. N. GRACE, ed., "Reactor Kinetics" in *Naval Reactors Physics Handbook*, A. Radkowsky, ed., USAEC, Washington (**1964**).

习题

16.1 试通过计算 $1 \leqslant a \leqslant 5\text{m}$ 范围内随厚度变化的 $1-k_1$ 估计石墨慢化和 H_2O 慢化平板热中子反应堆的相对倾斜程度,并计算因缓发中子滞后引起的倾斜相应的时间常数。

16.2 试推导方程(16.11)和方程(16.12)。

16.3 试计算并绘制缓发中子滞后时间常数随均匀平板反应堆厚度与徙动面积之比的变化关系。

16.4 试由多群扩散方程推导点堆动力学方程,并讨论点堆动力学参数的物理意义。

16.5 对于一个均匀平板裸堆,其单群扩散理论相关的常数分别为 $D=1.2\text{cm}$, $\Sigma_a = 0.12\text{cm}^{-1}$, $\nu\Sigma_f = 0.14\text{cm}^{-1}$。当反应堆的左半侧受到扰动,且其吸收截面增加了1%。试计算:(1)平板反应堆的临界厚度和未受扰动时的中子注量率分布;(2)利用方程(16.36)计算广义共轭函数;(3)分别计算扰动的反应性价值的一阶微扰理论估计值、变分方法估计值和精确值。

16.6 对于题16.5的扰动,利用瞬跳变近似和单群缓发中子近似($\lambda = 0.08\text{s}^{-1}$, $\beta = 0.0075$),数值积分求解点堆动力学方程计算此瞬态过程。

16.7 对于题16.5的平板反应堆,在单群缓发中子近似和瞬跳变近似下,推导该反应堆的两节点动力学模型,并数值积分求解动力学方程组计算此瞬态过程。

16.8 采用 θ 方法重新求解题16.7,其中, θ 为0、0.5和1。其余条件和要求与题16.7相同。

16.9 假设题16.7中每个节块的吸收截面和裂变截面均具有功率(温度)反馈,而且每个节块的温度由裂变能产生与导热冷却决定。试利用两节块模型分析其线性稳定性与功率反馈系数间的关系。

16.10 对于题16.7的反应堆,在10s内,通过分别抽出节块1和节块2内的控制棒,节块1和节块2的功率分别增加25%和50%,随后维持反应堆的功率保持不变。在单群缓发中子近似和瞬跳变近似下,确定每个节块内控制棒截面随时间的变化以保证最佳的功率变化过程。

16.11 构建含单群缓发中子先驱核的点堆动力学方程的李雅普诺夫泛函,并分析该模型的稳定性。

16.12 该点堆动力学方程包含单群缓发中子先驱核方程、热传导方程和反应性温度系数

α_T。试分析该反应堆模型的线性稳定性。

16.13　对于题 16.12 的反应堆,试构建其李雅普诺夫泛函并分析其稳定性。

16.14　对于第 16.6 节分析的空间氙振荡,试推导其 λ 模式的线性稳定性判据。

16.15　对于题 16.5 的反应堆,利用其 λ 模式的线性稳定性判据,分析该反应堆空间氙振荡的稳定性及其随稳定时的中子注量率水平和功率反馈系数的变化。

16.16　(编程题)在单能中子和单群缓发先驱核的近似下,编写两节块的中子动力学程序用于分析弱中子源启动问题的中子数目和先驱核数目的均值与方差随时间的变化过程。其中,两个相邻平板区域的厚度均为 150cm。对于区域 1:$D = 1.5\text{cm}$,$\Sigma_{ac} = 0.0125\text{cm}^{-1}$,$\Sigma_f = 0.008\text{cm}^{-1}$。对于区域 2:$D = 0.1\text{cm}$,$\Sigma_{ac} = 0.005\text{cm}^{-1}$,$\Sigma_f = 0.008\text{cm}^{-1}$。缓发中子参数 $\beta = 0.0075$,$\lambda = 0.088\text{s}^{-1}$,瞬发中子参数 $\bar{\nu}_p = 0.24$,$\overline{\bar{\nu}_p(\nu_p - 1)} = 3.84$。区域 1 内含有源强 $S = 5 \times 10^2\text{s}^{-1}$ 的中子源,试分析该反应堆的启动过程。

16.17　试计算中子注量率的实际值小于其平均值的 110% 的概率及其随 μ_i 变化。

附录A　物理常数与核数据

A.1　常见的物理常数

阿伏加德罗常量 N_0	$6.022045\times10^{23}\,mol^{-1}$	中子的静止质量 m_n	$1.6749544\times10^{-27}\,kg$
玻耳兹曼常数 k	$1.380662\times10^{23}\,J/K$		$939.5731\,MeV$
	$0.861735\times10^{-4}\,eV/K$	普朗克常数 h	$6.626176\times10^{-34}\,J/Hz$
电子的静止质量 m_e	$9.109534\times10^{-31}\,kg$	质子的静止质量 m_p	$1.6726485\times10^{-27}\,kg$
	$0.5110034\,MeV$		$938.2796\,MeV$
基本电荷 e	$1.6021892\times10^{-19}\,C$	光速 c	$2.99792458\times10^{8}\,m/s$
气体常数 R	$8.31441\,J/(mol\cdot K)$	—	—

A.2　常见的转换系数

1eV	$1.6021892\times10^{-19}\,J$	1a	365.25d
1MeV	$10^{6}\,eV$		8766h
1amu	$1.6605655\times10^{-27}\,kg$		$3.156\times10^{7}\,s$
1W	1J/s	1Ci	$3.7\times10^{10}\,Bq$
1d	86400s	1K	$8.617065\times10^{-5}\,eV$

A.3　自然存在的元素及其热中子截面(2200m/s)

原子序数	元素或化合物	相对原子质量或相对分子质量	密度/(g/cm^3)	原子核的数密度/$\times10^{-24}$	$1-\bar{\mu}_0$	ξ	微观吸收截面/b			宏观吸收截面/cm^{-1}		
							σ_a	σ_s	σ_t	Σ_a	Σ_s	Σ_t
1	H	1.008	8.9①	5.3①	0.3386	1.000	0.33	38	38	1.7①	0.002	0.002
	H_2O	18.016	1	0.0335②	0.676	0.948	0.66	103	103	0.022	3.45	3.45
	D_2O	20.030	1.10	0.0331②	0.884	0.570	0.001	13.6	13.6	3.3①	0.449	0.449
2	He	4.003	17.8①	2.6①	0.8334	0.425	0.007	0.8	0.807	0.02①	2.1①	2.1①
3	Li	6.940	0.534	0.0463	0.9047	0.268	71	1.4	72.4	3.29	0.065	3.35
4	Be	9.013	1.85	0.1236	0.9259	0.209	0.010	7.0	7.01	124①	0.865	0.865
	BeO	25.02	3.025	0.0728②	0.939	0.173	0.010	6.8	6.8	73①	0.501	0.501
5	B	10.82	2.45	0.1364	0.9394	0.171	755	4	759	103	0.346	104
6	C	12.011	1.60	0.0803	0.9444	0.158	0.004	4.8	4.80	32①	0.385	0.385
7	N	14.008	0.0013	5.3①	0.9524	0.136	1.88	10	11.9	9.9①	50①	60①

(续)

原子序数	元素或化合物	相对原子质量或相对分子质量	密度/(g/cm^3)	原子核的数密度/$\times 10^{-24}$	$1-\bar{\mu}_0$	ξ	微观吸收截面/b			宏观吸收截面/cm^{-1}		
							σ_a	σ_s	σ_t	Σ_a	Σ_s	Σ_t
8	O	16.000	0.0014	5.3①	0.9583	0.120	20①	4.2	4.2	0.000	21①	21①
9	F	19.00	0.0017	5.3①	0.9649	0.102	0.001	3.9	3.90	0.01①	20①	20①
10	Ne	20.183	0.0009	2.6①	0.9667	0.0968	<2.8	2.4	5.2	7.3①	6.2①	13.5①
11	Na	22.991	0.971	0.0254	0.9710	0.0845	0.525	4	4.53	0.013	0.102	0.115
12	Mg	24.32	1.74	0.0431	0.9722	0.0811	0.069	3.6	3.67	0.003	0.155	0.158
13	Al	26.98	2.699	0.0602	0.9754	0.0723	0.241	1.4	1.64	0.015	0.084	0.099
14	Si	28.09	2.42	0.0522	0.9762	0.0698	0.16	1.7	1.86	0.008	0.089	0.097
15	P	30.975	1.82	0.0354	0.9785	0.0632	0.20	5	5.20	0.007	0.177	0.184
16	S	32.066	2.07	0.0389	0.9792	0.0612	0.52	1.1	1.62	0.020	0.043	0.063
17	Cl	35.457	0.0032	5.3①	0.9810	0.0561	33.8	16	49.8	0.002	80①	0.003
18	Ar	39.944	0.0018	2.6①	0.9833	0.0492	0.66	1.5	2.16	1.7①	3.9	5.6①
19	K	39.100	0.87	0.0134	0.9829	0.0504	2.07	1.5	3.57	0.028	0.020	0.048
20	Ca	40.08	1.55	0.0233	0.9833	0.0492	0.44	3.0	3.44	0.010	0.070	0.080
21	Sc	44.96	2.5	0.0335	0.9852	0.0438	24	24	48	0.804	0.804	1.61
22	Ti	47.90	4.5	0.0566	0.9861	0.0411	5.8	4	9.8	0.328	0.226	0.555
23	V	50.95	5.96	0.0704	0.9869	0.0387	5	5	10.0	0.352	0.352	0.704
24	Cr	52.01	7.1	0.0822	0.9872	0.0385	3.1	3	6.1	0.255	0.247	0.501
25	Mn	54.94	7.2	0.0789	0.9878	0.0359	13.2	2.3	15.5	1.04	0.181	1.22
26	Fe	55.85	7.86	0.0848	0.9881	0.0353	2.62	11	13.6	0.222	0.933	1.15
27	Co	58.94	8.9	0.0910	0.9887	0.0335	38	7	45	3.46	0.637	4.10
28	Ni	58.71	8.90	0.0913	0.9887	0.0335	4.6	17.5	22.1	0.420	1.60	2.02
29	Cu	63.54	8.94	0.0848	0.9896	0.0309	3.85	7.2	11.05	0.032	0.611	0.937
30	Zn	65.38	7.14	0.0658	0.9897	0.0304	1.10	3.6	4.70	0.072	0.237	0.309
31	Ga	69.72	5.91	0.0511	0.9925	0.0283	2.80	4	6.80	0.143	0.204	0.347
32	Ge	72.60	5.36	0.0445	0.9909	0.0271	2.45	3	5.45	0.109	0.134	0.243
33	As	74.91	5.73	0.0461	0.9911	0.0264	4.3	6	10.3	0.198	0.277	0.475
34	Se	78.96	4.8	0.0366	0.9916	0.0251	12.3	11	23.3	0.450	0.403	0.853
35	Br	79.916	3.12	0.0235	0.9917	0.0247	6.7	6	12.7	0.157	0.141	0.298
36	Kr	83.80	0.0037	2.6①	0.9921	0.0236	31	7.2	38.2	81①	19①	99①
37	Rb	85.48	1.53	0.0108	0.9922	0.0233	0.73	12	12.7	0.008	0.130	0.138
38	Sr	87.63	2.54	0.0175	0.9925	0.0226	1.21	10	11.2	0.021	0.175	0.195
39	Yt	88.92	5.51	0.0373	0.9925	0.0223	1.313	4.3	4.3	0.049	0.112	0.160
40	Zr	91.22	6.4	0.0423	0.9927	0.0218	0.185	8	8.2	0.008	0.338	0.347
41	Nb	92.91	8.4	0.0545	0.9928	0.0214	1.16	5	6.16	0.063	0.273	0.336
42	Mo	95.95	10.2	0.00640	0.9931	0.0207	2.70	7	9.70	0.173	0.448	0.621
43	Tc	98.0	—	—	0.9932	0.0203	22	—	—	—	—	—
44	Ru	101.1	12.2	0.0727	0.9934	0.0197	2.56	6	8.56	0.186	0.436	0.622
45	Rh	102.91	12.5	0.0732	0.9935	0.0193	149	5	154	10.9	0.366	11.3
46	Pd	106.4	12.16	0.0689	0.9937	0.0187	8	3.6	11.6	0.551	0.248	0.799

（续）

原子序数	元素或化合物	相对原子质量或相对分子质量	密度/(g/cm^3)	原子核的数密度/$\times 10^{-24}$	$1-\bar{\mu}_0$	ξ	微观吸收截面/b			宏观吸收截面/cm^{-1}		
							σ_a	σ_s	σ_t	Σ_a	Σ_s	Σ_t
47	Ag	107.88	10.5	0.0586	0.9938	0.0184	63	6	69	3.69	0.352	4.04
48	Cd	112.41	8.65	0.0464	0.9940	0.0178	2450	7	2457	114	0.325	114
49	In	114.82	7.28	0.0382	0.9942	0.0173	191	2.2	193	7.30	0.084	7.37
50	Sn	118.70	6.5	0.0330	0.9944	0.0167	0.625	4	4.6	0.021	0.132	0.152
51	Sb	121.76	6.69	0.0331	0.9945	0.0163	5.7	4.3	10.0	0.189	0.142	0.331
52	Te	127.61	6.24	0.0295	0.9948	0.0155	4.7	5	9.7	0.139	0.148	0.286
53	I	126.91	4.93	0.0234	0.9948	0.0157	7.0	3.6	10.6	0.164	0.084	0.248
54	Xe	131.30	0.0059	2.7①	0.9949	0.0152	35	4.3	39.3	95①	12①	0.001
55	Cs	132.91	1.873	0.0085	0.9950	0.0150	28	20	48	0.238	0.170	0.408
56	Ba	137.36	3.5	0.0154	0.9951	0.0145	1.2	8	9.2	0.018	0.123	0.142
57	La	138.92	6.19	0.0268	0.9952	0.0143	8.9	15	24	0.239	0.403	0.642
58	Ce	140.13	6.78	0.0292	0.9952	0.0142	0.73	9	9.7	0.021	0.263	0.283
59	Pr	140.92	6.78	0.0290	0.9953	0.0141	11.3	4	15.3	0.328	0.116	0.444
60	Nd	144.27	6.95	0.0290	0.9954	0.0138	46	16	62	1.33	0.464	1.79
61	Pm	145.0	—	—	0.9954	0.0137	60	—	—	—	—	—
62	Sm	150.35	7.7	0.0309	0.9956	0.0133	5600	5	5605	173	0.155	173
	Sm_2O_3	348.70	7.43	0.0128②	0.974	0.076	16500	22.6	16500	211	0.289	211
63	Eu	152.0	5.22	0.0207	0.9956	0.0131	4300	8	4308	89.0	0.166	89.2
	Eu_2O_3	352.00	7.42	0.0127②	0.978	0.063	8740	30.2	8770	111	0.383	111
64	Gd	167.26	7.95	0.0305	0.9958	0.0127	46000	—	—	1403	—	—
65	Tb	158.93	8.33	0.0316	0.9958	0.0125	46	—	—	1.45	—	—
66	Dy	162.51	8.56	0.0317	0.9959	0.0122	950	100	1050	30.1	3.17	33.3
	Dy_2O_3	372.92	7.81	0.0126②	0.993	0.019	2200	214	2414	27.7	2.7	30.4
67	Ho	164.94	8.76	0.0320	0.9960	0.0121	65	—	—	2.08	—	—
68	Er	167.27	9.16	0.0330	0.9960	0.0119	173	15	188	5.71	0.495	6.20
69	Tm	168.94	9.35	0.0333	0.9961	0.0118	127	7	134	4.23	0.233	4.46
70	Yb	173.04	7.01	0.0244	0.9961	0.0115	37	12	49	0.903	0.293	1.20
71	Lu	174.99	9.74	0.0335	0.9962	0.0114	112	—	—	3.75	—	—
72	Hf	178.5	13.3	0.0449	0.9963	0.0112	105	8	113	4.71	0.036	5.07
73	Ta	180.95	16.6	0.0553	0.9963	0.0110	21	5	26	1.16	0.277	1.44
74	W	183.86	19.3	0.0632	0.9964	0.0108	19.2	5	24.2	1.21	0.316	1.53
75	Re	186.22	20.53	0.0664	0.9964	0.0107	86	14	100	5.71	0.930	6.64
76	Os	190.2	22.48	0.0712	0.9965	0.0105	15.3	11	26.3	1.09	0.783	1.87
77	Ir	192.2	22.42	0.0703	0.9965	0.0104	440	—	—	30.9	—	—
78	Pt	195.09	21.37	0.0660	0.9966	0.0102	8.8	10	18.8	0.581	0.660	1.24
79	Au	197.0	19.32	0.0591	0.9966	0.0101	98.8	9.3	107.3	5.79	0.550	6.34
80	Hg	200.61	13.55	0.0407	0.9967	0.0099	380	20	400	15.5	0.814	16.3
81	Tl	204.39	11.85	0.0349	0.9967	0.0098	3.4	14	17.4	0.119	0.489	0.607
82	Pb	207.21	11.35	0.0330	0.9968	0.0096	0.170	11	11.2	0.006	0.363	0.369

(续)

原子序数	元素或化合物	相对原子质量或相对分子质量	密度/(g/cm^3)	原子核的数密度/×10^{-24}	$1-\bar{\mu}_0$	ξ	微观吸收截面/b			宏观吸收截面/cm^{-1}		
							σ_a	σ_s	σ_t	Σ_a	Σ_s	Σ_t
83	Bi	209.0	9.747	0.0281	0.9968	0.0095	0.034	9	9	0.001	0.253	0.256
84	Po	210.0	9.24	0.0265	0.9968	0.0095	—	—	—	—	—	—
85	At	211.0	—	—	0.9968	0.0094	—	—	—	—	—	—
86	Rn	222.0	0.0097	2.6①	0.9970	0.0090	0.7	—	—	—	—	—
87	Fr	223.0	—	—	0.9980	0.0089	—	—	—	—	—	—
88	Ra	226.05	5	0.0133	0.9971	0.0088	20	—	—	0.266	—	—
89	Ac	227.0	—	—	0.9971	0.0088	510	—	—	—	—	—
90	Th	232.05	11.3	0.0293	0.9971	0.0086	7.56	12.6	20.2	0.222	0.369	0.592
91	Pa	231.0	15.4	0.0402	0.9971	0.0086	200			8.04		
92	U	238.07	18.9	0.04783	0.9972	0.0084	7.68	8.3	16.0	0.367	0.397	0.765
	UO_2	270.07	10	0.0223②	0.9887	0.036	7.6	16.7	24.3	0.169	0.372	0.542
93	Np	237.0	—	—	0.9972	0.0084	170	—	—	—	—	—
94	Pu	239.0	19.74	0.0498	0.9972	0.0083	1026	9.6	1036	51.1	0.478	51.6
95	Am	242.0	—	—	0.9973	0.0082	8.000	—	—	—	—	—

① 数值已乘 10^5。

② 分子/cm^3

A.4 几种常见元素的热中子截面(2200m/s)

元素	吸收或俘获截面/b	裂变截面/b
^{10}B	$\sigma_a = 3837$	—
^{11}B	$\sigma_a = 0.005$	—
^{135}Xe	$\sigma_a = 2.7\times10^6$	—
^{233}U	$\sigma_\gamma = 49$	$\sigma_f = 524$
^{235}U	$\sigma_\gamma = 101$	$\sigma_f = 577$
^{238}U	$\sigma_\gamma = 2.73$	—
^{239}Pu	$\sigma_\gamma = 274$	$\sigma_f = 741$
^{240}Pu	$\sigma_\gamma = 286$	$\sigma_f = 0.03$
^{241}Pu	$\sigma_\gamma = 425$	$\sigma_f = 950$
^{242}Pu	$\sigma_\gamma = 30$	$\sigma_f < 0.2$

附录 B　一些常用的数学公式

B.1　一阶线性微分方程及其解

$$\frac{\mathrm{d}f}{\mathrm{d}x}+a(x)f(x)=g(x) \tag{B.1}$$

$$f(x) = \mathrm{e}^{-A(x)}\left[\int^{x}\mathrm{e}^{A(x')}g(x')\mathrm{d}x' + C\right], A(x) = \int^{x}a(x')\mathrm{d}x' \tag{B.2}$$

B.2　含参定积分的导数

$$\frac{\mathrm{d}}{\mathrm{d}x}\int_{b(x)}^{a(x)}F(x,x')\mathrm{d}x' = F(x,a)\frac{\mathrm{d}a}{\mathrm{d}x} - F(x,b)\frac{\mathrm{d}b}{\mathrm{d}x} + \int_{b(x)}^{a(x)}\frac{\partial F(x,x')}{\partial x}\mathrm{d}x' \tag{B.3}$$

B.3　常见坐标系下拉普拉斯算子的展开式

（1）笛卡儿坐标系：

$$\nabla^2=\frac{\partial^2}{\partial x^2}+\frac{\partial^2}{\partial y^2}+\frac{\partial^2}{\partial z^2} \tag{B.4}$$

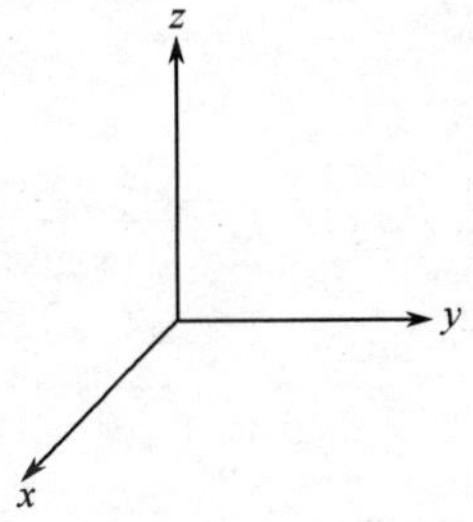

（2）柱坐标系：

$$\nabla^2=\frac{1}{r}\frac{\partial}{\partial r}r\frac{\partial}{\partial r}+\frac{1}{r^2}\frac{\partial^2}{\partial \theta^2}+\frac{\partial^2}{\partial z^2} \tag{B.5}$$

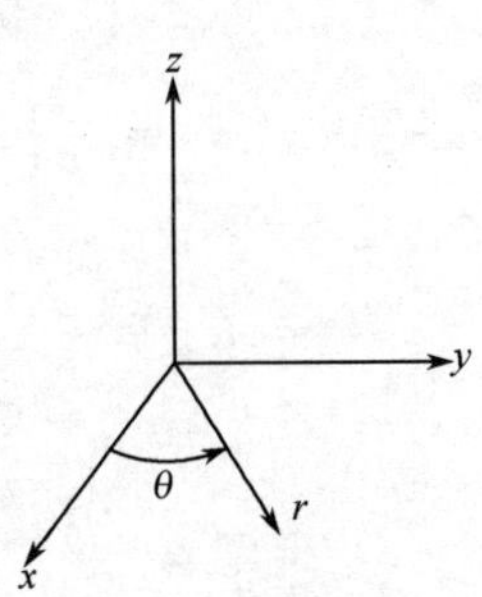

(3) 球坐标系:

$$\nabla^2 = \frac{1}{r^2}\frac{\partial}{\partial r}r^2\frac{\partial}{\partial r} + \frac{1}{r^2\sin\theta}\frac{\partial}{\partial\theta}\left(\sin\theta\frac{\partial}{\partial\theta}\right) + \frac{1}{r^2\sin^2\theta}\frac{\partial^2}{\partial\phi^2} \tag{B.6}$$

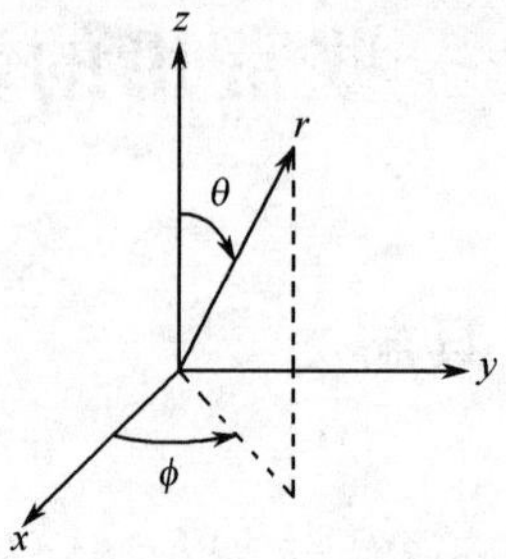

B.4 高斯散度定理

$$\int_V \nabla\cdot \boldsymbol{A}\mathbf{d}^3 r = \int_S \hat{\mathbf{e}}_s \cdot \boldsymbol{A}\mathrm{d}S \tag{B.7}$$

其中,$\hat{\mathbf{e}}_s$ 为面积微元 dS 法向的单位矢量。

B.5 格林公式

$$\int \nabla\phi\cdot\nabla\psi \mathrm{d}^3 r = \int_S \phi\,\hat{\mathbf{e}}_s\cdot\nabla\psi\mathrm{d}S - \int \phi\,\nabla^2\psi\mathrm{d}^3 r \tag{B.8}$$

$$\int(\phi\,\nabla^2\psi - \psi\,\nabla^2\phi)\mathrm{d}^3 r = \int_S \hat{\mathbf{e}}_s\cdot(\phi\,\nabla\psi - \psi\,\nabla\phi)\mathrm{d}S \tag{B.9}$$

B.6 泰勒级数展开

$$f(x) = f(x_0) + (x - x_0)f'(x_0) + \frac{(x - x_0)^2}{2!}f''(x_0) + \cdots \tag{B.10}$$

B.7 傅里叶级数展开

$$f(x) = \sum_{n=1}^{\infty} a_n\sin\frac{n\pi x}{l} + \frac{1}{2}b_0 + \sum_{n=1}^{\infty} b_n\cos\frac{n\pi x}{l} \tag{B.11}$$

式中

$$a_n \equiv \frac{1}{l}\int_{-1}^{1} f(x')\sin\frac{n\pi x'}{l}\mathrm{d}x', b_n \equiv \frac{1}{l}\int_{-1}^{1} f(x')\cos\frac{n\pi x'}{l}\mathrm{d}x' \tag{B.12}$$

附录 C 阶跃函数、δ 函数和其他常见函数

C.1 简介

单位阶跃函数定义为

$$\Theta(x)=\begin{cases}0, & x<0\\ 1, & x\geqslant 0\end{cases} \tag{C.1}$$

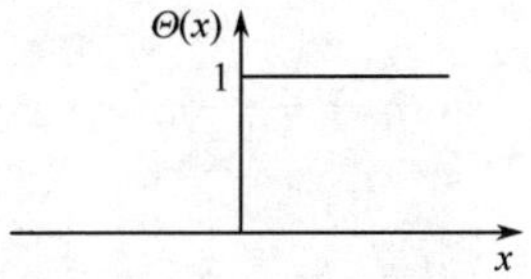

它由赫维赛德在提出积分变换分析过程中引入的,是一个不连续函数。阶跃函数积分可得斜坡函数:

$$\eta(x)=\int_{-\infty}^{x}\Theta(x')\mathrm{d}x'=\begin{cases}0, & x<0\\ x, & x\geqslant 0\end{cases} \tag{C.2}$$

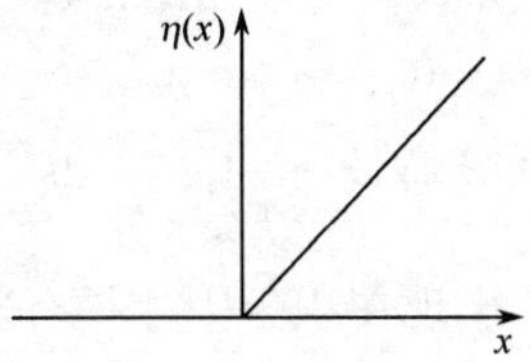

单位阶跃的导数称为 $\delta(x)$:

$$\delta(x)=\Theta'(x)=\lim_{\varepsilon\to 0}\left[\frac{\Theta(x+\varepsilon)-\Theta(x)}{\varepsilon}\right]=\begin{cases}0, & x\neq 0\\ \infty, & x=0\end{cases} \tag{C.3}$$

由于 $\Theta(x)$ 在 $x=0$ 处是不连续的,因而 $\delta(x)$ 函数在该点处是无定义的。虽然这些函数看上去很奇怪,但是狄拉克和赫维赛德等科学家非常喜欢使用这些奇怪的“函数”。狄拉克 δ 函数具有如下的性质:

$$\delta(x-x_0)=\begin{cases}0, & x\neq x_0\\ \infty, & x=x_0\end{cases},\quad \int_{-\infty}^{\infty}\delta(x-x_0)\mathrm{d}x=1 \tag{C.4}$$

克罗内克 δ 函数具有如下的性质:

$$\delta_{mn}=\begin{cases}0, & \mathrm{m}\neq n\\ 1, & \mathrm{m}=n\end{cases}$$

当狄拉克 δ 函数与任意函数 $f(x)$ 积分时,

$$\int f(x)\delta(x-x_0)\mathrm{d}x=f(x_0) \tag{C.5}$$

这样的性质不但非常有意思,而且在数学物理方面非常实用。由于证明这些函数的性质需要运用大量的数学工具,因而在此不再引入证明过程。

C.2 狄拉克δ函数的性质

1. 表达式

$$\delta(x-x_0)=\frac{1}{\pi}\lim_{\lambda\to\infty}\frac{\sin\lambda(x-x_0)}{(x-x_0)} \tag{C.6}$$

$$\delta(x-x_0)=\frac{1}{\pi}\lim_{\varepsilon\to 0^+}\frac{\varepsilon}{(x-x_0)^2+\varepsilon^2} \tag{C.7}$$

2. 性质

$$\delta(x)=\delta(-x) \tag{C.8}$$

$$\delta(ax)=\frac{1}{|a|}\delta(x) \tag{C.9}$$

$$\delta[g(x)]=\sum_n\frac{1}{|g'(x_n)|}\delta(x-x_n),g(x_n)=0,g'(x_n)\neq 0 \tag{C.10}$$

$$x\delta(x)=0 \tag{C.11}$$

$$f(x)\delta(x-a)=f(a)\delta(x-a) \tag{C.12}$$

$$\int\delta(x-y)\delta(y-a)\mathrm{d}y=\delta(x-a) \tag{C.13}$$

$$\delta(x)=\frac{1}{2\pi}\int_{-\infty}^{\infty}\mathrm{e}^{ikx}\mathrm{d}k \tag{C.14}$$

实际上,上述性质只有当δ函数出现在积分中才具有实用价值。例如性质(C.8),即

$$\int f(x)\delta(x)\mathrm{d}x=\int f(x)\delta(-x)\mathrm{d}x=f(0) \tag{C.15}$$

3. 微分性质

对δ函数可以求任意次导数。它的 m 次导数定义为

$$\int_{-\infty}^{\infty}\delta^m(x-a)f(x)\mathrm{d}x=(-1)^m\left.\frac{\mathrm{d}^m f}{\mathrm{d}x^m}\right|_{x=a} \tag{C.16}$$

由此可知

$$\delta^m(x)=(-1)^m\delta^m(-x) \tag{C.17}$$

$$\int_{-\infty}^{\infty}\delta^m(x-y)\delta^n(y-a)\mathrm{d}y=\delta^{m+n}(x-a) \tag{C.18}$$

$$x^{m+1}\delta^m(x)=0 \tag{C.19}$$

一阶导数是其最常用的性质:

$$\int_{-\infty}^{\infty}\delta'(x-a)f(x)\mathrm{d}x=-f'(0) \tag{C.20}$$

$$\delta'(x)=-\delta'(-x) \tag{C.21}$$

$$\int \delta'(x-y)\delta(y-a)\,\mathrm{d}y = \delta'(x-a) \tag{C.22}$$

$$x\delta'(x) = -\delta(x) \tag{C.23}$$

δ 函数可以从一维形式推广至多维形式。例如，三维 δ 函数定义为

$$\int \delta(\boldsymbol{r}'-\boldsymbol{r})f(\boldsymbol{r}')\,\mathrm{d}^3\boldsymbol{r}' = f(\boldsymbol{r}) \tag{C.24}$$

在直角坐标系下

$$\delta(\boldsymbol{r}-\boldsymbol{r}') = \delta(x-x')\delta(y-y')\delta(z-z') \tag{C.25}$$

多维的 δ 函数在矢量运算中被广泛使用。

关于狄拉克 δ 函数更加详细的介绍请参见参考文献。

参 考 文 献

[1] W. DETTMAN, *Mathematical Methods in Physics and* Engineering, 2nd Edition, McGraw-Hill, New York (**1969**).

[2] M. J. LIGHTHILL, *Fourier Analysis and Generalized Functions*, Cambridge University Press, Cambridge (**1959**).

[3] A. MESSIAH, *Quantum Mechanics*, Vol. I, Wiley, New York (**1965**), pp. 468 – 470.

附录 D　常见特殊函数及其性质

D.1　勒让德函数

（1）定义方程：

$$(1-x^2)f''-2xf'+l(l+1)f=0,\quad l=\text{整数} \tag{D.1}$$

（2）表达式：

$$P_l=\frac{1}{2^l l!}\frac{\mathrm{d}^l}{\mathrm{d}x^l}(x^2-1)^l \tag{D.2}$$

（3）性质：

$$P_0(x)=1,\quad P_1(x)=x,\quad P_2(x)=\frac{1}{2}(3x^2-1),\quad P_2(x)=\frac{1}{2}(5x^3-3x),\cdots \tag{D.3}$$

$$\int_{-1}^{+1}P_l(x)P_{l'}(x)\mathrm{d}x=\frac{2}{2l+1}\delta_{ll'} \tag{D.4}$$

（4）递推公式：

$$P'_{l+1}(x)-xP'_l(x)=(l+1)P_l(x) \tag{D.5}$$

$$(l+1)P_{l+1}(x)-(2l+1)xP_l(x)+lP_{l-1}(x)=0 \tag{D.6}$$

D.2　连带勒让德函数

（1）定义方程：

$$(1-x^2)f''-2xf'+\left[l(l+1)-\frac{m^2}{1-x^2}\right]f=0 \tag{D.7}$$

（2）表达式：

$$P_l^m(x)=(1-x^2)^{(m/2)}\frac{\mathrm{d}^m}{\mathrm{d}x^m}P_l(x) \tag{D.8}$$

（3）球谐函数：

$$Y_{lm}(\Omega)=\left[\frac{(2l+1)(l-m)!}{4\pi(l+m)!}\right]^{\frac{1}{2}}P_l(\cos\theta)\mathrm{e}^{\mathrm{i}m\phi} \tag{D.9}$$

（4）性质：

$$\int_{4\pi}Y_{lm}^*(\Omega)Y_{l'm'}(\Omega)\mathrm{d}\Omega=\delta_{ll'}\delta_{mm'} \tag{D.10}$$

$$P_l(\Omega\cdot\Omega')=\frac{4\pi}{2l+1}\sum_{m=-l}^{l}Y_{lm}^*(\Omega)Y_{lm}(\Omega') \tag{D.11}$$

D.3 贝塞尔函数

(1) 定义方程:

$$x^2f'' + xf' + (x^2 - n^2)f = 0 \tag{D.12}$$

(2) 方程的解:$J_n(x)$,第一类贝塞尔函数;$Y_n(x)$,第二类贝塞尔函数。

(3) 表达式:

$$\begin{cases} J_n(x) = \sum_{k=0}^{\infty} \dfrac{(-1)^k}{\Gamma(k+1)\Gamma(k+n+1)}\left(\dfrac{x}{2}\right)^{n+2k} \\ Y_n(x) = \dfrac{J_n(x)\cos(n\pi) - J_{-n}(x)}{\sin(n\pi)}, \quad J_{-n}(x) = (-1)^n J_n(x) \end{cases} \tag{D.13}$$

(4) 汉克尔函数(第三类贝塞尔函数):

$$H_n^{(1)}(x) = J_n(x) + iY_n(x) \tag{D.14}$$

$$H_n^{(2)}(x) = J_n(x) - iY_n(x) \tag{D.15}$$

D.4 修正的贝塞尔函数

(1) 定义方程:

$$x^2f'' + xf' - (x^2 + n^2)f = 0 \tag{D.16}$$

(2) 方程的解:$I_n(x)$,第一类修正的贝塞尔函数;$K_n(x)$,第二类修正的贝塞尔函数。

(3) 表达式:

$$\begin{cases} I_n(x) = i^{-n}J_n(ix) = i^n J_n(-ix) \\ K_n(x) = \dfrac{\pi}{2}i^{n+1}H_n^{(1)}(ix) = \dfrac{\pi}{2}i^{-n-1}H_n^{(2)}(-ix) \end{cases} \tag{D.17}$$

D.5 贝塞尔函数展开式

(1) 当 x 较小时:

$$J_0(x) = 1 - \frac{x^2}{4} + \frac{x^4}{64} - \frac{x^6}{2304} + \cdots \tag{D.18}$$

$$J_1(x) = \frac{x}{2} - \frac{x^3}{16} + \frac{x^5}{384} - \cdots \tag{D.19}$$

$$Y_0(x) = \frac{2}{\pi}\left[\left(\gamma + \ln\frac{x}{2}\right)J_0(x) + \frac{x^2}{4} + \cdots\right] \quad (\gamma = 0.577216) \tag{D.20}$$

$$Y_1(x) = \frac{2}{\pi}\left[\left(\gamma + \ln\frac{x}{2}\right)J_1(x) - \frac{1}{x} - \frac{x}{4} + \cdots\right] \tag{D.21}$$

$$I_0(x) = 1 + \frac{x^2}{4} + \frac{x^4}{64} + \frac{x^6}{2304} + \cdots \tag{D.22}$$

$$I_1(x)=\frac{x}{2}+\frac{x^3}{16}+\frac{x^5}{384}+\cdots \tag{D.23}$$

$$K_0(x)=-\left(\gamma+\ln\frac{x}{2}\right)I_0(x)+\frac{x^2}{4}+\frac{3x^4}{128}+\cdots \tag{D.24}$$

$$Y_1(x)=\left(\gamma+\ln\frac{x}{2}\right)I_1(x)+\frac{1}{x}-\frac{x}{4}-\frac{5x^3}{64}+\cdots \tag{D.25}$$

(2) 当 x 较大时：

$$I_0(x)=\frac{e^x}{\sqrt{2\pi x}}\left(1+\frac{1}{8x}+\cdots\right) \tag{D.26}$$

$$I_1(x)=\frac{e^x}{\sqrt{2\pi x}}\left(1-\frac{3}{8x}+\cdots\right) \tag{D.27}$$

$$K_0(x)=\sqrt{\frac{\pi}{2x}}e^{-x}\left(1-\frac{1}{8x}+\cdots\right) \tag{D.28}$$

$$K_1(x)=\sqrt{\frac{\pi}{2x}}e^{-x}\left(1+\frac{3}{8x}+\cdots\right) \tag{D.29}$$

(3) 递推关系式：

$$xJ'_n=nJ_n-xJ_{n+1}=-nJ_n+xJ_{n-1} \tag{D.30}$$

$$2nJ_n=xJ_{n-1}+xJ_{n+1} \tag{D.31}$$

$$xI'_n=nI_n+xI_{n+1}=-nI_n+xI_{n-1} \tag{D.32}$$

$$xK'_n=nK_n-xK_{n+1}=-nK_n-xK_{n-1} \tag{D.33}$$

$$J'_0=-J_1,Y'_0=-Y_1,I'_0=I_1,K'_0=-K_1 \tag{D.34}$$

(4) 积分关系式：

$$\int x^nJ_{n-1}(x)\mathrm{d}x=x^nJ_n,\quad \int x^nY_{n-1}(x)\mathrm{d}x=x^nY_n \tag{D.35}$$

$$\int x^nI_{n-1}(x)\mathrm{d}x=x^nI_n,\quad \int x^nK_{n-1}(x)\mathrm{d}x=-x^nK_n \tag{D.36}$$

D.6 伽马函数

(1) 定义

$$\Gamma(z)=\int_0^\infty e^{-t}t^{z-1}\mathrm{d}t \tag{D.37}$$

(2) 性质

$$\begin{cases}\Gamma(z+1)=z\Gamma(z)\\ \Gamma(1/2)=\sqrt{\pi},\Gamma(0)=\infty,\Gamma(0)=1,\cdots,\Gamma(n)=(n-1)!\end{cases} \tag{D.38}$$

D.7 误差函数

(1) 定义

$$\mathrm{erf}(x)=\frac{2}{\sqrt{\pi}}\int_0^x e^{-t^2}\mathrm{d}t \tag{D.39}$$

（2）补误差函数

$$\operatorname{erfc}(x) = 1 - \operatorname{erf}(x) = \frac{2}{\sqrt{\pi}}\int_0^{\infty} e^{-t^2}\,dt \tag{D.40}$$

D.8 指数积分函数

（1）定义：

$$E_n(x) = \int_1^{\infty} \frac{e^{-xt}}{t^n}dt,\quad E_1(x) = \int_1^{\infty} \frac{e^{-xt}}{t}dt = \int_x^{\infty} \frac{e^{-t}}{t}dt \tag{D.41}$$

（2）性质：

$$E_0(x) = \frac{e^{-x}}{x} \tag{D.42}$$

$$E_n'(x) = -E_{n-1}(x) \tag{D.43}$$

$$E_n(x) = \frac{1}{n-1}[e^{-x} - xE_{n-1}(x)] \quad (n > 1) \tag{D.44}$$

$$E_1(x) = -\gamma - \ln x - \sum_{n=1}^{\infty} \frac{(-1)^n x^n}{nn!} \quad (\gamma = 0.577216) \tag{D.45}$$

参 考 文 献

[1] M. ABRAMOWITZ and I. STEGUN (Eds.), *Handbook of Mathematical Functions*, Dover, New York (**1965**).

[2] H. MARGENAU and G. M. MURPHY, The *Mathematics of Physics and Chemistry*, 2nd Ed. , Vol. 1, Van Nostrand. Princeton, NJ (**1956**).

[3] I. S. GRADSHTFYN and I. M. RYZHIK, *Table of Integrals*, *Series*, *Production*, 4th Ed. , Academic Press. New York (**1965**).

[4] P. M. MORSE and H. FESHBACH. *Methods of Theoretical Physics*, Vols. I and II. McGraw-Hill, New York (**1953**).

附录E　矩阵及其运算简介

E.1　定义

$m\times n$ 阶的矩阵是一个由 m 行、n 列元素组成的矩形阵列，它可表示为

$$\boldsymbol{A}=\begin{bmatrix} a_{11} & a_{12} & a_{13} & \cdots & a_{1n} \\ a_{21} & \ddots & \vdots & & \vdots \\ \vdots & & a_{ij} & & \vdots \\ a_{m1} & \cdots & \cdots & \cdots & a_{mn} \end{bmatrix} \tag{E.1}$$

矩阵元素 a_{ij} 表示其是第 i 行、第 j 列的元素。若矩阵的行数与列数相等，这样的矩阵称为方块矩阵，简称方阵。例如：

$$\boldsymbol{A}=\begin{bmatrix} a_{11} & a_{12} & a_{13} \\ a_{21} & a_{22} & a_{23} \\ a_{31} & a_{32} & a_{33} \end{bmatrix} \tag{E.2}$$

对角矩阵是指主对角线是非零元素的矩阵：

$$\boldsymbol{A}=\begin{bmatrix} a_{11} & 0 & 0 \\ 0 & a_{22} & 0 \\ 0 & 0 & a_{33} \end{bmatrix} \tag{E.3}$$

三对角矩阵是指中心三条对角线上是非零元素的矩阵：

$$\boldsymbol{A}=\begin{bmatrix} a_{11} & a_{12} & 0 & 0 & \cdots \\ a_{21} & a_{22} & a_{23} & 0 & \cdots \\ 0 & a_{32} & a_{33} & a_{34} & \cdots \\ \vdots & \vdots & \vdots & & \end{bmatrix} \tag{E.4}$$

单位矩阵是指主对角线元素等于1的对角矩阵，即 $a_{ij}=1(i=j)$，则有

$$\boldsymbol{A}=\begin{bmatrix} 1 & 0 & 0 & \cdots \\ 0 & 1 & 0 & \cdots \\ 0 & 0 & 1 & \cdots \\ \vdots & \vdots & \vdots & \end{bmatrix} \tag{E.5}$$

两个矩阵相等要求这两个矩阵的每一个元素均相等：

$$\boldsymbol{A}=\begin{bmatrix} a_{11} & a_{12} & a_{13} & \cdots \\ a_{21} & a_{22} & a_{23} & \cdots \\ a_{31} & a_{32} & \cdots & \cdots \\ \vdots & \vdots & & \end{bmatrix}=\begin{bmatrix} b_{11} & b_{12} & b_{13} & \cdots \\ b_{21} & b_{22} & b_{23} & \cdots \\ b_{31} & b_{32} & \cdots & \cdots \\ \vdots & \vdots & & \end{bmatrix}=\boldsymbol{B} \tag{E.6}$$

矩阵转置是指对换其行与列的元素：

$$[\boldsymbol{A}^{\mathrm{T}}]_{ij}=[\boldsymbol{A}]_{ji} \tag{E.7}$$

或者

$$\boldsymbol{A}^{\mathrm{T}}=\begin{bmatrix} a_{11} & a_{12} & a_{13} & \cdots \\ a_{21} & a_{22} & a_{23} & \cdots \\ a_{31} & a_{32} & \cdots & \cdots \\ \vdots & \vdots & & \end{bmatrix}=\begin{bmatrix} a_{11} & a_{21} & a_{31} & \cdots \\ a_{12} & a_{22} & a_{32} & \cdots \\ a_{13} & a_{23} & \cdots & \cdots \\ \vdots & \vdots & & \end{bmatrix} \tag{E.8}$$

矩阵的行列式定义为

$$\det\boldsymbol{A}\equiv|\boldsymbol{A}|=\begin{vmatrix} a_{11} & a_{12} & a_{13} & \cdots \\ a_{21} & a_{22} & a_{23} & \cdots \\ a_{31} & a_{32} & \cdots & \cdots \\ \vdots & \vdots & & \end{vmatrix} \tag{E.9}$$

需要特别提醒的是，矩阵的行列式是一个标量，仅仅是一个数。

代数余子式定义为方阵去掉第 i 行第 j 列后剩余阵列的行列式与 $(-1)^{i+j}$ 的乘积：

$$(\mathrm{cof}\boldsymbol{A})_{23}=\begin{bmatrix} a_{11} & a_{12} & a_{13} & a_{14} & \cdots \\ a_{21} & a_{22} & a_{23} & a_{24} & \cdots \\ a_{31} & a_{32} & a_{33} & a_{34} & \cdots \\ a_{41} & a_{42} & a_{43} & a_{44} & \cdots \\ \vdots & \vdots & \vdots & \vdots & \end{bmatrix}=(-1)^{i+j}\begin{vmatrix} a_{11} & a_{12} & a_{14} & \cdots \\ a_{21} & a_{22} & a_{34} & \cdots \\ a_{41} & a_{42} & a_{44} & \cdots \\ \vdots & \vdots & \vdots & \end{vmatrix} \tag{E.10}$$

一个矩阵的伴随矩阵或者埃米特共轭矩阵是指其每个元素取复共轭并转置：

$$\boldsymbol{A}^{\dagger}=(\boldsymbol{A}^{*})^{\mathrm{T}} \text{ 或 } (a_{ij})^{\dagger}=a_{ji}^{*} \tag{E.11}$$

例如：

$$\boldsymbol{A}^{\dagger}=\begin{bmatrix} a_{11} & a_{12} \\ a_{21} & a_{22} \end{bmatrix}^{\dagger}=\begin{bmatrix} a_{11}^{*} & a_{12}^{*} \\ a_{21}^{*} & a_{22}^{*} \end{bmatrix}^{\dagger}=\begin{bmatrix} a_{11}^{*} & a_{21}^{*} \\ a_{12}^{*} & a_{22}^{*} \end{bmatrix}$$

若一个矩阵的行列式等于0，即 $\det(\boldsymbol{A})=0$，这个矩阵是奇异的，反之是非奇异的。

E.2 矩阵的运算

相同阶数的两个矩阵相加就是它们的每一个对应元素相加，同理，相减就是对应元素相减：

$$\boldsymbol{A}+\boldsymbol{B}=\begin{bmatrix} a_{11} & a_{12} & a_{13} \\ a_{21} & a_{22} & a_{23} \\ a_{31} & a_{32} & a_{33} \end{bmatrix}+\begin{bmatrix} b_{11} & b_{12} & b_{13} \\ b_{21} & b_{22} & b_{23} \\ b_{31} & b_{32} & b_{33} \end{bmatrix}$$

$$=\begin{bmatrix} a_{11}+b_{11} & a_{12}+b_{12} & a_{13}+b_{13} \\ a_{21}+b_{21} & a_{22}+b_{22} & a_{23}+b_{23} \\ a_{31}+b_{31} & a_{32}+b_{32} & a_{33}+b_{33} \end{bmatrix} \tag{E.12}$$

两个矩阵相乘要求第一个矩阵的列数等于第二个矩阵的行数。两个矩阵相乘可表示为 $\boldsymbol{C}=\boldsymbol{A}\cdot\boldsymbol{B}$,矩阵 $\boldsymbol{C}$ 的元素为

$$c_{ij}=\sum_{k=1}^{n} a_{ik}b_{kj} \tag{E.13}$$

更加直接的是

$$\boldsymbol{A}\cdot\boldsymbol{B}=\begin{bmatrix} a_{11} & a_{12} & a_{13} & \cdots \\ a_{21} & a_{22} & a_{23} & \cdots \\ a_{31} & a_{32} & \cdots & \cdots \\ \vdots & \vdots & & \end{bmatrix}\begin{bmatrix} b_{11} & b_{12} & b_{13} & \cdots \\ b_{21} & b_{22} & b_{23} & \cdots \\ b_{31} & b_{32} & \cdots & \cdots \\ \vdots & \vdots & & \end{bmatrix}=\begin{bmatrix} a_{11}b_{11}+a_{12}b_{21}+\cdots \\ a_{21}b_{12}+a_{22}b_{22}+\cdots \\ \vdots \\ \vdots \end{bmatrix} \tag{E.14}$$

需要注意的是,矩阵乘法通常不满足交换律,即 $\boldsymbol{A}\cdot\boldsymbol{B}\neq\boldsymbol{B}\cdot\boldsymbol{A}$。

一个方阵的逆 $\boldsymbol{A}^{-1}$ 是非常重要的一个概念,其定义为

$$\boldsymbol{A}^{-1}\cdot\boldsymbol{A}=\boldsymbol{A}\cdot\boldsymbol{A}^{-1}=\boldsymbol{I} \tag{E.15}$$

方阵的逆可由下式进行计算:

$$\boldsymbol{A}^{-1}=\frac{1}{|\boldsymbol{A}|}\mathrm{cof}(\boldsymbol{A})^{\mathrm{T}} \tag{E.16}$$

例如:

$$\boldsymbol{A}=\begin{bmatrix} 2 & 1 \\ -1 & 1 \end{bmatrix}$$

其行列式为

$$|\boldsymbol{A}|=3$$

由于

$$\mathrm{cof}(\boldsymbol{A})^{\mathrm{T}}=\begin{bmatrix} 1 & 1 \\ -1 & 2 \end{bmatrix}^{\mathrm{T}}=\begin{bmatrix} 1 & -1 \\ 1 & 2 \end{bmatrix}$$

那么

$$\boldsymbol{A}^{-1}=\frac{1}{3}\begin{bmatrix} 1 & -1 \\ 1 & 2 \end{bmatrix}=\begin{bmatrix} \frac{1}{3} & -\frac{1}{3} \\ \frac{1}{3} & \frac{2}{3} \end{bmatrix}$$

需要注意的是,当一个矩阵是奇异的时,即当 $\det(\boldsymbol{A})=0$ 时,它的逆矩阵是不存在。

附录 F　拉普拉斯变换简介

F.1　目的

微分方程(组)在描述大部分物理现象时处于一个核心的地位。而且,在许多情形下,这些物理现象可由一个特别简单的微分方程进行描述,如常系数微分方程。本附录介绍一个强有力的求解微分方程的方法——积分变换方法;更加确切地说,利用拉普拉斯变换求解微分方程。

积分变换求解微分方程与对数简化算数运算具有非常大的相似性。例如,两个数 a 和 b 相乘,利用对数可进行如下的变换:

$$a \to \log a$$

$$a \times b \to \text{变换} \to \log a + \log b \to \text{逆变换} \to \mathrm{e}^{(\log a + \log b)} = a \times b$$

也就是说,利用对数可将相乘变为相加。

积分变换本质上具有相似的原理。假设利用如下的符号表示积分变换:

$$f(t) \to \tilde{f}(s)$$

那么对微分方程变换为

$$\frac{\mathrm{d}f}{\mathrm{d}t} + \cdots \to \text{变换} \to s\tilde{f}(s) + \cdots \to \text{逆变换} \to f(t)$$

通过这样的操作,积分变换可将微分方程变为更加简单且容易求解的形式(通常是代数方程)。随后,通过逆变换再获得所需的解。

例 1　对于一个较简单的常微分方程,如瞬发中子动力学方程:

$$\frac{\mathrm{d}n(t)}{\mathrm{d}t} - \frac{\rho}{\Lambda}n(t) = 0, \quad n(0) = n_0 \tag{F.1}$$

$n(t)$的拉普拉斯变换定义为

$$\tilde{n}(s) = \int_0^{\infty} \mathrm{e}^{-st} n(t)\,\mathrm{d}t \equiv L\{n\} \tag{F.2}$$

为了对常微分方程(F.1)进行拉普拉斯变化,方程两边同乘 e^{-st} 以并对 t 积分可得

$$\int_0^{\infty} \frac{\mathrm{d}n(t)}{\mathrm{d}t}\mathrm{e}^{-st}\mathrm{d}t - \frac{\rho}{\Lambda}\int_0^{\infty} n(t)\,\mathrm{e}^{-st}\mathrm{d}t = 0$$

由分部积分可得

$$s\tilde{n}(s) - n(0) - (\rho/\Lambda)\tilde{n}(s) = 0$$

对于这个代数方程,很容易求解得到

$$\tilde{n}(s) = \frac{n_0}{s - \rho/\Lambda} \tag{F.3}$$

对其进行逆变换

$$n(t) = L^{-1}\{\tilde{n}(s)\} \tag{F.4}$$

由于

$$L\{e^{-at}\} = \int_0^\infty e^{-st}e^{-at}dt = \frac{1}{s+a} \rightarrow L^{-1}\left\{\frac{1}{s+a}\right\} = e^{-at}$$

那么

$$n(t) = n_0 L^{-1}\left\{\frac{1}{s-\rho/\Lambda}\right\} = n_0 e^{(\rho/\Lambda)t} \tag{F.5}$$

例2 积分变换可能用于求解偏微分方程。对于初值问题,如非增殖介质平板内的一维扩散方程及其定解条件为

$$\frac{1}{v}\frac{\partial\phi(x,t)}{\partial t} = D\frac{\partial^2\phi(x,t)}{\partial x^2} - \Sigma_a\phi(x,t) \tag{F.6}$$

初始条件: $\phi(x,0) = \phi_0(x)$

边界条件: $\phi(0,t) = \phi(l,t) = 0$

$\phi(x,t)$对 t 进行拉普拉斯变换可定义为

$$\tilde{\phi}(x,s) = \int_0^\infty \phi(x,t)e^{-st}dt \tag{F.7}$$

方程(F.6)两边同乘以 e^{-st}并对 t 积分可将偏微分方程变为

$$\frac{1}{v}[s\tilde{\phi}(x,s) - \phi(x,0)] = D\frac{d^2\tilde{\phi}(x,s)}{dx^2} - \Sigma_a\tilde{\phi}(x,s)$$

由于边界条件随时间发生变化,对它们进行变换可得

$$\tilde{\phi}(0,s) = \tilde{\phi}(l,s) = 0$$

若将 s 视为一个已知参数,拉普拉斯变换将偏微分方程变为一个关于 x 的非齐次常微分方程:

$$D\frac{d^2\tilde{\phi}(x,s)}{dx^2} - \left(\Sigma_a + \frac{s}{v}\right)\tilde{\phi}(x,s) = \phi_0(x) \tag{F.8}$$

其边界条件为

$$\tilde{\phi}(0,s) = \tilde{\phi}(l,s) = 0$$

利用求解常微分方程的任何方法(如特征函数展开法或格林函数法)求解该方程后对其进行逆变换即可获得相应的解:

$$\phi(x,t) = L^{-1}\{\tilde{\phi}(x,s)\} \tag{F.9}$$

由上述简单的例子可知,按照以下的步骤,拉普拉斯变换可极大地简化微分方程的求解过程:①对原微分方程进行变换;②求解变换后的方程(代数方程或者常微分方程)并得到变换后的解;③对变换后的解进行逆变换得到原方程的解。对于整个求解过程,前两步需要根据实际情形进行变换和求解;由于一些常见函数的逆变换在各种场合下经常遇到,因而最后一步(逆变换)中遇到的一些常见函数可以查阅拉普拉斯变换的手册即可获得。因为许多函数并不能从现成的手册中查到,所以实际上依然是需要掌握对任意函数进行拉普拉斯逆变换的原

理。对各种复杂函数和详细的拉普拉斯逆变换超出本书的范围,有兴趣的读者可进一步阅读相关的参考文献(如文献[1-3])。

F.2 拉普拉斯变换实用手册

本节建立一套利用拉普拉斯变换求解微分方程的实用步骤。对于微分方程的类型,需要考虑以下两个内容:

(1) 线性的微分方程(常微分或者偏微分方程)及其变量可以在 $0\sim\infty$ 的范围内进行变换。例如,随时间变化的初值问题或在空间上半无限大问题。

(2) 常系数的微分方程,即方程中的系数不随实施变换的变量发生变化。这个限制在某些条件下是不需要的;然而,在此不讨论变系数微分方程这类更一般的问题。

函数 $f(t)$ 的拉普拉斯变换定义为

$$\tilde{f}(s) = \int_0^\infty e^{-st} f(t)\,dt \tag{F.10}$$

该定义对函数存在一些限制而且要求 s 是整数。在此暂不展开讨论这些问题。

拉普拉斯变换法求解微分方程的基本方法与上一节所所述的方法是相同的,即方程两边同乘以 e^{-st} 并对 t 进行积分(如分部积分)。一旦求解变换后的方程后,对其解进行拉普拉斯逆变换。

本节仅包含一些常见函数的拉普拉斯变换。更多的拉普拉斯变换可见文献[4,5]。

(1) 时域微分:

$$L\left\{\frac{df}{dt}\right\} = s\tilde{f}(s) - f(0) \tag{F.11}$$

对导数进行拉普拉斯变换需要利用分部积分方法,同理可得

$$L\left\{\frac{d^n f}{dt^n}\right\} = s^n\tilde{f}(s) - s^{n-1}\tilde{f}(0) - s^{n-2}\tilde{f}'(0) - \cdots - \tilde{f}^{\,n-1}(0) \tag{F.12}$$

(2) 时域积分:

$$L\left\{\int_0^t f(t')\,dt'\right\} = \frac{1}{s}\tilde{f}(s) \tag{F.13}$$

证明:

$$L\left\{\int_0^t f(t')\,dt'\right\} = \int_0^\infty e^{-st}dt\int_0^t f(t')\,dt'$$

$$= -\frac{e^{-st}}{s}\int_0^t f(t')\,dt'\Big|_0^\infty + \frac{1}{s}\int_0^\infty e^{-st} f(t)\,dt = \frac{1}{s}\tilde{f}(s)$$

(3) s 域微分:

$$L\{tf(t)\} = \frac{d\tilde{f}(s)}{ds} \tag{F.14}$$

证明:

$$\frac{d\tilde{f}(s)}{ds} = \int_0^\infty \frac{d}{ds}(e^{-st})f(t)\,dt = -\int_0^\infty e^{-st}[tf(t)]\,dt$$

(4) s 域平移:

$$L\{e^{at}f(t)\} = \tilde{f}(s-a) \tag{F.15}$$

证明:

$$\int_0^{\infty} e^{at}e^{-st}f(t)\,dt = \int_0^{\infty} e^{-(s-a)t}f(t)\,dt = \tilde{f}(s-a)$$

(5) 时域平移:

$$L\{f(t-a)\Theta(t-a)\} = e^{-as}\tilde{f}(s) \tag{F.16}$$

其中,$\Theta(t)$为阶跃函数,且有

$$\Theta(t) = \begin{cases} 1, & t \geqslant 0 \\ 0, & t < 0 \end{cases}$$

其他常见的拉普拉斯变换如表 F.1 所列。

表 F.1　拉普拉斯变换

$f(t)$	$\tilde{f}(s)$	$f(t)$	$\tilde{f}(s)$
1	$\dfrac{1}{s}$	$\dfrac{be^{-bt}-ae^{-at}}{a-b}$	$\dfrac{s}{(s+a)(s+b)}$
e^{-at}	$\dfrac{1}{s+a}$	$\sin at$	$\dfrac{a}{s^2+a^2}$
$\delta(t)$	1	$\cos at$	$\dfrac{s}{s^2+a^2}$
$\delta(t-t_1)$	e^{-st_1}	$t\sin at$	$\dfrac{2as}{s^2+a^2}$
t^n	$\dfrac{n!}{s^{n+1}}$	$t\cos at$	$\dfrac{s^2-a^2}{(s^2+a^2)^2}$
$\dfrac{t^{n-1}e^{-at}}{(n-1)!}$	$\dfrac{1}{(s+a)^n}$	$\Theta(t)$	$\dfrac{1}{s}$
$\dfrac{e^{-bt}-e^{-at}}{a-b}$	$\dfrac{1}{(s+a)(s+b)}$		

拉普拉斯变换相关的常见关系式[4,5]如下:

(1) 卷积定理:

$$L\left\{\int_0^t f(t-\tau)g(\tau)\,d\tau\right\} = \tilde{g}(s) \tag{F.17}$$

这一关系式适用于两个变换后的函数的乘积进行逆变换。

(2) 初值定理:

$$\lim_{t\to 0} f(t) = \lim_{s\to\infty} s\tilde{f}(s) \tag{F.18}$$

(3) 终值定理:

$$\lim_{t\to\infty} f(t) = \lim_{s\to 0} s\tilde{f}(s) \tag{F.19}$$

文献[4,5]中提供了大量类似变换更完整的表格。在获得变换后的解之后,利用这些表格可较容易地进行所需的逆变换。然而,许多情形要求直接进行逆变换运算,而不是利用现成的公式。

参考文献

[1] P. M. MORSE and H. FESHBACH, *Methods of Theoretical Physics*, Vol. 1, McGraw Hill, New York (**1953**). Chapter 4.

[2] W. KAPLAN, *Operational Methods for Linear Systems*, Addison-Wesley, Reading. MA (**1962**).

[3] H. S. CARSLAW and J. C. JAEGAR. *Operational Methods in Applied Mathematics*. Dover. New York (**1948**).

[4] P. A. MCCOLLUM and B. F. BROWN, *Laplace Transform Table and Theorems*, Holt, Rinehart, and Winston, New York (**1965**).

[5] F. E. NIXON, *Handbook of Laplace Transforms*. Prentice-Hall, Englewood Cliffs, NJ (**1960**).

索　引

内 容 简 介

本书是美国佐治亚理工学院斯泰西教授综合核反应堆物理研究和教学经验而成的一部教材,分为两篇。第一篇是核反应堆物理基础,其内容涉及基本物理原理、核数据和用于分析核反应堆静态和动态行为的计算方法,适合物理学或相关工程专业的高年级本科生。第二篇是高等核反应堆物理,其重点是核反应堆物理分析相关计算方法的理论基础,内容从中子输运方程的求解方法出发,涵盖了中子慢化理论、热化理论、共振理论乃至中子动力学等方面。它既可作为本科生与研究生课程的教材使用,也可为相关技术人员提供参考。